NEURO-PSYCHOPHARMAKA

Ein Therapie-Handbuch

Band 1: Allgemeine Grundlagen der Pharmakopsychiatrie

Herausgegeben von

P. Riederer, G. Laux und W. Pöldinger

Mit Beiträgen von

P. Baumann M. Bergener W. Berger J. Bohlken T. Buclin C. Eggers
G. Erdmann U. Gerhard K. Heinrich H. Helmchen C. Hesse V. Hobi
W. Janke E. Kienzl H. E. Klein E. Klieser J. Kornhuber D. Ladewig G. Laux
O. K. Linde M. Linden H. J. Möller W. E. Müller B. Müller-Oerlinghausen
N. Nedopil P. Netter M. Philipp W. Pöldinger P. Riederer E. Rüther B. Saletu
A. Schmidtke T. Schuurman R. Spiegel F. J. van der Staay J. Staedt C. Thiels
J. Traber H. Wachtel H. Wartensleben B. Woggon

Springer-Verlag Wien GmbH

Prof. Dr. Peter Riederer
Psychiatrische Universitätsklinik, Würzburg, Bundesrepublik Deutschland

Priv.-Doz. Dr. Gerd Laux
Psychiatrische Universitätsklinik, Bonn, Bundesrepublik Deutschland

Prof. Dr. Walter Pöldinger
Psychiatrische Universitätsklinik, Basel, Schweiz

Ursprünglich erschienen bei Springer-Verlag/Wien 1992

Mit 70 Abbildungen

ISSN 0937-9401
ISBN 978-3-7091-7377-0 ISBN 978-3-7091-6674-1 (eBook)
DOI 10.1007/978-3-7091-6674-1

Geleitwort

Psychopharmaka gehören zu den meistverordneten Medikamenten, ihre zentrale Bedeutung für die ambulante wie auch stationäre Behandlung psychischer Erkrankungen ist unbestritten. Sie waren die Voraussetzung für die Durchführung sozialpsychiatrischer Reformen, sie eröffneten auch dem Nicht-Psychiater die Möglichkeit der Therapie psychischer Störungen. Heute werden durch Allgemeinärzte, Internisten und Frauenärzte mehr Psychopharmaka verordnet als durch Nervenärzte – eine Entwicklung, die aufgrund der in den letzten Jahren gemachten Erfahrungen als problematisch angesehen werden muß. Geringes pharmakotherapeutisches Wissen führte zu unsachgemäßem Einsatz von Psychopharmaka und verstärkten in der Öffentlichkeit die negativen Attitüden gegenüber dieser Medikamentengruppe.

Innerhalb der biologischen Psychiatrie hat die pharmakologisch-biochemische Grundlagenforschung in den letzten Jahren neue Erkenntnisse für die Psychopharmakologie erbracht, vice versa können "Challenge"-Untersuchungen mittels Psychopharmaka wichtige Beiträge für die Hypothesengenerierung einer Pathophysiologie und Pathoneurochemie psychischer Erkrankungen liefern.

1987 erschien in den USA in Assoziation mit dem American College of Neuropsychopharmacology (ACNP) das über 1700 Seiten umfassende Buch "Psychopharmacology: The Third Generation of Progress". Über 270 Autoren geben in diesem Werk eine Übersicht zu den neurobiologischen Grundlagen der Psychiatrie, die klinische Psychopharmakologie umfaßt 700 Seiten dieses Werkes.

Auf diesem Hintergrund entschlossen wir uns, ein Handbuch zu diesem Themenkreis zu konzipieren. Ende 1988 fragten wir bei renommierten deutschsprachigen Neuro-Psychopharmaka-Experten an, ob Interesse an Konzeption und Mitarbeit eines diesbezüglichen Standardwerkes bestünde. Die überaus positive Resonanz ermunterte uns, das Projekt eines mehrbändigen "Viel-Autoren-Werkes" zu wagen. Die Fülle des Stoffes sowie die erstrebte Handlichkeit ließen es sinnvoll erscheinen, ein mehrbändiges Werk zu planen; in sich abgeschlossene Einzelbände sollten des weiteren die Möglichkeit überarbeiteter Neuauflagen erleichtern.

Die Buchreihe wendet sich an in Klinik und Praxis tätige Nervenärzte, Psychiater und Neurologen sowie in der Neuropsychopharmakologie tätige Grundlagenforscher, denen es als kompetentes Standardwerk und Therapie-Handbuch dienen soll. Für die Fachkompetenz des Nervenarztes, Psychiaters und Neurologen der 90er Jahre soll die Buchreihe eine verläßliche Basis bieten.

Größter Wert wurde darauf gelegt, die komplexe Thematik übersichtlich darzustellen. Alle Bände folgen einem gleichen, strikt gegliederten Aufbau, durch Tabellen und einheitliche Abbildungen soll die Materie bestmöglich veranschaulicht werden. Die Herausgeber haben sich durch intensive redaktionelle Bearbeitung um größtmögliche Objektivität bemüht, trotz über 100 Autoren hoffen wir, einen akzeptablen Homogenitäts-Spielraum erreicht zu haben.

Zur raschen Vermittlung praxisrelevanter Informationen sollen farblich abgesetzte Übersichtstabellen mit sämtlichen Handelsnamen der in den drei deutschsprachigen Ländern verfügbaren Substanzen am Schluß des jeweiligen Buchbandes dienen.

Die traditionelle Gliederung der Psychopharmaka in Neuroleptika, Antidepressiva und Tranquilizer kann in Anbetracht fließender Übergänge bei neueren Substanzen sowie je nach Dosis heute nicht mehr voll akzeptiert werden, hat sich jedoch bewährt und etabliert und wird deshalb beibehalten.

In Band 1 werden die allgemeinen Grundlagen der Pharmakopsychiatrie dargestellt. Band 2 umfaßt Tranquilizer und Hypnotika, Band 3 Antidepressiva und Phasenprophylaktika, Band 4 Neuroleptika. Band 5 beinhaltet Parkinsonmittel und Nootropika, Band 6 die systematische Abhandlung der Antiepileptika, Betablocker und sonstiger Psychopharmaka sowie die Notfalltherapie.

Die Literatur ist jedem einzelnen Kapitel zugeordnet und umfaßt angesichts der erforderlichen Beschränkung neben wichtigen Primärquellen vor allem relevante Übersichtsarbeiten.

Der vorliegende Band beinhaltet grundlegende theoretische und therapeutische Aspekte der Psychopharmakotherapie: Neben einem historischen Abriß werden die Arzt-Patienten-Beziehung, Nutzen und Risiko sowie ethische Aspekte der Pharmakopsychiatrie dargelegt. Die theoretischen Grundlagen von Tierexperimenten, präklinischen Humanversuchen, der Pharmakopsychologie, des Pharmako-EEGs, der Psychometrie und Skalierung, des Placebo-Problems sowie der Effizienz-Kontrolle und die Durchführung klinischer Studien werden dargestellt. Des weiteren werden juristische Aspekte sowie Ergebnisse der Compliance-Forschung wiedergegeben. Grundlagenkapitel beleuchten molekulare Grundlagen, Wirkmechanismen, Aspekte der Pharmakogenetik sowie Basiswissen der Pharmakokinetik. Die Perspektive der Praxis findet in den Kapiteln Verbrauchsstatistik, Psychopharmaka und Fahrtauglichkeit, Psychopharmaka und Schwangerschaft sowie in den Abschnitten Psychopharmaka bei Kindern/Jugendlichen bzw. im höheren Lebensalter Berücksichtigung. Gesondert wird auf die Probleme Abusus, Abhängigkeit, kombinierte Psychopharmakotherapie, Psychopharmaka und Psychotherapie sowie Prädiktoren für das Ansprechen auf Psychopharmaka eingegangen. Der Band schließt mit einem Kapitel über die statistische Auswertung von Psychopharmaka-Prüfungen.

Die Herausgeber danken vor allem den Autoren, die die Herausgabe dieses Werkes durch termingerechte Manuskriptabgabe und unprätentiöse Vornahme der gewünschten Modifikationen ermöglicht haben. Besonders gedankt sei Frau I. Riederer für ihre unermüdliche Sekretariats-Tätigkeit sowie dem Springer-Verlag für die verständnisvolle, angenehme Zusammenarbeit und die hervorragende Ausstattung des Werkes.

Für konstruktive Kritik und Anregungen sind wir aufgeschlossen. Möge mit der Herausgabe dieser Handbuchreihe auch im deutschsprachigen Raum die Forschung auf dem Gebiete der Neuro-Psychopharmakologie trotz zunehmender Hindernisse intensiviert werden. Dem in Klinik und Praxis tätigen Facharzt soll die tägliche Arbeit durch ein kompetentes Handbuch erleichtert werden.

P. Riederer
G. Laux
W. Pöldinger

Würzburg/Bonn/Basel, im Frühjahr 1992

Inhaltsverzeichnis

Autorenverzeichnis

P. Baumann, Priv.-Doz.Dr., Hôpital de Cery, Department Universitaire de Psychiatrie, CH-1008 Prilly

M. Bergener, Prof.Dr.med., Im Hoppenkamp 4, D-W-5060 Bergisch Gladbach

W. Berger, Dr.med., Institut für Biochemische Pharmakologie, Universität Innsbruck, Peter Mayr-Straße 1, A-6020 Innsbruck

J. Bohlken, Dr.med., Psychiatrische Klinik der Freien Universität, Eschenallee 3, D-W-1000 Berlin 19

T. Buclin, Dr., Hôpital de Cery, Department Universitaire de Psychiatrie, CH-1008 Prilly

Ch. Eggers, Prof.Dr.med., Kinder- und Jugendpsychiatrie, Hufelandstraße 55, D-W-4300 Essen 1

G. Erdmann, Prof.Dr., Psychologisches Institut der TU Berlin, Dovestraße 1–5, D-W-1000 Berlin 10

U. Gerhard, Dr.med., Psychiatrische Universitätsklinik, Wilhelm Klein-Straße 27, CH-4025 Basel

K. Heinrich, Prof.Dr.med., Psychiatrische Klinik der Universität, Bergische Landstraße 2, D-W-4000 Düsseldorf 12

H. Helmchen, Prof.Dr.med., Psychiatrische Klinik der Freien Universität, Eschenallee 3, D-W-1000 Berlin 19

Ch. Hesse, Dr.rer.nat., Strassberg 16, D-W-8520 Erlangen

V. Hobi, Prof.Dr., Psychiatrische Universitätsklinik, Wilhelm Klein-Straße 27, CH-4025 Basel

W. Janke, Prof.Dr., Institut für Psychologie I der Universität, Domerschulstraße 13, D-W-8700 Würzburg

E. Kienzl, Ludwig Boltzmann Institut für Klinische Neurobiologie, Krankenhaus Lainz, Wolkersbergenstraße 1, A-1130 Wien

H.E. Klein, Priv.-Doz.Dr.med., Bezirkskrankenhaus Regensburg, D-W-8400 Regensburg

E. Klieser, Priv.-Doz.Dr.med., Psychiatrische Klinik der Universität, Bergische Landstraße 2, D-W-4000 Düsseldorf 12

J. Kornhuber, Dr.med., Psychiatrische Universitätsklinik, Füchsleinstraße 15, D-W-8700 Würzburg

D. Ladewig, Prof.Dr.med., Psychiatrische Universitätsklinik, Wilhelm Klein-Straße 27, CH-4025 Basel

G. Laux, Priv.-Doz.Dr.med.Dipl.-Psych., Universitäts- Nerven- und Poliklinik, Sigmund-Freud-Straße 25, D-W-5300 Bonn 1

C.K. Linde, Dr., Pfalzklinik Landeck, Weinstraße 100, D-W-6749 Klingenmünster

M. Linden, Priv.-Doz.Dr.med., Psychiatrische Klinik der Freien Universität, Eschenallee 3, D-W-1000 Berlin

H.J. Möller, Prof.Dr.med., Universitäts-Nerven- und Poliklinik, Sigmund-Freud-Straße 25, D-W-5300 Bonn 1

W.E. Müller, Prof.Dr., Zentralinstitut für Seelische Gesundheit, Psychopharmakologisches Labor, J 5, D-W-6800 Mannheim

B. Müller-Oerlinghausen, Prof.Dr.med., Psychiatrische Klinik der Freien Universität, Eschenallee 3, D-W-1000 Berlin 19

N. Nedopil, Prof.Dr.med., Psychiatrische Universitätsklinik, Abteilung Forensische Psychiatrie, Nußbaumstraße 7, D-W-8000 München

P. Netter, Prof.Dr.Dr.med., Justus-Liebig-Universität, Otto Behaghelstraße 10, D-W-6300 Giessen

M. Philipp, Prof.Dr.med., Psychiatrische Klinik der Universität, Untere Zahlbacher Straße 8, D-W-6500 Mainz

W. Pöldinger, Prof.Dr.med., Psychiatrische Universitätsklinik, Wilhelm Klein-Straße 27, CH-4025 Basel

P. Riederer, Prof.Dipl.-Ing.Dr., Klinische Neurochemie, Psychiatrische Universitätsklinik, Füchsleinstraße 15, D-W-8700 Würzburg

E. Rüther, Prof.Dr.med., Psychiatrische Universitätsklinik, V. Siebold-Straße 5, D-W-3400 Göttingen

B. Saletu, Prof.Dr.med., Psychiatrische Universitätsklinik, Währinger Gürtel 18-20, A-1090 Wien

A. Schmidtke, Dr., Psychiatrische Universitätsklinik, Füchsleinstraße 15, D-W-8700 Würzburg

T. Schuurman, Dr., Neurobiologische Forschung, Abteilung Verhaltenspharmakologie, Troponwerke GmbH & Co KG, Berliner Straße 156, D-W-5000 Köln 80

R. Spiegel, Prof.Dr.med., Klinische Forschung ZNS-Abteilung, Sandoz AG, CH-4002 Basel

F.J. van der Staay, Dr., Verhaltenspharmakologie, Troponwerke GmbH & Co KG, Berliner Straße 156, D-W-5000 Köln 80

J. Staedt, Dr., Psychiatrische Universitätsklinik, V. Siebold-Straße 5, D-W-3400 Göttingen

C. Thiels, Prof.Dr.med., Fachhochschule Bielefeld, Fachbereich IV, Kurt-Schumacher-Straße 6, D-W-4800 Bielefeld 1

J. Traber, Dr.med., Neurobiologische Forschung, Troponwerke GmbH & Co KG, Berliner Straße 156, D-W-5000 Köln 80

H. Wachtel, Dr.med., Neuropsychopharmakologie, Schering AG, D-W-1000 Berlin 65

H. Wartensleben, Rechtsanwalt, Gut Godau 1, D-W-5190 Stolberg/Rheinland

B. Woggon, Prof.Dr.med., Psychiatrische Universitätsklinik, Forschungsdirektion, Postfach 68, CH-8029 Zürich 8

Neuro-Psychopharmaka, Bd. 1
Riederer P. / Laux G. / Pöldinger W. (Hrsg.)

1 Grundbedingungen der Psychopharmakotherapie

1.1 Psychopharmakotherapie im Gesamtbehandlungsplan

W. Pöldinger und U. Gerhard

Mit den uns heute zur Verfügung stehenden Psychopharmaka heilen wir weniger Krankheiten, als daß wir Symptome behandeln. FREYHAN (1957) sprach von Zielsymptomen. Die bekannte schematische Darstellung der Wirkungsprofile der Antidepressiva von KIELHOLZ und ADAMS (1978) berücksichtigt drei solcher Zielsymptome: die **Stimmungsaufhellung**, die **Angstlösung** und die **psychomotorische Aktivierung**. Das AMDP-System zur Beurteilung der Symptomatik steht ebenfalls in mittelbarem Zusammenhang mit der Beachtung von Zielsymptomen (ANGST et al. 1969, AMDP 1981, FÄHNDRICH und STIEGLITZ 1989).
Neben Freyhans Akzentuierung des Symptoms plädieren VAN PRAAG und LEIJNSE (1965) für eine Neubewertung des **Syndroms** in der Psychiatrie. Auf die Depression bezogen bedeutet dies, daß sich die Pharmakawirkung weniger in Abhängigkeit der Nosologie (endogen, reaktiv bzw. neurotisch) entfaltet, als viel mehr in Abhängigkeit der Phänomenologie. Von einer Erhöhung der Serotoninkonzentration hatten biochemisch orientierte Theoretiker erwartet, daß agitierte Depressionen besonders gut ansprechen würden. Dies ist empirisch nicht bestätigt worden. Stattdessen zeigen sich durch Serotonin-Wiederaufnahmehemmer nicht nur Aufhellungen depressiver Verstimmungen, sondern neben einer Reduktion der Angst, der Panik, des Schmerzes und der Zwänge auch eine günstige Beeinflussung gestörten Eß- und Trinkverhaltens und der Selbstaggression sowie eine Milderung der Schlaflosigkeit und der vegetativen Störungen (Tabelle 1.1).

Tabelle 1.1. Das Serotoninmangelsyndrom

Depressionszustände
Angstzustände
Schlafstörungen
Störungen des Eß- und Trinkverhaltens
Aggressionszustände und Selbstaggression
Zwangssymptome
Funktionelle vegetative Störungen
Psychosomatische Störungen
Schmerzzustände

Die Beobachtung dieser therapeutischen **Unspezifität** verschiedener Psychopharmaka führte VAN PRAAG et al. (1975) zum Konzept der **funktionellen Psychopathologie**. In seiner Arbeit über das Serotoninmangelsyndrom schreibt VAN PRAAG (1988):

Die biologische Forschung in der Psychiatrie ist und war stets fest verwurzelt in der Nosologie. Psychische Störungen werden als getrennte, in sich geschlossene Krankheitseinheiten betrachtet, jede mit eigener Symptomatologie, Verlaufsform und vermutlich – da dieser Faktor in den meisten Fällen unbekannt ist – eigener Ätiologie. Mehrheitlich strebt die biologisch-klinische Psychiatrie danach, einen biologischen Marker und schliesslich die Ursache einer Erkrankung, wie etwa Schizophrenie, endogene Depression und Panikerkrankung, zu entdecken. Sobald sich ein biologischer Parameter als nicht krankheitspezifisch erweist, wird er automatisch als unspezifisch eingestuft. Die diagnostische Ausbeute dieses Vorgehens blieb bisher ausgesprochen dürftig. Die vergangenen 30 Jahre haben viele biologische Forschungsergebnisse hinsichtlich psychischer Störungen hervorgebracht, aber es wäre vermessen, bei auch nur einer Variablen von diagnostischer Spezifität zu sprechen.

Im gleichen Werk schreibt VAN PRAAG (1988):

Je größer die biochemische Spezifität eines Arzneimittels, desto größer die Chance, daß es zwar nosologisch unspezifisch, aber bei bestimmten patho-physiologischen Erscheinungen losgelöst von der Diagnose wirksam ist. Ich bin überzeugt, daß die Entwicklung biochemisch spezifischer Arzneimittel zwar deren Wirkungsspektrum schmälern wird, aber den Kliniker in die Lage versetzt, einen Therapieplan maßgeschneidert aufzustellen und jedes Medikament individuell anzupassen.

In der Medizin hat sich u.a. als Folge dieses Denkens in Symptomen und Syndromen eine Erweiterung der Indikation von Psychopharmaka über die Psychiatrie hinaus ergeben, weil zum einen eine ganze Reihe körperlicher Erkrankungen mit Verstimmungs- und Angstzuständen einhergehen, zum andern zahlreiche körperliche Erkrankungen psychischer bzw. psychosomatischer Natur sind (Weichteilrheumatismus, Magen-Darm-Beschwerden, Schmerzzustände etc.).

Weder mit der Behandlung der Zielsymptome noch der funktionellen Syndrome sind indessen innerpsychische Konflikte, Lebensprobleme oder Partnerkonflikte gelöst. Pharmakotherapie und Psychotherapie dürfen sich folglich nicht gegenseitig ausschließen, sondern müssen als sich ergänzende, komplementäre Behandlungsmethoden verstanden werden.

1.1.1 Das Erlangen der Psychotherapiefähigkeit

Eine Dichotomisierung **Pharmakotherapie** versus **Psychotherapie** sollte endgültig der Vergangenheit angehören. Allenfalls drängt sich im Laufe der Behandlung eine unterschiedliche Gewichtung der beiden therapeutischen Zugänge auf: Im akuten Stadium einer schizophrenen oder depressiven Psychose ist häufig der Weg über ein rationales oder einfühlsames Gespräch versperrt. Bei massiver Aufgewühltheit, die nicht selten gepaart ist mit massiven Aggressionen, Selbst- und Fremdgefährdung, bleibt als einzige realistische und effiziente Interventionsmöglichkeit die pharmakologische Dämpfung mit antipsychotischem Effekt. Aber nicht nur bei Psychosen, auch beim Alkohol- und Drogenentzug bedarf es initial bekanntlich häufig der medikamentösen Unterstützung (Clomethiazol, Carbamazepin etc.). Starke Phobien, Panikanfälle und Zwänge lassen sich initial häufig effizient mit Antidepressiva oder MAO-A Hemmern unter Kontrolle bringen, was im Patienten einerseits Zuversicht auf die günstige Beeinflußbarkeit weckt und andererseits den Arzt als kompetenten glaubwürdigen Hoffnungsträger erscheinen lässt.
Durch die medikamentös gewonnene innere Ruhe, durch den gewissen Abstand zum beängstigenden realitätsfremden Erleben und durch das Nachlassen von Angst und Spannung wird der Patient in die Lage versetzt, von darauffolgenden psycho- und so-

ziotherapeutischen Bemühungen zu profitieren. So lange die Symptome unerträglich sind, ist der Patient zu sehr vom Leiden absorbiert, um seine Probleme angemessen reflektieren zu können. Der durch die Pharmakotherapie nachlassende Leidensdruck, der laut einigen Vertretern der Psychoanalyse die Psychotherapiemotivation hemmen soll, ist ein gewagtes Argument gegen das Erträglichmachen des Leidens.

"Psychotherapie ist Einstellungsänderung" (Frank 1973). Behavioristen würden dies ergänzen wollen durch **"Psychotherapie ist Verhaltensänderung"**. Bedeutsame Voraussetzungen für jegliche Einstellungs- und Verhaltensänderung sind rationales Denken, die Fähigkeit zur Selbstreflexion und Selbstkritik sowie eine entsprechende minimale Motivation. Diese Voraussetzungen können häufig erst dank einer psychopharmakologischen Therapie erreicht werden. Langfristig gilt es, psychotherapeutisch auf Autonomie und Selbstkontrolle (self-efficacy, Bandura 1977) hin zu arbeiten. Die Förderung von Einsicht in das gegenwärtige und frühere Erleben und Verhalten sowie das Erreichen von Selbstakzeptanz sind weitere erstrebenswerte psychotherapeutische Ziele. Verhaltenstherapeutische Techniken (systematische Desensibilisierung, in vivo Training, Reizüberflutung, Konfrontation, Exposition, kognitives Umstrukturieren etc.) vermögen Bewältigungsmechanismen und neue Lebensstrategien zu vermitteln (Hobi 1990, Meichenbaum 1979).

Da die Kombination von Pharmakotherapie und Psychotherapie erwiesenermaßen in den allermeisten Fällen die günstigsten und stabilsten Behandlungserfolge erbringt, darf sie unter keinen Umständen bloßes Lippenbekenntnis bleiben. Puristen aus beiden Lagern, die aus weltanschaulichen oder sonstigen Gründen pharmakologische oder psychotherapeutische Interventionen ausschließen oder häufig ablehnen, müssen ihre Position überdenken.

Die langfristige Rückfallprophylaxe schließlich beruht ebenfalls am besten auf beiden Pfeilern. Depot-Neuroleptika zur Langzeitbehandlung der Psychosen aus dem schizophrenen Formenkreis gepaart mit stützender, d. h. lebensbegleitender, oft lediglich weitmaschiger Betreuung sowohl der Patienten als auch der Angehörigen über Jahre, vermögen der Vulnerabilität (früher: **Disposition**) optimal entgegenzuwirken. Desgleichen die Lithiumprophylaxe bei Depressiven, wenn in unvermeidlichen Krisensituationen Akzeptanz, Wärme und Echtheit vom Therapeuten immer aufs Neue erfahren werden darf und damit die latent drohende Suizidgefahr verringert wird.

1.1.2 Die ganzheitliche Sichtweise

Wenn wir im Sinne der Psychosomatik die biologischen und psychologischen Funktionen und Störungen gemeinsam sehen, so müssen wir zusätzlich beachten, daß diese in ein soziales Umfeld eingebettet sind (Abb. 1.1). Eine derartige Betrachtungsweise spielt natürlich auch für die Auffassung des Entstehens und der Behandlung von Krankheiten eine Rolle. Aus einer ganzheitlichen Sicht müssen wir ein bio-psycho-soziales Krankheitskonzept postulieren und stets darauf achten, welche Faktoren eine stärkere oder schwächere Rolle spielen, und ob im Einzelfall ausnahmsweise eine Monokausalität vorliegt. Insbesondere zu Beginn der Behandlung eines unbekannten Patienten ist eine ganzheitliche Sicht der potentiell verursachenden Faktoren anzustreben. Als gravierendes Problem anzusehen ist eine bestehende 'Therapieresistenz'. Bekanntlich gibt es immer noch Patienten, bei denen noch so wohldurchdachte und vielfältige therapeutische Bemühungen kaum Wirkung zeigen. Ein soziotherapeutisches Rehabilitationsprogramm ist unter diesen Umständen illusorisch. Wobei zu be-

rücksichtigen ist, daß die Symptomatik in gewissen Fällen erst durch soziale Wiedereingliederung substantiell zurückgeht, beispielsweise bei manchen chronischen Schmerzpatienten. Um schwerkranke Patienten dafür zu gewinnen, bedarf es viel Aufklärungsarbeit und Überzeugungskunst. Die Therapieresistenz stellt uns auch vor die schwierige Entscheidung, wie weit die Dosis über die Norm hinaus erhöht werden soll, bevor andere therapeutische Strategien zu bevorzugen sind.
Bei Nichtansprechen auf Psychotherapie stehen wir vor einem ähnlichen Dilemma: Ist die Psychotherapie fortzusetzen, zu intensivieren, durch eine andere Form zu ersetzen oder schlicht abzubrechen? Auf diese Fragen gibt es noch wenig verbindliche allgemeingültige Antworten. So kann bei der Therapiedauer vorschnelle Ungeduld ebenso falsch sein wie langmütiges Zuwarten beim Ausbleiben von Erfolg.

1.1.3 Der systemische Ansatz

Es ist stets zu bedenken, daß sich psychische Störungen auf verschiedenen Ebenen betrachten lassen (Abb. 1.2). Dies gilt auch für das **systemische Denken**, in dem die einzelnen Faktoren im Sinne der Kybernetik miteinander verbunden und in Wechselwirkung begriffen werden. Dieses Denken hat im Bereich der Familientherapie und im Bereich biologischer Systeme, beispielsweise in der Endokrinologie, besondere Bedeutung erlangt. Wenn immer der Arzt in einer dieser Ebenen denkt, darf er die übrigen

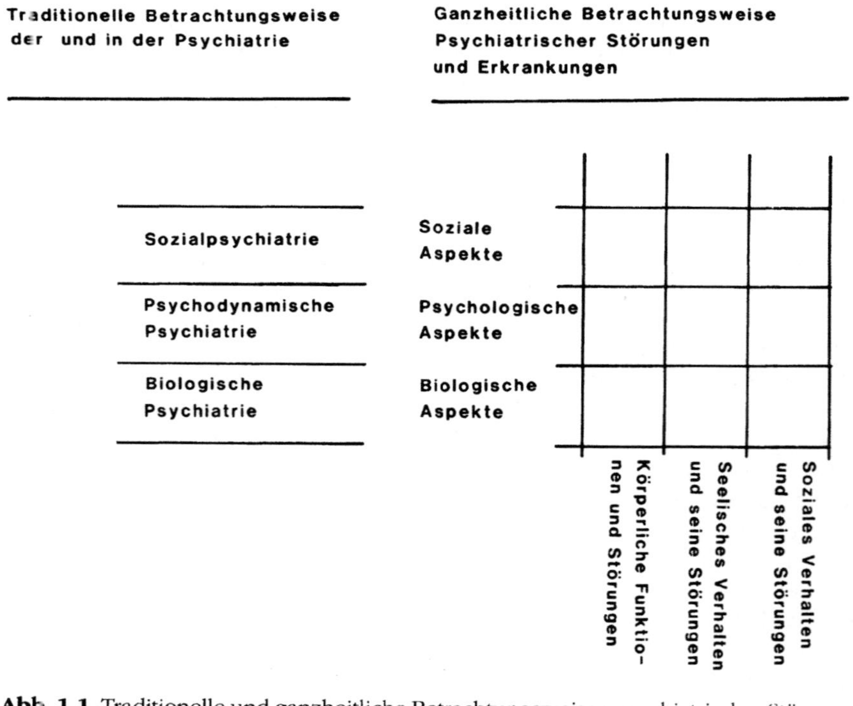

Abb. 1.1. Traditionelle und ganzheitliche Betrachtungsweisen psychiatrischer Störungen und Erkrankungen

Betrachtungsweisen nicht vernachlässigen. Sonst läuft er Gefahr, daß er über Evidenzen in einem Bezugssystem andere unberücksichtigt läßt. So gibt es Fälle von Depressionen, die aus dem sozialen Umfeld heraus erklärt werden können, bei denen aber nichtsdestotrotz somatische Faktoren eine wesentliche Rolle spielen (beginnende endokrine Erkrankung, zerebrale Abbauprozesse etc).

Anderseits ist hier auch an die somatischen Hospitalisierungen samt ihren diagnostischen und therapeutischen Maßnahmen zu denken, die mehrmals wiederholt werden, weil die dahinter sich verbergende Depression oder Neurose übersehen wird. Das systemische Denken muss also übergreifend und perspektivisch verschiedene Ebenen erfassen.

1.1.4 Der perspektivische Zugang – ein Fallbeispiel

Als Beispiel eines Perspektiven-Fehlers sei eine 35jährige Patientin erwähnt, die nach einem Suizidversuch hospitalisiert wurde. Alsbald stellte sich heraus, daß sie – systemisch gedacht – nicht die kränkste Person in der Familie war, sondern die schwächste.

Ihr Mann, der ein öffentliches Amt bekleidete, war Alkoholiker, verpraßte das Geld, prügelte Frau und Kinder, was die Frau schließlich zum Suizidversuch trieb. Trotz größten Widerstandes gelang es, mit dem Mann ins Gespräch zu kommen und ihn zu überzeugen, sich in einer Entziehungskur zu entwöhnen, um nachher auf Disulfiram eingestellt zu werden. Außerdem wurde eine Ehetherapie eingeleitet, woraufhin das Prozedere innerhalb eines Jahres überraschende Erfolge zeigte.

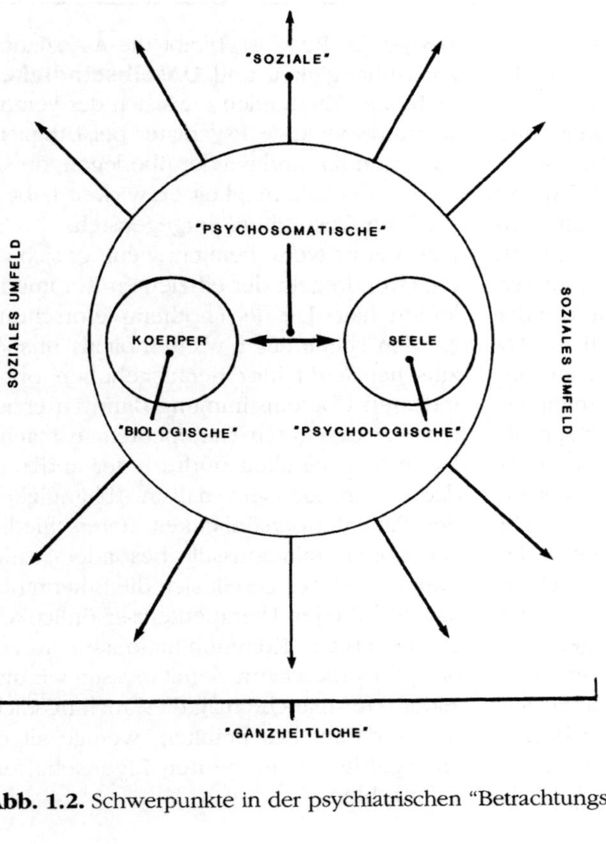

Abb. 1.2. Schwerpunkte in der psychiatrischen "Betrachtungsweise"

Zwei Jahre später wurde die Patientin erneut nach einem zweiten Suizidversuch hospitalisiert. Der Schluß lag nahe, daß der Mann wieder trinke. Dies war indessen nicht der Fall. Die Ehe funktionierte nun harmonisch; der Mann kümmerte sich gar sehr um seine Frau. Eine genauere Untersuchung zeigte, daß wir bei der ersten Hospitalisierung von dem systemischen Familienansatz derart in Bann genommen waren, daß eine genauere Anamnese ausgeblieben war. Die erneute Exploration ergab, daß sich ein Großvater der Patientin in einer depressiven Phase erhängt hatte, und daß die Patientin bereits als 16jährige auf die Versetzung ihres bevorzugten Lehrers in eine andere Schule mit einem depressiven Zustandsbild reagierte hatte. Auch zu Beginn der Schwangerschaft sei eine deutliche Depression aufgetreten, die der Frauenarzt als häufiges Phänomen abtat und ihr nicht weiter Beachtung schenkte. Rückblickend erkennen wir, daß die Depression nach dem ersten Suizidversuch zu einseitig als psychoreaktiv aufgefaßt und dabei die biologische Komponente übersehen worden ist, die bei der neuerlichen Depression klar zum Tragen kam.

Das obige Beispiel zeigt, daß es Aufgabe des Arztes ist, nicht nur systemisch, sondern auch perspektivisch zu denken, somit alle Ebenen zu berücksichtigen, die potientiell am Zustandekommen des jeweiligen Krankheitsbildes beteiligt sein können. Es gilt, den biologischen, psychologischen und soziologischen Rahmen voll auszuschöpfen. Diese Idee ist im bio-psycho-soziologischen Krankheitsmodell verkörpert.

Die Arzt-Patient-Beziehung

Während Psychopharmaka in die biologischen Grundstrukturen eingreifen, stellt die Beziehung zwischen Therapeut und Patient den Ausgangspunkt von Einstellungs- und Verhaltensänderungen dar. Der Arzt ist neben seiner Rolle als medizinischer Experte stets auch Übermittler einer Botschaft, Sender oder Kommunikator. Dies gilt natürlich für den Arzt allgemein und im besonderen für den Psychiater. Balint (1957) hat von der **Droge Arzt** und Luban-Plozza et al. (1987) vom **Arzt als Arznei** gesprochen. Insbesondere bei Psychopharmaka ist der Anteil des Placeboeffektes nicht zu unterschätzen. Es kommt hier besonders darauf an, in welcher Form und von welchen Worten begleitet ein Medikament verordnet oder verabreicht wird. Das Charisma des Arztes spielt in der Psychiatrie eine wichtigere Rolle als bei andern Fachärzten. Ohne in die während der letzten Jahre zunehmend in Verruf geratene Rolle eines **"Gottes in Weiß"** zu verfallen, dürfen, ja, sollen Ärzte und Ärztinnen sowohl ihr Expertenwissen als auch bei Bedarf ihre Vater- bzw. Mutterrolle zum Wohle ihrer Patienten einsetzen. Wenn vom Arzt als **Droge** die Rede ist, bleibt die Assoziation zur Abhängigkeit und **Unselbständigkeit** nicht aus. Tatsächlich muß sich der verantwortungsbewußte Psychiater bei Langzeitpatienten hin und wieder überlegen, ob sie nicht eine Abhängigkeit entwickelt haben, die ihrer Gesundung entgegensteht.

Der Arzt ist weise beraten, wenn er sich an die Grundregeln der effizienten Kommunikation hält. Die Psychotherapieforschung hat den Therapeuten wiederholt als 'unspezifischen Wirkfaktor' herausgehoben, ohne indessen Übereinstimmung darin zu erzielen, was den guten Therapeuten ausmacht. Diese Schwierigkeit dürfte unter anderem darin begründet sein, daß in Abhängigkeit der Patientenpersönlichkeit unterschiedliche Kommunikationsstile besonders wirksam sind. Hinzu gesellt sich die Erkenntnis, daß nicht jeder Therapeutenpersönlichkeit ein beliebiger Kommunikationsstil aufgepfropft werden kann. Somit müssen wir uns leider – für manche mag dies auch tröstlich sein – darauf beschränken, wenige allgemeingültige Therapeuten-Eigenschaften aufzuzählen.

1.1.5 *Die therapeutische Grundhaltung*

Die drei zentralen Dimensionen des Therapeuten dürften zum einen seine **Glaubwürdigkeit** oder **Echtheit**, zum zweiten seine menschliche **Wärme** oder **Zuwendung**, und zum dritten sein **Engagement** oder seine **Hilfsbereitschaft** sein. Rogers hat auf diesen Prinzipien seine klientenzentrierte Psychotherapieform aufgebaut (ROGERS 1977). **Sympathie und das Verständnis für den Klienten sowie menschliche Reife**, so schwierig sie auch zu fassen sein mögen, dürften weitere Grundpfeiler einer guten Arzt-Patient-Beziehung sein.

Für ein erfolgreiches therapeutisches Bündnis bedarf es indessen über diese fundamentalen Voraussetzungen hinaus seitens des Therapeuten noch weiterer Faktoren. Wie oben bereits angeklungen, ist Kommunikation keine Einbahnstraße, sondern eben eine Interaktion, die vom Patienten mitgetragen werden muß. Nicht selten werden die gutgemeinten ärztlichen Hilfestellungen vom Patienten boykottiert. So gelangen nach neueren Untersuchungen über 30% der Medikamente überhaupt nie zur Verwendung und 93% der Patienten halten sich nicht an die Behandlungsempfehlungen (TAYLOR 1990). Häufig 'testet' der Patient mit seiner Weigerung die Glaubwürdigkeit der ihm entgegengebrachten Sympathie. Bekanntlich haben manche Patienten arge Enttäuschungen hinter sich und tun sich schwer, der ihnen entgegengebrachten Hilfe zu vertrauen. Die Gründe für eine mehr schlecht denn recht funktionierende Arzt-Patient-Beziehung sind zu vielfältig, um sie hier auch nur aufzuzählen. Um solchen Problemen wirkungsvoll zu begegnen, ist eine Supervision von erfahrenen Kollegen äußerst nützlich. Eine andere Möglichkeit liegt in der Intervision durch Kollegen, wie sie etwa Balint-Gruppen bieten. Unter Leitung eines in der Psychotherapie erfahrenen Arztes lernt man in einer Gruppe von 6 bis 10 Teilnehmern in ca. vierzehntäglich stattfindenden Diskussionen mit Problemen, die man mit schwierigen Patienten oder mit sich selbst hat, besser umzugehen. Ohne sich gleich der Psychoanalyse zu verschreiben, lernt man mit wesentlichen Phänomenen wie der Verdrängung, dem Widerstand, der Übertragung und Gegenübertragung umzugehen.

1.1.6 *Das therapeutische Bündnis*

Im Idealfall soll auf dem Hintergrund der therapeutischen Grundhaltung des Arztes ein therapeutisches Bündnis mit dem Patienten entstehen. Dies ist sicher etwa dort erreicht, wo ein langjähriger chronisch schizophrener Patient seinen ihn ambulant betreuenden Arzt aufsucht, sobald er spürt, daß er zunehmend unruhiger wird, er schlecht schlafen kann, sich seine Wahrnehmung in einer Weise zu verzerren beginnt, wie ihm von früheren Schüben her bekannt ist. Er schildert dem Arzt die Phänomene detailliert, berichtet über momentane Belastungen und seine Medikamentendosis. Gemeinsam entscheiden sich Arzt und Patient für eine Behandlungsstrategie. Ihre frühere Erfahrung mit der Störung kommt ihnen dabei zustatten. So ist es möglich, die aufkeimende Angst zu reduzieren und die drohende psychotische Dekompensation abzuwenden, sowie einen sonst allenfalls notwendigen Klinikaufenthalt zu verhindern. Ist die Exazerbation vorbei, werden die Neuroleptika wieder reduziert. Durch feine Dosisveränderungen ist sozusagen ein 'Titrieren' der Psychose möglich (FEER 1990). Solch wirksames Behandeln setzt gegenseitiges Vertrauen voraus, wie es erst ein echtes therapeutisches Bündnis ermöglicht. Solches Vertrauen ist aber auch ideal für Einstellungs- und Verhaltensänderungen, wie sie in der Psychotherapie unabdingbar sind. Wenn sich etwa beim eben erwähnten Patienten herausstellen sollte, daß seine psychotischen Wahnvorstellungen stets in bestimmten Situationen auftreten, liegt die Annahme nahe, daß es sich dabei um einen Konditionierungsvorgang, also um Gelerntes handelt. Die entsprechende kognitive Umstrukturierung bedarf genau des gleichen therapeutischen Bündnisses wie die pharmakologische 'Titrierung'.

1.1.7 Die Information des Patienten

Eigentlich gehört die Information des Patienten über Wirkung und Nebenwirkungen zu den Selbstverständlichkeiten einer Verordnung, die indessen in der Praxis gar nicht immer so selbstverständlich zu sein scheint, wie wir beobachten. Die Information des Patienten führt nämlich häufig zu Konflikten. Wie viel Information über potentielle, unangenehme Nebenwirkungen darf dem Patienten zugemutet werden, ohne daß er vor lauter Bedenken das Medikament gar nicht erst nimmt bzw. es wieder absetzt? Dieses Dilemma ist nicht einfach zu lösen, sicher nicht durch Verschweigen der Nebenwirkungen in der Hoffnung, sie würden bei diesem Patienten nicht auftreten oder in der Meinung, es sei beim Auftreten noch früh genug. Wer eine solche Haltung einnimmt, spricht dem Patienten seine Mündigkeit ab, indem er meint, ihm schwierige Entscheidungen abnehmen zu müssen. Wenn unerwartete Nebenwirkungen auftreten, zweifelt der Patient rasch an der Kompetenz des Therapeuten und damit an der Therapie selbst, so daß es in der Regel vorsichtiger sein dürfte, umfassend zu informieren. Treten entsprechende Nebenwirkungen bei einem Fünftel der Patienten auf, so machen wir den Patienten in klarer, einfacher und verständlicher Sprache auf diese aufmerksam, unter Umständen begleitet vom Zusatz "andere Nebenwirkungen sind indessen selten. Teilen Sie mir aber bitte mit, falls solche wider mein Erwarten auftreten!".
Manche Patienten verleihen ihrem Informationsbedürfnis Ausdruck, indem sie spontan Fragen stellen. Diese Fragen beziehen sich zum einen vorwiegend auf die Natur und Prognose ihrer Erkrankung, zum andern auf verschiedene Aspekte der Medikation (Wirkung, Nebenwirkung, Dauer der Medikamenteneinnahme, Abhängigkeitspotential etc.). Eine gute Zusammenstellung solcher Patientenfragen samt den Antwortmöglichkeiten findet sich bei Bezchlibynk-Butler (1987).

1.1.8 Die Motivationsförderung und Reaktanzvermeidung

Wie zuvor erwähnt halten sich nur wenige Patienten genau an die ärztlichen Verordnungen. Nicht selten begegnen wir Patienten, die unseren Ratschlägen und Empfehlungen extremen Widerstand entgegenbringen, sie nicht nur nicht befolgen, sondern quasi ins Gegenteil verkehren. Hier dürfte das Phänomen der Reaktanz im Spiel sein. Unter 'Reaktanz' versteht die Sozialpsychologie einen Reaktionsstil auf das subjektive Erlebnis von Freiheitseinschränkung, unabhängig davon, ob diese real vorliegt, echt droht oder lediglich vermeintlich befürchtet wird (Brehm 1966).
Dieser Persönlichkeitszug ist in der Bevölkerung normal verteilt, d. h. es gibt viele Menschen mit einem mittleren Ausprägungsgrad dieses Merkmals und einige wenige mit extrem starker bzw. extrem schwacher Ausprägung. Bei starker Reaktanz ist damit zu rechnen, daß schon wohlgemeinte Ratschläge als Freiheitsbedrohung empfunden und folgedessen boykottiert werden. Beispiele dafür sind die kindlichen Trotzreaktionen, Nein-sage-Tendenzen sowie die paranoide Befürchtung, Wille und Handeln werde von außen gesteuert, woraufhin sich der Patient verweigert.

Eine etwas riskante Möglichkeit, mit solchen Patienten umzugehen, ist die paradoxe Intention, d. h. in Voraussicht der Tatsache, daß diese Patienten regelmässig das Gegenteil von dem tun, was wir ihnen anordnen, empfehlen wir das Gegenteil dessen, was wir erwarten.

1.1.9 Die Erwartungshaltung

Unsere Erwartungen, ob ausgesprochen oder nicht, spüren die Patienten. Sozialpsychologische Untersuchungen haben gezeigt, daß Versuchspersonen in Experimenten ein genaues Gespür dafür haben, was der Versuchsleiter als Ergebnis erwartet, und verhalten sich dementsprechend (Pygmalion-Effekt, ROSENTHAL und JACOBSON 1968). Dies bedeutet für den Arzt, daß er mit den Therapien eher Erfolg hat, an die er selbst glaubt, mag die Evidenz für die Wirkung auch noch so gering sein wie etwa bei einem Placebo. Ein verwandtes Phänomen ist die self-fulfilling prophecy, die in letzter Zeit vor allem von WATZLAWIK (1981) beschrieben worden ist. Ein im Prinzip unwahrscheinliches soziales Ereignis kann dank Bekanntmachung einer Vorhersage eintreffen, da sich Menschen offenbar stark von Prognosen leiten lassen. Eine Prognose der Art "mit vereinten Kräften können wir diese Krise überwinden" vermag die Wahrscheinlichkeit der erfolgreichen Bewältigung allein durch ihr Aussprechen zu erhöhen (wenn nicht Reaktanz das Vorhaben sabotiert). Die Wirkung eines Psychopharmakons kann mit einer sich selbst erfüllenden Prophezeihung von rein biologischen Mechanismen auf Konfliktbewältigung ausgedehnt werden. Daß hierbei suggestive Momente die Hauptrolle spielen, versteht sich von selbst. Damit wären wir wieder an den Ausgangspunkt des Arztes als Droge (BALINT 1957) zurückgekehrt.

Die Beurteilung psychotroper Wirkungen

Der Behandlungserfolg ist in der Psychiatrie nicht so unmittelbar evident wie in den übrigen medizinischen Fachgebieten. Der klinische Wirkerfolg von Psychopharmaka ist nicht etwa objektiv hämatologisch, serologisch oder endokrinologisch erfaßbar. Die Korrelation zwischen der Blutplasmakonzentration und psychischer Wirkung ist insbesondere bei den Antidepressiva und Neuroleptika bisher völlig ungenügend, um von Blutwerten auf den therapeutischen Effekt schliessen zu können. Vielmehr bedarf es zuerst theoretischer Bemühungen zur Definition der Zielgröße und nachher der praktischen Operationalisierung der Messung. Psychiater, Psychologen und Biometriker bemühen sich in der komplexen Disziplin der Psychometrie um reliable und valide Erfassung der Zielsymptome. Zwei unterschiedliche Informationgquellen bieten sich für die Beurteilung an: Das Selbsturteil des Patienten, welches vor allem die Befindlichkeit abbildet, und das Fremdurteil (Arzt, Psychologe, Pflegepersonal, Angehörige), welches vorwiegend Verhalten des Patienten erfasst. (Näheres darüber in den Beiträgen von PHILIPP und von NETTER in diesem Band.)

Die Psychopharmakawirkung in Abhängigkeit von Persönlichkeitsfaktoren

Von verschiedenen Psychopharmaka (u.a Benzodiazepinen, Neuroleptika) ist bekannt, daß sie bei gewissen Patienten eine paradoxe, also eine der Erwartung entgegengesetzte Wirkung zeigen. Dieses Phänomen kennt der Internist etwa bei Antibiotika oder Zytostatika kaum. Psychopharmaka hingegen entfalten eine spezifische, stark von der Konstitution des einzelnen Patienten abhängige Wirkung. Vom ältesten Psychopharmakon, dem Alkohol, ist die individualspezifische Wirkung wohl bekannt. Während die einen die Hemmung verlieren, in Stimmung kommen und gesellig werden, werden andere müde oder auch kribbelig. EYSENCK (1957, 1966) hat verschiedentlich persönlichkeitsspezifische Wirkmechanismen postuliert, die aber nur teilweise einer empirischen Überprüfung standgehalten haben (JANKE et al. 1979, JANKE 1982). Abschließend sollen einige Persönlichkeitsfaktoren hinsichtlich ihrer idiosynkratischen Bedeutsamkeit in der Psychopharmakotherapie diskutiert werden. Weitere Angaben darüber finden sich etwa bei LEGEWIE (1968) und bei HEIMANN (1979, 1983).

1.1.10 Emotionale Labilität

Die Dimension der psychischen **Stabilität–Labilität** ist identisch mit der Neigung zu neurotischen Reaktionen und stellt nach EYSENCK (1966) den für die Klinik wichtigsten Persönlichkeitsfaktor dar, auch **Neurotizismus** genannt. **Psychisch labile Menschen** im Vergleich zu **psychisch stabilen** entwickeln in unbekannten, bedrohlich wirkenden Situationen eine übermäßige Aktivation. Als hypothetische neurophysiologische Grundlage nimmt EYSENCK für diese Verhaltenstendenz eine unterschiedliche Labilität des autonomen Nervensystems an.

In seinem Drogenpostulat ist EYSENCK davon ausgegangen, daß dämpfende Psychopharmaka die Erregung vermindern; somit müßten Tranquilizer, Antidepressiva und Neuroleptika ihre Wirkung vor allem bei labilen und introvertierten Menschen entfalten. Verschiedentlich ist diese These durch die Empirie bestätigt worden, obwohl Zweifel an der Berechtigung eines derart vereinfachten Modells bestehen (LEGEWIE 1968, JANKE et al. 1979).

1.1.11 Intro- und Extraversion

Für EYSENCKS Persönlichkeitstheorie und sein Drogenpostulat ebenso bedeutsam wie der Neurotizismus ist die Dimension **Intro-/Extraversion**. **Extravertierte** lieben die Betriebsamkeit, weil sie wegen des Überwiegens kortikal hemmender Prozesse ständig auf Außenreize angewiesen sind, während sich **Introvertierte** vor einem Übermaß an Erregung eher abschirmen. Erhöhte Erregbarkeit ist sowohl Introvertierten als auch den psychisch Labilen eigen, am stärksten somit den labilen Introvertierten. Die empirischen Befunde für die differentielle Wirkung von dämpfenden Psychopharmaka sind bei der Dimension Intro-Extraversion weniger überzeugend als beim Neurotizismus. Deutlicher fällt die differentielle Wirkung für Stimulantien aus, welche bei Introvertierten leicht einmal paradox sein kann, wahrscheinlich wegen Überschreitens des optimalen Erregungsniveaus (LEGEWIE 1968, JANKE 1982).

1.1.12 Hohe versus niedrige Emotionalität

Bei dem von LEFF im Zusammenhang mit dem Rückfall schizophrener Patienten vorgeschlagenen Konzept der **hohen vs. niedrigen ausgedrückten Emotionalität** (high vs. low expressed emotion) geht es um das emotionale Klima im Umfeld des Patienten. VAUGHN und LEFF (1976) sowie andere haben festgestellt, daß die Rückfälle im Zeitraum eines knappen Jahres nach der Klinikentlassung umso häufiger waren, je stärker emotionell geprägt das Umfeld der Patienten war und je häufiger sie damit Kontakt hatten (bis zu 90% Rückfälle). Neuroleptika vermochten diesen Gefährdungsfaktor etwa zur Hälfte aufzuheben. Bei niedriger Emotionalität des Umfeldes war die Rückfallquote mit 13% viel geringer, und Neuroleptika hatten kaum einen Einfluß.

Ausblick

Wenn wir versuchen in die Zukunft zu blikken, so zeigen sich einige Probleme in bezug auf die Grundbedingungen der Psychopharmakotherapie, welche abgesehen von neuen Entdeckungen, besondere Bedeutung bekommen werden.

1. Das Risikobewußtsein in bezug auf eine Pharmakotherapie ist in der Bevölkerung generell gestiegen, und es muss diesbezüglich eine intensivere Aufklärung, gepaart mit verstärkter Forschungsaktivität erfolgen. Während es eine zeitlang üblich war, für bestimmte Präparate vor allem eine Höchstdosierung zu empfehlen, da der Eindruck entstanden war, daß dadurch weniger Nebenwirkungen auftreten könnten, sehen wir heute eher eine Tendenz zur Niedrigstdosierung. Beide Tendenzen sind heute nicht begründet, sondern mehr denn je geht es für den einzelnen Patienten darum, eine optimale Dosierung zu finden, d. h. soviel als notwendig und so wenig als möglich. Dies setzt aber voraus, daß auch die Aus-, Fort- und Weiterbildung auf dem Gebiete der Psychopharmakotherapie vermehrt auf dieses Problem eingeht und das Wissen um eine durchschnittliche Dosierung durch ein Wissen um den durchschnittlichen Dosierungsspielraum zu vermitteln. Dies gilt im Besonderen für alte Patienten.

2. Besonders in bezug auf ältere und behinderte Menschen wird es nötig sein, die Tablettengrößen und auch die Möglichkeit, diese zu teilen, den Bedingungen dieser Patientengruppe anzupassen. Dazu nötig ist aber auch eine Änderung der Verordnungspraxis mit zusätzlichen Instruktionen der Patienten und wenn nötig auch ihrer Angehörigen. Wir sollten möglichst wenige Medikamente und diese vorwiegend in Einzeldosen verschreiben. Bei der Neuverschreibung muß vermehrt die Rückgabe der alten Packungen verlangt werden, denn nur dann ist es möglich zu kontrollieren, was die Patienten wirklich eingenommen haben und auch möglichen Verwechslungen auf die Spur zu kommen.

3. Ein besonderes Problem stellen die Beipackzettel dar. Es ist sicherlich wichtig, daß Patient und Arzt genau über ein Produkt und seine möglichen Risiken informiert sind. Es sollte jedoch darauf geachtet werden, daß der Beipackzettel für ein relativ harmloses Medikament nicht derart viele Risiken aufführt, daß dem Kranken Bedenken kommen, das Medikament überhaupt einzunehmen. Eine Teilung in einen Beipackzettel für den Patienten und einen solchen für den Arzt, wie es in manchen Ländern schon erfolgt, ist zunehmend wünschbar. Übertriebene Kampagnen gegen Psychopharmaka, im allgemeinen und speziellen einerseits, und unverständliche und zum Teil beängstigende Beipackzettel andererseits sind hauptsächlich dafür verantwortlich, daß viele psychisch Kranke

heute ohne die nötige Psychopharmakotherapie leiden müssen.
4. Innerhalb des sich entwickelnden ganzheitlichen Denkens auch in der Psychiatrie sollten Psychopharmaka nicht verordnet werden, ohne sich deren Bedeutung innerhalb eines **Gesamtbehandlungsplanes** bewußt zu sein.

Literatur

AMDP (1981) Das AMDP-System Manual zur Dokumentation psychiatrischer Befunde. Springer, Berlin Heidelberg New York

Angst J, Battegay R, Bente D et al. (1969) Das Dokumentationssystem der Arbeitsgemeinschaft für Methodik und Dokumentation in der Psychiatrie (AMP). Arzneimittelforschung 19: 399–405

Balint M (1957) Der Arzt, sein Patient und die Krankheit. Klett, Stuttgart

Bandura A (1977) Social learning theory. Prentice-Hall, Englewood Cliffs

Bezchlibynk-Butler K (1987) Questions patients ask about psychiatric medication. In: Persad E, Rakoff V (eds) Use of drugs in psychiatry. A handbook. Huber, Bern

Brehm JW (1966) A theory of psychological reactance. Academic Press, New York

Eysenck HJ (1957) Drugs and personality. J Ment Sci 103: 119–131

Eysenck HJ (1966) Neurose, Konstitution und Persönlichkeit. Z Psychol 171: 145–181

Fähndrich E, Stieglitz RD (1989) Leitfaden zur Erfassung des psychopathologischen Befundes. Halbstrukturiertes Interview anhand des AMDP-Systems. Springer, Berlin Heidelberg New York Tokyo

Frank JD (1973) Persuasion and healing. The John Hopkins University Press, Baltimore

Freyhan FA (1957) Die moderne psychiatrische Behandlung von Depressionen. Nervenarzt 28: 504–509

Heimann H (1974) Wirkung von Psychopharmaka und zugrundeliegende theoretische Vorstellungen. Pharmakopsychiatry 10: 119–129

Heimann H (1983) Grundbedingungen der therapeutischen Psychopharmakawirkung In: Langer G, Heimann H (Hrsg) Psychopharmaka. Springer, Wien New York

Hobi V (1989) Psychotherapeutische Aspekte in der Behandlung schwerer Depressionen. Neurol Psychiatr 3: 268–277

Janke W (1982) Psychometric and psychophysiological actions of antipsychotics in men. In: Hoffmeister F, Stille G (eds) Psychotropic agents. Springer, Berlin Heidelberg New York, pp 305–336

Janke W, Debus G, Longo N (1979) Differential psychopharmacology of tranquilizing and sedating drugs. Mod Probl Pharmacopsychiatry 14: 13–98

Kielholz P, Adams C (1978) Diagnostik und Therapie depressiver Zustände in der täglichen Praxis. Schweiz Rundschau Med Praxis 67: 1580–1587

Legewie H (1968) Persönlichkeitstheorie und Psychopharmaka. A Hain, Meisenheim

Luban-Plozza B, Knaak L, Dickhaut HD (1987) Der Arzt als Arznei. Deutscher Ärzte-Verlag, Köln

Meichenbaum D (1975) Kognitive Verhaltensmodifikation. Urban & Schwarzenberg, München

Rogers CR (1977) Therapeut und Klient. Grundlagen der Gesprächspsychotherapie. Kindler, München

Rosenthal R, Jacobson L (1968) Pygmalion in the classroom: teacher expectation and pupils' intellectual development. Holt, Rinehart & Winston, New York

Taylor SE (1990) Health psychology: the science and the field. Am Psychol 45: 40–50

Van Praag HM (1988) Serotoninstörungen bei psychischen Erkrankungen. Funktionelle versus nosologische Interpretation. Adv Biol Psychiatry 17 (Übersetzung). Karger, Basel

Van Praag HM, Leijnse B (1965) Neubewertung des Syndroms. Skizze einer funktionellen Pathologie. Psychiatria Neur Neurochir 68: 50–66

Van Praag HM, Korf J, Lakke JP, Schul T (1975) Dopamine metabolism in depression, psychoses and Parkinson's disease – the problem of the specificy of biological variables in behaviour disorders. Psychol Med 5: 138–146

Vaughn CE, Leff JP (1976) The influence of family and social factors on the course of psychiatric illness. Br J Psychiatry 129: 125–137

Watzlawik (1981) Die erfundene Wirklichkeit. Piper, München

1.2 Nutzen und Risiken der Psychopharmakotherapie

K. Heinrich und E. Klieser

Mit 35,4 Mio. Verordnungen entfielen 1986 etwa 5% aller Verordnungen des gesamten Arzneimittelmarktes von 675 Mio. Verordnungen auf das Indikationsgebiet der Psychopharmaka. Dabei standen die Psychopharmaka unter den 15 verordnungsstärksten Indikationsgruppen des Jahres 1986 an vierter Stelle und veränderten damit nicht ihren Rang gegenüber 1985. Im Gegensatz zu den Gesamtverordnungen, die 1986 um 3,3% anstiegen, nahmen die Verordnungen von Psychopharmaka in diesem Zeitraum um 2,2% ab. Es setzte sich eine Entwicklung fort, die in einem Zeitraum von 5 Jahren zu einer Abnahme der Verordnungen von Psychopharmaka um 24% führte. Im Vergleich dazu veränderten sich die Verordnungen von Hypnotika nicht wesentlich. Die Psychopharmaka-Verordnungen gingen jedoch nicht einheitlich zurück, sondern zeigten in den einzelnen Arzneimittelgruppen unterschiedliche Entwicklungstendenzen. Bei Aufgliederung des Gesamtindikationsgebietes nach den vier Hauptgruppen der Psychopharmaka (Tranquillantien, Antidepressiva, Neuroleptika und sog. Nootropika), kann man die Verordnungsschwerpunkte im Jahre 1986 deutlich erkennen. Auffällig ist dabei, daß weit mehr als die Hälfte der verordneten definierten Tagesdosen (DDD) auf die Tranquillantien entfielen. Danach folgten mit 160 Mio. Tagesdosen die Antidepressiva und mit 146 Mio. die Neuroleptika, während die Nootropika mit 51 Mio. Tagesdosen nur eine untergeordnete Rolle spielten. Im Jahre 1986 gingen die verordneten DDD bei den Tranquillantien um 5,6% und noch deutlicher bei den Nootropika um 10,5% zurück. Eine teilweise Kompensation dieser Verordnungsrückgänge fand durch eine Zunahme bei den Antidepressiva (15,4%) und den Neuroleptika (6,0%) statt (Schwabe et al. 1989).

Die globale Beantwortung der Frage nach dem Nutzen der Psychopharmakotherapie fällt leicht, wenn man sich die Behandlungsmöglichkeiten in der Psychiatrie, Psychotherapie und Psychosomatik, aber auch in Fächern wie der Allgemeinmedizin, Inneren Medizin, Gynäkologie, Orthopädie ohne Psychopharmaka vorstellt. Es ist sicher, daß die zufällige Entdeckung der modernen Psychopharmakotherapie eine neue Epoche in der Medizin, vor allem, aber nicht nur, in der Psychiatrie eingeleitet hat. Der hierdurch erreichte Therapiefortschritt ist mit anderen epochalen Entwicklungen in der Medizin, wie der Einführung der Narkoseverfahren in der operativen Medizin und der Entdeckung der antibiotischen Therapie zur Bekämpfung von Infektionskrankheiten vergleichbar. Erstaunlich ist, daß es bisher noch nicht ausreichend gelungen ist, diese überragende Behandlungsbereicherung in entsprechender Weise im öffentlichen Bewußtsein zu verankern, obwohl die Akzeptanz von Psychopharmaka bei Verordnern und Patienten groß ist, wie dies die obengenannten Umsatzzahlen des Arzneimittelmarktes verdeutlichen. Ursache hierfür könnte möglicherweise die Furcht der Öffentlichkeit sein, Seelisches, das eigentlich

Menschliche also, mit materiellen Organfunktionen des Gehirns in Zusammenhang zu bringen, worauf die Wirkung von Psychopharmaka hindeuten könnte.

1.2.1 Neuroleptika

Die Aera der modernen Pharmakopsychiatrie begann 1952 mit der Einführung des Chlorpromazins in die Therapie. Es ist gerechtfertigt, von einer Umwälzung der psychiatrischen Behandlungsmethoden seit dieser Zeit zu sprechen, die in vielen Fällen auch günstigere Voraussetzungen für die Anwendung sozialpsychiatrischer Behandlungsverfahren geschaffen hat. Die Verringerung der Bettenzahlen in den psychiatrischen Landeskliniken und die Verlagerung vieler therapeutischer Aktivitäten auf den teilstationären und ambulanten Sektor sind durch die neuroleptische (und auch thymoleptische) Behandlung entscheidend gefördert worden. Kein Einsichtiger wird diese Fortschritte bestreiten wollen. Wenn es trotzdem geboten erscheint, auch über eine mögliche Stagnation in der psychiatrischen Pharmakotherapie zu sprechen, so ist zunächst die Feststellung zu treffen, daß diese Behandlungsform für sich allein offenbar nicht unter allen Umständen ausreicht, Reformfortschritte zu ermöglichen. Am Beispiel der stationären Belegungszahlen der Rheinischen Landesklinik – Psychiatrische Klinik der Heinrich-Heine-Universität Düsseldorf nach 1946 soll dies verdeutlicht werden.

Die neuroleptische Pharmakotherapie wurde 1953 in der Düsseldorfer Klinik eingeführt. Die antidepressive Arzneimittelbehandlung wird seit 1958 angewandt, trotz der damit verbundenen verbesserten Therapiemöglichkeiten bestanden noch bis 1972 hohe Bettenzahlen mit Maxima von 1.650 Betten in den Jahren 1963 und 1967. Erst danach kam es zu einem deutlichen Abfall auf 713 psychiatrische und 170 heilpädagogische Betten 1990. Die Zahl der psychisch Kranken hat in der Zwischenzeit insgesamt nicht abgenommen, die Veränderungen der Belegungszahlen spiegeln nach unserer Auffassung lediglich das Zusammenwirken pharmakotherapeutischer und reformermöglichender gesellschaftlicher Veränderungen wider. Seit den späten 60er und vor allem in den beginnenden 70er Jahren interessierte sich die Öffentlichkeit, Medien, Politiker und auch die Bürger, vermehrt für die bis dahin bestehenden Mißstände in der Psychiatrie und drang energisch auf Abhilfe. Die lebhafte Reformdiskussion wurde in Düsseldorf ab 1972 wirksam und führte durch den Aufbau von komplementären Behandlungseinrichtungen zu einer Verringerung der Zahl der stationär behandelten Patienten. Wir vertreten die Auffassung, daß die Möglichkeiten der Pharmakotherapie und gesellschaftlich bedingte Verbesserungen der Aufwendungen für psychisch Kranke zusammen erst den auch in der Reduktion der Bettenzahlen der großen psychiatrischen Kliniken meßbaren Fortschritt bewirkt haben. Erwartungen hinsichtlich einer alleinentscheidenden Wirksamkeit von Neuroleptika und Thymoleptika im Hinblick auf die umfassende Verbesserung der Situation von psychisch Kranken sind anscheinend nicht gerechtfertigt. Die Bettenzahl sank in der Düsseldorfer Klinik erst ab 1972 kontinuierlich, fast 20 Jahre nach Einführung der neuroleptischen Therapie. Diese stellte sicher eine zwar auch notwendige, allein jedoch nicht ausreichende Bedingung für die Möglichkeit der außerstationären Behandlung psychisch Kranker dar.

Besonders die Entdeckung der antipsychotischen Wirkung des Chlorpromazins und die Entwicklung zahlreicher Nachfolgesubstanzen haben in der Psychiatrie zu einer völligen, äußerst positiven Veränderung der psychiatrischen Behandlungspraxis geführt, die heute als Psychiatriereform bezeichnet wird. Aus den früheren Heil- und Pflegeanstalten, in denen die Patienten zum überwiegenden Teil oft jahrelang den Spontanverlauf ihrer Erkrankung abwarten mußten, konnten psychiatrische Akut-Krankenhäuser entwickelt werden, die in räumlicher, personeller und apparativer Ausstattung somatischen Krankenhäusern ebenbürtig sind. In ihnen gelingt es, einen überwiegenden Teil der psychisch Kranken durch kunstgerechte Anwendung von Psychopharmaka innerhalb vorhersehbarer, tage- bis höchstens wochenlang notwendiger Behandlungszeit entsprechend der Behandlungsdauer bei anderen schweren organischen Erkrankungen von ihren Krankheitssymptomen zu befreien. Der Verlust des Umweltbezuges der Patienten wird verhindert. Die stationäre und unmittelbar poststationäre Behandlung der Patienten hat sich hierdurch verändert. Standen früher vor allem kustodiale Elemente im Vordergrund des therapeutischen Bemühens, so spielen jetzt Psychotherapie und sozialpsychiatrische Rehabilitationen in der klinischen Behandlung von schizophrenen Patienten eine entscheidende Rolle. Dabei wird der Stationsalltag ganz wesentlich durch psychotherapeutische Elemente von der therapeutischen Gemeinschaft bis hin zur Einzeltherapie mit verschiedenen Methoden geprägt. Erst die erfolgreiche medikamentöse Therapie schafft nicht selten die Voraussetzungen für eine auf Kommunikation angelegte Psychotherapie. Dies wird besonders bei den in Wahn und Autismus befangenen schizophrenen Patienten deutlich, die erst nach neuroleptischer Kompensation in der Lage sind, sich der partnerschaftlichen Zusammenarbeit im therapeutischen Prozeß zu öffnen. Diese Verbesserung der Behandlungsmöglichkeiten hat zu der genannten Verringerung der Patientenzahlen in den großen psychiatrischen Krankenhäusern geführt und eine Liberalisierung und Humanisierung der Klinikpsychiatrie mit sich gebracht. Stationen konnten in großer Zahl geöffnet werden, Männer und Frauen können jetzt auf geschlossenen Aufnahmestationen zusammen behandelt werden. Der psychiatrische Klinikalltag konnte durch diese gemeinsame Behandlung von Männern und Frauen auf den Stationen ein gutes Stück an die außerklinische Realität angeglichen werden. Die Ausnahmestellung der Psychiatrie in der Medizin und der Gesellschaft wurde so reduziert.

Wir fanden bei einer Untersuchung an insgesamt 339 schizophrenen Kranken, die in drei etwa gleich großen Gruppen entweder wegen einer akuten psychotischen Exazerbation stationär oder langfristig stationär oder poliklinisch behandelt wurden, daß von den Patienten, die zur Zeit der Ersthospitalisierung beruflich aktiv gewesen waren, 63% der Poliklinikpatienten diesen beruflichen Status hatten halten können. Dagegen waren nur 49% der Kranken aus dem stationären Akutbereich und 39,1% aus dem Langzeitbereich zum Untersuchungszeitpunkt noch beruflich aktiv (Heinrich et al. 1984). Hier zeigt sich eine partiell ungenügende therapeutische Wirksamkeit der neuroleptischen Pharmakotherapie. Auch die zusätzliche Anwendung von Arbeits- und Soziotherapie hat eine weitere Verbesserung bis heute nicht ermöglicht.

Andererseits bedeutet innerhalb der neuroleptischen Gesamtbehandlungsmöglichkeiten die **Depot-Neurolepsie** einen weithin akzeptierten Fortschritt. Die Depot-Neurolepsie verhält sich zur Neurolepsie wie ein taktischer Erfolg zu einem strategischen Durchbruch. Damit wird dargetan, daß die Anwendung depot-neuroleptischer Substanzen eine erwünschte und therapeutisch vorteilhafte Ergänzung der neuroleptischen Behandlungsmöglichkeiten ist.

Es besteht offensichtlich weitgehende Übereinstimmung darüber, daß die Therapie mit Depot-Neuroleptika bei schizophrenen Kranken die Applikationszuverlässigkeit (Compliance) wesentlich verbessert. Schizophrene Kranke nehmen wie Patienten mit anderen Erkrankungen bei ambulanter Behandlung nach Parkes et al. (1962), Renton et al. (1963) und Wilcox et al. (1965) in etwa 40–48% der Fälle die ihnen verordneten Medikamente nicht zuverlässig ein. Stationär behandelte Kranke verhalten sich danach in 11% bis 19% der Fälle nicht medikationskonform. Tegeler et al. (1980) fanden in einer Gruppe von 76 schizophrenen Patienten, daß die verordneten Kurzzeit-

Neuroleptika in 40,6% der Fälle regelmäßig eingenommen worden waren, in 59,4% hatten die Patienten die Medikamente nach eigenen Angaben unregelmäßig eingenommen oder vorzeitig abgesetzt. Unter diesen Umständen ist die durch den Arzt kontrollierbare Verabfolgung eines wirksamen Medikaments in vereinbarten zeitlichen Abständen ein erheblicher Fortschritt gegenüber der durch Dyskontinuität der Einnahme gefährdeten oralen Applikation.

Die intramuskuläre Applikationsform gibt dem Arzt darüber hinaus die Möglichkeit, seinen Patienten sowohl bei ambulanter wie auch bei stationärer Therapie selbst zu "behandeln", d. h. ihm die Injektion selbst zu geben oder zumindest den Vorgang selbst zu überwachen. Die Bedeutung der Zufuhr des Medikaments wird auf diese Weise psychologisch verstärkt, die relative Beliebigkeit der oralen Einnahme wird vermieden. Legt der Arzt selbst "Hand an", so wird die therapeutische Kommunikation zwischen Patient und Arzt unterstrichen. Der Arzt hat in der Pharmakotherapie ein Mittel zur Verfügung, das es ihm gerade auch bei der Depot-Neurolepsie erlaubt, mit seinen Patienten über die partnerschaftliche Erörterung von Indikation, Therapieprognose, Hauptwirkungen und Nebenwirkungen hinaus ein kommunikativ fundiertes Arbeitsbündnis herzustellen. Die Eindrücklichkeit des Injektionsvorganges bei der Depot-Neurolepsie ist über die nur pharmakodynamische Wirkung hinaus mit Nutzen für den therapeutischen Gesamteffekt in den Dienst der antipsychotischen Behandlung zu stellen.

Bei der Depot-Neurolepsie kommt es zur Ausbildung vorhersagbarerer und konstanterer Plasmaspiegel (Curry et al. 1978). Der "Bypass-Effekt" bei parenteraler Neuroleptikum-Applikation läßt im übrigen die initiale Biotransformation bei oraler Zufuhr vermeiden.

Depot-Neuroleptika sind geeignet, die Gefahr der unkontrollierten oralen Überdosierung oder der nichtindizierten Einnahme durch den Patienten selbst vermeiden zu lassen. Johnson wies 1984 darauf hin, daß in Großbritannien die meisten Überdosierungen seitens der Patienten mittels ihnen ärztlich verschriebener oraler Medikamente ausgeführt wurden.

Gegen die Depot-Neurolepsie ist eingewandt worden, daß die perfekte Compliance die Gefahr der extrapyramidalen Nebenwirkungen, vor allem der späten Hyperkinesen, erhöhe (Degkwitz 1983). In diesem Zusammenhang ist die Feststellung von Johnson (1973) wichtig, daß zwei Drittel aller extrapyramidalen Nebenwirkungen unter Therapie mit Fluphenazin-Decanoat durch Dosisreduktion zum Verschwinden gebracht werden können, ohne daß es zum Verlust der antipsychotischen Wirkung kommt.

Es ist nicht zu leugnen, daß die Risiken hinsichtlich der neuroleptischen Begleitwirkungen durch die Depot-Neuroleptika nicht entscheidend vermindert wurden (Tegeler 1982). Wir vertreten in Übereinstimmung mit zahlreichen anderen Autoren (Literatur bei Pietzcker 1978) die Auffassung, daß jede Form der Neurolepsie eine allgemeine Herabgestimmtheit im Sinne des ethologischen Begriffes verursachen kann. Es handelt sich dabei um eine verringerte Handelns- und Erlebensbereitschaft (Heinrich und Tegeler 1983). Hinweise auf diesen Sachverhalt finden sich schon 1964 bei Bente, Engelmeier, Heinrich, Hippius und Schmitt.

Persönlichkeitsveränderungen im Rahmen schizophrener Psychosen in Form von Antriebs- und Kontaktarmut, Insuffizienzgefühlen, Affektstarrheit, Affektlahmheit, Denkhemmung, Einengung des Denkens, Konzentrationsstörungen und Gedächtnisbeeinträchtigungen können nach verbreiteten, immer wieder publizierten Erfahrungen neuroleptisch nur wenig gebessert werden (Heinrich 1964, 1967). Ein Teil dieser Störungen entspricht den von Süllwold (1973) beschriebenen kognitiven Primärstörungen, die in einem frühen Stadium schizophrener

Erkrankungen auftreten können. Sie sind zu subsumieren unter den Grundsymptomen im Sinne EUGEN BLEULERS, gleichzeitig lassen sie sich als Auswirkungen eines neuroleptischen dyskognitiven Syndroms beschreiben, das seinerseits sowohl Ausdruck eines postremissiven Erschöpfungs-Syndroms (HEINRICH 1967) als auch eines schizophrenen Residualzustandes sein kann. Die neuroleptische Langzeittherapie kann die Erscheinungen vorübergehender oder bleibender Insuffizienz noch verstärken. Es ist nicht ersichtlich, daß die Depot-Neurolepsie gegenüber der oralen neuroleptischen Behandlung hier einen grundsätzlichen Wandel gebracht hätte. Sprachverständnisschwierigkeiten, Denk- und Konzentrationsbeeinträchtigungen, Unfähigkeit zum Erleben eindeutiger Gefühlszustände, kognitives Gleiten, Erschwerung des Sprechens sowie Beeinträchtigung der Fähigkeit, Gelesenes aufzunehmen und zu verstehen, sind charakteristische Erscheinungen sowohl des neurolepsiebedingten dyskognitiven Syndroms wie auch der schizophrenen Primärstörungen.

Für den in Praxis und Ambulanz tätigen Nervenfacharzt haben die Neuroleptika, besonders die Depotneuroleptika, eine wesentliche Veränderung der Behandlung von schizophrenen Patienten mit sich gebracht. So können von diesen häufig akute schizophrene Exazerbationen, die ohne Eigen- und Fremdgefährdung einhergehen, im familiären Rahmen behandelt werden, Reexazerbationen frühzeitig erkannt und durch entsprechende medikamentöse Intervention verhindert werden. Unter dem medikamentösen Schutz kann der Psychiater kurz- und längerfristige psychotherapeutische und soziotherapeutische Rehabilitationsprogramme durchführen ohne Gefahr zu laufen, psychotische Dekompensationen der Patienten zu bewirken oder suizidale Krisen hervorzurufen.

1.2.2 Antidepressiva

Seit der Entdeckung der antidepressiven Medikamente 1957 gelingt es, die Mehrzahl der depressiven Patienten außerhalb der Klinik nach nur mehrwöchiger Behandlung von ihren Beschwerden zu befreien und das Wiederauftreten der Symptome zu verhindern. Dabei können in der postakuten Phase psychotherapeutische Techniken besonders den langfristigen Krankheitsverlauf günstig beeinflussen. Ohne den therapeutischen Effekt der Antidepressiva war dies früher oft erst nach monatelangem Spontanverlauf der Erkrankung möglich. Relative Behandlungssicherheit und Einfachheit in der Handhabung haben es möglich gemacht, daß die Mehrzahl der depressiven Patienten vom Hausarzt behandelt wird (LINDEN 1987) und nur bei komplizierten Krankheitsverläufen und suizidalen Krisen der Psychiater oder die psychiatrische Klinik hinzugezogen werden müssen. Die Folge davon ist, daß die Akzeptanz einer entsprechenden Behandlung in der Bevölkerung deutlich größer ist und mehr Patienten die notwendige Behandlung durchführen lassen als dies früher der Fall war. Dabei konnten besonders Praxiserfahrungen und Untersuchungen in der ärztlichen Praxis zur Verbesserung der Anwendungsregeln von Antidepressiva genutzt werden (LINDEN 1987). Die diagnoseunabhängige syndrombezogene Anwendung von Antidepressiva hat sich aus diesen Praxiserfahrungen ebenso abgeleitet wie die langfristige Verordnung niedrig dosierter Antidepressiva zur Symptomsuppression und zur Rezidivprophylaxe bei depressiven Syndromen (PESELOW et al. 1991).

Mittels der Lithiumsalze und des Carbamazepins können besonders im ambulanten Bereich die Langzeitverläufe affektiver Psychosen und affektiv getönter schizophrener Psychosen günstig beeinflusst werden (MÜLLER-OERLINGHAUSEN und GREIL 1986). Bei einem größeren Anteil von Patienten kann hiermit dauerhaft Symptomfreiheit erzielt werden (KOUFEN und CONSBRUCH 1989, SCHOU 1990).

1.2.3 Tranquilizer

Kann auch durch die Benzodiazepine kein entsprechend langfristig anhaltender therapeutischer Effekt bei Angst- und Spannungszuständen sowie bei psychoreaktiven Beschwerden erzielt werden, so ist doch ihre Anwendung bei akuten Angst-, Unruhe-, Erregungszuständen und bei suizidalen Krisen unverzichtbar (LAUX 1987). Innerhalb kürzester Zeit läßt sich hiermit oft eine Symptomneutralisation erreichen, die die Voraussetzungen einer erfolgreichen Anwendung von psychotherapeutischen Techniken ist.

Bei (febrilen) Katatonien und beim malignen neuroleptischen Syndrom können möglicherweise Benzodiazepin-Präparate, besonders das Lorazepam, mit dazu beitragen, einen fatalen Krankheitsverlauf zu verhindern (WETZEL et al. 1988).

Nicht vergessen werden darf, daß Schlafstörungen stärkeren Ausmaßes kurzfristig durch Benzodiazepin-Präparate beseitigt werden können (BORBÉLY 1986).

Alkohol-, Tabletten- und Drogenentzugsdelirien haben durch die Anwendung besonders der Benzodiazepine, aber auch des Chlormethiazols, ihren Schrecken verloren, so daß heutzutage kaum noch mit tödlichen Ausgängen zu rechnen ist (FEUERLEIN 1987). Auch bei der Behandlung des Status epilepticus sind Benzodiazepin-Präparate weiterhin unverzichtbar (KUGLER und SPATZ 1987).

Zur längerfristigen Behandlung von Angst, Depression, Spannungszuständen und psychosomatischen Beschwerden in der ärztlichen Praxis haben sich die Benzodiazepin-Tranquilizer wegen einer möglichen Abhängigkeitsentwicklung nicht bewährt (POSER 1985).

In diesen Indikationen angewandt können aber niedrig dosierte Neuroleptika und niedrig dosierte Antidepressiva sowohl kurz- als auch längerfristig günstige therapeutische Effekte bewirken.

Die **Tranquilizerwirkung der Neuroleptika** in niedriger Dosierung ist seit langem bekannt; schon vor mehr als 20 Jahren wurde ein anxiolytischer Effekt von niedrig dosiertem Fluphenazin beschrieben (JANKE 1965, PROCTOR 1960). Es folgten Berichte aus Doppelblindstudien, in denen sich vor allem Thioridazin und Flupentixol bei ängstlich-depressiven Syndromen als therapeutisch wirksam erwiesen (JOHNSON 1979, SCHUSTER et al. 1972). Nachdem vor allem unter hochpotenten Neuroleptika häufiger Frühdyskinesien und Parkinson-Syndrome und vereinzelt späte Hyperkinesen beobachtet wurden und nachdem die Benzodiazepine eine zunehmend größere Akzeptanz fanden, wurden hochpotente Neuroleptika in Tranquilizerindikation immer seltener eingesetzt. Das Abhängigkeitsrisiko bei längerfristiger Benzodiazepin-Verabreichung führte dann zur Suche nach alternativen Behandlungsmöglichkeiten, wobei die ataraktischen Eigenschaften niedrig dosierter Neuroleptika wieder stärker in das allgemeine Blickfeld rückten.

Besonders umfangreiche Erfahrungen und Befunde aus kontrollierten Studien liegen mit Fluspirilen 1,5 mg vor. Fluspirilen 1,5 mg/Woche wirkt bei Patienten mit Angst, psychoreaktiven Störungen und psychovegetativen Symptomen anxiolytisch. Die therapeutische Wirksamkeit von Fluspirilen ist der von Benzodiazepinen zumindest gleichwertig, wenn nicht überlegen. Wenn nach sechswöchiger Behandlung mit Fluspirilen ein voller Behandlungserfolg erreicht ist, kann dieses Ergebnis mit zweiwöchentlicher Gabe aufrechterhalten werden. Unter Placebo kommt es meistens zu einem graduellen Wiederauftreten der Angstsymptomatik. Nach sechswöchiger Behandlung kann bei noch nicht zufriedenstellendem Behandlungserfolg das Ergebnis durch Fortsetzung mit wöchentlicher Fluspirilen-Gabe noch verbessert werden. Es besteht eine deutliche Dosis-Wirkungs-Beziehung. Danach profitiert die Mehrzahl der Patienten am ehesten von der Dosierung von 1,5 mg; bei einigen Kranken kann aber auch die Dosierung von 1,0 mg zu einem zufriedenstellenden Ergebnis führen.

Die Verträglichkeit einer Neuroleptanxiolyse mit Fluspirilen ist gut. Die meisten Nebenwirkungen treten überwiegend initial auf und klingen, abgesehen von einer Gewichtszunahme, meistens innerhalb kurzer Zeit ab. Eine Akathisie scheint die häufigste extrapyramidal-motorische Begleitwirkung zu sein. Wenn Begleitwirkungen auftreten, haben sie meistens einen negativen Effekt auf das therapeutische Ergebnis. Im Sinne einer "nebenwirkungsgeleiteten Therapie" sollte bei deutlichen Begleitwirkungen, insbesondere bei extrapyramidal-motorischen Symptomen, die Neuroleptanxiolyse abgesetzt und ein alternativer Behandlungsversuch, z. B. mit Benzodiazepinen, erwogen werden. Aus den Daten unserer Untersuchung ergeben sich keine Hinweise auf ein erhöhtes Risiko von Spätdyskinesien unter einer durchschnittlich 18monatigen Behandlung mit Fluspirilen 1,5 mg/Woche. Jüngst wurde allerdings über einzelne Fälle von Spätdyskinesien und Spätdystonien unter Fluspirilen in Tranquilizerdosierung berichtet (Laux und Gunreben 1991). Da ältere Personen und Kranke mit einer hirnorganischen Vorschädigung möglicherweise besonders zur Entwicklung von Spätdyskinesien prädestiniert sind, sollte bei diesem Personenkreis besonders auf Frühsymptome derartiger Bewegungsstörungen geachtet, die Dosierung eventuell auf 1,0 mg Fluspirilen/Woche reduziert und die Behandlungsdauer zeitlich limitiert werden.

Die Neuroleptanxiolyse ist vor allem für Angst-Patienten, bei denen die Gefahr einer Abhängigkeitsentwicklung besteht, indiziert. Ein Behandlungsversuch mit Benzodiazepinen kann dagegen bei erheblichen Begleitwirkungen unter einer Neuroleptanxiolyse sinnvoll sein. Nach dem gegenwärtigen Wissensstand kann nicht sicher vorhergesagt werden, wann das eine oder das andere (Depot-)Neuroleptikum oder Benzodiazepin-Derivat den optimalen Erfolg im Einzelfall bewirkt; kontrollierte Studien mit verschiedenen Substanzen sollten durchgeführt werden. Im Rahmen der Behandlung von Angstzuständen und psychosomatischen Syndromen sind Pharmakotherapie und Psychotherapie keine sich ausschließenden Alternativen, sondern sollten sich wechselseitig ergänzen (siehe auch Klieser und Wurthmann 1991).

1.2.4 Probleme

Der große Vorteil der Psychopharmakotherapie ist die relativ leicht erlernbare Anwendbarkeit, die mit häufigem therapeutischen Erfolg einhergeht, der bezogen auf die Wirkung und auf den Zeitverlauf der Wirkung recht gut vorhersagbar ist. Die Kosten einer entsprechenden Psychopharmakotherapie sind niedrig, betragen selbst bei höher dosierter Anwendung maximal nur wenige Mark pro Tag. Dabei kann oft Arbeitsunfähigkeit der Betroffenen verhindert, zumindest aber stark verkürzt werden, der Verlust der Erwerbsfähigkeit bei der überwiegenden Anzahl der Patienten vermieden werden. Die durch die Psychopharmakotherapie bedingte Verminderung von Krankenhausbetten führt zu einer günstigen Kosten-Nutzen-Relation der Psychopharmakotherapie, die in anderen medizinischen Disziplinen noch nicht erreicht werden konnte.

Entscheidende Probleme hinsichtlich der Beurteilung der psychiatrischen Pharmakotherapie sind die **Mißerfolgsraten** und die Häufigkeit von Nebenwirkungen. Hier hat sich, genau besehen, seit der Einführung des Chlorpromazins 1952 nichts Entscheidendes geändert. Unsere Arbeitsgruppe (Klieser und Lehmann 1988) fand bei der Untersuchung an 495 akut schizophren Erkrankten 69% positive Reaktionen i.S. der Symptomsuppression bzw. wesentlichen Besserung der Krankheitserscheinungen, 31% der Schizophrenen waren durch die neuroleptische Therapie nicht ausreichend günstig zu beeinflussen. Diese Zahlenangaben entsprechen den in der Literatur niedergelegten Daten, wie sie z. B. von Klein und Davis (1969) und Woggon (1983) berichtet wurden.

Etwa 30–40% der depressiven Patienten profitieren ebenfalls von einer antidepressiven Psychopharmakotherapie nicht. Häufig gelingt es bei diesen Patienten auch nicht durch Veränderung der Psychopharmakotherapie einen therapeutischen Effekt zu erzielen, so daß diese Patienten entweder den Spontanverlauf der Erkrankung abwarten müssen oder mit anderen Verfahren, wie der neuroelektrischen Therapie, behandelt werden müssen (KLIESER 1990). Leider bleiben diese auf die Psychopharmakotherapie nicht ansprechenden Patienten von Nebenwirkungen nicht verschont, so daß für diese Patienten die Psychopharmakotherapie einen Nachteil bedeutet. Noch immer existieren derzeitig keine praxistauglichen Prädiktoren, mittels derer man vor Behandlungsbeginn voraussagen kann, welcher Patient auf eine bestimmte Behandlung anspricht oder nicht anspricht (WOGGON 1983, 1988). Auch für die Gruppe der Placeboresponder, die vor Behandlung derzeitig nicht identifizierbar ist, stellt die Anwendung von Psychopharmaka einen Nachteil dar (KLIESER und LEHMANN 1989).

Zu hoffen ist, daß durch eine Intensivierung der derzeitig stagnierenden klinischen Psychopharmakotherapieforschung diese grundsätzlichen Fragen zu klären sind und ebenso eine Aussage darüber möglich sein wird, welches der vielen zur Verfügung stehenden Psychopharmaka beim einzelnen Patienten einen optimalen Effekt bewirkt ohne Nebenwirkungen auszulösen. Die Entwicklung neuer, schneller und sicherer wirkender Psychopharmaka ist in Zukunft zu erwarten.

Die Risiken der Psychopharmakotherapie sind auch bei kunstgerechter Anwendung nicht zu vernachlässigen. Dabei scheinen hiervon besonders multimorbide Patienten betroffen zu sein. Bei der Anwendung von Neuroleptika und Antidepressiva ist bei 5% der Patienten mit gravierenden **Nebenwirkungen** zu rechnen, die je nach angewandtem Präparat bei 1,5% lebensbedrohlich sein können (HELMCHEN et al. 1985). Bezogen auf gravierende Nebenwirkungen sind die Benzodiazepine deutlich harmloser (BECKMANN und HAAS 1984, LAUX 1987). Nur in sehr seltenen Fällen ist mit paradoxen Reaktionen zu rechnen. Atmungs- und Kreislaufdepressionen sind bei vorsichtiger Anwendung selten (SCHMIDT et al. 1989). Viel bedeutender ist die Möglichkeit der Abhängigkeitsentwicklung, die nach längerfristiger Anwendung besonders bei suchtgefährdeten Patienten zu beobachten ist. Auch bei niedrig-dosierter langfristiger Anwendung ist mit einer sog. Niedrigdosisabhängigkeit zu rechnen (SCHÖPF 1983, 1985). Bei abruptem Absetzen der Benzodiazepine ist bei diesen Patienten mit schweren psychischen Entgleisungen zu rechnen, die bei ca. 20% produktiv schizophrenen Symptomen ähneln (POSER 1987).

Bei den **Antidepressiva** sind vor allem die anticholinergen und die alphaadrenolytischen Nebenwirkungen Hauptursache für gravierende Störungen (WOGGON 1987). Verwirrtheitszustände, Leberfunktionsstörungen, kardiale Funktionsstörungen, Kreislaufversagen, allergische Hautreaktionen, Blutbildveränderungen, Leberwerteerhöhungen, massive Obstipation bis hin zum Ileus und Störungen der Blasenfunktion – selten extrapyramidale Funktionsstörungen und epileptische Anfälle – zwingen zum Abbruch der Behandlung (PINDER 1988, HEINRICH und KLIESER 1991). Nebenwirkungen mit Todesfolge sind dabei selten (SCHMIDT et al. 1988). Allerdings können Intoxikationen mit trizyklischen Antidepressiva in suizidaler Absicht oder bei versehentlicher Einnahme bei Kindern erhebliche therapeutische Probleme bereiten und in höherer Dosis zu nicht beherrschbaren Krankheitsverläufen führen (KRESSE und IBE 1981). Deutlich günstiger, bezogen auf das Nebenwirkungsprofil, sind die neuen Antidepressiva, die nur halb so häufig zum Behandlungsabbruch wegen Nebenwirkungen zwingen (SCHMIDT et al. 1986, BALDESSARINI 1989). Besonders aber auch die subjektiven Begleitwirkungen einer entsprechenden antidepressiven Behandlung müssen beachtet werden: Konzentrationsstörungen, Kopfschmerzen, Müdigkeit, Schwindel, Gliederschmerzen, Appetitstörungen, Schlafstörungen, Verstopfung, sexuelle Funktionsstörungen, Gewichtsstörungen (LINDEN 1987) belasten die Patienten in recht erheblichem Ausmaß, so daß diese häufig nicht zur Fortsetzung der Behandlung zu bewegen sind (HEINRICH 1988, HEINRICH und KLIESER 1991). Auch hierbei scheinen die neuen Antidepressiva deutlich günstiger zu sein (KLIESER und TEGELER 1987, HEINRICH und KLIESER 1991).

Die trizyklischen **Neuroleptika** zeigen ein den Antidepressiva sehr ähnliches Nebenwirkungsprofil (SCHMIDT und GROHMANN 1990). Die Ausbildung von extrapyramidalen Syndromen ist allerdings unter ihrer Anwendung deutlich häufiger als unter Antidepressiva.

Ein besonders risikoreiches Präparat ist das **Clozapin**, bei dessen Anwendung Verwirrtheitszustände, Fieber, Kreislauffunktionsstörungen, Herzrhythmusstörungen, starke Obstipation, Blasenfunktionsstörungen und Krampfanfälle möglich sind (NABER et al. 1989). Besonders häufig ist unter seiner Anwendung mit der Ausbildung von Agranulozytosen zu rechnen, so daß Clozapin nur unter besonderen Vorsichtsmaßnahmen angewandt werden kann (Übersicht siehe KLIMKE und KLIESER 1990). Clozapin ist dennoch heute unverzichtbar, da ein Teil der psychotischen Patienten nur auf dieses Psychopharmakon anspricht und unter Clozapin-Anwendung andererseits keine extrapyramidalen Nebenwirkungen auftreten. Möglicherweise können neuere Präparate, wie das Risperidon (HEINRICH et al. 1991) und das Remoxiprid (LAUX 1992) die Verordnungsnotwendigkeit von Clozapin vermindern.

Bei der Anwendung von hochpotenten Neuroleptika ist als gravierende Nebenwirkung das maligne neuroleptische Syndrom häufiger zu beobachten als bei den schwach und mittelstark potenten Neuroleptika (PIETZCKER 1988). Dies ist allerdings eine äußerst seltene Komplikation (BERNER und SCHÖNBECK 1987). Sehr viel häufiger ist bei Anwendung von hochpotenten Neuroleptika mit der Ausbildung von extrapyramidalmotorischen Störungen wie Dyskinesien, Parkinsonoiden, Akathisien und Spätdyskinesien zu rechnen (MÜLLER-SPAHN 1986). Unterschätzt werden derzeitig sicherlich die psychischen und kognitiven Begleitwirkungen einer hochpotenten neuroleptischen Therapie (KLIESER et al. 1992). Interessenverarmung, Einfallslosigkeit, Konzentrations- und Merkfähigkeitsstörungen, Verlangsamung der Denkprozesse, affektive Stumpfheit sowie depressive Verstimmungszustände können Auswirkungen einer neuroleptischen Behandlung sein. Die Kognitionsstörungen sind als dyskognitives Syndrom zusammengefaßt worden (HEINRICH und TEGELER 1983).

Dieses dyskognitive Syndrom muß neben sexuellen Funktionsstörungen und Körpergewichtszunahme als eine der Hauptursachen für die schlechte Einnahmezuverlässigkeit vieler schizophrener Patienten angesehen werden (KLIESER 1991). Die gute Akzeptanz des Clozapins bei den Patienten könnte in seinem geringen Potential begründet sein, dyskognitive Störungen hervorzurufen (STRAUSS et al. 1988). Möglicherweise verursachen neuere Neuroleptika wie das Remoxiprid, das Zotepin und das Risperidon deutlich weniger psychische Begleitwirkungen als klassische Neuroleptika (KLIESER et al. 1991).

Die **Phasenprophylaktika** wie die Lithiumsalze und das Carbamazepin besitzen aufgrund der relativ moderaten körperlichen und psychischen Begleitwirkungen eine gute Akzeptanz bei den Patienten (ALBRECHT und MÜLLER-OERLINGHAUSEN 1987, SCHMIDT und GREIL 1987). Mit gravierenden Nebenwirkungen ist unter der Anwendung besonders von Lithiumsalzen bei kunstgerechter Anwendung seltener zu rechnen als bei Anwendung anderer Psychopharmaka, wie das AMÜP-Projekt gezeigt hat (SCHMIDT und GROHMANN 1990). Lithiumintoxikationen, Schilddrüsenfunktionsstörungen, Nierenfunktionsstörungen und neurologische Komplikationen, besonders bei der kombinierten Anwendung von Lithium und Butyrophenon-Präparaten, sollten dem Anwender bekannt sein, da sie eine schnelle zielgerichtete Therapie erfordern (SCHOU 1987, 1989).

Betreibt man eine Nutzen-Risiko-Abwägung der Psychopharmakotherapie, so muß man feststellen, daß der Nutzen einer kunstgerechten Behandlung mit Psychopharmaka die möglichen Risiken einer entsprechenden Behandlung überwiegt. Bei der überwiegenden Anzahl der Patienten sind Gefährdungen durch sorgfältige Verlaufskontrollen zu verhindern oder zumindest im Frühstadium zu erkennen.

Das Nutzen-Risiko-Verhältnis würde sich zugunsten der Psychopharmakotherapie noch weiter verbessern, wenn die präklinische und klinische Psychopharmakotherapie-Forschung intensiviert würde und zum einen neue Psychopharmaka zur Verfügung gestellt würden, zum anderen die Anwendungsregeln der derzeitig verfügbaren Psychopharmaka verbessert würden. Hierzu wird es notwendig sein, im öffentlichen Bewußtsein, aber auch im Bewußtsein vieler Psychiater, zu verankern, daß derzeitig für psychische Erkrankungen nur von der Pharmakologie Behandlungsverbesserungen größeren Umfanges zu erwarten sind. Der Eintritt dieser Behandlungsverbesserungen wird entscheidend davon abhängen, daß die Öffentlichkeit erkennt, wie unentbehrlich die weitere Psychopharmakotherapie-Forschung ist.

Literatur

ALBRECHT J, MÜLLER-OERLINGHAUSEN B (1987) Nutzen und Risiken der Lithiumtherapie. In: HELMCHEN H, HIPPIUS H (Hrsg) Psychiatrie für die Praxis. MMV Medizin, München

BALDESSARINI RJ (1989) Current status of antidepressants: clinical pharmacology and therapy. J Clin Psychiatry 50: 117–126

BENTE D, ENGELMEIER MP, HEINRICH K, HIPPIUS H, SCHMITT W (1964) Methodenkritischer Beitrag zur klinischen Wirksamkeitsprüfung von Psychopharmaka. In: BRADLEY PB, FLÜGEL F, HOCH P (Hrsg) Neuropsychopharmacology, vol 3. Elsevier, Amsterdam London New York

BERNER P, SCHÖNBECK G (1987) Biologische Behandlungsmethoden. In: KISKER KP, LAUTER H, MEYER JE, MÜLLER C, STRÖMGREN E (Hrsg) Psychiatrie der Gegenwart/Schizophrenien. Springer, Berlin Heidelberg New York Tokyo

BORBÉLY AA (1986) Benzodiazepinhypnotika: Wirkung und Nebenwirkungen von Einzeldosen. In: HIPPIUS H, ENGEL RR, LAAKMANN G (Hrsg) Benzodiazepine. Springer, Berlin Heidelberg New York Tokyo

CURRY SH, LEWIS DM, SAMUEL G (1978) Fluphenazinedecanoat in patients absorbing oral chlorpromazine ineffectively. Int Drug Ther Newslett 6: 53–60

DEGKWITZ R (1983) Komplikationen und Risiken der Therapie mit Depot-Neuroleptika. In: HIPPIUS H, KLEIN HE (Hrsg) Therapie mit Neuroleptika. Perimed, Erlangen

FEUERLEIN W (1987) Therapie des Alkoholismus. In: KISKER KP, LAUTER H, MEYER JE, MÜLLER C, STRÖMGREN E (Hrsg) Psychiatrie der Gegenwart/Abhängigkeit und Sucht. Springer, Berlin Heidelberg New York Tokyo

HEINRICH K (1964) Die Therapieresistenz schizophrener Defektzustände unter phylogenetischen Gesichtspunkten. In: KRANZ H, HEINRICH K (Hrsg) Begleitwirkungen und Mißerfolge der psychiatrischen Pharmakotherapie. Thieme, Stuttgart

HEINRICH K (1967) Zur Bedeutung des postremissiven Erschöpfungssyndroms für die Rehabilitation Schizophrener. Nervenarzt 38: 487–491

HEINRICH K (1988) Nebenwirkungsgeleitete Pharmakotherapie in der Psychiatrie. Münch Med Wochenschr 130: 699–701

HEINRICH K, TEGELER J (1983) Dyskognitive, apathische und extrapyramidale Syndrome bei Langzeit-Neurolepsie. In: HIPPIUS H, KLEIN HE (Hrsg) Therapie mit Neuroleptika. Perimed, Erlangen

HEINRICH K, KLIESER E (1991) Offene Klinische Phase III Studie mit Fluoxetin. In: Hippius H, Laakmann G (Hrsg) Chancen und Risiken eines neuen Ansatzes in der Depressionstherapie. Springer, Berlin Heidelberg New York Tokyo

Heinrich K, Quadbeck H, Arendt G, KLieser E, Lehmann E, Tegeler J, Wöller W, Milsch A, Steinke W (1984) Zur prognostischen Relevanz schizophrener Initialsymptome. In: Kryspin-Exner K, Hinterhuber H, Schubert H (Hrsg) Langzeittherapie psychiatrischer Erkrankungen. Schattauer, Stuttgart New York

Heinrich K, Klieser E, Lehmann E, Kinzler E (1991) Experimental comparison of the efficacy and compatibility of risperidone and clozapine in acute schizophrenia. In: Kane JM (ed) Risperidone. Major progress in antipsychotic treatment. Oxford Clinical Communication, Oxford

Janke W (1965) Untersuchungen zur Frage von Wirkungsunterschieden von Fluphenazin nach erst- und mehrmaliger Applikation. Psychopharmacology 7: 349–365

Johnson DAW (1973) The side-effects of fluphenazine decanoate. Br J Psychiatry 123: 519–522

Johnson DAW (1984) Observations on the use of long-acting depot neuroleptic injections in the maintance therapy of schizophrenia. J Clin Psychiatry 5: 13–21

Johnson DAW (1984) A double blind comparison of flupenthixol, nortriptyline and diazepam in neurotic depression. Acta Psychiatr Scand 59: 1–8

Klein DF, Davis JM (1969) Diagnosis and drug treatment of psychiatric disorders. Williams and Wilkins, Baltimore

Klieser E (1990) Psychopharmakologische Differentialtherapie endogener Psychosen. Thieme, Stuttgart New York

Klieser E (1992) Langzeittherapie chronisch schizophrener Patienten und Rezidivprophylaxe mit Remoxiprid. Krankenhauspsychiatrie (im Druck)

Klieser E, Tegeler J (1987) Komplikationsmöglichkeiten der medikamentösen Therapie und Prophylaxe affektiver Erkrankungen. 8. Kongress Gesamtverband Deutscher Nervenärzte, Kiel (Abstracts)

Klieser E, Lehmann E (1988) Wovon hängt der Mißerfolg der Psychopharmakotherapie ab? In: Hinterhuber H (Hrsg) Prädiktoren und Therapieresistenz in der Psychiatrie. Schattauer, Stuttgart New York

Klieser E, Lehmann E (1989) Are there any predictors for a good response to placebo therapy. Pharmacopsychiatry 22: 201

Klieser E, Wurthmann C (1992) Neuroleptanxiolyse. In: Riederer P, Laux G, Pöldinger W (Hrsg) Neuro-Psychopharmaka, Bd 2. Springer, Wien New York (im Druck)

Klieser E, Lehmann E, Strauss WH, Wurthmann C (1991) Experimentelle Psychiatrieforschung im Dienste der Patienten. In: Kretschmar C (Hrsg) Psychopharmakologie der Psychosen. Schattauer, Stuttgart (im Druck)

Klieser E, Lehmann E, Kinzler E (1991) Experimental comparison of the efficacy and tolerance of 4 mg and 8 mg Risperidone with 400 mg Clozapine in acute schizophrenia. Eur Neuropsychopharmacol (in press)

Klimke A, Klieser E (1990) Das atypische Neuroleptikum Clozapin. Fundamenta Psychiatrica 4: 190–202

Klimke A, KLieser E (1991) Leponex – Geschichtliche Entwicklung und aktuelle Fragen. In: Naber D, Müller-Spahn F (Hrsg) Springer, Berlin Heidelberg New York Tokyo (im Druck)

Kresse M, Ibe K (1981) Akute Intoxikationen mit Antidepressiva. In: Müller-Oerlinghausen B (Hrsg) Klinische Relevanz der Kardiotoxizität von Psychopharmaka. pmi, Frankfurt Zürich

Kugler J, Spatz R (1987) Zerebrale (epileptische) Anfälle im Erwachsenenalter. In: Flügel KA (Hrsg) Neurologische und psychiatrische Therapie. Perimed, Erlangen

Koufen H, Consbruch U (1989) Langzeitkatamnese zur Frage von Nutzen und Nebenwirkungen der Lithiumprophylaxe der phasischen Psychosen. Fortschr Neurol Psychiat 57: 374–382

Laux G (1987) Nutzen und Risiken der Therapie mit Benzodiazepinen. In: Helmchen H, Hippius H (Hrsg) Psychiatrie für die Praxis. MMV Medizin, München

Laux G (1992) Remoxiprid – ein atypisches Neuroleptikum der Benzamidgruppe. Fundamenta Psychiatrica 6: 45–51

Laux G, Gunreben G (1991) Schwere Spätdystonie unter Fluspirilen. Dtsch Med Wochenschr 116: 977–980

Linden M (1987) Phase-IV-Forschung, Antidepressiva in der Nervenarztpraxis. Springer, Berlin Heidelberg New York Tokyo

Müller-Oerlinghausen B, Greil W (1986) Die Lithiumtherapie: Nutzen, Risiken, Alternativen. Springer, Berlin Heidelberg New York Tokyo

Müller-Spahn F (1986) Extrapyramidal-motorische Nebenwirkungen und Neuroleptika-Gabe. Diagnostik 19: 22–26

Naber D, Leppig M, Grohmann R, Hippius H (1989) Efficiacy and adverse effects of clozapine in the treatment of schizophrenia and tardive dyskinesia – a retrospective study of 387 patients. Psychopharmacology 99: 73–76

Parkes CM, Brown GW, Monck EM (1962) The general practitioner and the schizophrenic patient. Br Med J I: 972–976

Peselow ED, Dunner DL, Fieve R, Difiglia C (1991) The prophylactic efficacy of tricyclic antidepressants- a five year follow up. Prog Neuropsychopharmacol Biol Psychiatry 15: 71–82

Pietzcker A (1978) Langzeitmedikation bei schizophrenen Kranken. Nervenarzt 49: 518–533

Pietzker A (1988) Das maligne neuroleptische Syndrom. Nervenarzt 59: 691–700

Pinder RM (1988) The benefits and risks of antidepressant drugs. Hum Psychopharmacol 3: 73–86

Poser W (1985) Tranquilizer Mißbrauch und Abhängigkeit. In: Helmchen H, Hippius H (Hrsg) Psychiatrie für die Praxis. MMV Medizin, München

Poser W (1987) Klinik der Medikamentenabhängigkeit. In: Kisker KP, Lauter H, Meyer JE, Müller C, Strömgen E (Hrsg) Psychiatrie der Gegenwart/Abhängigkeit und Sucht. Springer, Berlin Heidelberg New York Tokyo

Proctor RC (1960) Results with fluphenazine in anxiety and tension. Dis Nerv Syst 21: 283–284

Renton CA, Affleck JW, Castairs GM (1963) A follow-up of schizophrenic patients in Edinburgh. Acta Psychiatr Scand 39: 548–600

Schmidt LG (1989) Prevalence of benzodiazepine abusus and dependence in psychiatric in-patients with different nosology – an assessment of hospitalbased-drug surveillance data. Br J Psychiatry 154: 839–843

Schmidt S, Greil W (1987) Carbamazepin in der Behandlung psychiatrische Erkrankungen. Nervenarzt 58: 719–736

Schmidt LG, Grohmann R (1990) Neuroleptikanebenwirkungen – Ein Überblick. In: Heinrich K (Hrsg) Leitlinien neuroleptischer Therapie. Springer, Berlin Heidelberg New York Tokyo

Schmidt LG, Grohmann R, Müller-Oerlinghausen B, Ochsenfahrt H, Schönhöfer PS (1986) Adverse drug reactions to first and second-generation antidepressants: a critical evaluation of drug surveillance data. Br J Psychiatry 148: 38–43

Schmidt LG, Schüssler G, Linden M, Müller-Oerlinghausen B (1988) Zur Häufigkeit und Therapierelevanz unerwünschter Wirkungen von Antidepressiva im Rahmen der ambulanten nervenärztlichen Behandlung. Fortschr Neurol Psychiat 56: 111–118

Schöpf (1983) Withdrawal phenomena after longterm administration of benzodiazepines. A review of recent investigations. Pharmacopsychiatry 16: 1–8

Schöpf J (1985) Physische Abhängigkeit bei Benzodiazepin-Langzeitbehandlung. Nervenarzt 56: 585–592

Schou M (1987) Somatische Therapien: Lithium. In: Kisker KP, Lauter H, Meyer JE, Müller C, Strömgen E (Hrsg) Psychiatrie der Gegenwart/Affektive Psychosen. Springer, Berlin Heidelberg New York Tokyo

Schou M (1989) Lithium prophylaxis: myths and realities. Am J Psychiatry 146: 573–576

Schou M (1990) Langzeitprophylaxe affektiver Psychosen. In: Herz A, Hippius H, Spann W (Hrsg) Psychopharmaka heute. Springer, Berlin Heidelberg New York Tokyo

Schuster TS, Winslow WW, Kellner RA (1972) A comparison of thioridazine and diazepam in non-psychotic anxiety-depression – a pilot study. Curr Ther Res 14: 131–135

Schwabe U, Lohse MJ, Müller-Oerlinghausen B (1989) Verordnungen von Psychopharmaka durch niedergelassene Kassenärzte. In: Heinrich K, Linden M, Müller-Oerlinghausen B (Hrsg) Werden zuviele Psychopharmaka verbraucht? Thieme, Stuttgart

Strauss WH, Klieser E, Luethke H, Burtscheidt W (1988) Dyscognitive syndrome in neuroleptic therapy. Pharmacopsychiatry 21: 298–299

Süllwold L (1973) Kognitive Primärstörungen und die Differentialdiagnose Neurose/beginnende Schizophrenie. In: Huber G (Hrsg) Verlauf und Ausgang schizophrener Erkrankungen. Schattauer, Stuttgart New York

Tegeler J (1983) Dosierung und Verträglichkeit der Depot Neuroleptika. In: Das ärztliche Gespräch. Tropon, Köln

Tegeler J, Lehmann E, Stockschläder M (1980) Zur Wirksamkeit der langfristigen Behandlung Schizophrener mit Depot und Langzeitneuroleptika. Nervenarzt 51: 654–661

Wetzel H, Heuser I, Benkert O (1988) Benzodiazepines for catatonic symptoms, stuper, and mutism. Pharmacopsychiatry 21: 394–395

Wilcox DRC, Gillan R, Hare EH (1965) Do psychiatric out-patients take their drugs. Br Med J 2: 790–792

Woggon B (1983) Prognose der Psychopharmakatherapie. Enke, Stuttgart

Woggon B (1987) Psychopharmakotherapie affektiver Psychosen. In: Kisker KP, Lauter H, Meyer JE, Müller C, Strömgren E (Hrsg) Psychiatrie der Gegenwart, Bd 5. Springer, Berlin Heidelberg New York Tokyo

1.3 Ethische Aspekte der Pharmakopsychiatrie

H. Helmchen[1]

1.3.1 Vorbemerkungen

1. Allgemeiner Grundsatz: Wie auch sonst in der Medizin sollen Wohl und Wille des Kranken die Anwendung psychotroper Arzneimittel in der Behandlung psychischer Krankheiten sowie die wissenschaftliche Prüfung ihrer Optimierung leiten. So klar diese Wertnormen in allgemeiner Formulierung erscheinen, so schwierig kann es sich erweisen, ihre Gültigkeit im konkreten Fall zu bestimmen.

Gerade deshalb und auch, weil sich die Diskussion von umschriebenen und alltäglichen Problemen als didaktisch wirksamste Form ethischer Sensibilisierung erwiesen hat, soll im folgenden immer wieder von konkreten Beispielen ausgegangen werden.

2. Klinische Beispiele: Man frage sich nur,

- ob oder in welchem Umfang eine Demenz die Bildung und Äußerung einer Wissensentscheidung beeinträchtigt – und wieweit dies ggf. die Praxis der Arzneimittelbehandlung berührt?
- ob die Ablehnung einer notwendigen Behandlung, z.B. durch einen Wahnkranken, krankhaft begründet ist und wie in einem solchen Falle verfahren werden soll?
- ob der Wille eines Patienten Vorrang hat, wenn er hier und jetzt von ängstlicher Unruhe mittels eines Tranquilizers befreit werden will, der Arzt aber das langfristige Wohl des Patienten durch die Initiierung oder Perpetuierung einer Abhängigkeit gefährdet sieht?
- ob das Wohl eines Kranken nur von ihm und seinem Arzt oder auch von seinen Angehörigen oder gar öffentlich definiert werden soll, wie dies in der gegenwärtigen Diskussion um die Methadon-Substitution bei Heroin-Abhängigen geschieht? Hier steht einem eher gesundheitspolitisch im Hinblick auf das Gemeinwohl definierten Wohl des Kranken die erfahrungsbegründete ärztliche Warnung vor den Gefahren einer Perpetuierung der Sucht gegenüber.

Ob die Kriterien des Wohls angemessen und brauchbar sind? Denn die Methadon-Diskussion zeigt auch, daß als Wohl des Kranken keineswegs nur Freiheit von Krankheit verstanden wird, sondern damit weit darüberhinaus auch soziale Ziele wie Entkriminalisierung und soziale Stabilisierung gemeint sein können bis hin zu – im Gefolge der Gesundheitsdefinition der WHO von 1947 – vagen Konzepten wie dem der Lebensqualität (Helmchen 1990 c).

- ob man als Arzt vom unbehandelten Spontanverlauf der vorliegenden Krankheit, von Wirksamkeit und Sicherheit der vorgesehenen Arzneimittelbehandlung, vom individuellen Kranken selbst genug weiß, um ihm eine begründete Nutzen-Risiko- Abwägung zu ermöglichen? Gibt es beispielsweise tatsächlich Risiken wie Gewohnheitsbildung oder Demenz – zumindest der Vorverlagerung ihrer Manifestation – unter Langzeitmedikation mit anticholinergen Antidepressiva?
- ob man die eigene fachliche Nutzen-Risiko-Abwägung dem Kranken so erklären kann, daß er sie nachvollziehen kann? Etwa

---

[1] Hanns Hippius in Freundschaft zum 18.4.1990

das Erfordernis einer Depot-neuroleptischen Langzeit- Medikation wegen mangelnder Compliance?

3. Ethische Sensibilisierung: Bereits diese wenigen Beispiele verweisen auf praktische Schwierigkeiten, deren Lösung auch ethischer Reflektion bedarf. Im Zeitvergleich lassen sie den Erfahrenen auch erkennen, daß Kriterien und Verfahrensweisen ethischer Beurteilung sehr in Entwicklung begriffen sind und in den letzten Jahren erheblich differenziert wurden (Elliott 1989, Helmchen 1986). Vielfältige Gründe sind dafür anzunehmen: Bei zunehmender Verbreitung der Anwendung von Psychopharmaka (über mehr Ärzte und mehr Indikationen) wird vorhandenes Wissen nur unzureichend in die Praxis umgesetzt, so daß unbefriedigende Wirksamkeit und unerwünschte Arzeimittelwirkungen häufiger als notwendig zu beobachten sind; solche Erfahrungen ebenso wie die verbreitete Skepsis gegenüber dem technischen Fortschritt haben zu einer kritischer gewordenen Reflektion der ständig wachsenden Möglichkeiten wie auch der Begrenzungen psychiatrischer Pharmakotherapie geführt; und auch das Selbstbestimmungsrecht des Patienten wird verstärkt wahrgenommen, nicht zuletzt unter den Bedingungen ambulanter Langzeitbehandlungen; vor allem aber hat dieser Zeitgeist die pharmakopsychiatrische Forschung über ein speziell entwickeltes Recht beeinflußt.

4. Rechtliche Rahmenbedingungen: Nach der Berufsordnung der Deutschen Ärzte von 1988 muß sich jeder patientenbezogen forschende Arzt von einer Ethik-Kommission beraten lassen. Diese Beratung folgt den Richtlinien zur klinischen Forschung, wie sie der Weltärztebund in seiner Deklaration von Helsinki (1964), Tokyo (1975) und Hongkong (1989) niedergelegt hat. Im Hinblick auf nationale Unterschiede in den entsprechenden Regeln und Rechtsvorschriften hat das Ministerkomitee des Europarates 1990 eine Empfehlung (R (90) 3 vom 6.2.1991) über die medizinische Forschung am Menschen mit dem Ziel gemeinsam verbindlicher Mindestregeln angenommen und die EG am 11. Juli 1990 Regeln für Good Clinical Practice (GCP) verabschiedet, die ab 1992 im EG-Europa verbindlich werden. Spezielle Rechtsgrundlagen sind das Arzneimittelgesetz und die "Grundsätze für die ordnungsgemäße Durchführung der klinischen Prüfung von Arzneimitteln", die der Bundesminister für Jugend, Familie, Frauen und Gesundheit am 30. Dezember 1987 bekannt gemacht hat. Sie definieren Zulässigkeitsvoraussetzungen, vor allem Nutzen-Risiko- Abwägung und Einwilligung nach Aufklärung und verfahrensmäßige Absicherung wie Dokumentation von Aufklärung und Einwilligung, Vorlage (und Inhalt) eines Forschungsplans, Beratung durch eine Ethik-Kommission und Versicherung zum Schutze des Probanden/Patienten (Bork 1985, Eberbach 1989, Eser 1989). Hinzu kommt, daß auch Drittmittel-Zuwendungen zunehmend von Stellungnahmen einer Ethik-Kommission abhängig gemacht werden.

5. Praxis und Forschung: Die Differenzierung ethischer Standards in der pharmakopsychiatrischen Forschung scheint nicht ohne Einfluß auf die pharmakotherapeutische Praxis zu bleiben. Ethische Sensibilisierung führt auch hier zu expliziterer Nutzen-Risiko-Abwägung sowie differenzierterer Aufklärung und Beteiligung des Patienten vor und im Verlauf einer Psychopharmakotherapie.

Gerade aus pharmakopsychiatrisch forschenden Kliniken kommen Forderungen nach einer Qualitätskontrolle psychiatrischer Pharmakotherapie (Linden 1988). Ansätze stammen beispielsweise aus der Arzneimittelüberwachung in der Psychiatrie (AMÜP: Helmchen et al. 1985) und finden sich u.a. im Erfordernis, einzelne Kennzeichen einer Pharmakotherapie wie Indikation, Dosierung, Dauer usw. anhand des aktuellen Wissens kritisch zu prüfen, d. h. explicit zu begründen (und zu dokumentieren) und in der Erfahrung, wie schwierig die Beurteilung eines Zusammenhanges von Wirksamkeit und unerwünschten Wirkungen mit der Arzneimitteltherapie sein kann. Der alte Vorschlag (Helmchen und Müller-Oerlinghausen 1973), jeder psychiatrische Facharztkandidat solle an einer klinischen Arzneimittelprüfung teilnehmen, erscheint heute wünschenswerter denn je, denn gerade die Entwicklung eines methodisch einwandfreien Prüfplans, die Begründung seiner ethischen Vertretbarkeit, die Schwierigkeit seiner praktischen Durchführung und der Interpretation der Befunde schärfen die Fähigkeit zu kritischer Beurteilung einer Arzneimitteltherapie.

Aber auch praktische Schwierigkeiten, Wissenslücken und probabilistische Unsicherheit bei Nutzen-Risiko-Abwägungen in der Praxis begründen eine ethische Verpflichtung des Arztes: diese Probleme der Praxis deutlich zu nennen und Forschung zu ihrer Verminderung zu unterstützen oder auch selbst durchzuführen.

Die ethischen Aspekte der Pharmakopsychiatrie unterscheiden sich in Praxis und Forschung nicht grundsätzlich (Wing 1981). Da sie in der Forschung aber bisher deutlicher artikuliert worden sind, soll letztere im folgenden auch im Vordergrund stehen.

1.3.2 Ausgangspunkt Forschung[2]

1. Forschungsbedarf: Vom Ideal psychiatrischer Therapie, der sofortigen und vollständigen Beseitigung eines bestimmten Krankheitszustandes bei allen Kranken (spezifische Wirksamkeit) ohne jede Nebenwirkung (Sicherheit) ist auch die Psychopharmakotherapie trotz großer Erfolge noch weit entfernt. Für manche psychischen Erkrankungen wie verschiedene Demenzen ist überhaupt noch keine Therapie bekannt. Psychiatrische Therapieforschung tut deshalb dringend not.

1a. Behandlungsbedarf: Gleichwohl verpflichtet die Wirksamkeit der heute schon zur Verfügung stehenden psychotropen Arzneimittel gegen Symptome psychischer Krankheiten, die dadurch subjektives Leid und Gefährdungen verhindern, vermindern oder beseitigen können, den Arzt, diese Psychopharmaka nach geprüfter Indikation auch einzusetzen und entsprechend dem aktuellen Wissensstand anzuwenden. Epidemiologische Befunde legen nahe, daß diese Indikationen häufig sind. Der Behandlungsbedarf ist erheblich und oft nicht gedeckt: so hat beispielsweise das National Institute of Mental Health 1988 festgestellt, daß in den USA nur ca. 1/5 der behandlungsbedürftigen depressiven Kranken eine ausreichende antidepressive Therapie erhält (Helmchen 1990 a), und Maurer (1990) konnte zeigen, daß mindestens 50% der Patienten nicht die neuroleptische Langzeitbehandlungen bekommen, die sie eigentlich brauchten.

2. Forschung mit Patienten: Therapieforschung kann indessen nicht ohne Patienten durchgeführt werden. Denn therapeutische Wirksamkeit kann letztlich nur gegen Krankheiten festgestellt werden, für die es im Falle von mit dem Menschen spezifisch verbundenen psychischen Krankheiten keine adäquaten Modelle gibt. Deshalb sind auch der Übertragung prä- oder extraklinischer Untersuchungsergebnisse in die psychiatrische Therapie enge Grenzen gesetzt.

3. Forschungstypen: Im Zentrum pharmakopsychiatrischer Therapieforschung steht der Heilversuch. Er zielt sowohl auf über den einzelnen Kranken hinausgehenden Erkenntnisgewinn, als auch auf jeden am Versuch teilnehmenden Patienten, der die Chance hat, eine Behandlung zu erhalten, die wirksamer und/oder sicherer als bereits bekannte oder etablierte Behandlungen ist. Die Grenzen des Heilversuchs zur reinen Heilbehandlung können undeutlich werden, wenn der Heilversuch aus nichts anderem als einer unreflektierten ("Therapeuten-Non-Compliance") oder bewußt innovativen ("letzter Versuch") -Variation der Standardbehandlung besteht. Aber auch zum Humanexperiment – von dessen Ergebnis der betroffene Patient selbst nichts hat – kann die Abgrenzung schwierig werden, wenn ärztliches Helfenwollen gegenüber forschendem Wissenwollen zurücktritt und die experimentelle Anordnung den Versuch ganz beherrscht (Abb. 1.3.1). Die Unter-

---

[2] s. Helmchen (1991b)

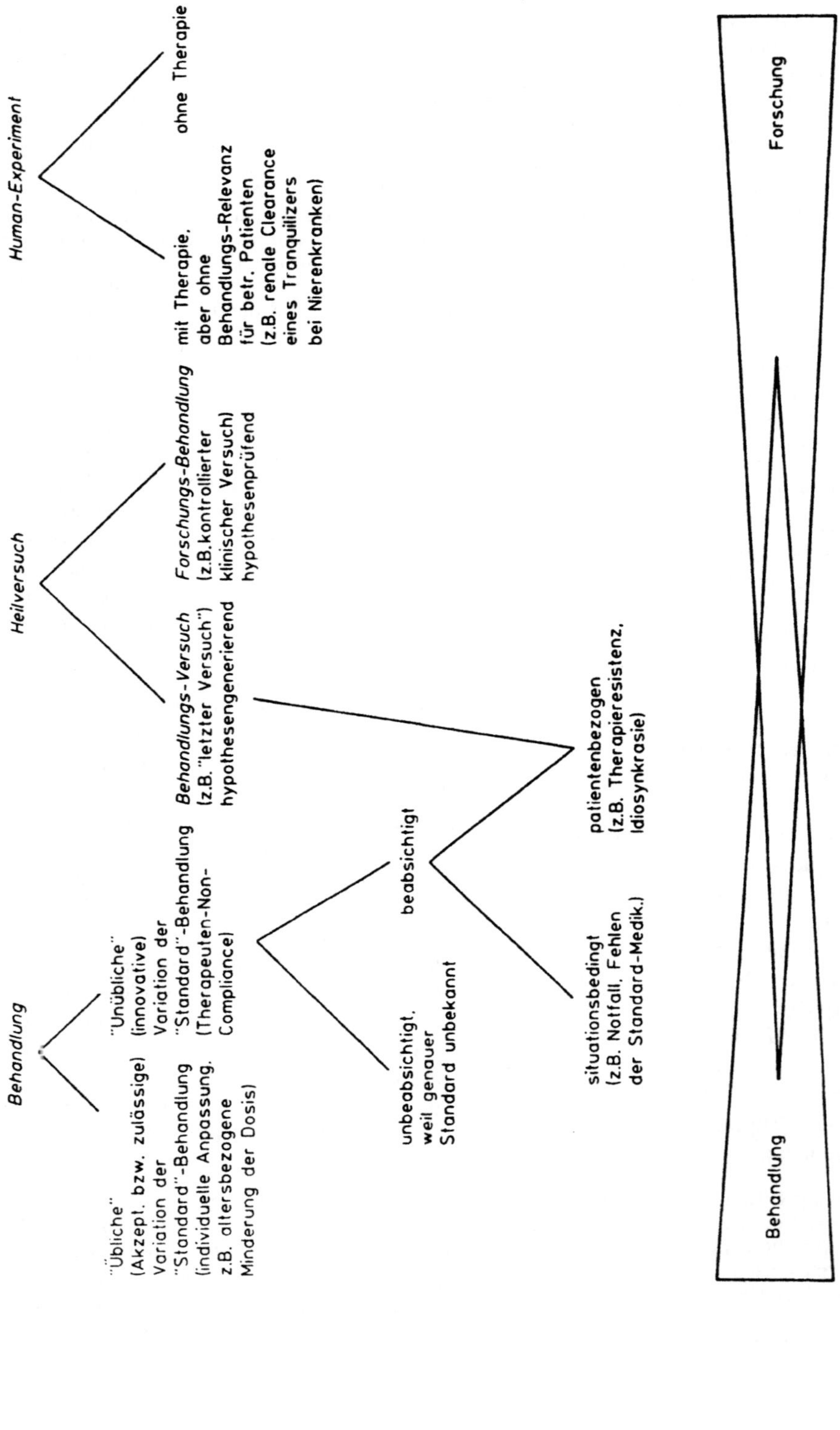

Abb. 1.3.1. Differenzierung der drei Haupttypen klinischer Forschung (aus HELMCHEN 1986)

scheidung dieser Forschungstypen ist von Bedeutung für das Niveau ihrer Zulässigkeitsvoraussetzungen, insbesondere des Nutzen-Risiko- Verhältnisses bzw. der Verhältnismäßigkeit der angewandten Kriterien und Verfahren sowie der Einwilligung nach Aufklärung.

4. Forschungsverfahren: Klinische Beobachtung und Einzelfallanalysen sind unverzichtbare Quellen der Hypothesenbildung. Wissenschaftlicher Erkenntnisgewinn, besonders durch Hypothesenprüfung, ist jedoch supraindividueller Natur: Er stammt von mehr als einem Patienten und übersteigt die Erfahrung jedes einzelnen Psychiaters. Um die dafür notwendige Vergleichbarkeit von Erfahrungen zu sichern, müssen Beobachtungen ebenso wie diagnostische und therapeutische Maßnahmen vereinheitlicht werden. Als valides Verfahren wurde dafür der kontrollierte klinische Versuch entwikkelt. Kontrolle heißt dabei Reduktion und Standardisierung von Kontextvariablen, systematische Variation der intervenierenden Variablen und Wiederholung. Wichtige Techniken sind die Kontrolle von potentiell zusätzlichen objektiven Einflüssen durch Randomisierung und von subjektiven Einflüssen durch Blind-Anordnungen einschließlich Placebo (BENKERT et al. 1990).

5. Forschungspatienten: Diese wissenschaftlich erforderlichen Maßnahmen engen die individuelle Autonomie des Forschungspatienten ein. Sie tendieren dazu, den Patienten zu "verdinglichen" und damit seine Würde zu beeinträchtigen. Solche "Objektivierung" ist mit der Würde des Patienten nur vereinbar, wenn er sie selbständig akzeptiert hat. Ethisch vertretbar ist sie nur, wenn der Forschungspatient durch zureichende Aufklärung die Möglichkeit hatte, sich frei und persönlich zu entscheiden. Der passageren Fremdbestimmung muß also eine gültige Einwilligung vorausgehen. Dementsprechend muß die Gültigkeit einer Einwilligung umso sicherer sein, je weiter die Objektivierung des Individuums geht (BORK 1985).

6. Forschungspsychiater: Der forschende Psychiater sollte auch sich selbst reflektieren. Denn er kümmert sich um den psychisch Kranken nicht nur, um ihn als leidendes Subjekt zu behandeln, sondern auch, um über ihn wissenschaftlich geprüftes Wissen zu gewinnen. Als erkennender Forscher muß er sich von unreflektierten Vorannahmen befreien, als behandelnder Arzt jedoch kann er ohne sie praktisch nicht auskommen. Daraus kann Widersprüchlichkeit und Unklarheit entstehen, weshalb es oft sinnvoll ist, beide Funktionen zu trennen und durch verschiedene Ärzte wahrzunehmen.

1.3.3 Kontrollierter klinischer Versuch[3]

1. Das Verhältnis von Forschungsplan zu Fragestellung: Die Gültigkeit der Versuchsergebnisse hängt davon ab, daß das Design der Fragestellung angemessen ist. Von Bedeutung dafür ist der Fragetyp, z. B. ob die Frage qualitativ auf neue therapeutische Prinzipien oder Wirkungsmechanismen zielt oder quantitativ auf eine Verbesserung bestehender Behandlungsverfahren. Wesentlich ist auch, ob der Versuch eine hypothesengenerierende oder eine hypothesenprüfende Zielsetzung hat. Schließlich hängt die Qualität des Forschungsplans auch von der Genauigkeit der Frage ab.

Sie bestimmt beispielsweise die Versuchsdauer. Wenn der Versuch qualitativ die Frage beantworten will, ob ein neues therapeutisches Prinzip überhaupt eine definierbare Wirksamkeit hat, z. B. eine kognitive Wirksamkeit von Nootropika, dann kann eine längere Dauer des Versuchs, z. B. von mehreren Monaten erforderlich sein. Wenn der Versuch jedoch quantitativ prüfen will, ob etwa ein neues Antidepressivum die Latenz des Wirkungseintrittes verkürzen kann, dann scheint eine Versuchsdauer von zwei Wochen ausreichend, da in dieser Zeit bereits die Wirksamkeit der vorhandenen Standardtherapien festgestellt werden kann. Eine solche kurze Dauer eines Versuches erhöht allerdings das Risiko, daß

---

[3] s. HELMCHEN (1990b)

die Ergebnisse durch Spontanremissionen konfundiert werden; eine längere Dauer der klinischen Prüfung von Antidepressiva über vier Wochen hinaus kann hingegen die Drop-out Rate erheblich vergrößern und so die Ergebnisse verfälschen.
Die Genauigkeit der Frage ist ebenfalls höchst wichtig für die Berechnung der Zahl der Patienten, die für valide Ergebnisse notwendig sind, Ethisch ist der Untersucher verpflichtet, seine Fragen an den Versuch so genau wie möglich zu stellen, um zu verhindern, daß mehr Patienten als unbedingt notwendig den Belästigungen und Risiken eines Versuches ausgesetzt werden, z. B. Nebenwirkungen oder dem Mangel an Wirksamkeit. Deshalb fordern die oben erwähnten "Grundsätze ..." eine biometrische Begründung des Stichprobenumfangs. Ein weiteres Verfahren, die Stichprobengröße so klein wie möglich zu halten, kann durch bestimmte Versuchsstrategien, z. B. eine sequentielle Auswertung, erreicht werden. Das ist umso zwingender, je wahrscheinlicher oder schwerer potentielle Risiken sein können. Andererseits ist eine biometrische Schätzung der erforderlichen Minimalgröße der Untersuchungspopulation auch nötig, um zu vermeiden, daß der Stichprobenumfang zu klein für eine Aussage ist, so daß Patienten umsonst belastet werden.

2. Ausfälle: Hohe Drop-out Raten belasten nicht nur diese Patienten sinnlos, sondern können auch zu einer Verlängerung des Versuchs führen, um die notwendige Stichprobengröße zu erreichen. Ausfälle können sich auch auf die Repräsentativität und die Vergleichbarkeit der Stichprobe auswirken. Deshalb sollte eine Obergrenze für die Zahl der Ausfälle (z. B. 30%) definiert werden und alle Einflüsse, die diese Ausfallrate erhöhen könnten, sollten durch den Versuchsplan so klein wie möglich gehalten werden, z. B. durch die Vermeidung von sowohl zu langen Wash-out Perioden als auch Versuchsdauern oder auch von unangemessenen Auswahlkriterien (Angst et al. 1989). Denn alle Zweifel an der Gültigkeit der Versuchsergebnisse begründen auch Zweifel an der ethischen Vertretbarkeit des Versuchs.

3. Auswahlkriterium Therapieresistenz: Vom ethischen Standpunkt ist dieses Auswahlkriterium von besonderer Bedeutung. Die übliche Praxis, es beispielsweise für klinische Versuche mit Depressionen als Ausschlußkriterium zu benutzen, ist fragwürdig. Denn zum einen ist das Problem einer allgemein akzeptierten Definition von Therapieresistenz ungelöst (Helmchen 1990 d, Möller 1990), zum anderen ist der Bedarf, eine depressive Therapieresistenz, vielleicht mit neuen therapeutischen Prinzipien, zu durchbrechen, viel zwingender, als weitere Antidepressiva mit dem Ziel einer allenfalls quantitativen Verbesserung und mit vermutlich ähnlichen Wirkungsmechanismen wie bei vorhandenen Standardbehandlungen zu prüfen.

Angemerkt werden soll, daß der Ausschluß von Patienten mit Spontanremissionen aus klinischen Prüfungen spezifischer Therapien wohl begründet ist. Aber dies sollte nicht generell zum Ausschluß dieser Patienten aus der klinischen Therapieforschung schlechthin führen. Im Gegenteil, die Vernachlässigung der Erforschung von autoprotektiven und Selbstheilungs-Mechanismen sollte überwunden werden.

4. Placebo-Kontrolle: Einige dieser Überlegungen fügen der Diskussion um die Placebo-Kontrolle antidepressiver Therapieprüfungen weitere Aspekte hinzu (Maier und Benkert 1987, Helmchen 1990 b). So erscheinen ambulante depressive Patienten am ehesten für eine Placebo-kontrollierte Prüfung geeignet (Paykel 1990). Dadurch könnte das ethische Problem umgangen werden, eine wirksame Therapie Patienten vorzuenthalten, die wegen schwerer Depressionen mit vitalen oder suizidalen Risiken einer stationären Behandlung bedürfen. Auch im Hinblick auf die Validität ist dies wünschenswert, weil die Mehrheit aller depressiv Kranken ambulant behandelt wird. Und schließlich ist eine Placebo- Kontrolle wegen des hohen Anteils von Spontanremissionen und Placebo-Reaktionen bei ambulanten depressiven Patienten methodisch notwendig. Vielleicht gerade deswegen konnte bisher ein klarer Placebo-Verum-Unterschied bei Prüfungen von Antidepressiva in ambulanten Po-

pulationen mit leichten Depressionen nicht gesichert werden. Andererseits könnte dieses Ergebnis auch auf die Möglichkeit verweisen, daß die Standardbehandlungen ausgeprägter und schwerer Depressionen keine Standardbehandlungen für leichte Depressionen darstellen oder dort sogar unwirksam sind. Das mögliche Fehlen einer antidepressiven Standardtherapie bei ambulanten Patienten mit leichten Depressionen kann ein zusätzliches Argument für die ethische Zulässigkeit der Anwendung von Placebos bei diesen Patienten sein. Praktisch jedoch ist die Teilnahme ambulanter Patienten und insbesondere auch von niedergelassenen Psychiatern an Placebo-kontrollierten Prüfungen sehr niedrig und die Ausfallrate aufgeklärter Patienten ist sehr hoch.

Dieses Problem könnte vorerst wahrscheinlich dadurch gelöst werden, daß Patienten mit depressiver Therapieresistenz in Placebo-kontrollierte Prüfungen einbezogen werden. Ethisch erscheint dies vertretbar, da bei diesen Patienten offensichtlich keine wirksame Behandlung existiert (und auch medizinisch erweist sich manchmal ein Absetzen aller Arzneimittel als hilfreich).

Zwischen diesen ethischen (und auch methodischen) Begründungen für Placebo-kontrollierte Prüfungen von Antidepressiva entweder bei ambulanten Patienten mit leichten Depressionen oder bei therapieresistenten Depressionen steht das z.Z. vorherrschende Konzept Placebo-kontrollierter Prüfungen von Antidepressiva: Danach sollen stationäre Patienten (zur besseren Compliance-Kontrolle) mit mäßig ausgeprägten Depressionen (z. B. < 20 und > 15 HDS-Punkte, ohne Suizidalität, Angst usw.) gewonnen werden (Angst et al. 1989).

Wenn dies aus ethischen Gründen (Vorenthalten einer wirksamen Therapie) und aus methodischen Gründen (eingeschränkte Repräsentativität von so hochselegierten Stichproben) nicht akzeptabel erscheint und auch die oben erwähnte Populationen, aus welchen Gründen auch immer, nicht zur Verfügung stehen, bleibt nichts anderes übrig, als das Versuchsarzneimittel gegen eine Standardtherapie zu prüfen. Um dabei jedoch einen Fehler 2. Ordnung und ebenso eine sehr große Stichprobengröße (von einigen hundert Patienten) zu umgehen, müßte auf Falsifizierung der Nullhypothese geprüft werden, d. h., daß das Versuchsarzneimittel im Hinblick auf seine Wirksamkeit oder seinen schnelleren Wirkungseintritt dem Standardarzneimittel überlegen sein soll. Gegen diese sehr konservative Position kann eingewandt werden, daß die Gesundheitsbehörden in vielen EG-Ländern nicht den Nachweis der Überlegenheit des Versuchsarzneimittels, sondern nur den seiner Wirksamkeit verlangen. Dessen ungeachtet kann der klinische Forscher jedoch für sich selbst entscheiden, solche Kriterien der Überlegenheit zu wählen und zu definieren, z. B. mehr als 20% bessere Wirksamkeit oder eindeutige Besserung bereits nach einer Woche. Das dagegen vorgebrachte Argument, daß die Überlegenheit eines Arzneimittels nicht nur durch seine Wirksamkeit, sondern auch durch seine Sicherheit oder das Verhältnis von Wirksamkeit zu Sicherheit definiert wird, ist insofern nicht sehr überzeugend, als für die Beantwortung solcher Fragen andere Versuchspläne, vor allem solche der Phase IV, mit wesentlich größeren Stichproben erforderlich sind.

1.3.4 Ethische Schlußfolgerungen[4]

1. Grundsätze: Arzneimittelprüfung unterliegt als Spezialfall der Forschung am/mit Menschen den dafür allgemein entwickelten ethischen Grundsätzen klinischer Forschung. Die Formulierung "am/mit" deutet das Spannungsfeld einander im Einzelfall entgegenstehender ethischer Prinzipien an, in dem der klinisch forschende/prüfende Arzt tätig wird. Denn der auf die Erkenntnis überindividueller Regelhaftigkeit angelegte wissenschaftliche Versuch "am" Menschen muß die Individualität des Probanden/Patienten zwangsläufig reduzieren, ihn dadurch mehr oder weniger zum Objekt machen. Dieses Risiko der gesellschaftlich legitimierten ethischen Forderung nach wissenschaftlich begründetem **Erkenntniszuwachs** kann nur dadurch begrenzt und in Kauf

---

[4] s. Helmchen (1989)

genommen werden, daß die ebenfalls ethische Forderung erfüllt wird, einen wissenschaftlichen Versuch bzw. eine Arzneimittelprüfung nur im Einverständnis "mit" dem aufgeklärten Probanden/Patienten durchzuführen, seine **Autonomie** also unangetastet zu lassen. Um bei der Abwägung dieser beiden Prinzipien miteinander zu ethisch vertretbaren Lösungen zu kommen, bedarf es eines weiteren ethischen Prinzips: der ärztlichen **Verantwortung**. Sie wird darin deutlich, daß der prüfende Arzt Nutzen und Risiko für jede Arzneimittelprüfung im Hinblick auf die Spezifikationen des Versuchsplanes sowie für jeden einzelnen Probanden/Patienten jeweils eigens erwägt. Er kann sich also nicht einfach auf allgemeine Regeln oder auf das beratende (!) Votum einer Ethik-Kommission berufen, sondern muß selbst seine Abwägung begründen. Dieser unteilbaren persönlichen Verantwortung muß ein zureichender Ermessensspielraum entsprechen. Dies ist umso erforderlicher, als es hier innerhalb eines bestimmten Rahmens oft nicht um ja/nein- Entscheidungen, sondern darum geht, die Ausprägung der wesentlichen Faktoren einer Arzneimittelprüfung (Nutzen, Risiken, Einwilligung) zutreffend einzuschätzen und miteinander in Beziehung zu setzen (Rössler 1986).

Ärztliche Nutzen-Risiko-Abwägung und Einwilligung des Patienten nach Aufklärung sind nun aber nicht nur Verpflichtung des klinischen Forschers, sondern auch des Arztes, der Psychopharmaka ausschließlich zur Behandlung von Patienten anwendet.

2. Nutzen-Risiko-Abschätzung: Je lebensgefährlicher, quälender, langdauernder die Krankheit ist, je weniger (spezifische) Therapien vorhanden sind oder (Standard-) Therapien geholfen haben oder je riskanter sie sind, umso eher werden Patient und Arzt bereit sein, eine aufgrund theoretischer oder empirischer Argumente Nutzen versprechende Arzneimittelprüfung durchzuführen und auch ein bestimmtes Maß an Risiken in Kauf nehmen Kriterien der Risiko-Abschätzung sind die physische und psychische Integrität des Patienten, seine Rechte und seine Würde. Endpunkte einer dimensionalen psychophysischen Risikoskala sind dementsprechend zum einen (jenseits vertretbarer Grenzen!) Lebensgefährdung, irreversible Schädigung und starke Schmerzen und auf der anderen Seite als minimal akzeptierte Risiken oder Unannehmlichkeiten von medizinischen Routineuntersuchungen oder jenen des alltäglichen Lebens.

3. Beurteilung der Einwilligungsfähigkeit: Auch die das Recht des Patienten realisierende Einholung der Einwilligung nach Aufklärung ist nur dimensional (in Ausprägungsgraden) und relational (in Bezug auf) zu verstehen. Besonders schwierig ist die Einschätzung der Einwilligungsfähigkeit. Zum einem muß sie immer im Hinblick auf etwas Bestimmtes festgestellt werden, das aber selbst wieder Einschätzungen unterliegt, so besonders die Wahrscheinlichkeit von erwartetem Nutzen und möglichen Risiken; zum anderen hängt sie aber auch von der Komplexität und Bedeutung des Sachverhaltes ab, über den der Patient aufgeklärt wird. Wie oft bleibt dem Arzt unbekannt, ob Gefühle der Hoffnung, der Skepsis, der Abhängigkeit die Fähigkeit eines Patienten einschränken, nach rationaler Erwägung einzuwilligen?

4. Aufklärung: Die Umsetzung aller dieser Abwägungen in Aufklärung des Patienten ist von zwei Gefahren bedroht. Auf der einen Seite kann der Arzt in der tradierten hippokratischen Tradition der wohlmeinenden paternalistischen Verantwortungsübernahme und Entscheidung für den Patienten dessen Autonomie einschränken. Auf der anderen Seite kann sich der personale Charakter des Arzt-Patientenverhältnisses verflüchtigen, wenn es nur noch als reines Vertragsverhältnis praktiziert wird. Besonders deutlich wird dieses Dilemma in der Aufklärung über spezielle Erfordernisse wie Randomisierung und Blind- bzw. Placebo-Technik.

Üblicherweise vermittelt der Arzt dem Patienten die Sicherheit, daß er diesem die bestmögliche Therapie vorschlägt, wohingegen er den Vorschlag einer randomisierten Zuteilung des Patienten im Rahmen eines Heilversuches gerade damit begründen muß, daß die Standardtherapie verbesserungsbedürftig sei. Wenn dies im Kern auch der juristischen Forderung nach Aufklärung über Risiken und Alternativen von jeder (!) Therapie entspricht, so kann mit solcher Aufklärung doch die Placebo-Komponente in der Wirksamkeit der Standardtherpie zerstört und damit deren Gesamtwirksamkeit vermindert werden. Auch die Aufklärung des Patienten über Details einer Versuchsanordnung in Blind- oder Placebo-Technik kann sowohl sein subjektives Leiden vermehren wie auch dem Zweck der Untersuchung entgegenlaufen. Sie kann nicht nur eine hohe Ausfallrate bewirken, sondern auch als wissenschaftlich absurd betrachtet werden, weil die Voraussetzung für den Ausschluß subjektiver Voreingenommenheit gerade darin besteht, den Patienten (und den Arzt) über die Anwendung solcher Techniken in Unkenntnis zu lassen. So wurde die Ansicht vertreten, daß solche Aufklärung gerade bei psychischen Störungen im Gegensatz zur für die Forschung notwendigen Neutralität steht und unkontrollierbare Placebo- oder Nocebo-Effekte induziert. Andere Autoren haben dagegen argumentiert, daß es das Vertrauensverhältnis zwischen Patient und Arzt zerstört, wenn der Patient über die Anwendung von Blind- oder Placebo-Technik nicht aufgeklärt und somit getäuscht wird. Heute wird der Patient vor kontrollierten klinischen Versuchen mit Placebo in der Regel darüber aufgeklärt, wie groß sein Risiko bzw. seine Chance ist, ein Placebo zu erhalten.

5. Placebo: Auf einer anderen Ebene liegt die ebenfalls erforderliche Einschätzung der Erfolgsaussichten der Arzneimittelprüfung. Sie ist nur dann ethisch vertretbar, wenn der Versuchsplan geeignet ist, die gestellte Frage wissenschaftlich einwandfrei zu beantworten. Andernfalls würden Patienten unnötig belastet, was eben unethisch ist. Wie nötig hier eine sehr genaue Abwägung und die mühselige Suche nach ethisch und gleichermaßen wissenschaftlich vertretbaren Lösungen werden kann, wird deutlich, wenn z. B. auf das Versuchsplan-spezifische Erfordernis der Placebo- Anwendung nicht nur mit dem bereits erwähnten ethischen Argument der Täuschung, sondern auch deshalb verzichtet werden sollte, weil das Placebo dem Patienten eine wirksamere Therapie vorenthalten und somit dem Auftrag des Arztes, alles zum Wohle seines Patienten zu tun, entgegenstehen könnte. Verzicht auf Placebo im Rahmen einer Arzneimittelprüfung könnte jedoch die Antwort auf die Frage nach der Wirksamkeit, wenn sie denn anders nicht zu beantworten ist, wissenschaftlich entwerten. Damit wäre nicht nur die Arzneimittelprüfung selbst ethisch fragwürdig, sondern ein so möglicherweise unzutreffend als wirksam beurteiltes Arzneimittel könnte auf den Markt kommen und viele Kranke davon abhalten, tatsächlich wirksame Arzneimittel zu nehmen. Paradoxerweise könnte also der Verzicht auf ein Placebo in der Arzneimittelprüfung dazu führen, daß ein Arzneimittel in den Verkehr gelangt, das nichts anderes ist als ein Placebo.

6. Qualifikation des Arztes: Will ein arzneimittelprüfender Arzt diesen ethischen Forderungen gerecht werden, dann muß er qualifiziert sein, einen Versuchsplan auf Eignung prüfen, die Begründung einer Nutzen-Risiko-Abwägung umfassend darlegen und die Gültigkeit einer Einwilligung nach Aufklärung angemessen beurteilen zu können. Während die letztgenannten Kriterien für jeden Psychiater gelten, der Psychopharmaka ethisch vertretbar anwenden will, kann das erstgenannte Kriterium für die Praxis dadurch ersetzt werden, daß der pharmakotherapeutisch tätige Psychiater die Diagnostik und Prognostik psychischer Krankheiten ebenso wie die Eigenschaften und Anwendungsregeln der Psychopharmaka beherrschen können sollte.

Damit trägt er auch Verantwortung für das Vertrauen der Öffentlichkeit in ihn. Denn Vertrauen ist eine notwendige öffentliche Rahmenbedingung für ärztliches Handeln, ganz besonders für Arzneimittelprüfungen, die die ethische und gesetzliche Forderung nach Verbesserung der Arzneimittelbehandlung erfüllen. Diese Forderung ist nicht nur durch den großen und ungedeckten Behandlungsbedarf, sondern auch dadurch begründet, daß es ethisch zumindest fragwürdig erscheint, Arzneimittel ohne nachgewiesene Wirksamkeit in den Verkehr zu bringen und Kranke dadurch dem Risiko auszusetzen, eine tatsächlich wirksame Behandlung nicht zu erhalten (HELMCHEN 1989).

Die Folgen könnten nicht nur individuell, sondern auch gesellschaftlich fatal sein: "Häufig entwickeln sich Innovationen von vielversprechenden Beobachtungen und anekdotischen Berichten über ein professionelles Interesse und ihrer Anwendung bis hin zum Interesse und dem Verlangen der Patienten nach dieser Innovation und sogar bis hin zu öffentlicher finanzieller Unterstützung, bevor eine methodologische Prüfung durchgeführt wird. Sollte das die Art und Weise sein, in der die Medizin zukünftig arbeitet oder fortfährt zu arbeiten, kommen wir meiner Ansicht nach an einen Punkt, wo wir nein sagen müssen, sowohl unter dem Gesichtspunkt der Sicherheit und Wirksamkeit für den individuellen Patienten, als auch in einem weiteren Sinne unter dem Gesichtspunkt der sehr begrenzten Hilfsmittel für Eingriffe, die sehr ressourcenintensiv sein können" (ROY 1988).

Gleichwohl stößt die Forderung nach wissenschaftlicher Kontrolle von individuellen Erfahrungen und Behauptungen oft auf vielfältig motivierte Widerstände einer unzureichend oder auch falsch informierten Öffentlichkeit. Ängste vor der Manipulation der Seele ebenso wie vor den wirtschaftlichen Interessen der Industrie sind bezüglich der Psychopharmaka besonders leicht zu aktivieren. Der pharmakopsychiatrisch forschende Psychiater wird deshalb seine Forschung immer wieder öffentlich verständlich machen müssen. So wurden – um 2 aktuelle Beispiele zu nennen – die veröffentlichten Befürchtungen einer überzogenen Verordnungspraxis von Psychopharmaka und damit einer psychopharmakologischen "Disziplinierung" von Kindern und Jugendlichen einer nüchternen Analyse anhand verordnungsepidemiologischer Daten unterworfen (ELLIGER und NISSEN 1989) oder der öffentlichen Behauptung ethisch unzulässiger und geheimer Auftragsforschung mit Anxiolytika wurde die klare Beschreibung der Ziele, Methoden und Ergebnisse dieser Angstforschung gegenübergestellt (HIPPIUS 1989).

7. *Forschungsbedarf in ethischen Fragen:* Obwohl keine grundsätzlichen Unterschiede zwischen klinischer Forschung und Praxis bestehen (WING 1981) und speziell bezüglich der Aufklärung bestehen sollten (BLUM et al. 1989), existiert ein "Doppel-Standard" unterschiedlicher Aufklärung in Forschung und Alltag, der den "informed consent" als Mythos infrage stellt (SILVERMAN 1989). Er wird so lange fortbestehen, wie nicht vergleichende Untersuchungen zu den Konsequenzen durchgeführt werden, die sich aus einer wirklichkeitsnahen Angleichung zwischen Einwilligung im Alltag und in der Forschung ergeben (SILVERMAN 1989).

Dies gilt umso mehr als jedenfalls bisher keine Verfahren entwickelt werden konnten, die die miteinander konkurrierenden ethischen Forderungen nach Respektierung des Selbstbestimmungsrechts des Patienten, nach Sorge um sein Wohl und nach Beachtung von Gerechtigkeit gleichermaßen befriedigen können. Mit den daraus immer wieder resultierenden Kompromissen ist niemand recht zufrieden. Deshalb sollten Wege gefunden werden, verschiedene Lösungen zu erproben, die ein wirklichkeitsnahes Gleichgewicht zwischen konkurrierenden ethischen Prinzipien ermöglichen (SILVERMAN 1989).

1.3.5 Anwendungen

Inwieweit diese Grundsätze dem Arzt in praxi helfen, in schwierigen Situationen eine möglichst richtige Entscheidung zu treffen oder schwer lösbare oder auch unlösbare Probleme als solche wenigstens zu erkennen, soll abschließend durch einige spezielle Beispiele illustriert werden.

1. *Demenz:* Dem unbestrittenen Forschungsbedarf steht entgegen, daß der dementielle Prozeß die Einwilligungsfähigkeit beeinträchtigt und schließlich zerstört und damit auch eine wesentliche Voraussetzung für die Einbeziehung dementiell Kranker in Forschung, nämlich die Einwilligung nach Aufklärung, vernichtet (HELMCHEN et al. 1989, HELMCHEN 1991 a). Dabei darf die "moralisch und juristisch absolut gerechtfertigte Forderung nach aufgeklärter und freiwilliger Zustimmung"

nicht zu einem "Tabu" werden..., "das den Fortschritt bei notwendigen psychiatrischen Forschungen und bei der Therapie blockieren könnte" (Roy 1988, S. 187). Vielmehr erscheint eine offene Diskussion dieses ungelösten Problems gerade aus ethischer Perspektive erforderlich, um Heuchelei als Ausweg aus dieser "unmöglichen Situation" zu vermeiden (Roy 1988, S. 187). Erste Lösungsmöglichkeiten werden mit relationalen Ansätzen gesucht. Dabei wird die Zulässigkeit von Forschung von dem Verhältnis abhängig gemacht, in dem der aktuelle Grad der Einschränkung der Einwilligungsfähigkeit zum Nutzen-Risiko- Verhältnis des jeweiligen Forschungsprojektes sowie dem jeweils realisierten Maß verfahrensmäßiger Absicherung (Vorab-Verfügung, Pflegschaft usw.) steht (Helmchen et al. 1989).

Ethische Fragen stellen sich aber auch in der Praxis der Psychopharmakotherapie bei dementiell Kranken. So wurde der Behauptung, die Verordnung von Nootropika helfe den Kranken nicht und schade nur der Solidargemeinschaft der Versicherten, das bisher allerdings allenfalls kasuistisch-empirisch, nicht aber wissenschaftlich geprüfte Argument entgegengestellt, daß schon die auf diese Weise in einzelnen Fällen erreichte Hinauszögerung der Heimunterbringung die Anwendung nootroper Arzneimittel rechtfertige.

Angesichts einer wegen der beträchtlichen Hürde bei Verordnung von Opioiden in der Bundesrepublik festgestellten Untermedikation (Linden 1989) sei hier wenigstens auf einen weiteren psychopharmakotherapeutischen Aspekt der allgemeinen ärztlichen Verpflichtung hingewiesen, den Stand der Wissenschaft anzuwenden: Jeder Arzt, der moribunde Kranke mit Schmerzen zu betreuen hat, sollte sowohl die Pharmakotherapie mit analgetischen Substanzen gut kennen als auch – bei dem Erfordernis der Anwendung BTM-rezeptpflichtiger Analgetika – bereit sein, den dafür geforderten formalistisch- bürokratischen Aufwand zu leisten, um seiner Verpflichtung gerecht zu werden, Schmerzen und Leid angemessen zu lindern.

2. *Späthyperkinesen:* Sie sind das schwerwiegendste Risiko einer neuroleptischen Langzeitmedikation, weil sie häufig nur partiell reversibel und bisher kaum behandelbar sind. Sichere Prädiktoren dieses Risikos sind nicht bekannt; prädiktive Bedeutung wird noch am ehesten der Dauer (mindestens mehrere Monate), der (Hoch-)Dosierung, der intermittierenden Behandlung (mit "drug holidays"?; bei schizoaffektiven Psychosen?) und individuellen Faktoren wie (höherem) Alter und unspezifischen Hirnvorschäden (mit spezifischer mediobasaler Lokalisation?) zugemessen (Kane 1989). Diesem Risiko stehen eine eindeutige rezidivprophylaktische und auch eine symptomsuppressive Wirksamkeit gegenüber. Brauchbare individuelle Response-Prädiktoren sind jedoch nicht bekannt, so daß letztlich bei jedem Patienten die Therapie-Response der neuroleptischen Langzeitmedikation zwischen voller Wirksamkeit ohne unerwünschte Arzneimittelwirkung (UAW) und unzureichender Wirksamkeit mit Späthyperkinesen schwanken kann. Angesichts dieser Unsicherheit der individuellen Risiko-Voraussage einer wegen ihrer Wirksamkeit etablierten Standardtherapie bedarf es einer besonders sorgfältigen Nutzen-Risiko-Abwägung sowie Einwilligung nach Aufklärung bei Beginn einer Langzeitmedikation und deren Verlaufskontrolle.

Erste Aufgabe des Arztes ist es also, sich über den Zeitpunkt im klaren zu sein, an dem eine kurative Akutmedikation in eine symptomsuppressive oder rezidivprophylaktische Langzeitmedikation übergehen soll. Denn dann muß die Indikation dafür klar gestellt, d. h. explicit begründet und der Patient darüber aufgeklärt werden.

Wesentliche Indikationskriterien sind die Symptom-Persistenz oder ein beträchtliches Rezidiv-Risiko (Helmchen 1978, Möller 1987). Verständlicherweise motiviert im erstgenannten Falle der subjektive Leidensdruck den Kranken oft viel überzeugender zur symptomsupressiven Langzeitmedikation, deren Wirksamkeit er überdies meist unmittelbar erleben kann. Zur rezidivprophylaktischen Langzeitmedikation hingegen wird sich der Patient nicht selten erst nach traumatisierenden Rezidiv-Erlebnissen voll entschließen können. Spätestens dann, wenn häufige Rezidive infolge Non-Compliance die Gefahr einer Dauerunterbringung für den Patienten heraufbeschwören, wird eine neuroleptische Depot-Behandlung als indiziert angesehen. Gerade bei solchen Kranken sind aber der Aufklärung und Einwilligungsfähigkeit gelegentlich Grenzen gesetzt. Auch wenn sich Einwilligungsfähigkeit durch eine entsprechend bemühte Aufklärung verbessern läßt (Beck 1988) und die Mehrzahl von akutpsychotischen Kranken, die gegen ihren Willen behandelt wurden, dies nach Abklingen der Symptomatik rückblickend für richtig hielten (Schwartz et al. 1988), wird der Arzt bei der Indikation einer Depot- neuroleptischen Behandlung wegen Non-Compliance doch sehr die jeweils besonderen Bedingungen des einzelnen Patienten prüfen müssen. In praxi sieht sich der Arzt oft vor dem Dilemma, einerseits bei seiner aufklärenden Motivation für die auch nach sorgfältiger Abwägung als zum Besten des Patienten angesehene Depot-Medikation die Grenze zur Manipulation nicht zu überschreiten, die auch die Einwilligungsfähigkeit des Patienten beeinträchtigen könnte, andererseits jedoch bei festgestellter Einschränkung der Einwilligungsfähigkeit eine Behandlungspflegschaft einrichten zu sollen, deren Wirksamkeit bei ambulanter Behandlung indessen zweifelhaft bleibt (Klerman und Schechter 1981). Gerade die Erfahrung mit solchen Patienten begründet die Befürchtung vieler Psychiater, daß hier eine zu grundsätzliche Vertretung des Selbstbestimmungsrechtes der Patienten oder eines juristisch einwandfreien Ersatzes einer durch die Krankheit eingeschränkten oder aufgehobenen Selbstbestimmbarkeit gegen das Wohl des Patienten gerichtet ist (Gutheil et al. 1980). Der englische Sozialpsychiater T. Birley meint, er habe im Falle schwerer psychischer Krankheit "ein Recht darauf, gegen meinen Willen psychiatrisch behandelt zu werden!" (zit. n. Finzen 1986).

Den Risiken des unbehandelten Spontanverlaufes müssen die Behandlungsrisiken gegenüber gestellt werden, hier eben insbesondere die Späthyperkinese nach Langzeitmedikation. Dabei sollen auch das unterschiedliche Hyperkinese-Risiko verschiedener neuroleptischer Langzeitmedikationen, von der intermittierenden Behandlung mit hochpotenten Neuroleptika bis zur Clozapin-Langzeitmedikation und deren jeweiligen Nachteile sowie die Notwendigkeit regelmäßiger Kontrollen zur Früherkennung von sich evtl. entwickelnden Hyperkinesen bedacht und der Patient darüber auch aufgeklärt werden.

Der Zeitpunkt des Überganges von einer akuten zu einer Langzeit-Medikation ist aber nicht nur für eine abgewogene Indikationsstellung von Bedeutung, sondern auch deshalb, weil ab dann die Aufklärung des Patienten über das Risiko einer Späthyperkinese erfolgen muß, aber auch nicht früher zu erfolgen braucht, da es sich – abgesehen von bisher nicht vorab erkennbarer und offenbar extrem seltener individuell- idiosynkratischer Disposition zur frühen Manifestation – eben um eine im Behandlungsverlauf erst **spät** auftretende Hyperkinese handelt (Helmchen 1991 c).

3. "Subdiagnostische Psychopathologie": Wie geht der Arzt mit der Forderung von Menschen nach Verschreibung von Arzneimitteln um, die ihn wegen Müdigkeit, Lustlosigkeit, Mißmut, Ängstlichkeit, Konzentrationsschwäche, Schlaflosigkeit, körperlicher Mißbefindlichkeit usw. in der Praxis aufsuchen und wenn diese Beschwerden keiner medizinischen Diagnose zuzuordnen sind, vielleicht aber sogar mit einer erkennbaren Lebensbelastung in Zusammenhang stehen?

Dieser Grenzbereich ist auch dadurch charakterisiert, daß einige dieser Beschwerden in bestimmten Syndrom-Konstellationen auftreten, oder durch Diagnose aus dem Gesamtbereich von Beschwerden abgegrenzt wurden, und daß solche Diagnosen wie etwa Neurasthenie in manchen Diagnosenschemata erscheinen, z. B. in ICD-10, in anderen aber nicht, z. B. in DSM-III R.

Ist der Arzt für die Beseitigung von subjektiven Beschwerden mit nur fraglichem Krankheitswert überhaupt zuständig, nur weil sich das Hilfesuchverhalten solcher Menschen auf ihn richtet? Die Situation ist für den Arzt unklar geworden, seitdem die WHO 1947 subjektives Wohlbefinden als Gesundheitsziel proklamiert hat, damit auch alltägliche Mißbefindlichkeiten (Distress) in den Bereich medizinischer Diagnosen gerückt bzw. einer Psychiatrisierung alltäglicher Lebensschwierigkeiten Vorschub geleistet wurden, und dies inzwischen zu einer Prognose geführt hat, daß neben das "Bio-Profil" eines Arzneimittels auch zunehmend sein "Sozial- Profil" treten werde (WINCKELMANN 1989).

Natürlich kann der Arzt wider besseres Wissen nicht zu einer Medikation gezwungen werden – ebensowenig wie der Patient wider seine Überzeugung. Aber wo liegen die Grenzen für Abstriche, die der Arzt am nach seinem Wissen und seiner Erfahrung optimalen Behandlungskonzept, z. B. einer Beratung oder einer Psychotherapie, zu machen bereit ist, um dem Willen des Patienten zu entsprechen oder dessen Wünschen entgegenzukommen? Und anhand welcher Kriterien bestimmt er diese Grenze? Daran, daß der behandlungsbedürftige Patient anderenfalls ohne Behandlung bliebe? Oder, daß der Arzt den Patienten (an einen z. B. leichter verschreibenden Kollegen?) verlieren könnte? (Wie oft auch mag sich hinter dem erstgenannten Argument das zweite verstecken?)

Das Aufklärungsgebot dürfte hier für den Arzt besonders hilfreich sein (KLERMAN et al. 1981). Denn die Aufklärung des Patienten soll sich ja nicht nur auf mögliche unerwünschte Wirkungen (einschließlich Mißbrauch und Abhängigkeit), sondern auch auf Behandlungsalternativen, wie ggf. psycho- oder soziotherapeutische Maßnahmen, erstrecken. Solches Aufklärungsgespräch wird dann auch Elemente der Beratung erhalten und kann schon allein dadurch wesentliche Entlastung bringen.

Vor ethische Fragen sieht sich der Arzt gelegentlich aber auch gestellt, wenn schwere Verhaltensstörungen, vor allem aggressiver Natur, eines Menschen die Umgebung (Familie, Pflegepersonal) so belasten, daß eine Medikation von dieser gefordert wird, ohne daß eine psychische Krankheit diagnostiziert werden kann. Dabei ist die Gefahr zu bedenken, daß Psychopharmaka als Mittel sozialer Kontrolle im Interesse von anderen als dem des Aggressiven mißbraucht werden könnten. Aber auch hier dürfte eine absolute Position unangemessen sein: Vertretbar erscheint die Anwendung von Psychopharmaka dann, wenn in solchen Fällen primär indizierte psychische und soziale Maßnahmen allein nicht ausreichen, um eine unmittelbare Gefahr zu beseitigen (KLERMAN et al. 1981).

4. Hedonismus: Eindeutiger jenseits der Zuständigkeit des Psychiaters liegt der nicht-therapeutische Gebrauch psychotroper Substanzen, von Tabak und Alkohol über Haschisch und Amphetamin bis zu LSD, Heroin oder Kokain, die Entspannung und Erholung, dem persönlichen Vergnügen, der Verstärkung seelischer Erfahrungen oder Leistungen, kurz der "Lebensqualität" dienen sollen. Solchem "psychotropen Hedonismus" als Ausdruck persönlicher Freiheit steht ein "pharmakologischer Calvinismus" gegenüber, der gegen psychopharmakologische Scheinlösungen komplexer persönlicher und sozialer Probleme argumentiert und wegen der überwiegend und langfristig negativen Folgen bis hin zu Abhängigkeit auf soziale Kontrolle dieser Substanzen drängt (KLERMAN 1972). Beide Positionen sind in den westlichen Gesellschaften vertreten und bedingen wohl deren Ambivalenz, indem etwa Haschisch verboten, aber Alkohol trotz immenser Folgeschäden erlaubt ist. Wenn auch eine Entscheidung zu diesen verschiedenen Positionen jenseits der Zuständigkeit der Psychiatrie liegt, so sollte sie doch über ihre Erfahrungen mit Krankheitsfolgen des Gebrauches dieser Substanzen informieren und müßte deren Erforschung intensivieren.

Literatur

Angst J, Bech P, Boyer P, Bruinevels J, Engel R, Helmchen H, Hippius H, Lingjaerde O, Racagni G, Saletu B, Sedvall G, Silverstone JT, Stefanis CN, Stoll K, Woggon B (1989) (eds) Consensus conference on the methodology of clinical trials of antidepressants, Zürich, March 1988. Report of the consensus committee. Pharmacopsychiatry 22: 3–7

Beck JC (1988) Determining competency to assent to neuroleptic drug treatment. Hosp Community Psychiatry 39: 1106–1107

Benkert O, Maier W, Rickels K (1990) (eds) Methodology and evaluation of psychotropic drugs. Springer, Berlin Heidelberg New York Tokyo

Blum AL, Chalmers TC, Deutsch E, Koch-Weser J, Rosen A, Tygstrup N, Zentgraf R (1987) The Lugano statement on controlled clinical trials. J Int Med Res 15: 2–22

Bork R (1985) Klinische Versuche in der Psychiatrie. Neue Jur Wochenschr: 654–659

Eberbach WH (1989) Arzneimittelprüfung – Recht. In: Eser A, von Lutterotti M, Sporken P (Hrsg) Lexikon Medizin, Ethik, Recht. Herder, Freiburg Basel Wien, S 105–113

Elliger TJ, Nissen G (1989) Psychopharmaka für Kinder und Jugendliche. Dtsch Ärzteblatt 86: 2697–2700

Elliot C (1989) Ethical issues in treatment and research. Curr Opin Psychiatry 2: 676–680

Eser A (1989) Humanexperiment, Heilversuch – Recht. In: Eser A, von Lutterotti M, Sporken P (Hrsg) Lexikon Medizin, Ethik, Recht. Herder, Freiburg Basel Wien, S 503–514

Finzen A (1986) Gewalt in der Psychiatrie - zur Legitimität der Zwangseinweisung. Spektrum 15: 147-155

Gutheil T, Shapiro R, Clair LST (1980) Legal guardianship in drug refusal: an illusory solution. Am J Psychiatry 137: 347–351

Helmchen H (1978) Forschungsaufgaben bei psychiatrischer Langzeitmedikation. Nervenarzt 49: 534–538

Helmchen H (1986) Ethische Fragen in der Psychiatrie. In: Kisker KP, Lauter H, Meyer JE, Müller C, Strömgren E (1989) (Hrsg) Psychiatrie der Gegenwart, Bd 2. Krisenintervention, Suizid, Konsiliarpsychiatrie. Springer, Berlin Heidelberg New York Tokyo, S 310–368

Helmchen H (1989) Arzneimittelprüfung: 1. Medizin. 2. Ethik. In: Eser A, von Lutterotti M, Sporken P (Hrsg) Lexikon Medizin, Ethik, Recht. Herder, Freiburg Basel Wien, S 96–105

Helmchen H (1990 a) Diagnostik und Therapie von Depression und Angst. Therapiewoche 41: 115–122

Helmchen H (1990 b) Ethical problems and design of controlled clinical trials. In: Benkert O, Maier W, Rickels K (eds) Methodology and evaluation of psychotropic drugs. Springer, Berlin Heidelberg New York Tokyo, pp 82–87

Helmchen H (1990 c) Lebensqualität als Bewertungskriterium in der Psychiatrie. In: Schölmerich P (Hrsg) Lebensqualität als Bewertungskriterium in der Medizin. Akademie der Wissenschaften und der Literatur, Mainz, S 93–115

Helmchen H (1990 d) Gestuftes Vorgehen bei Resistenz gegen Antidepressiva-Therapie. In: Möller HJ (Hrsg) Therapieresistenz unter Antidepressiva-Behandlung. Springer, Berlin Heidelberg New York Tokyo, S 237–250

Helmchen H (1991 a) Therapieforschung in der Psychiatrie: Notwendig, aber unzulässig? Dtsch Ärzteblatt 88: 567–569

Helmchen H (1991 b) Ethical aspects in psychiatric research. In: Seva A (ed) European Handbook of Psychiatry and Mental Health. Zaragoza, pp 2295-2300

Helmchen H (1991 c) Aufklärung über Späthyperkinesen. Nervenarzt 62: 265-268

Helmchen H, Müller-Oerlinghausen B (1973) Psychopharmakologie und psychiatrische Facharztweiterbildung. Nervenarzt 44: 204–206

Helmchen H, Hippius H, Müller-Oerlinghausen B, Rüther E (1985) Arzneimittel-Überwachung in der Psychiatrie. Nervenarzt 56: 12–18

Helmchen H, Kanowski S, Koch HG (1989) Forschung mit dementen Kranken: Forschungsbedarf und Einwilligungsproblematik. Ethik Med 1: 83–98

Hippius H (1989) Warum wird die Angstforschung verunglimpft? Münch Med Wochenschr 131: 18–26

Kane JM (1989) The current status of neuroleptic therapy. J Clin Psychiatry 50: 322–328

Klerman GL (1972) Psychotropic hedonism versus pharmacological Calvinism. Hastings Centre Report 2: 1–3

Klerman GL, Schechter G (1981) Ethical aspects of drug treatment. In: Bloch S, Chodoff P (eds) Psychiatric ethics. Oxford University Press, Oxford New York Melbourne, pp 117–130

Linden M (1988) Phase IV – Forschung. Springer, Berlin Heidelberg New York Tokyo

Linden M (1989) Arzneimittelverbrauch, Therapeuten-Compliance und Qualitätssicherung ärztlichen Handelns. In: Heinrich K, Linden M,

Müller-Oerlinghausen B (Hrsg) Werden zu viele Psychopharmaka verbraucht? Thieme, Stuttgart New York, S 185–206

Maier W, Benkert O (1987) Methodenkritik des Wirksamkeitsnachweises antidepressiver Pharmakotherapie. Nervenarzt 58: 595–602

Maurer (1990) zit. n. Kissling W. In: Müller-Oerlinghausen B, Möller HJ, Rüther E (Hrsg) Thioxanthene in der neuroleptischen Behandlung. Springer, Berlin Heidelberg New York Tokyo, S 84

Möller HJ (1987) Indikation und Differentialindikation der neuroleptischen Langzeitmedikation. In: Pichot P, Möller HJ (Hrsg) Neuroleptika. Rückschau 1952–1986. Künftige Entwicklungen. Springer, Berlin Heidelberg New York Tokyo, S 63–79

Möller HJ (1990) (Hrsg) Therapieresistenz unter Antidepressiva- Behandlung. Springer, Berlin Heidelberg New York Tokyo

Paykel E (1990) Placebo controlled studies in depression: necessity and feasibility. In: Benkert O, Rickels K, Maier W (eds) Methodology and evaluation of psychotropic drugs. Springer, Berlin Heidelberg New York Tokyo, pp 73–81

Rössler D (1986) Ethische Aspekte der Klinischen Arzneimittelforschung. In: Dölle W, Müller Oerlinghausen B, Schwabe U (Hrsg) Grundlagen der Arzneimitteltherapie. Wissenschaftsverlag/Bibliographisches Institut, Mannheim Wien Zürich, S 58–66

Roy D (1988) Diskussionsbemerkung. In: Hess B, Ploog D (Hrsg) Neurowissenschaften und Ethik. Springer, Berlin Heidelberg New York Tokyo, S 118, 187

Schwartz HI, Vingiano W, Perez CB (1988) Autonomy and the right to refuse treatment – patients' attitudes after involuntary medication. Hosp Community Psychiatry 39: 1049–1054

Silverman WA (1989) The myth of informed consent: in daily practice and in clinical trials. J Med Ethics 15: 6–11

Winckelmann HJ (1989) Selbstmedikation und der therapiebestimmende Patient. In: Heinrich K, Linden M, Müller-Oerlinghausen B (Hrsg) Werden zu viele Psychopharmaka verbraucht? Thieme, Stuttgart New York, S 141–152

Wing J (1981) Ethics and psychiatric research. In: Bloch S, Chodoff P (eds) Oxford University Press, Oxford New York Melbourne, pp 277–294

Neuro-Psychopharmaka, Bd. 1
Riederer P. / Laux G. / Pöldinger W. (Hrsg.)

2
Historischer Abriß: Geschichte der Psychopharmaka

O.K. Linde

Der Begriff "Psychopharmaka" erscheint bereits in der frühen Neuzeit bei REINHARD LORICHIUS aus Hadamar (1548) in einem anderen Zusammenhang, und zwar im Titel einer Sammlung von Trost- und Sterbegebeten: Psychopharmacon, hoc est: medicina animae.[1]

Unsere Sprache, dieser sensible Indikator kultureller Zusammenhänge, trägt dem Wandel Rechnung, der sich durch die Entwicklung synthetischer Wirkstoffe zur Behandlung psychisch Kranker vollzog, und nennt jene heute Psychopharmaka. Der wissenschaftliche und therapeutische Umgang mit ihnen wird "Psychopharmakologie" genannt, wobei deren Geburtsstunde von einigen Autoren auf den Zeitpunkt der Einführung des Chloralhydrats als erstes organisch-synthetisches Schlafmittel in der Psychiatrie (1869), auf KRAEPELINS Publikation "Über die Beeinflussung einfacher psychischer Vorgänge durch einige Arzneimittel" (1882) oder auf die Einführung des Chlorpromazins im Jahre 1952 gelegt wird.

Einer ernsthaften Interpretation der bewußt vollzogenen medikamentösen Therapie psychischer Krankheitsphänomene und

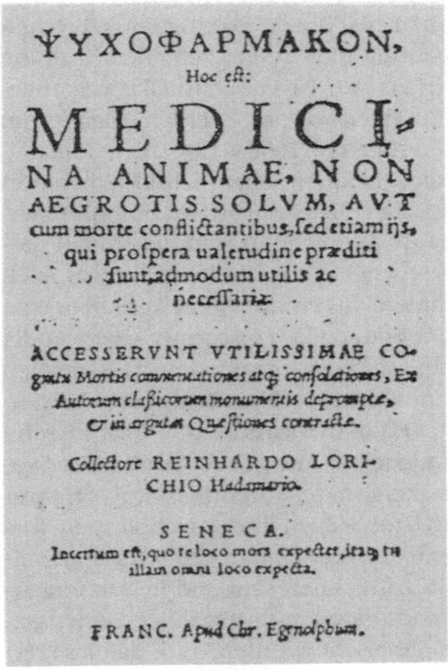
ΨΥΧΟΦΑΡΜΑΚΟΝ,
Hoc est:
MEDICINA ANIMAE, NON AEGROTIS SOLVM, AVT cum morte conflictantibus, sed etiam iis, qui prospera ualetudine praediti sunt, admodum utilis ac necessariae.
ACCESSERVNT VTILISSIMAE COgnatae Mortis commentationes atque consolationes, Ex Autorum classicorum monumentis depromptae, & in argutas Quaestiones contractae.
Collectore REINHARDO LORICHIO Hadamario.
SENECA.
Incertum est, quo te loco mors expectet, itaque tu illam omni loco expecta.
FRANC. Apud Chr. Egenolphum.

Abb. 2.1. Titelblatt eines Trost- und Sterbebüchleins aus dem 16. Jahrhundert

[1] siehe Anmerkung Seite 64

deren Verlaufskontrollen werden jedoch diese Datierungen nicht gerecht, denn, seit es den kranken Geist und Menschen, die helfen wollen, gibt, bedient man sich hierzu unzähliger Arzneien in kurativer Absicht und berichtet darüber.

Die heutige Psychopharmakologie wird markiert durch eine lebhafte Wechselbeziehung zwischen Psychiatrie und naturwissenschaftlichen Disziplinen, wie Chemie, Pharmazie, Physiologie etc. "Psychobiologie", "Neurochemie", "Psychoneurobiologie" u. a. sind Termini, die diesen Sachverhalt definitorisch beschreiben.

Indem wir die heutige Psychopharmakologie mit Verständnis für die Vielschichtigkeit historischer Entwicklungen und als den gegenwärtigen Stand eines Prozesses sehen, dessen Anfang man kennt, dessen Verlauf man wohl bedenken, dessen Ende man aber nicht voraussagen kann, erhalten wir den Betroffenen die Hoffnung auf zukünftige verbesserte psychopharmakologische Konzepte und bewahren uns gleichzeitig vor wissenschaftshistorischen Irrtümern, vor Überbewertung tagesaktueller Trends und persönlichen Fehleinschätzungen.

2.1 Am Anfang war der Alkohol

Kulturgeschichtliche Dokumente geben bereits sehr früh Zeugnis davon, wie die Empirie den Menschen Naturstoffe in die Hand gab, mit denen sie Krankheiten des Gemüts zu behandeln lernten.

Alkohol als überall verfügbares Produkt der Gärung muß seiner zentralen Wirkung wegen zu den Psychopharmaka vergangener Epochen gezählt werden. Bereits im Papyrus Ebers (ca. 1600 v. Chr.), dem umfangreichsten altägyptischen Schriftdenkmal in hieratischer Schrift, wird wiederholt Palmwein als gemütsbewegendes Mittel genannt. Es gilt als wahrscheinlich, daß auch die Sumerer als Produkt ihrer Agrikultur eine Art Bier brauten, das medizinisch verwendet wurde. Mit Wein extrahierten die Griechen Alraunewurzeln (**Mandragora**), Bilsenkraut (**Hyoscyamus**), die "Toll"kirsche (**Belladonna**) und das als "Arnika der Seele" bezeichnete Johanniskraut (**Hypericum**), die wegen ihrer psychotropen Wirkung zu den meistgebrauchten Naturarzneimitteln zu rechnen sind und in den folgenden Jahrhunderten in unzählige Seelenarzneien gemischt wurden, um die ins Ungleichgewicht geratenen Säfte des Körpers (Humorallehre!) wieder zu harmonisieren.

In diesem Sinne waren übrigens auch drastische Kuren mit Abführ-, Brech- und schleimhautreizenden Mitteln (**Aloe, Rheum, Senna, Tartarus stibiatus, Ipecachuanha, Helleborus**) zu verstehen.

Brechweinstein, als Abfallprodukt der Gärung, wurde von dem Benediktinermönch Basilius Valentinus im 15. Jahrhundert als achtes Weltwunder gepriesen, half er doch den Erregten infolge stundenlangen Erbrechens an den Rand der Erschöpfung zu gelangen, in deren Folge für eine gewisse Zeit eine Ruhephase eintrat, die den Therapeuten Besserung signalisierte. Der gute Ruf des Tartarus hielt sich bis in das letzte Jahrhundert, als man es zur Erzeugung des berüchtigten "Siegburger Siegels" auch äußerlich (auf der Kopfhaut) anwandte.

Reiner Wein wurde von Asklepiados von Prusa (etwa 120 v. Chr.) als hypnosedatives Fluidum erregten Phrenetikern empfohlen, und er verordnete Melancholikern Wein, um ihre Stimmung zu beleben – offensichtlich eine dosisorientierte therapeutische Strategie.

Der sich in Hunderten von Jahren angesammelte Erfahrungsschatz im Umgang mit alkoholhaltigen Arzneien hat sich wie kein anderer über alle medizinischen Denkansät-

ze und Schulen hinaus bis in unsere Tage erhalten.
Inzwischen hatten die experimentierfreudigen Vertreter der Medizinischen Schule von Salerno (Mitte des 13. Jahrhunderts) gelernt, aus Wein durch Destillation Alkoholkonzentrate zu bereiten, und damit war der Weg offen für eine Erweiterung der medizinischen Anwendung. Relativ kleine Volumina waren leichter zu konsumieren und zu transportieren, konservierten sich im Gegensatz zu Wein selbst und hatten infolge ihrer völlig anderen Invasionskinetik eine deutlich schneller einsetzende, drastische hypnotische Wirkung.
Bekannte Psychiater des vergangenen Jahrhunderts, wie Obernier, Obermeier, Parkes, Wittlich, Binz u. a. dokumentierten ihre mit Alkohol durchgeführten Forschungen und Erfahrungen in den Standardwerken ihrer Zeit.
Der Begriff "Pharmakodynamik" wurde 1876 erstmals von Wittlich in einem Bericht über eine offene Vergleichsstudie mit mehreren Psychopharmaka gebraucht, worin er schließlich wegen vieler "Halb- und Mißerfolge mit Chloralhydrat und Morphin" das Bier als probates Mittel zur Sedation empfiehlt. Angesprochen auf die Gefahren des Mißbrauchs, antwortete er kurz und im Geist der Zeit: "Abusus non tollit usum."
Der Hopfenwirkstoff **Lupulin** wurde seinerzeit bereits vermutet, seine sedativen Eigenschaften stehen heute außer Zweifel und verleihen ihm in vielen Kombinationspräparaten mit Baldrian einen Platz in sogenannten Beruhigungsmitteln.
Auch E. Kraepelin (1856–1926), dessen gespanntes Verhältnis zum Alkohol Inhalt manch liebevoller Anekdote ist, befaßte sich eingehend mit Ethylalkohol, den er anfänglich in der Psychiatrie dosisorientiert tolerierte, dann aber "gänzlich zu verbieten" empfahl, und fand bestätigt, was nicht nur die Medizin als Resultat jahrhundertelanger Empirie längst wußte: Er testierte dem Aethylgeist eine "initial stimulierende Wirkung, die erst nach großen Dosen allmählich von dem lähmenden Effekt überlagert wird".

2.2 Opium, die Allzweckarznei für drei Jahrtausende

Indischer **Hanf** und arabischer **Kaffee** dienten ebenso zur Aufhellung des Gemüts wie der getrocknete Milchsaft (opos gr. = Saft) des unreifen Mohns, das **Opium**. Homer läßt in seiner Odyssee IV, Vers 219 ff, im 8. Jahrhundert vor der Zeitrechnung, Helena Opium in den Wein für ihre trauernden Freunde mischen und nennt diesen Trank "nepenthes", also "Kummerlos", weil er die "Tränen trocknet und den Biß der Galle zügelt". Opium wird für Jahrhunderte die Standardtherapie für Melancholische, allein oder in Kombination mit anderen Maßnahmen, wie Hydro- oder Musiktherapie, Auspeitschen, Zwangstanzen, Kitzeln der Fußsohlen, Paradieren oder die Ganzkörpertherapie mit Hunderten von Ameisen (übrigens eine Empfehlung der klugen Hildegard von Bingen, 1098–1179). Opiumhaltige Rezepturen unter verschiedenen Namen, Zusammensetzungen und Indikationen finden sich im medizinischen Schrifttum des Altertums, des Mittelalters (seinerzeit als "Laudanum" rezeptiert) bis hin zur Neuzeit. Mit unseren Worten waren es die analgetischen, hypnogenen und antidepressiven Wirkungen des Opiums, die von Ärzten und Patienten geschätzt wurden.
Sehr bald erkannte man auch die sozialen Risiken eines allzu liberal gehandhabten Opiumgebrauchs: Opium spielte wegen seiner Verwendung als Rauschgift in Kunst und

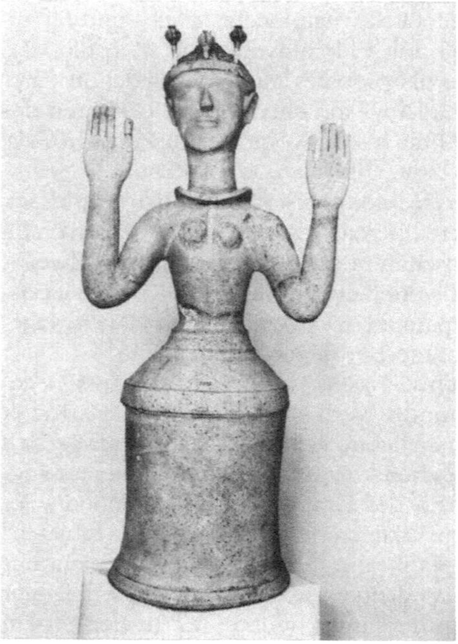

Abb. 2.2. Die Schlafgöttin von Gazi. Skulptur einer weiblichen Gestalt aus der minoischen Kultur, auf deren Kopf Mohnkapseln aufgestellt sind

Politik eine beträchtliche Rolle. NOVALIS' "Blaue Blume" wurde geradezu zum Symbol einer romantischen Stimmung.

Der römische Kaiser MARCUS AURELIUS (121–180 n. Chr.) schlief mit großer Regelmäßigkeit opiumtrunken bei seinen Regierungsgeschäften ein. Der in Rom zu seiner Zeit als griechischer Gastarbeiter tätige Arzt GALEN (129–199 n. Chr.) versuchte vergeblich, seinen Dienstherrn von dessen Opiummißbrauch zu kurieren. GALEN beherrschte den Umgang mit Opium aus seiner Tätigkeit in den Asklepieien auf Kos und Epidaurus, wo in wochenlangen Schlafkuren Schlaf gegen Mut- und Hoffnungslosigkeit mit Hilfe des Mohnsaftes über den physiologischen Bedarf hinaus erzeugt wurde.

KARL DER GROßE (768–814) erließ für sein Reich ein ausdrückliches Verbot von Opium, konnte aber nicht voraussehen, daß der süße Stoff den Kreuzzüglern (Ende des 11. bis Ende des 13. Jahrhunderts) ebenso behagte wie andere orientale Kost- und Lustbarkeiten. Unter den Mitbringseln dieses waffenklirrenden Religionstourismus waren auch jene kleinen, blauen Körnchen, die als Mohnsamen das Opium in Europa ab dem 13. Jahrhundert rekultivieren sollten.

In der ersten Hälfte des 19. Jahrhunderts vollzog sich als eine Konsequenz der Aufklärung ein grundsätzlicher Wandel in der Psychiatrie und damit auch in der Psychopharmakotherapie. Die Aufklärung forderte die Vernunft als Probierstein der Wahrheit heraus und räumte der experimentellen Wissenschaft eine hohe Priorität zur Gestaltung des Daseins ein. So konnte es nicht ausbleiben, daß auch die Therapie mit Opium systematisch erforscht wurde. Die Literatur darüber nahm vehement zu, kritische und begeisterte Stimmen wechselten einander ab.

2.3 Die Anfänge der Phytochemie

Der wissenschaftlichen Experimentierkunst des deutschen Apothekers F. W. SERTÜRNER (1783–1841) war es zu verdanken, daß er 1806 das **Morphium** als den eigentlichen Wirkstoff des Mohnsaftes isolierte. Später sollte sich herausstellen, daß noch ca. 20 weitere Alkaloide in dem Saft vorhanden sind. SERTÜRNER gab mit seiner bahnbrechenden Entdeckung den Weg frei für eine intensive Alkaloidforschung, der auch die Psychiatrie eine Reihe weiterer wichtiger Wirkstoffe verdankte, z.B. **Chinin, Papaverin, Kokain, Kodein, Bulbocapnin**.

Morphin, erstmals 1854 von WOLFF in der Heilanstalt Sachsenberg mit der von dem französischen Orthopäden PRAVAZ erfundenen Spritze "hypodermatisch" injiziert, brachte als Hypnotikum und Sedativum Schlaf und Ruhe in die Tobabteilungen der zu jener Zeit neu erbauten psychiatrischen Kliniken – und der Psychiatrie neue Probleme: Infolge der erforderlichen Daueranwendungen traten zwangsläufig unverhältnismäßig viel Morphinsüchte auf, wie man sie bei der Behandlung mit Opium nicht gesehen hatte. Zustimmung und Ablehnung der neuen Therapie hielten sich bei den Berichterstattern die Waage.

Im 19. Jahrhundert gelangt die legendäre niedersächsische Psychiaterfamilie ENGELKEN über mehrere Generationen durch den Gebrauch einer geheim gehandelten Rezeptur von Opiumtinktur mit Eisensalzen und Abführmitteln zu Ruhm und verdient darüber hinaus deshalb hier erwähnt zu werden, weil aus ihrer Erfahrung eine mit steigenden und fallenden Dosierungen durchgeführte systematische Opiumkur resultierte, die sich noch lange Jahrzehnte in unserem Jahrhundert eines großen Vertrauens bei Ärzten und Patienten erfreute.

Der Ruf nach neuen, weniger suchtinduzierenden, aber dafür wirksameren Stoffen wurde immer lauter. In dieser Situation machte das **Chloralhydrat** als erstes organisch-synthetisches Schlafmittel eine steile Karriere.

1829 hatte der deutsche Arzt und Chemiker FRIEDRICH WÖHLER (1800–1882), mit seiner sensationellen Harnstoffsynthese das Tor zur organischen Chemie aufgestoßen. Unter wissenschaftsphilosophischer Sicht wird diese Entdeckung noch immer in ihrer Bedeutung verkannt: WÖHLERS extrakorporale Synthese eines bis dahin nur göttlicher Allmacht vorbehaltenen Bioproduktes definierte hinsichtlich der Gottesebenbildlichkeit des Menschen und seines anthropozentrischen Übermuts neue Dimensionen. WÖHLERS Zeitgenosse GOETHE hat um die signalhafte Bedeutung der Synthesechemie gewußt und läßt es uns in der Laborszene des 2. Teils seines "Faust" wissen. Die chemische Industrie nutzte die Schubkraft dieses Jahrhundertereignisses und lieferte fortan auch der Psychiatrie Substanzen, die als Psychopharmaka das Fach und seine Forschung zu gestalten und zu forcieren vermochten.

So also gelangte das 1832 von J. VON LIEBIG (1803–1873), synthetisierte **Chloralhydrat** in die Hand des Berliner Psychiaters O. LIEBREICH (1839–1908), der es erstmals 1869 in der Charité an "Geisteskranken und an Delirium tremens Leidenden" testete.

37 Jahre – eine lange Zeit von der Synthese bis zur ersten klinischen Prüfung? Man war 1832 noch nicht vorbereitet auf die Idee, eine synthetisch-organische Substanz könne i.S. einer therapeutischen Manipulation des Großhirns zu kurativen Zwecken dienen!

Um den Wirkungsmechanismus des Chlorals entbrannte ein lebhafter Gelehrtenstreit. Chemie und Psychiatrie begannen aufeinander zuzugehen. Es konnte nicht ausbleiben, daß Chloralhydrat auch mißbräuchlich genutzt wurde, wichtiger jedoch war die Erkenntnis, daß Chloralhydrat zwar zur Behandlung von Psychosen ungeeignet ist, aber sich in der Schlafszene einen bleibenden Platz erobern konnte und der Psychiatrie des vergangenen Jahrhunderts einen positiven Impuls verlieh. Der Psychiater FLEMING über seinen Kollegen OTTO LIEBREICH: "Liebreich verdient im Vorhofe unseres Tempels durch dankbare Votivtafeln geehrt zu werden."

Wenige Jahrzehnte früher, als sich Alchemie und Chemiatrie zu exakten Naturwissenschaften entwickelten, also im 18., dem Jahrhundert der Aufklärung, hielt HUMPHREY DAVY (1778–1829) synthetisches **Lachgas**, N_20, in der Phiole und in einem Selbstversuch stellt er fest, daß nach Einatmen "sein Ideengang abnorm schwunghaft und heiter" wurde. Von diesem Zeitpunkt bediente sich auch

die Psychiatrie dieses Gases als Antidepressivum, verständlich, denn keine andere Medizin vermochte, die abgrundtiefe, leere Schwere eines Depressiven so eindrucksvoll in ein beschwingtes Lachen zu verwandeln.
1928 erlebt das Lachgas mit JULIUS ZADOR in Greifswald noch einmal eine Renaissance. Geblieben ist für die dann folgende Psychiatriegeneration die Erkenntnis, daß die Lachgasbeatmung ihrer narkoanalytischen Enthemmung wegen als ein wertvolles diagnostisches Mittel zur Herbeiführung reproduzierbarer psychoanalytischer Situationen geeignet war, den Behandlungsverlauf deutlich abzukürzen. In der Tat gelingt es, unter Lachgas Einblicke in ängstlich gehütete Wahnsysteme auf dem Weg über die verbalisierte Heiterkeit zu erlangen, dies vor allem bei "weichen Persönlichkeiten, die unter ihrem schlecht verdrängten Minderwertigkeitsproblem leiden und auf diese Weise in eine depressive Stimmung geraten".
Die Psychiatrie geriet gegenüber den anderen Fachdisziplinen in Verzug und probierte uralte Arzneien, z.B. **Campher**, sowie pharmazeutische Innovationen mit "heißem Bemühen" und wechselnden Erfolgen. Das von H. DAVY im Jahre 1800 erstmals als psychotrop wirkendes Stickoxid beschriebene Lachgas wurde ebenso mit wissenschaftlichem Ernst untersucht wie die HAHNEMANNsche Homöopathie. "... nicht aus Überzeugungstreue, sondern einfach deswegen, weil in Anbetracht der verzweifelten Lage der Schizophrenietherapie..." so etwa ist die Grundstimmung der immer umfangreicher werdenden Fachliteratur noch weit in unser Jahrhundert hinein zu interpretieren.
Der anfängliche Optimismus hinsichtlich der Therapiemöglichkeiten der von uns heute "Psychosen" genannten Hirnstoffwechselstörungen mit Synthetika mußte einer verhaltenen Stimmung weichen und führte zur Suche nach neuen, besseren Psychopharmaka mit gezielt antipsychotischer Wirkung.
Ab 1858 gelangte das von dem Franzosen A. J. BALARD 1826 im Wasser des Mittelmeers entdeckte Brom bzw. die **Bromide** zunächst als Antiepileptika und bald auch gegen Hysterie und Tobsucht in die Psychiatrie. Kombinationstherapien mit **Opium** (FLECHSIG 1893), **Morphin** und **Chloralhydrat** wurden zur klinischen Routine, konnten aber auch in ihrer Mannigfaltigkeit nicht den wachsenden Bedarf an Ruhigstellung, geschweige denn an kausaler Behandlung, stillen.

2.4 Kokain

Im Jahre 1860 gelang es NIEMANN und LOSSEN, beides Schüler von WÖHLER, aus frischen Cocablättern das Alkaloid **Kokain** rein darzustellen und damit der Psychiatrie nach Morphin das nächste Rauschgift zur Verfügung zu stellen. Ein hektisches Experimentieren mit dem südamerikanischen Alkaloid begann, um dessen janusköpfiges Wesen bei Gesunden bereits WÖHLER wußte und davor warnte. S. FREUD (1856–1939) setzte die medizinische Fachwelt in Kenntnis über seine Erfahrungen mit Kokain bei sich, seinem Personal und seinen Patienten. 1884 erschien seine Monographie "Über Coca". Mit bemerkenswert leichter Hand beschrieb er die positive Wirkung der Droge als Euphorikum. Seine Publikation ist in einem Ton gehalten, den man in keiner seiner anderen Schriften findet: eine Mischung von Objektivität und persönlicher Wärme, als sei er in den Inhalt selbst verliebt. Kritische Berichte über Kokain nennt er "Verleum-

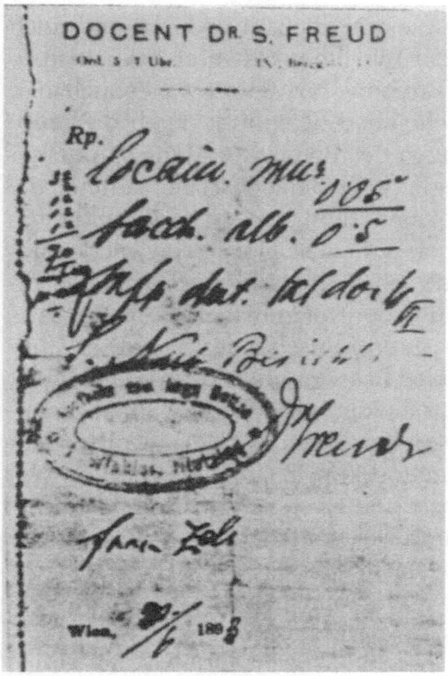

Abb. 2.3. Kokain-Rezept des Dozenten Dr. S. Freud (1893)

dungen", weist sie vehement zurück und propagiert Kokain unter Berufung auf den Amerikaner H. Bentley als Antagonisten bei Morphinentzug. Mit dieser Indikation führt er es in seine Klinik ein. Die "Wiener Methode" wurde zur Modetherapie.

Richter berichtete 1885 vor der Berliner Gesellschaft für Psychiatrie, Kokain hebe die Wirkung des Morphiums vollkommen auf und erzeuge einen Abscheu vor Morphium und Alkohol. Man hatte aber den Teufel mit dem Beelzebub ausgetrieben. Baudy warnte 1886 vor einem Kokainismus als Folge des therapeutischen Einsatzes von Kokain, der schlimmer als Morphinismus und Alkoholismus sei. Das Symptom von "Morphio-Cocainismus" wurde als schwere Halluzinose deliranter Art beschrieben. Freud ließ erst von der Droge durch den Kokaintod seines Freundes Fleischl. Dieser hatte hohe Dosen Kokain auf Freuds Rat hin gegen seine Morphinsucht genommen.

1887 erschien Erlenmeyers Monographie über Morphinismus, in der er der Kokainbehandlung ein eigenes Kapitel widmet: Kokain sei kein Gegengift, sondern ein minderwertiges Substituens, dessen Einsatz in der Psychiatrie ganz allgemein nicht die Erwartungen erfüllt habe, die daran geknüpft worden war.

Inzwischen steht dieses Substitutionskonzept in Form des staatlich geförderten "**Methadon-Trunks**" erneut auf dem klinischen Prüfstand.

Um Kokain in der Psychiatrie wurde es in den 90er Jahren überraschend schnell sehr still, bis kurz vor dem ersten Weltkrieg der Schnupfkokainismus als eine neue Applikationsvariante mit epidemischer Wucht in Europa auftrat.

Tagespresse, Wissenschaft und Staat mußten sich nun erneut mit dem Kokainproblem befassen. Eigene Kokain-Komitees entstanden in den Ministerien. Man verlangte eine internationale Reglementierung des Umgangs mit Kokain (Courtroissuffit und Giroux).

Toporkoff traf 1904 zum ersten Male in einer besonderen Arbeit die Unterscheidung zwischen Kokainisten und Kokainomanen. Letztere beschrieb er als Menschen mit psychopathischer Konstitution. Die Bedeutung dieser persönlichen Veranlagung hob auch O. Bumke hervor. Er sagte, "daß die erste Spritze bereits bestimmend sei für das Schicksal der Narkomanen". Bezüglich der Art der Disposition meinte K. Schneider, daß es die unstet depressiven Persönlichkeiten seien, die meist zu Betäubungsmitteln wie Morphin oder Kokain Zuflucht nehmen.

Der Einfluß des Milieus wird deutlich an dem sensibel gespürten Unterschied zwischen dem überholten Kokainspritzen und dem modernen Schnupf-Kokainismus. Dem als etwas Gewaltsames, als Prozedur und notwendiges Übel eines dunklen Dämons Empfundenen steht das selbstverständliche Metier des "Koksens" als süße Passion zum "coco, idole universale" gegenüber. Joel faßt seine Einschätzung des Kokainismus im Verhältnis zu anderen Rauschdrogen so zusammen, daß nur künstlerische Persönlichkeiten mit einer verfeinerten Konstitution dem Kokain verfallen, während dem durchschnittlichen Bourgeois der Alkohol adäquat sei.

In Künstler- und Gelehrtenkreisen dachte man mit Hilfe von Kokain über das Dasein nach und fühlte sich wohl bei einem Höhenflug in die Philosophie der Aufklärer. JEAN COCTEAU beschrieb im "Le grand Ecart" die Erlebnisse eines Selbstmörders unter Kokain. MAX BRODS "Annerl" gerät durch eine Kokainsucht in eine sieche Existenz am Abgrund, und CONAN DOYLERS Romanheld Sherlock Holmes läßt uns teilhaben an seinem überragenden Spürsinn dank Kokain, der und das ihn zum berühmtesten Kokainisten der Welt werden ließ.

In der Psychiatrie erfährt Kokain in den 20er Jahren unseres Jahrhunderts eine Renaissance durch die klinischen Untersuchungen des Ordinarius für Psychiatrie in Jena, HANS BERGER (1873–1941). Der Erfinder des Elektroenzephalogramms beobachtete 1921, wie sein Dachshund nach kleinen Kokaindosen lebhafte Visionen hatte, nach Fliegen schnappte, die nicht da waren, und auch sonst das Bild einer schweren halluzinatorischen Erregung bot. BERGER war es auch, der, wahrscheinlich beeinflußt durch die Empfehlungen des Biers zur Lösung stupuröser Zustände, eine Versuchsreihe startete, die die Kokainwirkung bei Geisteskrankheiten erproben sollte. Die gleichzeitig wieder auflebende physiologisch-experimentelle Erforschung der Kokainwirkung auf der Basis neuer neurologischer Erkenntnisse und Methoden hat wesentlich dazu beigetragen, daß das Kokain als Psychopharmakon gegen Dementia praecox, Melancholien oder als Diagnostikum zur Differenzierung von Epilepsie und Hysterie eingesetzt wurde.

FLECK und viele andere prüften die Versuche BERGERS nach: Alle diese Test ergaben, daß Kokain keine qualitative, sondern nur eine quantitative Änderung der psychischen Vorgänge bewirke, "nach Art des Katalysators, der nur beschleunigend in das Getriebe des Seelenlebens eingreife, ohne eigentlich qualitativ am Effekt teilzuhaben". Kokain verschwand damit endgültig aus dem pharmakotherapeutischen Instrumentarium der Psychiatrie.

2.5 Metallsalze

Metallsalze, über die man inzwischen durch die nahezu lückenlose Entdeckung der chemischen Elemente im 19. Jahrhundert verfügte, wurden mit z.T. abenteuerlichen Hypothesen psychisch Kranken appliziert – nur dem leichtesten aller Metalle, dem **Lithium**, konnte erst nach dem zweiten Weltkrieg durch die Entdeckung seiner antimanischen Wirkung durch J. CADE (1949) und der systematischen Erforschung seines gesamten Wirkspektrums durch M. SCHOU, ein Platz in der Psychopharmakotherapie unserer Zeit gesichert werden, obwohl der dänische Pathologe C. LANGE bereits 1886 über die erfolgreiche Behandlung von rd. 2000 depressiven Patienten (!) mit Lithium berichtete, u.z. in der Annahme, der Krankheit läge als Ursache eine Kopfgicht zugrunde! Nicht auszudenken, welchen Weg die Psychiatrie bereits Anfang unseres Jahrhunderts genommen hätte, wenn REITER, WARSTADT, V. JOO, SAGEL, THUMM und viele andere beflissene klinische Prüfer neben Mangan-, Beryllium-, Kobalt-, Calcium- und weiteren Metallsalzen Lithium in ihre Versuchsreihe aufgenommen hätten!

2.6 Hormone und Psyche

Im Jahre 1901 wurde erstmals ein Hormon, das Nebennierenrindenprodukt **Adrenalin**, isoliert (ALDRICH, TAKAMINE). Weitere Hormone aus Schilddrüsen, den Sexualorganen und dem Pankreas folgten in kurzen Abständen. Die Psychiatrie setzte auch auf diese biologischen Wirkstoffe ihre Hoffnungen, etwa zeitgleich mit der von E. ABDERHALDEN forcierten (Abwehr-)Fermentforschung im Rahmen der sog. Autointoxikationshypothese. Bereits im Jahre 1908 postulierte der französische Psychiater LAIGNEL-LAVASTINE in Dijon einen Zusammenhang zwischen Psychopathien und Hormonen, nannte diesen Arbeitsbereich "Psychiatrie endocrinienne" und setzte damit eine intensive Forschung in Gang, die zu einer geschlossen wirkenden Hypothese über Wechselwirkungen von Hormonhaushalt und Psychose führte (BLEULER 1954). Die Entdeckung der antiandrogenen Wirkung des Cyproteronacetats an Ratten 1966 führte zu klinischen Tests der Hemmung pathologisch gesteigerter oder abartiger Sexualität triebgestörter Männer.

Zunächst lag für die Indikation "Triebdämpfung bei Sexualdeviationen" keine rationale pharmakologische Basis vor. Es waren eher die Mißverständnisse oder anekdotische Begebenheiten, die zur Entwicklung dieses Präparates für diese Indikation geführt haben und ihm einen Platz unter den psychotropen Medikamenten sicherten, indem sie einem kleinen Kreis von Patienten die Verstümmelung durch die chirurgische Kastration ersparen. Der Endokrinologie insgesamt blieb ein durchschlagender Erfolg im Rahmen psychiatrischer Strategien versagt. Die Zeit, als man Psychotiker mit abundanten Mengen Choriogonadotropin über Wochen behandelte (MALL et al. 1963) ist vorbei und war aus heutiger Sicht eine unverantwortlich teure und zugleich fragliche Episode mit negativem Ausgang. Zur Zeit erlebt die Endokrinologie als Teilgebiet der Psychoseforschung eine Renaissance, offenbar deshalb, weil durch subtile und verbesserte Analysemethoden auch Metaboliten und Neuropeptide sicherer bestimmt werden können.

2.7 Vitamine

Vitamine, deren essentielle Bedeutung man um die Jahrhundertwende erkannte und deren Chemie samt Synthese innerhalb weniger Jahrzehnte aufgeklärt werden konnten, wurden mit hochgespannten Erwartungen in der Psychiatrie erprobt. Für einen kausalen Zusammenhang zwischen der Entstehung endogener Psychosen und einem gestörten Vitaminhaushalt gibt es jedoch bis heute keine Anhaltspunkte.

Wir erleben derzeit die Neuauflage des substitutionstheoretischen Denkens in der verheißungsvoll "orthomolekulare Psychiatrie" genannten Empfehlung, Depressionen wie folgt zu heilen und – das ist das Neue – ihnen generell damit vorzubeugen.

"Orthomolekular", der Begriff geht auf den zweifachen Nobelpreisträger LINUS PAULING zurück, dessen Aufklärung organischer Molekularstrukturen nunmehr paradigmatisch für die These herhalten muß, man könne durch eine komplette und ausgewogene Zufuhr aller Essentialia prohibitiv und kurativ auf Psychosen einwirken.

2.8 Synthetische Psychopharmaka

Der Einfallsreichtum der Chemiker in der rapide expandierenden Chemieindustrie des 19. Jahrhunderts hatte den nach immer neuen Stoffen Ausschau haltenden Psychiatern in kürzester Zeit eine Vielzahl erfolgversprechender Präparate verschafft: **Amylnitrit** 1871, **Paraldehyd** 1882 (über 100 Jahre im Gebrauch!), **Urethan** 1886, **Amylenhydrat** 1887, **Sulfone** 1888, **Bromcalciumurethan** 1911 seien hier stellvertretend als Beleg für die Leistungsfähigkeit der Synthesechemie einerseits und für den immer vehementer artikulierten Bedarf der Psychiatrie andererseits genannt. Bemerkenswerterweise erfolgte die klinische Erprobung der in Tier- und Selbstversuchen erkannten Schlafmittel fast ausnahmslos in psychiatrischen Kliniken. So wurde auch das **Veronal** als erstes Barbiturat von W. Fischer in der Psychiatrischen Universitätsklinik Jena im Jahre 1903 als Schlafmittel getestet und bestätigt. Damit war der Weg frei für die Entwicklung weiterer Barbitale, die in den folgenden Jahrzehnten in der Pharmakopsychiatrie entscheidende Akzente setzen sollten. Jakob Klaesi (1883–1980), ein Schweizer Psychiater in der von E. Bleuler geleiteten Klinik, hat mit dem Barbitursäurepräparat **Somnifen** ein Kapitel Psychiatriegeschichte geschrieben. Er "dachte daran[2], den Dauerschlaf... einzuführen", weil er "in Anbetracht gelegentlicher Besserungen nach pyrogenen Mitteln auf der Suche nach einem Mittel war, mittels dessen sich ohne Gefahr für den Kranken eine beliebig große körperliche Hinfälligkeit und Hilfsbedürftigkeit erzeugen und erhalten ließe". Klaesi faßte seine Schlafkuren als förderliches Verfahren auf, um den "während der Bettlägerigkeit und Pflegebedürftigkeit des Patienten wiedergewonnenen Rapport mit dem Arzt" therapeutisch zu nutzen. So deutlich war weder der somatische noch der psychodynamische Einsatz irgendeiner mit künstlichem Schlaf gekoppelten psychopharmakologischen Therapie beschrieben worden. Klaesi dachte und handelte aus einer für die Psychiatrie des Jahres 1920 tief resignativen, von Nihilismus geprägten Grundstimmung, aber das Konzept hielt einer kritischen Beurteilung durch seine Kollegen nicht stand. Zu groß waren die Infektionsrisiken und relativ gering die über die Heilfaktoren Zeit und Selbstheilung hinausgehenden Erfolge. Es blieb jedoch die Erfahrung einer langjährigen Therapie mit lückenlos in der Psychiatrie angewandten, physiologisch abundanten Mengen synthetischer Schlafmittel, deren mißbräuchliche Verwendung nach dem von dem Psychiater P. Nitsche empfohlenen "Luminal-Schema" im Rahmen der "Euthanasie" ab 1941 ein dunkles Kapitel deutscher Psychiatriegeschichte schrieb.

Der erste Tranquilizer

Der therapeutische Bedarf an Schlafmitteln indessen blieb nach dem Kriege unverändert, in der Psychiatrie zumal. Mit großem Interesse sah man der Wirkung des von F.M. Berger 1950 synthetisierten **Meprobamats** entgegen, das einer Versuchsreihe entsprang, die man zur Synthese eines gramnegativ wirkenden Antibiotikums gestartet hatte.

Berger berichtete von seiner Überraschung, als er bei Mäusen erstmals eine Beruhigung der Tiere bei vollem Bewußtsein wahrnahm. Der erste Tranquilizer war durch Zufall entdeckt. Erleichtert benutzte man ab sofort den Begriff "Tranquilizer" für das chemische Syntheseprodukt, welches dem

[2] So dachten bereits die alten ägyptischen und griechischen Ärzte und wenige Jahre vor Klaesi seine Kollegen O. Wolff (1901) in Asfuriyeh (Syrien) und G. Epifanio (1915) in Turin!

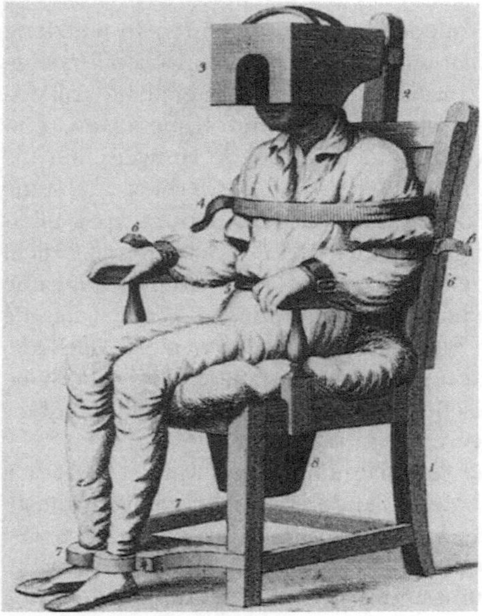

Der Tranquillizer

Abb. 2.4. "Der Zwangsstuhl, auch der Beruhiger oder Tranquillizer genannt, ist ein solider Lehnstuhl ..." aus P. J. Schneider, Entwurf zu einer Heilmittellehre gegen psychische Krankheiten. Tübingen 1824

bis dahin als Tranquillizer bezeichneten Zwangsstuhl (Abb. 2.4), endgültig einen Platz im Psychiatriemuseum zuwies. Die Tranquilizer des Meprobamattyps (1955) konnten allerdings die Barbiturate nicht vom Markt drängen.

Das sollte sich ändern, als das **Thalidomid** im Jahre 1957 marktreif war. Rezeptfrei deckte es mehr und mehr den steigenden Bedarf an Schlafmitteln. Wenige Jahre später, genau am 25. November 1961, erfuhr die Öffentlichkeit Details über das therapeutische Thalidomid-Risiko. "Dysmelie- Syndrom" nannte man die Embryopathien seinerzeit.

Fast 3000, heute rund 30 Jahre alte Menschen, leben mit uns als Behinderte. Ihr Leid hat die Öffentlichkeit geschockt, die Gesetzgeber zum Handeln gezwungen, die Medizin und die Pharmazie gelehrt, neu über Nutzen und Risiko der Pharmakotherapie nachzudenken. Es entstand ein fachübergreifendes Risikobewußtsein bei allen Beteiligten in dem Sinne, daß heute mit jeder verantwortungsbewußten Pharmakotherapie eine individuell und sozial adäquate Bewertung einhergeht.

2.9 Somatosen gegen Psychosen: Fieber-, Koma- und Schocktherapien

Während für synthetische Schlafmittel unterschiedlichster chemischer Konstitution seit **Chloralhydrat** ein Dauerbedarf besteht, ging die somatisch orientierte Psychiatrie noch einen zweiten Weg, um den Psychosen beizukommen: Die sogenannten "großen", "aktiven" "Erschütterungstherapien" (übrigens ein Ausdruck, der bereits von Plato im Zusammenhang mit der Behandlung von Geisteskranken benutzt wurde!) in der ersten Hälfte unseres Jahrhunderts schrieben ein dramatisches Kapitel Psychiatriegeschichte. Es beginnt damit, daß sich der Wiener Psychiater Julius Wagner-Jauregg (1857–1940), in den achtziger Jahren des 19. Jahrhunderts systematisch dem Antagonismus von fiebrigen Krankheiten und Gemütsleiden widmete. Die Literatur hierzu reicht von Parmenides (500 v. Chr.) über Hippokrates, Asklepiades bis zu Reuss, Nasse und Griesinger in Wagner-Jauregg 's Jahrhundert. Robert Koch (1843–1910) hatte 1882 den "Kochschen Bazillus" und in einem zweiten Schritt unmittelbar danach das **Tuberkulin** als Heilmittel gegen Tuberkulose entdeckt. Mit diesem und einer Reihe weiterer synthetischer und natürlicher Produkte begannen Wagner-Jauregg und andere die **pyrogene**

Therapie psychotischer Zustände aller Art, vor allem aber die der paralytischen Formen. Die Idee der Chemotherapie, verbunden mit dem Namen PAUL EHRLICH (1854–1915), war geboren und drückte der Pharmakopsychiatrie für viele Jahre ihre unverwechselbare Prägung auf, die konkret in der pyrogenen Therapie bzw. in der mit **Salvarsan** seit 1910 betriebenen "Therapia magna sterilisans" ihren Ausdruck fand. Mit intraglutäalen Milch-, Petroleum- oder Nukleinsäureinjektionen erzeugte man Fieber und glaubte jeweils "das Mittel" gefunden zu haben. Man sah im "Fieber an sich" den heilenden Faktor, unerheblich, womit dieses erzeugt wurde. Noch 1970 stand "Schizophrenie" als Indikation für das Arzneimittel **Pyrifer**, ein in unterschiedlicher Stärke produziertes pyrogenetisches Präparat in Ampullenform.

Eine hohe Letalitätsquote (bei Milchinjektionen ca. 25%!) schreckte die wackeren Psychiater nicht ab, nach immer neuen Varianten der iatrogenen Fiebertherapie zu suchen, bis WAGNER-JAUREGG 1917 "wie ein Blitz" der Gedanke kam, Blut von Malaria-Kranken zu injizieren und damit die Psychose, insbesondere die paralytischen Formen, zu einer infektiösen Somatose zu machen.

Nach rund 25 Jahren intensiver **Fieber**therapie setzte man nunmehr zeitgleich mit KLAESIS Schlafkuren auf die **Infektions**therapie. Drei von vier Patienten starben bei einer von WAGNER-JAUREGG 1918 gestarteten Versuchsreihe – weil sie versehentlich Blut von Malaria-tropica-Kranken erhalten hatten. Dieser Zwischenfall sowie eine relativ hohe Letalitätsrate in den folgenden Jahren konnten jedoch die ehrgeizigen Therapeuten nicht aufhalten, die Infektionstherapie weltweit zu preisen. **Chinin** als wirksames Steuerinstrument der in Schüben verlaufenden Malaria reduzierte das therapeutische Risiko. Das immer wieder auftretende "Anfangsfieber" (eine anaphylaktische Reaktion des Körpers gegen Fremdblut, wie sie mit Sicherheit bereits im 17. Jahrhundert bei der Transfusion von Lammblut (!) gesehen wurde) konnte vermieden werden, wenn man infizierte Malariamücken die Arbeit machen ließ (SIOLI, Düsseldorf 1925). Die Literatur ist voll von überschwenglichen Erfolgsberichten, enthält aber auch warnende Hinweise auf die Risiken. WAGNER-JAUREGG erhielt für seine Blitzidee 1927 den Nobelpreis, ging allerdings in seiner Rede zu diesem Anlaß nicht über biologische und immunologische Deutungsversuche hinaus. Von Psychiatrie im eigentlichen Sinne war nicht die Rede. Darin war ihm KLAESI mit dem psychodynamischen Ansatz für seine Schlafkuren überlegen.

Die Psychiatrie hingegen wendet sich im 4. Jahrzehnt anderen, nicht weniger drastischen Therapieformen zu. Seit 1920 war der Medizin das Pankreashormon **Insulin** bekannt und wurde, wie praktisch jedes neue Arzneimittel, unmittelbar nach seiner Verfügbarkeit auch in der Psychiatrie (FALTA, STECK) bei anorektischen Patienten eingesetzt. Intravenös (!) führten Insulininjektionen zu "Auslöschphänomenen" (FLEISCHHAECKER 1932) und zu auffallenden psychischen Veränderungen bei (Morphin)-Entzugsdelirien (J. STAEHELIN).

Es war wieder die Wiener Schule, die die Psychiatrie ein zweites Mal in kurzer Zeit mit einem völlig neuen Konzept bereichern sollte.

MANFRED SOKEL, nach Namensänderung SAKEL (1901–1957), tat den entscheidenden Schritt, als er durch Blutzuckersenkung einen Zustand als therapeutisches Prinzip zur Behandlung der Schizophrenie erzeugte, den der Internist bei Zuckerkranken zu vermeiden sucht – das Koma.

Im Herbst des Jahres 1933 begann er mit seiner systematischen Insulin-**Koma**-Therapie, die er kurz darauf durch noch höhere Dosen als eingangs vor Laien und Gelehrten als Insulin-**Schock**-Therapie propagierte.

Mit der drastischen Erhöhung der verabreichten Insulindosen reagierte SAKEL bereits wenige Monate nach seinen ersten Insulinversuchen auf das Konzept seines lebenslangen Kontrahenten LADISLAUS (LASLO) VON MEDUNA (1896–1964), der wenige Monate später mit der **Cardiazol-Schock-Therapie** an die Öffentlichkeit trat. Für VON MEDUNA, Psychiater und Oberarzt an der Psychiatrischen Universitätsklinik Budapest, war der bekannte biologische Antagonismus von Schizophrenie und Epilepsie der Ausgangspunkt für seine medikamentöse Konvulsionstherapie. Der Naturstoff **Campher** wurde hierfür – hochdosiert – bereits seit AUENBRUGGER, der 1776 über die Behandlung von zehn an "Mania vivorum" leidenden Patienten berichtete, in der Psychiatrie verwendet.

L. ANGYAL empfahl seinem Kollegen VON MEDUNA **Cardiazol** als Konvulsivum, und dieser setzte damit die Reihe der martialischen Arzneimittelprozeduren fort.

Überblickt man aus einer Distanz von einigen Jahrzehnten die mannigfaltigen Erklärungsversuche für die Somatotherapien jener Zeit, kommt man nicht umhin zu fragen, ob nicht ganz einfach die durch subtoxische Dosen hochwirksamer Medikamente erzeugte Erschöpfung und Zerstörung in der Lage war, die Eigendynamik des psychotischen Prozesses zu bremsen. Addiert man zu diesen Effekten noch den Faktor Zeit, dann löst sich die Frage nach dem Heilungsmechanismus fast von selbst. Für die Psychiatrie waren derart heroische Methoden nicht neu: Tagelang durchgeführte Dauerbäder (für die sich u. a. KRAEPELIN betont positiv einsetzte), stundenlang erzwungene Dauertänze, Brechkuren mit Brechweinstein bzw. später **Apomorphin**, kräftezehrende Senfbäder, Haarseile und Moxen sind bekannte Beispiele hierfür.

Ruhe – in diesem Zauberwort liegt der Schnittpunkt der meisten operationalen Konzepte, die die Psychiatrie seit eh und je für ihre Patienten bereithält. Erst einige der modernen Psychopharmaka nähern sich aufgrund ihrer auf Neurotransmitter und deren Rezeptoren gerichteten Effekte einem Mechanismus, der einer kausalen Therapie der Psychosen einen bedeutenden Schritt näherkommt, und zwar ohne zwangsläufig damit einhergehende Somnolenz. Der universellen Appetenz nach Ruhezuständen werden unsere Arzneimittel in ihrer spezifischen Weise gerecht.

Bei aller kritischen Beurteilung der Konsequenzen dieser gewaltsamen Pharmakotherapien bleibt als positives Ergebnis zu nennen, daß in ihnen die Wurzeln für eine erfolgreiche Entwicklung der Biochemie im Rahmen psychiatrischer Grundlagenforschung zu finden sind.

SAKEL spricht von "besetzten Rezeptoren" – eine durchaus aktuelle Denkweise, VON MEDDUNA erklärt biologische Ungleichgewichte des Hirnstoffwechsels als Ursache für Psychosen, WAGNER-JAUREGG mißt die Wirkung seiner antipsychotischen Therapie an zytologischen und chemischen Blutwerten, und wir Heutigen sind noch immer auf der Suche nach biologischen Korrelaten der Krankheit und ihres Verlaufes.

2.10 Ära der modernen Psychopharmaka

Vor diesem Hintergrund ist der Beginn der **Psychopharmakologie der Gegenwart** als derjenige Abschnitt des psychiatriehistorischen Prozesses zu sehen, der mit der Einführung des ersten Neuroleptikums im Jahre 1952 einen entscheidenden Impuls erhält.

Noch standen die Schockmethoden im Mittelpunkt des ersten Weltkongresses für Psychiatrie im Jahre 1950, aber erste Berichte über die Anwendung der Antihistaminika bei "manischen Exzitationen" lenkten das Augenmerk auf diese Stoffgruppe. Die Innenarchitektur des Gehirns rückte bei den

Psychiatern mehr und mehr in den Vordergrund des wissenschaftlichen Augenmerks, während es bisher der künstlich erzeugten Krankheit galt. Im Mai des Jahres 1952 traten die französischen Psychiater DELAY und DENIKER, mit dem Bericht über die zentralnervöse Wirkung des Chlorpromazins an die medizinische Öffentlichkeit und leiteten damit die Entwicklung der Psychiatrie ein, die uns miterleben ließ,

- wie aus der bewußtlosen, schweigenden Psychiatrie eine sich bewußt äußernde und gesellschaftlich dialogfähige wurde,
- wie die Psychopharmakologie es ermöglichte, daß Arzt, Pflegepersonal und das soziale Umfeld des Patienten die soziale Distanz gegenüber den Kranken verringern konnten,
- wie sich aus der kustodial-verwaltenden, staatsnahen Psychiatrie eine aktiv helfende, rehabilitative entwickelte und schließlich,
- wie die Psychiatrie den Schulterschluß mit ihren wissenschaftlichen Nachbarfächern vollziehen konnte und heute eine empirisch fundierte Disziplin innerhalb der Medizin darstellt.

Der Fortschritt, den die Psychobiologie durch die Entdeckung des **Chlorpromazins** als Neuroleptikum erfuhr, ist auf das glückliche Zusammentreffen mehrerer Faktoren zurückzuführen.

Mit der Entdeckung der Antihistaminika setzten erste, tastende Versuche in der Psychiatrie ein, um den als "Exzitation" bzw. "Agitation" bezeichneten Unruhezuständen beizukommen. Ab 1943 benutzte G. DAUMEZON für die sogenannte Abortivmethode bei manisch-depressiven Patienten das **Antergan**, 1950 schlägt P. GUIRAUD das **Promethazin** vor, D. BRYANT führt im selben Jahr in den USA das **Metapyril** mit der gleichen Indikation ein.

Ende 1951 versuchte der französische Hirnchirurg H. LABORIT durch "Hibernation" des Patienten einen "winterschlaf"ähnlichen Dämmerzustand zu erzeugen. Sein Coctail lytique enthielt **Promethazin**, **Pethidin** und das von der Firma RHÔNE-POULENC auf sein Bitten 1950 zur Verfügung gestellte "Antihistaminikum" **Chlorpromazin**. Der eigentliche Durchbruch zu einer antipsychotischen Monotherapie gelang den französischen Psychiatern DELAY und DENIKER mit der systematischen Erprobung des **Chlorpromazins** (Warenzeichen: Largactil®) an manischen Patienten. Vorausgegangen waren Publikationen über **Chlorpromazin** als "vegetativer Stabilisator" und weitere Hinweise auf dessen zentrale Wirkung (LABORIT, HUGUENARD, HAMON, PARAIRE, VELLUZ u. a.). Zwischen Juni und Oktober 1954 erschienen mehrere Publikationen, die die zentrale Wirkung des Alkaloids **Reserpin** aus der indischen Pflanze Rauwolfia serpentina bestätigten, deren medizinische Verwendung auch bei seelischen Störungen in der Literatur der ajurvedischen Heilkunst erstmals bereits im Jahre 1563 erwähnt wurde. Insbesondere waren dessen Nebenwirkungen, von STECK als das extrapyramidale und diencephalische Syndrom im November 1954 beschrieben, ähnlich denen, die HAASE bei dem Phenothiazin **Chlorpromazin** beobachtet hatte. Ursprünglich wegen seiner blutdrucksenkenden Eigenschaften eingesetzt, eroberte sich **Reserpin** sehr schnell den psychiatrischen Markt und stand der Psychiatrie fast gleichwertig und gleichzeitig mit dem ersten Phenothiazin zur Verfügung. DELAY und DENIKER prägten für diese "Antipsychotika" den Sammelbegriff **"Neuroleptika"**. Mit dieser Nomenklatur wurde ein weiterer Schritt in der Beantwortung der Frage nach der Kausalität der zwischen den Diagnosepolen der Manie einerseits und der schizophrenen Hebephrenie andererseits auftretenden endogenen Psychosen getan: Der Hinweis auf die somatischen Effekte einer den zentralnervösen Entgleisungen entgegenwirkenden Substanzgruppe und ihre Verwendung als Antipsychotika setzte bis dahin nicht gekannte Forschungsqualitäten frei. Die Transmitterforschung unserer Tage läßt das Ausmaß dessen ahnen, was sich in den Kliniken und Laboratorien dieser extrem innovationsfreudigen Zeit abspielte. Der Gedanke an die Entdeckung eines körperlich verursachten Psychoms wirkte als kreatives Movens, dessen Auswirkungen wir heute noch dankbar verspüren. **LSD** und **Amphetamine** dienten zur Provokation von Modellpsychosen, und dem **Serotonin** wurde eine zentrale Rolle bei der Entstehung einer Reihe von ZNS-Störungen zugesprochen, ein Paradigma, das bis heute z.B. die Depressionsforschung forciert. Erste Hypothesen von Rezeptorblockaden wurden erörtert und anhand von Tierversuchen bestätigt. Die Psychiater der 50er Jahre gerieten angesichts der Wirkungen der neuen Mittel (Beruhigung ohne Somnolenz, Entdynamisierung einer Erregung ohne Bewußtseinsstörung, innere Stille ohne Lähmung infolge pharmakogener Intoxikation) in eine Art Aufbruchstimmung, der wir weitere wichtige Entdeckungen zu verdanken haben.

Im Bestreben, durch Molekülabwandlungen des **Isoniazids** ein besser wirksames Tuberkulostatikum zu finden, hielt SELIKOFF 1952 das **Iproniazid** in der Hand, ein Stoff, der zwar keine antituberkulöse, wohl aber eine antidepressive Wirkung hatte. Die Stimmung der Patienten besserte sich auf eine fast dramatisch zu nennende Weise. Die Medien feierten dieses Ereignis als Sensation. Bilder von tanzenden Patienten aus Tuberkulose-Sanatorien gingen in die Welt, so wie einst, als das Lachgas in der Psychiatrie Karriere machte. Der Ausdruck "happy pills" wurde geprägt für eine Stoffklasse, deren Wirkmechanismus in der Inhibition der Monoaminooxidase bestand (KLINE et al.) und die nach der Ersteinführung in Form von **Marsilid** (1958) und einer Reihe weiterer MAO-Hemmer bis heute ihren Platz unter den Antidepressiva hat. Mit der funktionalen Trennung in MAO-A- und MAO-B-Hemmer in den 80er Jahren ist die Therapie von Depressionen im Vergleich zu MAO-Hemmern der ersten Generation um ein bedeutendes Maß an Sicherheit bei gleichzeitiger Risikoreduktion bereichert worden.

Auf der Suche nach neuen Neuroleptika auf trizyklischer Basis prüft der Schweizer Psychiater R. KUHN in Münsterlingen 1956 das von der Firma GEIGY entwickelte Iminodibenzylderivat G 22355. Mit einem psychiatrisch sorgfältig ausgebildeten Personal, einem auf daseinsanalytischer Basis aufgebauten Behandlungskonzept und einer grundsätzlich auch auf Unerwartetes sensibilisierten Offenheit gegenüber klinischen Beobachtungen traten bei der Prüfung an 40 Patienten die antidepressiven Effekte des **Imipramins** zutage. KUHN sah seine Hoffnung auf ein "besseres Opium" bei "vitaldepressiven Verstimmungen" erfüllt. Die Psychiatrie verfügte ab diesem Zeitpunkt über Antidepressiva und konnte sich langsam vom Opium lösen. HARRER bezeichnete die Einführung des Imipramins als "therapeutischen Quantensprung". Das trizyklische Molekül wurde in den folgenden Jahren mehrfach abgewandelt (u.a. **Amitriptylin**, **Doxepin**). Die tetrazyklischen Varianten **Mianserin** und **Maprotilin** waren weitere Schritte in der Entwicklung neuer Antidepressiva.

Die Serotoninmangelhypothese der Depression führte konsequent zur Entwicklung von Substanzen, die selektiv die Wiederaufnahme von **Serotonin** hemmen und damit die Konzentration dieses vielseitig wirkenden Neurotransmitters im synaptischen Spalt erhöhen (**Zimelidin**, **Fluvoxamin**, **Fluoxetin**). Orale Substitutionsversuche mit der biologischen Serotoninvorstufe, dem ubiquitär in der Nahrung vorhandenen Tryptophan, hatten nicht den erhofften Erfolg, während dessen erster Stoffwechselmetabolit, das 5-Hydroxytryptophan, durchaus eine Hirnstoffwechselwirkung zu haben scheint. Beide Aminosäurepräparate erfordern ihrer Nebenwirkungen wegen unsere besondere Aufmerksamkeit. Die Depressionsforschung und die Entwicklung weiterer Antidepressiva verliehen

sich wechselseitig innovative Impulse und liefern bis heute die Basisdaten für interdisziplinär geführte wissenschaftliche Diskussionen. Phenylalanin, Tyrosin und Tryptophan als Praekursoraminosäuren für den endogenen Aufbau der Neurotransmitter Noradrenalin, Dopamin und Serotonin kamen als Substituenten ins Gespräch, wenn man wieder einmal die Depression als nutritionales Defizienzereignis diskutiert.
Die einst hoffnungsvoll gestarteten Versuche mit **Lachgas** oder **Hämatoporphyrin** gehören endgültig der Geschichte an. Das soll allerdings nicht bedeuten, daß bis zum heutigen Tage traditionelle Pharmaka, wie das **Kawain** oder das seit Jahrtausenden gebrauchte Johanniskraut (Hypericum perforatum) mit neuen Methoden und in Kenntnis seiner photochemischen Inhaltsstoffe (**Hypericin**) nicht immer wieder in das psychiatrische Forschungsprogramm eingebaut werden - mit erstaunlich guten Resultaten. Mit photobiologischen Stoffen im Zusammenwirken mit Lichttherapie, unter Berücksichtigung des zentralen Eisenatoms im Hämoglobin und unter Einbeziehung chronobiologischer Daten geht man heute mit durchaus berechtigter Hoffnung Wege, deren Anfänge weit vor den Synthetika unserer Zeit liegen.

Dem belgischen Chemiker Paul Janssen fiel die Gleichartigkeit der Stereotypien amphetamingedopter Radrennfahrer und paranoider Schizophrener auf, und über diesen Aspekt ließ er ein Produkt einer chemischen Synthesereihe testen, an deren Anfang das der Psychiatrie bereits bekannte **Pethidin** stand. Über die Mannich-Base des **Pethidins** gelangte P. Janssen zu Propiophenon und über die Verlängerung der Alkylkette zum ersten Butyrophenon. Mit der Synthese des 45. Butyrophenons, dem **Haloperidol**, stand der Psychiatrie seit 1958 eine chemisch neue Stoffklasse zur Verfügung, deren Indikation in erster Linie psychomotorische Erregungszustände waren. Bemerkenswert dabei ist, daß den Psychiatern zu jener Zeit Amphetaminpsychosen praktisch unbekannt waren. Es sollten noch 20 Jahre vergehen, bis der Kausalzusammenhang zwischen Drogenmißbrauch und speziell psychopathologischen Zuständen, vor allem Paranoia, Schizophrenie, Manie zum Thema seriöser Studien wurden. Inzwischen hat Haloperidol, von dem weitere Analoga auf Butyrophenonbasis inzwischen auf dem Markt sind, die Rolle des Phenothiazins Chlorpromazin als Referenzsubstanz der Antipsychotika bei klinischen Prüfungen übernommen.
Aus der Reihe der Butyrophenone und der strukturverwandten Diphenylbutylpiperidine gingen in der Folgezeit einige Wirkstoffe hervor, die aufgrund ihrer besonderen molekularen Struktur die bisherigen therapeutischen Möglichkeiten sinnvoll erweitern. Während in den ab 1968 gebräuchlichen Depot-Formen der trizyklischen Neuroleptika (Fluphenazin-oenanthat und -decanoat), die primären Alkoholgruppen verestert wurden, steht ab 1981 im Haldol-Janssen Decanoat erstmals der Ester eines tertiären Alkohols zur Verfügung. Pipamperon, ein weiteres Produkt der Butyrophenonreihe, stellt insofern eine Besonderheit dar, als es eine außergewöhnlich hohe Affinität zu Serotonin-Rezeptoren aufweist, woraus sich die bemerkenswerte Effizienz einer Kombination mit hochpotenten antidopaminergen Neuroleptika erklärt.
Die 1954 von Haase und Steck beschriebenen extrapyramidalen Nebenwirkungen führten einerseits gleichzeitig zu dem als Antidot bis zum heutigen Tage unverzichtbaren **Biperiden**, dessen Erfinder der bei den Knoll-Werken, Ludwigshafen, arbeitende Chemiker Klahven war. Andererseits dienten die bereits an der Feinmotorik erkennbaren dopaminantagonistischen Wirkungen der Neuroleptika zu ihrer ersten Klassifizierung in (sehr) stark-, mittel- und schwach potente auf der Basis von Chlorpromazin, dessen pharmakodynamische

Potenz HAASE willkürlich mit der dimensionslosen Zahl 1 festsetzte und die weiteren Neuroleptika danach einstufte. An dem Begriff "Neuroleptische Schwelle", den HAASE im Zusammenhang mit seinen Untersuchungen der Feinmotorik (Handschrifttest) unter Neuroleptika-Medikation in die Diskussion brachte, entzündete sich in den 60er und 70er Jahren ein heftig geführter Gelehrtenstreit. Mit Blick auf die durch unnötig hohe Dosierung der Neuroleptika erzeugten dyskinetischen Nebenwirkungen resultierte daraus eine positive Sensibilität hinsichtlich der Neuroleptika-Dosierung.

Unerforscht waren zu jener Zeit noch die Wirkungen der Neuroleptika auf weitere Transmittersysteme (vor allem auf Serotonin, Histamin, Azetylcholin, Noradrenalin), ein Effizienzspektrum, das quantitativ zu differenzieren erst in den 80er Jahren gelang. Man spricht deshalb heute zu Recht der "Multitransmitter Balance Hypothesis" eine größere Bedeutung zu als der in den Anfangsjahren der neuroleptischen Ära auf das Dopamingleichgewicht fokussierten Dopaminhypothese der Schizophrenie. In der "Transmitterpsychiatrie" findet die biochemisch orientierte Psychoseforschung ihren derzeitigen Schwerpunkt, der über die post- und praesynaptischen Rezeptoren bzw. Subtypen derselben hinaus auch die peptidergen Neuromodulatoren und postrezeptiv ablaufenden, meist enzymgesteuerten Prozesse berücksichtigt.

Noch fehlt die lückenlose Kenntnis über biochemische Korrelate zu bestimmten psychotischen Symptomen, der Weg dahin ist vorgezeichnet und gibt Anlaß zur Annahme, zukünftig deutlich differenzierter therapieren zu können. Es wird der Tag kommen, an dem Antipsychotika ohne nennenswerte Nebenwirkungen zur Verfügung stehen und nicht unbedingt auch Neuroleptika sein müssen.

Clozapin

Eine Station auf dem Wege dahin war die Entdeckung der antipsychotischen Wirkung des trizyklischen **Clozapins**. Nach anfänglichen Schwierigkeiten hinsichtlich genügender Versuchsmengen und einer eher unzureichend eingeschätzten Wirkung in einer ersten Pilotstudie, bezeichneten H. GROSS und E. LANGNER (Wien) das Clozapin 1966 als echten Fortschritt. Clozapin erwies sich insofern als eine Innovation gegenüber den zahlreichen, inzwischen synthetisierten Neuroleptika, als es die bei allen anderen Neuroleptika zu beobachtenden afferenten Impulse für die Ausbildung einer Katalepsie beim Tier vermissen ließ. Die sich verdichtenden Kenntnisse über die Wirkung der klassischen Neuroleptika auf das Corpus striatum führten dazu, daß zwar der Zusammenhang der kataleptogenen Wirkung mit dem neuroleptischen Parkinsonoid mehr und mehr gesichert werden konnte, eine Erklärung der antipsychotischen Wirkung und damit der Clozapin-Anomalie aber steht weiterhin aus.

Nach Einführung des Clozapins in Finnland im Jahre 1975 führte die Meldung von 16 unter Clozapin-Therapie aufgetretenen Granulozytopenien, von denen acht tödlich verliefen, zu einer weltweit restriktiven Handhabung der Verordnung. Das Präparat wurde 1989 in den USA zugelassen und erfährt derzeit einen zweiten Frühling.

Die Geschichte dieses lebhaft und kontrovers diskutierten Wirkstoffs lehrt uns, daß die Suche nach prinzipiell anders wirkenden Antipsychotika auch in Zukunft mit aller Energie und Phantasie betrieben werden muß, wenn wir über noch besser wirkende Pharmaka verfügen wollen.

Carbamazepin und Benzamide

Zwei Beispiele für die Erweiterung ursprünglicher Indikationen sind das **Carbamazepin** und die **Benzamide**.

Ausgehend von Chlorpromazin suchte man in den Forschungsabteilungen der J.R. Geigy AG nach neuroleptisch wirkenden Molekülvarianten, fand zunächst das Antidepressivum **Imipramin**, um schließlich nach Einführung einer Carboxamidgruppe 1953 auf das Carbamyl-10,11 dihydro-dibenzoazepin zu stoßen (Ch. Morel), welches unter der Kurzbezeichnung G 26301 von Büch als antikonvulsiv wirksam befunden wurde. Eine geringfügige Änderung des Moleküls durch W. Schindler und H. Blattner führte 1957 zur Patentierung des **Carbamazepins**. Sechs Jahre später wurde es als Antikonvulsivum in der Schweiz und in England eingeführt. Kurz darauf folgte der Einsatz des Trizyklikums bei Trigeminusneuralgien. Damit begann eine bis heute nicht abgeschlossene Erweiterung der Indikation für diesen Stoff, von dem täglich etwa eine Tonne hergestellt wird.

Inzwischen gehört **Carbamazepin** zum bewährten pharmakotherapeutischen Instrumentarium, z.B. bei der Behandlung von schizoaffektiven Psychosen, manisch-depressiven Erkrankungen und deliranten Zuständen. Klinische Untersuchungen der über den antikonvulsiven Effekt des Carbamazepins hinausgehenden psychotropen Wirkung sind in vollem Gange. Dabei sollten weniger nosologische als vielmehr syndromatologische Gesichtspunkte bei der Wirkungsbewertung im Vordergrund stehen.

Die antiemetischen Eigenschaften des von Justin-Besancon als Gastrotherapeutikum entwickelten **Metoclopramid** veranlaßten 1965 die Psychiater Borenstein und Bles, sowie Deniker und Ginisted (1966), an der Klinik Saint-Anne in Paris, auch eine neuroleptische Wirkung zu postulieren, da jene Wirkungen bei den bisher gebräuchlichen Phenothiazinen und Butyrophenonen die Regel waren. Die Annahme wurde noch verstärkt durch die Beobachtung eines pseudoparkinsonistischen Zitterns nach langjähriger Einnahme von Metoclopramid bei einem Ulcus-Patienten, eine ebenfalls bei neuroleptikabehandelten Patienten beobachtete Nebenwirkung.

Mit Metoclopramid war die chemische Basis gegeben für die orthosubstituierten **Benzamide**, deren erstes, das Sulpirid, seit dem Jahre 1968 der Psychiatrie zur Verfügung stand. Borenstein hatte mit **Sulpirid** originelle psychotrope Effekte festgestellt: Einerseits die von den klassischen Neuroleptika bekannte antipsychotische Wirkung und darüber hinaus thymoanaleptische und hemmungslösende Eigenschaften. Die klinische Eigenart macht Sulpirid zu einem Außenseiter bezüglich der bis zu seiner Entdeckung gehandhabten Einteilung der Psychopharmaka in Neuroleptika, Tranquilizer und Antidepressiva. Manche Autoren stellen ferner wegen des Fehlens einer kataleptischen Wirkung beim Tier nach Sulpirid auch das Paradigma in Frage, daß diese die Voraussetzung für eine antipsychotische Aktivität beim Menschen sein müsse.

Inzwischen wurden weitere Benzamide in die Therapie eingeführt, z.B. **Tiaprid** (1977) und **Remoxiprid** (1991).

Benzodiazepine

Wir nehmen den historischen Faden wieder bei den synthetischen Schlafmitteln auf, deren Geschichte in der Psychiatrie durch die Ablösung der Bromharnstoffderivate, des Thalidomids und nach einigem Zögern auch der Barbiturate durch ein Syntheseprodukt markiert ist, dessen Geschichte wiederum in der Pharmazie ihresgleichen sucht.

Zur gleichen Zeit, in der an Tausenden von Ratten Hunderte neuer Neuroleptika auf ihre kataleptische und apomorphinantagonistische Wirkung geprüft wurden, erhielt im Zoo von San Diego ein äußerst aggressiver bengalischer Tiger in einem Stück Fleisch eine Substanz, die als Äquilibrium der Psyche zum Leitmolekül einer Stoffgruppe werden sollte, die uns den Umgang mit Neurosen, Schlafstörungen, Angst und Panikattacken abermals neu definieren lehrte. Leo Hendrik Sternbach, ein in den USA arbeitender polnischer Apotheker und Chemiker, forschte auf dem Gebiet der Kristallisation synthetischer Substanzen, die sich in seinem Labor ansammelten. Im Mai 1957, "als die Laborplätze mit Schalen und kristallinen Proben, Kolben und Bechergläsern überfüllt waren..." nahm das prächtig auskristallisierte Benzodiazepin **Chlordiazepoxid** seinen Weg von Sternbachs Labor zur Pharmakologie, die unter der Leitung des Pharmakologen Reeder stand "... und so kam die Menschheit zur bisher meistverordneten Substanzgruppe unter den Psychopharmaka" (Sternbach).

Erstmals entzündeten sich etwa 15 Jahre nach ihrer Ausbietung an den Benzodiazepinen neben fachlich-wissenschaftlichen auch sozialpharmakologisch bis ideologisch geführte Kontroversen, die inzwischen undifferenziert die gesamten Psychopharmaka umfassen. Die Tranquilizer öffneten den Kritikern der Psychopharmaka eine Bühne, auf der eine Akzeptanzkrise der heutigen Psychopharmakotherapie angefacht wurde, über deren therapeutische Konsequenzen bedauerlicherweise viel zu wenig reflektiert wird.

Ironischerweise konnten die Benzodiazepine 30 Jahre nach Sternbachs erster Benzodiazepin-Synthese von besonnenen Arbeitern abseits der sich oft als Medienspektakel artikulierenden Antichemie-Kampagnen als eine in der Natur vorkommende Substanzgruppe identifiziert werden, deren biologische Funktion zwar noch nicht eindeutig definiert ist, aber deren natürliche Bindungsstellen inzwischen bekannt sind: 1977 wurden die Benzodiazepin-Rezeptoren entdeckt. Die Analogie zu der Entdeckungsgeschichte der Enzephaline und ihren Rezeptoren wird hieran deutlich. Ihre verblüffend gute Verträglichkeit und – gemessen an früheren Schlafmitteln – relative Harmlosigkeit erklärt sich z.T. aus dieser Tatsache.

2.11 Die Akzeptanzkrise: Spannungsfeld Psychiatrie und Öffentlichkeit

In zunehmendem Maße sieht sich die Psychiatrie und mit ihr die Psychopharmaka der gesellschaftlichen Kritik ausgesetzt. Begriffe wie "verordnete Anpassung" "psychiatrischer Holocaust", "klinischer Archipel Gulag" nähren den Verdacht in der Öffentlichkeit, daß man mittels Psychopharmaka aus vormals intelligenten Kranken auf Dauer moribunde Menschen mache. Die Sensibilität der Öffentlichkeit gegenüber solchen Publikationen ist wesentlich größer als ihre Ansprechbarkeit durch andere Risiken, z.B. Übergewicht, Straßenverkehr oder Rauchen. Mit solcherart verzeichneten Bildern der modernen Pharmakotherapie verallgemeinert man in oberflächlicher Weise einen Teilaspekt jeder Therapie, nämlich den, der in dem häufig nicht zu vermeidenden Auftreten subjektiv unangenehmer Nebenwirkungen oder Einschränkungen besteht, die je nach Qualität und Grad ihrer Intensität von "lästig empfunden" bis hin zu "klinisch kontrollpflichtig" eingeordnet werden müssen. Solange Haupt- und Nebenwirkungen von Pharmaka dosisabhängig zwar, aber untrennbar voneinander auftreten (und dies ist ausnahmslos der Fall), wird die Psychiatrie stets auch eine "Psychiatrie der Neben-

wirkungen" sein, der sie sich mit intelligenten Strategien stellen muß.
Keine andere Arzneimittelgruppe wird in unserer Gesellschaft so kontrovers und gleichzeitig so emotional diskutiert wie die Psychopharmaka. Auch keine andere Krankheit, am wenigsten die selbstverursachte (!), sieht sich einer Gesellschaft gegenüber, die dem davon Betroffenen mit soviel Mißtrauen, Distanz, Unsicherheit und Irrationalität begegnet wie die psychische Erkrankung.
Medizin und Pharmazie sind ungeeignet, um als Hintergrund für einen Gefälligkeitsjournalismus benutzt zu werden, der das schreibt oder sendet, was der Konsument begehrt, oder was er gelehrt bekommen hat zu begehren. Hier wird Laientum sich selbst zum Verhängnis, wenn irrationales Hoffen mit Placebos genährt oder tiefsitzende (verständliche) Angst mit Hilfe von Horror-Gemälden verstärkt wird. Damit wird bei Laien ein Maß an Verunsicherung erzeugt, welches letztendlich in einen Arzneimittelnegativismus umschlägt, wodurch sich vielfach der Patient einer indizierten Pharmakotherapie entzieht. Das Bemühen um Arzneimittelsicherheit umfaßt auch die Vermeidung von Verunsicherung.
"Mißtrauen, Irritation und ihre Konsequenzen" – so könnte eine Teilantwort auf die Frage lauten, weshalb die Anzahl der ausgebotenen innovativen Präparate seit etwa 20 Jahren rückläufig ist. Und als weitere Antworten könnten überzeugen:
1. Die Vertiefung des Wissens über die zahlreich vorhandenen Psychopharmaka erlangte eine höhere Priorität in der Forschung als die Suche nach weiteren Wirkstoffen. Die Risikoreduktion der Psychopharmakotherapie war hierfür das zeitgemäße Motiv.
2. Die Psychiatrie hat mit ihrem Wirkstoffprogramm der 50er und 60er Jahre den Abstand zu ihren medizinischen Nachbardisziplinen verringert, so daß der auf ihr lastende Erwartungsdruck seitens der Wissenschaft und der Gesellschaft geringer wurde. Hiermit reduzierte sich auch der Impuls für phantasiegeleitete, originelle Innovationen.
3. Multidimensionale psychotherapeutische und sozialpsychiatrische Konzepte traten in synergistischer, neutraler, oder auch antagonistischer Form mit der oder gegen die Pharmakotherapie in der Psychiatrie in Aktion. Die dominante Position der Psychopharmaka wurde dadurch in Frage gestellt. Statt dessen wurde ein integriertes gesamtpsychiatrisches Konzept erarbeitet, dessen Funktionieren jedoch nach wie vor von der Verfügbarkeit über wirksame Arzneimittel weitgehend abhängig ist.
4. Staatliche Administration und bürokratische Exekutive, nicht zuletzt durch die größer werdende Sensibilisierung gegenüber Arzneimittelrisiken zu Recht und verstärkt mit in die Verantwortung gezogen, erwiesen sich für die Innovationsdynamik als hinderlich.
In dem entwicklungsgeschichtlichen Schauspiel der Gattung Mensch, das wir "Evolution" nennen, läuft derzeit der Akt, den man mit "Das Ereignis Technik" überschreiben kann, und der uns, den Erben und Enkeln der Aufklärung, synthetische Produkte beschert, die auch vor der Blut-Hirn-Schranke nicht haltmachen: **Psychopharmaka**. Ein hellhöriges Gewissen wird und muß die Garantie dafür sein, daß diese Arzneimittel zu keinem anderen Zwecke eingesetzt werden als zu denen der Heilung und Linderung psychischen Leids.

Tabelle 2.1. Historisch wichtige Daten der Pharmakopsychiatrie

Altertum u. Mittelalter	Weltweit ist der Gebrauch psychotroper Drogen nachweisbar (z. B. Alkohol, Betel, Cannabis, Coca, Opium, Peyotl). Systematischer Einsatz von psychotropen Medikamenten bereits bei den Arabern, Griechen, Indern und Sumerern: Belladonna, Cath, Coffea, Helleborus, Hyoscyamus, Hypericum, Mandragora, Rauwolfia
Neuzeit (ab 1500)	Brechweinstein, Campher, zahlreiche alkoholhaltige Pflanzenextrakte (z. B. Eisenhut, Fingerhut, Stechapfel, Laxantien, Tierblutinfusionen, Vomitiva).
1800	Davy beschreibt die psychotrope Wirkung von Lachgas
1806	Sertürner isoliert Morphin aus Opium: Das Reinalkaloid wird ab 1854 neben Opiumtinktur in der Psychiatrie eingesetzt
1826	Bromsalze werden entdeckt und erstmals 1857 von Locock als Antiepileptika und Sedativa bei hysterischen Unruhezuständen beschrieben
1832	Synthese des Chloralhydrats durch von Liebig
1869	Liebreich erkennt und beschreibt die medizinische Bedeutung des Chloralhydrats
1871	Meynert führt Amylnitrit als psychiatrisch genutztes Sedativum ein
1875	Rosenblum initiiert aktive Recurrensimpfungen zur Erzeugung von Fieber bei psychisch Kranken. In der Folgezeit Fiebertherapien mit diversen Präparaten (Benzin, Petroleum, Terpentinöl, suspendierter Schwefel, Milch, Erysipel- und Colikulturen)
1882	Morselli testet Paraldehyd als Schlafmittel
1884	Freud führt die Therapie mit Kokain ein
1886	Lange berichtet über Langzeitprophylaxe der Depression mit Lithium
1888	Kast und Baumann entdecken die hypnotischen Eigenschaften von Sulfonal und Trional
1901	Wolff benutzt Trional als Basistherapeutikum für Schlafkuren
1903	Fischer setzt als erster das Barbiturat Veronal ein; die Barbiturate beherrschen fortan die Schlafmittelszene
1910	Ehrlich synthetisiert Salvarsan und gibt damit der Psychiatrie ein wirksames Mittel gegen Paralyse in die Hand i.S. der "Therapia magna sterilisans"
1912	Hauptmann entdeckt die antiepileptische Wirkung des Phenobarbitals
1915	Epifanio setzt Luminal zur Dauerschlaftherapie ein
1917	Wagner-Jauregg erfindet die Malaria-Infektions-Therapie, wofür er 1927 den Nobelpreis erhält
1920	Klaesi führt Somnifen als Basistherapeutikum zur Dauerschlafbehandlung ein
1927	Reiter konzipiert die Metallsalzbehandlung als Kausaltherapie der Dementia praecox
1933	Sakel benutzt das Pankreashormon Insulin zur Komatherapie
1934	von Meduna führt die pharmakogene Schocktherapie mit Cardiazol in toxischen Grenzdosen ein
1937	Putnam und Merritt beschreiben die antiepileptische Wirkung von Phenytoin
1947	de Boor emphiehlt das "Zähbad" in Luviscol als weitere Variante der Balneotherapie gegen Psychosen

Fortsetzung siehe S. 62

Tabelle 2.1. Fortsetzung

1949	Cade berichtet über die antimanische Wirkung von Lithiumsalzen und leitet damit die systematische Erforschung der Lithiumtherapie durch Schou ein
1952	Delay und Deniker setzen das als Antihistaminikum konzipierte Phenothiazin Chlorpromazin zur Behandlung agitierter Psychosen ein
1952	Selikoff entdeckt die antidepressive Wirkung des MAO-Hemmers Iproniazid
1955	Die Ära der Tranquilizer wird mit Meprobamat eingeleitet, nachdem Berger und Bradley 1945 die sedierende, anxiolytische und muskelrelaxierende Eigenschaften des Mephenesins entdeckt haben
1957	Kuhn teilt die Entdeckung der antidepressiven Wirkung des Imipramins mit. Die Zeit des Opiums und des Morphins in der Psychiatrie geht zu Ende
1957	Schindler und Blattner synthetisieren Carbamazepin, nachdem die antiepileptische Wirkung des Carbamyliminobenzyls bereits 1953 von Büch erkannt worden war
1958	Sternbach bestätigt die sedativ-hypnogenen Eigenschaften des Benzodiazepins Chlordiazepoxid in einem Selbstversuch, nachdem 7 Monate zuvor die tranquillisierende Eigenschaft der Substanz ermittelt worden war (Randall)
1958	Das von Janssen entwickelte Haloperidol wird als anti-psychotisch wirkendes Butyrophenon klinisch bestätigt
1959	Petersen führt als erstes Thioxanthenderivat Chlorprothixen als Neuroleptikum ein
1959	Patentierung der 1,4-Benzodiazepine durch das United-States Patent Office
1962	Erste klinische Prüfung von Clozapin (u. a. von Gross und Langner)
1968	Borenstein unterzieht das aus dem Metoclopramid entwickelte Benzamid-Psychopharmakon Sulpirid einer klinischen Prüfung und bestätigt dessen psychotrope Wirkung
1968	Fluphenazin-oenanthat und -decanoat als erste Depot-Neuroleptika auf Ester-Öl-Basis im Handel
1971	Itil belegt die antidepressive Wirkung des Tetrazyklikums Mianserin
1972	Clozapin wird in der Schweiz und in Österreich in den Handel gebracht
1972	Fluspirilen, erstes Depot-Neuroleptikum auf Kristallbasis
1981	Haldol-Decanoat, erstes Butyrophenon-Depot-Neuroleptikum eines tertiären Alkohols
1982	Zimelidin, erster selektiver Serotonin-Reuptake-Hemmer; weitere folgen: Fluvoxamin 1984, Fluoxetin 1990
1987	Wildmann et al. berichten über das natürliche Vorkommen von Benzodiazepinen
1988	Flumazenil, erster Benzodiazepin-Antagonist im Handel
1991	Moclobemid, erster selektiver MAO-A-Hemmer im deutschsprachigen Raum verfügbar

Parallel zu den in der Tabelle aufgeführten Entwicklungen liefen und laufen bis in die Gegenwart Weiterentwicklungen der Psychopharmaka: mannigfaltige Molekülvarianten, kinetisch besser steuerbare Metabolitenpharmaka, applikationsgerechte Depot- und Retardformen und Wirkungsanaloga, auf deren detaillierte Nennung hier verzichtet werden mußte

Tabelle 2.2. Ausbietungsdaten synthetischer Psychopharmaka auf dem deutschen Markt

1869	Chloralhydrat		Marplan		Ludiomil
1871	Amylnitrit		Masmoran	1974	Dalmadorm
1883	Paraldehyd		Meprobamat		Leponex
1885	Urethan		Omca		Nootrop
1887	Amylenhydrat		Vesitan	1975	Eunerpan
1888	Sulfonal	1962	Esucos		Sormodren
1889	Chloralamid		Insidon		Tolvin
1890	Amylencarbamat		Jatrosom	1976	Alival
1891	Tetronal		Laroxyl		Rondimen
	Trional		Neodorm		Triperidol
1903	Veronal		Saroten	1977	Decentan-Depot
1904	Neuronal		Tryptizol		Frisium
1910	Adalin	1963	Encephabol		Gamonil
1911	Bromcalciumurethan		Valium		Lexotanil 6
1912	Luminal	1964	Norkotral		Thombran
	Sedobrol		Nortrilen		Tiapridex
1913	Diogenal		Tegretal		Tradon
1920	Somnifen		Theralene		Vivalan
1922	Voluntal	1965	Adumbran	1978	Neuracen
1924	Noctal		Aolept	1979	Halcion
1932	Prominal		Distraneurin		Rohypnol
1949	Persedon		Mogadan		Trecalmo
1950	Atosil		Noveril	1980	Contamex
1954	Megaphen		Pertofran		Imeson
1955	Akineton		Praxiten		Levothym
	Esanin		Stangyl		Noctamid
	Noludar		Trausabun		Pantrop
1956	Aneural	1966	Anafranil	1981	Eatan N
	Atarax		Dapotum		Haldol-Janssen Decanoat
	Cyrpon		Fluanxol		Planum
	Longopax		Glianimon		Somnibel N
1957	Contergan	1967	Forit		Vergentan
	Decentan		Limbatril	1982	Equilibrin
	Phasein		Quilonum		Normud
	Protactyl		Sedalande		Psyton
1958	Dominal	1968	Dapotum D		Remestan
	Dormopan		Lyogen-Depot		Tranquit
	Marsilid		Mayeptil	1983	Impromen
	Pentaneural		Orbinamon		Pro-Dorm
	Taxilan		Parnate	1984	Dormicum
	Tofranil	1969	Hypnorex		Fevarin
1959	Doroma		Inofal		Tafil
	Haldol		Nobrium	1985	Bespar
	Melleril		Tranxilium		Lendormin
	Neurocil	1970	Agedal	1986	Movergan
	Psyquil		Aponal		Sedanxol
	Truxal		Jalonac	1987	Sonin
	Vesparax		Sinquan	1988	Talis
1960	Itridal	1971	Orap	1990	Fluctin
	Librium	1972	Dogmatil		Nipolept
1961	Captagon		Imap	1991	Aurorix
	Ciatyl		Tacitin		Roxiam
	Dipiperon		Tavor		Stilnox
	Jatroneural	1973	Benpon		Ximovan
	Lyogen		Demetrin		

Alle Handelsnamen sind "registrierte Warenbezeichnungen" (®)

Anmerkung

[1] Psychopharmakon.
Das ist ein Heilmittel für die Seele, welches nicht nur für Kranke oder für Menschen, die mit dem Tode ringen, sondern auch für diejenigen, die mit guter Gesundheit ausgestattet sind, sehr nützlich und notwendig ist.
Es sind beigefügt Überlegungen und Tröstungen, die im Hinblick auf die Erkenntnis des Todes äußerst nützlich sind. Sie sind berühmten Werken klassischer Autoren entnommen und mit Hilfe scharfsinniger Fragen kurz dargestellt.
Unter Mitarbeit von Reinhard Lorich(ius) aus Hadamar.
Seneca. Ungewiß ist, an welchem Ort dich der Tod erwartet, deshalb erwarte ihn an jedem Platz.

(Herausgegeben) Bei Chr. Egenolph, Frankfurt

Literatur

Aschaffenburg E (1911) Handbuch der Psychiatrie. F Deuticke, Leipzig Wien

Ayd FJJ (1978) Haloperidol: twenty years clinical experience. J Clin Psychiatry 39: 807–814

Ayd FJJ, Blackwell B (1970) Discoveries in biological psychiatry. Lippincott, Philadelphia Toronto

Besancon F (1957) Contribution a la physiologie du vomissement par l'etude d'un antiemetique non depresseur: l'ortho-chloro-procainamide. These de la Faculte des Sciences de l'Universite de Paris – 24 mai 1957. Expansion Scientifique Francaise

Binswanger O (1911) Lehrbuch der Psychiatrie. Fischer

Bleuler M (1955) Das Wesen der Serpasil-Behandlung an Schizophrenen. Schweiz Med Wochenschr 439: II. Serpasil Symposion

Bleuler M (1975) Lehrbuch der Psychiatrie. Springer, Berlin Heidelberg New York

Bumke O (1924) Lehrbuch der Geisteskrankheiten. Bergmann

Cade JFJ (1949) Lithium salts in the treatment of psychotic excitement. Med J Aust 36: 349–352

De Boor W (1956) Pharmakopsychologie und Psychopathologie. Springer, Berlin Göttingen Heidelberg

Denker P (1988) Die Geschichte der Neuroleptika. In: Linde OK et al. (Hrsg) Pharmakopsychiatrie im Wandel der Zeit. Tilia, Klingenmünster, S 119–133

Fischer E, v. Mehring J (1903) Über eine neue Klasse von Schlafmitteln. Ther Gegenwart 5: 97-101

Haase HJ (1954) Über Vorkommen und Deutung des psychomotorischen Parkinsonsyndroms bei Megaphen- bzw. Largactil Dauerbehandlung. Nervenarzt 25: 486

Harrer G (1960) Zur Chemotherapie der Depressionen. Wien Med Wochenschr 110: 255–259

Jacobi M (1822) Sammlungen für die Heilkunde der Gemütskrankheiten. Schönian'sche Buchhandlung

Johnson FN (1984) The history of lithium therapy. McMillan, London

Kraepelin E (1887) Psychiatrie. Abel, Leipzig

Kraepelin E (1901) Einführung in die Psychiatrische Klinik. Barth

Kraepelin E (1918) Hundert Jahre Psychiatrie. Springer, Berlin

Kolle K (1939) Psychiatrie. Urban & Schwarzenberg

Linde OK (1988) Pharmakopsychiatrie im Wandel der Zeit. Tilia, Klingenmünster

Linde OK (1989) Kokain – die Karriere eines Alkaloids. In: Steinberg R (Hrsg) Sucht. Tilia, Klingenmünster, S 53–61

Linde OK (1990) Somatotherapien in der Psychiatrie: Konzepte und Konsequenzen. Pharmazeutische Z 10: 551–560

Linde OK (1991) Geschichte der medikamentösen Depressionsbehandlung. In: Steinberg R (Hrsg) Depressionen. Tilia, Klingenmünster

Linde OK (1991) Schlafmittel im Wandel der Zeit. In: Steinberg R (Hrsg) Schlaf. Tilia, Klingenmünster

Linde OK (1991) Am Anfang war der Alkohol. Tilia, Klingenmünster

Matussek N (1988) Catecholamines and mood: neuroendocrine aspects. In: Fuxe K, Ganten D, Pfaff D (eds) Current topics in neuroendocrinology. Springer, Berlin Heidelberg New York

Tokyo

v Meduna LJ (1938) General discussion of the cardiazol therapy. Am J Psychiatry [Suppl 94]: 40

Möhler H, Okada T (1977) Benzodiazepine receptor: demonstration in the central nervous system. Science 198: 849–851

Müller M (1982) Erinnerungen. Springer, Berlin Heidelberg New York

Pongratz L (1977) Psychiatrie in Selbstdarstellungen. Huber, Bern Stuttgart Wien

Putnam TJ, Merritt HH (1973) Experimental determination of the anticonvulsant properties of some phenyl derivatives. Science 85: 525–526

Sakel M (1949) Über die Entstehung der sogenannten Schocktherapie und Pötzls Verdienst um ihre Einführung. In: Urban HJ (Hrsg) Pötzl-Festschrift. Univ Verlag Wagner, Innsbruck

Settle ECJR, Ayd FJJR (1983) Haloperidol: a quarter century of experience. J Clin Psychiatry 44: 440–448

Swinyard EA (1980) History of the antiepileptic drugs. In: Glaser GH, Penry JK, Woodbury AM (eds) Antiepileptic drugs: mechanisms of action. Raven Press, New York

Schneider PJ (1824) Entwurf zu einer Heilmittellehre gegen psychische Krankheiten. Laupp, Tübingen

Schou M (1988) Phasen in der Entdeckungsgeschichte des Lithiums als Psychopharmakon. In: Linde OK et al. (Hrsg) Pharmakopsychiatrie im Wandel der Zeit.Tilia, Klingenmünster, S 196–216

Steck H (1954) The extrapyramidal and diencephalic syndrome during treatment with Largactil and Serpasil. Ann Med Psychol 112:737

Sternbach LH (1983) The benzodiazepine story. Editiones Roche

Stille G, Fischer-Cornelssen K (1988) Die Entwicklung von Clozapin (Leponex) – ein Mysterium? In: Linde OK et al. (Hrsg) Pharmakopsychiatrie im Wandel der Zeit.Tilia, Klingenmünster, S 333–348

Toellner R (1986) Illustrierte Geschichte der Medizin. Andreas u Andreas, Salzburg

Wetzel H, Benkert O (1987) Beta-Blocker bei psychiatrischen Erkrankungen. In: Grosdanoff P, Kaindl F et al. (Hrsg) Beta-Rezeptoren und Beta-Rezeptorenblocker. de Gruyter, Berlin, S 339

Neuro-Psychopharmaka, Bd. 1
Riederer P. / Laux G. / Pöldinger W. (Hrsg.)

3 (Pharmako-)Biologische und psychologische Grundlagenforschung

3.1 Tierstudien

T. Schuurman, F.J. van der Staay und J. Traber

3.1.1 Einleitung

Tierstudien spielen eine wichtige Rolle bei der präklinischen Evaluierung von Psychopharmaka. Zu diesen Experimenten gehören pharmakologische, pharmakokinetische, toxikologische und andere Untersuchungen. Neue chemische Substanzen, die z. B. in biochemischen Screening-Tests aufgefallen sind, müssen letztlich in Tierstudien auf therapeutische Wirkung (Pharmakologie), ihr Verhalten im Körper (Pharmakokinetik) und auf ihre Sicherheit (Toxikologie) untersucht werden, bevor man klinische Prüfungen am Menschen durchführen kann.

Besprochen wird das Teilgebiet der Psychopharmakologie, das sich mit den Effekten psychotrop wirksamer Substanzen (Psychopharmaka) auf das Verhalten von Versuchstieren befaßt. Dieses relativ junge Teilgebiet der Psychopharmakologie wird als eigenständige Teildisziplin auch **Verhaltenspharmakologie** genannt. Sie etablierte sich etwa gleichzeitig mit der Entdeckung der modernen Psychopharmaka zu Beginn der fünfziger Jahre und hat seither mit der Entwicklung von neuen Methoden und Modellen einen enormen Aufschwung erfahren.

Zu den Aufgaben der präklinischen Psychopharmakologie gehören u.a.

1. die Entwicklung und Validierung von Tiermodellen für Erkrankungen des zentralen Nervensystems und die damit einhergehenden Verhaltensstörungen.

2. die Untersuchung neuer chemischer Substanzen auf potentielle therapeutische Wirkung in geeigneten Tiermodellen und der Vergleich mit bereits vorhandenen Psychopharmaka (Referenzsubstanzen). Auch die Untersuchung von Testsubstanzen auf unerwünschte Nebenwirkungen im ZNS, z. B. die Beeinträchtigung sensomotorischer Funktionen, Beeinflussung des extrapyramidalen Systems, Erniedrigung der Krampfschwelle, Analgesie etc. gehören dazu.

3. die Untersuchung von psychischen Erkrankungen sowie den ihnen zugrunde liegenden neurobiologischen Mechanismen. Hierzu wird sowohl mit präklinischen Disziplinen, wie der

Biochemie, Elektrophysiologie, Zellbiologie, als auch klinischen Fachdisziplinen zusammengearbeitet.

Die Entwicklung und Standardisierung geeigneter Tiermodelle für Erkrankungen des ZNS ist ein schwieriges Problem. Jedes Tiermodell soll die beim Menschen zu therapierende Erkrankung möglichst genau abbilden. Den Blutdruck, und damit die blutdrucksenkende Wirkung von Testsubstanzen, kann man in Ratten mit einem genetisch bedingten oder experimentell erzeugten pathologisch erhöhten Blutdruck relativ einfach messen. Die Analogie zum Menschen ist in diesem Bluthochdruckmodell gegeben. Was aber muß man sich unter einer "depressiven", "schizophrenen" oder "dementen" Ratte vorstellen? Das Problem derartiger Modelle liegt darin, daß "Depression", "Schizophrenie" oder "Demenz" keine dem Organismus eigenen biologisch-physiologischen Größen sind, sondern psychologisch-psychiatrische Konstrukte, die sich nicht ohne weiteres in objektive Meßgrößen übertragen lassen. Vielmehr sind "Depression" "Angst", "Schizophrenie", "Demenz" etc. sehr weit gefaßte Überbegriffe, die eine Vielzahl unterschiedlicher Subtypen umfassen. McKinney und Bunney (1969) definierten vier Kriterien, die ein gutes Tiermodell erfüllen sollte. Hinsichtlich

1. Ätiologie
2. zugrunde liegender neurobiologischer Mechanismen
3. (Verhaltens)-Symptomen
4. Ansprechen auf die Therapie

sollte ein Tiermodell mit der Erkrankung, die es abbildet, vergleichbar sein. Je mehr über pathologische Wirkmechanismen, die Ätiologie und das Erscheinungsbild einer Erkrankung bekannt ist, desto besser sind die Aussichten, ein gutes Tiermodell zu entwickeln. Hierbei ist die präklinische Pharmakologie stark auf Erkenntnisse aus der Humanmedizin angewiesen. Insbesondere ist hierbei die Aufklärung der pathogenen Wirkmechanismen von Bedeutung, weil nur deren Kenntnis die Entwicklung von Tiermodellen erlaubt, mit denen kausal wirksame und nicht nur symptomatisch wirksame Medikamente entwickelt werden können. Im Falle eines Tiermodells für eine psychiatrische Erkrankung können die Kriterien der Vergleichbarkeit bezüglich neuronaler Mechanismen und Ätiologie nicht zu stark bei der Bewertung des Modells berücksichtigt werden, da bei psychiatrischen Erkrankungen die neurobiologischen Mechanismen und die Ätiologie weitgehend unbekannt sind. Diese sind selber Gegenstand intensiver Forschungsbemühungen.

Grundlage jeden Tiermodells ist, daß seine Meßparameter verläßlich sind, d. h., daß sie replizierbar und so fehlerarm wie möglich zu erfassen sind. Allgemeine Maßnahmen zur Erhöhung der Verläßlichkeit sind:

1. Standardisieren von Meßmethoden
2. Identifizieren und Eliminieren potentieller Fehlerquellen
3. Erhöhen der Anzahl der Replikationen sowie
4. Erhöhung der Anzahl der Messungen.

Da die beiden letzten Maßnahmen jedoch oft eine unerwünschte Zunahme des Versuchstiergebrauchs implizieren, konzentriert man sich in der Verhaltenspharmakologie vor allem auf die ersten beiden Möglichkeiten. Wichtiger jedoch ist es, daß die Meßparameter in einem Modell valide Maße für die zu untersuchenden Symptome (z. B. motorische Stereotypien) und psychologisch/psychiatrischen Konstrukte (z. B. "Angst") sind. Hohe Konstruktvalidität liegt dann vor, wenn die benutzten Maße (oder deren operationale Definition, d. h., deren Umsetzung in ein Experiment) die konzeptuell definierten Symptome oder Konstrukte tatsächlich messen (Runkel und McGrath 1972, S 149–172). Der oft benutzte Begriff der "face-validity" besagt lediglich, daß ein Tiermodell aus phänomenologischem Gesichtspunkt mit der klinischen Situation vergleichbar ist. Willner (1984) faßte die obengenannten Kriterien von McKinney und Bun-

NEY (1969) unter diesem Begriff zusammen. Zusätzlich verlangt er, daß ein Tiermodell einen hohen prädiktiven Wert bezüglich der therapeutischen Wirkung von Psychopharmaka hat, und daß die Meßparameter des Modells Konstruktvalidität besitzen sollten. Tiermodelle für psychiatrische Erkrankungen sind oft sogenannte "Korrelationsmodelle". Bei diesen Modellen ist es nicht unbedingt notwendig, daß eine logische, funktionelle Verbindung zwischen dem Meßparameter im Tiermodell (meistens eine bestimmte Verhaltensweise oder ein Symptom) und den Krankheitssymptomen beim Menschen besteht.

Ein Korrelationsmodell ist beispielsweise der Pentylentetrazol (PTZ)-Antagonismus-Test bei der Maus. In diesem Test wird die Potenz, mit der eine Testsubstanz die konvulsive Wirkung von PTZ antagonisiert, als Indikator für ihr anxiolytisches Wirkpotential beim Menschen betrachtet. Anxiolytika vom Benzodiazepin-Typ erhöhen in diesem Modell dosisabhängig die Krampfschwelle. Die relative Potenz, mit der sie das machen, korreliert positiv mit der anxiolytischen Wirkpotenz in der Klinik (TREIT 1985). Trotz des Fehlens einer logischen Verbindung zwischen Konvulsionen bei der Maus und Angst beim Menschen ist der prädiktive Wert dieses Modells bezüglich der anxiolytischen Wirkung von Benzodiazepinen gut.

Korrelationsmodelle werden wegen ihrer Einfachheit und Durchsatzstärke häufig bei der Suche nach neuen Psychopharmaka eingesetzt. Diese Modelle haben aber auch Nachteile. Ein erster Nachteil ist das Problem der "falsch negativen" Ergebnisse durch Substanzen, die im Tiermodell keine (positive) Wirkung zeigen, in der Klinik (oder in weiterführenden Tiermodellen) jedoch therapeutischen Nutzen besitzen. Beispiele falsch-negativer Ergebnisse im PTZ-Krampftest sind die serotoninergen Anxiolytika Buspiron, Ipsapiron und Gepiron. Die anxiolytische Wirkung dieser Substanzen wird, anders als bei den Benzodiazepinen, über einen Subtyp von Serotonin-Rezeptoren (5-HT_{1A}-Rezeptor) vermittelt und deshalb nicht im PTZ-Test erfaßt (TRABER et al. 1984, TRABER und GLASER 1987). Durch falschnegative Ergebnisse können potentielle neue therapeutische Ansätze unentdeckt bleiben. Ein zweiter Nachteil der Korrelationsmodelle ist, daß sie meistens nicht für die Untersuchung der neurobiologischen Mechanismen einer Erkrankung geeignet sind, weil ihnen die Homologie oder Isomorphie mit der klinischen Situation fehlt.

Mittlerweile verfügt die Verhaltenspharmakologie neben Korrelationsmodellen über eine Vielzahl von Modellen für ZNS-Erkrankungen, die eine befriedigende Validität besitzen. Eine Schwierigkeit bei der Entwicklung eines validen Modells ist das Erreichen einer guten Vergleichbarkeit zwischen der Pathologie im Tier und der im kranken Menschen. Die Verhaltenssymptomatik einer ängstlichen Ratte ist schwer mit der Angstsymptomatik eines Menschen zu vergleichen. Ängstliche Ratten verharren entweder in absoluter Bewegungslosigkeit oder flüchten. Menschen zeigen diese Verhaltensweisen jedoch nur bei extremen Angstzuständen. Ein zusätzliches Problem besteht darin, daß zum Beispiel "Laufen" im Tier außer durch Angst auch durch Hunger, Durst, aggressive oder sexuelle Motivation ausgelöst werden kann. Ein bestimmtes Verhaltenselement ist daher nicht immer ein zuverlässiger Parameter für die Aktivität eines bestimmten motivationellen Systems (z. B. Angst). In Tierstudien kann man dieses Problem allerdings durch eine umfassende experimentelle Kontrolle der Testbedingungen reduzieren. Die tierexperimentellen Testbedingungen werden im Idealfall so gewählt, daß das untersuchte Verhalten nur noch durch einen Auslöser aktiviert wird. Laufen zum Beispiel wird nur noch unter aversiver Stimulation untersucht. Andere motivationelle Systeme als die Angst können durch diese Einengung oder Standardisierung der Testbedingungen weitgehend als Auslöser des Laufens ausgeschlossen werden.

Im Folgenden werden einige klassische und neuere Tiermodelle für Angst, Depression, Parkinson-Krankheit und Demenz besprochen.

3.1.2 Angstmodelle

Konfliktmodelle

Seit dem Erscheinen der Benzodiazepin-Anxiolytika in den 60er Jahren wurden zahlreiche Tests zur Erfassung anxiolytischer Effekte in Tieren entwickelt. Viele dieser Tests sind sogenannte "Konflikt"-Tests. In ihnen werden üblicherweise gleichzeitig Annäherungs- und Vermeidungstendenzen aktiviert. Das Annäherungsverhalten wird meistens durch die Bereitstellung von Futter oder Wasser nach einer Futter- oder Wasserdeprivation ausgelöst, das Vermeidungsverhalten durch die gleichzeitige Applikation eines aversiven Reizes (z. B. Elektroschock). Dies führt im Tier zu einem experimentell induzierten Konflikt, der eine Verhaltenshemmung induziert. Typische Beispiele solcher Konflikttests sind der "Geller-Seifter"-Test (Geller und Seifter 1960) und der "Vogel"- oder "shock suppressed drinking"-Test (Vogel et al. 1971).

Im Geller-Seifter-Test werden Versuchstiere (meistens Ratten) durch eine kontrollierte Diät leicht hungrig oder durstig gemacht. Sie erlernen dann sehr leicht, daß sie durch Drücken eines Hebels in einer Skinnerbox kleine Futter- oder Wassermengen verdienen können. Die Verabreichung eines aversiven Reizes (meistens eines leichten elektrischen Fußschocks) zusammen mit der Futter- oder Wasserbelohnung bewirkt eine starke Unterdrückung des Hebeldruckverhaltens (experimentelle Konfliktsituation). Es gibt zahlreiche Varianten dieses Tests. Bei einer oft benutzten Variante erlernen leicht hungrige Ratten zwei Hebeldruckschemata, mit denen sie Futter- oder Wasserbelohnungen bekommen können: sowohl ein sogenanntes FR10-("fixed ratio 10") Schema als auch ein VI30-("variable interval 30 seconds") Schema. Beim FR10-Schema wird nach jedem 10. Druck auf die Taste ein Futterpellet abgegeben. Beim VI30-Schema erfolgt auf einen Hebeldruck erst dann eine Belohnung, wenn ein Intervall von durchschnittlich 30 sec, gezählt ab dem vorigen belohnten Hebeldruck, verstrichen ist. Hebeldrücken vor dem Ende eines Intervalls hat keinerlei Konsequenzen. Das FR10-Schema führt zu einer viel höheren Belohnungsdichte (die Ratte "verdient" im gleichen Zeitraum mehr Futterpellets) als das VI30-Schema. Die beiden Schemata wechseln einander ab. In der Testphase wird das FR10-Schema durch einen Warnton signalisiert. Außerdem wird jeder Hebeldruck mit einem leichten elektrischen Schock an die Pfoten bestraft. Diese Konfliktsituation führt dazu, daß das Hebeldrücken während der FR10-Phasen stark gehemmt wird. Zahlreiche Versuchsergebnisse zeigen, daß Anxiolytika und einige andere Substanzen diese Konflikt-induzierte Hemmung des Hebeldrükkens unter dem FR10-Schema antagonisieren können (De Vry et al. 1990, 1991). Dieser Effekt ist prädiktiv für eine anxiolytische Wirkung der Substanzen in der Klinik.

Ultraschall-Vokalisationstest

Konflikttests haben den Nachteil, daß sie abhängig vom motorischen Verhalten (Hebeldruck-, Explorations- oder aktives Vermeidungsverhalten) der Versuchstiere sind. Daher können Substanzeffekte, die anxiolytisch interpretiert werden, ganz oder teilweise durch direkte Effekte der Substanz auf die Motorik verursacht sein. Der Ultraschall-Vokalisationstest hat diesen Nachteil nicht, weil eine starke motorische Komponente fehlt.

Ultraschall-Vokalisation (USV) kann auf verschiedene Weise bei der Ratte ausgelöst werden. In einem sozialen Kontext sind es die Attacken eines dominanten Artgenossen, die im unterlegenen Tier USV mit einer Frequenz von 20–23 kHz auslösen. Die biologische Funktion dieser Angstresponse von unterlegenen Ratten liegt darin, daß sie das aggressive Verhalten der Opponenten hemmt. Bei jungen Mäusen oder Ratten kann USV durch die Isolation von der Mutter oder durch Kälte ausgelöst werden (Gardner 1985, Insel et al. 1986, Benton und Nastiti 1988). Im Labor produzieren adulte Ratten USV nach leichten Elektroschocks (Van der Poel et al. 1989, De Vry et al. 1991). Mit der Elektroschock-induzierten USV wurde ein Angstmodell entwickelt, das für Screening- und neuropharmakologische Studien der Angst geeignet ist. Der Test beginnt mit der Verabreichung von 5 kurzen, leichten Fußschocks (2 mA, 2 s). Danach wird die USV 5 min lang gemessen. Die USV-Produktion ist auch nach mehrfachen Tests mit demselben Tier sehr konstant. Deshalb können Tiere mehrmals für die Untersuchung von Pharmaka oder Testsubstanzen verwendet werden (BENZ et al. 1991).

Die Benzodiazepin-Anxiolytika Diazepam und Chlordiazepoxid hemmen die USV-Angstresponse dosisabhängig (Abb. 3.1.1). Anxiolytika mit einem serotoninergen Wirkmechanismus (Ipsapiron, Buspiron, Gepiron und Tandospiron) sind im USV-Test ebenfalls wirksam (Abb. 3.1.2). Antidepres-

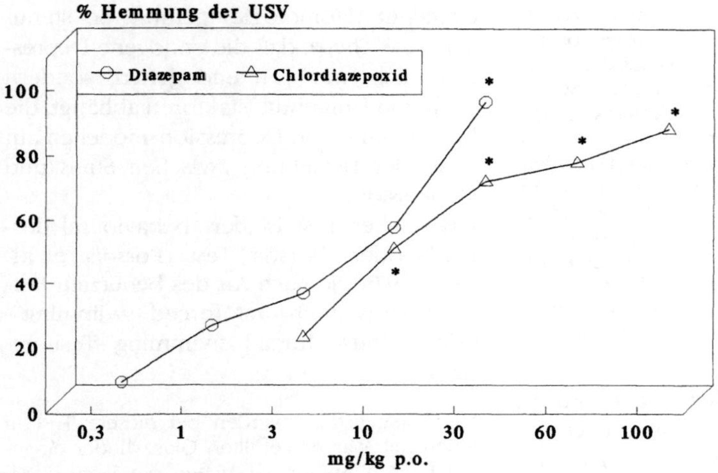

Abb. 3.1.1. Hemmung der Ultraschallvokalisation (USV) durch Diazepam und Chlordiazepoxid. Gruppenmittelwerte sind als % Inhibition der Dauer der USV im Vergleich zur Trägermittelkontrolle ausgedruckt. * $p < 0.05$ (Mann-Whitney U-Test)

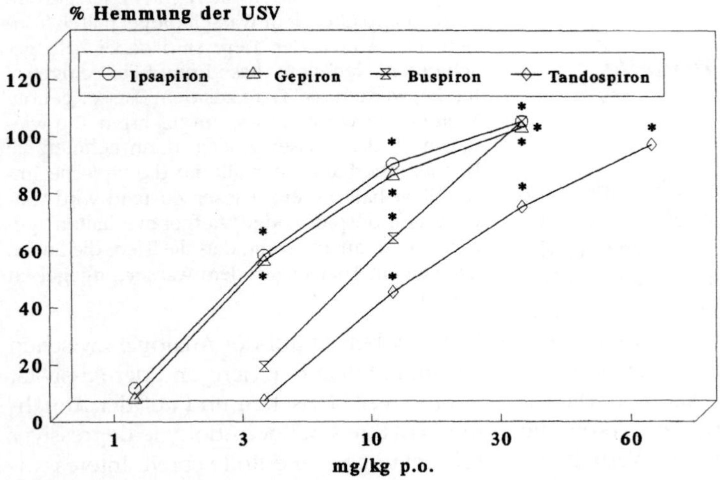

Abb. 3.1.2. Hemmung der Ultraschallvokalisation (USV) durch Ipsapiron, Gepiron, Buspiron und Tandospiron. Gruppenmittelwerte sind als % Inhibition der Dauer der USV im Vergleich zur Trägermittelkontrolle ausgedruckt. * $p < 0.05$ (Mann-Whitney U-Test)

siva, Neuroleptika, Stimulantien und Analgetika dagegen sind unwirksam (BENZ et al. 1991). Der USV-Test besitzt somit eine relativ gute Spezifität für die anxiolytische Wirkung von Substanzen.

Außer dem Geller-Seifter- und dem USV-Test gibt es zahlreiche andere Tiermodelle für Angst. Beispiele sind das hochgelegte Kreuzlabyrinth ("elevated plus maze") und der Hell-Dunkel-Test. Im Kreuzlabyrinth sind zwei der vier Arme von hohen Seitenwänden umgeben, also "geschlossen". Die beiden anderen Arme besitzen keine Seitenwände; sie sind "offen". Hell-Dunkel-Tests bestehen aus zwei miteinander verbundenen Abteilen, von denen eines hell erleuchtet und das andere dunkel ist. Da für Mäuse und Ratten sowohl offene als auch stark erleuchtete Räume aversiv sind, explorieren sie nur sehr wenig in den aversiven Teilen beider Testapparate. Je kürzer ein Tier in den aversiven Teilen exploriert, desto mehr "Angst" hat es. Beide Tests sind als Tests für "Angst" validiert (PELLOW et al. 1985, VAN DER STAAY et al. 1990).

In dem **"social interaction"-Test** wird die Häufigkeit der sozialen Kontakte (sich gegenseitig beschnüffeln etc.) zwischen zwei einander unbekannten männlichen Ratten als Maß für die anxiolytische Wirkung von Pharmaka benutzt (FILE 1980, SCHUURMAN et al. 1991).

3.1.3 Depressions-Modelle

"Behavioural despair" / "forced swimming"

Vor etwa 20 Jahren wurden die Wirkungen von Antidepressiva ausschließlich in Drug-Drug-Interaktionsmodellen (wozu auch der PTZ-Test, der in der Einleitung beschrieben wurde, gehört) untersucht. Die bekanntesten Beispiele sind der Amphetamin-Potenzierungstest und der Reserpin-Antagonisierungstest. Viele Antidepressia, z. B. die trizyklischen Antidepressiva, verstärken die durch Amphetamin ausgelösten Verhaltensstereotypien in Ratten (erhöhte Lokomotion, intensives Schnüffeln), während sie die durch Reserpin ausgelöste Verhaltenshemmung aufheben (ENNA et al. 1981). Diese und andere Potenzierungs- und Antagonismus-Tests spielen gegenwärtig bei der präklinischen Antidepressiva-Forschung eine untergeordnete Rolle. Neuere Erkenntnisse in der Psychiatrie haben zu der Entwicklung von Depressionsmodellen mit einer stärkeren Verhaltensbasis und besserem Modellcharakter (Homologie) geführt. So stimulierte die These, daß die endogene Depression nicht nur von endogenen, sondern auch von Umgebungsfaktoren abhängt, die Entwicklung von Depressionsmodellen auf Basis der Beziehung zwischen Streß und Depression.
Ein solcher Test ist der "behavioural despair"- oder "Porsolt"-Test (PORSOLT et al. 1977, 1978), je nach Art des benutzten Versuchstieres auch "rat forced swimming"- oder "mouse forced swimming"-Test genannt.

Die Versuchstiere werden bei diesem Test in einen mit Wasser gefüllten Glaszylinder eingebracht. Am Anfang versuchen die Tiere durch Schwimmen und Tauchen einen Ausweg zu finden. Da dies jedoch nicht gelingt, werden Ratten nach etwa 10 min (Mäuse etwas früher) weniger aktiv. Sie machen nur noch die nötigsten Bewegungen mit den Vorderpfoten, mit denen sie den Kopf knapp über dem Wasserspiegel halten können. Die Augen der Tiere sind dabei halb geschlossen. Nachdem diese Immobilität eingetreten ist, werden die Tiere aus dem Wasser geholt. Werden die Versuchstiere am nächsten Tag wiederum in das Wasser gesetzt, dann nehmen sie bereits innerhalb einer Minute die typische Immobilitätshaltung ein. Dieser Zustand wird "behavioural despair" oder "Aufgebeverhalten" genannt, da man annimmt, daß die Tiere die Suche nach einem Ausweg aus dem Wasser aufgegeben haben.

Der Test beruht auf der Analogie zwischen der Immobilität der Tiere und der Passivität depressiver Menschen und auf der Annahme, daß Streß bei der Ätiologie depressiver Erkrankungen eine Rolle spielt. Interessanterweise zeigen Tiere auch dann noch die typische Immobilität, wenn sie erst mehrere Wochen nach der ersten Erfahrung mit dem

Wasser erneut getestet werden. Eine einmalige Streßerfahrung hat langfristige Auswirkungen auf das Verhalten der Tiere. Damit gewinnt dieses homologe Modell an "face validity".

Antidepressiva, sowohl trizyklische Substanzen als auch MAO-Hemmer und atypische Antidepressiva wie Mianserin und Nomifensin, verzögern das Auftreten und verkürzen die Dauer der Immobilität (PORSOLT et al. 1977, 1978, 1979, KITADA et al. 1981 und Abb. 3.1.3). Auch andere (klinisch wirksame) Therapien, wie REM-Schlaf-Deprivation und Elektroschock-Therapie, verzögern in diesem Test das Aufgebeverhalten (WILLNER 1984). Benzodiazepin-Anxiolytika, Neuroleptika und Analgetika sind in diesem Test unwirksam (Abb. 3.1.3), was auf eine gewisse Spezifität hinweist. Allerdings gibt es viele Beispiele falsch positiver Ergebnisse: Stimulantien (Amphetamin), Anticholinergika (Scopolamin) und Antihistaminika sind in diesem Depressionsmodell ebenfalls wirksam (WILLNER 1984). Die Selektivität des Modells wird allerdings bei subchronischer Gabe der Substanzen erhöht: die Immobilität-reduzierende Wirkung von Antidepressiva ist nach 14tägiger Gabe stärker als nach eintägiger Verabreichung. Die Wirkung von z. B. Stimulantien nimmt dagegen nach subchronischer Gabe ab (Abb. 3.1.4). Das Wirkungsprofil von Antidepressiva im Porsolt-Test ähnelt dem Verlauf der antidepressiven Wirkung in der klinischen Praxis.

Erlernte Hilflosigkeit

In mittlerweile klassischen Versuchen aus den 60er Jahren wurde das Depressionsmodell "erlernte Hilflosigkeit" entwickelt. Während der Vorphase des Versuchs werden jedem Tier der Experimentalgruppe zwei Kontrolltiere zugeordnet. Die Tiere der Experimentalgruppe besitzen eine aktive Kontrolle über einen aversiven Reiz (z. B. einen leichten Elektroschock), indem sie diesen Reiz durch eine bestimmte Reaktion (z. B. einen Druck auf einen Hebel) ausschalten können. Die Kontrolltiere der ersten Gruppe besitzen diese Möglichkeit nicht; vielmehr erhalten sie immer dann den aversiven

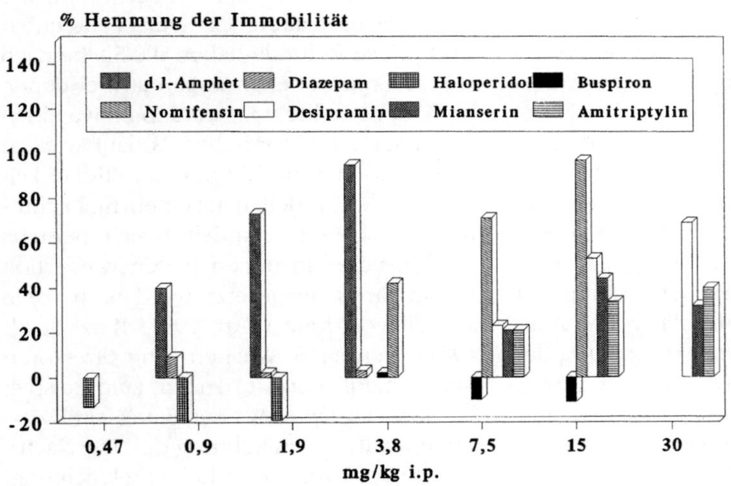

Abb. 3.1.3. Die Wirkung von Amitriptylin, Desipramin, Nomifensin, Mianserin, Diazepam, Buspiron, Haloperidol und d,l-Amphetamin im "behavioural despair"-Test in der Ratte. Gruppenmittelwerte sind als % Hemmung der Immobilitätsdauer im Vergleich zu Trägermittelkontrollen ausgedruckt

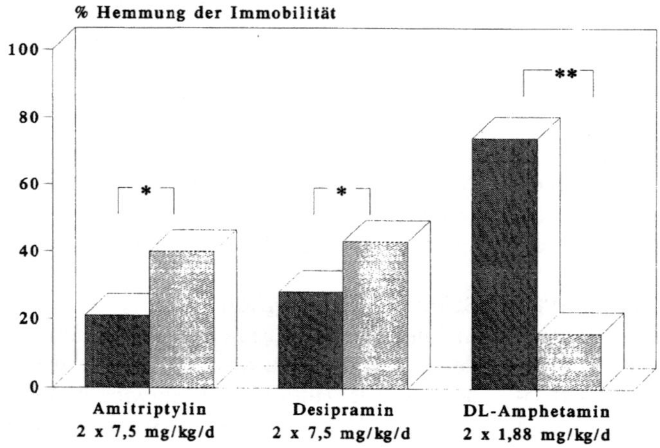

Abb. 3.1.4. Die Wirkung von Amitriptylin, Desipramin und d,l-Amphetamin nach eintägiger ▇ und 14tägiger ▨ Behandlung im "behavioural despair"-Test in der Ratte. * $p < 0.05$, ** $p < 0.01$ (Mann-Whitney U-Test)

Reiz, wenn das entsprechende Tier der Experimentalgruppe diesem Reiz ausgesetzt wird. Die Tiere einer zweiten Kontrollgruppe wurden überhaupt nicht mit dem aversiven Reiz konfrontiert. In der nächsten Phase des Versuchs erlernen die Tiere der Experimentalgruppe sowie die Tiere der zweiten Kontrollgruppe eine bestimmte Vermeidungsreaktion wesentlich besser als die Tiere der ersten Kontrollgruppe, die zwar dem aversiven Reiz ausgesetzt waren, die diesem Reiz jedoch "hilflos", d. h., ohne Möglichkeit einer Beeinflussung, gegenüberstanden (Seligman und Meier 1967). Die verminderten Reaktionen dieser Tiere geben dem Modell der "erlernten Hilflosigkeit" eine gute "face validity". Die Behandlung der parallel-geschalteten Kontrolltiere mit Antidepressiva führt zu einer Verbesserung der Vermeidungsreaktion (De Vry und Traber, Band 3). Die Vermeidungsreaktionen der beiden anderen Gruppen werden durch die Applikation von antidepressiven Substanzen nicht beeinflußt. Als Versuchstiere in diesem Depressionsmodell werden Ratten, Hunde und Affen benutzt.

Chronischer sozialer Streß

Die antidepressive Wirkung eines Antidepressivums tritt bei Patienten erst nach einer oder zwei Wochen ein. Eine (sub)chronische Behandlung mit Antidepressiva hat biochemische Veränderungen (Downregulierung von ß-adrenergen Rezeptoren) zur Folge, die nach akuter Gabe nicht erkennbar sind. Diese Befunde haben die Suche nach Depressionsmodellen angeregt, bei denen Verhaltenseffekte von Antidepressiva einen ähnlichen subchronischen Verlauf wie die biochemischen und klinischen Effekte zeigen. Bei den Modellen mit einem mehr chronischen Charakter handelt es sich meistens um Versuche, in denen Ratten wiederholt einem Streß ausgesetzt werden. In dem Modell von Katz (Katz 1981, Katz et al. 1981) werden 3 Wochen lang Stressoren unterschiedlicher Art benutzt, zum Beispiel Fußschocks, kaltes Wasser, Futter- und Wasserdeprivation, Umkehrung des Tag-Nacht-Rhythmus, Lärm oder helle Beleuchtung. Die Streßsituationen wechseln in einer für die Versuchstiere nicht vorhersehbaren Weise ("unvorhersehbarer Streß"). Am Ende der dreiwöchigen Streßperiode wird das Explorationsverhalten der Ratten in einem "offenen-Feld"-Test untersucht. Im Vergleich zu nichtgestreßten Kontrolltieren ist das Explorationsverhalten der gestreßten Tiere deutlich erniedrigt. Auch dieses Modell beruht wieder auf der Beziehung zwischen Streß und Depression und der Ähnlichkeit zwischen der Inaktivität der gestreßten Tiere und der Antriebsarmut depressiver Patienten. Die akute Behandlung mit Antidepressiva bewirkt keine Verbesserung des Verhaltensdefizits gestreßter Ratten im "offenen-Feld"-Test. Ähnlich wie in der Klinik führt nur die zwei- bis dreiwöchige Verabreichung zu einer Verbesserung der Symptomatik (Katz und Hersh 1981, Katz 1982, Katz und Baldrighi 1982).

Bei einem anderen chronischen Depressionsmodell werden die (männlichen) Ratten täglich mehrere Stunden in den Heimkäfig von aggressiven territorialen Artgenossen gesetzt. Da die Eindringlinge nicht fliehen können, werden sie trotz ihres Vermeidungs- und Demutsverhaltens immer wieder angegriffen und besiegt. Nach einer oder mehreren Wochen unvermeidbarem sozialem Streß wird das Explorationsverhalten der Tiere in einem "offenen-Feld"-Test sowie ihr soziales Verhalten gegenüber einem (friedlichen) Artgenossen untersucht. Im "offenen-Feld"-Test zeigen die Versuchstiere ein stark gehemmtes Explorationsverhalten. Außerdem ist die Häufigkeit und Dauer sozialer Interaktionen von gestreßten Tieren mit Artgenossen (sich dem Partner nähern, ihn beschnüffeln usw.) stark reduziert. Diese Verhaltenssymptomatik dauert auch nach Beendigung des Stresses noch Monate an. Die mehrwöchige Behandlung von sozial gestreßten Ratten mit Antidepressiva (bei gleichzeitiger Fortsetzung der Streßprozedur), nicht aber die Akutgabe, verbessert die beschriebene Symptomatik. In Abb. 3.1.5 ist dies für Imipramin gezeigt. Offenbar induzieren die unvermeidbaren Angriffe von Artgenossen ein "depressives Syndrom" in der Ratte genauso effektiv wie die teilweise "künstlichen" Streßformen von Katz et al. (1981). Die Art der Verhaltensänderungen, ihre Persistenz auch nach Be-

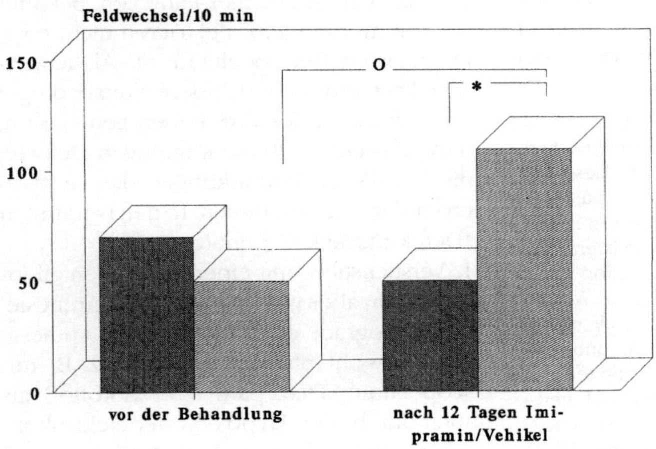

Abb. 3.1.5. Die Effekte einer subchronischen Behandlung mit Imipramin (30 mg/kg/d) auf das explorative Verhalten von sozial gestreßten Ratten. Gruppenmittelwerte von gestreßten Placebo-Kontrollen ▬ und gestreßten Imipramin-Ratten ▨ sind abgebildet. Der Boden des "offenen Feldes" (60x60 cm) war in 16 gleichgroße Felder unterteilt. Die Anzahl der Feldüberquerungen der Ratte wurde als Maß für das explorative Verhalten genommen. * $p < 0.05$ (Mann-Whitney U-Test); ° $p < 0.05$ (Wilcoxon Matched-Pairs-Test)

endigung der Streßperiode sowie der unterschiedliche Effekt akuter und chronischer Substanzgabe verschaffen diesem Modell eine gute "face validity". Weitere Untersuchungen, auch solche, die sich mit biochemischen, neurophysiologischen und neuroendokrinologischen Aspekten befassen, sind zur Sicherung der Validität und Brauchbarkeit chronischer Streß- und Depressionsmodelle jedoch notwendig.

3.1.4 Parkinson-Modelle

Die Parkinson-Krankheit ist eine neurodegenerative Erkrankung des Alters, die durch Hypokinese, Rigor und Tremor gekennzeichnet ist. Diese Symptome werden durch eine starke Dopaminverringerung im Nucleus caudatus und im Putamen ausgelöst, verursacht durch eine Verminderung des Dopamingehaltes im nigro-striatalen Trakt verursacht durch eine starke Degeneration von dopaminergen Neuronen in der Substantia nigra.

In Tierstudien verursachen die dopaminergen Neurotoxine 6-Hydroxydopamin sowie 1-Methyl-4-phenyl-1,2,3,6-tetrahydropyridin (MPTP) ein Parkinson-ähnliches Syndrom (Zigmond et al. 1990).

6-Hydroxydopamin war die erste Substanz, bei der man feststellte, daß sie relativ selektiv katecholaminerge Neuronen zerstört. Da diese Substanz die Blut-Hirn-Schranke nicht passieren kann, wird sie in Tierstudien lokal, meist in oder leicht anterior zur Substantia nigra injiziert. Wird einige Tage nach unilateraler Applikation von 6-Hydroxydopamin ein dopaminerger Agonist (z. B. Apomorphin) gegeben, zeigt das Versuchstier ausgeprägtes Laufen im Kreise, und zwar gegenläufig zur Läsionseite. Substanzen, die Dopamin freisetzen (z. B. Amphetamin), verursachen dagegen ein Kreiseln zur Läsionsseite. Dieses sogenannte "Ungerstedt-Modell" (Kaakkola und Teräväinen 1990) ist eine valide Methode zur Abschätzung der anti-Parkinson Wirkung neuer Substanzen.

Das Neurotoxin MPTP passiert die Blut-Hirn-Schranke und wird peripher appliziert. Eine beständige und sichere Reproduzierung des Parkinson-Syndroms wird mit dieser Substanz nur im Primatenmodell erreicht, obgleich auch andere Spezies wie Hund, Meerschweinchen und Maus brauchbar sind. Vor allem das im Primatenmodell induzierte Syndrom zeichnet sich durch eine starke Ähnlichkeit mit der idiopathischen Parkinson-Krankheit aus (Lange 1989). Ratten scheinen kaum Effekte nach MPTP-Applikation zu zeigen und sind daher in diesem Modell weniger brauchbar.

3.1.5 Demenz-Modelle, Modelle für Hirnleistungsstörungen

Die Entwicklung valider Tiermodelle für Demenzen gestaltet sich außerordentlich schwierig. Zum einen gibt es sehr unterschiedliche Demenzformen mit sehr unterschiedlicher Pathologie und Ätiologie. Hinzu kommt noch, daß die histopathologischen Merkmale der Alzheimerschen Erkrankung (SDAT), die senilen Plaques und die neurofibrillären Knoten ("tangles") in nur wenigen Tierspezies (Hund und Affe) beschrieben sind. Auch die Degeneration cholinerger Neurone im basalen Vorderhirn, wie sie von Alzheimer-Patienten bekannt ist, kommt "spontan" bei Tieren nicht vor.

Die meisten Tiermodelle für die Alzheimersche Erkrankung und andere altersbedingte Erkrankungen des ZNS haben gemeinsam, daß versucht wird, die kognitiven Defizite, die bei diesen Erkrankungen das Leitsymptom sind, nachzuahmen. In den bekannten "Defektmodellen" benutzt man:

1. Versuchstiere mit einer experimentell induzierten, aber vorübergehenden Amnesie. Die (retrograde oder anterograde) Amnesie kann sowohl pharmakologisch (z. B. mit Scopolamin, Diazepam oder Alkohol) als auch durch eine Hypoxie oder elektrokonvulsive Behandlung induziert werden.
2. Versuchstiere mit experimentell induzierten Läsionen in Gehirnarealen, die eine wichtige Rolle bei Lern- und Gedächtnisvorgängen spielen wie z. B. Hippocampus, Amygdala, Fornix und Cortex oder von cho-

linergen Kerngebieten (n. basalis magnocellularis). Solche Gebiete werden stereotaktisch mit intracranialen Elektroden oder durch intracranial verabreichte Neurotoxine (z. B. Kain-, Iboten-, Chinolin-Säure, Colchicine, AF64A) läsioniert.

3. Alte Versuchstiere (Ratten, Mäuse, Primaten).

Ratten und Mäuse, die mit dem cholinergen Antagonisten Scopolamin behandelt wurden, zeigen in Lernexperimenten, wie dem passiven Vermeidungstest, oder in Labyrinthtests im Vergleich zu unbehandelten Kontrolltieren eine reduzierte Leistung (BEATTY und BIERLEY 1986, HIGASHIDA und OGAWA 1987). Diese Amnesien werden auf eine Blockade des cholinergen Systems im ZNS zurückgeführt. Das cholinerge Neurotransmittersystem spielt neben anderen Systemen eine wichtige Rolle bei Lernvorgängen (KESNER 1988). Bei der SDAT ist dieses System degeneriert (PERRY et al. 1978, WHITEHOUSE et al. 1982). Substanzen, die das cholinerge System aktivieren (cholinerge Agonisten wie RS-86, Cholinesterase-Inhibitoren wie Tetrahydroaminoacridin, Physostigmin, Metrifonat) heben die negative Wirkung von Scopolamin auf das Lernverhalten der Versuchstiere in den o.g. Tests auf (GIACOBINI und HALLAK 1986, SANTI et al. 1988). Eine Anzahl anderer Substanzen (Nootropika, Calcium-Antagonisten, "Hydergin®") können ebenfalls die Auswirkungen einer amnestischen Behandlung (Elektroschock, Hypoxie) antagonisieren (HOFFMEISTER et al. 1982, DE NOBLE et al. 1986, SPIGNOLI und PEPEU 1987).

Amnesie-Tests werden in der Verhaltenspharmakologie recht häufig eingesetzt, weil sie vergleichsweise einfach durchführbar sind. Ein Nachteil solcher Amnesietests ist aber, daß viele als antiamnestisch wirksam befundene Substanzen in weiterführenden Modellen unwirksam sind (falsch-positive Resultate). Darüber hinaus ist der "Modellcharakter" für die SDAT sehr gering. Letzteres Problem spiegelt sich auch in der Diskussion wider, ob der Scopolamin-Test mit Probanden ein Humanmodell für die Evaluierung sowie den Wirksamkeitsnachweis von Arzneimitteln zur Behandlung der SDAT ist.

Als "Alzheimer-Modelle" besitzen Tiermodelle mit experimenteller Schädigung von cholinergen Zellen im n. basalis Meynert oder von anderen Systemen (z. B. Hippocampus) bereits eine bessere Vergleichbarkeit.

Ein Ansatz besteht aus der Applikation des relativ selektiven cholinergen Neurotoxins AF64A (Äthylcholin-Senf-Aziridinum-Ion). Diese Substanz wird stereotaktisch in die lateralen Ventrikel oder in den Hippocampus injiziert. Dies führt zu einem starken Verlust cholinerger Neuronen, wodurch die Lern- und Gedächtnisleistung von Versuchstieren in einer Vielzahl von Tests, wie zum Beispiel Schockvermeidungstests (BAILEY et al. 1986), radiales Labyrinth (EMERICH und WALSH 1990) und Morris-Wasserlabyrinth (GOWER et al. 1989) beeinträchtigt wird. Die Selektivität von AF64A für cholinerge Neuronen scheint jedoch variabel zu sein, so daß Amnesien keineswegs in allen Fällen cholinergen Ursprungs zu sein brauchen. Auch andere Läsionstechniken führen zu verminderten Lernleistungen, die mit der von dementen Patienten zu vergleichen sind (INGRAM et al. 1988). Da die reduzierte Lernfähigkeit als Folge einer Läsion jedoch oft von vorübergehender Art ist, ist der Wert dieser Defektmodelle beschränkt. Ein Hauptmerkmal der Alzheimerschen Erkrankung ist ja die progressive Zunahme der Ausfälle.

Dieses letztere Problem hat man bei der alten Ratte (oder Affe) als Modell für Hirnalterung bzw. SDAT nicht. Die beeinträchtigte Lern- und Gedächtnisleistung alter Versuchstiere zeigt einen progredienten Verlauf (INGRAM et al. 1988). Dies gilt auch für andere (Verhaltens-) Defizite, die z. B. alte Ratten aufweisen (COPER et al. 1986, SCHUURMAN et al. 1986). Alte Ratten leiden, ebenso wie demente Patienten nicht nur an kognitiven Störungen, sondern auch an Störungen im Sozialverhalten, erhöhter Aggressivität, Depressionen, sensomotorischen Störungen etc. Es ist gerade diese Vielfalt der Störungen, die die alte Ratte als Modell für Hirnleistungsstörungen, Hirnalterung sowie SDAT interessant macht und ihr eine gute "face validity" verleiht (SCHUURMAN et al. 1986, SCHUURMAN und TRABER 1989a). Es stellt sich jedoch die Frage, ob die neurobiologischen Prozesse, die dem normalen physiologischen Altern in der Ratte zugrunde liegen, mit den pathologischen Prozessen oder dem pathologischen Altern von Alzheimer-Patienten vergleichbar sind. Möglicherweise stellt das pathologische Altern (SDAT) eine beschleunigte Form physiologischen Alterns dar. In diesem Falle könnte die alte Ratte ein brauchbares Tiermodell für das Studium bestimmter Verhaltensaspekte der SDAT sein.

Alte Versuchstiere werden immer häufiger, trotz hohem Kostenaufwand, für die präklinische Evaluierung (potentieller) Geriatrika eingesetzt. Die lern- und gedächtnisverbessernde Wirkung von z. B. Nootropika, Cholinesterase-Hemmern, Calcium-Antagonisten etc. wird bevorzugt in alten Affen (LEVERE und SANDIN 1989), Kaninchen (DEYO et al. 1989) oder Ratten (SCRIABINE et al. 1989, SCHUURMAN und TRABER 1989a, b) untersucht. Abbildung 3.1.6 zum Beispiel zeigt die Wirkung des Calcium-Antagonisten Nimodipin auf das Lernverhalten alter Ratten in einem Wasserlabyrinth. In Abb. 3.1.7 ist eine altersbedingte sensomotorische Störung der Ratte am Beispiel der Fußabdrücke der hinteren Extremitäten von 3, 24 und 29 Monate alten Tieren dargestellt. Während 3 Monate alte Ratten auf den Zehen laufen, setzen die 24 Monate alten Tiere auch die Fersen auf den Boden. Das Gangmuster dieser alten Tiere ist allerdings noch regelmäßig. Bei 29 Monate alten Ratten ist dies nicht mehr der Fall; der Abstand zwischen den einzelnen Schritten ist unterschiedlich und die Hinterfüße werden nachgezogen (Schleifspuren). Neuere Erkenntnisse zeigen, daß neben zentralnervös-pathologischen Mechanismen auch peripher-nervöse Prozesse an diesen altersbedingten lokomotorischen Behinderungen beteiligt sind. Im Tierversuch sind diese lokomotorischen Störungen pharmakologisch therapierbar (SCHUURMAN et al. 1987, VAN DER ZEE et al. 1990 und Abb. 3.1.7).

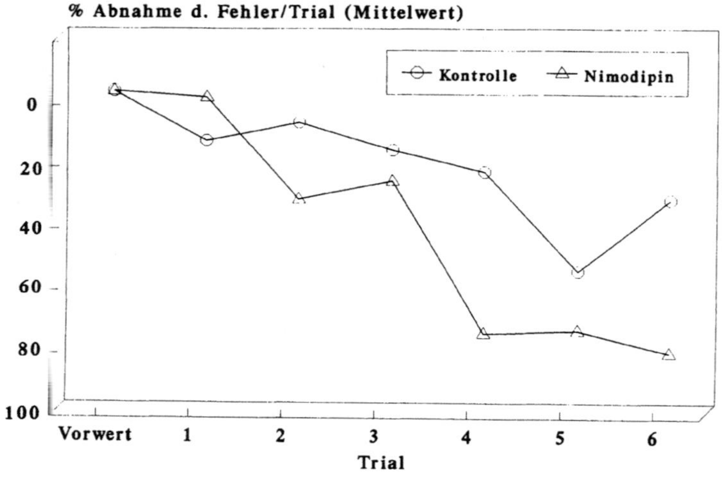

Abb. 3.1.6. Die Wirkung von Nimodipin (15 mg/kg/d) auf das Lernen alter (16 Monate) Ratten in einem Wasserlabyrinth (SCHUURMAN UND TRABER 1989 b). Die Versuchstiere wurden täglich im Labyrinth getestet, wobei die Zahl der Fehler (Wegschwimmen von der Ausgangsrichtung) gemessen wurde

Rezente Bemühungen richten sich auf eine direkte Übernahme von in Humanuntersuchungen benutzten Lern- und Gedächtnistests und ihre Anpassung an Untersuchungen mit Laboratoriumtieren. Als Beispiel seien hier die sogenannten Vergleichsmuster-Tests ("matching-to-sample") genannt. Zunächst wird ein visuelles Reizmuster (Stimulusbeispiel) angeboten. Unmittelbar darauf wird dieses Muster zusammen mit einigen anderen Mustern (Vergleichsmuster) angeboten. Unter jedem dieser Muster befindet sich ein Reaktionsknopf. Nur der Druck auf den Knopf des zum Stimulusbeispiel korrespondierenden Vergleichsmusters wird belohnt. Dieser Test wird zu einem Gedächtnistest, wenn das Anbieten der Vergleichsmuster erst geschieht, nachdem ein bestimmtes Zeitintervall nach dem Ende des Stimulusbeispiels verstrichen ist (verzögertes Vergleichsmuster). Hierdurch hofft man, die Wirkung von Substanzen auf die Gedächtnisleistung überprüfen zu können (PONTECORVO et al. 1988).

Bei der Suche nach validen Modellen für die SDAT setzt man große Hoffnungen auf die Entwicklung von transgenen Tieren. Es gibt bereits transgene Mäuse, die einen Teil des Gens, auf dem der DNS-Code für das humane Amyloid-Vorläufer-Protein ("amyloid precursor protein": APP) liegt, in die Erbmasse aufgenommen haben (UNTERBECK et al. 1990). Diese transgenen Mäuse werden eine wichtige Rolle spielen, sowohl bei der Untersuchung der senile-Plaque-bildenden Mechanismen als auch bei der Entwicklung von Pharmaka, die die Entstehung von senilen Plaques hemmen oder verhindern können.

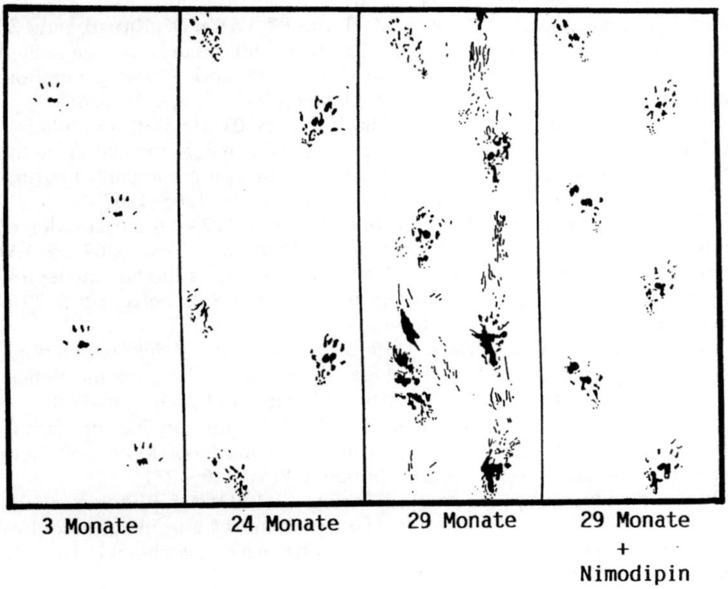

Abb. 3.1.7. Fußabdrücke von 3, 24 und 29 Monate alten Ratten. Die Hinterpfoten der Tiere wurden mit fotografischer Entwicklerflüssigkeit benetzt, danach liefen die Ratten über einen Streifen Fotopapier. Rechts sind die Fußabdrücke einer 29 Monate alten Ratte, die 5 Monate lang mit Nimodipin behandelt wurde, abgebildet

Literatur

Bailey EL, Overstreet DH, Crocker AD (1986) Effects of intrahippocampal injections of the cholinergic neurotoxin AF64A on open-field activity and avoidance learning in the rat. Behav Neural Biol 45: 263–274

Beatty WW, Bierley RA (1986) Scopolamine impairs encoding and retrieval of spatial working memory in rats. Physiol Psychol 14: 82–86

Benton B, Nastiti K (1988) The influence of psychotropic drugs on the ultrasonic calling of mouse pups. Psychopharmacology 95: 99–102

Benz U, De Vry J, Traber J (1992) Shock-induced ultrasonic vocalisation in young adult rats. An animal model for testing the anxiolytic activity of anti-anxiety drugs (submitted)

Coper H, Jänicke B, Schulze G (1986) Biopsychological research on adaptivity across the life-span of animals. In: Baltes PD et al. (eds) Life-span development and behavior. Hillsdal, Erlbaum, pp 207–232

De Noble VJ, Repetti SJ, Gelpke LW, Wood LM, Keim KL (1986) Vinpocetine: nootropic effects on scopolamine-induced and hypoxia-induced retrieval deficits of a step-through passive avoidance response in rats. Pharmacol Biochem Behav 24: 1123–1128

Deyo R, Straube KT, Disterhoft JF (1989) Nimodipine facilitates trace conditioning of the eye-blink response in aging rabbits. Science 243: 809–811

De Vry J, Glaser T, Traber J (1990) 5-HT_{1A} receptor partial agonists as anxiolytics. In: Paoletti R et al. (eds) Serotonin: from cell biology to pharmacology and therapeutics. Kluwer Academic Publishers, Dordrecht, pp 517–522

De Vry J, Glaser T, Schuurman T, Schreiber R, Traber J (1991) 5-HT_{1A} receptors in anxiety. In: Briley M, File SE (eds) New concepts in anxiety. MacMillan, London, pp 94–129

Emerich DF, Walsh TJ (1990) Ganglioside AGF2 promotes task-specific recovery and attenuates the cholinergic hypofunction induced by AF64A. Brain Res 527: 299–307

Enna SJ, Malick JB, Richelson E (1981) Antidepressants: neurochemical, behavioural and clinical perspectives. Raven Press, New York

File SE (1980) The use of social interaction as a method for detecting anxiolytic activity of chlordiazepoxide-like drugs. J Neurosci Methods 2: 219–238

Gardner CR (1985) Distress vocalisation in rat pups – A simple screening method for anxiolytic drugs. J Pharmacol Methods 14: 181–187

Geller I, Seifter J (1960) The effects of meprobamate, barbiturates, d-amphetamine, and promazine on experimentally–induced conflict in the rat. Psychopharmacology 1: 482–492

Giacobini E, Hallak M (1986) Anticholinesterase therapy of Alzheimer: from animal models to human application. In: Bès A et al. (eds) Senile dementias: early detection. John Libbey Eurotext, London Paris, pp 337–341

Gower AJ, Rousseau D, Jamsin P, Gobert J, Hanin I, Wülfert E (1989) Behavioural and histological effects of low concentrations of intraventricular AF64A. Eur J Pharmacol 166: 271–281

Higashida A, Ogawa N (1987) Differences in the acquisition process and the effect of scopolamine on radial maze performance in three strains of rats. Pharmacol Biochem Behav 27: 483–489

Hoffmeister F, Benz U, Heise A, Krause HP, Neuser V (1982) Behavioural effects of nimodipine in animals. Arzneimittelforschung/Drug Res 32: 347–360

Ingram DK, Bartus RT, Olton DS, Khachaturian ZS (1988) Experimental models of age-related memory dysfunction and neurodegeneration. Neurobiol Aging 9 (5/6) (special issue)

Insel TR, Hill JL, Mayor RB (1986) Rat pup ultrasonic isolation calls: possible mediation by the benzodiazepine receptor complex. Pharmacol Biochem Behav 24: 1263–1267

Kaakkola S, Teräväinen H (1990) Animal models of Parkinsonism. Pharmacol Toxicol 67: 95–100

Katz RJ (1981) Animal models and human depressive disorders. Neurosci Biobehav Rev 5: 231–246

Katz RJ (1982) Animal model of depression: pharmacological sensitivity of a hedonic deficit. Pharmacol Biochem Behav 16: 956–968

Katz RG, Hersh S (1981) Amitriptyline and scopolamine in an animal model of depression. Neurosci Biobehav Rev 5: 265–271

Katz RJ, Baldrighi G (1982) A further parametric study of imipramine in an animal model of depression. Pharmacol Biochem Behav 16: 969–972

Katz RJ, Roth KA, Carroll BJ (1981) Acute and chronic stress effects on open field activity in the rat: implications for a model of depression. Neurosci Biobehav Rev 5: 247–251

Kesner RP (1988) Reevaluation of the contribution of the basal forebrain cholinergic system to memory. Neurobiol Aging 9: 609–616

KITADA Y, MIYAUCHI T, SATOH A, SATOH S (1981) Effects of antidepressants in the rat forced swimming test. Eur J Pharmacol 72: 145–152

LANGE KW (1989) Bedeutung des Neurotoxins MPTP für Ätiologie und Therapie der idiopathischen Parkinsonkrankheit. Fortschr Neurol Psychiatr 57: 142–148

LEVERE TE, SANDIN M (1989) Nimodipine in animal models of learning and memory. In: TRABER J, GISPEN WH (eds) Nimodipine and central nervous system function: new vistas. Schattauer, Stuttgart New York, pp 163–184

MCKINNEY WT, BUNNEY WE (1969) Animal model of depression: review of evidence and implications for research. Arch Gen Psychiatry 21: 240–248

PELLOW S, CHOPIN P, FILE SE, BRILEY M (1985) Validation of open:closed arm entries in an elevated plus maze as a measure of anxiety in the rat. J Neurosci Methods 14: 149–167

PERRY EK, TOMLINSON BE, BLESSED G, BERGMAN K, GIBSON PH, PERRY RH (1978) Correlation of cholinergic abnormalities with senile plaques and mental test scores in senile dementia. Br Med J 2: 1457–1459

PONTOCORVO MJ, CLISSOLD DB, CONTI LH (1988) Age-related cognitive impairments as assessed with an automated repeated measures memory task: implications for the possible role of acetylcholine and norepinephrine in memory dysfunction. Neurobiol Aging 9: 617–625

PORSOLT RD, LEPICHON M, JALFRE M (1977) Depression: a new animal model sensitive to antidepressant treatment. Nature 266: 730–732

PORSOLT RD, ANTON G, BLAVET N, JALFRE M (1978) Behavioural despair in rats, a new model sensitive to antidepressant treatments. Eur J Pharmacol 47: 379–391

PORSOLT RD, BERTIN A, BLAVET M, DENIEL M, JALFRE M (1979) Immobility induced by forced swimming in rats: effects of agents which modify central catecholamine and serotonin activity. Eur J Pharmacol 57: 201–210

RUNKEL PJ, MCGRATH JE (1972) Research on human behavior. Holt, Rinehart and Winston, New York

SANTI A, BOGLES J, PETELKA S (1988) The effect of scopolamine and physostigmine on working and reference memory in pigeons. Behav Neural Biol 49: 61–73

SCHUURMAN T, TRABER J (1989a) Old rats as an animal model for senile dementia: behavioral effects of nimodipine. In: BERGENER M, REISBERG B (eds) Diagnosis and treatment of senile dementia. Springer, Berlin Heidelberg New York Tokyo, pp 295–307

SCHUURMAN T, TRABER J (1989b) Effects of nimodipine on behavior of old rats. In: TRABER J, GISPEN WH (eds) Nimodipine and central nervous system function: new vistas. Schattauer, Stuttgart New York, pp 194–208

SCHUURMAN T, HORVATH E, SPENCER JR DG, TRABER J (1986) Old rats: an animal model for senile dementia. In: BÈS A, CAHN J, CAHN R, HOYER S, MARC-VEGNES JP, WISNIEWSKI HM (eds) Senile dementias: early detection. John Libbey Eurotext, London Paris, pp 624–630

SCHUURMAN T, KLEIN H, BENEKE M, TRABER J (1987) Nimodipine and motor deficits in the aged rat. Neurosci Res Commun 1: 9–16

SCHUURMAN T, SPENCER DG, TRABER J (1991) Effects of ipsapirone on social behavior and conflict-induced responses in rats: a comparison to diazepam. Pharmacol Biochem Behav (in press)

SCRIABINE A, SCHUURMAN T, TRABER J (1989) Pharmacological basis for the use of nimodipine in central nervous system disorders. FASEB J: 1799–1806

SELIGMAN MEP, MAIER SF (1967) Failure to escape traumatic shock. J Exp Psychol 74:1–9

SPIGNOLI G, PEPEU G (1987) Interactions between oxiracetam, aniracetam and scopolamine on behavior and brain acetylcholine. Pharmacol Biochem Behav 27: 491–495

TRABER J, GLASER T (1987) 5-HT_{1A} receptor-related anxiolytics. TIPS 8: 432–437

TRABER J, DAVIES MA, DOMPERT WU, GLASER T, SCHUURMAN T, SEIDEL PR (1984) Brain serotonin receptors as a target for the putative anxiolytic TVX Q 7821. Brain Res Bull 12: 741–744

TREIT D (1985) Animal models for the study of anti-anxiety agents: a review. Neurosci Biobehav Rev 9: 203–222

UNTERBECK A, BAYNEY RM, SCANGOS G, WIRAK DO (1990) Transgenic mouse models of amyloidosis in Alzheimer's disease. Rev Biol Res Aging 4: 139–162

VAN DER POEL AM, NOACH EJK, MICZEK KA (1989) Temporal patterning of ultrasonic distress calls in the adult rat: effects of morphine and benzodiazepines. Psychopharmacology 97: 147–148

VAN DER STAAY FJ, KERBUSCH S, RAAIJMAKERS W (1990) Genetic correlations in validating emotionality. Behav Genet 20: 51–62

VAN DER ZEE CEEM, SCHUURMAN T, GERRITSEN VAN DER HOOP R, TRABER J, GISPEN WH (1990) Beneficial effect of nimodipine on peripheral nerve function in aged rats. Neurobiol Aging 11: 451–456

VOGEL JR, BEER B, CLODY DE (1971) A simple reliable conflict procedure for testing anti-anxiety agents. Psychopharmacology 21: 1–7

WHITEHOUSE PJ, PRICE DL, STRUBLE RG, CLARK AW, COYLE JT, DE LONG MR (1982) Alzheimer's disease and senile dementia: loss of neurons in the basal forebrain. Science 125: 1237–1239

WILLNER (1984) The validity of animal models of depression. Psychopharmacology 83: 1–16

ZIGMOND MJ, ABERCROMBIE ED, BERGER TW, GRACE AA, STRICKER EM (1990) Compensation after lesions of central dopaminergic neurons: some clinical and basic implications. TINS 13: 290–296

3.2 Präklinische Humanstudien

R. Spiegel

3.2.1 Definition

Als präklinische Humanstudien bezeichnet man Untersuchungen mit neuentwickelten Medikamenten, die vor Beginn der klinischen Erprobung und in der Regel an gesunden Versuchspersonen durchgeführt werden. Während klinische Prüfstudien (vgl. Kapitel 6) vor allem der therapeutischen Wirksamkeit und den unerwünschten Effekten einer neuen Wirksubstanz unter klinischen Bedingungen gelten, stehen bei präklinischen Humanstudien Fragen der Verträglichkeit, der Pharmakokinetik und der Pharmakodynamik unter experimentellen Bedingungen im Zentrum. Klinische Prüfstudien finden zu Beginn einer Substanzerprobung fast immer an stationären, später auch an ambulanten Patienten statt; präklinische Humanversuche können im Spital, aber auch in privaten Kontraktinstituten oder in entsprechenden Laboratorien von pharmazeutischen Firmen mit freiwilligen Probanden durchgeführt werden.

Präklinische Humanstudien sind Teil der Entwicklung neuer Substanzen von der chemischen Synthese bis zur allfälligen Registrierung und Einführung in den Markt. Sie unterscheiden sich inbezug auf ihre Rahmenbedingungen und Zielsetzungen von pharmakopsychologischen Experimenten (vgl. Kapitel 3.4), auch wenn die verwendeten Versuchspläne und Methoden oft ähnlich sind: In pharmakopsychologischen Versuchen gilt das Hauptinteresse den durch – meist bekannte – Medikamente veränderten psychischen Vorgängen oder psychologischen Konstrukten, in präklinischen Humanstudien steht die neue Substanz mit ihren noch unbekannten Wirkeigenschaften am Menschen im Mittelpunkt.

3.2.2 Der Gegenstand präklinischer Humanstudien

Nach der in Abb. 3.2.1 wiedergegebenen Phasen-Einteilung klinischer Prüfungen finden präklinische Humanstudien in Phase 1 statt und lassen sich in Verträglichkeitsstudien, pharmakokinetische und pharmakodynamische Untersuchungen unterteilen. Phase 1 einer klinischen Prüfung kann begonnen werden, wenn aus Tierversuchen genügend pharmakologische, toxikologische und pharmakokinetische Daten vorliegen, um die Prüfung einer neuen Substanz am Menschen zu rechtfertigen.

Untersuchungen der Verträglichkeit

Die Prüfung eines neuen potentiellen Psychopharmakons am Menschen beginnt mit einer Untersuchung der Verträglichkeit von Einzeldosen, an der normalerweise gesunde Probanden teilnehmen. Diese werden über die Ziele und mögliche Risiken der geplanten Studie informiert, stellen sich freiwillig zur Verfügung und erhalten in der Regel eine finanzielle Entschädigung. Verträglichkeitsprüfungen setzen eine enge medizinische Überwachung der Probanden und Bereitschaft für Notfallsituationen

Phase I	**Verträglichkeit**	Einzeldosen Mehrfachdosen
	Pharmakokinetik	Plasmaspiegel Halbwertszeiten
	Human-Pharmakologie	Beschreibung des Wirkungsbildes
Phase II	**Frühe Studien an Patienten:** Therapeutische Wirkungen, Nebenwirkungen Dosis- Findungs- Studien Evtl. Vergleichsstudien mit Placebo und/ oder Standard-Medikamenten	
Phase III	**Erweiterte klinische Prüfung:** Erhöhung der Fallzahlen. Festlegung des Wirkprofils Vergleiche mit Standard-Medikamenten Sog. Feldstudien. Langzeitbehandlungen Untersuchung des Metabolismus, von Wechselwirkungen mit anderen Medikamenten	
Phase IV	**Studien nach der Registrierung:** Vergrößerung der Fallzahlen Prüfung unter Praxisbedingungen	

Abb. 3.2.1. Phasen-Einteilung der klinischen Prüfung von Psychopharmaka (Spiegel 1988, S 159)

voraus; sie finden deshalb unter Spital- oder spitalähnlichen Bedingungen statt und stehen unter der Leitung eines in Innerer Medizin und/oder Notfallmedizin ausgebildeten Arztes.

Die erste Dosis in einer Verträglichkeitsprüfung ist so zu wählen, daß voraussichtlich keine Wirkungen auftreten und das Risiko für die Probanden möglichst klein gehalten wird: Diese Dosis wird aufgrund aller pharmakologischen und toxikologischen Informationen, wenn möglich auch unter Berücksichtigung der vermuteten Ähnlichkeit der neuen Verbindung mit bekannten Substanzen, festgelegt. Empfehlungen für die Schätzung der ersten Dosis lauten:

- 1% jener Dosis (in mg/kg), die in den Tierversuchen irgendwelche Effekte gezeigt hat (Rogers und Spector 1986);
- 1–2% der im chronischen toxikologischen Versuch von der empfindlichsten Tierspezies noch gut vertragenen Dosis (Dollery und Davies 1970).

Die Verträglichkeit einer Verbindung wird nach objektiven und subjektiven Aspekten beurteilt: Zu den objektiven Kriterien gehören die Wirkungen auf vitale Funktionen (Blutdruck, Pulsfrequenz, Atmung) und auf Organfunktionen, die labormäßig erfaßt werden (z.B Blutbild, Leber-, Nierenfunktion). Die subjektive Verträglichkeit bemißt sich danach, ob eine Verbindung Müdigkeit, Übelkeit, Kopfschmerzen oder andere von den Probanden spontan berichtete oder durch Befragung erhobene Symptome hervorruft.

Mit Vorteil wird bereits die erste Verabreichung einer neuen Substanz "kontrolliert", d. h. im Vergleich mit Placebo und unter

Doppelblind-Bedingungen (vgl. Kapitel 6), durchgeführt. Die Erfahrung zeigt, daß manche Versuchspersonen in frühen Verträglichkeitsprüfungen auch nach pharmakologisch unwirksamen Dosen über subjektive Symptome aller Art klagen, weshalb es sich empfiehlt, reale Substanzeffekte durch den Einsatz von Placebo von Erscheinungen zu unterscheiden, die durch die Versuchssituation begünstigt werden können.

Ergebnisse aus Tierstudien sind sowohl für die Festlegung der ersten Dosis am Menschen als auch für das Schema der Dosissteigerung im weiteren Verlauf der Verträglichkeitsprüfung heranzuziehen: Üblicherweise werden die Dosen zu Beginn der Prüfung von einem Schritt zum nächsten verdoppelt, doch kann es im Einzelfall gute Gründe für eine langsamere Dosissteigerung geben.

Bereits aus der ersten Einzeldosis-Verträglichkeitsprüfung lassen sich Hinweise auf die Art und Dauer einer Substanzwirkung am Menschen gewinnen. Zwar ist es im allgemeinen nicht möglich, im Rahmen von Verträglichkeitsprüfungen umfangreiche psychologische oder psychophysiologische Messungen durchzuführen, doch sind Substanzwirkungen auf dem Kontinuum Stimulation – Sedation sowie im Bereich der Stimmung auch mit einfachen Mitteln (Fragebogen, Adjektivlisten, vgl. Spiegel 1988, Kapitel 3.3) zu erfassen. Neben Informationen zur Verträglichkeit können also aus den ersten Studien qualitative und quantitative Hinweise auf die psychotrope Wirkung einer neuen Substanz beim Menschen resultieren.

Untersuchungen zur Pharmakokinetik: Messung von Blutkonzentrationen

Als Teil der ersten Verträglichkeitsprüfungen können den Versuchspersonen in vorbestimmten zeitlichen Abständen Blutproben abgenommen und diese daraufhin untersucht werden, ob, wann und in welchen Konzentrationen die verabreichte Substanz und allfällige Metaboliten im Blut nachzuweisen sind. Der Zeitpunkt der maximalen Substanz-Konzentration im Blut bzw. Plasma läßt sich abschätzen, ebenso das Absinken der Plasma-Konzentration als Funktion der Zeit, so daß die Verabreichungs-Intervalle für kommende Versuche mit wiederholter Gabe der Substanz festgelegt werden können. Ein Vergleich mit entsprechenden Daten aus Tierstudien läßt auch erste Aussagen über die Absorption einer neuen Substanz beim Menschen nach oraler Einnahme zu.

Von besonderem Interesse ist es, erste pharmakokinetische Daten mit den an den gleichen Probanden erhobenen Angaben zur subjektiven und objektiven Verträglichkeit sowie zur Pharmakodynamik in Beziehung zu setzen: Bereits auf dieser frühen Stufe lassen sich Hypothesen inbezug auf direkte und indirekte Effekte der geprüften Substanz und ihrer Metaboliten formulieren, die es in den folgenden Studien an Probanden und Patienten zu überprüfen gilt.

Untersuchungen zur Pharmakodynamik

Erweist sich eine neue Verbindung als gut verträglich, so kann sie entweder an gesunden Probanden weitergeprüft werden, oder es erfolgen erste klinische Anwendungen an Patienten. Die Entscheidung über das Vorgehen hängt von mehreren Faktoren ab: von der untersuchten Substanzklasse, von den pharmakologischen Eigenschaften der neuen Verbindung, von der vorgesehenen klinischen Indikation und von den Ergebnissen der ersten Verträglichkeitsprüfungen am Menschen.

Wenn auf Grund präklinischer Daten eine genaue Hypothese für die klinische Anwendung der neuen Verbindung besteht, dann ist es sinnvoll, diese so früh wie möglich in klinischen Studien an der Zielpopulation, d.h. an Patienten der vorgesehenen Indikation, zu testen und auf ausgedehnte Prüfungen an gesunden Probanden zu verzichten. Dies ist – beispielsweise – bei Dopamin-Antagonisten als potentiellen Neuroleptika oder bei Serotonin-Wiederaufnahmehemmern als potentiellen Antidepressiva und weiteren Vertretern bekannter Wirkprinzipien der Fall. Nun bemüht sich aber die pharmakologische Forschung, ausgetretene Pfade zu verlassen und präklinische Methoden und Modelle zu entwickeln, die zu neuen Wirkprinzipien und damit auch in neue therapeutische Indikationen führen können. Da die Voraussagekraft neuer Modelle und Methoden naturgemäß ungewiß ist und die aus ihnen entwickelten Substanzen puncto Wirkungsqualitäten und -stärke am Menschen zunächst ganz unbekannt sind, können Experimente an gesunden Probanden die ersten Schritte der klinischen Prüfung in einigen Punkten erleichtern: Indem sie eine Schätzung minimal zentral wirksamer Dosen und erste Vermutungen über das Wirkprofil einer neuen Verbindung unter kontrollierten Bedingungen und an einer relativ homogenen Population ermöglichen.

Die an anderer Stelle (Spiegel 1988, Kapitel 3 und 4) ausführlich dargestellten Befunde und Erörterungen zur Bedeutung und Aussagekraft pharmakodynamischer Studien mit Psychopharmaka lassen sich im Hinblick auf präklinische Humanversuche wie folgt zusammenfassen:

1. Stimulierende und dämpfende Pharmakaeffekte können in Experimenten an gesunden Probanden zuverläßig und mit einfachen Mitteln (Selbstbeurteilungs-Skalen, Leistungstests verschiedener Art) charakterisiert werden. Quantifizierende neurophysiologische Verfahren (sog. Computer-EEG, evozierte Potentiale) erlauben ebenfalls eine präzise Beschreibung dämpfender, stimulierender und antriebsneutraler Substanz-Wirkungen.

2. Die für Neuroleptika charakteristischen "antipsychotischen" und die für Antidepressiva typischen thymoleptischen Effekte lassen sich in psychologischen Experimenten an gesunden Probanden nicht darstellen. Hingegen gibt es einige auf experimentell hervorgerufener psychischer Belastung beruhende Versuchsanordnungen, die eine recht zuverläßige Abschätzung anxiolytischer Pharmakawirkungen ermöglichen (Janke und Netter 1986). Nootropika, eine vorläufig noch unscharf definierte Gruppe von Psychopharmaka, zeichnen sich in Probanden-Experimenten – im Unterschied zu den Stimulantien – nicht durch einheitliche oder gar spezifische Wirkungen aus (Spiegel 1991).

3. Bei den Untersuchungsmethoden nehmen neurophysiologische Techniken eine Sonderstellung ein, da sie einige Wirkaspekte erfassen können, die den psychologischen Verfahren nicht zugänglich sind. Zwar sind spezifische und damit prädiktiv verwendbare EEG-Wirkprofile weder für Neuroleptika noch für Antidepressiva oder Nootropika beschrieben worden, doch rufen Anxiolytika aus der Gruppe der Benzodiazepine typische Veränderungen im quantifizierten EEG (Zunahme der Beta-Wellen von 12–20 Hz) hervor. Zahlreiche Antidepressiva verlängern im polygraphisch aufgezeichneten Schlaf die REM-Latenz, d. h. die Zeit bis zum Auftreten der ersten REM-Phase, und führen zu einer Reduktion des REM-Schlafs. Anticholinerg wirksame Substanzen hemmen ebenfalls den REM-Schlaf, Cholinomimetika fördern ihn und verkürzen die REM-Latenzen. Serotoninerge Verbindungen beeinflussen, abhängig von ihren spezifischen Effekten auf 5-HT-1, 5-HT-2 und 5-HT-3 Rezeptoren, den durch hohe Delta-Wellen charakterisierten Tiefschlaf (Wauquier et al. 1989). Auch wenn die Bedeutung dieser Substanzwirkungen noch weitgehend unbekannt ist, sind quantifizierende EEG-Studien und polygraphische Schlafuntersuchungen an gesunden Probanden für die Prüfung zentral wirksamer Substanzen in Phase 1 von großem heuristischem Interesse.

4. Eine Möglichkeit, von der in den nächsten Jahren vermehrt Gebrauch gemacht werden dürfte, sind Studien zur Wechselwirkung von Agonisten und Antagonisten am gleichen Rezeptorsystem. Bekannt ge-

worden sind Experimente mit anticholinergen und cholinomimetischen Substanzen (Preston et al. 1988) sowie Versuche mit Benzodiazepin-Antagonisten und -Agonisten (z. B. Duka et al. 1988): Diese Studien zeigten, daß sich die amnestische Wirkung von Scopolamin durch die cholinerge Substanz Physostigmin sowie die dämpfenden Effekte verschiedener Benzodiazepine durch Benzodiazepin-Antagonisten ganz oder teilweise aufheben lassen. Da Wechselwirkungen von Agonisten und Antagonisten auch an peripheren Systemen studiert werden können (Beispiele bei Azcona et al. 1986), kommt diesem aus der Tierpharmakologie wohlbekannten Paradigma auch für präklinische Humanstudien einige Bedeutung zu.

3.2.3 Schlußbetrachtung

Präklinische Humanversuche sind Teil der Entwicklung neuer Psychopharmaka auf dem Weg von der chemischen Synthese einer Substanz über ihre pharmakologische und toxikologische Charakterisierung zur klinischen Prüfung und zur allfälligen Registrierung und Einführung in den Markt. Umfang und Zielsetzung präklinischer Humanversuche hängen von verschiedenen projektspezifischen Faktoren ab, werden aber auch von wissenschaftlichen Modetendenzen mitbestimmt. Feste Regeln oder Vorschriften, in welchem Umfang und mit welchen Methoden präklinische Humanversuche durchzuführen sind, gibt es nicht (vgl. FDA Guidelines 1977; EC Rules 1989). Auf Tabelle 3.2.1 wurde ein Versuch ge-

Tabelle 3.2.1. Der heuristische Wert präklinischer Humanversuche: Versuch einer Synthese

Untersuchte Bereiche	Vermutete klinische Anwendung einer Versuchssubstanz als: Neuroleptikum	Antidepressivum	Anxiolytikum	Nootropikum	Präparat mit unbekannter Indikation
Verträglichkeit					
– vitale Funktionen	2	2	3	2	3
– Laborparameter	3	3	3	2	3
– subjektiv	1	2	3	2	2
Pharmakokinetik	3	3	3	2	3
Pharmakodynamik					
– subjektive Effekte	1	2	2	1	2
– Leistungsparameter	1	1	2	2	1–3
– Computer-EEG	1	2	2	1–2	1–3
– Schlafpolygramm	1	2	2	2) für Cho-	1–3
– Agonismus-Antagonismus	unbekannt	unbekannt	2	2) linergika	unbekannt

Die Scores bedeuten:

0 Probandenversuche liefern keine für die klinische Anwendung relevanten Informationen

1 Informationen aus Probandenversuchen sind von geringer prädiktiver Bedeutung

2 Informationen aus Probandenversuchen sind für Teilbereiche der klinischen Wirkung relevant

3 Probandenversuche liefern Informationen, die im klinischen Einsatz direkt anwendbar sind

macht, die im vorliegenden Kapitel dargestellten Aussagen über die Relevanz präklinischer Humanversuche in Form von Scores zusammenzufassen und zu quantifizieren: In dieser Weise wird deutlich, daß den Verträglichkeits- und pharmakokinetischen Ergebnissen von Probandenversuchen nach Ansicht des Verfassers insgesamt am meisten Gewicht beizumessen ist, während die Aussagekraft von Studien an Nicht-Patienten für die angestrebten therapeutischen Effekte von Neuroleptika und von Präparaten mit neuartigem Wirkungsmuster und noch unbekannter Indikation gering ist. Trotzdem sind Untersuchungen der Pharmakodynamik auch solcher Substanzen an gesunden Versuchspersonen sinnvoll, da sie Aussagen über minimal zentral wirksame Dosen, Wirkungsdauer, Wirkungen auf vitale Funktionen und weitere Aspekte ermöglichen, die für die Planung der folgenden klinischen Untersuchungen an Patienten von großer Bedeutung sind.

Literatur

Azcona A, Roth S, Spiegel R (1986) Effects of the muscarinic agonist RS86 in healthy volunteers. Pharmacopsychiatry 19: 323-325

Dollery CT, Davies DS (1970) The conduct of initial drug studies in man. Br Med Bull 26: 233–236

Duka T, Goerke D, Dorow R, Hoeller L, Fichte K (1988) Human studies on the benzodiazepine receptor antagonist beta-carboline ZK 93 426: antagonism of lormetazepam's psychotropic effects. Psychopharmacology (Berlin) 95: 463–471

EC Rules (1989) The rules governing medicinal products for human use in the European Community. Commission of the European Communities, January 1989

FDA Guidelines (1977) Guidelines for the clinical evaluation of antidepressant (antianxiety etc.) drugs. US Dept of Health, Education and Welfare, Public Health Service, Food and Drug Administration. US Government Printing Office, Washington DC

Janke W, Netter P (1986) (Hrsg) Angst und Psychopharmaka. Kohlhammer, Stuttgart

Preston GC, Brazell C, Ward C, Broks P, Traub M, Stahl SM (1988) The scopolamine model of dementia: determination of central cholinomimetic effects of physostigmine on cognition and biochemical markers in man. J Psychopharmacol 2: 67–79

Rogers HJ, Spector RG (1986) Phase 1 studies. In: Glenny H, Nelmes P (eds) Handbook of clinical drug research. Blackwell, Oxford

Spiegel R (1988) Einführung in die Psychopharmakologie. Huber, Bern

Spiegel R (1991) The predictive value of volunteer studies with anti-dementia drugs. In: Hindmarch I, Hippius H, Wilcock GK (eds) Molecules, methods and measures. Wiley, Chichester

Wauquier A, Dugovic C, Radulovacki M (1989) (eds) Slow wave sleep: physiological, pathophysiological and functional aspects. Raven, New York

3.3 Pharmako-EEG

B. Saletu

3.3.1 Einleitung

Unter Pharmakoelektroenzephalographie (Pharmako-EEG) versteht man die Erfassung und Analyse von Pharmakonwirkungen auf das Zentralnervensystem (ZNS) durch neurophysiologische Methoden wie das Elektroenzephalogramm (EEG), aber auch seine Abkömmlinge wie den Ereignis-korrelierten Potentialen (z. B. EP, CNV) und Somnopolygraphie im Rahmen der klinischen und experimentellen Pharmakologie, Neurotoxikologie sowie therapeutischen Forschung insbesondere in der Psychiatrie, Neurologie und verwandten Gebieten (Stille und Herrmann 1982). In ihren Wurzeln geht sie bis auf den Vater des EEGs H. Berger zurück, der bereits 1933 EEG-Veränderungen nach Barbituraten, Morphin, Kokain und Scopolamin beschrieben hat (Berger 1933). Obgleich systematische Pharmako-EEG-Studien in den 50er Jahren initiiert wurden (Bente und Itil 1954, Fink 1959), kam der große Durchbruch erst nach Einführung der Computer. Es zeigte sich, daß Medikamente mit ähnlichen therapeutischen Wirkungen auch ähnliche Veränderungen in der Gehirnaktivität bewirkten, so daß typische Pharmako-EEG- Profile für die einzelnen Psychopharmakaklassen aufgestellt werden konnten (Fink 1975, Goldstein et al. 1963, Herrmann 1982, Itil 1974, Matejcek und Devos 1976, Saletu 1976, 1987). Insbesondere aber schien es möglich, mittels Zeit- und Dosis-Wirkungsbeziehungen die biologische Verfügbarkeit von Psychopharmaka an ihrem Zielorgan – dem menschlichen Gehirn – objektiv und quantitativ zu bestimmen. Die Methode hatte weiters den Vorteil, daß sie einfach, schmerzlos, nicht-invasiv und relativ billig war und zeitlich wiederholt durchgeführt werden konnte. Mit der Einführung von Mini- und Mikrocomputern ergab sich die Möglichkeit einer Vielkanalanalyse und damit die topographische landkartenartige Darstellung von medikamenteninduzierten Hirnfunktionsveränderungen (Lehmann 1971, Petsche 1973, Duffy et al. 1979, 1981, Buchsbaum et al. 1985, Coppola et al. 1982, Etevenon et al. 1986, Pfurtscheller et al. 1984, Sebban et al. 1984, Itil et al. 1985, Anderer et al. 1987, Saletu et al. 1987 a).

3.3.2 Methodologische Aspekte

Pharmako-EEG-Untersuchungen können, je nach Fragestellungen, bei Probanden oder Patienten durchgeführt werden, wobei sie damit der klinischen Pharmakologie in allen Phasen der klinischen Prüfung, aber auch der Therapiekontrolle bei einzelnen Patienten dienen können. In ersteren erfordern sie eine untersuchungszielorientierte biometrische Prüfungsplanung, gegebenenfalls unter Einschluß einer Placebo-Kontrolle und eine dem Untersuchungsziel angemessene Erfassung, Verarbeitung und Auswertung der Daten. Anforderungen an Untersuchungsleiter, bedeutungs-, umgebungs-, situations- und personenbedingter Faktoren bei Patienten und Probanden,

Anforderungen an die Untersuchungstechnik, Verarbeitung und Auswertung der Meßdaten sind in den Richtlinien der Internationalen Pharmako-EEG-Gesellschaft (STILLE und HERRMANN 1982, HERRMANN et al. 1989) sowie in der einschlägigen Literatur (ITIL 1974, SALETU 1976, HERRMANN 1982, ITIL et al. 1985, ANDERER et al. 1987, 1989 a, b, SALETU et al. 1987 a, 1989, MAURER 1989, SEMLITSCH et al. 1989) dargestellt.

3.3.3 Pharmako-EEG in der Neuropsychopharmakologie

Klassifikation von Psychopharmaka
Repräsentative Medikamente der 5 Hauptklassen von Psychopharmaka bewirken im Vergleich zu Placebo signifikante Veränderungen im quantitativ analysierten EEG, welche basierend auf Einzelableitungen graphisch als Pharmako-EEG- Profile dargestellt werden können. Eine schematische Darstellung dieser typischen Profile ist in Abb. 3.3.1 versucht, basierend auf zahlreichen doppel-blinden, Placebo- kontrollierten Studien an normalen Probanden mit über 130 unterschiedlichen psychotropen Substanzen. Wird eine Vielkanalanalyse angewendet, so können medikamenteninduzierte Veränderungen im Vergleich zu Placebo in Topogrammen als Statistical Probability Maps (DUFFY et al. 1981, SALETU et al. 1987 a, ANDERER et al. 1987) dargestellt werden, die auch unter "Pharmako-EEG-Maps" bekannt sind (Abb. 3.3.2).

Neuroleptika
Neuroleptika lassen zumindest zwei Subtypen von **Pharmako-EEG-Profilen** nach Einzeldosisverabreichung bei normalen Probanden erkennen: Eines nach sedierenden nieder-potenten Neuroleptika (wie Chlorpromazin, Zotepin, Amisulprid, Zetidolin, Clozapin und Dapiprazol), charakterisiert durch eine Zunahme von Delta- und Thetaaktivität, Abnahme von Alpha- und (weniger konsistent) durch eine Zunahme von konkomitanter rascher Betaaktivität und eines nach nicht-sedierenden, hochpotenten Neuroleptika wie dem Haloperidol, charakterisiert durch einen Mangel an Deltavermehrung und Zunahme von Alpha- und Alpha- benachbarter Betaaktivität (SALETU et al. 1983 c, GRÜNBERGER et al. 1985). Diese zwei Pharmako-EEG-Typen waren auch nach Akutbehandlung von schizophrenen Patienten zu beobachten: 100 mg Fluperlapin bewirkten eine Zunahme von Delta/Theta- und Betaaktivität sowie eine Abnahme von Alphaaktivität, während 5 mg Haloperidol geradezu entgegengesetzte Veränderungen induzierte (SALETU et al. 1986). In den frühen Pharmako-EEG Tagen versuchten mehrere Autoren eine Unterteilung der Neuroleptika (siehe SALETU 1976).

Pharmako-EEG-Mapping zeigt nach nieder-potenten Neuroleptika wie 50 mg Chlorpromazin oder 30 mg Chlorprothixen eine Abnahme der Gesamtleistung (Total-Power, 1,3–35 Hz), Zunahme der Delta/Theta- und Abnahme der Alpha- und Beta- Power (Abb. 3.3.2), weiters eine Verlangsamung des Centroids (des gesamten Power-Spektrums), eine Zunahme der relativen Power im Delta/Thetabereich und Abnahme im Alpha- und Betabereich (Abb. 3.3.3). Demnach stimmen unsere Pharmako-EEG-Maps mit früheren Pharmako-EEG-Profilen aus Einzelableitungen (O2-Cz) nach sedierenden nieder-potenten Neuroleptika überein.

Vermeintliche Diskrepanzen hinsichtlich der Betaaktivität konnten durch die Topogramme aufgeklärt werden: Die in den Einzelableitungen (O2-Cz) festgestellte Betazunahme war nur über den Vertex zu beobachten, währenddessen es über allen übrigen Hirnregionen zu einer Abnahme kam. Topographische EEG-Veränderungen nach Einzeldosen von 5 mg Haloperidol bei Schizophrenen mit vorwiegender Plussymptomatik ergaben hinsichtlich absoluter Power und Centroid keine Veränderungen, hinsichtlich relativer Power eine occipitale Delta/Thetazunahme. Nach 4 Wochen Behandlung mit durchschnittlichen Tagesdosen von 22 mg war die Gesamtleistung vermehrt, Delta, Theta und Alpha sowohl

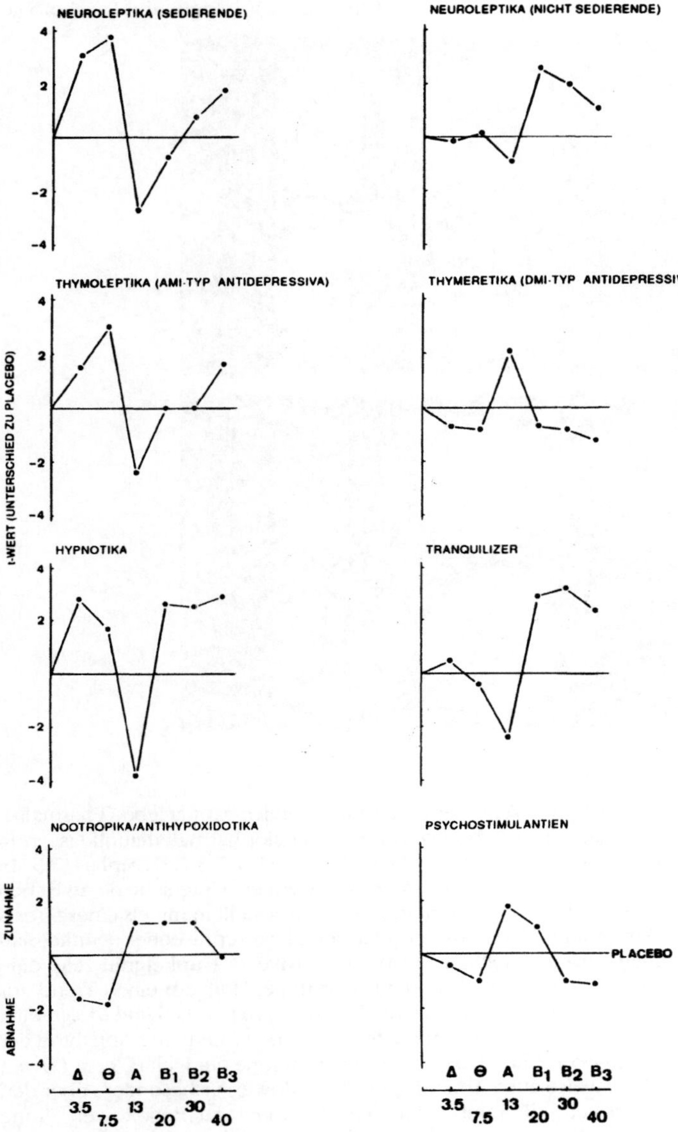

Abb. 3.3.1. Schematische Pharmako-EEG-Profile der Haupt- Psychopharmakaklassen (basierend auf einer O2-Cz-Ableitung): EEG-Variable sind in den Abszissen, Unterschiede zwischen medikamenteninduzierten und placeboinduzierten Veränderungen in den Ordinaten (in Form von t-Werten) dargestellt. Die Null-Linie repräsentiert Placebo. Niederpotente sedierende Neuroleptika bewirken hauptsächlich eine Vermehrung von Theta und Delta, Abnahme von Alpha und eine geringe Zunahme von übergelagerten raschen Betaaktivitäten. Im Gegensatz dazu bewirken nicht sedierende hochpotente Neuroleptika weniger Vermehrung von langsamen Wellen und eher eine Zunahme von Alpha- bzw. Alpha-benachbarten Aktivitäten. Thymoleptika vom Amitriptylin/Imipramintyp produzieren hauptsächlich eine Zunahme von Theta- und übergelagerten raschen Betaaktivitäten sowie eine Abnahme der Alphaaktivität, während Thymeretika/Thymoleptika vom Desipramintyp entgegengesetzte Veränderungen bewirken. Anxiolytische Sedativa, eingeschlossen Hypnotika und Tranquilizer, bewirken eine Zunahme der Betaaktivität und Abnahme der Alphaaktivität und je nach hypnogener Wirkung eine Zunahme langsamer Aktivitäten. Nootropika reduzieren Delta- und Theta- und lassen Alpha- und/oder Alpha-benachbarte Betaaktivität zunehmen. Psychostimulantien vermehren hauptsächlich Alpha- und Alpha-benachbarte Betaaktivität

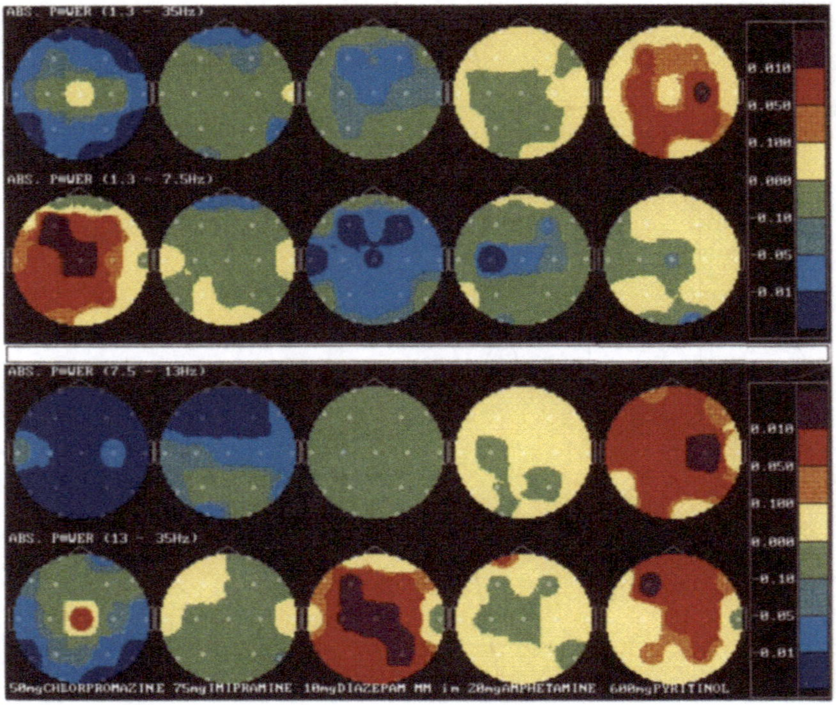

Abb. 3.3.2. Topographische Pharmako-EEG- Veränderungen im Vergleich zu Placebo (Pharmako-EEG-Maps) nach Verabreichung repräsentativer Substanzen der 5 Psychopharmakahauptklassen in Gesamtleistung (1,3–35 Hz) sowie in absoluter Power der Delta/Theta- (1,3–7,5 Hz), Alpha- (7,5–13 Hz) und Beta- (13–35 Hz)-Aktivität. Jede Pharmako-EEG-Map repräsentiert Unterschiede zwischen medikamenteninduzierten und placeboinduzierten Veränderungen, dargestellt in mittels eines t-Tests berechneten p-Werten (Statistical Probability Maps). In der 8-Farben-Skala repräsentiert Dunkelblau eine Abnahme am $p < 0{,}01$ Signifikanzniveau, Hellblau am $p < 0{,}05$ Niveau; Dunkelgrün zeigt eine Abnahme am $p > 0{,}10$ Niveau; Hellgrün zeigt einen Trend zur Abnahme, Hellgelb einen Trend zur Zunahme; Orange eine Zunahme am $p < 0{,}10$ Niveau, Rot eine Zunahme am $p < 0{,}05$ und Violett eine Zunahme am $p < 0{,}01$ Signifikanzniveau. 50 mg Chlorpromazin (N:18) bewirken eine Abnahme der Gesamtleistung (absolute Power im 1,3–35 Hz-Bereich) sowie eine Zunahme der Delta/Theta-Power, Abnahme der Alpha-Power und gebietsweise auch Abnahme der Beta-Power, insbesondere über den hinteren Hirnregionen. Nur über dem Vertex kommt es zu einer Zunahme der Beta-Power. 75 mg Imipramin (N:15) reduzieren die Total-Power sowie die absolute Delta/Theta- Power über den frontalen Hirnregionen, aber insbesondere die Alpha-Power, was fast ubiquitär erscheint. 10 mg Diazepam i.m. bewirken eine Abnahme der Gesamtleistung, hauptsächlich über frontalen und zentralen Hirnregionen, weiters eine Abnahme der Delta/Theta- und Zunahme der Beta-Power fast über allen Hirnregionen (N:15). 20 mg d-Amphetamin induzieren einen Trend zur Abnahme der Gesamtleistung sowie eine signifikante Reduzierung der Delta/Theta-Power (N:18). 600 mg Pyritinol produzieren eine Zunahme der gesamten Energie sowie eine Zunahme der absoluten Power im Alpha- und Betabereich (N:12). Dargestellte Medikamenteneffekte wurden in der 2. Stunde nach oraler Applikation erhoben mit der Ausnahme von Pyritinol (1. Stunde)

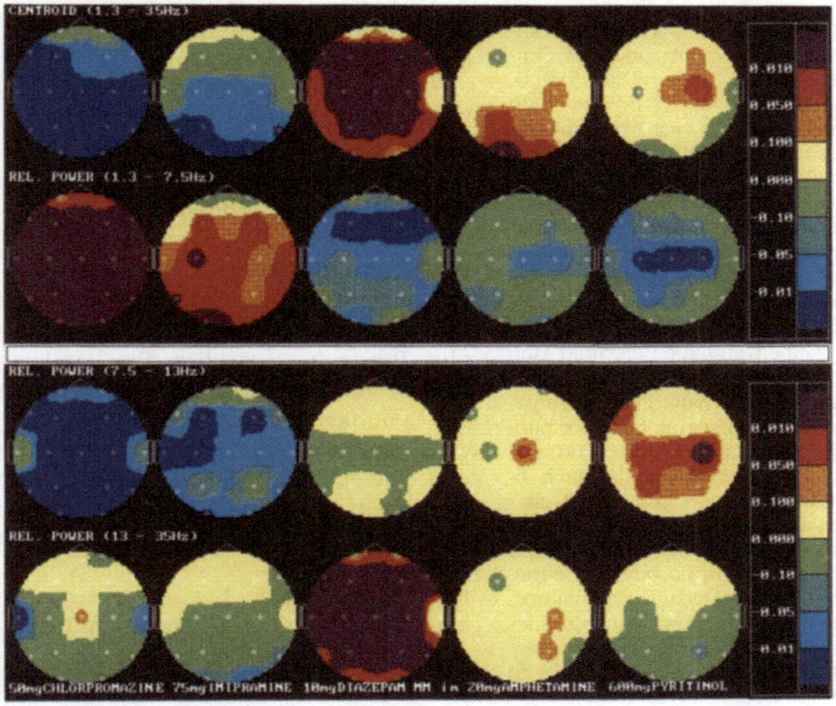

Abb. 3.3.3. Topographische Pharmako-EEG- Veränderungen im Vergleich zu Placebo (Pharmako EEG Maps) nach Verabreichung repräsentativer Substanzen der 5 Psychopharmaka-Hauptklassen im Centroid des gesamten Power- Spektrums (1,3–35 Hz) sowie in der relativen Power der Delta/Theta- (1,3–7,5 Hz), Alpha- (7,5–13 Hz) und Betaaktivität (13–35 Hz). Farbskala, Zeitpunkt der Datenerhebung sowie N-Anzahl mögen der Legende von Abb. 3.3.2 entnommen werden. 50 mg Chlorpromazin bewirken eine Verlangsamung des Centroids, eine Zunahme der relativen Power im Delta/Thetabereich, Abnahme im Alphabereich und temporale Abnahme der Power auch im Betabereich. 75 mg Imipramin induzieren eine Verlangsamung des Centroids hauptsächlich über den hinteren Hirnregionen, eine Vermehrung von Delta/Theta-, Abnahme von Alpha- und occipital auch von Betaaktivität. 10 mg Diazepam MM bewirken eine Beschleunigung des Centroids fast über allen Hirnregionen, eine Delta/Thetaabnahme und eine Betaaktivitätszunahme. 20 mg d-Amphetamin beschleunigen das Centroid occipital, reduzieren Delta/Thetaaktivität und vermehren Alphaaktivität über dem Vertex. 600 mg Pyritinol bewirken eine Beschleunigung des Centroids, sowie eine Abnahme der Delta/Thetaaktivität und Zunahme der Alphaaktivität hauptsächlich über zentralen, parietalen und links frontotemporalen Hirnregionen

in absoluter und relativer Power vermehrt, währenddessen relative Beta-Power und das Centroid signifikant reduziert (Saletu et al. 1990 a). Einzeldosen von 200 mg Remoxiprid bewirkten bei dem selben Patiententyp eine Abnahme der Gesamtleistung sowie der relativen Delta/Theta-Power, nach 4-wöchiger Verabreichung von 400 mg Tagesdosen eine weitere Abnahme der relativen Delta/Thetaaktivität sowie eine Beschleunigung des Centroids hauptsächlich frontotemporal. Demnach zeigte Haloperidol eine sedierendere Wirkung als das Benzamid, was auch psychometrisch nachzuweisen war. Jüngste Untersuchungen mit einem anderen Benzamid Amisulprid im Vergleich zu niedrigen Dosen Fluphenazin bei Minussymptomatik-Patienten ergaben nach 2 mg Fluphenazin eine links occipitotemporale Abnahme der Delta/Thetaaktivität und Beschleunigung des Centroids, nach 6-wöchiger Behandlung eine Abnahme von Delta/Theta- und Zunahme von Alphaaktivität über weite Gehirnanteile sowie eine Abnahme der Betaaktivität. 50 mg Amisulprid bewirkte ebenfalls in Einzeldosen eine Delta/Thetaabnahme, doch Betavermehrung und Beschleunigung des Centroids, was auch nach chronischer Verabreichung von 100 mg Tagesdosen in der 6. Woche zu beobachten war.

Pharmako-EEG-Maps scheinen also Unterschiede zwischen einzelnen Neuroleptikaklassen erkennen zu lassen, doch ist der Effekt von der Ausgangslage bzw. Typ des Erkrankten, aber auch von der Dosis abhängig.

Antidepressiva

Nach Antidepressiva können zumindest 2 Subtypen von **Pharmako-EEG-Profilen** unterschieden werden: ein **thymoleptisches** (Imipramin- oder Amitriptylin-ähnliches) Profil, das durch eine konkomitante Zunahme von langsamen und raschen Aktivitäten und eine Abnahme von Alphaaktivitäten (welches sedierende Qualitäten anzeigt) charakterisiert ist und ein **thymeretisches** (Desipramin-ähnliches) Profil, das durch eine Alphazunahme und Abnahme von langsamen und raschen Aktivitäten gekennzeichnet ist (aktivierende Eigenschaften reflektierend) (Abb. 3.3.1). Imipramin/Amitriptylin- ähnliche Veränderungen hatten wir nach Doxepin, Amitriptylin-N-oxid, Maprotilin, Binodalin, Danitracen und Fluvoxamin beobachtet, Desipramin-ähnliche Veränderungen wurden nach Tranylcypromin, Nomifensin, Pirlindol, Fluoxetin, Zimelidin, Sertralin, Sercloremin, Moclobemid und Diclofensin beschrieben (Literatur siehe Saletu 1987).

Pharmako-EEG-Maps nach 75 mg Imipramin zeigten eine Abnahme der Total-Power sowie der absoluten Delta/Theta- und Alpha- Power hauptsächlich über vorderen Hirnabschnitt, weiters eine Verlangsamung des Centroids über hinteren Hirnregionen, eine Vermehrung der relativen Delta/Theta und eine Abnahme der Alphaaktivität fast über allen Hirnregionen, ausgenommen den frontopolaren und frontotemporalen. Relative Beta-Power war occipital reduziert. Eine Unterteilung der Betabänder erbrachte eine Vermehrung der langsamen Beta-1-Aktivität über vorderen Regionen, eine Abnahme der Beta-2- und Beta-3- Aktivitäten hauptsächlich über hinteren Hirnregionen. Itil et al. (1985) beschrieben nach 50 mg Amitriptylin eine Zunahme von langsamen Wellen in der frontalen und temporalen Region, während über den occipitalen und parietalen Gegenden eine ausgeprägte Alphaabnahme und Zunahme von überlagerten raschen Betaaktivitäten insbesondere in der zentralen Area sichtbar wurde. Herrmann und Schaerer (1986) beschrieben ebenfalls eine Zunahme von Deltawellen nach 75 mg Amitriptylin, was einen Abfall der Vigilanz reflektierte. Weiters beschrieben diese Autoren eine Abnahme der occipitalen Alpha-Power, aber auch eine Zunahme der Beta-1- und Beta-3-Power, während die absolute Beta-2-Power abnahm.

Anxiolytika (Tranquilizer/Hypnotika)

Anxiolytische Sedativa beinhalten nach der WHO Tranquilizer und Hypnotika, da sie verschiedene pharmakologische Eigenschaften gemein haben. Tatsächlich zeigen sie im Pharmako-EEG-Profil alle eine Abnahme der Total-Power sowie der absoluten und relativen Alpha-Power, weiters eine Zunahme der absoluten und relativen Beta-Power, eine Beschleunigung des Centroids und eine Zunahme der Centroidabweichung (Abb. 3.3.1). Unterschiede zwischen Tranquilizern und Hypnotika zeigen sich hinsichtlich der langsamen Aktivitäten. Tagestranquilizer wie Oxazepam, Prazepam, Bromazepam und Clobazam bewirken keine Zunahme der langsamen Aktivitäten (selbst nach extremen Dosen wie 150 mg Prazepam), Nachttranquilizer hingegen bewirken im höheren Dosisbereich eine signifikante Deltazunahme, die hypnotische Eigenschaften anzeigt. Dies wurde nach Flurazepam, Flunitrazepam, Triazolam, Temazepam, Cloxazolam und Lorazepam beobachtet. Diazepam zeigt im Vigilanz-kontrollierten Zustand eher ein Tagestranquilizerprofil, in Ruheaufnahmen aber auch hypnotische Eigenschaften. Pharmako-EEG-Maps bestätigten eindrucksvoll diese Einteilung, wie wir nach Diazepam, Clobazam und Lorazepam feststellen konnten (Saletu et al. 1988 a, b, 1989). Frontale, zentrale und parietale Hirnregionen zeigen die ausgeprägtesten Veränderungen, wie auch von anderen Autoren (Itil et al. 1985, Herrmann und Schaerer 1986) beschrieben.

Psychostimulantien

Psychostimulantia wie d-Amphetamin und Methamphetamin bewirken vornehmlich eine Zunahme von Alpha- und Alpha- benachbarten Betaaktivitäten sowie eine Tendenz zur Abnahme von langsamen Aktivitäten, aber auch von raschen Betaaktivitäten.

Unterschiedliche Berichte in der Literatur scheinen darauf zurückzuführen zu sein, daß Ausgangslage, Dosis, ja auch die Aufnahmesituation (Ruhe- oder Vigilanz- kontrolliertes EEG) eine erhebliche Rolle spielen.
Dieses konnten wir in unseren eigenen jüngsten Pharmako-EEG-Mapping-Untersuchungen aufzeigen. Im V-EEG zeigte sich in bezug auf Gesamtleistung ein Trend zur Abnahme, im R-EEG eine signifikante Zunahme. Im V-EEG zeigt sich eine Abnahme der Delta/Theta-Power und eine gleichgerichtete Tendenz im Alphabereich, im R-EEG eine signifikante Abnahme der Delta/Theta-Power, doch eine Zunahme der Alpha-Power. Im Betabereich war absolute Power im V-EEG unverändert, im R-EEG vermehrt. Das Centroid war hingegen immer akzeleriert. Relative Delta/Theta-Power nahm insbesondere im R-EEG ab, relative Alpha-Aktivität nahm im V-EEG ab, im R-EEG zu, relative Betaaktivität nahm unter beiden Aufnahmemodalitäten zu. Unterschiede zu Nootropika scheinen hinsichtlich der Gesamtleistung zu bestehen, die unter Stimulantien reduziert, unter Nootropika eher vermehrt erscheint. Überlappungen sind auch mit Antidepressiva vom Desipramintyp zu verzeichnen.

250 mg Coffein zeigte in Pharmako-EEG-Maps nur geringe Veränderungen, wobei eine Abnahme der Total-Power sowie der absoluten Power im Alpha- und Betabereich zu beobachten waren (Saletu et al. 1987). Das Centroid zeigte eine Verlangsamung über den vorderen Hirnregionen, die relative Power blieb im großen und ganzen unverändert. Auffallendste Veränderung war die Beschleunigung des Alpha-Centroids, welche ebenfalls von Etevenon et al. (1986) berichtet worden war. Itil et al. (1985) beschrieben ähnliche Befunde.

Nootropika

Nootropika bewirkten im allgemeinen eine Abnahme von Delta- und Theta- sowie eine Zunahme von Alpha- und/oder Alphabenachbarten Betaaktivität (Abb. 3.3.1).

Dieses Pharmako-EEG-Profil wurde nach Vertretern verschiedener Unterklassen wie nach Co-Dergocrin-Mesilat und Nicergolin der Ergotalkaloide; Vincamin, Vinconat, SL 76100 und SL 76188 der Vincamin-Alkaloide und Analoge; Ifenprodil, Tinofedrin, Suloctidil der Phenylethanolamine; Piracetam, Etiracetam und Aniracetam der Pyrrolidin-Derivate; Ethophyllin der Xanthin-Derivate; sowie nach Buflomedil, Quabain, Adrafinil und Modafinil beobachtet. Weitere Medikamente mit solchen ZNS-Veränderungen waren Piridoxilat, Actovegin, Hexobendin und seine Kombination mit Ethophyllin und Ethamivan und der Kalzium-Antagonist Cinnarizin (siehe Saletu 1987).

Die beschriebenen Veränderungen sind zu altersinduzierten EEG-Veränderungen prinzipiell gegensätzlich und scheinen eine Vigilanzverbesserung anzuzeigen. “Vigilanz” wurde bereits von HEAD 1923 als dynamischer Zustand der neuronalen Massenaktivität bezeichnet, der die Verfügbarkeit und den Organisationsgrad unseres adaptiven Verhaltens determiniert.

Pharmako-EEG-Maps können solche Veränderungen viel besser wiedergeben als Einzelableitungen. Wie aus Abb. 3.3.2 und 3.3.3 ersichtlich, bewirkt z. B. 600 mg Pyridinol eine Zunahme der gesamten Energieleistung, weiters der absoluten Alpha- und Beta-Power, weiters eine geringe Beschleunigung des Gesamt-Centroids sowie eine Abnahme der relativen Delta/Theta und Zunahme der relativen Alpha-Power.

Ergotalkaloide zeigten dieselben Veränderungen hinsichtlich der absoluten Power und des Centroids und der relativen Power im Delta/Thetabereich, jedoch eine signifikante Vermehrung der relativen Betaaktivität (SALETU et al. 1990 b). Die raschere Betaaktivität veränderte sich bei verschiedenen Ergotalkaloiden unterschiedlich. DUP 996 – ein neues cholinerges Präparat – bewirkte ebenfalls eine Zunahme der Gesamtaktivität sowie eine Vermehrung der absoluten Power im Alpha- und Alpha-benachbarten Betabereich (SALETU et al. 1989 c).

Probleme der EEG-Klassifikation

Obwohl sich die Klassifikation von psychotropen Substanzen mittels des quantitativ analysierten EEG sogar bei Medikamenten bewährt hat, die aufgrund der Tierpharmakologie nicht als psychoaktiv bekannt waren, sollen doch hier einige Probleme diskutiert werden. Die Pharmako-EEG-Profile selbst scheinen durch 3 Faktoren beeinflußt zu werden:

1. durch spontane Vigilanzänderungen,
2. durch medikamentös-induzierte Vigilanzänderungen und
3. durch den medikamentenspezifischen Effekt.

Dies erklärt auch oft Ähnlichkeiten in Profilen verschiedener Psychopharmakaklassen, insbesondere wenn Dosis- und Zeit- Wirkungsrelationen nicht berücksichtigt werden. Weiters muß gesagt werden, daß die Methode eine empirische ist und deshalb mit ständig wachsendem Datenmaterial Änderungen ausgesetzt ist.

So erscheint es im Hinblick auf das antidepressive Profil von Interesse, daß auch einzelne Antihistaminika wie z. B. Diphenhydramin eine Zunahme von Delta/Theta- und Betaaktivitäten, Abnahme der Alphaaktivitäten, Zunahme der Durchschnittsfrequenz, Frequenzvariabilität und rasche Betaaktivität in den First Derivatives, sowie eine Amplitudenabnahme bewirkt. Es erhebt sich die Frage, ob daher solch ein Pharmako-EEG-Profil – neben Vigilanzveränderungen – nicht auch eine anticholinerge Wirkung reflektiert, die ja beiden Medikamentengruppen gemeinsam ist. Diese Vermutung wird auch noch durch die Beobachtung eines ähnlichen Profils nach einem anticholinergen Halluzinogen (Ketamin), aber auch nach Clozapin, einem anticholinergen Neuroleptikum, bestätigt.

Wichtig erscheint es ferner, die Dosis-Wirkungsbeziehungen in Klassifikationsversuchen miteinzubeziehen. Ein weiterer zu berücksichtigender Faktor ist die Aufnahmesituation (vigilanzkontrollierter Zustand/Ruhezustand). In ähnlicher Weise könnte auch die Ausgangsaktivität des ZNS wichtig sein.

Zeit-Wirkungs-Beziehungen

Der zeitliche Verlauf der Bioverfügbarkeit eines Psychopharmakons an seinem Zielorgan – dem menschlichen Gehirn – kann eindrucksvoll anhand von Veränderungen einer einzelnen Variable über die Zeit (Abb. 3.3.5), aber auch basierend auf multivariaten Verfahren unter Einbeziehung moderner Mapping-Techniken dargestellt werden (Abb. 3.3.4). In Phase-1-Untersuchungen ergibt sich die Möglichkeit, auf objektiver und quantitativer Basis den Beginn, das Maximum und das Ende des zentralen Effekts eines Medikaments zu bestimmen. Diese pharmakodynamischen Veränderungen können in Beziehung mit pharmakokinetischen Daten gebracht werden (siehe später). Auch bei Patienten ergeben solche Darstellungen Aufschluß über das Einsetzen eines zu erwartenden Effektes (z. B. Betaabnahme bei Schizophrenen, Deltaabnahme bei Demenzen).

Dosis-Wirkungsbeziehungen

Dosis-Wirkungsbeziehungen können wieder anhand von Veränderungen in einzelnen Variablen (Abb. 3.3.5), aber auch basierend auf multivariaten Verfahren unter Einbeziehung von Mappingtechniken untersucht werden (Abb. 3.3.4). Mittels solcher Untersuchungen gelingt es, Aufschluß über die minimal zentral-effektive Dosis am Menschen zu bekommen, was für spätere offene und doppel-blinde, Placebo-kontrollierte therapeutische Studien von enormer Wichtigkeit erscheint, um nicht aufwendige Untersuchungen am Patienten frustran durchzuführen. Weiters können Aufschlüsse über Wirkungsveränderungen ab einem gewissen Dosisbereich erhalten werden wie z. B. bei Benzamiden das Umschlagen von ZNS-aktivierenden zu ZNS-hemmenden Effekten oder bei Benzodiazepinen solches von Tagestranquilizer- zu Nachttranquilizereffekten.

Bio-Äquipotenz

In einer ähnlichen Art und Weise wie Zeit- und Dosis- Wirkungsrelation kann auch die Bio-Äquipotenz einer experimentellen Substanz mit einem klinisch gut bekannten Medikament festgestellt werden. Dies erscheint im Hinblick auf die Bestimmung der Dosierung für spätere klinische Untersuchungen am Patienten von Bedeutung. Ohne diese Berechnungen würde ja die unterschiedliche Intensität der ZNS-Effekte bei Probanden und Patienten für die Bestimmung der optimalen Einzel- bzw. Tagesdosis für den therapeutischen Gebrauch ein Problem darstellen. Wie aus Abb. 3.3.5 ersichtlich, fanden wir in einer akuten Pharmako-EEG- Untersuchung, daß die zu 5 mg Diazepam äquipotente Dosis der Testsubstanz Cloxazolam 2 mg betrug, was einem Dosisverhältnis Cloxazolam/Diazepam von 1:2,5 gleichkam (4,26). In einer daraufhin durchgeführten doppel-blinden klinischen Langzeitstudie (über 6 Monate) an je 15 Patienten mit einem Angstsyndrom durfte vom behandelnden Arzt die optimale Dosis von Diazepam bzw. Cloxazolam titriert werden. Die in der 1., 3. und 24. Woche gefundenen Werte für die durchschnittliche Tagesdosis, minimale Tagesdosis und höchste Tagesdosis ergaben ein Dosierungsverhältnis von Cloxazolam: Diazepam von 1:2,5, was unsere Pharmako-EEG-Vorhersage eindrucksvoll bestätigte (Abb. 3.3.5).
Ähnlicherweise kann auch die Bio-äquipotenz verschiedener galenischer Formulierungen eines Präparates bzw. von verschiedenen Verabreichungsmodalitäten festgestellt werden (s. Abb. 3.3.6 und 3.3.7).

Zum Zusammenhang zwischen Pharmakokinetik und -dynamik

Abhängig vom Medikament, seinen Metaboliten und der Raschheit seines Eindringens in tiefere Kompartimente kommt es zu einer Zeitverschiebung zwischen Blutspiegelgipfel und dem pharmadynamischen Maximum, was z. B. beim Antidepressivum Nomifensin 4 Stunden betrug. Stellt man die Rangsummenscores der gesamten EEG-Veränderungen in Abhängigkeit zur Serum-Konzentration eines Präparates in der üblichen zweidimensionalen graphischen Form für kinetische/dynamische Vergleiche dar, so erscheint zunächst kein offensichtlicher Zusammenhang, zumindest jedoch keine lineare Korrelation. Berücksichtigt man aber die Zeiten der Messungen in solch einer Graphik, so zeigt sich doch ein System in diesem zusammenhanglos erscheinenden Punkten. Es ergibt sich eine schleifenartige

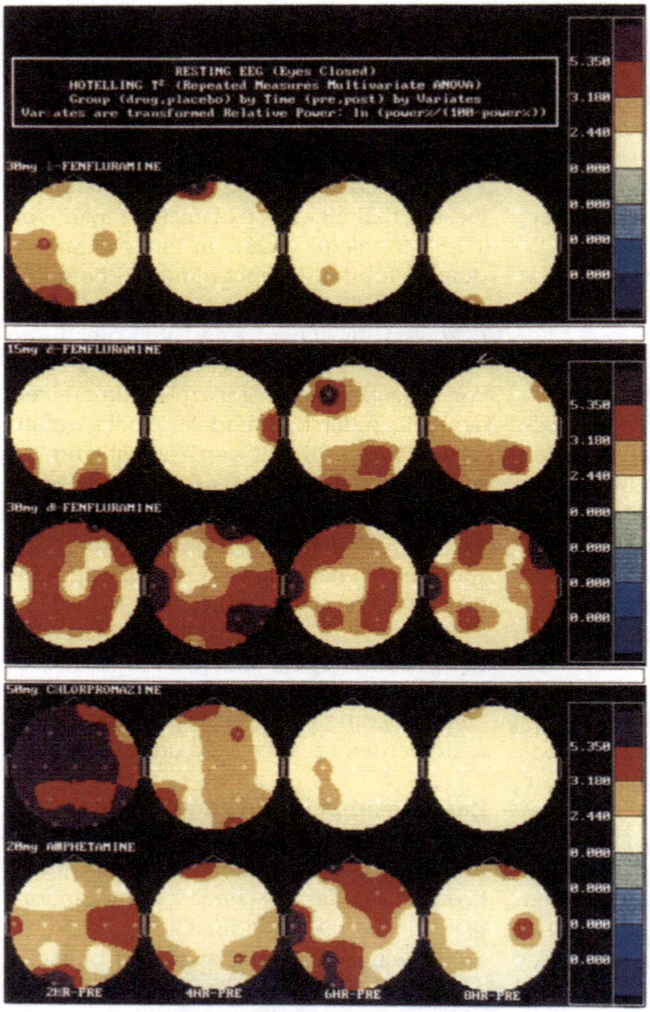

Abb. 3.3.4. Topogramme von Dosis- und Zeit- Wirkungsbeziehungen nach Verabreichung von 30 mg l- Fenfluramin, 15 mg d-Fenfluramin, 30 mg d-Fenfluramin, 50 mg Chlorpromazin und 20 mg Amphetamin (N:18). Die Farbskala zeigt Hotelling T^2-Werte, basierend auf einer MANOVA der relativen Power in allen 9 Frequenzbändern (1n) (Power%/(100 – Power%)) Transformation. Heiße Farben zeigen signifikante T^2-Werte: Violett: T^2 über 5,35, $p < 0{,}01$; Rot: T^2 über 3,18 $p < 0{,}05$). Während 30 mg l-Fenfluramin nur minimale Veränderungen hauptsächlich in der 2. bis 4. Stunde bewirken, sieht man nach d-Fenfluramin dosisabhängige und zeitabhängige Veränderungen im Vergleich zu Placebo. 50 mg Chlorpromazin bewirken im Ruhe-EEG hauptsächlich in der 2. und 4. Stunde Veränderungen, 20 mg d-Amphetamin in der 2. und 6. Stunde

Kurve, die besagt, daß die ZNS-Wirkung von Nomifensin weniger am aufsteigenden als am absteigenden Schenkel der kinetischen Kurve ausgeprägt ist. Dieses Phänomen wurde bereits von Galeazzi et al. als "Hysteresis loop" beschrieben und besagt: je größer die Fläche innerhalb dieser Schleife, desto größer ist die Verzögerung zwischen Blutspiegelgipfel und pharmakodynamischen Maxima. Diese Verzögerung oder "Hysteresis" kann folgendermaßen erklärt werden: 1. es bilden sich aktive Metaboliten und 2. der verzögerte Medikamenteneffekt widerspiegelt die Konzentration der Substanz am tiefen Kompartiment-Rezeptor. Da eine psychoaktive Substanz sowieso die

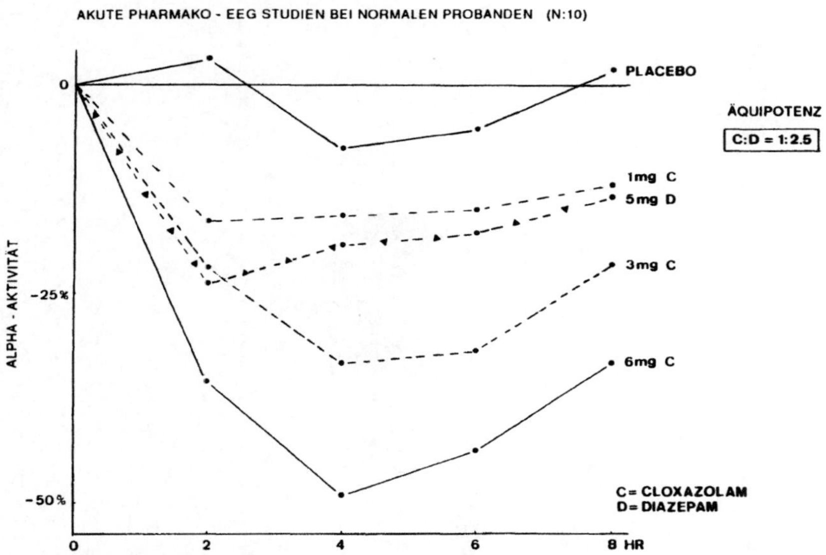

KLINISCHE LANGZEITSTUDIE BEI GENERALISIERTEN ANGST - STÖRUNGEN (N: 2 x 15)

	X̄ TÄGLICHE DOSIS (mg)		ÄQUIPOTENZ
	C	D	C : D
WOCHE 1	3.58	9.28	1 : 2.59
3	3.66	9.10	1 : 2.48
24	3.25	8.33	1 : 2.56

Abb. 3.3.5. Voraussage der Äquipotenz von Cloxazolam zur Referenzsubstanz Diazepam durch Akut-Pharmako-EEG- Untersuchungen (oberer Bildanteil) und nachfolgenden Bestätigung durch eine 6 Monate doppel-blinde Placebo- kontrollierte klinische Studie bei Patienten mit einer generalisierten Angststörung (n = 2 x 15). Dosis- und zeitabhängige Veränderungen der Alphaaktivität (R-EEG, relative Power) nach Einzeldosisverabreichung bei 10 normalen Probanden sind im oberen Teil des Bildes dargestellt. Im Gegensatz zu Placebo, das kaum Veränderungen bewirkt, induziert Cloxazolam eine dosisabhängige Abnahme der Alphaaktivität. Dieser Effekt beginnt in der 2. Stunde, erreicht das Maximum in der 4. Stunde und ist auch noch in der 8. Stunde vorhanden. Die Vergleichssubstanz 5 mg Diazepam hingegen zeigt das Wirkungsmaximum in der 2. Stunde, wobei der ZNS-Effekt zwischen 1 und 3 mg Cloxazolam liegt (berechnete Äquipotenz C: D = 1:2,5). Diese Voraussage der Äquipotenz – basierend auf einer Einzeldosis Pharmako-EEG- Studie bei Normalen – wurde durch eine nachfolgende doppel- blinde Placebo kontrollierte Studie über 6 Monate bei generalisierten Angststörungspatienten eindrucksvoll bestätigt. Die optimal titrierte tägliche Dosis von Cloxazolam und Diazepam in der 1., 3. und 24. Woche der Behandlung sind in der Tabelle dargestellt. Die Äquipotenz beträgt tatsächlich 1:2,5

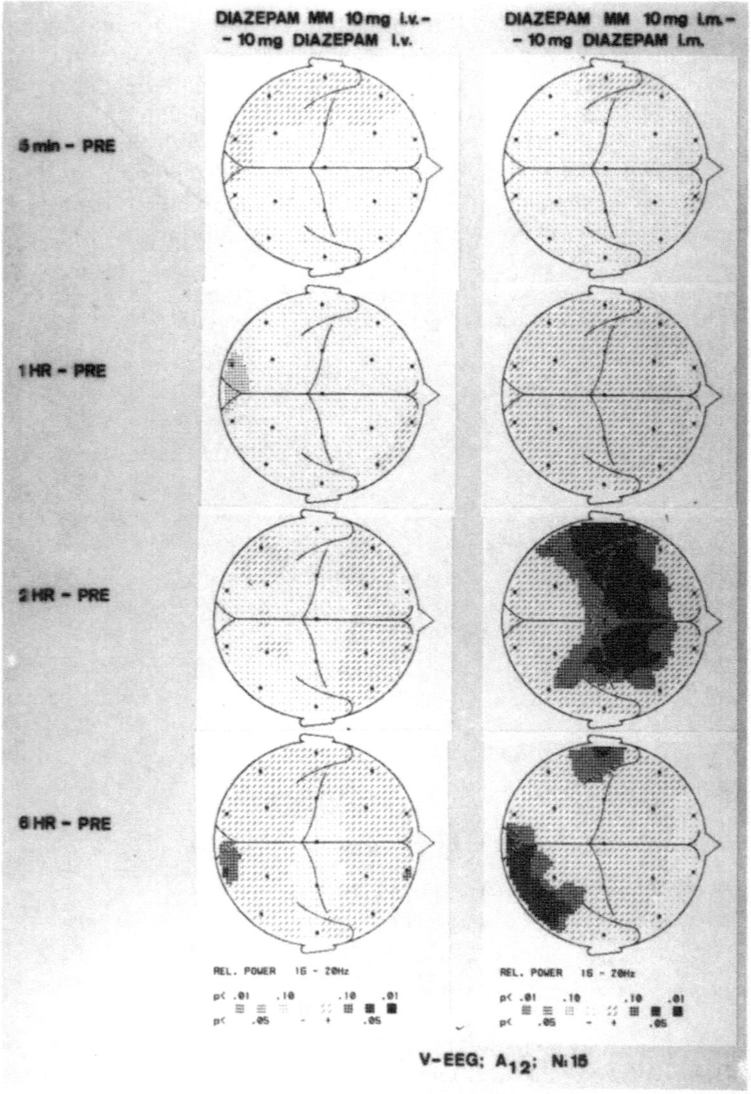

Abb. 3.3.6. Topographische Unterschiede zwischen Veränderungen der relativen Power im 16–20 Hz-Betabereich nach intravenöser und intramuskulärer Verabreichung zweier unterschiedlich formulierter Diazepame (Mischmizellenlösung versus Standardlösung von 10 mg Diazepam (N:15, V-EEG; A 12). Während nach intravenöser Injektion keine signifikanten Unterschiede zwischen den zwei unterschiedlich formulierten Diazepampräparaten nachzuweisen sind, zeigt sich nach intramuskulärer Verabreichung die Mischmizellenlösung der Standardlösung in der 2. bis 6. Stunde überlegen. Die ausgeprägtere Zunahme der Betaaktivität über den zentralen und temporalen Hirnregionen weist auf bessere Absorption der Mischmizellenlösung im Muskel hin

Blut-Hirn-Schranke passieren muß, bevor sie einen signifikanten ZNS-Effekt entfalten kann, muß diese letztere Annahme in jedem Fall zutreffen.
Untersuchungen bezüglich des Zusammenhanges pharmakodynamischer Veränderungen zu Blutspiegeln geben auch objektiv und quantitativ Aufschluß darüber, welche pharmakodynamische Variable beim Menschen die sensitivste zur Darstellung der zentralen Wirkung ist bzw. wie sich menschliches Verhalten mit steigenden Dosen bzw. Blutspiegeln verändern. Solch eine Beziehung konnten wir mittels Regressions- und Korrelationsanalysen zwischen Blutspiegeln und EEG- bzw. psychometrischen Ver-

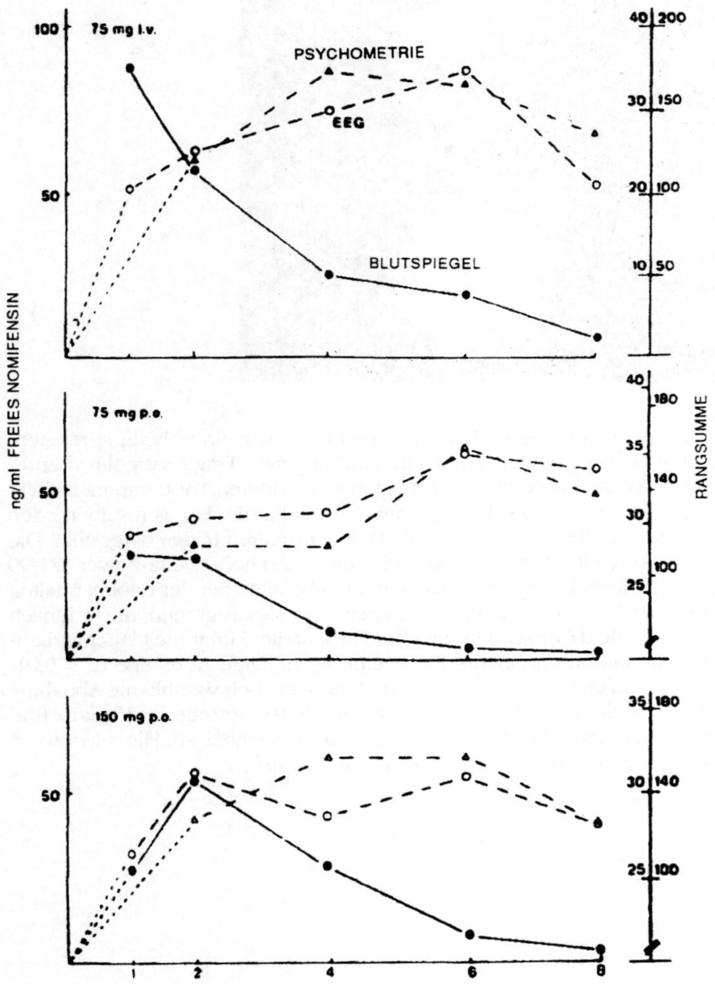

Abb. 3.3.7. Vergleich zwischen Blutspiegelveränderungen und Zeit-Wirkungsbeziehungen in Pharmakodynamik, gemessen mittels des EEGs und der Psychometrie nach intravenöser und oraler Verabreichung von Nomifensin (N:10). Während Blutspiegelgipfel innerhalb der ersten 2 Stunden nach Verabreichung beobachtet werden, fällt das pharmakodynamische Maximum in die 6. Stunde

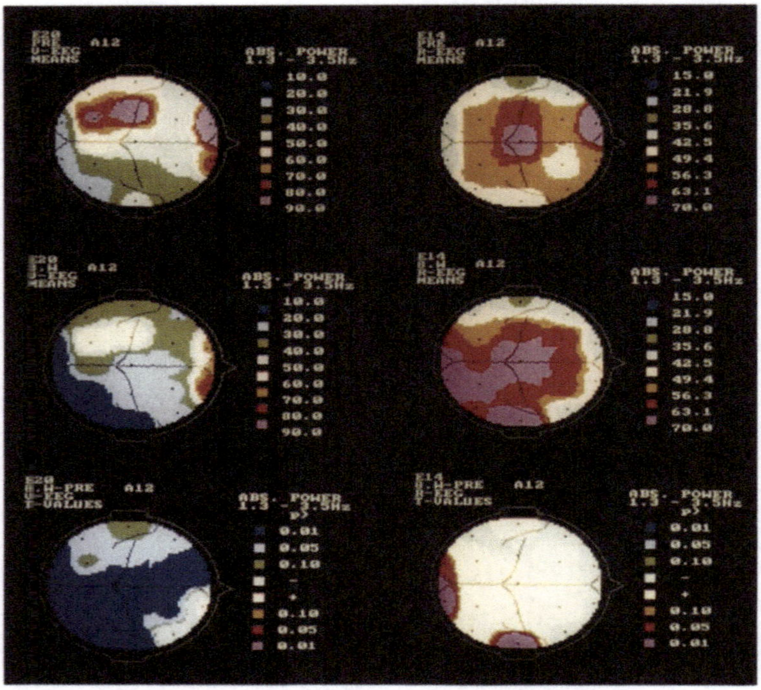

Abb. 3.3.8. EEG Maps der Delta-Power eines therapie-ansprechenden sowie eines therapie-resistenten Multiinfarkt-Demenz-Patienten vor und 8 Wochen nach Behandlung mit 20 mg Nicergolin abends. Die regionale Verteilung der Delta-Power vor Behandlungsbeginn ist im oberen Topogramm, nach 8-wöchiger Behandlung mit Nicergolin im mittleren Topogramm dargestellt, die daraus resultierenden Veränderungen sind in einer Significance Probability Map (SPM) in der unteren Image dargestellt. Die Farbskala drückt in den ersten 2 Maps Delta-Power aus, wobei rote Farben hohe Delta-Power (60–90 pW), blaue Farben niedrige Delta-Power (10–30 pW) anzeigen. Man beachte bei der unbehandelten Patientin die hohe Delta-Power über links fronto-temporal- parietalen Infarktregionen, die sich nach 8-wöchiger Behandlung stark zurückbildet (Verschwinden roter Farbanteile, Zunahme blauer Farbanteile). In der untersten Mappe zeigt eine dunkelblaue Farbe eine signifikante Abnahme ($p < 0{,}01$-Niveau), ein Hellblau eine Abnahme auf dem $p < 0{,}05$-Niveau an. Eine statistisch signifikante Abnahme der Delta-Aktivität über der Mehrzahl der Gehirnregionen zeigt eine Verbesserung der Vigilanz und somit eine Funktionsverbesserung des dem Infarkt benachbarten Gehirngewebes an. Hingegen weist der therapie-resistente Patient sogar eine Zunahme von Delta-Aktivität auf

änderungen nach Temazepam herstellen (SALETU et al. 1986 a). Je höher der Blutspiegel, desto mehr Zunahme der Betaaktivität und des Centroids und desto mehr Abnahme der Alphaaktivität sowie der psychometrischen Leistung hinsichtlich Aufmerksamkeit, Konzentration, Kalkulationsfähigkeit, numerische Gedächtnisleistung, Psychomotorik, komplexe Reaktionszeit und desto mehr Abnahme der Flimmerverschmelzungsfrequenz und der Hautleitfähigkeit (Tabelle 3.3.1). Basierend auf dem Intercept kann die sensitivste pharmakodynamische Variable berechnet werden: Dies war nach Temazepam die EEG Betaaktivität, die ab 94 ng/ml zunahm, gefolgt vom EEG- Centroid (168 ng/ml) und der Alphaaktivität (204 ng/ml). Psychometrische Variable zeigten einen sedierenden Effekt ab 250 ng/ml an (Tabelle 3.3.1). Besagte Blutspiegel wurden in der 1. bis 6. Stunde nach 40 mg Temazepam und in der 1. und 2. Stunde nach 20 mg Temazepam erreicht. Unsere pharmakodynamischen Aussagen waren insofern von Interesse, als wir in einer Schlafstudie tatsächlich jene Dosen als die schlafinduzierenden identifizieren konnten (SALETU et al. 1983 b).

Tabelle 3.3.1. Zusammenhänge zwischen Blutspiegeln und pharmakodynamischen Veränderungen (EEG und Psychometrie) nach oralen Einzeldosen von Temazepam bei 10 normalen Probanden (basierend auf Regressions- und Korrelationsanalysen)

	Korrelations-Koeffizient		Regressions-Koeffizient	Intercept (ng/ml)
EEG – Beta	+,66	***	23,97	94,1
EEG – Alpha	–,47	***	–13,29	204,5
EEG – Centroid	+,39	***	82,25	168,2
Aufmerksamkeit (AD/Gesamtscore)	–,26	**	–,67	226,7
Konzentration (AD/Fehler %)	–,26	**	–17,0	266,4
Aufmerksamkeitsvariabilität	–,02		–,77	254,4
Alphabetischer Reaktionstest (Score)	–,41	***	–1,79	238,9
Alphabetischer Reaktionstest (Streuung)	,02		,65	254,1
Pauli-Test (Richtige Kalkulationen)	–,40	***	–4,25	249,7
Pauli-Test (Fehler %)	+,11		5,63	252,8
Zahlengedächtnis	–,20	*	–16,17	239,1
Feinmotorik	–,29	**	–4,02	252,1
Komplexe Reaktion (Score)	–,40	***	–5,66	251,4
Reaktionszeit (MSEC)	–,22	*	–0,57	250,0
Reaktionstest (Fehler)	+,42		29,84	252,7
Flimmerverschmelzungsfrequenz (HZ)	–,25	**	–12,16	232,4
Archimedes Spirale (Sec)	+,04		2,98	252,9
Befindlichkeit (Bf-S, Score)	–,03		–,397	255,3
Affekt (Score)	–,03		–,37	256,2
Pupillenweite (MM)	–,08		–24,08	253,2
Hautleitfähigkeit (μmhos)	–,23	*	–3,79	295,2

* $p < 0{,}05$; ** $p < 0{,}01$; *** $p < 0{,}001$

Zur Frage "akuter/chronischer" Effekte bzw. Veränderungen bei Gesunden/Patienten

Im Gegensatz zum großen Datenmaterial nach Akutverabreichung besteht ein Mangel an Informationen bezüglich chronischer ZNS-Effekte bei normalen Probanden. Dies dürfte hauptsächlich an den Nebenerscheinungen liegen, die nach chronischer Verabreichung von Neuroleptika und Antidepressiva auftreten. Bei besser verträglichen Vertretern der Antidepressiva der neuen Generation fanden wir nach längerer Gabe weniger ZNS- Wirkung als nach Einzeldosen, was Adaptationsphänomene anzeigt. Letztere sind ja auf Rezeptorebene ("down regulation") ausreichend dokumentiert. Bei Anxiolytika bzw. Nootropika fanden wir ähnliche akute und chronische Profile, währenddessen nach Neuroleptikaverabreichung doch Veränderungen des Profils bemerkt werden konnten (SALETU et al. 1986 b).

Natürlich gibt es auch Unterschiede hinsichtlich medikamenteninduzierter ZNS-Effekte zwischen normalen Probanden und Patienten, was insbesondere auf die unterschiedliche Sedierungsschwelle zurückzuführen ist (SALETU et al. 1979 b). Deshalb empfiehlt es sich bei Phase- 1-Untersuchungen, eine klinisch weithin bekannte Referenzsubstanz mitzuuntersuchen, um äquipotente Dosen der Versuchssubstanz berechnen zu können.

Zur Beziehung von Wirkung und Wirksamkeit

Diese Beziehung kann von zwei Seiten beleuchtet werden.

1. Gewisse Änderungen im EEG normaler Probanden lassen auf gewisse klinische Veränderungen in späteren klinischen Versuchen bei Patienten schließen. In dieser Hinsicht muß das Pharmako-EEG-Profil als pädiktive Methode in der Humanpharmakologie angesehen werden, ähnlich wie dies bei Techniken in der Tierpharmakologie der Fall ist. Dies kommt dann zum Tragen, wenn der Typ der EEG-Veränderungen bei Normalen unterschiedlich von jenen bei Patienten ist.

2. Pharmako-EEG-Veränderungen sind direkt zu Verhaltensveränderungen bei Normalen und Patienten korreliert. Dies trifft z. B. oft auf EEG-Veränderungen von Nootropika bei normal und pathologisch Alternden zu, die beide eine Vigilanzförderung zeigen (SALETU 1989, SALETU et al. 1988 c).

3.3.4 Pharmako-EEG in der Pharmakopsychiatrie

Quantitative EEG- und Brain Mapping Methoden können sowohl zur Therapieüberwachung beim einzelnen Patienten als auch bei einer Patientengruppe eingesetzt werden.

Im Einzelfall zeigt ein Sich-nicht-Verändern des Hirnstrombildes eine Therapieresistenz gegen ein gewisses Medikament in einem gewissen Dosisbereich bei einem gewissen Patienten an (Abb. 3.3.8). Bei Therapieansprechen zeigt sich auch das Hirnstrombild signifikant verändert. Hirnstromveränderungen können mittels Veränderungswerten dargestellt werden, währenddessen Z-Werte (d. h. Unterschiede zu einer normalen Kontrollpopulation, ausgedrückt in Standardabweichungen) oft nach wie vor den Patienten als solchen ausweisen und generell zu unsensitiv sind, um Medikamenteneffekte darstellen zu können. Daß es Gruppenunterschiede zwischen therapieansprechenden und therapieresistenten Patienten gibt, haben wir wiederholt beschrieben (SALETU 1976, SALETU et al. 1987 b).

Natürlich können auch medikamenten-induzierte Veränderungen bei verschiedenen nosologischen Untergruppen berechnet werden. Wie wir kürzlich feststellen konnten, bewirkt oft ein und dasselbe Medikament bei verschiedenen diagnostischen Untergruppen im Typ unterschiedliche ZNS-Veränderungen (SALETU et al. 1988 c).

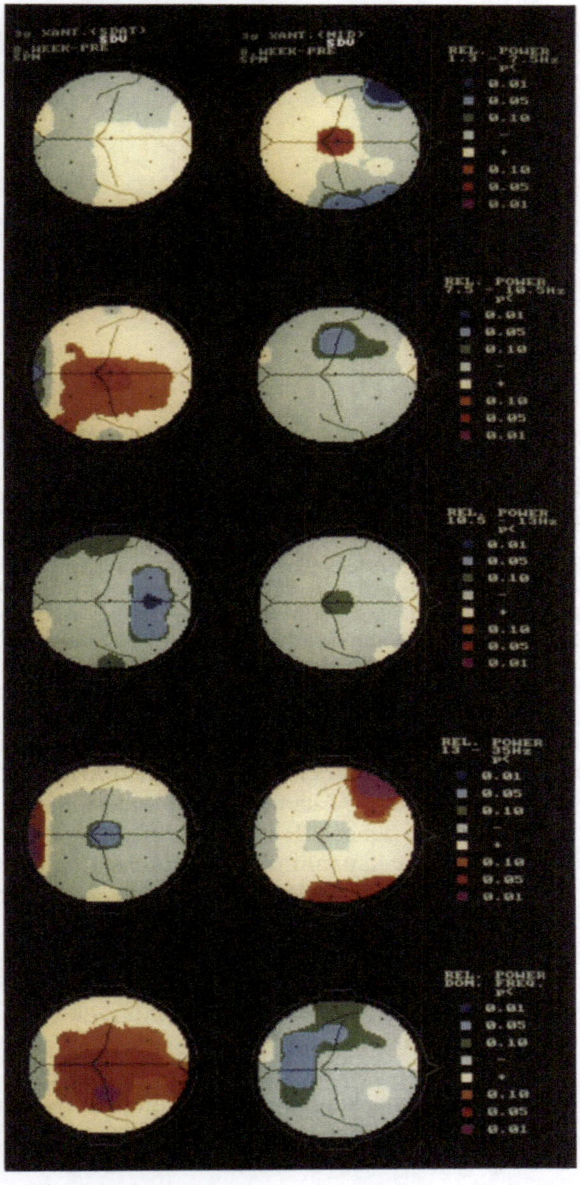

Abb. 3.3.9. Maps bzw. Unterschiede zwischen Xantinolnikotinat-behandelten (N:19) und Placebo-behandelten (N:21) SDAT-Patienten bzw. zwischen Xantinolnikotinat- behandelten (N:26) und Placebo-behandelten (N:23) MID- Patienten in relativer Power der Delta/Theta-, Alpha-1-, Alpha-2- und Betaaktivität. SDAT-Patienten zeigen vor allem eine Vermehrung von Alpha-1-Aktivität, MID-Patienten eine Abnahme von Delta/Theta- und Zunahme von Betaaktivität im Vergleich zu Placebo-behandelten Patienten, wobei die Veränderungen bei letzteren hauptsächlich frontotemporal aufscheinen

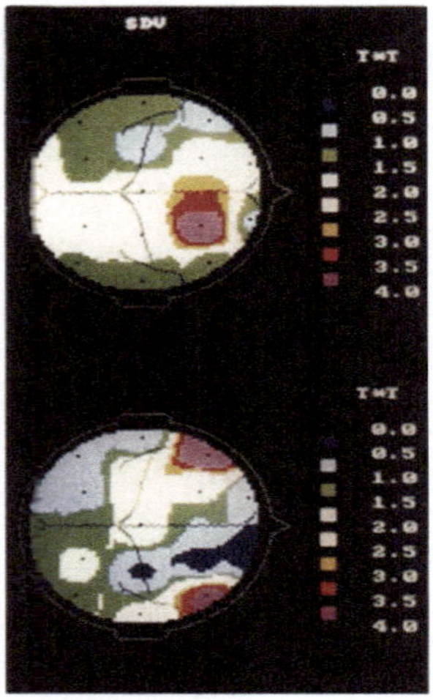

Abb. 3.3.10 Maps bezüglich Unterschiede zwischen Xantinolnikotinat- und Placebo-induzierten Veränderungen bei SDAT (N:1)/21) und MID-Patienten (N:26/23), dargestellt mittels Hotelling T^2 basierend auf einer MANOVA. Diese Analyse berücksichtigt Gruppen (Medikament, Placebo), Behandlungswochen (0, 8) und relative Power-Werte in Delta/Theta-, Alpha-1-, Alpha-2- und Betafrequenzen, berechnet für jede Elektrode. Signifikante T^2 über 2,57 erreichen das $p < 0,05$ Signifikanzniveau und sind in roten Farben dargestellt. Wie aus der Abbildung ersichtlich, wirkt ein und dasselbe Medikament in unterschiedlichen Regionen: Während SDAT-Patienten den Haupteffekt über frontalen Hirnregionen zeigen, weisen MID-Patienten signifikante Effekte beidseits frontotemporal auf

So sahen wir nach Verabreichung von Xantinolnikotinat eine Verbesserung der Psychopathologie sowohl bei seniler Demenz vom Alzheimer-Typ (SDAT) – als auch Multiinfarkt(MID)-Patienten, die qualitativ und quantitativ basierend auf klinischen Variablen durchaus ähnlich waren. Hingegen zeigte das EEG-Brain Mapping doch Unterschiede zwischen den diagnostischen Untergruppen auf, was sowohl hinsichtlich des Typs (Abb. 3.3 9) als auch der Lokalisation des Effektes (Abb. 3.3.10) zu beobachten war.

Schließlich zeigten weitere Studien, daß quantitative EEG- Veränderungen nach Einzeldosen auch von prognostischem Wert hinsichtlich der therapeutischen Ansprechbarkeit von Patienten sein könnte: Je stärker die z. B. nach Benzodiazepinen charakteristische Zunahme der Durchschnittsfrequenz 2 Stunden nach einer Einzeldosis, desto ausgeprägter war die klinische Besserung nach 3-wöchiger Behandlung (Saletu et al. 1979). Dies läßt darauf schließen, daß bei Patienten, die markante Kurzzeiteffekte in ihrem quantitativ analysierten EEG nach einem gewissen Medikament aufweisen, auch gute klinische Langzeiterfolge erwartet werden können.

Literatur

Anderer P, Saletu B, Kinsperger K, Semlitsch H (1987) Topographic brain mapping of EEG in neuropsychopharmacology. Part I. Methodological aspects. Methods Find Exp Clin Pharmacol 9: 371–384

Anderer P, Semlitsch H, Saletu B (1989a) Ein Korrekturverfahren zur Reduktion okularer Artefakte in der EEG- und ERP-Tomographie. In: Saletu B (Hrsg) Biologische Psychiatrie. Thieme, Stuttgart New York, S 82–85

Anderer P, Semlitsch H, Saletu B, Filz L (1989b) Die Strategie der Artefaktebehandlung im "Brain-Electrical- Signal-Topography" – (B.E.S.T.)-System. In: Saletu B (Hrsg) Biologische Psychiatrie. Thieme, Stuttgart New York, S 86–89

Bente D, Itil TM (1954) Zur Wirkung des Phenothiazinkörpers Megaphen auf das menschliche Hirnstrombild. Arzneimittelforschung 4: 418–423

Berger H (1933) Über das Elektroenzephalogramm des Menschen. VIII. Mitteilung. Arch Psychiatr Nervenkrankheiten 101: 452–469

Buchsbaum MS, Hazlett E, Sicotte N, Stein M, Wu J, Zetin M (1985) Topographic EEG changes with benzodiazepine administration in generalized anxiety disorder. Biol Psychiatry 20: 832–842

Coppola T, Buchsbaum MS, Rigal F (1982) Computer generation of surface distribution maps of measures of brain activity. Comput Biol Med 12: 191–199

Duffy FH, Burchfield JL, Lombroso CT (1979) Brain electrical activity mapping (BEAM): a method for extending the clinical utility of EEG and evoked potential data. Am Neurol 5: 309–321

Duffy FH, Bartels PH, Burchfield JL (1981) Significance probability mapping: an aid in the topographic analysis of brain electrical acitivity. Electroencephalogr Clin Neurophysiol 51: 455–462

Etevenon P, Peron-Magnan P, Boulenger JP, Tortrat D, Guillou S, Toussaint M, Gueguen B, Deniker P, Zarifian E (1986) EEG cartography profile of coffeine in normals. Clin Neuropharmacol 9: 538–540

Fink M (1959) EEG and behavioral effects of psychopharmacologic agents. In: Bradley PB, Deniker P, Raduoco-Thomas C (eds) Neuropsychopharmacology, vol 1. Elsevier, Amsterdam, pp 441–446

Fink M (1975) Cerebral electrometry-quantitative EEG applied to human psychopharmacology. In: Dolce G, Künkel H (eds) Computerized EEG analysis. Fischer, Stuttgart, pp 271–288

Goldstein L, Murphree HB, Sugermann AA, Pfeiffer CC, Jenney EH (1963) Quantitative electroencephalographic analysis of naturally occuring (schizophrenic) and drug-induced psychotic states in human males. Clin Pharmacol Ther 4: 10–21

Grünberger J, Saletu B, Linzmayer L, Stöhr H (1985) Determination of pharmacokinetics and pharmacodynamics of amisulpride by pharmaco-EEG and psychometry. In: Pichot P, Berner P, Wolf R, Thau K (eds) Psychiatriy: the state of the art, vol 3. Plenum Press, New York London, pp 681–686

Herrmann WM (1982) Elektroencephalography in drug research. Gustav Fischer, Stuttgart New York

Herrmann WM, Schärer E (1986) Das Pharmako-EEG und seine Bedeutung für die klinische Pharmakologie. In: Kuemmerle DS, Hinterhuber G, Spitzy KU (Hrsg) Klinische Pharmakologie, 4. Aufl. Landberg, München, S 1–71

Hermann WM, Abt K, Coppola R, Etevenon ET, Gerber G, Fink M, Gevins AS, Hinrichs H, Itil TM, John ER, Kubicki St, Künkel H, Kugler J, Lehmann D, Petsche H, Rappelsberger P, Röhmel J, Saito M, Saletu B, Scheuler W (1989) International Pharmaco-EEG Group (IPEG). Recommendations for EEG and evoked potential mapping. Neuropsychobiology 22: 170–176

Itil TM (1974) Quantitative pharmaco- electroencephalography. Use of computerized cerebral biopotentials in psychotropic drug research. In: Itil TM (ed) Psychotropic drugs and the human EEG: modern problems of pharmacopsychiatry. Karger, Basel, pp 43–75

Itil TM, Shapiro DM, Eralp E, Akman A, Itil KZ, Garbizu C (1985) A new brain function diagnostic unit, including the dynamic brain mapping of computer analyzed EEG, evoked potential and sleep (a new hardware/software system and its application in psychiatry and psychopharmacology). New Trends Exp Clin Psychiatr 1: 107–177

Lehmann D (1971) Multichannel topography of human alpha EEG fields. Electroencephalogr Clin Neurophysiol 31: 439–449

Matecjek M, Devos JE (1976) Selected methods of quantitative EEG analysis and their application in psychotropic drug research. In: Kellaway P, Peterson I (eds) Quantitative analytic studies in epilepsy. Raven Press, New York, pp 183–205

Maurer K (ed) (1989) Topographic brain mapping of EEG and evoked potentials. Springer, Berlin Heidelberg New York Tokyo

Petsche H (1973) EEG topography. In: Remond (ed) Handbook of electroencephalography and clinical neurophysiology. Elsevier, Amsterdam

Pfurtscheller G, Ladurner G, Maresch H, Vollmer R (1984) Brain electrical activity mapping in normal and ischemic brain. In: Pfurtscheller G, Jonkman J, Lopes da Silva FH (eds) Brain ischemia – quantitative EEG and imaging techniques. Elsevier, Amsterdam

Saletu B (1976) Psychopharmaka, Gehirntätigkeit und Schlaf. Karger, Basel

Saletu B (1987) The use of pharmaco-EEG in drug profiling. In: Hindmarch I, Stonier PD (eds)

Human psychopharmacology measures and methods, vol 1. Wiley, Chichester New York, pp 173–200

SALETU B, SALETU M, GRÜNBERGER J, MADER R (1979) Drawing inferences about the therapeutic efficacy of drugs in patients from their CNS effect in normals: comparative quantitative pharmaco-EEG and clinical investigations. In: SALETU B, BERNER P, HOLLISTER L (eds) Neuro- Psychopharmacology. Pergamon Press, Oxford, pp 393–407

SALETU B, GRÜNBERGER J, SALETU M, MADER R, KAROBATH M (1982) The acute drug effect as predictor of therapeutic outcome: neurophysiological/behavorial correlations during anxiolytic therapy of alcoholics. Adv Biol Psychiatry 9: 67–80

SALETU B, GRÜNBERGER J, LINZMAYER L, DUBINI A (1983a) Determination of pharmacodynamics of the new neuroleptic zetidoline by neuroendocrinologic, pharmaco-EEG and psychometric studies. Part I. Int J Clin Pharmacol Ther Toxicol 21: 489–495

SALETU B, GRÜNBERGER J, ANDERER P (1983b) Abendliches Fernsehen und Schlaf. Polysomnographische, psychometrische und psychopharmakologische Untersuchungen bei Schlafgestörten (I). Med Welt 34: 829–832

SALETU B, GRÜNBERGER J, SIEGHART W (1986a) Pharmaco- EEG behavioural methods and blood levels in the comparison of temazepam and flunitrazepam. Acta Psychiatr Scand 332 [Suppl 74]: 67–94

SALETU B, KÜFFERLE B, GRÜNBERGER J, ANDERER P (1986b) Quantitative EEG, SPEM and psychometric studies in schizophrenics before and during differential neuroleptic therapy. Pharmacopsychiatry 19: 434–437

SALETU B, ANDERER P, KINSPERGER K, GRÜNBERGER J (1987a) Topographic brain mapping of EEG in neuropsychopharmacology. Part II. Clinical applications (pharmaco EEG imaging). Methods Find Exp Clin Pharmacol 9 (6): 385–408

SALETU B, HOCHMAYER I, GRÜNBERGER J, BÖHMER F, PAROUBEK H, WICKE L, NEUHOLD A (1987b) Zur Therapie der Multiinfarktdemenz mit Nicergolin: doppelblinde, klinische, psychometrische und EEG-Imaginguntersuchungen mit 2 Dosierungsschemata. Wien Med Wochenschr 137 (22): 513–524

SALETU B, ANDERER P, KINSPERGER K, GRÜNBERGER J, SIEGHART W (1988a) Comparative bioavailability studies with a new mixed-micelles solution of diazepam utilizing radioreceptor assay, psychometry and EEG-brain mapping. Int Clin Psychopharmacol 3: 287–323

SALETU B, GRÜNBERGER J, ANDERER P, BARBANOJ MJ (1988b) Pharmacodynamic studies of a combination of lorazepam and diphenhydramine and its single components: electroencephalographic brain mapping and safety evaluation. Curr Ther Res 44: 909–937

SALETU B, ANDERER P, PAULUS E, GRÜNBERGER J, WICKE L, NEUHOLD A, FISCHHOF PK, LITSCHAUER G, WAGNER G, HATZINGER R, DITTRICH R (1988c) EEG-brain mapping in SDAT and MID patients before and during placebo and xantinolnicotinate therapy: reference considerations. In: SAMSON-DOLLFUS D, GUIEU JD, GOTMAN J, ETEVENON P (eds) Statistics and topography in quantitative EEG. Elsevier, Paris, pp 251–275

SALETU B, GRÜNBERGER J, LINZMAYER L, ANDERER P (1989a) EEG-brain mapping, psychometric and psychophysiological studies on central effects of kavain – a kava plant derivative. Hum Psychopharmacol 4: 169–190

SALETU B, DARRAGH A, SALMON P, COEN R (1989b) EEG- brain mapping in evaluating the time-course of the central action of DUP 996 – a new acetylcholine releasing drug. Br J Clin Pharmacol 28: 1–16

SALETU B, KÜFFERLE B, ANDERER P, GRÜNBERGER J, STEINBERGER K (1990a) EEG-brain mapping in schizophrenics with predominantly positive and negative symptoms. Comparative studies with remoxipride/haloperidol.Eur Neuropsychopharmacol 1: 27-36

SALETU B, ANDERER P, GRÜNBERGER J (1990b) Topographic brain mapping of EEG after acute application of ergotalkaloids in the elderly. Arch Gerontol Geriatr 11: 1–22

SEBBAN CL, DEBOUZY CL, BERTHAUX P (1984) EEG quantifie et cartographie numerise. In: LASSEN, CAHN (eds) Maladies et medicaments/drugs and diseases. Libbey, London / Eurotext, Paris, pp 176–181

SEMLITSCH HV, ANDERER P, SALETU B, RESCH F, PRESSLICH O, SCHUSTER P (1989) Psychophysiological research in psychiatry and neuropharmacology. I. Methological aspects of the Viennese Psychophysiological Test-System (VPTS). Methods Find Exp Clin Pharmacol 11: 25–41

STILLE H, HERRMANN WM (1982) Guidelines for pharmaco-EEG studies in man. Pharmacopsychiatria 15: 107–108

3.4 Pharmakopsychologie

W. Janke und G. Erdmann

3.4.1 Kennzeichnung, Einordnung und Aufgabenbereiche

Die Pharmakopsychologie ist ein Teilgebiet der Psychologie, das die psychischen und damit korrelierende physiologische und biochemische Wirkungen chemischer Substanzen bei "gesunden" Personen und Tieren untersucht, beschreibt und erklärt. Dieses Kapitel befaßt sich vorwiegend mit der "Human"-Pharmakopsychologie. Pharmakopsychologie wird innerhalb verschiedener Teildisziplinen der Psychologie im Hinblick auf grundlagen- und anwendungsbezogene Fragen betrieben, kann aber auch als Subdisziplin eines interdisziplinären Faches, der "Psychopharmakologie", gesehen werden.

In der **Grundlagenforschung** werden pharmakopsychologische Untersuchungen zur Aufklärung psychischer Phänomene durchgeführt. Dieses Vorgehen, das oft als kennzeichnend für die Pharmako**psychologie** als **psychologische** Disziplin betrachtet wird, ist prinzipiell in den verschiedensten Teilfächern der Psychologie möglich. So beziehen sowohl die Grundlagenfächer (Allgemeine Psychologie, Differentielle Psychologie/Persönlichkeitspsychologie, Entwicklungs- und Sozialpsychologie) als auch angewandte Disziplinen – etwa Diagnostik, Klinische Psychologie, Verkehrs- und Arbeitspsychologie – vielfach die Ergebnisse pharmakopsychologischer Untersuchungen in ihre Theorienbildung ein. Da Pharmaka ihre psychischen Wirkungen über Veränderungen neurophysiologischer/chemischer Vorgänge entfalten, kommt der Pharmakopsychologie besondere Bedeutung als Grundlagendisziplin der **Physiologischen Psychologie** zu.

Anwendungsbezogen wird pharmakopsychologische Forschung vor allem in der Klinischen Psychologie, der Verkehrs- und Arbeitspsychologie betrieben. Anwendungsfelder außerhalb der Psychologie sind u.a. Psychiatrie, Pharmakologie, Pharmazie.

Pharmakopsychologische **Forschung** wird an einigen Instituten für Psychologie und in einigen wenigen Kliniken für Psychiatrie betrieben (Berlin, Düsseldorf, München, Würzburg). In den Instituten für Psychologie werden teilweise Studierende im Rahmen der Physiologischen oder Klinischen Psychologie in Pharmakopsychologie systematisch ausgebildet (u.a. Aachen, TU Berlin, Gießen, Würzburg).

Eine besondere Bedeutung für die Entwicklung der Pharmakopsychologie in Deutschland nach 1945 hatte das Marburger Institut für Psychologie unter Leitung von H. Düker (zur Geschichte vgl. Debus und Janke 1981, Janke 1988).

Auch die in einigen Kliniken betriebene pharmakopsychologische Forschung hat einen nennenswerten Einfluß auf die Entwicklung der Forschung gehabt (so Heimann 1964, 1969, 1971).

3.4.2 Anwendungsfelder der Pharmakopsychologie

Pharmakopsychologie in der Klinischen Psychologie und Psychiatrie

Pharmakopsychologische Forschung ist in theoretischer und praktischer Hinsicht stark bezogen auf die Pharmakopsychiatrie/ Psychiatrische Pharmakotherapie.

Wichtige Aufgaben der Pharmakopsychologie im klinischen Bereich betreffen (zusf. Debus und Janke 1978):

1. Die Vorhersage der therapeutischen Wirkung/Wirksamkeit von Psychopharmaka aufgrund von Befunden bei gesunden Probanden.
2. Die Erfassung/Beschreibung der psychischen Wirkungen von Psychopharmaka im Rahmen einer Therapie im Hinblick auf mögliche Beeinträchtigungen des Verhaltens im Arbeits-, Sozial- und Privatbereich.
3. Die Verlaufs- und Effektivitätskontrolle der psychiatrischen Pharmakotherapie mit psychologischen Methoden.
4. Die Beteiligung an der Grundlagenforschung zur Erforschung der "biologischen" Grundlagen psychischer Störungen und der Pharmakotherapie.

Vorhersage der therapeutischen Wirkung von Psychopharmaka aufgrund von Untersuchungen mit Gesunden

Die Bedeutung pharmakopsychologischer Befunde wird unterschiedlich beurteilt. Die Einschätzung hängt aber ab vom Bezugssystem. Oft entsteht der Eindruck, daß das einzige, zumindest das wichtigste Anliegen der präklinischen Forschung die Vorhersage der Klassenzugehörigkeit oder der therapeutischen Hauptwirkung sei. Dies ist aber nicht richtig. Vielmehr gibt es eine Reihe von weiteren Fragen, die aus methodischen und ethischen Gründen besonders gut oder sogar nur im Probandenversuch angegangen werden können. Enttäuschungen könnten vermieden werden, wenn die Fragen im Kontext differenzierter Analysen des Problembereichs gestellt würden (vgl. hierzu Janke 1986a, Janke und Debus 1975, Janke et al. 1986). Zugleich macht eine differenziertere Analyse klar, daß mit Hilfe des pharmakopsychologischen Versuchs wesentlich mehr Fragen angegangen werden können als oft angenommen.

In Tabelle 3.4.1 sind grundsätzliche Fragen aufgelistet, die als Leitlinie für die Planung von Untersuchungen dienen können. Einige Erläuterungen sollen die Bedeutung der Aufschlüsselung des Prädiktionsproblems verdeutlichen.

Ad Vorhersage therapeutischer Hauptwirkungen: Die *positive* Vorhersage ist die Regel. Bei angstbeeinflussenden Stoffen wäre dies etwa die Vorhersage emotionaler Entspannung und Angstminderung bei Patienten. Auch begrenztere Zielsymptome können für diese Stoffgruppe vorhergesagt werden, z.B. Verhinderung einer hohen Streßreaktion unter Belastungsbedingungen. Bei der Vorhersage von Stoffen zur Behandlung von Schizophrenien ist die Zielsymptomatik nur bezüglich einzelner Merkmale zu kennzeichnen, deren Bedeutung an der Gesamtsymptomatik nicht ohne weiteres auszumachen ist, z.B. emotionale Dämpfung. Etwas einfacher ist die Depression, obwohl auch dabei wohl nur Teilmerkmale vorhersagbar sind, z.B. Gefühl der Hilflosigkeit.

Als wichtig anzumerken ist, daß die für die Vorhersage einsetzbaren Prädiktoren nicht die Zielsymptomatik "simulieren" müssen, vielmehr können es beliebige Merkmale sein, auch solche, bei denen die Mediatoren des Zusammenhangs Prädiktor/therapeutische Hauptwirkung ungeklärt sind.

Die negative Vorhersage, daß ein Pharmakon *nicht* wirksam ist, ist schwieriger als die positive. Auf jeden Fall ist es falsch, Pharmaka die Wirksamkeit abzusprechen, wenn keine Hinweise darauf gefunden wurden. Falsche Unwirksamkeitsvorhersagen wurden gerade bei der Vorhersage der anxiolytischen Wirkung oft gemacht, so für Antidepressiva und Neuroleptika (JANKE 1991).

Ad Vorhersage therapierelevanter Nebenwirkungen: Dies ist ein sehr wichtiger, viel zuwenig beachteter Aspekt, für den der Probandenversuch, auch der mit nur einmaliger Medikation, wichtige Hinweise erbringen kann. Als Beispiel könnten stärkere vegetative Nebenwirkungen einer anxiolytischen Substanz gesehen werden. Diese lassen eine Wirksamkeit bei nicht-psychotischen Angstzuständen als unwahrscheinlich erscheinen, weil die Substanz auf Ablehnung der Patienten stoßen wird. Die bei Gesunden gefundenen Nebenwirkungen haben freilich nur Hinweischarakter, da sie bei Patienten nicht auftreten müssen.

Ad Vorhersage therapieirrelevanter/nicht relevanter Wirkungen: Vergleichende Untersuchungen an Patienten und gesunden Personen zeigen, daß beide Gruppen hinsichtlich vieler Merkmale gleich oder ähnlich reagieren, etwa bezüglich Leistungsbeeinträchtigungen. Auch wenn solche Veränderungen mit Therapieerfolg unkorreliert sind, können sie interessant sein, wenn sie charakteristisch für die Substanzklasse sind.

Ad Vorhersage von Wirkungsmechanismen: Dies ist ebenfalls ein sehr wichtiger Aspekt, bei dem die Pharmakopsychologie

Tabelle 3.4.1. Grundfragen bei der Vorhersage therapeutischer Wirkung/Wirksamkeit von Pharmaka (nach JANKE 1985, 1986a)

1.	**Vorhersage therapeutischer Hauptwirkungen**
1.1	Positive Vorhersage: Wird das Pharmakon therapeutisch wirksam sein?
1.2	Negative Vorhersage: Wird das Pharmakon therapeutisch wirkungslos sein?
2.	**Vorhersage therapierelevanter Nebenwirkungen**
2.1	Therapiebeeinträchtigende Wirkungen Hat das Pharmakon negative somatische Nebenwirkungen? (z. B. Schwindel, Bewegungsstörungen) Hat das Pharmakon negative psychische Nebenwirkungen? (z. B. unangenehme Dämpfung)
2.2	Therapiebegünstigende Wirkungen Hat das Pharmakon positive somatische Effekte? (z. B. Reduktion von Tachykardie) Hat das Pharmakon positive psychische Effekte? (z. B. Verbesserung der Lernleistung)
3.	**Vorhersage von nicht (unmittelbar) therapierelevanten Wirkungen** Hat das Pharmakon somatische Wirkungen? (z. B. antikonvulsive Wirkung bei Tranquillantien) Hat das Pharmakon psychische Wirkungen? (z. B. Gedächtnisbeeinträchtigung bei Tranquillantien)
4.	**Vorhersage von Wirkungsmechanismen**
4.1	Über welche physiologischen und biochemischen Prozesse wird die Wirkung vermittelt? (z. B. Angstreduktion durch Sympathikus- oder ZNS-Dämpfung, über GABA-Verstärkung)
4.2	Über welche psychischen Prozesse wird die Wirkung vermittelt? (z. B. Angstreduktion durch Beeinträchtigung von Wahrnehmung und Denken, durch Wahrnehmung und Bewertung vegetativer Dämpfung, z. B. "ruhiger Puls")

vermutlich leistungsfähiger ist als bei der Vorhersage der Zielsymptomatik. Sowohl psychologische als auch physiologische/biochemische Mechanismen können "vorhergesagt" werden. Entscheidend ist, daß die Vorhersage von Wirkungsmechanismen die Anwendung theoriegeleiteter Variablen erfordert. Nur selten wird man aus einem Indikator allein bestimmte Wirkungsmediatoren wahrscheinlich machen und andere ausschließen oder unwahrscheinlich machen können.

Nach der Entscheidung darüber, welche Grundfragen beantwortet werden sollen, ist ein **Prüfmodell** zu erarbeiten. Dieses ergibt sich teilweise unmittelbar aus der Grundfragestellung. Bislang hat es die Pharmakopsychologie nicht erreicht, unter Zugrundelegung systematischer Gesichtspunkte in Bezug auf die Art der vorherzusagenden Kriterien und auf die Problemart allgemein akzeptierte Prädiktorensysteme zu entwikkeln. Ein wichtiger Grund dafür ist in mangelhafter interdisziplinärer Zusammenarbeit zwischen "Präklinik" und "Klinik" zu suchen. Bislang liegen nur Ansätze vor, die als Prüfmodelle für einzelne Fragen angesehen werden können. Einige sind in Tabelle 3.4.2 angeführt.

Sie sollen die Vielschichtigkeit des Vorhersageproblems und zugleich die zahlreichen Möglichkeiten von Untersuchungen mit Gesunden bei der Vorhersage der therapeutischen Wirkung verdeutlichen. Allerdings ist nur ein Teil von ihnen hinsichtlich der Prädiktionsfähigkeit erprobt.

Zielsymptomatisch orientierte Modelle: Die Zielsymptomatik kann durch zwei unterschiedliche Ansätze "simuliert" werden:

1. Selektion von Personen mit hoher habitueller oder aktueller Ausprägung in Tests zur Erfassung von Merkmalen, die der Zielsymptomatik entsprechen, z.B. emotionale Labilität oder Ängstlichkeit (Eigenschaftsangst) bei der Prüfung von Tranquillantien
2. Verwendung von Personen mit hoher *aktueller* Ausprägung des zielsymptomatisch relevanten Merkmals, z.B. negativer Emotionalität oder Angst im Labor oder Feld, induziert durch spezifische Induktionsmethoden, z.B. Angstreize/-situationen im Labor oder Feld.

Die Möglichkeit, im pharmakopsychologischen Versuch Personen mit erhöhter Ausprägung eines Merkmals (z.B. Angst, Depression) im Sinne einer Eigenschaft oder im Sinne eines Zustands zu untersuchen, bedeutet etwa für die Vorhersage der Wirkung einer neuen Substanz einen unschätzbaren Vorteil. Besonders positiv ist dabei, daß das Modell prinzipiell den Vergleich von Tier, gesunder Person und Patient erlaubt, weil bei allen drei "Subjektarten" eine vergleichbare Methodik anwendbar ist.

Theoretisch ist die Induktionsmethode der Selektionsmethode überlegen:

(1) Sie ermöglicht es, der Zielsymptomatik entsprechende Merkmale unabhängig von anderen Personmerkmalen herbeizuführen und erlaubt daher eher als die Selektionsmethode einen qualitätsmäßig umrissenen psychophysischen Zustand.

(2) Sie stellt eher als die Selektion nach habituellen Merkmalen sicher, daß zur Zeit der Pharmakonverabreichung ein Zustand gegeben ist, der der Zielsymptomatik entsprechen könnte. Sie ist daher eher als die Selektionsmethode den Wirkungsmechanismen eines Pharmakons angepaßt, da dieses den gegenwärtigen Zustand verändert.

Das Zielsymptominduktionsmodell weist aber einige Probleme auf. Dazu gehört die teils grundsätzlich ethisch begründete Schwierigkeit, psychische Zustände einer klar umrissenen Qualität in hinreichender Intensität und Dauer herbeizuführen. Hinzu kommt, daß der Zielsymptomatik bei Patienten qualitativ meist nicht hinreichend die induzierten Zustände entsprechen. Am geringsten sind die Schwierigkeiten bei der Realisierung von "Angst", sehr bedeutsam bei Depression, "unüberwindbar" bei psychotischen Zuständen. Auswege sind verbesserte Induktionsmethoden und die Kombination von Induktions- und Selektionsmethode (Debus und Janke 1986, Janke 1983b).

Wirkungsprofilvergleichsmodelle: Unter dieser Bezeichnung werden Modelle mit vollkommen unterschiedlichen Zielsetzungen zusammengefaßt, deren Gemeinsamkeit darin besteht, daß mit Hilfe einer Batterie von Prüfmethoden, die nicht notwendi-

Tabelle 3.4.2. Pharmakopsychologische Prüfmodelle (modifiziert nach Janke 1986a, Janke und Debus 1975)

1.	**Zielsymptomatisch orientierte Modelle** Lassen sich über die Realisierung von Zielsymptomen bei Gesunden Modifikationen im Sinne der therapeutischen Zielsetzung durch eine Prüfsubstanz zeigen?
2.	**Wirkungsprofilvergleichsmodelle** Kann aus Ähnlichkeitsvergleichen des Wirkungsprofils der Prüfsubstanz bei Gesunden und anderen Wirkungsprofilen eine Schlußfolgerung auf die therapeutische Wirkung oder Klassifikation gezogen werden?
2.1	Wirkungsprofilvergleichsmodell gesunde/kranke Personen Weisen gesunde und kranke Personen vergleichbare Wirkungsprofile auf?
2.2	Wirkungsprofilvergleichsmodell Prüf-/Standardpräparat Weist die Prüfsubstanz ein einem Standardpharmakon vergleichbares Wirkungsprofil auf?
2.3	Wirkungsprofilvergleichsmodell Zuordnung/Klassifikation Welcher klinisch identifizierten Substanz ist eine Prüfsubstanz zuzuordnen?
3.	**Schlüsselmerkmalsmodelle** Hat ein Pharmakon bestimmte Wirkungen, die als Schlüsselmerkmale auf die therapeutische Effizienz oder die Zugehörigkeit zu einer klinisch identifizierten Pharmakonklasse hinweisen können? z. B. Erleben subjektiver Entspannung bei nur geringer Müdigkeit bei Tranquillantien
4.	**Präparatwirkungsbeschreibungsmodelle** Hat ein Pharmakon Wirkungscharakteristika (z.B. Dosis-Wirkungsmerkmale, große individuelle Wirkungsunterschiede), die Hinweise auf seine therapeutische Effizienz, seine Präparatklassenzuordnung oder anwendungsrelevante Aspekte bieten? z. B. Verkehrsbeeinträchtigung
5.	**Wirkungsmechanismusaufklärungsmodelle** Gibt es Wirkungen, die Hinweise auf die psychischen oder somatischen Wirkungsmechanismen bei Patienten bieten? z. B. müdemachende Wirkung als Mediator der Anxiolyse
6.	**Therapiebeeinflussungsmodelle** Weist ein Pharmakon Wirkungen auf, die seine therapeutische Effizienz potentiell fördern oder hemmen?
6.1	Lernpsychologisches Modell Weist ein Pharmakon Wirkungen auf Lern- und Behaltensvorgänge auf, die den Therapieprozeß fördern oder hemmen könnten? z. B. lernbeeinträchtigende und müdemachende Wirkung, die die Fähigkeit eines Patienten. eine veränderte Umweltauseinandersetzung zu erwerben, beeinträchtigen könnte
6.2	Nebenwirkungsmodelle Hat ein Pharmakon psychische oder somatische Nebenwirkungen, die den Therapieprozeß fördern oder hemmen könnten? fördernd, z.B. Erhöhung der subjektiven Leistungsfähigkeit, muskuläre Entspannung; hemmend, z. B. unangenehme Müdigkeit, subjektive Muskelschlaffheit, Mundtrockenheit

gerweise Tests sein müssen, ein Wirkungsprofil der Prüfsubstanz erstellt wird, das mit einem oder mehreren Referenzprofilen verglichen wird.

Dieser Vergleich kann intuitiv oder analytisch hinsichtlich Ähnlichkeit/Unähnlichkeit von Niveau, Form oder anderen Profilmerkmalen gemacht werden. Die einzelnen Modelle sind unterschiedlich aufwendig, schwierig, aussagefähig und bedeutsam. Ein generelles Problem liegt in der vergleichsweise geringen Reliabilität von Wirkungsprofilen.

(1) Wirkungsprofilvergleichsmodell gesunde/kranke Personen: Das Wirkungsprofil der Prüfsubstanz wird darauf überprüft, in wievielen und welchen Merkmalen unter Pharmakoneinfluß richtungs- und intensitätsgerechte Veränderungen in jenen Variablen auftauchen, die auch bei Patienten Veränderungen aufweisen. Je mehr einander korrespondierende Veränderungen gefunden werden, desto größer ist die Wahrscheinlichkeit, daß die Prüfsubstanz therapeutisch wirksam ist. Der Vorteil des Modells liegt in der empirischen Fundierung; Vorannahmen über therapieessentielle Parameter werden nicht gemacht. Nachteile sind die Aufwendigkeit und die Schwierigkeit, im Rahmen der klinischen Gegebenheiten die notwendigen Daten überhaupt zu gewinnen. Hinzu kommt die Schwierigkeit der Replikation von Wirkungsprofilen, die damit zusammenhängt, daß die Veränderungen in einzelnen Merkmalen weder voneinander noch kontextunabhängig sind.

(2) Wirkungsprofilvergleichsmodell Prüf-/Standardpräparat: Im Rahmen des Standardpräparatmodells kann im einfachsten Falle ein Wirkungsprofil für eine bewährte Substanz an einer Gruppe gesunder Personen erstellt werden. Die Prüfsubstanz wird mit diesem Profil verglichen. Bei Ähnlichkeit wird auf eine dem Standardpräparat entsprechende therapeutische Wirkung geschlossen. Eine Sicherung der Vorhersage ist durch die Verwendung von "Kontroll"standardsubstanzen möglich, die nachgewiesenermaßen nicht wirksam sind. Weitere Präzisierungen sind durch Erstellung von mehreren Profilen für jede Substanz möglich: So könnten etwa für die Prüfung von "Tranquillantien-Eigenschaften" unter Normal- und Belastungsbedingungen gewonnene Profile verglichen werden.

(3) Wirkungsprofilvergleichsmodell Zuordnung/Klassifikation: Dieses Modell stellt den allgemeinsten Fall der Wirkungsprofilvergleichsmodelle dar. Das Prinzip besteht im Vergleich des Wirkungsprofils einer Prüfsubstanz mit den Wirkungsprofilen aller möglichen Substanzgruppen. Die Effekte können in Richtung oder in Gegenrichtung der erwarteten Wirkung der Prüfsubstanz gehen.

Schlüsselmerkmalsmodelle: Die Leistungsfähigkeit des Tierversuches basiert vor allem auf der Erarbeitung von Schlüsselmerkmalen, die eine bestimmte Substanzgruppe im Unterschied zu anderen charakterisieren. Beispiele hierfür finden sich in der Verhaltenspharmakologie, so etwa für die Trennung von Tranquillantien und Neuroleptika mit Hilfe des Konflikttests nach Geller und Seifter. Auch für den Probandenversuch sind Schlüsselmerkmale denkbar. Diese können somatische und psychische sein. Sie können mit dem Therapieprozeß in einer Beziehung stehen oder irrelevant dafür sein. Ein Beispiel für ein psychisches, therapierelevantes Schlüsselmerkmal wäre für ein Tranquillans die Konfiguration "emotionale Entspannung/geringe Müdigkeit". Wünschenswert wäre gerade auch im Hinblick auf die Brückenfunktion des Probandenversuchs zwischen Animalverhalten und Klinik, daß vergleichsweise Schlüsselmerkmale betrachtet werden. Erfolgsversprechende Ansätze in diese Richtung bezüglich "anxiolytischer" Wirkungen wurden von mehreren Arbeitsgruppen erarbeitet (Debus, Aachen; Erdmann, Berlin; Janke, Würzburg).

Präparatwirkungsbeschreibungsmodelle: Pharmakopsychologische Befunde werden herangezogen, um die Wirkung einer Prüfsubstanz genauer zu charakterisieren, und zwar durch Merkmale, die auch für die therapeutische Wirkung von Bedeutung sind oder sein könnten. Zahlreiche solcher Merkmale existieren, etwa Dosis-Wirkungsbeziehungen, die Konstanz der Wirkungen über die Zeit, Situationen und Personen hinweg ("Wirkungsgeneralität") oder Leistungsbeeinträchtigungen.

Ad Dosis-Wirkungsbeziehungen: Dosis-Wirkungsbeziehungen bei Verabreichung mehrerer Dosierungen lassen Aussagen über die Wirkungsbreite eines Präparates zu. Bei Vergleich mehrerer Stoffe, die jeweils in mehreren Dosierungen verabreicht werden, ergeben sich weitere wichtige Hinweise, die die Prüfsubstanz beschreiben. So besteht zwischen minimaler Dosis beim Tier/Proband und klinischer Dosis bei verschiedenen anxiolytischen Substanzen eine hohe Korrelation.

Ad Wirkungsgeneralität: Wirkungsgeneralität meint das Ausmaß der Verallgemeinerbarkeit von Wirkungen, die bei einer Personengruppe und in einer bestimmten Situation (Umgebung) gemessen wurden. Sie ermöglicht Prognosen über Indikationsgeneralität und -optimum auf der Basis von Probandenergebnissen zu inter- und intraindividuellen Wirkungsunterschieden. Individuelle Unterschiede können quantitativ (Wirkungsstärke) oder qualitativ (Wirkungsart und -richtung) ausgedrückt sein (zusf. Downing und Rickels 1978, Janke 1983a).

Besonders interessant sind Unterschiede von zentral dämpfenden Stoffen in qualitativer Hinsicht. Bisweilen finden sich bei Neuroleptika und Tranquillantien paradoxe Erhöhungen von Erregtheit, Angst und Aggressivität ("behavioral toxicity"). Von DiMascio und Klerman werden hierfür Persönlichkeitsmerkmale insbes. "Bedürfnis nach Aktiviertheit" verantwortlich gemacht (DiMascio 1970, DiMascio und Klerman 1960). Von Janke wird eine allgemeine Erklärung vorgeschlagen, die auch situative Faktoren einbezieht (Janke 1983b, Janke et al. 1979). Individuelle Differenzen bestehen bei gesunden und kranken Personen gleichermaßen. Es ist wahrscheinlich, daß die verschiedenen Substanzen sich hinsichtlich ihrer Wirkungsvariabilität unterscheiden. Wenn man weiterhin annimmt, daß eine Wirkungsvariabilität bei gesunden und kranken Personen vergleichbar auftritt, so kann der Probandenversuch herangezogen werden, um die Wirkungsvariabilität bei Kranken zu prognostizieren.

Für angstbeeinflussende Stoffe ist eine hohe interindividuelle Wirkungsvariabilität in Abhängigkeit von der emotionalen Labilität zu erwarten (vgl. Janke 1964, 1983b, Netter 1983). Für andere Stoffe sind die wirkungsmodifizierenden Faktoren weniger bekannt. Eine wichtige Rolle scheinen Merkmale zu spielen, die sich auf den Bereich der Aktiviertheit beziehen (DiMascio 1970). Prinzipiell wichtiger als Persönlichkeitsmerkmale sind wahrscheinlich Merkmale des Ausgangszustandes und der Umgebung (Janke 1983b).

Tabelle 3.4.3 zeigt am Beispiel einer Untersuchung zur emotionalen Labilität, daß die einzelnen Stoffe unterschiedliche Wirkungsvariabilitäten aufweisen.

Intraindividuelle Wirkungsunterschiede betreffen die Konstanz der Wirkungen bei mehrfacher Verabreichung unter gleichen oder wechselnden äußeren/inneren Bedingungen, also die Zeit- und Situationskonstanz der Pharmakonwirkung. Pharmakauntersuchungen zeigen immer wieder, daß die Wirkungen aller Substanzen recht inkonsistent sind. Viele äußere und innere Bedingungen sind als variabilitätsverursachende Faktoren identifiziert worden. So treten oft anxiolytische Wirkungen von Tranquillantien und Neuroleptika nicht bei geringer aktueller Erregtheit und unter hohen Leistungsanforderungen auf (Janke 1964, 1991, Janke und Debus 1972).

Wirkungsmechanismusaufklärungsmodelle: Untersuchungen zur Aufklärung von psychischen Wirkungsmechanismen sind ein bedeutsames Feld experimentalpsychologischer präklinischer Forschung, das die zu biochemischen Wirkungsmechanismen ergänzen sollte. Ihnen kommt eine große Bedeutung bei der Entwicklung neuer Stoffe zu.

Als Beispiel hierfür könnte eine experimentelle Untersuchung mit einem Tranquillans dienen, die klären soll, ob eine beobachtete Angstreduktion allein als Folge einer müdemachenden Wirkung erklärt werden kann. Ein weiteres Beispiel wäre die bisweilen beobachtete aggressionssteigernde Wirkung von zentral hemmenden Stoffen, die als Folge des Wegfalls von aggressionshemmenden Motiven angesehen werden kann.

Therapiebeeinflussungsmodelle: Kennzeichen dieser Modelle ist die Erstellung von Wirkungscharakteristika eines Präparates, die die therapeutische Wirkung positiv oder negativ beeinflussen. Die wichtigsten Modelle dieser Gruppe sind lernpsychologische Modelle, die sich auf die Lern-/Gedächtniswirkungen eines Stoffes beziehen. Für angstbeeinflussende Stoffe kommt ihnen eine besondere Bedeutung zu, weil medikationsüberdauernde Effekte bei Angstsyndromen ohne Lernprozesse kaum denkbar sind (vgl. Debus und Janke 1978, Janke und Debus 1975). Tabelle 3.4.4 führt Beispiele an. Auch die Nebenwirkungsmodelle versuchen von psychischen oder somatischen Nebenwirkungen therapiefördernde/-hemmende Prozesse zu erschließen. Es erscheint plausibel, daß die Auseinandersetzung mit der Umwelt durch ein Pharmakon, das subjektive Beschwerden auslöst, beeinträchtigt wird.

Erfassung und Beschreibung von Pharmakawirkungen im Hinblick auf Beeinträchtigungen des Verhaltens im Arbeits-, Sozial- und Privatbereich

Zu den schwierigsten Fragen der Pharmakotherapie gehört die Kontrolle von Wirkungen, die zu Beeinträchtigungen des Verhaltens im Alltagsleben führen. Untersuchungen an Gesunden und an den Patienten selbst mit Methoden, die in der Pharmako-

Tabelle 3.4.3. Wirkungsunterschiede bei emotional labilen/stabilen Probanden nach einmaliger Verabreichung eines Tranquillans, eines Neuroleptikums und eines Hypnotikums in einer Untersuchung von Janke (1964) (Zusammenstellung nach Janke und Debus 1968)

	Meprobamat 400 mg			**Promazin** 50 mg			**Promazin** 75 mg			**Heptabarbital** 200 mg			**Heptabarbital** 400 mg		
	La		**Sta**	**La**		**Sta**	**La**		**Sta**	**La**		**Sta**	**La**		**Sta**
Subjektive emotionale Stabilität	+	*	–	+	*	–	0	n.s.	0	0	*	–	+	*	–
Subjektive Aktiviertheit	++	*	–	+	*	–	0	*	–	–	n.s.	–	–	n.s.	–
Finger-, Hand-, Armmotorik	++	*	0	+	*	0	0	n.s.	0	–	n.s.	0	–	*	0

La Emotional Labile (N=20); *Sta* Emotional Stabile (N=20); * Unterschied zwischen Labilen und Stabilen signifikant bei $p < 0.01$; *n.s.* Unterschied zwischen Labilen und Stabilen nicht signifikant. ++ Unterschied zwischen Verum und Placebo signifikant bei $p < 0.01$; + Unterschied zwischen Verum und Placebo signifikant bei $p < 0.05$; *0* Unterschied zwischen Verum und Placebo nicht signifikant

psychologie entwickelt wurden, können gute Dienste leisten.
Die bislang hauptsächlich angewandten Methoden sind Leistungstests. Die Ergebnisse sprechen dafür, daß vor allem allgemeine Leistungsaspekte wie die Geschwindigkeit und Genauigkeit durch eine Behandlung mit psychotropen Stoffen betroffen sind, so daß allgemeine Leistungstests, die Konzentration und Aufmerksamkeit erfassen, Tests der Wahl sind. Auch Tests zur Erfassung von Vigilanz und Aufmerksamkeit sind pharmakonsensitiv. Motivationale Veränderungen und Veränderungen des Sozialverhaltens wurden bisher bedauerlicherweise stark vernachlässigt, obwohl sie mindestens ebenso bedeutsam sind, für die Eingliederung des Patienten in das soziale Umfeld sogar bedeutsamer sein könnten.

Verlaufs- und Effektivitätskontrolle der psychiatrischen Pharmakotherapie mit psychologischen Methoden

Die Wirkung von psychotropen Stoffen während der Pharmakotherapie kann ergänzend zu den psychiatrischen Methoden, die vorwiegend auf klinischen Beurteilun-

Tabelle 3.4.4. Pharmakawirkungen, die einen fördernden oder hemmenden Einfluß auf den therapeutischen Prozeß haben (könnten) (nach Janke und Debus 1975)

Therapiefördernde Einflüsse

Wirkung	**Mögliche Auswirkungen auf Lernprozesse**
Reduktion "psychischer" Erregung	Geringere Ansprechbarkeit/schnellere Habituation bei aversiven Stimuli Erlebnis, emotional belastende Situationen "psychisch" bewältigen zu können
Reduktion vegetativer Erregung	Durchbrechung des subjektiv wahrnehmbaren Circulus vitiosus von Gefühl und vegetativer Erregung Erlebnis, emotional belastende Situationen "somatisch" bewältigen zu können
Reduktion von Vermeidungsverhalten	Möglichkeit der Konfrontationsvermehrung mit angstauslösenden Stimuli resultiert in Neu- oder Umlernen
Reduktion von Hemmungen im verbal-sozialen Kontakt	Erleichterung von sozialem Lernen
Starke Antriebsverminderung	Hemmung von Lernvorgängen (Motivation)
Starke allgemeine Leistungsbeeinträchtigung	Mißerfolgserlebnisse führen zu sekundärer Frustration und damit zu verminderter Neuanpassung
Starke allgemeine Leistungsbeeinträchtigung, z. B. starke Reduktion der Reagibilität	Mangelnde Einsicht in "Lernvorgänge" Keine Auseinandersetzung mit Umweltreizen Beeinträchtigung von Denkprozessen
Starke emotionale Dämpfung	Emotionale Veränderungen werden ausschließlich auf das Präparat zurückgeführt, damit geringer Transfer auf Nicht-Präparatbedingungen

gen basieren, mit Hilfe psychologischer Methoden objektiviert werden.
Methoden, die in der Pharmakotherapiekontrolle eingesetzt werden, können hinsichtlich des **methodischen Ansatzes** in Beurteilungsmethoden (Selbst-/Fremdbeurteilungen), Verhaltensbeobachtungen, Tests und experimentelle Anordnungen unterteilt werden. Hinsichtlich der **Beobachtungsebene** können sie sich beziehen auf Erleben, Verhalten, Ausdruck und physiologische/biochemische Prozesse. Die **angezielten Merkmale** können kognitive (Wahrnehmung, Denken, Lernen und Gedächtnis), psychomotorische, emotionale, motivationale und soziale Prozesse sein. So wünschenswert die Verwendung psychologischer Methoden ist, so schwierig ist ihre regelmäßige und umfängliche Anwendung. Die Hauptgründe dafür liegen in der Zumutbarkeit, im Instruktionsverständnis durch Patienten und in konzeptuell-theoretischen Diskrepanzen zwischen psychologischer und psychiatrischer Diagnostik. Allerdings scheint eine Objektivierung von Befunden unumgänglich, wobei moderne Ansätze der psychologischen Diagnostik, etwa Prozeß- oder Kriterienorientierung, hilfreich sein mögen.

Erforschung der biologisch-psychologischen Grundlagen psychischer Störungen und der Pharmakotherapie

Die Untersuchung der Wirkweise von psychotropen Stoffen bei gesunden Menschen und Tieren kann als Grundlagenforschung zur Biologischen Psychiatrie und Pharmakotherapie gesehen werden.
Viele basale Wirkungen von psychotropen Stoffen unterscheiden sich bei gesunden Menschen nicht von denen bei Patienten, vor allem solche im Bereich von Aktiviertheit. Gemeinsamkeiten und Unterschiede in den Wirkungen können als Befunde für Hypothesen und Theorien über Ursachen und Beeinflußbarkeit psychischer Störungen sowie über Wirkungsmediatoren psychotroper Stoffe angesehen werden. Eine wichtige Rolle entsprechend diesem Ansatz spielen Vergleichsuntersuchungen mit Verabreichung von Placebo (vgl. Netter 1986a) und mit anderen "psychologischen" Manipulationen, in denen Pharmaka-Wirkungen "nachgeahmt" werden, weil sie zeigen, daß u.U. "neurochemisch" spezifische Wirkungen über allgemeinere Mediatoren vermittelt werden.

Pharmakopsychologie und Drogenabhängigkeit

Das bedeutsamste Anwendungsproblem der Pharmakopsychologie betrifft die Abhängigkeit (Sucht). Dieses reicht in mehrere psychologische und psychiatrische Anwendungsfelder hinein, so in die Forensische Psychologie/Psychiatrie (Häufung straffälligen Verhaltens im Zusammenhang mit Abhängigkeit) und in die Pädagogische Psychologie (Alkohol- und Drogenmißbrauch im Jugendalter).
Die Pharmakopsychologie kann mit mehreren Ansätzen beitragen. Wichtige Problembereiche/Ansätze sind: (1) Abschätzung des Mißbrauchs- und Suchtpotentials, (2) Erfassung und Beschreibung der psychischen Wirkungen von Substanzen, die zu Mißbrauch/Abhängigkeit führen, (3) Beschreibung von Merkmalen/Bedingungen der Umwelt, der Situation und der Person, die die Selbstmedikation eines Stoffes auslösen/begünstigen bzw. verhindern/vermindern.
Insgesamt hat sich die Humanpharmakopsychologie anders als die Verhaltenspharmakologie beim Tier erstaunlicherweise wenig diesen Problembereichen zugewandt (vgl. Goldberg und Stolerman 1986, Henningfield et al. 1986). Es gibt jedoch fruchtbare Ansätze, so etwa bei der Erfassung der Selbstmedikation.

Pharmakopsychologie und Verkehr

Pharmakopsychologische Untersuchungen sind von großer Bedeutung für die Beurteilung eventueller Beeinträchtigungen der Verkehrstüchtigkeit nach Einnahme von psychotropen Stoffen. Die größte Bedeutung hat Alkohol. Es folgen Tranquillantien, die als Schlaf- oder Beruhigungsmittel eingenommen werden. Auch andere Psychopharmaka wie Neuroleptika, Antidepressiva, Analgetika stellen praktisch bedeutsame Stoffgruppen dar. Ungerecht vernachlässigt wurden Stoffe mit psychotropen Effekten bei somatischen Erkrankungen (u.a. Antipyretika, Antiallergika, Antihypertonika, Antiepileptika).

Die meisten Untersuchungen beschäftigen sich mit für das Fahrverhalten als wichtig angenommen Leistungen. Nur vereinzelt werden Persönlichkeitsmerkmale herangezogen, so die "Risikobereitschaft" (KLEBELSBERG 1969).

Im deutschsprachigen Bereich wurden viele Untersuchungen von Klebelsberg und seinen Mitarbeitern (KLEBELSBERG 1962, 1973) sowie von HOBI (1982, 1983) durchgeführt. Letzterer hat vor allem die Frage der Beeinträchtigung der Fahrtüchtigkeit von psychiatrischen Patienten durch Medikamente bei Erhaltungstherapie untersucht. Einige Problembereiche der Verkehrspharmakopsychologie sind:

(1) Nachweis von Leistungsbeeinträchtigungen: Leistungsbeeinträchtigungen sind bei ZNS-hemmenden Stoffen nur anhand geeigneter Prüfanordnungen und Methoden nachweisbar. Schwierigkeiten ergeben sich aus der Komplexität der meisten Tests, sowie insbesondere aus ihrer Abhängigkeit von der Leistungsmotivation. Wie DÜKER (1963) für Alkohol zeigte, kann eine gestörte Leistung durch erhöhte Anspannung ("reaktive Anspannungssteigerung") kompensiert werden. Eine Reihe von grundsätzlichen Untersuchungen wurden zu Teilfragen wie "Welche Leistungsarten werden kompensiert (z.B. einfache vs. komplexe)?", "Wer kann kompensieren?", "Wie lange kann kompensiert werden?" durchgeführt (grundsätzliches zur reaktiven Anspannungssteigerung DEBUS 1981).

(2) Nachträgliche Nachweisbarkeit von Leistungsbeeinträchtigungen: Zu den schwierigsten Fragen gehört der Nachweis von substanzbedingten Leistungsbeeinträchtigungen bei Unfällen, die zeitlich zurückliegen.

(3) Leistungsbeeinträchtigung während einer Langzeitbehandlung und Verkehrstauglichkeit: Da viele Stoffe bei wiederholter Verabreichung Wirkungsabschwächung zeigen, ist zu fragen, wieweit bei chronischer Medikation anfängliche Leistungsbeeinträchtigungen verschwinden oder umgekehrt, ob sich erst allmählich Leistungsbeeinträchtigungen einstellen. Ersteres könnte bei Tranquillantien und Antiepileptika der Fall sein (DOTZAUER und HIRSCHMANN 1971).

(4) Beziehung zwischen objektiven, subjektiven und somatischen Wirkungen: Objektive und subjektive Leistungsfähigkeit klaffen oft auseinander. Eine quantitative Abschätzung der Diskrepanz ist eine wichtige und schwierige Aufgabe. Ein ungeklärtes Problem betrifft die Relation des Medikamentenspiegels zu Leistung.

(5) Verhältnis von positiven und negativen Konsequenzen bei therapeutischer Medikation: Dieses Problem läßt sich am besten an den psychisch gestörten Personen aufzeigen, die nach Einnahme von Tranquillantien verbesserte Leistungen wegen des Wegfalls von leistungshemmender Angst aufweisen.

(6) Problem der individuellen Pharmakonreagibilität: Dies ist ein bedeutsames und unerforschtes Problemgebiet. Geringste Dosierungen eines Pharmakons können bei bestimmten Personen starke Reaktionen auslösen. Besonders prädisponiert dafür sind alte Personen. Ergebnisse der Differentiellen Pharmakopsychologie erbringen hier viele Hinweise (zusf. JANKE 1983a).

(7) Problem der Kombination von Medikamenten und Alkohol: Dieses wichtige Forschungsgebiet ist wegen der Vielfalt der Kombinationsmöglichkeiten nur unzureichend bearbeitet (z.B. Munkelt 1965).

Pharmakopsychologie und Arbeit

Innerhalb der Arbeitspsychologie tauchen alle Stoffe auf, die für die Verkehrspharmakopsychologie von Bedeutung sind, jedoch bezogen auf die Beeinträchtigung des Arbeitsprozesses (z.B. Beeinträchtigung der Fähigkeit, nach Einnahme von "Grippemitteln" einen Kran zu steuern).

Ein zusätzlicher Bereich betrifft die Frage, wieweit bestimmte Stoffe in der Arbeitsumgebung und/oder in Arbeitsmitteln psychische Prozesse kurz- und/oder langfristig beeinflussen. Solche Stoffe sind anorganische Stoffe wie Blei, Cadmium oder Quecksilber, und viele organische Stoffe wie Benzol oder Formaldehyd. Bedeutsame Einflüsse sind zu erwarten bei bestimmten Risikoberufen wie Automechanikern, Anstreichern, Tankwarten oder ADAC-Helfern.

Ein in den letzten Jahren immer bedeutsamer gewordener Problembereich ist Alkohol- und Drogenmißbrauch mit Abhängigkeit am Arbeitsplatz.

Pharmaka und Umwelt

Unmittelbar Bezug zur Arbeitswelt hat die Belastung durch Umweltstoffe, deren Verbreitung in Wohnumwelt und mögliche psychotoxische Wirkungen bislang erst in Ansätzen erforscht sind (Hartman 1988, Weiss 1984). Eine verstärkte Beachtung ist aufgrund des zunehmenden Interesses an der Umweltpsychologie zu erwarten. Wichtige Untersuchungen wurden in den letzten Jahren zur Wirkung von Umweltstoffen auf den heranwachsenden Organismus vorgelegt (zusf. Fein et al. 1983, Riley und Vormees 1986).

Hierbei ergaben sich u.a. folgende Befunde: (1) Viele Stoffe führen zu mit sensitiven Tests nachweisbaren Beeinträchtigungen von Leistungen bei fehlenden oder geringen klinischen Symptomen, (2) beeinträchtigende Wirkungen können mit starker Verzögerung auftreten, u.U. erst nach Jahren.

Pharmakopsychologie als Teildisziplin der Psychopharmakologie

Die Beiträge der Pharmakopsychologie als Teilgebiet der Psychopharmakologie beziehen sich vor allem auf: (1) die genaue Beschreibung der psychischen Wirkungen bestimmter Stoffe bzw. Stoffgruppen, (2) die Klassifikation neu entwickelter Substanzen aufgrund ihrer Wirkungen auf das Verhalten und Erleben und (3) die Erklärung psychischer Wirkungen von Pharmaka im Rahmen psychologischer Modelle und Theorien.

Ad (1): Die Charakterisierung einer Substanz ist nicht ohne Untersuchungen bei gesunden und kranken Personen mit einmaliger, subchronischer und chronischer Verabreichung möglich. Bedauerlicherweise klafft bei den meisten Stoffen eine große Lücke zwischen Tierversuchen und therapeutischer Anwendung. Pharmakopsychologische Untersuchungen im psychopharmakologischen Ansatz können unter vielen Perspektiven durchgeführt werden. Die Erfassung kann eher substanzbezogen oder wirkungs-/wirkungsmechanismusbezogen sein.

Ad (2): Verhaltensdaten aus pharmakopsychologischen Untersuchungen können mindestens Hinweise auf Klassenzugehörigkeiten neuer Stoffe oder auf Klassifikationsmöglichkeiten vorhandener Stoffe erbringen. Wesentlich ist auch die Möglichkeit, Klassifikationssysteme anhand von Verhaltensdaten zu erstellen (vgl. Carlton 1983). Die dabei verwendete Methodik reicht von einfachen intuitiven Methoden, etwa an Hand von Schlüsselmerkmalen (vgl. Abschn. 2), bis zu multivariaten Methoden (kurzer Überblick bei Kallus und Janke 1988).

Ad (3): Psychische Wirkungen von Psychopharmaka sind nach der Auffassung der meisten Autoren Resultat des Zusammenwirkens biochemischer, physiologischer und psychologischer Faktoren. Die von der Pharmakologie eingebrachten biochemisch und physiologisch orientierten Überlegungen zur Interpretation der Wirkung und des Wirkungsmechanismus können durch pharmakopsychologische Befunde ergänzt werden (z.B. Interpretation einer vermeintlich spezifisch anxiolytischen Wirkung als Folge unspezifischer Desaktivierung).

3.4.3 Pharmakopsychologie als psychologische Grundlagenforschung

Pharmakopsychologische Befunde sind von grundsätzlicher Bedeutung für die Grundlagenforschung in verschiedenen Teildisziplinen der Psychologie (Janke 1961, 1988, Russell 1960, Warburton und Wesnes 1984). Die Bedeutung bezieht sich einmal auf die Verwendung von Pharmaka als Forschungsmethode ("research tool"), zum anderen auf den inhaltlichen Beitrag pharmakopsychologischer Befunde zur Variierbarkeit psychischer Vorgänge und zu den Beziehungen zwischen somatischen und psychischen Vorgängen. Für die Physiologische Psychologie stellt die Verabreichung von Pharmaka eine zentrale Forschungsstrategie dar. Sie zeichnet sich gegenüber anderen klassischen Methoden wie Läsionen durch die Reversibilität und die Quantifizierbarkeit (Dosierbarkeit) der erzielten Effekte aus. Beim Menschen ist die Verabreichung von Pharmaka vielfach die einzig praktikable Methode, somatische Prozesse direkt zu verändern und damit in der Funktion von unabhängigen Variablen zu untersuchen. Die Spezifität der so erzielten somatischen Veränderungen ist – wie in zunehmendem Maße mit Verfeinerung von neurochemischen Nachweismethoden klar wird – allerdings häufig nicht sehr groß, da die meisten gegenwärtig verfügbaren Stoffe in mehrere Systeme eingreifen. Deshalb bezieht sich die moderne pharmakopsychologische Forschung bei der Untersuchung somato-psychischer Beziehungen in der Regel auch nicht auf einzelne Substanzen, sondern auf mehrere. Im Tierversuch ist zusätzlich die Möglichkeit gegeben, durch lokalisierte Applikationstechniken (intracerebral) und direkte Kontrolle der erzielten neurophysiologisch-neurochemischen Veränderungen den Wirkungsort und die Wirkungsart der verabreichten Stoffe genauer einzugrenzen. Mehr noch als vor einigen Jahren ist man heute – aufgrund der Entwicklung neuer neurochemischer Nachweismethoden und Erkenntnisse – in der Lage, den Weg eines Stoffes von seinen primären Wirkungen auf neurochemische Vorgänge, über die daraus resultierenden neurophysiologischen Funktionsalterationen bis hin zu den psychischen Veränderungen zu verfolgen. Die Pharmakopsychologie bezieht deshalb bei der Erforschung somato-psychischer Beziehungen zunehmend Hypothesen über die neurochemischen Wirkungen mit ein und entwickelt sich damit in Richtung einer Teildisziplin der Physiologischen Psychologie, der Neurochemopsychologie.

Die Anwendung von Pharmaka ist jedoch nicht auf die physiologisch-psychologische Grundlagenforschung begrenzt und daher auch nicht von genauen Kenntnissen über deren Wirkungen innerhalb des Organismus abhängig. Viele pharmakopsychologische Untersuchungen sind nämlich vorwiegend oder allein an den auftretenden Verhaltensänderungen orientiert. Das Pharmakon ersetzt andere Reizbedingungen, die innerhalb der psychologischen Forschung zur Erzielung psychischer Veränderungen benutzt werden können. Besonders wenn vorübergehende Veränderungen des psychischen Zustandes angezielt sind, kann das Pharmakon aufgrund seiner besonderen Praktikabilität und der über Dosisvariationen relativ einfachen Abstufbarkeit anderen Methoden der experimentellen Psychologie überlegen sein. So ist es einfacher, über verschiedene Dosen eines Schlafmittels unterschiedliche Grade von "Müdigkeit" herbeizuführen als über andere Bedingungen, die vergleichsweise mühsam zu realisieren sind (z. B. mentale Belastung, Schlafentzug). Hinzu kommen die besseren Kontrollmöglichkeiten von Störfaktoren, die mit Hypothesen des Versuchsleiters und der Probanden über die Wirkung der Untersuchungsbedingungen zusammenhängen (Doppelblind-Anordnung).

Durch die besseren Kontrollmöglichkeiten bieten pharmakopsychologische Untersuchungen gute Voraussetzungen, entsprechende Hypothesen gezielt zu manipulieren. Die pharmakopsychologische Forschung hat deshalb wesentlich zu einer kritischen Reflexion der experimentellen Untersuchungsmethodik beigetragen.

Allerdings stellen sich der Verwendung von Pharmaka als experimentelle Stimuli Schwierigkeiten entgegen. Die wichtigste resultiert aus der Tatsache, daß das verabreichte Pharmakon nicht selbst als Stimulus zu sehen ist, sondern bis zu seiner Wirksamkeit im Gehirn zahlreiche Wege, beginnend bei der Aufnahme und bei der Verteilung im Organismus zurückzulegen hat (zu pharmakologischen Grundlagen vgl. NETTER und NETTER 1983).

Beiträge zur Motivationsforschung

Die pharmakopsychologische Motivationsforschung bezieht sich schwerpunktmäßig auf zwei grundlegende Fragenkomplexe.

(1) Abhängigkeit der Pharmakonwirkung von motivationalen Vorgängen: Die intra- und interindividuelle Variabilität der Wirkungen psychotroper Substanzen ist nicht allein durch biochemisch begründete Wirkungsunterschiede erklärbar. Eine mindestens ebenso bedeutsame Varianzquelle sind motivationale Faktoren, die bereits bei der Verabreichung des Pharmakons in Form von Einstellungen und Suggestionsvorgängen wirksam werden (vgl. HIPPIUS et al. 1986, JANKE 1986b, NETTER 1986a). Sie setzen sich in ihrer Einflußmöglichkeit bei der Wahrnehmung und subjektiven Bewertung der somatischen und psychischen Wirkung fort. Die letztlich registrierte Pharmakonwirkung ist damit auch das Resultat von Wahrnehmungs-, Bewertungs- und Bewältigungsprozessen. Ähnlich wie in der Streßforschung ist davon auszugehen, daß der Proband auf die Verabreichung und die (subjektiv wahrgenommene) einsetzende Wirkung eines Pharmakons mit aktiven Bewältigungsvorgängen ("Coping") reagiert. Die Analogie zum Streßmodell ist insofern naheliegend, als viele psychotrope Stoffe erhebliche Abweichungen vom normalerweise gegebenen Befinden induzieren. Ein "Pharmakonbewältigungsmodell" wurde von JANKE (1983b) vorgeschlagen. Es ist in Abb. 3.4.1 wiedergegeben.

(2) Beeinflussung der Motivationsintensität/-qualität durch Pharmaka: Alle psychotropen Stoffe beeinflussen dosisabhängig die allgemeine Aktiviertheit. Es ist deshalb zu erwarten, daß Psychopharmaka die Stärke beliebiger motivationaler Vorgänge verändern. Darüberhinaus konnte in neurochemisch orientierten Untersuchungen wahrscheinlich gemacht werden, daß grundlegende Motivationsqualitäten spezifische Beziehungen zu bestimmten neurochemischen Systemen aufweisen, so etwa die Verknüpfung eines alpha-noradrenergen Systems mit Hunger und eines cholinergen Systems mit Durst, eines serotonergen Systems mit Aggression, eines Neuropeptidsystems (Endorphine) mit Schmerz- und Streßgeschehen und bestimmter cholinerger und serotoninerger Systeme mit grundlegenden Aggressionsformen.

Beiträge zur Differentiellen Psychologie

Unterschiede in der Wirkungsstärke und Wirkungsart chemischer Stoffe wurden schon immer auf individuelle Besonderheiten zurückgeführt. Von daher wurde angenommen, daß die Reaktion auf Pharmaka

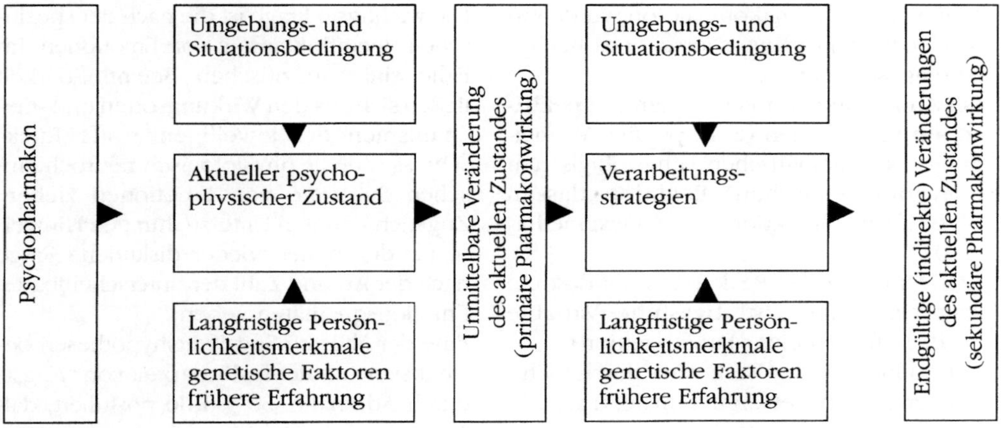

Abb. 3.4.1. Modell zur Abhängigkeit der Wirkung von Psychopharmaka von aktuellen und langfristigen Personmerkmalen und von Umgebungs- und Situationsfaktoren (nach Janke et al. 1979)

auf die Persönlichkeit rückschließen läßt ("Pharmako-Charakterologie"). Auch die Möglichkeit, bei Kenntnis der Persönlichkeit die Wirkung von Pharmaka vorauszusagen, wurde schon früh gesehen. Viele Typologien unterstellen implizit oder explizit die somatische Fundierung ihrer Typen. Pharmaka können nun als Forschungswerkzeuge diese Annahme untermauern, weil zu erwarten wäre, daß ein Individuum je nach biochemischer Struktur reagiert. Zu den ältesten Ansätzen gehört der von Pawlow. Die von ihm bei Tieren erarbeiteten und auf den Menschen erweiterten Typen höherer Nerventätigkeit reagieren unterschiedlich auf Pharmaka. Am häufigsten sind wohl die Kretschmerschen Typen hinsichtlich ihrer Pharmakonreaktivität diskutiert worden. Auch andere Körperbautypen wurden verglichen (zusf. Netter 1983). Der bekannteste Ansatz stammt von H.-J. Eysenck, der mit seinem sog. Drogenpostulat annimmt, daß **Extravertierte und Introvertierte** sich hinsichtlich der Erregungs-/Hemmungsbalance im reticulo-corticalen System unterscheiden und dementsprechend unterschiedlich auf Pharmaka antworten (Eysenck 1957, zusf. Eysenck 1983a, b).

Als weiteres Persönlichkeitsmerkmal ist in vielen Untersuchungen **Neurotizismus** bzw. **Emotionale Labilität** herausgestellt worden. Untersuchungen mit Tranquillantien, Neuroleptika, Schlafmitteln und Stimulantien von Janke (1964) zeigten, daß Gruppen, die sich durch den Grad des Neurotizismus unterschieden, in ihren Reaktionen in allen Funktionsbereichen stark verschieden waren. Ein besonders wichtiges Ergebnis war aber auch, daß die Größe und die Art der Unterschiede nicht für alle Untersuchungsbedingungen konstant war. Dies bedeutet, daß die Beziehung zwischen Pharmakonreaktion und Neurotizismus durch **Situationsfaktoren** modifiziert wird (zusf. Janke 1983b). Ähnliches gilt auch für die Extraversion/Introversion.
Die Reaktionen auf Pharmaka sind demgemäß nur bei gleichzeitiger Betrachtung von Person- und Situationsmerkmalen hinreichend aufklärbar. Die Pharmakopsychologie ergänzt damit die Befunde, die sich in der sog. Interaktionismusdebatte innerhalb der Persönlichkeitspsychologie ergeben haben. In Anbetracht der sich aus den Wechselwirkungen höherer Ordnung ergebenden komplexen Beziehungen zwischen Persön-

lichkeit und Pharmakonreaktion wurden in den letzten Jahren neue Forschungsstrategien eingeschlagen, so u.a.:

(1) Aufklärung von Reaktionen in **spezifischen** psychischen (z. B. passive Vermeidung) oder somatischen (physiologischen oder biochemischen) Reaktionsklassen (z. B. Kortisolreaktion nach Dexamethason)

(2) Definition der Reaktionen als diskrete statt als quantitativ abgestufte Variable (z. B. Auftreten einer Panikreaktion)

(3) Aufklärung der Reaktivität durch nichtkonventionelle Personmerkmale, u.a.

a) durch genetische Faktoren
b) durch somatische Besonderheiten (z. B. Alter, Geschlecht, Rasse)
c) durch spezifische biochemische Besonderheiten (z. B. Rezeptorsensitivität, Enzymdefizits)
d) durch spezifische Verhaltenssysteme (z. B. Verhaltenshemmsytem nach Gray)
e) durch Persönlichkeitskonfigurationen (z. B. Extraversion/Neurotizismus, Impulsivität/Angst).

Beiträge zur Emotionsforschung

Die Hauptwirkungen vieler Psychopharmaka betreffen den emotionalen Bereich. Die meisten Emotionskonzepte beziehen somatische Vorgänge (ZNS, VNS, Hormonsystem) als ein Definitionsmerkmal von Emotionen ein. Pharmaka, die in die Aktivität dieser Systeme eingreifen, können daher benutzt werden, um deren Beziehungen zu psychischen, d.h. verhaltens- und erlebnismäßigen, Aspekten von Emotionen aufzuklären. Grundlegende Fragen der pharmakopsychologischen Emotionsforschung betreffen (1) die Beeinflußbarkeit der Stärke und Qualität einer Emotion, (2) die Beeinflussung des Gefühlsprozesses (Latenz, Verlauf, Dauer u.a.) und (3) die Beeinflußbarkeit spezifischer Emotionsqualitäten (z. B. von Angst ohne gleichzeitige Beeinflussung anderer Emotionsqualitäten wie Ärger oder Traurigkeit).

Die wichtigste Frage ist die nach der spezifischen Beeinflußbarkeit von Emotionen. Im Falle einer spezifischen Beeinflußbarkeit ließen sich aus den Wirkungsorten und -mechanismen der jeweiligen Stoffe Rückschlüsse auf die physiologisch-neurochemischen Substrate von Emotionen ziehen. Zugleich könnten Untersuchungen Hinweise für die immer wieder diskutierte Frage nach der Art und Zahl der unterscheidbaren Emotionsqualitäten geben.

Eine der ältesten Spezifitätshypothesen bezieht sich auf die Auslösbarkeit von "Angst" durch Adrenalin. So wurde postuliert, daß Angst durch ein bestimmtes vegetatives Reaktionsmuster gekennzeichnet ist. Die Möglichkeiten, Verknüpfungen zwischen vegetativen Reaktionsmustern und bestimmten Emotionen zu untersuchen, sind durch die Entwicklung von Stoffen, die die Aktivität vegetativ innervierter Systeme vergleichsweise spezifisch anregen oder hemmen (α- bzw. β-Rezeptoren-stimulierende/-blockierende Substanzen), erweitert worden. Die vorliegenden Untersuchungen lassen endgültige Schlußfolgerungen darüber, inwieweit spezifischen vegetativen Wirkungen auch bestimmte emotionale Effekte entsprechen, nicht zu. Die Erforschung wird dadurch erschwert, daß periphere vegetative Veränderungen nach den bisherigen Untersuchungsergebnissen weder als hinreichende noch als notwendige Bedingungen für das Entstehen von Emotionen zu betrachten sind (Erdmann 1983a, b).

Auch für die unmittelbar auf das ZNS wirkenden Stoffe ist noch nicht hinreichend geklärt, inwieweit einzelne dieser Stoffe Emotionen spezifisch zu beeinflussen vermögen. Nachdem auf der Basis der Wirkungsmechanismen der Antidepressiva längere Zeit neurochemische Hypothesen der Depression diskutiert wurden, steht derzeit die Annahme einer spezifisch "angstreduzierenden" Wirkung der Tranquillantien im Vordergrund, die die Basis für das neuropsychologische Angstmodell von Gray bildet

(Gray 1982). Das Postulat einer spezifischen Verknüpfung von Angst und neurochemischen Vorgängen sowie deren Beeinflußbarkeit durch psychotrope Stoffe ist gegenwärtig Gegenstand vieler Untersuchungen und Diskussionen (Janke et al. 1986, Janke und Netter 1986a, b). Es ist zu bezweifeln, daß "Anxiolytika" "angemessen" bezeichnet werden, weil weder eine gegenüber anderen Substanzen stärkere angstreduzierende Wirkung (Präparatspezifität), noch eine spezifische anxiolytische Wirksamkeit (Wirkungspezifität) nachgewiesen ist (Janke 1986a, Janke et al. 1986, Erdmann et al. 1992).

Beiträge zur Psychologie der Leistung

Mehr als in jedem anderen Bereich wurde die Pharmakopsychologie in der Leistungsforschung herangezogen. Besonders von H. Düker wurde diese bis auf Kraepelin zurückgehende Linie in Deutschland stark gefördert (Düker 1943, 1957; zur Geschichte vgl. Janke 1988). Auch gegenwärtig spielen Pharmaka eine dominierende Rolle als Forschungsmethoden der Leistungsforschung, in Deutschland vor allem G. Debus in Aachen, in Großbritannien Warburton und Hindmarch (z. B. Debus 1988, Debus und Börgens 1988, Hindmarch et al. 1988, Warburton und Wesnes 1984). Die vorliegende Forschung zeigt, daß Leistungen nicht verstanden werden können, wenn man, wie in den meisten Tests üblich, nur Endresultate betrachtet. Pharmakopsychologische Ergebnisse verdeutlichen, daß man Leistung als Prozeß fassen muß, an dem simultan und sukzessiv in der Regel in komplexen Interaktionen verschiedene Funktionen (u.a. Wahrnehmen, Denken, Behalten) und funktionsunabhängige allgemeine Komponenten (u.a. Aktiviertheit, Motivation, Koordination, Konzentration) beteiligt sind (zusf. Debus 1988).

Probleme der Leistungsmotivation: Untersuchungen mit Pharmaka zeigen in eindringlicher Weise, daß jedes Leistungsresultat nicht einfach als Ausdruck der Leistungsfähigkeit interpretiert werden kann, sondern durch zahlreiche zusätzliche Faktoren bestimmt wird. Neben der Leistungsfähigkeit spielt vor allem die Leistungsmotivation eine Rolle, die ihrerseits durch Faktoren wie Aktiviertheit, Rückkopplung, Hoffnung auf Erfolg, Angst vor Mißerfolg bestimmt wird. Sehr beeindruckend sind Untersuchungen mit desaktivierenden Stoffen, bei denen sich immer wieder zeigt, daß sie nicht zu Leistungsabfall führen müssen, sondern die Leistung gleich bleiben oder sogar zunehmen kann. Derartige Phänomene wurden von Düker erstmalig bei Alkohol beobachtet und damit erklärt, daß mäßige Dosen hemmender Stoffe das Individuum zu stärkerer Anspannung anregen, so daß letztlich paradoxe Leistungssteigerungen resultieren. Er bezeichnete dieses Phänomen als "reaktive Anspannungssteigerung" (Düker 1963; kritisch dazu Debus 1981). Auch bei Schlafmitteln konnte beobachtet werden, daß höhere Dosen geringere Leistungsbeeinträchtigungen zeigen können als niedrige (Forth 1965b, Lienert 1956). Die Nicht-Beeinträchtigung von Leistungen nach Verabreichung von hemmenden Substanzen findet ein Analogon in der Ermüdungsforschung. Wie sie immer wieder gezeigt hat, sind insbesondere Leistungsvariablen gegenüber "Ermüdung" weitgehend invariant. Trotz vielstündiger Beanspruchung findet sich oft kein Leistungsabfall.

Dissoziation von "objektiver" und "subjektiver" Leistung: Häufig wird angenommen, daß die in Tests erfaßte Leistung im individuellen Fall mit der subjektiven Leistungsfähigkeit übereinstimmt. Tatsächlich weisen aber Ergebnisse der psychologischen Beanspruchungs- und Ermüdungsforschung auf Dissoziationen zwischen "objektiver" und "subjektiver" Leistung hin.

Auch in pharmakopsychologischen Untersuchungen findet sich regelmäßig, daß unter Pharmakoneinfluß die Veränderungen in verschiedenen Leistungstests intensitäts-, richtungs- und zeitverlaufsmäßig dissoziieren. Dieses gilt für Leistungsminderungen nach Einnahme von hemmenden wie auch für Leistungssteigerungen nach stimulierenden Substanzen. Solche Dissoziationen sind ebenso häufig nach mentaler Beanspruchung ohne Pharmaka. Pharmakopsychologische Untersuchungen ergänzen damit Befunde der Aktivierungs- und Ermüdungsforschung. Auch hier gehört es zu den bislang nicht geklärten Fragen, wieso subjektive und objektive Ermüdungsindikatoren oft dissoziieren. Pharmaka stellen insofern eine hilfreiche Methode dar, wie sie in relativ einfacher und ethisch vertretbarer Weise die Variation relativ starker Ausprägungen von Zuständen der Desaktivation und Aktivation erlauben. Unklar ist gegenwärtig, ob den subjektiv-objektiven Dissoziationen vergleichbare psychische Vorgänge zugrunde liegen. Eine Antwort ist auch deshalb nicht möglich, weil hier offensichtlich inhaltliche und methodische Faktoren zusammenwirken, die schlecht in den Griff zu bekommen sind. Wünschenswert wären zeitbezogene Analysen der subjektiven und objektiven Veränderungen mit verschiedenen Graden der Wahrnehmbarkeit der Leistungsergebnisse und verschiedenen Arten des Selbstberichts. Eine solche Untersuchung wurde von EHLERS (1966) durchgeführt, der zeigte, daß die Übereinstimmung subjektiver und objektiver Leistungsfähigkeit von der Beurteilungsmethode abhängt. Untersuchungsergebnisse mit Dissoziationen sind theoretisch interessant, weil sie sich in besonderer Weise bei bestimmten Stoffen zeigen, in der Untersuchung von EHLERS bei Pemolin, das objektiv gute "Mittelklasse" ist, subjektiv aber gar nicht oder sogar beeinträchtigend wirkt. Für Pemolin wurde dies schon von LIENERT und JANKE (1957) beschrieben und als Ausdruck eines physiologischen Wirkungsmechanismus interpretiert. Die Leistungssteigerung wurde als Ausdruck kortikaler Aktivierung und die fehlende subjektive Leistungssteigerung als Ausdruck subkortikaler oder limbischer Dämpfung interpretiert.

Dissoziationen zwischen verschiedenen Leistungsarten: Eine Fülle von Befunden zeigt, daß die Wirkung eines Pharmakons auf verschiedene Leistungsarten, etwa Rechenleistung, Reaktionszeit oder Intelligenztestleistung, vollkommen unterschiedlich sein kann. Ein Stimulans kann je nach Test die Leistung steigern oder mindern oder gar nicht beeinflussen, ebenso wie eine sedierende Substanz nicht nur leistungsmindernd, sondern auch leistungssteigernd oder überhaupt nicht wirken kann. Man hat das oft als unterschiedliche Beeinflussung von Funktionen betrachtet und von pharmakonsensitiven und -insensitiven Funktionen gesprochen (z. B. MCNAIR 1973). Das ist sicher richtig. Genauere Analysen ergeben aber oft, daß es nicht die unterschiedlich sensitiven Funktionen sind, sondern andere Merkmale. Dies wird deutlich, wenn man eine Leistungsart unter verschiedenen Bedingungen betrachtet.

Dissoziationen zwischen Leistungen der gleichen Art unter verschiedenen Bedingungen: Ein und dieselbe Art von Leistungen kann in Abhängigkeit von bestimmten Bedingungen stark unterschiedlich durch Pharmaka beeinflußt werden. Derartige Bedingungen sind der Komplexitätsgrad, Geschwindigkeitsorientierung vs. Niveauorientierung und Rückmeldung vs. Nicht-Rückmeldung über Leistungserfolg. Eine bestimmte Leistungsart, etwa die Reaktionszeit oder die Leistungsmenge in einem Rechentest, wird abhängig von Komplexitätsgrad, Geschwindigkeits- und Rückkoppelungsbedingungen und vielen anderen Merkmalen durch ein und dieselbe Substanz ganz unterschiedlich beeinflußt. In pharmakopsychologischen Untersuchungen werden solche Abhängigkeiten oft deutlicher als bei anderen Störreizen. Dennoch ist davon auszugehen, daß selbst einfache Leistungstests gleichzeitig oder sukzessiv komplexe Handlungen erfordern. Zugleich zeigen Untersuchungen mit Pharmaka, daß die Leistungsvariablen nicht unabhängig von Subjekt- und Situationsfaktoren gesehen werden dürfen (zusf. JANKE 1983a, JANKE et al. 1979, NETTER 1986b, 1988). Erst die gemeinsame Betrachtung von Leistungsvariablen sowie Subjekt- und Situationsfaktoren ermöglicht eine genaue Analyse.

Beiträge zur Gedächtnisforschung

In starkem Maße hat sich die Gedächtnisforschung pharmakopsychologischer Untersuchungen bedient. Gegenwärtig stehen alterskorrelierte und krankheitsbedingte Gedächtnisbeeinträchtigungen und ihre Beeinflussungsmöglichkeiten im Vordergrund des Interesses, vor allem wegen der Befunde, daß die Alzheimersche Krankheit mit einem zentralen Acetylcholinmangel verbunden ist, und der immer stärker werdenden Evidenz, daß viele Neuropeptide sowie Hormone (etwa ACTH, Corticosteroide) Informationsaufnahme, -speicherung und -wiedergabe beeinflussen. Eine Fülle von Untersuchungen bemüht sich, durch gezielte hypothesengeleitete Verabreichung von Pharmaka, Neuropeptiden/Neurohormonen spezifische Verknüpfungen zwischen Behaltensprozessen und neurochemischen Systemen zu finden, wobei Befunde zum cholinergen System die bislang überzeugendsten sind (WOLKOWITZ et al. 1985).

Neben diesen neueren Ansätzen stehen ältere, die eher auf aktivierungstheoretischen Überlegungen basieren. Bereits klassische Gedächtnistheorien (MÜLLER-PILZECKER, HEBB) gingen davon aus, daß die aufgenommene Information noch eine Zeitlang in Form von neuronalen Erregungsmustern "verbleibt", die entscheidend für die Gedächtniskonsolidierung sind. Durch die Applikation von Pharmaka wurde versucht, solche Erregungsprozesse zu fördern bzw. zu stören, um auf diese Weise die Konsolidierungshypothese zu überprüfen. Durch Verabreichung geeigneter Pharmaka zur Zeit der Informationsaufnahme und des -abrufs können auch Hypothesen zur Beziehung von Registrierungs- und Abrufvorgängen und Aktiviertheit überprüft werden. Dieser Ansatz ist schon zu Beginn der 70er Jahre ausführlich von McGAUGH diskutiert und praktiziert worden (McGAUGH und HERZ 1972). Die unterschiedlichen Ergebnisse, abhängig von dem Zeitpunkt der Verabreichung, unterstreichen die Notwendigkeit der differenzierten Betrachtung des Gedächtnisprozesses. Von besonderer Bedeutung sind in diesem Zusammenhang unter dem Begriff "zustandsabhängiges Lernen" bekannt gewordene Befunde, wonach Informationen am besten unter denjenigen organismischen Bedingungen abrufbar sind, unter denen sie erworben wurden. Dieses zunächst anhand pharmakologisch beeinflußter Zustände beschriebene Phänomen (zusf. ERDMANN 1979) wird inzwischen als "zustandsabhängiges Lernen bzw. Retrieval" auch in der allgemeinen Gedächtnisforschung vielfach diskutiert.

Literatur

CARLTON PL (1983) A primer of behavioral pharmacology. Concepts and principles in the behavioral analysis of drug action. Freeman, New York

DEBUS G (1977) Wirkung von Psychopharmaka und zugrundeliegende theoretische Vorstellungen. Pharmakopsychiatrie, Neuro-Psychopharmakologie 10: 109–118

DEBUS G (1981) Das Konzept der reaktiven Anspannungssteigerung. In: TENT L (Hrsg) Erkennen, Wollen, Handeln. Hogrefe, Göttingen, S 233–252

DEBUS G (1988) Leistung und Pharmaka. Aktivieren, Koordinieren, Konzentrieren und Steuern als pharmakologische Angriffspunkte. Arch Psychol 140: 247–259

Debus G, Börgens S (1988) Two experimental approaches to specifying drug effects: physiological and subjective state vs. information processing. In: Hindmarch I, Aufdembrinke B, Ott H (eds) Psychopharmacology and reaction time. Wiley, Chichester, pp 25–36

Debus G, Janke W (1978) Psychologische Aspekte der Pharmakotherapie. In: Pongratz L (Hrsg) Handbuch der Psychologie, vol 8,1. Hogrefe, Göttingen, S 2161-2227

Debus G, Janke W (1981) Psychopharmacology. German J Psychol 5: 149–168.

Debus G, Janke W (1986) Allgemeine und differentielle Wirkungen von Tranquillantien bei gesunden Personen im Hinblick auf Angstreduktion. In: Janke W, Netter P (Hrsg) Angst und Psychopharmaka. Kohlhammer, Stuttgart, S 135–149

DiMascio A (1970) Behavioral toxicity. In: DiMascio A, Shader RI (eds) Clinical handbook of psychopharmacology. Science House, New York, pp 185-193

DiMascio A, Klerman GL (1960) Experimental human psychopharmacology: the role of non-drug factors. In: Sarwer-Forner GJ (ed) The dynamics of psychiatric drug therapy. Thomas, Springfield

Dotzauer G, Hirschmann J (1971) Verkehrstüchtigkeit und Langzeittherapie. Schattauer, Stuttgart

Downing RW, Rickels K (1978) Nonspecific factors and their interaction with psychological treatment in pharmacotherapy. In: Lipton MA, DiMascio A, Killam KF (eds) Psychopharmacology: a generation of progress. Raven Press, New York, pp 1419–1428

Düker H (1943) Psychopharmakologische Untersuchungen über die Wirkung von Keimdrüsenhormonen auf die geistige Leistungsfähigkeit. Archiv Exp Pathol Pharmakol 202: 262–313

Düker H (1957) Leistungsfähigkeit und Keimdrüsenhormone. Barth, München

Düker H (1963) Über reaktive Anspannungssteigerung. Z Exp Angewandte Psychol 10: 46–72

Ehlers T (1966) Zur qualitativen Differenzierung pharmakonbedingter Leistungsmotiviertheit. Arzneimittelforschung 16: 306–308

Erdmann G (1979) Zustandsabhängiges Lernen bei Psychopharmaka. Psychol Beiträge 21: 450–473

Erdmann G (1983a) Autonomic drugs as tools in differential psychopharmacology. In: Janke W (ed) Response variability to psychotropic drugs. Pergamon Press, Oxford, pp 275–292

Erdmann G (1983b) Zur Beeinflußbarkeit emotionaler Prozesse durch vegetative Variation. Beltz, Weinheim

Erdmann G, Janke W, Neugebauer S, Wölwer W (1992) The specifity of the influence of tranquilizers on anxiety. Neuropsychobiology 24 (im Druck)

Eysenck HJ (1957) Drugs and personality. A theory and methodology. J Ment Sci 103: 119–131

Eysenck HJ (1983a) Drugs as research tools in psychology: experiments with drugs in personality research. Neuropsychobiology 10: 29–43

Eysenck HJ (1983b) Psychopharmacology and personality. In: Janke W (ed) Response variability to psychotropic drugs. Pergamon Press, Oxford, pp 127–157

Fein GG, Schwartz PM, Jacobson SW, Jacobson JL (1983) Experimental toxins and behavioral development: a new role for psychological research. Am Psychol 38: 1188–1197

Forth H (1966) Über die Wirkung verschiedener Dosen eines Schlafmittels auf einige psychische Leistungen. Psychol Beiträge 9: 3–46

Goldberg SR, Stolerman IP (eds) (1986) Behavioral analysis of drug dependence. Academic Press, New York

Gray JA (1982) The neuropsychology of anxiety. University Press, Oxford

Hartman DE (1988) Neuropsychological toxicology. Pergamon, New York

Heimann H (1964) Pharmakopsychologie und Psychiatrie. Akt Fragen Psychiat Neurol 1: 295–319

Heimann H (1969) Effects of psychotropic drugs on normal man. Confin Psychiat 12: 205–221

Heimann H (1971) Aussagemöglichkeiten des Probandenversuchs mit Psychopharmaka. Therapeutische Umschau 28: 241–245

Henningfield JE, Lukas SE, Bigelow GE (1986) Human studies of drugs as reinforcers. In: Goldberg SR, Stolerman IP (eds) Behavioral analysis of drug dependence. Academic Press, Orlando, pp 69-122

Hindmarch I, Aufdembrinke B, Ott H (eds) (1988) Psychopharmacology and reaction time. Wiley, Chichester

Hippius H, Überla K, Laakmann C, Hasford J (Hrsg) (1986) Das Placebo-Problem. Fischer, Stuttgart

Hobi V (1982) Psychopharmaca, psychic illness and driving ability: a contribution to the debate. J Int Med Res 10: 283–305

Hobi V (1983) Psychopharmaka und Fahrverhalten. In: Langer G, Heimann H (Hrsg) Psychopharmaka: Grundlagen und Therapie. Springer, Wien New York, S 649–661

Janke W (1961) Über die Bedeutung pharmakopsychologischer Untersuchungen für die psychologische Grundlagenforschung. Sitzungsber Ges z Förderung der Naturw zu Marburg 83/84: 277–296

Janke W (1964) Experimentelle Untersuchungen zur Abhängigkeit der Wirkung psychotroper Substanzen von Persönlichkeitsmerkmalen. (Ein Beitrag zur Begründung einer differentiellen Pharmakopsychologie.) Akademische Verlagsgesellschaft, Frankfurt

Janke W (1965) Untersuchungen zur Frage von Wirkungsunterschieden von Fluphenazin nach erst- und mehrmaliger Applikation. Psychopharmacologia 7: 349-365

Janke W (ed) (1983a) Response variability to psychotropic drugs. Pergamon Press, Oxford

Janke W (1983b) Response variability to psychotropic drugs: overview of the main approaches to differential pharmacopsychology. In: Janke W (ed) Response variability to psychotropic drugs. Pergamon Press, Oxford, pp 33–65

Janke W (1985) Clinical efficacy of drugs predicted from drug effects after short-term administration in animals, normal subjects and patients. Neuropsychobiology 13: 53–54

Janke W (1986a) Probandenmodelle zur Vorhersage therapeutischer Wirkungen von angstbeeinflussenden Stoffen. In: Janke W, Netter P (Hrsg) Angst und Psychopharmaka. Kohlhammer, Stuttgart, S 107–131

Janke W (1986b) Untersuchungen zur Placeboreaktivität: Vorhersagbarkeit der Reaktion gesunder Personen auf Placebo mit Stimulans-Instruktion. In: Hippius H, Überla K, Laakmann C, Hasford J (Hrsg) Das Placebo-Problem. Fischer, Stuttgart, S 151–171

Janke W (1988) Pharmaka als Forschungswerkzeuge in der Leistungsforschung: Zu Heinrich Dükers Bedeutung für die Pharmakopsychologie. Arch Psychol 140: 223–245

Janke W (1990) Zur emotionalen Wirkung von Neuroleptika bei gesunden Personen. In: Pöldinger W (Hrsg) Neuroleptika in niedrigen Dosierungen. Braun, Karlsruhe

Janke W (1991) Zur emotionalen Wirkung von Neuroleptika bei gesunden Personen. In: Pöldinger W (Hrsg) Niedrigdosierte Neuroleptika bei ängstlich-depressiven Zustandsbildern und psychosomatischen Erkrankungen. Braun, Karlsruhe, S 9-22

Janke W, Debus G (1968) Experimental studies on antianxiety agents with normal subjects: methodological considerations and review of the main effects. In: Efron DH, Cole JO, Levine J, Wittenborn JR (eds) Psychopharmacology: a review of progress. US Government Printing Office, Washington, pp 205–230

Janke W, Debus G (1972) Double-blind psychometric evaluation of pimozide and haloperidol versus placebo in emotionally labile volunteers under two different work load conditions. Pharmakopsychiatr Neuro-Psychopharmakol 5: 34–51

Janke W, Debus G (1975) Pharmakopsychologische Untersuchungen an gesunden Probanden zur Prognose der therapeutischen Effizienz von Psychopharmaka. Arzneimittelforschung 25: 1185–1194

Janke W, Netter P (1986a) Angstbeeinflussung durch Pharmaka: Methodische Ansätze und Grundprobleme. In: Janke W, Netter P (Hrsg) Angst und Psychopharmaka. Kohlhammer, Stuttgart, S 43–71

Janke W, Netter P (Hrsg) (1986b) Angst und Psychopharmaka. Kohlhammer, Stuttgart

Janke W, Debus G, Longo H (1979) Differential psychopharmacology of tranquilizing and sedating drugs. In: Boissier JR (ed) Differential psychopharmacology of anxiolytics and sedatives. Karger, Basel, pp 13–98

Janke W, Debus G, Erdmann G (1986) Angstreduzierende Wirkung von Psychopharmaka bei gesunden Personen. Überblick über Ergebnisse experimenteller Untersuchungen und Schlußfolgerung zur Bedeutung des Probandenversuches zur Prädiktion anxiolytischer Wirkungen bei Patienten mit Angstsyndromen. In: Keup W (Hrsg) Biologische Psychiatrie. Forschungsergebnisse. Springer, Berlin Heidelberg New York Tokyo, S 339–352

Kallus W, Janke W (1988) Klassenzuordnung. In: Jäger R (Hrsg) Psychologische Diagnostik. Psychologie Verlagsunion, München, S 131–145

Klebelsberg D (1962) Unterschiedliche Auswirkungen einer Blutalkoholkonzentration von 1,0 Promille bei einzelnen psychischen Komponenten der Fahrtüchtigkeit. Z Exp Angewandte Psychol 9: 1–11

Klebelsberg D (1969) Risikoverhalten als Persönlichkeitsmerkmal. Huber, Bern

Lienert GA (1956) Pharmakopsychologische Untersuchungen über die Wirkungsunterschiede einiger Schlafmittel. Arch Exp Pathol Pharmakol 228: 176–178

Lienert CA, Janke W (1957) Pharmakopsychologische Untersuchungen über 5-phenyl-2-imino-4-oxy-oxazolid. Arzneimittelforschung 7: 436–439

McGaugh JL, Herz MJ (1972) Memory consolidation. Albion, San Francisco

McNair DM (1973) Antianxiety drugs and human performance. Arch Gen Psychiatry 29: 611–617

Munkelt P (1965) Persönlichkeitsmerkmale (psychische Stabilität und Geschlecht) als Bedingungsfaktoren der psychotropen Arzneimittelwirkung. Psychol Beiträge 8: 98–183

Netter P (1983) Somatic factors as predictors of psychotropic drug response. In: Janke W (ed) Response variability to psychotropic drugs. Pergamon Press, Oxford, pp 67–95

Netter P (1986a) Systematik der am Placeboeffekt beteiligten Faktoren und Beispiele für ihre statistischen Wirkungen und Wechselwirkungen. In: Hippius H, Überla K, Laakmann G, Hasford J (Hrsg) Das Placebo-Problem. Fischer, Stuttgart, S 61–75

Netter P (1986b) Psychologische Faktoren bei der Wirksamkeitsbekämpfung von Arzneimitteln. In: Baltzer J (Hrsg) Sozialpolitik und Recht, Bd 9. Arzneimittel in der moderenen Gesellschaft. Heymanns, Köln, S 118–137

Netter P (1986c) Einflußfaktoren auf die zentralnervöse Wirkung von Beta-Rezeptorenblokkern. In: Janke W, Netter P (Hrsg) Angst und Psychopharmaka. Kohlhammer, Stuttgart, S 169–204

Netter P (1988) Individual differences in benzodiazepine-induced changes of memory. In: Hindmarch I, Ott H (eds) Benzodiazepine receptor ligands, memory and information processing. Springer, Berlin Heidelberg New York Tokyo, pp 90–113

Netter KJ, Netter P (1983) Pharmacokinetic factors: some basic principles and their influence on psychotropic drug response. In: Janke W (ed) Response variability to psychotropic drugs. Pergamon Press, Oxford, pp 3–29

Riley EP, Vormees CV (eds) (1986) Handbook of behavioral teratology. Plenum Press, New York

Russell RW (1960) Drugs as tools in behavioral research. In: Uhr L, Miller JG (eds) Drugs and behavior. Wiley, New York, pp 19–40

Warburton DM, Wesnes K (1984) Drugs as research tools in psychology. Cholinergic drugs and information processing. Neuropsychobiology 11: 121–132

Weiss B (1984) Behavior as a measure of adverse response to environmental contaminants. In: Iversen LL, Iversen SD, Snyder SH (eds) Handbook of psychopharmacology, vol 18. Drugs, neurotransmitters, and behavior. Plenum, New York, pp 1–57

Wolkowitz OM, Tinklenberg JR, Weingartner H (1985) A psychopharmacological perspective of cognitive functions. Neuropsychobiology 14: 88–97, 133–156

Neuro-Psychopharmaka, Bd. 1
Riederer P. / Laux G. / Pöldinger W. (Hrsg.)

4 Psychometrie, Rating-Skalen, Evaluation

M. Philipp

4.1 Einleitung

Die psychopharmakologische Evaluationsforschung benötigt psychometrische Instrumente, welche die gewünschten und unerwünschten Wirkungen der Psychopharmakotherapie zutreffend (valide) und zuverlässig (reliabel) erfassen und die untersuchten Patientenstichproben psychopathologisch derart eindeutig charakterisieren, daß die beobachteten Behandlungseffekte an vergleichbaren Patientengruppen reproduzierbar werden können. Dem erstgenannten Ziel dienen die in ihrer Reliabilität und Validität ausgewiesenen Schweregradskalen, für das zweitgenannte Ziel werden explizit definierte (operationalisierte) Diagnosekriterien eingesetzt. Gegenstand der folgenden Übersicht werden folglich jene Schweregradskalen und Diagnosekriterien sein, die in der psychopharmakologischen Evaluationsforschung Einsatz finden. Eine Vollständigkeit der Darstellung aller gegenwärtig in der Psychiatrie verwendeten psychometrischen Instrumente und diagnostischen Verfahren wird auf keinen Fall angestrebt; auch viele in der an der psychoanalytischen Prozessforschung oder in der verhaltenstherapeutischen Evaluationsforschung verwendeten Instrumente werden nicht erwähnt werden, weil die durch sie erfaßten Zielkonstrukte über das symptomorientierte Zielkonstrukt der psychopharmakologischen Evaluationsforschung hinausgehen oder aber völlig von ihm abweichen.

Es kann hier die Frage nur am Rande gestreift werden, in wie weit die tradierte Orientierung der psychopharmakologischen Evaluationsforschung an Erlebens- und Verhaltenssymptomen tatsächlich für die Gesamtheit all jener Effekte repräsentativ ist, die sich unter einer psychopharmakologischen Behandlung im psychosozialen und biologischen Bereich ergeben. Eine Fülle von Pharmakawirkungen auf soziales Anpassungsverhalten, unbewußte Abwehrmechanismen, subjektive Lebensqualitätseinschätzung und neurobiologische Regelgrößen (z. B. elektrophysiologische, psychophysiologische, neuroendokrinologische Parameter) gehören jedenfalls gegenwärtig noch nicht zum obligaten Kernbereich der Wirksamkeits- und Verträglichkeitsbeurteilung in der Psychopharmakologie. Sie sind vielmehr fakultativen Spezialuntersuchungen vorbehalten, deren hoher apparativer Aufwand dem Monitoring psychosozialen Verhaltens und neurobiologischen Funktionierens auch zukünftig Anwendungsgrenzen setzen wird.

4.2 Schweregradskalen

Die im folgenden Hauptabschnitt erwähnten Schweregradskalen zur Fremd- und Selbstbeurteilung können aus Platzgründen nur vergleichend diskutiert, nicht aber im Wortlaut wiedergegeben werden; der interessierte Leser wird hierzu auf die jeweilige Erstpublikation und – soweit zutreffend – auf die deutschsprachige Sammeldarstellung durch das Collegium Internationale Psychiatriae Scalarum (CIPS 1986) verwiesen. Anders als in der CIPS-Sammlung wird in der folgenden Übersicht auf eine systematische Darstellung testtheoretischer Eigenschaften verzichtet, um dafür vergleichende Aspekte zwischen konkurrierenden Skalen zu betonen und somit dem interessierten Leser Hilfestellungen in der Auswahl geeigneter Skalen für die Projektierung psychopharmakologischer Evaluationsstudien zu geben.

Nach einer allgemeinen Übersicht über Fremd- und Selbstbeurteilungsskalen wird eine syndrombezogene Auswahl von Schweregradskalen vorgestellt werden. Die dort getroffene Auswahl beruht einerseits auf einer Sichtung aller Skalen, die in psychopharmakologischen Evaluationsstudien der Jahrgänge 1986 bis 1990 der Zeitschriften "Pharmacopsychiatry", "Journal of Clinical Psychopharmacology" und "Psychopharmacology Bulletin" Verwendung fanden; andererseits gehen die allgemeinen Empfehlungen europäischer Consensus-Konferenzen (Angst et al. 1989, Amaducci et al. 1990) in die Skalenauswahl mit ein. Naturgemäß spiegelt die Auswahl und Gewichtung der abgehandelten Skalen aber die persönliche Ansicht des Autors wider, sodaß die folgende Darstellung letztlich nur als Empfehlungen des Autors verstanden werden sollten.

4.2.1 Allgemeine Gesichtspunkte

Zur Gütebeurteilung von Schweregradskalen steht das gesamte von der klassischen Testtheorie (Lienert 1969) entwickelte Inventar von Beurteilungskriterien zur Verfügung: inhaltliche Validität, Trennschärfe, interne Konsistenz, Reliabilität und externe Validität. Darüberhinausgehend bietet die probabilistische Testtheorie (Mokken 1972) zusätzliche Beurteilungskriterien der Verträglichkeit mit bestimmten testtheoretischen Modellen an (z. B. Homogenität und Transferabilität im Rahmen des Rasch-Modells). Alle im folgenden besprochenen Skalen können zumindest ausreichende Kennwerte bezüglich Trennschärfe, interner Konsistenz, split-half-Reliabilität und joint- bzw. test-retest-Reliabilität aufweisen; auf diese Aspekte soll bei der Besprechung der einzelnen Skalen deshalb nicht näher eingegangen werden. Die inhaltliche Validität der konstituierenden Items und ihrer Stufendefinitionen läßt dagegen durchaus unterschiedliche Wertungen zu, die gerade in solchen Bereichen hilfreich sein können, in denen mehrere Schweregradskalen miteinander konkurrieren. Die Veränderungssensitivität ist gerade für die serielle Anwendung von Schweregradskalen in Therapiestudien ein zentral wichtiges Gütekriterium (Montgomery und Asberg 1979); entsprechende Kennwerte liegen jedoch nur für einen Teil der üblicherweise verwendeten Skalen vor. Explizite Untersuchungen zur externen Validität können nur relativ wenige Skalen aufweisen; im Rahmen der psychopharmakologischen Evaluationsforschung interessiert in diesem Zusammenhang besonders die Diskriminanzfähigkeit zwischen Verum- und Placebobehandlungsgruppen. Modellverträglichkeitsuntersuchungen (z. B. am Rasch-Modell) sind schließlich ausgesprochene Seltenheiten; ihre Ergebnisse werden allerdings im Bereich der vergleichenden Beurteilung konkurrierender Depressionsskalen zu beachten sein.

4.2.2 Fremdbeurteilungsskalen

Den Fremdbeurteilungsskalen wird ein deutlich größerer Raum eingeräumt werden als den Selbstbeurteilungsskalen. Dies spiegelt zunächst den Bedeutungsunterschied beider Klassen von Schweregradskalen in der bisherigen psychopharmakologischen Evaluationsforschung wider: konfirmative Hypothesenprüfungen zur Gleichwirksamkeit gegenüber Standardsubstanzen und zur Wirksamkeitsüberlegenheit gegenüber Placebo werden in den allermeisten Syndrombereichen bislang ausschließlich auf Fremdbeurteilungsebene durchgeführt; Selbstbeurteilungsskalen werden zu explorativen Zwecken zusätzlich in solchen Bereichen eingesetzt, die einer kritischen Selbstbeurteilung zugänglich sind (ANGST et al. 1989). In formaler Hinsicht lassen sich die zur psychopharmakologischen Wirksamkeitsbeurteilung eingesetzten Fremdbeurteilungsskalen in eindimensionale Skalen, mehrdimensionale Skalen und Globalskalen unterscheiden. Eindimensionale Skalen decken jeweils ein klinisch definiertes Syndrom ab (z. B. schizophrenes, depressives, manisches Syndrom, angstbezogenes, hirnorganisches Syndrom); mehrdimensionale Skalen umgreifen mehrere oder alle Syndrombereiche und erlauben in der Regel eine Auswertung sowohl in Form eines Summenscores über alle Bereiche als auch in Form einzelner klinischer und/oder faktorenanalytisch abgesicherter Syndromscores. Globalskalen beurteilen schließlich zusammenfassend den Schweregrad der gesamten Symptomatik, und zwar unabhängig von ihrer syndromalen Ausprägung.

Eindimensionale Fremdbeurteilungsskalen

Eindimensionale Fremdbeurteilungsskalen sind zumeist auf allgemein gängige klinisch definierte Syndrome zugeschnitten. Einige von ihnen spiegeln allerdings konzeptuelle Besonderheiten wider, die (noch) keine allgemeine Anerkennung gefunden haben – etwa das auf CROW (1980) und ANDREASEN (1982) zurückgehende Konzept der Zwei-Typen-Schizophrenie in den Andreasen-Skalen für negative (SANS) und positive (SAPS) Symptome (ANDREASEN 1981, 1984). Andere wieder lassen eine faktorenanalytisch begründete weitere Unterteilung in Teilsyndrome zu – etwa das Syndrom der körperlichen und der psychischen Angst in der Hamilton Angst-Skala (HAMILTON 1959). Schließlich werden hier auch solche Skalentypen angeführt, die nur auf einen bestimmten Symptombereich abheben, also keine Syndromskalen im engeren Sinne darstellen – etwa die Hemmungsskalen und die Schlafskalen. Allen Skalen ist gemeinsam, daß sie Eingang in die psychopharmakologische Evaluationsforschung gefunden haben, indem sie jeweils eine für bestimmte Psychopharmaka zugängliche Zielsymptomatik quantitativ erfassen lassen. Tabelle 4.1 gibt eine Übersicht über die eindimensionalen Fremdbeurteilungsskalen; eine eingehendere Besprechung erfolgt im Abschnitt über die syndrombezogene Skalenauswahl.

Mehrdimensionale und globale Fremdbeurteilungsskalen

Die in Tabelle 4.2 angeführten mehrdimensionalen Fremdbeurteilungsskalen erlauben eine faktorenanalytisch für alle vier Skalen hinreichend abgesicherte Auswertung in allen klinisch relevanten Syndrombereichen.

Von diesen Skalen hat das AMDP-System (AMDP 1981, Baumann und Stieglitz 1983) im deutsch- und französischsprachigen Raum die weiteste Verwendung gefunden, während die CPRS (Asberg et al. 1978) bislang weitgehend auf den skandinavischen Raum beschränkt blieb. Die IMPS (Lorr und Klett 1966) wurde überwiegend in Verlaufsuntersuchungen verwendet (siehe etwa Möller und v. Zerssen 1986) und findet in psychopharmakologischen Evaluationsstudien nur selten Anwendung; die aus der Urfassung der IMPS und einer anderen von Lorr konstruierten Skala kondensierte BPRS (Overall

Tabelle 4.1. Eindimensionale Fremdbeurteilungsskalen

Depressionsskalen	
HAMD	Hamilton Depressions-Skala (Hamilton 1960, 1967)
MADRS	Montgomery-Asberg Depressions-Skala (Montgomery und Asberg 1979)
BRMES	Bech-Rafaelsen Melancholie-Skala (Bech et al. 1980, 1986)
RDS	Raskin Depressions-Skala (Guy 1976)
Hemmungsskala	
WRS	Widlöcher Retardation Scale (Widlöcher 1983)
Angstskalen	
HAMA	Hamilton Angst-Skala (Hamilton 1959, Bech et al. 1986)
COAS	Covi Angst-Skala (Guy 1976)
CLAS	Clinical Anxiety Scale (Snaith et al. 1982)
WARS	Wang Anxiety Rating Scale (Wang et al. 1977, Wang und Kochar 1989)
CRAS	Clinician Rated Anxiety Scale (Marks und Sheehan; z.n. Albus et al. 1990)
LSRS	Liebowitz Sociophobia Rating Scale (Liebowitz 1990)
Zwangssyndromskalen	
OCRS	Obsessive Compulsive Rating Scale (Murphy et al. 1982)
YBOCS	Yale Brown Obsessive Compulsive Scale (Goodman et al. 1989a,b)
Manieskalen	
BMMS	Biegel-Murphy Manie-Skala (Biegel und Murphy 1971, Biegel et al. 1971, Murphy et al. 1974)
BRMAS	Bech-Rafaelsen Manie-Skala (Bech et al. 1978, 1980, 1986)
YMS	Young Manie-Skala (Young et al. 1978)
MSS	Manic State Scale (Blackburn et al. 1977)
Schizophrenieskalen	
SAPS	Skala für die Abbildung Positiver Symptome (Andreasen 1981)
SANS	Skala für die Abbildung Negativer Symptome (Andreasen 1981, 1982, Dieterle et al. 1986)
NSA	Negative Symptom Assessment (Alphs et al. 1989)
TLC	Thought, Language and Communication Disorders Scale (Andreasen 1979)
BSABS	Bonner Skala für die Beurteilung von Basissymptomen (Gross et al. 1987)
Borderline-/Schizotypie-Skalen	
SSI	Schizotypal Symptom Inventory (George und Soloff 1986, Soloff et al. 1987)
BDHI	Buss-Durkee Hostility Inventory (Buss und Durkee 1957)

und GORHAM 1962, 1976) hat sich trotz ihrer mehrdimensionalen Subskalierbarkeit nur im Bereich der Neuroleptika-Evaluation schizophrener und manischer Syndrome durchsetzen können, stellt bei schizophrenen Störungen allerdings bislang das Standardinstrument dar.

Das AMDP-System stellt das im deutschsprachigen Raum weitaus am besten untersuchte System zur psychiatrischen Befunderhebung dar (MÖLLER 1989, MÖLLER und VON ZERSSEN 1983). Neben den Belegen 1 bis 3 für die Anamneseerhebung sehen Beleg 4 und Beleg 5 100 vierstufige Items für den psychi-

Tabelle 4.1. Fortsetzung

Demenzskalen	
Klinischer Beurteilungscharakter	
BDS	Blessed Dementia Scale (BLESSED et al. 1968)
BCRS	Brief Cognitive Rating Scale (REISBERG et al. 1983, REISBERG und FERRIS 1988)
GRS	Geriatric Rating Scale (PLUTCHIK et al. 1970)
SCAG	Sandoz Clinical Assessment Geriatric Scale (SHADER et al. 1974, SHADER 1988, VENN 1983)
CDR	Clinical Dementia Rating (BERG et al. 1982, BERG 1988)
GDS	Global Deterioration Scale (REISBERG et al. 1982, 1988)
GAPS	Global Assessment of Psychiatric Symptoms (RASKIN et al. 1978, RASKIN und CROOK 1988a)
SIDAM	Strukturiertes Intervieu zur Diagnose seniler Demenzen vom Alzheimer-Typ, Multiinfarktdemenzen und Demenzen anderer Ätiologie (ZAUDIG et al. 1989, DICHTL und ZAUDIG 1990)
Kliniknaher Testcharakter	
ADAS	Alzheimer's Disease Assessment Scale (ROSEN et al. 1984, MOHS und COHEN 1988)
MMSE	Mini Mental State Examination (FOLSTEIN et al. 1975, COCKRELL und FOLSTEIN 1988)
SKT	Syndrom-Kurztest (ERZIGKEIT 1989)
Spezielle Gedächtnistests	
WMS	Wechsler Memory Scale (WECHSLER 1945)
DST	Digit Span Test (WECHSLER 1958)
FR	Free Recall (BUSCHKE 1973)
BVRT	Benton Visual Retention Test (BENTON 1974)
MFQ	Memory Functioning Questionaire (GILEUSKI und ZELINSKI 1988)
MMI	Age Associated Memory Impairment (CROOK et al. 1986, 1990)
Kombinerte Fremd- und Selbstbeurteilungsverfahren	
NAI	Nürnberger Alters-Inventar (OSWALD und FLEISCHMANN 1980, 1985, 1986)
CERAD	Consortium to Establish a Registry for Alzheimer's Disease test battery (MORRIS et al. 1988 a,b)
Angehörigen- und Pflegepersonal-Beurteilungsskalen	
NOSGER	Nurses' Observation Scale for Geriatric Patients (SPIEGEL et al. 1990, BRUNNER und SPIEGEL 1990)
GERRI	Geriatric Evaluation by Relative's Rating Instrument (SCHWARTZ 1983, 1988)
MOSES	Multidimensional Observation Scale for Elderly Subjects (HELMES et al. 1987, HELMES 1988)
RAGS	Relative's Assessment of Global Symptomatology (RASKIN 1985, RASKIN und CROOK 1988b)
BPC	Behavioral Problem Checklist (NIEDEREHE 1988)
BGP	Beurteilungsskala für geriatrische Patienten (KAM et al. 1971, CIPS 1986)
Entzugsskalen	
AWSS	Alcohol Withdrawal Syndrome Scale (BECH et al. 1989)
MAES	Mainzer Alkohol Entzugs-Skala (BANGER et al. 1991)
BSW	Benzodiazepine Withdrawal Scale (BUSTO et al. 1989)

schen Befund und 40 vierstufige Items für den somatischen Befund vor. Mehrere faktorenanalytische Untersuchungen haben relativ stabile Faktorenlösungen ergeben; die gegenwärtig verbindliche 9-Faktoren-Lösung (GEBHARDT et al. 1983) umfasst die Bereiche paranoid-halluzinatorisches Syndrom, depressives Syndrom, psychoorganisches Syndrom, manisches Syndrom, Hostilitätssyndrom, vegetatives Syndrom, apathisches Syndrom, Zwangssyndrom und neurologisches Syndrom. In Reliabilitätsstudien konnte eine zufriedenstellende Beurteilerübereinstimmung ausgewiesen werden (WOGGON et al. 1978, RENFORDT et al. 1983). Die Arbeitsgemeinschaft für Methodik und Dokumentation in der Psychiatrie bietet regelmäßige Ratertrainings zum Kennenlernen des Instruments und zur Optimierung der Beurteilungsreliabilität an.

Die CPRS enthält in ihrer Originalversion 67 vierstufige Items, wovon die ersten 65 den psychopathologischen Befund abbilden und die beiden restlichen der globalen Schweregradbeurteilung sowie der Kodierung der Beurteilungssicherheit dienen. Die CPRS differenziert systematisch zwischen vom Patienten berichteten Symptomen (Items 1 bis 40) und vom Untersucher beobachteten Symptomen (Items 41 bis 65). Die deutsche Adaptation der CPRS (KUNY et al. 1982) weist eine Erweiterung der Itemabstufungen auf (0 bis 6). Die Beurteilung der CPRS kann mit ausreichend hoher, dem AMDP-System vergleichbarer Reliabilität durchgeführt werden (MAURER et al. 1984). Faktorenanalytisch hat sich für die deutschsprachige Version der CPRS folgende Subskalierung ergeben: manisches Syndrom, schizophrenes Syndrom, depressives Syndrom, Nebenwirkungen (MAURER et al. 1982). Diese faktorielle Struktur konnte jedoch an einer schwedischen Stichprobe nicht reproduziert werden (VON LUCKNER et al. 1985). Dennoch weist die deutschsprachige Version eine hinreichende Diskriminationsfähigkeit zwischen unterschiedlichen Syndromen und eine ausreichende Änderungssensitivität auf (RICHTER et al. 1990).

Die IMPS erfaßt den psychopathologischen Befund über 90 vierstufige bzw zweistufige Items. Faktorenanalytisch ergibt sich eine stabile Subskalierbarkeit (CAIRNS et al. 1983a) in zwölf einfache Syndrome: Erregtheit, Gereiztheit, Wahnhaftigkeit, Größenwahn, Trugwahrnehmungen, depressive Verstimmtheit, Verlangsamung/Apathie, Orientierungsstörungen, Störungen der Psychomotorik, verwirrtes Denken, Erschöpftheit/Vitalstörungen sowie Zwänge/Phobien. Zusätzlich können Scores für vier Faktoren zweiter Ordnung berechnet werden: paranoid-halluzinatorische Symptomatik, depressive Symptomatik, manische Symptomatik. Für die deutsche Bearbeitung der IMPS liegen als einzige psychopathologische Fremdbeurteilungsskala Normwerte aus einer repräsentativen Stichprobe der Durchschnittsbevölkerung vor (HILLER et al. 1986). Die IMPS erreicht eine ausreichende Beurteilungsreliabilität (CAIRNS et al. 1983b).

Die BPRS besteht aus 18 siebenstufigen Items, die zu einem Gesamt-Rohwert als Ausdruck der psychischen Gestörtheit aufsummiert werden können. Für die syndromale Auswertung haben verschiedene faktorenanalytische Untersuchungen stabile Faktorenlösungen gefunden, die eine Auswertung in Form von 5 Subskalen erlauben: Angst/Depression, Anergie, Denkstörung, Aktivierung und Feindseligkeit. Untersuchungen zur Interrater-Reliabilität haben für die BPRS zufriedenstellende Ergebnisse erbracht (OVERALL und GORHAM 1962, LYERLY und ABBOTT 1964); die Scores der BPRS korrelieren relativ hoch mit den entsprechenden Scores anderer Fremdbeurteilungsskalen (WOGGON et al. 1979).

Globalskalen besitzen die größte Empfindlichkeit für die Diskriminierung zwischen Therapie-Respondern und -Nonrespondern (ANGST et al. 1989). Von den drei in Tabelle 4.2 aufgeführten Globalskalen stellt die CGI (GUY 1976) das in der psychopharmakologischen Evaluationsforschung am häufigsten eingesetzte Instrument zur globalen Beurteilung des aktuellen Schweregrades und seiner relativen Veränderung im Therapieverlauf dar. Die CGI wird in den allermeisten Therapiestudien zusätzlich zu eindimensionalen oder mehrdimensionalen Fremdbeurteilungsskalen eingesetzt, wobei der Schweregrad- und Veränderungsscore der CGI häufig für die kategoriale Beurteilung von Response oder Nonreponse herangezogen wird. Der alleinige Einsatz der CGI als einzige Fremdbeurteilungsskala reicht aber für eine differenzierte psychopharmakologische Wirkungsbeurteilung nicht aus. Die GAS (SPITZER et al. 1976) tritt in der Häufigkeit ihres Einsatzes bei Therapiestudien deutlich hinter der CGI zurück; sie wird allerdings in Verlaufsstudien bevorzugt angewendet. Visuelle Analogskalen (VAS; BECH et al. 1986, FÄHNDRICH und LINDEN 1982) werden schließlich bislang nur gelegentlich für Spezialfragestellungen angewendet; wegen der freien Definierbarkeit der beiden Pole dieser Skala ist die Vergleichbarkeit zwischen verschiedenen Studien erheblich eingeschränkt.

Von den beiden in Tabelle 4.2 angeführten Pflegepersonal-Skalen findet vor allem die NOSIE (HONIGFELD et al. 1986) internationale Anwendung; die MACC (ELLSWORTH 1962) taucht nur gelegentlich in der nordamerikanischen Literatur auf. Dieser Skalentyp findet überall dort einen sinnvollen Einsatz, wo es um die Beurteilung sozialer Verhaltensauffälligkeiten geht, die eher in der naturalistischen Stationsbeobachtung, als im strukturierten Arztinterview erfaßt werden können. MACC und NOSIE werden jedoch stets nur als explorative Ergänzung, nicht jedoch zur konfirmativen Hypothesenprüfung eingesetzt.

Tabelle 4.2. Mehrdimensionale Fremdbeurteilungsskalen, Globalskalen und Pflegepersonalskalen

Mehrdimensionale Fremdbeurteilungsskalen	
AMDP	Arbeitsgemeinschaft für Methodik und Dokumentation in der Psychiatrie (AMDP 1981, BAUMANN und STIEGLITZ 1983)
IMPS	Inpatient Multidimensional Psychiatric Scale (LORR und KLETT 1966)
CPRS	Comphrehensive Psychopathological Rating Scale (ASBERG et al. 1978)
BPRS	Brief Psychiatric Rating Scale (OVERALL und GORHAM 1962, 1976)
EBPRS	Expanded Brief Psychiatric Rating Scale (LUKOFF et al. 1986)
MBPRS	Modified Brief Psychiatric Rating Scale (BECH et al. 1986)
PSAS	Psychiatric Symptom Assessment Scale (BIGELOW und BERTHOT 1989)
PANSS	Positive and Negative Syndrome Scale for Schizophrenia (KAY et al. 1986, 1987)
Globale Fremdbeurteilungsskalen	
GAS	Global Assessment Scale (SPITZER et al. 1976)
CGI	Clinical Global Impressions (GUY 1976)
VAS	Visuelle Analogskala (BECH et al. 1986, FÄHNDRICH und LINDEN 1982)
Pflegepersonal-Fremdbeurteilungsskalen	
NOSIE	Nurses Observation Scale for Inpatient Evaluation (BONIGFELD et al. 1966)
MACC	(ELLSWORTH 1962)

4.2.3 Selbstbeurteilungsskalen

Strukturell unterscheiden sich Selbstbeurteilungsskalen von Fremdburteilungsskalen dadurch, daß die Definition der Items und ihrer Stufen weniger elaboriert, die Itembereiche nicht deckungsgleich, und die Bezugszeiträume in der Regel kürzer sind; Selbstbeurteilungsskalen können deshalb durchaus etwas ganz anderes messen als Fremdbeurteilungsskalen, auch wenn sie sich dem Namen nach auf die gleichen psychopathologischen Syndrombereiche beziehen (Williams et al. 1972, Möller 1990, 1991, Snaith und Taylor 1985, Lipman et al. 1986, Paykel und Norton 1986, Maier und Bech 1990, von Zerssen und Möller 1980). Schließlich unterliegen Selbst- und Fremdbeurteilungsskalen je unterschiedlichen Fehlerquellen (Möller 1990): Patienten neigen – auch auf Selbstbeurteilungsskalen mit identischen Itemdefinitionen – dazu, sich schwerer krank einzuschätzen, als sie vom Beobachter beurteilt werden (Albus et al. 1990); Selbstbeurteilungen unterliegen spezifischen Fehlertrends (alternative Antworten, Antworten im Sinne sozialer Erwünschtheit, Aggravierungstendenz, Bagatellisierungstendenz, häufigere missing values), denen Fehlertrends ganz anderer Art bei der Fremdbeurteilung gegenüberstehen (Symptomüberschätzung bei zu geringer klinischer Erfahrung; Symptomunterschätzung bei hysterischem Ausdrucksverhalten auf Seiten des Patienten; Symptomunterschätzung aufgrund einer Besserungs-Erwartungshaltung mit fortschreitendem Therapieverlauf; Centereffekte bei Multicenterstudien). Als Ergebnis hiervon resultiert, daß die Korrelation der Gesamtscores von inhaltlich korrespondierenden Selbst- und Fremdbeurteilungsskalen nicht sehr hoch ($r < .80$) ist und einer erheblichen Schwankungsbreite unterliegt (.20 -.80) (Paykel und Norton 1986); selbst bei inhaltlich identischen Paaren von Selbst- und Fremdbeurteilungsskalen werden keine höheren Korrelationen erreicht: Hamilton Depressions-Skala vs. Carroll Rated Scale for Depression: $r = .71$ (Carroll et al. 1981); Clinician Rated Anxiety Scale vs. Patient Rated Anxiety Scale: $r = .69$ (Albus et al. 1990).

Der Einsatz von Selbstbeurteilungsskalen beschränkt sich schließlich auf solche Syndrombereiche, deren Symptome im einer kritischen Selbstbeurteilung zugänglich sind; schizophrene, manische und dementielle Syndrome können in der Selbstbeurteilung nicht zuverlässig quantifiziert werden. Aber auch in depressiven und angstbezogenen Syndromen, in denen Selbstbeurteilungsskalen zumeist angewendet werden, sind sie aufgrund ihrer deutlich höheren Varianz (Angst et al. 1989) bezüglich ihrer Empfindlichkeit zur nebenwirkungsunabhängigen Erfassung von therapeutischen Medikamenteneffekten unterlegen (Glass et al. 1987); dies trifft sogar dann zu, wenn strukturell identische Selbst- und Fremdbeurteilungsskalen miteinander bezüglich der Diskriminierung zwischen Verum- und Placebotherapie verglichen werden (Maier et al. 1990). Selbstbeurteilungsskalen werden deshalb bei Angst- und Depressionssyndromen trotz ihrer unbestreitbaren arbeitsökonomischen Vorteile (der Patient liefert die erforderlichen Meßdaten selber) zu Recht nur für zusätzliche explorative Fragestellungen, nicht aber für konfirmative Hypothesenprüfungen eingesetzt; Selbstbeurteilungsskalen und Tagebücher können hierbei aber eine wichtige, die Fremdbeurteilung ergänzende, komplementäre Beobachtungsebene darstellen (Möller 1990, Möller und Benkert 1980), die zum Beispiel im Bereich paroxysmaler und phobischer Angststörungen, im Bereich von Eßstörungen, Schlafstörungen und sexuellen Funktionsstörungen eine besondere Bedeutung einnimmt.

Selbstbeurteilungsskalen lassen sich analog zu den Fremdbeurteilungsskalen in eindimensionaler (Tabelle 4.3) und mehrdimensionaler Symptomerfassung sowie globaler

Tabelle 4.3. Eindimensionale Selbstbeurteilungsskalen

Depressionsskalen	
BDI	Beck Depressions-Inventar (Beck et al. 1961)
SDS	Self Rating Depression Scale (Zung 1965)
D-S	Depressivitäts-Skala (Zerssen und Koeller 1976)
CRSD	Carroll Rating Scale for Depression (Carroll et al. 1981, Smousse et al. 1981)
Angstskalen	
Umfassende Angstskalen	
PRAS	Patient Rated Anxiety Scale (Marks und Sheehan, z.n. Albus et al. 1990)
Generalisierte Angst	
SCL-90	Symptom Checklist (Derogatis et al. 1973)
SAS	Self Rating Anxiety Scale (Zung 1971, 1976)
STAI	State Trait Anxiety Inventory (Spielberger et al. 1970)
Panikattacken	
AAS	Anxiety Attack Scale (Sheehan 1983)
SRPAS	Self Rated Panic Attacks Scale (Gloger et al. 1989)
Phobien	
PS	Phobie-Skala (Sheehan 1983)
DIS	Disability Scale (Marks und Gelder 1965)
WSDS	Work and Social Disability Scale (Kelly et al. 1970)
Zwangssyndrom-Skalen	
LOI	Layton Obsessive Inventory (Cooper 1970)
MOCI	Maudsley Obsessive Compulsive Inventory (Rachman und Hodgson 1980)
MMOCI	Modified Maudsley Obsessive Compulsive Inventory (Dominguez et al. 1989)
Schizophrenieskalen	
P-S	Paranoid-Skala (Zerssen und Koeller 1976)
FBS	Frankfurter Befindlichkeits-Skala (Süllwold und Herrlich 1987)
SDSS	Subjective Deficite Syndrome Scale (Bitter et al. 1989)
Borderline-/Schizotypie-Skalen	
STIC	Self-Report Test of Impulse Control (Lazzaro et al. 1969)
Entzugssyndrom-Skalen	
BWS	Benzodiazepine Withdrawal Scale (Busto et al. 1989)
Abhängigkeitsskalen	
BDA	Basler Drogen- und Alkoholfragebogen (Ladewig et al. 1976, Grau et al. 1984)
SADQ	Severity of Alcohol Dependence Questionaire (Stockwell et al. 1979)
Schlafstörungsskalen	
SMH	St.Mary's Hospital Sleep Questionaire (Ellis et al. 1981)
Gedächtnisstörungsskalen	
MIA	Metamemory in Adulthood Questionaire (Dixon und Hultsch 1983 a,b, Dixon et al. 1988)
Bulimie-/Anorexie-Skalen	
EDI	Eating Disorders Inventory (Garner et al. 1983)
EAT	Eating Attitude Test (Garner und Garfinkle 1979, Garner et al. 1982)
EB-III	Eating Behaviors III (Mitchell et al. 1985)
Prämenstrualsyndrom-Skalen	
PAF	Premenstrual Assessment Form (Halbreich et al. 1982)
Sexuelle Dysfunktionsskalen	
SVS	Sexualitäts-Verhaltens-Skala (Benkert 1977)

Schweregraderfassung (Tabelle 4.4) einteilen. Auf die einzelnen Skalen soll an dieser Stelle nicht näher eingegangen werden; sie werden in denjenigen Bereichen der syndrombezogenen Auswahl von Schweregradskalen auszugsweise angesprochen werden, in denen ihnen eine besondere Bedeutung im Rahmen der psychopharmakologischen Evaluationsforschung zukommt.

4.2.4 *Nebenwirkungsskalen*

Skalen zur Erfassung unerwünschter Arzneimittelwirkungen (UAW-Skalen) liegen fast ausschließlich in Form von Fremdbeurteilungsskalen vor. Dies begründet sich durch zwei Besonderheiten dieser Skalenklasse: zum einen dadurch, daß sie überwiegend körperliche Zeichen und Symptome umfassen, die ihrerseits zu einem großen Teil nur durch Verhaltensbeobachtung oder körperliche Befunderhebung objektiviert werden können; zum anderen dadurch, daß viele dieser Skalen sinnvollerweise eine getrennte Beurteilung von Vorhandensein und pharmakologischer Verursachung verlangen, wobei letzteres in annähernd valider Form sicherlich nur durch den erfahrenen Kliniker geleistet werden kann. Keine eindeutigen Konventionen liegen darüber vor, ob die Erfassung von unerwünschten Arzneimittelwirkungen in Therapiestudien in der Güterabwägung zwischen höherer Spezifität und höherer Sensitivität auf die spontanen Beschwerdeäußerungen des Patienten beschränkt (Gefahr der UAW-Unterschätzung), oder aber auf eine systematische Abfrage möglicher UAWs gestützt (Gefahr der UAW-Überschätzung) werden soll (Levine 1990). Die Tendenz geht jedoch dahin, auch hier strukturierte Befragungen durchzuführen (Bethge et al. 1989).

In inhaltlicher Hinsicht sind vor allem die komplexen UAW-Skalen zu nennen (Tabelle 4.5), die alle psychischen und körperlichen Auftretensbereiche unerwünschter Arzneimittelwirkungen umfassen. Im deutschsprachigen Bereich wird für die Erfassung körperlicher UAW häufig der Beleg 5 des AMDP-Systems eingesetzt (Arbeitsgemeinschaft für Methodik und Dokumentation in der Psychiatrie AMDP 1981, Baumann und Stieglitz 1983). Jedes Symptom kann dreistufig quantifiziert (leicht – mittel – schwer) bzw. als nicht vorhanden oder als nicht beurteilbar kodiert werden. Die somatische Symptomerfassung in Beleg 5 ist ganz auf das Festhalten von während der Behandlung auftretenden Nebenwirkungen abgestellt und erlaubt daher nur eine dürftige Registrierung von eventuell vorher bestehenden somatischen Befunden. Eine gesonderte Beurteilung der pharmakologischen Verursachung ist hier ebensowenig vorgesehen wie im Beleg 4, der der psychopathologischen Befunddokumentation

Tabelle 4.4. Mehrdimensionale und globale Selbstbeurteilungsskalen

Mehrdimensionale Selbstbeurteilungsskalen	
HSCL	Hopkins Symptom Check-List (Derogatis et al. 1974, Lipman et al. 1979)
PD-S	Paranoid-Depressivitäts-Skala (Zerssen und Koeller 1976)
Bf-S	Befindlichkeits-Skala (Zerssen und Koeller 1976)
B-L	Beschwerde-Liste (Zerssen und Koeller 1976)
POMS	Profile of Mood States (McNair et al. 1971)
EWL	Eigenschafts-Wörterliste (Janke und Debus 1977)
Globale Selbstbeurteilungsskalen	
GIS	Global Improvement Scale (Gloger et al. 1989)

dient. Eine Modifikation des AMDP-Systems wurde zur Spontanerfassung und zum Intensiv-Monitoring unerwünschter Arzneimittelwirkungen im Rahmen des AMÜP-Projekts eingesetzt (Arzneimittel-Überwachung in der Psychiatrie; RÜTHER 1984).

Eine getrennte Beurteilung des Vorhandenseins von Symptome und der Sicherheit ihrer pharmakologischen Verursachung wird von der UKU-Nebenwirkungsskala (Skandinavischen Arbeitsgruppe für Psychopharmakologische Evaluationsforschung: DENCKER et al. 1986, LINGJAERDE 1987) und von dem in den USA führenden SAFTEE-Instrument (LEVINE und SCHOOLER 1984, 1986) ermöglicht. Die UKU umfaßt 53 Items in vier Symptombereichen (psychische, neurologische, autonome und sonstige Symptome). Jedes Symptom wird auf einer vierstufigen Skala als nicht vorhanden, leicht, mittel oder schwer ausgeprägt eingestuft und überall dort, wo es als vorhanden kodiert wurde, dreistufig bezüglich seiner pharmakologischen Verursachung beurteilt (unwahrscheinliche, mögliche oder wahrscheinliche Kausalität). Zusätzlich wird eine vierstufige globale Gesamteinschätzung des Einflusses der Nebenwirkungen auf das tägliche Verhalten des Patienten und eine ebenfalls vierstufige Globalbeurteilung der therapeutischen Konsequenzen der UAW verlangt.

Eine zweite Gruppe von speziellen UAW-Skalen zielt auf den extrapyramidalmotorischen Bereich ab und wird als Zusatzskalen bei Neuroleptikaprüfungen eingesetzt (Tabelle 4.6). Neben den älteren, das Parkin-

Tabelle 4.5. Komplexe Nebenwirkungsskalen

Komplexe Fremdbeurteilungsskalen	
DOTES	Dosage Record and Treatment Emergent Symptoms Scale (GUY 1976)
TWIS	Treatment Emergent Symptom Write-In Scale (GUY 1976)
AMDP	Arbeitsgemeinschaft für Methodik und Dokumentation in der Psychiatrie (AMDP 1981)
FSUCL	Fischer Somatische Symptome od.Unerwünschte Effekte Checkliste (FISCHER-CORNELSEN 1986a)
UKU	UKU side effect rating scale (DENCKER et al. 1986, LINGJAERDE et al. 1987)
SAFTEE	Systematic Assessment for Treatment Emergent Events (LEVINE und SCHOOLER 1984, 1986)
Komplexe Selbstbeurteilungsskalen	
STESS	Subject's Treatment Emergent Symptom Scale (GUY 1976)

Tabelle 4.6. Spezielle Nebenwirkungsskalen

Spezielle Parkinson-Skalen	
EPS	Simpson-Angus Extrapyramidal Side Effects Scale (SIMPSON und ANGUS 1970)
ESRS	Extrapyramidal Symptom Rating Scale (CHOUINARD et al. 1980)
FSU-NL	Fischer Symptom Checkliste für Neuroleptika (FISCHER-CORNELSEN 1981b)
Spezielle Dyskinesie-Skalen	
AIMS	Abnormal Involuntary Movement Scale (GUY 1976)
DRS	Dyskinesia Rating Scale (SIMPSON et al. 1979)
TAKE	Targeting Abnormal Kinetic Effects (WOJCIK et al. 1980)
Spezielle Akathisie-Skalen	
HAS	Hillside Akathisia Scale (FLEISCHHACKER et al. 1989)
BAS	Barnes Akathisia Scale (BARNES 1988)

sonsyndrom und die Spätdyskinesien erfassenden Skalen sind hier vor allem neuerentwickelte Skalen zur Quantifizierung der Akathisie zu nennen, wie etwa die sehr anspruchsvolle Hillside-Akathisieskala von FLEISCHHACKER et al. (1989) oder die deutlich kürzere, wenngleich auch weniger differenzierte Akathisieskala von BARNES et al. (1988).

4.3 Auswahl syndrombezogener Schweregradskalen

4.3.1 Depressives Syndrom

Die größte Vielfalt konkurrierender einfacher Syndromskalen findet sich im Bereich der Depressionsskalen. Trotz aller z.Zt. testtheoretisch überlegener Neuentwicklungen stellt die 1960 in einer 17-Item-Version publizierte und 1967 auf 21 Items erweiterte Hamilton Depressions-Skala (HAMD) weltweit noch immer das Standardinstrument zur Evaluation von Antidepressiva dar. Die in den USA übliche 24-Item-Version (GUY 1976) hat sich in Europa nicht durchsetzen können; die erweiterte 21-Item-Version bringt keine testtheoretischen Vorteile gegenüber der ursprünglichen 17-Item-Version (MAIER et al. 1988 a,b,e). Antidepressiva-Evaluationsstudien können deshalb sinnvollerweise auch weiterhin mit der 17-Item-Version durchgeführt werden. Die zur Einführung alternativer Skalen führende Kritik an der HAMD umfaßt die Heterogenität der Stufenbreite ihrer Items (einige Items sind dreistufig, die Mehrzahl ist fünfstufig definiert), das Übergewicht somatischer und angstbezogener Items (MAIER et al. 1988a,b), die fehlende unifaktorielle Struktur in der Hauptkomponentenanalyse (BAUMANN 1976, MAIER et al. 1985), die stichprobenabhängige Variabilität mehrfaktorieller Lösungen (BAUMANN 1976, MAIER et al. 1985) und die fehlende Kompatibilität (Homogenität und Transferabilität) mit dem Raschmodell (BECH et al. 1981, MAIER und PHILIPP 1985 a,b, 1991).

Sowohl die aus Items der CPRS (ASBERG et al. 1978) extrahierte Montgomery-Asberg Depressions-Skala MADRS (MONTGOMERY und ASBERG 1979), als auch die aus sechs Raschmodell-verträglichen Kernitems der HAMD konstruierte und um vier weitere Items ergänzte Bech-Rafaelsen Melancholie-Skala BRMES (BECH et al. 1980) ist der HAMD in testtheoretischer Hinsicht (interne Konsistenz, Reliabilität, Veränderungssensitivität, Homogenität) überlegen (MAIER et al. 1988 a,b, SCHMIDTKE et al. 1988); diesen beiden Skalen sollte deshalb in Antidepressiva-Evaluationsstudien aus testtheoretischen Gründen der Vorzug vor der HAMD gegeben werden. Wegen der Vergleichbarkeit mit der bislang vorliegenden Evaluationsliteratur und dem beobachtbaren internationalen Festhalten an der HAMD wird aber empfohlen, bei einer konfirmativen Hypothesenprüfung anhand der MADRS oder der BRMS die HAMD explorativ mitlaufen zu lassen. Für einen umfassenden gleichzeitigen Einsatz aller dreier Skalen (einschließlich der unten zu besprechenden Angst-Skalen) bietet sich die Mainzer integrierte Angst-Depressions-Skala MIDAS an (PHILIPP et al. 1988 b), welche die Items aller hier aufgeführter Angst- und Depressions-Skalen integriert und mit einem strukturierten Interview verbindet.

Die Raskin-Depressions-Skala (RDS; GUY 1976) nimmt eine Mittelstellung zwischen einer itembezogenen und einer globalen Depressionsskala dar. Das depressive Syndrom wird in drei Bereiche aufgeteilt (verbaler Bericht über Depressivität, depressives

Ausdrucksverhalten, körperliche Depressionssymptome); jeder dieser drei Bereiche wird global auf einer fünfstufigen Skala geschätzt. Diese Struktur der RDS ist analog zu derjenigen der Covi Angst-Skala (COAS; Guy 1976).

4.3.2 Angstsyndrome

Die quantitative Erfassung des Angstsyndroms stellt sich ungleich schwieriger dar als diejenige des depressiven Syndroms. Dies liegt nicht nur daran, daß es breite Überschneidungen einzelner Symptombereiche in depressiven und angstbezogenen Zuständen gibt. Die Hauptproblematik in der Quantifizierung der Angstsymptomatik liegt in ihrer Heterogenität: Angstsymptomatik kann anhaltend, aber auch paroxysmal auftreten, das Leiden in einem Angstsyndrom kann durch die Angstsymptomatik, aber auch durch das Vermeiden angstauslösender Stimuli bedingt sein.

Mit Ausnahme der alle Angstbereiche umfassenden CRAS (Marks und Sheehan 1990) zielt die Mehrzahl der in Tabelle 4.1 angeführten eindimensionalen Angstskalen (HAMA, COAS, CLAS, WARS) auf die generalisierte Angstsymptomatik ab. In all diese Skalen geht auch ein Teil der Symptomatik ein, die von Depressionsskalen erfasst wird: depressive Stimmung, Schlafstörungen, bestimmte körperliche Befindlichkeitsstörungen (Maier et al. 1988 c). Umgekehrt ist das Symptom der Ängstlichkeit Bestandteil mancher Depressionsskalen (z. B. HAMD). Dem fließenden Übergang depressiver und generalisiert-ängstlicher Symptomatik läßt sich in der psychopharmakologischen Evaluationsforschung am ehesten dadurch gerecht werden, daß aufeinander abgestimmte Angst- und Depressionsskalen gleichzeitig eingesetzt werden, und zwar unabhängig davon, ob es sich um die Behandlung eines depressiven Syndroms oder eines generalisierten Angstsyndroms handelt. Am ehesten eignen sich hier der gleichzeitige Einsatz der Hamilton Angst- und Depressions-Skala (HAMA und HAMD, Tabelle 4.1), wobei der von Bech et al. (1986) stufendefinierten Modifikation der HAMA der Vorzug gegenüber der Originalversion gegeben werden sollte (Philipp et al. 1986a, 1987). Ein weiteres in den USA häufig für diesen Zweck eingesetztes Skalenpaar stellen die Covi Angst-Skala (COAS; Guy 1976) und die Raskin Depressions-Skala dar (RDS; Guy 1976) (Tabelle 4.1); beide Skalen folgen der gleichen Gliederung in drei Global-Items (verbaler Bericht, Ausdrucksverhalten, körperliche Symptomatik).

Die Erfassung paroxysmaler Angstsymptomatik in Form von Panikattacken verlangt einen völlig anderen Typ von Meßinstrumenten. Hier ist sowohl der Schweregrad, als auch die Anfallsfrequenz und die Anfallsdauer getrennt zu kodieren. Die psychopharmakologische Evaluationsforschung bei Panikstörungen hat gezeigt, daß eine solche getrennte Quantifizierung von Schweregrad und Frequenz bei paroxysmalen Angstsymptomen am validesten auf der Basis von tagebuchähnlichen Selbstbeurteilungsinstrumenten erreicht werden kann. Bewährt haben sich hier die Anxiety Attack Scale AAS von Sheehan (1983) und die Self Rated Panic Attacks Scale von Gloger et al. (1989) (Tabelle 4.3).

Phobische Ängste verlangen schließlich eine dritte Klasse von Angstskalen, bei denen die Zahl und Breite angstauslösender Stimuli, die Intensität der durch sie ausgelösten Angst und die durch das Vermeidungsverhalten bedingten psychosozialen Funktionseinschränkung getrennt quantifiziert werden muß. Bewährt haben sich auch hier vor allem Selbstbeurteilungsskalen, die Phobie-Skala PS von Sheehan (1983) für die Quantifizierung phobischer Ängste und die Disability Scale DIS von Marks und Gelder (1965) für die Erfassung der vermeidungsbedingten Funktionseinschränkung (beide Tabelle 4.3). Für die Therapieevaluation bei Soziophobie hat LIEBOWITZ (1990) eine Fremdbeurteilungsskala entwickelt (LSRS; Tabelle 4.1), welche die soziophobischen Ängste und die vermeidungsbedingte Funktionseinschränkung auf zwei getrennten Dimensionen quantifiziert.

4.3.3 Schizophrenes Syndrom

Es ist zwar unüblich, von einem schizophrenen Syndrom zu sprechen; der gewohnte Sprachgebrauch nennt die Prägnanztypen schizophrener Erkrankungen als Syndrome (paranoides, paranoid-halluzinatorisches, katatones, hebephrenes, residuales Syndrom). Um Skalen zu benennen, die die Symptomatik dieser Prägnanztypen unabhängig von ihrem nosologischen Kontext quantifizierend erfassen, scheint es jedoch in Analogie zu den übrigen oben aufgeführten Syndromskalen gerechtfertigt, von einem schizophrenen Syndrom zu sprechen. Der Einsatz derartiger Schizophrenieskalen kommt deshalb überall dort in Frage, wo eine psychotische Zielsymptomatik besteht (Schizophrenien, schizophreniforme Störungen, paranoide Störungen, schizoaffektive Störungen, psychotische Depressionen und psychotische Manien).

Selbstbeurteilungsskalen spielen in der psychopharmakologischen Evaluationsforschung psychotischer Störungen mit wenigen Ausnahmen wie der Paranoid-Depressivitäts-Skala PD-S von VON ZERSSEN (1976) keine Rolle. Interessanterweise sind eindimensionale Schizophrenieskalen erst relativ spät entwickelt und bislang nur selten für die Evaluation von Neuroleptika eingesetzt worden. Bis heute dominieren in diesem Bereich mehrdimensionale Fremdbeurteilungsskalen; hier ist vor allem die Brief Psychiatric Rating Scale BPRS von OVERALL und GORHAM (1962, 1976) zu nennen. In den letzten Jahren sind mehrere Erweiterungen bzw. Weiterentwicklungen der BPRS vorgestellt worden, die in der Evaluationsforschung schizophrener Störungen zunehmend eingesetzt werden: die Expanded Brief Psychiatric Rating Scale EBPRS von LUKOFF et al. (1986), die auf 5 neudefinierte Stufen reduzierte Modifizierte Brief Psychiatric Rating Scale MBPRS von BECH et al. (1986), die auf 23 Items erweitere und modifizierte Psychiatric Symptom Asessment Scale PSAS von BIGELOW und BERTHOT (1989), sowie die auf 30 Items erweiterte und völlig neu subskalierte Positive and Negative Syndrome Scale for Schizophrenia PANSS von KAY et al. (1986, 1987) (alle Skalen Tabelle 4.2). Insbesondere die PANSS spiegelt das Bedürfnis nach einer syndromalen Trennung zwischen positiver und negativer Schizophreniesymptomatik wider. KAY und Mitarbeiter haben die PANSS in bewußter Abgrenzung gegen den Ansatz von ANDREASEN entwickelt, gegen deren Skalenpaar SANS (Skala zur Abbildung Negativer Symptome) und SAPS (Skala zur Abbildung Positiver Symptome) (beide Tabelle 4.1) sie eine Reihe von testtheoretischen und inhaltlichen Einwände vorgebracht haben (KAY et al. 1988).

4.3.4 Dementielles Syndrom

Skalen zur Erfassung dementieller Syndrome beruhen ausschließlich auf der Fremdbeurteilung; Selbstbeurteilungsskalen spielen hier keine Rolle. Grundsätzlich läßt sich zwischen Demenzskalen mit klinischem Beurteilungscharakter, Demenzskalen mit klinischem Testcharakter und speziellen Gedächtnistests unterscheiden. Skalen mit klinischem Beurteilungscharakter versuchen den psychopathologischen Befund und die dementiell bedingte soziale Alltagsbeeinträchtigung zu quantifizieren; Skalen mit klinischem Testcharakter erfassen mit sprachlichen Leistungstests in kliniknaher Form das Ausmaß der kognitiven Beeinträchtigung.

Von den Skalen mit klinischem Beurteilungscharakter ist zur Quantifizierung des klinisch-psychopathologischen Befundes bei der Evaluation von Nootropika am häufigsten die Sandoz Clinical Assessment Geriatric Scale SCAG (Shader et al. 1974, Shader 1988, Venn 1983) eingesetzt worden; in letzter Zeit sind jedoch eine Reihe von Neuentwicklungen veröffentlicht worden (z. B. BCRS: Reisberg et al. 1983) (Tabelle 4.1), die deutliche testtheoretische Vorteile aufweisen. Eine vorrangige Bedeutung für die Evaluation von Nootropika nimmt die Beeinflussung der praktischen Lebensbewältigung ein. In diesem Bereich sind eine Reihe von Skalen zur Erfassung der Aktivitäten des täglichen Lebens entwickelt worden, die von Betreuern (Pflegekräften, Angehörigen) aufgrund der Verhaltensbeobachtung beurteilt werden (z. B. GERRI: Schwartz 1983, 1988, NOSGER: Spiegel et al. 1990).
Als kliniknaher Leistungstest hat der Syndrom-Kurztest SKT (Erzigkeit 1989) im deutschsprachigen Raum Einsatz gefunden; international hat sich der SKT bislang jedoch nicht durchsetzen können. Im englischen Sprachraum scheint sich die Alzheimer's Disease Assessment Scale ADAS (Rosen et al. 1984) zunehmend durchzusetzen. Die Mini Mental State Examination MMSE (Folstein et al. 1975) wird nur zur initialen Grobklassifikation des Schweregrades der kognitiven Beeinträchtigung eingesetzt, eignet sich jedoch nicht unbedingt zur feineren Verlaufsabbildung.
Die speziellen Gedächtnistests (Tabelle 4.1) sind zumeist komplexeren Verfahren zur Intelligenzmessung entnommen und heben auf die Messung des Kurzzeitgedächtnisses ab. Bei Nootropika-Prüfungen wird am häufigsten die Wechsler Memory Scale WMS (Wechsler 1945), der Digit Span Test DST (Wechsler 1958) und der Benton Visual Retention Test BVRT (Benton 1974) eingesetzt. Diese Verfahren haben jedoch nur explorativen Charakter und treten an Bedeutung hinter die Skalen mit klinischem Beurteilungscharakter zurück. Zur subjektiven Einschätzung der Gedächtnisbeeinträchtigung können bei leichteren Demenzformen ergänzend auch Selbstbeurteilungsskalen eingesetzt werden wie etwa das Metamemory in Adulthood Questionaire MIA (Dixon und Hultsch 1983 a,b, Dixon et al. 1988).
Eine Kombination von klinischer Beurteilung und kognitiven Leistungstests stellen schließlich das Nürnberger Alters-Inventar NAI dar (Oswald und Fleischmann 1980, 1985, 1986), das zunehmend im deutschsprachigen Raum in der psychopharmakologischen Evaluationsforschung dementieller Syndrome Einsatz findet, sowie die Testbatterie des Consortium to Establish a Registry for Alzheimer's Disease CERAD (Morris et al. 1988 a, b).

4.4 Praktischer Einsatz von Skalen

4.4.1 Auswahl und Integration konkurrierender Skalen

Es wurde bereits mehrfach angedeutet, in welchen Syndrombereichen ausschließlich Fremdbeurteilungsskalen zum Einsatz kommen (schizophrenes Syndrom, manisches Syndrom, dementielles Syndrom) und in welchen Bereichen Selbstbeurteilungsskalen ergänzend eingesetzt werden können (depressives Syndrom, generalisiertes Angstsyndrom) oder für die Therapieevaluation führend sind (Paniksyndrom, phobische Syndrome).
Schwieriger ist die Auswahl konkurrierender Skalen gleichen Beurteilungstyps. Wir

haben am Beispiel der Depressionsskalen deutlich gemacht, daß der testtheoretischen Überlegenheit neuerer Skalen wie der Bech-Rafaelsen-Skala BRMES oder der Montgomery-Asberg-Skala MADRS die bessere Vergleichbarkeit der Hamilton-Depressionsskala HAMD als traditioneller Hauptevaluationsskala gegenüber steht. Ähnliches gilt im Bereich der Angstskalen für die Urversion der Hamilton-Angstskala HAMA und ihre testtheoretisch überlegene Bechsche Modifikation, oder im Schizophreniebereich für den traditionellen Standard BPRS und die zahlreichen, testtheoretisch verbesserten Erweiterungen und Modifikationen EBPRS, MBPRS, PSAS und PANSS. Um eine ausreichende Vergleichbarkeit mit anderen Studien zu erhalten, die die jeweilige traditionelle Standardskala HAMD, HAMA oder BPRS verwendet haben, ist es zumindest sinnvoll, diese Standardskala explorativ mitlaufenzulassen, die konfirmative Hypothesenprüfung jedoch mit einer der neueren und testtheoretisch überlegenen Skalen bzw Modifikationen vorzunehmen.

Die gleichzeitige Anwendung konkurrierender Skalen wirft jedoch technische Durchführungprobleme auf. Beurteilt man z. B. zwei miteinander konkurrierende Skalen weitgehend gleichen Symptomengehalts nacheinander, so wird man davon ausgehen können, daß die erste Skala explorationsbegleitend, die zweite im Anschluß daran aber überwiegend aus der Erinnerung heraus beurteilt wird, was mit einer höheren Fehleranfälligkeit und damit erniedrigter Validität der zweitangewendeten Skala einhergeht. Will man also auf eine Mehrfachabdeckung bestimmter Syndrombereich durch konkurrierende Skalen nicht verzichten, so liegt es nahe, zur Reduktion der eben genannten Fehlerquelle eine Integration der verwandten Items in eine neue Itemabfolge vorzunehmen. Beispiele hierfür sind die Mainzer Integrierte Depressions-Angst-Skala MIDAS (Philipp et al. 1988b), die die Items von HAMD, BRMES, MADRS, HAMA, RDS und COAS (Tabelle 4.1) unter Weglassung der Mehrfachanführung identischer Items neu integriert, oder die Mainzer Integrierten Schizophrenie-Skalen MISS (Philipp et al. 1988 c), welche die Items der beiden Andreasen-Skalen SAPS und SANS (Tabelle 4.1) mit denen der BPRS sowie der vier BPRS-Modifikationen EBPRS, MBPRS, PSAS und PANSS (Tabelle 4.2) zusammenfaßt. Beide integrierten Skalen MIDAS und MISS sind im übrigen durch ein strukturiertes Interview ergänzt, was ihre Trainierbarkeit und damit ihre Reliabilität in Multicenterstudien erhöht.

4.4.2 Technische Durchführung von Skalenbeurteilungen

Nur ein Teil der bislang erwähnten Fremdbeurteilungsskalen enthält explizite Anweisungen für die Durchführung der Skalenbeurteilung, etwa in der Form, daß Bezugszeiträume, Wiederholungsabstände und Mindestdauern von Interviews vorgeschrieben werden. Dies führt zwangsläufig zu einer erheblichen Heterogenität in der Anwendung dieser Skalen und damit zu einer Verringerung der Vergleichbarkeit von Evaluationsstudien. Gerade in Multicenterstudien ist es deshalb wichtig, im Rahmen von strukturierten Ratertrainings explizite Konventionen für die oben genannten technischen Durchführungsaspekte herbeizuführen und deren Anwendung – zusammen mit der Beurteilungsreliabilität – auch während der Studienphase fortlaufend zu kontrollieren (Angst et al. 1989, Amaducci et al. 1990). Neuere Entwicklungen gehen dahin, derartige Anweisungen bereits explizit in die Skalenpublikation aufzunehmen. Die Skalensammlung CIPS tut dies bereits seit langem in übersichtlicher Form, soweit die Originalpublikation der jeweiligen Skala entsprechende Anweisungen enthalten hat; das von Bech et al. (1986, 1991) herausgegebene Mini-Compendium von Skalen für depressive, angstbezogene und schizophrene Syndrome komplettiert derartige Anweisungen

in Verbindung mit eine Reihe von Modifikationen und testtheoretischen Verbesserungen älterer Skalen.
Wenig Einigkeit besteht jedoch darüber, welchen Vorteil die Formulierung strukturierter Interviews für die Anwendung einzelner Fremdbeurteilungsskalen bringt. Entsprechende Vorschläge sind bereits vielfältig gemacht worden; Beispiele wären das halbstrukturierte Interview zum AMDP-System von Fähndrich und Stieglitz (1989), der strukturierte Interview-Leitfaden von Williams (1988) für die Hamilton-Depressions-Skala HAMD, der empfohlende Fragenkatalog zur Positive and Negative Syndrome Scale PANSS von Kay et al. (1986), die strukturierten Interviews zu den Mainzer Integrierten Skalen MIDAS und MISS (Philipp et al. 1988 b,c) oder das Mainzer strukturierte Interview zu den Andreasen-Skalen MIAS (Philipp et al. 1988 d). Grundsätzlich bergen strukturierte Interviews die Gefahr in sich, die Informationsquellen zur Beurteilung der Skalen auf das Interview selber zu beschränken und andere beurteilungsrelevante naturalistische Verlaufsbeobachtungen unberücksichtigt zu lassen. Diese Gefahr kann jedoch durch entsprechende Interviewanweisungen reduziert werden, die etwa zur Einbeziehung aller im Bezugszeitraum erhobenen Informationen oder für die Bewertung dementieller Syndrome oder schizophrener Negativsyndrome zur zusätzlichen strukturierten Befragung verlaufsbeobachtender Bezugspersonen (Angehörige, Pflegekräfte) verpflichten.
Obwohl sich strukturierte Interviews bislang noch nicht durchgesetzt haben, besitzen sie ihren Hauptvorteil darin, bei Einsatz einer größeren Gruppe von Ratern die Informationserhebung zu standardisieren und die Itembeurteilung über die Erstellung von Trainingsvideos und ihre Anwendung in strukturierten Ratertrainings zu vereinheitlichen. Systematische, gemeinsame Video-Ratertrainings können bekanntlich die Anwendungsreliabilität von Fremdbeurteilungsskalen erhöhen (Heimann et al. 1977). Erfahrungen mit multizentrischen Ratertrainings der Mainzer Intergrierten Depressions-Angst-Skala MIDAS haben uns gezeigt, daß nicht nur die Reliabilität, sondern auch die Beurteilungsvalidität durch ein Training anhand von Übungsvideos des strukturierten MIDAS-Interviews erheblich verbessert werden kann (Philipp 1989), was angesichts des bekannten Reliabilitäts-Validitäts-Dilemmas keineswegs selbstverständlich ist.

4.5 Diagnosekriterien

Die klinische Evaluation von Psychopharmaka setzt eine explizite und damit reproduzierbare Definition der so behandelten Patientenstichproben voraus. Klinisch-typologische Diagnosen erfüllen nicht die notwendigen Anforderungen; ihre Reliabilität – und damit die Reproduzierbarkeit vergleichbarer Patientenstichproben – hat sich vor allem deshalb als unzureichend erwiesen, weil die diagnostischen Kriterien schul- und länderabhängig unterschiedlich gehandhabt werden (Spitzer und Fleiss 1974). Die psychopharmakologische Evaluationsforschung muß sich deshalb zur Identifikation ihrer Patientenstichproben operationalisierter Diagnosekriterien bedienen und diese – wennmöglich – mit strukturierten diagnostischen Interviews erstellen.

4.5.1 Operationalisierte Diagnosen

Trotz ihrer Reliabilitätsüberlegenheit werfen die vor 20 Jahren erstmals mit den St.

Louis-Kriterien (Feighner et al. 1972) eingeführten operationalisierten Diagnosen zunehmend Probleme auf. Die Zahl operationalisierter Diagnoseentwürfe ist in den letzten 20 Jahren erheblich gestiegen; eingeführte komplexe operationalisierte Diagnosesysteme wie das Diagnostic and Statistical Manual of Mental Disorders der Amerikanischen Psychiatriegesellschaft sind einem raschen und zum Teil tiefgreifenden Wandel unterworfen (DSM III: APA 1980; DSM-III-R: APA 1987; DSM-IV: APA (voraussichtlich) 1992); ähnlich verhält es sich mit den vier bisher vorliegenden Entwicklungsversionen der Forschungskriterien der ICD-10 (WHO 1985, 1987, 1989, 1990). Hinzu kommen eine Reihe von Einzeldefinitionen, die in bestimmten Kernbereichen psychiatrischen Forschungsinteresses (endogene Depressionen, Schizophrenien, schizoaffektive Störungen) zusammen mit den eben genannten komplexen Diagnosesystemen oft mehr als ein Dutzend konkurrierende Operationalisierungen ein und der selben Krankheitsdiagnose bereit halten. Die für die psychopharmakologische Evaluationsforschung so dringend erforderliche Vergleichbarkeit der Patientenstichproben ist durch die zum Teil nur sehr geringe Übereinstimmung zwischen den konkurrierenden Diagnosen (Philipp und Maier 1987, Philipp et al. 1986 c, 1990 a, b) nicht gegeben, wenn unterschiedliche Diagnosensysteme gewählt werden.

Konventionen zur Festlegung auf ein einziges Diagnosensystem haben sich bislang noch nicht herausgebildet; dennoch besteht trotz aller Kritik an der Validität einzelner diagnostischer Definitionen eine starke Tendenz dahingehend, zur besseren Vergleichbarkeit das jeweils international am häufigsten eingesetzte Diagnosensystem zu verwenden und auf Einzeloperationalisierungen zu verzichten. Gegenwärtig dürfte zweifellos das DSM-III-R (APA 1987) die größte internationale Akzeptanz besitzen. Mit Einführung des DSM-IV (vermutlich 1992) und der im gleichen Jahr zur erwartenden Einführung von ICD-10 (Dilling et al. 1991) wird DSM-III-R mit Sicherheit diese führende Rolle verlieren, und es kann nicht vorhergesagt werden, ob sich DSM-IV oder aber ICD-10 als internationaler Standard durchsetzen wird. Sicher ist aufgrund der vorliegenden Entwicklungsversionen der ICD-10 nur zu sagen, daß die ursprünglich angestrebte enge Abstimmung von ICD-10 und DSM-IV nicht erreicht werden wird; eine Vergleichbarkeit der korrespondierenden Diagnoseklassen wird deshalb auch zwischen diesen beiden zukünftigen Hauptdiagnosesystemen nicht gegeben sein.

Angesichts dieser konkurrierenden Diagnosenvielfalt ist es denkbar, daß der polydiagnostische Ansatz eine sinnvolle Anwendung in der psychopharmakologischen Evaluationsforschung finden könnte; die Consensus Conference of the Methodology of Clinical Trials of Antidepressants (Angst et al. 1989) hat eine entsprechende Empfehlung formuliert. Die gleichzeitige Klassifikation eines syndromal breit gefaßten Patientenguts nach unterschiedlichen, miteinander konkurrierenden Diagnosesystemen, wie es etwa mit dem Polydiagnostischen Interview PODI möglich ist (Philipp und Maier 1986, Philipp et al. 1988 a), würde theoretisch die Möglichkeit eröffnen, die Evaluationsergebnisse getrennt nach den konkurrierenden Hauptdiagnosesystemen darzustellen und dadurch eine breitere Vergleichbarkeit mit anderen Studien zu eröffnen, die jeweils nur ein Diagnosensystem verwendet haben. Darüberhinausgehend könnte die polydiagnostische Auswertung die Frage klären, ob die ermittelten Befunde diagnosenunabhängig sind oder ob sie unterschiedlich ausfallen in Abhängigkeit vom jeweils gewählten Diagnosesystem (z.B Maier et al. 1988 f, 1989, Philipp und Maier 1990, Buller et al. 1988 b).

So interessant diese Perspektiven eines polydiagnostischen Ansatzes auch sein mögen, so schwierig würde jedoch seine praktische Durchführung. Um tatsächlich Abhängigkeiten zwischen den Therapieergebnissen und dem gewählten Diagnosesystem erkennen zu können, müßte die Ausgangsstichprobe so breit ausgewählt werden, daß alle Patienten miteingeschlossen würden, die auch eine einzige der konkurrierenden Diagnosensysteme erfüllen. Dadurch erhöht sich die diagnostische Heterogenität, ein Umstand, der den psychopharmakologischen Evaluationsbestrebungen nach möglichst homogenen Patientenstichproben zuwiderläuft und die Power senkt, wodurch die notwendigen Stichprobenumfänge steigen. Umgekehrt könnte der polydiagnostische Ansatz dazu genutzt werden, um extrem homogene Patientengruppen zu bilden – etwa nur solche Patienten in eine Studie aufzunehmen, die alle Definitionen einer Anzahl konkurrierender Diagnosen erfüllen, was im Bereich der endogenen Depressionen z. B. mit der sogenannten OPD-Skala durchführbar ist, eine Skala, in die 6 konkurrierende Operationalisierungen endogener Depressionen eingehen (Philipp et al. 1986 b, Maier und Philipp 1986). Der Gewinn höchst homogener Patientengruppen würde jedoch mit dem Preis des Ausscheidens der großen Mehrzahl aller potentiell geeigneten Studienpatienten zu bezahlen sein, was angesichts der zunehmenden Schwierigkeit, Patienten für psychopharmakologische Evaluationsstudien zu rekrutieren, völlig unpraktikabel wäre. Die psychopharmakologische Evaluationsforschung wird deshalb auch weiterhin mit solchen operationalisierten Einzeldiagnosen arbeiten müssen, die zum jeweiligen Zeitpunkt die größte internationale Akzeptanz besitzen, wohl wissend, daß diese Akzeptanz jeweils nur für wenige Jahre Bestand haben wird.

4.5.2 Diagnostische Interviews und Checklisten

Für die Erstellung operationalisierter Diagnosen stehen heute eine Reihe von diagnostischen Interviews zur Verfügung (Tabelle 4.7). Für die Hauptkonkurrenten

Tabelle 4.7. Diagnostische Interviews und Checklisten für operationalisierte Diagnosen

Diagnostische Interviews	
PSE	Present State Examination (Wing et al. 1974)
SCAN	Schedule for Clinical Assessment in Neuropsychiatry SCAN (Wing et al. 1988)
SADS	Schedule for Affective Disorders and Schizophrenia (Endicott und Spitzer 1978)
SCID	Structured Clinical Interview for DSM-III-R (Spitzer et al. 1988)
DIS	Diagnostic Interview Schedule (Robins et al. 1982,1985)
CIDI	Composite International Diagnostic Interview (Robins et al. 1989)
SPIKE	Structured Psychopathological Interview and Rating of the Social Consequences of Psychic Disturbances for Epidemiology (Angst et al. 1984)
PODI	Polydiagnostisches Interview (Philipp und Maier 1986)
PS-2	Polydiagnostisches System – 2 (Katschnig et al. 1987)
Diagnostische Checklisten	
PDC	Psychiatrist' DSM-III-R Checklist (Robins und Helzer 1988)
MDCL	Munich Diagnostic Checklists for DSM-III-R (Hiller et al. 1989)
LICET	Liste Integree de Criteres d'Evaluation Taxonomique (Pull et al. 1984)
MAS	Manual for the Assessment of Schizophrenia (Landmark 1982)
IMPS	Integrierte Merkmalsliste für Persönlichkeitsstörungen (Sass 1989, Sass und Mende 1990)

komplexer operationalisierter Diagnosesysteme engt sich die Vielfalt jedoch im wesentlichen auf drei Interviews ein: für RDC-Diagnosen (Spitzer et al. 1978) das Schedule for Affective Disorders and Schizophrenia SADS (Endicott und Spitzer 1978), für DSM-III-R-Diagnosen das Structured Clinical Interview for DSM-III-R SCID (Spitzer et al. 1988; deutsche Version: Wittchen et al. 1990), und für ICD-10-Diagnosen das in Entwicklung befindliche Schedules for Clinical Assessment in Neuropsychiatry SCAN (Wing et al. 1988).

Das SADS und das SCID erlauben jeweils nur RDC- bzw DSM-III-R-Diagnosen. Beide Interviews sind arbeitsökonomisch aufgebaut und enthalten Sprunganweisungen für solche Syndrombereiche, in denen obligat geforderte Symptomkriterien nicht erfüllt werden. Als strukturierte Experteninterviews ist der Untersucher bei ihnen gehalten, nötigenfalls mit frei formulierten Fragen so lange weiterzuexplorieren, bis er das jeweilige Item mit höchstmöglicher Sicherheit beurteilen kann. Für die Persönlichkeitsstörungen der Achse II des DSM-III-R liegen ebenfalls strukturierte diagnostische Interviews vor, von denen am häufigsten die DSM-III-R-Anpassung des Structured Interview for DSM-III Personality SIDP (Pfohl et al. 1983, Stangl et al. 1985) Anwendung findet.

Das SCAN stellt eine Weiterentwicklung des Present State Examination mit polydiagnostischer Erweiterung dar, wobei neben DSM-III-R-Diagnosen vor allem ICD-10-Diagnosen erstellt werden können. Wegen der engen Kopplung an die Entwicklung von ICD-10 wird die endgültige Version des SCAN vermutlich zusammen mit ICD-10 1992 veröffentlicht werden. Eine Besonderheit des SCAN ist sein modularer Aufbau. Je nach diagnostischen Erfordernissen können die einzelnen Module im Einzelfall frei kombiniert werden.

Trotz der nachweislichen Überlegenheit strukturierter diagnostischer Interviews gegenüber der Kriterienbeurteilung in freier klinischer Exploration (Buller et al. 1988 a, Maier et al. 1988d) werden auch frei zu beurteilende Checklisten ihren Einsatz in psychopharmakologischen Evaluationsstudien finden. Als besonders arbeitsökonomisches Instrument für die Erstellung von DSM-III-R-Diagnosen bieten sich hier die Münchner Checklisten MDCL an (Hiller et al. 1989), die die gezielte Prüfung weiter Bereiche der Achse-I-Diagnosen des DSM-III-R erlauben. Andere Checklisten, wie das LICET (Pull et al. 1984) oder das MAS (Landmark 1982) heben in erster Linie auf die Polydiagnostik ab und werden für den zumeist unidiagnostischen Bedarf der pharmakologischen Evaluationsforschung kaum Einsatz finden. Zur Zeit noch in Erprobung befindet sich schließlich die Integrierte Merkmalsliste für Persönlichkeitsstörungen IMPS (Sass 1989, Sass und Mende 1990), die die Erstellung von Persönlichkeitsstörungs-Diagnosen nach ICD-10, DSM-III-R, sowie nach der Typologie Kurt Schneiders und Kretschmers erlaubt.

Literatur

Albus M, Maier U, Shera D, Bech P (1990) Consistencies and discrepancies in self- and observer-rated anxiety scales. Eur Arch Psychiat Neurol Sci 240: 96–102

Alphs LD, Summerfelt A, Lann H, Muller RJ (1989) The Negative Symptom Assessment: a new instrument to assess negative symptoms of schizophrenia. Psychopharmacol Bull 25: 159–163

Amaducci L, Angst J, Bech P, Benkert O, Bruinvels J, Engel RR, Gottfries CG, Hippius H, Levy R, Lingjaerde O, Lopez-lbor JJ, Orgogozo JM, Pull C, Saletu B, Stoll, KD, Uoggon B (1990) Consensus conference of the methodology of clinical trials of 'nootropics', Munich, June 1989. Pharmacopsychiatry 23: 171–175

American Psychiatric Association (1980) Diagnostic and Statistical Manual of Mental Disorders, 3rd ed (DSM-III). APA, Washington. Deutsche Übersetzung herausgegeben von Koehler K, Sass H. Beltz, Weinheim (1984)

American Psychiatric Association (1987) Diagnostic and Statistical Manual of Mental Disorders, 3rd ed, revised (DSM-III-R). APA, Washington. Deutsche Übersetzung herausgegeben von Wittchen HJ, Sass H, Zaudig R. Beltz, Weinheim (1989)

Andreasen NC (1979) Thought, language, and communication disorders. 1. Clinical assessment, definitions of terms, and evaluation of the realibility. Arch Gen Psychiatry 36: 1315–1321

Andreasen NC (1981) Scale for the Assessment of Negative Symptoms (SANS). University of Iowa, Iowa City

Andreasen NC (1982) Negative symptoms in schizophrenia: definition and reliability. Arch Gen Psychiatry 39: 784–788

Andreasen NC (1984) Scale for the Assessment of Positive Symptoms (SAPS). University of Iowa, Iowa City

Angst J, Dobler-Mikola A, Binder J (1984) The Zurich Study – a prospective epidemiological study of depressive, neurotic and psychosomatic syndromes. Eur Arch Psychiat Neurol Sci 234: 13–20

Angst J, Bech P, Boyer P, Bruinvels J, Engel P, Helmchen H, Hippius H, Lingjaerde O, Racagni G, Saletu B, Sedvall G, Silverstone JT, Stefanis CN, Stoll K, Uoggon B (1989) Consensus conference on the methodology of clinical trials of antidepressants. Zürich, März 1988: Report of the Consensus Committee. Pharmacopsychiatry 22: 3–7

Arbeitsgemeinschaft für Methodik und Dokumentation in der Psychiatrie AMDP (1981) Das AMDP-System. Manual zur Dokumentation psychiatrischer Befunde, 4. Aufl.

Asberg M, Montgomery SA, Perris C, Schelling D, Sedvall G (1978) A comprehensive psychopathological rating scale. Acta Psychiatr Scand [Suppl] 271: 5–27

Banger M, Philipp M, Hebenstreit M, Herth Th, Aldenhoff J (1991) Development of a rating instrument for quantitative measurement of the alcohol withdrawal syndrome (in press)

Barnes TRE (1988) A rating scale for akathisia. Br J Psychiatry 154: 672–676

Baumann U (1976) Methodische Untersuchungen zur Hamilton-Depressions-Skala. Arch Psychiatr Nervenkr 222: 359–375

Baumann U, Stieglitz RD (1983) AMDP – Arbeitsgemeinschaft für Methodik und Dokumentation in der Psychiatrie. Testmanual zum AMDP-System. Springer, Berlin Heidelberg New York

Baumann U, Fähndrich E, Stieglitz R-D, Woggon B (Hrsg) (1990) Veränderungsmessung in Psychiatrie und Klinischer Psychologie. Theoretische, methodische und empirische Beiträge. Profil, München

Bech P, Rafaelsen OJ, Kramp P, Bolwig TP (1978) The mania-rating scale: construction and inter-observer agreement. Neuropsychopharmacology 17: 430–431

Bech P, Rafaelsen OJ, Boluig TP, Kramp P, Gjerris A (1980) The Bech-Rafaelsen combined rating scales for mania and melancholia. In: Achte K (ed) Psychopathology of depression. Psychiatria Fennica [Suppl]

Bech P, Allerup P, Gram F, Peisby N, Rosenberg R, Jacobson O, Nagy A (1981) The Hamilton depression scale. Acta Psychiatr Scand 63: 290–299

Bech P, Kastrup M, Rafaelsen OJ (1986) Mini-compendium of rating scales for states of anxiety, depression, mania, schizophrenia with corresponding DSM-III syndromes. Acta Psychiatr Scand [Suppl] 326: 1–37. Deutsche Fassung: Minikompendium psychiatrischer Ratingskalen für Angst, Depression, Manie und Schizophrenie mit den entsprechenden DSM-III(-R)-Syndromen. Springer, Berlin Heidelberg New York Tokyo (1991)

Bech P, Rasmussen S, Dahl A, Lauritsen B, Lund K (1989) The withdrawal syndrome scale for alcohol and related psychoactive drugs. Nord Psychiatr Tidsskr 43: 291–294

Beck AT, Ward CH, Mendelson M et al. (1961) An inventory for measuring depression. Arch Gen Psychiatry 4: 561–571

Benkert O (1977) Sexuelle Impotenz. Neuroendokrinologische und pharmakotherapeutische Untersuchungen. Springer, Berlin Heidelberg New York

Benkert O, Maier U, Rickels K (eds) (1990) Methodology of the evaluation of psychotropic drugs. Springer, Berlin Heidelberg New York Tokyo

Benton AL (1974) The revised visual retention test, 4th ed. Psychological Corporation, New York. Deutsche Fassung (1972) Der Benton-Test. Handbuch. Huber, Stuttgart

Berg L (1988) Clinical Dementia Rating (CDR). Psychopharmacol Bull 24: 637–639

Berg L, Hughes CP, Coben LA, Danziger UL, Martin RL, Knesevich J (1982) Mild senile dementia of the Alzheimer type (SDAT): research diagnostic criteria, recruitment, and description of a study population. J Neurol Neurosurg Psychiatry 45: 962–968

Bethge H, Czechanowski B, Gundert-Remy U, Hasford J, Kleinsorge H, Kreutz G, Letzel H, Müller AA, Selbmann HK, Weber E (1989) Empfehlungen zur Ermittlung, Dokumentation, Erfassung und Bewertung unerwünschter Ereignisse im Rahmen der klinischen Prüfung von Arzneimitteln. Arzneimittelforschung/Drug Res 39: 1294–1300

Biefang S (Hrsg) (1980) Evaluationsforschung in der Psychiatrie. Enke, Stuttgart

Biegel A, Murphy DL (1971) Assessing clinical characteristics of manic states. Am J Psychiatry 128: 688–694

Biegel A, Murphy DL, Bunney U (1971) The manic-state rating scale. Arch Gen Psychiatry 25: 256–262

Bigelow LB, Berthot BD (1989) The Psychiatric Symptom Rating Scale (PSAS). Psychopharmacol Bull 25: 168–179

Bitter I, Jaeger J, Agdeppa J, Volavka J (1989) Subjective symptoms. Part of the negative syndrome of schizophrenia? Psychopharmacol Bull 25: 180–185

Blackburn IM, London JB, Ashworth CM (1977) A new scale for measuring mania. Psychol Med 7: 453–458

Blessed G, Tomlinson BE, Roth M (1968) The association between quantitative measures and degenerative changes in the cerebral gray matter of elderly patients. Br J Psychiatry 114: 797–811

Brunner C, Spiegel R (1990) Eine Validierungsstudie mit der NOSGER (Nurses Observation Scale for Geriatric Patients), einem neuen Beurteilungsinstrument für die Psychogeriatrie. Z Klin Psychol 19: 211–229

Buller R, Maier U, Philipp M (1988a) Reliability of DSM-III anxiety disorders – check-list versus structured interview. Pharmacopsychiatry 21: 422–423

Buller R, Maier U, Philipp M, Frommberger U (1988b) Prädiktive Validität operationalisierter Diagnosen. In: Beckmann H, Laux G (Hrsg) Biologische Psychiatrie. Springer, Berlin Heidelberg New York Tokyo, S 98–101

Buschke H (1973) Selective reminding for analysis of memory and learning. J Verbal Learning Verbal Behav 12: 54–50

Buss AH, Durkee A (1957) An inventory for assessing different kinds of hostility. J Consult Psychol 21: 343–349

Busto UE, Sykora K, Sellers EM (1989) A clinical scale to assess benzodiazepine withdrawal. J Clin Psychopharmacol 9: 412–416

Cairns V, Zerssen Dv, Stutte KH, Mombour U (1983a) The stability of the symptom grouping in the Inpatient Multidimensional Psychiatric Scale (IMPS). J Psychiatr Res 17: 19–28

Cairns V, Faltermaier T, Wittchen H-U, Dilling H, Mombour U, Zerssen DV (1983b) Some problems concerning the reliability and structure of the scales in the Inpatient Multidimensional Psychiatric Scale. Arch Psychiat Nervenkr 232: 395–406

Carroll BJ, Feinberg M, Smousse PE, Rawson SG, Greden J (1981) The Carroll rating scale for depression. 1. Development, reliability and validation. Br J Psychiatry 138: 194–200

CIPS – Collegium Internationale Psychiatriae Scalarum (CIPS) (1986) Internationale Skalen für Psychiatrie. Beltz, Weinheim

Chouinard G, Ross-Chouinard A, Annable L, Jones B (1980) Extrapyramidal Symptom Rating Scale. Can J Neurol Sci 7: 233–240

Cockrell J, Folstein MF (1988) Mini-Mental State Examination (MMSE). Psychopharmacol Bull 24: 689–692

Cooper J (1970) The Clayton Obsessive Inventory. Psychol Med 1: 48–64

Crook TH, Bartus R, Ferris S, Whitehouse P, Cohen G, Gershon S (1986) Age-associated memory impairment: proposed diagnostic criteria and measures of clinical change. Dev Neuropsychol 2: 261–276

Crook TH, Johnson BA, Larrabee GJ (1990) Evaluation of drugs in Alzheimer's disease and age-associated memory impairment. In: Benkert O, Maier U, Rickels K (eds) Methodology of the evaluation of psychotropic drugs. Springer, Berlin Heidelberg New York Tokyo, pp 37–55

Crow TJ (1980) Positive and negative symptoms and the role of dopamine. Br J Psychiatry 137: 383–386

Dencker SJ, Ahlfors UG, Bech P, Elgen K, Lingjaerde O (1986) Classification of side effects in psychopharmacology. Pharmacopsychiatry 19: 40–42

Derogatis LR, Lipman RS, Covi L (1973) SCL-90: an outpatient psychiatric rating scale – preliminary report. Psychopharmacol Bull 9: 13–28

Derogatis LR, Lipman RS, Rickels K, Uhlenhuth EH, Covi L (1974) The Hopkins Symptom Checklist (HSCL): a self-report symptom inventory. Behav Sci 19: 1–15

Dichtl G, Zaudig M (1990) Veränderungsmessung des kognitiven Befundes mit Hilfe eines neuen strukturierten Interviews zur Diagnose seniler Demenzen vom Alzheimer Typ, Multiinfarktdemenzen und Demenzen anderer Ätiologie – SIDAM. In: Baumann U, Fähndrich E, Stieglitz R-D, Woggon B (Hrsg) Veränderungsmessung in Psychiatrie und Klinischer Psychologie. Theoretische, methodische und empirische Beiträge. Profil, München, S 377-387

Dieterle DM, Albus ML, Eben E, Ackenheil M, Rockstroh U (1986) Preliminary experiences and results with the Munich's Version of the Andreasen Scale. Assessment of productive and negative symptoms in chronic schizophrenic patients. Pharmacopsychiatry 19: 96–100

Dilling H, Mombour W, Schmidt MH (Hrsg) (1991) Internationale Klassifikation psychischer Störungen. ICD-10 Kapitel V (F) Klinisch-diagnostische Leitlinien. Huber, Bern

Dixon RA, Hultsch DF (1983a) Structure and development of metamemory in adulthood. J Gerontol 38: 682–688

Dixon RA, Hultsch DF (1983b) Metamemory and memory for text relationships in adulthood: a cross-validation study. J Gerontol 38: 689–694

Dixon RA, Hultsch DF, Hertzog C (1988) The Metamemory in Adulthood (MIA) Questionaire. Psychopharmacol Bull 24: 671–688

Dominguez RA, Jacobson AF, delaGandara J, Goldstein BJ, Steinbook RM (1989) Drug response assessed by the Modified Maudsley Obsessive-Compulsive Inventory. Psychopharmacol Bull 25: 215–218

Ellis BU, Johns MU, Lancaster R, Priest RG (1981) The St.Mary's Hospital Sleep Questionaire. Sleep 4: 93–97

Ellsworth RB (1962) The MACC behavioral adjustement scale, form II. Western Psychological Services, Beverly Hills

Endicott J, Spitzer RL (1978) A diagnostic interview: the schedule for affective disorders and schizophrenia. Arch Gen Psychiatry 35: 837–844

Erzigkeit H (1989) Manual zum SKT, Form A-e. Beltz, Weinheim

Fähndrich E, Linden M (1982) Zur Reliabilität und Validität der Stimmungsmessung mit der Visuellen Analog-Skala (VAS). Pharmacopsychiatry 15: 90–94

Fähndrich E, Stieglitz RD (1989) Leitfaden zur Erfassung des psychopathologischen Befundes. Halbstrukturiertes Interview anhand des AMDP-Systems. Springer, Berlin Heidelberg New York Tokyo

Feighner JP, Robins E, Guze SB, Woodruff RA, Winokur G, Munor R (1972) Diagnostic criteria for use in psychiatric research. Arch Gen Psychiatry 26: 57–63

Fischer-Cornelsen KA (1986a) FSUCL – Fischer Somatische Symptome oder Unerwünschte Effekte Check-Liste. In: CIPS Internationale Skalen für Psychiatrie. Beltz, Weinheim

Fischer-Cornelsen KA (1986b) FSU-NL – Fischer-Symptom-Checkliste-Neuroleptika. In: CIPS Internationale Skalen für Psychiatrie. Beltz, Weinheim

Fleischhacker WW, Bergmann KJ, Perovich R, Pestreich LK, Borenstein M, Liebermann JA, Kane JM (1989) The Hillside Akathisia Scale: a new rating instrument for neuroleptic-induced akathisia. Psychopharmacol Bull 25: 222–226

Folstein MF, Folstein SF, McGugh PR (1975) Mini-Mental State Examination: a practical method for grading the cognitive state of patients for the clinician. J Psychiatr Res 12: 189–198

Garner DM, Garfinkle PE (1979) The eating attitude test: an index of the symptoms of anorexia nervosa. Psychol Med 9: 273–279

Garner DM, Olmsted MP, Bohr R et al. (1982) The eating attitudes test: psychometric features and clinical correlates. Psychol Med 12: 871–878

Garner DM, Olmstead MP, Polivy J (1983) Development and validation of a multidimensional eating disorder inventory for anorexia nervosa and bulimia. Int J Eating Disord 2: 15–34

Gebhardt R, Pietzker A, Strauss A, Stoeckel M, Langer C, Freudenthal K (1983) Skalenbildung im AMDP-System. Arch Psychiat Nervenkr 233: 223–245

George A, Soloff PH (1986) Schizotypal symptoms in patients with borderline personality disorders. Am J Psychiatry 143: 212–215

Gilewski MJ, Zelinski EM (1988) Memory Functioning Questionaire (MFQ). Psychopharmacol Bull 24: 665–670

Glass RM, Uhlenhuth EH, Kellner R (1987) The value of self-report assessment in studies of anxiety disorders. J Clin Psychopharmacol 7: 215–221

Gloger S, Grunhaus L, Gladic D, O'Ryan F, Cohen L, Codner S (1989) Panic attacks and agoraphobia: low dose clomipramine treatment. J Clin Psychopharmacol 9: 28–32

Goodman UK, Price LH, Rasmussen SA, Mazure C, Fleischmann RL, Hill CL, Heninger GR, Charney DS (1989a) The Yale-Brown Obsessive Compulsive Scale. I. Development, use and reliability. Arch Gen Psychiatry 46: 1006–1011

Goodman UK, Price LH, Rasmussen SA, Mazure C, Delgado P, Heninger GR, Charney DS (1989b) The Yale-Brown Obsessive Compulsive Scale. II. Validity. Arch Gen Psychiatry 46: 1012–1016

Gross G, Huber G, Klosterkötter J, Linz M (1987) BSABS – Bonner Skala für die Beurteilung von Basissymptomen. Springer, Berlin Heidelberg

New York Tokyo

Grau P, Ladewig D, Hobi V (1984) Verschiedene Schritte einer Konstruktvalidierung des Basler Drogen- und Alkoholfragebogens (BDA). Pharmacopsychiatry 17: 84–93

Guy U (ed) (1976) ECDEU Assessment Manual for Psychopharmacology, revised. DHEU Publication No. (ADM): 76–338. National Institute of Mental Health, Rockville

Halbreich U, Endicott J, Schacht J et al. (1982) The diversity of premenstrual changes as reflected in the premenstrual assessment form. Acta Psychiatr Scand 65: 46–65

Hamilton M (1959) The assessment of anxiety states by ratings. Br J Med Psychol 32: 50–55

Hamilton M (1960) A rating scale for depression. J Neurol Neurosurg Psychiatry 23: 56–62

Hamilton M (1967) Development of a rating scale for primary depressive illness. Br J Soc Clin Psychol 6: 278–296

Heimann H, Obermaier U, Boller U, Stoll KD (1977) Videotape training in psychiatric practice. Prog Neuropsychopharmacol Biol Psychiatry 1: 141–145

Helmes E (1988) Multidimensional Observation Scale for Elderly Subjects (MOSES). Psychopharmacol Bull 24: 733–745

Helmes E, Csapo KG, Short JA (1987) Standardization and validation of the Multidimensional Observation Scale for Elderly Subjects (MOSES). J Gerontol 42: 395–405

Hiller U, Zerssen Dv, Mombour U, Wittchen H-U (1986) IMPS (Inpatient Multidimensional Psychiatric Scale) – Eine multidimensionale Skala zur systematischen Erfassung des psychopathologischen Befundes. Beltz, Weinheim

Hiller U, Zaudig M, Mombour U (1989) The Munich Diagnostic Checklists (MDCL). Logomed Hoepker, München

Honigfeld G, Gillis RD, Klett CJ (1966) NOSIE-30: a treatment sensitive ward behavior scale. Psychol Rep 19: 180182

Janke U, Debus G (1977) Die Eigenschaftswörterliste EWL-K. Ein Verfahren zur Messung der Befindlichkeit. Hogrefe, Göttingen

Kam P, van der Mol R, Wimmers M (Hrsg) Beoordelingsschaal voor oudere Patienten. Van Loghum Slaterus, Amsterdam

Katschnig H, Lenz G, Musalek M, Nutzinger D, Schanda H, Simhandl C (1987) Das Polydiagnostische System-2 (PS2). Wien Med Wochenschr (Sonderheft) 137: 3–4

Kay SR, Opler LA, Fiszbein A, Opler LA (1986) Manual for the Positive and Negative Syndrome Scale (PANSS) for schizophrenia. Department of Psychiatry, Albert Einstein College of Medicine, New York. Deutsche Übersetzung von Heim G, Psychiatrische Klinik der Freien Universität Berlin

Kay SR, Fiszbin A, Opler LA (1987) The Positive and Negative Syndrome Scale (PANSS) for schizophrenia. Schizophr Bull 13: 261–276

Kay SR, Opler LA, Lindenmayer J-P (1988) Reliability and validity of the Positive and Negative Syndrome Scale for Schizophrenics. Psychiatry Res 23: 99–110

Kelly D, Guirgus W, Frommer E et al. (1970) Treatment of phobic states with antidepressants. Br J Psychiatry 116: 387–398

Kuny S, Maurer M, Luckner Nv, Woggon B (1982) Deutschsprachige Version der Comprehensive Psychopathological Rating Scale (CPRS). Int Pharmacopsychiatry 17: 314–337

Ladewig D, Grau P, Miest P-C, Hobi V, Schwarz E (1976) Basler Drogen- und Alkoholfragebogen (BDA). Erste Erfahrungen bei der Konstruktion eines Testinstrumentes zur Abschätzung des Abhängigkeitsgrades von Drogen und/oder Alkoholkonsumenten. Pharmakopsychiatry 9: 305–312

Landmark I (1982) A manual for the assessment of schizophrenia. Acta Psychiatr Scand [Suppl 65]

Lazzaro TA, Biggs DL, McNeil KA (1969) The development and validation of the self report test of impulse control. J Clin Psychol 25: 434–438

Levine J (1990) Ascertainment of side effects in psychopharmacologic clinical trials. In: Benkert O, Maier U, Rickels K (eds) Methodology of the evaluation of psychotropic drugs. Springer, Berlin Heidelberg New York Tokyo, pp 130-135

Levine J, Schooler NR (1984) SAFTEE (Systematic Assessment for Treatment Emergent Events) – a new technique for detecting side effects in clinical trials. Clin Neuropharmacol 7: 856–857

Levine J, Schooler NR (1986) SAFTEE: a technique for the systematic assessment of side effects in clinical trials. Psychopharmacol Bull 22: 343–381

Lienert GA (1969) Testaufbau und Testanalyse. Beltz, Weinheim

Liebouitz MR (1990) Sociophobia Rating Scale. College of Physicians and Surgeons, Columbia University, New York

Lingjaerde O, Ahlfors UG, Bech P, Dencker SJ, Elgen K (1987) The UKU side effect rating scale. A new comprehensive rating scale for psychotropic drugs and a cross-sectional study of side effects in neuroleptic-treated patients. Acta

Psychiatr Scand [Suppl] 334: 1–99

LIPMAN RS, COVI L, SHAPIRO AK (1979) The Hopkins Symptom Checklist (HSCL): factors derived from the HSCL-90. J Affect Disord 1: 9–24

LIPMAN RS, COVI L, RICKELS K, MCNAIR DM, DOWNING R, KAHN RJ, LASSETER VK, FADEN V (1986) Imipramine and chlordiazepoxide in depressive and anxiety disorders. 1. Efficacy in depressed outpatients. Arch Gen Psychiatry 43: 79–85

LORR M, KLETT CJ (1966) Inpatient Multidimensional Psychiatric Scale: manual. Consulting Psychologists Press, Palo Alto. Deutsche Übersetzung und Manual: HILLER W, ZERSSEN Dv, MOMBOUR W, WITTCHEN H-U (1986) Die IMPS. Beltz, Weinheim

LUCKNER Nv, WOGGON B, ASBERG M, WIESEL F-A, BJERKENSTEDT L (1985) Scale construction of the Swedish CPRS version. Neuropsychobiology 13: 180–186

LUKOFF D, NUECHTERLEIN KH, VENTURA J (1986) Manual for expanded Brief Psychiatric Rating Scale (BPRS). Schizophr Bull 12: 594–602

LYERLY SB, ABBOTT PS (1964) Handbook of psychiatric rating scales. National Institute of Mental Health, Bethesda

MAIER U, PHILIPP M (1985a) Improving of the assessment of severity of depressive states: a reduction of the Hamilton Depression Scale. Pharmacopsychiatry 18: 114–115

MAIER U, PHILIPP M (1985b) Comparative analysis of observer depression scales. Acta Psychiatr Scand 72: 239–245

MAIER U, PHILIPP M (1986) A polydiagnostic scale for dimensional classification of endogenous depression. Derivation and validation. Acta Psychiatr Scand 73: 112–121

MAIER W, BECH P (1990) Measuring the efficacy of psychotropic drugs: clinical symptoms and rating scales. In: BENKERT O, MAIER W, RICKELS K (eds) Methodology of the evaluation of psychotropic drugs. Springer, Berlin Heidelberg New York Tokyo, pp 105–120

MAIER U, PHILIPP M, GERKEN A (1985) Dimensionen der Hamilton-Depressionsskala (HAMD). Faktorenanalytische Untersuchungen. Eur Arch Psychiat Neurol Sci 234: 417–422

MAIER W, PHILIPP M, HEUSER I, SCHLEGEL S, BULLER R, WETZEL H (1988a) Improving depression severity assessment. I. Reliability, internal validity and sensitivity to change of three observer depression scales. J Psychiatr Res 22: 3–12

MAIER W, HEUSER I, PHILIPP M, FROMMBERGER U, DEMUTH W (1988b) Improving depression severity assessment. II. Content, concurrent and external validity of three observer depression scales. J Psychiatr Res 22: 13–19

MAIER W, BULLER R, PHILIPP M, HEUSER I (1988c) The Hamilton anxiety scale: reliability, validity and sensitivity to change in anxiety and depressive disorders. J Affect Disord 14: 61–68

MAIER W, PHILIPP M, BULLER R (1988d) The value of structured clinical interviews. Arch Gen Psychiatry 45: 963–964

MAIER W, PHILIPP M, BULLER R, SCHLEGEL S (1988e) Reliability and validity of the assessment of antidepressant effects. Pharmacopsychiatry 21: 449–450

MAIER W, HEUSER I, PHILIPP M, SCHLEGEL S, BENKERT O (1988f) Diagnostic determinants of short-term spontaneous course in major depression. Psychiatry Res 23: 117-118

MAIER W, PHILIPP M, SCHLEGEL S, HEUSER I, WIEDEMANN K, BENKERT O (1989) Diagnostic determinants of response to treatment with tricyclic antidepressants: a polydiagnostic approach. Psychiatry Res 30: 83–93

MAIER W, ALBUS M, BULLER R, NUTZIGER D, SHERA D, BECH P (1990) Self- and observer assessment in anxiolytic drug trials: a comparison of their validity. Eur Arch Psychiat Neurol Sci 240: 103–108

MARKS IM, GELDER MG (1965) A controlled retrospective study of behavior therapy in phobic patients. Br J Psychiatry 111: 561–573

MARKS IM, SHEEHAN DV (1990) Patient Rated Anxiety Scale (PRAS) and Clinician Rated Anxiety Scale (CRAS). Zitiert nach: ALBUS M, MAIER W, SHERA D, BECH P (1990) Consistencies and discrepancies in self- and observer-rated anxiety scales. Eur Arch Psychiat Neurol Sci 240: 96–102

MAURER M, KUNY S, DITTRICH A, WOGGON B (1982) Skalenkonstruktion der deutschsprachigen Version der Comprehensive Psychopathological Rating Scale (CPRS). Int Pharmacopsychiatry 17: 338–353

MAURER M, KUNY S, WOGGON B, LUCKNER Nv (1984) Comparison of the AMP system and the CPRS with regard to interrater reliability. Neuropsychobiology 12: 27–33

MCNAIR D, LORR M, DOPPELMAN L (1971) The profile of mood states. Educational and Industrial Testing Service, San Diego

MITCHEL JE, HATSUKAMI D, ECKERT E, PYLE R (1985) Eating disorder questionaire. Psychopharmacol Bull 21: 1025–1043

MÖLLER H-J (1989) Standardisierte psychiatrische Befunderhebung. In: KISKER KP, LAUTER H, MEYER J-E, MÜLLER C, STRÖMGREN E (Hrsg) Psychiatrie der Gegenwart, Bd 9. Brennpunkte der Psychiatrie. Springer, Berlin Heidelberg New York Tokyo, S 13–45

Möller H-J (1990) Möglichkeiten und Grenzen von Selbstbeurteilungsskalen zur Verlaufsbeurteilung depressiver Symptomatik im Rahmen der Therapie-Evaluation. In: Baumann U, Fähndrich E, Stieglitz R-D, Woggon B (Hrsg) Veränderungsmessung in Psychiatrie und Klinischer Psychologie. Theoretische, methodische und empirische Beiträge. Profil, München, S 307–328

Möller H-J (1991) Outcome criteria in antidepressant drug trials: selfrating versus observer rating scales. Eur J Psychopharmacol (in press)

Möller H-J, Benkert O (1980) Methoden und Probleme der Effektivität psychopharmakologischer und psychologischer Therapieverfahren. In: Biefang S (Hrsg) Evaluationsforschung in der Psychiatrie. Enke, Stuttgart, S 54–128

Möller H-J, Zerssen DV (1983) Psychopathometrische Verfahren. II. Standardisierte Beurteilungsverfahren. Nervenarzt 54: 1–16

Möller H-J, Zerssen DV (1986) Der Verlauf schizophrener Psychosen unter den gegenwärtigen Behandlungsbedingungen. Springer, Berlin Heidelberg New York Tokyo

Mohs RC, Cohen L (1988) Alzheimer's Disease Assessment Scale (ADAS). Psychopharmacol Bull 24: 627–628

Mokken P (1972) Scale analysis. University Press, Den Haag

Montgomery SA, Asberg M (1979) A new depression scale designed to be sensitive to change. Br J Psychiatry 134: 382–389

Morris JC, Mohs RC, Rogers H, Fillenbaum G, Heyman A (1988a) Consortium to establish a registry for Alzheimer's disease (CERAD) clinical and neuropsychological assessment of Alzheimer s disease. Psychopharmacol Bull 24: 641–652

Morris JC, LaBarge E, Clark C et al. (1988b) CERAD clinical and neuropsychological assessment of Alzheimer's disease: a preliminary report of standardized procedures and reliability. Neurology 38 [Suppl 1]: 287

Murphy DL, Biegel A, Weingartner H et al. (1974) The quantification of manic behavior. Mod Probl Pharmacopsychiatry 7: 203–220

Murphy DL, Pickar D, Alterman IS (1982) Methods for the quantitative assessment of depressive and manic behavior. In: Burdock EI, Sudilovsky A, Gershon S (eds) The behavior of psychiatric patients. Marcel Dekker, New York, pp 355–392

Niederehe G (1988) TRIMS Behavioral Problem Checklist (BPC). Psychopharmacol Bull 24: 771–778

Oswald WD, Fleischmann UM (1980) Das Nürnberger Altersinventar (NAI). Kurzbeschreibung, Testanweisung, Normwerte, Testmaterial. Psychologisches Institut 11, Universität Erlangen-Nürnberg

Oswald WD, Fleischmann UM (1985) Psychometrics in aging and dementia: advances in geropsychological assessments. Arch Gerontol Geriatr 4: 298–309

Oswald WD, Fleischmann UM (1992) Das Nürnberger Altersinventar. Psychologisches Institut 11, Universität Erlangen-Nürnberg (im Druck)

Overall JE, Gorham DR (1962) The Brief Psychiatric Rating Scale. Psychol Rep 10: 799–812

Overall JE, Gorham DR (1976) BPRS. Brief Psychiatric Rating Scale. In: Guy W (ed) ECDEU Assessment manual for psychopharmacology, revised. DHEU Publication No. (ADM) 76–338. National Institute of Mental Health, Rockville, pp 157–169

Paykel ES, Norton KRW (1986) Self-report and clinical interview in the assessment of depression. In: Sartorius N, Ban TA (eds) Assessment of depression. Springer, Berlin Heidelberg New York Tokyo, pp 356–366

Pfohl B, Stangl D, Zimmerman M (1983) Structured Interview for DSM-III Personality, 3rd ed. Iowa City, University of Iowa

Philipp M (1989) Strukturiertes Ratertraining mit der Mainzer Integrierten Depressions-Angst-Skala. Vortrag, 16. Tagung der Arbeitsgemeinschaft für Neuro-Psychopharmakologie, Nürnberg, 4.-7.0ktober

Philipp M, Maier W (1986) The polydiagnostic interview: a structured interview for polydiagnostic classification of psychiatric patients. Psychopathology 19: 175–185

Philipp M, Maier W (1987) Diagnosensysteme endogener Depressionen. Springer, Berlin Heidelberg New York Tokyo

Philipp M, Maier W (1990) Diagnostic determinants of response of depressed inpatients to tricyclic antidepressants. In: Ballus C, Kemali D, Roca M (eds) Predictive factors of psychopharmacological response. Universitat De Les Illes Balears (UIB), Palma

Philipp M, Maier W, Buller R, Hochheiser P (1986a) Angst, Depression und körperliche Symptome. In: Helmchen H, Linden M (Hrsg) Die Differenzierung von Angst und Depression. Springer, Berlin Heidelberg New York Tokyo, S 83–94

Philipp M, Maier W, Benkert O (1986b) Dimensional classification as an instrument for biological research in endogenous depression. In: Hippius H, Klerman G, Matussek N (eds) New results in depression research. Springer, Berlin

Heidelberg New York Tokyo, pp 146–155

Philipp M, Maier W, Frommbrger U, Wilhelmi D, Wetzel H, Schlegel S, Buller R, Heuser I, Demuth W, Wittenborg A (1986c) Operational diagnoses for schizophrenic and schizoaffective disorders. II. Association between diagnostic systems. Pharmacopsychiatry 19: 180–181

Philipp M, Maier W, Buller R, Gjerris A, Bech P (1987) Angst und Depression: Erfassung körperlicher und psychischer Aspekte mittels der Hamilton-Skalen. In: Hippius H, Ackenheil M, Engel RR (Hrsg) Angst – Leitsymptom psychiatrischer Erkrankungen. Springer, Berlin Heidelberg New York Tokyo, S 51–59

Philipp M, Delmo C, Maier W, Frommberger U (1988a) The use of research assistants in polydiagnostic research. Pharmacopsychiatry 21: 465–466

Philipp M, Buller R, Delmo CD, Bernhard M, Winter P, Schwarze H, Benkert O, See WR (1988b) Mainzer Integrierte Depressions-Angst-Skala (MIDAS). Psychiatrische Klinik der Johannes Gutenberg-Universität Mainz

Philipp M, Herrmann Ch, Hillert A, wetzel H, Benkert O (1988c) Mainzer Integrierte Schizophrenie-Skalen (MISS). Psychiatrische Klinik der Johannes Gutenberg-Universität Mainz

Philipp M, Herrmann Ch, Hillert A, Wetzel H, Benkert O (1988d) Mainzer Interview zu den Andreasen-Skalen (MIAS). Psychiatrische Klinik der Johannes Gutenberg-Universität Mainz

Philipp M, Maier W, Delmo CD (1991a) The concept of major depression. I. Descriptive comparison of six competing operational definitions including ICD-10 and DSM-III-R. Eur Arch Psychiat Neurol Sci 240: 258–265

Philipp M, Maier W, Delmo CD (1991b) The concept of major depression. II. Agreement between six competing operational definitions in 600 psychiatric inpatients. Eur Arch Psychiat Neurol Sci 240: 266–271

Plutchik R, Conte H, Lieberman M, Bakur M, Grossman J, Lehrman N (1970) Reliability and validity of a scale for assessing the functioning of geriatric patients. J Am Geriatr Soc 18: 491–500

Pull CB, Pull MC, Pichot P (1984) LICET-D – une liste integree de criteres d evaluation taxionomique pour les depressions. Psychol Med 16: 125–131

Rachman SJ, Hodgson RJ (1980) Obsession and compulsion. Prentice-Hall, Englewood Cliffs

Raskin A (1985) Validation of a battery of tests designed to assess psychopathology in the elderly. In: Burrows GD, Norman TR, Dennerstein L (eds) Clinical and pharmacological studies in psychiatric disorders. John Libbey, London, pp 33–43

Raskin A, Crook T (1988a) Global Assessment of Psychiatric Symptoms (GAPS). Psychopharmacol Bull 24: 721–725

Raskin A, Crook T (1988b) Relative's Assessment of Global Symptomatology (RAGS). Psychopharmacol Bull 24: 759–763

Raskin A, Gershon S, Crook T, Sathananthan G, Ferris S (1978) The effects of hyperbaric and normobaric oxygen on cognitive impairment in the elderly. Arch Gen Psychiatry 35: 50–56

Reisberg B, Ferris SH (1988) Brief Cognitive Rating Scale (BCRS). Psychopharmacol Bull 24: 629–631

Reisberg B, Ferris SH, deLeon MK, Crook T (1982) The Global Deterioration Scale for assessment of primary degenerative dementia. Am J Psychiatry 139: 1136–1139

Reisberg B, Schneck MK, Ferris, SH, Schwartz GE, DeLeon MJ (1983) The Brief Cognitive Rating Scale (BCRS). Findings in primary degenerative dementia (PDD). Psychopharmacol Bull 19: 47–50

Reisberg B, Ferris SH, deLeon MK, Crook T (1988) Global Deterioration Scale (GDS). Psychopharmacol Bull 24: 661–663

Renfordt E, Busch H, Cranach Mv, Gulbinat U, Tegeler J (1983) Special aspects of interrater reliability in the AMDP psychopathological version. In: Bobon D, Baumann U, Angst J, Helmchen H, Hippius H (eds) AMDP-system in pharmacopsychiatry. Karger, Basel

Richter R, Saß H, Sauer H (1990) On the validity of the German version of the Comprehensive Psychopathological Rating Scale. Eur Arch Psychiat Neurol Sci 240: 48–53

Robins LN, Helzer JE (1988) Psychiatrist' DSM-III-R Checklist. Department of Psychiatry, Washington University, St Louis

Robins LN, Helzer JE, Ratcliff KS, Seyfried W (1982) Validity of the Diagnostic Interview Schedule. Version II: DSM-III diagnoses. Psychol Med 12: 855–870

Robins LN, Helzer JE, Orvaschel H et al. (1985) The Diagnostic Interview Schedule. In: Eaton WW, Kessler LG (eds) Epidemiologic field methods in psychiatry: the NIMH Epidemiologic Catchment Area Program. Academic Press, New York

Robins LN, Wing J, Wittchen H-U et al. (1989) The Composite International Diagnostic Interview: an epidemiologic instrument suitable for use in conjunction with different diagnostic systems and in different cultures. Arch Gen Psychiatry 45: 1069–1077

Rosen UG, Mols RC, Davis KL (1984) A new rating

scale for Alzheimer's disease. Am J Psychiatry 141: 1356–1364

RÜTHER E (1984) Arzneimittel-Überwachung in der Psychiatrie. Münch Med Wochenschr 126: 330–333

SASS H (1989) Integrierte Merkmalsliste für Persönlichkeitsstörungen (IMPS). Psychiatrische Klinik der Universität München

SASS H, MENDE M (1990) Zur Erfassung von Persönlichkeitsstörungen mit einer integrierten Merkmalsliste gemäß DSM-III-R und ICD-10 bei stationär behandelten psychiatrischen Patienten. In: BAUMANN U, FÄHNDRICH E, STIEGLITZ R-D, WOGGON B (Hrsg) Veränderungsmessung in Psychiatrie und Klinischer Psychologie. Theoretische, methodische und empirische Beiträge. Profil, München, S 195–206

SCHMIDTKE A, FLECKENSTEIN P, MOISES W, BECKMANN H (1988) Untersuchungen zur Reliabilität und Validitat einer deutschen Version der Montgomery-Asberg Depression Rating Scale (MADRS). Schweiz Arch Neurol Psychiat 139: 51–65

SCHWARTZ GE (1983) Development and validation of the Geriatric Evaluation by Relative's Rating Instrument (GERRI). Psychol Rep 53: 479–488

SCHWARTZ GE (1988) Geriatric Evaluation by Relative's Rating Instrument (GERRI). Psychopharmacol Bull 24: 713–716

SHADER RI (1988) Sandoz Clinical Assessment – Geriatric (SCAG). Psychopharmacol Bull 24: 765–769

SHADER RI, HARMATZ JZ, SELTMAN C (1974) A new scale for clinical assessment of geriatric populations: Sandoz Clinical Assessment Geriatric (SCAG). J Am Geriatr Soc 22: 107–113

SHEEHAN DV (1983) The anxiety disease. Charles Scribner's Sons, New York

SIMPSON GM, ANGUS JUS (1970) A rating scale for extrapyramidal side effects. Acta Psychiatr Scand [Suppl] 212: 11–19

SIMPSON GM, LEE JH, ZOUBOK B, GARDOS G (1979) A rating scale for tardive dyskinesia. Psychopharmacology 64: 171–179

SMOUSSE PE, FEINBERG M, CARROLL BJ, PARK MH, RAWSON SG (1981) The Carroll rating scale for depression. II. Factor-analysis of feature profiles. Br J Psychiatry 138: 201–204

SNAITH RP, TAYLOR CM (1985) Rating scales for depression and anxiety: a current perspective. Br J Clin Pharmacol 19: 17S-20S

SNAITH RP, BAUGH SJ, CLAYDEN AD, HUSAIN A, SIPPLE MA (1982) The Clinical Anxiety Scale: an instrument derived from the Hamilton Anxiety Scale. Br J Psychiatry 141: 518–523

SOLOFF PH, GEORGE A, NATHAN RS et al. (1987) Behavioral dyscontrol in borderline patients treated with amitriptyline. Psychopharmacol Bull 23: 177–181

SPIEGEL R, PUXTY J, TREMMEL L, BRUNNER C (1990) Verlauf von Demenzen: Methoden zur Erfassung relevanter Leistungs- und Verhaltensmerkmale. In: BAUMANN U, FÄHNDRICH E, STIEGLITZ R-D, WOGGON B (Hrsg) Veränderungsmessung in Psychiatrie und Klinischer Psychologie. Theoretische, methodische und empirische Beiträge. Profil, München, S 350–376

SPIELBERGER CD, GORSUCH RL, LUSHENE RE (1970) STAI Manual for State-Trait Anxiety Inventory. Consulting Psychologists Press, Palo Alto

SPITZER RL, FLEISS JL (1974) A re-analysis of the reliability of psychiatric diagnoses. Br J Psychiatry 125: 341-347

SPITZER RL, GIBBON M, ENDICOTT J (1976) The Global Assessment Scale: a procedure for measuring overall severity of psychiatric disturbance. Arch Gen Psychiatry 33: 766–771

SPITZER RL, ENDICOTT J, ROBINS E (1978). Research Diagnostic Criteria (RDC). Biometric Research, New York State Psychiatric Institute, New York

SPITZER RL, WILLIAMS JBU, GIBBON M (1988) SCID. Structured Clinical Interview for DSM -III-R. Biometrics Research Department, New York State Psychiatric Institute, New York. Übersetzung siehe WITTCHEN et al. (1990)

STANGL D, PFOHL B, ZIMMERMAN M et al. (1985) A structured interview for the DSM-III personality disorders. Arch Gen Psychiatry 42: 591–596

STOCKWELL T, HODGSON R, EDWARDS G, TAYLOR C, RANKIN H (1979) The development of a questionaire to measure severity of alcohol dependence. Br J Addict 74: 79–87

SÜLLWOLD L, HERRLICH J (1987) Frankfurter Befindlichkeits-Skala (FBS) für schizophren Erkrankte. Springer, Berlin Heidelberg New York Tokyo

VENN RD (1983) The Sandoz Clinical Assessment-Geriatric (SCAG) scale. Gerontology 29: 185–189

WANG RIH, KOCHAR C (1989) Choice of rating form for evaluating anxiolytics. Psychopharmacol Bull 25: 291–295

WANG RIH, WIESEN RL, STOCKDALE S, HIEB E (1977) A method for evaluating anxiolytic sedatives. J Clin Psychopharmacol 17: 269–275

WECHSLER DA (1945) A standardized memory scale for clinical use. J Psychol 19: 87–95

WECHSLER DA (1958) The measurement and appraisal of adult intelligence. Williams and Wilkins, Baltimore

WIDLÖCHER DJ (1983) Psychomotor retardation: clinical, theoretical, and psychometric aspects.

Psychiatr Clin North Am 6: 27–40
Williams JBU (1988) A structured interview guide for the Hamilton Depression Rating Scale. Arch Gen Psychiatry 45: 742–747
Williams JG, Barlow DH, Agras US, Jackson J (1972) Behavioral measurement of severe depression. Arch Gen Psychiatry 27: 330–333
Wing JK, Cooper JE, Sartorius N (1974) Measurement and classification of psychiatric symptoms. An instruction manual for the PSE and CATEGO programm. Cambridge University Press, Cambridge. Deutsche Übersetzung von Cranach Mv (1982) Beltz, Weinheim
Wing JK, Cooper JE, Sartorius N (1988) Schedules for clinical assessment in neuropsychiatry SCAN. Edition for field trials. MRC Social Psychiatry Unit, Institute of Psychiatry, London
Wittchen HU, Schramm E, Zaudig M, Spengler P, Rummler R, Mombour W (1990) SKID. Strukturiertes Klinisches Interview für DSM-III. Beltz, Weinheim
Woggon B, Baumann U, Angst J (1978) Interrater-reliabilität von AMP-Symptomen. Arch Psychiatr Nervenkr 225: 73–85
Woggon B, Fleischhauer J, Widmer A (1979) Der Einfluß von Diagnose, Klinik und Geschlecht auf die Wirkung von Bromperidol. Int Pharmacopsychiatry 14: 213–227
Wojcik JD, Gelenberg AJ, LaBrie RA, Mieske M (1980) Prevalence of tardive dyskinesia in an outpatient population. Compr Psychiatry 21: 370–380
World Health Organisation (1985) First draft of the ICD-10 Diagnostic Criteria for Research, chapter V: mental and behavioral disorders (F00-F99). WHO, Geneva
World Health Organisation (1987) April 1987 draft of the ICD-10 Diagnostic Criteria for Research, chapter V: mental and behavioral disorders (F00-F99). WHO, Geneva
World Health Organisation (1989) April 1989 draft of the ICD-10 Diagnostic Criteria for Research, chapter V: mental and behavioral disorders (F00-F99). WHO, Geneva
World Health Organisation (1990) May 1990 draft of the ICD-10 research diagnostic criteria. Chapter V. Mental, behavioral, and developemental disorders (F00-F99). WHO, Geneva
Young RC, Biggs JT, Ziegler VE, Meyer DA (1978) A rating scale for mania: reliability, validity and sensitivity. Br J Psychiatry 133: 429–435
Zaudig M, Mittelhammer J, Hiller W (1989) Strukturiertes Interview zur Diagnose seniler Demenzen vom Alzheimer-Typ, Multiinfarktdemenzen und Demenzen anderer Ätiologie nach DSM-III-R und ICD-10 (SIDAM). Interview und Manual. Logomed, München
Zerssen DV, Koeller D-M (1976) Klinische Selbstbeurteilungsskalen (KSb-S) aus dem Münchner Psychiatrischen Informationssystem (PSYCHIS, München). Beltz, Weinheim
Zerssen DV, Möller H-J (1980) Psychopathometrische Verfahren in der psychiatrischen Therapieforschung. In: Biefang S (Hrsg) Evaluationsforschung in der Psychiatrie. Enke, Stuttgart, S 129–166
Zung WWK (1965) A self-rating depression scale. Arch Gen Psychiatry 12: 63–70
Zung WWK (1971) A rating instrument for anxiety disorders. Psychosomatics 12: 271–279
Zung WWK (1976) SAS. Self rating anxiety scale. In: Guy E (ed) ECDEU Assessment manual for psychopharmacology, revised. DHEU Publication No. (ADM) 76–338, National Institute of Mental Health, Rockville, pp 337–340

Neuro-Psychopharmaka, Bd. 1
Riederer P. / Laux G. / Pöldinger W. (Hrsg.)

5
Effizienz: Zur Methodik des Wirksamkeits-Nachweises, Placeboproblematik

P. Netter

5.1 Zur Methodik des Wirksamkeitsnachweises

5.1.1 Verflechtung der Auswertungsaspekte einer klinischen Arzneimittelprüfung mit denen der Fragestellung

Der Wirksamkeitsnachweis eines Präparates ist die Endstufe des komplexen Prüfplanes, dessen Komponenten vielseitig miteinander verflochten sind und gemeinsam die Aussagefähigkeit des Prüfergebnisses beeinflussen, wie in Abb. 5.1 veranschaulicht. Wenn der Psychiater z.B. die Vorstellung hat, daß Depression eine in den Normalbereich hinein extrapolierbare Krankheit ist, so kann die Wahl der Stichprobe aus gesunden, aber auf einer Persönlichkeitsskala unterschied-

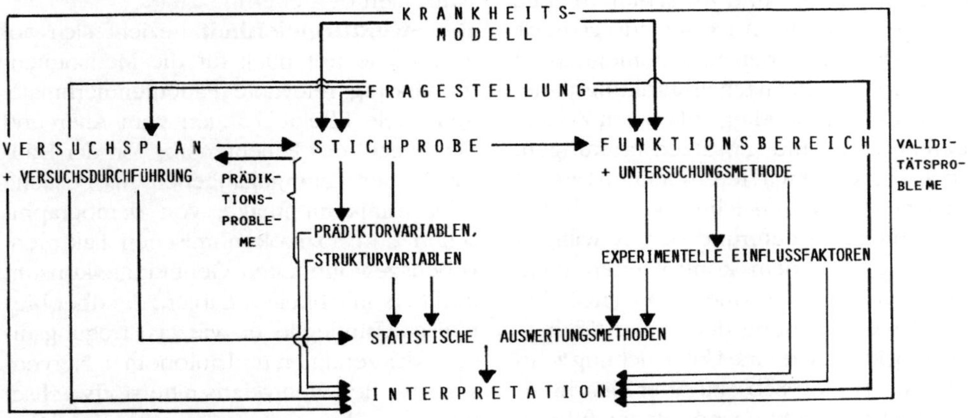

Abb. 5.1. Die am Wirksamkeitsnachweis bei einer klinischen Prüfung beteiligten Komponenten und ihre Vernetzung (Netter 1987)

lich depressiven Probanden bestehen, an denen sich der Vergleich zwischen psychiatrisch Kranken und einer gesunden Kontrollgruppe simulieren läßt. Die Formulierung der exakten Fragestellung (z.B. Wirkung überhaupt, Wirksamkeit für ein bestimmtes Therapieziel, Vergleiche mit Standard oder Placebo-Therapie, Eintrittszeitpunkt der Effekte, Nebenwirkungsprofil usw., vgl. IMMICH et al. 1971, JESDINSKY 1978), determiniert gemeinsam mit den Modellvorstellungen über die Krankheit die Art und Größe der Stichprobe, die Zahl und Beschaffenheit der Prädiktor- und Strukturvariablen, die Untersuchungsverfahren und Effizienzkriterien sowie die anwendbaren statistischen Modelle.

Die Bedeutung von Aspekten der Stichprobe, der Versuchspläne und Vergleichssubstanzen sowie der gewählten Erfolgskriterien für die Interpretation des Wirksamkeitsnachweises soll in den Abschnitten 5.1.2 bis 5.2 5 besprochen werden.

5.1.2 Die Stichprobe

Beabsichtigte und unbeabsichtigte Selektion

Im Prüfprotokoll wird vor Beginn einer Psychopharmakaprüfung eine sehr genaue Definition der Ein- und Ausschlußkriterien vorgenommen. Die Auswahl erfolgt meist nach DSM III-Kriterien und homogenisiert die Gruppen weiter nach Erkrankungsdauer und -schweregrad, Alter, zulässigen Zusatzmedikationen und Zusatzerkrankungen. Neben dieser bewußten Selektion erfolgt aber eine dem Untersucher meist nicht bewußte Selektion aufgrund der freiwilligen Teilnahme an einem kontrollierten klinischen Versuch (informed consent). Die bloße Unterzeichnung der Einverständniserklärung kann, wie eine Untersuchung zeigte (NETTER et al. 1986b), zu einer Einschränkung der Untersuchungspopulation führen, die älter, weniger aggressiv, aber mehr erfahrungshungrig ist, weniger zu alternativen medizinischen Praktiken neigt und eine höhere Erwartung an die Therapie hat. Da diese Merkmale zusätzlich einen Einfluß auf die Beurteilung der angezielten Therapieeffekte haben, ist die Generalisierbarkeit der Ergebnisse gefährdet. Nach der heutigen Gesetzgebung ist dies nicht vermeidbar, sollte dem Prüfer jedoch bewußt sein.

Ferner werden die Kriterien der Vergleichbarkeit der behandelten und der Kontrollgruppe nach Repräsentations-, Struktur- und Beobachtungsgleichheit (KOLLER 1975) oft nicht bewußt beachtet.

Die **Repräsentationsgleichheit** betrifft die Auswahl der zu vergleichenden Gruppen aus derselben Grundgesamtheit, die speziell bei offenen Studien (s.u.) nicht immer gegeben ist. Hier besteht die Gefahr, daß der klinische Prüfer die Verordnung des Präparates von der Schwere der Erkrankung seines Patienten, seiner Neigung zu Nebenwirkungen und seiner Vorgeschichte abhängig macht. Bei Multicenterstudien (s.u.) können sich zudem durch den Ruf bestimmter Prüfärzte als Spezialisten auf einem Gebiet an bestimmten Zentren die schwereren Fälle sammeln oder unterschiedliche Sozialstrukturen in verschiedenen geographischen Gegenden die Repräsentationsgleichheit gefährden, sofern die Zentren ungleiche Fallzahlen beisteuern.

Die **Strukturgleichheit** bezieht sich auf zusätzliche potentiell für die Medikamentenwirkung relevante Patientenmerkmale: Sehr viele Effekte hängen vom Alter und Geschlecht des Patienten ab, von der Häufigkeit der vorangegangenen Arztbesuche oder Klinikaufenthalte, von demographischen und sozioökonomischen Faktoren, Lebensgewohnheiten, Genußmittelkonsum und Persönlichkeitsvariablen, die über biologische Bindeglieder, wie das Erregungsniveau des zentralen und autonomen Nervensystems, den Neurotransmitterstoffwechsel oder über ihre Assoziation mit Resorption, Metabolismus und Elimination von Arzneimitteln die Substanzeffekte beeinflussen können (vgl. Janke 1983, Rickels 1968, White et al. 1985). Es ist selten möglich, durch Selektion der Probanden diese Strukturvariablen vorher zu determinieren und in vergleichbarer Häufigkeit auf die zu untersuchenden Gruppen zu verteilen. Es ist jedoch ratsam, möglichst viele mitzuerheben, um die durch sie vorgetäuschten Scheineffekte später durch Stratifikation der Stichprobe oder durch Partialkorrelationen oder Kovarianzanalysen ausschalten zu können. Die **Beobachtungsgleichheit** der zu vergleichenden Gruppen bezieht sich auf vergleichbare Instruktionen, Untersuchungsbedingungen (z.B. ambulant, stationär) Befragungs- und Beobachtungsstrategien. Dies klingt selbstverständlich, ist jedoch oft nicht gewährleistet wegen unterschiedlicher Dokumentations- und Fragetechniken verschiedener Prüfärzte (s.u.) oder desselben Prüfarztes bei verschiedenen Patienten. Ein striktes Protokoll zu Art und Form der Fragen nach Symptomreduktion oder Nebenwirkungen ist unabdingbar, möglichst gekoppelt mit einer Trainings-Supervision durch einen Beobachter, der die Prüfärzte auf Verletzung dieser Regeln hinweist.

Probleme bei Multicenter-Untersuchungen

Eng mit den oben dargestellten Verzerrungen durch Selektion ist das Inhomogenitätsproblem bei Multicenter-Studien verquickt. Fast alle Untersuchungen, an denen mehrere Erhebungszentren beteiligt sind, ergeben Heterogenitätskorrelationen durch die verschiedenen Dokumentationsgewohnheiten der Zentren, die zufällig mit ungleichen Verteilungen bestimmter Krankheitsschweregrade und Symptome assoziiert sind. Bei Prüfstudien an psychiatrischen Arzneimitteln kommt hinzu, daß die Bewertung der Symptomatik oft nicht durch ein striktes Untersuchertraining mit Ringversuchen z.B. an Standard-Videofällen vergleichbar gemacht wird. So kann die Gesamtanalyse ergeben, daß durch die Heterogenitätsassoziation z.B. ein bestimmter Grad der Besserung oder eine bestimmte Nebenwirkung mit einer bestimmten Unterform der psychiatrischen Erkrankung assoziiert ist, da zufällig beide Angaben in einem Zentrum häufig, in einem anderen selten registriert werden. 84% aller Variablen zeigten eine signifikante Assoziation mit dem Untersuchungszentrum in einer epidemiologischen Erhebung (Koller 1983). Von den von Kohnen et al. in Victor et al. (1981, S. 299–308) erhobenen drei Forderungen an die Homogenität von Zentren:

1. vergleichbare Randomisierungsbedingungen,
2. vergleichbare Schicht- und Strukturvariablen und
3. vergleichbare Wechselwirkungen zwischen Strukturvariablen

ist oft nur die 1. erfüllbar. Die Überprüfung der beiden anderen Postulate erfordert, daß der Stichprobenumfang in jedem Einzelzentrum eine getrennte Auswertung gestattet. (Zur Wahl des Stichprobenumfangs s. S. 167.)

5.1.3 Versuchspläne und Vergleichssubstanzen

Studientypen

Grundsätzlich lassen sich folgende Studientypen unterscheiden (Mau et al. 1986):

1. Klinische Studien
1.1 Klinische Prüfungen
1.2 Beobachtungsstudien
1.1.1 vergleichend
1.1.2 nicht vergleichend
1.1.1.1 randomisiert
1.1.1.2 nicht randomisiert

Klinische Studien umfassen außer Behandlungsprüfungen auch Untersuchungen zu Prognosen, Diagnosen und Erprobungen von Erhebungsverfahren. Die hierunter subsumierte **Beobachtungsstudie** hat keine festgelegten Durchführungsbedingungen und wäre, wenn sie zum Wirksamkeitsnachweis eingesetzt würde, mit erheblichen Verzerrungen durch unsystematische Eingrenzung der Stichprobe, nicht standardisierte Beobachtungsbedingungen, Untersucherbias und unterschiedliche Dosierungs- und Behandlungsschemata belastet, so daß sie meist nur zur Nebenwirkungsüberwachung in Phase IV eingesetzt wird, die keine randomisierte Prüfung zuläßt.

In **klinischen Prüfungen**, werden prospektiv Daten nach festgelegten Duchführungsbedingungen an Stichproben gesammelt, die für eine definierte Studienpopulation repräsentativ sind. Die hierunter aufgeführten **nicht-vergleichenden** Studien gestatten keine Abgrenzung gegen Spontanverläufe und die zwar **vergleichenden, aber nicht randomisierten** Studien implizieren, daß die Zuteilung des Präparates und der Dosierung u.U. von der Schwere und Art der Erkrankung abhängig gemacht wird.

Die **vergleichende randomisierte Prüfung** wird auch als kontrollierte Therapiestudie bezeichnet und stellt die bei Zulassungsbehörden häufig als einzig aussagekräftig akzeptierte Form des Wirksamkeitsnachweises dar, da durch den Vergleich verschiedener Substanzen die Abgrenzung gegen Spontanverläufe und durch die Zufallszuteilung der Patienten die Repräsentations- und Strukturgleichheit garantiert ist (s.o.). Dabei wird davon ausgegangen, daß sich varianzerzeugende Strukturvariablen auf die verschiedenen Behandlungsgruppen nach dem Zufall gleichmäßig verteilen, und daß somit bei der Interpretation keine Vermengung krankheits- und therapiebedingter Bewertungskriterien vorliegt.

Eine weitere Unterscheidung ist die zwischen **offenen** und **einfach** resp. **doppelblinden Studien**. Unter offenen Studien würden die in der obigen Aufstellung unter 1.2, 1.1.2 und 1.1.1.2 genannten Studientypen subsumiert werden, da sowohl Arzt als auch Patient über die zugewiesene Therapie voll informiert sind.

Aufgrund der o.g. Fehlerquellen in diesen Studientypen wird zumindest die einfachblinde Studie gefordert, um auszuschließen, daß der Patient aufgrund von Vorerfahrung und Therapieerwartung (s. Abschnitt – Placeboeffekt) die Änderung seiner Symptome bewertet. Da aber auch der Arzt bei Kenntnis des Präparates

a) die Randomisierungsprinzipien bei der Patientenzuteilung aufgrund von Kenntnissen der Vorgeschichte des Patienten und in Erwartung von Nebenwirkungen oder Verlaufsprognosen unbewußt verletzen wird und,

b) bei der Dokumentation der Wirkungen und Nebenwirkungen unbewußt von seinen Hypothesen und Therapieerwartungen beeinflußt wird,

wird der Einsatz der Doppelblind-Studie in Richtlinien und Argumentationen zu klinischen Prüfungen gefordert (FERNER 1977, HOFFER 1967, JESDINSKY 1978).

Da besonders in kleinen Stichproben bei Randomisierungsprozeduren keineswegs immer eine vergleichbare Verteilung der Strukturvariablen auf die Behandlungsgruppen erzielt wird, besteht die Möglichkeit der vorherigen **Blockbildung**. Diese besteht in der Bildung von Untergruppen nach Ausprägungen von Strukturvariablen wie Alter, Geschlecht, Krankheitsschweregrad oder Sozialstatus. Dies setzt allerdings große Fallzahlen voraus, da z.B. bereits bei 3 Merkmalen mit nur 2 Ausprägungen $2^3 = 8$ homogene Untergruppen gebildet werden müßten. Sparsamer ist eine individuelle Bildung von "Paarlingen" oder "Mehrlingen" von Personen, die hinsichtlich verschiedener Strukturvariablen möglichst ähnlich sind und von denen je ein "Zwilling" oder "Mehrling" auf je eine Behandlungsgruppe verteilt wird (matched pairs-Technik). Es muß bei der Medikamentenzuteilung gewährleistet sein, daß die Zahl der verabreichten Präparate und Vergleichspräparate in jeder der auf diese Weise definierten Gruppen gleich groß ist. Auch diese Strategie ist im Doppelblind-Vergleich anwendbar, da der untersuchende Arzt vom Hersteller oder Studienleiter lediglich vorbereitete Tablettenschachteln bekommt, die er den vorher definierten Gruppen A, B oder C zuzuteilen hat, ohne daß er den Inhalt der Substanz kennen muß.

Eine strittige Frage bei der Anlage von Versuchsplänen ist die nach **Gruppenvergleich vs. Cross-over-Plänen**. Cross-over-Studien, bei denen Testsubstanz und Vergleichssubstanz an derselben Population erprobt werden, haben den Vorteil der kleineren erforderlichen Fallzahl. Sie müssen so angelegt werden, daß a) zwischen den beiden Therapiephasen eine Washout-Phase ohne Präparat oder mit Placebobehandlung liegt und b) so, daß die Präparate-Reihenfolgen entweder nach dem Muster des lateinischen Quadrates (z.B. bei 3 Substanzen ABC, BCA, CAB) oder möglichst sogar in jeder der möglichen Folgen permutiert sind(3!=6). Damit aber steigt die erforderliche Fallzahl wieder erheblich an. Ein empfindlicher Nachteil dieser Pläne ist die Gefahr des Carry-over-Effektes, d.h. der Übertragung von Therapieerfahrung und-Erwartungen von der Phase 1 auf die Phase 2. Bei den üblichen Cross over-Designs ist der Therapieeffekt nicht vom Periodeneffekt trennbar. Um dies zu erzielen, müßte ein erweiteter Cross-over-Plan nach Grizzle (1965) zugrundegelegt werden, in dem neben den Präparatenreihenfolgen AB und BA auch die Reihenfolgen AA und BB berücksichtigt sind, da so der Carry-over- von dem Präparateffekt trennbar ist (vgl. Jesdinsky et al. in Victor et al. 1981, S 518–526). Da diese aufwendigen Studientypen meist nicht durchgeführt werden, ist der Cross-over-Versuch mit sehr vielen Risiken und Schwierigkeiten belastet, zumal, da Patienten sich in der Phasenlänge ihrer psychiatrischen Krankheiten und damit in den Anstiegsgradienten der Heilungstendenz erheblich unterscheiden, so daß in der 2. Phase nicht mehr die gleichen Bedingungen gegeben sind wie in der 1.

Die Alternative, der Gruppenvergleich, erfordert aufgrund der größeren inter- als intraindividuellen Streuung größere Stichprobenumfänge. Ferner können trotz Randomisierung, Block- oder matched pairs-Bildung durchaus in einzelnen Untersuchungsverfahren erhebliche Ausgangswertunterschiede vorliegen, die auch die Änderungsmaße beeinflussen und dementsprechend in der statistischen Auswertung durch Stratifikation oder kovarianzanalytisch eliminiert werden müssen.

Vergleichssubstanzen und Dosierungen

Die Wahl der Vergleichssubstanz hängt natürlich von der Fragestellung ab: Häufig ist nicht nur nach einer besseren oder mindest vergleichbaren Wirksamkeit im Vergleich zu einer Standardtherapie gefragt, sondern auch nach einer geringeren Nebenwirkungsrate. Wählt man ein Vergleichspräparat, das eine große Zahl von Nebenwirkungen aufweist, so ist es leicht, die Überlegenheit des neuen Präparates nachzuweisen. Schwieriger ist die Ermittlung der Dosisäquivalenz, da diese u.U. von dem untersuchten Kriterium abhängt: Äquivalenz in bezug auf eine Dosis etwa im Bereich psychomotorischer Funktionsrestsitution kann anders sein als in bezug auf emotionale Komponenten (s. 5.1.4). Im allgemeinen werden die für das Standardpräparat in den Packungsbeilagen empfohlenen Tagesdosen bei Erhaltungstherapie gewählt und die in vorangegangenen Dosisfindungsstudien als schon wirksam und von den Nebenwirkungen her noch tolerierbar ermittelten Dosierungen des neuen Präparates zum Vergleich herangezogen. Es gilt heute als unabdingbar, mehr als eine Dosis zu testen, um die Vergleichbarkeit mit dem Standard genauer zu ermitteln und zugleich Dosis-Wirkungs-Relationen nachweisen zu können.

Obwohl Pläne mit festen Dosierungen vorzuziehen sind, erfordern manche Behandlungsschemata variable Dosierungen, damit bei Auftreten bestimmter Nebenwirkungen oder dem Nichteintreten der erwarteten Hauptwirkung die Fälle in der klinischen Prüfung bleiben können. Dies läßt sich zwar mit Doppelblind-Anordnungen verbinden (indem Nachdosierungstabletten bereitgestellt werden), jedoch ist der Wirksamkeitsnachweis später sehr erschwert, wenn zu verschiedenen Zeiten in verschiedenen quantitativen Schritten Dosierungsänderungen bei Patienten vorgenommen wurden. Bei diesen Studientypen muß zumindest im Protokoll exakt festgelegt werden, nach welchen Kriterien eine Dosierungsänderung vorgenommen wird. Dann besteht der statistische Vergleich zum Wirksamkeitsnachweis nicht mehr in der Gegenüberstellung von Substanzen, sondern von ganzen Behandlungsstrategien.

5.1.4 Zielsymptome und Wirksamkeitskriterien

Bei klinischen Arzneimittelprüfungen versteht man unter Wirkungen jegliche Art von physiologischen oder psychischen Veränderungen, unter Wirksamkeit hingegen nur die Änderung der Zielsymptomatik der behandlungsbedürftigen Krankheit. In vielen Untersuchungen werden Wirkungen z.B. auf das EEG, auf vegetative Reaktionen und unspezifische psychische Aktivierungsparameter mit erhoben, um Vorhersagen von Wirkungen auf die Wirksamkeit zu treffen. Dies gilt in besonderem Maße für die Untersuchung von Nootropika, deren Wirkungen (z.B. auf das EEG) meist sehr viel deutlicher und schneller sichtbar werden als langfristige Änderungen der kognitiven Funktionsstörungen der Demenz.

Festlegung der Erfolgskriterien

Die Kriterien in klinischen Therapiestudien bestehen entweder in der Quantifizierung der Symptomreduktion, der Rezidivprophylaxe oder der Nebenwirkungen. Bei variablem Dosierungsschema ließe sich auch die erforderliche Menge an Substanz zur Erzielung eines definierten Therapieeffektes und bei engmaschigen Wiederholungsversuche die Zeit bis zum Eintritt des Effekts als Kriterium verwenden.

Die **qualitative** Wahl des Kriteriums besteht in der Festlegung der Meßinstrumente und Beurteilungsskalen, die sich außer nach der Fragestellung nach dem Schweregrad der Krankheit und der Belastbarkeit der Patienten, der zur Verfügung stehenden Untersuchungszeit und der Anzahl der Meßzeitpunkte richtet.

Auch **quantitativ** wird vor Studienbeginn das Erfolgskriterium definiert, d.h., man wählt damit das Prinzip der klinischen Relevanz und setzt eine absolute oder Idealnorm im Gegensatz zur statistischen Norm, nach welcher die Wirksamkeit bei einer statistisch signifikanten Mittelwerts- oder Häufigkeitsdifferenz, unabhängig von ihrer Größe, als nachgewiesen gilt. Bei dem Ziel der Symptomreduktion ist das Kriterium zunächst ein **intra**individuelles, d.h. die Festlegung einer prozentualen Besserung, z.B. die Verringerung eines Punktsummenwertes für Depression oder der Anfallsfrequenz bei Epilepsie auf 50% des Ausgangswertes. Der zweite Schritt ist die Festlegung eines **inter**individuellen Kriteriums, nämlich der angezielten Differenz der Responderrate zwischen Behandlungs- und Vergleichsgruppe), mit der die Überlegenheit des in Frage stehenden Präparates als gesichert gilt (Effektgröße). Die Responderrate (s.o.) wird auch als Remissionsquotient RQ (Verhältnis der Fallzahl mit Symptom i an Tag k zu der an Tag 1) ausgedrückt oder als Besserungsquotient B (lediglich auf die Fälle mit Symptom i an Tag 1 bezogen, d.h. unter Elimination der Fälle mit während der Behandlung neu aufgetretenem Symptom i). Bei abgestuften Symptombeurteilungen lassen sich diese Häufigkeiten entsprechend gewichten (vgl. Helmchen 1975).

Bei der Rezidivprophylaxe wird gleich als 1. Schritt interindividuell eine prozentuale Differenz von Patienten mit Rezidiven in den Vergleichsgruppen als Erfolgskriterium definiert. Bei der Nebenwirkungsprüfung wird meist aufgrund mangelnder Kenntnis der zu erwartenden Nebenwirkungsraten auf eine vorherige Kriteriumsfestlegung verzichtet.

Methodische Probleme der Erfolgskriterien

Zu Schritt 1: Die Festlegung einer intraindividuellen prozentualen Abnahme hat zwar gegenüber der Verwendung einfacher Punktwertdifferenzen den Vorteil, daß vergleichbare Intervalle erzielt werden, sie wird aber leider meist auch bei kurzen Skalen angewandt, in denen sich eine Prozentbildung aufgrund der gleich 100 gesetzten Gesamtpunktzahl eigentlich verbietet (diese sollte in jedem Falle über 30 sein). Dadurch entstehen grotesk hohe prozentuale Änderungen bei Differenzen von nur einem Punktwert. Dies gilt noch mehr z.B. bei der Auszählung der Anfallsfrequenz von epileptischen oder Migräne-Attacken.

Ferner ist durch die Festlegung eines intraindividuellen prozentualen Kriteriums nicht die – besonders bei kurzen Skalen gegebene – inverse Relation des Änderungsbetrages zum Ausgangswert ausgeschaltet. Dieses müßte dadurch geschehen, daß man mit gegen den Ausgangswert regressions-korrigierten Änderungswerten rechnet. Obwohl die Prozentbildung eine gängige Praxis ist, sollte der klinische Prüfer überlegen, ob er diese Prozedur nicht durch die Verwendung längerer Skalen rechtfertigen oder sie durch regressionsanalytische Verfahren ersetzen kann.

Zu Schritt 2: Die Festlegung der kritischen Differenz erfordert eigentlich die Kenntnis der Responderrate auf das als Vergleichssubstanz verwendetete Placebo- oder Standardpräparat, da z.B. 20% mehr Responder für eine Vergleichsfrequenz von 10% eine andere Bedeutung hat als für eine von 60% (3mal so gut vs. 1/3 besser). Meist sind Responderfrequenzen in der in Schritt 1 definierten Form von der Vergleichssubstanz nicht vorher bekannt. Eine zweite Schwierigkeit liegt in der Mehrdimensionalität der Kriterien und in ihrer Erfassung durch verschiedene Verfahren (z.B. globale Ratingskalen durch den Arzt oder differenziertere Leistungs- und Beurteilungsmaße). Sowohl einzelne Dimensionen eines Verfahrens als auch verschiedene Erhebungsinstrumente weisen u.U. verschiedene Responderraten und Präparatdifferenzen auf. Das Dilemma besteht oft darin, daß man das beste Verfahren oder Maß erst ermitteln möchte, aber sich bereits vorher zu einem entscheiden muß. Wenn man möglichst viel der erhobenen Information nutzen will, kann man statt eines Maßes u.U. ein aus verschiedenen Kriterien gebildetes Summen- oder Durchschnittsurteil bilden. Durch vorherige Prüfung der Interrelation verschiedener Kriterien aufgrund von Pilotstudien sollte aber die Berechtigung der Zusammenfassung von Kriterien kritisch analysiert werden.

Konsequenzen für den Stichprobenumfang

In vielen Werken über Richtlinien zur Durchführung von klinischen Prüfungen wird postuliert, daß der für den angezielten Wirksamkeitsnachweis erforderliche Stichprobenumfang zu Beginn der Studie berechnet werden soll. Dies ist möglich auf der Basis der vorzugebenden Irrtumswahrscheinlichkeit α, mit der man einen bestimmten Effekt als signifikant nachweisen will, der zugehörigen Streuung bzw. Auftretenshäufigkeit des Merksmals und der als relevant erachteten kritischen Differenz zwischen den Behandlungsgruppen (=Effektgröße). Wenn man die Überlegenheit eines Präparates gegenüber Placebo testen und damit die Nullhypothese einer Ineffizienz widerlegen will, benötigt man kleinere Stichproben als wenn man die Äquivalenz eines neuen Präparates mit einem Standard beweisen und damit die Nullhypothese beibehalten will. Die fälschliche Ablehnung der Nullhypothese im 1.

Fall ist der α-Fehler oder Fehler I. Art, die fälschliche Beibehaltung der Nullhypothese im 2. Fall der β-Fehler oder Fehler II. Art. Das Komplement zum β-Fehler (1-β) gibt die Teststärke oder Test-Power an, d. h. die Sicherheit, mit der ein tatsächlicher Unterschied auch erkannt wird. Der Fehler I. Art wird in klinischen Prüfungen i.a. als schwerwiegender angesehen, da die fälschliche Bestätigung einer Wirksamkeit des Präparates für risikoreicher gehalten wird als das Nichterkennen einer Wirksamkeit (Fehler II. Art). Obwohl sich gängige Gepflogenheiten einer α-Signifikanzschranke von 0.05 und einer β-Schranke von 0.20 (= eine Teststärke oder Test-power von 0.80) eingebürgert haben, sollte der Prüfer die Risikorelation der beiden Fehlertypen jeweils neu überdenken. Die Stichprobenumfänge lassen sich durch Festlegung von α, der gewünschten Testpower und Effektstärke aus Tabellen ablesen (COHEN 1988). So wären z. B. bei obigem Kriterium (von α =0.05; β = 0.20) und einer gewünschten Responderdifferenz von 30% 137 Fälle pro Gruppe erforderlich.

In vielen Richtlinien zur Planung von Therapiestudien (FERNER 1977, LEVINE et al. 1971, WITTENBORN 1977) wird allerdings auf die häufige Unmöglichkeit einer Festlegung des Stichprobenumfangs hingewiesen, da dies a) von einer Fülle von weiteren Faktoren abhängt, wie der Größe der zu erwartenden therapiebedingten Änderung, der Anzahl beteiligter Zentren, dem Grad der Heterogenität der Stichprobe aufgrund der Strukturmerkmale der Dauer des Beobachtungszeitraums und der Zahl der Untersuchungszeitpunkte und b) meist an der Verfügbarkeit der Patienten scheitert.

Zeitpunkt der Erfolgsbeurteilung

Bei der Festlegung der Anzahl der Meßzeitpunkte fürchtet der Kliniker bei zu großen Zeitabständen zwischen den Untersuchungen den Verlust an Information über den exakten Wirkungseintritt bzw. über das Auftreten kurzer transitorischer Effekte. Der Statistiker hingegen braucht eine vorher festgelegte und möglichst eindeutige Definition des Meßzeitpunktes, zu welchem die Erfolgskriterien zu beurteilen sind, da es nicht zulässig ist, ohne Alphaadjustierung durch Serien von sukzessiven statistischen Tests zu jedem Zeitpunkt eine zeitbezogene Wirksamkeitsaussage zu treffen. Grundsätzlich sollten im Stadium der Hypothesengewinnung, d. h. bei Pilotstudien, möglichst viele Meßzeitpunkte, im Stadium der Hypothesentestung eher wenige verwendet werden. Der feste Beurteilungszeitpunkt sollte so gewählt werden, daß die Frühresponder noch nicht aus der Therapie entlassen und die Spätresponder schon erkennbar sind.

Informativer als einzelne zeitbezogene Wirksamkeitskriterien können u.U. Flächen unter Verlaufskurven sein, wobei allerdings kaum die Möglichkeit gegeben ist, vor Durchführung der Studie ein Differenzkriterium zu ermitteln. Will man mehr als ein Kriterium heranziehen, z.B. eine ganze Symptombatterie wie etwa im AMDP-System, so kann nur ein fester Zeitpunkt gewählt werden, bei dem anhand von Differenzmaßen standardisierter Symptom-Profile ein Gruppenvergleich vorgenommen wird.

Probleme bei der Erfassung von Nebenwirkungen

Wenn die Wirksamkeit eines neueingeführten Präparates nur gerade der einer Standardtherapie vergleichbar ist, muß oft mit seiner geringeren Nebenwirkungsrate argumentiert werden. Die methodischen Probleme bei dieser Zielsetzung sollten dem Auswerter besonders präsent sein. Sind nur lebensbedrohliche und seltene Arzneimittelwirkungen von Interesse, so lassen sich diese nur an großen Patientenzahlen in Multicenter-Studien oder langen Dokumentationszeiträumen erheben.

Leichtere subjektive Beeinträchtigungen, wie Kopfschmerzen und Übelkeit, könnten zwar auch an kleineren Kollektiven dokumentiert werden. Aufgrund ihrer spontanen Auftretenshäufigkeit schon in der gesunden Bevölkerung und speziell in psychiatrischen

Krankheitsgruppen lassen sie sich jedoch schwerer als präparatbedingt identifizieren. Wenn es dem untersuchenden klinischen Personal zumutbar ist, sollten exakte Dokumentationsbögen eingesetzt werden, mit denen nicht nur das qualitative Merkmal systematisiert erfaßt wird, sondern auch der Zeitpunkt des Auftretens nach Präparateinnahme. In diesem Falle würden Häufigkeitsvergleiche zwischen den Behandlungsgruppen unter der Hypothese der Gleichverteilung der spontan auftretenden Symptome eine Aussage über Nebenwirkungsdifferenzen des Präparates gestatten, ohne daß in vorherigen Expertenkonferenzen die Präparatbezogenheit identifiziert werden muß. Leider ist aus Zeitmangel oft nur eine Spontanregistrierung von Nebenwirkungen möglich, die jedoch sehr von den Beobachtungs- und Fragegepflogenheiten der untersuchenden Ärzte abhängt (s.o.) und einer sorgfältigen Analyse diesbezüglicher Fehlerquellen durch Vergleiche von Nebenwirkungsfrequenzen der mitarbeitenden Personen und Zentren bedarf.

5.1.5 Die Interpretation

Generalisierbarkeit

Von der Wahl der Stichprobe, der Anzahl beteiligter Zentren, der Zahl der durchgeführten Studien mit einem bestimmten Präparat, der Zahl der verwendeten Dosierungen, der Breite der erfaßten Funktionsbereiche und Meßkriterien hängt die Generalisierbarkeit des Ergebnisses ab. Sie betrifft die Verallgemeinerung

a) über die Zeit (erst Langzeit- und Wiederholungsstudien werden die Prädiktionsmöglichkeit von der Akutgabe auf die Langzeittherapie sowie Fragen der Toleranzentwicklung und der Möglichkeiten des Einsatzes eines Präparates zur Rezidivprophylaxe klären können);

b) über situative Bedingungen hinweg (dies betrifft vor allem die Generalisierbarkeit der Ergebnisse bei stationären Populationen auf die bei ambulanter Therapie, was zugleich die Generalisierbarkeit über Therapeuten (Klinikärzte, Hausärzte, Selbstmedikation) impliziert);

c) über die gemessenen Funktions- und Symptombereiche hinweg (dies betrifft 1. die Generalisierbarkeit von Probanden auf Patienten, 2. die von bestimmten Subgruppen klinischer Krankheitsbilder oder Personen mit bestimmten Symptomprofilen auf die Gesamtheit der nosologischen Einheit und 3. die von einem Symptom- oder Funktionsbereich auf andere, d. h. z.B. die Frage, ob z.B. das globale Besserungsurteil auf einer Depressionsskala die kognitiven Defizite einbezieht, oder ob die Minderung der Positivsymptomatik bei der Schizophrenie auch die Besserung der Negativsymptomatik impliziert).

Validitätsprobleme der Änderungsmessung

Ein allgemeines Problem der Änderungsmessung, das auch bei nur 2 Zeitpunkten auftritt, ist das sog. Reliabilitäts-Validitätsdilemma (Bereiter 1963), welches besagt, daß je höher die Korrelation zwischen 1. und 2. Messung, desto unzuverlässiger der Differenzwert und je geringer ihre Korrelation, desto weniger messen beide Tests dasselbe Merkmal. Das heißt, daß sich im Verlauf einer Behandlung die Konstruktvalidität eines Merkmals ändern kann. Dies kann auch durch die Änderungen der Interkorrelationen zwischen den zugehörigen Symptomen untereinander oder zwischen Selbst- und Fremdbeurteilung bedingt sein, wie sie aufgrund der besseren wechselseitigen Kenntnis zwischen Arzt und Patient entstehen. Dies führt zu einer veränderten Faktorenstruktur eines allgemeinen Gesundheitszustandes oder Krankheitsgrades. Auch die Verringerung der Streuung bei zunehmender Genesung der Patienten bedingt eine Veränderung (in diesem Fall Verringerung) der Korrelationen und damit eine Zunahme der Faktorenzahl, was wiederum eine Bedeutung für die Konstruktvalidität eines solchen Merkmals hat. Obwohl der Auswerter bei der Wirksamkeitsbeurteilung diese Fehlerquellen nicht beeinflussen kann, sollte er sich ihrer bei der Interpretation bewußt sein.

Zusammenfassung von Ergebnissen verschiedener Studien
Die Beurteilung der Wirksamkeit in Berichten von Herstellern und Gutachten der behördlichen Zulassungsorgane basieren immer auf den aus verschiedenen Studien oder Zentren gewonnenen Erkenntnissen. Daher muß eine Zusammenfassung der Ergebnisse erfolgen, die, besser als durch Auszählung der signifikanten Einzelergebnisse, mit Hilfe von statistischen Kombinationstests wie dem nach Fischer erfolgen sollte (vgl. Immich und Sonnemann 1984, Schneider 1981, S 234–246, Sonnemann 1983).

5.2 Die Placeboproblematik

Die Wahl des Begriffes Problematik in diesem Kapitel zeigt, daß es sich bei der Verabreichung pharmakologisch unwirksamer Substanzen in der medizinischen Therapie und im besonderen zur Behandlung psychischer Erkrankungen um ein umstrittenes Thema handelt. Das Placebo, dessen Wirkung und Wirksamkeit in zahlreichen Probanden- und Patientenstudien in den verschiedensten Anwendungs- und Funktionsbereichen als unumstritten gelten kann (Hippius et al. 1986, Lachaux und Lemoine 1988) ist als Vergleichssubstanz in klinischen Studien genauso intensiv diskutiert worden wie in seiner Einsatzmöglichkeit zu gezielten therapeutischen Zwecken.

5.2.1 Placeboeffekte, ihre Determinanten und Mechanismen

Grundsätzlich kann der Placeboeffekt durch jede der an einem Arzneimitteleffekt beteiligten Komponenten und ihre Wechselwirkungen beeinflußt werden (vgl. Netter 1977, Netter et al. 1986a), d. h., durch Attribute des Präparates (Farbe, Form, Applikationsart), die erteilte Instruktion, die situativen Komponenten (wie Versuchsleiter und therapeutisches Setting), sowie die durch Persönlichkeitsvariablen, biographische Umstände und Krankheitscharakteristika gegebenen habituellen Merkmale der Stichprobe, ferner die untersuchte Symptomatik oder psychische Funktion mit den zugehörigen Untersuchungs- und Meßverfahren sowie schließlich durch den Zeitpunkt der Untersuchung.
Placebo-Response-Raten bei Neurosen werden mit durchschnittlich 34%, bei Psychosen mit durchschnittlich 10% angegeben (Haas et al. 1963), einzelne Studien beschreiben aber Responderraten bis 75%. Dabei ist allerdings darauf hinzuweisen, daß die meisten Studien, auf die sich diese Aussagen gründen, ohne eine unbehandelte Kontrollgruppe durchgeführt wurden. Diese aber zeigt aufgrund der Therapieerwartung in den ersten Wochen einer behandlungsfreien Beobachtungsphase auch meist schon Behandlungserfolge, die denen des Placebos sehr nahe kommen (Classen et al. 1983, Horvath 1988).
Diese unbestreitbaren Beobachtungen von Verbesserungen der Krankheitsymtomatik liegen auf einem Kontinuum stärkerer oder geringerer kognitiver Beeinflußbarkeit, denn Schmerz und Stimmungsvariablen sind besser beeinflußbar als physiologische Ef-

fekte, und diese wiederum besser als Leistungsparameter (NETTER et al. 1986 a). Sie sind ferner vom Schweregrad der Erkrankung abhängig (z. B. in einer Studie: keine Placebowirkung bei endogener Depression, 13% Responder bei nicht-psychotischer Depression (SPIKER und KUPFER 1988)).

Die zur Erklärung herangezogenen Mechanismen der Placebowirkung gliedern sich in folgende Erklärungsansätze:

1. Kognitiv-emotionale Faktoren (z. B. LUNDH 1987), wobei unterstellt wird, daß Angstreduktion und Induktion von Hoffnung die Wahrnehmung der Symptomatik verändert;
2. Attributionstheoretische Modelle, nach denen Patienten zufällige Änderungen ihres Zustandes oder Spontanremissionen dem vermeintlichen Medikament zuschreiben (FRANK 1982);
3. Erwartungen, die über Mechanismen analog dem autogenen Training wirksam werden, (z. B. BUTLER und STEPTOE 1986, KOJO 1988): Mit diesem Modell lassen sich auch Veränderungen des vegetativen Nervensystems erklären, über die Entspannungszustände induziert werden, die stimmungsaufhellend, schlafanbahnend oder schmerzreduzierend wirken können;
4. Mit diesem Konzept eng verwandt sind Vorstellungen über klassische Konditionierungsprozesse (WICKRAMASEKERA 1980, VOUDOURIS et al. 1989); (Eine früher genommene pharmakologische Substanz ist der unkonditionierte Stimulus, Farbe und Form des Präparates der konditionierte Stimulus, der aus der unkonditionierten Reaktion beim Verum die konditionierte bei der Placeboapplikation macht.)
5. Die Freisetzung von Endorphinen, wie sie in Schmerzstudien durch den Naloxonantagonismus nachgewiesen wurde (LEVINE et al. 1978, ROLF und BRUNE 1982), wird auch als Mechanismus bei nicht schmerzbedingten Placeboeffekten diskutiert (HERZ 1986), doch gilt die Generalisierbarkeit dieses Mechanismus als umstritten (TURNHEIM 1987).

5.2.2 Placeboresponder und -nonresponder

Die Identifikation der Charakteristika eines Placeboresponders ist nicht nur aus wissenschaftlichem Interesse seit Beginn der Placeboforschung versucht worden (vgl. LACHAUX und LEMONE 1988, WHITE et al. 1985), sondern auch, weil die Existenz einer spezifischen Placeboanfälligkeit die Möglichkeit zur Elimination von potentiellen Placeborespondern bietet. Die Voraussetzung zur Definition eines Placeboresponders ist allerdings die Konstanz dieser Reaktion über die Zeit. Nur wenige Studien haben die Stabilität des Merkmals untersucht. So konnte z. B. JELLINEK (1946) feststellen, daß bei insgesamt 5 Kopfschmerzattacken 40% einer Stichprobe von 121 Fällen sich in 4 oder 5 dieser Attacken als Responder und 44% in der gleichen Häufigkeit als Nonresponder erwiesen. Diese Konstanz darf aber sicher nur für eine zeitliche Stabilität angenommen werden, nicht für eine Generalisierbarkeit über verschiedene Arten von Beschwerden hinweg oder über verschiedene Arten von "Medikamenten". Wenn es aber möglich ist, Personen zu identifizieren, die reliabel auf ein Placebo gegen eine bestimmte Krankheit oder Symptomatik reagieren, so ist eine wesentliche Voraussetzung für die Prädiktorsuche gegeben. Aber alle Versuche, den allgemeinen Persönlichkeitstyp des Placeboresponders zu identifizieren, sind daran gescheitert, daß eine zu große Generalisierbarkeit verlangt wurde, so daß mit Recht an dem Responderkonzept auf der Basis konstitutioneller, krankheitstypischer oder persönlichkeitsspezifischer Merkmale gezweifelt wurde (TURNHEIM 1987, BROWN et al. 1988, MEYER und KINDLI 1989), wenn auch immer wieder neben psychologischen und demographischen sogar biologische Prädiktoren, wie Reaktionen auf den Dexamethasonhemmtest (ZAMMIT 1988) zur Differenzierung der Placeboreagibilität herangezogen worden sind.

Die Responderrate auf Placebos wurde häufig als Prädiktor für die Responderrate auf Medikamente herangezogen, da man von der Vorstellung ausgeht, daß sich der pharmakologische Effekt einer Substanz auf den Placeboeffekt aufaddiert (KLEBELSBERG 1974). Man ist allerdings heute eher der Meinung, daß es sich hierbei nicht um ein simples additives Modell handelt, sondern u. U. um Wechselwirkungen zwischen dem pharmakodynamischen Effekt einer Substanz und den aufgrund von Instruktion, Vorerfahrung und persönlichkeitsspezifischen Einstellungen entwickelten Erwartungen. Dennoch gilt als unumstritten, daß in jedem Behandlungseffekt eine Komponente der Placebowirkung enthalten ist, sofern die Substanzapplikation vom Patienten wahrgenommen werden kann. Aufgrund der Nichtlinearität (s.o.) ist jedoch nicht davon auszugehen, daß Personen mit hoher Placeboreagibilität auch auf das betreffende Verum-Präparat besonders gut ansprechen. Ein Grund hierfür ist der, daß Placeboresponder besonders hohe Therapieerwartungen mitbringen und dann u. U. durch die Enttäuschung der Nichtwirksamkeit des Verums bei Selbstbefragungsbeurteilungen besonders negative Effekte angeben (vgl. z. B. CLASSEN et al. 1983). Die veränderte Ansprechbarkeit auf ein Verumpräparat nach vorangegangener Placebophase im Vergleich zur Initialtherapie oder einer vorangegangenen Verumphase wirkt sich besonders störend in crossover-Versuchen aus (s.o.).

Auch placebobedingte Nebenwirkungen (vgl. HIPPIUS et al. 1986, LACHAUX und LEMOINE 1988, NETTER 1977), (die oft geradezu als Indikator für das Ausmaß der Hauptwirkung des Placebos angesehen werden), werden mit denen des echten Pharmakons in Verbindung gebracht. Dies beruht z.T. darauf, daß der Arzt, der die Nebenwirkungen beobachtet oder erfragt, bei Verum und Placebo die gleichen Dokumentations- und Beobachtungsgewohnheiten an den Tag legt, wie in Multicenter-Studien an zentrenspezifischen Nebenwirkungsraten des Placebos und des dazugehörigen Verums evident wurde (NETTER et al. 1986a). Die von einigen Prüfern praktizierte Vorgehensweise, in einer Vorphase die Placeboresponder zu ermitteln, um sie anschließend aus einer klinischen Prüfung zu eliminieren (z. B. BERBALK und VOLK 1985, REIMHERR et al. 1989) hat zwar den Vorteil einer anschließenden Verringerung der für die Verumbehandlung herangezogenen Fallzahl, kann aber, wie die Studie von REIMHERR et al. (1989) mit einem Antidepressivum zeigte, die Placeboresponse-Rate des Hauptversuchs unbeeinflußt lassen und die Verum-Placebo-Differenz sogar verringern. Damit wären u. U. wieder höhere Fallzahlen zum Erreichen der Signifikanz erforderlich (DAY 1988). Außerdem wäre dies eine denkbar fragwürdige Prozedur hinsichtlich der Generalisierbarkeit der Ergebnisse, da die Effektivität der Wirkung eines Präparates in der klinischen Praxis später nie ohne den Placeboanteil beurteilt wird und daher alle quantitativen Vorhersagen zum Wirksamkeitsnachweis des Verumpräparates verzerrt würden. Gerade bei Psychopharmakaprüfungen ist die kognitive Verarbeitung der erfolgten oder nicht erfolgten Symptomänderung durch den Patienten eine wesentliche Determinante des weiteren Wirksamkeitsverlaufes. Wenn aber solche Patienten eliminiert werden, die ihre Symptomänderung entweder nicht wahrnehmen, nicht reflektieren, oder nicht in weitere Therapieerwartungen umsetzen, so betreibt man eine Stichprobenselektion, die keine Repräsentationsgleichheit der Prüfpopulation und der späteren Zielgruppe für die Substanz mehr garantiert.

5.2.3 Der Einsatz von Placebo in klinischen Prüfungen und zu therapeutischen Zwecken

Ethische Aspekte

Die Argumente gegen den Einsatz von Placebos in klinischen Prüfungen zerfallen in die Gruppe der ethischen Bedenken und der wissenschaftslogischen bzw. methodischen Gegenargumente (vgl. LANGER 1987). Die ethischen Einwände zentrieren sich im wesentlichen auf die Vorenthaltung einer wirksamen Medikation und auf den Vorwurf der bewußten Täuschung. Juristisch kann die Vorenthaltung einer wirksamen Therapie nach §§ 233 ff StGB als vorsätzliche Körperverletzung gelten, was natürlich stärker beim Einsatz von Placebos zur Prüfung eines Präparates für lebensbedrohliche Erkrankungen (Karzinom, Herzinfarkt) oder eines Präparates mit bereits erwiesener Wirksamkeit zutrifft. Im psychiatrischen Bereich wird deswegen seltener so strikt argumentiert, da a) die medikamentöse Therapie nicht als einzig wirksame anzusehen ist und sie sich in der Bevölkerung häufig ohnehin einer geringeren Beliebtheit erfreut als nicht-medikamentöse Maßnahmen, und weil b) die schon auf dem Markt verkäuflichen und erst recht die noch in der Erprobung befindlichen Psychopharmaka eine sehr viel größere interindividuelle Varianz der Wirksamkeit aufweisen als etwa Präparate der Chemotherapie und somit keine Wirksamkeitsgarantie für den Einzelfall bieten. Bei den ethischen Argumenten geht es auch weniger um die Tatsache, daß ein unwirksames Medikament verabreicht wird, sondern mehr um die Motivation des Arztes. Tatsächlich verordnen, wie eine Erhebung an Niedergelassenen und Kliniksärzten zeigte, ca. 5% der Ärzte in psychiatrischen Kliniken und 20% der Niedergelassenen Placebos in therapeutischer Absicht, besonders, wenn Patienten zu viele, zu starke oder inadäquate Arzneimittel verlangen (NETTER et al. 1986a). Dieses Vorgehen wird ebenso wie die aus Unwissenheit erfolgte Unterdosierung oder die Anwendung von auf dem Markt befindlichen, aber unwirksamen Substanzen für nicht so unethisch gehalten wie die Verabfolgung des Placebos im klinischen Versuch. Das Hauptargument ist, daß das Arzt-Patienten-Verhältnis nicht den üblichen Regeln einer nach bestem Wissen und Gewissen verabfolgten therapeutischen Betreuung entspricht, sondern daß diese nach dem Zufall erfolgt.

Gegen den Einsatz des Placebos zu Therapiezwecken kann der Vorwurf der bewußten Täuschung erhoben werden, der, wie LANGER (1987) angibt, nicht entkräftet, sondern entschuldigt wird durch die geringere Nebenwirkungsrate des Placebos, die den Nutzen-Risikoquotienten günstig hält. Gegen die tatsächliche Vorenthaltung einer psychopharmakologischen Substanz im klinischen Versuch läßt sich bei Einhaltung der "informed consent-Bedingung" zwar nicht der Vorwurf der Täuschung erheben (dies ließe sich auch mit der ungenügenden Wirksamkeitsgarantie (s.o.) der vorenthaltenen Substanz abschwächen). Aber dem Vorwurf der unärztlichen Motivation bei einer Placeboverabreichung zu Prüfzwecken läßt sich nur das sogenannte "sozialethische Argument" (Patient muß sich in den Dienst des medizinischen Fortschritts stellen) entgegenhalten (LANGER 1987). Eine Möglichkeit, den ethischen Bedenken zu begegnen, sieht Langer in der Umwertung des Placebos von einer bloßen Kontrollsubstanz in den Kontext des unspezifischen Heilungsumfeldes ("aura curae").

Methodische und Versuchsplanungsaspekte

Nach LANGER (1987) geht der placebokontrollierte Versuch von verschiedenen falschen Prämissen aus, die sich im wesentlichen auf die fälschliche Annahme des Additivitätstheorems von Placebo- und Verumeffekt (KLEBELSBERG 1974, vgl. Abschnitt 5.2.2) und auf die mangelhafte Generalisierbarkeit aufgrund der durch die informed consent-Bedingung erzeugten Selektion der Stichprobe gründen (s.o.). Im Falle des Placebo-kontrollierten Versuches schränkt die Bereitschaft zur Akzeptanz der inerten Therapie sicher die Repräsentativität der Population noch stärker ein als beim kontrollierten Versuch mit einem Standard. Aufgrund der ethischen und methodischen Bedenken wurden wiederholt Gedanken zu Nutzen/Risikoabwägungen publiziert (Hippius et al. 1986, Tetreault und Bordeleau 1971, White et al. 1985).

Eine methodische Rechtfertigung für den Einsatz des Placebos in klinischen Studien sehen Tetreault und Bordeleau (1971) in der Kontrolle der Beeinflußbarkeit von Arzt und Patient, von anderen nichtpharmakologischen Faktoren und des pharmakologisch unbehandelten Spontanverlaufs der Krankheit (der natürlich eigentlich nicht durch eine Placebo- sondern eine unbehandelte Gruppe repräsentiert sein müßte).

Die Autoren listen folgende Bedingungen auf, bei denen eine Placebokontrolle **notwendig** ist:

1. Beim Test einer neuen Substanz, zu der keine Referenzsubstanz existiert;
2. beim Bedarf einer Verlaufsbeobachtung der Krankheit und des Nebenwirkungsprofils;
3. zum Ziel einer Washoutphase vor Therapiebeginn, die die Möglichkeit einer Blockbildung von Patienten nach dem Schweregrad der Initialsymptomatik gestattet;
4. zur Identifikation von Interaktionseffekten von zwei Substanzen, welche 4 Kombinationen von Vergleichsgruppen für Substanz A, B und zugehörige Placebos erfordert (AP_B, BP_A, AB, P_AP_B);
5. zur Differenzierung von Verlaufstypen, d. h. zur entscheidenden Information darüber, ob eine unter Placebo stagnierende Symptomatik (z. B. Depression) durch das Präparat verbessert oder ihre unter Placebo sichtbare Progredienz durch das Verum aufgehalten wird (z. B. Demenz).

Als **überflüssig** erachten die Autoren eine Placebokontrolle 1. in Phase I; 2. in Pilotstudien, die der Dosisfindung für spätere kontrollierte Studien dienen; 3. bei sehr wirksamen Verumpräparaten für Krankheiten mit gut bekanntem Spontanverlauf (Beispiel Insulin/Diabetes); 4. wenn der Prüfer schon Informationen darüber hat, daß das neue Präparat einem Standard überlegen ist, und 5. bei Kriterien, bei denen kognitive Einflußmöglichkeiten von Seiten der Patienten minimal oder ausgeschlossen sind (Beispiel: Test auf Nebenwirkungen, wie Leberenzyme, Blutbild, Ausbildung von Extrapyramidalsymptomen).

Auf die Problematik der Placebo-Effekte in Cross-over-Plänen wurde im Zusammenhang mit der Bedeutung des Placebo-Response für die Verumresponse-Rate eingegangen. In diesen Anordnungen ist noch stärker als bei Vergleichen mit Standardsubstanzen mit Carry-over-Effekten zu rechnen, und es sollte dringend empfohlen werden, Pläne zu wählen, die eine Trennung des Zeitverlaufs und des Behandlungsperiodeneffekts gestatten. Damit begegnet man auch dem Problem, daß verschiedene Placebogruppen trotz sorgfältiger Parallelisierung nach dem Gesamtschweregrad in einzelnen Beurteilungs- und Testskalen oft sehr ungleiche Ausgangswerte aufweisen.

Wenn Langzeitapplikationen von Placebo vom Psychiater als ethisch vertretbar erachtet werden (Maier und Benkert 1986), so bieten diese natürliche eine ideale Kontrolle für die Rezidivprophylaxe, speziell bei Schizophrenieverläufen, wo sich meist eine klare Überlegenheit der Verumpräparate durch die geringere Rezidivrate abzeichnet (z. B. Curson et al. 1986, die übrigens keine langfristigen Schäden durch die höhere Rückfallquote unter Placebo innerhalb von 7 Jahren zeigen konnten).

Literatur

BERBALK H, VOLK HP (1985) Der Einsatz einer der Therapie vorangestellten Placebobehandlung als Alternative zur Placebokontrollgruppe – Ein methodischer Beitrag zur Therapieerfolgsforschung. Klin Psych Forschung Praxis 14: 85–89

BEREITER C (1963) Some persisting dilemmas in the measurement of change. In: HARRIS CW (ed) Problems in measuring change. University of Wisconsin Press, Madison, pp 3–20

BROWN WA, DORNSEIF BE, WERNICKE JF (1988) Placebo response in depression: a search for predictors. Psychiatry Res 26: 259–264

BUTLER C, STEPTOE A (1986) Placebo responses: an experimental study of psychophysiological processes in asthmatic volunteers. Br J Clin Psychol 25: 173–83

CLASSEN W, FEINGOLD E, NETTER P (1983) Influence of sensory suggestibility on treatment outcome in headache patients. Neuropsychobiology 10: 44–47

COHEN J (1988) Statistical power analysis for the behavioral sciences. Lawrence Erlbaum, Hillsdale NY

CURSON DA, HIRSCH SR, PLATT SD, BAMBER RW, BARNES TR (1986) Does short term placebo treatment of chronic schizophrenia produce long term harm? Br Med J Clin Res 293: 726–728

DAY SJ (1988) Optimal placebo response rates for comparing two binomial proportions. Statistics Med 7: 1187–1194

FERNER U (1977) Planung von Psychopharmakaprüfungen. Pharmakopsychiatry 10: 132–139

FRANK DR (1982) Differentielle Pharmakopsychologie. Beltz, Weinheim Basel

GRIZZLE JE (1965) The two period change over design and its use in clinical trials. Biometrics 21: 467–480

HAAS H, FINK H, HARTENFELDER G (1963) The placebo problem. Psychopharmacol Sen Cent Bull 2: 1–65

HELMCHEN H (1975) The AMP system as a method in clinical pharmacopsychiatry. In: HIPPIUS H (ed) Assessment of pharmaco-dynamic effects in human pharmacology. Schattauer, Stuttgart, pp 87–134

HERZ A (1986) The role of opioid peptides in placebo-induced effects. Pharmacopsychiatry 19: 339–340

HIPPIUS H, ÜBERLA K, LAAKMANN G, HASFORD J (Hrsg) (1986) Das Placebo-Problem. Fischer, Stuttgart

HOFFER A (1967) A theoretical examination of double-blind design. Can Med Assoc J 97: 123–127

HORVATH P (1988) Placebos and common factors in two decades of psychotherapy research. Psychol Bull 104: 214–225

IMMICH H, SONNEMANN E (1984) Heparin-Dihydroergotamin und Heparin: Ein Vergleich der Wirksamkeit und Verträglichkeit beider Verfahren. Klinikarzt 13: 763–773

IMMICH H, ECKMANN F, NEUMAN O, SCHUPPERLEG H, SCHWARZ H, TEMPEL H (1971) Grundlegende Probleme bei der Antidepressiva-Prüfung. Arzneimittelforschung 21: 525–528

JANKE W (1983) (ed) Response variability to psychotropic drugs. Pergamon, Oxford

JELLINEK EM (1946) Clinical tests in comparative effectiveness of analgesic drugs. Biometr Bull 2: 87–97

JESDINSKY HJ (1978) (Hrsg) Memorandum zur Planung und Durchführung kontrollierter klinischer Therapiestudien. Schattauer, Stuttgart

KLEBELSBERG D (1974) Zur Typologie des Placeboeffektes. Psychol Beitr 16: 168–187

KOJO I (1988) The mechanism of the psychophysiological effects of placebo. Med Hypotheses 27: 261–264

KOLLER S (1975) Auswertung. In: KOLLER S, WAGNER G (Hrsg) Handbuch der Medizinischen Dokumentation und Datenverarbeitung. Schattauer, Stuttgart, S 290–311

KOLLER S (1983) Risikofaktoren der Schwangerschaft. Springer, Berlin Heidelberg New York Tokyo

LACHAUX B, LEMOINE P (1988) Placebo. McGraw-Hill, Paris

LANGER G (1987) The placebo: beyond pretense and the nuisance variable. Arguments in favor of re-evaluating a significant protherapeutic concept ("aura curae"). Wien Klin Wochenschr [Suppl] 175: 1–20

LEVINE J, SCHIELE BC, BOUTHILETT L (eds) (1971) Principles and problems in establishing the efficacy of psychotropic agents. Public Health Service, Washington DC

LEVINE JD, GORDON NC, FULAS HL (1978) The mechanism of placebo analgesia. Lancet ii: 654–657

LUNDH LG (1987) Placebo, belief, and health. A cognitive-emotional model. Scand J Psychol 28: 128–143

MAIER W, BENKERT O (1986) Placeboeinsatz bei

Antidepressivaprüfungen. In: Hippius H, Überla K (Hrsg) Das Placebo-Problem. Thieme, Stuttgart, S 133–150

Mau J, Netter P, Nowak H, Vollmer J (1986) Biometrische Aspekte der Planung und Durchführung nicht-randomisierter vergleichender klinischer Prüfungen. Dtsch Med Wochenschr 41: 1569–1573

Meyer UA, Kindli R (1989) Placebos and nocebos. Therapeut Umschau 46: 544–554

Netter P (1977) Der Placebo-Effekt. Münch Med Wochenschr 119: 203–208

Netter P (1987) Prüfmethodik und Prüfergebnis. In: Coper H et al. (Hrsg) Hirnorganische Psychosyndrome im Alter III. Springer, Berlin Heidelberg New York Tokyo, S 123–143

Netter P, Classen W, Feingold E (1986a) Das Placeboproblem. In: Dölle H et al. (Hrsg) Grundlagen der Arzneimitteltherapie. Bibliographisches Institut, Mannheim

Netter P, Heck S, Müller H (1986b) What selection of patients is achieved by requesting informed consent in placebo controlled drug trials. Pharmacopsychiatry 19: 336–337

Reimherr FW, Ward MF, Byerly WF (1989) The introductory placebo washout: a retrospective evaluation. Psychiatry Res 30: 191-199

Rickels K (1968) Non specific factors in drug therapy. Thomas, Springfield

Rolf LH, Brune GG (1982) Placebo-Analgesie. Dtsch Med Wochenschr 107: 283–284

Schneider B (1981) Vergleichbarkeit und Vergleichsmöglichkeiten verschiedener Klinischer Studien. In: Victor N et al. (Hrsg) Therapiestudien, 26. Jahrestagung der GMDS, Gießen 1981. Springer, Berlin Heidelberg New York, S 234–246

Sonnemann E (1983) Zusammenfassen unabhängiger Experimente. Nichtparametrische Kombinationstests. Vortrag auf dem Seminar der ROeS, Basel

Spiker D G, Kupfer D J (1988) Placebo response rates in psychotic and nonpsychotic depression. J Affect Dis 14: 21–23

Tetreault L, Bordeleau JM (1971) On the usefulness of the placebo and of the double-blind technique in the evaluation of psychotropic drugs. Psychopharmacol Bull 7: 44–64

Turnheim K (1987) The placebo as a nonspecific treatment factor. Wien Klin Wochenschr 99: 705–710

Victor N, Dudeck J, Broszio E (Hrsg) (1981) Therapiestudien (26. Jahrestagung der GMDS, Gießen, 1981). Springer, Berlin Heidelberg New York

Voudouris NJ, Peck CL, Coleman G (1989) Conditioned response models of placebo phenomena: further support. Pain 38: 109–116

White L, Tursky B, Schwarz G (eds) (1985) Placebo. Theory, research, and mechanism. The Guilford Press, New York London

Wickramasekera I (1980) A conditioned response model of the placebo effect: predictions from the model. Biofeedback Self Regul 5: 5–118

Wittenborn JR (ed) (1977) Guidelines for clinical trials of psychotropic drugs. Pharmakopsychiat Neuro-Psychopharmakol 3: 205–231

Zammit GK, Rosenbaum AH, Stokes P, Davis J, Zorick F, Roth T (1988) Biological differences in endogenous depressive placebo responders versus nonresponders: dexamethasone suppression test and sleep EEG data. Biol Psychiatry 24: 97–101

Neuro-Psychopharmaka, Bd. 1
Riederer P. / Laux G. / Pöldinger W. (Hrsg.)

6 Klinische Prüfstudien

H.-J. Möller

6.1 Einleitung

Über Methoden und Probleme der klinischen Evaluation von Psychopharmaka-Effekten wurde in den letzten 20 Jahren eine Reihe von relevanten Arbeiten publiziert, die sich neben der Angabe von allgemeinen Richtlinien auch mit einer Fülle methodischer Detailaspekte bzw. mit besonderen Problemen bei der Prüfung bestimmter Psychopharmaka-Gruppen beschäftigten (MÖLLER und BENKERT 1980, HERRMANN und KERN 1987, KANOWSKI und HEDDE 1986, MÜLLER-OERLINGHAUSEN 1986, LINDEN 1987, s.a. die dort jeweils zitierten umfangreichen Literaturhinweise).

Insbesondere zu erwähnen sind die Arbeitspapiere, die im Rahmen von verschiedenen Expertenkommissionen (WITTENBORN 1977, auf die deutschen Verhältnisse adaptierte Version dieses Wittenborn-Papiers von MÜLLER-OERLINGHAUSEN und HERRMANN 1981, ANGST et al. 1989, AMADUCCI et al. 1990) sowie die von verschiedenen nationalen bzw. internationalen regulativen Institutionen verabschiedeten "Guidelines" (so z.B. die entsprechenden Dokumente der Food and Drug Administration, der WHO, der Europäischen Gemeinschaft, s. MÜLLER-OERLINGHAUSEN 1990). Diese auf die klinische Prüfung von Psychopharmaka speziell ausgerichteten methodischen Arbeiten und Richtlinien sind im Kontext der Methodik der allgemeinen klinischen Arzneimittelprüfung zu sehen (BIEFANG et al. 1979, KLEINSORGE et al. 1987, DÖLLE et al. 1986, BETHGE et al. 1989, EUROPÄISCHE GEMEINSCHAFT 1987).

Grundsätzlich kann man die klinischen Evaluationsmethoden unterteilen in retrospektive und prospektive, nicht-experimentelle, quasi-experimentelle und experimentelle Verfahren (BIEFANG et al. 1979, COOK und CAMPBELL 1976), wobei jeweils Vor- und Nachteile der einzelnen Verfahren berücksichtigt werden müssen. Als hypothesengenerierende Verfahren sind nicht-experimentelle Studien, in denen korrelative Zusammenhänge beschrieben werden, fruchtbar. Dabei haben prospektive Studien gegenüber retrospektiven Studien wegen der größeren Gefahr der Beobachtungsverfälschung und der höheren Wahrscheinlichkeit zufälliger Korrelationen bei der retrospektiven Datenerhebung Vorrang. Die gefundenen Korrelationen können nur in experimentellen Verfahren auf das Vorhandensein kausaler Beziehungen überprüft werden. Je mehr ein quasi-experimenteller Ansatz sich hinsichtlich des Ausmaßes der Variablenkontrolle dem experimentellen Ansatz nähert, desto stringenter ist die Beweisführung (Problem der internen Validität CAMPBELL und STANLEY 1963). Allerdings wird die Generalisierbarkeit der Ergebnisse zunehmend erschwert, je reduktionistischer ein experimentelles Vorgehen ist (Problem der externen Validität; CAMPBELL und STANLEY 1963). Je nach Forschungsbereich, praktischer Durchführbarkeit, ökonomischen Möglichkeiten und ethischen Einschränkungen werden die genannten Forschungsstrategien in unterschiedlichem Maße im Bereich der Erforschung psychopharmakologischer Therapieverfahren eingesetzt. Entsprechend diesem Gedankengang gibt es keinen idealen Versuchsplan, sondern allenfalls für bestimmte Fragestellungen und unter bestimmten Bedingungen optimale Versuchspläne, wobei als Randbedingungen neben der eigentlichen wissenschaftlichen Fragestellung pragmatische, ökonomische, ethische, juristische Probleme u.a. zu berücksichtigen sind (HELMCHEN und MÜLLER-OERLINGHAUSEN 1975).

Das experimentelle Vorgehen wird für psychopharmakologische Therapiestudien am Menschen allgemein akzeptiert und praktiziert (s. RICKELS und DOWNING 1972, PICHOT 1975, WITTENBORN 1977, sowie die zahlreichen Richtlinienpapiere verschiedener nationaler und internationaler Komitees). Nicht-experimentelle Verfahren spielen demgegenüber eine geringere Rolle: dazu gehören z. B. retrospektive Studien an Patienten mit fraglichen pharmakabedingten Schädigungen sowie die prospektive Erfassung von möglichen Nebeneffekten während routinemäßig durchgeführter medikamentöser Therapien im Rahmen eines Drug-Monitoring (HELMCHEN et al. 1985, LINDEN 1987, GROSS und INMAN 1977, GROHMANN et al. 1986). Wenn auch prinzipiell aus ethischen und allgemeinen humanistischen Prinzipien der Wunsch besteht, Experimente am Menschen möglichst nicht durchzuführen, kann andererseits aus Gründen der Verbesserung der Therapiemöglichkeiten und der Arzneimittelsicherheit darauf nicht verzichtet werden. Das gilt in besonderer Weise auch für die Psychopharmakologie, da die Ergebnisse tierexperimenteller Studien nur begrenzt auf den Menschen übertragbar sind und es obendrein für die psychischen Erkrankungen keine zufriedenstellenden Tiermodelle gibt, an denen die spezifische Wirksamkeit eines Pharmakons überprüft werden kann (STILLE 1974, BENKERT und HIPPIUS 1975).

6.2 Phasenmodell der klinischen Prüfung

Die Untersuchung von Psychopharmaka am Menschen wird – wie die Prüfung anderer Pharmaka – konventionsgemäß in vier Phasen eingeteilt (Tabelle 6.1) (ÜBERLA 1978, WITTENBORN 1977, MÜLLER-OERLINGHAUSEN und HERRMANN 1981, BIECK 1986). In Abb. 6.1 sind die Phasen der Arzneimittelprüfung in den USA wiedergegeben.

6.2.1 *Phase I*

In der Phase I, auch als präklinische Phase bezeichnet, geht es um die orientierende Erkundung der Pharmakodynamik der Substanz (Wirkung, Verträglichkeit) sowie um die Gewinnung pharmakokinetischer Daten (Absorption, Distribution, Metabolismus, Exkretion). Untersuchungen in der Phase I werden im allgemeinen nicht bei psychiatrischen Patienten durchgeführt, sondern an Probanden (deshalb der Begriff "präklinische Phase"). Die verhaltens-/erlebensbezogenen Aspekte werden dabei in der Regel von diesbezüglich spezialisierten Psychologen erfaßt. Allerdings sind Aussagen zur Wirkung bei diesen Untersuchungen an gesunden Probanden meist nur sehr

Tabelle 6.1. Phasen I-IV der klinischen Arzneimittelprüfung (modifiziert und ergänzt nach BIECK 1986)

	Phase I	Phase II/A	Phase II/B	Phase III	Phase IV
Stichprobe:	Wenige gesunde Probanden	Begrenzte homogene Patientenstichproben	Größere homogene Patientenstichproben bei längerer Behandlungsdauer	Große heterogene Patientenstichproben	Viele tausende Patienten unter unterschiedlichen Bedingungen
Ziel:	Bestimmung der pharmakologischen Wirkungen, der Verträglichkeit und des Arzneimittel-Stoffwechsels bei erster Gabe am Menschen	Nachweis der potentiellen therapeutischen Wirksamkeit und der Unbedenklichkeit; Festlegung des wirksamen Dosisbereiches	Nachweis der potentiellen therapeutischen Wirksamkeit und der Unbedenklichkeit. Ergänzende Daten über Arzneimittel-Stoffwechsel und pharmakologische Wirkung. Galenische Entwicklung verschiedener Darreichungsformen	Nachweis von Wirksamkeit und Sicherheit; Nachweis der Gleichwertigkeit oder Überlegenheit bezüglich Standard-Therapie	Verträglichkeits, Wirksamkeits- und Anwendungsüberprüfung unter Routinebedingungen
Methodik:	Experimentelle Designs verschiedener Art	Offene bzw. einfach-blinde Prüfungen	Doppelblinde Prüfungen	Doppelblinde Prüfungen	Unterschiedliche Designs
Untersucher:	Klinische Pharmakologen	Klinische Pharmakologen und in der Arzneimittelprüfung erfahrene Ärzte		Ärzte in Kliniken und Ambulanzen	

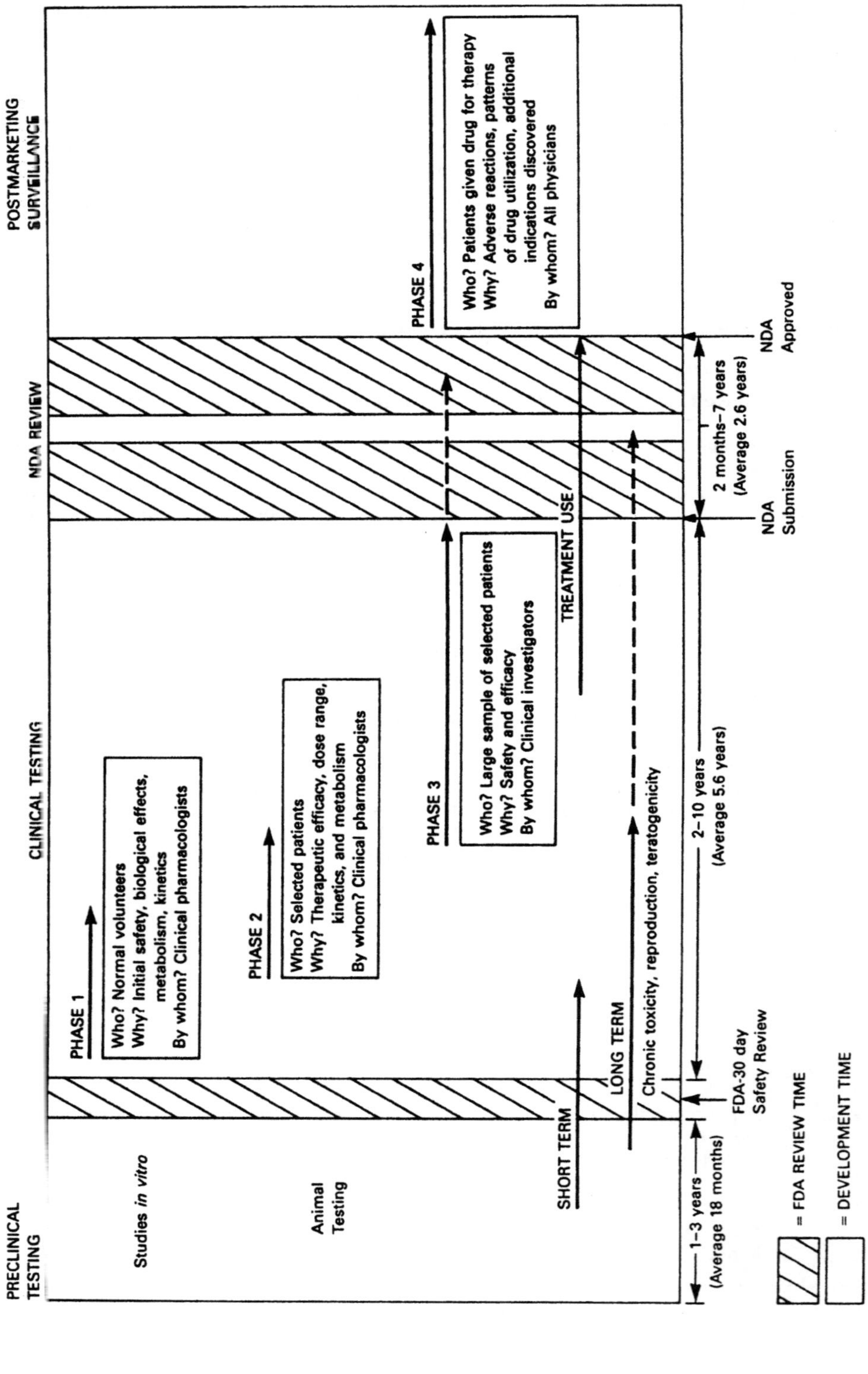

Abb. 6.1. Phasen der Arzneimittelprüfung in den USA (aus Nies in Goodman Gilman et al. 1990, nach Smith 1978, Kaitin et al. 1987, Young et al. 1988)

begrenzt möglich, da die Probanden die eigentlich für die Pharmakaprüfung interessierenden Zielsymptome in der Regel nicht aufweisen. Das gilt insbesondere für die Prüfung von Antidepressiva und Neuroleptika, beschränkt aber auch für die Prüfung von Tranquilizern und Nootropika (JANKE 1966, JANKE und NETTER 1986). Je mehr die Symptomatik einer psychischen Störung qualitativ von der Norm abweicht, desto weniger können diesbezügliche Aussagen in Probandenstudien gemacht werden und desto mehr rücken dann Verträglichkeitsaspekte, darunter natürlich auch Aspekte der psychischen Nebenwirkungen, in den Probandenstudien der Phase I ins Zentrum. Allerdings muß die Bewertung dieser Verträglichkeitsaspekte wiederum sehr vorsichtig erfolgen; denn es ist ein bekanntes Phänomen, daß z.B. Neuroleptika bei gesunden Probanden schon in geringen Dosierungen zu erheblichen Beeinträchtigungen der kognitiven Fähigkeiten führen, während sie bei einem akut schizophrenen Patienten in der Gesamtbilanz sogar zu einer Besserung der kognitiven Fähigkeiten führen. Wenn Untersuchungen der Phase I in Ausnahmefällen bei psychiatrischen Patienten erfolgen, sollten psychopharmakologisch versierte Psychiater mitwirken, damit schon während dieser frühen Phase auch relevante psychopathologische und evtl. biochemische Befunde erhoben werden, die für die Planung und Indikationsfestlegung der nachfolgenden Phase-II-Untersuchungen Hinweise liefern können.

Die Prüfungen werden mit Einzeldosen oder mit zeitlich genau begrenzten Mehrfachdosen durchgeführt, wobei orientierend versucht wird, eine Beziehung zwischen Dosis und gewünschten Arzneiwirkungen/unerwünschten Arzneiwirkungen herauszufinden.

Es braucht an dieser Stelle wohl nicht ausdrücklich betont zu werden, daß die Phase-I-Prüfung erst nach Abschluß geeigneter pharmakologischer und toxikologischer Prüfungen an Tieren durchgeführt werden darf, deren Befunde gesamthaft auch dazu führen sollen, eine angemessen sichere Anfangsdosis für die Anwendung am Menschen zu bestimmen.

Erst wenn die Sicherheit einer bestimmten Dosishöhe am Menschen ermittelt worden ist, kann dem gleichen oder anderen Probanden eine höhere Einzeldosis verabreicht werden. Vor der wiederholten Gabe der gleichen oder einer höheren Dosis am gleichen Probanden ist ein ausreichender Zeitraum einzuhalten, der aufgrund von pharmakokinetischen und pharmakologischen Daten beim Tier bzw. aufgrund von Testdosen am Menschen ermittelt worden ist. Im Rahmen der Phase-I-Prüfung werden dann immer höhere Dosen probiert, um auf diese Weise den Dosisbereich bis zum Auftreten von Unverträglichkeitserscheinungen subjektiver oder objektiver Art auszutitrieren. Mit einer noch gut tolerierten Einzeldosis ist, sofern die vorhandenen pharmakologischen und toxikologischen Untersuchungsunterlagen dies zulassen, ggf. eine Prüfung nach wiederholter Gabe (z.B. bis zu 7 Einzelgaben) sinnvoll, um auch Informationen über die Verträglichkeit bei Mehrfachdosierung zu erhalten. Alle klinischen, Laboratoriums- und, falls möglich, auch pharmakokinetischen Daten werden bei Prüfungsbeginn und vor jeder neuen Dosis, wenn dies angezeigt ist, ermittelt.

6.2.2 *Phase II*

Im allgemeinen beginnt die klinische Prüfung eines potentiellen Pharmakons an Patienten mit der Phase II. Klinische Prüfungen der Phase II haben zum Ziel, die therapeutischen Möglichkeiten der Substanz orientierend zu erproben, angemessene Dosierungen und unerwünschte Begleitwirkungen in Relation zur Dosis zu beschreiben.

In der frühen Phase II geht man dabei von gut dokumentierten Fallsammlungen, offenen, aber kontrollierten Prüfungen etc. aus.

In der späten Phase II werden in kontrollierten Prüfungen Vergleichsgruppen hinzugezogen, um in adäquater Weise die Wirksamkeit an gut definierten Patientenpopulationen aufzuzeigen. Aus den Untersuchungen der frühen Phase-II-Prüfungen müssen Daten über die wirksame Dosis, die möglichen unerwünschten Arzneiwirkungen und Hinweise auf das therapeutische Potential vorliegen, bevor man in späte Phase-II-Prüfungen übergehen kann. Die späten Phase-II-Prüfungen sollen eindeutig den Dosisbereich festlegen und sichere Angaben über das therapeutische Potential eines Arzneimittels liefern.

Bei Untersuchungen der frühen Phase II können heterogene Stichproben zur Auffindung von Indikationen und optimaler Dosis nützlich sein. Bei späten Phase-II-Prüfungen sollten die Stichproben so homogen (bezüglich soziodemographischer Daten, Erkrankung, psychopathologischem Zustand, Krankheitsanamnese, behandelnder Institution etc.) wie möglich sein. Obwohl die Vorteile einer homogenen Stichprobe, die auf die Behandlung anspricht, klar sind, ist zu bedenken, daß bei großer Homogenität gerade auch eine solche Stichprobe ausgewählt werden kann, die nicht optimal auf die Therapie anspricht. Falls Prüfungen in der klinischen Phase II durchgeführt werden in denen nach klinischen Zustandsbildern oder Therapieumständen gesucht wird, bei denen die Patienten am besten ansprechen, ist eine höhere Variabilität zwischen verschiedenen Prüfungen bezüglich der Diagnose, der Therapieumstellung etc. von Wichtigkeit, um so der Hypothesenfindung zu dienen (MÜLLER-OERLINGHAUSEN und HERRMANN 1981). Insbesondere in der frühen Phase II ist darauf zu achten, daß die Probanden oder Patienten nicht gleichzeitig andere Medikamente einnehmen. Die vorausgegangenen umfassenden klinischen und Laboruntersuchungen dürfen keine organischen Erkrankungen ergeben haben, da diese die klinische Beobachtung, die Laboratoriumsuntersuchungen und die Interpretation beeinträchtigen können.

In der frühen Phase II ist es wünschenswert, eine Reihe von Prüfungen ohne Vergleichsgruppen durchzuführen, damit die Untersucher eine ausreichende Flexibilität für das Auffinden einer optimalen Dosis und für die Reagibilität bestimmter Patientengruppen in einer bestimmten therapeutischen Situation haben. Prüfungen der frühen Phase II sollten der Hypothesenfindung und nicht der Wirkbestätigung dienen. Zu früh und zu schnell durchgeführte kontrollierte Prüfungen an genau festgelegten Stichproben können dazu führen, daß ein Präparat in nicht optimaler Dosis an Patienten geprüft wird, die nicht optimal auf diese Arzneimittel ansprechen, dagegen Patienten, die besser auf diese Arzneimittel ansprechen würden, gar nicht erst geprüft werden. In der späten Phase II sollen die Hypothesen, die in der frühen Phase II gewonnen worden sind, durch die Auswahl entsprechender Prüfungspläne und Patientenstichproben bestätigt werden.

Kontrollierte Prüfungen können in dieser Phase auch offen durchgeführt werden. In jedem Fall muß aber das Kriterium der zufälligen Zuordnung der Patienten zu verschiedenen Therapien gewährleistet sein. Zusätzlich zu offenen Vergleichsprüfungen sind Doppelblindprüfungen in einer ausreichenden Anzahl durchzuführen, um die sich aus den Zielen der Phase-II-Prüfung ergebenden Fragestellungen zufriedenstellend beantworten zu können. Diese Fragestellungen müssen mit dem späteren Indikationsanspruch des Medikamentes konform gehen. Bei Doppelblindprüfungen sollten sowohl eine Standardmedikation als auch Placebovergleiche eingeschlossen werden. Wird ein Placebovergleich für nicht durchführbar gehalten (vgl. den Beitrag von NETTER in diesem Buch), so sind klinische Dosis-Wirkungs-Prüfungen in kontrolliertem Vergleich des Prüfmedikamentes mit einem Standardarzneimittel die mögliche Alternative.

Nach Wahl einer Anfangsdosis aufgrund aller vorhandenen Daten (einschließlich solche zur Pharmakokinetik) wird bei der offenen Prüfung der Phase II die Dosierung normalerweise so lange erhöht, bis eine zufriedenstellende Reaktion auf die Therapie beobachtet wird oder bis unerwünschte Arzneiwirkungen auftreten. Für die Prüfungen im Rahmen der späten Phase-II-Studien sollte eine bestimmte Dosis vorgegeben werden, die sich aus den Ergebnissen der frühen Phase-II-Studien sinnvoll ableiten läßt. Aufgrund individueller Unterschiede im Stoffwechsel und in der Toleranz gegenüber dem Arzneimittel kann es jedoch auch wünschenswert und sogar notwendig sein, für Prüfungen der Phase II einen bestimmten Dosisbereich anzugeben, innerhalb dessen eine individuelle Anpassung gemäß den vorgeschriebenen Kriterien möglich ist. Eine nicht fixe Dosierung erschwert allerdings die statistische Prüfung, ein Aspekt, der allerdings in Prüfungen der Phase II, wo es primär um die Wirkfindung und erste Wirkbestätigung geht, noch nicht als so gravierend veranschlagt werden sollte.

Die empfohlene Prüfungsdauer hängt insbesondere von der Art des Pharmakons und des Indikationsanspruchs ab. Für eine Prüfung in der Phase II werden im allgemeinen für Neuroleptika, Antidepressiva und Anxiolytika Zeiträume von ca. 4 Wochen als ausreichend angesehen, um eine therapeutische Wirksamkeit festzustellen, längere Prüfungen können unter verschiedenen Aspekten aber durchaus von Interesse sein. So interessiert z.B. neben dem Effekt der Akutbehandlung auch der der Erhaltungstherapie, was zu der Forderung führt, daß wenigstens einige der Akutprüfungen über bis zu 12 Wochen fortgeführt werden sollten, wenn die Wirksamkeit im Akutversuch erwiesen wurde. Dies ist auch unter Aspekten der Arzneimittelsicherheit wünschenswert, da ja die meisten dieser Substanzen über längere Zeiträume angewandt werden.

6.2.3 Phase III

Prüfungen der Phase III dienen der Bestätigung der therapeutischen Wirksamkeit und der Sicherung der Unbedenklichkeit eines Arzneimittels. Die Phase III umfaßt den hypothesenbestätigenden Nachweis der therapeutischen Wirksamkeit bei einer größeren Anzahl von Patienten und in den therapeutischen Situationen (z.B. ambulant versus stationär), auf die sich der Indikationsanspruch bezieht. Außerdem soll festgestellt werden, bei welchen Patientengruppen das Arzneimittel besonders und bei welchen es weniger wirksam ist. Die Phase-III-Prüfung dient außerdem dem Nachweis der Unbedenklichkeit eines Arzneimittels. Dabei sollen Angaben über Häufigkeit und Schweregrad allgemein bekannter und auch seltener unerwünschter Arzneimittelwirkungen gemacht werden. Normalerweise werden in der Phase III ausgedehnte kontrollierte Prüfungen durchgeführt, um die Ergebnisse der Phase-II-Prüfung abzusichern und ggf. zu modifizieren.

Es ist wichtig, daß die Prüfungen der Phase III so angelegt werden, daß die auszuwählenden Stichproben repräsentativ sind für die Population, auf die das Arzneimittel später angewandt werden soll. Eine ausschließlich klinische Population kann oft nur wenig repräsentativ für eine ambulante Population sein und umgekehrt. Es werden zwei alternative Strategien für die Wahl der Stichproben vorgeschlagen:

a) Verschiedene Einflußgrößen (soziodemographische Daten, diagnostische Kategorien, krankheitsanamnestische Daten etc.) sollen in unabhängigen Untersuchungen untersucht werden. Innerhalb jeder einzelnen dieser Studien sollten die auszuwählenden Patienten aber so homogen wie möglich sein. Auf diese Weise lassen sich die verschiedenen vorgesehenen Indikationen durch separate Untersuchungen prüfen und jede Prüfung hat den Vorteil der Homogenität der Stichprobe.

b) Alternativ kann es sinnvoll sein, große heterogene Stichproben für jede einzelne Prüfung auszuwählen. Der Untersucher verwendet dann bei der Datenanalyse verschiedene Unterschiede innerhalb einer Stichprobe, um etwas über unterschiedliche Wirkungen bei einzelnen Patienten zu erfahren. Auf diese Weise identifiziert er die am stärksten reagierenden Untergruppen von Patienten und erbringt so die notwendigen Voraussetzungen zur Abschätzung der Arzneimittelwirkung in Abhängigkeit von Diagnose, therapeutischem Milieu, Vorerkrankungen etc. Wegen der Post-hoc-Natur derartiger Befunde ist es unbedingt notwendig, daß in mehreren Prüfungen nach gleichen Kriterien geschichtete Untergruppen die gleichen Ergebnisse liefern bzw. neue Prüfungen durchgeführt werden, bei denen diese Post-hoc-Erkenntnisse Kriterien für die Prüfplanung sind.

Es ist von großer Bedeutung, daß die Behauptungen über die Wirksamkeit eines Arzneimittels auf solche Erkrankungen und Stichproben beschränkt bleiben, die tatsächlich auch in den Prüfungen der Phase III untersucht wurden.

Die Kriterien für die Prüfungsplanung sind im allgemeinen die gleichen wie die in der Phase II, das gilt z.B. für die Dauer der Prüfung, Dosierung etc. Allerdings sollte in der Regel die Dosierung in der Phase III eine fixe sein. Diese fixe Dosierung sollte einer optimalen Dosierung entsprechen, die eine gute therapeutische Reaktion bei einem Minimum von Nebenwirkungen erbringt. Bestimmte Zielpopulationen, z.B. geriatrische Patienten, sollten gesondert geprüft werden. Um den Anspruch der Wirksamkeit zu stützen, ist es vom wissenschaftlichen Standpunkt wünschenswert, daß eine neue Verbindung in 3 bis 5 Prüfungen der Phase III mit einem Placebo und in 3 bis 5 Prüfungen mit einem bekannten wirksamen Arzneimittel aus einer Gruppe, die der des zu untersuchenden Mittels ähnlich ist, verglichen wird (Müller-Oerlinghausen und Herrmann 1981). Diese Prüfungen sollen doppelblind unter Verwendung von standardisierten Verfahren zur Beurteilung therapeutischer Veränderungen durchgeführt werden. Im Sinne der konfirmatorischen Testung muß darauf geachtet werden, daß die Untersuchungen ausreichende statistische Aussagekraft haben, damit Unterschiede zur Kontrollgruppe erkannt werden. Dem Problem des Beta-Fehlers ist, insbesondere bei Prüfung gegen Standardpräparaten, besondere Beachtung zu schenken.

In der klinischen Prüfung der Phase III können zusätzlich zu den Hauptindikationsgebieten weitere Indikationsansprüche, jeweils in separaten Prüfungen, begründet werden. Neben dem Nachweis der Wirksamkeit ist der Erfassung von unerwünschten Arzneimittelwirkungen Beachtung zu schenken, wobei ebenfalls standardisierte Beurteilungsmethoden erforderlich sind (Bethge et al. 1989).

Für die wichtigsten Interaktionen mit anderen Krankheiten und Pharmaka sollten gut kontrollierte Prüfungen an sorgfältig ausgewählten Stichproben in der Phase III durchgeführt werden. Jedoch sind nicht alle möglichen Interaktionen erfaßbar. Kontrollierte Prüfungen können sich nur auf die wichtigsten Interaktionsgebiete und Pharmaka beschränken. Gut dokumentierte offene Fallsammlungen mit möglichst wenig vorselektierten Stichproben können dagegen wertvolle Hinweise auf potentielle Interaktionen liefern.

Analog zum Nachweis der akuten Wirksamkeit muß bei Präparaten, die in entsprechender Weise eingesetzt werden, auch der Nachweis der Wirksamkeit in der Erhaltungstherapie bzw. in der Langzeittherapie/Rezidivprophylaxe erbracht werden. Auch dafür werden in der Regel Kontrollgruppenstudien verlangt, wobei die Anforderungen an die Zahl der Untersuchungen in der Regel geringer gehalten werden, da die im Akutversuch nachgewiesene Wirksamkeit positiv in Rechnung gestellt wird.

Auch für die Langzeitanwendung muß für jeden vorgesehenen Verwendungszweck der Nachweis anhand von angemessenen Kontrollversuchen mit einer für die wissenschaftliche Gültigkeit ausreichenden Anzahl vergleichbarer Patienten erbracht werden, wobei die Wirksamkeit an entsprechenden und genau definierten Resultaten gemessen wird (Europäische Gemeinschaft 1987). Insbesondere ist auch der Nachweis für die Unbedenklichkeit bei derartiger Langzeitanwendung zu erbringen. "Die gesamte klinische Erfahrung muß in der Regel Daten über eine große und repräsentative Patientengruppe (z.B. 100) umfassen, der unabhängig von den Indikationen mindestens 12 Monate lang das Medikament verabreicht wurde... Diese Patienten sind auf klinisch, biochemisch und hämatologisch nachteilige Reaktionen genau zu überwachen" (Europäische Gemeinschaft 1987, S. 164). Neben solchen auf derartige Versuchsgruppen gestützten Erfahrungen zur Arzneimittelverträglichkeit sollten obendrein gut dokumentierte offene Fallsammlungen mit möglichst wenig vorselektierten Populationen Hinweise auf die Langzeitverträglichkeit, insbesondere auch unter dem Interaktionsaspekt, liefern. Bei diesen Langzeitprüfungen zum Nachweis der Unbedenklichkeit soll die Dosierung mindestens so hoch sein, wie sie der voraussichtlichen mittleren Dosis bei bestimmungsgemäßer Art entspricht.

6.2.4 Phase IV

Ist ein Arzneimittel auf dem Markt eingeführt, so dient die weitere Erforschung dieses Präparates durch prospektive oder retrospektive Beobachtungsstudien über lange Zeit der Verbesserung der Kenntnisse über Nebenwirkungen und der Erweiterung des Indikationsbereiches (Friebel 1975, Linden 1987, 1989).

Die Phase IV, auch Anwendungsüberwachungsphase genannt, umfaßt alle Maßnahmen zur Evaluation einer Behandlung während ihres Einsatzes unter Routinebedingungen. Sie ist deshalb von besonderer Wichtigkeit, weil sich in der Routinepraxis die Art der behandelten Patienten und die Durchführungsmodalitäten von Behandlungen zum Teil wesentlich von dem unterscheiden, was unter den restriktiven Bedingungen der Prüfphasen I bis III, also vor der allgemeinen Markteinführung, geschieht.

Unter zeitlichen Aspekten können in der Phase-IV-Forschung noch drei Schwerpunkte unterschieden werden (Ochsenfahrt 1983):

a) *Frühe Nachzulassungsphase:* Sie umfaßt etwa die ersten zwei Jahre nach Einführung einer Therapie. Sie dient der ersten Erfahrungssammlung unter Routinebedingungen und ist im Arzneimittelbereich auch mit besonderen gesetzlichen Auflagen, wie beispielsweise nach § 49.6 AMG einer Berichtspflicht des Herstellers, belegt.

b) *Fortlaufende Anwendungsüberwachungsphase:* Sie bezieht sich auf die Untersuchung von Akutwirkungen gut eingeführter Therapien sowie evtl. Wirkungs-, Indikations- oder Anwendungsveränderungen und auch auf die Sammlung von Risiken mit geringer Auftretenshäufigkeit.

c) *Langzeitüberwachungsphase:* In dieser späten Phase werden vor allem Spät- und Langzeitwirkungen wie beispielsweise tardive Dyskinesien von Neuroleptika oder kanzerogene Wirkungen von Medikamenten untersucht, die manchmal erst nach jahrelanger Behandlung oder auch nach jahrelanger Latenz sichtbar werden können.

Die Phase-IV-Forschung ist häufig eine Ex-post-facto-Forschung mit Bevorzugung nichtreaktiver Untersuchungsmethoden. Es kommen aber auch gezielte Forschungsinterventionen in laufenden Routinebehandlungen zur Anwendung. Die Erfassung von unerwünschten Arzneimittelwirkungen durch Beobachtung in der Routineanwendung, das sog. Drug-Monitoring, gehört zu den frühesten systematischen Forschungsansätzen in der Phase IV (Gross und Inman

1977). Dabei geht es insbesondere darum, ernsthafte, den Patienten erheblich schädigende Nebenwirkungen zu erfassen, die von der Natur der Sache her stets auch relativ selten sind, da sie sonst bereits in den frühen Prüfphasen I bis III sichtbar geworden wären und in der Regel dann auch zu einem Abbruch der Weiterentwicklung dieses Arzneimittels geführt hätten. Haben unerwünschte Arzneimittelwirkungen aber eine Inzidenz von weniger als ein Promille, dann müssen einige tausend Patienten behandelt worden sein, bevor ein solches Ereignis auffallen kann. Wie Studien aus neuerer Zeit zeigen, bedarf es manchmal noch sehr viel mehr behandelter Patienten bzw. Jahrzehnte der Erfahrung mit einem Arzneimittel, bis bei der Kompliziertheit der Phänomene und der Zusammenhangsanalyse in Phase IV bestimmte Krankheitszeichen als Begleitwirkungen eines Pharmakons identifiziert oder ausgeschlossen werden können. Neben diesen extrem seltenen Nebenwirkungen gilt es, auch solche zu erfassen, die erst bei Langzeitanwendung auftreten (Beispiel: tardive Dyskinesien), oder solche, die aufgrund der in der allgemeinen Routinebehandlung besonders komplizierten Kombinationen mit anderen Pharmaka, die ja im Rahmen der Phase I bis III entweder ausgeschlossen waren oder aber nur gezielt und damit reduktionistisch geprüft wurden, auftreten. Ein weiterer wichtiger Aspekt der Phase IV ist schließlich das Erkennen von Abusus-Phänomenen, die im Rahmen der Phase- I- bis III-Prüfung nur erkannt werden können bei sehr massivem Suchtpotential, bei etwas milderen Formen aber erst im Rahmen der breiten Anwendung beobachtet werden können.

Während in der Phase-I- bis -III-Forschung größtenteils kontrollierte und experimentelle Versuchsanordnungen, insbesondere der doppelblinde Kontrollgruppenvergleich, im Vordergrund stehen, ist die Phase-IV-Forschung zu einem Großteil retrospektive bzw. prospektive korrelative Forschung. Ausgehend von einem Ereignis, das hypothetisch als unerwünschte Arzneimittelwirkung interpretiert wird, wird in einem zweiten Schritt retrospektiv oder auch im Querschnitt nach mono- oder multivariaten korrelativen Zusammenhängen gefragt. Die angewandten Methoden reichen dabei von der Aufarbeitung von Archivmaterialien bis hin zu retrospektiven oder prospektiven Beobachtungsstudien.

6.3 Versuchsanordnungen bei klinischen Prüfungen

Die wichtigste Methode zum Nachweis der Wirksamkeit eines Pharmakons ist das doppelblind durchgeführte Kontrollgruppenverfahren. Dabei werden die Effekte einer zu prüfenden Substanz auf die Patienten der Experimentalgruppe mit den Effekten eines Plazebos oder eines bereits eingeführten Pharmakons gleicher Indikation (Standardpräparat) auf die Patienten der Kontrollgruppe verglichen.

Neben der Effektivitätsprüfung eines Pharmakons wird dieses Verfahren angewandt, um bestimmte Dosierungen oder Applikationsweisen eines Präparates miteinander hinsichtlich Wirkungen und Nebenwirkungen zu vergleichen oder die Bedeutung anderer Variablen der therapeutischen Intervention zu untersuchen.

Außer dem doppelblind durchgeführten Kontrollgruppenvergleich ist der doppelblind durchgeführte intraindividuelle Vergleich im Sinne eines ABAB-Designs bzw. eines BABA-Designs (A = Plazebo oder eine andere Wirksubstanz, B = Pharmakon) ein gängiges Prüfverfahren, insbesondere für Erkundungsstudien ("pilot studies") an kleinen Fallzahlen oder für Untersuchungen an Patienten mit seltenen Erkrankungen. Der intraindividuelle Vergleich kann als Einzelfallstudie oder als Gruppenstudie (Eigenkontrollgruppenverfahren) durchgeführt werden. Es ist zu berücksichtigen, daß das zuerst gegebene Pharmakon die Wirkung des nachfolgenden Pharmakons beeinflussen kann ("carry-over"-Effekt).

Kontrollgruppenvergleich und intraindividueller Vergleich können zum gekreuzten Kontrollgruppenvergleich ("cross-over"-Verfahren) kombiniert werden. Dabei wird nach dem Schema: Gruppe 1: ABAB', Gruppe 2: AB'AB vorgegangen. Durch dieses Verfahren läßt sich die Aussagefähigkeit bei bestimmten Fragestellungen erhöhen.

Je nach Fragestellung (z.B. Wirksamkeit? Wirksamkeitsvergleich? Nebenwirkungen?) stehen diesen aufwendigen Verfahren ökonomischere und praktikablere gegenüber, die insbesondere im Rahmen von Erkundungsstudien über neue Psychopharmaka angewandt werden, z.B. Verfahren ohne Kontrollgruppe und ohne intraindividuellen Vergleich, einfach-blinde oder nicht- blinde Verfahren. Hier sind auch nicht-experimentelle Untersuchungen in Form retrospektiver oder prospektiver Verlaufsbeobachtungen zu nennen, die vor allem als heuristische Methoden zur Überprüfung von Langzeiteffekten und Langzeitnebeneffekten bereits eingeführter Präparate an mit diesen Medikamenten routinemäßig behandelten Patienten ihren Stellenwert haben.

Die gesamte Palette dieser letzten Verfahren hat in der klinischen Erprobung von Psychopharmaka ihre Berechtigung, sofern die für die einzelnen Verfahren zu machenden Einschränkungen hinsichtlich des Erkenntniswertes beachtet werden. Unter ökonomischen Gesichtspunkten erscheint ein forschungsphasenspezifischer Einsatz dieser Methoden sinnvoll. Während für die frühen Phasen klinischer Prüfungen methodisch weniger aufwendige Designs als ausreichend angesehen werden, wird für die letzten Prüfabschnitte der doppelblind durchgeführte Kontrollgruppenvergleich trotz verschiedener Einwände gegenüber seiner Notwendigkeit (PLUTCHNIK et al. 1969, GROSS 1979) als entscheidende Prüfmethode vorgeschrieben. Das Primat des Doppelblindversuchs ist somit beim Stand der gegenwärtigen psychopharmakologischen Methodologie klinischer Prüfung unumstritten. Allerdings bestehen zur Zeit Tendenzen, anderen Verfahren, insbesondere intraindividuellen Verfahren, für bestimmte Fragestellungen stärkere Bedeutung beizumessen (HEIMANN 1975) und die Methodologie der Einzelfallstudie weiterzuentwickeln (MÖLLER und STEINMEYER 1990).

In der klinischen psychopharmakologischen Forschung wie überhaupt in der Therapieforschung bei psychisch Kranken besteht die schwierige Situation, daß die unabhängige Variable, die experimentell variiert bzw. manipuliert wird, nur einen Teil der Gesamtmenge aller Variablen ausmacht, die für die Veränderung der abhängigen Variablen verantwortlich sind. Die Effekte der übrigen Einflußgrößen (Störfaktoren) sind nicht kontrolliert und gehen als "Zufallsfehler" in das Endergebnis ein. Die Größe dieses Fehlers kann man durch das Kontrollgruppenverfahren analysieren. Obendrein kann versucht werden, durch statistische Analysen die wesentlichen Faktoren für den Zufallsfehler herauszufinden und diese ggf. in neuen Experimenten zu überprüfen. In der klinischen psychopharmakologischen Forschung wird üblicherweise eine Abstraktion von den anderen Einflußgrößen zugunsten der Wirkvariablen, dem Pharmakon, vollzogen. Dem entspricht die Bevorzugung univariater experimenteller Studien, bei denen die anderen Einflußgrößen nicht variiert oder manipuliert werden. Zumeist werden die Ergebnisse solcher univariater klinisch-psychopharmakologischer Studien lediglich sekundär unter dem Aspekt ausgewertet, korrelative Zusammenhänge zwischen bestimmten anderen Einflußgrößen und Therapieresultaten herzustellen.

Ergeben sich mehrere therapierelevante Faktoren bzw. sind von vornherein mehrere dieser Faktoren benannt, kann man versuchen, gleichzeitig den Effekt dieser einzelnen Faktoren sowie der Wechselwirkung zwischen den Faktoren abzuschätzen, indem man in einem Experiment mehrere Faktoren systematisch variiert (Abb. 6.2). Eine solche multivariate Dependenzanalyse ist gegenüber der oben beschriebenen univariaten Dependenzanalyse wesentlich informationsreicher. Allerdings setzt sie erheblich größere Fallzahlen voraus, insbesondere wenn man möglichst viele für die Therapie bei psychischen Krankheiten relevante Faktoren einbeziehen will. Bei nur vier unabhängigen Variablen mit je zwei Ausprägungen oder Modalitäten ergeben sich z.B. 16 Zellen. Besetzt man jede Zelle mit nur 5 Patienten, benötigt man bereits 80 Patienten. Wegen der großen Zahl von Einflußfaktoren stoßen multifaktorielle Ansätze in der klinischen psychopharmakologischen Forschung schnell an die Grenzen der verfügbaren Patientenzahlen.

Reduziert man in einem multivariaten Design die Einflußgrößen von vornherein auf wenige, entsteht das Problem, daß in den einzelnen Zellen zwar eine homogene Verteilung der als relevant angesehenen Faktoren, aber eine inhomogene Verteilung der nicht als relevant angesehenen Faktoren vorliegt und diese evtl. das Ergebnis wesentlich beeinflussen. Wegen dieser Probleme wird in der klinisch-psychopharmakologischen Therapieforschung immer wieder auf das Modell univariater Dependenzanalysen unter der Hypothese zurückgegriffen, daß alle anderen Faktoren im Vergleich zu den untersuchten Variablen vernachlässigt und in weiteren statistischen Auswertungsschritten hinsichtlich ihrer Relevanz beurteilt werden können.

Je nach Art der Studien kommen bei der Auswertung unterschiedliche statistische Verfahren zur Anwendung, die vom einfachen Mittelwertsvergleich über Korrelationsstatistiken bis hin zu multivariaten Verfahren wie Varianz- und Kovarianzanalyse und Verfahren der statistischen Analyse von Einzelfallstudien reichen (Überla 1973, 1975, Overall und Klett 1972, Dudeck 1975, Mantel und Haenszel 1959, Feinstein 1973). Jeder statistische Test beruht auf Voraussetzungen, die zunächst geprüft werden müssen. Werden diese verletzt, so ist der Test in der Regel nicht mehr anwendbar. Bei allen statistischen Auswertungsmethoden, die auf Mittelwertsvergleichen von Stichproben beruhen, muß damit gerechnet werden, daß man durch die Reduktion der Daten auf Mittelwerte erhebliche Informationsverluste hinnimmt. Durch zusätzliche statistische Analysen sollte versucht werden, derartige durch Mittelwertsbildung bedingte Informationsverluste zu kompensieren.

Kommen verschiedene, gleichmäßig erfah-

		Pharmakon I		Pharmakon II	
		männlich	weiblich	männlich	weiblich
Extravertierte	Alter 20				
	Alter 40				
Introvertierte	Alter 20				
	Alter 40				

Abb. 6.2. Multivariates Design mit vier unabhängigen Variablen mit je zwei Ausprägungen oder Modalitäten, 2×2×2×2-Design (nach Selg 1975)

rene Arbeitsgruppen in drei bis fünf Studien zu gleichlautenden statistisch gesicherten und klinisch relevanten Resultaten, so kann das Ergebnis als gesichert angesehen werden (WITTENBORN 1977). Probleme treten auf, wenn in verschiedenen, methodisch gleich guten Studien widersprüchliche Ergebnisse entstanden sind und wenn diese auch in weiteren Studien nicht aufgelöst werden können. Gelingt es nicht, die kontradiktorischen Ergebnisse durch die Einflußnahme unterschiedlicher Störfaktoren oder Einflußgrößen zu erklären, so ist die Grenze der anwendbaren Forschungsmethodik erreicht. Trotz genereller Übereinstimmung in den hier skizzierten methodologischen Grundprinzipien klinisch-psychopharmakologischer Forschung gibt es Divergenzen und eine Fülle methodischer Probleme bei ihrer Realisierung in konkreten Forschungsprojekten. Damit ist nicht gemeint, daß Pragmatismus, ökonomische Zwänge sowie Erfordernisse der Praktikabilität oft dazu veranlassen, von einer im Vergleich zur Relevanz der Fragestellung zu puristischen Methodologie (ABT et al. 1976), die obendrein noch Einbußen durch organisatorische Probleme bei der Durchführung erleiden kann (HELMCHEN et al. 1974), Abstand zu nehmen. Es versteht sich von selbst, daß sich Wissenschaftler bemühen sollten, maximale Informationen mit minimalem Aufwand zu gewinnen. Vielmehr sind hier praktische Probleme der Forschungsmethodik gemeint, die unabhängig von ökonomischen Zwängen und pragmatischen Zugeständnissen auftreten. Über einige soll im folgenden berichtet werden.

6.4 Probleme der Stichprobenzusammensetzung

Von statistischer Seite wird für konfirmatorische Prüfungen die Forderung nach möglichst großen Stichproben erhoben, um gesicherte Aussagen machen zu können und um den "Fehler der kleinen Zahl" zu verhindern. Je größer die Stichprobe, desto geringere Wirkungsunterschiede können bei der statistischen Auswertung der Daten erkannt werden (DUDECK 1975). Allgemeine Vorschriften über die richtige Größe einer zu untersuchenden Stichprobe existieren nicht, da die adäquate Größe einer Stichprobe von verschiedenen Faktoren abhängt. Es gibt aber Formeln, nach denen man die Größe der Stichprobe in Abhängigkeit von der Komplexität der Fragestellung abschätzen kann. Die so errechneten Stichprobengrößen übersteigen aber meist die Zahl verfügbarer Patienten, insbesondere wenn z.B. geringe Unterschiede zwischen den Gruppen noch erfaßt werden sollen. Das sei am folgenden Beispiel aus der Nootropika- Prüfung verdeutlicht: Bei erwarteten Placebo-Verum-Differenzen von > 20% und größer bezüglich Responder-Raten (Definition der Responder im Prüfprotokoll ist essentiell!) sind 90 bis 110 Patienten je Behandlungsarm erforderlich, wenn vorgegeben wird: "$2\alpha = 0{,}05$, $\beta = 0{,}20$". Für stetig verteilte Zufallsvariablen kann der erforderliche Stichprobenumfang aus dem Verhältnis "relevanter Unterschied d / Standardabweichung s" geschätzt werden. Für $2\alpha = 0{,}05$ und $\beta = 0{,}20$ ergeben sich nachstehende Umfänge pro Behandlungsgruppe:

d=s	d=3s/4	d=2s/3	d=s/2	d=s/3	d=s/4
n=17	n=29	n=37	n=64	n=143	n=253

Um ausreichende Fallzahlen zu rekrutieren, muß ggf. auf Multicenter-Studien (FISCHER-CORNELSEN und FERNER 1977) übergegangen werden, was aber neue Probleme bezüglich der Vergleichbarkeit der Stichprobenzusammensetzung aufwirft (HERRMANN und KERN 1987), wie unterschiedliche Symptomdefinition, unterschiedliche Einschätzung der Symptomausprägung, unterschiedliche Verwendung diagnostischer Begriffe u.a.

Je einheitlicher die Stichprobe bezüglich Diagnose, Erkrankungsdauer, Lebensalter, Ausprägungsgrad der Symptome u.a., desto einfacher ist die Auswertung und desto größer die Wahrscheinlichkeit eindeutiger Ergebnisse. Mit diesen Vorteilen einer homogenen Stichprobe erkauft man sich aber gleichzeitig eine schlechte Übertragbarkeit der Ergebnisse in die therapeutische Praxis aufgrund der mangelnden Repräsentativität für die Grundgesamtheit der in praxi zu behandelnden Patienten (fehlende externe Validität). Bei der Prüfung von Psychopharmaka an endogenen psychotischen Patienten wird z.B. häufig eine Altersbegrenzung bis zum 65. Lebensjahr gefordert, um Beimengungen psychoorganischer Symptomatik zu vermeiden. Werden diese Medikamente später in der Praxis auch bei älteren Patienten verwendet, so können völlig unerwartete Effekte auftreten. Auch unter dem Aspekt von Erkundungsstudien, die die Interferenz des Pharmakons mit bestimmten Persönlichkeits- oder Krankheitsmerkmalen analysieren, ist die Forderung nach Homogenität der Stichprobe einzuschränken. Hier kann gerade eine sehr heterogene Stichprobe intensiver zur Hypothesengenerierung anregen als eine bezüglich der Merkmalspluralität reduzierte.

Ein großes Problem bei der Stichprobenzusammensetzung ist die diagnostische Zuordnung der Patienten (vgl. MÖLLER und v ZERSSEN 1980). Trotz Einführung der internationalen Klassifikation psychiatrischer Krankheiten – ICD – bleibt in der psychiatrischen Diagnostik ein großer inter- und intrasubjektiver Unsicherheitsfaktor bestehen, wie aus zahlreichen Reliabilitätsstudien zur psychiatrischen Diagnostik bekannt ist. Durch den Gebrauch von operationalisierten Diagnostikkriterien und computerisierten Diagnostikprogrammen kann das Problem der diagnostischen Zuordnung in weiten Bereichen verkleinert werden (MÖLLER et al. 1988, MÖLLER 1990b). Insbesondere die RDC- und DSM-III- bzw. DSM-III-R-Operationalisierungen haben sich bisher durchgesetzt.

Trotz der beschriebenen Verbesserungen im Bereich der psychiatrischen Diagnostik sind bei einer allein auf psychopathologische und anamnestische Phänomene begrenzten Diagnostik noch immer erhebliche Inhomogenitäten möglich, die ggf. durch eine andere Ebene (biochemische Faktoren, psychophysiologische Faktoren, Persönlichkeitsfaktoren) miterfassende Falldefinition zu verringern sind. Hinter der klinischen Diagnose Depression können sich z. B. hinsichtlich ihrer psychophysiologischen und biochemischen Reaktivität völlig unterschiedliche Patientengruppen verbergen, was für das unterschiedliche Ansprechen auf Psychopharmaka mitverantwortlich sein könnte (HEIMANN 1975, MATUSSEK 1978, MÜLLER-OERLINGHAUSEN 1986). Ähnliches gilt für Persönlichkeitsfaktoren. Patienten gleicher Diagnose können unterschiedliche Persönlichkeitseigenschaften haben, auf die möglicherweise Unterschiede im Ansprechen auf Psychopharmaka und Placebo sowie in der subjektiven Beurteilung von Psychopharmaka- und Placeboeffekten zurückzuführen sind (MÖLLER et al. 1987).

Es wird gefordert, daß sich in einem univariaten Design die zu vergleichenden Patientengruppen bei einer psychopharmakologischen Studie lediglich in der Medikation unterscheiden sollen. Mögliche andere Einflußgrößen sind gleichmäßig auf die Behandlungsgruppen zu verteilen (Strukturgleichheit). Um die Strukturgleichheit zu gewährleisten, werden verschiedene Verfahren angewandt (ÜBERLA 1973).

Durch Randomisierung wird eine streng zufällige Zuteilung (Münzwurfprinzip, Zufallszahlentabelle) der Patienten zur Experimentalgruppe und Kontrollgruppe und damit die Strukturgleichheit beider Gruppen angestrebt. Jeder Patient hat absolut die gleiche Chance, der einen oder anderen Gruppe zugeteilt zu werden. Eine zufällige Zuteilung läßt erwarten, daß störende Einflußgrößen die Ergebnisse nicht verfälschen, da sie im Gruppenvergleich gleichermaßen zu Buche schlagen. Das gilt aber nur für große Stichproben. Gerade bei kleinen Fallzahlen besteht die Gefahr, daß sich die beiden Gruppen trotz Zufallszuteilung hinsichtlich verschiedener Variablen, wie psychopathologischer Befund, Erkrankungsdauer etc., unterscheiden. Dieser mangelnden Ausbalancierung muß bei der Auswertung Rechnung getragen werden, um zu vermeiden, daß dadurch bedingte unterschiedliche Resultate fälschlicherweise der therapeutischen Intervention zugeschrieben werden. Die streng zufällige Zuteilung stößt hier also auf Grenzen.

Durch Parallelisierung bzw. Stratifizierung (Schichtung) kann man auch bei kleineren Stichproben erreichen, daß sich die relevanten Einflußgrößen auf die beiden Gruppen gleich verteilen. Bei der Parallelisierung werden die Patienten, die sich in bestimmten Variablen ähneln, zu verschiedenen Paaren oder Blöcken zusammengefaßt, so daß die Unterschiede zwischen den Beobachtungseinheiten innerhalb eines Blockes gering, aber zwischen den Blöcken relativ groß sind. Zufallsmäßig werden dann die Patienten der beiden Blöcke der Experimentalgruppe und der Kontrollgruppe zugeteilt. Mit diesem Verfahren kann man die Strukturgleichheit beider Gruppen hinsichtlich bestimmter, als relevant angesehener Variablen als gegeben ansehen. Dieses Verfahren ist zwar bei zwei oder drei bekannten und als relevant angesehenen Einflußgrößen noch praktikabel, erreicht aber seine Grenze, wenn hinsichtlich einer größeren Zahl von Einflußgrößen parallelisiert werden soll. In diesen Fällen können kompliziertere Verfahren weiterführen, so die von Taves (1974) vorgeschlagene "Minimalisierungsmethode", bei der die Zuordnung aufgrund der Differenz von einem Muster aller gegebenen Einflußgrößen erfolgt.

Nach Abschluß einer Studie wird durch Homogenitätsprüfungen untersucht, ob das Kriterium der Strukturgleichheit beider Gruppen erfüllt war. Dabei zeigt sich bei kleineren randomisierten Stichproben oft, daß bezüglich mehrerer Kriterien die Strukturgleichheit unbefriedigend ist, z. B. im Hinblick auf die nosologische Diagnose (wie neurotische versus endogene Depression), auf den syndromatischen Aufbau des Krankheitsbildes, auf psychopathologische Einzelmerkmale, Erkrankungsdauer, Verlaufstyp, psychophysiologische Reaktivität, biochemische Parameter u.a. Diese mangelnde Strukturgleichheit würde nur bei sehr großen Stichproben wegfallen. Sie ist mit großer Wahrscheinlichkeit der wichtigste Grund dafür, daß bei scheinbar gleichen Versuchsbedingungen und gleichen Prüfsubstanzen in verschiedenen Prüfzentren häufig unterschiedliche Ergebnisse angegeben werden.

6.5 Rahmenbedingungen und Störfaktoren

Durch Gabe von Placebo in der Kontrollgruppe bzw. bei intraindividuellen Vergleichen in der Kontrollphase und Unkenntnis des Patienten bzw. des Patienten und des Untersuchers über die Art der Medikation (Blindbedingungen bzw. Doppelblindbedingungen) sollen Erwartungshaltungen des Patienten bzw. des Patienten und des Untersuchers und dadurch ausgelöste Autosuggestions- und Heterosuggestionseffekte, die das Resultat der Studie verfälschen könnten, ausgeschlossen werden. Diese methodischen Zielsetzungen werden allgemein akzeptiert; ihre Realisierbarkeit wird aber zunehmend in Frage gestellt (Beatty 1972, Rickels et al. 1970). Immer wieder gelingt es Untersuchern oder Patienten, an bestimmten Phänomenen (Äußerlichkeiten des Medikamentes, physikochemische Eigenschaften, Nebenwirkungen) das Placebo vom Verum zu differenzieren. In solchen Fällen kann das Versuchsresultat maßgeblich durch Erwartungshaltungen und Placeboeffekte beeinflußt werden (Hippius et al. 1986), die in ihren Auswirkungen sehr schwer abzuschätzen sind. Es hat sich gezeigt, daß die Reaktion auf Placebo ein sehr komplexes Phänomen ist, das von zahlreichen Faktoren abhängig ist, z. B. von der Dosierung, dem Aussehen und Geschmack des Medikamentes, der Behandlungsdauer, Persönlichkeit des Patienten und dem Streßcharakter der Situation. Ähnliches dürfte für die Erwartungshaltungen des Untersuchers (Rosenthal-Phänomen) gelten; dieses Phänomen ist aber bisher nicht so differenziert untersucht worden. Um diese Faktoren in ihrer Bedeutung realistisch abzuschätzen, ist es sinnvoll, die Erwartungshaltungen von Patient und Untersucher regelmäßig bei einer Studie zu erfassen, wobei zu berücksichtigen ist, daß diese sich im Verlauf der Behandlung ändern können. Die Erwartungen des Untersuchers, daß sich mit zunehmender Behandlungsdauer eine Besserung einstellt, kann man durch Videoaufnahmen des psychopathologischen Befundes und Vorspielen dieser Befunddokumentation in einer anderen als der ursprünglichen Reihenfolge irreleiten (Busch 1977). Placebos sollten im Idealfall nicht nur wie das Verum aussehen, sondern auch dessen Nebenwirkungen haben, um eine auf der Nebenwirkung basierende Identifikation von Verum und Placebo zu erschweren. Grundsätzlich wäre es wünschenswert, daß der Wirksamkeitsnachweis in kontrollierten Versuchen gegen Placebo erfolgt. Dies ist aber aus ethischen Gründen, die von Helmchen und Müller-Oerlinghausen (1978) ausführlich dargelegt wurden, nicht immer möglich. Dann wird die Wirksamkeit eines neuen Psychopharmakons nur durch Doppelblindvergleiche gegen Standardpräparate analysiert, ohne daß placebokontrollierte Prüfungen eingeschaltet werden. Solche Prüfungen gegenüber Standardpräparaten sind aber sehr anfällig gegenüber dem Beta-Fehler: D. h., es werden keine statistisch signifikanten Unterschiede zwischen zwei Behandlungen gefunden (obwohl sie in der Realität vorhanden sind!), da wegen zu geringer Fallzahl und/oder zu hoher Varianz die "statistische Power" der Untersuchung nicht ausreicht (Möller 1985, Möller und Haug 1988).

Es gibt keine verbindlichen Regeln, wie lange ein Patient im Rahmen einer klinischen Psychopharmakaprüfung mit der Prüfsubstanz behandelt werden sollte. Für Tranquilizer werden 1 bis 2 Wochen, für Antidepressiva 3 bis 4 Wochen, für Neuroleptika 4 bis 8 Wochen und für Nootropika 3 Monate als sinnvoll angesehen. Depot-Präparate erfordern längere Prüfzeiten. Diskrepante Ergebnisse zwischen verschiedenen Arbeitsgruppen sind wahrscheinlich durch die unterschiedliche Dauer der Applikation des Medikamentes erklärbar. Die Forderung, einem Katalog von bekannten psychopharmakologischen Fragestellungen verbindliche Angaben über die Dauer der Prüfung zuzuordnen, um damit die Vergleichbarkeit verschiedener Prüfungen zu erhöhen, scheitert u. a. daran, daß die adäquate Prüfdauer stark von pharmakokinetischen Charakteristika der zu untersuchenden Substanz abhängig ist. Ein Nachteil zu kurzer Prüfdauer kann darin bestehen, daß spezifische klinische Effekte nicht erkannt werden, da diese erst nach mehrtägiger Latenz auftreten.

Auch zur Wahl der Dosis gibt es keine verbindlichen Regelungen. In den ersten offenen Prüfungen einer Substanz kann die Dosis unter Berücksichtigung der tierexperimentell ermittelten pharmakokinetischen

Daten und toxikologischen Grenzwerte frei angepaßt werden. In kontrollierten Untersuchungen wird dann angestrebt, Dosierungsunterschiede durch ein festes Dosierungsschema zu verhindern. Dadurch wird jedoch möglicherweise eines der beiden Vergleichspräparate begünstigt, da das gewählte Dosierungsniveau unterschiedlich stark vom Dosisoptimum der beiden Medikamente abweichen kann. Außerdem läßt sich das ermittelte Resultat nur auf das angewandte Dosisniveau beziehen. Eine flexible Dosierung bietet den Vorteil, daß eine weitergehende Generalisierung der Resultate bei größerer Ähnlichkeit zur praktisch- therapeutischen Situation möglich wird. Allerdings wird so die Auswertung erschwert, da die Dosissteigerung bzw. Dosisreduktion häufig nur schwer in Beziehung zur beobachteten Wirkung gesetzt werden kann.

Auch über die Dauer von Wash-out-Perioden vor der Behandlung bzw. zwischen zwei Behandlungsphasen gibt es keine festen Regeln. Aus den Befunden pharmakokinetischer Untersuchungen weiß man, daß nach vorausgegangener Behandlung mit Antidepressiva eine Placeboperiode von möglichst 7 Tagen, nach vorangegangener Therapie mit Neuroleptika eine Placeboperiode von sogar möglichst 30 Tagen zweckmäßig wäre (Benkert und Hippius 1975). Klinisch üblich sind aber wesentlich kürzere Wash-out-Perioden – z. B. in den USA 7 Tage, in Deutschland 3 Tage –, weil aus praktischen klinischen Erfordernissen sowie aus ethischen Gründen eine längere behandlungsfreie Phase als nicht vertretbar angesehen wird, und weil bei zu langen Wash-out- und Placebophasen der Spontanverlauf der Krankheit ggf. mit der Durchführung der Untersuchung interferiert (Woggon 1977). Falls eine sedierende oder schlafanstoßende Zusatzmedikation erforderlich ist, sollte möglichst nur ein Medikament, z. B. Chloraldurat, verordnet werden. Die Gabe eines einheitlichen Zusatzmedikaments ist vor allem dann unabdingbar, wenn zusätzlich weitere biologische Parameter gemessen und später mit anderen Prüfungen verglichen werden sollen.

Unter **Einflußgrößen (Störfaktoren)** versteht man Variablen, die das Ergebnis einer Prüfung des Effekts der Wirkvariablen – bei psychopharmakologischen Prüfungen des Pharmakons – beeinflussen. Um den Effekt der Wirkvariablen eindeutig analysieren zu können, müssen daher Strategien gewählt werden, die eine getrennte Beurteilung erfaßbarer Einflußgrößen erlauben oder nicht direkt erfaßbare Einflußgrößen gleichmäßig auf die zu untersuchenden Verfahren verteilen (Ferner 1977).

Rickels (1968) unterscheidet vier Quellen von Störfaktoren: Patient, Therapeut, Behandlungsmilieu, privates Milieu des Patienten. Die Einflußgrößen auf seiten des Patienten kann man noch weiter in persönlichkeitsspezifische, krankheitsspezifische und sozioökonomische unterteilen. Praktisch bedeutsamer ist eine Unterteilung der Einflußgrößen in gegebene und in veränderbare Einflußgrößen. Zu den gegebenen Einflußgrößen gehören u. a.: Alter, Geschlecht, Erkrankung, Verlaufstyp der Erkrankung (z. B. akut, chronisch), Schweregrad der Erkrankung (z. B. leicht, schwer, bisher therapieresistent), bisheriger Verlauf (z. B. Zeitpunkt der Erstmanifestation, durchschnittliche Dauer der Manifestation), Beginn der jetzigen Erkrankung, Vorbehandlung, Zahl der Behandlungsversuche. Zu den beeinflußbaren Störfaktoren gehören: variable Behandlungsdauer, unterschiedliche Dosierung, Begleit- und Zusatzmedikation, Wechsel des Prüfers, unterschiedliche Meßmethoden und Meßkriterien.

Besonders zu erwähnen sind Einflußgrößen, die sich aus der möglichen systematischen Verfälschung der Beobachtung seitens des Beurteilers ergeben (Hasemann 1971):

a) Rosenthal-Effekt: Das Ergebnis einer Untersuchung wird durch die Erwartungshaltung des Untersuchers mitgeprägt.

b) Halo-Effekt (**Thorndike**): Das Ergebnis einer Untersuchung wird durch Kenntnisse anderer Eigenschaften bzw. durch den Gesamteindruck vom Probanden stark beeinflußt.
c) Logischer Fehler (**Newcomb**): Das Ergebnis einer Untersuchung wird dadurch mitgeprägt, daß ein Untersucher nur solche Detailbeobachtungen heranzieht, die ihm im Rahmen seines vorgegebenen theoretischen und logischen Konzeptes sinnvoll erscheinen.
Während die Einflußgrößen bei Randomisierung, ausreichende Fallzahl vorausgesetzt, auf die zu untersuchenden Gruppen gleich verteilt sein sollten und unter dem Aspekt der Evaluierung der spezifischen Wirksamkeit eines Pharmakons vernachlässigt werden können, ist es bei unkontrollierten Pilotstudien sehr wichtig, sich genauestens über die einzelnen Einflußgrößen Rechenschaft abzulegen, um das Ergebnis interpretieren zu können. So wäre z. B. ein negatives Resultat einer antidepressiven Behandlung bei einer Stichprobe von bisher therapierefraktären Depressiven anders zu bewerten (HEIMANN 1974) als bei einer Stichprobe von unselektierten Depressiven.

6.6 Dokumentation/Erfolgsbeurteilung

Neben der Strukturgleichheit der untersuchten Patientengruppen ist die Beobachtungsgleichheit wesentlich, d. h. alle Patienten sollen von den gleichen Untersuchern mit dem gleichen Verfahren zu gleichen Zeitpunkten beobachtet und beurteilt werden. Zentrales Kriterium in der psychopharmakologischen Effektivitätsprüfung ist der psychopathologische Befund. Neben Veränderungen des psychopathologischen Befundes müssen Veränderungen des körperlich-neurologischen Befundes sowie von klinisch oder theoretisch relevanten biochemischen Parametern registriert werden, insbesondere um Nebenwirkungen zu erfassen.
Da sich die einfache klinische Befundbeurteilung für die psychopharmakologische Forschung als unreliabel erwies, wurden Schätzskalen zur quantifizierten Befunddokumentation entwickelt (MÖLLER 1989, vgl. den diesbezüglichen Beitrag von PHILIPP in diesem Band). Der Vorteil dieser standardisierten Untersuchungsverfahren kommt nur dann voll zum Tragen, wenn die Untersucher im Interrater-Reliabilitäts-Training den Gebrauch der Instrumente üben. Eine Sammlung wichtiger Skalen für die Psychopharmakologie wurde vom COLLEGIUM INTERNATIONALE PSYCHIATRIAE SCALARUM – CIPS – (1986) herausgegeben. Die Befunderhebung kann durch psychometrische Leistungstests ergänzt werden, z. B. Leistungstests im Bereich der Wahrnehmung, des Lernens, der Merkfähigkeit und der Psychomotorik.
Neben der Beurteilung des psychopathologischen Befundes durch den Psychiater können andere Informationsquellen und Informationsebenen einbezogen werden, z. B. Fremdbeurteilung psychopathologischer Auffälligkeiten durch das Pflegepersonal oder durch Angehörige, Selbstbeurteilung des psychischen Befindens des Patienten mit Hilfe von Selbstbeurteilungsskalen (MÖLLER 1990a). In jüngerer Zeit besteht die Tendenz, durch Einbeziehung mehrerer Informationsebenen und Informationsquellen die Dokumentationsbasis im Sinne einer Mehrebenendiagnostik oder multimethodalen Diagnostik breiter als bisher anzulegen (BAUMANN und SEIDENSTÜCKER 1977), um so ein vollständigeres Bild von den während einer Psychopharmakabehandlung eintretenden Veränderungen zu bekommen

und um feinere Wirkungsunterschiede feststellen zu können.
Bei der Auswertung werden alle im Verlauf erhobenen Befunde auf den Ausgangsbefund bezogen. Da dessen korrekte Erfassung durch bestimmte Faktoren gefährdet sein kann (u. a. Überhang von Medikamenten, Erstkontakt des Untersuchers mit dem Patienten), ist, um möglichst zuverlässige Ausgangsdaten zu bekommen, eine mehrfache Erhebung des Ausgangsbefundes wünschenswert.
Wenn verschiedene Erhebungsinstrumente verwendet werden, um gleiche Konstrukte zu messen, sollte die Korrelation der Gesamtscores für verschiedene Ausprägungsgrade psychischer Störungen konstant bleiben (HEIMANN und SCHMOCKER 1974). Fehlende Konstanz der Korrelation, z. B. vor und nach einer Behandlung, läßt darauf schließen, daß die Skalen bei verschiedenen Schweregraden der Zustandsbilder Verschiedenes messen. Dieses Phänomen ist aus Analysen der Faktorenstruktur von Skalen, auf der Versuchspersonen ohne und mit Psychopharmakaeinfluß abgebildet wurden, bekannt (BAUMANN 1974). Divergenzen können u. a. dadurch auftreten, daß bei einer Selbstbeurteilungsskala zur Messung von Depressivität vorwiegend subjektive Beeinträchtigung, bei einer Fremdbeurteilungsskala zur Messung von Depressivität aber obendrein objektiv beobachtbare Verhaltensauffälligkeiten beurteilt werden. Geht man davon aus, daß bei geringer Ausprägung der Depression verbale Informationen des Patienten über seinen subjektiv erlebten Zustand wesentlicher sind als bei schweren Fällen, kann man diese Diskrepanzen zwischen Fremdbeurteilung und Selbstbeurteilung erklären.
Wichtig ist, daß das Haupteffizienzkriterium bzw. die Haupteffizienzkriterien für die konfirmatorische Testung bereits a priori festgelegt werden. Das gilt insbesondere für multimethodale Meßansätze, bei denen möglicherweise sonst im Rahmen der multiplen statistischen Testung zufallsbedingte Signifikanzen auftreten, die dann unter Verkennung der statistischen Problematik ggf. als Wirksamkeitsbeweis ausgegeben werden könnten. Alle nicht auf die a priori definierten Haupteffizienzkriterien bezogenen Auswertungen sind lediglich als deskriptiv anzusehen, möglicherweise signifikante Ergebnisse bedürfen also der Bestätigung in einer diesbezüglich konfirmatorisch angelegten Studie.
Bei Verwendung mehrerer Haupteffizienzkriterien muß eine Alpha-Adjustierung erfolgen. Wenigstens eines der Haupteffizienzkriterien sollte aus dem Bereich fremdbeurteilter Psychopathologie stammen und möglichst eng mit dem Indikationsgebiet der zu prüfenden Substanz verbunden sein.
Es wäre wichtig, daß bei klinischen Studien in verschiedenen Untersuchungen über die gleiche Substanz bzw. über Substanzen mit der gleichen therapeutischen Zielsetzung zumindest bezüglich des Haupteffizienzkriteriums eine gemeinsame Skala verwendet wird, um Untersuchungen besser vergleichbar zu machen. Unter diesem Aspekt sind, jedenfalls bezogen auf die europäische Psychiatrie, Skalensammlungen von Bedeutung, in denen relevante Skalen in mehreren europäischen Sprachen in autorisierter Übersetzung vorgelegt wurden (MÖLLER 1990b). Auf internationaler Ebene haben sich unter dem Aspekt der Vergleichbarkeit insbesondere die HAMD und die BPRS als "Urmeter" durchgesetzt, trotz ihrer Schwächen. Diese Maßnahmen sollten ggf. durch audiovisuelle Aufzeichnungen ergänzt werden (RENFORDT et al. 1976, HELMCHEN und RENFORDT 1978).
Eine sorgfältige Meßmethodik muß auch die Erfassung der unerwünschten Wirkungen miteinbeziehen. Eine unstrukturierte, nur auf spontane Äußerungen beruhende Erhebung unerwünschter Wirkungen führt zu einem "underreporting" und entspricht auch aus anderen methodischen Gründen, z. B. mangelnder Reliabilität, nicht dem heute zu fordernden methodischen Standard (HASFORD 1986, BETHGE et al. 1989).

Bei der statistischen Auswertung (JESDINSKY und TRAMPISCH 1986) ist das Vorliegen der Voraussetzungen der angewandten Testverfahren zu prüfen. Wenn die Voraussetzungen für parametrische Verfahren nicht erfüllt sind, müssen non- parametrische Methoden eingesetzt werden. Bei der statistischen Prüfung sollte u. a. den folgenden unterschiedlich definierten Stichproben Rechnung getragen werden:

a) "Intention to treat"-Stichprobe: alle Patienten, die in die Studie eingeschlossen wurden, einmal "geratet" wurden und einmal aktive Medikation bekamen.

b) "Efficacy"-Stichprobe: alle Patienten, die in der "baseline" den Ein- und Ausschlußkriterien genügten und wenigstens eine Woche aktive Medikation erhielten.

c) "Standard Efficacy"-Stichprobe: alle Patienten, die über die vorhergehenden Bedingungen hinaus auch die ggf. vorgesehene Wash-out-Phase durchlaufen haben, die aktive Medikation während des vorgesehenen Studienzeitraums erhielten und bei denen es keine Hinweise auf schlechte Compliance gab und die an allen vorgesehenen Zeitpunkten "geratet" wurden.

Literatur

ABT K, BAUMANN U, DEBUS G, FERNER U, HEIMANN H, MÜLLER-OERLINGHAUSEN B, WOGGON B (1976) Klinische Prüfungen: Methodik versus Praxis – Versuch eines Kompromisses. Arzneimittelforschung/Drug Res 26: 1025–1026

AMADUCCI L, ANGST J, BECH P, BENKERT O, BRUINVELS J, ENGEL R, GOTTFRIES CG, HIPPIUS H, LEVY R, LINGJAERDE O, LOPEZ-IBOR JJ, ORGOGOZO JM, PULL C, SALETU B, STOLL KD, WOGGON B (1990) Consensus conference on the methodology of clinical trials of "nootropics". Munich, June 1989: Report of the Consensus Committee. Pharmacopsychiatry 23: 171–175

ANGST J, BECH P, BOYER P, BRUINVELS J, ENGEL R, HELMCHEN H, HIPPIUS H, LINGJAERDE O, RACAGNI G, SALETU B, SEDVALL G, SILVERSTONE JT, STEFANIS CN, STOLL K, WOGGON B (1989) Consensus conference on the methodology of clinical trials of antidepressants. Zurich, March 1988: Report of the Consensus Committee. Pharmacopsychiatry 22: 3–7

BAUMANN U (1974) Gruppierung und Klassifikation. Statistische Probleme in der klinischen Psychologie. In: SCHRAML W, BAUMANN U (Hrsg) Klinische Psychologie, Bd II. Huber, Stuttgart Wien, S 77–113

BAUMANN U, SEIDENSTÜCKER G (1977) Untersuchungsinstrumente. Zur Taxonomie und Bewertung psychologischer Untersuchungsverfahren bei Psychopharmakaprüfungen. Pharmakopsychiatr Neuro-Psychopharmakol 10: 165–175

BEATTY WW (1972) How blind is blind? A simple procedure for estimating observer naiveté. Psychol Bull 78: 70–71

BENKERT O, HIPPIUS H (1975) Die Aufgaben der klinischen Psychiatrie bei der Entwicklung neuer Psychopharmaka. Arzneimittelforschung/Drug Res 25: 1195–1203

BETHGE H, CZECHANOWSKI B, GUNDERT-REMY U, HASFORD J, KLEINSORGE H, KREUTZ G, LETZEL H, MÜLLER AA, SELBMANN HK, WEBER E (1989) Empfehlungen zur Ermittlung, Dokumentation, Erfassung und Bewertung unerwünschter Ereignisse im Rahmen der klinischen Prüfung von Arzneimitteln. Arzneimittelforschung/Drug Res 39: 1294–1300

BIECK P (1986) Die Phasen I-III der klinischen Arzneimittelprüfung. In: DÖLLE W, MÜLLER-OERLINGHAUSEN B, SCHWABE U (Hrsg) Grundlagen der Arzneimitteltherapie. Bibliographisches Institut, Mannheim Wien Zürich, S 45–57

BIEFANG S, KÖPKE W, SCHREIBER MA (1979) Manual für die Planung und Durchführung von Therapiestudien. Springer, Berlin Heidelberg New York

BUSCH H (1977) Kontrolle von Störfaktoren. Zur Kontrolle untersucherabhängiger Störfaktoren bei der klinischen Prüfung. Pharmakopsychiatr Neuro-Psychopharmakol 10: 152–162

CAMPBELL DT, STANLEY JC (1963) Experimental and quasi-experimental designs for research on teaching. In: GAGE NL (ed) Handbook of research on teaching. McNally, Chicago

Collegium Internationale Psychiatriae Scalarum (eds) (1986) Internationale Skalen für Psychiatrie, 2. Aufl. Beltz, Weinheim

Cook TH, Campbell DT (1976) The design and conduct of quasi-experiments and true experiments in field settings. In: Dunnette MD (ed) Handbook of industrial and organizational psychology. McNally, Chicago

Dölle W, Müller-Oerlinghausen B, Schwabe U (Hrsg) (1986) Grundlagen der Arzneimitteltherapie. Bibliographisches Institut, Mannheim Wien Zürich

Dudeck J (1975) Versuchsplanung und Auswertung bei Einzelversuchen und kleinsten Kollektiven. Arzneimittelforschung/Drug Res 25: 1203

Europäische Gemeinschaft (Hrsg) (1987) Empfehlungen des Rates vom 9.2.1987 zu den Versuchen mit Arzneimittelspezialitäten im Hinblick auf deren Inverkehrbringen (87/176/EWG), Anhang VII. Bedingungen für klinische Versuche mit Medikamenten für Langzeitanwendung. Europäische Gemeinschaft, Brüssel, S 163-165

Feinstein AR (1973) Clinical biostatistics: the epidemiologic trohoc, the ablative risk ratio, and retrospective research. Clin Pharmacol Ther 14: 291–307

Ferner U (1977) Planung von Psychopharmakaprüfungen. Statistische Aspekte zur Planung von Psychopharmakaprüfungen. Pharmakopsychiatr Neuro-Psychopharmakol 10: 132–139

Fischer-Cornelsen K, Ferner U (1977) Evaluation of new drugs: clozapine as an example of an European multicenter study. Drugs under Research 1: 397–404

Friebel H(1975) Langzeitversuch und Langzeiterfahrung in der angewandten Therapie (Phase IV). In: Eickstedt KW, Gross F (Hrsg) Klinische Arzneimittelprüfung. Fischer, Stuttgart, S 145–151

Grohmann R, Dirschedl P, Reunig E, Scherer J, Schmidt LG (1986) Methodological problems in the assessment of adverse drug reactions with drug combinations. Pharmacopsychiatry 19: 300–301

Gross R (1979) Notwendigkeit und Zulässigkeit der kontrollierten klinischen Prüfung. Dtsch Ärztebl 76 (16): 1091–1100

Gross, FH, Inman WHW (eds) (1977) Drug monitoring. Academic Press, London

Hasemann K (1971) Verhaltensbeobachtung. In: Heiss R (Hrsg) Handbuch der Psychologie, Bd 6, 3. Aufl. Hogrefe, Göttingen

Hasford J (1986) Methoden zur Erfassung unerwünschter Arzneimittelwirkungen. In: Dölle W, Müller-Oerlinghausen B, Schwabe U (Hrsg) Grundlagen der Arzneimitteltherapie. Bibliographisches Institut, Mannheim Wien Zürich, S 281–291

Heimann H (1974) Therapy-resistant depressions. Symptoms and syndromes. Pharmakopsychiatr Neuro-Psychopharmakol 7: 139-144

Heimann H (1975) Methodologische Probleme bei der Effizienzprüfung von Psychopharmaka. Arch Psychiatr Nervenkr 220: 255-268

Heimann H, Schmocker A (1974) Zur Problematik der Beurteilung des Schweregrades psychiatrischer Zustandsbilder. Arzneimittelforschung/Drug Res 24: 1004–1006

Helmchen H, Müller-Oerlinghausen B (1975) The inherent paradox of clinical trials in psychiatry. J Med Ethics 1: 168–173

Helmchen H, Müller-Oerlinghausen B (Hrsg) (1978) Psychiatrische Therapieforschung. Ethische und juristische Probleme. Springer, Berlin Heidelberg New York

Helmchen H, Renfordt E (1978) Fernsehen in der Psychiatrie. Thieme, Stuttgart

Helmchen H, Hippius H, Kanowski S, Mauruschat W, Rosenberg L (1974) Multidimensionale pharmakopsychiatrische Untersuchungen mit dem Neuroleptikum Perazin. Pharmakopsychiatr Neuro-Psychopharmakol 7: 58–64

Helmchen H, Hippius H, Müller-Oerlinghausen B, Rüther E (1985) Arzneimittelüberwachung in der Psychiatrie. Nervenarzt 56: 12–18

Herrmann WM, Kern U (1987) Multizentrische klinische Prüfungen: Möglichkeiten und Probleme. In: Coper H, Heimann H, Kanowski S, Künkel H (Hrsg) Hirnorganische Psychosyndrome im Alter, III. Springer, Berlin Heidelberg New York Tokyo

Hippius H, Überla K, Laakmann G, Hasford J (eds) (1986) Das Placebo-Problem. Fischer, Stuttgart New York

Janke W (1966) Über die psychischen Wirkungen verschiedenster Tranquilizer bei gesunden, emotional labilen Personen. Psychopharmacologia 8: 340–374

Janke W, Netter P (Hrsg) (1986) Angst und Psychopharmaka. Kohlhammer, Stuttgart

Jesdinsky HJ, Trampisch HJ (1986) Statistik und Biometrie. In: Dölle W, Müller-Oerlinghausen B, Schwabe U (Hrsg) Grundlagen der Arzneimitteltherapie. Bibliographisches Institut, Mannheim Wien Zürich, S 120–133

Kanowski S, Hedde JP (1986) Arzneimittel für die Indikation "Hirnorganisch bedingte Leistungsstörungen". In: Dölle W, Müller-Oerlinghausen B, Schwabe U (Hrsg) Grundlagen der Arzneimitteltherapie. Bibliographisches Institut,

Zürich, S 154–171

Kleinsorge H, Steichele C, Sander A (Hrsg) (1987) Klinische Arzneimittelprüfung. Medizinische und rechtliche Grundlagen. Kohlhammer, Stuttgart

Linden M (1987) Phase-IV-Forschung. Springer, Berlin Heidelberg New York Tokyo

Linden M (1989) Die Phase IV der Therapie-Evaluation. Nervenarzt 60: 453–461

Mantel N, Haenszel W (1959) Statistical aspects of the analysis of data from retrospective studies of disease. J Natl Canc Institute 22: 725–735

Matussek N (1978) Neuroendokrinologische Untersuchungen bei depressiven Syndromen. Nervenarzt 49: 569–575

Möller HJ (1985) Kontrollierte Untersuchungen zum Wirkungsnachweis von Amitriptylin unter besonderer Berücksichtigung des Stellenwertes von Amitriptylin gegenüber den "neuen" Antidepressiva. In: Beckmann H, Sieberns S (Hrsg) Wie aktuell ist Amitriptylin für die Therapie der Depression? Das ärztliche Gespräch, 38. Tropon, Köln, S 135–147

Möller HJ (1989) Standardisierte psychiatrische Befunderhebung. In: Kisker KP, Lauter H, Meyer J-E, Müller C, Strömgren E (Hrsg) Psychiatrie der Gegenwart, Bd 9, 3. Aufl. Springer, Berlin Heidelberg New York Tokyo, S 13–45

Möller HJ (1990a) Möglichkeiten und Grenzen von Selbstbeurteilungsskalen zur Verlaufsbeurteilung depressiver Symptomatik im Rahmen der Therapie-Evaluation. In: Baumann U, Fähndrich E, Stieglitz, R-D, Woggon B (Hrsg) Veränderungsmessung in Psychiatrie und Klinischer Psychologie. Profil, München, S 307–328

Möller HJ (1990b) Probleme der Klassifikation und Diagnostik. In: Reinecker H (Hrsg) Lehrbuch der Klinischen Psychologie. Hogrefe, Göttingen Toronto Zürich, S 3–24

Möller HJ, Benkert O (1980) Methoden und Probleme der Beurteilung der Effektivität psychopharmakologischer und psychologischer Therapieverfahren. In: Biefang S (Hrsg) Evaluationsforschung in der Psychiatrie. Fragestellungen und Methoden. Enke, Stuttgart, S 54–128

Möller HJ, v Zerssen D (1980) Probleme und Verbesserungsmöglichkeiten der psychiatrischen Diagnositk. In: Biefang S (Hrsg) Evaluationsforschung in der Psychiatrie. Fragestellungen und Methoden. Enke, Stuttgart, S 167–207

Möller HJ, Haug G (1988) Secondary and meta-analysis of the efficacy of non-tricyclic antidepressants. Pharmacopsychiatry 21: 363–364

Möller HJ, Steinmeyer EM (1990) Mood curves of neurotic-depressive patients undergoing treatment with antidepressants: time-series analyses of experience with HTAKA model. Pharmacopsychiatry 23: 215–221

Möller HJ, Fischer G, v Zerssen D (1987) Prediction of therapeutic response in acute treatment with antidepressants. Results of an empirical study involving 159 endogenous depressive patients. Eur Arch Psychiatr Neurol Sci 236: 349–357

Möller HJ, Hohe-Schramm M, v Zerssen D (1988) Operationalisierte Diagnostik endogener Psychosen nach RDC und DSM-III: Übereinstimmung mit der ICD-Diagnostik und prognostische Bedeutung für den längerfristigen Krankheitsverlauf. In: Beckmann H, Laux G (Hrsg) Biologische Psychiatrie. Synopsis 1986/87. Springer, Berlin Heidelberg New York Tokyo, S 396–398

Müller-Oerlinghausen B, Herrmann WM (Hrsg) (1981) Anleitung zur klinischen Prüfung von Psychopharmaka. AMI-Berichte 3. Reimer, Berlin, S 95–130

Müller-Oerlinghausen B (1986) Arzneimittel für die Indikation "Depression". In: Dölle W, Müller-Oerlinghausen B, Schwabe U (Hrsg) Grundlagen der Arzneimitteltherapie. Bibliographisches Institut, Mannheim Wien Zürich, S 172–186

Müller-Oerlinghausen B (1990) National and international guidelines for the conduct of clinical trials of psychotropic drugs. In: Benkert O, Maier W, Rickels K (eds) Methodology of the evaluation of psychotropic drugs (Psychopharmacology 8). Springer, Berlin Heidelberg New York Tokyo, pp 167–174

Nies AS (1990) Principles of therapeutics. In: Goodman Gilman A et al. (eds) The pharmacological basis of therapeutics. Pergamon, New York, pp 62-83

Ochsenfahrt H (1983) Arzneimittelkommission der deutschen Ärzteschaft und Phase-IV-Prüfung. Münch Med Wochenschr 125: 929–932

Overall JE, Klett JC (1972) Applied multivariate analyses. McGraw-Hill, New York

Pichot P (1975) Methodik der Effizienzprüfung in der Psychopharmakologie. Arch Psychiatr Nervenkr 220: 281–288

Plutchnik R, Platman SR, Fieve RR (1969) Three alternatives to the double-blind. Arch Gen Psychiatry 20: 428–432

Renfordt E, Busch H, Fähndrich E, Müller-Oerlinghausen B (1976) Untersuchung einer neuen antidepressiven Substanz (Viloxazin) mit Hilfe einer Zeit-Reihen-Analyse TV-gespeicherter Interviews. Arzneimittelforschung/Drug

Res 26: 1114–1117

Rickels K (1986) Non-specific factors in drug therapy. Thomas, Springfield

Rickels K, Downing RW (1972) Methodologische Aspekte bei der Prüfung von Antidepressiva. In: Kielholz P (Hrsg) Depressive Zustände. Erkennung, Bewertung, Behandlung. Huber, Bern Stuttgart Wien, S 83–100

Rickels K, Lipman RS, Fisher S, Park LC, Uhlenhuth EH (1970) Is a double blind clinical trial really double-blind? A report of doctors' medication guesses. Psychopharmacologia 16: 323–336

Selg H (1975) Einführung in die experimentelle Psychologie. Kohlhammer, Stuttgart

Stille G (1974) Entwicklung von Psychopharmaka. Dtsch Ärztebl 71: 3249–3251

Taves DR (1974) Minimization: a new method of assigning patients to treatment and control groups. Clin Pharmacol Ther 15: 443–453

Überla K (1973) Versuchsplanung und Statistik in Phase II und III. Arzneimittelforschung/Drug Res 23: 1192–1196

Überla K (1975) Die biometrische Planung und Auswertung klinischer Prüfungen. In: Eickstedt KW, Gross F (Hrsg) Klinische Arzneimittelprüfung. Fischer, Stuttgart, S 137–144

Überla K (1978) Versuchsplanung in Phase I. Arzneimittelforschung/Drug Res 28:2032–2036

Wittenborn JR (ed) (1977) Guidelines for clinical trials of psychotropic drugs (June 1, 1977). Pharmakopsychiatr Neuro-Psychopharmakol 10: 205–231

Woggon B (1977) Planung von Psychopharmakaprüfungen. Schwierigkeiten bei der Planung von Psychopharmakaprüfungen aus der Sicht des klinischen Prüfers. Pharmakopsychiatr Neuro-Psychopharmakol 10: 140–146

Neuro-Psychopharmaka, Bd. 1
Riederer P. / Laux G. / Pöldinger W. (Hrsg.)

7
Compliance und Psychopharmakotherapie

M. Linden und J. Bohlken

7.1 Struktur der Compliance-Problematik

Compliance befaßt sich mit dem Problem der Optimierung einer Behandlungsdurchführung. Entsprechend gibt es eine Patienten-Compliance und eine Therapeuten-Compliance. Wenn ein definierter Behandlungsstandard gegeben ist, der das Behandlungsoptimum bezeichnet, dann drückt der Compliance-Koeffizient aus, um welchen Anteil das tatsächliche Behandlungsverhalten unter oder über dem Behandlungsoptimum liegt (LINDEN 1986). Den Zähler in dieser Gleichung können dabei sowohl Patienten stellen, die in eine Behandlung hineinkommen oder in ihr verbleiben sollen, wie auch Dosisangaben, eingenommene Tabletten pro definiertem Behandlungszeitraum, Tage, an denen eine Medikation eingenommen wurde oder Kalorienzahlen. Die im Nenner des Compliance-Koeffizienten stehenden Therapiestandards können unterschiedlicher Herkunft sein. Es kann sich um die Verordnung eines Arztes handeln, um Behandlungsrichtlinien eines Lehrbuchs oder um selbstgesetzte Ziele des Patienten (LINDEN 1981). Es können insofern zum gleichen Phänomen zur gleichen Zeit unterschiedliche Compliance-Koeffizienten resultieren (Tabelle 7.1).

Ergänzend zum Compliance-Koeffizienten muß auch ein Variabilitätskoeffizient berücksichtigt werden, wenn der Compliance-Standard die Frequenz eines Ereignisses über einen bestimmten Zeitraum darstellt (HASFORD 1984). Wenn ein Patient an 100 Tagen seine Medikation einnehmen soll, dann läßt ein Compliance-Koeffizient von 0,5 die Möglichkeit, daß an jedem zweiten Tag eine Tablette eingenommen wurde, ebenso zu wie, daß während der ersten Hälfte der Zeit jeden Tag die Medikation genommen wurde und in der zweiten Hälfte gar nicht mehr. Daß beide Fälle ein sehr unterschiedliches therapeutisches Schicksal nehmen können, liegt auf der Hand (Tabelle 7.2).

Schließlich muß auch ein Grenzwert für den Compliance-Koeffizienten festgelegt werden, der eine hinreichende Therapie von einer ungenügenden trennt (LINDEN 1987).

Bei Kontrazeptiva kann bereits ein Koeffizient von 0,9 zu einem Therapieversagen führen, während bei Neuroleptika, die eine große therapeutische Breite besitzen, 0,5 noch hinreichend sein kann, um einen Behandlungserfolg zu gewährleisten. Wichtig ist, daß zwischen Compliance-Koeffizient und Gütewert einer Therapie keine lineare Beziehung besteht, weshalb eine eingeschränkte Compliance nicht unmittelbar als unzureichende Therapie interpretiert werden darf.

7.2 Messung von Compliance

Es ist selbstverständlich, daß je nach Art der Therapie, seien es Diätvorschriften, Lebensstilumstellungen, Praxisbesuche oder Medikationseinnahme unterschiedliche Meßmethoden anzuwenden sind. Soweit es sich um medikamentöse Behandlungen handelt, gibt es mehrere Meß- bzw. Beobachtungsalternativen, die hinsichtlich Durchführbarkeit wie Aussagekraft jeweils unterschiedliche Vor- und Nachteile haben.

Die in der Praxis wichtigste Methode ist die **Selbstbeobachtung** des Patienten. Sie führt in der Regel zu einer Überschätzung des Compliance-Koeffizienten. In einer eigenen Untersuchung (LINDEN und SCHÜSSLER 1986) an Patienten, die in Nervenarztpraxen mit einem Antidepressivum behandelt wurden, war es uns möglich, Patientenangaben, Arztangaben und Ergebnisse eines Urintests miteinander zu vergleichen. Erfragt und über den Urintest beobachtet wurde die einzelne Tabletteneinnahme am Morgen des Besuchs in der Praxis. Wie Tabelle 7.3 zeigt, lag, gemessen am Urintest, der Compliance-Koeffizient bei 0,76. Der Arzt lag in seiner Aussage über die Tabletteneinnahme in 71%

Tabelle 7.1. Verschiedene Compliance-Koeffizienten in Abhängigkeit vom zugrundegelegten Standard (nach LINDEN 1981)

Compliance-Typus	zugrundegelegter Standard
Arzt (Therapeuten)-Compliance	Lehrbuchrichtlinien
Patienten-Compliance	
Standard-Compliance	Lehrbuchrichtlinien
Verordnungs-Compliance	ärztliche Verordnung
Anspruchs-Compliance	selbstgesetztes Ziel

Tabelle 7.2. Verschiedene Therapieverläufe und Variabilitätskoeffizienten bei identischen Compliancekoeffizienten (nach LINDEN 1987) (+ korrekte, – keine Medikationseinnahme)

a)	+	+	+	+	+	–	–	–	–	-
b)	–	–	–	–	–	+	+	+	+	+
c)	+	+	–	–	–	+	+	–	–	-
d)	+	–	–	–	+	–	–	+	+	+
e)	+	–	+	–	+	–	+	–	+	-

der Fälle richtig, während er in rd. 22% der Fälle von einer Medikationseinnahme ausging, obwohl diese nicht stattgefunden hatte. Die Erklärung liegt in der Übereinstimmung zwischen Arztaussage und Patientenangabe. Diese Übereinstimmung ist mit 95% nahezu perfekt. Die Überschätzung der Compliance-Rate durch den Arzt ist im wesentlichen also dadurch begründet, daß der Arzt den Angaben des Patienten vertraut, was seiner ärztlichen Grundeinstellung entspricht. Die dem ärztlichen Urteil zugrundeliegenden zu positiven Patientenaussagen können zu einem Teil damit erklärt werden, daß es für einen Patienten peinlich sein kann, zugeben zu müssen, etwas nicht vereinbarungsgemäß getan zu haben. Daß dies aber nicht alles erklärt, zeigt, daß immerhin in 8,3% der Fälle sich die Patienten fälschlicherweise einer Nichteinnahme der Medikation bezichtigten, obwohl sie die Medikation eingenommen haben mußten. Eine Erklärung ist, daß es keineswegs einfach ist, sich an Ereignisse wie eine einzelne Tabletteneinnahme zu erinnern. Stattdessen werden von den Patienten eher globale Selbstattributionen berichtet. Wer häufiger einmal seine Medikamente nimmt, wird eine entsprechende Frage eher bejahen, wer selbstzweiflerisch ist, sie eher verneinen.

Die abzuleitende Empfehlung für den behandelnden Arzt ist, daß zum ersten die Befragung nach einer Medikationseinnahme sorgfältig jede Vorwürflichkeit vermeiden muß. So sollte beispielsweise nicht gefragt werden, ob die Medikamente regelmäßig genommen wurden, sondern stattdessen, in wievielen Fällen sie vergessen worden sein könnten. Immerhin ist eine hundertprozentige Compliance ein übermenschliches Ansinnen. Zum zweiten sollten die Fragen nach der Medikationseinnahme weniger global als vielmehr verhaltensanalytisch konkret gestellt werden, d. h. ergänzt werden durch Fragen nach Ort und Zeitpunkt der Einnahme und nach evtl. Problemen, die einer Medikationseinnahme im Wege standen.

Eine andere für die Praxis wichtige Methode zur Feststellung der Compliance ist, wie in der eben geschilderten Untersuchung, die **Analyse von Serum- oder Urinproben**. Serumspiegel sind therapeutisch wichtige Parameter, da es letztlich unerheblich ist, wieviele Tabletten ein Patient einnimmt und ob dies der vom Arzt verordneten Zahl entspricht, wenn nur der Wirkspiegel im therapeutischen Bereich liegt. Man sollte dennoch vorsichtig sein, wenn es um Rückschlüsse von Serumspiegeln auf die Medikationseinnahme geht. Gerade bei Psychopharmaka können bei gleicher oraler Dosis die resultierenden Serumspiegel um ein Vielfaches schwanken. Sie können schließlich

Tabelle 7.3. Übereinstimmung von Patienten- und Arztangaben zur Medikamenten-Compliance sowie Ergebnis des Urin- Nachweistests

	Patient	Arzt	Urintest	% (N=121)			
1.	ja	ja	ja	63,6	67,7		
2.	nein	nein	nein	4,1			
3.	ja	ja	nein	21,5		95,0	
4.	ja	nein	nein	0,8			71,0
5.	ja	nein	ja	0,8			
6.	nein	nein	ja	5,8	8,3		
7.	nein	ja	ja	2,5			
8.	nein	ja	nein	0,8			

auch eine nur punktuelle Medikationseinnahme, beispielsweise einige Stunden vor der Blutabnahme, widerspiegeln. Allerdings ist es richtig, daß bei Diskrepanzen zwischen Serumspiegel und verordneter oraler Dosis dies vor allem anderen immer ein Anlaß zur Überprüfung der Medikationseinnahme sein muß.
Wenn es wirklich wichtig ist, über die Medikationseinnahme korrekt Bescheid zu wissen, wie beispielsweise in Medikamentenprüfungen, wo Compliance-Koeffizient und Variabilitätskoeffizient für die Interpretation von Wirkungen und Wirkungsverläufen von zentraler Bedeutung sind, dann bleibt letztlich kein anderes Mittel als die unmittelbare Beobachtung der einzelnen Tabletteneinnahme, sei es durch Fremdbeobachtung, beispielsweise im Rahmen einer stationären Behandlung durch das Pflegepersonal, parenteraler Zuführung durch den Arzt oder Benutzung von Medikationsdispensern, die über eine eingebaute Elektronik die einzelne Tablettenabgabe registrieren (Cramer et al. 1989).

7.3 Compliance und Neuroleptika

In der Akutbehandlung schizophrener Patienten stellt die Gabe von Neuroleptika einen verbindlichen Standard dar. Ein typisches Problem ist, daß akutpsychotische Patienten vor allem mit wahnhafter Symptomatik im Vergleich zu anderen psychiatrischen Patienten eine verminderte Krankheitseinsicht und erhöhte Ablehnung der Behandlung zeigen (Linden 1982, Bender 1988, McEvoy et al. 1989). So betonen Marder et al. (1983) die Bedeutung des psychopathologischen Befundes mit formalen und inhaltlichen Denkstörungen, Mißtrauenshaltung, emotionalem Rückzug und vor allem mangelnder Krankheitseinsicht, die oft mit Behandlungsverweigerung einhergeht. McEvoy et al. (1989) weisen aber darauf hin, daß die Beziehung zwischen Noncompliance, Krankheitseinsicht und Psychopathologie komplexer Natur ist. So fiel in diesen Studien auf, daß gerade krankheitsuneinsichtige Patienten während des stationären Aufenthaltes ihre Medikamente nahmen. Möglicherweise ist dieses Resultat den besonderen Bedingungen der stationären Behandlungssituation zu verdanken, wo die soziale Kontrolle die Compliance auch ohne Krankheitseinsicht gewährleistet. Da im ambulanten Bereich die äußeren Kontrollfaktoren an Bedeutung verlieren, ist für die Compliance ein angemessenes Krankheitskonzept besonders wichtig (Lin et al. 1979, Van Putten et al. 1984, Linden 1985, Linden et al. 1988). Der Vorbereitung auf die Entlassung aus dem Krankenhaus kommt deshalb eine wichtige Bedeutung zu (Axelrod und Wetzler 1989). Oft wird die Umstellung von oraler auf depotneuroleptische Therapie empfohlen, um damit das Compliance-Problem zu lösen. Die in Übersichtsarbeiten (Babiker 1986, Kane et al. 1985) referierten Noncomplianceraten schizophrener Patienten schwanken zwischen 11 und 59%. Johnson (1984) referiert Daten, wonach im stationären Bereich die Noncompliance-Rate bei 11–19% liegt, während sie im tagesklinischen Bereich bei 37% und im ambulanten Bereich nach 4–6 Wochen auf 40–48% ansteigt. Bei der Umstellung auf eine Depotbehandlung würden diese hohen Raten nicht erreicht werden. Umgekehrt besitzt jedoch die Depotbehandlung ihre eigene Noncompliance. Die Verweigerungsrate beträgt in der Anfangsphase 6–10% und steigt innerhalb eines zweijährigen Zeitraums auf mindestens 15% (Johnson und Freeman 1973). Insgesamt scheinen Depotneuroleptika hinsichtlich der klinischen Effizienz einer oralen Neuroleptikamedikation nicht eindeutig

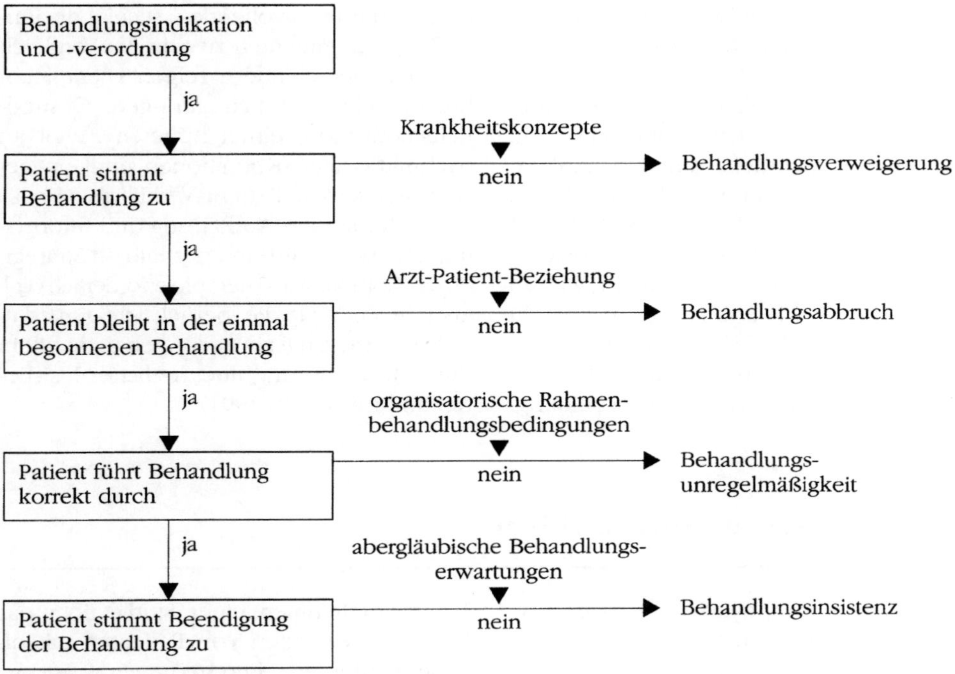

Abb. 7.1. Stufenmodell der Patienten-Non-Compliance

überlegen zu sein (KAPFHAMMER und RÜTHER 1988). Die Vorteile einer garantierten Einnahme-Compliance mittels Depotneuroleptika sind deshalb den Nachteilen einer erhöhten Dropout-Rate sowie einer erlebten Abhängigkeit und fehlenden Autonomie des Patienten auf der anderen Seite gegenüberzustellen (vgl. auch Abb. 7.1).

7.4 Compliance und Antidepressiva

Die Angaben zu Noncompliance-Raten bei der Behandlung mit trizyklischen Antidepressiva schwanken zwischen 32 und 76% (FRANK et al. 1985). Unter ambulanten Behandlungsbedingungen bricht nahezu jeder zweite Patient die Behandlung ab, wobei als besonders kritische Phase die ersten zwei Wochen anzusehen sind. Hier ist die Schwundrate besonders hoch (JOHNSON 1981, LINDEN 1987). Besondere Risikomerkmale von Therapieabbrechern sind: Alleinlebend, bessere Schulbildung, höherer Berufsstatus, Ersterkrankung, Unzufriedenheit im Arzt-Patient-Kontakt. Als Gründe für Therapieabbrüche werden angegeben: Symptombesserung (26%), Ende der verschriebenen Medikamentenmenge (21%), mangelndes Medikamentenvertrauen (21%), unerwünschte Arzneiwirkungen (7%) (JOHNSON et al. 1973). Auffallend ist die niedrige Rate an unerwünschten Arzneimittelwirkungen, die zum Therapieabbruch führt (Blackwell 1982). Wenn unerwünschte Arzneimittelwirkungen zu einem Behandlungsabbruch führen, dann stehen sog. Bagatellnebenwirkungen wie Sedierung, Schwindel, Mundtrockenheit, Tremor und Obstipation auf den oberen Rangplätzen (Linden 1987, Johnson 1981). Auf das besondere Problem der Diätcompliance bei der Therapie mit MAO-Hemmern weisen Walker et al. (1984) und Neil et al. (1979) hin. Nur ein Drittel der behandelten Patienten hielten sich an die tyraminarme Diät. Von besonderer Bedeutung für die Entscheidung, eine Therapie zu vollenden, scheint die Einstellung des Patienten zu sein. Im Vergleich zu Therapievollendern zeigen Therapieabbrecher eine deutlich geringere Gesundheitsmotivation, einen höheren Anteil an dysfunktionalen Kognitionen und ein gespannteres Arzt-Patient-Verhältnis (Linden 1987). Neben der Aufklärung und Information (Luderer 1989) sind deshalb oft Strategien der Compliance-Therapie erforderlich (vgl. auch Abb. 7.1), die berücksichtigen, daß sich Behandlungseinstellungen nicht allein durch Informierung und ärztliches Insistieren ändern (Linden 1991).

7.5 Compliance und Lithium

In der Langzeitprophylaxe affektiver Psychosen ist Lithium nach wie vor Therapie der Wahl. In den verschiedenen Übersichtsarbeiten zur Lithium-Compliance (Jamison et al. 1983, Frank et al. 1985, Cochran 1986) schwanken Noncompliance-Raten zwischen 18 und 47%. Jamison und Akiskal (1983) geben einen Überblick über die Risiken und Gründe für Behandlungsunregelmäßigkeiten sowie für Behandlungsabbrüche. Besonderes Risiko für Noncompliance besteht bei jüngeren männlichen Patienten mit gehobener Stimmungslage, die über "missing highs" klagen und erst wenige, meist maniforme Krankheitsphasen durchlebt haben. Lenz et al. (1989) betonen das Risiko von Noncompliance, wenn die Therapie mit Lithium oder Carbamazepin nach einer manischen Phase begonnen wird. Umgekehrt scheinen Patienten mit zunehmendem Alter und zunehmender Phasenzahl eine höhere Compliance-Rate aufzuweisen. Bezüglich unerwünschter Arzneimittelwirkungen, die zu einem Behandlungsabbruch führten, stehen Gewichtszunahme, kognitive Störungen, Tremor, Durst und Lethargie an erster Stelle (Gitlin et al. 1989, Jamison und Akisal 1983). Im Rahmen einer Studie über das Krankheitsverhalten von Patienten mit bipolaren affektiven Erkrankungen weist Joyce (1984) auf die Bedeutung der Akzeptanz der medikamentösen Behandlung hinsichtlich Rehospitalisierungsraten hin. Neben den o.g. Risikofaktoren konnten Aagaard et al. (1988) zeigen, daß auch psychosoziale Faktoren wie Tod oder Scheidung der Eltern während der Kindheit und lediger Familienstand als Risikofaktoren für eine Nichteinhaltung ärztlicher Verordnung anzusehen sind. Eine besonders kritische Phase für Behandlungsabbrüche scheinen die ersten sechs Monate der Lithiumbehandlung zu sein (Maarbjerg et al. 1988).

Tabelle 7.4. Lithiumspezifische Faktoren die zu unzureichender Compliance beitragen

- Hyperthymie vor Behandlungsbeginn
- Gewichtszunahme
- Tremor
- Notwendigkeit von Blutabnahmen
- Gesundheitsgefühl und Verdrängung der Rezidivgefahr im freien Intervall

7.6 Compliance und Benzodiazepine

Benzodiazepine sind häufig verschriebene Medikamente mit unterschiedlichen Indikationsbereichen, die aber wegen der nur symptomatischen Wirkung und der Abhängigkeitsproblematik zunehmend kritischer gesehen werden. Therapierichtlinien betonen deshalb besonders die sorgfältige Indikationsstellung, so daß in der Literatur weniger die Noncompliance der Patienten als vielmehr die der Therapeuten im Mittelpunkt der Diskussion steht (GEISELMANN et al. 1989).

Die Strenge der Therapierichtlinien ermöglicht vielfältige Formen der Noncompliance: Patienten steigern die Dosis gegen ärztlichen Rat, nehmen die Medikamente länger als empfohlen oder boykottieren Absetzversuche. Die durch Befragung ermittelten Compliance-Raten weisen darauf hin, daß die Dosiserhöhung nicht das wichtigste Problem unter den Benzodiazepin-Patienten zu sein scheint. NOLAN et al. (1988) berichten, daß 70% der Patienten ihre Medikation exakt einnahmen, 22% nahmen weniger als verordnet und nur 7,5% steigerten die Dosis. Ähnliche Zahlen werden auch von anderen Autoren berichtet (SWIFT et al. 1984, APSLER und ROTHMAN 1984, GEISELMANN und LINDEN 1991). Die Noncompliance-Raten bei Benzodiazepin-Patienten schwanken in den angegebenen Studien zwischen 24 und 42%, die Overcompliance zwischen 3 und 7,5%. Das vorrangige Compliance-Problem der Benzodiazepin-Behandlungen ist die Behandlungsinsistenz, d. h. daß Patienten auf einer Fortführung der Behandlung über die von den gültigen Therapierichtlinien vorgesehenen wenigen Wochen hinaus bestehen (vgl. auch Abb. 7.1). So lehnten in einer eigenen Untersuchung (GEISELMANN und LINDEN 1991) 68% der Patienten, die länger als ein Jahr Benzodiazepine einnahmen, von vornherein den Vorschlag einer Medikamentenpause strikt ab und nur 7% führten sie letztendlich auch durch.

7.7 Konsequenzen für die Therapie

Betrachtet man die Compliance-Probleme bei den unterschiedlichen Psychopharmaka mit Blickrichtung auf therapeutische Konsequenzen, so muß besonders auf die Unterscheidung zwischen **Behandlungsverweigerung**, **Behandlungsabbruch**, **Behandlungsunregelmäßigkeit** und **Behandlungsinsistenz** hingewiesen werden. Bei der **Neuroleptikatherapie** steht die Behandlungsverweigerung und der frühzeitige Therapieabbruch im Vordergrund. Aufgrund der hohen therapeutischen Breite der Neuroleptika sind Einnahmeunregelmäßigkeiten eher von zweitrangiger Bedeutung. Bei der Behandlung mit **Antidepressiva** ist zwar auch mit hohen Abbruchraten zu rechnen, jedoch verdienen mit Blick auf die Therapiegüte auch Einnahmeunregelmäßigkeiten angemessene Aufmerksamkeit. Wird die Dosis zu gering, kann dies zu einem Mißerfolg der Therapie führen. Eine ähnliche Situation stellt sich in der **Lithiumtherapie**. Sie wird jedoch zusätzlich noch verschärft durch die geringe therapeutische Breite, so daß sowohl Unter- als auch Übercompliance entweder zu Therapieversagen oder zu unerwünschten Arzneimittelwirkungen führen können. Im Gegensatz dazu stellen sich solche Probleme bei der Behandlung mit **Benzodiazepinen** überhaupt

nicht. Stattdessen steht hier die Behandlungsinsistenz durch den Patienten im Vordergrund.
Behandlungsverweigerung, -abbruch, -unregelmäßigkeit und -insistenz verlangen jeweils ein unterschiedliches therapeutisches Vorgehen. Die Behandlungsverweigerung ist vorrangig ein Problem behandlungsinkompatibler Krankheits- und Therapiekonzepte. Entsprechend liegt die Lösung des Problems entweder in einer Anpassung der geplanten Therapie an die Vorstellungen des Patienten oder, wenn dies nicht möglich ist in einer Veränderung der Einstellungen des Patienten. Beim Behandlungsabbruch sollte die Arzt-Patient-Beziehung überprüft werden. Vertrauensverlust, Gefühle der Bevormundung oder auch der Vernachlässigung, also z. B. mit dem Behandlungsstil inkompatible Kontrollüberzeugungen des Patienten, sind Bedingungsfaktoren, an denen eine Problemlösung ansetzen sollte. Auch hier gilt, daß der Arzt leichter sein eigenes Verhalten als die Persönlichkeit des Patienten ändern kann.
Die Behandlungsunregelmäßigkeit schließlich ist im wesentlichen von den organisatorischen Rahmenbedingungen einer Behandlung abhängig wie z. B. von Erinnerungshilfen oder der Verfügbarkeit der Medikamente zum gebotenen Zeitpunkt am konkreten Ort. In diesen Fällen hilft eine genaue Analyse der sog. Kontingenzen der Medikationseinnahme oder Änderungen im Einnahmemodus, also z. B. die Gabe eines Depotpräparates.
Die Behandlungsinsistenz schließlich hängt von idiosynkratischen Behandlungserwartungen ab, die psychologisch wie abergläubisches oder zwanghaftes Verhalten imponieren können. Das bedeutet, daß schon der Gedanke an ein Absetzen vor allem langjähriger Medikationen zu Angstreaktionen führen kann. In diesen Fällen muß der Absetzvorgang von einer Art vorausschauender Erwartungsänderung, sog. antizipatorisches kognitives Rehearsal (Hoffmann 1981), begleitet werden, damit der Patient angstfrei die Medikation loslassen kann. Letztendlich gilt, daß eine globale Betrachtung des Compliance-Problems nicht hilfreich ist, sondern sich stattdessen bei unterschiedlichen Erkrankungen, Behandlungsformen, Behandlungssettings und Behandlungszeitpunkten je eigene Compliancekonstellationen ergeben, die je eigene Lösungsansätze erforderlich machen.

Literatur

Aagaard J, Vestergaard P, Maarbjerg K (1988) Adherence to lithium prophylaxis. II. Multivariate analysis of clinical, social, and psychosocial predictors of nonadherence. Pharmacopsychiatry 21: 166–170

Apsler S, Rothman E (1984) Correlates of compliance with psychoactive prescritions. J Psychoactive Drugs 16: 193–199

Axelrod S, Wetzler S (1989) Factors associated with better compliance with psychiatric aftercare. Hosp Commun Psychiatry 40: 397–401

Babiker IE (1986) Noncompliance in schizophrenia. Psychiatr Dev 4: 329–337

Bender W (1988) Krankheitseinsicht und Krankheitsgefühl bei psychiatrischen Patienten. Enke, Stuttgart

Blackwell B (1982) Antidepressant drugs: side effects and compliance. J Clin Psychiatry 43: 14–18

Cochran SD (1986) Compliance with lithium regiments in the outpatient treatment of bipolar affective disorders. J Compl Hlth Care 7: 153–170

Cramer JA, Mattson RJ, Prevey ML, Scheyer RD, Quellette VL (1989) How often is medication taken as prescribed? A novel assessment technique. JAMA 261: 3273–3277

Frank E, Prien RF, Kupfer DJ, Alberts L (1985)

Implications of noncompliance on research in affective disorders. Psychopharmacol Bull 21: 37–42

GEISELMANN B, LINDEN M (1991) Prescription and intake pattern in ultra-longterm benzodiazepine treatment. Pharmacopsychiatry 24: 55–61

GEISELMANN B, LINDEN M, SACHS-ERICSSON N (1989) Benzodiazepine prescriptions and therapist non-compliance. Eur Arch Psychiatr Neurol Sci 239: 180–187

GITLIN MJ, COCHRAN SD, JAMISON KR (1989) Maintenance lithium treatment: side effects and compliance. J Clin Psychiatry 50: 127–131

HASFORD J (1984) Compliance. In: KUEMMERLE HP, HITZENBERGER G, SPITZY KH (Hrsg) Klinische Pharmakologie. Ecomed, Landsberg

HOFFMAN N (1981) Kognitive Probe. In: LINDEN M, HAUTZINGER M (Hrsg) Psychotherapie-Manual. Springer, Berlin Heidelberg New York

JAMISON KR, AKISKAL HS (1983) Medication compliance in patients with bipolar disorder. Psychiat Clin North Am 6: 175–192

JOHNSON DAW (1981) Depression: treatment compliance in general practice. Acta Psychiatr Scand [Suppl 290]: 447–453

JOHNSON DAW (1984) Observations on the use of long-acting depot neuroleptic injections in the maintenance therapy of schizophrenia. J Clin Psychiatry 45: 13–21

JOHNSON DAW, FREEMAN H (1973) Drug defaulting by patients on long-acting phenothiazines. Psychol Med 3: 115–119

JOYCE PR (1985) Illness behavior and rehospitalization in bipolar affective disorder. Psychol Med 15: 521–525

KANE HM, BORENSTEIN M (1985) Compliance in the long-term treatment of schizophrenia. Psychopharmacol Bull 21: 23–27

KAPFHAMMER H-P, RÜTHER E (1988) Depot-Neuroleptika. Springer, Berlin Heidelberg New York Tokyo

LENZI A, LAZZERINI F, PLACIDI GF, CASSANO GB, AKISKAL HS (1989) Predictors of compliance with lithium and carbamazepine regiments in the long-term treatment of recurrent mood and related psychotic disorders. Pharmacopsychiatry 22: 34–37

LIN IF, SPIGA R, FORTSCH W (1979) Insight and adherence to medication in chronic schizophrenics. J Clin Psychiatry 40: 430–432

LINDEN M (1981) Definition of compliance. Int J Clin Pharmacol Ther Toxicol 19: 86–90

LINDEN M (1982) Die Veränderung von Krankheitsmodell und Compliance bei schizophrenen Patienten. In: HELMCHEN H, LINDEN M, RÜGER U (Hrsg) Psychotherapie in der Psychiatrie. Springer, Berlin Heidelberg New York

LINDEN M (1985) Krankheitskonzepte von Patienten. Psychiat Prax 12: 8–12

LINDEN M (1986) Compliance. In: DÖLLE W, MÜLLER-OERLINGHAUSEN B, SCHWABE U (Hrsg) Grundlagen der Arzneimitteltherapie. Bibliographisches Institut, Mannheim Wien Zürich, S 324–330

LINDEN M (1987) Phase-IV-Forschung. Antidepressiva in der Nervenarztpraxis. Springer, Berlin Heidelberg New York Tokyo

LINDEN M (1992) Maßnahmen zur Förderung der Patienten-Compliance. In: MÖLLER HJ (Hrsg) Therapie psychiatrischer Erkrankungen. Enke, Stuttgart (im Druck)

LINDEN M, NATHER J, WILMS HU (1988) Zur Definition, Bedeutung und Messung der Krankheitskonzepte von Patienten. Die Krankheits-Konzept-Skala (KK-Skala) für schizophrene Patienten. Fortschr Neurol Psychiat 56: 35–43

LINDEN M, SCHÜSSLER G (1986) Compliance and treatment outcome of antidepressant therapy in private psychiatric practice. Pharmacopsychiatry 19: 255–256

LUDERER H-J (1989) Aufklärung und Information in der Psychiatrie. Fortschr Neurol Psychiat 57: 305–318

MAARBJERG K, AGAARD J, VERSTERGAARD P (1988) Adherence to lithium prophylaxis. I. Clinical predictors and patient's. Pharmacopsychiatry 21: 121–125

MARDER SR, MEBANE A, CIEN C, WINSLADE WJ, SWANN E, VAN PUTTEN T (1983) A comparison of patients who refuse and consent to neuroleptic treatment. Am J Psychiatry 140: 470–472

MCEVOY JP, APPERSON J, APPELBAUM PS, ORTLIP P, BRECOSKY J, HAMMILL K, GELLER JL, RITH L (1989) Insight in schizophrenia. Its relationship to acute psychopathology. J Nerv Ment Dis 177: 43–47

NEIL JF, LICATA SM, MAY SJ et al. (1979) Diety noncompliance during treatment with tranylcypromine. J Clin Psychiatry 40: 33–37

NOLAN I, O'MALLEY K (1988) Patients, prescribing, and benzodiazepines. J Clin Pharmacol 35: 225–229

SWIFT CG, SWIFT MR, HAMLEY J, STEVENSON IH, CROOKS J (1984) Sideeffect "tolerance" in elderly long-term recipients of benzodiazepine hypnotics. Age Ageing 13: 335–343

VAN PUTTEN T, MAY PR, MARDER SR (1984) Response to antipsychotic medication: the doctor's and the consumer's view. Am J Psychiatry 141: 16–19

WALKER JI, DAVIDSON J ZUNG WWK (1984) Patient with MAO inhibitor therapy. J Clin Psychiatry 45 (Sec 7): 78–80

Neuro-Psychopharmaka, Bd. 1
Riederer P. / Laux G. / Pöldinger W. (Hrsg.)

8
Juristische Aspekte der Pharmako-Psychiatrie*

H. Wartensleben

Jeder ärztliche Eingriff in die körperliche Integrität eines Patienten ist – auch wenn er ärztlich indiziert ist – eine Körperverletzung, da der vor dem Eingriff existierende Zustand beeinflußt bzw. verändert werden soll. Derartige "Heileingriffe" können allerdings als Verletzungshandlungen nur dann zivilrechtliche Haftpflichtansprüche oder strafrechtliche Konsequenzen nach sich ziehen, wenn sie rechtswidrig und schuldhaft erfolgen. Die Rechtswidrigkeit ist bereits dann zu verneinen, wenn der Patient vor dem Eingriff rechtswirksam in die Körperverletzung eingewilligt hat. Eine rechtlich relevante **Einwilligung** liegt allerdings nur dann vor, wenn der Patient über eine ausreichende Wissensgrundlage verfügt, die ihm eine autonome Willensentscheidung aufgrund eigener Nutzen-Risiko-Abwägung erlaubt.

Kann der Arzt nicht davon ausgehen, daß er einen informierten Patienten zu behandeln hat, muß er ihn vor invasiven diagnostischen Eingriffen bzw. Behandlungsmaßnahmen in "groben Zügen" aufklären, um über den "informed consent" die Rechtmäßigkeit der Körperverletzung zu erreichen.

Auch kunstgerecht durchgeführte Eingriffe in die körperliche Integrität stellen in der Regel selbst dann eine strafrechtlich relevante Verletzungshandlung dar, wenn kein Gesundheitsschaden entstanden ist, gleichwohl mangels rechtlich ausreichender Einwilligung das Selbstbestimmungsrecht des Patienten als Ausfluß des allgemeinen Persönlichkeitsrechtes verletzt ist.

Während die Notwendigkeit der **Aufklärung** vor operativen Eingriffen in medizinischen Fachkreisen hinreichend bekannt ist, wird häufig übersehen, daß mittels eines applizierten oder verordneten Arzneimittels ebenfalls eine Körperverletzung verursacht werden kann, die vom Einverständnis des informierten Patienten gedeckt sein muß[1].

---

* *Abkürzungen:*
BGH Bundesgerichtshof
NJW Neue Juristische Wochenschrift (München)
OLG Oberlandesgericht
VersR Versicherungsrecht (Karlsruhe)

[1] OLG München – VersR 1957, 117; BGH – VersR 1982, 147; Ehlers S.94

Die Möglichkeit des Patienten, sich über das Studium des Beipackzettels zu informieren, entlastet den Arzt zumindest dann nicht, wenn er nicht beweisen kann, daß der Patient sich tatsächlich auf diesem Wege selbst unterrichtet und die gebotenen Informationen verstanden hat. Im Krankenhaus entfällt diese Entlastungschance bereits deshalb, weil den Patienten dort in der Regel Gebrauchsinformationen nicht ausgehändigt werden.

Der **informierte Patient** braucht nicht aufgeklärt zu werden, er besitzt bereits das für eine Einwilligung notwendige Wissen. Es handelt sich hierbei nicht um einen Aufklärungsverzicht, der rechtlich auch möglich ist, es fehlt vielmehr schon an der Aufklärungspflicht: Nur der nicht ausreichend informierte Patient muß aufgeklärt werden. Je intelligenter und aufgeschlossener ein Patient ist, umso geringer kann der im Aufklärungsgespräch gebotene Informationsumfang sein[2]; schließlich darf der Arzt in solchen Fällen erwarten, daß der Patient sein Informationsbedürfnis durch entsprechende Fragen kundtut.

Mit der ausdrücklich oder auch nur schlüssig erfolgten Einwilligungserklärung gibt der Patient keine Zustimmung zu einem Rechtsgeschäft, er gestattet vielmehr die Vornahme tatsächlicher Handlungen des Arztes, die in seinen Rechtskreis eingreifen[3]. Da die Einwilligungserklärung keine rechtsgeschäftliche Willenserklärung ist, setzt sie auch nicht die Geschäftsfähigkeit des Patienten voraus[4]. Entscheidend ist vielmehr, daß der Patient über die notwendige **Einsichts- und Willensbildungsfähigkeit** verfügt[5].

Hieraus folgt, daß der Patient nicht zwingend geschäftsfähig sein muß, um eine rechtlich ausreichende Einwilligungserklärung abgeben zu können; auch Minderjährige können – je nach geistiger und intellektueller Entwicklung -in der Lage sein, ausreichende Einwilligungserklärungen abzugeben. Sollte der Arzt Zweifel an der Einwilligungsfähigkeit des Minderjährigen haben, so muß er sich an die Eltern wenden, wobei er sich allerdings sicher sein sollte, daß er nicht die dem Minderjährigen gegenüber bestehende Schweigepflicht in unzulässiger Weise verletzt.

Die Einwilligung des Sorgeberechtigten allein würde nicht ausreichen, wenn der Minderjährige über die erforderliche Einsichts- und Willensbildungsfähigkeit verfügt.

Die Einwilligung in einen ärztlichen Eingriff, aber auch der Verzicht auf ärztliche Aufklärung setzt voraus, daß der Patient ein solches Maß an Verstandesreife noch oder schon hat, daß er die Tragweite seiner Entscheidung zu übersehen vermag; eine starre Altersgrenze läßt sich hier nicht ziehen[6]. Selbst ein Entmündigter kann über diese Fähigkeit verfügen. Hieraus folgt, daß der Arzt sich in jedem kritischen Fall vergewissern muß, wie es um die Geistes- und Willenskraft des Patienten steht. In aller Regel wird ihn seine Erfahrung im Umgang mit Menschen in den Stand setzen, das richtige Urteil zu treffen. Es bedarf dazu keinerlei eingehender, langwieriger exakter Begutachtung[7].

Auch bei **psychisch Kranken** entfällt das Einwilligungserfordernis nicht[8]. Bei solchen Patienten ist gleichwohl die Urteilsfähigkeit nicht zwingend beeinträchtigt oder die freie Willensentscheidung ausgeschlossen. Es ist durchaus möglich, daß der Patient Art, Zweck und Folgen der Beeinträchtigung der körperlichen Integrität beurteilen, einen entsprechenden Willensentschluß fassen und sein Einverständnis erklären kann. Die Entscheidung, ob ein Patient in diesem Sin-

---

[2] BGH – VersR 1959, 312; Ehlers S.55, KL S.117
[3] BGH – NJW 1959, 811; Ehlers S.58, KL S.29
[4] BGH – VersR 1972, 153; Ehlers S.58, KL S.29
[5] BGH – NJW 1959, 811; Ehlers S.58, KL S.29
[6] BGH – NJW 1964, 1177; Ehlers S.58, KL S.29
[7] BGH – NJW 1971, 1887; Ehlers S.58
[8] BGH – NJW 1959, 811; Ehlers S.57, KL S.26

ne willensfähig ist, gehört weitgehend in den fachlichen Zuständigkeitsbereich der ärztlichen Wissenschaft, der behandelnde Arzt ist also in der Regel hinreichend kompetent, selbst zu entscheiden.

Vermag ein Volljähriger einzelne oder alle seine Angelegenheiten nicht mehr zu besorgen, kann nach bislang geltendem Recht im ersten Fall eine **Gebrechlichkeitspflegschaft** (§§ 1910, 1915, 1919, 1920 BGB) über ihn bestellt und im weiteren Fall nach Entmündigung (§ 6 BGB) ein **Vormund** bestellt werden (§ 1896 ff BGB). Hinsichtlich der Voraussetzungen knüpft das Gesetz bei der Entmündigung an die Begriffe Geisteskrankheit und Geistesschwäche, Verschwendung sowie Trunk- und Rauschgiftsucht an, während es sich bei der Gebrechlichkeitspflegschaft auf geistige oder körperliche Gebrechen bezieht.

Durch das Betreuungsgesetz (BtG) vom 12.09.1990, das am 01.01.1992 in Kraft tritt, werden die Vormundschaft über Volljährige und die Gebrechlichkeitspflegschaft abgeschafft und durch das Institut der "Betreuung" (§§ 1896 bis 1908 i BGB n.F.) ersetzt; die Entmündigung fällt weg. Bei den Voraussetzungen für die Bestellung eines Betreuers knüpft das Gesetz nunmehr an die Begriffe psychische Krankheit sowie körperliche, geistige oder seelische Behinderung an. Eine sachliche Änderung ist mit der neuen Terminologie jedoch nicht verbunden.

Die Bestellung eines Betreuers berührt eine eventuell vorhandene Geschäftsfähigkeit des Betreuten nicht. Der Betreuer erhält aber in jedem Fall die **Stellung eines gesetzlichen Vertreters** (§ 1896 Abs. 2 S. 2 BGB), und zwar auch dann, wenn der Betreute geschäftsfähig ist. Um Doppelverpflichtungen des Betreuten aufgrund dieser Konstellation zu vermeiden, kann das Vormundschaftsgericht anordnen, daß der Betreute zu einer Willenserklärung, die den Aufgabenkreis des Betreuers betrifft, dessen Einwilligung bedarf (Einwilligungsvorbehalt; § 1903 Abs. 1 S. 1 BGB).

Innerhalb seines Aufgabenbereiches hat der Betreuer dazu beizutragen, daß Möglichkeiten genutzt werden, die Krankheit oder Behinderung des Betreuten zu beseitigen, zu bessern, ihre Verschlimmerung zu verhüten oder ihre Folgen zu mildern (§ 1901 Abs. 3 BGB).

Im Aufgabenkreis Heilbehandlung soll der Betreuer Wünschen des Betroffenen nach Möglichkeit entsprechen (§ 1901 Abs. 2 Satz 1 BGB).

Untersuchungen, Behandlungen und Eingriffe dürfen **nur mit Einwilligung des Betroffenen** vorgenommen werden. Für die Wirksamkeit der Einwilligung kommt es auf die natürliche Einsichts- und Steuerungsfähigkeit des Betroffenen an; Geschäftsfähigkeit muß nicht vorliegen. Selbstverständlich ist auch hier für die Gültigkeit der Einwilligung Voraussetzung, daß der aufklärungsfähige Betroffene über die beabsichtigte Maßnahme vorher hinreichend aufgeklärt wurde.

Ist der Betreute **einwilligungsfähig**, so kann der Betreuer nicht an seiner Stelle für ihn einwilligen.

Ist der volljährige Betroffene **einwilligungsunfähig**, kann der Betreuer als gesetzlicher Vertreter – vorausgesetzt, daß ihm der entsprechende Aufgabenkreis zugewiesen ist – die Einwilligung für den Betreuten erteilen.

Ist sich der behandelnde Arzt nicht sicher, ob Einwilligungsfähigkeit vorliegt, sollte er die Einwilligung des Betreuers und des Betreuten einholen.

Fehlt dem Betreuten die Einwilligungsfähigkeit, so benötigt der Betreuer in bestimmten Fällen für seine Einwilligungserklärung die **Genehmigung des Vormundschaftsrichters** und zwar vor

- einer Untersuchung des Gesundheitszustandes,
- einer Heilbehandlung oder
- einem ärztlichen Eingriff

wenn die begründete Gefahr besteht, daß der Betreute aufgrund der Maßnahme stirbt oder einen schweren oder länger dauernden gesundheitlichen Schaden erleidet (§ 1904 Satz 1 BGB). Die vorgesehene Maßnahme darf allerdings ohne Genehmigung des Vormundschaftsgerichts durchgeführt werden, wenn mit dem durch die Einholung der Genehmigung notwendigen Aufschub Gefahr für den Betreuten besteht (§ 1904 Satz 2 BGB); die Genehmigung muß nicht nachgeholt werden. In Eilfällen muß jedoch zunächst die Möglichkeit einer einstweiligen Anordnung nach §§ 69 f Abs. 1 Satz 1 FGG oder einer vorläufigen Maßnahme nach § 1846 BGB geprüft und verneint werden.

Eine "begründete Gefahr" eines erheblichen Gesundheitsschadens besteht, wenn nicht nur subjektive Befürchtungen vorliegen, sondern eine objektive Gefahr und die Wahrscheinlichkeit des Schadenseintritts erheblich ist. Ein nur vorübergehender Schaden, z. B. starke Blutungen nach einer Operation, erfordert keine vormundschaftsgerichtliche Genehmigung. Ein länger dauernder Schaden ist nach den Materialien des BtG anzunehmen ab etwa einer Dauer von einem Jahr und mehr. Genehmigungspflichtig ist eine Risikooperation an herzkranken Patienten; dagegen ist nicht jede Narkose oder das Ziehen eines Zahnes durch das Vormundschaftsgericht zu genehmigen.

Für die **wissenschaftliche Erprobung von Arzneimitteln** enthalten die §§ 40 bis 42 Arzneimittelgesetz (AMG) Sonderregelungen (s. unten). Hat der Betreuer Zweifel, ob eine Genehmigung notwendig ist, kann er sich beim Vormundschaftsgericht beraten lassen (§§ 1908 i, 1837 Abs. 1 BGB) oder vorsorglich um Genehmigung nachsuchen.

Besondere Probleme wirft die Notwendigkeit einer Behandlung gegen den Willen des Patienten (**passive Zwangsbehandlung**) auf

Hier muß zunächst zwischen öffentlicher und zivilrechtlicher Unterbringung unterschieden werden. Bei der **öffentlichen Unterbringung** steht der Sicherungsgedanke im Vordergrund, bei der zivilrechtlichen Unterbringung ist die Sorge um das Wohl des Patienten maßgebend. Die öffentliche Unterbringung erfolgt nach den Vorschriften der Unterbringungsgesetze der Länder (z.B. BayUBG, UBG-BW, PsychKG-Bre, PsychKG-NW, PsychKG-Nds, PsychKG-Sch.H). Im wesentlichen übereinstimmend kann die Unterbringung behördlich oder gerichtlich angeordnet werden, wenn bei psychisch Kranken durch ihr krankhaftes Verhalten

- Selbstmordgefahr,
- Gefahr der erheblichen gesundheitlichen Selbstschädigung oder
- erhebliche gegenwärtige Gefahr für die Rechtsgüter anderer besteht und diese Gefahr nicht anders abgewendet werden kann.

Ob und welche **ärztliche Behandlung bei öffentlich Untergebrachten** – notfalls gegen deren Willen zulässig ist, richtet sich wiederum nach den jeweiligen Landes- Unterbringungsgesetzen: z. T. ist nur eine "rechtlich zulässige" Heilbehandlung erlaubt (vgl. z. B. § 26 PsychKG-NW, 30 Abs. 1 PsychKG-Bre); z. T. ist nur eine Heilbehandlung nach den Regeln der ärztlichen Kunst bzw. eine notwendige Heilbehandlung gestattet (vgl. z. B. § 18 Abs.1 UBG-BW, § 26 Abs.1 PsychKG-Nds, § 26 Abs.1 PsychKG Sch.H).

Bei Patienten, die nach öffentlichem Recht durch behördliche oder gerichtliche Anordnung untergebracht sind, ist eine Pharmakotherapie nur erlaubt im Rahmen einer rechtlich zulässigen Heilbehandlung, soweit sie notwendig ist und nach den Regeln der ärztlichen Kunst durchgeführt wird. Der Unterbringungsbeschluß allein rechtfertigt also noch nicht eine (medikamentöse) ärztliche Zwangsbehandlung; es müssen vielmehr die in den Landes-Unterbringungsgesetzen geforderten zusätzlichen Voraussetzungen vorliegen.

Bei der zivilrechtlichen Unterbringung, etwa im Rahmen einer einstweiligen Maßregel des Vormundschaftsgerichts nach § 1846 BGB, weil ein Vormund noch nicht bestellt ist oder an der Wahrnehmung seiner Aufgaben gehindert ist, oder auf Veranlassung des

bestellten Vormunds oder Pflegers, gelten die allgemeinen Voraussetzungen für ärztliche Behandlungen:
– Einwilligung des Patienten nach vorausgegangener Aufklärung über Art, Bedeutung, Schwere und mögliche Folgen des Eingriffs bzw. der Medikation, wobei zum notwendigen Aufklärungsinhalt auch die Information über die möglichen negativen Folgen einer indizierten, aber auf Wunsch des Patienten unterbliebenen Behandlung gehört, wenn ihm die Einwilligungsfähigkeit nicht fehlt oder
– Einwilligung des Vormunds oder Pflegers nach dessen Aufklärung, wenn dem Patienten die Einwilligungsfähigkeit fehlt. Ist ein Pfleger bestellt, so ist seine Einwilligung nur ausreichend, wenn die Heilbehandlung zu seinem Wirkungskreis gehört.

Seit dem 01.01.1992 tritt an die Stelle der Einwilligung des Vormunds bzw. Pflegers die des Betreuers.

Bei der **klinischen Erprobung von Arzneimitteln** sind die §§ 40–42 des Arzneimittelgesetzes (AMG) zu beachten:

Während früher für klinische Prüfungen Phase I – III Vorschriften galten, die keine Anwendung auf Phase-IV- Prüfungen (nach der Zulassung) fanden, wird seit der 4. AMG-Novelle v. 11.04.1990 – jedenfalls soweit der Prüfarzt davon betroffen ist – kein Unterschied gemacht. Klinische Prüfungen sind nur zulässig, wenn
– bei Studien an Probanden, d. h. Personen, die nicht an einer Krankheit leiden, für die das Prüfarzneimittel vorgesehen ist, die Bedingungen des § 40 AMG,
– bei Studien an einschlägig erkrankten Patienten die Bedingungen der §§ 40 und 41 AMG erfüllt sind.

Unzulässig ist danach die Arzneimittel-Prüfung an Probanden und Patienten, wenn sie aufgrund gerichtlicher oder behördlicher Anordnung in einer Anstalt verwahrt sind (§ 40 Abs.1 Nr.3 AMG) Das Prüfverbot gilt für alle nach öffentlichem Recht z. B. nach den Landesverwahrungsgesetzen, aber auch dem Strafgesetzbuch und der Strafprozeßordnung verwahrten oder inhaftierten Personen; das Prüfverbot des § 40 Abs.1 Nr.2 AMG gilt dagegen nicht bei Patienten, die nach bürgerlichem Recht (s.o.) in einer geschlossenen Anstalt untergebracht sind. Gerade hier ist aber eine weitere Zulässigkeitsvoraussetzung zu prüfen: Die Einwilligung des Probanden bzw. Patienten ist nur wirksam, wenn er geschäftsfähig und in der Lage ist, Wesen, Bedeutung und Tragweite der klinischen Prüfung – nach ausreichender Aufklärung – einzusehen und seinen Willen hiernach zu bestimmen (§ 40 Abs.2 Nr.1 AMG).

Bei minderjährigen Probanden, die nicht verwahrt sind, dürfen darüber hinaus nur Diagnostika und Prophylaktika, nicht jedoch Therapeutika, geprüft werden; außerdem muß das Arzneimittel für eine "Minderjährigen-Krankheit" vorgesehen sein und an Erwachsenen nicht ausreichend geprüft werden können (§ 40 Abs.4 AMG). An minderjährigen Patienten dürfen Therapeutika jedoch geprüft werden (41 Nr.2 AMG).

Ist der Minderjährige hinreichend willensbildungsfähig, so ist er neben dem gesetzlichen Vertreter aufzuklären und um Einwilligung zur Durchführung der klinischen Prüfung zu bitten (§ 41 Nr.3 AMG).

Der Einwilligung des gesetzlichen Vertreters oder Pflegers bedarf es nicht, wenn die Behandlung des nicht auf behördliche oder gerichtliche Anordnung verwahrten Patienten erforderlich ist, um sein Leben zu retten, seine Gesundheit wiederherzustellen oder sein Leiden mit dem Prüfarzneimittel zu erleichtern und eine Einwilligungserklärung nicht beigebracht werden kann (§ 41 Nr.5 Satz 3 AMG). In Notlagesituationen hat die Gesundheits- oder gar Lebensrettung Vorrang vor der Beachtung des allgemeinen Persönlichkeitsrechtes.

Die Aufklärung und die Einwilligung des Patienten können in besonders schweren Fällen entfallen, wenn der Behandlungserfolg durch die Aufklärung wegen Zeitverlustes oder wegen eines zu befürchtenden "Aufklärungsschadens" gefährdet würde und ein etwa vorher geäußerter entgegenstehender Wille des Patienten nicht erkennbar ist (§ 41 Nr.7 AMG).

Da nach § 40 Abs.1 Nr.3 AMG weder an Probanden, noch an Patienten, die auf behördliche oder gerichtliche Anordnung verwahrt sind, Arzneimittel erprobt werden dürfen, bleibt die Frage zu klären, ob dieses Verbot auch gilt, wenn das Prüfarzneimittel die einzige Rettungschance ist. Selbstverständlich müßte der Arzt den Rettungsversuch unternehmen; er wird das Arzneimittel dann wohl nicht im Rahmen einer klinischen Prüfung mit dem vorrangigen Ziel des Erkenntnisgewinns über das neue Mittel anwenden, sondern im Rahmen eines "therapeutischen Versuchs", auf den die §§ 40 ff AMG keine Anwendung finden.

Arzneimittelprüfungen zur Wirksamkeit und Unbedenklichkeit sind vergleichende Studien, in denen das Prüf-Arzneimittel gegen ein anderes Behandlungsverfahren erprobt wird. Nur in Ausnahmefällen kann auch ein Vergleich vor und nach Gabe des Arzneimittels zu einer Aussage über die Wirksamkeit herangezogen werden. In der Regel ist daher das Problem zu lösen, gegen welche Vergleichsbehandlung das Medikament zu prüfen ist. Ist eine wirksame Therapie bekannt, so kann bereits aus ethischen Gründen eine placebokontrollierte Studie nicht durchgeführt werden, da der in der Kontrollgruppe mit Placebo behandelte Patient einer möglichen und gebotenen wirksamen Therapie entzogen würde (Körperverletzung durch Unterlassen einer erforderlichen und möglichen Therapie).

Selbst nach umfassender und korrekter Aufklärung über den beabsichtigten Entzug der Therapie, sowie bei Erteilung einer bewußten Einwilligung durch den urteilsfähigen Patienten, kann das Verhalten des Prüfarztes u. U. gleichwohl rechtswidrig sein, wenn die Tat, d. h. die unterlassene Behandlung mit einem Verum "trotz der Einwilligung gegen die guten Sitten verstößt" (§ 226 a StGB). Die "wissenschaftliche Notwendigkeit" oder die grundsätzliche Forderung von placebokontrollierten Versuchen in den Vorschriften der EG- Richtlinie "Normen und Protokolle" (3. Teil Klinische Prüfungen Art. I.1.) stellen keine generelle Rechtfertigung dar, so daß in jedem Einzelfall zu prüfen ist, ob das Prüfarzt-Verhalten trotz Aufklärung und Einwilligung des Patienten gegen Grundprinzipien der ärztlichen Ethik verstößt. Nur wenn die ethische Unbedenklichkeit feststeht, kann anstelle der Verum-Behandlung die Gabe eines Placebos in Betracht kommen; dies dürfte aber die Ausnahme sein.

Rechtlich weniger problematisch ist der placebokontrollierte Versuch dann, wenn der Patient keiner wirksamen Therapie dadurch entzogen wird. Durch die auch hier erforderliche umfassende Aufklärung des Patienten dürfte der wissenschaftliche Aussagewert des Versuchs allerdings stark beeinträchtigt sein.

§ 67 Abs. 6 AMG gibt die Möglichkeit einer **"Anwendungsbeobachtung"**. Sie ist von der klinischen Prüfung streng zu unterscheiden. Bei ihr trifft der Arzt ausschließlich aus therapeutischen Gründen die Entscheidung über den Arzneimitteleinsatz, er zeichnet lediglich bestimmte Beobachtungen auf, ohne auch nur die geringsten beobachtungsbedingten zusätzlichen Patienteneingriffe vorzunehmen. Für diese "Studien" gelten die allgemeinen Rechtsvoraussetzungen der Pharmakotherapie.

Weder das Arzt- noch das Kassenarztrecht verlangt, daß nur vom Bundesgesundheitsamt zugelassene Arzneimittel verwendet werden. Mit dem Zulassungsbescheid bestätigt das BGA, daß das Arzneimittel die erforderliche Qualität aufweist, hinreichend wirksam und unbedenklich, d.h verkehrsfähig ist. Nur in diesem begrenzten Umfang darf der pharmazeutische Unternehmer das zugelassene Arzneimittel in den Verkehr bringen. Das Wirksamkeits- und Unbedenklichkeitsurteil des BGA erfaßt jedoch nicht die über den Zulassungsbescheid hinausgehenden Indikationen. Da die Zulassung weder die Therapiefreiheit, noch die Behandlungspflicht des Arztes begrenzt, ist der Einsatz eines Arzneimittels außerhalb der zugelassenen Anwendungsgebiete grundsätzlich möglich, u. U. sogar rechtlich zwingend geboten. Bei seiner Entscheidung hat der Arzt – notfalls nach Einholung wissenschaftlicher Informationen beim pharmazeutischen Unternehmer oder bei anderen Experten – Nutzen und Risiko der medikamentösen Therapie eigenverantwortlich zu überprüfen. Zum Inhalt der Aufklärung gehört auch der Hinweis, daß das Arzneimittel für die Krankheit des Patienten vom BGA nicht zugelassen ist. Liegen hinreichende wissenschaftliche Erkenntnisse vor, daß das Arzneimittel auch in einem noch nicht vom BGA zugelassenen Anwendungsgebiet wirksam und unbedenklich ist, muß dieses Medikament sogar Verwendung finden, wenn therapeutisch gleichwertige zugelassene Arzneimittel nicht zur Verfügung stehen; anderenfalls könnte sogar der Vorwurf eines groben Behandlungsfehlers begründet sein (so OLG Köln – Urteil vom 30.05.1990 – 27 U 169/87 -).

Sollen Stoffe zur Anwendung kommen, die weder im Tierversuch pharmakologisch-toxikologisch geprüft, noch beim Menschen klinisch erprobt sind, so ist eine prüfbedingte Verwendung regelmäßig unzulässig. Soll ein nicht erprobter Stoff jedoch bei einem **Heilversuch** verwendet werden, weil eine Standardtherapie nicht zur Verfügung steht, der Patient jedoch einer Behandlung bedarf, so kann als ultima ratio der nicht erprobte Stoff angewendet werden. Voraussetzung ist allerdings:

– bestmögliche Ausschöpfung sämtlicher Erkenntnisquellen,
– kritische Abwägung von Nutzen und Risiko unter dem Primat des Primum-nil-nocere-Grundsatzes,
– umfassende und korrekte Aufklärung des Patienten und
– Einwilligung des urteilsfähigen Patienten in den Heilversuch.

Literatur

Ehlers ABF (1987) Die ärztliche Aufklärung von medizinischen Begriffen. Heymanns, Köln Berlin Bonn München

Helmchen H (1986) Aufklärung/Einwilligung. In: Müller C (Hrsg) Lexikon der Psychiatrie. Springer, Berlin Heidelberg New York Tokyo, S 79–82, 221–224

Kern BR, Laufs A (1983) Die ärztliche Aufklärungspflicht. Springer, Berlin Heidelberg New York Tokyo

Mann F (1984) Aufklärung in der Medizin. Theorie, empirische Ergebnisse, praktische Anleitung. Schattauer, Stuttgart

Exkurs: Das neue Betreuungsgesetz und seine Auswirkungen auf die Therapie mit Psychopharmaka

N. Nedopil

In mehreren Ländern Europas, u.a. in Belgien, Frankreich, Deutschland und Österreich sind in den letzten Jahren 1990–1991 Gesetzesänderungen oder neue Gesetze verabschiedet worden, welche die Betreuung oder Beistandschaft für jene psychisch Kranken und Behinderten, die Teile ihres Lebensbereiches nicht mehr alleine versorgen können, regeln. Diese Gesetze haben die alten Bestimmungen über Vormundschaft und Pflegschaft abgelöst.

In Deutschland ist das "neue Betreuungsrecht" am 1.1.1992 in Kraft getreten.

Die neuen Bestimmungen haben erhebliche Auswirkungen auf den Umgang mit dem Patienten – auch auf die Pharmakotherapie dieser Patienten. Während die rechtlichen Grundlagen für therapeutische Eingriffe bei Patienten, für die eine Pflegschaft und eine Vormundschaft bestand, bislang nicht gesetzlich geregelt waren, sondern durch die ständige Rechtsprechung entwickelt wurden (Ehlers 1987), sind nach den neuen gesetzlichen Bestimmungen die Möglichkeiten des medizinischen Eingriffes unter bestimmten Voraussetzungen gesetzlich geregelt. Diese Voraussetzungen sind nach § 1904 BGB:

1. Eine Betreuung ist für den Patienten eingerichtet.
(Dies soll immer der Fall sein, wenn der Patient "psychisch krank, geistig oder seelisch behindert" ist und deshalb seine Angelegenheiten nicht selber regeln kann.)
2. Die zu regelnden Angelegenheiten umfassen gemäß Betreuungsbeschluß bei dem Patienten u.a. die Zuführung zur ärztlichen Behandlung.
3. Der Patient ist in eine Behandlung nicht einwilligungsfähig (d.h. bezüglich des Aufgabenbereiches "ärztliche Behandlung" besteht ein Einwilligungsvorbehalt nach § 1903 BGB; in diesem Fall hat der Betreuer der Therapie zuzustimmen).
4. Die Behandlung bedingt die Gefahr, an ihr zu sterben oder einen schweren und längerdauernden Schaden zu erleiden.

Wenn diese Voraussetzungen erfüllt sind, ist eine vormundschaftliche Zustimmung für die Behandlung erforderlich. Der Richter kann aber erst zustimmen, nachdem er sich von einem Gutachter, der nicht der behandelnde Arzt ist, sachverständig beraten ließ. Von dieser Regel kann nur dann eine Ausnahme gemacht werden, wenn mit einem Aufschub der Behandlung Gefahr im Verzug ist.

Eine vergleichbare Bestimmung enthält auch der § 1906 BGB, der ebenfalls eine vormundschaftsrichterliche Zustimmung für jene Behandlungen erfordert, bei denen durch sedierende Medikamente regelmäßig ein Freiheitsentzug bei einem im Heim untergebrachten Patienten erfolgt. Dies gilt beispielsweise, wenn ältere unruhige Patienten, die in einem Heim untergebracht werden, regelmäßig sedierende Medikamente erhalten, damit dadurch nächtliche

Unruhe vermieden und die Patienten im Bett gehalten werden.

Die Diskussion, welche psychopharmakologischen Behandlungsformen unter die oben erwähnten Bestimmungen fallen, hat gerade erst begonnen. Auf der einen Seite werden Listen von Medikamenten publiziert, die zumindestens bei längerer Anwendung unter den oben angegebenen Voraussetzungen einer vormundschaftsrichterlichen Genehmigung bedürfen (Schreiber 1991). Unter längerdauernder Anwendung wird in der Regel eine Behandlung von vier Wochen und mehr verstanden. Die in diesen Listen aufgezählten Medikamente umfassen u.a. sämtliche Psychopharmaka.

Dieser Auffassung wurde vom Autor entgegengetreten. Sie stimmen auch nicht mit den Begründungen des Gesetzesentwurfs der Bundesregierung (Bundesdrucksache 11/45281) überein. Psychopharmaka können nach dieser Auffassung zwar zu einer eingreifenden Veränderung in die Psyche des Menschen und somit beim Gesunden auch zu schweren und dauerhaften Schäden führen. Bei der Behandlung von Krankheiten, die selber die Persönlichkeit des Menschen verändern, kann ein Eingriff in die psychische Befindlichkeit und Funktionsfähigkeit des Patienten nicht von vornherein als schwerer Schaden definiert werden. Aus diesen Gründen wurde vorgeschlagen, zunächst eine juristische und medizinische Klärung der Begriffe des "schweren und längerdauernden gesundheitlichen Schadens" in den Vordergrund zu stellen und auch aufzuzeigen, was unter dem Begriff "Gefahr im Verzug" gemeint ist. Dies erscheint sinnvoller als möglichst viele Therapieformen zu benennen, die generell als "gefährlich" oder "ungefährlich" einzustufen sind. Dadurch wäre die im klinischen Handeln erforderliche Abwägung des Einzelfalles, die auch vom Gesetzgeber intendiert war, eher gewährleistet als mit einer schematisch anwendbaren Liste, die lediglich eine scheinbare Rechtssicherheit garantieren könnte (Nedopil 1992).

Nichtsdestoweniger wird es einige grundsätzliche Regelungsprinzipien geben, über die sich der Therapeut im klaren sein muß: Die bisherige Rechtssprechung im Arztrecht hat bereits einige Behandlungsformen und Psychopharmakatherapien als gefährlich eingestuft. Dazu gehören Operationen am Gehirn, Elektrokrampfbehandlungen und auch die Behandlung mit Clozapin (Jürgens et al. 1991). Zu erwarten ist auch, daß eine prophylaktische Langzeitbehandlung genehmigungsbedürftig sein wird. Dies ist für die Lithiumprophylaxe bereits in die Rechtsprechung eingegangen. Auch bei anderen Behandlungsformen, die über die Dauer der ursprünglichen Erkrankung hinaus fortgeführt werden sollen und bei denen gleichzeitig erhebliche Nebenwirkungen zu erwarten sind, wird man gegebenenfalls ohne vormundschaftsrichterliche Genehmigung nicht auskommen. Dies dürfte auf die Langzeitprophylaxe mit Neuroleptika und mit Antikonvulsiva zutreffen.

Eine psychopharmakologische Akutbehandlung, die lege artis durchgeführt wird und nicht unter einer der obengenannten Ausnahmeregelungen fällt, dürfte aber schon deswegen nicht der richterlichen Zustimmung bedürfen, weil das Genehmigungsverfahren in der Regel einige Zeit in Anspruch nehmen wird und medizinisch unaufschiebbare Behandlungen nicht durch das Genehmigungsverfahren behindert werden sollen (Jürgens et al. 1991).

Unabhängig davon, ob eine vormundschaftsrichterliche Genehmigung erforderlich ist, wird auch in Zukunft bei jedem Patienten, der nicht einwilligungsfähig ist, weiterhin die Zustimmung des Betreuers eingeholt werden müssen, wobei der Betreuer über die Behandlung, ihre Risiken und über die Folgen einer unterlassenen Behandlung aufzuklären ist (Nedopil 1990).

Literatur

Ehlers APF (1987) Die ärztliche Aufklärung vor medizinischen Eingriffen. Carl Heymanns, Köln Berlin Bonn München

Jürgens A, Kröger D, Marschner R, Winterstein P (1991) Das neue Betreuungsrecht, eine systematische Gesamtdarstellung. Beck, München

Nedopil N (1990) Aufklärung bei begrenzter Verständnisfähigkeit. Münch Med Wochenschr 132: 493–494

Nedopil N (1992) Die medikamentöse Versorgung als Heilbehandlung gemäß § 1904 BGB n.F. im zukünftigen Betreuungsgesetz, Entgegnung zum Artikel von Schreiber. FamRZ (im Druck)

Schreiber LH (1991) Die medikamentöse Versorgung als Heilbehandlung gemäß § 1904 BGB n.F. im zukünftigen Betreuungsgesetz. FamRZ 9: 1014–1022

Neuro-Psychopharmaka, Bd. 1
Riederer P. / Laux G. / Pöldinger W. (Hrsg.)

9 Grundlegende Aspekte zur Neurotransmission

W.E. Müller, P. Riederer und E. Kienzl

9.1 Die Nervenzelle als Funktionsprinzip des Gehirns

Wir müssen heute davon ausgehen, daß die Nervenzelle als wesentliche funktionelle Einheit des zentralen Nervensystems (ZNS) angesehen werden muß. Alle wichtigen Funktionen des ZNS wie Aufnahme, Verarbeitung und Speicherung sensorischer Informationen, aber auch unsere psychischen wie motorischen Reaktionen auf entsprechende sensorische Informationen werden über Funktionsänderungen von Nervenzellen vermittelt. Um dieser Vielfalt an komplexen Aufgaben gerecht zu werden, ist für eine optimale Funktion des ZNS eine intensive Kommunikation zwischen den einzelnen Nervenzellen von allergrößter Bedeutung (Eccles 1964).

Die Morphogenese der neuronalen Informationsübertragung, die man in der fortschreitenden Entwicklung des zentralen Nervensystems (ZNS) im Phänomen der Zerebration gefunden zu haben glaubt, erfolgte in einer Zeitspanne von etwa 1,3 mal 10^{10} Millionen Jahren. Nach den Erkenntnissen der Evolutionstheorie wächst auch der Grad des Bewußtseins mit der Komplexität von Strukturen, an die es gebunden zu sein scheint. Aufgabe und Zweck des ZNS besteht darin, durch selektive Auswahl die Flut sensorischer Reize in einem Filterungs- und Abstraktionsprozeß auf spezifische Daten zu reduzieren, sie mit gespeicherter Information zu vergleichen und ein Reaktionsmuster über Module weiterzuleiten.

Das menschliche Gehirn setzt sich aus ungefähr 100 Milliarden Nervenzellen zusammen, die von Gliazellen gestützt und ernährt werden. Die strukturelle Besonderheit der Nervenzelle liegt in der Existenz von Synapsen, die an der Erzeugung und Weiterleitung der Signale maßgeblich beteiligt sind.

Der **Zellkörper des Neurons** ist kugel- oder pyramidenförmig (Abb.9.1). Er enthält den Kern, den biochemischen Apparat zur Synthese der Enzyme und ist Ausgangsstelle der Nervenfaser, des Axons. Mit den vielfach verästelten Dendriten und ihrer vorgeschalteten synaptischen Endigungen nimmt eine

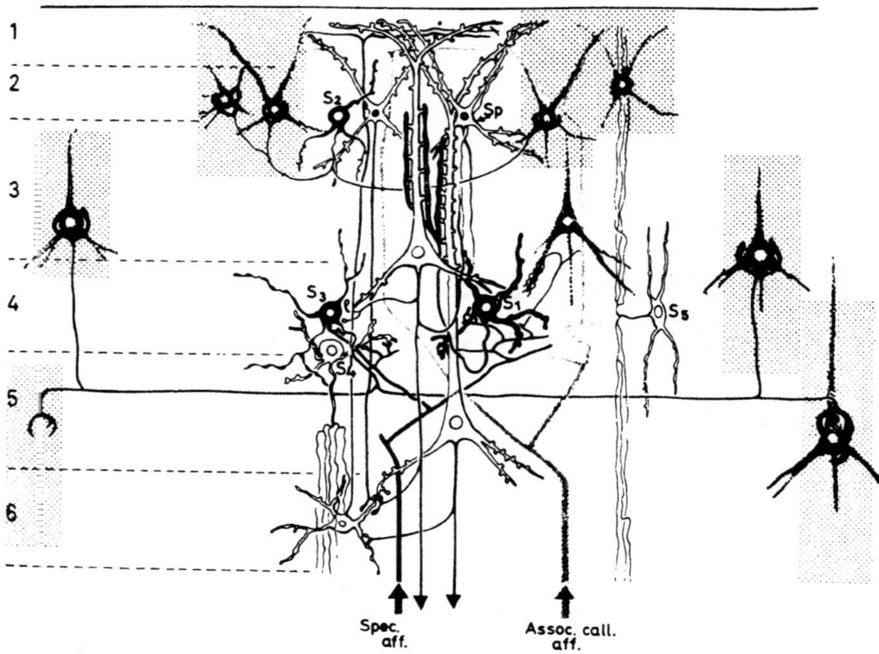

Abb. 9.1. Kolumnäre Anordnung und das moduläre Konzept der Großhirnrinde (aus POPPER und ECCLES 1982; siehe dort auch weiterführende Literatur). Halbschematische Darstellung einiger Zelltypen der Großhirnrinde mit Verbindungen. In den Schichten III und V sieht man in der Mitte zwei Pyramidenzellen. *Spec. aff.* spezifische afferente Faser; S_1 Stellatum Interneuron; S_2 inhibitorische Zellen mit kurzem Axon; S_3 Stellatum Interneuron vom Karbtyp; hemmend auf Pyramidenzellen; S_5 Interneuron mit wahrscheinlicher Erregungsausbreitung durch die Tiefe der Rinde; S_6 Interneuron mit aufsteigendem Axon; *Sp* Stern-Pyramidenzellen; *Assoc. call. aff.* von Assoziations- und Callosum-Fasern gebildete Afferenzen; Schraffierung bedeutet Hemmung der Neuronen

Zelle von ungefähr 1000–25000 anderen Nervenzellen ankommende Informationen auf, während das Axon den Impuls an die nächste Zelle in der Kette weitergibt.

Das **chemische Signal** ist die Neurotransmittersubstanz, die die Impulsübertragung an der Synapse ermöglicht. Die aufnehmenden und weiterleitenden Fortsätze der Nervenzelle, die Dendriten und Neuriten, berühren sich nicht direkt mit den entsprechenden Teilen der Nachbarzelle. Sie sind durch die synaptischen Zwischenräume getrennt, die aber nur Bruchteile eines Mikrons (μ), ca. 200 A, betragen. Die chemische Signalübertragung ist damit nur in einer Richtung möglich. Dieser vektorielle Kommunikationsprozeß wird durch die vom präsynaptischen Neuron freigesetzte Überträgersubstanz und folgende Wechselwirkung mit einem spezifischen Proteinmolekül an der postsynaptischen Membran ermöglicht. Erst im dritten Schritt, mit Öffnung der Ionenkanäle, erfolgt sodann der eigentliche elektrische Impuls.

Neuronen senden auch inhibierende Signale aus, die Zellaktivitäten unterbinden können. Diese Signale werden mit hemmenden Substanzen übermittelt, die die Wirkung der zur gleichen Zeit freigesetzten exzitatorischen Substanzen aufheben. Die Gesamtwirkung dieser einander entgegengerichteten Reize im ZNS wird als "Zustand der ausgeglichenen Instabilität" bezeichnet. Die Entscheidung der Zelle, in Ruhe oder Erregung überzugehen, wird durch die Summen der Wirkungen aller Signale bestimmt, die die Zelle in der entscheidenden Millisekunde empfängt. Damit wird das "Entweder-oder-Verhalten" der Nervenzelle durch das Zusammenwirken der verschiedensten Transmittersubstanzen geregelt. Nach einer Schätzung empfängt eine Nervenzelle Impulse von 1000 bis zu 25000 anderen Nervenzellen (ECCLES 1972). Die Anzahl der synaptischen Verbindungen im ZNS wird auf 10^{14} geschätzt (HUBEL 1979).

9.2 Blut-Hirnschranke, Transportmechanismen, Speicherorganellen

Nervenzellen sind außerordentlich empfindlich. Die Signalübertragung zwischen den Nervenzellen im ZNS könnte nicht aufrechterhalten werden, wenn nicht die chemische Zusammensetzung der Intrazellulärflüssigkeit konstant gehalten wird. So gelangen viele Stoffe des Blutes, die sonst mit großer Geschwindigkeit in andere Organe des Körpers eindringen, durch die Blut-Hirn-Schranke (BHS) nicht in das ZNS. Die als Schutzvorrichtung dienende BHS umfaßt selektive Funktionen von Zellmembranen, durch die der Stofftransport über die zerebrale Kapillarbarriere in das ZNS erfolgt. Als morphologisch-anatomische Besonderheit besitzen die Gehirnkapillaren keine Endothelfenestrationen, haben aber eine sehr dicke Basalmembran und sind außerdem eng von einer Membran umgeben, die sich aus den Endigungen der Astrozyten aufbaut. Das Protoplasma der Astrozyten bildet zusätzlich zwischen verschiedenen Synapsen eine Art von Isolationsschicht aus Wasser. CO_2 und O_2 diffundieren leicht durch die Schranke, während für Glukose und Aminosäuren ein aktiver Transportmechanismus angenommen wird. Der Proteinaustausch ist äußerst gering, Katecholamine können die BHS nahezu überhaupt nicht passieren. Für eine gegebene Substanz stellt die Permeationsrate durch die BHS eine charakteristische Größe dar, die in guter Korrelation zur Lipidlöslichkeit steht (GANONG 1972; s. näheres im Kapitel 12.1). Freie Diffusion durch die Zellmembran ist aber nur selten verwirklicht. Nach der "Carrier-Hypothese" erfolgt eine "erleichterte Diffusion" mittels spezfischer Proteinmoleküle, die sich an der Außenseite der Membran mit dem zu diffundierenden Molekül verbinden und an der Innenseite wieder abdissoziieren. Diese Permeationsrate wird durch die Kapazität des Carriers begrenzt, während allein der Konzentrationsgradient Auslösefaktor dieses Vorganges wird, doch so, daß ein Transport gegen ein Konzentrationsgefälle nicht stattfindet. Aktiver Transport dagegen erfolgt auch gegen ein Konzentrationsgefälle, wobei die erforderliche Energie durch ATP-Spaltung gewonnen wird.

Selektiver Ionentransport, die unabhängige Aktivierung von Enzymen und Kofaktoren, Synthese, Akkumulation, Sekretion und Abbau des individuellen Transmitters sowie die Vielfalt putativer Neuromodulatoren, die von verschiedenen Zellen oder Nervenendigungen freigesetzt werden, sind synchron reguliert (COOPER et al. 1978).

Die Neurotransmittersubstanz wird in den synaptischen Vesikeln am Ende der Nervenfaser, die hier zur **Synapse** erweitert ist, gespeichert. Katecholamine, z. B. Dopamin (DA), Noradrenalin (NA), Adrenalin (A), werden durch Mg^{++}-Ionen und ATP-abhängige Transportmechanismen in granulierte **Vesikel** aufgenommen. Auch dieser Uptake-Vorgang verläuft nach chemiosmotischen Mechanismen. Die Kopplungsfaktoren zur Wiederherstellung der energiekoppelnden Aktivität der Membran-ATP-asen, die die langsame Hydrolyse von ATP zur ADP bewirken, konnten isoliert werden. Ähnliche Mechanismen wurden für das serotoninerge und cholinerge System gefunden (Cooper et al. 1978, Seeman et al. 1980). Morphometrische Untersuchungen haben ergeben, daß sowohl DA als auch Serotonin (5-HT)-akkumulierende präsynaptische Boutons einen durchschnittlichen Durchmesser von 0,5 ± 3,2 µm aufweisen. Vesikel, die synaptischen Speicherorganellen, dagegen 30–60 nm. Endigungen z. B. von Fasern aus der Substantia nigra zum Striatum, die etwa 10% der Synapsen ausmachen, mit großen sphärischen Vesikeln zeigten bei Affen eine Fläche (S_L-Fläche) von etwa 779 nm², während kortiko-striäre und thalamostriäre Endigungen mit einem Anteil von etwa 80–90% an kleinen sphärischen Vesikeln eine Fläche (S_S-Fläche) von etwa 656 nm² aufwiesen. Über Anzahl der Vesikel sowie Speicherkapazität liegen unseres Wissens derzeit keine Daten vor. Als rohes Maß für die Speicherkapazität kann man die post mortem gemessenen Konzentrationen von Dopamin, Noradrenalin und Serotonin in verschiedenen Gehirnarealen annehmen, da der nicht-vesikuläre freie Anteil dieser Transmitter post mortem metabolisiert wird, während der gebundene Anteil etwa 24–30 Stunden konstant nachweisbar ist.

9.3 Neurotransmitter

9.3.1 Chemie und Verteilung im ZNS

Endogene Substanzen werden dann als Transmitter bezeichnet, wenn elektrische Stimulation sie vom präsynaptischen Neuron freisetzt und ihre molekulare Wechselwirkung mit selektiven Rezeptoren in der postsynaptischen Membran eine vorübergehende Änderung der Ionenpermeabilität bewirkt. Im ZNS sind Acetylcholin, DA, NA, 5-HT klassische Transmittersubstanzen, während γ-Aminobuttersäure (GABA), die durch Dekarboxylierung von Glutaminsäure entsteht, Glutamat und z. B. Glycin daneben als Aminosäuren in vielen Zellkompartimenten vorhanden sind (Abb.9.2). Zusätzlich wurden noch weitere Substanzen entdeckt, die die neuronale Transmission als Agonisten fördern oder als Antagonisten hemmen. Damit konnte auch die Wirkungsweise von Psychopharmaka, Anaesthetika sowie die Beziehung zwischen neurologischen Störungen und synaptischen Defekten einer Klärung näher gebracht werden. Heute kennt man außerdem noch eine Vielzahl pharmakologisch aktiver Peptide, von denen einige als "Neurohormone" wirken, andere wieder in der Frequenzmodulation eine Rolle spielen.

Prototoyp für aminerge Systeme sind DA, NA und 5-HT:

Dopamin (DA) besteht aus einem Benzolring mit 2 benachbarten Hydroxylgruppen und der Ethylamin-Seitenkette. Die Synthese erfolgt aus Tyrosin, katalysiert durch die Enzyme Tyrosinhydroxylase und Dopadekarboxylase. Der Abbau im Zytoplasma der Neuronen erfolgt durch Monoaminoxidase (MAO), die sich in der äußeren Membran der Mitochondrien befindet. Im Extrazellulärraum dagegen ist das abbauende Enzym Katechol-O-Methyltransferase, das das nicht an Rezeptoren gebundene DA zu Methoxy-

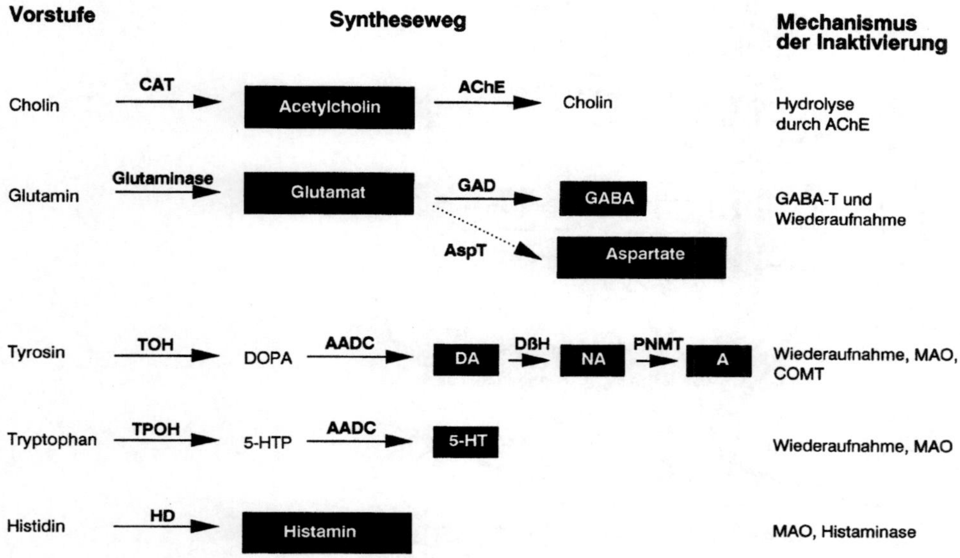

Abb.9.2. Schematische Übersicht über Biosynthese und Abbaumechanismen wichtiger zentraler Neurotransmitter (nach McQueen 1985)

tyramin methyliert. Beide Abbauwege führen zu Homovanillinsäure, dem wichtigsten Metaboliten von DA.

Dopaminerges System: Eine wichtige Komponente dieses Systems ist das "nigrostriatale System" (Abb. 9.3). Von der Substantia nigra pars compacta (SN_C) und der Formatio reticularis mesencephali führen außerdem noch Bahnen in den frontalen Cortex, die Amygdala und den Gyrus cinguli.

Der zweite Ursprung dopaminerger Zellen ist in der Area tegmentalis ventralis (ATV) lokalisiert (Abb. 9.3). Sie liegt in der Mittellinie des Mittelhirnes. Ihre Verbindungen zu den Septumkernen, dem Nucleus accumbens und dem N. amygdalae bilden das "mesolimbische System". Der mesokortiale Trakt zieht zum frontalen Kortex, Gyrus cinguli, N. piriformis und zum entorhinalen Kortex. Gut erforscht ist auch noch das tubero-infundibuläre System, das vom Nucleus infundibularis in die Hypophyse zieht (Nieuwenhuys et al. 1991).

Dopamin spielt neben seiner Aufgabe im Bereich des extrapyramidalmotorischen Systems (Motorik) eine Rolle beim Gedächtniserwerb und in der Regulation von psychischen Funktionen, wie z. B. Stimmungszuständen. Psychotogene Wirkungen von Stimulantien, antidopaminerge Wirkung von Neuroleptika und elektrische Selbststimulation in Tierstudien weisen auf partielle Beteiligung dopaminerger Systeme an psychischen Erkrankungen hin.

Noradrenalin (NA) entsteht aus DA durch β-Oxidation. Abbauprodukte sind 3,4-Dihydroxymandelsäure und 3-Methoxy-4-hydroxyphenylglykol. Während die postganglionären Fasern des sympathischen Nervensystems noradrenerg sind, gibt es noradrenerge Neuronen im kaudalen Mittelhirn, Pons und in der Medulla oblongata.

Noradrenerges System: Die wichtigsten noradrenergen Kerne sind der Locus coeruleus (LC) und das Laterale Tegmentum (LT). Das noradrenerge System wirkt vorwiegend

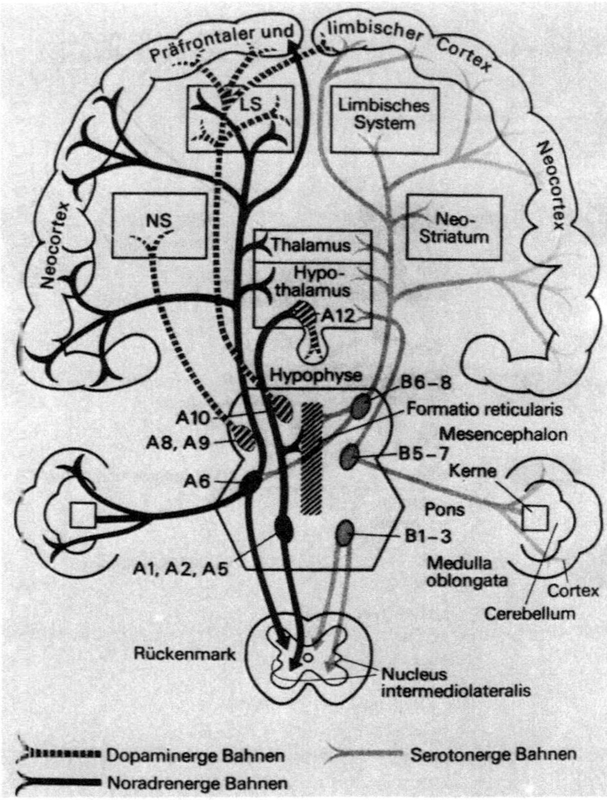

Abb.9.3. Lokalisation aminerger Neurotransmitter und ihrer Projektionsbahnen im ZNS (Nieuwenhuys et al. 1980, Nieuwenhuys 1985)

stimulierend auf die motorischen und psychischen Aktivitäten. Es regelt gemeinsam mit dem serotoninergen System möglicherweise den Schlaf-/Wachrhythmus. Durch tonische Entladung von Noradrenalin wird die Vigilanz erhöht. Phasische Entladungen stammen aus äußeren und inneren Triggern. Ein Zuwenig an Noradrenalin (NA) führt zu depressiven Zustandsbildern, während ein Überschuß manische Symptome hervorruft. Auch akute Angst scheint Folge verstärkter Aktivität des LC zu sein, wie sie unter anderem beim Entzug von Opiaten vorkommt oder durch Gabe des besonders an Autorezeptoren wirksamen α_2-Antagonisten Yohimbin. GABA und Adenosin hemmen den LC. Da die GABAerge Inhibition durch Benzodiazepine verstärkt wird, sind sie anxiolytisch wahrscheinlich durch inhibitorische Beeinflussung der LC-Neuronen wirksam. Coffein als Adenosin-Antagonist hingegen kann in hohen Dosen auch bei gesunden Personen Panikattacken hervorrufen (Fritze 1989).

a) Locus coeruleus

Ausgehend vom LC innervieren noradrenerge Bahnen über das dorsale Vorderhirnbündel Kortex und Hippocampus, wobei Noradrenalin modulierend wirkt. Der LC liegt im Hirnstamm im Boden des vierten Ventrikel und projiziert u.a. in die Groß- und Kleinhirnrinde. Über das Cingulum führt eine Verbindung zum Hippocampus. Der Thalamus, die Amygdala und das Rückenmark sind weitere Ziele von noradrenergen Bahnen aus dem LC (FRITZE 1989, LINDVALL und BJÖRKLUND 1983, NIEUWENHUYS et al. 1991). Daneben gibt es noch Verbindungen vom LC zu primär-sensorischen und assoziativen Kernen des Hirnstammes, wie zum Beispiel Nuclei cochlearii und Nucleus sensorius principalis trigemini. Die Zellen des LC sind topographisch angeordnet und seine Projektionen weisen viele Kollateralen und kontralaterale Verbindungen auf (LINDVALL und BJÖRKLUND 1983).

b) Laterales Tegmentum

Das LT liegt ventral des LC und besitzt ebenfalls Afferenzen zur Amygdala. Beide projizieren in den dorsalen Raphekern, wodurch eine Verbindung mit dem serotoninergen System gegeben ist. Schließlich beeinflußt das LT noch Funktionen des Hypothalamus über das ventrale mediale Vorderhirnbündel (FRITZE 1989, LINDVALL und BJÖRKLUND 1983, NIEUWENHUYS et al. 1991).

Serotonin (5-HT) besteht aus einem 5-hydroxilierten Indolring mit einer Ethylamin-Seitenkette. Präkursoraminosäure ist Tryptophan. Enzymatisch wird durch Einwirkung von Tryptophanhydroxylase 5-Hydroxytryptophan gebildet und die Aminosäuredekarboxylase, die universell für alle aromatischen Aminosäuren zuständig ist, bildet das Endprodukt 5-HT. Abbauendes Enyzm ist MAO, das Produkt 5-Hydroxyindolessigsäure (5-HIES).

Serotoninerges System: Die Zellen der serotoninergen Bahnen liegen in dem ventralen und dorsalen Raphekern (NVR und NDR; Abb. 9.3). Sie sind Teil der Formatio reticularis des Hirnstammes. Beide Kerne projizieren in das gesamte Kleinhirn, der NDR auch in das Rückenmark. Ähnlich wie der LC innerviert der NVR Cortex, Thalamus, Amygdala und über das Cingulum den Hippocampus. Der Hypothalamus, und der Cortex entorhinalis sind weitere Ziele serotoninerger Bahnen aus dem NVR. Die enge Verschaltung mit dem limbischen System ist hieraus gut erkennbar. Durch Verbindungen des NVRs mit der Substantia nigra und dem Striatum entsteht eine direkte Verknüpfung mit dem extrapyramidalmotorischen System (FRITZE 1989, NIEUWENHUYS et al. 1991, STEINBUSCH und NIEUWENHUYS 1983).

Serotonin erhöht die Schmerzschwelle und reguliert den Schlafablauf und die Stimmung, wobei ein Mangel eine depressive Verstimmung zur Folge haben kann. Eine wichtige Funktion dürfte dem serotoninergen System bei der Impulskontrolle als "sensorischer Filter" zukommen (FRITZE 1989). Elektrische Stimulation der Raphekerne erzeugt psychotische Zustandsbilder wie durch Einnahme von Halluzinogenen.

Acetylcholin wird aus Cholin und aktivierter Essigsäure (Acetylcoenzym A) durch Cholinacetyltransferase synthetisiert. Der Abbau erfolgt durch die stark ungesättigte Acetylcholinesterase. Im Gegensatz zu den klassischen Neurotransmittern Dopamin, Noradrenalin, Serotonin, GABA, Glutamat u.a. wird Acetylcholin nicht durch Wiederaufnahmemechanismen in die Präsynapse aufgenommen. Statt dessen wird Cholin transportiert und der Synthese des Transmitters wieder zugeführt.

Eine Reihe von Projektionsneuronen bedienen sich dieses Neurotransmitters (NIEUWENHUYS et al. 1991, ROGAWSKI 1985). Zu den wichtigsten zählen jene Systeme, die vom Nucleus basalis Meynert (NbM) ausgehen und den gesamten Kortex sowie weite Teile des Großhirns innervieren. Andere nehmen ihren Ausgang vom Septum und projizieren primär zum Hippocampus. Das diagonale Band von Broca sendet Fasern in den gesamten Kortex während die Pons den Thalamus innerviert. Zum Unterschied dazu gibt es sowohl im Kortex als auch im Striatum cholinerge Interneuronen.

Degeneration (wahrscheinlich retrograd) der langen cholinergen Projektionsbahnen und speziell mit hohem Degenerationsgrad des NbM sind mit Störungen kognitiver und intellektueller Leistungen verbunden (COYLE et al. 1983). Typische Erkrankungen sind die Alzheimer-Krankheit (DAT) und der mit der Spätphase der Parkinson-Krankheit (PK) oftmals verbundene Demenztyp. Die cholinergen Interneuronen des Striatums bleiben dagegen sowohl bei DAT als auch bei PK erhalten.

Gamma-Aminobuttersäure (GABA)

GABA wird aus α-Ketoglutarat über Glutamat schließlich durch Glutamatdekarboxylase synthetisiert. Der Abbau dieses bisher wichtigsten inhibitorischen Neurotransmitters erfolgt durch GABA-transaminase zu Bernsteinsäuresemialdehyd und schließlich Bernsteinsäure. Die GABA-Synthese ist daher ein Shunt zum Zitronensäurezyklus.

GABA wirkt überwiegend in Interneuronen. GABA-erge Neuronen projizieren aber auch vom Striatum zur Substantia nigra und sind damit wesentliche Bestandteile des nigro-striatalen (dopaminerg)-strio-nigralen (GABAerg) Regelkreises. Im Rahmen des "Motorloops" (s. dazu Berger und Riederer, Kapitel 10.2) spielt GABA durch GABAergen Input und Output von Globus Pallidussubarealen eine entscheidende Rolle. Vor allem die Vernetzung mit den exzitatorischen (glutamatergen) Nervenzellen des Nucleus subthalamicus und des Thalamus unterstreichen die Bedeutung dieses Neurotransmitters bei Erkrankungen wie z. B. Morbus Parkinson, Chorea Huntington, Hemiballismus u.a.

Andererseits sind an der Funktion des GABA-A-Rezeptorkomplexes Chloridkanäle und Benzodiazepinrezeptoren beteiligt. Die angstlösenden Eigenschaften der Benzodiazepine lassen daher vermuten, daß GABA-A-Rezeptoren, deren inhibitorische Potenz durch Benzodiazepine gesteigert wird, an nervalen Regulationsprinzipien von "Angst" und Vigilanz teilhaben. Besonders die verstärkte Hemmung der noradrenergen Locus coeruleus-Neuronen scheint bei der Therapie von Panikattacken möglicherweise eine hervorragende Rolle zu spielen. Es liegen genügend Hinweise dafür vor, anzunehmen, daß enthemmte noradrenerge Aktivität physiologische und pathologische Angst auslösen kann.

Glutamat

Glutamat und Aspartat sind Aminosäuren, welche in spezifischen Neuronensystemen exzitatorisch wirken. Kortiko-fugale Bahnen und Assoziationsbahnen verwenden diesen Neurotransmitter. Exzitatorische Neurotransmitter können bei längerer Exposition hoher Konzentrationen neurotoxisch wirken, d.h. postsynaptische Neuronen sterben ab. Es wird vermutet, daß diese Neurotoxizität u.a. durch Einströmen von Calcium in die Zelle, z. B. durch lange Öffnung von N-Methyl-D-aspartat (NMDA)-rezeptor gesteuerter Ionenkanäle, verursacht wird. Glutamat verwendet mehrere Typen von Rezeptoren, NMDA-, Kainat-, Quisqualat/AMPA und metabotrophe Quisqualatrezeptoren.

Eine wichtige Rolle zur Steuerung der Motorik kommt Glutamat als Transmitter im Rahmen der Funktion des Motorloops zu (s. dazu Berger und Riederer, Kapitel 10.2). Verbindungen von N. subthalamicus zu Substantia nigra pars reticulata und Globus pallidus internus sowie von Thalamus zu Kortex und kortiko-striatale glutamaterge Bahnen sind dabei von besonderem Interesse. Andererseits scheinen Dysbalancen dopaminerg-glutamaterger Verschaltungen in limbischen Arealen beim Entstehen von pharmakotoxischen Psychosen in Rahmen der Parkinson-Krankheit durch alle Antiparkinsonmittel und bei paranoid-halluzinatorischen Symptomen im Rahmen von Schizophrenien eine Rolle zu spielen: Erhöhte dopaminerge Aktivität durch pharmakologische Manipulation (z. B. bei M. Parkinson) oder durch primär geschädigtes (entwicklungsgestörtes) glutamaterges System im Bereich des prefrontalen Kortex und der area entorhinalis (Schizophrenie mit Plus-Symptomatik) kann derzeit als attraktive Hypothese produktiver Psychosen akzeptiert werden. Verminderter glutamaterger Input von area entorhinalis zu Hippocampus-Subarealen kann durch degenerative Prozesse im Rahmen der DAT oder Parkinson-Krankheit möglicherweise aber ebenso zur Symptomatik dieser Erkrankungen beitragen, bzw. können sie als Nebenwirkungen von Pharmakotherapie imponieren (Kornhuber et al. 1991, Riederer et al. 1991).

9.3.2 Transmittersynthese

Veränderungen der Biosynthese von Neurotransmittern (s. Abb. 9.2) spielen für Psychopharmaka fast keine Rolle. Das klassische Beispiel für einen solchen Mechanismus, die Verstärkung der relativen dopaminergen Unteraktivität im nigro-striatalen dopaminergen System durch die Gabe der Dopaminvorstufe L-Dopa und deren erfolgreicher Einsatz in der Behandlung des idiopathischen Parkinson ist mehrfach herangezogen worden, rationale Pharmakotherapien zentralnervöser Erkrankungen zu initiieren, bei denen als Ursache ein relativer Mangel eines bestimmten Neurotransmitters vermutet wird. Beispiele hierfür wären die Behandlung der Alzheimer'schen Erkrankung mit Acetylcholinvorstufen wie Cholin und Lecithin oder die Depressionsbehandlung mit L-Tryptophan bzw. L-5-Hydroxytryptophan. Im Gegensatz zu den guten therapeutischen Erfolgen der L-Dopa-Behandlung des Morbus Parkinson haben die anderen Behandlungsstrategien keine oder nur minimale klinische Erfolge gezeigt. Ebenso weitgehend negativ waren Behandlungsversuche der Depression mit der Noradrenalin-Vorstufe L-Tyrosin (s. Abb. 9.2)

9.3.3 Transmitterfreisetzung

Während die durch Exozytose vermittelte Freisetzung des Transmitters in die Synapse als Angriffspunkt von Psychopharmaka keine Rolle spielt, ist eine Beeinflussung regulativer Faktoren der Transmitterfreisetzung als Wirkungsmechanismus von Psychopharmaka durchaus relevant. Wie in Abb.9.4 am Beispiel einer noradrenergen Synapse gezeigt, kann die Menge des synaptisch freigesetzten Noradrenalins durch sogenannte inhibitorische Autorezeptoren (vom α_2-Typ) im Sinne einer negativen Rückkoppelung reguliert werden. Autorezeptoren können entweder die Menge des freigesetzten Transmitters beeinflussen oder können auch seine Syntheserate regulieren. Eine Blockade inhibitorischer α_2-Rezeptoren und einer damit verbundenen initialen Erhöhung der Noradrenalin-Konzentration an zentralen Synapsen spielt wahrscheinlich für die Wirkung des Antidepressivums Mianserin eine große Rolle. Darüberhinaus ist eine Blockade dopaminerger Autorezeptoren (vom Typ D2) im Gesamtwirkungsspektrum von Neuroleptika, v.a. bei ihrem Einsatz in niedriger Dosierung als Tranquilizer von Bedeutung.

9.3.4 Inaktivierung

Um eine repetitive Aktivierung postsynaptischer Rezeptoren zu ermöglichen, muß der in die Synapse freigesetzte Transmitter sehr schnell wieder aus der Synapse entfernt werden. Neben enzymatischem Abbau sind hier vor allen Dingen die Wiederaufnahme ins präsynaptische Neuron bzw. die Aufnahme in die Synapse umgebenden Gliazellen von Bedeutung. Eine Blockade solcher Inaktivierungsmechanismen stellt einen für Psychopharmaka wichtigen Angriffspunkt dar. So blockieren z.B. viele klassische Antidepressiva die neuronale Wiederaufnahme der Transmitter Noradrenalin und Serotonin. Inhibitoren des in den Mitochondrien (Abb.9.4) lokalisierten Enzymes Monoaminoxidase hemmen den intra- und extraneuronalen Abbau aminerger Transmitter. Verschiedene Substanzen, die über eine Hemmung der Acetylcholinesterase die

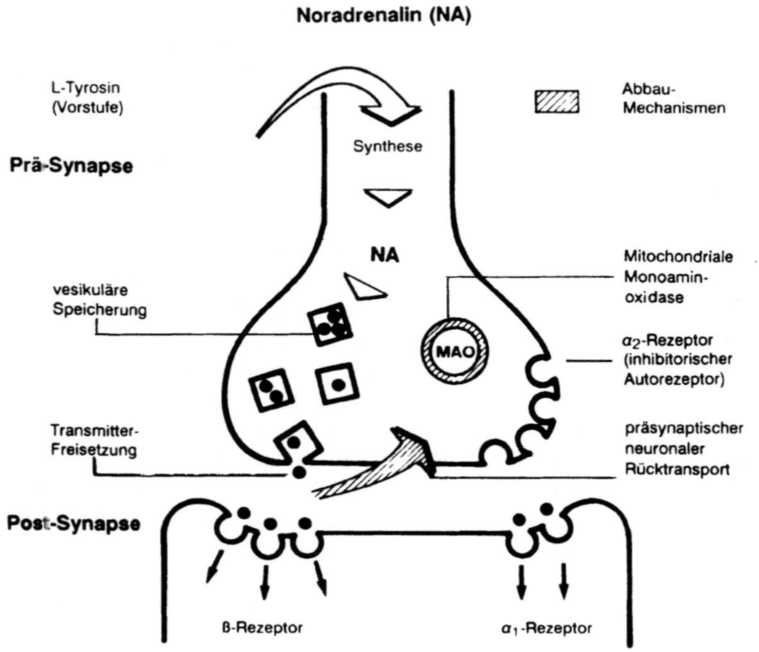

Abb.9.4. Schematische Darstellung einer zentralen noradrenergen Synapse

synaptische Konzentration von Acetylcholin im ZNS erhöhen, sind zur Zeit in klinischer Erprobung zur Behandlung der Alzheimer'schen Erkrankung.

9.3.5 Turnover

Synaptische Strukturen sind die morphologische Einheit für Speicherung und Freisetzung, meist auch für Synthese und Metabolismus der Überträgersubstanzen. Die dazu notwendigen enzymkatalysierten Umsetzungen laufen in zahlreichen Sequenzen aufeinanderfolgender Reaktionen, verteilt auf verschiedene, aber funktionell in enger Beziehung stehenden Kompartimenten ab. Diese Sequenzen, untereinander zu Netzwerken verknüpft, steuern den Transmitterfluß in ganz bestimmte Richtungen und ermöglichen letzlich die Transformation der chemischen Energie in elektrische. Neuronale Systeme weisen damit alle selbstregulierenden Eigenschaften eines Regelkreises auf, sind daher auch in vereinfachter Weise durch Systeme von partiellen Differentialgleichungen beschreibbar und der Computersimulation zugänglich (Porenta und Riederer 1982). So ist die Biosynthese als auch die Sekretion eines beliebigen Transmitters mit seiner neuralen Aktivität positiv korreliert (Glowinski 1975).

Ionenaktivitäten stellen einen primären Regelungsfaktor im Fließgleichgewicht der Synthese- und Freisetzungsrate der Überträgerstoffe dar. Studien des Transportsystems zur Aufnahme der Präkursoraminosäure zur Synthese von DA und NA haben gezeigt, daß im Zustand der Depolarisation, d.h. mit dem Einstrom der Na^+-Ionen in das Zellinnere, gleichzeitig die durch Na^+ bedingte Hemmung des hoch-affinen Carrier-Systems für Tyrosin aufgehoben wird und der erste Syntheseschritt zu DA blockiert wird, während

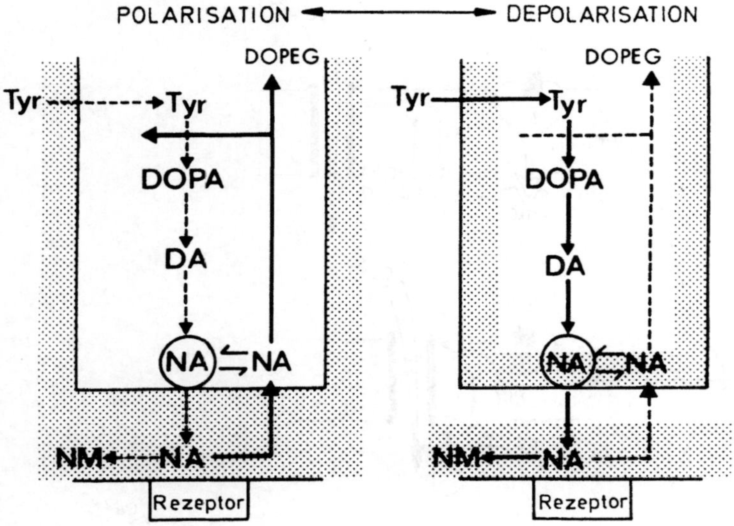

Abb.9.5. Schematische Repräsentation von Synthese und re-uptake Prozeß während Depolarisation und (Re)Polarisation. *NA* Noradrenalin; *DA* Dopamin; *TYR* Tyrosin; *DOPA* Dihydroxyphenylalanin; *NM* Normetanephrin; *DOPEG* Dihydroxyphenylglykol (aus Bruinvels 1980).
---- Hemmung; — Aktivierung; ▒ Natriumionen

sich dieser Vorgang im Zustand der Polarisation wieder umkehrt (Abb. 9.5) (Bruinvels 1980). In vitro Experimente wiederum erbrachten den Beweis einer durch K^+-Ionen potenzierten regional stark unterschiedlichen Freisetzung verschiedenster Transmittersubstanzen (Bennett et al. 1981). Calcium (Ca^{++}) dagegen regelt die Anzahl der Quanten an Transmitter, die mit jedem Aktionspotential freigesetzt werden. Elektrophysiologische Daten zeigten, daß der Einstrom von Ca^{++}-Ionen in das synaptische Ende der Nervenzelle etwas verzögert nach der Depolarisation erfolgt und so durch Membranfusion der Vesikeln am präsynaptischen Ende die Exozytose des Transmitters in den synaptischen Spalt bewirkt (Kandel 1979). Der Wirkungsmechanismus bzw. das Einströmen des Ca^{++} in die Zelle wird nach der sog. "second messenger" Hypothese erklärt, indem durch eine von Rezeptoren induzierte Hydrolyse des Phosphatidylinositols im Bilayer der Membran die Öffnung bestimmter Ca^{++}-Kanäle ermöglicht wird (Michel 1979) (Abb. 9.6). Die in vivo Bedeutung ist allerdings fraglich, da die hier beschriebenen Ionenveränderungen in vivo nicht vorkommen.

Je nach Substanzklasse kann der Abbau des Transmitters außerhalb oder innerhalb der Nervenfaser stattfinden. Die Enzyme der Biosynthese der Katecholamine sind teils in den Vesikeln lokalisiert (z. B. DA-β-hydroxylase), teils im Zytoplasma der Zellkörper bzw. der Nervenendigungen (Dopadekarboxylase, Tyrosinhydroxylase). Im Gegensatz dazu erfolgt die Synthese der Neuropeptide wie z. B. der Enkephaline durch die üblichen ribosomalen Mechanismen. Chemische Überträgersubstanzen sind durch unregelmäßige Verteilung in den verschiedensten Teilen des ZNS charakterisiert. Obwohl die Intermediärprodukte der Stoffwechselprozesse nur in geringen steady-state-Konzentrationen vorliegen, konnten aus Bilanzuntersuchungen mit radioaktiv

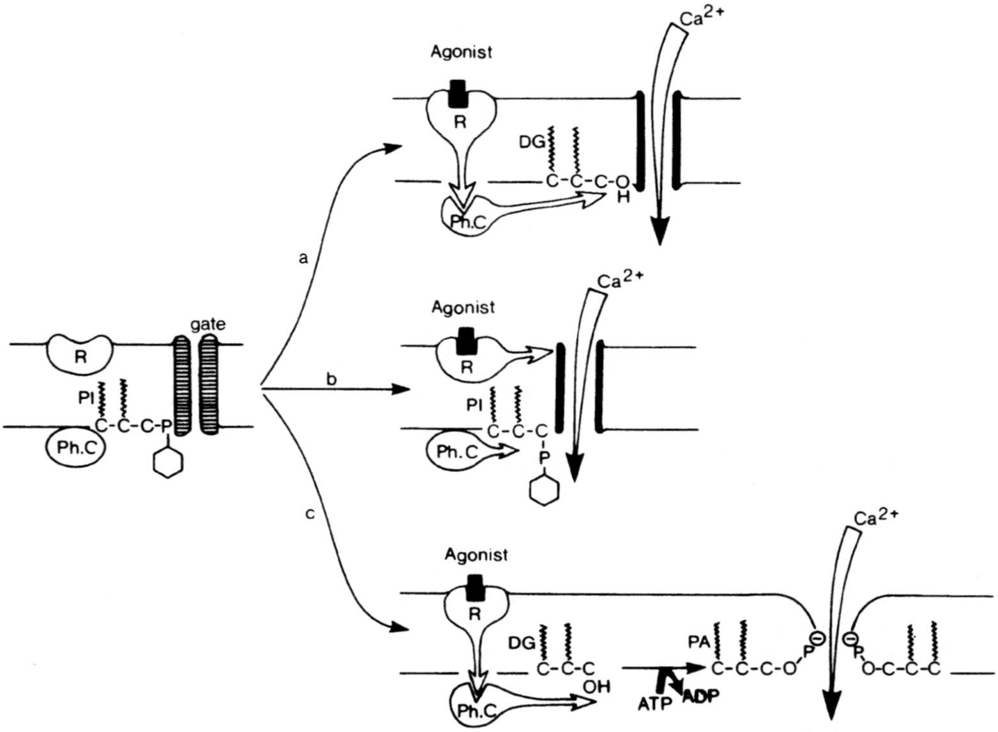

Abb.9.6. Drei mögliche Modelle, um die PI-Antwort mit dem Calciumkanal zu verknüpfen. Die Hauptkomponenten des Systems (auf der linken Seite dargestellt) sind der Rezeptor (R), Phospholipase C (Ph.C), ein Calcium-Kanal und Phosphatidylinositol (PI). Die Diagramme auf der rechten Seite illustrieren 3 Wege, auf welchen Agonisten wirken könnten, um die Calciumpermeabilität zu erhöhen. a) Der Agonist besetzt den Rezeptor (R). Dadurch wird Phospholipase (Ph.C) aktiviert und hydrolysiert PI zu Diglyzerid (DG). Der Kanal geht auf. b) Der aktivierte Rezeptor wirkt direkt auf den Kanal. Wenn der Kanal öffnet, kann Ph.C über Konformationsänderungen des umgebenden Bilayers PI als Teil eines Schließmechanismus hydrolysieren. c) Der aktivierte Rezeptor stimuliert Ph.C, um PI zu DG zu hydrolysieren. Dadurch wird DG rasch zu Phosphatidsäure (PA) phosphoryliert. Letztere wirkt als Calciumionophor (Modell nach MICHELL; aus BERRIDGE 1981)

markierten Tracersubstanzen oder durch Messung und Analyse von Anhäufungsprodukten nach Hemmung ihrer abbauenden Enzyme quantitative Daten gewonnen werden. Synthese- (PYCOK und TABERNER 1981) und Turnoverrate der wichtigsten Transmitter liegen im nmol/Gramm/Stunde-Bereich, die Gewebekonzentration der verschiedensten Transmitter zeigten eine Konzentration von ng/Gramm Gewebe.

Das Dale'sche Gesetz, nach welchem in einem bestimmten Neuron ein bestimmter Transmitter (und nur dieser) enthalten ist, gilt praktisch nicht mehr, da Kolokalisation von Transmittern mit gemeinsamer Speicherung und Ausschüttung nachgewiesen werden konnte (HÖKFELT et al. 1987).

9.4 Postsynaptische Rezeptoren

Die Informationsweitergabe wird auf der postsynaptischen Seite von Rezeptoren übernommen, die vom freigesetzten Transmitter besetzt werden und die das über die Besetzung ausgelöste Signal dann über verschiedene Transduktionsmechanismen in das rezeptive Neuron weiterleiten (Abb. 9.7 und 9.8). Ähnlich wie im peripheren Nervensystem ist dieser Teil der chemischen Neurotransmission im ZNS ein ganz wesentlicher

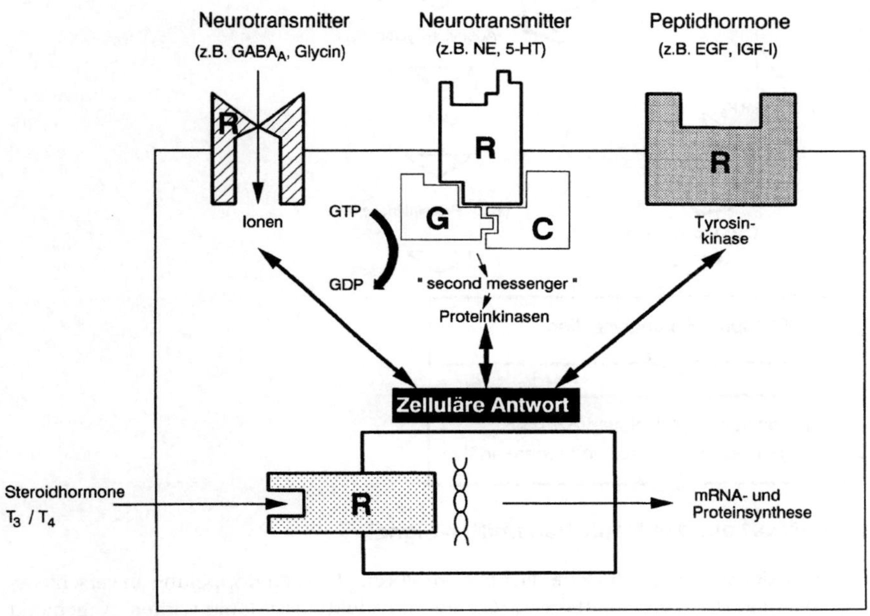

Abb.9.7. Schematische Darstellung der wichtigsten Signaltransduktionsmechanismen zentraler Neuronen (nach Lesch 1991 und Mitchell 1985). Im einfachsten Fall eines Transduktionssystems ist der Rezeptor direkt an einen Ionenkanal gekoppelt. Rezeptoraktivierung führt dann direkt zu einer Öffnung des Ionenkanals. Beispiele hierfür sind die Koppelung des GABA-Rezeptors und des Strychnin-sensitiven Glycin-Rezeptors an Chlorid-Kanäle.
Viele wichtige Transduktionssysteme, die im Neuron zu einer Freisetzung von intrazellulären Transmittern ("second messengers") führen (Adenylatcyclase, Phospholipase C), sind über sogenannte G-Proteine (auch N-Proteine genannt) an den eigentlichen Rezeptor gekoppelt, wobei die Energie für die mit dem Transduktionsmechanismus verbundene Dissoziation des G-Proteins vom Rezeptorprotein und die sich daran anschließende Reassoziation aus der Hydrolyse von GTP stammt. Bestimmte Peptidhormone (Epidermaler Wachstumsfaktor, Insulinartiger Wachstumsfaktor) scheinen über ihre Rezeptoren direkt an Proteinkinasen gekoppelt zu sein.
Allen diesen Transduktionssystemen ist gemeinsam, daß das am Rezeptor aufgenommene extrazelluläre Signal über verschiedene intrazelluläre Schritte (Ionenhomöostase, Aktivierung von Proteinkinasen und damit verbundene Phosphorylierungsreaktionen) letztlich zur zellulären Antwort führt.
Einen anderen Wirkungsmechanismus haben Steroid- und Schilddrüsenhormone, die nach Bindung an einen zytosolischen Rezeptor und Translokation des Rezeptorkomplexes in den Zellkern über eine Veränderung der Transskription von mRNA in die Proteinbiosynthese eingreifen

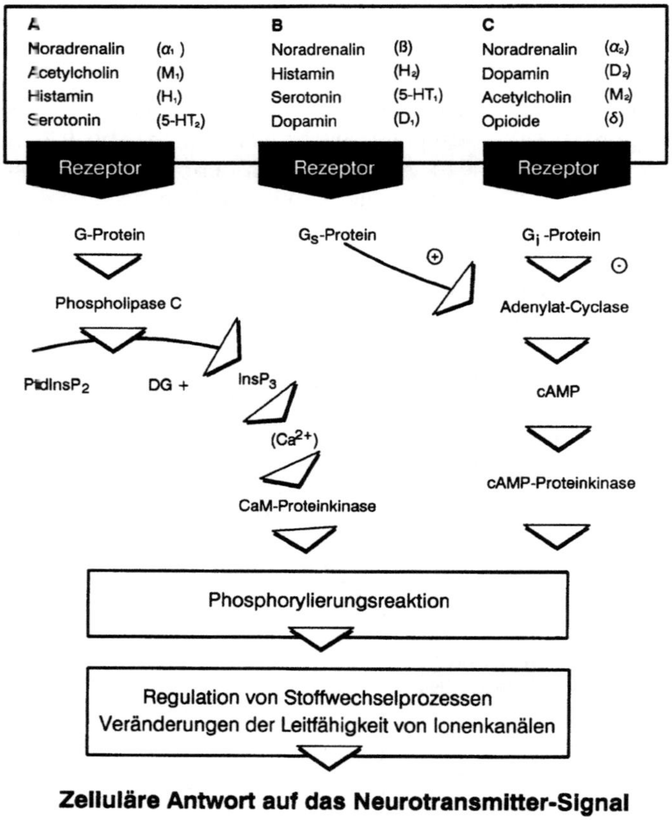

Abb. 9.8. Konvergenz der Wirkung unterschiedlicher Rezeptoren, die nach Koppelung an verschiedene G-Proteine aktivierend (G_s) bzw. inhibierend (G_i) auf Transduktionssysteme wirken. Angemerkt werden sollte hier, daß eine Modulation der freien intrazellulären Calcium-Konzentration einen wichtigen gemeinsamen Endpunkt vieler Transduktionsprozesse darstellt (nach Nicoll et al. 1990 und Aktories 1985).

Angriffspunkt für Pharmaka. Neben Agonisten, die die Funktion des physiologischen Transmitters nachahmen, gibt es hier natürlich Antagonisten, die durch eine Blockade der Rezeptoren die Informationsweitergabe blockieren. Darüberhinaus werden in den letzten Jahren sogenannte partielle Agonisten von immer zunehmenderer Bedeutung, die zwar den Rezeptor aktivieren können, bei denen aber die Signalübertragung in das rezeptive Neuron nur abgeschwächt vorhanden ist und die in Gegenwart hoher synaptischer Konzentrationen des physiologischen Transmitters eher als Antagonisten wirken. Es würde den Rahmen dieses Kapitels sprengen, hier noch vertieft auf spezifische Rezeptoren und an ihnen angreifende Psychopharmaka einzugehen. Erwähnt werden sollte noch an dieser Stelle, daß es durch moderne Techniken heute möglich ist, immer spezifischere Unterklassen einzelner Rezeptortypen herauszufinden und immer selektivere Agonisten bzw. Antagonisten für nur eine bestimmte Unterklasse eines bestimmten Rezeptors zu entwickeln (Nicoll et al. 1990). Damit bietet dieser Angriffspunkt die größte Chance, neue Psychopharmaka mit noch größerer pharmakologischer Selektivität zu entwickeln. Wichtige Beispiele für Psychopharmaka, die über eine Rezeptoraktivierung bzw. Blockade wirken, wären die Neuroleptika (D_2-Blokkade), die Benzodiazepine (Agonisten am Benzodiazepinrezeptor) und Anticholinergika vom Typ des Biperidens (Antagonisten an zentralen Muskarinrezeptoren).

9.5 Ligand-Rezeptor-Wechselwirkung

Otto Loewi glückte 1921 die Entdeckung der chemischen Übertragung von Nervenreizen (s. dazu Lembeck und Giere 1968). Im Experiment konnte er zeigen, daß bei elektrischer Reizung der vegetativen Nerven eines Froschherzens Stoffe in die Perfusionsflüssigkeit übergehen, die, einem anderen Herzgewebe zugeführt, dieselben Wirkungen ausüben, wie die elektrische Reizung der Nerven im ursprünglichen Gewebe. Der Überträgerstoff war Adrenalin. Struktur und Funktion der Rezeptoren bilden die Grundlage der biologischen Aktivität. Die durch Exocytose freigesetzte Transmittersubstanz diffundiert durch den synaptischen Spalt und bindet mit hoher Affinität an den postsynaptischen Rezeptor. Rezeptoren sind in die Grundsubstanz der Zellmembran eingebettete Makromoleküle, Proteine, die als Folge der Wechselwirkung mit dem Transmitter zu Konformationsänderungen veranlaßt werden, welche die zur Aktivitätsänderung der postsynaptischen Nervenzelle führenden Vorgänge auslösen.

Sensibilisierung des Rezeptors nach Ankunft eines Signals tritt nur nach Bindung eines Agonisten ein, während ein Antagonist den Rezeptor in den inaktiven Zustand überführt. Ohne Ligandenbindung, die reversibel ist, befindet sich der Rezeptor in einem Ruhe- oder Wartezustand.

Bei der Charakterisierung der Rezeptoren in vivo geht man von der Annahme aus, daß das aktivierende Molekül komplementär zu seiner Erkennungsstelle ist. Das Problem der molekularen Erkennung ist dadurch gegeben, daß ein Rezeptor ein bestimmtes Substratmolekül aus einer großen Anzahl von Molekülen auswählen muß. Die hohe Selektivität natürlicher Systeme beruht auf einer optimalen Komplementarität zwischen Substrat und Rezeptor, die sich im Laufe der Evolution herausgebildet haben muß. Dieser Erkennungsprozeß, d.h. eine sog. "Schlüssel-Schloß-Beziehung", kann nicht auf sterisches Ineinanderpassen allein beschränkt sein, sondern muß sich auf ein ganzes Spektrum molekularer Eigenschaften beziehen. Die Erkennungsstellen selbst dürfen polare oder nicht-polare Atomanordnungen, sterische, elektrostatische, hydrophobe- oder Wasserstoffbindungen sein, die als Verankerungsstellen fungieren. Eine Feinabstimmung dieser Zentren muß aufgrund der weiten Palette der elektrischen Eigenschaften, der Zahl, Größe und Anordnung der beteiligten Atome möglich sein, dh. aufgrund ihrer verschiedenen Elektronenpaar-Donor und -Akzeptorstärken, und so zu einer Art von Hierarchie der Erkennung durch einen Rezeptor führen. Mit Hilfe der Kenntnis der Elektronenhülle der Liganden könnte es möglich sein, neue Vorstellungen über die Dynamik der elektronischen Veränderungen der Rezeptor-Liganden-Bindung zu entwickeln. Ausgangspunkt dieser Überlegung ist, daß die Wechselwirkung von Rezeptor und Ligand nicht direkt auf eine Moleküleigenschaft zurückgeführt werden kann, sondern erst bei der Wechselwirkung mit dem Reaktionspartner entsteht (Gutmann 1978). Bei Einheiten, die aus mehreren Atomen bestehen, ist die Ausübung einer Funktion an bestimmte Stellen des Moleküls gebunden, welche als funktionsfähige Zentren bezeichnet werden. Also ein und dasselbe funktionsfähige Zentrum könnte bei Rezeptoren – vielleicht anders als das aktive Zentrum von Enzymen – je nach den Reaktionsbedingungen – zur Ausübung verschiedener Funktionen befähigt sein. Der Begriff der Funktion von Elektronenpaar – Akzeptor bzw. – Donator bezieht sich daher nicht auf den Quotienten von Ladung und Volumen, sondern ausschließlich auf die relative Verfügbarkeit von Elektronen.

Relativ einfach ist es, die Bindungseigenschaften radioaktiv markierter niedermolekularer Verbindungen an spezifischen Rezeptoren in vitro zu untersuchen. Da synaptische Rezeptoren nicht nur physiologische Bedeutung haben, sondern auch und vor allem in der Therapie Angriffspunkte verschiedener Drogen und Medikamente sind, ist die Erfassung solcher Wirkungsmechanismen besonders wichtig.

Die Bedingungen, die ein Molekül erfüllen muß, um als Rezeptor zu wirken, sind unter den folgenden Punkten zusammengefaßt:

1. Rezeptoren müssen hohe Selektivität und Spezifität zum Liganden zeigen und ihn an seiner Struktur erkennen.
2. Die Kinetik der Ligandenbindung ist eine Sättigungskurve, eine Langmuir'sche Adsorptionsisotherme, die anzeigt, daß die Zahl der Rezeptormoleküle in der Membran begrenzt ist.
3. Es muß Gewebespezifität vorhanden sein. Nur Zellen der Zielorgane, in denen die betreffenden ausgelösten Erscheinungen auftreten, dürfen Rezeptoren tragen.
4. Die Affinitätsparameter müssen auf die physiologischen Konzentrationen der Liganden abgestimmt sein. Die Sättigungskonzentration der Transmittersubstanzen liegt im Bereich von 10^{-9} bis 10^{-6} M. Die Dissoziationskonstante (K_D) ist ein Index und gilt sowohl für die Wechselwirkung von endogenen Transmittern, als auch pharmazeutisch wirksamen Substanzen mit dem Rezeptorprotein (Seeman et al. 1980).
5. Die Bindung des Liganden muß reversibel sein. Der physiologische Effekt muß nach Entfernung der Liganden gelöscht sein.
6. Das Ausmaß der besetzten Bindungsplätze (B_{max}-Werte) kann unter Annahme einer reversiblen Gleichgewichtsreaktion, die dem Massenwirkungsgesetz gehorcht, nach der Michaelis-Menten-Kinetik berechnet werden:

$$[R] + [L] \underset{K_{-1}}{\overset{K_1}{\rightleftharpoons}} [RL],$$

wobei die Dissoziationskonstante K_D bestimmt ist durch

$$K_D = K_{-1} / K_{+1} = [R] \cdot [L] / [RL]$$

und die maximale Bindungskapazität

$$B_{max} = [RL] + [R],$$

wobei [R] die Konzentration des freien Rezeptors und [L] die Konzentration des freien Liganden bedeutet.

9.6 Second Messenger

Liganden können auch an einen Rezeptor gebunden werden, der mit dem Enzym Adenylatcyclase gekoppelt ist, das Adenosintriphosphat (ATP) in cyclisches Adenosinmonophosphat (cAMP) umwandelt. Dieses Enzym, das fest in der Plasmamembran verankert ist, ist spezifisch für ATP als Substrat, da es aus anderen Nucleotid-Triphosphaten wie z. B. Guanosintriphosphat (GTP) keine cyclischen Nucleotide bilden kann. Liganden wie Histamin, Serotonin, Adrenalin, Noradrenalin, Dopamin sowie auch verschiedene Neuropeptide wirken indirekt, indem die Konzentration eines "second messengers" erhöht oder gesenkt wird, der dann seinerseits die elektrischen oder biochemischen Wirkungen auslöst. Die Adenylatcyclase ist inaktiv, bis sich der Transmitter an den Rezeptor bindet. Da ein Molekül Adenylatcyclase die Bildung einiger Tausend Moleküle cAMP katalysiert, wird das schwache Signal der Transmitter-Rezeptor-Reaktion verstärkt. Die Wirkung des cAMP besteht darin, daß es Protein-Kinasen aktiviert, die die Übertragung von Phosphatgruppen auf Membranproteine katalysieren, wodurch die Membranpermeabilität für Ionen geändert ist (Hamet 1983).

Verglichen mit anderen Vorgängen im ZNS arbeitet die Signalübertragung mit dem "second messenger" verhältnismäßig langsam. Man nimmt an, daß cAMP die Langzeitwirkung von Transmittern ermöglicht. cAMP wird durch Phosphodiesterase inaktiviert. Die Initiation dieser Verstärker oder "Amplifierwirkung" des cAMP erfolgt über Kopplung der Adenylatcyclase mit einem GTP bindenden Protein (Ns), welches eingebettet ist in die Innenseite der neuralen Membran und in Kontakt mit dem Cytosol (Abb.9.8). Jeder second messenger besitzt sein spezifisches Effektor-System, für cyclische Nukleotide sind es die Adenylat bzw. Guanylatcyclase, während für Calcium die bereits beschriebenen Ca^{++}-Kanäle in Betracht zu ziehen sind (Abb.9.6). Cyclisches Guanosinmonophosphat (cGMP) wirkt ebenfalls als regulatorisches Nukleotid, nur in der Weise, daß cAMP und cGMP zelluläre Vorgänge oft gegensätzlich regulieren und fungieren (Franklin 1980). Agonisten, welche Ca^{++} und cGMP als Effektorsystem besitzen, wirken über ein Adenylatcyclase inhibierendes GTP-regulierendes Protein Ni (Abb. 9.10). Adenin-, Opiat-, Acetylcholin, α-adrenerge- und Dopaminrezeptoren (D2) reagieren über ein solches System. Effektorsysteme können auch funktionell miteinander verknüpft sein. Die Phospholipid-Methylierung dagegen ist als indirekte Effektorwirkung anzusehen. Noradrenerge β-Rezeptoren in Retikulozyten-Membranen stimulieren eine Methyltransferase, die Phosphatidylethanolamin in Phosphatidylcholin umwandelt. Durch diese Reaktion wird die Membranfluidität geändert und die Kopplung des Rezeptorproteins mit der Adenylatcyclase ermöglicht bzw. erleichtert (Hirata et al. 1979).

Second messenger wie cAMP, cGMP, Inositolphosphate, Diazylglycerin und Calcium beeinflussen eine Reihe von Proteinkinasen, die durch Phosphorylierungsreaktionen über Reaktionskaskaden eine Vielzahl physiologischer Prozesse steuern. Second-messenger-Systeme interagieren auch im einzelnen Neuron (cross-talk).

"Membranfluidität"

Die Zellmembran besteht aus bimolekularen, teilweise halbflüssigen Strukturlipiden, die auch pseudokristalline Bereiche umfassen, wo die Mobilität der Proteine eingeschränkt ist. Die "Membranfluidität" ist eine Funktion der Zusammensetzung der Fettsäuren in der Membran, die auch die kinetischen Parameter der Rezeptoren moduliert (Chapman 1983). Erhöhung der "Membranfluidität", d.h. des effektiven lateralen Diffusionskoeffizienten, beeinflußt direkt das Verhalten der Na^{+}-Kanäle. Das durch den Na^{+}-Ionenfluß induzierte Potential wurde mit Fettsäuren, deren C-Anzahl höher als 9 war, vollständig gehemmt, hatte aber im Gegensatz dazu keinen Einfluß auf den K^{+}-Kanal.

9.7 Rezeptormodelle: Funktionszustände

Um Funktion und Arbeitsweise des Rezeptors verstehen zu lernen, wurde der Acetylcholinrezeptor aus den elektrischen Organen von Zitteraalen (Torpedo marmolata) und Zitterrochen (Electrophorus electricus) isoliert (Changeux et al. 1979, Kistler et al. 1982). Die Reinigung gelang mit Affinitätschromatographie und extrem spezifischen, hoch affinen Liganden, nämlich Neurotoxinen bestimmter Giftschlangen (Elapidae), die irreversibel an den Rezeptor binden. Ein Rezeptor ist demnach ein Glykoprotein mit verschiedenen neutralen und geladenen Zuckerresten, die als Erkennungsstellen fungieren. Nach Untersuchungen von Changeux et al. (1979) hat das Rezeptorprotein des Torpedo marmolata ein Molekulargewicht von 230.000–360.000 und dissoziiert in Gegenwart von Natriumdodecylsulfat in Untereinheiten, die elektrophoretisch voneinander getrennt werden können (in Abb. 9.9, mit α, β, γ und δ bezeichnet). Gegen diese gereinigten Untereinheiten konnten Antikörper gewonnen werden. In einer Kompetitionsbindungsstudie mit Cobra-α-Toxin konnte nachgewiesen werden, daß das einzelne Ach-Rezeptormolekül eine Bindungsstelle für Antagonisten, aber 2 verschiedene für Agonisten im Verhältnis 1:1 trägt. Damit war der Nachweis erbracht, daß das Rezeptorprotein für die Diskriminierung zwischen Agonisten und Antagonisten verantwortlich ist und die Bindungsstellen für Agonisten unmittelbar der Signalübertragung dienen. Diese experimentellen Befunde führten zur Aufstellung von Modellen, mit denen eine anschauliche Erklärung dieser Phänomene

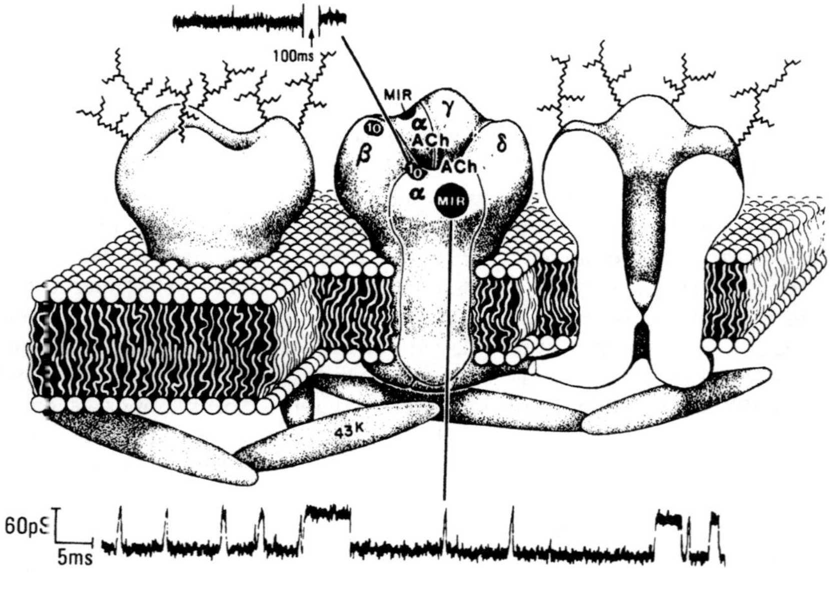

Abb.9.9. Modell des Acetylcholinrezeptors nach Kistler (aus Yamamura et al. 1985). *MIR* Main immunogenic region

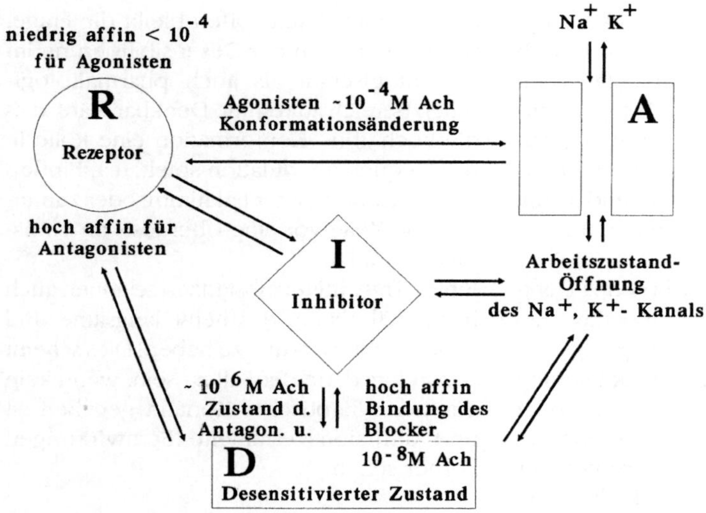

Abb. 9.10. Funktionszustände eines Rezeptors (Arbeitshypothese nach Changeux)

auf molekularer Ebene versucht wurde (Abb. 9.10).

Durch Annahme heterogener, voneinander unabhängiger vorgegebener Bindungsstellen am Protein, wird eine einfache Interpretation des Mechanismus, der zum Wechsel der Affinitäten führt, möglich. Allosterische Effekte, die die Ausbildung diskreter Konformationszustände des Rezeptorproteins bewirken, sind für den spontanen Wechsel der Affinität verantwortlich. Experimentelle Untersuchungen an Membranfraktionen von elektrischen Organen des Torpedo californica zeigten, daß die niedrig-affine Konformation, mit der Stabilität von einigen Millisekunden, mit dem physiologisch aktiven, d.h. funktionellen Zustand des Rezeptors korrespondiert, dagegen die hohe Affinität als das Ergebnis einer Desensibilisierung anzusehen ist (Changeux et al. 1979). Allosterische Proteine sind es ja, die sich vor allen Dingen durch ihre regulatorischen Funktionen auszeichnen. Kann die Aktivierung eines allosterischen Proteins durch seinen spezifischen Modulator aufgehoben werden, indem die Bindungsstelle für diesen Modulator chemisch modifiziert wird, ohne aber die Aktivität des Proteins zu beeinträchtigen, so spricht man vom Phänomen der Desensibilisierung (Monod 1965). Der Wechsel der Rezeptorkonformation mit der Zeit konnte experimentell spektrofluorometrisch durch Änderung der Eigenfluoreszenz des Acetylcholin-Rezeptorproteins während der Wechselwirkung mit einem nicht-kompetitiv blockierenden Liganden in halb-maximaler Konzentration und Acetylcholin bestätigt werden. Das Ergebnis dieses Versuches wurde in einem Modell zusammengefaßt, das die verschiedenen Bindungsmöglichkeiten sowohl eines Effektors als auch eines Antagonisten an ein Rezeptormolekül graphisch darstellt.

Der Ligand assoziiert schnell an das Rezeptorprotein-R. Dieser Vorgang, dominant während eines physiologischen Prozesses, hat die Dauer von nur wenigen Millisekunden. Eine wesentlich langsamere Reaktion bewirkt vermutlich eine Konformationsänderung des Rezeptormoleküls. Hohe Konzentrationen von Agonisten korrespondieren mit der Transformation des Makromoleküls von R nach A (niedrige Affinität), langsam erfolgt auch der Übergang von R nach D, dagegen schnell von R nach I. Man sieht, daß die sehr schnelle Reaktion des Transmitters mit dem Rezeptor im ersten Schritt genügend Zeit beläßt für Folgereaktionen bis zum Einsetzen der Reizantwort und damit optimale Regulationsmöglichkeiten für den Transmitterfluß.

Ein Ligand, in den synaptischen Spalt entleert, kann 3 verschiedene, kompetitive Reaktionen bewirken: Entweder erfolgt die Öffnung der Ionophore durch Aktivierung der niederen Affinität des Rezeptors oder Desensibilisierung durch Stabilisierung des hohen Affinitätszustandes. Hydrolyse des Liganden durch Enzyme wäre die dritte Reaktionsmöglichkeit. Offen bleibt die Frage, welche Funktion der Desensibilisierung im physiologischen als auch pharmakologischen Bereich zukommt. Denkbar wäre, daß die hochaffine Konformation eine Rolle in der Frequenzmodulation spielt, u.a. Einfluß auf das Aktionspotential nimmt oder zumindest die Zelle vor eine Überdosis an Transmitter schützt.

Einige Transmittersubstanzen scheinen auch hormonähnliche, das heißt langsame und andauernde Wirkung zu haben. Dies scheint besonders dann der Fall zu sein, wenn kein direkter synaptischer Kontakt gegeben ist und diffusionsvermittelte Fernwirkungen vorherrschen.

9.8 Komodulation

Obwohl Neuronen in transmitterspezifische Zellpopulationen differenziert werden, stellen sie jedoch auch dynamisch plastische Einheiten dar, die über den heterostatischen Mechanismus einer Komodulation ihre Signalübertragung regeln. Von homöostatischen Steuerungsmechanismen auf synaptischer Ebene wird dann gesprochen, wenn die Regelung über die Rezeptorproteine selbst erfolgt. Die **Supersensitivität** des DA-Rezeptors nach chronischer Behandlung mit DA-blockierenden Substanzen oder nach Degeneration aszendierender dopaminerger Fasern, die in einer vermehrten Rezeptordichte oder erhöhten Aktivität seines Effektorsystems gesehen wird, wäre ein Beispiel dafür. Supersensitivität kann aber bei fortschreitender Degeneration, wie bei der Parkinson'schen Krankheit, u. U. in eine Subsensitivität übergehen.

Werden endogene Substanzen, meist Peptide, im gleichen Neuron synthetisiert und in der gleichen Synapse zusammen mit dem Transmitter gespeichert, so spricht man von einer heterostatischen Modulation. Eine solche Koexistenz besteht z. B. zwischen Noradrenalin und Substanz P, die die Frequenzmodulation beeinflußt (HÖKFELT et al. 1980), DA und Thyroid-Hormonen (FUXE et al. 1981). Steroidhormone greifen in die genetische Transkription der Rezeptorproteine ein (FUXE et al. 1981). Im Sinne einer Zeit-Wirkungsabhängigkeit verstärken Modulatoren (oder sog. sekundäre Transmitter) das Transmittersignal und verlängern die Wirkdauer (IVERSEN 1979).

9.9 Kompensatorische kybernetische Mechanismen

Die Erkenntnis, daß eine neurologische bzw. psychiatrische Erkrankung ein biochemisches Korrelat hat und durch Medikamente beeinflußbar ist, war für die biochemisch-pharmakologische Forschung revolutionierend (Birkmayer und Hornykiewicz 1962). Die Parkinson-Krankheit ist das klassische Beispiel für eine Störung des Stoffwechsels der Stammganglien und der extrapyramidalen Regulation sowie für die Degeneration der in diese Region einstrahlenden dopaminhaltigen Nervenfasern. Aber erst bei einem DA-Verlust von etwa 70% treten Symptome der Parkinson-Krankheit auf. Daher kann man Kompensationsmechanismen postulieren, welche über lange Zeit in der Lage sind, physiologisch das DA-Defizit auszugleichen (Riederer et al. 1985):

1. Intraneuronale Rückkopplungsmechanismen wie z. B. Steuerung der Tyrosinhydroxylaseaktivität durch konzentrationsabhängige dopaminerge Autorezeptor-Stimulation bzw. Hemmung
2. Interneuronale Steuerung, z. B. Beeinflussung des nigrostriären dopaminergen Tonus über cholinerge, GABAerge, glutamaterge und peptiderge Systeme im strionigralen System; hemmende oder fördernde Einflüsse noradrenerger Fasern des Locus coeruleus; hemmender, von der Raphe ausgehender, serotoninerger Input etc.
3. Neuronale Sprossung und Reinnervation
4. Eine Reservekapazität von zwei Dritteln der Neuronen dürfte eine allgemein gültige Gesetzmäßigkeit sein und Basis zur langwährenden Aufrechterhaltung der neuronalen Funktion. So korreliert auch ein Verlust von weniger als 50% cholinerger Neuronen nicht mit dem Auftreten von Demenz. Der Ausfall von Neuronen scheint nach dieser Hypothese daher lange Zeit von artgleichen Neuronen funktionell durch erhöhte Aktivität ausgeglichen zu werden. Auch der physiologisch nachweisbare Neuronenverlust bei Altersvorgängen hat keine pathologischen Folgen.
5. Kompensation über Heterorezeptoren (multiple Transmitter/Modulatorbindungsstellen an Prä- und Postsynapse).
6. Auf- und Abregulation von Rezeptordichte bzw. -affinität bei stark divergierender Ligandenkonzentration.
7. Kompensation über "Regelkreise" (z. B. Motor-Loop; Papez-Kreis etc.)

Als artifizielle kybernetische Kompensationsmethode könnte die sich noch immer im Entwicklungsstadium befindliche zerebrale Transplantationschirurgie bezeichnet werden (Dunnett et al. 1983, Schmidt et al. 1982).

Physiologische Experimente haben gezeigt, daß auch Synapsen morphologisch modifizierbar und steuerbar sind, somit keine statische Einheit darstellen. Es wird vermutet, daß Spine-Synapsen auf den Dendriten der Neuronen und Pyramidenzellen im Kortex und Hippocampus solche modifizierbaren Synapsen sind und für Lernprozesse zuständig, da sie die für das Langzeitgedächtnis notwendige andauernde Potenzierung aufweisen könnten. Der Wachstumsprozeß in den dendritischen Spines könnte die strukturellen Veränderungen bewirken (Eccles 1972). Die offene Frage nach den möglichen molekularen Steuerungsmechanismen zur permanenten Steigerung der synaptischen Leistung führt damit wieder in das Gebiet der Neurochemie zurück. Jedes Neuron wird daher in vielfältiger Weise durch viele andere Nervenzellen beeinflußt, während multiple Verzweigungen dieses einen Neurons wieder mit vielen anderen Nervenzellen interagieren. Die Stabilität der Verhaltensweisen wird daher durch komplexe Regelvorgänge und Regelkreise garantiert und gegen Störanfälligkeit durch überdimensionierte Anlage von neuronalen Interaktionsmöglichkeiten geschützt.

9.10 Transduktionsmechanismen

Die durch eine Bindung eines Agonisten an einen Rezeptor ausgelösten Konformationsänderung des Rezeptors kann über eine Reihe unterschiedlicher Transduktionsmechanismen in das rezeptive Neuron der zentralen Synapse weitergegeben werden (Abb. 9.7). Wichtig wäre es hier anzumerken, daß eine Reihe unterschiedlicher Rezeptoren unterschiedlicher Transmitter letztlich den gleichen Transduktionsmechanismus benutzen können (Abb.9.8). Dies bedeutet, daß Psychopharmaka, die mehr oder weniger spezifisch mit einem Transduktionsmechanismus interferieren, nicht die pharmakologische Selektivität erreichen können wie Psychopharmaka, die nur eine spezifische Unterklasse eines einzigen Rezeptors aktivieren bzw. blockieren. Trotz dieses gewissen Rückschrittes im Hinblick auf die pharmakologische Selektivität gewinnt eine direkte Beeinflussung von Transduktionsmechanismen in den letzten Jahren immer mehr als potentieller Wirkungsmechanismus von Psychopharmaka an Bedeutung.

9.11 Chemische Neurotransmission determiniert den Aktivitätszustand der Nervenzelle

Informationsübertragung von Nervenzelle zu Nervenzelle wird im ZNS wahrscheinlich ausschließlich über chemische Neurotransmission vermittelt, wobei Zellkörper, Dendrite und Axone durch eine große Anzahl von individuellen Synapsen auf das komplizierteste miteinander verschaltet sind. Man hat errechnet, daß im Schnitt jede Nervenzelle unseres Gehirnes ca. zehntausend unterschiedliche Synapsen trägt und damit in ihrem jeweiligen Funktionszustand von sehr vielen anderen Neuronen reguliert wird. Auf die chemische Neurotransmission übertragen, bedeutet dies, daß jede Nervenzelle von sehr vielen unterschiedlichen Neurotransmittern erreicht wird, daß aber auch die Aktivität eines einzelnen Neurons über seine Synapsen auf sehr viele andere Neuronen weitergegeben wird. Die Komplexität wird heute noch dadurch vergrößert, daß viele Neuronen nicht nur einen einzigen Transmitter freisetzen, sondern an ihren Synapsen neben einem primären Transmitter auch noch unter bestimmten Bedingungen einen sekundären Transmitter freisetzen können.

Primäre Neurotransmitter sind die klassischen Substanzen wie Noradrenalin, Serotonin, Histamin, Acetylcholin, die Aminosäuren GABA, Glycin, Glutamat oder Aspartat, aber auch einige Neuropeptide wie Enkephalin, Endorphin, Substanz P und Somatostatin (McQueen 1985). Ko-lokalisierte Neuropeptide fungieren wahrscheinlich nur als sog. sekundäre Transmitter, d. h. sie werden mit einem primären Transmitter zusammen an der Synapse freigesetzt und wirken modulierend auf den eigentlichen Effekt des primären Transmitters (Hökfelt et al. 1980).

Praktisch alle heute zur Verfügung stehenden Psychopharmaka wirken, indem sie im wesentlichen in die Wirkungsweise primärer Neurotransmitter eingreifen. Eines der wenigen möglichen Beispiele für eine Psychopharmaka-Wirkung auf ein sekundäres Transmittersystem sind die Benzodiazepine, die über eine allosterische Bindungsstelle (den Benzodiazepinrezeptor) in die Wirkungsweise eines primären Transmitters (GABA) eingreifen (Müller 1987). Sie beeinflussen dabei die Wirkung eines Neuropeptides (Diazepam-Bindungsinhibitor), das wahrscheinlich als sekundärer Transmitter zusammen mit GABA freigesetzt wird und unter physiologischen Bedingungen an der Benzodiazepinbindungsstelle angreift.

9.12 Psychopharmaka verändern chemische Neurotransmission

Die wesentlichen Funktionsprinzipien der chemischen Neurotransmission, wie sie im zentralen Nervensystem ablaufen, wurden bereits ausführlich dargestellt.
Im Hinblick auf die Wirkungsmechanismen der heute zur Verfügung stehenden Psychopharmaka haben die einzelnen Schritte des Transmissionsprozesses sehr unterschiedlichen Stellenwert (s. oben).

9.12.1 Adaptive Effekte

Die bisher beschriebenen Effekte sind alle mehr oder weniger akuter Natur, d. h. nach Applikation des Psychopharmakons sind sie in relativ kurzer Zeit vorhanden und deutlich ausgeprägt. Dieser sehr schnelle Eintritt der akuten pharmakologischen Wirkung steht bei einer Reihe von Psychopharmaka im Gegensatz zum Zeitverlauf der gewünschten klinischen Wirkung, die sich oft erst über einen Zeitraum von Tagen oder Wochen ausbildet. Dies hat zu den Vorstellungen geführt, daß die im vorangegangenen beschriebenen akuten Effekte möglicherweise nicht den eigentlichen Wirkungsmechanismus einer Reihe von Substanzen darstellen, sondern daß sie nur den Anstoß geben zu adaptiven Veränderungen der Funktionalität bestimmter zentraler Neuronen.
Die extrem komplexe Verschaltung aller zentraler Neuronen untereinander, wie sie im vorangegangenen kurz beschrieben wurde, bringt es mit sich, daß viele zentrale Neuronen zu einer Reihe von adaptiven Leistungen möglich sind, d. h. sie können ihren Funktionszustand den vorliegenden Bedingungen anpassen und können damit überschießende Aktivitäten in bestimmten Bereichen des ZNS kompensieren bzw. ausgleichen. Dies kann in größeren Regelkreisen passieren, in die verschiedene Neuronen involviert sind, dies kann aber auch schon an einer einzelnen Synapse passieren, wo in vielen Fällen die postsynaptische Seite in der Lage ist, Perioden chronischer Über- bzw. Unteraktivität der Präsynapse durch bestimmte Adaptationen der Rezeptorkonzentration und aber auch der Rezeptorfunktionalität zu kompensieren. Wichtigstes Beispiel dafür, daß der eigentliche Wirkungsmechanismus von Psychopharmaka mit der Ausbildung solcher kompensatorischer Mechanismen verbunden ist, sind die Antidepressiva. Bei den Antidepressiva geht man heute davon aus, daß z. B. angestoßen durch die akute Blockade der neuronalen Wiederaufnahme und der damit verbundenen initialen Konzentrationserhöhung der Transmittersubstanzen Noradrenalin bzw. Serotonin in den jeweiligen Synapsen, solche adaptiven Veränderungen auf der postsynaptischen Seite ausgelöst werden. Diese Veränderungen lassen sich im noradrenergen wie auch im serotoninergen System finden und betreffen Veränderungen von Dichte und Funktionalität der postsynaptischen Rezeptoren. Die heutigen Vorstellungen solcher adaptiven Veränderungen an der noradrenergen Synapse, wie sie von sehr vielen Antidepressiva ausgelöst werden, sind in Abb. 9.11 zusammengefaßt. Andere Beispiele für solche adaptiven Ver-

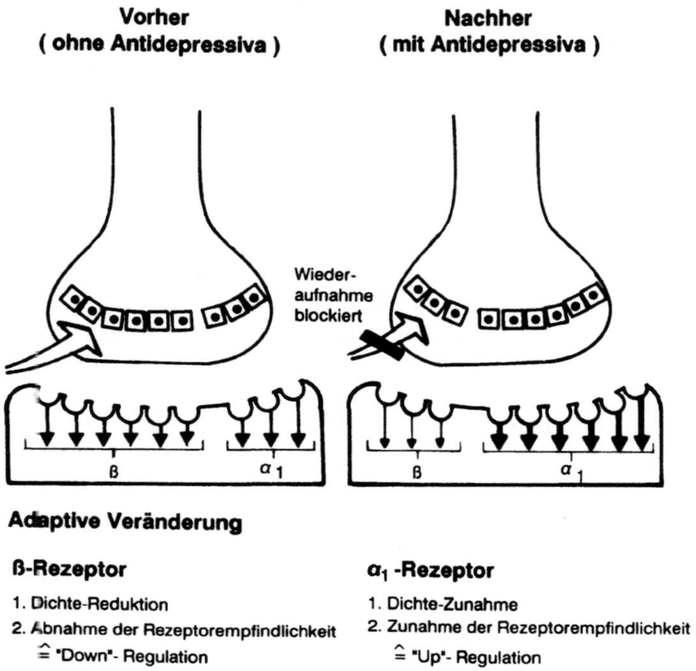

Abb. 9.11. Adaptive Veränderungen der noradrenergen Synapse nach chronischer Therapie mit einem klassischen trizyklischen Antidepressivum. Auf der Ebene der postsynaptischen β-Rezeptoren kommt es zu einer Abnahme von Dichte und der Funktionalität des Transduktionssystems ("down-Regulation"), während bei den postsynaptischen α_1-Rezeptoren Dichte und Funktionalität zunehmen ("up-Regulation") (nach Müller 1985)

änderungen der Funktionalität zentraler Neuronen, die wahrscheinlich sehr eng mit dem eigentlichen Wirkungsmechanismus von Psychopharmaka verbunden sind, wären der sich erst langsam ausbildende Depolarisationsblock dopaminerger Neuronen des mesolimbischen bzw. nigro-striatalen dopaminergen Systems unter chronischer Therapie mit Neuroleptika, oder die nach chronischer Lithium-Behandlung zu beobachtende Verarmung an Inositol im ZNS.

9.12.2 *Andere Angriffspunkte*

Während der überwiegende Teil der Psychopharmaka über einen der im vorangegangenen geschilderten Mechanismen mehr oder weniger selektiv in Mechanismen der chemischen Neurotransmission des ZNS eingreift, schließen diese Betrachtungen nicht aus, daß die molekulare Wirkung von bestimmten Psychopharmaka über andere Mechanismen vermittelt wird. Zu denken wäre hier an Antagonisten der spannungsabhängigen Kalziumkanäle wie z. B. das Nimodipin.

Zu denken wäre hier ggf. auch an neuere Substanzen, wie das N-S-Adenosylmethionin oder das Phosphatidylserin, deren primärer Angriffspunkt wahrscheinlich weniger ein spezifischer Mechanismus der chemischen Neurotransmission, als eine unselektive Veränderung der physikalisch-chemischen Eigenschaften der neuronalen Membrane ist. Wenn auch auf dieser mechanistischen Ebene neue Entwicklungen zu erwarten sind, sind die Chancen über einen solchen relativ unspezifischen Eingriff, spezifische Veränderungen zentral-nervöser Funktionen zu erreichen, wesentlich schlechter als bei der Ausnutzung der vielen Möglichkeiten zu spezifischen Eingriffen, die die chemische Neurotransmission bietet.

9.13 Pharmakologische Selektivität ist nicht gleichbedeutend mit funktioneller Spezifität

Bei unserem heutigen Verständnis zentralnervöser Funktionen müssen wir davon ausgehen, daß einzelne Funktionen unseres Gehirns bestimmten Kerngebieten bzw. bestimmten Verbänden von Neuronen zugeordnet werden können, die allerdings dann zusätzlich immer noch über verschiedenartigste Querverbindungen modulierende Impulse aus anderen Arealen des Gehirns erhalten (s. Kapitel Wachtel bzw. Berger und Riederer). Ausgehend von dem klinischen Wunsch, bestimmte psychopathologische Symptome möglichst selektiv korrigieren zu können, wünschen wir uns Psychopharmaka, die gezielt bestimmte Funktionen oder ggf. bestimmte Areale des ZNS beeinflussen. Ein typisches Beispiel für eine solche arealbezogene pharmakologische Einschätzung ist die Aussage, die in noch sehr vielen Lehrbüchern zu finden ist, daß Benzodiazepine bevorzugt in Arealen des limbischen Systems wirken. Diese Aussage ist in dieser Vereinfachung mehrfach falsch. Zum einen wissen wir heute, daß Benzodiazepine praktisch alle Bereich des ZNS beeinflussen, da ja eben in praktisch allen Bereichen des ZNS auch Benzodiazepinrezeptoren vorhanden sind. Daß sie auch und möglicherweise sogar besonders gut bestimmte emotionelle Funktionen beeinflussen, die wir mit dem limbischen System assoziieren, ist nicht dadurch zu erklären, daß die Benzodiazepine bevorzugt im limbischen System angreifen, sondern ist damit zu erklären, daß Areale des limbischen Systems eine sehr hohe Dichte an Benzodiazepinrezeptoren aufweisen. D. h. Benzodiazepine sind spezifisch für die mit ihrer Wirkung eng verbundenen Rezeptoren, sie sind aber nicht spezifisch für einzelne Hirnareale oder einzelne funktionelle Abläufe unseres ZNS. Daß wir dennoch überhaupt Psychopharmaka haben, die unterschiedliche Wirkungsqualitäten zeigen, muß dadurch erklärt werden, daß der bestimmte Effekt, den man mit einer gegebenen Substanz an einem spezifischen biochemischen Mechanismus (z. B. an einem Rezeptor) erreichen kann, eben in einem Hirnareal funktionell relevant ist, in einem anderen Hirnareal aber eben bei der Fülle von neurochemischen Impulsen funktionell keine große Rolle spielt.

Die heute in der Regel verfolgte Strategie, biochemisch hochselektive Psychopharmaka zu entwickeln, die z. B. nur noch eine Unterklasse eines Rezeptors aktivieren, ist sicher berechtigt dadurch, daß die Chance besteht, daß eine Beeinflussung dieses hochselektiven Systems dann eben funktionell nur noch in sehr wenigen Arealen des ZNS relevant wird. Insofern kann diese Strategie durchaus zu funktionell spezifischen Pharmaka führen. Es muß nur generell davor gewarnt werden, von vornherein ein Psychopharmakon, welches pharmakologisch hochselektiv ist (im Hinblick auf seinen biochemischen Angriffspunkt), auch von der klinischen Einschätzung als funktionell spezifisch zu betrachten. Klinische Spezifität kann nicht durch die experimentelle Pharmakologie, sondern nur durch die klinische Praxis erwiesen werden. Als Beispiel für diese kritische Aussage möchten wir die neuen hochselektiven Serotonin-Wiederaufnahmehemmer erwähnen, die im Vergleich zu den klassischen trizyklischen Antidepressiva eine hohe pharmakologische Selektivität aufweisen. Eine klinische Spezifität im Sinne eines besseren oder schlechteren Ansprechens bestimmter Untergruppen depressiver Patienten konnte für diese Substanzen allerdings bis heute nicht belegt werden.

Literatur

Aktories K (1985) Molekulare Wirkungsmechanismen von Antidepressiva. In: Philipp M (Hrsg) Grundlagen und Erfolgsvorhersage der ambulanten Therapie mit Antidepressiva. Springer, Berlin Heidelberg New York Tokyo, S 1–16

Bennett GW, Marsden CA, Sharp T, Stolz JF (1981) Concomitant determination of endogenous release of dopamine, noradrenaline, 5-hydroxytryptamine and thyrotropin releasing hormone (TRH) from rat brain slices and synaptosomes. In: Pycock CJ, Taberner PV (eds) Central neurotransmitter turnover. Croom Helm, London/University Park Press, Baltimore, pp 183–189

Berridge MJ (1981) Receptors and calcium signalling. In: Lamble JW (ed) Current reviews in biomedicine. Towards understanding receptors. Elsevier/North-Holland Biomedical Press, Amsterdam New York Oxford, pp 122–131

Birkmayer W, Hornykiewicz O (1962) Der L-Dioxyphenylalanin-(=L-Dopa) Effekt beim Parkinson-Syndrom des Menschen. Zur Pathogenese und Behandlung der Parkinson-Akinese. Arch Psychiat Z Ges Neurol 203:560–574

Bruinvels J (1980) Sodium ion displacement as a regulatory factor in depolarization-induced catecholamine biosynthesis. In: Parvez H, Parvez S (eds) Advances in experimental medicine: a centenary tribute to Claude Bernard. Elsevier/North-Holland Biomedical Press, Amsterdam New York Oxford, pp 557–577

Changeux JP, Heidmann T, Popot J, Sobel A (1979) Reconstitution of a functional acetylcholine regulator under defined conditions. FEBS Lett 105:181–187

Chapman D (1983) Biomembrane fluidity. The concept and its development. In: Aloia RC (ed) Membrane fluidity in biology, general principles. Academic Press, New York London, pp 5–39

Cooper JR, Bloom FE, Roth RH (1978) The biochemical basis of neuropharmacology. Oxford University Press, New York

Coyle JT, Price DL, DeLong MR (1983) Alzheimer's disease: a disorder of cortical cholinergic innervation. Science 219: 1184–1190

Dunnett STB, Björklund A, Stenevi U (1983) Dopamine-rich transplants in experimental parkinsonism. TINS 6: 266–270

Eccles JC (1964) The physiology of synapses. Springer, Berlin Heidelberg New York

Eccles JC (1972) Possible synaptic mechanisms subserving learning. In: Karczmar AG, Eccles JC (eds) Brain and human behaviour. Springer, Berlin Heidelberg New York, pp 39–61

Franklin TJ (1980) Binding energy and the excitation of hormone receptors. TIPS 2: 440–443

Fritze J (1989) Einführung in die biologische Psychiatrie. G Fischer, Stuttgart New York

Fuxe K, Agnati LP, Köhler C, Kuonen D, Ögren SO, Andersson K, Hökfelt T (1981) Characterization of normal and supersensitive dopamine receptors: effects of ergot drugs and neuropeptides. J Neural Transm 51:3–37

Ganong WF (1972) Medizinische Physiologie. Springer, Berlin Heidelberg New York

Glowinski J (1975) Regulation of synthesis and release processes in central catecholaminergic neurons. In: Berl S, Clarke DD, Schneider D (eds) Metabolic compartmentation and neurotransmission. Plenum Press, New York, pp 187–203

Gutmann V (1978) The donor-acceptor approach to molecular interactions. Plenum Press, New York

Hamet P (1983) Cyclic nucleotides in clinical pharmacology. TIPS 4: 218–221

Hirata F, Strittmatter WJ, Axelrod J (1979) β-Adrenergic receptor agonists increase phospholipid methylation, membrane fluidity, and β-adrenergic receptor-adenylate cyclase coupling. Proc Natl Acad Sci USA 76: 368–372

Hökfelt T, Johansson O, Ljungdahl A, Lundberg JM, Schultzberg M (1980) Peptidergic neurons.

Nature 284: 515–521

Hökfelt T, Johannson O, Holds V, Meister B, Melander T (1987) Distribution of neuropeptides with special reference to their coexistence with classical neurotransmitter. In: Meltzer HY (ed) Psychopharmacology: the 3rd generation of progress. Raven Press, New York, pp 401–416

Hubel DH (1979) The brain. In: Piel G et al. (eds) The brain, a scientific american book. WH Freeman & Company, San Francisco, pp 2–14

Iversen LL (1979) The chemistry of the brain. In: Piel G et al. (eds) The brain, a scientific american book. WH Freeman & Company, San Francisco, pp 70–81

Kandel ER (1979) Small systems of neurons. In: Piel G et al. (eds) The brain, a scientific american book. WH Freeman & Company, San Francisco, pp 29–38

Kistler J, Stroud R, Klymkowsky M, Lalancette R, Fairclough R (1982) Structure and function of an acetylcholine receptor. Biophys J 37: 371–383

Kornhuber J, Bormann J, Hübers M, Rusche K, Riederer P (1991) Effects of the 1-amino-adamantanes at the MK-801-binding site of the NMDA-receptor-gated ion channel: a human postmortem brain study. Eur J Pharmacol Mol Pharmacol Sect 206: 297–300

Lembeck F, Giere W (1968) Otto Loewi. Ein Lebensbild in Dokumenten. Springer, Berlin Heidelberg New York

Lesch KP (1991) Hormone und Neurotransmission. In: Beckmann H, Osterheider M (Hrsg) Neurotransmitter und psychische Erkrankungen. Springer, Berlin Heidelberg New York Tokyo, S 59–76

Lindvall O, Björklund A (1983) Dopamine- and norepinephrine-containing neuron systems: their anatomy in the rat brain. In: Emson PC (ed) Chemical neuroanatomy. Raven Press, New York, p 229

McQueen JK (1985) Classical transmitters and neuromodulators. In: Flückinger E, Müller EE, Thorner MO (eds) Transmitter molecules in the brain. Springer, Berlin Heidelberg New York Tokyo, pp 7–16

Michel RH (1979) Inositol phospholipids in membrane function. Trends Biochem Sci 4: 128–131

Mitchell R (1985) Molecular aspects of central neurotransmitter function. In: Flückinger E, Müller EE, Thorner MO (eds) Transmitter molecules in the brain. Springer, Berlin Heidelberg New York Tokyo, pp 37–55

Monod J, Wyman J, Changeux JP (1965) On the nature of allosteric transitions: a plausible model. J Mol Biol 12: 88–118

Müller WE (1985) Neurobiochemische Wirkung von Amitriptylin und anderen Antidepressiva. In: Beckmann H, Sieberns S (Hrsg) Wie aktuell ist Amitriptylin für die Therapie der Depression? Das ärztliche Gespräch, Bd 38. Tropon, Köln, S 21–32

Müller WE (1987) The benzodiazepine receptor, drug acceptor only or a physiologically relevant part of our central nervous system? The scientific basis of psychiatry, vol 3. Cambridge University Press, Cambridge New York Melbourne

Nicoll RA, Malenka RC, Kauer JA (1990) Functional comparison of neurotransmitter receptor subtypes in mammalian central nervous system. Physiol Rev 70: 513–565

Nieuwenhuys R (1985) Chemoarchitecture of the Brain. Springer, Berlin Heidelberg New York Tokyo

Nieuwenhuys R, Voogd J, Huijzen van C (1980) Das Zentralnervensystem des Menschen. Ein Atlas mit Begleittext. Springer, Berlin Heidelberg New York

Nieuwenhuys R, Voogd J, Huijzen van C (1991) Das Zentralnervensystem des Menschen. Springer, Berlin Heidelberg New York Tokyo

Popper KR, Eccles JC (1982) Das Ich und sein Gehirn. Piper & Co, München Zürich

Porenta G, Riederer P (1982) A mathematical model of the dopaminergic synapse: stability and sensitivity analyses, and simulation of Parkinson's disease and aging processes. Cybernet Syst Int J 13: 257–274

Pycock CJ, Taberner PV (1981) Central neurotransmitter turnover. Croom Helm, London/University Park Press, Baltimore

Riederer P, Sofic E, Rausch WD, Kruzik P, Youdim MBH (1985) Dopaminforschung heute und morgen – L-Dopa in der Zukunft. In: Riederer P, Umek H (Hrsg) L-Dopa-Substitution der Parkinson-Krankheit. Springer, Wien New York, S 127–144

Riederer P, Lange KW, Kornhuber J, Danielczyk W (1991) Glutamatergic-dopaminergic balance in the brain: its importance in motor disorders and schizophrenia. Proceedings Deidesheimer Gespräche. Arzneimittelforschung (im Druck)

Rogawski MA (1985) Norepinephrine. In: Rogawski MA, Barker JL (eds) Neurotransmitter actions in the vertebrate nervous system. Plenum Press, New York, pp 241–284

Schmidt RH, Ingvar M, Lindvall O, Stenevi U, Björklund A (1982) Functional activity of substantia nigra grafts reinnervating the striatum: neurotransmitter metabolism and [^{14}C]2-deoxy-D-glucose autoradiography. J Neurochem 38: 737–748

SEEMAN P, SELLERS ME, ROSCHLAU WHE (1980) Principles of medical pharmacology, 2nd ed. University Toronto Press, Toronto

STEINBUSCH HWM, NIEUWENHUYS R (1983) The raphe nuclei of the rat brainstem: a cytoarchitectonic and immunohistochemical study. In: EMSON PC (ed) Chemical neuroanatomy. Raven Press, New York, p 131

YAMAMURA HI, ENNA SJ, KUHAR M (1985) Neurotransmitter receptor binding, 2nd ed. Raven Press, New York

Neuro-Psychopharmaka, Bd. 1
Riederer P. / Laux G. / Pöldinger W. (Hrsg.)

10
Neuronale Verschaltungen

10.1 Neurotransmitterrezeptoren und ihre Effektorsysteme

H. Wachtel

Die Analyse des vielschichtigen Prozesses des synaptischen Informationstransfers vom vorgeschalteten (präsynaptischen) auf das nachgeschaltete (postsynaptische) Neuron war zunächst auf die Aspekte der Signalgeneration (Neurotransmittersynthese und -freisetzung) und Signalidentifikation (Neurotransmitterrezeptoren) beschränkt; im vergangenen Jahrzehnt sind die Aspekte der postrezeptorialen Signaltransduktion und -amplifikation (Effektorsysteme) mit Erfolg bearbeitet worden. Die methodischen Fortschritte auf dem Gebiet der Isolierung und Identifikation neuronaler Phosphorproteine haben in jüngster Zeit nun auch die Analyse eines besonders faszinierenden Aspekts in der Kaskade des Informationstransfers, nämlich der intraneuronalen Signalintegration im postsynaptischen Neuron (cross talk zwischen den Effektorsystemen), ermöglicht. Die Fähigkeit des postsynaptischen Neurons, eine Vielzahl unterschiedlicher extraneuronaler Transmitter-Signale innerhalb kürzester Zeit zu einer auf die aktuellen Erfordernisse abgestimmten physiologischen Zellantwort zu integrieren, setzt effiziente Mechanismen der Informationsverarbeitung voraus; ein Mechanismus, die Fülle der verschiedenartigen Neurotransmittersignale ohne Informationsverlust zu verarbeiten, besteht darin, sie in einheitliche Informationsträger, die intraneuralen Mediatoren, umzukodieren. Derart transformiert, fließt so die Vielfalt unterschiedlicher Neurotransmitter-Signale in einigen wenigen intraneuronalen Signalsystemen zusammen; das unterschiedliche Ausmaß der Aktivität dieser Effektorsysteme, das von der Intensität der in ihnen konvergierenden Primärsignale abhängt, bestimmt über grundlegende neurobiochemische Reaktionen wie Phosphorylierung und Dephosphorylierung funktionell bedeutender Schlüsselproteine (Enzyme des second messenger-Metabolismus, Rezeptorproteine oder Ionenkanalproteine) das neuronale Reaktionsniveau, das sich in einer Effektorzellantwort äußert, die der Resultante aus dem jeweiligen Aktivitätsmuster der verschiedenen Effektorsysteme entspricht.

Die Mechanismen der intraneuronalen Signalintegration über den cross talk zwischen verschiedenen Effektorsystemen sind bisher im Striatum am besten untersucht. Im Striatum spielen die sogenannten mittelgroßen, dendritisch stark verzweigten Neuronen, welche Gammaaminobuttersäure (GABA) neben Substanz P (SP) als Neurotransmitter bzw. Neuromodulator synthetisieren und aus ihren Terminalen in der Substantia nigra freisetzen, wegen der Konvergenz zahlreicher synaptischer Kontakte eine zentrale Rolle (FREUND et al. 1984). So projizieren auf die GABA/SP-Neurone neben den großen, dendritisch kaum verzweigten Acetylcholin (ACh)-Neuronen des Striatums (IZZO und BOLAM 1988) deszendierende Glutamat (GLU)-erge Neuronen des Cortex (KUBOTA et al. 1987) und aszendierende Dopamin (DA)-Neuronen der Substantia nigra pars compacta (FREUND et al. 1984). Als Effektorneuron unterschiedlicher Transmittersysteme hat deshalb das striatale GABA/SP-Neuron die Einflüsse der verschiedenen an DA, ACh und GLU gekoppelten Effektorsysteme zu verarbeiten und zu einer geordneten Antwort zu integrieren.

Wie eingangs bereits erwähnt, benutzen die klassischen Neurotransmitter (first messenger) intraneuronale Mediatoren (second messenger) für den Informationstransfer auf das nachgeschaltete Neuron. Sie bedienen sich dazu zweier Effektorsysteme, der Adenylatcyclase (AC) und der Phospholipase C (PLC), um das extrazelluläre Neurotransmittersignal an das Effektorneuron über eine Kaskade biochemischer Reaktionen weiterzuleiten. Andere Neurotransmitter wie GLU aktivieren an Calciumionen (Ca^{2+})-Kanäle gekoppelte Rezeptoren und benutzen die transitorische Erhöhung der intraneuronalen Ca^{2+}-Konzentration als Effektorsystem.

In Abb. 10.1 sind die postsynaptischen Rezeptoren (R) auf der Zelloberfläche eines GABA/SP-Neurons für DA (D_1- bzw. D_2-Rezeptorsubtyp), für ACh (muskarinischer M-1-Rezeptorsubtyp) und für GLU (NMDA = N-Methyl-D-aspartat-Rezeptorsubtyp) dargestellt. Während DA über D_1-Rezeptoren stimulatorisch bzw. über D_2-Rezeptoren inhibitorisch an das AC-Effektorsystem gekoppelt ist und ACH über M-1-Rezeptoren das PLC-Effektorsystem aktiviert, erhöht GLU über NMDA-Rezeptoren, welche an einen Ca^{2+}-Kanal gekoppelt sind, die intraneuronale Ca^{2+}-Konzentration. Die Aktivierung von D_2-Rezeptoren (R_i) bzw. D_1-Rezeptoren (R_s) durch den physiologischen Transmitter DA wird über ein aus drei Untereinheiten zusammengesetztes regulatorisches Protein (G_s bzw. G_i) auf die katalytische Untereinheit (C) der Adenylatcyclase übertragen, um im Falle des D_2-Rezeptors eine Hemmung, im Falle des D_1-Rezeptors jedoch die Stimulation der Synthese des second messengers cAMP aus Adenosintriphosphat (ATP) auszulösen. Das so gebildete cAMP aktiviert cAMP-abhängige Proteinkinasen (cAMP-Kinasen). Diese regulieren, indem sie unter Verbrauch von ATP Enzyme und Proteine des Cytosols, der Zellmembranen oder der Ionenkanäle phosphorylieren, die zelluläre Reaktion des Effektorneurons auf den first-messenger-Stimulus. Der Ausgangszustand der Effektorzelle wird wiederhergestellt, indem einerseits Phosphodiesterasen (PDE) den second messenger cAMP zu Adenosin-5'-monophosphat (5'-AMP) abbauen und andrerseits Proteinphosphatasen die Enzyme und Proteine wieder dephosphorylieren. In den striatalen GABA/SP-Neuronen ist ein bestimmtes Protein, das DARPP-32 (dopamine and cyclic AMP regulated phosphoprotein 32K) bevorzugtes Substrat der cAMP-Kinasen: phosphoryliertes DARPP-32 (DARPP-32-P) ist ein sehr wirksamer, physiologischer Inhibitor der Proteinphosphatase-1 (PP-1); seine Inhibitorwirkung wird über Dephosphorylierung durch eine Ca^{2+}-abhängige Protein-

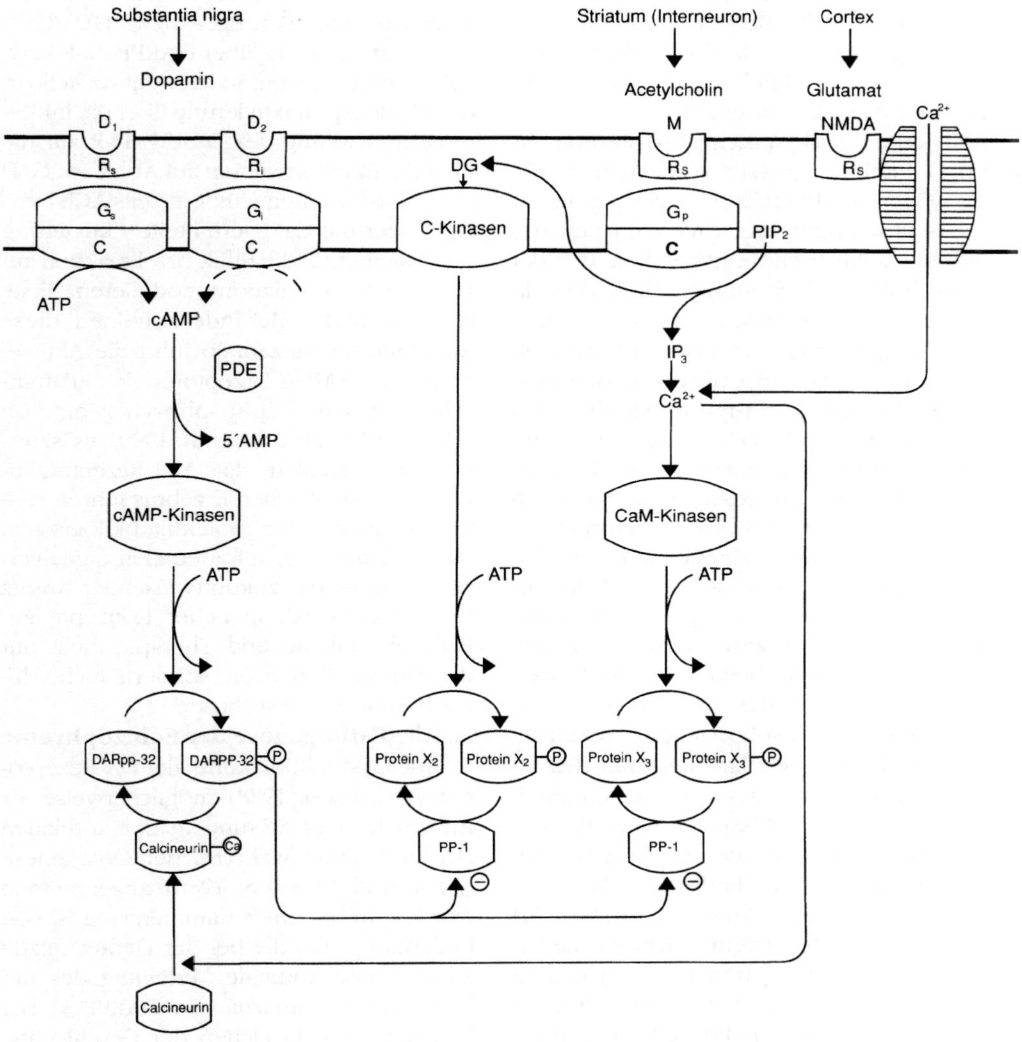

Abb. 10.1. Schematische Darstellung der Wirkung der Neurotransmitter Dopamin, Acetylcholin und Glutamat über die Effektorsysteme ihrer postsynaptischen Rezeptoren auf die intrazelluläre Signaltransduktion und -verarbeitung eines efferenten GABA/SP-Neurons des Striatums. Links ist das an DA-Rezeptoren gekoppelte Adenylatcyclasesystem, in der Mitte das an Acetylcholin gekoppelte Phospholipase C-System und rechts der an Glutamat gekoppelte Calciumionenkanal dargestellt. Für weitere Details und die Erläuterung der benutzten Abkürzungen siehe Text

phosphatase, Calcineurin, aufgehoben (HEMMINGS et al. 1987). Bereits hier deutet sich eine regulatorische Wechselwirkung zwischen dem AC- Effektorsystem und dem intraneuralen Ca^{2+}-System an.

Aktivierung muskarinischer M-1-Rezeptoren (M-1) durch den physiologischen Transmitter ACh wird ebenfalls über ein regulatorisches Protein aus drei Untereinheiten (G) auf die katalytische Untereinheit (C) der Phospholipase C übertragen; diese bewirkt die phosphodiesteratische Spaltung des zellmembrangebundenen Phosphatidylinositol-4,5-biphosphats (PIP_2), um die second messenger Inositol-1,4,5-triphosphat (IP_3) und 1,2-Diacylglycerol (DG) freizusetzen. IP_3 mobilisiert Ca^{2+} aus intraneuralen Kompartimenten. Das so freigesetzte Ca^{2+} bindet an das intrazelluläre Calciumrezeptorprotein Calmodulin (CaM). Während CaM nun CaM-abhängige Proteinkinasen (CaM-Kinasen) aktiviert, stimuliert DG sogenannte Proteinkinasen C (C-Kinasen). Diese regulieren, indem sie unter Verbrauch von ATP Enzyme und Proteine des Cytosols, der Zellmembran etc. phosphorylieren (Protein X_2, Protein X_3), die zelluläre Reaktion des Effektorneurons auf das first-messenger-Signal. Wie beim cAMP-System wirkt also das IP_3/DG-System über Proteinphosphorylierung als gemeinsame Endstrecke. Der Ausgangszustand des Effektorneurons wird wiederhergestellt, indem einerseits die second messenger IP_3 und DG enzymatisch inaktiviert werden und andrerseits Proteinphosphatasen (PP-1) die Substratproteine dephosphorylieren.

Die Aktivierung von NMDA-Rezeptoren durch den physiologischen Transmitter GLU schließlich führt über Öffnung von Ca^{2+}- Kanälen zu einem transitorischen Anstieg der intraneuralen Ca^{2+}-Konzentration und löst über CaM-Kinasen die im Prinzip beim PLC-Effektorsystem schon beschriebene zellulären Reaktionen des Effektorneurons aus.

Nach der vorausgegangenen Darstellung wird erkennbar, daß sich zumindest Ansätze zu einem Dialog zwischen DA/AC-System einerseits und ACh/PLC- bzw. GLU/Ca^{2+}-System andererseits über DARPP-32-P bzw. Calcineurin ergeben. So ist es gut vorstellbar, daß D_1-Rezeptoraktivierung über die inhibitorische Wirkung des DARPP-32-P auf die PP-1 die Effektorreaktion auf ACh bzw. GLU beeinflußt, während andererseits ACh bzw. GLU über die CaM-vermittelte Aktivierung von Calcineurin die Effektorzellreaktion auf D_1-Rezeptorstimulation modulieren. Erste experimentelle Befunde scheinen diese Annahme zu stützen: so führt die Aktivierung von NMDA-Rezeptoren in Striatumschnitten zur Dephosphorylierung von DARPP-32-P (HALPAIN et al. 1990); es ist unschwer vorstellbar, daß M-1-Rezeptoraktivierung zum gleichen Ergebnis führen sollte. Die Analyse der molekularbiologischen Mechanismen der intraneuralen Signalverarbeitung ist ein zukunftweisender Ansatz für die Entwicklung neuer Konzepte zur Pathophysiologie und Therapie nicht nur des Morbus Parkinson, sondern auch schizophreniformer Psychosen.

Für die **Pathogenese der Schizophrenie** ist eine Dysfunktion kortikaler DA-Rezeptoren (WEINBERGER 1988) möglicherweise als Ausdruck einer Störung in der kortikalen DA-Innervation während der Ontogenese (JAKOB und BECKMANN 1986) angenommen worden. In diesem Zusammenhang ist von Bedeutung, daß die bei der Geburt relativ ausgedehnte kortikale Verteilung des mit D_1-Rezeptoren assoziierten DARPP-32 bei Primaten nach Erreichen der Geschlechtsreife auf wenige kortikale Areale wie den Gyrus temporalis ventralis oder die Assoziationsgebiete des paralimbischen Gürtels beschränkt ist (BERGER et al. 1991). Sollten diese Primatenbefunde auch für den Menschen zutreffen, dann ist es denkbar, daß die inkomplette Rückbildung der ausgedehnten kortikalen Verteilung des DARPP-32 und der mit diesem Phosphoprotein assoziierten D_1-Rezeptoren während der postnatalen Entwicklung zu einem abnormen Verteilungsmuster der kortikalen DA-Rezeptor-Innervation und zu Veränderungen der Kortexfunktion führen kann, welche sich in der bizarren Symptomatik schizophrener Psychosen manifestiert.

Angesichts der Wechselwirkungen zwischen DARPP-32-P und Calcineurin, wie sie oben für das striatale Effektorneuron dargestellt wurden, ist die Annahme einer funktionellen Hyperaktivität des kortikalen DARPP-32 auch mit der Glutamat-Hypothese vereinbar, die eine GLU-Hypofunktion für die Ätiogenese der Schizophrenie postuliert (Kim et al. 1980, Carlsson 1988, Wachtel und Turski 1990). Im präfrontalen Kortex ist sowohl die Anzahl dopaminerger Synapsen als auch die D_1-Rezeptordichte am höchsten in den Laminae I-III (Goldman-Rakic et al. 1990); elektronenmikroskopisch zeichnen sich die dopaminerg innervierten Pyramidenzellen dieser oberflächlichen Kortexschichten durch funktionell bedeutsame Triadenkomplexe aus: ihre Dendriten weisen neben den symmetrischen Synapsen mit DA-Terminalen regelmäßig asymmetrischen Synapsen mit exzitatorischen Terminalen auf (Berger et al. 1991). Es gibt Hinweise, daß an diesen asymmetrischen Synapsen afferente exzitatorische Impulse aus amygdalokortikalen, "nicht-spezifischen" thalamokortikalen und insbesondere kortiko-kortikalen Bahnsystemen übertragen werden (Friedman et al. 1988). Es leuchtet ein, daß ein Ungleichgewicht zwischen den Aktivitäten der an DA-Rezeptoren bzw. der an exzitatorische Transmitter-Rezeptoren gekoppelten Effektorsysteme in den Pyramidenzellen des kortiko-kortikalen Systems, in welchem über reziproke inter- und intrahemisphärische Verschaltungen komplizierte Signalmuster transferiert und zu neuralen Leistungen von hoher Komplexität zusammengefaßt werden, zur Desintegration der kortikalen Funktionen führen kann, was sich in Störungen der Wahrnehmung, des Denkens und der Affektivität manifestiert.

Literatur

Berger B, Febvret A, Greengard P, Goldman-Rakic PS (1990) DARPP-32, a phosphoprotein enriched in dopaminoceptive neurons bearing D1 receptors: distribution in the cerebral cortex of the newborn and adult rhesus monkey. J Comp Neurol 299: 327–348

Berger B, Gaspar P, Verney C (1991) Dopaminergic innervation of the cerebral cortex: unexpected differences between rodents and primates. Trends Neurosci 14: 21–27

Carlsson A (1988) The current status of the dopamine hypothesis of schizophrenia. Neuropsychopharmacology 1: 179–186

Freund TF, Pawell JF, Smith AD (1984) Tyrosine hydroxylase-immunoreactive boutons in synaptic contact with identified striatonigral neurons, with particular reference to dendritic spines. Neuroscience 13: 1189–1215

Friedman DP, Murray EA, O'Neill JB, Mishkin M (1986) Cortical connections of the somatosensory fields of the lateral sulcus of macaques: evidence for a corticolimbic pathway for touch. J Comp Neurol 252: 323–347

Goldman-Rakic PS, Lidow MS, Gallager DW (1990) Overlap of dopaminergic, adrenergic and serotoninergic receptors and complementarity of their subtypes in primate prefrontal cortex. J Neurosci 10: 2125–2138

Halpain S, Girault JA, Greengard P (1990) Activation of NMDA receptors induces dephosphorylation of DARPP-32 in rat striatal slices. Nature 343: 369–372

Hemmings HC, Walaas SI, Quimet CC, Greengard P (1987) Dopamine regulation of protein phosphorylation in the striatum: DARPP-32. Trends Neurosci 10: 377–383

Izzo PN, Bolam JP (1988) Cholinergic synaptic input to different parts of spiny striatonigral neurons in the rat. J Comp Neurol 269: 219–234

JAKOB H, BECKMANN H (1986) Prenatal developmental disturbances in the limbic allocortex in schizophrenics. J Neural Transm 65: 303–326

KIM JS, KORNHUBER HH, SCHMID-BURGK W, HOLZMÜLLER B (1980) Low cerebrospinal fluid glutamate in schizophrenic patients and a new hypothesis on schizophrenia. Neurosci Lett 20: 379–382

KUBOTA Y, INAGAKI S, SHIMEDA S, KITO S, WU JY (1987) Glutamate decarboxylase-like immunoreactive neurons in the rat caudate putamen. Brain Res Bull 18: 687–697

WACHTEL H, TURSKI L (1990) Glutamate: a new target in schizophrenia? Trends Pharmacol Sci 11: 219–220

WEINBERGER DR (1988) Schizophrenia and the frontal lobe. Trends Neurosci 11: 367–370

10.2 Neurotransmitter-Regelkreise

W. Berger und P. Riederer

10.2.1 Einleitung

Für das wohlkoordinierte Zustandekommen einzelner motorischer und psychischer Handlungen scheint das Gleichgewicht verschiedener Neurotransmittersysteme von entscheidender Bedeutung zu sein. An Hand einer Auflistung verschiedener Hirnfunktionen (Tabelle 10.2.1 und 10.2.2), die durch wichtige der "klassischen" Neurotransmitter beeinflußt werden, läßt sich die Komplexität der Vernetzung einzelner Systeme erahnen. Eine zentrale Rolle spielen in diesem Zusammenhang die Basalganglien. Sie

Tabelle 10.2.1. Neurotransmitter und ihre Funktionen

Neurotransmitter	Effekt
Dopamin	Motorik (extrapyramidal), Gedächtnis, Lernfähigkeit, Stimmung
Noradrenalin	Lokomotorische Aktivität, Lernfähigkeit, Vigilanz, Schlaf-/Wachrhythmus Stimmung: ↓Depression, ↑Manie
Serotonin	Erhöhung der Schmerzschwelle, Schlaf, Stimmung: ↓Depression Mangel: Angst, Aggression
Acetylcholin	visuelle und auditive Perzeption, Gedächtnis, Lernfähigkeit, Vigilanz Stimmung: ↑Depression, ↓Manie
Gamma-Amino-Buttersäure (GABA)	Modulation der Motorik, Vigilanz, Hemmung kortikaler Übererregung

Tabelle 10.2.2. Psychische Funktionen und daran beteiligte Neurotransmitter

Funktionen	Transmitter					
Psychomotorische Funktionen	DA	NA	5-HT	ACh	GABA	GLU
Depression	NA	5-HT	DA	ACh	GABA	
Psychose	DA	5-HT	GLU			
Angst	GABA	NA	5-HT			
Aggression	GABA	5-HT	NA	DA		
Sexuelles Verhalten	5-HT	NA	DA			

DA Dopamin, *NA* Noradrenalin, *5-HT* Serotonin, *ACh* Acetylcholin, *GABA* Gammaaminobuttersäure, *Glu* Glutamat

scheinen die Relaisstationen für den geordneten Ablauf einzelner Handlungen zu sein. Dabei werden sie als Teil eines kortiko-kortikalen Rückkoppelungs-Mechanismus angesehen. In ihnen werden keine Kommandos für Muskelkontraktionen erzeugt, sondern deren Kombination, Richtung und Sequenz bestimmt (Chevalier und Deniau 1990). Ihre Hauptaufgabe dürfte die automatische Ausführung von erlernten Motorprogrammen sein (Marsden 1982). Dabei fügen sie die benötigten Einzelprogramme zu einem harmonischen Gesamtablauf zusammen. Die Basalganglien regulieren damit kortikale Funktionen über ihren Einfluß auf thalamo-kortikale Projektionen (Carlsson und Carlsson 1990).

Wir beziehen uns bei dieser Übersicht vorwiegend auf Artikel von Albin et al. (1989 a, b), Alexander und Crutcher (1990 a-c), Carlsson und Carlsson (1990), DeLong (1990), Graybiel (1990) und Parent (1990).

10.2.2 Die Basalganglien und ihre Verbindungen

Striatum (Input)

Dieses Kerngebiet stellt eine wichtige Drehscheibe für verschiedene Neuronensysteme dar. Es ist gleichsam der Eingang der Basalganglien, die "Input-Station" (DeLong und Georgopoulos 1981). Verschiedene kortikale Gebiete projizieren in das Striatum (Abb. 10.2.1). Als Botenstoff dient hier die exzitatorisch wirkende Aminosäure Glutamat. Diese Übertragung findet wahrscheinlich an N-Methyl-D-Aspartat-Rezeptoren (NMDA-

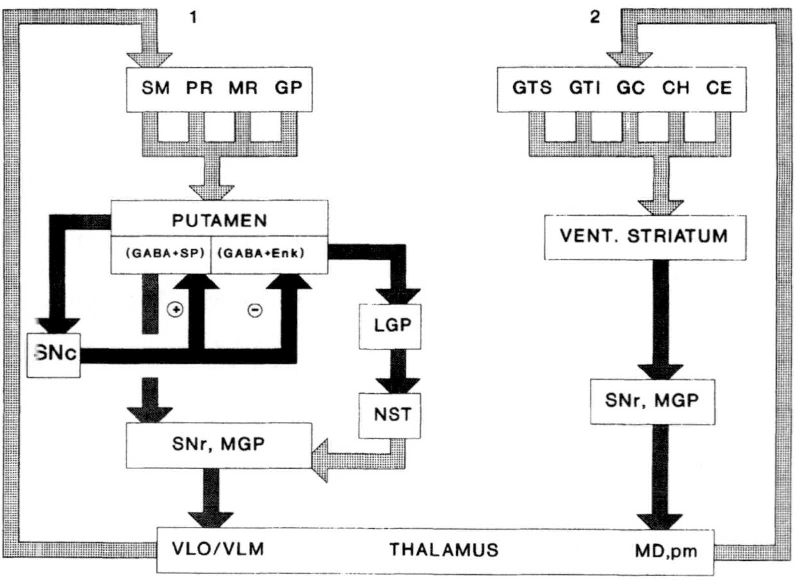

Abb. 10.2.1. Kortex: *SM* Supplementäres Motorfeld, *PR* Prämotorisches Rindenfeld, *MR* Motorische Rinde, *GP* Gyrus postcentralis, *GTS* Gyrus temporalis superior, *GTI* Gyrus temporalis inferior, *GC* Gyrus cinguli, *CH* hippocampaler Kortex, *CE* entorhinaler Kortex, **Basalganglien:** *SNc* Substantia nigra, pars compacta, *SNr* Substantia nigra, pars reticulata, *MGP* medialer Globus pallidus, *LGP* lateraler Globus pallidus, *NST* Nucleus subthalamicus, **Thalamus:** *VLO/VLM* Thalamus ventralis lateralis, pars oralis/medialis, *MD,pm* Thalamus medialis dorsalis, pars medialis, *1* "Motor-loop", *2* "Complex-loop", *Glutamat* ▒ *Dopamin* ■ *GABA* ■. Albin et al. (1989b), Alexander et al. (1986), Carlsson und Carlsson (1990), DeLong et al. (1985, 1990), Evarts et al. (1984)

Rezeptor) statt, wie Studien mit dem nichtkompetitiven NMDA-Antagonisten MK-801 an monoaminerg-depletierten Mäusen gezeigt haben (CARLSSON und CARLSSON 1990). Die afferenten Bahnen enden an verschiedenen Stellen der Nervenzellen des Striatum. Manche Befunde sprechen dafür, daß dopaminerge Synapsen der nigrostriatalen Bahn an den glutamatergen Nervenendigungen der kortikalen Neuronen enden. Im Gegensatz dazu nimmt eine andere Theorie an, daß die dopaminergen Neuronen ausschließlich an den Zellkörpern der GABAergen Neuronen des Striatum eine hemmende Funktion ausüben (GUNDLACH et al. 1986, HUDSON und WOODRUFF 1989) (Abb. 10.2.2). Unabhängig von der Richtigkeit der Theorien können dadurch dopaminerge nigrostriatale Fasern den glutamatergen Einfluß aus dem Kortex hemmen (KIM et al. 1980, KORNHUBER und KORNHUBER 1986).

Cholinerge Interneuronen, welche durch die dopaminergen nigro-striatalen Fasern ebenfalls hemmend beeinflußt werden, stimulieren Neuronen, die Gammaaminobuttersäure (GABA) als Transmitter und Enkephalin (Enk) als Neuromodulator verwenden (SCHEEL-KRÜGER 1985). Vom Striatum führen GABAerge Neuronen zum Pallidum und zur Substantia nigra (SN), die dadurch gehemmt werden (GRAYBIEL und RAGSDALE 1983). Diese beiden Kerne wiederum üben einen GABAergen hemmenden Einfluß auf verschiedene Thalamuskerne (VA/VL/MD/CM-pf) aus (PENNEY und YOUNG 1981). Diese Verbindung nennt man auch den "direkten Weg". Im Gegensatz dazu verläuft der "indirekte Weg" vom Striatum über das laterale Pallidum (LGP) zum Nucleus subthalamicus (NST) (ALEXANDER und CRUTCHER 1990a). GABAerge Neuronen aus dem LGP hemmen den NST (GRAYBIEL und RAGSDALE 1983). Der NST wiederum erregt mittels Glutamat das mediale Pallidum (MGP) und die Substantia nigra pars reticulata (SNr) (ALBIN et al. 1989a). Er gilt damit als die Triebkraft der Basalganglien (ALBIN et al. 1989b, KITAI und KITAI 1987). Die Neuronen im Striatum, welche diese verschiedenen "Wege" innervieren, benutzen verschiedene Neuropeptide: Substanz P (SP), der "direkte" und Enkephalin (Enk), der "indirekte Weg" (ALBIN et al. 1989b, GRAYBIEL und RAGSDALE 1983). Diesen Neuropeptiden dürfte ein modulierender Einfluß auf die

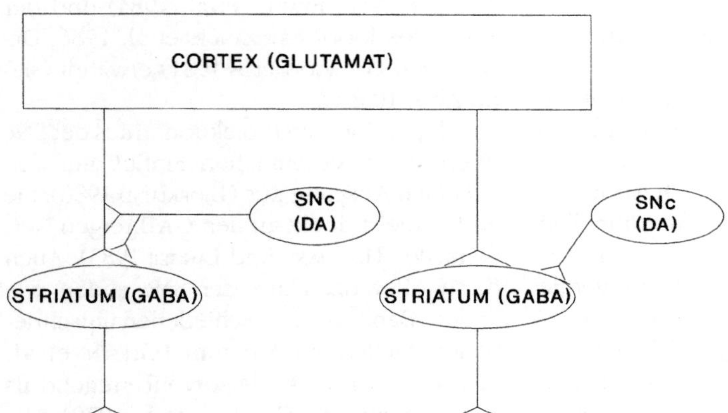

Abb. 10.2.2. Hypothetische Endigung der dopaminergen nigrostriatalen Neurone im "Motor-loop". *SNc* Substantia nigra, pars compacta, *DA* Dopamin, *GABA* Gammaaminobuttersäure. GUNDLACH et al. (1986), HUDSON und WOODRUFF (1989)

Neurotransmission zukommen (ALEXANDER und CRUTCHER 1990a, GRAYBIEL 1990). Damit stellen sie die Feinregulation des am Anfang beschriebenen Gleichgewichts der verschiedenen Regelkreise dar. Unterstützt wird diese Hypothese z. B. durch den Befund einer Verminderung von Enk im LGP in der Frühphase der Chorea Huntington (CH) (ALBIN et al. 1989b, DIFIGLIA 1990).

Dopaminerge Rezeptoren des Typs D_1 (Adenylatcyclase-abhängig) und D_2 (Adenylatcyclase-unabhängig) stellen wichtige Schaltstellen der somatotopischen Feinregulation dar. So wird vermutet, daß Dopamin den "direkten" Weg von Striatum zum medialen Globus pallidus exzitatorisch über D_1-Rezeptoren steuert. Im Gegensatz dazu soll Dopamin den "indirekten" Weg (Striatum zum lateralen Globus pallidus) über D_2-Rezeptoren inhibitorisch regeln.

Die D_1-Rezeptoren liegen dabei vorwiegend auf GABA-Neuronen, die mit Dynorphin und Substanz P ko-lokalisiert sind und primär die Substantia nigra pars reticulata innervieren. D_2- Rezeptoren sind auf GABA-Neuronen lokalisiert, die Enkephalin enthalten und die Substantia nigra pars compacta regulieren.

Pallidum und Substantia nigra pars reticulata (Output)

Das Pallidum und die SNr sind die "Output-Stationen" der Basalganglien. Zwischen dem LGP und dem MGP existieren wahrscheinlich reziproke Verbindungen. Diese könnten eine wichtige Rolle in der funktionellen Organisation der Basalganglien spielen (PARENT 1990). Vom Thalamus führen erregende glutamaterge Bahnen zurück zu verschiedenen kortikalen Gebieten (Abb. 10.2.1) (STRICK 1976) und fungieren dadurch als negative Rückkoppelung. Aktivierung dieser thalamo-kortikalen Bahn führt zu einer Hemmung der Lokomotorik (CARLSSON und CARLSSON 1990) und moduliert die kortikalen Ausgänge in den Hirnstamm und das Rückenmark (DELONG 1990).

In Abb. 10.2.1 sind die wichtigsten Verbindungen dieser kortiko-kortikalen Schleifen in ihrer Gesamtheit dargestellt. Diese Verbindungen sind nicht diffus und regellos aufgebaut, sondern bestehen aus wohl voneinander getrennten "Regelkreisen". Es bestehen zwar einige Querverbindungen zwischen diesen Regelkreisen, aber im wesentlichen haben sie ihre eng umschriebenen Plätze in den verschiedenen Kernen (DONOHUE und HERKENHAM 1986, GRAYBIEL 1990, GERFEN 1984, 1985, ILINSKY und KULTAS-ILINSKY 1987, PARENT 1990, SMITH et al. 1990). Die kortiko-thalamo-kortikalen Regelkreise sind somatotopisch verschaltet (ALEXANDER und CRUTCHER 1990c, CRUTCHER und DELONG 1984, DELONG et al. 1985, LILES und UPDYKE 1985). Aus den motorischen Rindenarealen projizieren unter anderem supplementäres Motorfeld, prämotorisches Rindenfeld und motorische Rinde in die Basalganglien (SELEMON und GOLDMAN-RAKIC 1985). Auch limbische Rindenfelder senden Nervenfasern in die Basalganglien. Daraus wird die enge Verknüpfung zwischen Motorik und emotionellem Verhalten deutlich. Exemplarisch seien der "Motor-loop" (ALBIN et al. 1989b, ALEXANDER und CRUTCHER 1990a, CARLSSON und CARLSSON 1990, EVARTS et al. 1984) und der "Complex-loop" (ALEXANDER et al. 1986, DELONG und GEORGOPOULOS 1981) erwähnt (siehe Abb. 10.2.1).

Die dopaminergen Projektionen aus der SNc üben einen wesentlichen Einfluß auf den striatalen Ausgang aus (BJÖRKLUND 1986). Sie enden meist direkt an den GABAergen Nervenzellen (LEHMANN und LANGER 1983). Auch diese Afferenzen aus der SNc enden wie andere Bahnen an verschiedenen umschriebenen Stellen im Striatum (GERFEN et al. 1987a,b). Dort wirkt DA sowohl erregend als auch hemmend (COOPER et al. 1978). An den GABA/SP hältigen Nervenzellen (direkter Weg) wirken sie exzitatorisch, an den GABA/Enk. (indirekter Weg) jedoch inhibitorisch (YOUNG et al. 1986). Aktivierung der mesostriatalen dopaminergen Bahnen führt zu einer Stimulation des als Filter wirkenden Thalamus und erhöht damit den Informationsfluß in den Kortex (Carlsson und Carlsson 1990). Wahrscheinlich üben diese mesostriatalen Bahnen auch via GABAerge Kollateralen aus dem Striatum Einflüsse auf die mesencephale Formatio reticularis (FR) aus. Sie steuern damit zusätzlich das Maß an "Arousal" (Carlsson und Carlsson 1990).

Wahrscheinlich besteht innerhalb der somatotopischen Regelkreise ebenfalls eine parallele Organisation. Man konnte innerhalb dieser Schleifen elektrophysiologisch auch zeitgleiche Aktivitäten feststellen. Es könnte sich dabei um Untergruppen von Nervenbahnen handeln, die verschiedene Aufgaben bei der Abwicklung von Motorprogrammen haben. Solche Aufgaben sind Zielsuche, Extremitätenkinetik und Muskelaktivitätsmuster (Alexander et al. 1986, Alexander und Crutcher 1990b,c, Crutcher und Alexander 1990).

10.2.3 Limbisches System

Papez beschrieb 1937 ein in sich geschlossenes System (Abb. 10.2.3), von dem er meinte, daß es die strukturelle Basis für das Emotionsleben sei. Neuere Forschung ergab jedoch ein weit komplexeres Bild. Viele andere Kerngebiete sind mit diesem "Papez"-Kreis assoziiert, bilden mit ihm das limbische System. Als möglicher Ort für Emotion und Motivation war das limbische System eine große Herausforderung für die Forschung. Immer mehr Gebiete wurden ihm zugeordnet. Dadurch verschwammen einerseits die Grenzen des limbischen Systems, dafür bildeten sich neue funktionelle Subentitäten heraus. Als Beispiel lassen sich das Corpus amygdaloideum oder der Hippocampus mit ihren reichhaltigen Verbindungen anführen (Heimer 1983). Ein erweitertes Bild des limbischen Systems soll das Schema in Abb. 10.2.4 zeichnen.

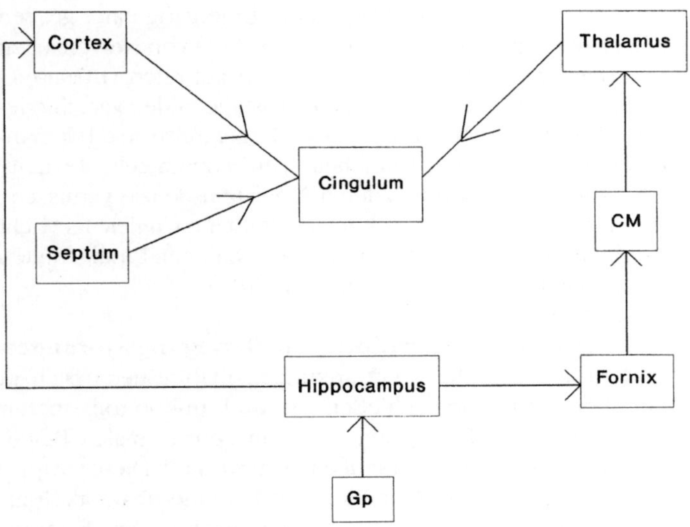

Abb. 10.2.3. "Papez"-Kreis (Nieuwenhuys et al. 1990). *CM* Corpus mamillare, *Gp* Gyrus parahippocampalis

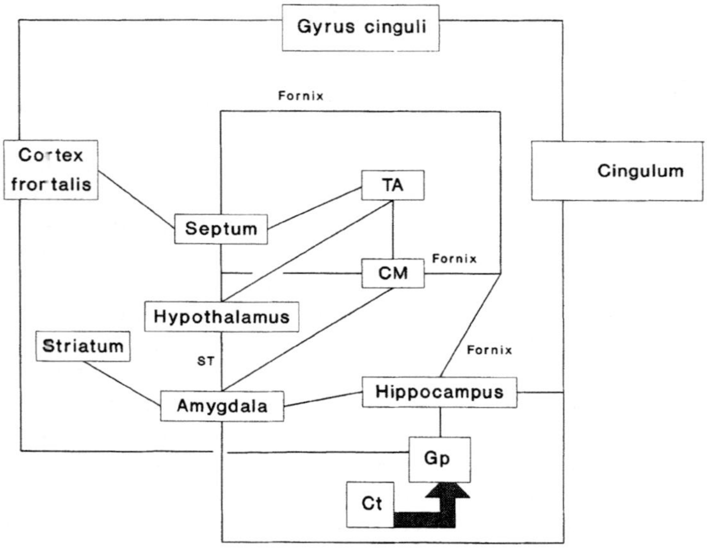

Abb. 10.2.4. "Limbisches System" (Nieuwenhuys et al. 1990). *ST* Stria terminalis, *TA* Thalamus, *CM* Corpus mamillare, *Gp* Gyrus parahippocampalis, *CT* temporaler Kortex.
Verbindungen — in beide ▬ in eine Richtung(en)

10.2.4 Krankheit durch Störung der Balance

Wie bereits erwähnt, ist das Gleichgewicht zwischen den verschiedenen Neuronenkreisen für einen wohl koordinierten Ablauf von motorischen Handlungen und psychischen Ausdrucksweisen verantwortlich. Störungen in diesem Gleichgewicht, zum Beispiel durch Zelluntergänge in einem bestimmten Kerngebiet, führen zu einer Reihe verschiedener Erkrankungen. Um die Balance wieder herzustellen, erhöhen noch verbliebene Zellen ihren Transmitterausstoß durch kompensatorische Veränderung der funktionellen Balance zwischen Prä- und Postsynapse. Andere Neuronensysteme vermindern durch Änderung ihrer Entladungsfrequenz das Ungleichgewicht. Schließlich hilft möglicherweise eine Supersensitivität der nachgeschalteten Zellen mit, die Ausfälle zu kompensieren. Am Beispiel des experimentell herbeigeführten Untergangs dopaminerger nigrostriataler Nervenbahnen wurde gezeigt, daß DA auch nicht-synaptische Effekte besitzt. All dies hat zur Folge, daß erst bei einem Untergang einer großen Anzahl (mindestens 70%) von Nervenzellen Krankheitssymptome auftreten (Bernheimer et al. 1973). Die Ausfälle in den verschiedenen Teilen dieser Regelkreise sind bei manchen Krankheiten nicht durch Zelluntergang, sondern durch Regulationsdefizite verursacht. Auch dadurch entsteht ein Ungleichgewicht in den komplex verschalteten Basalganglien (Zigmond et al. 1990).

Hyperkinetische Bewegungsstörungen
Diese Erkrankungen manifestieren sich in überschießenden und unkontrollierbaren Bewegungen, die in den normalen Bewegungsablauf eingestreut sind. Diese Gruppe von Erkrankungen hat eine pharmakologische Eigenschaft gemeinsam. Die Symptome werden durch Dopamin-D_2-Antagonisten vermindert und durch Dopamimetika verstärkt. Das bekannteste Beispiel ist die Chorea Huntington (CH). Es wird angenom-

men, daß dabei Fragmente unerwünschter Motorprogramme in den normalen Bewegungsablauf eingestreut werden (REINER et al. 1988). Der hervorstechendste pathologische Befund findet sich im Striatum. Die Degeneration ist mit dem Verlust von GABAergen Nervenzellen gekoppelt. Ein weiteres hyperkinetisches Symptom ist der Ballismus. Diese Bewegungsstörung scheint Teil des weiten Spektrums des choreatischen Formenkreises zu sein. Auch hier sind DA-Antagonisten von therapeutischem Nutzen, ebenso sind cholinerge Substanzen symptommildernd. Anticholinergica dagegen führen zu einer Exazerbation.

Aus dem in Abb. 10.2.1 dargestellten Schema läßt sich die Gruppe der hyperkinetischen Bewegungsstörungen ableiten. Die Zerstörung des NST führt zum Ballismus (ROBERTSON et al. 1989). Dies wurde auch durch experimentell erzeugte Läsionen des NST im Affen gezeigt (CROSSMAN et al. 1985). Daneben kann auch eine erhöhte Hemmung des NST durch den LGP zu hyperkinetischen Symptomen führen. Im Frühstadium der CH wurde ein selektiver Ausfall striataler Zellen, die in den LGP projizieren, nachgewiesen (REINER et al. 1988). D_2-Antagonisten lindern die Symptome. Sie erhöhen die Synthese von Enk im Striatum. Parallel dazu findet sich eine Enkephalinerhöhung im LGP (MOCCHETTI et al. 1987). Dieser Effekt kann mit Scopolamin, einem am Muscarinrezeptor wirksamen Anticholinergicum, blockiert werden (HONG et al. 1980). Beim Ballismus führen D_2-Antagonisten zu einer Hemmung des indirekten Weges. Dadurch wird die verminderte Stimulation der SNr und des MGP durch den NST ausgeglichen (ALBIN et al. 1989b).

All diesen hyperkinetischen Störungen ist eine verminderte Stimulation der SNr und des MGP durch den NST gemeinsam. Dies kann entweder durch eine Störung im NST selbst (Ballismus) oder durch eine verminderte striatale Hemmung des LGP (CH) verursacht sein (REINER et al. 1988). In beiden Fällen kommt es zu einer Enthemmung der Thalamuskerne, und damit zu einer verminderten Rückkoppelung auf den Kortex (CROSSMAN et al. 1985).

Die choreatischen Bewegungen könnten die Reaktion auf sensorische Impulse sein. Gesunde Personen können diese Reaktionen unterdrücken (ALBIN et al. 1989b). Es wurde gezeigt, daß striatale Nervenzellen empfindlich für sensorische Stimuli sind (CRUTCHER und DELONG 1984). Wahrscheinlich besteht eine Aufgabe der Basalganglien darin, solche sensorischen Einflüsse auf die motorischen Rindenfelder zu steuern (HIKOSAKA et al. 1989b). Vielleicht bestimmen die Basalganglien, welcher sensorische Stimulus eine motorische Aktion in Gang setzt (ALBIN et al. 1989b, HIKOSAKA et al. 1989a–c). Im Spätstadium der CH kommt es auch zu einer Degeneration der GABA/SP-Neuronen, die zum MGP und SNr führen. Das Ergebnis der verminderten Hemmung dieser beiden Kerne ist Rigidität und Akinesie (ALBIN et al. 1990).

Hypokinetische Bewegungsstörungen

Der Morbus Parkinson stellt hierbei den Prototyp dar. Sein klinisches Bild wird hauptsächlich durch die Degeneration der nigrostriatalen Bahnen verursacht. Analog dazu können Minus-Symptome auch durch D_2-Antagonisten (z. B. sekundärer Parkinsonismus durch Neuroleptika-Therapie bei der Schizophrenie) und cholinerge Substanzen hervorgerufen werden. Auch die Entleerung catecholaminerger Speicher durch Reserpin hat einen ähnlichen Effekt. Der Morbus Parkinson läßt sich daher als Gegenstück zur CH verstehen.

Der hervorstechendste neuropathologische Befund ist die Degeneration der Nervenbahn, die von der SNc zum Striatum führt. Dadurch kommt es zu einer Dopaminverminderung im Striatum. Ebenso sind die Enzyme der Dopaminsynthese erniedrigt. Dabei handelt es sich vorwiegend um die geschwindigkeitsbestimmende Tyrosinhy-

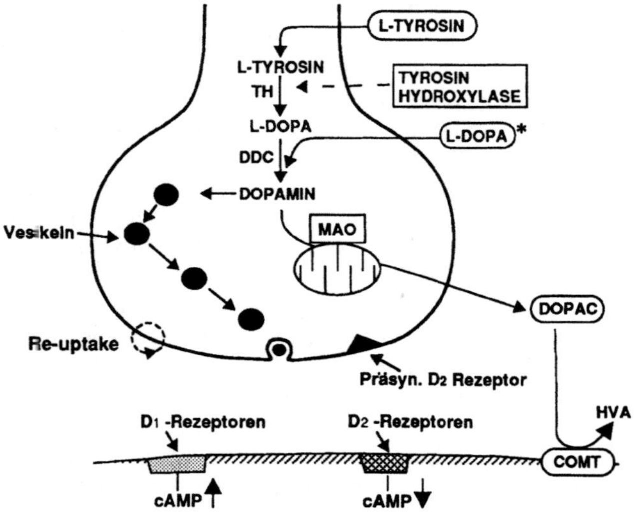

Abb. 10.2.5., *DDC* Dopa-Decarboxylase, D_1,D_2 Dopamin-Rezeptoren, *DOPAC* 3,4-Dihydroxyphenylessigsäure, *HVA* Homovanillinsäure, *MAO* Monoaminoxidase, *COMT* Catechol-O-Methyltransferase, *cAMP* zyklisches Adenosinmonophosphat

Tabelle 10.2.3. Verminderung dopaminerger und GABAerger Parameter bei der Parkinson-Krankheit (in Prozent der Kontrollen)

	Nucleus caudatus	**Putamen**	**Globus pallidus**	**Substantia nigra**	**Cortex cerebri**
DA[1,2]	12–40%	5–23%	LGP 8%	2–20%	39%
DOPAC[2]	ng	10%	ng	2%	55%
HVS[2]	30–45%	14–29%	LGP 28–40%	28–48%	62%
HVS/DA[6]	2000%	980%	ng	800%	ng
TH	9–20%[4]	2,5–7%[1]	16%[3]	14–25%[1]	ng
DDC[5]	41%	42%	63%	35%	ng
TH/DDC[6]	274%	419%	ng	ng	ng
GAD[5,6]	23–54%	41–71%	48–58%	5–45%	31–60%
GABA[5,6] (Bind.)	uv	uv	uv	60%	uv

ng nicht gemessen, *uv* unverändert, *DA* Dopamin, *DOPAC* 3,4-Dihydroxyphenylessigsäure, *HVS* Homovanillinsäure, *TH* Tyrosinhydroxylase, *DDC* Dopa-Decarboxylase, *GABA* Gammaaminobuttersäure, *GAD* Glutamatdecarboxylase, *LGP* lateraler Globus pallidus.
[1] Birkmayer und Riederer (1985), [2] Riederer et al. (1986), [3] Nagatsu et al. (1979),
[4] Mogi et al. (1988), [5] Rinne et al. (1976), [6] Lloyd et al. (1975, 1979), [7] Scatton et al. (1983)

droxylase (TH) aber auch um die Dopadecarboxylase (DDC) (Birkmayer und Riederer 1985). In Abb. 10.2.5 ist der Stoffwechselweg von Dopamin schematisch dargestellt. Die enge Korrelation der verringerten Aktivität der TH mit dem Schweregrad der Symptomatik unterstreicht die Wichtigkeit dieses Befundes. In der Tabelle 10.2.3 sind die wichtigsten Veränderungen des Dopaminstoffwechsels zusammengefaßt.

Im Gegensatz zum Dopaminverlust ist die Verminderung der Aktivitäten abbauender Enzyme nicht und jene der Metaboliten nicht so stark ausgeprägt. Das läßt sich mit der kompensatorisch erhöhten Umsatzrate in den verbliebenen Zellen erklären. Dopamin aber wirkt nicht nur als klassischer Neurotransmitter über Rezeptoren, sondern auch als Neurohormon. Auch diese Wirkweise könnte zur Kompensation des Transmitterverlustes beitragen. Auf Grund der verschiedenen Kompensationsmechanismen müssen wahrscheinlich wenigstens zwei Drittel der Zellen in der SNc zugrunde gehen, damit sich die Krankheit manifestiert (Bernheimer et al. 1973). Die Dichte und Empfindlichkeit der postsynaptischen Rezeptoren dürfte größtenteils unverändert sein (Gerlach und Riederer 1989, 1990, Riederer und Gerlach 1990). Aus diesem Grund ist eine Substitutionstherapie mit L-Dopa oder eine Stimulationstherapie mit D_2-Agonisten sinnvoll. Ebenso ist die Aktivität der dopaminabbauenden Monoaminoxidase-B (MAO-B) unverändert bis leicht erhöht (Birkmayer und Riederer 1985). Dieses Enzym baut gemeinsam mit der Catechol-O-methyl- transferase (COMT) Dopamin im Extrazellularraum zu Homovanillinsäure (HVS) ab. Dieser Metabolit ist daher nicht in dem Maße vermindert wie Dopamin selbst. Die Verminderung von 3,4-Dihydroxyphenylessigsäure (DOPAC) hingegen folgt eng dem Dopaminverlust, da dieser Metabolit intrazellulär entsteht.

Durch den verminderten dopaminergen Eingang verändert sich die Aktivität der striatalen Neuronen in verschiedener Weise. Die GABAergen Zellen des Striatums, die unter dem modulierenden Einfluß des Neuropeptids Substanz P (SP) stehen, werden weniger stimuliert (direkter Weg). Diese Neuronen projizieren in den MGP, die SNc und die SNr. Dort läßt sich unter anderem eine Verminderung von SP durch DA-antagonisten experimentell erzeugen (Bannon et al. 1987). Auch elektrophysiologisch kann diese verminderte Aktivität nachgewiesen werden. Dementsprechend sind die GABAergen Rezeptoren in SN und Pallidum verändert (Pan et al. 1985). Andererseits werden die GABAergen Neuronen, die in den LGP führen, enthemmt (indirekter Weg) (Filion et al. 1989). Diese Zellen verwenden Leu-Enkephalin (Leu-Enk) als Neuromodulator. Als Folge davon werden die Nervenzellen, die vom LGP zum NST führen, vermehrt blokkiert. Diese Bahn verwendet ebenfalls den inhibitorischen Transmitter GABA. Die Veränderungen im GABA-Stoffwechsel sind in Tabelle 10.2.3 zusammengefaßt.

Durch die Enthemmung feuern die glutamatergen Zellen im NST besonders stark. Glutamat als exzitatorisch wirkender Neurotransmitter erregt die Zellen im MGP und der SNr in erhöhtem Maße. Beides hat zusammen mit der Beeinflussung über den "direkten Weg" zur Folge, daß die Thalamuskerne vermehrt gehemmt werden. Dadurch verringert sich die glutamaterge Stimulation des Kortex.

Der Dopaminverlust im Striatum ist regional nicht gleich. Zum einen ist er im Putamen stärker ausgeprägt als im N. caudatus (Tabelle 10.2.3), andererseits besteht auch ein topographischer Unterschied innerhalb dieser Kerne (Kish et al. 1988). Im Putamen nimmt der Dopaminverlust von kaudal nach rostral zu, im N. caudatus ist es umgekehrt. Auch in der Substantia nigra ist der Dopaminmangel nicht homogen (Bernheimer et al. 1973). Dadurch ergibt sich eine unterschiedliche dopaminerge Innervation in den Regionen des Striatums (Kish et al. 1988). Diese qualitativ und quantitativ unterschiedlichen Muster der Degeneration bewirken wahrscheinlich nicht nur die Art der Symptome, sondern bestimmen auch den Verlauf der Erkrankung mit zunehmender Dauer der Krankheit. Ebenso könnte der ungleichmäßige Grad des Verlustes dopaminerger Innervation viele Nebenwirkungen der L-Dopa-Therapie mitverursachen. Das Gehirn wird nach einer Substitutionstherapie gleichmäßig mit L-Dopa versorgt, welches dort in unterschiedlich degenerierten Gebieten wirksam wird. Da die Kardinalsymptome wie Akinese, Rigor und Tremor als Regelgröße für die Therapie verwendet werden, läßt sich vorstellen, daß andere Hirnareale entweder weiter mit Dopamin unterversorgt oder überstimuliert werden. Hyperkinesien, Dystonien und kognitive Störungen sowie Psychosen sind mögliche Folgen.

Ein therapeutischer Ansatz könnten NMDA-Antagonisten wie zum Beispiel Amantadin oder Memantin bei der Parkinsonkrankheit sein. Die verminderte dopaminerge Hemmung führt im Striatum zu vermehrter glutamaterger Freisetzung in NST und SNr. Wie oben beschrieben hemmt dies die Lokomotorik. Durch Hemmung der glutamatergen Transmission könnten dadurch die Symptome der Parkinsonkrankheit gemildert werden (Carlsson und Carlsson 1990, Kornhuber et al. 1991, Olney et al. 1987).

An welcher Stelle der glutamatergen Bahnteile des Motor-loops Antagonisten Wirkung entfalten, ist noch nicht gesichert. Da aber Läsionen der thalamo-kortikalen Bahn sowie der kortiko(SM/PR)-striatalen Fasern keine Parkinsonsymptome auslösen (Marsden, persönliche Mitteilung), ist anzunehmen, daß es vorwiegend die bei der Parkinsonkrankheit überaktiven glutamatergen Fasern, ausgehend vom NST sind, welche durch Antagonisten gehemmt werden.

Experimentell kann eine Parkinsonsymptomatik aber auch durch Läsionen von Bahnen zwischen medialem Globus pallidus bzw. Substantia nigra pars reticulata und Hirnstammregionen erzielt werden. Die dadurch übererregten dopaminergen Neuronen des Nucleus pontinus peduncularis bieten Anticholinergica einen bis dato wenig beachteten Angriffspunkt, der auch für die Parkinsontherapie von Relevanz sein könnte.

Mit diesem Modell lassen sich auch die bei L-Dopa-Therapie auftretenden Dyskinesien erklären. Diese Nebeneffekte werden auf zwei Wegen hervorgerufen. Erstens führt L-Dopa an den GABA/Enk-Neuronen zu einer verstärkten Hemmung. Dadurch kommt es über den indirekten Weg zu einer Abnahme der Stimulation des MGP und der SNr. Andererseits führt L-Dopa zu einer vermehrten Stimulation des direkten Weges, wodurch die Zellen im MGP und der SNr stärker gehemmt werden (DeLong 1990). In Summe bewirkt dies eine zunehmende Aktivität der thalamo-kortikalen Rückkopplung.

Dystonien

Dabei kommt es zu spontaner Ausbildung von krampfartig fixierten Körperhaltungen, die Sekunden, Minuten, aber auch dauernd vorhanden sein können. Über die Pathophysiologie dieser Gruppe von Bewegungsstörungen ist jedoch noch sehr wenig bekannt.

Einer symptomatischen Dystonie liegen Läsionen im Striatum, Pallidum oder Thalamus zu Grunde (Albin et al. 1989b). Besonders im Spätstadium einer CH kommt es oft zu Dystonien (Young 1986). Dann sind von der Zerstörung nicht nur die striatalen Bahnen zum LGP betroffen, sondern auch die zum MGP und zur SNc führenden (Reiner et al. 1988). Im Endstadium kommt es zusätzlich zu einer transsynaptischen Degeneration von Nervenzellen im Pallidum und der SNr (Alexander und Crutcher 1990b). Ein Großteil der Dystonien ist wahrscheinlich durch einen weitreichenden Verlust der glutamatergen Stimulation des Kortex durch den Thalamus verursacht. Dabei dürften weniger einzelne spezielle Teile des Striatum allein betroffen sein. Das Motorsystem funktioniert dabei zwar, möglicherweise aber ohne den modulierenden Einfluß der Basalganglien (ALBIN et al. 1989b).

Schizophrenie

Die Basalganglien besitzen auch enge Verbindungen mit dem limbischen System. Das Striatum empfängt Einflüsse aus dem Hippocampus, der Amygdala und wird vom präfrontalen Kortex glutamaterg stimuliert (DEUTSCH et al. 1989). Zu diesem Teil des "limbischen" Striatum gehört auch der Nucleus accumbens. Dieser Kern sendet Bahnen zur SNc (NAUTA et al. 1978, SOMOGYI et al. 1981). Dadurch könnte das limbische System andere Regelkreise, die durch das Striatum führen, beeinflussen. Damit stellt diese striato-nigrale Bahn vielleicht eine Art Interface zwischen Hirngebieten, die für "Motivation" zuständig sind, und denen, die für "Motorik" wichtig sind, dar. Ähnliche striato-nigrale Verbindungen könnten auch für andere Regelkreise gelten (SMITH et al. 1990). Dies streicht die bedeutende Rolle des Dopamins in den Basalganglien heraus.
Die zu Beginn beschriebenen NMDA-Rezeptoren, deren sich die glutamatergen Neuronen aus dem Kortex bedienen, dürften auch eine Rolle bei der Schizophrenie spielen. Phencyclidin (PCP), ein nicht-competitiver Antagonist dieses Rezeptors, ist fähig, sowohl produktive als auch Defizitsymptome einer Schizophrenie zu imitieren (SNYDER 1980). Das unterstützt die Hypothese, daß ein primäres glutamaterges Defizit für diese Krankheit verantwortlich ist (KIM et al. 1980). Der Hauptteil der glutamatergen Bahnen kommt aus dem Kortex. Aus diesem Grunde passen die Befunde einer kortikalen Atrophie und eines verminderten Metabolismus in den betroffenen Gebieten bei der Schizophrenie gut in dieses Bild. Ebenso wurden dazupassende Veränderungen an den glutamatergen Rezeptoren gefunden (KORNHUBER 1989, NISHIKAWA et al. 1983).
Andere Formen der Schizophrenie können auch durch eine dopaminerge Überstimulation des Striatums zustande kommen. Dies geschieht wahrscheinlich durch die verminderte glutamaterge Stimulation des Striatums, wodurch es indirekt zu einer verminderten GABAergen Hemmung des dopaminergen Systems kommt. Ein weiteres Indiz für die glutamaterge Hemmung der dopaminergen Transmission ist der Nachweis von NMDA-Rezeptoren auf dopaminergen Nervenendigungen im Gyrus cinguli. Diese Neuronen stammen aus der Area tegmentalis ventralis (DEUTSCH et al. 1989).
Für eine Beteiligung des Schläfenlappens und des limbischen Systems bei der Symptomentstehung im Rahmen der Schizophrenie spricht eine Veränderung der sogenannten P300. Dies ist ein ereignisbezogenes im EEG ableitbares Potential, welches Auskunft über die Funktionsfähigkeit allokortikaler Strukturen wie des basalen Schläfenlappens, Kortex entorhinalis, Amygdala-Komplex und der Hippocampus-Formation gibt. Abbildung 10.2.6 zeigt schematisch, wie ein Stimulus zur Entstehung der P300 führt (MAURER et al. 1989). Auffallend ist die Beeinflussung aller daran beteiligten Strukturen durch die monoaminergen Systeme, sodaß sich hier wieder ein Beispiel für die enge Verknüpfung der verschiedenen Transmittersysteme ergibt.
Patienten mit Schizophrenie zeigten eine charakteristische Veränderung der P300-Generation gegenüber gesunden Kontrollpersonen. Die Ursache dafür ist möglicherweise eine Läsion in dem in Abb. 10.2.6 beschriebenen Neuronenkreis und eine damit verbundene gestörte elektrische Informationsverarbeitung. Da ein Teil der Kernverbindungen Glutamat als Transmitter verwendet, erhärtet dies die Hypothese, daß eine glutamaterge Unterfunktion bei der Schizophrenieentstehung eine zentrale Rolle spielt (KIM et al. 1980).
Während WACHTEL (Kapitel 10.1) sein Hauptaugenmerk auf Störungen dopaminerger Rezeptorsysteme bei Schizophrenie legt, haben wir versucht, die glutamaterge Hypo-

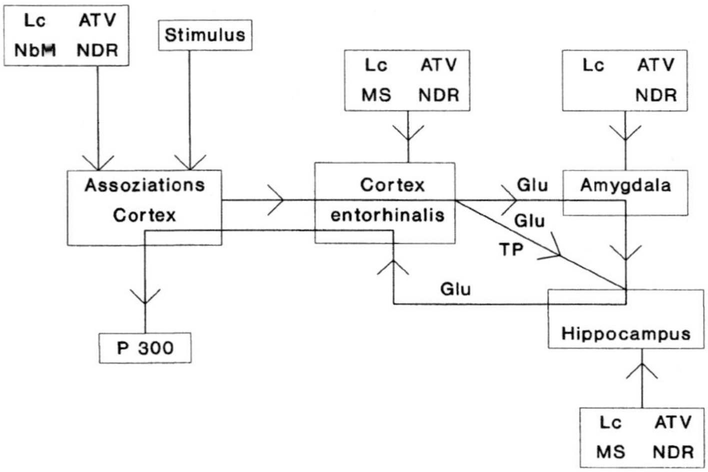

Abb. 10.2.6. Hypothetisches Modell zur Entstehung von P300 (Maurer et al. 1989). *Glu* Glutamat, *MS* mediales Septum, *Lc* Locus coeruleus, *TP* Tractus perforans, *ATV* Area tegmentalis ventralis, *NbM* Nucleus basalis Meynert, *NDR* Nucleus dorsalis raphe

these zu untermauern. Beide Hypothesen widersprechen sich dabei nicht. Man nimmt an, daß in jedem Falle die direkt oder indirekt verursachte Überaktivität dopaminerger Systeme zu produktiven Symptomen im Rahmen einer Schizophrenie beitragen. Dafür sprechen auch Befunde zur Auslösung und Behandlung pharmakotoxischer Psychosen bei der Parkinsonkrankheit. Abbildung 10.2.7 illustriert dies in vereinfachter Weise.

Depression

Bei der "Depression" scheinen die monoaminergen Systeme reduziert zu sein. Eventuell ist dafür eine glutamaterge Überstimulation mit nachfolgender Beeinträchtigung der Zellfunktion verantwortlich. MK-801, ein nichtkompetitiver NMDA-Antagonist, und elektrokonvulsive Therapie (EKT) erhöhen die Empfindlichkeit für monoaminerge Substanzen durch Hemmung der glutamatergen Stimulation. Als Ergebnis wird die Aktivität des kortiko-thalamischen Regelkreises, vor allem aber der limbische Anteil, vermindert. Depression könnte daher eine Folge dieser erhöhten Regelkreis-Aktivität sein, hervorgerufen durch ein Ungleichgewicht zwischen monoaminergen und glutamatergen Systemen (Carlsson und Carlsson 1990). Der positive Effekt der EKT beim Morbus Parkinson auf die Bewegungsstörungen unterstützt diese Hypothese (Balldin et al. 1981). Hier führt die Schwächung des glutamatergen Systems zu einer besseren Ansprechbarkeit auf L-Dopa (Carlsson und Carlsson 1990). Tricyclische Antidepressiva sind häufig durch die Hemmung monoaminerger Wiederaufnahmemechanismen wirksam. Interessanterweise sind diese zum Teil auch NMDA-Antagonisten (Leander 1989, Reynolds und Miller 1988). Das legt den Schluß nahe, daß für diese Wirkung ebenfalls eine Verringerung glutamaterger Aktivität eine Rolle spielt (Carlsson und Carlsson 1990).

10.2.5 Zusammenfassung

Die komplexe Verschaltung verschiedener Neuronensysteme hat zur Folge, daß nur ein wohlausgewogenes Gleichgewicht eine

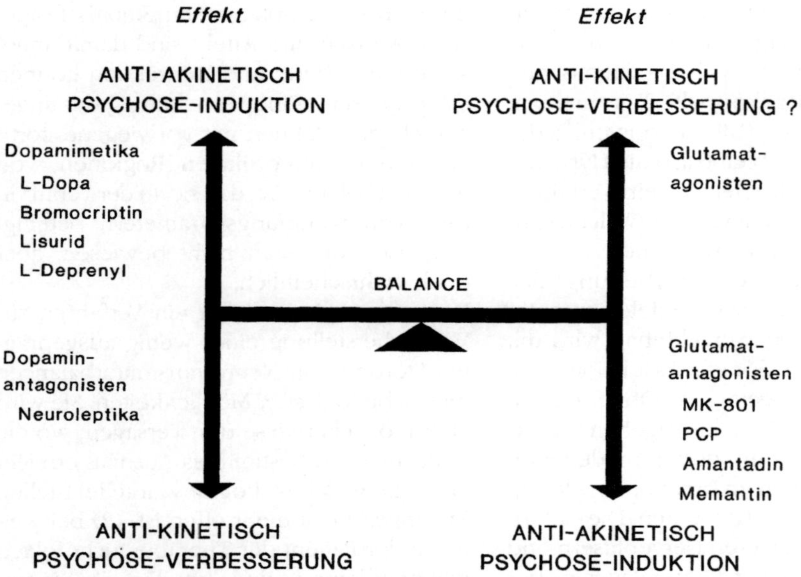

Abb. 10.2.7. Hypothetisches Gleichgewicht zwischen dopaminergen und glutamatergen Systemen und seine mögliche pharmakologische Beeinflussung

korrekte Funktion unserer Motorik und unseres Verhaltens garantiert. Viele Kompensationsmechanismen puffern Störungen, die durch Degeneration von Nervenzellen, defekte Mechanismen oder medikamentöse Therapie bedingt sind. Viele Symptome von motorischen und psychiatrischen Erkrankungen sind daher nicht durch Veränderungen in einem einzigen Transmittersystem bedingt, sondern spiegeln vielfältige Aktivitätsänderungen wider. Daher ist auch bei der biochemischen und elektrophysiologischen Untersuchung von Hirngewebe Vorsicht bei der Interpretation von Ergebnissen geboten. Allzu leicht werden die gefundenen Veränderungen primären Störungen zugeschrieben und sind doch nur sekundär oder auch durch Kompensation bedingt. Eine kybernetische Betrachtungsweise des Organes Gehirn in Therapie und Forschung ist daher unumgänglich.

10.2.6 Ausblick

Wir wollen in diesem Beitrag nicht den Eindruck erwecken, daß biologische Fehlsteuerungen nur durch pharmakologische Therapie und/oder Transplantationschirurgie bzw. Genchirurgie beeinflußbar sind. Zudem haben sich manche dieser Denkansätze nicht realisieren lassen oder sind nur schwer durchzuführen (Beispiel der Beeinflussung von intakten gegenüber geschädigten Nervenfasern einer bestimmten Neurotransmitterpopulation bzw. pharmakologische Manipulation überaktiver und unteraktiver Systeme eines Neurotransmittersystems). Transplantations- und Genchirurgie stecken in den Anfängen, Grundlegendes ist hier noch zu erarbeiten bevor die ethische Frage zugunsten eines Eingriffes entschieden werden kann und soll.

So bleiben neben den durchführbaren und allermeist nur symptomatischen pharmakologischen Therapiestrategien solche, die auf psychologischer, psychotherapeutischer, musiktherapeutischer und verhaltenstherapeutischer Grundlage basieren. Sind diese Therapiemaßnahmen von biochemischen Mechanismen abgekoppelt? Wir meinen, daß dies nicht der Fall ist, obwohl jeder Beweis aussteht. Es bleibt also die Hypothese, daß z. B. Psychotherapie ein Verfahren mit biochemischer Relevanz ist. Welche Hinweise gibt es für diese Annahme?

Sprache, Hören und Verarbeitung des Sprachinhaltes sind die Grundelemente der Psychotherapie. Der Sprachinhalt wird mit einer bestimmten Sprachmodulation evtl. auch -emotion vorgetragen. Ohne auf die Physiologie des Ohres einzugehen, ist erwiesen, daß die nun derart modulierten Schallschwingungen im Innenohr in elektrische Impulse umgesetzt werden. Die elektrischen Impulse aktivieren Nervenfasern und deren Neurotransmitter. Obwohl wenig über die Art der Übertragung oder der dabei involvierten Neurotransmitter bekannt ist, weiß man, daß die Fasern von ventralem und dorsalem Endkern ausgehen und eine Reihe von Gehirnregionen vernetzen (Olive, Dorsalkern und Ventralkern, hinteres Vierhügelpaar, mittlerer Kniekörper, Formatio reticularis und Hörrinde, Pierce 1985). Bei der Verarbeitung des empfangenen Signals werden aber nicht nur die Richtung der Schallquelle durch Vergleich des Signals mit beiden Ohren bestimmt. Es wird auch die Emotion des empfangenen Signals festgestellt. Arousal und Affekt sind damit angesprochen. Freude und Depression können die Folge sein. Eine Verschaltung der angesprochenen Bahnen mit vorwiegend kortikalen und subkortikalen Regionen, von welchen bekannt ist, daß sie an der Verarbeitung von Stimmungsparametern beteiligt sind, ist zwar noch nicht bewiesen, aber doch wahrscheinlich.

Psychotherapie ist daher ein Verfahren zur Wiederherstellung einer wenig ausgeprägten Störung von Neurotransmitterbalancen mittels biologischer Möglichkeiten. Sie wird aber möglicherweise dort versagen, wo die Imbalance ein bestimmtes Ausmaß erreicht hat, (1) welches kognitiv intellektuellen Zugängen nicht mehr offen ist, (2) bei welchem der Patient der Therapie nicht folgen will oder kann und (3) bei dem die Störungen in Gehirnarealen dominieren, die auf dem angesprochenen Wege nicht zugänglich sind. Hier könnte sich der Kreis schließen, in dem pharmakologische Therapiemaßnahmen und Psychotherapie als sich ergänzende biologische Verfahren vernetzt werden. Würde sich diese Hypothese bestätigen, wäre ein Schritt zum besseren Verständnis verschiedener therapeutischer Arbeitsweisen im Rahmen des Gesamtbehandlungsrahmen getan.

Literatur

Albin RL, Aldridge JW, Young AB, Gilman S (1989a) Feline subthalamic nucleus neurons containing glutamate-like but not GABA-like or glycine-like immunoreactivity. Brain Res 491: 135–188

Albin RL, Young AB, Penney JB (1989b) The functional anatomy of basal ganglia disorders. Trends Neurosci 12: 366–375

Albin RL, Reiner A, Anderson KD, Penney JB, Young AB (1990) Striatal and nigral neuron subpopulations in rigid Huntington's disease: implications for the functional anatomy of chorea and rigidity-akinesia. Ann Neurol 27: 357–365

Alexander GE (1987) Selective neuronal discharge in monkey putamen reflects intended direction of planned limb movements. Exp Brain Res 67: 623–634

Alexander GE, Crutcher MD (1990a) Functional architecture of basal ganglia circuits: neural substrates of parallel processing. Trends Neurosci 13: 266–271

Alexander GE, Crutcher MD (1990b) Preperation

of movement: neural representations of intended direction in three motor areas of the monkey. J Neurophysiol 64: 133–150

Alexander GE, Crutcher MD (1990c) Neural representation of the target (goal) of visually guided arm movements in three motor areas of the monkey. J Neurophysiol 64: 164–178

Alexander GE, DeLong MR, Strick PL (1986) Parallel organization of functionally segregated circuits linking basal ganglia and cortex. Annu Rev Neurosci 9: 357–381

Balldin J, Granérus AK, Lindstedt G, Modigh K, Wålinder J (1981) Predictors for improvement after electroconvulsive therapy in Parkinsonian patients with on-off symptoms. J Neural Transm 52: 199–211

Bannon MJ, Elliott PJ, Bunney EB (1987) Striatal tachykinin biosynthesis: regulation of mRNA and peptide levels by dopamin agonists and antagonists. Mol Brain Res 3: 31–37

Bernheimer H, Birkmayer W, Hornykiewicz O, Jellinger K, Seitelberger F (1973) Brain dopamine and the syndroms of Parkinson and Huntington. J Neurosci 20: 415–455

Birkmayer W, Riederer P (1985) Die Parkinson-Krankheit: Biochemie, Klinik, Therapie, 2. Aufl. Springer, Wien New York

Björklund A (1986) Catecholaminergic brain stem regulatory systems. In: Mountcastle VB, Bloom FE, Geiger SR (eds) Handbook of physiology, sect 1. The nervous system, vol IV. Intrinsic regulatory systems of the brain. American Physiological Society, p 155

Carlsson M, Carlsson A (1990) Interactions between glutamatergic and monoaminergic systems within the basal ganglia – implications for schizophrenia and Parkinson's disease. Trends Neurosci 13: 272–276

Chevalier C, Deniau JM (1990) Desinhibition as a basic process in the expression of the striatal functions. Trends Neurosci 13: 277–280

Cooper JR, Bloom FE, Roth RH (1978) The biochemical basis of neuropharmacology. Oxford University Press, New York, p 161

Crossman AR, Mitchell IJ, Sambrook MA (1985) Regional brain uptake in N-Methyl-4-Phenyl-1,2,3,6-Tetrahydropyridine (MPTP)-induced Parkinsonism in the Macaque monkey. Neuropharmacology 24: 587–591

Crutcher MD, DeLong MR (1984) Single cell studies of the primate putamen. Exp Brain Res 53: 233–243

Crutcher MD, Alexander GE (1990) Movement-related neuronal activity selectively coding either direction or muscle pattern in three motor areas of the monkey. J Neurophysiol 64: 151–163

DeLong MR (1990) Primate models of movement disorders of basal ganglia origin. Trends Neurosci 13: 281–285

DeLong MR, Georgopoulos AP (1981) Motor functions of the basal ganglia. In: Brookhart JM, Mountcastle VB, Brooks VB, Geiger SR (eds) Handbook of physiology. The nervous system. II. Motor control, part 2. American Physiological Society, p 1017

DeLong MR, Crutcher MD, Georgopoulos AP (1985) Primate globus pallidus and subthalamic nucleus: functional organization. J Neurophysiol 53: 530–543

Deutsch SI, Mastropaolo J, Schwartz BL, Rosse RB, Morihisa JM (1989) A "glutamatergic hypothesis" of schizophrenia. Clin Neuropharmacol 12: 1–13

DiFiglia M (1990) Excitotoxic injury of the neostriatum: a model for Huntington's disease. Trends Neurosci 13: 286–289

Donohue JP, Herkenham M (1986) Neostriatal projections from individual cortical fields conform histochemically distinct striatal compartments in the rat. Brain Res 365: 397–403

Evarts EV, Nimura M, Wurtz RH, Hikosaka O (1984) Behavioural correlates of activity in basal ganglia neurons. Trends Neurosci 7: 447–453

Filion M, Temblay L, Bédard PJ (1989) Excessive and unselective responses of pallidal neurons to both passive movement and striatal stimulation in monkeys with MPTP induced parkinsonism. In: Crossman AR, Sambrook MA (eds) Neural mechanisms in disorders of movement. John Libbey, p 157

Gerfen CR (1984) The neostriatal mosaic. I. Compartimentalization of corticostriatal input and strionigral output system. Nature 311: 461–464

Gerfen CR (1985) The neostriatal mosaic. I. Compartimental organization of projections from the striatum to the substantia nigra in the rat. J Comp Neurol 236: 454–476

Gerfen CR, Herkenham M, Thibault J (1987a) The neostriatal mosaic. II. Patch- and matrix-directed mesostriatal dopaminergic and non-dopaminergic systems. J Neurosci 7: 3915–3934

Gerfen CR, Baimbridge KG, Thibault J (1987b) The neostriatal mosaic. III. Biochemical and developmental dissociation of patch-matrix mesostriatal systems. J Neurosci 7: 3935–3944

Gerlach M, Riederer P (1989) Pathobiochemie des Parkinson-Syndroms. TW Neurol Psychiatr 3 (Sonderheft): 34–48

Gerlach M, Riederer P (1991) Pathobiochemistry of Parkinson's disease: an update. In: Caraceni T, Nappi G (eds) Focus on Parkinson's disease. Masson, Milano, pp 41–60

Graybiel AM (1990) Neurotransmitters and neuromodulators in the basal ganglia. Trends Neurosci 13: 244–254

Graybiel AM, Ragsdale CWJr (1983) Biochemical anatomy of the striatum. In: Emson PC (ed) Chemical neuroanatomy. Raven Press, New York, p 427

Gundlach AL, Largent BL, Snyder SH (1986) Phencyclidine (PCP) receptors: autoradiographic localization in brain with the selective ligand, [^{3}H]TCP. Brain Res 386: 266–279

Heimer L (1983) The human brain and spinal cord. Springer, New York Berlin Heidelberg

Hikosaka O, Sakamoto M, Usui S (1989a) Functional properties of the monkey caudate neurons. I. Activities related to saccadic eye movements. J Neurophysiol 61: 780–798

Hikosaka O, Sakamoto M, Usui S (1989b) Functional properties of the monkey caudate neurons. II. Visual and auditory responses. J Neurophysiol 61: 799–813

Hikosaka O, Sakamoto M, Usui S (1989c) Functional properties of the monkey caudate neurons. III. Activities releated to expectation of target and reward. J Neurophysiol 61: 814–832

Hong JS, Yang H-YT, Gillin JC, Costa E (1980) Effects of long-term administration of antipsychotic drugs on enkephalinergic neurons. In: Cattabeni F (ed) Advances in biochemical psychopharmacology, vol 24. Raven Press, New York, p 223

Hudson A, Woodruff GN (1989) Localisation of [^{3}H]-MK-801 binding sites in rat brain following lesions of striatum or substantia nigra. Br J Pharmacol 97: 576

Ilinsky LA, Kultas-Ilinsky K (1987) Sagittal cytoarchitectonic maps of the Macaca mulatta thalamus with a revised nomenclatura of the motor-related nuclei validated by observation on their connectivity. J Comp Neurol 262: 331–354

Kim JS, Kornhuber HH, Schmid-Burgk W, Holzmüller B (1980) Low cerebrospinal fluid glutamate in schizophrenic patients and new hypothesis on schizophrenia. Neurosci Lett 20: 379–382

Kish SI, Shannak K, Hornykiewicz O (1988) Uneven pattern of dopamine loss in the striatum of patients with idiopathic Parkinson's disease: pathophysiology and clinical implications. N Engl J Med 318: 876–880

Kitai ST, Kita H (1987) Anatomy and physiology of the subthalamic nucleus: a driving force of the basal ganglia. In: Carpenter MB, Jayaraman A (eds) The basal ganglia II. Plenum Press, New York, p 357

Kornhuber J, Mack-Burkhardt F, Riederer P, Hebenstreit GF, Reynolds GP, Andrews HB, Beckmann H (1989) [^{3}H]MK-801 binding sites in postmortem brain regions of schizophrenic patients. J Neural Transm 77: 231–236

Kornhuber J, Kornhuber ME (1986) Presynaptic dopaminergic modulation of cortical input to the striatum. Life Sci 39: 669–674

Kornhuber J, Bormann J, Hübers M, Rusche K, Riederer P (1991) Effects of the 1-amino-adamantanes at the MK-801-binding site of the NMDA-receptor-gated ion channel: a human post mortem brain study. Eur J Pharmacol [Mol Pharmacol Sect] 206: 297–300

Leander JD (1989) Tricyclic antidepressants block N-Methyl-D- aspartic acid-induced lethality of mice. Br J Pharmacol 96: 256–258

Lehmann J, Langer SZ (1983) The striatal cholinergic interneurons: synaptic target of dopaminergic terminals? Neuroscience 10: 1105–1120

Liles SL, Updyke BV (1985) Projection of the digit and wrist area of precentral gyrus to the putamen: relation between topography and physiological properties of neurons in the putamen. Brain Res 339: 245–255

Lindvall O, Björklund A (1983) Dopamine- and norepinephrinecontaining neuron systems: their anatomy in the rat brain. In: Emson PC (ed) Chemical neuroanatomy. Raven Press, New York, p 229

Lloyd KG, Davidson L (1979) Involvement of GABA neurons and receptors in Parkinson's disease and Huntington's Chorea: a compensatory mechanism?. In: Poirier LJ, Sourkes TL, Bédard PJ (eds) Advances in neurology, vol 24. Raven Press, New York, p 293

Lloyd KG, Möhler H, Heitz P, Bartholini G (1975) Distribution of choline acetyltransferase and glutamat decarboxylase within the substantia nigra and in other brain regions from control and parkinsonian patients. J Neurochem 25: 789–795

Marsden CD (1982) The mysterious motor function of the basal ganglia: the Robert Wartenberg lecture. Neurology 32: 514–539

Maurer K, Riederer P, Heinsen H, Beckmann H (1989) Altered p300 topography due to functional and structural disturbances in the limbic system in dementia and to pharmacological conditions. Psychiatry Res 29: 391–393

Mocchetti I, Naranjo JR, Costa E (1987) Regulation of striatal enkephalin turnover in rats receiving antagonists of specific dopamine receptor subtypes. J Pharmacol Exp Ther 241: 1120–1124

Mogi M, Harada M, Kiuchi K, Kojima K, Kondo T, Narabayashi H, Rausch D, Riederer P, Jellinger K, Nagatsu T (1988) Homospecific activity (activity per enzyme protein) of tyrosine hydroxylase increases in parkinsonian brain. J Neural Transm 72: 77–81

NAGATSU T, KATO T, NUMATA Y, IHUTA K, SANO M, NAGATSU I, KONDO Y, INAGAKI S, ILZUKA R, HORI A, NARABAYASHI H (1977) Phenylethanolamine-N-methyltransferase and other enzymes of catecholamine metabolism in human brain. Clin Chim Acta 75: 221–232

NAGATSU T, KATO T, NAGATSU I, KONDO Y, INAGAKI S, IZUKA R, NARABAYASHI H (1979) Catecholaminerelated enzymes in the brain of patients with Parkinsonism and Wilson's disease. In: POIRIER LJ, SOURKES TL, BÉDARD PJ (eds) Advances in neurology, vol 24. Raven Press, New York, p 283

NAUTA WJH, SMITH GP, FAULL RLM, DOMESICK VB (1978) Efferent connections and nigral afferents of the nucleus accumbens septi in the rat. Neuroscience 3: 385–401

NIEUWENHUYS R, VOOGD J, HUIJZEN C (1990) The human central nervous system. Springer, Berlin Heidelberg New York, pp 341, 348

NISHIKAWA T, TAKASHIMA M, TORU N (1983) Increased [^{3}H]kainic acid binding in the prefrontal cortex in schizophrenia. Neurosci Lett 40: 245–250

OLNEY JW, PRICE MT, LABRUYERE J, SALLES KS, FRIERDICH G, MUELLER M, SILVERMAN E (1987) Anti-parkinson agents are phencyclidine agonists and N-methyl-D-aspartate antagonists. Eur J Pharmacol 142: 319

PAN HS, PENNEY JB, YOUNG AB (1985) γ-Aminobutyric acid and benzodiazepine receptor changes induced by unilateral 6-hydroxydopamine lesions of the medial forebrain bundle. J Neurochem 45: 1396–1404

PAPEZ JW (1937) A proposed mechanism of emotion. Arch Neurol Psychiatry 38: 725–743

PARENT A (1990) Extrinsic connections of the basal ganglia. Trends Neurosci 13: 254–258

PENNEY JB, YOUNG AB (1981) GABA as the pallidothalamic neurotransmitter: implications for basal ganglia function. Brain Res 207: 195–199

PIERCE JR (1985) Klang; Musik mit den Ohren der Physik. Spectrum der Wissenschaft, Heidelberg

REINER A, ALBIN RL, ANDERSON KD, D'AMATO CJ, PENNEY JB, YOUNG AB (1988) Differential loss of striatal projection neurons in Huntington disease. Proc Natl Acad Sci 85: 5733–5737

REYNOLDS IR, MILLER RJ (1988) Tricyclic antidepressants block N-Methyl-D-Aspartat receptors: similarities to the action of zink. Br J Pharmacol 95: 95–102

RIEDERER P, GERLACH M (1990) Morbus Parkinson – der aktuelle Stand der Forschung. In: HEBENSTREIT GF, PINGGERA WF (Hrsg) Der medizinische Notfall IV. Interdisziplinäres Forum für medizinische Fortbildung, Neuhofen/Ybbs, S 39

RIEDERER P, SOFIC E, KONRADI C (1986) Neurobiochemische Aspekte zur Progression der Parkinson-Krankheit: Postmortem-Befunde und MPTP-Modell. In: FISCHER PA (Hrsg) Spätsyndrome der Parkinson-Krankheit. Edition Roche, Basel, S 37

RINNE UK, SONNINEN V, SIIRTOLA T (1976) Long-term treatment of Parkisonism with L-Dopa and decarboxylase inhibitor: a clinical and biochemical approach. In: BIRKMAYER W, HORNYKIEWICZ O (eds) Advances in parkinsonism (biochemistry, physiology, treatment). Edition Roche, Basel, p 555

ROBERTSON RG, FARMERY SM, SAMBROOK MA, CROSSMAN AR (1989) Dyskinesia in the primate following injection of an excitatory amino acid antagonist into the medial segment of the globus pallidus. Brain Res 476: 317–322

SCATTON B, JAVOY-AGID F, ROUQUIER L, DUBOIS B, AGID Y (1983) Reduction of cortical dopamine, noradrenaline, serotonin and their metabolites in Parkinson's disease. Brain Res 275: 321–328

SELEMON LD, GOLDMAN-RAKIC PS (1985) Longitudinal topography and interdigitation of corticostriatal projections in the rhesus monkey. J Neurosci 5: 776–794

SMITH Y, HAZRATI L-N, PARENT A (1990) Efferent projections of the subthalamic nucleus in the Squirrel monkey as studied by the PHA-L anterograde tracing method. J Comp Neurol 294: 306–323

SNYDER SH (1980) Phencyclidine. Nature 285: 355–356

SOMOGYI P, BOLAM JP, TOTTERDELL S, SMITH AD (1981) Monosynaptic input from the accumbens-ventral striatum region to retrogradely labelled nigrostriatal neurons. Brain Res 217: 245–263

STEINBUSCH HWM, NIEUWENHUYS R (1983) The raphe nuclei of the rat brainstemm: a cytoarchitectonic and immunohistochemical study. In: EMSON PC (ed) Chemical neuroanatomy. Raven Press, New York, p 131

STRICK PL (1976) Activity of ventrolateral thalamic neurons during arm movements. J Neurophysiol 39: 1032–1044

YOUNG AB (1986) Huntington's disease in Venezuela: neurologic features and functional decline. Neurology 36: 224–249

YOUNG WS III, BONNER TI, BRANN MR (1986) Mesencephalic dopamine neurons regulate the expression of neuropeptide mRNAs in the rat forebrain. Proc Natl Acad Sci 83: 9827–9831

ZIGMOND MJ, ABERCOMBIE ED, BERGER TW, GRACE AA, STRICKER EM (1990) Compensation after lesions of central dopaminergic neurons: some clinical and basical implications. Trends Neurosci 13: 290–295

Neuro-Psychopharmaka, Bd. 1
Riederer P. / Laux G. / Pöldinger W. (Hrsg.)

11
Allgemeine Grundlagen der Pharmakokinetik und Pharmakodynamik

T. Buclin und P. Baumann

11.1 Einführung

11.1.1 Definitionen und Zielsetzungen

Dieses Kapitel über Pharmakokinetik sollte nur als Einführung in ein Gebiet angesehen werden, das in anderen, sich ausschliesslich mit diesem Bereich beschäftigenden Werken umfassender beschrieben wurde (Tozer 1981, Rowland und Tozer 1989, Gilman et al. 1990, Klotz 1983). Es behandelt die quantitativen Beziehungen, die zwischen der Verabreichung eines Medikamentes und seiner klinischen Wirkung bestehen. Die hier dargestellten Beispiele dienen nur zur Illustration, da die Kinetik und Dynamik einzelner Pharmakagruppen in den jeweiligen Kapiteln eingehend beschrieben werden. Die zwei folgenden Begriffe verlangen eine genaue Definition:

Die **Pharmakokinetik** befaßt sich mit den Zusammenhängen zwischen der Medikamentendosis, seiner Verabreichungsart und den Konzentrationen der aktiven Komponente am Wirkungsort oder Rezeptor. Da diese in den meisten Fällen nicht meßbar sind, werden sie vereinfachend den Konzentrationen des freien, nicht an Eiweiße gebundenen Wirkstoffes im Plasma gleichgesetzt.

Die **Pharmakodynamik** beschäftigt sich mit der Beziehung zwischen der Konzentration des Medikamentes am Wirkungsort und seiner klinischen Wirkung, wobei für die erstere aus praktischen Gründen wiederum meist die Plasmakonzentration eingesetzt wird.

Die sich mit diesen Begriffen beschäftigende Wissenschaft bietet eine Sprache zur Beschreibung des Schicksals eines Medikamentes in Abhängigkeit von der Zeit und zum Verständnis der Wirkungsmechanismen bei. Diese erklärt die interindividuellen Unterschiede in der Reaktion auf eine Behandlung, und liefert dazu eine physiologische oder pathologische Begründung. Desgleichen stellt sie ein Werkzeug zur individuellen Dosisanpassung dar (drug monitoring, mit oder ohne Plasmabestimmung der Wirk-

stoffe). Sie hilft, den Einfluß bestimmter Krankheiten auf das Schicksal des Medikamentes im Organismus und auf seine Wirkung, aber auch Interaktionen zwischen Medikamenten zu begreifen.
Im folgenden werden zahlreiche Formeln dargestellt, die im Wesentlichen der Nomenklatur vom AMERICAN COLLEGE OF CLINICAL PHARMACOLOGY (1982) angepaßt wurden.

11.1.2 Begrenzung auf die lineare Kinetik

Es soll hier nur die lineare Pharmakokinetik, d. h. die der ersten Ordnung berücksichtigt werden, welcher die meisten Medikamente gehorchen, zumindest im klinisch gebräuchlichen Dosisbereich. Nach diesem Prinzip ist die Durchflußgeschwindigkeit eines Medikamentes von einem Kompartiment des Organismus zum andern proportional der Konzentration im Ausgangskompartiment (Abb. 11.1)

$$\frac{dC}{dt} = -K \cdot C$$

C = **Konzentration** des Medikamentes im Kompartiment, zu einem bestimmten Zeitpunkt
K = **Zeitkonstante** für dieses Kompartiment.

Manche Medikamente wie Phenytoin, Alkohol und zu einem gewissen Grade auch Lithium und Desipramin, gehorchen diesem Prinzip nicht.

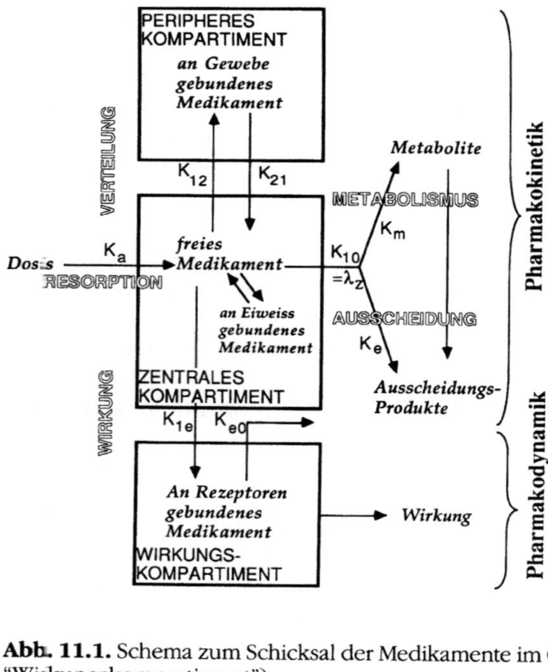

Abb. 11.1. Schema zum Schicksal der Medikamente im Organismus (Zweikompartimente-Modell mit "Wirkungskompartiment")

11.2 Kinetische Konzepte

11.2.1 Resorption

Der Prozess der **Resorption**, auch **Absorption** oder **Invasion** genannt, entspricht der Wanderung des Medikamentes vom Verabreichungsort zum Blutkreislauf. Die erfaßten Parameter sind die Geschwindigkeit des Prozeßes sowie der Anteil des den Kreislauf erreichenden Medikamentes. Für ein nicht intravenös verabreichtes Medikament ist die Resorption stark von seiner galenischen Form abhängig, aber auch von seinem Verteilungskoeffizienten Wasser – Fett (Lipophilie), von seinem Ionisationsgrad, seinem Diffusionskoeffizienten (abhängig von der Molekülgröße) und von seiner Löslichkeit. Bei peroraler Verabreichung wird durch die verstoffwechselnde Rolle der Leber ein großer Anteil des durch die Pfortader transportierten Produktes eliminiert (First-pass-effect). Das Medikament kann aber auch durch die Galle wieder in den Darm ausgeschieden und sodann wieder über den Blutkreislauf in die Leber aufgenommen werden, was eine Verlängerung der Resorptionszeit zur Folge hat (enterohepatischer Kreislauf).
Die Resorption ist bei einer i.v.-Injektion in Form eines Bolus sofortig. Ihre Geschwindigkeit ist bei einer gleichmäßigen i.v.-Dauerinfusion konstant, d. h. die aufgenommene Menge ist proportional zur Perfusionsdauer (Kinetik nullter Ordnung). Bei einer Resorption auf nicht intravenösem Wege kann sie durch eine Kinetik erster oder nullter Ordnung oder durch eine nicht lineare Kinetik beschrieben werden. Eine Resorption kann manchmal erst nach Verzögerung auftreten, z. B. erst nach erfolgtem Übertritt vom Magen zum Darm. Dabei wird der vom verwendeten kinetischen Modell unabhängige Begriff **Resorptionshalbwertszeit** bevorzugt verwendet: er gibt das Zeitintervall an, während dem die Hälfte der resorbierten Medikamentenmenge in den Blutkreislauf aufgenommen wurde.
Das Verhältnis aufgenommene Medikamentenmenge nach p.os versus i.v.-Gabe wird als **Bioverfügbarkeit** (f) bezeichnet. Dazu werden die Flächen unter den Kurven (AUC) verglichen, die einmal nach extravaskulärer und einmal nach intravenöser Applikation gemessen werden.

$$f = \frac{AUC_{\text{extravaskulär}} \cdot D_{\text{i.v.}}}{AUC_{\text{i.v.}} \cdot D_{\text{extravaskulär}}}$$

AUC = Fläche unter der Kurve der beobachteten Konzentrationen
D = Applizierte Dosis

Zahlreiche psychotrope Pharmaka sind einem bedeutenden Firstpass-Effekt unterworfen. Somit ist ihre Bioverfügbarkeit zum Teil sehr gering: 30–50% für Midazolam (Greenblatt et al. 1983) und andere Benzodiazepine (Guentert 1984), ca 30–60% für Neuroleptika wie Chlorpromazin, Flupentixol, Clopenthixol, Haloperidol (Jørgensen 1986) aber auch für trizyklische Antidepressiva (Breyer-Pfaff und Gaertner 1987). Bei Unkenntnis der Biodisponibilität des Medikamentes ist es nicht möglich, die andern pharmakokinetischen Parameter einzig nach extravaskulärer Applikation zu gewinnen. Es können nur scheinbare Werte ermittelt werden. So hängt die **scheinbare** Clearance (CL') von der wahren Clearance (CL) ab, indem:

$$f \cdot CL' = CL$$

In der Psychopharmakologie wird bei Depotneuroleptika wie Haloperidoldecanoat die Resorption künstlich stark verlängert, sodaß sie zum geschwindigkeitsbestimmenden Schritt in der Kinetik des Medikamentes wird (Reyntjens et al. 1982).

11.2.2 *Verteilung*

Gleich nach Einsetzen der Resorption erfährt das Medikament eine Verteilung im Organismus. Es erreicht zuerst den Blutkreislauf und die interstitielle Flüssigkeit der stark perfundierten Gewebe, deswegen auch als **zentrales Kompartiment** bezeichnet Von da aus verteilt es sich in anderen Geweben, dem **peripheren Kompartiment**, je nach Affinität zu bestimmten Strukturen wie Fette oder Membranen des ZNS. Zahlreiche Arzneimittelmoleküle haben eine besondere Affinität zu verschiedenen Bestandteilen des Organismus, an die sie sich binden. Medikamente wie Benzodiazepine binden sich im Plasma bevorzugt an Albumin, basische wie Neuroleptika und Antidepressiva hauptsächlich an das saure α_1-Glykoprotein und Lipoproteine (PIAFSKY 1983, TILLEMENT und LINDENLAUB 1986, BAUMANN et al. 1989). Da die meisten psychotropen Pharmaka zu 90–99% an Plasmaeiweiße gebunden sind (WANDELL und WILCOX-THOLE 1983), ist von Bedeutung, daß nur der freie Anteil pharmakologisch wirksam und damit für die Diffusion in ein anderes Kompartiment, für den Abbau oder für die Eliminierung verfügbar ist. Die freie Fraktion (f_u) wird definiert durch:

$$f_u = \frac{C_u}{C}$$

C_u, C = freie, resp. gesamte Konzentration des Medikamentes

Meistens mißt man die Gesamtkonzentration des Wirkstoffes im Plasma. Die pharmakokinetischen Parameter sind dementsprechend danach definiert. Falls die Bindung der Medikamente an Plasmaproteine bekannt ist, lassen sich die **kinetischen Parameter in Funktion der freien Konzentrationen** ausdrücken. So ist die freie Clearance CL_u durch folgende Gleichung mit der Gesamtclearance CL verbunden:

$$f \cdot CL_u = CL$$

In den meisten Fällen genügt ein Zweikompartimente-Modell für die Beschreibung der Verteilung eines Medikamentes im Organismus. Die Kurve der Plasmakonzentrationen nach einer einmaligen Dosis zeigt zunächst einen raschen Abfall, entsprechend der **Verteilungs- oder α-Phase** in das periphere Kompartiment. Sind einmal die beiden Kompartimente im Gleichgewicht, verlangsamt sich der Konzentrationsabfall, der **Eliminations- oder β-Phase** entsprechend.

Jedes Kompartiment ist vollständig definiert durch sein **scheinbares Verteilungsvolumen** und die Zeitkonstante, die es mit dem benachbarten Kompartiment verbindet.

Das **scheinbare Verteilungsvolumen** V ist eine Zahl, ohne anatomische Entsprechung:

$$V = \frac{A}{C}$$

A = im Kompartiment vorhandene Arzneimittelmenge

C = im Kompartiment gemessene Arzneimittelkonzentration

Bei einem Zweikompartimente-Modell (bei schneller i. v. Applikation) erhält man das **Verteilungsvolumen des zentralen Kompartimentes** V_c durch Einbeziehung der extrapolierten, fiktiven Konzentration zum Zeitpunkt O (C(0)), also zu einem Zeitpunkt, bevor die Diffusion in das periphere Kompartiment begonnen hat:

$$V_c = \frac{D}{C(0)} \qquad D = \text{Dosis}$$

Nach der Gleichgewichtseinstellung zwischen den beiden Kompartimenten kann man das **Verteilungsvolumen während der Endphase** (V_z) definieren:

$$V_z = \frac{D}{\lambda_z \cdot AUC}$$

λ_z = Zeitkonstante im Zusammenhang mit der Elimination des Medikamentes (s. u.)

AUC = Fläche unter der Kurve

Bei kontinuierlicher oder wiederholter Applikation definiert man noch das **Verteilungsvolumen im Fließgleichgewicht** (steady state) (V_{SS}), dessen Wert meist kleiner ist als V_Z (TOZER 1981). Bei einer sehr schnellen Verteilungsphase, oder zumindest bei einer, die schneller ist als die Resorptionsphase, die zum geschwindigkeitsbestimmenden Schritt wird, reicht in manchen Fällen ein Einkompartiment- Modell: In einem Einkompartimentmodell sollten die genannten Volumen einander entsprechen: das **Verteilungsvolumen** V_d wird nach der gleichen Formel wie V_c berechnet, ausgedrückt in Litern pro kg Körpergewicht. Die Werte müssen immer höher als das reale Plasmavolumen sein, übersteigen aber oft in bedeutendem Maße das Volumen des gesamten Organismus. Sie hängen von der Affinität des Medikamentes für die Plasma- und Gewebeeiweiße ab: ist erstere hoch, ist das Verteilungsvolumen gering, aber je höher die Gewebsbindung desto grösser das Verteilungsvolumen. Das von Lithium und Benzodiazepinen ist verhältnismäßig gering, resp. 0,5–1,2 l/kg (AMDISEN 1983) und 0,3–1,7 l/kg Körpergewicht (GUENTERT 1984, GREENBLATT et al. 1983, CRISMON 1983), hingegen liegt das von Antidepressiva (DOBBS 1983, BREYER-PFAFF und GAERTNER 1987) und Neuroleptika um 6–90 l/kg (JØRGENSEN 1986).

11.2.3 Elimination

Die Elimination des Medikamentes erfolgt durch Metabolisierung und Ausscheidung durch die Niere, im allgemeinen über eine Kinetik ersten Grades. Während der Eliminationsphase ist deshalb die pro Zeiteinheit ausgeschiedene Menge proportional zur Plasmakonzentration. Der Proportionalitätsfaktor ist durch die **Gesamtclearance** (CL) des Medikamentes definiert und mit folgender Gleichung mit der Zeitkonstante der Eliminationsphase (n_Z) direkt verbunden, welche das Verhältnis zwischen der Veränderung der Konzentration pro Zeiteinheit und der Konzentration selbst darstellt:

$$CL = \lambda_Z \cdot V_Z$$

V_Z = Verteilungsvolumen der Endphase

CL kann auch als das Plasmavolumen interpretiert werden, welches pro Zeiteinheit vollständig vom Medikament befreit wird. Nach einer einmaligen i.v.-Applikation berechnet sich die Clearance nach:

$$CL = \frac{D}{AUC}$$

D = injizierte Dosis
AUC = Fläche unter der Kurve

Ein wichtiger Parameter ist auch die **Eliminationshalbwertszeit** ($t_{1/2}$). Sie stellt die Zeit dar, während der die Plasmakonzentration um die Hälfte abnimmt. Im Falle einer wiederholten Applikation des Medikamentes mit einer Einkompartimentskinetik wird dieselbe $t_{1/2}$ verwendet, um die Geschwindigkeit der Einstellung des Fließgleichgewichtes (steady-state) anzugeben. Die Halbwertszeit $t_{1/2}$ ist deshalb durch das Verteilungsvolumen in der Endphase und die Gesamtclearance des Arzneimittels definiert:

$$t_{1/2} = \frac{\ln 2}{\lambda_Z} = \frac{0{,}693}{\lambda_Z} = \frac{0{,}693 \cdot V_Z}{CL}$$

Die psychotropen Pharmaka unterscheiden sich in ihren terminalen (oder β-) Halbwertszeiten beträchtlich. Sie beträgt ca. 20 Stunden für Lithium (AMDISEN 1983), für Antidepressiva (BREYER-PFAFF und GAERTNER 1987) und Neuroleptika (JØRGENSEN 1986) in der Regel 10–50 Stunden, wobei aber noch Extremwerte auftreten wie 2–5 Stunden für Medikamente wie Viloxazin und Lofepramin, ein "Prodrug" von Desipramin. Bei Benzodiazepinen wurde die Entwicklung bewußt dahin gesteuert, über Produkte mit sehr kurzen bis zu sehr langen Halbwertszeiten zu verfügen, von Triazolam und Midazolam mit Werten um 2–3 Stunden

(Greenblatt et al. 1983) bis zu Diazepam und Desmethyldiazepam mit $t_{1/2}$ um 20–150 Stunden (Crismon 1983).

Renale Ausscheidung
Die Gesamtclearance setzt sich aus der renalen Clearance (CL_R) und der metabolischen, meist hepatischen Clearance (CL_H) des Medikamentes zusammen:

$$CL = CL_R + CL_H$$

Die **renale Clearance**, CL_R, ist das Produkt aus der Zeitkonstante der renalen Ausscheidung, K_e, und dem Verteilungsvolumen in der Endphase, V_z. Sie wird ermittelt, indem man die ausgeschiedene Menge des unveränderten Medikamentes (A_e) nach einer einmaligen Verabreichung berechnet:

$$CL_R = \frac{A}{AUC}$$

Man kann sie auch mit dem Verhältnis der renalen Ausscheidungsgeschwindigkeit und der Konzentration in der Nierenarterie (C_A) gleichsetzen:

$$CL_R = \frac{Q_R \cdot (C_A - C_V)}{C_A}$$

Q_R = plasmatische Durchflußgeschwindigkeit in der Niere
C_V = Konzentration in der Nierenvene

Der Mechanismus der Nierenausscheidung ist die Resultante der passiven Filtrierung des Medikamentes durch die glomeruläre Membran, seiner passiven oder aktiven Wiederaufnahme durch die Tubuluswände der Niere, und seiner Sekretion, falls existierend, durch die renalen Tubuli. Bei Abwesenheit von sowohl Sekretion wie Reabsorption ist die renale Clearance (CL_R) das Produkt der freien Plasmakonzentration (f_u) mit der glomurälen Filtrierung. Sie hängt somit von der Bindung des Arzneimittels an Bluteiweiße ab. Bei sauren oder basischen Medikamenten hängt die passive Wiederaufnahme vom Ionisationsgrad des Moleküls ab, welcher selbst wiederum vom pH des Urins und von der Urindichte abhängt. Natürlich spielt gerade beim Lithium wegen der fehlenden Biotransformation die renale Ausscheidung eine bedeutende Rolle. Für Lithium beträgt die renale Clearance 10–40 ml/min (Amdisen 1983). Das Auftreten von aktiven Sekretions- und Reabsorptionsmechanismen erklärt die sättigbare Kinetik dieses Ions.

Biotransformation
Die Biotransformation, d. h. der Metabolismus von Medikamenten findet bevorzugt in der Leber und in geringerem Maße in der Niere, im Darm, in den Lungen, in der Plazenta oder im Blut statt. Die hepatische Clearance wird aus der Gesamtclearance und aus der renalen Clearance berechnet (s. oben). Sie ist dem Verhältnis zwischen der hepatischen Ausscheidung und der Konzentration im hepatischen Pfortadersystem, C_A, gleich zu setzen:

$$CL_H = \frac{Q_H \cdot (C_A - C_V)}{C_A}$$

Das Verhältnis $(C_A - C_v)/C_A$ wird als **hepatischer Extraktionskoeffizient** (E_H) bezeichnet. Er ist verhältnismäßig spezifisch für ein bestimmtes Medikament und mißt die metabolische Aktivität des Lebergewebes gegenüber diesem Medikament. Für solche mit einem hohen um 1 liegenden Koeffizienten zeigt die oben dargestellte Formel, daß die hepatische Clearance hauptsächlich von der Leberdurchblutung abhängt (Q_H), welcher zum geschwindigkeitsbestimmenden Schritt der Ausscheidung wird. Da das gesamte Blut, das den Darm durchströmt, über die Pfortader durch die Leber fließt, muß man für die peroral verabreichten Medikamente mit einem bedeutenden "First-pass-effect" rechnen, so dass die maximale Biodisponibilität beträgt:

$$f \leq 1 - E_H$$

Für die Medikamente mit niedrigem, nahe bei 0 liegenden E_H hängt CL_H hauptsächlich von der verstoffwechselnden Aktivität der Leber und dem Bindungsgrad an Plasmaproteine ab. Diese beiden Faktoren sind selbst häufig verschiedenen pharmakokinetischen (Induktion, enzymatische Hemmung, Verdrängung von der Eiweissbindung) oder genetischen (Existenz von Untergruppen mit genetisch bedingter Verminderung des Metabolismus) Einflüssen ausgesetzt (s. BAUMANN, dieser Band). Die metabolische Aktivität der Leber selbst hängt im Sinne einer sättigbaren Kinetik nach Michaelis-Menten von der Konzentration des Medikamentes ab. Die meisten psychotropen Pharmaka werden in der Leber metabolisiert, in einer ersten Phase zunächst durch Oxidation mittels Cytochrom P-450, oder auch zum Beispiel durch Acetylierung wie im Falle von Nitrazepam. Bei Vorhandensein einer Hydroxygruppe oder nach erfolgter Oxidation zu einer Hydroxyverbindung findet eine Konjugierungsreaktion zur Bildung von Glucuroniden statt (BURCHELL und COUGHTRIE 1989). Natürlich sind zahlreiche Metabolite selbst auch aktiv. Auf die speziellen kinetischen Probleme soll hier aber nicht eingegangen werden.

11.3 Pharmakokinetische Modelle

Die Verabreichung eines Medikamentes nach einem bestimmten Schema führt zu einer Plasmakonzentration, deren Entwicklung zeitabhängig ist. Sie wird gewöhnlich graphisch logarithmisch (Abb. 11.1) und nach dem gewählten kinetischen Modell als mathematische Funktion, z. T. mittels Computerprogrammen dargestellt. Daraus werden die oben beschriebenen pharmkokinetischen Parameter berechnet. Ihre Kenntnis erlaubt die Konzentrationskurven für andere Applikationsschemen zu entwickeln und für den individuellen Patienten die optimalen Dosen zu berechnen.

11.3.1 Modell im Falle einer einmaligen i.v.-Applikation (Bolus) (Abb. 11.2)

Im Falle eines Modelles mit zwei Kompartimenten ist die zur Beschreibung der Konzentrationsverläufe verwendete Formel:

$$C = C_1 \cdot e^{-\lambda_1 t} + C_2 \cdot e^{-\lambda_z t}$$

Zum Zeitpunkt null, vor dem Beginn der Verteilungsphase liegt die Anfangskonzentration (C(0)) vor:

$$C_{(0)} = C_1 + C_z$$

Die Integration der Kurve über den gesamten zeitlichen Raum gibt die Fläche unter der Kurve (AUC):

$$AUC = \int_0^\infty C\,dt = \frac{C_1}{\lambda_1} + \frac{C_z}{\lambda_z}$$

Mittels dieser vier Begriffe C_1, C_z, λ_1, λ_z können alle klassischen kinetischen Parameter nach den vorhergehenden Formeln abgeleitet werden.

11.3.2 Fall einer oralen Einzeldosis (Abb. 11.2)

Falls die Absorption einer Kinetik erster Ordnung unterliegt, so gilt nach dem Modell die Funktion:

$$C = C_1 \cdot e^{-\lambda_1 t} + C_z \cdot e^{-\lambda_z t} - (C_1 + C_z) \cdot e^{-K_a t}$$

Die Schätzung der fünf Parameter dieses Modelles erlaubt nur die Darstellung scheinbarer Werte der kinetischen Parameter für ein gegebenes Medikament: für die tatsächlichen Werte sind die nach i.v. und per os erhaltenen AUC's notwendig, um ein korrektes Bild der Biodisponibilität zu gewinnen.

11.3.3 Fall einer Dauerinfusion (Abb. 11.2)

Bei der Annahme, die Infusion beginnt zum Zeitpunkt null, erklärt folgende Formel den Verlauf der Konzentrationen:

$$C = \frac{C}{\lambda_1 T}(1-e^{-\lambda_1 t})$$

T = Dauer der Infusion.

Nach einer langdauernden Infusion erreicht C ein **steady- state**, C_{SS}:

$$C_{SS} = \frac{C_1}{\lambda_1 T} = \frac{R_0}{CL}$$

R_0 = Menge des pro Zeiteinheit infundierten Medikamentes

Die Messung von C_{SS} erlaubt deshalb die Ableitung von C_L. Das Verteilungsvolumen im steady-state, V_{SS}, kann ebenfalls berechnet werden. Es ist kleiner als das Verteilungsvolumen in der Endphase. Man stellt fest, daß V_{SS} nicht in die Berechnung von C_{SS} eingeht.

11.3.4 Fall einer wiederholten oralen Applikation (Abb. 11.2)

Die in dieser Situation erhaltene Kurve ist kompliziert (Abb. 11.2). Man nähert sich progressiv einem Fließgleichgewicht um eine mittlere (average) Konzentration, $C_{ss\,av}$:

$$C_{ss\,av} = \frac{f \cdot D}{CL \cdot \tau} = \frac{AUC_{ss\tau}}{\tau}$$

f = Biodisponibilität D = Einzeldosis τ = Zeitintervall zwischen zwei Dosen $AUC_{SS\tau}$ = Fläche unter der Kurve während eines einzi-

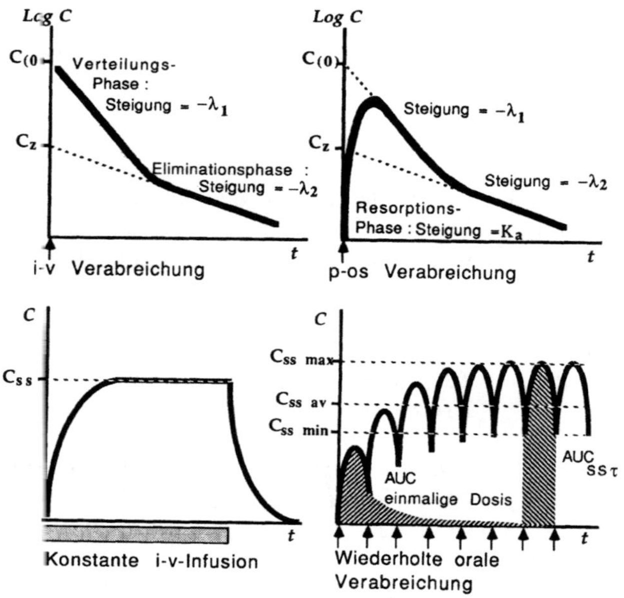

Abb. 11.2. Konzentrationskurven in vier klassischen Verabreichungssituationen

gen Dosisintervalls = Fläche unter der Kurve nach einer Einzeldosis.
Im steady-state oszillieren die Konzentrationen zwischen einem **Minimum** und einem **Maximum**, im Falle eines Einkompartimentmodells:

$$C_{ss\,max} = \frac{f \cdot D}{V_d \cdot (1 - e^{-\lambda_z \tau})}$$

11.4 Dynamische Konzepte

11.4.1 Konzentrations – Wirkungsbeziehung

Die Plasmakonzentration eines Medikamentes ist ein gewisses Maß für seine Aktivität nach Verabreichung einer bestimmten Dosis. In manchen Fällen stellen diese Konzentrationen ein getreues Abbild der Konzentrationen am Wirkungsort (Rezeptor) dar, welche in einer quantitativen Beziehung zur Intensität der pharmakologischen Wirkung stehen. In Situationen, in denen die Wirkung sich auf eine binäre Response-Möglichkeit "Erfolg – Nichterfolg" beschränkt, steht die Erfolgswahrscheinlichkeit in einer Gruppe von behandelten Patienten in direkter Beziehung zur Konzentration.
Üblicherweise stellt man diese Konzentrations-Wirkungs-Beziehung durch eine logarithmische Skala wie in Abb. 11.3 dar. Im mittleren Teil der Kurve ist sie oft linear, etwa zwischen 20–80% der maximalen Wirkung, obwohl auf den sigmoidalen Charakter der Gesamtkurve hingewiesen werden muß. Tatsächlich gibt es immer eine **maximale Wirkung** (E_{max}), oberhalb der selbst eine höhere Konzentration keine weitere Steigerung des Effektes mehr erzielt und die die **Eigenwirkung** oder die **Wirksamkeit** des Arzneimittels definiert. Die Plasmakonzentration, bei der 50% der maximalen Wirkung erzielt wird, heisst **wirksame Konzentration** 50 (EC_{50}) und gibt das Maß für die **Potenz** eines Medikamentes an. Die nach Hill bezeichnete Gleichung wird für die mathematische Darstellung verwendet (Holford and Sheiner 1981):

$$E = \frac{E_{max} \cdot C^n}{EC_{50}^n + C^n}$$

E = beobachtete Wirkung bei der Konzentration C; n = Exponent, der ein Maß für die Breite des linearen Bereiches in der sigmoidalen Kurve gibt.

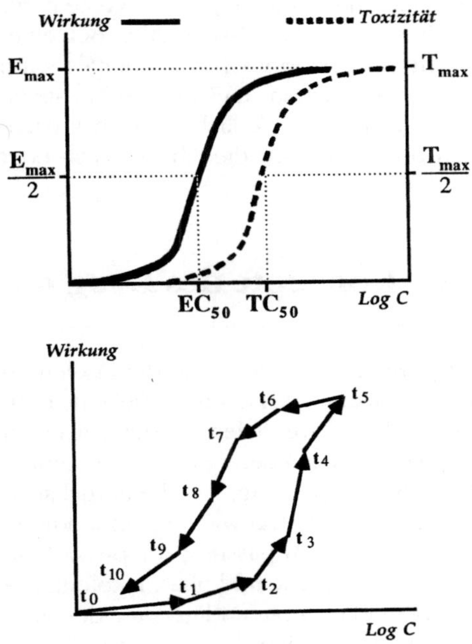

Abb. 11.3. Oben: Klassische Dosis-Wirkungskurve mit den charakteristischen Parametern. Unten: Beispiel zur Dosis-Wirkungskurve mit Hysteresis im Gegenuhrzeigersinn

Die Maßeinheiten für E und E_{max} sind die, die für das Maß der Wirkung verwendet werden (Unterschied zu einem Basalwert, Prozentsatz des Erfolges, etc). Die Parameter E_{max}, EC_{50} und n werden durch multiple, nicht lineare Regression ermittelt, wobei die Varianzen mitberücksichtigt werden müssen, da sie ein Maß für die Variabilität der klinischen Wirkung sind.
Das gleiche Modell gilt auch für die Beziehung Plasmakonzentrationen – toxische Wirkung, definiert als "**toxische Konzentration 50**" (TC_{50}). Der therapeutische Bereich leitet sich ab von der Differenz TC_{50} – EC_{50}, – und der **therapeutische Index** aus dem Verhältnis EC_{50}/TC_{50}.

11.4.2 Pharmakokinetisches – pharmakodynamisches Modell

Die Hill'sche Gleichung ist allgemein für steady-state Verhältnisse gültig. Bei einer isolierten Gabe eines Medikamentes kann es aber geschehen, daß die beobachteten Wirkungen unterschiedlich ausfallen, je nachdem ob es sich um die Absorptions- oder Eliminationsphase (ansteigende oder absinkende Konzentrationen) handelt (Campbell 1990, Oosterhuis und van Boxtel 1988). Die Abb. 11.3 (unten) stellt eine (log)Konzentrations-Response Kurve oder **Hysteresis-Kurve** dar. Eine Drehung gegen den Uhrzeigersinn kann interpretiert werden als eine Verzögerung zwischen der Diffusion des Medikamentes im Plasma und der auf dem Niveau der Rezeptoren, oder als Einwirkung eines Metaboliten, als Trägheitseffekt oder als Mechanismus der Sensibilisierung. Die Hysteresis im Uhrzeigersinn kann die Folge einer raschen Toleranzentwicklung auf das Medikament oder das Auftreten von Mechanismen der Gegenregulation bedeuten. In diesen Situationen wird ein pharmakokinetisches – pharmakodynamisches Modell verwendet, in dem die Gleichung von Hill nicht auf die Plasmakonzentrationen angewendet wird, sondern auf die Konzentrationen in einem fiktiven **Wirkungskompartiment** (Abb. 11.1), mit einem scheinbaren Verteilungsvolumen = O, bei dem die durch das Experiment erhaltenen Konstanten K_{1e} und K_{e0} die Hysteresis erklären (Oosterhuis und van Boxtel 1988).

11.5 Konzepte des Drug monitoring

In der Klinik wird versucht, die Dosierung eines Medikamentes mit dem Ziel eine optimale Wirkung zu erzielen, auf den einzelnen Patienten anzupassen. Manchmal genügt eine grobe Anpassung, wie die Berücksichtigung des Körpergewichtes. In anderen Fällen ist eine Anpassung an physiologische, pathologische und pharmakologische Gegebenheiten notwendig: Alter des Patienten, Vorliegen einer genetischen Defizienz des Metabolismus, Komedikationen, begleitende Krankheiten. Dies ist vor allem der Fall bei Medikamenten mit geringer therapeutischer Breite, mit steiler Dosis-Wirkungskurve, mit großen interindividuellen Wirkungsunterschieden oder auch bei Compliance – Problemen. Es ist selten möglich, wie bei den Antikoagulantien, sich direkt auf einen Marker biologischer Aktivität zu beziehen. Die Annahme, daß die interindividuelle Variabilität in der Response auf pharmakokinetische Unterschiede zurückzuführen ist, bildet die Grundlage des drug monitoring, bei dem versucht wird, die Plasmaspiegel innerhalb eines "**therapeutischen Bereiches**" zu bringen. Dazu mißt man die Plasmaspiegel im steady-state, d. h. im zeitlichen Abstand von etwa vier bis fünf Halbwertszeiten seit der letzten Dosisänderung, durch eine Blutabnahme kurz vor der nächsten Dosisverabreichung ("troughlevel"). Verschiedene Strategien bieten sich für die Adaptierung des therapeutischen Schemas mittels Blutspiegelmessungen an (RICHENS und MARKS 1981).

11.5.1 Dreierregel

Die Initialdosis ist dem Körpergewicht des Patienten angepaßt. Die anschließend in steady-state Bedingungen erhaltenen Plasmaspiegel werden in Relation zur Zielkonzentration gesetzt, die als Ausgangsbasis für die weitere Dosisanpassung gilt. Diese Strategie ist die im Bereiche der Antidepressiva (PRESKORN 1989) und Neuroleptika (BALANT-GORGIA und BALANT 1987, DAHL 1986) am häufigsten verwendete, wo hingegen sich das Monitoring von Benzodiazepinen in steady-state Bedingungen noch nicht gerechtfertigt hat (CRISMON 1983).

11.5.2 Pharmakokinetische Studie

Es werden mehrere Plasmaspiegel zu verschiedenen Zeiten nach der letzten Dosisverabreichung bestimmt, um aus den Ergebnissen graphisch die dem Patienten eigenen pharmakokinetischen Parameter zu ermitteln. Es kann daraus die notwendige Dosierung berechnet werden, um die angestrebte "therapeutische" Gleichgewichtskonzentration C_{ss} zu erhalten. Diese Methode wird in der Praxis selten verwendet. Von mehreren Autoren wurde jedoch vorgeschlagen, den 12-, 24- oder 36-Stunden Plasmakonzentrationswert nach einer Einzeldosis des Medikamentes zu verwenden, um daraus die optimale Dosis für eine Dauerbehandlung zur Erreichung einer "therapeutischen" steady-state Konzentration zu erstellen. Dazu sind experimentell erarbeitete Prädiktionstabellen hilfreich, da eine gute Korrelation zwischen dem erst und letztgenannten Wert gemessen wurde. Solche Verfahren sind für Lithium (AMDISEN und NIELSEN-KUDSK 1986, ROSENBERG et al. 1987), Desipramin (BERTSCHY et al. 1989, NELSON et al. 1987), Amitriptylin (MADAKASIRA et al. 1984, DAWLING et al. 1980), Maprotilin (DAWLING et al. 1980) und Nortriptylin (GELLER et al. 1985, BROWNE et al. 1983) entwickelt worden, doch werden sie wahrscheinlich selten verwendet. Es muß auch darauf hingewiesen werden, daß gewisse Antidepressiva wie Desipramin oder Imipramin (SINDRUP et al. 1990) nicht immer eine lineare Kinetik aufweisen.

11.5.3 Populationskinetik

Umfassende klinische Studien haben es für zahlreiche Medikamente ermöglicht, die Beziehung zwischen den persönlichen pharmakokinetischen Parametern eines Patienten mit seinem physiologischen Zustand (Alter, Geschlecht, Gewicht, Leber- und Nierenstatus, medikamentöse Zwischenwirkungen) herzustellen. Für diese Arzneimittel kann die Berücksichtigung dieser Daten zur Initialdosierung hilfreich sein.

11.5.4 Drug monitoring und Bayes'sche Theorie

Die kinetischen Populationsstudien liefern auch Informationen zur interindividuellen Variabilität jedes kinetischen Parameters für die untersuchten Medikamente. Wenn ein Plasmaspiegel sich außerhalb des therapeutischen Bereiches befindet, erlaubt die Inferenz-Theorie nach Bayes mit großer Wahrscheinlichkeit individuelle Abweichungen des einen oder andern Parameters dafür verantwortlich zu machen. Jeder Plasmaspiegel modifiziert demnach die kinetischen Parameter der Population, um sie möglichst nahe an die des Patienten zu bringen. Aus diesen individualistischen Parametern läßt sich ein auf den einzelnen Patienten abgestimmtes Dosierungsschema ableiten (SCHUMACHER und BARR 1984). In der Psychopharmakologie wurde bisher lediglich für Lithium diese Strategie angewandt (WILLIAMS et al. 1989). Für gewisse Medikamente gibt es bereits Computerprogramme, die alle drei Strategien berücksichtigen.

11.5.5 Freie Plasmaspiegel

Für gewisse Medikamente und unter gewissen Bedingungen je nach Krankheit oder Komedikation, kann die Bestimmung der freien Fraktion des Medikamentes im Plasma indiziert sein, besonders wenn sie sich schlecht in der Gesamtkonzentration widerspiegelt (LEVY und MORELAND 1984, TILLEMENT et al. 1984). Die analytischen Schwierigkeiten begrenzen jedoch ihren Anwendungsbereich (siehe 11.2.2).

11.5.6 Speichelbestimmungen

Speichelbestimmungen hätten in der Klinik wegen ihres nicht invasiven Charakters ihren Platz, wenn sie ein direktes Maß für die freie oder gesamte Plasmakonzentration des Medikamentes (C_P) wären. Tatsächlich gelangen lipophile, nicht ionisierte und nicht an Plasmaeiweiße gebundene Pharmaka allgemein durch Diffusion in den Speichel (Lithium stellt einen Sonderfall bezüglich der Transportmechanismen in den Speichel dar). Doch haben die meisten, für das Monitoring interessanten psychotropen Pharmaka basischen Charakter und liegen im Plasma als Ionen vor. Die Speichelkonzentration (C_s) hängt nach folgender Gleichung von der Dissoziationskonstanten pK_a der Droge, vom pH des Plasmas (pH_P) und des Speichels (pH_s) ab (MUCKLOW et al. 1978):

$$\frac{C_s}{C_p} = \frac{1+10^{(pKa-pHs)}}{1+10^{(pKa-pHs)}} \times \frac{f_p}{f_s}$$

f_s, f_p = freie Fraktion des Medikamentes im Speichel resp. Plasma.

Da die meisten Medikamente im Speichel nicht gebunden sind (f_s = 1), besteht für solche mit einem pK_a-Wert um 9–10 die Beziehung (BAUMANN et al. 1982):

$$\log C_s = -pH_s + 7.4 + \log \text{free } C_p$$

Die freie Plasmakonzentration "free Cp" kann aus den Meßwerten des Speichel-pH-Wertes und C_s berechnet werden. Speichelbestimmungen haben sich für routinemäßige Anwendungen wegen der oben dargestellten komplizierten Zusammenhänge nicht bewährt, obwohl zahlreiche Psychopharmaka in Forschungsarbeiten im Speichel gemessen wurden (PAXTON 1979).

Literatur

AMDISEN A (1983) Serum level monitoring and clinical pharmacokinetics of lithium. In: GIBALDI M, PRESCOTT L (eds) Handbook of clinical pharmacokinetics. Section IV. Therapeutic drug monitoring and dosage prediction. ADIS Health Science Press, New York Tokyo Mexico Sydney Auckland Hong Kong, pp 109–131

AMDISEN A, NIELSEN-KUDSK (1986) Relationship between standardized twelve-hour serum lithium, mean serum lithium of the 24-hour day, dose regimen, and therapeutic interval. An evaluation based on pharmacokinetic simulations. Pharmacopsychiatry 19: 416–419

AMERICAN COLLEGE OF CLINICAL PHARMACOLOGY: ALLEN L, KIMURA K, MACKICHAN J, RITSCHEL WA, AD HOC COMMITTEE FOR PHARMACOKINETIC NOMENCLATURE

(1982) In: Manual of symbols, equations & definitions in pharmacokinetics. Philadelphia. Am Coll Clin Pharmacol, pp 1–19

BALANT-GORGIA AE, BALANT L (1987) Antipsychotic drugs. Clinical pharmacokinetics of potential candidates for plasma concentration monitoring. Clin Pharmacokinet 13: 65–90

BAUMANN P, TINGUELY D, KOEB L, SCHÖPF J, LE PK (1982) On the relationship between free plasma and saliva amitriptyline and nortriptyline. Int Pharmacopsychiatry 17: 136–146

BAUMANN P, EAP CB, MÜLLER WE, TILLEMENT JP (eds) (1989) Alpha1-acid glycoprotein. Genetics, biochemistry, physiological functions, and pharmacology. Alan R Liss, New York, p 470

BERTSCHY G, VANDEL S, VANDEL B, ALLERS G, BECHTEL P, VOLMAT R (1989) Desipramine dose prediction based on 24-hour single-dose levels: feasibility and validity. Pharmacopsychiatry 22: 161–164

BREYER-PFAFF U, GAERTNER HJ (1987) Antidepressiva. Pharmakologie, therapeutischer Einsatz und Klinik der Depression. Medizinisch-pharmakologisches Kompendium, Bd 5. Wissenschaftl Verlagsgesellschaft mbH, Stuttgart, S 252

BROWNE JL, PERRY PJ, ALEXANDER B, SHERMAN AD, TSUANG MT, DUNNER F, PFOHL B (1983) Pharmacokinetic protocol for predicting plasma nortriptyline levels. J Clin Psychopharmacol 3: 351–356

BURCHELL B, COUGHTRIE MWH (1989) UDP-Glucuronosyltransferases. Pharmacol Ther 43: 261–289

CAMPBELL DB (1990) The use of kinetic-dynamic interactions in the evaluation of drugs. Psychopharmacology 100: 433–450

CRISMON ML (1983) Benzodiazepine anxiolytics. In: MUNGALL DR (ed) Applied clinical pharmacokinetics. Raven Press, New York, pp 285–302

DAHL SG (1986) Plasma level monitoring of antipsychotic drugs. Clinical utility. Clin Pharmacokinet 11: 36–61

DAWLING S, BRAITHWAITE R, MCAULEY R, MONTGOMERY S (1980) Single oral dose pharmacokinetics of amitriptyline and maprotiline in depressed patients. Prediction of steady-state plasma concentrations. In: BEAUMONT G, PURCELL H, WILLIAMS NJ (eds) British Journal of Clinical Practice 1980 Symposium (Ciba) Jersey, 79; Supplement 7. New Perspectives in Depressive Illness. Cradley Heath, Cradley Printing

DOBBS JH (1983) The tricyclic antidepressants. In: MUNGALL DR (ed) Applied clinical pharmacokinetics. Raven Press, New York, pp 271–284

GELLER B, COOPER TB, CHESTNUT EC, ANKER JA, PRICE DT, YATES E (1985) Child and adolescent nortriptyline single dose kinetics predict steady state plasma levels and suggested dose: preliminary data. J Clin Psychopharmacol 5: 154–158

GILMAN AG, RALL TW, NIES AS, TAYLOR P (1990) Goodman and Gilman's: the pharmacological basis of therapeutics. Pergamon Press, New York

GREENBLATT DJ, DIVOLL M, ABERNETHY DR, OCHS HR, SHADER RI (1983) Clinical pharmacokinetics of the newer benzodiazepines. Clin Pharmacokinet 8: 233–252

GUENTERT TW (1984) Pharmacokinetics of benzodiazepines and of their metabolites. Prog Drug Metabol 8: 241–386.

HOLFORD NHG, SHEINER LB (1981) Understanding the dose-effect relationship: clinical application of pharmacokinetic-pharmacodynamic models. Clin Pharmacokinet 6: 429–453

JØRGENSEN A (1986) Metabolism and pharmacokinetics of antipsychotic drugs. Prog Drug Metabol 9: 111–174

KLOTZ U (1983) Individualisierung der Medikamentendosierung durch Arzneimittelmessungen im Plasma und Anwendung pharmakokinetischer Prinzipien. J Clin Chem Clin Biochem 21: 649–658

LEVY RH, MORELAND TA (1984) Rationale for monitoring free drug levels. Clin Pharmacokinet 9 [Suppl 1]: 1–9

MADAKASIRA S, KHAZANIE PG, SATO TL (1984) Single dose single-point method in amitriptyline therapy. Psychopharmacology 84: 574–576

MUCKLOW JC, BENDING MR, KAHN GC, DOLLERY CT (1978) Drug concentration in saliva. Clin Pharmacol Ther 24: 563–570

NELSON JC, JATLOW PI, MAZURE C (1987) Rapid desipramine dose adjustment using 24-hour levels. J Clin Psychopharmacol 7: 72–77

OOSTERHUIS B, VAN BOXTEL CJ (1988) Kinetics of drug effects in man. Ther Drug Monit 10: 121–132

PAXTON JW (1979) Measurement of drugs in saliva: a review. Methods Find Exp Clin Pharmacol 1: 11–21

PIAFSKY KM (1983) Disease-induced changes in the plasma binding of basic drugs. In: GIBALDI M, PRESCOTT L (eds) Handbook of clinical pharmacokinetics. Section III. Effect of disease states on drug disposition. ADIS Health Science Press, New York Tokyo Mexico Sydney Auckland Hong Kong, pp 70–88

PRESKORN SH (1989) Tricyclic antidepressants: the whys and hows of therapeutic drug monitoring. J Clin Psychiatry 50 [Suppl 7]: 34–42

REYNTJENS AJM, HEYKANTS JJP, WOESTENBORGHS RJH, GELDERS YG, AERTS TJL (1982) Pharmacokinetics of haloperidol decanoate. A two-year follow-up. Int Pharmacopsychiatr 17: 238–246

RICHENS A, MARKS V (eds) (1981) Therapeutic drug monitoring, 1st ed. Churchill Livingstone, London

ROSENBERG JG, BINDER RL, BERLANT J (1987) Prediction of therapeutic lithium dose: comparison and improvement of current methods. J Clin Psychiatry 48: 284–286

ROWLAND M, TOZER TN (eds) (1989) Clinical pharmacokinetics: concepts and applications. Lea & Febiger, Philadelphia, p 331

SCHUMACHER GE, BARR JT (1984) Bayesian approaches in pharmacokinetic decision making. Clin Pharm 3: 525–530

SINDRUP SH, BROSEN K, GRAM LF (1990) Nonlinear kinetics of imipramine in low and medium plasma level ranges. Ther Drug Monit 12: 445–449

TILLEMENT JP, HOUIN G, ZINI R, URIEN S, ALBENGRES E, BARRE J, LECOMTE M, D'ATHIS P, SEBILLE B (1984) The binding of drugs to blood plasma macromolecules: recent advances and therapeutic significance. Adv Drug Res 13: 59–94

TILLEMENT JP, LINDENLAUB E (eds) (1985) Protein binding and drug transport. Symposium Alvor, Algarve, Portugal, Sept. 85. Symposia Medica Hoechst 20. Schattauer, Stuttgart New York, p 530

TOZER TN (1981) Concepts basic to pharmacokinetics. Pharmacol Ther 12: 109–131

WANDELL M, WILCOX-THOLE WL (1983) Protein binding and free drug concentration. In: MUNGALL DR (ed) Applied clinical pharmacokinetics. Raven Press, New York, pp 17–48

WILLIAMS PJ, BROWNE JL, PATEL RA (1989) Bayesian forecasting of serum lithium concentrations. Comparison with traditional methods. Clin Pharmacokinet 17: 45–52

Neuro-Psychopharmaka, Bd. 1
Riederer P. / Laux G. / Pöldinger W. (Hrsg.)

12 Spezielle Pharmakokinetik

12.1 Blut-Liquor-Hirn Schranke

J. Kornhuber

12.1.1 Allgemeines

Die Erforschung der Blut-Liquor-Hirn Schranke begann Ende des letzten Jahrhunderts durch PAUL EHRLICH (EHRLICH 1885). Ihm fiel auf, daß verschiedene intravenös verabreichte Farbstoffe sämtliche Gewebe eines Tieres bis auf das Gehirn färbten. Er nahm jedoch an, daß die Farbstoffe eine geringe Affinität zum Gehirn hätten. Systematische Studien erfolgten später durch GOLDMANN (1913), der nachwies, daß sich nach intravenöser Injektion von Trypanblau alle Organe, außer Gehirn und Rückenmark, blau färben (1. Goldmann'scher Versuch) und daß umgekehrt, bei Injektion des Farbstoffes in die Liquorräume, nur Gehirn und Rückenmark angefärbt werden, der übrige Körper aber unverändert bleibt (2. Goldmann'scher Versuch). Dadurch hatte Goldmann gezeigt, daß nicht die unterschiedliche Affinität des Farbstoffes zu den Geweben, sondern eine Barriere zwischen Zentralnervensystem (ZNS) und Blut für das unterschiedliche Färbungsverhalten verantwortlich war.

Man kann die Schranke zwischen Blut und ZNS in zwei Bereiche einteilen (Abb. 12.1.1): zum einen in die **Blut-Hirn Schranke** (zwischen Blut- und Extrazellulärraum des ZNS) und zum anderen in die **Blut-Liquor Schranke** (zwischen Blut- und Liquorraum). Wesentliches anatomisches Substrat der Schranke ist das Endothel der Arteriolen, Kapillaren und Venolen, deren Zellen lückenlos durch "tight-junctions" verbunden sind (REESE und KARNOVSKY 1967, BRIGHTMAN und REESE 1969, VAN DEURS und KOEHLER 1979). Weiterhin ist die Pinozytoseaktivität dieses Kapillarendothels sehr gering. Große Moleküle wie Albumin werden hier am Durchtritt gehindert. Blut-Hirn Schranke und Blut-Liquor Schranke ähneln sich in wichtigen Eigenschaften. Beide sind kaum durchlässig für hydrophile Substanzen und große Moleküle, beide Membranen haben einen hohen elektrischen Widerstand und sind Sitz verschiedener Transportsysteme. Im Gegensatz

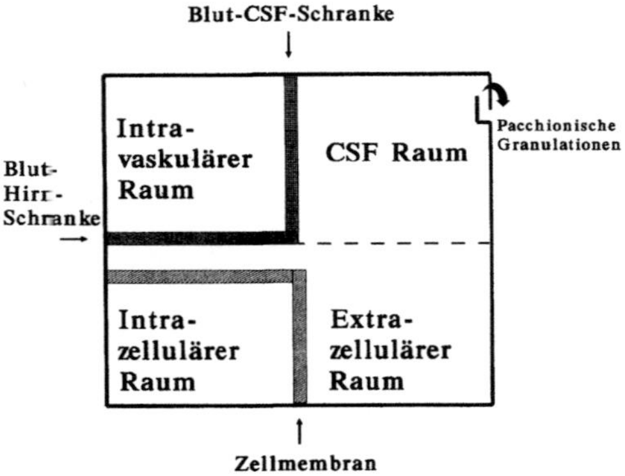

Abb. 12.1.1. Blut-Hirn und Blut-Liquor Schranke (modifiziert nach Felgenhauer 1986). Der intravasale Raum ist gegen die Cerebrospinalflüssigkeit (CSF) durch die Blut-Liquor Schranke und gegen den Extrazellulärraum durch die Blut-Hirn Schranke abgegrenzt. Zwischen CSF und Extrazellulärraum besteht keine anatomische Barriere. Allerdings ist hier die Diffusion durch den engen Extrazellulärraum einschränkt; ein Diffusionsgleichgewicht stellt sich nur bis in wenige Millimeter Tiefe ein. Zwischen Extrazellulärraum und Intrazellulärraum liegt die Zellmembran

zur Blut-Hirn Schranke besitzt die Blut-Liquor Schranke eine etwas höhere Durchlässigkeit, vor allem im Bereich des Plexusendothels, und eine vermehrte Pinozytoseaktivität der Endothelzellen. Zwischen Liquorraum und Extrazellulärraum des ZNS-Parenchyms liegt keine anatomische Schranke vor. Allerdings ist die Diffusion zwischen diesen beiden Kompartimenten aufgrund des engen Extrazellulärraumes stark eingeschränkt (Abb. 12.1.1).

Durch die Blut-Hirn und Blut-Liquor Schranken ist das zentralnervöse Parenchym mit seinen spezifischen Stoffwechselfunktionen an den Grenzflächen gegenüber extraneuralen Einflüssen abgeschirmt. Allerdings handelt es sich nicht um eine völlige Isolierung des ZNS. Fettlösliche Stoffe können die Lipidschicht der Zellmembranen durchdringen und gelangen daher weitgehend ungehindert ins Gehirn. Dies gilt beispielsweise für die meisten Psychopharmaka. Eine interessante Ausnahme hiervon bildet die **"metabolische Blut-Hirn Schranke":** Innerhalb der Endothelzellen der Hirnkapillaren befindet sich z. B. das Enzym MAO-A. Lipidlösliche MAO-A Substrate gelangen daher nicht in das Gehirn, weil sie im Endothel metabolisiert werden. Dagegen können MAO-B Substrate, z. B. Phenyläthylamin, in das Gehirn eindringen. Daneben sind kürzlich noch weitere metabolisierende Enzyme in den Endothelzellen der Blut-Hirn Schranke nachgewiesen worden (Ghersi-Egea et al. 1988).

Hydrophile Substanzen, die die Blut-Hirn Schranke nicht durch Diffusion überwinden aber dennoch vom Gehirn gebraucht werden, wie z. B. Glukose oder bestimmte Aminosäuren, werden durch **spezifische Transportsysteme** aktiv über die Blut-Hirn Schranke aufgenommen. Bis heute sind verschiedene spezifische Transportsysteme identifiziert worden (z. B. für Glukose, große neutrale Aminosäuren, saure und basische Aminosäuren) (Pardridge und Oldendorf 1977).

Unter physiologischen Verhältnissen gibt es im Gehirn auch einzelne **Bezirke ohne Blut-Hirn Schranke** (Wilson und Brodie 1961). Dazu gehören unter anderem Neurohypophyse, Hypophysenstiel und Area postrema. Die hier erhöhte Permeabilität dient wahrscheinlich dazu, die Konzentration verschiedener Substanzen im Blut zu messen und zu regeln. Im Blut kreisende Hormone können beispielsweise über diese Bezirke in das ZNS eindringen und über das neuroendokrine System die eigene Synthese regeln.

Für den Arzt ist die Blut-Liquor-Hirn Schranke deswegen so wichtig, da er bei verschiedenen Erkrankungen Medikamente über den Blutweg in das Gehirn bringen möchte und bei anderen Erkrankungen Medikamente verabreichen möchte, die das ZNS wegen unerwünschter Wirkungen möglichst nicht erreichen. Viele Arzneistoffe werden systematisch modifiziert, um eine größere Lipophilie und damit bessere Schrankengängigkeit zu erreichen. An den folgenden Beispielen zeigt sich, daß die Eigenschaften der Blut-Liquor-Hirn Schranke bei Behandlung und Diagnostik häufig bedacht werden müssen und daß diese Barriere nicht nur Nachteile bringt, sondern auch zum Vorteil des Patienten genutzt werden kann.

- L-DOPA wird als Vorstufe von Dopamin in der Parkinson-Behandlung eingesetzt. L-DOPA passiert die Blut-Hirn Schranke über das Transportsystem für große neutrale Aminosäuren. Ein Großteil des applizierten L-DOPA wird jedoch schon in der Peripherie decarboxyliert und steht daher dem Gehirn nicht zur Verfügung. Daher wird L-DOPA in Kombination mit einem nicht schrankengängigen Decarboxylase-Hemmer gegeben (z. B. L-DOPA + Benserazid bzw. Carbidopa). Da dieser Decarboxylase-Hemmer nicht ins Gehirn eindringt, kann dort die Bildung von Dopamin durch die Decarboxylase des Gehirn ungestört erfolgen.
- Die unerwünschten atropinartigen zentralen Nebenwirkungen des Scopolamins finden sich nicht bei dem weniger lipophilen Derivat N-Butylscopolamin, bei dem die Polarität durch Quarternisierung des Stickstoffatomes erhöht wurde.
- Bei Säuren und Basen ist die Ionisation und damit die Schrankengängigkeit vom pH-Wert abhängig. Barbiturate beispielsweise liegen bei alkalischem pH-Wert zu einem höheren Prozentsatz in der nicht-schrankengängigen ionisierten Form vor. Dies wird bei der Barbiturat-Vergiftung therapeutisch genutzt. Nach Anhebung des pH-Wertes im Blut (z. B. durch $NaHCO_3$-Infusion) kommt es zu einer Rückverteilung von Barbital aus dem Gehirn ins Blut.
- Verschiedene Medikamente sind schlecht fettlöslich und dringen daher nicht oder kaum in das Gehirn ein. Es gibt jedoch die Möglichkeit die Blut-Hirn Schranke vorübergehend zu öffnen. Rapoport et al. (1971, 1972) konnten zeigen, daß die Injektion einer hyperosmolaren Lösung (z. B. einer Glukose-Lösung) die Blut-Hirn Schranke an der Stelle der "tight-junctions" reversibel öffnet. Über einen solchen Mechanismus können auch beim Menschen schlecht schrankengängige Substanzen in das Gehirn gebracht werden. Wenn die hyperosmolare Lösung über einen Katheter nur in bestimmte kleinere Hirngefäße injiziert wird, kann die Blut-Hirn Schranke selektiv in bestimmten Regionen geöffnet werden, beispielsweise für die Therapie von Hirntumoren mit toxischen Zytostatika.
- Durch die intravaskuläre Applikation von Kontrastmitteln kann der Zustand der Blut-Hirn Schranke mit bildgebenden Verfahren analysiert werden. Dadurch können häufig pathologische Veränderungen, die mit einer Störung der Blut-Hirn Schranke einhergehen, wie Tumoren oder Entzündungen, entdeckt werden.

12.1.2 Veränderung der Blut-Liquor-Hirn Schranke bei psychiatrischen Erkrankungen

Seit langem ist bekannt, daß die Blut-Liquor-Hirn Schranke bei vielen neurologischen Erkrankungen gestört sein kann. Gibt es auch psychiatrische Erkrankungen, bei denen die Blut-Liquor-Hirn Schranke gestört ist? Tatsächlich konnten verschiedene Arbeitsgruppen eine erhöhte Durchlässigkeit der Blut-Liquor-Hirn Schranke bei schizophrenen Patienten nachweisen (Literatur in: Bauer und Kornhuber 1987). Auch Alkoholkonsum öffnet die Schranke (Kornhuber et al. 1987). Es ist möglich, daß auch die pharmakologische Therapie von psychiatrischen Erkrankungen die Blut-Hirn Schranke verändert. So wurde kürzlich gezeigt, daß Chlorpromazin im Tierexperiment die Durchlässigkeit einer gestörten Blut-Hirn Schranke vermindert (Rosengren und Persson 1979) und daß die bei affektiven Erkrankungen angewendeten Therapien (Amitriptylin, Lithium, elektrokonvulsive Behandlung) die

Permeabilität der Schranke verändern (Preskorn et al. 1981). Ob diese Effekte am klinischen Nutzen der entsprechenden Therapieform beteiligt sind, kann jedoch noch nicht abschließend beurteilt werden.

Literatur

Bauer K, Kornhuber J (1987) Blood-cerebrospinal fluid barrier in schizophrenic patients. Eur Arch Psychiatr Neurol Sci 236: 257–259

Brightman MW, Reese TS (1969) Junctions between intimately apposed cell membranes in the vertebrate brain. J Cell Biol 40: 648–677

Ehrlich P (1885) Das Sauerstoff-Bedürfnis des Organismus, eine farbenanalytische Studie. Hirschwald, Berlin

Felgenhauer K (1986) The blood-brain barrier redefined. J Neurol 233: 193–194

Ghersi-Egea JF, Minn A, Siest G (1988) A new aspect of the protective functions of the blood-brain barrier: activities of four drug-metabolizing enzymes in isolated rat brain microvessels. Life Sci 42: 2515–2523

Goldmann EE (1913) Vitalfärbung am Zentralnervensystem. Abh Preuss Akad Wiss, Phys-Math Kl I: 1–60

Kornhuber J, Kaiserauer CH, Kornhuber AW, Kornhuber ME (1987) Alcohol consumption and blood-cerebrospinal fluid barrier dysfunction in man. Neurosci Lett 79: 218–222

Pardridge WM, Oldendorf WH (1977) Transport of metabolic substrates through the blood-brain barrier. J Neurochem 28: 5–12

Preskorn SH, Irwin GH, Simpson S, Friesen D, Rinne J, Jerkovich G (1981) Medical therapies for mood disorders alter the blood-brain barrier. Science 213: 469–471

Rapoport SI, Hori M, Klatzko I (1971) Reversible osmotic opening of the blood-brain barrier. Science 173: 1026–1028

Rapoport SI, Hori M, Klatzko I (1972) Testing of a hypothesis for osmotic opening of the blood-brain barrier. Am J Physiol 223: 323–331

Reese TS, Karnovsky MJ (1967) Fine structural localization of a blood-brain barrier to exogenous peroxidases. J Cell Biol 34: 207–217

Rosengren LE, Persson LI (1979) Chlorpromazine treatment of blood-brain barrier dysfunction. A quantitative and fluorescence microscopical study on small cerebral stab wounds in the rat. Acta Neuropathol (Berl) 46: 145–150

Van Deurs B, Koehler JK (1979) Tight junctions in the choroid plexus epithelium – a freeze-fracture study including complementary replicas. J Cell Biol 80: 662–673

Wilson CWM, Brodie BB (1961) The absence of blood-brain barrier from certain areas of the central nervous system. J Pharmacol Exp Ther 133: 332–334

12.2 Therapeutisches Drug Monitoring

P. Baumann

Die modernen Psychopharmaka wurden in den fünfziger Jahren eingeführt, doch erst nach 1970 war die analytische Technologie soweit fortgeschritten, um ihre Plasmaspiegel für klinische Zwecke zuverlässig bestimmen zu können. Der Wunsch nach einem "therapeutischen Drug Monitoring" (TDM) erklärt sich unter anderem durch die frühe Beobachtung, daß die für eine erfolgreiche Behandlung benötigte Medikamentendosis von Patient zu Patient recht unterschiedlich sein kann und durch die Hypothese, daß Plasmaspiegel des Medikamentes besser als die Dosis seine Konzentration am Wirkungsort widerspiegelt.
Für zahlreiche, aber bei weitem nicht für alle psychotropen Pharmaka wurden deshalb Bestimmungsmethoden entwickelt, ihre pharmakokinetischen Parameter ermittelt und die Zusammenhänge zwischen den Plasmaspiegeln der aktiven Komponenten und ihrer klinischen Wirkung untersucht. Aus Platzgründen können hier nur einige wesentliche Punkte dargestellt werden, weshalb auf die reiche Originalliteratur und auf relevante Übersichtsartikel hingewiesen wird.

12.2.1 Definitionen und Zielsetzungen

Eine Relation Plasmaspiegel – klinische Wirkung kann verschiedene Formen annehmen: bei einer linearen Relation (Berechnung des Korrelationskoeffizienten) nimmt mit zunehmenden Plasmaspiegeln die therapeutische Wirkung zu. Sie vermittelt aber keine Aussage über einen unteren oder oberen Grenzwert bezüglich des Wirkungsspektrums. Bei einer kurvilinearen Relation vom Typ umgekehrtes U gibt es einen Plasmaspiegelbereich, das sogenannte "therapeutische Fenster", der definiert ist durch einen unteren Grenzwert, ab dem mit einer therapeutischer Response gerechnet werden kann und einem oberen Grenzwert, ab dem keine weitere Steigerung der Effizienz des Medikamentes erzielt wird, sondern gegebenenfalls sogar eine Abnahme. Eine mögliche Erklärung wäre, daß mit höheren Konzentrationen auch "Rezeptoren" vom Medikament besetzt werden, deren Funktion antagonistisch zu denen für den Therapieerfolg verantwortlichen ist. Heute stützt man sich jedoch vielmehr auf ein toxikologisches Modell. Demnach wäre innerhalb des therapeutischen Bereichs die größte Wahrscheinlichkeit für eine optimale Response mit gleichzeitig geringster Präsenz von Nebenwirkungen. Die obere Grenze des optimalen therapeutischen Bereiches wäre durch eine Zunahme des Risikos für das Auftreten von mehr oder weniger gravierenden Nebenwirkungen definiert. Dieses Modell hat vor allem Gültigkeit für die trizyklischen Antidepressiva (s. unten).

12.2.2 Indikationen und praktische Hinweise zum therapeutischen Drug Monitoring

Indikationen

Eine Lithiumtherapie ohne Plasmaspiegelmonitoring ist nicht denkbar. Obwohl diese Aussage für alle anderen Psychopharmaka nicht mit solcher Bestimmtheit gilt, rechtfertigen mehrere Indikationen das TDM von Antidepressiva, Neuroleptika und als Thymoregulatoren verwendeten Antiepileptika. Die Bestimmung von Anxiolytika oder Hypnotika vom Typ Benzodiazepine rechtfertigt sich nicht im Sinne des TDM, nur ihre qualitative oder semi-quantitative Analyse in Urin oder Blut im Falle von Medikamentenabusus. Trotz Fehlen von klar definierten "therapeutischen Fenstern" für die meisten psychotropen Pharmaka gelten folgende Indikationen für das TDM:

1. Es besteht die Vermutung, daß der Patient seine Medikation überhaupt nicht oder unregelmässig einnimmt (poor oder non compliance). Niedrige Plasmaspiegel eines Medikamentes sind aber noch kein Beweis dafür, schon eher ungleichmäßige Plasmaspiegel bei mehrfach hintereinander folgenden Bestimmungen. Sie ergänzen oder ersetzen sinnvoll andere zum Teil unbefriedigende Methoden wie Pillenzählen oder Beigabe eines fluoreszierenden Stoffes wie Riboflavin zur Medikation, mit nachfolgender Bestimmung im Harn.
2. Der Patient spricht nach einer angemessenen Zeit (z. B. nach 2–3 Wochen Behandlung mit einem Antidepressivum) auf die medikamentöse Therapie nicht an, obwohl der Patient mit einer scheinbar adäquaten Dosis behandelt wurde. Eine Plasmaspiegelbestimmung kann dem Arzt einen Entscheid über eine nochmalige Dosiserhöhung erleichtern.
3. Der somatisch gesunde Patient leidet bei verhältnismäßig niederen Dosen an Nebenwirkungen. Diese können eine pharmakokinetische Erklärung haben. So ist z. B. im Falle einer genetischen Defizienz des Metabolismus (s. Kapitel Pharmakogenetik) bei vielen Medikamenten mit hohen Plasmaspiegeln zu rechnen, weshalb möglicherweise durch eine Dosiserniedrigung eine klinische Besserung erreicht wird. Befinden sich die Plasmaspiegel im üblichen Bereich, so können pharmakodynamische Faktoren für außergewöhnliche Nebenwirkungen verantwortlich sein, z. B. eine hohe, individuell bedingte Empfindlichkeit eines "Rezeptorsystems", sodaß dann ein Medikamentenwechsel angeraten wird.
4. Der psychiatrische Patient leidet zusätzlich an einer organischen Krankheit, die sich z. B. in einer Beeinträchtigung der Leber- oder Nierenfunktionen ausdrückt und deshalb die Medikation mit psychotropen Pharmaka ein gewisses Risiko darstellt. Plasmaspiegelbestimmungen helfen bei der individuellen Anpassung der Medikamentendosis.
5. Der Patient wird mit mehreren Medikamenten gleichzeitig behandelt, von denen bekannt ist, daß sie gegenseitig ihren Metabolismus beeinflussen. Auch hier kann das TDM helfen, die Dosis individuell anzupassen.
6. Plasmaspiegelbestimmungen können auch wertvolle Daten liefern, wenn die Therapie mit juristischen Mitteln in Frage gestellt wird.

Praktische Hinweise zu den Plasmaspiegelbestimmungen

1. Die praktische Erfahrung rechtfertigt den Hinweis, daß zur Therapie bevorzugt ein Medikament gewählt werden soll, welches auch dosiert wird und für welches das "therapeutische Fenster" oder zumindest steady-state Konzentrationen unter klinischen Bedingungen bekannt sind!
2. Generell werden das Medikament und eventuell auch seine Metabolite im Plasma, Serum oder manchmal auch im Vollblut bestimmt. Es ist deshalb ratsam, sich an die

vom Bestimmungslabor angegebenen Vorschriften zu halten. Zwar darf man heute annehmen, daß heute die gängigen Röhrchen nicht mehr TBEP enthalten, welches mit der Bindung von Medikamenten an das saure α1-Glykoprotein im Plasma interferiert, aber die Verwendung von Röhrchen mit Gel-Separatoren führt zu niedrigeren Serumspiegeln von trizyklischen Antidepressiva. Es ist für Arzt und Patient wichtig, daß ersterer die Formulare gewissenhaft ausfüllt, insbesonders auch die Fragen nach der Dauer der Behandlung, der Bezeichnung, der Applikationsweise und Dosis der Medikation und der Komedikationen, nach dem Grund der Plasmaspiegelbestimmung, nach dem Alter usw. des Patienten. Für das Labor sind manche dieser Angaben zur Vermeidung von analytischen Fehlern wegen Interferenzen durch andere Arzneimittel und deren Metabolite wichtig. Ist dem Labor auch ein pharmakologischer Dienst angegliedert, so kann auch eine klinische Interpretation mitgeliefert werden, wenn die dazu notwendigen Daten zur Verfügung stehen.

3. Allgemein werden die Plasmaspiegel unter steady-state Bedingungen gemessen. Dieser von der Halbwertszeit des Medikamentes abhängige Zustand wird nach etwa 4–5 Halbwertszeiten erreicht. Für die üblichen psychotropen Pharmaka ist dies nach etwa 4–7 Tagen nach Beginn der Behandlung oder nach Veränderung der Dosis (nach oben oder nach unten) der Fall. Da aber ihre Pharmakokinetik nicht immer linear ist, können große Abweichungen (mit dem Risiko von Fehlinterpretationen) auftreten.

4. Es wird allgemein empfohlen, das Blut etwa 12–16 Stunden nach der letzten Medikamenteneinnahme abzunehmen, das heißt möglichst vor der morgendlichen Medikation. Ist dies zum Beispiel bei ambulanten Patienten nicht möglich, soll auf die morgendliche Medikation an diesem Tage verzichtet werden. Die Bestimmung wird üblicherweise dann vorgenommen, wenn der Spiegel am niedrigsten ist ("trough level" = Muldenspiegel). Im Falle einer Behandlung mit Depotneuroleptika wird deshalb die Blutentnahme auch vor der nächsten Applikation vorgenommen.

5. Manche Autoren schlagen vor, dem Patienten zunächst eine standardisierte Dosis des Medikamentes zu geben, um zwölf oder 24 Stunden danach den Plasmaspiegel zu messen. Mit Hilfe eines Nomogramms kann dann die endgültige Dosis ermittelt werden. Diese Technik wurde für Li^{+} (Cooper und Simpson 1976) und trizyklische Antidepressiva (Dawling 1988) vorgeschlagen. Dieses Vorgehen birgt gewisse Risiken, da die Kinetik von z. B. Imipramin nicht immer linear verläuft, so bei einer genetischen Defizienz des Metabolismus (Sindrup et al. 1990, Laux und Riederer 1992).

12.2.3 Analytische Methoden

Als zu untersuchendes Material für das TDM kommen verschiedene Körperflüssigkeiten oder Gewebe in Betracht:

Die klinische Relevanz der Bestimmung der freien Konzentrationen der Medikamente im Plasma (s. 11.5.5), der Bestimmungen im Speichel (11.5.6) oder auch im Liquor ist ungenügend gesichert, sodaß sich diese Formen des TDM auch aus methodologischen Gründen nicht durchgesetzt haben. Für den Routinefall werden die Medikamente im Plasma, Serum und manchmal auch im Vollblut gemessen. In der klinischen Praxis wird wahrscheinlich kaum berücksichtigt, daß die Messung gewisser Medikamente wie die von trizyklischen Antidepressiva eher höhere Werte im Plasma als im Serum ergibt (Coccaro et al. 1987). Plasmaspiegel von psychotropen Pharmaka, die meist mehrere aktive Metabolite aufweisen, bewegen sich im Nanogrammbereich, etwa zwischen 10–1000 ng/ml für trizyklische Antidepressiva und Phenothiazine, und zwischen 1–25 ng/ml für Haloperidol. Die Bestimmungsmethoden müssen deshalb selektiv, hoch emp-

findlich, für den Routinegebrauch reproduzierbar und möglich kostengünstig sein. Das Problem der Validierung der Methoden wurde kürzlich von BUICK et al. (1990) im Detail behandelt, aber es wurde auch gleichzeitig darauf hingewiesen, daß diese Aspekte in den Good Laboratory Practice Reglementen noch ungenügend berücksichtigt werden. Eine regelmäßige interne und externe Qualitätskontrolle wird zunehmend gefordert, aber letztere wird bisher nur für wenige Medikamente angeboten (BAUMANN et al. 1982, ORSULAK et al. 1989, WILSON et al. 1989). Das routinemässige TDM stellt einen Kompromiß dar, da wichtige Parameter nicht berücksichtigt werden: – Existenz von aktiven polaren Metaboliten und bei razemischen Drogen, die Existenz von Enantiomeren, die sich im Wirkprofil und/oder in der Kinetik unterscheiden können (Beispiele: Fluoxetin, Citalopram, Mianserin, Trimipramin) (COUTTS und BAKER 1989).
Ein empfehlenswertes Buch über die heute zur Verfügung stehenden Bestimmungsmethoden wurde von BOULTON et al. (1988) veröffentlicht.

Chromatographische Methoden

Als erste universelle Methode zur Bestimmung von psychotropen Pharmaka gilt die Gaschromatographie, deren Leistungsfähigkeit sich mit der Einführung von Kapillarsäulen zur besseren Auftrennung der Metabolite, mit der Entwicklung der empfindlichen und spezifischen Detektoren NPD (Nitrogen Phosphor Detector) und ECD (Electron Capture Detector), sowie mit der Verbesserung der Informatik, die eine teilweise Automatisierung der Analysen erlaubt, gesteigert hat. Als weitere Perfektionierung gilt die GC-MS, indem ein Massenspektrometer (MS) als empfindlicher und vor allem spezifischer Detektor an einen Gaschromatographen (GC) gekoppelt wird. Mit neuen Tischgeräten (bench top) wird diese Methode auch wirtschaftlich günstiger, wobei diese Geräte inzwischen auch mit der chemischen Ionisation neben der Elektronenimpaktionisation ausgerüstet werden. Die Gaschromatographie hat aber die Nachteile, daß hydroxylierte Metabolite von psychotropen Pharmaka oft nur nach aufwendiger Derivatisierung gemessen werden können und daß sie sich schlecht für eine vollständige Automatisierung eignet.
Die HPLC (high performance (oder pressure) liquid chromatography) eignet sich im Gegensatz zur GC besser für hitzeempfindliche oder auch polare Substanzen. Sie hat in den letzten Jahren an Empfindlichkeit und Spezifizität durch die Einführung von speziellen UV- (so z. B. Diode Array) und Fluoreszenzdetektoren gewonnen (WONG 1988, 1989, FAZIO et al. 1987). Durch Kombinieren von zwei Säulen hintereinander sind Extraktionsverfahren überflüssig geworden: natives Serum kann direkt für die Bestimmung von tri- und tetrazyklischen Antidepressiva chromatographiert werden (MATSUMOTO et al. 1989). Bald wird für den Routinegebrauch das LC-MS zur Verfügung stehen, bei der ein Massenspektrometer an das Flüssigkeitschromatographiegerät gekoppelt wird. Zur Verbesserung der Auftrennungsmöglichkeiten werden in der HPLC wie für die GC Kapillarsäulen vorgeschlagen. Das Angebot an enantioselektiven Säulen ist für die HPLC größer als für die GC. Bereits gibt es Vorschläge zur Automatisierung der Bestimmung von basischen Medikamenten mittels Robotern (McDOWELL et al. 1989).
Die Dünnschichtchromatographie hat selbst in ihrer Weiterentwicklung zur HPTLC (High performance thin layer chromatography) zur Zeit nur marginale Bedeutung.

Bestimmungsmethoden mit radioaktiv markierten Substanzen

Der Radiorezeptorassay (RRA) wird vor allem zur Bestimmung von Neuroleptika angewendet, die Dopamin-2 Rezeptoren blokkieren. Neuroleptika enthaltendes Plasma wird mit striatalen Membranen von Rattenhirnen zusammengebracht, deren DA-2 Rezeptoren vorher mit dem radioaktivem Liganden Spiroperidol inkubiert wurde. Die im Plasma mit neuroleptischer Aktivität präsenten Verbindungen verdrängen den Liganden, dessen anschliessende Messung im Überstand ein Maß für die gesamte neuroleptische Aktivität liefert. Diese Methode ist deshalb begrenzt spezifisch (Ko et al. 1985). Mit RRA werden unter anderem Fluphenazin (Brown und Silver 1985), Perazin (Rao 1989) aber auch Thioridazin und seine aktiven Metabolite Mesoridazin und Sulforidazin gemessen, doch zeigte in diesem Fall ein Vergleich von Radiorezeptorassay und HPLC große Unterschiede in den Ergebnissen (Rao et al. 1988).

Die Derivatisierung von psychotropen Pharmaka mit radioaktiven Reagenzien mit anschliessender Messung hat nur noch eine historische Bedeutung (Hammer und Brodie 1967), da ihre Anwendung im Falle der Antidepressiva auf die derivatisierbaren sekundären (aber nicht tertiären) Amine wie Nortriptylin und Desipramin beschränkt ist.

Immunologische Methoden

Die immunologischen Methoden haben eine große Zukunft vor sich, da sie empfindlich und vor allem automatisierbar sind, was auch aus Kostengründen ein Vorteil ist. Ihr großer Nachteil ist ein gewisses Risiko für mangelnde Spezifizität in Anwesenheit von andern psychotropen Pharmaka und Metaboliten, die eine Kreuzreaktion aufweisen. Die Methode beruht ganz allgemein auf der Bindung von Antigenen an polyklonale oder monoklonale Antikörper, gefolgt von weiteren Stufen, die die Messung dieses Komplexes ermöglichen:

Bei der Fluoreszenzpolarisationsimmunobestimmung (FPIA) wird ein mit Fluoreszenz markierter Tracer verwendet, der durch polarisiertes Licht angeregt wird. Der Polarisationsgrad der Fluoreszenz hängt von der Bindung des Tracers an den Antikörper ab, welche wiederum von der Menge des mit dem Tracer um die Bindung kompetierenden Medikamentes abhängt. Die Methode, die im Gegensatz zum EMIT an eigens dafür entwickelte Geräte gebunden ist, eignet sich für das Screening von trizyklischen Antidepressiva (Meenan et al. 1990), aber noch nicht für das TDM.

Bei der Enzymimmunobestimmung (EMIT) werden die Antidepressiva zunächst auf kleinen Trennsäulen von interferierenden Produkten getrennt. Gemessen wird mittels eines UVSpektrophotometers die Umwandlung von NAD^+ in NADH, die durch ein Enzym erfolgt, welches von der messenden Substanz vom Antikörper verdrängt wurde. Eine große Anzahl von Proben können in kurzer Zeit analysiert werden, doch dürfen Störfaktoren wie Kreuzreaktionen nicht unterschätzt werden. Bei einer Behandlung mit mehreren Antidepressiva gleichzeitig ist eine zuverlässige Bestimmung fragwürdig (Orsulak et al. 1989). Diese z. B. für den COBAS-BIO (Ernst et al. 1987) automatisierte Methode ist nur für eine begrenzte Anzahl von Medikamenten anwendbar (Pankey et al. 1986, Fraser et al. 1989), relativ unempfindlich und rigide in der Anwendung (es können keine Störsubstanzen eliminiert werden), wie vergleichende Analysen von trizyklischen Antidepressiva mit EMIT und HPLC gezeigt haben (Dorey et al. 1988).

12.2.4 Therapeutisches Drug Monitoring psychotroper Einzelsubstanzen

In Tabelle 12.2.1 sind einige pharmakokinetische Daten sowie Beispiele für unter klinischen Bedingungen bestimmte Plasmaspiegel von verschiedenen psychotropen Pharmaka mit den entsprechenden Literaturhinweisen dargestellt.

Tabelle 12.2.1. Pharmakokinetische Parameter von psychotropen Pharmaka und ihre Plasmaspiegel im Gleichgewicht (steady–state)

Medikament	Aktive Metabolite (Beispiele)	Halbwertszeit im Plasma (h)	Verteilungsvolumen (I/kg)	Freie Konzentration %	Orale Bioverfügbarkeit	Dosis mg/Tag	Plasmaspiegel gemessen ng/ml	Literaturbeispiele
Trizyklische Antidepressiva								
Amitriptylin		31–47	11–19	5,5–9,5	33–62	150	32–278	[2] Baumann et al. 1986
	Nortriptylin						16–326	
Nortriptylin		21–38	15–23	8–13	46–59	75–225	32 –164	[2] Asberg et al. 1971
Imipramin		11–37	16 –20	8 –15	18 – 77	100	10 –180	[2] Brøsen et al. 1986
	Desipramin						15 – 460	
Desipramin		12,5–25		12–18		200	28–882	[2] Friedel et al. 1979
Clomipramin		36–62	17	1,4–3,5	36–62	150	25–190	[2] Träskman et al. 1979
	Desmethyl-clomipramin						30–270	
Doxepin		7–23		10,5		225	26–111	[2] Hrdina et al. 1988
	Desmethyl-doxepin						20 – 64	
Dothiepin 1981		14–40	20–92			200	43–420	Mendlewicz et al. 1980, Maguire et al.
	Dothiepin-sulfoxid	13–35						
Trimipramin		16–30	17–48	3,6–6,2	18–63	75;150	11–241	[2] Suckow und Cooper 1984
	Desmethyl–trimipramin						3–382	
Lofepramin		4,5–7		0,65	6,6			Lancaster und Gonzalez 1989
	Desipramin							
Maprotilin		27–58	16–33	8,6–15	100	150	111±8,8	[2] Hrdina und Lapierre 1986
Mianserin		21–61		4,3–7,4	14–34	60	10–170	[2] Montgomery et al. 1978

(Fortsetzung siehe S. 297)

Tabelle 12.2.1. Fortsetzung

Medikament	Aktive Metabolite (Beispiele)	Halbwertszeit im Plasma (h)	Verteilungsvolumen (l/kg)	Freie Konzentration %	Orale Bioverfügbarkeit	Dosis mg/Tag	Plasmaspiegel gemessen ng/ml	Literaturbeispiele
Serotonin Wiederaufnahmehemmer (SSRI)								
Fluvoxamin		13–19				200	130±108	[2] Benfield and Ward 1986, Nathan et al. 1990
Citalopram		33	12–16	82	80–99	30–60	9–200	Dufour et al. 1987, Milne und Goa 1991
	Desmethylcitalopram	ca 33		74			10–105	Kragh–Sørensen et al. 1981
Paroxetin		7–65	8–28	95	ca 50	10–50	0,9–573	Kaye et al. 1989, Dechant und Clissold 1991
Femoxetin		7–27	97		1–28	ca 600	0–171	Suominen et al. 1988
	Norfemoxetin	4–19					0–184	Mengel et al. 1983
Fluoxetin		1–3 d	12–97	94	30	20–60	73–453	Sommi et al. 1987, Benfield et al. 1986, Kelly et al. 1989
	Norfluoxetin	7–15 d						
Sertralin		25	20	99				Doogan und Caillard 1988
	Desmethylsertralin	66						
Trazodon		4,7	1,04	(5–11)	70–90	150–600	240–4900	[2] Greenblatt et al. 1987, Spar 1987
	m-Cl-phe-piperazin aktive Metabolite							
MAO–Hemmer								
Moclobemid		1,35–3,11	0,6–1,6		56	300	114–517	Schoerlin et al. 1987

(Fortsetzung siehe S. 298)

Tabelle 12.2.1. Fortsetzung

Medikament	Aktive Metabolite (Beispiele)	Halbwertszeit im Plasma (h)	Verteilungsvolumen (l/kg)	Freie Konzentration %	Orale Bioverfügbarkeit	Dosis mg/Tag	Plasmaspiegel gemessen ng/ml	Literaturbeispiele
Klassische Neuroleptika								
Haloperidol		20	18	8	38 – 86	6–27	0,33–22,6	[1,3,4] Beresford und Ward 1987, Volavka und Cooper 1987, Altamura et al. 1988
Perphenazin		9	20	8–9	15–99	24–48	0–4,4	[3,4]
Thioridazin (THD)		9,3+1,9		<1		25–1000	90–2000	[1] Chakraborty et al. 1989, Nyberg et al. 1987
	Mesoridazin	12,1±1,7		1,5–2			130–1600	
	Sulforidazin	10,7±2.3		1			30–500	
	THD-5-SO						350–3500	
Fluphenazin		16		<1		5–20	0–4,4	[1]
Levomepromazin		21	30		53			[1]
Chlorpromazin		30	21		32			[1]
Zuclopenthixol		20	12–24		44			[1,3]
Flupentixol		35	13–17		40			[1]
Atypische Neuroleptika								
Sulpirid		6–10	2,7	60	27	800–3200	500–4500	[3] Gerlach et al. 1985
Clozapin		6–30	5	5	22–90	ca400	84–1088	Fitton und Heel 1990, Perry et al. 1991, Baldessarini und Frankenburg 1991
Remoxiprid		4–7	0,68	20	90	240	2,3± 1,2umol/1	Jostell et al. 1990, von Bahr et al. 1990

(Fortsetzung siehe S. 299)

Tabelle 12.2.1. Fortsetzung

Medikament	Aktive Metabolite (Beispiele)	Halbwerts-zeit im Plasma (h)	Vertei-lungs-volumen (I/kg)	Freie Konzen-tration %	Orale Biover-fügbar-keit	Dosis mg/ Tag	Plasma-spiegel gemessen ng/ml	Literaturbeispiele
Depotneuroleptika								
Zuclopenthixoldecanoat		19 d						[1]
Fluphenazindecanoat		2.5 W				25	ca 1,5	Marder et al. 1991
Haloperidoldecanoat		3 W				100	ca 4	Reyntjens et al. 1982
Thymoregulatoren								
Lithium		10–40						Perry und Alexander 1987
Carbamazepin		37,5±13.1	0,83±0,1			641±155	0,5±2,5 ug/ml	Okuma et al. 1990, Nolen et al. 1988, Cotter et al. 1977
Valpromid		75±13	ca 1				1800–3800	Bialer 1991
Valproat		10±0,8	16±3				50–102 ug/ml	McElroy et al. 1989

Die pharmakokinetischen Daten sind teilweise entnommen aus
[1] Jørgensen 1986, [2] Breyer-Pfaff und Gaertner 1987, [3] Balant-Gorgia und Balant 1987, [4] Baldessarini et al. 1988

Antidepressiva

Trizyklische Antidepressiva
In den letzten Jahren wurde in mehreren Übersichtsartikeln die bedeutende Literatur über den Zusammenhang Plasmaspiegel klinische Wirkung von trizyklischen Antidepressiva analysiert (Task Force 1985, Breyer-Pfaff und Gaertner 1987, Preskorn 1989, Orsulak 1989, de Oliveira et al. 1989 a, b), wobei die Übersichten von de Oliveira et al. eine besonders gründliche Analyse darstellen. Es wird allgemein das Fehlen eines Consensus bezüglich der Existenz eines "therapeutischen Fensters" festgestellt. Nach dem kürzlich von Preskorn (1989) vorgestellten toxikologischen Modell können für Haupt- und Nebenwirkungen Plasmaspiegel-Wirkungskurven einzeln dargestellt werden (Abb. 12.2.1). Das Modell findet seinen Ursprung in zahlreichen Fallbeschreibungen (Preskorn 1989, s. auch Baumann 1990, Balant et al. 1989), was zu den in Tabelle 12.2.2 dargetellten Plasmaspiegelbereichen geführt hat. Dieses Modell ist wahrscheinlich nicht für alle Patientengruppen anwendbar. So ist bekannt, dass bei älteren Patienten infolge eines reduzierten Metabolismus mit höheren Plasmaspiegeln gerechnet werden muß, daß aber auch mit zunehmendem Alter die Empfindlichkeit auf unangenehme Nebenwirkungen (pharmakodynamische Faktoren) zunimmt (Leinonen und Ylitalo 1991), weshalb sich diese Dosis-Wirkungskurven (Abb. 12.2.1) möglicherweise für ältere Patienten eher nach links verschieben. Die klinische Relevanz von Tabelle 12.2.2 wird durch eine Beobachtung in Spanien illustriert, wonach bei 12% der Patienten, bei denen Plasmaspiegelbestimmungen vorgenommen wurden, zwar potentiell toxische Plasmaspiegeln von trizyklischen Antidepressiva gemessen wurden, aber nur in 23% der Fälle auch klinische Symptome einer Intoxikation festgestellt wurden (Tamayo et al 1988). Eigene Studien zeigen demgegenüber, daß selten hohe, aber dafür häufig zu niedrige Plasmaspiegel in Lausanne gemessen werden (Vuille et al., im Druck). Doxepin wird in dieses Modell nicht miteinbezogen, da vor kurzem Hinweise für Artefakte in den frühen Arbeiten mit diesem Antidepressivum veröffentlicht wurden. Tatsächlich wird dieses Medikament als ein Gemisch von cis- und trans-Isomeren verwendet, wobei sich im Organismus das erste in das weniger aktive trans-Isomer umwandelt. In den meisten Studien wurde die Trennung nicht vorgenommen, weshalb frühere Berichte über eine Relation Plasmaspiegel – klinische Wirkung kritisch betrachtet werden müssen (Hrdina et al. 1988, 1990, Ghabrial et al. 1991).
Lofepramin stellt unter den trizyklischen Antidepressiva einen Sonderfall dar, da höchstwahrscheinlich das therapeutisch aktive Prinzip sein Metabolit Desipramin ist (Lancaster und Gonzalez 1989), vor allem auch deshalb, weil Lofepramin schnell eliminiert ist. Lofepramin und Desipramin können nicht gaschromatographisch bestimmt werden, da die Muttersubstanz sich unter gaschromatogrqaphischen Bedingungen in Desipramin umwandelt.

Selektive Serotonin-Aufnahmehemmer
Mehrere neue Antidepressiva zeichnen sich durch ihre potente und selektive Hemmung der Wiederaufnahme von Serotonin aus (SSRI = Selective serotonin reuptake inhibitors). Da mit ihnen im Vergleich zu den trizyklischen Antidepressiva kaum anticholinerge Nebenwirkungen festgestellt werden, ist das in Abb. 12.2.1 dargestellte klinische Profil für sie ungültig. Die SSRI's unterscheiden sich in Metabolismus und Kinetik. Auffallend sind vor allem Fluoxetin und Norfluoxetin mit einer Halbwertszeit von mehreren Tagen (Tabelle 12.2.1), weshalb für sie die übliche Regel "steady-state Bedingungen nach etwa einer Woche" nicht gilt. Citalopram (Fredricson Overø 1989), Femoxetin (Mengel et al. 1983) und Fluoxetin (Benfield et al. 1986) sind tertiäre oder

sekundäre Amine, deren N-demethylierte Produkte auch Serotoninaufnahmehemmer sind und deren Plasmaspiegel auch mitgemessen werden sollten. Paroxetin hat im Gegensatz dazu keine aktiven Metabolite (DECHANT und CLISSOLD 1991). Studien über das Verhältnis klinische Wirkung – Plasmaspiegel dieser Verbindungen, zu denen Citalopram (DUFOUR et al. 1987), Fluoxetin (KELLY et al. 1989), Fluvoxamin, Paroxetin (TASKER et al. 1989) und Sertralin gerechnet werden, haben bisher die Existenz "therapeutischer Fenster" nicht bewiesen. Durch die Einführung dieser neuen Medikamen-

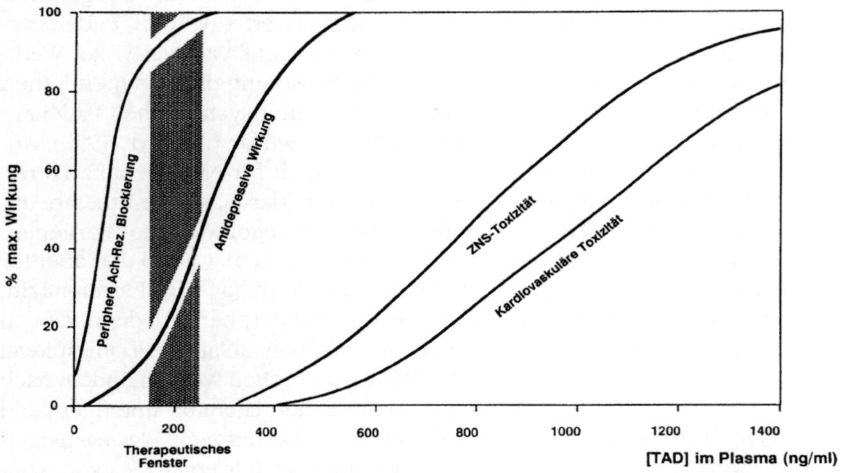

Abb. 12.2.1. Konzentrations-Wirkungskurven von trizyklischen Antidepressiva (TAD) vom Typ tertiäre Amine (nach PRESKORN 1989)

Tabelle 12.2.2. Wirkungen von trizyklischen Antidepressiva in Abhängigkeit ihrer Plasmaspiegel. Dieses von PRESKORN et al. (1989) für Amitriptylin + Nortriptylin vorgestellte Modell ist annäherungsweise auch auf Clomipramin + Desmethylclomipramin, Imipramin + Desipramin, Nortriptylin, Desipramin und Maprotilin übertragbar

Plasmaspiegelbereich	Klinisches Profil
< 50 ng/ml	therapeutische Wirkung unwahrscheinlich
50–150 ng/ml	geringe therapeutische Wirkung
150–250 ng/ml	optimaler Bereich für eine therapeutische Wirkung mit geringem Risiko für Nebenwirkungen
ab etwa 350 ng/ml	zunehmendes Risiko für Nebenwirkungen vom Typ EKG- oder EEG-Veränderungen, kognitive Veränderungen
> 1000 ng/ml	erhöhtes Risiko für epileptische Anfälle, Atmungsstörungen, Koma mit Todesfolgen

tenklasse ist aber ein neues Nebenwirkungsspektrum unter dem Stichwort "Serotoninsyndrom" (Boyer und Feighner 1991, Sternbach 1991) beschrieben worden. Zukünftige Studien werden zu klären haben, ob das Risiko für ein Auftreten dieses Syndroms mit einem bestimmten Plasmaspiegelbereich zusammenhängt. So wurden in einem Fall von Suizid mit Fluoxetin Blutspiegel von 6000 ng/ml für die Muttersubstanz und von 5000 ng/ml für das Norfluoxetin gemessen (Kincaid et al. 1990). Wegen der langen Halbwertszeit von Fluoxetin und Norfluoxetin können diese Verbindungen noch nach vier resp. acht Wochen nach Absetzen der Medikation im Plasma gemessen werden (Pato et al. 1991). In einem andern Fall von Überdosierung mit Femoxetin waren selbst mit Plasmaspiegeln von 5000 ng/ml keine gravierenden Nebenwirkungen festgestellt worden (Suominen et al. 1988)

Andere Antidepressiva, MAO-Hemmer

Preskorn et al. (1990) weisen auf die großen Probleme bezüglich der Bestimmung des relativ labilen Bupropions hin, welches mehrere aktive Metabolite mit zum Teil längerer Halbwertszeit hat.

Das therapeutische Drug Monitoring von irreversiblen MAO-Hemmern schien aus pharmakokinetischen Gründen wenig sinnvoll, aber die Frage stellt sich von neuem mit den reversiblen MAO-A-Hemmern vom Typ Moclobemid. Dieses Medikament hat eine Halbwertszeit von nur etwa zwei Stunden und aktive Metabolite, deren Rolle und kinetische Daten noch besser charakterisiert werden müssen. Auffallend für Moclobemid ist, daß nach mehrfacher Verabreichung dieses Medikamentes Veränderungen in seiner Kinetik festzustellen sind, die z. B. auf eine mögliche Selbsthemmung der eigenen Clearance hinweisen (Guentert et al. 1990). Noch fehlen ausreichende klinische Daten, um einen optimalen Plasmabereich zu definieren.

Neuroleptika

Das TDM von Neuroleptika hat sich lange nicht in dem Maße durchgesetzt wie die routinemäßigen Bestimmungen von trizyklischen Antidepressiva. Als ein Zeichen für eine Wende kann ein vor kurzem vom Drug Information Committee (1990) des schwedischen Gesundheitsministeriums organisierter Workshop gewertet werden, in dem das TDM von Neuroleptika als wertvolles Werkzeug zur Verbesserung der therapeutischen Maßnahmen beim psychotischen Patienten hervorgehoben wurde (Axelsson 1990). Andererseits ist auch für Neuroleptika zutreffend, daß keine klar etablierten therapeutischen Plasmaspiegelbereiche vorliegen. Nach Baldessarini et al. (1988) darf aber für gewisse Neuroleptika wie Fluphenazin, Haloperidol und Perphenazin dennoch von einer biphasischen Relation Plasmaspiegel – Wirkung gesprochen werden, indem nach ihrer Analyse der Literatur unterhalb und oberhalb eines bestimmten Plasmaspiegelbereiches doch jeweils etwa 25% von Nonrespondern gefunden werden. Im Falle der Neuroleptika besteht heute durch PET-Untersuchungen die Möglichkeit, ihre Pharmakokinetik und Rezeptorbindung direkt im Hirn des Patienten messen zu können. Diese Untersuchungen zeigten zum Beispiel, daß mit täglichen Gaben von 4 mg Haloperidol bereits über 80% der D_2-Rezeptoren besetzt werden (Farde et al. 1989) und daß ab einem Plasmaspiegel von 10 ng/ml Haloperidol eine maximale Blockade der mit N-Methylspiperon markierten D_2-Rezeptoren im Hirn erfolgt, weshalb mit höheren Plasmaspiegeln keine Verbesserung der therapeutischen Wirkung zu erwarten wäre (Wolkin et al. 1989). Dies deckt sich mit den klinischen Erfahrungen von Rfikin et al. (1991), wonach höhere tägliche Dosen als 10 mg Haloperidol bei akuten oder exazerbierten Schizophrenen selten nutzvoll sind. Zwar handelt es sich hier um Rezeptoren im Striatum, die nicht unbedingt für die therapeutische Wirkung des Pharmakons verantwortlich sind, aber diese sehr aufwendige Methode wurde bereits für das therapeutische Drug Monitoring eingesetzt. So hat eine Untersuchung gezeigt, daß bei chronischen, therapieresistenten schizophrenen Patienten selbst bei 95%iger Besetzung der Rezeptoren oft keine Besserung festgestellt wird (COPPENS et al. 1991).

Klassische Neuroleptika

Perphenazin- und Desmethylperphenazinspiegelmessungen bei mit 0.5 mg/kg/Tag behandelten schizophrenen Patienten lassen vermuten, dass zumindest für die Besserung der Symptome Halluzinationen und konzeptuelle Desorganisation eine minimale Plasmakonzentration von 0.8 ng/ml Perphenazin von Vorteil ist. Bei "hohen" Perphenazinspiegeln sollte die Dosis verringert werden, um das Risiko von frühen oder späten Nebenwirkungen zu vermindern (MAZURE et al. 1990).

Nach der Übersicht von BALDESSARINI et al. (1988) variiert der empfohlene Plasmaspiegelbereich für Fluphenazin je nach Autoren zwischen 0.13 – 0.70 ng/ml und 0.2 – 2.8 ng/ml.

Aus Thioridazin bilden sich zwei therapeutisch aktive Metaboliten, nämlich Mesoridazin und Sulforidazin, sowie ein Ringsulfoxid, welches wahrscheinlich für kardiotoxische Effekte verantwortlich ist. Analytisch ergeben sich große, lange nicht erkannte Schwierigkeiten, da diese Substanzen lichtempfindlich sind (EAP et al. 1991) und gaschromatographische Messungen wegen der Instabilität gewisser Metabolite nicht zuverlässig sind. Eine kürzliche Studie mit RRA findet zwar keine Korrelation zwischen der klinischen Wirkung und Plasmaspiegeln, aber es wird vermutet, daß "hohe" Plasmaspiegel den Therapieerfolg gefährden (COHEN et al. 1989). Dies geht auch aus einer Fallstudie bei einem Patienten mit einer genetischen Defizienz des Metabolismus hervor (MEYER et al. 1990).

Für Neuroleptika vom Typ Thioxanthene empfehlen BALANT-GORGIA und BALANT (1987) das TDM für Flupentixol und Clopenthixol. Bereits die Einführung zu diesem Abschnitt über Neuroleptika hat gezeigt, daß Haloperidol im Mittelpunkt der Untersuchungen zur klinischen Relevanz des TDM dieser Klasse von Medikamenten steht. In einer Übersicht haben VOLAVKA und COOPER (1987) festgestellt, daß von etwa 12 Gruppen ganz unterschiedliche Ergebnisse in Haloperidolstudien erhalten wurden, weshalb für manche Autoren ein "therapeutisches Fenster" von etwa 5–17 ng/ml vorgeschlagen wurde, andere fanden eine lineare Beziehung zwischen Haloperidolspiegel und klinischer Wirkung und in fünf Studien wurde keinerlei Beziehung festgestellt (s. auch FROEMMING et al. 1989). Nach JAIN et al. (1988) liegt das therapeutische Fenster zwischen 3–40 ng/ml, was bedeutet, daß es womöglich gar nicht existiert (s. dagegen BALDESSARINI 1988). Möglicherweise lassen sich diese Widersprüche durch Befunde erklären, wonach Haloperidol durch eine auch in Erythrozyten meßbare Reduktase in reduziertes Haloperidol umgewandelt wird (SOMEYA et al. 1991), welches wieder durch eine wahrscheinlich unter der genetischen Kontrolle von Cytochrom P-450IID6 stehenden Rückoxidation in Haloperidol zurückgeführt wird (TYNDALE et al. 1991).

Atypische Neuroleptika

Nach ACKENHEIL (1989) gibt es für Clozapin kein "therapeutisches Fenster", aber bei Patienten, die mit etwa 400 mg Clozapin täglich über vier Wochen behandelt wurden, hatten 64% der Responder Clozapinspiegel über 350 ng/ml, und nur 22% der Patienten mit niedrigeren Spiegeln waren Responder (PERRY et al. 1991). Bei vergleichbaren Dosen sind die Plasmaspiegel bei Männern niedriger als die bei Frauen, auch die von Rauchern im Vergleich zu Nichtrauchern, insbesonders in der Untergruppe mit Männern (HARING et al. 1989). GERLACH et al.

(1985) fanden keinen Hinweis für therapeutisch optimale Plasmaspiegel von Sulpirid. Der Metabolismus des neuen Neuroleptikums Remoxiprid unterliegt dem genetischen Polymorphismus vom Typ Cytochrom P-450IID6, aber die Auswirkungen auf seine Gleichgewichtskonzentrationen und seine klinische Wirkung beim behandelten Patienten sind noch nicht untersucht (VON BAHR 1990). Es gibt zur Zeit keine Hinweise für die Existenz eine therapeutischen Fensters (JOSTELL et al. 1990).

Mit der Einführung neuer atypischer Neuroleptika wie Risperidon stellen sich neue Fragen an die Bedeutung des TDM von Neuroleptika. Bekannt sind die differenzierten Wirkungen dieser Substanzen auf D_2- und 5-HT_2-Rezeptoren, die deshalb von der Dosis (oder der Konzentration an den Rezeptoren) abhängen können. Nach einer Hypothese soll nun aber die Besetzung der D_2-Rezeptoren mehr die positiven und die der 5HT_2-Rezeptoren mehr die negativen Symptome günstig beeinflussen. Wäre dies der Fall, müsste nach verschiedenen "therapeutischen Fenstern" gesucht werden.

Depotpräparate

Die Pharmakokinetik von Depotneuroleptika hängt nicht nur von der chemischen Struktur der Fettsäurenkette ab, sondern auch vom verwendeten Öl zur Lösung des Produktes (BALANT-GORGIA und BALANT 1987, MARDER et al. 1989). In diesem Falle hängt die Halbwertszeit nicht in erster Linie von der Elimination durch Metabolismus und Ausscheidung ab, sondern von der Absorptionsrate aus dem Depot.

Fluphenazin ist eines der Neuroleptika, für welches die niedrigsten steady-state Spiegel gemessen wurden: Mit 25 mg Fluphenazindecanoat in Sesamöl wurde dieser Zustand nach knapp 12 Wochen bei einer mittleren Konzentration von etwa 1.5 ng/ml für Fluphenazin und von etwa 0.78 ng/ml für Fluphenazinsulfoxid erreicht, wobei das Blut jeweils 14 Tage nach der letzten und kurz vor der nächsten Medikation gegeben wurde. Plasmaspiegel von 0.8–1 ng/ml für Fluphenazin könnten klinisch einen gewissen Vorteil bieten (MARDER et al. 1991). Fluphenazin in Viscoleo ist noch sechs Monate nach Abbruch der Therapie im Blut nachweisbar (WISTEDT et al. 1982).

Zahlreiche Studien über die kinetischen Parameter von Haloperidoldecanoat wurden von BERESFORD und WARD (1987) zusammengefaßt: Steady-state Spiegel werden nach etwa 3 Monaten erreicht, – die höchsten und niedrigsten Haloperidolspiegel betragen etwa 8 resp. 4 ng/ml nach 100 mg des Depotpräparates, in vierwöchigen Abständen injiziert.

Die im Plasma gemessene Halbwertszeit von cis-Flupentixoldecanoat in Viscoleo beträgt 3–8 Tage (MARDER et al. 1991), wobei bereits neun Wochen nach der letzten Medikation das Neuroleptikum nicht mehr meßbar ist (WISTEDT et al. 1982). Für Zuclopenthixoldecanoat wird eine Halbwertszeit von 19 Tagen angegeben (JØRGENSEN 1986).

Thymoregulatoren

Bis vor kurzem wurde Lithium im Serum oder Plasma mittels Flammenphotometrie oder Atomabsorptionspektrometrie gemessen. Inzwischen wurden mehrere zuverlässige Geräte eingeführt, die die direkte Messung von Lithium in Vollblut mit ionenselektiven Elektroden erlauben. Ihre Empfindlichkeit ist aber geringer, so daß diese neue Technik sich nicht für spezielle Fragestellungen eignet (z. B. intraerythrozytäres Li; 24-h Prädiktivbestimmung), bei denen Li-Konzentrationen < 0,15 mmol/l gemessen werden. Die Kinetik von Lithium beim Patienten ist sehr eingehend untersucht worden, so auch der Einfluß der Anzahl der täglichen Lithiumgaben auf die 12–16 Stunden Serumwerte. Empfohlen werden heute Serum– oder Plasmawerte zwischen 0,4–0,8 mmol/l (ABOU-SALEH 1987), aber PERRY und ALEXANDER (1987) unterscheiden zwischen optimalen Spiegeln zur Behandlung einer akuten Pha-

se von Manie (0,9–1,4 mmol/l) und solchen zur Prophylaxe von depressiven oder manischen Phasen (0,41–0,89 mmol/l).
Für das Carbamazepin wird ein Plasmaspiegel von 6–8 µg/ml empfohlen (Nolen et al. 1988). Kürzlich wurden bei Respondern (8,0 ± 2,1 µg/ml) höhere Plasmaspiegel von Carbamazepin als bei Non-respondern (6,3 ± 2,5 µg/ml) gemessen, obwohl erstere (640 ± 241 mg/Tag) mit niedrigeren Dosen als letztere (754 ± 247 mg/Tag) behandelt wurden (Okuma et al. 1990).
Valproat weist nach den Herstellern eine komplizierte Pharmakokinetik auf: So wurden bedeutende tageszeitliche Schwankungen in den Plasmaspiegeln festgestellt, geringe Dosiserhöhungen können wegen Absättigung der Plasmaeiweissbindungsstellen zu bedeutenden Zunahmen der freien, pharmakologisch wichtigen Fraktion führen, weshalb das therapeutische Drug Monitoring dieser Substanz seinen begrenzten Wert hat. Nach einer Übersichtsarbeit von McElroy et al. (1989) sind Serumspiegel zwischen 50–125 µg/ml zu empfehlen. Das ebenfalls in der Psychiatrie verwendete Valpromid, Vorstufe zum Valproat, verfügt möglicherweise über eine Eigenwirkung, hat aber eine sehr viel kürzere Halbwertszeit (Bialer 1991), weshalb meist nur das Valproat bestimmt wird.

Schlußbemerkungen

Nachdem zunächst bei Klinikern das TDM von Psychopharmaka mit Ausnahme von Lithium auf große Skepsis gestoßen ist, wird heute doch eine rege Zunahme der Nachfrage nach Plasmaspiegelbestimmungen festgestellt. Eine optimale Ausnutzung eines solchen Angebotes ist aber erfahrungsgemäß nur einigermassen gewährleistet, wenn zusätzlich eine klinisch pharmakologische Beratung angeboten wird. Die oben dargestellten Ausführungen weisen darauf hin, daß empfohlene Plasmaspiegelbereiche nuanciert zu interpretieren sind. Je nach Ergebnis sind zur weiteren Aufklärung der therapeutischen Schwierigkeiten z. B. pharmakogenetische Tests oder neuroendokrinologische Funktionsprüfungen indiziert. Das TDM stellt deshalb nur ein Werkzeug unter vielen anderen dar, die heute dem Arzt zur Optimierung der Therapie zur Verfügung stehen.

Literatur

Abou-Saleh MT (1987) Prophylaxis of recurrent mood disorders. In: Jonhson FN (ed) Depression and mania. Modern lithium therapy. IRL Press, Oxford Washington, pp 38–41

Ackenheil M (1989) Clozapine – pharmacokinetic investigations and biochemical effects in man. Psychopharmacology 99: 32–37

Altamura C, Mauri M, Cavallaro R, Colacurcio F, Gorni A, Baregi S (1988) Reduced haloperidol/haloperidol ratio and clinical outcome in schizophrenia: preliminary evidences. Prog Neuro Psychopharmacol Biol Psychiatry 12: 689–694

Asberg M, Crönholm B, Sjöqvist F, Tuck D (1971) Relationship between plasma level and therapeutic effect of nortriptyline. Br Med J 3: 331–334

Axelsson R (1990) Plasma level monitoring of neuroleptic drugs – a way to improve the treatment of psychotic patients. National Board of Health and Welfare, Drug Information Committee, Sweden. Workshop 1989: Treatment with Neuroleptics, pp 39–51

Balant-Gorgia AE, Balant LP, Garrone G (1989) High blood concentrations of imipramine or clomipramine and therapeutic failure: a case report study using drug monitoring data. Ther Drug Monit 11: 415–420

Balant-Gorgia AE, Balant L (1987) Antipsychotic drugs. Clinical pharmacokinetics of potential candidates for plasma concentration monitoring. Clin Pharmacokinet 13: 65–90

Baldessarini RJ, Cohen BM, Teicher MH (1988) Significance of neuroleptic dose and plasma level in the pharmacological treatment of psychoses. Arch Gen Psychiatry 45: 79–91

Baldessarini RJ (1991) Clozapine, a novel antipsychotic agent. N Engl J Med 324: 746–754

Baumann P (1990) Pharmakokinetische Aspekte der Therapieresistenz mit Antidepressiva. In: Möller HJ (Hrsg) Therapieresistenz unter Antidepressiva-Behandlung. Springer, Berlin Heidelberg New York Tokyo, S 85–98 (Tropon-Symposium V)

Baumann P (1991) Pharmakokinetische und pharmakogenetische Aspekte von Antidepressiva und deren Metaboliten-Relevanz für die Klinik. In: Steinberg R (Hrsg) Depressionen. Mensch und Medizin (16. Psychiatrie-Symposion Pfalzklinik Landeck, 1990, Klingenmünster). Tilia, Klingenmünster, S 51–59

Baumann P, Breyer-Pfaff U, Kuss HJ, Müller-Oerlinghausen B, Sandoz M (1982) Quality control of amitriptyline and nortriptyline plasma level assessment: a multicenter study. Pharmacopsychiatry 15: 156–160

Baumann P, Jonzier-Perey M, Koeb L, Lé PK, Tinguely D, Schöpf J (1986) Amitriptyline pharmacokinetics and clinical response. I. Free and total plasma amitriptyline and nortriptyline. Int Clin Psychopharmacol 1: 89–101

Benfield P, Ward A (1986) Fluvoxamine. A review of its pharmacodynamic and pharmacokinetic properties, and therapeutic efficacy in depressive illness. Drugs 32: 313–334

Benfield P, Heel RC, Lewis SP (1986) Fluoxetine. A review of its pharmacodynamic and pharmacokinetic properties, and therapeutic efficacy in depressive illness. Drugs 32: 481—508

Beresford R, Ward A (1987) Haloperidol decanoate. A preliminary review of its pharmacodynamic and pharmacokinetic properties and therapeutic use in psychosis. Drugs 33: 31–49

Bialer M (1991) Clinical pharmacology of valpromide. Clin Pharmacokinet 20: 114–122

Boulton AA, Baker GB, Coutts RT (eds) (1990) Neuromethods. Analysis of psychiatric drugs. Humana Press, Clifton, NJ

Boyer WF, Feighner JP (1991) Pharmacokinetics and drug interactions: 81–88. In: Feighner JP, Boyer WF (eds) Perspectives in psychiatry, vol l. Selective serotonin reuptake inhibitors. The clinical use of citalopram, fluoxetine, fluvoxamine, paroxetine, and sertraline. Wiley, Chichester New York Toronto Singapore

Breyer-Pfaff U, Gaertner HJ (1987) Antidepressiva. Pharmakologie, therapeutischer Einsatz und Klinik der Depression. Medizinisch-pharmakologisches Kompendium, Bd 5. Wissenschaftliche Verlagsgesellschaft, Stuttgart

Brøsen K, Klysner R, Gram LF, Otton SW, Bech P, Bertilsson L (1986) Steady-state concentrations of imipramine and its metabolites in relation to the sparteine/debrisoquine polymorphism. Eur J Clin Pharmacol 30: 679–684

Brown WA, Silver MA (1985) Serum neuroleptic levels and clinical outcome in schizophrenic patients treated with fluphenazine decanoate. J Clin Psychopharmacology 5: 143–147

Buick AR, Doig MV, Jeal SC, Land GS, McDowall RD (1990) Method validation in the bioanalytical laboratory. J Pharm Biomed Anal 8: 629–637

Chakraborty BS, Midha KK, McKay G, Hawes EM, Hubbard JW, Korchinski ED, Choc MG, Robinson WT (1989) Single dose kinetics of thioridazine and its two psychoactive metabolites in healthy humans: a dose proportionality study. J Pharm Sci 78: 796–801

Coccaro EF, Adan F, Allen D, Cooper TB (1987) Plasma-serum differences in the assessment of tricyclic antidepressant blood levels. Int Clin Psychopharmacol 2: 217–224

Cohen BM, Lipinski JF, Waternaux C (1989) A fixed dose study of the plasma concentration and clinical effects of thioridazine and its major metabolites. Psychopharmacology 97: 481–488

Cooper TB, Simpson GM (1976) The 24-hour lithium level as a prognosticator of dosage requirements: a 2-year follow-up study. Am J Psychiatry 133: 440–443

Coppens HJ, Slooff CJ, Paans AMJ, Wiegman T, Vaalburg W, Korf J (1991) High central D2-dopamine receptor occupancy as assessed with positron emission tomography in medicated but therapy-resistant schizophrenic patients. Biol Psychiatry 29: 629–634

Cotter LM, Eadie MJ, Hooper WD, Lander CM, Smith GA, Tyrer JH (1977) The pharmacokinetics of carbamazepine. Eur J Clin Pharmacol 12: 451–456

Cournoyer G, De Montigny C, Ouellette J, Langlois R, Elie R, Caille G, Le Morvan P (1987) A comparative double-blind controlled study of trimipramine and amitriptyline in major depression: lack of correlation with 5-hydroxytryptamine reuptake blockade. J Clin Psychopharmacol 7: 385–393

Coutts RT, Baker GB (1989) Implications of chirality and geometric isomerism in some psychoactive drugs and their metabolites. Chirality 1: 99–120

Dawling S (1988) Is there a practical alternative to therapeutic drug monitoring in therapy with tricyclic antidepressants? Clin Chem 34: 841–847

De Oliveira IR, Do Prado-Lima PAS, Samuel-Lajeunesse B (1989a) Monitoring of tricyclic antidepressant plasma levels and clinical response: a review of the literature. Part I. Psychiatr Psychobiol 4: 43–60

De Oliveira IR, Do Prado-Lima PAS, Samuel-Lajeunesse B (1989b) Monitoring of tricyclic antidepressant plasma levels and clinical response: a review of the literature. Part II. Psychiatr Psychobiol 4: 81–90

Dechant KL, Clissold SP (1991) Paroxetine. A review of its pharmacodynamic and pharmacokinetic properties, and therapeutic potential in depressive illness. Drugs 41: 225–253

Doogan DP, Caillard V (1988) Sertraline: a new antidepressant. J Clin Psychiatry [Suppl 8] 49: 46–51

Dorey RC, Preskorn SH, Widener PK (1988) Results compared for tricyclic antidepressants as assayed by liquid chromatography and enzyme immunoassay. Clin Chem 34: 2348–2351

Drug Information Committee, Sweden (1990) National Board of Health and Welfare. Workshop: Treatment with neuroleptics. Uppsala, 1989

Dufour H, Bouchacourt M, Thermoz P, Viala A, Rop PP, Gouezo F, Durand A, Hopfner Petersen HE (1987) Citalopram – a high selective 5-HT uptake inhibitor in the treatment of depressed patients. Int Clin Psychopharmacol 2: 225–237

Eap CB, Souche A, Koeb L, Baumann P (1991) Light-induced racemization: artifacts in the analysis of the diastereoisomeric pairs of thioridazine 5-sulfoxide in the plasma and urine of patients treated with thioridazine. Ther Drug Monit 13: 356–362

Ernst R, Williams L, Dalbey M, Collins C, Pankey S (1987) Homogeneous enzyme immunoassay (EMIT) protocol for monitoring tricyclic antidepressants on the COBAS-BIO centrifugal analyzer. Ther Drug Monit 9: 85–90

Farde L, Wiesel FA, Nordström AL, Sedvall G (1989) D1- and D2dopamine receptor occupancy during treatment with conventional and atypical neuroleptics. Psychopharmacology 99: 28–31

Fazio A, Spina E, Pisani F (1987) Tricyclic antidepressants analysis by liquid chromatography. J Liquid Chromatogr 10: 223–240

Fitton A, Heel RC (1990) Clozapine – A review of its pharmacological properties, and therapeutic use in schizophrenia. Drugs 40: 722–747

Fraser AD, Bryan W, Isner AF (1989) Evaluation of the EMIT amitriptyline and nortriptyline assays for the determination of serum clomipramine and desmethylclomipramine. Ther Drug Monit 11: 349–353

Fredricson Overø K (1989) The pharmacokinetic and safety evaluation of citalopram from preclinical and clinical data. In: Montgomery SA (ed) Citalopram – The new antidepressant from Lundbeck research. Proc Symp XXII Nordiske Psykiater Kongres, Reykjavik, August 1988. Excerpta Medica, Amsterdam

Friedel RO, Veith RC, Bloom V, Bielski RJ (1979) Desipramine plasma levels and clinical response in depressed outpatients. Commun Psychopharmacol 3: 81–87

Froemming JS, Francis Lam YW, Jann MW, Davis CM (1989) Pharmacokinetics of haloperidol. Clin Pharmacokinet 17: 396–423

Gerlach J, Behnke K, Heltberg J, Munk-Andersen E, Nielsen H (1985) Sulpiride and haloperidol in schizophrenia: a double-blind cross-over study of therapeutic effect, side effects and plasma concentrations. Br J Psychiatry 147: 283–288

Ghabrial H, Prakash C, Tacke UG, Blair IA, Wilkinson GR (1991) Geometric isomerization of doxepin during its N-demethylation in humans. Drug Metab Dispos 19: 596–599

Greenblatt DJ, Friedman H, Burstein ES, Scavone JM, Blyden GT, Ochs HR, Miller LG, Harmatz JS (1987) Trazodone kinetics: effect of age, gender, and obesity. Clin Pharmacol Ther 42: 193–200

Guentert TW, Tucker G, Korn A, Pfefen JP, Haefelfinger P, Schoerlin MP (1990) Pharmacokinetics of moclobemide after single and multiple oral dosing with 150 milligrams 3 times daily for 15 days. Acta Psychiatr Scand 82 [Suppl 360]: 91–93

Hammer WM, Brodie BB (1967) Application of isotope derivative technique to assay of secondary amines: estimation of desipramine by acetylation with H^3-acetic anhydride. J Pharm Exp Ther 157: 503–508

Haring C, Meise U, Humpel C, Saria A, Fleischhacker WW, Hinterhuber H (1989) Dose-related plasma levels of clozapine: influence of smoking behaviour, sex and age. Psychopharmacology 99: 38–40

Hrdina PD, Lapierre YD (1986) Plasma levels of maprotiline and zimelidine and their relationship to clinical response in depressed patients. Ther Drug Monit 8: 400–406

Hrdina PD, Lapierre YD, Horn E, Bakish D, Browne M (1988) Antidepressant plasma levels and clinical response in depressed patients treated with oxaprotiline and doxepin. Int Clin Psychopharmacol 3: 205–214

Hrdina PD, Bakish D, Swenson S, Lapierre YD (1990) Cis- and trans-isomers of doxepin and desmethyldoxepin in the plasma of depressed patients treated with doxepin. Ther Drug Monit 12: 129–133

Jain AK, Kelwala S, Gershon S (1988) Antipsychotic drugs in schizophrenia: current issues. Int Clin Psychopharmacol 3: 1–30

Jostell KG, Lapierre YD, Canad Remoxipride Study Group (1990) Plasma concentration of remoxipride in relation to antipsychotic effect and adverse symptoms. Acta Psychiatr Scand 82 [Suppl 358]: 48–50

Jørgensen A (1986) Metabolism and pharmacokinetics of antipsychotic drugs. Prog Drug Metab 9: 111–174

Kaye CM, Haddock RE, Langley PF, Mellows G, Tasker TCG, Zussman BD, Greb WH (1989) A review of the metabolism and pharmacokinetics of paroxetine in man. Acta Psychiatr Scand 80 [Suppl 350]: 60–75

Kelly MW, Perry PJ, Holstad SG, Garvey MJ (1989) Serum fluoxetine and norfluoxetine concentrations and antidepressant response. Ther Drug Monit 11: 165–170

Kincaid RL, McMullin MM, Crookham SB, Rieders F (1990) Report of a fluoxetine fatality. J Anal Toxicol 14: 327–329

Ko GN, Korpi ER, Linnoila M (1985) On the clinical relevance and methods of quantification of plasma concentrations of neuroleptics. J Clin Psychopharmacol 5: 253–262

Krach-Sørensen P, Fredricson Overø K, Lindegaard Petersen O, Jensen K, Parnas W (1981) The kinetics of citalopram: single and multiple dose studies in man. Acta Pharmacol Toxicol 48: 53–60

Lancaster SG, Gonzalez JP (1989) Lofepramine. A review of its pharmacodynamic and pharmacokinetic properties, and therapeutic efficacy in depressive illness. Drugs 37: 123–140

Laux G, Riederer P (1992) Plasmaspiegelbestimmung von Psychopharmaka: Therapeutisches Drug Monitoring. Versuch einer ersten Standortbestimmung. Wissenschaftliche Verlagsgesellschaft, Stuttgart (im Druck)

Leinonen E, Ylitalo P (1991) The influence of ageing on serum levels of tertiary tricyclic antidepressants. Hum Psychopharmacol 6: 139–146

Levy AB, Walters M, Stern SL (1987) Reduced serum tricyclic levels due to gel separators. J Clin Psychopharmacol 7: 423–424

Maguire KP, Burrows GD, Norman TR, Scoggins BA (1981) Metabolism and pharmacokinetics of dothiepin. Br J Clin Pharmacol 12: 405–409

Marder SR, Hubbard JW, Van Putten T, Midha KK (1989) Pharmacokinetics of long-acting injectable neuroleptic drugs: clinical implications. Psychopharmacology 98: 433–439

Marder SR, Midha KK, Van Putten T, Aravagiri M, Hawes EM, Hubbard JW, McKay G, Mintz J (1991) Plasma levels of fluphenazine in patients receiving fluphenazine decanoate. Relationship to clinical response. Br J Psychiatry 158: 658–665

Matsumoto K, Kanba S, Kubo H, Yagi G, Iri H, Yuki H (1989) Automated determination of drugs in serum by columnswitching high-performance liquid chromatography. IV. Separation of tricyclic and tetracyclic antidepressants and their metabolites. Clin Chem 35: 453–456

Mazure CM, Nelson JC, Jatlow PI, Kincare P, Bowers MB (1990) The relationship between blood perphenazine levels, early resolution of psychotic symptoms, and side effects. J Clin Psychiatry 51: 330–334

McDowall RD, Doyle E, Murkitt GS, Picot VS (1989) Sample preparation for the HPLC analysis of drugs in biological fluids. J Pharm Biomed Anal 7: 1087–1096

McElroy SL, Keck PE, Pope HG, Hudson JI (1989) Valproate in psychiatric disorders: literature review and clinical guidelines. J Clin Psychiatry 50 [Suppl]: 23–29

Meenan GM, Barlotta S, Lehrer M (1990) Urinary tricyclic antidepressant screening: comparison of results obtained with Abbott FPIA reagents and Syva EIA reagents. J Anal Toxicol 14: 273–276

Mendlewicz J, Linkowski P, Rees JA (1980) A double-blind comparison of dothiepin and amitriptyline in patients with primary affective disorder: serum levels and clinical response. Br J Psychiatry 136: 154–160

Mengel H, Lund J, Lange J (1983) Bioavailability and pharmacokinetics of femoxetine. Arzneimittelforschung/Drug Res 33: 462–466

Meyer JW, Woggon B, Baumann P, Meyer UA (1990) Clinical implications of slow sulfoxidation of thioridazine in a poor metabolizer of the debrisoquine type. Eur J Clin Pharmacol 39: 613–614

Montgomery S, Mc Auley R, Montgomery DB (1978) Relationship between mianserin plasma levels and antidepressant effect in a double-blind trial comparing a single-night time and divided daily dose regimens. Br J Clin Pharmacol 5 [Suppl 1]: 71–76

Nathan RS, Perel JM, Pollock BG, Kupfer DJ (1990) The role of neuropharmacologic selectivity in antidepressant action: fluvoxamine versus desipramine. J Clin Psychiatry 51: 367–372

Nolen WA, Jansen GS, Broekman M (1988) Measuring plasma levels of carbamazepine. A pharmacokinetic study in patients with affective disorders. Pharmacopsychiatry 21: 252–254

Nyberg G, Svensson C, Olofsson U, Axelsson R, Martensson E (1987) Total plasma concentrations, red blood cell concentrations, and radioreceptor assay values compared with unbound plasma concentrations of thioridazine and thioridazine metabolites in psychiatric patients. Ther Drug Monit 9: 426–432

Okuma T, Yamashita I, Takahashi R, Itoh H, Otsuki S, Watanabe S, Sarai K, Hazama H, Inanaga K (1990) Comparison of the antimanic efficacy of carbamazepine and lithium carbonate by double-blind controlled study. Pharmacopsychiatry 23: 143–150

Orsulak PJ (1989) Therapeutic monitoring of antidepressant drugs: guidelines updated. Ther Drug Monit 11:497–501

Orsulak PJ, Haven MC, Burton ME, Akers LC (1989) Issues in methodology and applications for therapeutic monitoring of antidepressant drugs. Clin Chem 35: 1318–1325

Pankey S, Collins C, Jaklitsch A, Izutsu A, Hu M, Pirio M, Singh P (1986) Quantitative homogeneous enzyme immunoassays for amitriptyline, nortriptyline, imipramine, and desipramine. Clin Chem 32: 768–772

Pato MT, Murphy DL, DeVane CL (1991) Sustained plasma concentrations of fluoxetine and/or norfluoxetine four and eight weeks after fluoxetine discontinuation. J Clin Psychopharmacol 11: 224–225

Perry PJ, Alexander B (1987) Dosage and serum levels. In: Jonhson FN (ed) Depression and mania. Modern lithium therapy. IRL Press, Oxford Washington, pp 67–72

Perry PJ, Miller DD, Arndt SV, Cadoret RJ (1991) Clozapine and norclozapine plasma concentrations and clinical response of treatment-refractory schizophrenic patients. Am J Psychiatry 148: 231–235

Preskorn SH (1989) Tricyclic antidepressants: the whys and hows of therapeutic drug monitoring. J Clin Psychiatry 50 [Suppl]: 34–42

Preskorn SH, Fleck RJ, Schroeder DH (1990) Therapeutic drug monitoring of bupropion. Am J Psychiatry 147: 1690–91

Rao ML, Brown WA, Wagner R (1988) Radioreceptor assay and high-performance liquid chromatography yield similar results for serum thioridazine and its major metabolites. Ther Drug Monit 10: 184–187

Rao ML (1989) Monitoring of serum bioactivity levels of perazine and its metabolites by radioreceptor assay. Pharmacopsychiatry 22: 104–107

Reyntjens AJM, Heykants JJP, Woestenborghs RJH, Gelders YG, Aerts TJL (1982) Pharmacokinetics of haloperidol decanoate. A 2-year follow-up. Int Pharmacopsychiatry 17: 238–246

Rifkin A, Doddi S, Karajgi B, Borenstein M, Wachspress M (1991) Dosage of haloperidol for schizophrenia. Arch Gen Psychiatry 48: 166–170

Schoerlin MP, Mayersohn M, Korn A, Eggers H (1987) Disposition kinetics of moclobemide, a monoamine oxidase-A enzyme inhibitor: single and multiple dosing in normal subjects. Clin Pharmacol Ther 42: 395–404

Sindrup SH, Brøsen K, Gram LF (1990) Nonlinear kinetics of imipramine in low and medium plasma level ranges. Ther Drug Monit 12: 445–449

Someya T, Shibasaki M, Kato T, Noguchi T, Ishida N, Takahashi S (1991) Haloperidol reductase activity in red blood cells from oriental patients on haloperidol. Prog Neuropsychopharmacol Biol Psychiatry 15: 275–278

Sommi RW, Crismon ML, Bowden CL (1987) Fluoxetine: a serotonin-specific, second-generation antidepressant. Pharmacotherapy 7: 1–15

Spar JE (1987) Plasma trazodone concentrations in elderly depressed inpatients: cardiac effects and short-term efficacy. J Clin Psychopharmacol 7: 406–409

Sternbach H (1991) The serotonin syndrome. Am J Psychiatry 148: 705–713

Suckow RF, Cooper TB (1984) Determination of trimipramine and metabolites in plasma by liquid chromatography with electrochemical detection. J Pharmaceut Sci 73: 1745–1748

Suominen J, Tamminen T, Elosuo R, Manniche PM (1988) Efficacy and tolerance of femoxetine and imipramine in the treatment of depressive states. A randomized, double-blind study. Pharmacopsychiatry 21: 238–244

Tamayo M, Fernandez de Gatta MM, Gutierrez JR, Garcia MJ, Dominguez-Gil A (1988) High levels of tricyclic antidepressants in conventional therapy: determinant factors. Int J Clin Pharmacol Ther Toxicol 26: 495–499

Task Force (1985) Tricyclic antidepressants – Blood level measurements and clinical outcome: an APA Task Force report. Am J Psychiatry 142: 155–162

Tasker TCG, Kaye CM, Zussman BD, Link CGG (1989) Paroxetine plasma levels: lack of correlation with efficacy or adverse events. Acta Psychiatr Scand 80 [Suppl 350]: 152–155

Träskman L, Asberg M, Bertilsson L, Cronholm B, Mellström B, Neckers LM, Sjöqvist F, Thorén P, Tybring G (1979) Plasma levels of chlorimipramine and its demethyl metabolite during treatment of depression. Clin Pharmacol Ther 26: 600–610

TYNDALE RF, KALOW W, INABA T (1991) Oxidation of reduced haloperidol to haloperidol: involvement of human P-450IID6 (sparteine/debrisoquine monooxygenase). Br J Clin Pharmacol 31: 655–660

VOLAVKA J, COOPER TB (1987) Review of haloperidol blood level and clinical response: looking through the window. J Clin Psychopharmacol 7: 25–30

VAN BAHR C, MOVIN G, YISAK WA, JOSTELL KG, WIDMAN M (1990) Clinical pharmacokinetics of remoxipride. Acta Psychiatr Scand 82 [Suppl 358]: 41–44

WILSON JF, TSANACLIS LM, WILLIAMS J, TEDSTONE JE, RICHENS A (1989) External quality assurance of tricyclic antidepressant measurements in serum: eight years of progress? Ther Drug Monit 11: 196–199

WISTEDT B, JØRGENSEN A, WILES D (1982) A depot neuroleptic withdrawal study. Psychopharmacology 78: 301–304

WOLKIN A, BRODIE JD, BAROUCHE F, ROTROSEN J, WOLF AP, SMITH M, FOWLER J, COOPER TB (1989) Dopamine receptor occupancy and plasma haloperidol levels. Arch Gen Psychiatry 46: 482–483

WONG SHY (1988) Measurement of antidepressants by liquid chromatography: a review of current methodology. Clin Chem 34: 848–855

WONG SHY (1989) Advances in liquid chromatography and related methodologies for therapeutic drug monitoring. J Pharm Biomed Anal 7: 1011–1032

12.3 Pharmakogenetik

P. Baumann

12.3.1 Einführung

Die Beobachtung von bedeutenden interindividuellen Unterschieden in der Reaktion auf Medikamente erlaubt seit jeher die Vermutung, daß das Schicksal eines Medikamentes und seine Wirkung im Organismus von zahlreichen umweltbedingten und genetischen Faktoren abhängt. Die Suche nach letzteren Faktoren ist in den letzten Jahren sehr erfolgreich gewesen, da es nicht nur gelungen ist, für zahlreiche psychotrope Pharmaka einen genetischen Polymorphismus des Metabolismus nachzuweisen, sondern auch für andere Glieder in der Kette: Aufnahme des Wirkstoffes durch den Organismus – Wirkung, – Hinweise für genetische Komponenten zu finden. So sind die meisten psychotropoen Pharmaka an Plasmaeiweiße wie das saure α_1-Glykoprotein und Albumin gebunden, die in genetisch determinierten Varianten mit unterschiedlichen Affinitäten für Medikamente vorliegen (Baumann und Eap 1989). Am anderen Ende der Kette wurden z. B. vor kurzem Isoformen von Dopamin D_2-Rezeptoren beschrieben, was möglicherweise auch zum Verständnis von interindividuellen Unterschieden in der Response auf dopaminerge Medikamente beitragen könnte (Monsma et al. 1989). Solche Befunde sind zukunftsweisend und stimulierend für die Forschung, doch soll hier in der Hauptsache auf die genetischen Unterschiede im Metabolismus von psychotropen Pharmaka durch Cytochrom P-450 eingegangen werden, da diese am besten untersucht und von klinischer Bedeutung sind (Eichelbaum 1988, Brøsen und Gram 1989, Brøsen 1990).

12.3.2 Genetische Polymorphismen des Metabolismus von psychotropen Pharmaka durch Cytochrom P-450

Grundlagen und Molekulargenetik

Zahlreiche Isozyme vom Cytochrom P-450 der Leber sind unter anderem für den oxidativen Abbau von Medikamenten verantwortlich. Vor allem von zweien ist bekannt, daß sie nicht nur für den Metabolismus von psychotropen Pharmaka von großer Bedeutung sind aber auch, daß ein Teil der Bevölkerung eine genetische Defizienz an diesen Enzymen aufweist. Molekulargenetische Studien haben inzwischen viel zum Verständnis der Grundlagen der Defekte von Cytochrom P-450IID6 und Cytochrom P-450IIC9 beigetragen (Übersichten: Gonzalez 1990, Meyer et al. 1990), die für die beobachteten Polymorphismen des Metabolismus verantwortlich sind.

Cytochrom P-450IID6, auch Cytochrom P-450db1, oder nach den häufigsten Substraten: Debrisoquin, – Spartein –, oder Dextromethorphan-Oxigenase genannt, hat die Fähigkeit, zahlreiche basische, mit einem Stickstoffatom versehene Medikamente spezifisch und oxidativ abzubauen. Etwa 5–10% der europäischen Bevölkerung

(Tabelle 12.3.1), "poor metabolisers" (PM) im Gegensatz zu den "extensive metabolisers" (EM) genannt, weist einen Mangel an diesem Leberenzym auf, wie Phänotypisierungsstudien mit den oben genannten Substanzen zeigen (EICHELBAUM 1988). Dieser Enzymmangel, autosomal rezessiv vererbt, läßt sich auf molekulargenetischer Ebene erklären. Am CYP2D Locus sind drei Gene auf dem Chromosom 22 (EICHELBAUM et al. 1987) beschrieben worden, wovon nur eines ein aktives Enzym bildet, welches bei defizienten Metabolisierern infolge Veränderungen in der DNA-Sequenz nicht gebildet wird. Mittels der RFLP-Technik können heute mutante P-450IID6 Allele in Leukozyten bestimmt werden, was erlaubt, 75% der "poor metabolisers" zu genotypisieren (SKODA et al. 1988). Kombiniert mit der PCR-Methode ist heute die Zuordnung mit 95% Sicherheit möglich (HEIM und MEYER 1990). Cytochrom P-450IIC9, auch Cytochrom P-450mp oder Mephenytoin-Hydroxylase genannt, hat bis heute nur wenige bekannte Substrate. Das Antiepileptikum Mephenytoin ist ein Razemat (S,R-Mephenytoin), und etwa 3–5% der europäischen (Tabelle 12.3.1), aber bis zu 25% einer fernöstlichen Bevölkerung vermag das Isomer S-Mephenytoin nur geringfügig zu hydroxylieren. Die für dieses Enzym verantwortlichen Gene sind auf Chromosom 10 (WILKINSON et al. 1989, MEEHAN et al. 1988). Die molekulargenetischen Grundlagen zur Erklärung des Polymorphismus sind noch weitgehend unbekannt.

Klinische Konsequenzen einer genetischen Defizienz von Cytochrom P-450IID6 bei einer Behandlung mit psychotropen Pharmaka (Tabelle 12.3.2)

Trizyklische Antidepressiva
Tertiäre Amine

Für die trizyklischen Antidepressiva vom Typ tertiäre Amine wie Amitriptylin, Imipramin, Clomipramin ist zu bemerken, daß der wichtigste Abbauweg, die N-Demethylierung zu den ebenfalls therapeutisch wirksamen sekundären Aminen Nortriptylin, Desipramin und Desmethylclomipramin möglicherweise unter der Kontrolle verschiedener Enzyme liegt, wobei Cytochrom P-450IID6 eher eine geringe Rolle, aber andere, zum Beispiel durch Rauchen leicht induzierbare, eine Hauptrolle spielen (MELLSTRÖM et al. 1983, 1986). Allgemein werden also bei einer genetischen Defizienz des Hydroxylierungsschrittes das sekundäre und vor allem das tertiäre Amin nur teilweise vermindert abgebaut.

Amitriptylin

Bei Patienten mit dem PM-Phänotyp wurden während einer Behandlung mit Amitriptylin zwar erhöhte Amitriptylin- und Nortriptylinspiegel beobachtet, aber bisher nicht in dem Maße, daß dies zu klinischen Konsequenzen geführt hätte wie zu Nonresponse oder zu auffallenden Nebenwirkungen (BAUMANN et al. 1986, SCHNYDER et al. 1985).

Clomipramin

Fallstudien weisen darauf hin, daß bei Patienten mit dem PM-Phänotypus unter einer Clomipraminbehandlung nicht nur mit sehr hohen Spiegeln von Clomipramin und Desmethylclomipramin und stark verlängerten Eliminationshalbwertszeiten dieser Verbindungen gerechnet werden muß, daß aber damit auch non-response und starke Nebenwirkungen verbunden sein können. In einem Fall waren Clomipramin einen Monat und Desmethylclomipramin drei Monate nach der letzten Dosis von 75mg Clomipramin pro Tag noch nachweisbar (BALANT-GORGIA et al. 1987, 1989).

Imipramin

Auf Grund der wichtigen Rolle der N-Demethylierung im Vergleich zur Hydroxylierung hängt die Elimination von Imipramin kaum vom Phänotyp ab, wohl aber die des Metaboliten Desipramin, dessen Halbwertszeit im Plasma bei defizienten und effizienten Metabolisierern im Durchschnitt 125 resp. 21 Stunden beträgt (Brøsen et al. 1986, Brøsen und Gram 1988). Eine retrospektive Studie, deren Ergebnisse noch der Bestätigung bedürfen, zeigt, daß Defiziente im Gegensatz zu effizienten Metabolisierern schlecht auf eine Imipramintherapie antworten (Meyer et al. 1988).

Andere tertiäre Amine
Auf Grund ihrer Struktur sind auch andere Antidepressiva als Substratkandidaten für Cytochrom P-450IID6 anzusehen. Eine Pilotstudie an gesunden Probanden erlaubt die Vermutung, daß **Trimipramin** auch ein Substrat von Cytochrom P-450IID6 ist (Eap et al. 1990), und daß bei einem mit Chinidin (s. S. 316) künstlich erzeugten PM-Phänotyp eine Trimipramingabe zu länger andauernden EEG-Veränderungen führt. Vermutlich hängt auch der Metabolismus von **Doxepin** und **Dothiepin**, und so auch der von **Lofepramin**, dessen aktiver Metabolit Desipramin ist, vom Phänotyp ab.

Sekundäre Amine
Nortriptylin
Bereits 1981 haben Bertilsson et al. gezeigt, daß bei einem defizienten Metabolisierer mit einer Behandlungsdosis von 20 mg Nortriptylin täglich bereits Plasmaspiegel innerhalb des therapeutischen Bereichs erreicht werden können und daß diese Dosis im Gegensatz zu höheren Dosen therapeutisch sein kann und Nebenwirkungen zu vermeiden hilft. Von der gleichen Gruppe (Bertilsson et al. 1985) wurde berichtet, daß sehr effiziente Metabolisierer auch mit hohen Dosen von Nortriptylin kaum therapeutische Plasmaspiegel erreichen und dementsprechend auch schlecht auf die Behandlung ansprechen.

Desipramin
Wie bereits oben bei der Diskussion um Imipramin dargestellt, ist der Stoffwechsel von Desipramin bei Probanden mit dem PM-Phänotyp verlangsamt (Brøsen et al. 1986, Spina et al. 1987). Es liegen aber keine Arbeiten vor, die die klinische Relevanz untersuchten.

Maprotilin
In einer prospektiven Studie fiel auf, daß Patienten mit unterschiedlichem Phänotyp sich während einer Behandlung mit Maprotilin in den Plasmaspiegeln nicht unterscheiden (Gabris et al. 1985). Dennoch besteht die Vermutung, daß unter den zahlreichen Abbauwegen von Maprotilin einer davon unter der genetischen Kontrolle von Cytochrom P-450IID6 ist, da eine signifikante Korrelation zwischen dem Ergebnis des pharmakogenetischen Tests mit Debrisoquin und den Plasmaspiegeln des Antidepressivums gemessen wurde.

Neuroleptika
Zahlreiche Neuroleptika besitzen die Fähigkeit, den Metabolismus von trizyklischen Antidepressiva über eine Hemmung von Cytochrom P-450IID6 (Syvälahti et al. 1986, Derenne et al. 1989) zu verlangsamen. Solche Inhibitoren sind Thioridazin als stärkster Hemmer, aber auch Levomepromazin (Balant-Gorgia et al. 1986) und Perphenazin (Nelson et al. 1986). Bisher liegen aber erst zwei pharmakokinetische Studien an Gesunden vor, die zeigen, daß der Metabolismus von zwei Neuroleptika, nämlich von Perphenazin (Dahl-Puustinen et al. 1989) und Thioridazin (von Bahr et al. 1989), unter der genetischen Kontrolle von Cytochrom P-450IID6 steht. In einer prospektiven Studie über mit Thioridazin behandelten Patienten wurde ein Fall eines defizienten Metabolisierers bekannt, der auf eine Therapie mit Thioridazin nicht ansprach, aber schwer an Übersedierung litt. Hohe Plasmaspiegel von Thioridazin, begleitet von niedrigen Spiegeln der Metaboliten Mesoridazin und Sulforidazin geben der Vermutung Nahrung, daß diese Metaboliten

Tabelle 12.3.1. Phänotypisierung im Zusammenhang mit Cytochrom P45011D6 und P45011C9

Genetischer Polymorphismus (Frequenz Defizienz)	**Testsubstanz**	**Dosis per os**	**Metabolit**	**Metabolischer Quotient**	**Anti-modus**	**Urin-samm-lungsdauer**	**Autoren**
Cytochrom P-45011D6 (5–10 %)	Spartein (S)	55,6 mg	Dehydrospartein (DS)	S/DS	180	12 Stunden	Eichelbaum et al. 1979
	Debrisoquin (D)	10 mg	4-OH-Debrisoquin (4-OH-D)	D/4-OH-D	20 (12,6)*	8 Stunden	Mahgoub et al. 1977 * Küpfer und Preisig 1984
	Dextromethorphan (Dex)	25 mg	Dextrorphan (DO)	Dex/DO	0,3	8 Stunden	Schmid et al. 1985
Cytochrom P-45011C9 (3–5 %)	Mephenytoin (M)	100 mg	4-OH-Mephenytoin (4-OH-M)	Hydroxyl.-Index	5,6	8 Stunden	Küpfer und Preisig 1984
				R-Meph	0,8	8 Stunden	Wedlund et al. 1984

Der Antimodus stellt den Wert dar, der effiziente (Werte < Antimodus) von defizienten Metabolisierern (Werte > Antimodus) trennt.
Für die Frequenz des Defektes gibt es bedeutende interethnische Unterschiede (Eichelbaum 1988)
R-Meph R-Mephenytoin

Tabelle 12.3.2. Psychotrope Pharmaka und einige ihrer Metabolite als Substrate und/oder Hemmer von Cytochrom P-45011D6

Arzneimittel-kategorie	Medikament	Substrat (S)	Hemmer (H)	Literatur
Antidepressiva	Amitriptylin	S	H	Balant-Gorgia et al. 1982, Mellström et al. 1983, 1986, Baumann et al. 1986, Schnyder et al. 1985
	Met.: Nortriptylin	S	H	cf Nortriptylin
	Nortriptylin	S	H	Nordin et al. 1985, von Bahr et al. 1985, Bertilsson et al. 1981, 1985, Gram et al. 1989a
	Imipramin	S	H	Brøsen und Gram 1988, Brøsen et al. 1986, Meyer et al. 1988
	Met.: Desipramin	S	H	cf Desipramin
	Desipramin	S	H	Bertilsson et al. 1983, Brøsen et al. 1986, 1988, Spina et al. 1987
	Clomipramin	S	H	Balant-Gorgia et al. 1986, 1987, 1989
	Met.: Desmethylclom.	S	H	cf . Clomipramin
	Maprotilin	S (?)	H (?)	Gabris et al. 1985 und in Vorbereitung
	Trimipramin	S (?)	H (?)	Eap et al. 1990
	Lofepramin	S (?)	H (?)	
	Met.: Desipramin	S	H	cf. Desipramin
	Fluoxetin	S (?)	H (?)	unveröffentlicht
MAO-Hemmer	Amiflamin	S	H	Alvan et al. 1984
Neuroleptika	Perphenazin	S	H	Dahl-Puustinen et al. 1989
	Thioridazin	S	H	von Bahr et al. 1985, 1989, Meyer et al. submitted, Dayer et al. 1989
	Pipamperon		H	Inaba et al. 1985
	Trifluperidol		H	Fonne-Pfister et al. 1988
	Fluphenazin		H	Fonne-Pfister et al. 1988
	Haloperidol		H	Dayer et al. 1989, Inaba et al. 1985, Gram et al. 1989b
	Levomepromazin	S (?)	H	Dayer et al. 1989
	Chlorpromazin	S (?)	H	Dayer et al. 1989, von Bahr et al. 1985
	Risperidon	S	H	unveröffentlicht

Für die Substrate (S) wurde klinisch ein genetischer Polymorphismus des Metabolismus nachgewiesen. Die Hemmer (H) blockieren den Metabolismus der Substrate in unterschiedlichem Masse je nach Affinität zum Enzym. Die mit S (?) oder H (?) bezeichneten Verbindungen sind mit grosser Wahrscheinlichkeit Substrate resp. Hemmer des Enzyms

für die therapeutische Wirkung einer Thioridazinbehandlung wichtiger als die Muttersubstanz sind (Meyer et al. 1990).

Andere Substrate und Hemmer
(Tabelle 12.3.3)
Zahlreiche andere Medikamente sind Hemmer und/oder Substrate von Cytochrom P-450IID6 (Tabelle 12.3.3). Der Nachweis, ob eine Verbindung Substrat oder nur Hemmer dieses Enzyms ist, kann nicht im Tiermodell erbracht werden. Meistens werden Probanden ausgewählt, von denen der pharmakogenetische Status bekannt ist (EM oder PM). Ihnen wird die zu prüfende Substanz zum Studium seiner Pharmakokinetik verabreicht. Die Analyse der Muttersubstanz und der Metabolite im Urin und Plasma kann einen guten Hinweis darauf geben, ob es sich um ein Substrat handelt, aber nicht unbedingt in dem Fall, in dem mehrere Abbauwege oder mehrere Enzyme für ihren Metabolismus in Frage kommen. Eine andere Methode besteht darin, in EM-Probanden die Pharmakokinetik der zu prüfenden Substanz einmal ohne und einmal nach einer Vorbehandlung mit Chinidin, einem sehr starken Hemmer, zu prüfen. Das in vitro-Modell mit Lebern von effizienten und defizienten Metabolisierern ist je nach Versuchsanordnung ebenfalls wertvoll zur Charakterisierung eines Hemmstoffes oder Substrates. Da alle Substrate in einem gewissen Maße Hemmer des Enzymes sind, aber nicht unbedingt alle Hemmer Substrate (z. B. Chinidin), ist der Nachweis für letztere Eigenschaft für manche der in Tabelle 12.3.3 dargestellten Medikamenten noch ausstehend. Unter den Substraten sind mehrere Antihypertensiva, Antiarrhythmika, und die meisten Betablocker.
Interessanterweise weist Propranolol mindestens zwei Abbauwege auf, wofür Cytochrom P-450IID6 für die Ringhydroxylierung, P450IIC9 für die Oxidation der Seitenkette verantwortlich ist (Ward et al. 1989). Bei Patienten, bei denen beide Enzymdefekte nachgewiesen wurden, sind deswe-

Tabelle 12.3.3. Andere Medikamente, die Substrate und/oder Hemmer von Cytochrom P-45011D6 sind

Antihypertensiva Antiarrhythmika	**Antitussiva**	**Betablocker**	**Andere Medikamente**
Ajmalin	Codein	Alprenolol	Chinin
Chinidin	Dextromethorphan	Bopindolol	Cimetidin
Debrisoquin	Levomethorphan	Bufuralol	Diphenhydramin
Encainid		Labetolol	Domperon
Flecainid		Metoprolol	Lobelin
Guanoxan		Oxprenolol	Histamin
Indoramin		Pindolol	Methoxyamphetamin
Mexiletin		Propranolol	Methoxyphenamin
N-propylajmalin		Timolol	Phenformin
Nicardipin			Tomoxetin
Perhexilin			Yohimbin
Propafenon			
Sparteein			

Diese Drogen können deshalb mit dem Metabolismus der in Tabelle 12.3.2 dargestellten psychotropen Pharmaka interferieren

gen beide Abbauwege fehlend (weniger als ein Prozent einer europäischen Bevölkerung). Diese Erkenntnisse sind nicht nur vom pharmakogenetischen Standpunkt von Bedeutung. Die Charakterisierung der Hemmer und Substrate erlaubt vorauszusagen, ob eine Komedikation die Pharmakokinetik eines psychotropen Pharmakons beeinflussen kann. Das Ausmaß der Interferenzen hängt aber von den jeweiligen Affinitäten für Cytochrom P-450IID6 ab (s. unter Phänotypisierungsmethoden). Unter den wichtigsten Verbindungen, die keine Hemmer oder Substrate des Enzyms sind, sind die Benzodiazepine, Barbiturate, Koffein und Chinidin zu nennen (Brøsen und Gram 1989).

Bedeutung einer genetischen Defizienz von Cytochrom P-450IIC9 für den Metabolismus von psychotropen Pharmaka

Erst seit kurzem kennt man einige wenige, für die Psychiatrie interessante Substrate für dieses Enzym, deren Metabolismus mit dem von S-Mephenytoin koreguliert wird (Küpfer und Preisig 1984). Gesunde Probanden mit einer genetischen Defizienz des Metabolismus von Mephenytoin aber nicht von Debrisoquin metabolisieren sowohl Diazepam wie auch Desmethyldiazepam stark verlangsamt. Die Halbwertszeit beträgt bei diesen Probanden etwa 80 Stunden für Diazepam und 128 Stunden für Desmethyldiazepam, – also etwa doppelt so lang wie bei Probanden mit dem EM-Phänotypus (Bertilsson et al. 1989a, 1990). Die Autoren vermuten, daß sowohl die Demethylierung und die Hydroxylierung, im Falle des Desmethyldiazepams die Bildung von Oxazepam, unter der genetischen Kontrolle von Cytochrom P-450IIC9 ist. Die klinische Bedeutung dieses Befundes ist noch nicht durch Beispiele veranschaulicht worden. Andere Substrate sind Propranolol, Hexobarbital und Methylphenobarbital (Brøsen 1990).

Phänotypisierungsmethoden und Indikationen

Der pharmakogenetische Status im Hinblick auf Cytochrom P450IID6 wird meist mit einer der drei Testsubstanzen Spartein, Debrisoquin oder Dextromethorphan festgestellt (Tabelle 12.3.1). Nachdem der Patient seine Blase entleert hat, nimmt er eine der Testsubstanzen oral ein. Danach wird tagsüber während acht Stunden oder nachts Urin gesammelt. Nachdem das Urinvolumen notiert wurde, werden etwa 10 ml Urin ins Labor geschickt, wobei zumindest für Dextromethorphan und Debrisoquin keine besonderen Vorkehrungen getroffen werden müssen, da die Proben haltbar sind. Im Labor werden die Muttersubstanz sowie der durch den oxidativen Abbau erhaltene Metabolit bestimmt. Das Ergebnis muß mit Vorsicht interpretiert werden, falls der Patient zum Zeitpunkt des Tests mit Medikamenten behandelt wurde, die starke Hemmer von Cytochrom P-450IID6 sind, wie Chinidin oder Thioridazin (Baumann et al. 1989). In diesem Falle muß bei einem auf "defizient" lautenden Testergebnis die Prüfung während einer medikamentenfreien Periode zur Absicherung des Ergebnisses wiederholt werden.

Zur Phänotypisierung im Zusammenhang mit Cytochrom P-450 IIC9 sind mehrere Methoden vorgeschlagen worden: Gabe von 100 mg Mephenytoin (Tabelle 12.3.1) und anschließende Urinsammlung über acht Stunden. Von manchen Labors wird noch eine zusätzliche, 24 Stunden nach der Medikamenteneinnahme gewonnene Urinprobe verlangt. Küpfer und Preisig (1984) haben zuerst vorgeschlagen, nur den Metaboliten 4-OH-Mephenytoin zu messen, da mit manchen Methoden die Muttersubstanz im Urin nicht nachweisbar ist. Zur Berechnung des Hydroxylierungsindexes wird die Menge an verabreichtem S-Mephenytoin sowie das Urinvolumen eingesetzt, wehalb dieses unbedingt mitgeteilt werden muß. Eine andere elegante Methode besteht darin, das Verhältnis der Isomere S/RMephenytoin gaschromatographisch zu messen. Da nur S-Mephenytoin Substrat des betroffenen Enzyms ist, weisen Metabolisierer ein Verhältnis um 1, effiziente eines zwischen 0–0.7 auf (WEDLUND et al. 1984).

Die Phänotypisierung für die beiden genannten Enzyme kann simultan erfolgen, d. h., es können z. B. Dextromethorphan oder Debrisoquin und Mephenytoin als "Cocktail" verabreicht werden (KÜPFER und PREISIG 1984, BAUMANN und JONZIER-PEREY 1988).

Welche Indikation liegt für einen pharmakogenetischen Test vor? Es fällt zunächst auf, daß dieser Test eine geringe Belastung für den Patienten darstellen sollte, daß aber das Testergebnis für das ganze Leben gilt. Die Phänotypisierung kann als Ergänzung zur Plasmaspiegelbestimmung von psychotropen Pharmaka, besonders von manchen Antidepressiva und Neuroleptika angesehen werden. Eine einmalige Bestimmung erlaubt festzustellen, ob ein Patient sein Leben lang bei der Medikation mit bestimmten Pharmaka mit hohen Spiegeln des Medikamentes rechnen muß, mit dem entsprechend höheren Risiko von Nebenwirkungen und möglicherweise von Non-response, wie es dies vor allem das Beispiel mit Nortriptylin zeigt (BERTILSSON et al. 1981). Die Erfahrung zeigt aber auch, daß diese Tests bis jetzt verhältnismäßig wenig routinemäßig eingesetzt werden. Sie haben ihre spezielle Bedeutung bei Forschungsarbeiten, bei denen es um die Einführung neuer Medikamente geht, deren Metabolismus noch kaum aufgeklärt wurde.

12.3.3 Ausblick

Die hier dargestellte Übersicht unterstreicht die Bedeutung der beschriebenen genetischen Polymorphismen des Metabolismus für die Psychopharmakologie, auch wenn es noch zusätzlicher Studien bedarf, um die klinische Relevanz zu präzisieren. Stimulierend für die Neuropsychopharmakologie sind unter anderem Berichte über einen Zusammenhang zwischen dem Cytochrom P-450IID6-Phänotyp und früh auftretendem Parkinsonismus (BARBEAU et al. 1985), aber auch über den Nachweis dieses Enzyms im Striatum von Hunden (NIZNIK et al. 1990). Eine epidemiologische Studie beschreibt einen Zusammenhang zwischen dem genannten Polymorphismus und der Persönlichkeit, indem PM's einen niedrigeren Psychasthenie-Score hatten, also vitaler, effizienter und entscheidungsfreudiger zu sein scheinen (BERTILSSON et al. 1989).

Andere Formen des Cytochrom P-450 verdienen ebenfalls erhöhte Aufmerksamkeit: Für Midazolam wurden bei ca. 200 Probanden mittlere Plasmahalbwertszeiten zwischen 2–5 Stunden gefunden, aber bei einigen wurden welche von 10–22 Stunden gemessen (DUNDEE et al. 1986). Für eine ähnliche Verbindung, Triazolam, wurden auch bedeutende, aber weniger auffallende interindividuelle Unterschiede festgestellt (FRIEDMAN et al. 1986). Der Nachweis eines genetischen Polymorphismus ist in diesem Falle nicht bestätigt worden, doch wurde inzwischen das für die Hydroxylierung verantwortliche Enzym beschrieben, nämlich Cytochrom P-450IIIA4 (P-450NF oder P-450PCN1) (KRONBACH et al. 1989), welches entweder für den Metabolismus von Chinidin, Nifedipin, Neuroleptika, Cyclosporin, Erythromycin, Amiodaron verantwortlich ist oder zumindest gehemmt wird. Die klinische Bedeutung wurde durch die Beobachtung bestätigt, wonach ein mit Amiodaron und Erythromycin behandelter Patient nach einem mit Midazolam (gemessene $t_{½}$ = 24.8 Stunden!) induzierten Schlaf erst sechs Tage später aufwachte (GASCON et al. 1989).

Erwähnenswert sind abschließend noch zwei klinische Berichte, die auf die mögliche Existenz von pharmakogenetischen Faktoren in der reversiblen Umwandlung von Haloperidol zu seinem reduzierten Metaboliten hinweisen (SOMEYA et al. 1990, JANN et al. 1990).

Literatur

ALVAN G, GRIND M, GRAFFNER C, SJÖQVIST F (1984) Relationship of N-demethylation of amiflamine and its metabolite to debrisoquine hydroxylation polymorphism. Clin Pharmacol Ther 36: 515–519

BALANT-GORGIA AE, SCHULZ P, DAYER P, BALANT L, KUBLI A, GERTSCH C, GARRONE G (1982) Role of oxidation polymorphism on blood and urine concentrations of amitriptyline and its metabolites in man. Arch Psychiatr Nervenkr 232: 215–222

BALANT-GORGIA AE, BALANT LP, GENET CH, DAYER P, AESCHLIMANN JM, GARRONE G (1986) Importance of oxidative polymorphism and levomepromazine treatment on the steady-state blood concentrations of clomipramine and its major metabolites. Eur J Clin Pharmacol 31: 449–455

BALANT-GORGIA AE, BALANT L, ZYSSET TH (1987) High plasma concentrations of desmethylclomipramine after chronic administration of clomipramine to a poor metabolizer. Eur J Clin Pharmacol 32: 101–102

BALANT-GORGIA AE, BALANT LP, GARRONE G (1989) High blood concentrations of imipramine or clomipramine and therapeutic failure: a case report study using drug monitoring data. Ther Drug Monit 11: 415–420

BARBEAU A, ROY M, PARIS S, CLOUTIER T, PLASSE L, POIRIER J (1985) Ecogenetics of Parkinson's disease: 4-hydroxylation of debrisoquine. Lancet i: 1213–1216

BAUMANN P, JONZIER-PEREY M (1988) GC- and GC-MS procedures for simultaneous phenotyping with dextromethorphan and mephenytoin. Clin Chim Acta 171: 211–222

BAUMANN P, EAP CB (1989) Contribution of the variants of α_1-acid glycoprotein to its binding of drugs. In: BAUMANN, EAP, MÜLLER, TILLEMENT (eds) Alpha$_1$-acid glycoprotein: genetics, biochemistry, physiological functions, and pharmacology. AR Liss, New York, pp 379–397

BAUMANN P, JONZIER-PEREY M, KOEB L, KÜPFER A, TINGUELY D, SCHÖPF J (1986) Amitriptyline pharmacokinetics and clinical response. II. Metabolic polymorphism assessed by hydroxylation of debrisoquine and mephenytoin. Int Clin Psychopharmacol 1: 102–112

BAUMANN P, BAETTIG D, BRYOIS C, EICHENBERGER P, JONZIER-PEREY M, MONNEY C, WOGGON B (1989) Einfluß einer Amitriptylin oder Thioridazin-Behandlung auf das Ergebnis des pharmakogenetischen Dextromethorphan-Tests. In: SALETU B (Hrsg) Biologische Psychiatrie. 2. Drei-Länder-Symposium für Biologische Psychiatrie, Innsbruck, September 1988. Thieme, Stuttgart New York, S 161–163

BERTILSSON L, MELLSTRÖM B, SJÖQVIST F, MARTENSSON B, ASBERG M (1981) Slow hydroxylation of nortriptyline and concomitant poor debrisoquine hydroxylation: clinical implications. Lancet i: 560–561

BERTILSSON L, ABERG-WISTEDT A, GUSTAFSSON LL, NORDIN C (1985) Extremely rapid hydroxylation of debrisoquine: a case report with implication for treatment with nortriptyline and other tricyclic antidepressants. Ther Drug Monit 7: 478–480

BERTILSSON L, HENTHORN TK, SANZ E, TYBRING G, SÄWE J, VILLÉN T (1989a) Importance of genetic factors in the regulation of diazepam metabolism: Relationship to S-mephenytoin, but not debrisoquine, hydroxylation phenotype. Clin Pharmacol Ther 45: 348–355

BERTILSSON L, ALM C, DE LAS CARRERAS C, WIDEN J, EDMAN G, SCHALLING D (1989b) Debrisoquine hydroxylation polymorphism and personality. Lancet ii: 555

BERTILSSON L, BAILLIE TA, REVIRIEGO J (1990) Factors influencing the metabolism of diazepam. Pharmacol Ther 45: 85–91

BRØSEN K (1990) Recent developments in hepatic drug oxidation. Implications for clinical pharmacokinetics. Clin Pharmacokinet 18: 220–239

BRØSEN K, GRAM LF (1988) First-pass metabolism of imipramine and desipramine: impact of the sparteine oxidation phenotype. Clin Pharmacol Ther 43: 400–406

BRØSEN K, GRAM LF (1989) Clinical significance of the sparteine/debrisoquine oxidation polymorphism. Eur J Clin Pharmacol 36: 537–547

BRØSEN K, OTTON SV, GRAM LF (1986) Imipramine demethylation and hydroxylation: impact of the sparteine oxidation phenotype. Clin Pharmacol Ther 40: 543–549

DAHL-PUUSTINEN ML, LIDÉN A, ALM C, NORDIN C, BERTILSSON L (1989) Disposition of perphenazine is related to polymorphic debrisoquin hydroxylation in human beings. Clin Pharmacol Ther 46: 78–81

DAYER P, LEEMANN T, STRIBERNI R (1989) Dextromethorphan O-demethylation in liver microsomes as a prototype reaction to monitor cytochrome P-450 db1 activity. Clin Pharmacol Ther 45: 34–40

Derenne F, Joanne C, Vandel S, Bertschy G, Volmat R, Bechtel P (1989) Debrisoquine oxidative phenotyping and psychiatric drug treatment. Eur J Clin Pharmacol 36: 53–58

Dundee JW, Collier PS, Carlisle RJT, Harper KW (1986) Prolonged midazolam elimination half-life. Br J Clin Pharmacol 21: 425-429

Eap CB, Souche A, Koeb L, Jonzier-Perey M, Cuendet C, Baumann P (1990) Influence of quinidine on the metabolism of trimipramine in two healthy volunteers after an oral dose of 75 mg trimipramine: preliminary results. In: Ingelman Sundberg M, Gustafsson JA, Orrenius S (eds) Drug metabolizing enzymes: genetics, regulation and toxicology. Proc VIIIth Int Symposium on Microsomes and Drug Oxidations. Stockholm, June 1990, p 196

Eichelbaum M (1988) Genetic polymorphism of sparteine/debrisoquine oxidation. Atlas Sci Pharmacol: 243–251

Eichelbaum M, Spannbrucker N, Steincke B, Dengler HJ (1979) Defective N-oxidation of sparteine in man: A new pharmacogenetic defect. Eur J Clin Pharmacol 16: 183–187

Eichelbaum M, Baur MP, Dengler HJ, Osikowska-Evers BO, Tieves G, Zekorn C, Rittner C (1987) Chromosomal assignment of human cytochrome P-450 (debrisoquine/sparteine type) to chromosome 22. Br J Clin Pharmacol 23: 455–458

Fonne-Pfister R, Meyer UA (1988) Xenobiotic and endobiotic inhibitors of cytochrome P-450db1 function, the target of the debrisoquine/sparteine type polymorphism. Biochem Pharmacol 37: 3829–3835

Friedman H, Greenblatt DJ, Burstein ES, Harmatz JS, Shader RI (1986) Population study of triazolam pharmacokinetics. Br J Clin Pharmacol 22: 639–642

Gabris G, Baumann P, Jonzier-Perey M, Bosshart P, Woggon B, Küpfer A (1985) N-methylation of maprotiline in debrisoquine/mephenytoin-phenotyped depressive patients. Biochem Pharmacol 34: 409–410

Gascon MP, Paichard C, Dayer C (1989) In vitro forecasting of drug interactions with midazolam. Experientia 45: A66

Gonzalez FJ (1990) Molecular genetics of the P-450 superfamily. Pharmacol Ther 45: 1–38

Gram LF, Brøsen K, Kragh-Sørensen P, Christensen P (1989a) Steady-state plasma levels of E- and Z-10-OH-nortriptyline in nortriptyline-treated patients: significance of concurrent medication and the sparteine oxidation phenotype. Ther Drug Monit 11: 508–514

Gram LF, Debruyne D, Caillard V, Boulenger JP, Lacotte J, Moulin M, Zarifian E (1989b) Substantial rise in sparteine metabolic ratio during haloperidol treatment. Br J Clin Pharmacol 27: 272–275

Heim M, Meyer UA (1990) Genotyping of poor metabolisers of debrisoquine by allele-specific PCR amplification. Lancet 336: 529–532

Inaba T, Jurima M, Mahon WA, Kalow W (1985) In vitro inhibition studies of two isozymes of human liver cytochrome P-450. Mephenytoin p-hydroxylase and sparteine monooxygenase. Drug Metab Dispos 13: 443–448

Jann MW, Chang WH, Davis CM, Chen TY, Deng HC, Lung FW, Ereshefsky L et al. (1990) Haloperidol and reduced haloperidol plasma levels in chinese vs. non-chinese psychiatric patients. Psychiatry Res 30: 45–52

Kronbach T, Mathys D, Umeno M, Gonzalez FJ, Meyer UA (1989) Oxidation of midazolam and triazolam by human liver cytochrome P-450IIIA4. Mol Pharmacol 36: 89–96

Küpfer A, Preisig R (1984) Pharmacogenetics of mephenytoin: a new drug hydroxylation polymorphism in man. Eur J Clin Pharmacol 26: 753–759

Mahgoub A, Dring LG, Idle JR, Lancaster R, Smith RL (1977) Polymorphic hydroxylation of debrisoquine in man. Lancet ii: 584–586

Meehan RR, Gosden JR, Rout D, Hastie ND, Friedberg T, Adesnik M, Buckland R, van Heyningen V, Fletcher J, Spurr NK, Sweeney J, Wolf CR (1988) Human cytochrome P-450 PB-I: a multigene family involved in mephenytoin and steroid oxidations that maps to chromosome 10. Am J Hum Genet 42: 026–037

Mellström B, Bertilsson L, Lou YC, Säwe J, Sjöqvist F (1983) Amitriptyline metabolism: relationship to polymorphic debrisoquine hydroxylation. Clin Pharmacol Ther 34: 516–520

Mellström B, Säwe J, Bertilsson L, Sjöqvist F (1986) Amitriptyline metabolism: association with debrisoquine hydroxylation in nonsmokers. Clin Pharmacol Ther 39: 369–371

Meyer JW, Woggon B, Küpfer A (1988) Importance of oxidative polymorphism on clinical efficacy and side-effects of imipramine – A retrospective study. Pharmacopsychiatry 21: 365–366

Meyer UA, Skoda RC, Zanger UM (1990) The genetic polymorphism of debrisoquine/sparteine metabolism – molecular mechanisms. Pharmacol Ther 46: 297–308

Meyer JW, Woggon B, Baumann P, Bryois C, Jonzier M, Koeb L, Meyer UA (1990) Slow sulfoxidation of thioridazine in a poor metabolizer of the debrisoquine type: clinical implications. Eur J Clin Pharmacol 39: 613–614

Monsma FJ, McVittie LD, Gerfen CR, Mahan LC, Sibley DR (1989) Multiple D2 dopamine receptors produced by alternative RNA splicing. Nature 342: 926–929

Nelson JC, Price LH, Jatlow PI (1986) Neuroleptic dose and desipramine concentrations during combined treatment of unipolar delusional depression. Am J Psychiatry 143: 1151–1154

Niznik HB, Tyndale RF, Sallee FR, Gonzalez FJ, Hardwick JP, Inaba T, Kalow W (1990) The dopamine transporter and cytochrome P-450IID1 (debrisoquine 4-hydroxylase) in brain: resolution and identification of two distinct (^{3}H)GBR-12935 binding proteins. Arch Biochem Biophys 276: 424–432

Nordin C, Siwers B, Benitez J, Bertilsson L (1985) Plasma concentrations of nortriptyline and its 10-hydroxy metabolite in depressed patients – relationship to the debrisoquine hydroxylation metabolic ratio. Br J Clin Pharmacol 19: 832–835

Schmid B, Bircher J, Preisig R, Küpfer A (1985) Polymorphic dextromethorphan metabolism: co-segregation of oxidative O-demethylation with debrisoquine hydroxylation. Clin Pharmacol Ther 38: 618–624

Schnyder C, Baumann P, Jonzier-Perey M, Koeb L, Wertheimer J (1985) Utilisation de l'amitriptyline à faible dose en psychogériatrie. Une étude clinique, pharmacocinétique et pharmacogénétique. Schweiz Med Wochenschr 115: 1128–1134

Skoda RC, Gonzalez FJ, Demierre A, Meyer UA (1988) Two mutant alleles of the human cytochrome P-450db1 gene (P450C2D1) associated with genetically deficient metabolism of debrisoquine and other drugs. Proc Natl Acad Sci 85: 5240-5243

Someya T, Takahashi S, Shibasaki M, Inaba T, Cheung SW, Tang SW (1990) Reduced haloperidol/ haloperidol ratios in plasma: polymorphism in Japanese psychiatric patients. Psychiatry Res 31: 111–120

Spina E, Steiner E, Ericsson Ö, Sjöqvist F (1987) Hydroxylation of desmethylimipramine: dependence on the debrisoquine hydroxylation phenotype. Clin Pharmacol Ther 41: 314–319

Syvälahti EKG, Lindberg R, Kallio J, de Vocht M (1986) Inhibitory effects of neuroleptics on debrisoquine oxidation in man. Br J Clin Pharmacol 22: 89–92

von Bahr C, Spina E, Birgersson C, Ericsson Ö, Göransson M, Henthorn T, Sjöqvist F (1985) Inhibition of desmethylimipramine 2-hydroxylation by drugs in human liver microsomes. Biochem Pharmacol 34: 2501–2505

von Bahr C, Guengerich FP, Movin G, Nordin C (1989) The use of human liver banks in pharmacogenetic research. In: Dahl SG, Gram LF (eds) Clinical pharmacology in psychiatry (Psychopharmacology series 7). Springer, Berlin Heidelberg New York Tokyo, pp 163–171

Ward SA, Walle T, Walle UK, Wilkinson GR, Branch RA (1989) Propranolol's metabolism is determined by both mephenytoin and debrisoquine hydroxylase activities. Clin Pharmacol Ther 45: 72–79

Wedlund PJ, Aslanian WS, McAllister CB, Wilkinson GR, Branch RA (1984) Mephenytoin hydroxylation deficiency in caucasians: frequency of a new oxidative drug metabolism polymorphism. Clin Pharmacol Ther 36: 773–780

Wilkinson GR, Guengerich FP, Branch RA (1989) Genetic polymorphism of S-mephenytoin hydroxylation. Pharmacol Ther 43: 53–76

Neuro-Psychopharmaka, Bd. 1
Riederer P. / Laux G. / Pöldinger W. (Hrsg.)

13 Pharmakoepidemiologie psychotroper Substanzen

B. Müller-Oerlinghausen

13.1 Zur Einführung in die Arzneimittel-Verbrauchsforschung

Pharmakoepidemiologie beschäftigt sich mit dem Verbrauch und Gebrauch eines Arzneimittels, nachdem es am Markt erhältlich geworden ist. Während die Pharmakokinetik in einer an bestimmten mathematischen Modellen orientierten Weise beschreibt, welchen Einflüssen ein Arzneistoff oder Arzneimittel im indiduellen Organismus ausgesetzt ist, fragt die Pharmakoepidemiologie quasi nach den gesellschaftlichen Kräften und anderen Determinanten, die auf die Marktstellung eines bestimmten Arzneimittels im Qerschnitt und Längsschnitt Einfluß nehmen. Die Pharmakoepidemiologie ist damit formal ein Teil der Phase 4 der klinischen Arzneimittelprüfung und stellt eine Domäne der klinischen Pharmakologie dar. Sie ist, wie alle epidemiologische Forschung durch ihren nicht-experimentellen Zugang gekennzeichnet,was besondere Vorsicht bei der Interpretation ihrer Ergebnisse nahelegt; angesichts der hohen Sensibilität der Öffentlichkeit für alle Psychopharmaka betreffenden Fragen erscheint es notwendig, auf diesen Umstand besonders hinzuweisen. Beispiele aus der jüngsten Vergangenheit zeigen, welch fahrlässiger Gebrauch von Arzneimittelverbrauchsdaten gemacht werden kann,wenn keine Kenntnis der dahinter stehenden Methodik vorhanden ist (hierzu Heinrich et al. 1989). So behauptete etwa ein angesehener Kollege im offiziellen Organ der deutschen Ärzteschaft, zehn Prozent der deutschen Bevölkerung seien Benzodiazepin-abhängig; ein nordrhein-westfälischer Minister meinte deutschen Verbrauchsstatistiken eine offensichtliche Übermedikation von Kindern mit Psychopharmaka entnehmen zu können.Es fällt auf, daß gegenüber solch lockerem Umgang mit publizierten Statistiken Experten der Verbrauchsforschung in Skandinavien und insbesondere in Norwegen, wo wohl die größte und längste Erfahrung auf diesem Gebiet besteht, sich bei weitem größere Zurückhaltung bei der Interpretation der von ihnen

publizierten Zahlen zum Psychopharmakaverbrauch auferlegen (Oydvin 1986, Friebel 1986, 1989).
Pharmakoepidemiologie besteht nicht einfach in der Erhebung von Verbrauchszahlen,sondern sollte nach Baksaas und Lunde (1986) als ein problem-orientierter, umfassender und kontinuierlicher medicosozialer und gesundheitsökonomischer Audit aufgefaßt werden. Darauf spielt auch die von der WHO (1985) vorgeschlagene Definition des Terminus "drug utilization" an, mit dem die Vermarktung, Verteilung, Verschreibung und der Gebrauch eines Arzneimittels oder einer Arzneimittelgruppe in einer Gesellschaft gemeint ist, mit besonderer Berücksichtigung der sich daraus ergebenden medizinischen, sozialen und ökonomischen Konsequenzen.

13.2 Methodik

Die praktische, z. B. gesundheitspolitische, Verwendbarkeit und wissenschaftliche Validität von Verbrauchszahlen ist an wenigstens drei Voraussetzungen gebunden:

- an verschiedenen Orten und zu verschiedenen Zeiten erhobene Daten müssen miteinander vergleichbar sein;
- es sollte die Möglichkeit bestehen, Verbrauchszahlen zu anderen Parametern wie etwa Morbiditätsstatistiken in Bezug zu setzen;
- Verbrauchsdaten müssen von Pharmakologen und Klinikern interpretiert werden, die auf diesem Gebiet spezielle Kenntnisse besitzen (Friebel 1986).

Ein wesentliches Element der Verbrauchsforschung ist der Vergleich der Ergebnisse, sei es im Querschnitt zwischen zwei verschiedenen Settings, verschiedenen Ländern etc., sei es im Längsschnitt über verschiedene Zeiträume. Um derartige Vergleiche überhaupt zu ermöglichen sind von der WHO bzw. der maßgebenden norwegischen Arbeitsgruppe allgemeinverbindliche Maßeinheiten in Form der **DDD** (=defined daily dosis) eingeführt worden. Es handelt sich dabei um eine rechnerische Einheit, die z. B. im Rahmen der von der WHO initiierten DURG (Drug Utilization Research Group) auf der Basis der geschätzten durchschnittlichen Tagesdosis eines Arzneimittels, bezogen auf einen 70 kg schweren Erwachsenen, festgesetzt wird. Wenn verschiedene galenische Zubereitungen, z. B. für die parenterale, lokale und orale Anwendung existieren, müssen gegebenenfalls für jeden Bereich DDDs bestimmt werden. Damit läßt sich eine von Arzneiform und Packungsgröße unabhängige Quantifizierung der Arzneiverordnungen erreichen, die sowohl für den Querschnitts- wie Längsschnittsvergleich des Arzneimittelverbrauchs entscheidend ist (Bergmann et al. 1979, Nordic Council on Medicines 1982, Friebel 1986). Verbrauchszahlen werden häufig in DDD/1000 Einwohner/Jahr bzw.Tag ausgedrückt.
Die für die Erfassung notwendigen Daten können z. B. von Rezept-Abrechnungsstellen gewonnen werden. Schwierig bleibt dabei die Erhebung des Arzneimittelverbrauchs in Krankenhäusern und bei Privatpatienten.
Eine zweite Bedingung für eine international vergleichbare Erfassung des Arzneimittelverbrauchs ist eine allgemeinverbindliche Klassifikation wie sie z. B. das ATC (=Anatomical Therapeutic Chemical) System darstellt. Letzteres ist in vielen europäischen Ländern für Arzneimittelstatistiken einge-

führt; die Bundesrepublik Deutschland gehörte bislang leider nicht dazu.
Es muß betont werden, daß die jährlich veröffentlichten nationalen Verbrauchsstatistiken eine Schätzung der Arzneimittelexposition einer bestimmten Bevölkerungsgruppe erlauben; unzulässig sind Schlüsse auf die Zahl der mit einem bestimmten Arzneimittel über ein Jahr behandelten Personen.
Die den Arzneiverbrauch determinierenden Faktoren sind bislang nur unzureichend bekannt. So hat etwa der Arbeitskreis von LUNDE in Oslo vor allem medizinische Erfordernisse, Empfehlungen und Regulationen der Gesundheitsbehörden und demografische Faktoren (wie z. B. die jeweilige Alterspyramide) als einige wichtige Lenkungselemente herausgearbeitet (SAKSHAUG et al. 1983). Für den Psychopharmakaverbrauch hat GROHMANN (1989) kürzlich einige der in der Literatur diskutierten Determinanten zusammengestellt (vgl. auch HERDER-DORNEICH 1986, zum Mechanismus speziell des deutschen Arzneimittelmarktes). Das diesbezüglich noch geringe Wissen unterstreicht die zu Beginn ausgesprochene Empfehlung zur kritischen Zurückhaltung bei der Beurteilung von Verbrauchsdaten oder ihrer Umsetzung in regulatorische Maßnahmen.

13.3 Psychopharmakaverordnung in Deutschland

Im nachfolgenden soll vor allem auf die Psychopharmakaverordnungen niedergelassener Ärzte in der Bundesrepublik Deutschland eingegangen werden. Zahlen zur Verordnung von Psychopharmaka bei stationären Patienten psychiatrischer Universitätskliniken sind z. B. im Rahmen des AMÜP-Projekts erhoben worden (vgl. SCHMIDT et al. 1988).
Im Jahre 1989 waren in der Bundesrepublik 122 000 Altarzneimittel im Verkehr. Bis zum 30.4.1990 sind insgesamt 63 000 Anträge auf Nachzulassung bzw. Nachregistrierung (für homöopathische Präparate) beim Bundesgesundheitsamt gestellt worden. Diese Zahlen lassen das Bedürfnis nach erhöhter Transparenz auch auf dem deutschen Arzneimittelmarkt berechtigt erscheinen. Transparenz bedeutet im weiteren freilich nicht nur Information über den Verbrauch, sondern auch über die therapeutische Wirksamkeit, Risiken, pharmazeutische Qualität und Kosten jedes einzelnen Fertigarzneimittels. (DÖLLE 1984, MÜLLER-OERLINGHAUSEN und GÜNTHER 1989). Transparenz in diesem Sinne wird – auch auf dem Gebiet der Psychopharmaka – u.a. durch die laufende Arbeit der Transparenzkommission, d. h. einer unabhängigen Sachverständigenkommission mit Vertretern der Ärzteschaft, der Krankenkassen, der Pharmahersteller, der Apotheker und der Verbraucherverbände (DÖLLE und SCHWABE 1986), und durch die Aufbereitungskommissionen für die jeweiligen Anwendungsgebiete beim Bundesgesundheisamt hergestellt. Zu nennen ist weiterhin die vom Bundesausschuß der Ärzte und Krankenkassen erstellte und fortlaufend revidierte Preisvergleichsliste.

13.3.1 Ergebnisse des GKV-Arzneimittelindex

Die wichtigste Quelle für Verbrauchszahlen in der Bundesrepublik ist bislang der GKV-Arzneimittelindex des Wissenschaftlichen Instituts der Ortskrankenkassen, dessen Ergebnisse jährlich im "Arzneiverordnungsreport" (vgl. z. B. SCHWABE und PAFFRATH 1990) veröffentlicht werden. Hierbei handelt es sich um die statistisch aufbereiteten Arznei-

Tabelle 13.1. Die verordnungsstärksten Indikationsgruppen 1989 (vgl. SCHWABE und PAFFRATH 1990)

Indikationsgruppe (in Klammern Rang 1988)			Verordnungen 1989 in Mio. abs.	Verordnungen 1989 in %	Umsatz 1989 in Mio. abs.	Umsatz 1989 in %
1	(1)	Analgetika/Antirheumatika	82,2	−4,2	1455,3	−1,8
2	(2)	Antitussiva und Expektorantien	53,8	3,1	817,2	4,9
3	(3)	Magen-Darm-Mittel	40,6	−1,8	1482,0	3,5
4	(4)	Psychopharmaka	34,7	−7,8	1044,9	−2,3
5	(5)	Dermatika	33,4	−4,8	675,9	2,3
6	(6)	Ophthalmika	24,7	−4,3	331,6	0,7
7	(7)	β-Rezeptorenblocker und Calcium-Antagonisten	23,4	−2,7	1226,6	−3,1
8	(10)	Antibiotika	22,8	0,9	692,5	1,5
9	(8)	Kardiaka	20,9	−11,0	370,7	−8,1
10	(12)	Broncholytika	19,9	0,3	923,3	10,2
11	(11)	Venenmittel	19,3	−8,8	578,2	−7,9
12	(9)	Durchblutungsfördernde Mittel	19,2	−15,4	1195,3	−16,5
13	(13)	Koronarmittel	16,6	−6,8	759,4	−7,0
14	(14)	Hypnotika/Sedativa	15,9	−7,7	215,1	−4,5
15	(16)	Rhinologika	15,5	−2,9	142,3	−2,1

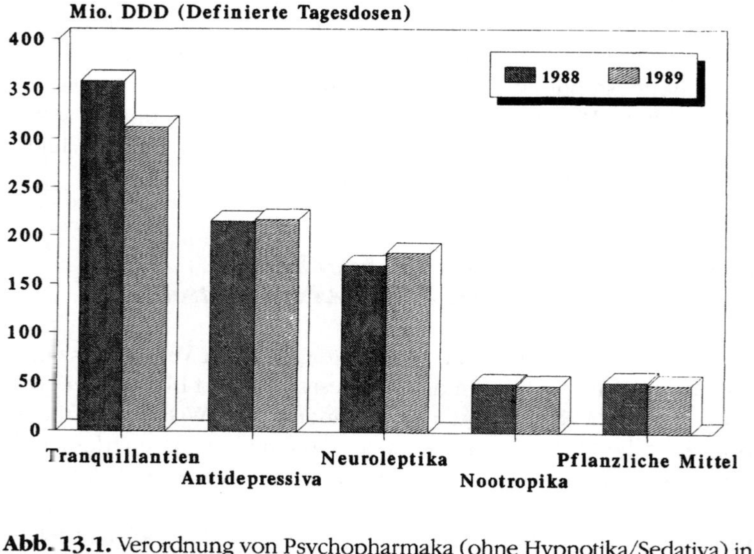

Abb. 13.1. Verordnung von Psychopharmaka (ohne Hypnotika/Sedativa) in 1989 entsprechend dem GKV-Arzneimittelindex (LOHSE und MÜLLER-OERLINGHAUSEN 1990a)

verordnungen niedergelassener Ärzte für Patienten der gesetzlichen Krankenversicherung (GKV). Damit existiert ein inzwischen ausgereiftes Informationssystem über das Verordnungsverhalten der deutschen Ärzteschaft und die jährlichen Änderungen am Arzneimittelmarkt, mit dem z. B. die Auswirkungen des Gesundheitsreformgesetzes und der 1989 eingeführten Festbetragsregelung auch für bestimmte Psychopharmaka (z. B. Bromazepam, Oxazepam) analysiert werden können.

Die Tabelle 13.1 zeigt als ein Beispiel den Rang der Psychopharmaka- und Hypnotika/Sedativa-Verordnungen (entspr.der Klassifikation der "Roten Liste") im Vergleich zu anderen Indikationsgruppen. Danach stellten 1989 diese beiden Arzneimittelgruppen mit zusammen 50,6 Mill. Verordnungen nach den Analgetika/Antirheumatika und den Antitussiva die drittstärkste Verordnungsgruppe überhaupt dar (LOHSE und MÜLLER-OERLINGHAUSEN 1990 a,b). Noch im Jahre 1986 waren sie die zweitstärkste Verordnungsgruppe.

Dies erscheint umso bemerkenswerter als die Zahl der Verordnungen von Psychopharmaka und Hypnotika/Sedativa seit 1982 bis 1989 ständig abgenommen hat; allein zwischen 1982 und 1986 war eine Gesamtreduktion der Verordnungen von 24% zu konstatieren. Dabei muß allerdings der sich ändernden Binnenstruktur des Psychopharmakamarktes differenzierte Aufmerksamkeit geschenkt werden.

Abbildung 13.1 zeigt, daß mehr als die Hälfte der verordneten definierten Tagesdosen (letztere sind nicht unbedingt identisch mit den DDD der skandinavischen Länder) auf Tranquillantien (ohne Hypnotika/Sedativa) entfallen. Der Rückgang der verordneten DDDs bei den Tranquillantien wurde in den vergangenen Jahren teilweise durch Anstiege bei den Verordnungen von Antidepressiva und Neuroleptika "kompensiert". Die wesentlichen Trends im Verordnungsjahr 1989 bestanden in dem wiederum erheblichen Rückgang der Tranquillantien – und Anstieg der Neuroleptikaverordnungen. Tabelle 13.2 zeigt als Beispiel im Detail bei welchen Neuroleptika Zu-oder Abnahmen der insgesamt verordneten definierten Tagesdosen zu beobachten waren.

Des weiteren fällt auf, daß die Verordnungen von Nootropika insgesamt wieder zurückgegangen sind, stärkere Zunahmen entfallen nur auf Piracetam-Generica. Hier könnten sich sowohl kritische Darstellungen in der medizinischen Presse wie auch Aspekte des Kostendämpfungsgesetzes ausgewirkt haben.

Die Zahlen des Arzneimittelindex machen außerdem deutlich, daß der Psychopharmakaverbrauch bei Frauen höher ist als bei Männern und daß er im Alter ansteigt (Abb. 13.2). Insofern erscheint plausibel, daß 75% der gesamten Psychopharmakaverordnungen im weiteren Sinne auf ältere Frauen entfällt (SCHWABE und PAFFRATH 1988).

Einen Vergleich der bundesdeutschen Zahlen mit skandinavischen Verbrauchswerten hat – mit allem gebotenen Vorbehalt wegen der nicht völlig vergleichbaren Methodik – FRIEBEL (1989) vorgelegt. Dabei ergaben sich, wie Tabelle 13.3 und 13.4 zeigen, erhebliche Unterschiede zwischen den einzelnen Ländern, sowohl was die absolute Zahl der verordneten DDD/1000 Einwohner/Tag wie auch was die prozentuale Verteilung einzelner Psychopharmakagruppen auf das Gesamtspektrum betrifft. Es fällt z. B. auf, daß in der Bundesrepublik im Jahre 1987 nicht nur allgemein wesentlich weniger Psychopharmaka als etwa in Dänemark oder Schweden verordnet wurden (der Gesamtverbrauch an Psychopharmaka betrug im genannten Jahr ca. 62% des gemittelten Verbrauchsvolumens der 5 skandinavischen Länder), sondern, daß auch der prozentuale Anteil von Neuroleptika und Antidepressiva mit 27,5% (korrigierte Zahlen nach Schätzung des privatärztlichen und stationären Verordnungsumfangs) wesentlich höher liegt als etwa in Dänemark, wo dafür freilich

Tabelle 13.2. Verordnungen von Neuroleptika 1989 (GKV-Arzneimittelindex). Angegeben sind die 1989 verordneten Tagesdosen (DDD), die prozentualen Änderungen gegenüber 1988 und die Kosten einer einzelnen DDD 1989 (aus LOHSE und MÜLLER-OERLINGHAUSEN 1990)

Präparat	Bestandteile	DDD 89 in Mio.	Änderung in %	DDD-Kosten in DM
Phenothiazine				
Atosil®	Promethazin	20,0	(6,6)	0,72
Melleril®	Thioridazin	17,7	(–7,9)	1,00
Neurocil®	Levomepromazin	8,7	(–11,5)	1,60
Dapotum®	Fluphenazin	6,6	(20,8)	1,49
Taxilan®	Perazin	6,0	(36,8)	1,71
Lyogen/Depot®	Fluphenazin	5,8	(16,0)	1,62
Promethazin–neurax®	Promethazin	2,8	(94,8)	0,49
Decentan®	Perphenazin	2,6	(2,4)	2,46
Dominal®	Prothipendyl	2,0	(9,8)	1,60
Theralene®	Alimemazin	1,8	(–37,7)	0,80
Melleretten®	Thioridazin	0,7	(9,8)	1,38
Protactyl®	Promazin	0,7	(74,9)	4,11
		75,3	**(4,1)**	**1,2**
Butyrophenone				
Haldol®	Haloperidol	25,7	(5,3)	1,14
Eunerpan®	Melperon	11,3	(15,2)	1,39
Sigaperidol®	Haloperidol	9,8	(–11,9)	0,50
Glianimon®	Benperidol	4,5	(44,9)	1,51
Haloperidol-ratiopharm®	Haloperidol	4,3	(12,0)	0,40
Dipiperon®	Pipamperon	4,0	(5,0)	2,25
		55,5	**(7,9)**	**1,18**
Andere Neuroleptika				
Imap® 1.5 mg	Fluspirilen	30,2	(13,2)	0,75
Truxal®	Chlorprothixen	5,8	(13,2)	1,70
Imap®	Fluspirilen	5,0	(0,1)	2,38
Fluanxol®	Flupentixol	4,7	(1,1)	4,08
Leponex®	Clozapin	2,9	(82,6)	4,77
Fluanxol® 0,5 mg	Flupentixol	1,8	(–12,2)	1,24
Meresa forte®/Amp.	Sulpirid	0,8	(25,0)	8,10
Dogmatil forte®/Amp.	Sulpirid	0,7	(5,7)	9,93
Sedanxol®	Zuclopenthixol	0,3	(118,4)	6,90
		52,2	**(12,3)**	**1,83**
Summe		**183,0**	**(7,5)**	**1,38**

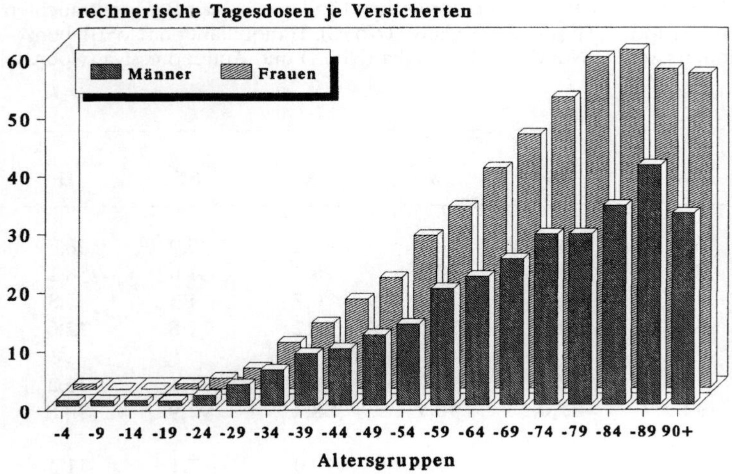

Abb. 13.2. Verbrauchsprofil von Psychopharmaka nach Alter und Geschlecht im Jahre 1989 (vgl. SCHWABE und PAFFRATH 1990)

Tabelle 13.3. Psychopharmaka-Verbrauch quantifiziert in DDD/1000 Einw./Tag, in fünf nordeuropäischen Ländern (Dänemark, Island, Schweden, Norwegen, Finnland) und der Bundesrepublik Deutschland (D) im Zeitraum von 1975 bis 1987 (nach FRIEBEL 1989)

Jahr	**DK**	**IS**	**S**	**N**	**SF**	**D**
1975	118,4	113,8	87,9	76,8	–	–
1976	113,1	11S,4	87,5	77,3	65,3	–
1977	–	97,2	82,5	78,0	66,5	–
1978	128,1	91,8	83,8	82,2	63,0	–
1979	135,1	87,2	83,4	83,9	67,9	–
1980	136,6	74,3	81,9	78,1	63,3	–
1981	134,1	84,7	80,6	79,7	66,0	–
1982	131,0	92,7	83,8	78,1	66,7	–
1983	127,6	98,0	84,1	78,6	66,4	–
1984	127,2	104,3	85,5	77,3	70,2	57,2
1985	124,5	111,3	85,0	78,8	72,2	58,4
1986	122,3	110,2	86,8	85,8	75,3	61,5
1987	116,6	107,0	85,8	86,0	80,5	58,6
Mittelwerte	**126,2**	**99,1**	**84,5**	**80,1**	**68,6**	**58,9**

Summiert wurden die in nationalen Arzneiverbrauchs-Statistiken aufgeführten DDD/1000 Einw/Tag der ATC-Klassifikationsgruppen Neuroleptika No5A, Tranquillantien No5B, Hypnotika/Sedativa No5C, Antidepressiva No6A, Psycholeptika und Psychoanaleptika in Kombination No6C, sowie Antispasmodika Kombination mit Psycholeptika Ao3C, sofern sie Tranquillantien enthalten. Bei den Daten aus der Bundesrepublik Deutschland sind auch Koronarmittel und Sexualhormone in Kombination mit Benzodiazepinen berücksichtigt worden

Tabelle 13.4. Prozentuale Verteilung der 1987 in den nordischen Ländern und der BRD verbrauchten Psychopharmaka auf die Untergruppen: Hypnotika/Sedativa (No5C), Tranquillantien (No5B), benzodiazepinhaltige Kombinationen (Ao3C), No6C), Neuroleptika (No5A) und Antidepressiva (No6A)

Psychopharmaka-Untergruppen	**DK**	**IS**	**S**	**N**	**SF**	**D**
Hypnot./Sedat.	55,6	53,4	50,2	47,2	35,9	28,7
Tranquillantien	28,5	24,8	26,0	28,3	31,6	38,1
Benzodiaz.-Komb.	0,1	0,9	1,2	0,7	4,3	5,8
Summe I	**84,2**	**79,1**	**77,4**	**76,2**	**71,8**	**72,6**
Neuroleptika	8,2	7,9	12,7	11,9	21,1	16,2
Summe II	**92,4**	**87,0**	**90,1**	**88,1**	**92,9**	**88,8**
Antidepressiva	7,6	13,0	9,9	12,0	7,1	11,3
Summe III	**100,0**	**100,0**	**100,0**	**100,0**	**100,0**	**100,0**

die Verordnung von Benzodiazepinen mit schätzungsweise 93,2 DDD/1000 Einwohner/Tag drastisch höher als der entsprechende Wert der Bundesrepublik ist (korrigierte GKV-Index-Zahlen). Diese Differenz konnte durch parallele Umrechnung von Umsatzzahlen aus dem von den Pharmaherstellern vorzugsweise benützten IMS-System gesichert werden, wobei Abgabemengen sowohl aus freien Apotheken wie Krankenhausapotheken zugrundegelegt werden (Friebel 1989). Auch kontrastiert der Rückgang der Benzodiazepinverordnungen in der Bundesrepublik mit der seit 1984 steigenden Verordnungstendenz in mehreren nordischen Ländern. Dabei muß aber berücksichtigt werden, daß im Gegensatz zur Bundesrepublik der – wohl wünschenswerte – Austausch barbiturathaltiger Präparate gegen Benzodiazepin-Spezialitäten in den nordischen Ländern schon seit mehreren Jahren praktisch abgeschlossen ist (Friebel 1989, Lohse und Müller-Oerlinghausen 1990b).

13.3.2 Der Modellversuch Dortmund

Eine wesentlich differenziertere Erfassung des Verordnungsverhaltens deutscher niedergelassener Ärzte ist mit dem Abschluß des vom Bundesarbeitsministeriums unterstützten und mit Beratern der Arzneimittelkommission der deutschen Ärzteschaft durchgeführten Modellversuch "Arzneimitteltransparenz und -beratung in der Region Dortmund" möglich geworden (Müller-Oerlinghausen und Günther 1989).

Hier wurden die Verordnungen aller Dortmunder Ärzte einschließlich von 15 Nervenärzten über zwei Jahre quartalsweise beginnend mit 4/1984 fortlaufend ausgewertet. Das Projekt war als self-audit angelegt, d. h. die teilnehmenden Ärzte erhielten jedes Quartal eine detaillierte Information über ihre individuelle Verordnungsstruktur und wurden außerdem individuell hierzu beraten. Ohne auf Einzelheiten hier einzugehen seien an einigen Beispielen Unterschiede hinsichtlich der Verordnung von Psychopharmaka zwischen Nervenärzten und Internisten bzw. Allgemeinärzten aufgewiesen.

Tabelle 13.5 illustriert, daß die Verordnung von Psychopharmaka bei den letztgenannten Gebietsarztgruppen 5–6% der Gesamtverordnung betragen kann. (Diese Berechnungen beziehen sich meist auf die jeweils, d. h. pro Praxis oder Arzt 40 häufigst verordneten Spezialitäten.)

Aus Tabelle 13.6 geht hervor, daß die Antidepressiva – Verordnungen Dortmunder Nervenärzte in ihren Häufigkeiten mit den jeweiligen Rangplätzen der einzelnen Präparate im GKV-Arzneimittelindex 1986 fast identisch waren.

Bei Vergleichen des jeweiligen arztindividuellen Gesamtsortiments zwischen Nervenärzten und einer zufällig ausgewählten Stichprobe von 25 Internisten zeigten sich teilweise interessante Unterschiede hinsichtlich der Bevorzugung einzelner Psychopharmaka. So wurde z. B. "Tavor" (Lorazepam) in wesentlich größerem Umfang von Nervenärzten als von Internisten verschrieben (Tabelle 13.7), und bei den Antidepressiva fällt auf, daß die internistischen Kollegen "Ludiomil" (Maprotilin) und "Saroten" (Amitriptylin) kaum anzuwenden scheinen (Tabelle 13.8). Es kann nur spekuliert werden, inwieweit sich in einer solchen Beobachtung unterschiedliche Patientenklientele, Erfahrungen aus der Weiterbildung oder bestimmte Werbestrategien der Pharmahersteller reflektieren. Jedenfalls sollten sie Anlaß sein, die psychopharmakologische Fortbildung stärker auf die tatsächlichen Verordnungsgewohnheiten in verschiedenen Gebietsarztgruppen zu fokussieren.

In der "Roten Liste" fanden sich 1987 244 verschiedene Psychopharmaka, während in nordeuropäischen Ländern selten mehr als 100 verschiedene Psychopharmaka auf dem Markt sind. Auch wenn die einzelnen Dortmunder Kollegen durchschnittlich nur 1/10 des bei uns angebotenen Spektrums verschreiben, konnten in den Beratungsgesprächen die pharmakologischen Kenntnisse über die häufig verordneten Präparate nicht immer überzeugen. Dabei ist zu bemerken,

Tabelle 13.5. Modellversuch Dortmund. Verordnungshäufigkeit in % der 40 häufigst verordneten Arzneimittel nach Indikations- und Gebietsarztgruppen (Quartal 1/85)

	Nerven	**Intern.**	**Allgem.**
Analgetika/ Antirheumatika	5,7	10,4	11,9
Psychopharmaka	48,9	6,0	5,4
Hypnotika/Sedativa	7,5	3,2	3,3
Durchblutungsfördernde Mittel	8,5	4,0	3,2
Gesamt	**70,6**	**23,6**	**23,8**

Tabelle 13.6. Modellversuch Dortmund. Vergleich der Verordnungszahlen (VO) und des prozentualen Anteils von N3 Packungen bei Antidepressiva für zwei Gebietsarztgruppen im Quartal 1/85. Die Auswertung bezieht sich auf die Analyse des arztindividuellen Gesamtsortiments bei 15 Nervenärzten und 25 zufällig ausgewählten Internisten

Nervenärzte

	VO	**% N3**
Limbatril®	1087	8%
Ludiomil®	599	10%
Aponal®	599	21%
Saroten®	584	0%
Tolvin®	390	39%
Psyton®	385	–

Internisten

	VO	**% N3**
Limbatril®	206	14%
Aponal®	104	5%
Psyton®	90	–
Tolvin®	87	21%
Alival®	74	24%
Kalma®	34	9%

daß ein erheblicher Teil des individuellen Sortiments Jahr für Jahr gegen andere Spezialitäten ausgetauscht wird. Unter den 40 am häufigsten verschriebenen Präparaten fanden sich 9 mit einem Abhängigkeitspotential: beim Allgemeinarzt waren davon 2,3 barbiturat- und 3,7 benzodiazepinhaltig; bei den Internisten waren es 1,3 barbiturat- und 4,6 benzodiazepinhaltige Präparate.

Ein Ergebnis der Beratungsgespräche im Rahmen des Dortmunder Modellversuchs war, daß die Arzneimitteltransparenz im oben definierten Sinne hinsichtlich Psychopharmaka gerade bei den allgemeinmedizinisch und internistisch tätigen Kollegen verbesserungsbedürftig ist. Valide, differenzierte und möglichst individualisierte Verbrauchs- bzw. Verordnungszahlen sind eine wesentliche Grundlage, um diesem Ziel, wie es auch auf dem Deutschen Ärztetag 1990 formuliert wurde, näher zu kommen.

Tabelle 13.7. Modellversuch Dortmund. Verordnungszahlen von Tranquillantien bezogen auf das Gesamtsortiment. Im übrigen siehe Legende Tabelle 13.8

Nervenärzte	VO	% N3	Internisten	VO	% N3
Tavor®	515	67%	Adumbran®	659	85%
Tranxilium®	285	39%	Lexotanil®	566	66%
Frisium®	243	70%	Tranquase® (Diazepam)	450	–
Lexotanil®	193	53%	Frisium®	409	52%
			Tranxilium®	349	49%
Tranquase®	162		Tavor®	335	68%

Tabelle 13.8. Modellversuch Dortmund. Rangplätze der Verordnungszahlen von Antidepressiva und Neuroleptika unter den 40 häufigst verordneten Arzneimitteln bei den Nervenärzten, im Vergleich zu den entsprechenden Rängen des (GKV-Arzneimittelindex (2/1986). *VO* Verordnungen

Antidepressiva

Nervenärzte=18,6% der Gesamt VO Rang		GKV-Index 1986 (VO) Rang	
1	Limbatril®	60	Limbatril®
2	Aponal®	134	Aponal®
5	Saroten®	136	Saroten®
6	Ludiomil®	174	Ludiomil®
11	Tolvin®	401	Tolvin®
18	Equilibrin®	441	Insidon®
31	Anafranil®	535	Equilibrin®

Literatur

Baksaas I, Lunde PKM (1968) National drug policies: the need for drug utilization studies. Trends Pharmacol Sci 7: 331–334

Bergmann U, Grimsson A, Wahba AHW, Westerholm B (eds) (1979) Studies in drug utilization: methods and applications. WHO Regional Publications European Ser No. 8, Kopenhagen

Dölle W (1984) Transparenz auf dem Arzneimittelmarkt, eine Hilfe für den Arzt? MMW 126: 112–118

Dölle W, Schwabe U (1986) Ist Transparenz auf dem Arzneimittelmarkt möglich? Internist 27: 21–31

Friebel H (1986) Arzneiverbrauch und Verordnungsprofile im internationalen und regionalen Vergleich. In: Dölle W, Müller-Oerlinghausen B, Schwabe U (Hrsg) Grundlagen der Arzneitherapie. Wissenschaftsverlag, Mannheim

Friebel H (1989) Psychopharmakaverbrauch im internationalen Vergleich. In: Heinrich K et al. (1989) a.a.O., S 7–41

Grohmann R (1989) Soziodemographische Variablen und ihr Einfluß auf das Verschreibungsverhalten. In: Heinrich K et al. (1989) a.a.O., S 96–102

Heinrich K, Linden M, Müller-Oerlinghausen (1989) Werden zuviele Psychopharmaka verbraucht? Methoden und Ergebnisse der Pharmakoepidemiologie und Phase-4-Forschung. Thieme, Stuttgart

Herder-Dorneich PH (1986) Arzneimittelmarkt, Grundlagen der Arzneimittelökonomik. In: Dölle W, Müller-Oerlinghausen B, Schwabe U (Hrsg) Grundlagen der Arzneitherapie. Wissenschaftsverlag, Mannheim

Lohse MJ, Müller-Oerlinghausen B (1988, 1990) Hypnotica/Sedativa. In: Schwabe U, Paffrath D (Hrsg) a.a.O.

Lohse MJ, Müller-Oerlinghausen B (1988, 1990) Psychopharmaka. In: Schwabe U, Paffrath D (Hrsg) a.a.O.

Müller-Oerlinghausen B, Günther K (1989) Wege zu verbesserter Transparenz auf dem Psychopharmaka-Markt im Licht des Modellversuchs "Arzneimitteltransparenz und -beratung in der Region Dortmund". In: Heinrich K et al. (Hrsg) a.a.O., S 68–86

Nordic Council on Medicines (eds) (1982) Nordic statistics on medicines 1978–1980, part 1, 2, 3. NLN Publication No. 8, Uppsala

Oydvin K (ed) (1986) The drug consumption in Norway 1981–1985. Norwegian Medicinal Depot, Oslo

Sakshaug S, Andrew M, Hjort PF, Lunde PKM, Oydvin K (eds) (1983) Drug utilization in Norway during the 1970's. Norwegian Medicinal Depot,Oslo

Schmidt L, Lammers V, Stöckel M, Müller-Oerlinghausen B (1988) Recent trends in prescribing psychotropic drugs at university hospital. Pharmacopsychiatry 21: 126–130

Schwabe U, Paffrath D (Hrsg) (1988, 1990) Arzneiverordnungsreport '88,'90. Aktuelle Daten, Kosten, Trends und Kommentare. Ergebnisse des GKV-Arzneimittelindex. Fischer, Stuttgart

World Health Organization (1985) The selection and use of essential drugs. WHO Techn Rep Ser 722. WHO, Geneva

Neuro-Psychopharmaka, Bd. 1
Riederer P. / Laux G. / Pöldinger W. (Hrsg.)

14 Psychopharmaka und Fahrtauglichkeit

V. Hobi

14.1 Zur Epidemiologie

Die Relevanz wissenschaftlicher Studien wird oft von der Vorkommensrate des Problems in der Bevölkerung abhängig gemacht. Einzelne Untersuchungen und Beobachtungen zeigen auf, daß eine große Zahl von Personen ein Kraftfahrzeug unter verkehrsrelevanten Medikamenten steuern. Vergleicht man die einzelnen Studien, so kann bei "auffälligen" Autofahrern von einem Prozentsatz von 15–30% ausgegangen werden (Wagner 1986, 1987). Bei effektiven Unfällen kann diese Zahl noch wesentlich höher sein (Nelson et al. 1987, Cosbey 1986, Honkanen et al. 1980). Berücksichtigt man die nach wie vor hohe Zahl der jährlichen Verschreibungen (z.B. in der BRD, Heinrich et al. 1989) und den generell hohen Einsatz (verordnet und als Selbstmedikation eingenommen) (Gutscher et al. 1986) bzw. den Verbrauch solcher verkehrsrelevanter Substanzen, so wundert es nicht, daß Fachleute den Prozentsatz bei Verkehrsunfällen zwischen 20–40% ansetzen, bei denen der Einfluß von Arzneimitteln gegeben ist. Hinsichtlich der klassischen Psychopharmaka (Persad et al. 1986) und der schweren psychiatrischen Erkrankungen sind zwei Aspekte zu betonen. Einerseits scheint die Zahl hier nicht so hoch zu liegen. In einer Untersuchung in Österreich sollen lediglich 0,3–0,6% (Lesch et al. 1986) der Kraftfahrzeuglenker unter Psychopharmaka (Neuroleptika und Antidepressiva) stehen. Eelkema et al. (1970) stellten andererseits im Sinne unserer Hypothese fest, daß psychisch Kranke vor dem Klinikeintritt (eher unbehandelt) mehr und nach Klinikaustritt (unter psychopharmakologischer Behandlung) weniger Unfälle hatten als die nach Alter, Geschlecht und Ort parallelisierte Kontrollgruppe. Nelson et al. (1987) stellten aufgrund einer großen Zahl von Fallstudien fest,

- daß Psychotiker ein höheres Risiko haben als Nichtpsychotiker,
- daß unbehandelte Psychotiker die risikoreichste Gruppe darstellen, und
- daß behandelte Psychotiker signifikant weniger Unfälle haben als nichtbehandelte.

Obwohl gerade im psychiatrischen Krankengut unterschiedliche Zahlenangaben vorliegen, so scheint bei gründlicher Durchsicht der Arbeiten die durchschnittlich höhere Zahl von Unfällen gegenüber der Normalbevölkerung ursächlich meist auf zusätzliche Aspekte zurückzuführen zu sein: Alkohol, Psychopathie und Nicht- oder Inadäquatheit der medikamentösen Behandlung. So belegt eine alte Studie (bei 448 psychiatrischen Patienten, PETER 1960), daß psychiatrische Allgemein-Patienten signifikant weniger Unfälle haben als etwa "Psychopathen" (SACHER 1978). In einer ganz neuen Studie (FREI et al. 1990) wird ebenfalls belegt, daß von den 88 hinsichtlich Fahrtüchtigkeit psychiatrisch positiv beurteilten Patienten lediglich 7 eine ungünstige Katamnese hatten. Fünf von diesen sieben hatten allerdings zusätzlich eine schlechte Alkoholbewährung. Das Ergebnis aus den Darlegungen verschiedener Autoren bezüglich weiterer Erkrankungen wie Epilepsie (BRÖKER und MEYER 1984, RITTER 1973), Herzinfarkt (APITZ et al. 1979), arterielle Hypertonie (FAULHABER und BANSI 1985), Diabetiker (PETZOLDT 1988) wie auch der bereits zitierten kann somit zu unserem Thema wie folgt zusammengefaßt werden:

- Alkohol ist nach wie vor Droge Nr. 1.
- Werden erhöhte Unfallzahlen bei Patienten, bei denen Psychopharmaka obligat verabreicht werden müssen, beobachtet, so lassen sie sich meist durch Aspekte wie Prodromalphasen, Nichtbehandlung, zusätzliche Persönlichkeitsdefekte bzw. Alkoholgenuß erklären.
- Eine höhere Unfallgefahr bedeuten vor allem auch Hypnotika und Anxiolytika, die situativ, meist selbstmedikativ und somit oft inadäquat eingenommen werden.
- Psychopharmaka, die unter entsprechenden Kautelen am psychisch Kranken fachgerecht eingesetzt werden, sind eher unfallverhütend denn unfallgefährdend.

So schließen NELSON und Mitarbeiter beispielsweise ihre Studie mit der Bemerkung: "As important, was the finding that drug treated psychic distress was not a significant risk factor. A net beneficial effect from the drug therapy is a plausible explanation for this finding" (NELSON et al. 1987, p. 277).

14.2 Die rechtliche Situation

14.2.1 Vorbemerkung

Seit der Veröffentlichung der Arbeit von HARTMANN (1980), in der die Situation in der Schweiz, in Deutschland und in Österreich dargestellt wurde und des Gutachtens von LEWRENZ und FRIEDEL (1985), gibt es zusätzlich einige wertvolle Hinweise (ARNOLD 1985, WAGNER 1986, HÄNDEL 1987) zu diesem Thema. In unserem Zusammenhang möchten wir vor allem das Gutachten von LEWRENZ und FRIEDEL berücksichtigen und an entscheidenden Punkten durch den Stand der jetzigen Forschung ergänzen. Das genannte Gutachten hat den Vorteil, daß es sich an den zukünftigen EG-Normen orientiert.

14.2.2 Definitorische Abgrenzungen

Im Rahmen einer theoretischen Vorarbeit zu Untersuchungsrichtlinien von verkehrsrelevanten Medikamenten und Fahrverhalten haben wir uns auf folgende Umschreibungen geeinigt:

- Unter Fahrtüchtigkeit wird die situations- und zeitbezogene Fähigkeit zum Fahren eines Kraftfahrzeuges verstanden (STAAK et al. 1987, S. 17) und
- unter Fahreignung (und Fahrtauglichkeit) wird die zeitlich stabile, von aktuellen Situationsparametern unabhängige Fähigkeit zum Fahren eines Kraftfahrzeuges im Stra-

ßenverkehr im Sinne eines Persönlichkeitsmerkmales, einer Disposition verstanden (vgl. STAAK et al. 1987, S. 17).
In unserem Zusammenhang sind beide Aspekte wichtig. Oft ist die Fahrtüchtigkeit lediglich über eine situative Komponente (z.B. Krankheitsschub oder -phase, Beginn einer Therapie) nicht gegeben, während davon ausgegangen werden kann, daß vorher eine Fahreignung vorlag bzw. nachher wieder eine solche vorliegen wird.

14.2.3 Die rechtliche Negativ-Umschreibung der Fahreignung

Neben rein somatisch-medizinischen Anforderungen (Visus, Gehör, Motorik), die eine minimale Funktionstüchtigkeit fordern, bei denen zudem relativ leicht Abhilfe geschaffen werden kann (Brille, Hörhilfe, technische Veränderungen am Fahrzeug), wird ebenso global auf Mängel charakterlicher Art bzw. auch auf psychische Krankheiten hingewiesen: Keine Geisteskrankheiten, keine Nervenkrankheiten mit dauernder Behinderung, kein Schwachsinn, keine Psychopathien, keine periodischen Bewußtseinstrübungen oder -verluste, keine Gleichgewichtsstörungen (Anhang 1, Medizinische Mindestanforderungen, vgl. SVG, Artikel 6, 7, 8, 9 und 12). Dabei wird dem ärztlichen (bzw. psychologischen) Gutachter recht viel Freiraum eingeräumt. Das genannte Gutachten sagt: "Daß nur dem Arzt Kompetenz und Verantwortung für die Feststellung zukommt, ob im Einzelfall Krankheit oder Gesundheit vorliegt und welche Prognose sich durch einen gesundheitlichen Mangel bei einem Fahrerlaubnisbewerber oder Fahrerlaubnisinhaber ergibt" (LEWRENZ und FRIEDEL 1985, S. 9). In allen drei Ländern (BRD, Österreich, Schweiz) sind zudem bei spezifischen, die Fahreignung betreffenden Leistungskompetenzen des Bewerbers, verkehrspsychologische Begutachtungen vorgesehen.
Bereits daraus wird deutlich, daß es beim Vollzug der gesetzlichen Bestimmungen, gerade in unserem Gegenstandsbereich – psychische Krankheit, Psychopharmaka und Fahrtüchtigkeit – vorerst nicht einfach Verbote gibt, sondern unter Einbezug des zuständigen Experten, individuell abgeklärt wird. Damit soll auch deutlicher zum Ausdruck kommen, daß Psychopharmaka grundsätzlich wie Medikamente zu sehen sind, die – lege artis eingesetzt – in einem hohen Prozentsatz psychische Störungen so zu beheben vermögen, wie andere Korrektiva (Brille, Hörgerät oder technische Veränderungen am Fahrzeug). Dies ist ein zentrales, fachlich sehr offenes Rationale der Beurteilung. Es gibt somit juristisch nicht einfach ein Verbot bei Vorliegen einer "Diagnose" oder bei der Verabreichung eines Psychopharmakons. In jedem Einzelfall ist die aktuelle Symptomatik und – in Wechselwirkung dazu – das Therapeutikum in die Beurteilung der Fahrtüchtigkeit einzubeziehen.

14.3 Methodische Probleme

14.3.1 Zur Epidemiologie

Die Unklarheiten über die epidemiologischen Aspekte haben unterschiedliche Gründe. Einerseits wird die Bedeutung Psychopharmaka und Fahrverhalten (und die allgemeine Unfallgefahr) von den zuständigen Ärzten und Psychiatern, nicht zuletzt wegen vermeintlich aktuellerer Probleme im Kontakt mit dem Patienten, zu wenig ernst genommen. Andererseits gibt es rechtliche Schwierigkeiten sowohl Routineuntersuchungen bei Autofahrern (etwa vergleichbar den Alkoholroutineuntersuchungen) als auch speziell nach Unfällen durchführen zu lassen (HÄNDEL 1987). Letzteres wäre deshalb wichtig, um über die schätzungsweise große Zahl derjenigen genauere Angaben zu erhalten, die selbstmedikamentiv verkehrsrelevante Medikamente einnehmen. Die bisherigen Ergebnisse bzw. Zahlen sind deshalb lediglich Schätzwerte.

14.3.2 Die psychopharmakologischen Untersuchungen

Die methodisch relativ sauberen Untersuchungen wurden weitgehend nur an gesunden Probanden durchgeführt. Dies hat zwar Vorteile bezüglich Eruierung der spezifischen Substanzwirkungen, sie sagen aber letztlich wenig darüber aus, wie die Medikation beim Kranken wirkt. Es ist mit aller Deutlichkeit darauf hinzuweisen, daß Psychopharmaka für ein defizitäres biochemisches Milieu gedacht sind und wir deshalb von ihnen - wie dies bei einem Medikament üblich ist - Reparationsfunktion erhoffen. Wir versuchen dies am sogenannten "Reservemodell" darzustellen. Dies hat den Vorteil, daß gleichzeitig auch die reziproke Sicht des Alkohols aufgezeigt werden kann.
In diesem Zusammenhang heißt dies (vgl. Abb. 14.1):

- Jeder hat seine ihm individuelle Fahreignungspotenz verfügbar.
- Alkohol reduziert je nach Blutalkoholkonzentration die Fahrtüchtigkeit um 0–100% (vgl. gestrichelte Pfeile).
- Die psychischen Probleme (innere Unruhe, Nervosität) und akute psychische Krankheiten (Depression, Schizophrenie) können ebenfalls die Fahrtüchtigkeit bis auf Null reduzieren. Die klinische Idealvorstellung ist als therapeutisches Rationale berechtigt, daß in der Feinabstimmung zwischen Wechselwirkung Krankheit und ganzheitlicher

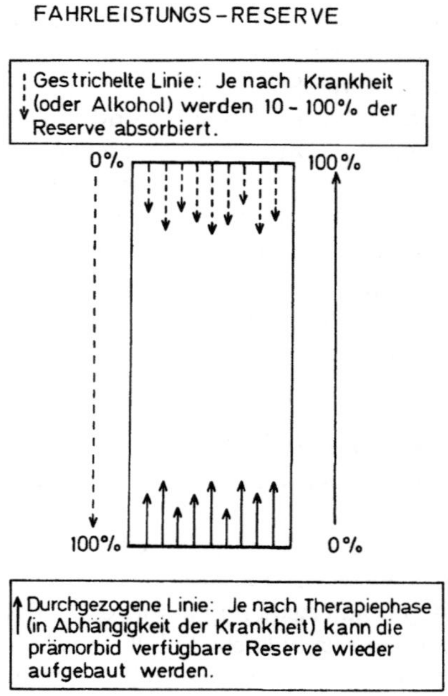

Abb. 14.1. Umkehrung des Alkohols-Reserve-Modells beim Thema: Psychopharmaka, Krankheit und Fahrverhalten

psychopharmakologisch-psychotherapeutischer Behandlung (vgl. durchgezogene Pfeile unten) Reparationsmöglichkeiten erwartet werden und zwar bis hin zur vollen Fahrtüchtigkeit.
Dies demonstriert deutlich die 1956 von der WHO geforderte Bestimmung: "Wer eine Psychose hat oder hatte, soll keine Fahrbewilligung bekommen bzw. erhalten" und 1975 "daß Psychopharmaka nach den gleichen Kriterien wie Alkohol zu behandeln seien", beispielsweise: "Wer unter stark sedierenden Neuroleptika steht, soll ab einer festzulegenden Dosierung fahruntüchtig erklärt werden". Diese Festlegung ist nun aber vor allem aufgrund der klinischen Beobachtungen nicht mehr haltbar. Die moderne Sozialpsychiatrie, Aspekte der Rehabilitation psychisch Kranker und die Problematik "Psychopharmaka und Fahrverhalten", ausgeweitet auch auf eine generelle Unfallprophylaxe am Arbeitsplatz, fordern

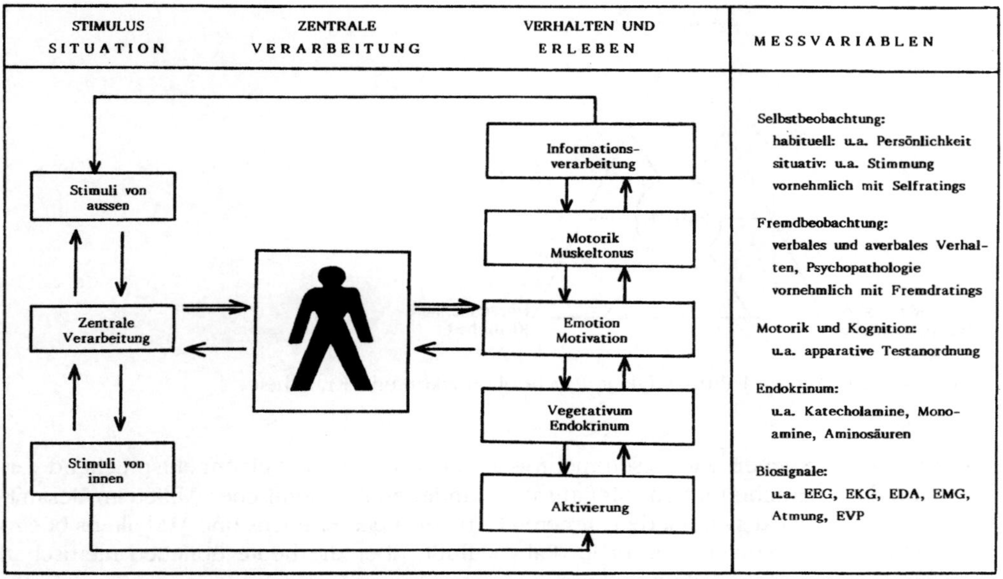

Abb. 14.2. Ganzheitlicher Meßansatz zum Thema Psychopharmaka, Krankheit und Fahrverhalten

insgesamt ein Umdenken: Psychopharmaka sind Medikamente und können, richtig eingesetzt, zur Erreichung der Fahrtüchtigkeit positive, rehabilitative und restitutive Funktionen haben.

14.3.3 Desiderate an die Untersuchungskonzepte

Es gibt eine Reihe Hinweise für die Methodologie in diesem Zusammenhang (Staak et al. 1987, Hobi 1982, von Klebelsberg 1982, Saletu et al. 1986, Eulitz et al. 1986, Herold et al. 1986).

Grundsätzlich ist man sich einig:

- Daß groß angelegten epidemiologischen Untersuchungen im Feld durch juristische Hindernisse Grenzen gesetzt sind. Fahrerbewährungs-Studien psychisch Kranker (unter der adäquaten Psychopharmakotherapie) mangelt es meist an Vergleichszahlen von anderen Subpopulationen. Zudem sind die Kriterien (etwa nach DSM-III-R oder ICD-9 bzw. ICD-10) hinsichtlich Diagnose meist zu wenig systematisch erfaßt, so daß multizentrische Vergleiche nicht möglich sind.
- Untersuchungen an Gesunden haben ihre Bedeutung bezüglich spezifischer Wirkungen bei relativ niederer Dosierung (z.B. bei Neuroleptika).
- Grundsätzlich gilt aber, daß praxisrelevante Ergebnisse nur dort zu erwarten sind, wo sie so untersucht werden, wie sie zur Anwendung kommen, d. h. in der vom Arzt am Patienten "lege artis" verordneten Situation.
- Es lassen sich Teilbereiche (z.B. Physiologie, Motorik, Emotion, Kognition) prüfen. Werden nur Teilaspekte geprüft, so sind auch die jeweiligen Ergebnisse nicht generalisierbar.

Es sollte Usus werden, daß (vgl. Abb. 14.2) ein ganzheitlicher Ansatz berücksichtigt wird, bei welchem gleichzeitig die Persönlichkeit, bzw. Psychopathologie, die situativen und habituellen Dimensionen, die psychologischen (Emotion und Kognition), die psychomotorischen und physiologischen Aspekte einbezogen werden.

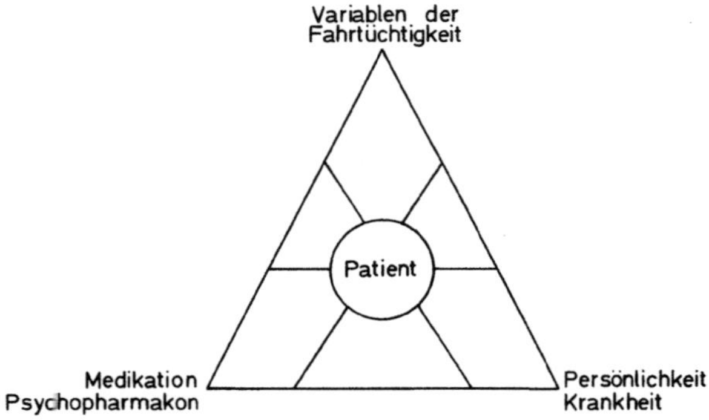

Abb. 14.3. Die Achsen Fahrtüchtigkeit, Psychopharmakon und Krankheit

In Abb. 14.2 versuchen wir diesen mehrdimensionalen, ganzheitlichen Meßansatz darzustellen. Er deckt sich mit dem generellen methodischen Prinzip, wie er im Rahmen einer ganzheitlichen klinisch therapeutischen, psychopharmakologischen Methodologie gilt. Es sind das Individuum, seine individuelle und soziale, momentane und habituelle Verfassung, seine emotionalen, kognitiven, motorischen und physiologischen Funktionen, die Veränderungen, die ein primärer Außenstimulus wie das Psychopharmakon in einem entsprechend veränderten biochemischen Milieu im Gesamtbereich des Erlebens und Verhaltens beeinflußt, über die heute üblichen metrischen Ansätze zu erfassen.

So ist letztlich gerade bezüglich der Fahrtüchtigkeit die Urteilsfindung aus verschiedenen Informationsquellen zu erbringen (vgl. Abb. 14.3): Es sind dies die Achsen Fahrtüchtigkeit, Psychopharmakon und Krankheit.

14.4 Darstellung der einzelnen wichtigsten Substanzgruppen und ihre Beziehungen zu Krankheit und Fahrverhalten

14.4.1 Vorbemerkung

Wir werden uns im folgenden an die üblichen Einteilungen halten, aber aus Platzgründen ein relativ globales Einteilungskriterium benützen.

14.4.2 Sedativa, Tranquilizer und Hypnotika

Diese Substanzen sind vor allem bei den häufigen Schlafstörungen, bei innerer Unruhe und Angst (Angstattacken), also bei Störungen, die sehr häufig vorkommen, angezeigt. Spezifische gesetzliche Verbote gibt es hier nicht. Dies ist wohl auch die Psychopharmakagruppe, die weltweit in den technisch höher entwickelten Ländern selbstmedikativ Verwendung findet.

Es sind vor allem vier Wirkungsweisen, die hier verkehrsmedizinisch relevant sind. Die anxiolytische, die sedativ-hypnotische, die antikonvulsive und die muskelrelaxierende Wirkung.

Aus den bisherigen Studien geht hervor, daß im Hinblick auf das Fahrverhalten zwei Aspekte im Vordergrund stehen: Die sedative Wirkung und die lange Halbwertszeit. Untersuchungen an Gesunden zeigen, daß Barbiturate und Substanzen mit ähnlichem Wirkungsprofil (z.B. Phenobarbital, Methylprylon [Piperidindion]) das Fahrverhalten stärker negativ beeinflussen als die Hypnotika (Chlordiazepoxid und Meprobamat) (Hobi 1980).

Alle Untersuchungen zeigen eine starke Dosiswirkungsabhängigkeit. Niedrigere Dosierungen (2–5 mg Diazepam, 3–5 mg Bromazepam, 10 mg Chlordiazepoxid, 400 mg Meprobamat, 100 mg Phenobarbital) beeinflussen die Fahrtüchtigkeit nicht negativ (Seppälä et al. 1979, Haffner et al. 1973, Volkerts et al. 1987, Harrison et al. 1986, Jerram 1987, Gerhard et al. 1990, Moser et al. 1978). Persönlichkeitsabhängig (z.B. Ausprägung in Richtung psychovegetativer Labilität) können richtig gewählte und entsprechend dosierte Benzodiazepine Variablen des Fahrverhaltens verbessern (Austin und Lettieri 1976, Janke 1964, Clyde 1981, Hobi 1985).

Hinsichtlich Fahrtüchtigkeit sind einige Kautelen wichtig: Barbiturate sind, wenn möglich, durch Benzodiazepine zu ersetzen, bei möglichst niederer Dosierung und kurzzeitiger Verschreibung (3–6 Wochen). Untergruppen mit langer Halbwertszeit sollten abends frühzeitig eingenommen werden (um "hang over" zu vermeiden, Ott 1983) und in keinem Fall darf Alkohol zusätzlich getrunken werden. Ausweichen auf Hydroxyzin oder auf natürliche Präparate wie Phyto-Mischpräparate ist oft von Vorteil. Um der Suchtpotenz, die auch bezüglich Fahrtüchtigkeit von Bedeutung ist, auszuweichen, ist der Hinweis auf niedrig dosierte Antidepressiva oder Neuroleptika erwähnenswert (Hippius und Laakmann 1988, Laux 1989).

14.4.3 Antidepressiva

Die Depressionen zeichnen sich durch eine relativ einheitliche Symptomatik aus. Es sind dies vornehmlich folgende fünf Bereiche:

- Emotionalität: niedergeschlagen, negative Gefühle, innere Leere.
- Motivation: Flucht, Vermeidung und Rückzug.
- Kognition: negative Wahrnehmung von sich, der Umwelt und der Zukunft.
- Vegetativum: Libidoverlust, Appetit- und Schlafprobleme.
- Motorik: verlangsamt, retardiert (gehemmte Depression) und Agitiertheit (agitierte Depression).

Daraus wird ersichtlich, daß in diesem Zustand das Lenken eines Motorfahrzeuges Probleme bietet: verlangsamte Reaktion, negative Attribuierung als Verstärker, tageszeitliche Schwankungen und Suizidgefahr. Depressive, die nicht in ausgesprochen tiefer Depression sind, können im Hinblick auf psychomotorische Funktionstüchtigkeit, dank ihrer charakterlichen Eigenschaften für Präzision, durchaus noch gute Leistungen erbringen. Bei stärkerer Ausprägung der Krankheit wird generell ein Leistungsabfall (Hobi 1989, Siegfried 1989) beobachtet. Es ist deshalb verständlich, daß bei schweren endogen-psychotischen Erkrankungen der Gesetzgeber hier generell für ein Fahrverbot einsteht (Lewrenz und Friedel 1985, S. 16 und 17). Er läßt aber über die Behandlung oder nach Abklingen der Phase (6 Monate) oder über ein entsprechendes ärztliches Gutachten Wege offen. Die zur Anwendung gelangenden Psychopharmaka sind in unterschiedliche Klassen einzustufen (vgl. die einschlägigen Kapitel dieser Handbuchreihe). Während die eher motorisch aktivierenden (Nortriptylin, Desimipramin, Viloxazin) und die stimmungsaufhellenden (Imipramin, Clomipramin, Dibenzepin, Lofepramin, Maprotilin, Mianserin) Antidepressiva bei Untersuchungen an Depressiven kaum negative Wirkungen zeigen, sind vor allem die motorisch dämpfenden Antidepressiva (Amitriptylin, Doxepin, Trimipramin) sowie die Gruppe der schwach potenten Neuroleptika (Chlorprothixen, Dixyrazin, Levomepromazin, Thioridazin) problematischer (HOBI 1989, LINNOILA und STAPLETON 1987, HIPPIUS und LAAKMANN 1988, WEISMANN 1989). Generell ist darauf zu achten: In der Initialphase der Therapie ("Angewöhnungsphase"), vor allem bei hoher Initialdosis, sollte auf das Führen eines Fahrzeuges verzichtet werden. Dies bezieht sich u.a. besonders auf die sedierende bzw. motorisch hemmende Wirkung der entsprechenden Antidepressiva. Es wird beobachtet, daß bei letzteren nach einer Initialphase von 7 bis 10 Tagen die aufhellende, anxiolytische Wirkung deutlicher zum Tragen kommt (HOBI 1989). Eigene Untersuchungen belegen, daß Depressive in der Erhaltungsdosis durchaus fahrtüchtig sein können. Dabei ist allerdings Voraussetzung, daß sowohl subjektiv durch den Patienten wie objektiv durch den behandelnden Arzt auch klinisch eine Verbesserung der Symptomatik registriert werden kann (HOBI 1982, 1987). In den letzten Jahren wird allerdings an verschiedenen Kliniken festgestellt, daß die zur stationären Behandlung eingelieferten Depressiven häufiger chronifizierte Zustandsbilder zeigen (vermutlich wegen der verbesserten Behandlungsangebote in der Ambulanz) und ältere Depressive sind, bei denen hirnorganische Veränderungen (Problematik der Differentialdiagnose Depression oder beginnende Demenz) abzuklären sind. Diese Beobachtungen sind hinsichtlich Fahrtüchtigkeit wichtig und reduzieren in vielen Fällen unsere frühere eher optimistische Haltung. Neuere Studien (HOBI und GERHARD 1990, GERHARD und HOBI 1988) belegen, daß diese Subgruppen Depressiver auch zum Zeitpunkt der Erhaltungsdosis noch beträchtliche Leistungsdefizite hinsichtlich Fahrtüchtigkeit aufweisen. Diese Ergebnisse widersprechen früheren Angaben insofern nicht, da auch das klinische Zustandsbild sich bei diesen Subgruppen nicht so eindeutig gebessert hat (Therapieresistenz) (RASKIN 1986). In Verbindung zu Fahrverhaltensstudien mit MAO-Hemmern sind uns wenige Hinweise bekannt. Da diese Gruppe von Antidepressiva eher psychomotorisch aktivierende denn sedierende Wirkungen haben, sind sie bezüglich speziell negativer Wirkung auf das Fahrverhalten kaum problematisch, wobei aber die bereits genannten Vorbehalte auch hier gelten (RAMAEKERS et al. 1992). Lithium scheint trotz der sedierenden Wirkung nach einer 1- bis 2-wöchigen Initialphase (Serumkonzentration 0,75 mmol/l) eindeutige Leistungsverbesserungen zu zeigen (MILNER 1972, BURNS et al. 1986). HATCHER et al. (1990) weisen allerdings auf reduzierte Reaktionszeit hin. Hier ist es wichtig, die Serumkonzentration zu kontrollieren und vor allem auf die initiale Sedierung zu achten (LINNOILA 1974, BECH et al. 1976, HOBI 1982, SCHOU 1986). Neuerdings werden allerdings mögliche Augenveränderungen genannt (KAUFMANN et al. 1985). Im Tierversuch zeigte sich eine mäßig ausgeprägte Degeneration der Sinneszellen (Netzhaut) sowie eine Veränderung des Stoffwechsels der lichtempfindlichen Membrane der Sinneszellen.

Entsprechend der kritischen Bemerkungen zur Methodik ("Reservemodell") ist hier zusammenfassend festzuhalten:

- Die Medikation (Substanz und Dosis) ist entsprechend der Symptomatologie zu wählen.
- Die Initialphasen (1–2 Wochen, bei hoher Dosierung, bei eher motorisch-sedierenden Substanzen) können, bis zur Gewöhnung an die Substanzwirkung, bezüglich Fahrverhalten problematisch sein.
- Zeigen sich klinisch deutliche Besserungen bei Berücksichtigung subjektiver und objektiver Kriterien, so ist in vielen Fällen die Fahrtüchtigkeit gegeben, sofern keine störenden Nebenwirkungen (u.a. Schwindel, Akkommodationsstörungen) vorhanden sind.

• Bei "therapieresistenten", vor allem älteren Depressiven, ist auf die hirnorganische Primär- oder Begleitsymptomatik zu achten.

14.4.4 Neuroleptika

Nicht zuletzt durch die Bemühungen um standardisierte und quantitativ orientierte Diagnostika (AMDP, DSM-III-R, ICD-9 bzw. ICD-10) ist auch im Bereich der diversen Formen der Schizophrenie die Vielfältigkeit der Störungen, bei denen Neuroleptika zur Anwendung kommen können, aufgezeigt worden. In unserem Zusammenhang sind besonders folgende Aspekte wichtig:

• Die formalen Denkstörungen wie Zerfahrenheit, Gedankenabreißen, plötzliche Leerstellen, allgemeiner Mangel an ordnender Spannung, das Problem, Vorwarnsignale hinreichend zu nutzen usw.

• Paranoid-halluzinatorisches Syndrom wie Wahnstimmung, -einfall, -gedanken, -dynamik, Depersonalisation usw.

• Affektivität und Motivation wie Ambivalenz und Ambitendenz.

• Psychomotorik wie Verlust des Aktivitätsdranges mit ausgeprägten Hemmungszuständen oder Hyperaktivität mit ungesteuerten Impulshandlungen und Drangzuständen.

Aus diesen Hinweisen wird deutlich, daß es wohl nicht möglich ist, von den verfügbaren Neuroleptika zu verlangen, wie etwa bei einem Hypertensivum, daß sie differenziert und gleichzeitig breitspektrisch diese krankheitsbedingten Defizite integral zu beheben vermögen. In diesem Sinne verlangt ja denn auch der Gesetzgeber, entsprechend dem meist schubweisen Auftreten dieser Krankheit, daß beim akuten Vorliegen solcher Symptome Fahruntüchtigkeit gegeben ist. Nach einer ersten Erkrankung wird ein 6-monatiges freies Intervall, nach weiteren Schüben sogar ein 3–5-jähriges freies Intervall gefordert. Wichtig ist dabei, daß dem Spezialgutachten einerseits eine entscheidende Funktion zugestanden wird, damit sehr individuell vorgegangen werden kann und daß andererseits nicht abhängig gemacht wird, ob der Patient unter Medikation steht oder nicht (Lewrenz und Friedel 1985, S. 16 und 17). Damit ist dem Kliniker die Möglichkeit gegeben, den Aspekt der Fahrtüchtigkeit in Verbindung mit den Symptome verbessernden Neuroleptika zu beurteilen. Die spärlichen Untersuchungen zum Thema belegen die eben besprochene Komplexität. Ähnlich wie bei den Antidepressiva hilft dabei die Einteilung (Pöldinger 1990, Spiegel 1988) nach der stark schlafanstoßenden (sedierenden, psychomotorisch dämpfenden) Wirkung (z. B. Promazin, Chlorprothixen) und der starken antipsychotischen (neuroleptischen) Potenz (z. B. Benperidol, Haloperidol, Triperidol). Bei hinreichend relevanter Dosierung zeigen fast alle Untersuchungen am Gesunden die durch die Sedierung und psychomotorisch dämpfende Wirkung bedingten negativen Effekte auf das Fahrverhalten (Milner und Landauer 1971, Linnoila 1973). Untersuchungen an Patienten (Hobi et al. 1981, Hobi 1982, 1987, Gerhard und Hobi 1984, Gerhard 1987, Grübel-Mathyl 1985, 1987) demonstrieren nun noch deutlicher die angesprochene Komplexität. Die bisherigen Beobachtungen zeigen auch, daß chronifizierende Verläufe, die oft psychosozialen Allgemeindefizite und die Restsymptomatik bei dieser Patientengruppe trotz Behandlung anhält. Gerade diese ichnahe Basis-Symptomatik und die daraus resultierende psychosoziale, ganzheitliche Labilität erschwert die Abklärung der Fahrtüchtigkeit.

Somit läßt sich bezüglich Neuroleptika und Fahrtüchtigkeit zusammenfassend festhalten:

• Neuroleptika in relevanter Dosierung beeinflussen die Fahrtüchtigkeit bei Gesunden signifikant negativ.

• Bei den Schizophrenien ist daran zu erinnern, daß neben den psychosozialen und therapeutischen Interventionen etwa

30–40% auf Neuroleptika sehr gut ansprechen und im Gesamtbereich ihres Erlebens und Verhaltens durch Neuroleptika weitgehend restituieren. Nur etwa bei 10–15% verbleiben größere Restsymptome, Chronifizierung und/oder kommt es zu wiederholten Exazerbationen.

- Zu Beginn einer Neuroleptika-Behandlung, besonders bei hohen Initialdosen, ist die Fahrtüchtigkeit nicht gegeben.
- Im weiteren Verlauf entscheidet darüber der Rückgang der akuten Symptomatik und das Nichtvorhandensein von störenden Nebenwirkungen wie Blutdruckabfall (Schwindel), Muskelkrämpfe, Mattigkeit oder ausgeprägte extrapyramidale Symptome.
- Frühestens zum Zeitpunkt der Erhaltungsdosis, bei guter Ansprechbarkeit, geringen Nebenwirkungen (siehe oben) und wenn auch der Patient subjektiv die hinreichende Intaktheit seines Denkens, die notwendige Stabilität seiner Emotionen und die entsprechende Verfügbarkeit über seine Motorik feststellt, wird die Frage der Fahrtüchtigkeit relevant.

14.4.5 Psychostimulantien und Nootropika

Im Gegensatz zu Neuroleptika werden Psychostimulantien (Amphetamin und Ephedrin) und inbesondere Nootropika (Pyritinol, Piracetam) generell bei Antriebsmangel und bei Defekten der kognitiven Funktionen (Gedächtnis und Denken) verabreicht. Während Psychostimulantien vorwiegend bei Abmagerungskuren oder zur Leistungssteigerung bei Sportlern und Müdigkeitsbekämpfung bei Schichtarbeitern oder in Phasen der beruflichen Überlastung gegeben bzw. (öfter) selbstmedikativ eingenommen werden, ist der obligate Einsatz der Nootropika im Bereich der Geriatrie vorherrschend.

Da diese Substanzen antriebssteigernde Effekte haben, zeigen die Untersuchungen zur Fahrtüchtigkeit tatsächlich Verbesserungen (Hurst 1976). Schmidt et al. (1988) berichten über eine Studie an älteren Autofahrern, bei denen unter Piracetam hoch signifikante Verbesserungen beobachtet wurden.

Es ist darauf hinzuweisen, daß bei den Amphetaminen generell Vorsicht geboten ist:

- Wegen des Ansteigens der inneren Unruhe.
- Bei der Bekämpfung von Müdigkeit und Schlaffheit wegen des möglichen Ausbleibens der subjektiven Registrierung der Erschöpfungsgefühle. Als Folge davon können Kreislaufkollaps oder Schlafattacken eintreten. Zur Leistungssteigerung bei langen Autofahrten ist von solchen Substanzen deshalb dringend abzuraten. Relativ unbedenklicher sind ärztlich verordnete Nootropika bei älteren Autofahrern. Hier ist allerdings darauf hinzuweisen, daß allein durch Nootropika substantielle Gedächtnis- und Konzentrationsmängel nicht behoben werden.

14.4.6 Antihypertensiva, Beta-Blocker und Antihistaminika

In den meisten Fällen sind die Symptome der Hochdruck-Patienten hinsichtlich Fahrverhalten nicht besonders problematisch. Insbesondere bei den Antihypertensiva können die Zusätze von Reserpin oder von Barbituraten negative Wirkungen auf das Fahrverhalten haben. Die heute übliche Behandlung mit Beta-Blockern, Kalziumantagonisten, Dihydralazin, ACE-Hemmer und Diuretika wird allgemein als therapeutisch ausgesprochen erfolgreich bezeichnet. Vor allem die Untersuchungen mit Beta-Blockern belegen, daß bei den üblichen therapeutischen Dosen keine negativen Effekte auf Variablen der Fahrtüchtigkeit beobachtet wurden (u.a. Herberg 1984, Betts et al. 1985). Bei einer Prüfung an Chirurgen (40 mg/d Oxprenolol) (Foster et al. 1980) zeigte sich eine signifikante

Herabsetzung der Herzrate, aber keine Verschlechterung der psychomotorisch-kognitiven Funktionen. In anderen Studien wurden unterschiedliche Wirkungen in Abhängigkeit der Dosierung beobachtet. MOSER et al. (1977, 1978) fanden bei Betadrenol (40 und 100 mg) sowohl eine Verbesserung der Stimmung (vermutlich wegen der anxiolytischen Wirkung) als auch der psychomotorisch-kognitiven Funktionen. Erst bei höheren Dosierungen (240 mg Propranolol) zeigten sich negative Wirkungen bezüglich Fahrverhalten (OGLE et al. 1976). Sofern also nicht sehr hohe Dosierungen zur Anwendung kommen, negative Kombinationseffekte (hoch dosierte sedierende Antidepressiva) oder internmedizinische Aspekte (Herzinsuffizienz) ausgeschlossen werden können, sind hier kaum Bedenken anzumelden. Für die Gruppe der Antihistaminika, Antiallergika und der weiteren Mittel gegen Reisekrankheiten ist wegen der Kombinationen mit sedierenden bzw. schlafanstoßenden Mitteln im Rahmen der genannten Aspekte Vorsicht geboten (BETTS et al. 1985).

14.4.7 Anästhetika und Analgetika

Bei den Anästhetika ist Verschiedenes zu beachten. Präoperativ werden vorwiegend Tranquilizer eingesetzt (siehe Benzodiazepine), perioperativ die entsprechenden Anästhetika (u.a. Thiopental, Atropin, Pentazocin, Halothan, Enfluram) und postoperativ u.a. Schlafmittel (Flurazepam), Analgetika (Mefenaminsäure) und Muskelrelaxantien (Chloroxazon). FLATT et al. (1984) stellten nach 6 Wochen nach der Operation Einbußen mentaler Funktionen fest. Bei Thiopental, Methohexital und Lidocainum werden bis zu 24 Stunden nach Einnahme negative Wirkungen (Wahlreaktionszeit und Gedächtnisleistung) festgestellt (HOBI 1982). In einer eigenen Studie (DIERKS-VENTLING et al. 1989) konnten (bei Halothan und Enfluram) wohl subjektiv subtile Beeinträchtigungen, hingegen keine relevanten bzw. signifikanten Defekte objektiv nachgewiesen werden (vgl. auch MEIER et al. 1986). Neben der üblichen Vorsicht sollte, auch bei Regionalanästhesie, insbesondere nach Anästhetika mit langer Halbwertszeit, 24–72 Stunden auf das Lenken eines Motorfahrzeuges verzichtet werden. Bezüglich Propofol (2,6-Diisopropylphenol), bei dem klinisch eine sehr schnelle und steile Aufwachphase beobachtet wird, gibt es in dieser Hinsicht noch keine Untersuchungen.
Hinsichtlich der Analgetika (nichtnarkotische bzw. bei Mischpräparaten aus Salicylat oder Aminophenazon, Phenacetin, Paracetamol, Codein, Coffein, Flupirtin) ist ebenfalls Vorsicht geboten (CHESHER 1984, MÜLLER-LIMMROTH 1985). Bezüglich Schmerzbehandlung ist auch auf den Einsatz von Antidepressiva und Neuroleptika hinzuweisen (KOCHER 1990). In Verbindung mit Fahrverhalten liegen keine Untersuchungen vor.

14.4.8 Parkinsonmittel

Der meist im späteren Lebensalter auftretende Morbus Parkinson (Paralysis agitans), biochemisch durch ein striäres Dopamin-Mangel-Syndrom bedingt, imponiert durch die Symptom-Trias motorischer (Rigor, Tremor, Akinese), vegetativer (Speichelfluß, Hitzegefühl) und psychischer (Antriebsschwäche, depressive Verstimmung) Störungen (FISCHER 1982). In den Initialphasen sind die Symptome oft über mehrere Jahre psychopharmakologisch (in Verbindung mit physiotherapeutisch gezielter Aktivierung) (RINGENDAHL et al. 1990) relativ gut beeinflußbar. Aus der Klinik ist bekannt, daß etwa zwei Drittel die mit peripheren Decarboxylasehemmern kombinierte L-Dopa-Therapie gut vertragen. Dopamin-Agonisten (Bromocriptin, Lisurid) in Kombination mit niederer L-Dopa-Dosierung senken Auftreten und Zahl möglicher Dyskinesien. Der selektive MAO-B-Hemmer Deprenyl (Selegilin) wird ebenfalls empfohlen. Soweit durch eine optimale Therapie die Hauptsymptome behoben werden und keine gravierenden Nebenwirkungen beobachtbar sind, ist gegen eine weitere aktive Verkehrsteilnahme am Steuer eines Motorfahrzeuges meist nichts einzuwenden. Eine regelmäßige Kontrolle im Rahmen des Behandlungskontaktes ist vor allem wegen des Fortschreitens der Grundkrankheit angezeigt. Somit gilt auch hier das Rationale einer gut ansprechenden Antiparkinson-Therapie, zumal einschlägige empirische Arbeiten noch ausstehen.

14.4.9 Opiate, Halluzinogene, Cannabis und Cocain

Bereits am 5. Mai 1977 stellte das Schweizerische Bundesgericht an uns den Antrag, diesbezüglich ein Gutachten zu erstellen. In Verbindung mit den Opiaten (natürliche, halbsynthetische oder synthetische Stoffe) ist vor allem an Heroin zu denken. Die zentralnervöse Wirkweise (u.a. in der Medulla oblongata und der Formatio reticularis) kann sowohl sedierend als auch stimulierend sein. Dadurch sind auch die psychischen Reaktionen sehr komplex: Müdigkeit, Konzentrationsstörungen wie auch Euphorie bzw. euphorisch-lethargische Reaktionen. Ausgangspersönlichkeit und Dosierung spielen eine große Rolle. Alle relevanten Beobachtungen belegen die Gefährlichkeit dieser Substanz in bezug auf das Fahrverhalten. Gleiches gilt für die klassischen Halluzinogene (u.a. LSD), Cocain und wenigstens dosis-, stoff- und applikationsabhängig (Marihuana, Haschisch, Haschischöle) von Cannabis-Substanzen. Deutlicher noch als bei den Psychopharmaka ist hier generell auf die physische und psychische Suchtpotenz, auf die teilweise lange Verweildauer dieser Drogen im Körper (Woody 1979), auf Alter, Persönlichkeit und Psychopathologie der Konsumenten zu achten (Kielholz et al. 1979, Hobi 1990). Die persönlichkeits-, dosis- und applikationsabhängigen Wirkungen können bei all diesen Substanzen beträchtlich sein: veränderte Zeit-, Raum- und Ich-Erlebnisse, antriebssteigernde, euphorisierende Effekte mit dem Ansteigen der Risikofreudigkeit und Trübung der Urteilsfähigkeit oder aber als Resultat der sedierenden Effekte Wurstigkeit, Gleichgültigkeit und Lethargie. Alle Autoren warnen hinsichtlich Fahrtüchtigkeit unter der Wirkung solcher Substanzen, wobei immer wieder auf die oft lange nach Einnahme plötzlich wieder auftretenden Nacheffekte hingewiesen wird.

Neuerdings wird im Rahmen der Resozialisierung von Heroinabhängigen das oral zu verabreichende Methadon im Sinne einer Substitutionstherapie favorisiert. Obwohl nicht frei von der Suchtpotenz, zeichnet sich Methadon vor allem dadurch aus, daß es oral verabreicht wenig psychotrope Wirkung hat und dennoch die Abstinenzsymptome bei Heroinisten zu mildern scheint. Da der Konsument ein Abhängiger bleibt, dürfte er laut Gesetz (Lewrenz und Friedel 1985, S. 19) nicht zum Lenken eines Motorfahrzeuges zugelassen werden. Dies wiederum behindert aber die Rehabilitationschancen. Unabhängig von der Streitfrage, Methadon ja oder nein, können wir aufgrund einer Untersuchung (Gerhard et al. 1989, Appel 1982, Rothenberg et al. 1977) belegen, daß nach eingehender verkehrspsychologischer Abklärung an Ex-Heroinisten unter Methadon (N = 22) die Fahrtüchtigkeit bezüglich der kognitiv-psychomotorischen Funktionen weitgehend gegeben war. Wie allgemein bei Abhängigen bleibt das Desiderat, auch Persönlichkeitsaspekte, wie sie in diesem Zusammenhang oft beobachtet werden (Hobi 1973), in die Abklärung individuell einzubeziehen.

Für die Praxis gilt hier im Gesamtbereich der Drogen, mit Ausnahme beim Methadon, daß

- unter relevanten Dosen beträchtliche negative Wirkungen auf das Fahrverhalten beobachtet werden.
- Selbst in Phasen der Abstinenz können Nachwirkungen (vermutlich Depotwirkungen oder rein psychogener Effekt in Verbindung intensiver Reminiszenzeffekte) auftreten und unfallträchtig sein.
- Daß in besonderer Weise die Primärpersönlichkeit bzw. Suchtpersönlichkeit individuell in die Beurteilung einzubeziehen ist.

14.4.10 Der ältere Verkehrsteilnehmer

Generell ist bekannt, daß in den technisch "hochentwickelten" Ländern ein riesiges Altersproblem auf uns zukommt. Während 1950 der Prozentanteil der über 60-Jährigen in Europa noch 13% ausmachte, wird dies im Jahre 2025 25 Prozent sein (WHO Statistics Quarterly Vol. 35, Copenhagen 1982). In der BRD hatten 1976 = 18% und 1986 = 30% der über 65-Jährigen einen Führerschein. Im Jahre 2000 werden dies 50% sein. Alte Menschen stellen ca. 21% der Unfallopfer (Ellinghaus und Schlag 1985). Da bei alten Menschen einerseits die Polymorbidität steigt, also auch der Medikamentenkonsum zunimmt und andererseits trotz Abnahme der Seh- und Hörfunktion, der Gedächtnisfähigkeit, der schnellen Einstellung auf neue Situationen eine Aktivierung des bisherigen Tätigkeitsfeldes angeregt wird, ist für alte Menschen auch die Fahrtüchtigkeit eine wichtige Größe.

Aus der Sicht dieser Abhandlung ist auf folgendes zu achten:

- Die Abnahme der Seh- und Hörfunktion ist gut diagnostizierbar und kann oft hinreichend korrigiert werden.
- Die altersbedingten Abbauprozesse wie Gedächtnis (u. a. Kurzzeitgedächtnis), Aufmerksamkeit (selektive und geteilte Aufmerksamkeit), Schnelligkeit und Präzision der Wahrnehmungsfunktionen (perzeptuelle und sensumotorische), höhere kognitive Funktionen (Orientierungsfähigkeit, Problemlösungs- und Entscheidungsprozesse) sind in Einzelfällen nur über verkehrspsychologische Abklärungen hinreichend genau eruierbar.
- Zeigen sich somatisch bedingte Störungen (vaskuläre oder degenerative hirnorganische Störungen), so ist in jedem Einzelfall nach den üblichen diagnostischen Abklärungsergebnissen zu entscheiden.
- Für ältere Fahrzeuglenker gilt (vgl. Abb. 14.1), daß durch die Fahrerfahrung beginnende Defizite bis zu 60% kompensiert werden können. Dies ist oft dadurch bedingt, daß durch einen gesunden Selbst- und Fremdschutz vorsichtiger gefahren wird, gefährliche und gänzlich unbekannte Strekken gemieden werden und somit oft nur noch gewohnte und bekannte Strecken gewählt werden (z. B. kürzere Ferien- oder Einkaufs- und Besuchsfahrten). Solche freiwillige bzw. selbstgewählte Einschränkungen sind zu unterstützen, da sie eine gewisse Mobilität und Aktivität erhalten und gleichzeitig gefahrvollere Konfrontationen im Straßenverkehr gemieden werden.
- Werden therapeutisch Psychopharmaka notwendig, so sind antriebssteigernde (u. a. Nootropika) weitgehend unbedenklich. Bei Tranquilizern, Antidepressiva und Neuroleptika ist altersspezifisch zu dosieren (Adams und Kielholz 1986, Hippius und Laakmann 1988, Nedopil und Rüther 1984, Kielholz und Adams 1989) und die damit im Zusammenhang stehenden Kautelen (Bergener 1989) zu beachten.

14.5 Merksätze

Abschließend und zusammenfassend einige Merksätze zum Thema Psychopharmaka und Fahrverhalten:

1. Es ist bezüglich der Wechselwirkung "Krankheit und Psychopharmaka" kein höheres Funktionsniveau zu erwarten, als dies vor der Erkrankung der Fall war. Deshalb ist darauf zu achten, daß für die Beurteilung der Fahrtüchtigkeit die je individuell-prämorbide, kognitive, psychomotorische und emotionelle Funktionstüchtigkeit und Stabilität wenigstens annähernd verfügbar sein wird.
2. Psychopharmaka sind Medikamente, die hinsichtlich krankheitsbedingter Defizite im Erleben und Verhalten Reparationsfunktion haben. Deshalb ist je nach Symptomatologie das entsprechende Medikament zu wählen und es sind deren Wirkungen und Nebenwirkungen genau zu beobachten.
3. Die individuelle Erfahrung des Patienten mit der Substanzwirkung ist unerläßlich.
4. Zu Beginn einer Psychopharmakatherapie – ganz besonders bei Antidepressiva oder Neuroleptika bzw. deren Kombination – ist äußerste Vorsicht geboten. Erst nach einer Angewöhnungsphase (5–14 Tage), guter Ansprechbarkeit (etwa zum Zeitpunkt der Erhaltungsdosis) und bei Wegfall verkehrsrelevanter Nebenwirkungen (wie Nervosität, Störungen der Sinneswahrnehmung, Benommenheit, Dumpfheit oder Müdigkeit) wird die Frage der Fahrtüchtigkeit aktuell.
5. In jedem Fall ist der Patient in die Verantwortung einzubeziehen. Er muß somit einbeziehungsfähig sein, d. h. über eine relativ stabile emotionelle und kognitive Urteilsfähigkeit verfügen. Er ist stets über die Art der Therapie und die Wirkweise des Medikamentes zu orientieren. Die objektive Beobachtung des subjektiven psychischen und physischen Wohlbefindens (u. a. auch Wetterfühligkeit und tageszeitliche Schwankungen) ist zu betonen.
6. Stark sedierende Psychopharmaka sind problematischer als stimulierende.
7. Der therapeutische Effekt ist öfter zu kontrollieren und die daraus zu folgernden therapeutischen Entscheidungen zu treffen.
8. Nach längeren Zeiten ohne Fahrpraxis ist eine erneute Einübung in verkehrsarmem Umfeld ratsam.
9. Es ist selbstverständlich, daß die üblichen Vorsichtsmaßnahmen besonders gut zu beachten sind: kein Streß am Steuer, keine langen Nachtfahrten, bei Überlandfahrten öfters Pausen einschalten, hinreichend, aber nicht üppig essen und trinken.
10. Ein mehrdimensionales ärztliches Denken und Handeln ist immer angezeigt, nämlich: Berücksichtigung des Patientenurteils, die subtile Kontrolle der Effizienz der Therapie und möglicherweise in Einzelfällen der Einbezug einer verkehrspsychologischen Abklärung.
11. Als Zielvorstellung gilt, daß zur Bewältigung der Aufgaben am Steuer eines Motorfahrzeuges im heute komplexen und hektischen Straßenverkehr eine habituell und situativ funktionstüchtige Persönlichkeit Voraussetzung ist, die über eine hinreichende Stabilität der emotionalen, motorischen und kognitiven Fähigkeiten verfügt.
12. Für Patienten unter Psychopharmaka gilt besonders: Wer fährt trinkt nicht und wer trinkt fährt nicht!

Literatur

ADAMS C, KIELHOLZ P (Hrsg) (1986) Der alte Mensch als Patient. Deutscher Ärzteverlag, Köln

APITZ C, JUNGMANN H, MÜNKER W, STEIN G (1979) Der rehabilitierte Infarktpatient am Steuer. Angiocardiologie 2: 31–38

APPEL PHW (1982) Sustained attention in methadone patients. Int J Addicts 17: 1313–1327

ARNOLD W (1985) Die ärztliche Verantwortung bei der Verschreibung von Schlafmitteln und Psychotherapeutika an Kraftfahrer. In: WALTER G, HAFFNER HTH (Hrsg) Festschrift Horst Leithoff. Kriminalistik-Verlag, Heidelberg, S 257–266

AUSTIN GA, LETTIERI DJ (1976) Drugs and personality: personality correlates and predictors of non-opiate drug use. U.S. Government Printing Office, Washington DC

BECH P, THOMSEN J, RAFAELSEN OJ (1976) Long-term lithium treatment: effects on simulated driving and other psychological test. Eur J Clin Pharmacol 10: 331–335

BETTS TA, KNIGHT R, CROWE A, BLAKE A, HARVEY P (1985) Effect of betablockers on psychomotor performance in normal volunteers. Eur J Clin Pharmacol 28: 39–49

BERGENER M (Hrsg) (1989) Depressive Syndrome im Alter. Theorie-Klinik-Praxis. Thieme, Stuttgart New York

BRÖKER H, MEYER FP (1984) Compliance und Kraftfahrtauglichkeit bei Epilepsiekranken. Verkehrsmedizin 31: 84–96

BURNS M, MOSKOWITZ H, JAFFE J (1986) A comparison of the effects of trazodone and amitriptyline on skills performances by geriatric subjects. J Clin Psychiatry 47: 252–254

CHESHER GB (1984) The influence of analgesic drugs in road crashes. Accid Anal Prev 17: 303–309

CLYDE CA (1981) The influence of personality on response to low doses of benzodiazepines. Roy Soc Med 43: 74–86

COSBEY SH (1986) Drugs and the impaired drivers in northern ireland: an analytical survey. Forensic Sci Int 32: 245–258

DIERKS-VENTLING CH, GERHARD U, HOBI V (1989) Der Einfluß von Total- und Regionalanästhesie auf Konzentration und Gedächtnis. Schweiz Z Psychol 48: 112–120

EELKEMA RC, BROSSEAU J, KOSHNICH R, MCGEE C (1970) A statistical study on the relationship between mental illness and traffic accidents. A pilot study. Am J Publ Health 60: 459–469

ELLINGHAUS D, SCHLAG B (1985) Alter und Autofahren. Uniroyal Nr. 11 Ifaplan, Köln

EULITZ J, HEROLD CH, KRAUSE D (1986) Testbatterie zur Prüfung des straßenvervehrsrelevanten Leistungsvermögens unter Psychopharmakaeinfluß. Kriminalistik und forensische Wissenschaften 64/64: 156–159

FAULHABER HD, BANSI D (1985) Begutachtung der Fahrtauglichkeit arterieller Hypertonie. Z Ärztl Fortbildung (Jena) 79: 755–757

FISCHER PA (Hrsg) (1982) Psychopathologie des Parkinson-Syndroms. Editions Roche, Basel

FLATT JR, BIRRELL PC, HOBBES A (1984) Effects of anaesthesia on some aspects of mental functioning of surgical patients. Anaesthesia Int Care 12: 315–324

FOSTER GE, MAHIN C, EVANS DF, HARDCASTLE JD (1980) Does beta-blockade affect surgical performance? A double-blind trial of oxprenolol. Br J Surg 67: 609–612

FREI A, GERHARD U, RÜMMELE W (1990) Katamnesen von psychiatrisch beurteilten Motorfahrzeugführern. Schweiz Arch Neurol Psychiat 141: 183–197

GERHARD U (1987) Mindestanforderungen an psychiatrische Patienten zur Fahrtüchtigkeit unter Psychopharmakatherapie. Unfall- und Sicherheitsforschung im Straßenverkehr 60: 27–32

GERHARD U, HOBI V (1984) Cognitive-psychomotor functions with regard to fitness for driving of psychiatric patients treated with neuroleptics and antidepressants. Neuropsychobiology 12: 39–47

GERHARD U, HOBI V (1988) Forschungsergebnisse zur Fahrtüchtigkeit verschiedener Patientengruppen. Bull Schweiz Psychol 4: 140–151

GERHARD U, LADEWIG D, HOBI V (1989) Die kognitivpsychomotorische Funktionstüchtigkeit von Heroinabhängigen. TW Neurologie Psychiatrie 2: 489–496

GERHARD U, HOBI V, PÖLDINGER W (1990) Von der Nebenwirkungsanalyse zur Wirkung des Phyto-Mischpräparates Valverde Entspannungsdragée. Interner Bericht, unveröffentlicht

GRÜBEL-MATHYL U (1985) Untersuchung über die Wirkung von Neuroleptika auf relevante Aspekte der Fahrtauglichkeit. Unfall- und Sicherheitsforschung Straßenverkehr 51: 79–82

GRÜBEL-MATHYL U (1987) Zum Problem der Fahrtüchtigkeit unter neuroleptischer Therapie – eine klinisch-psychologische Untersuchung aus der Rhein Landesklinik Köln und der Bundesanstalt für Straßenverkehr. Heft 60: 16–21

Gutscher H, Hornung R, May U, Schär M (1986) Medikamentenkonsum und Medikationsrisiken. Huber, Bern

Haffner JFW, Mørland J, Setekleiv J, Stømsaether CE, Danielsen A, Frivik PT, Dybing F (1973) Mental and psychomotor effects of diazepam and ethanol. Acta Pharmacol Toxicol 32: 161–178

Händel K (1987) Rechtsfragen zum Fahren unter Medikamenteneinwirkung. Arzt und Auto 63: 8–11

Harrison C, Hindmarch I, Clyde CA, Welham GE (1986) A comparison of clobazam and diazepam in anxious patients. Roy Soc Med 79: 89–100

Hartmann HP (1980) Der Kranke als Fahrzeuglenker. Springer, Berlin Heidelberg New York

Hatcher S, Sims R, Thompson D (1990) The effects of chronic lithium treatment on psychomotor performance related to driving. Br J Psychiatry 157: 275–278

Heinrich K, Linden M, Müller-Oerlinghausen B (1989) Werden zu viele Psychopharmaka verbraucht? Thieme, Stuttgart

Herberg KW (1984) Wirkung zentralwirksamer Antihypertensiva auf die Fahrtüchtigkeit. Münch Med Wochenschr 126: 1163–1165

Herold CH, Eulitz J, Brier CHR, Krause D (1986) Zur subjektiven Seite einer erheblichen Beeinträchtigung der Fahrtüchtigkeit durch Psychopharmaka. Kriminalistik und forensische Wissenschaften 63/64: 176

Hippius H, Laakmann G (Hrsg) (1988) Therapie mit Neuroleptika-Niedrigdosierung. Perimed, Erlangen

Hobi V (1973) Zum Drogenproblem bei Jugendlichen. Huber, Bern

Hobi V (1980) Psychopharmaka und Fahrverhalten. Unfall- und Sicherheitsforschung Straßenverkehr 26: 11–15

Hobi V (1982) Psychopharmaca, psychic illness, and driving ability: a contribution to the debate. J Int Med Res 10: 283–305

Hobi V (1985) Psychologische und psychophysiologische Aspekte der Benzodiazepin-Wirkungen. Schweiz Apo Z 123: 769–775

Hobi V (1987) Psychopharmaka und Verkehrssicherheit aus der Sicht der Psychologie. Unfall- und Sicherheitsforschung Straßenverkehr 60: 41–47

Hobi V (1989) Fahrverhalten und Fahrtüchtigkeit bei antidepressiver Therapie. In: Bergener M (Hrsg) Depressive Syndrome im Alter. Theorie-Klinik-Praxis. Thieme, Stuttgart New York, S 267–296

Hobi V (1990) Die Beeinflussung der Fahrtüchtigkeit. Auswirkungen von Medikamenten und Betäubungsmitteln im Straßenverkehr. Kriminalistik 2: 106–111

Hobi V, Gerhard U (1989) Fahrtüchtigkeit psychiatrischer Patienten unter psychotropen Substanzen. SNF Schlußbericht, unveröffentlicht

Hobi V, Kielholz P, Gilsdorf U (1981) How capable of driving are hospitalized psychiatric patients under psychoactive drug therapy? J Int Med Res 9: 434–447

Honkanen R, Ertama L, Linnoila M, Alha A, Lukkari I, Karlsson M, Kiviluoto O, Puro M (1980) Role of drugs in traffic accidents. Br Med J 281: 1309–1312

Hurst PM (1976) Amphetamines and driving behavior. Accid Anal Prev 8: 9–13

Janke W (1964) Experimentelle Untersuchungen zur Abhängigkeit der Wirkung psychotroper Substanzen von Persönlichkeitsmerkmalen. Akademische Verlagsgesellschaft, Frankfurt

Jerram T (1987) Hypnotics and sedatives. In: Dukes MNG (ed) Side effects of drugs annual II. Elsevier, Amsterdam, pp 37–43

Kaufmann PL, Jefferson JW, Ackermann D, Baumgartner S (1985) Ocular effects of oral lithium in humans. Acta Ophtalmol (Copenh) 63: 327–332

Kielholz P, Adams C (eds) (1989) The kaleidoscope of anxiety states. Deutscher Ärzteverlag, Köln

Kielholz P, Rümmele W, Ladewig D, Hobi V (1979) Auswirkungen von Drogen auf das Verhalten von Motorfahrzeugführern. Schweiz Arch Neurol Neurochir Psychiat 125: 129–151

Klebelsberg D von (1982) Verkehrspsychologie. Springer, Berlin Heidelberg New York

Kocher R (1990) Psychopharmaka in der Schmerzbehandlung. TW Neurologie Psychiatrie 4: 137–144

Laux G (1989) Tranquilizer. Möglichkeiten, Grenzen, Gefahren. Hippokrates, Stuttgart

Lesch OM, Leutner S, Mader S, Musalek M, Nimmerrichter A (1986) Medikamentengebrauch und Verkehrssicherheit. Eine für Österreich repräsentative Studie. Z Verkehrsrecht 32: 161–166

Lewrenz H, Friedel B (1985) Krankheit und Kraftverkehr. Gutachten des gemeinsamen Beirats für Verkehrsmedizin beim Bundesminister für Verkehr und beim Bundesminister für Jugend, Familie und Gesundheit, 3. Aufl. Schriftenreihe Bundesminister für Verkehr Heft 67, Bonn

Linnoila M (1973) Effects of diazepam, chlordiazepoxide, thioridazine, haloperidol, flupenthixole, and alcohol on psychomotor skills related to driving. Ann Med Exp Biol Fenn 51: 125–132

Linnoila M (1974) Drug interaction on psychomotor skills related to driving. Helsinki

Linnoila M, Stapleton JM (1987) Antidepressants and traffic safety. Unfall und Sicherheitsforschung Straßenverkehr 60: 22–26

Meier U, Trüllinger E, Stoll F, Fassolt A (1986) Zur Frage der postoperativen Konzentrations-Gedächtnisstörungen bei chirurgischen Patienten. Schweiz Z Psychol 45: 103–118

Milner G (1972) Drugs and driving. Karger, Basel

Milner G, Landauer AA (1971) Alcohol, thioridazine and chlorpromazine effects on skills related to driving behavior. Br J Psychiatry 118: 351–352

Moser L, Schmidt U, Lundt PV (1977) Die Auswirkungen eines Beta-Rezeptoren-Blockers auf die Kraftfahreignung. Kölner Inform Verkehrssicherheit 1: 1–9

Moser L, Dellen R, Lundt PV (1978) Prüfungsangst und Fahrtüchtigkeit. Die Wirksamkeit von Betadrenol bei Prüfungsangst. Kölner Inform Verkehrssicherheit 1: 1–3

Moser L, Hopmann G, Lundt PV (1978) Fahrtauglichkeit trotz Tranquilizer. Ärztl Praxis 30: 2330–2333

Müller-Limmroth W (1985) Einfluß des neuen Analgetikums Flupirilen auf die psychomotorische Leistungsfähigkeit des Menschen. Arzneimittelforschung 35: 1089–1092

Nedopil N, Rüther E (1984) Medikamentöse Behandlung von Schlafstörungen. Münch Med Wochenschr 126: 290–291

Nelson RC, Rector T, Beard M, Kurland LT (1987) Psychotropic drugs, mental disorders and automobile crashes: a case control study of 1308 females. In: Noordzij DC, Roszbach R (eds) Alcohol, drugs and traffic safety – T86. Elsevier, Amsterdam, pp 275–278

Ogle CW, Turner P, Markomihelakis (1976) Effects of high doses of oxprenolol and of propranolol on pursuit rotor performance, reaction time and critical flicker frequency. Psychopharmacology 46: 295–299

O'Hanlon JF (1986) Antidepressants drugs and traffic safety. Maastricht

Ott H (1983) Tages-Hangover bei lang- und kurzwirkenden Benzodiazepinen in verschiedenen psychologischen und physiologischen Testmodellen im Rahmen von Verkehrstauglichkeitsuntersuchungen. ADAC Schriftenreihe Straßenverkehr 27: 112–128

Persad E, Rakoff V (eds) (1986) Use of drugs in psychiatry. A handbook. Huber, Toronto Lewiston Bern Stuttgart

Peter H (1960) Die psychiatrische Beurteilung von Motorfahrzeugführern. Huber, Bern Stuttgart

Petzoldt R (1988) Die Beurteilung des kraftfahrzeugfahrenden Diabetikers. Arzt und Auto 64: 8–12

Pöldinger W (1990) Neuroleptika. TW Neurologie Psychiatrie 4: 167–177

Ramaekers JG, Swijgman HF, O'Haulon JF (1992) Effects of moclobemide and mianserin on highway driving, psychometric performance and subjective parameters, relative to placebo. Psychopharmacology 106 [Suppl]: 62–67

Raskin A (1986) Partialing out the effects of depression and age on cognitive functions: experimental data and methodologic issues. In: Poon WL (ed) Handbook of clinical memory assessment of older adults. APA, Washington, pp 244–256

Ringendahl H, Ebener A, Scholz A, Wusch-Wölfle C (1990) Nichtmedikamentöse Therapie des Morbus Parkinson. TW Neurologie Psychiatrie 4: 196–205

Ritter G (1976) Epilepsie und Führerschein. Untersuchung 1973/74 in Zusammenarbeit mit dem Kraftfahrt-Bundesamt in Flensburg. Nervenarzt 47: 51–53

Rothenberg S, Schottenfeld S, Meyer RE, Krauss B, Gross K (1977) Performance differences between addicts and non-addicts. Psychopharmacology 52: 299–306

Saletu B, Grünberger J, Sieghart W (1986) Pharmaco-EEG behavioral methods and blood levels in the comparison of temazepam and flunitrazepam. Acta Psychiatry Scand 74 [Suppl 332]: 67–95

Sacher P (1978) Schizophrenie und Fahrtauglichkeit. Schweiz Med Wochenschr 108: 373–379

Schmidt U, Brendemühl D, Schenk N (1988) Can the nootropic drug piracetam influence the driving behaviour of elderly motorists? In: Lehrl S et al. (Hrsg) Psychopathometrie in der Medizin. Vless, Ebersberg, S 83–89

Schou M (1986) Lithium-Behandlung der manisch-depressiven Krankheit. Thieme, Stuttgart

Seppälä T, Linnoila M, Mattila MJ (1979) Drugs, alcohol and driving. Drugs 17: 389–408

Siegfried K (1989) Depression and dementia of the Alzheimer's type – Implications for psychopharmacological research. Paper presented at the local meeting of Br Assoc Psychopharmacology in Leeds

Spiegel R (1988) Einführung in die Psychopharmakologie. Huber, Bern Stuttgart Toronto

Staak M, Hobi V, Berghaus G (1987) Testverfahren zur Überprüfung des Einflusses von Arzneimitteln auf die Verkehrssicherheit. Medizinischer Schwerpunkt. Abschlußbericht zum Forschungsprojekt FP 8305, Köln

Volkerts ER, Brookhuis KA, O'Hanlon JF (1987) The effects of treatment with buspirone, diazepam and lorazepam on driving performance in real traffic. In: Noordzij PC, Roszbach R (eds) Alcohol, drugs and traffic safety – T86. Elsevier, Amsterdam, pp 217–221

Wagner HJ (1986) Psychotrope Substanzen im Straßenverkehr. Aus rechtsmedizinischer Sicht. In: Helmchen H, Hippius H (Hrsg) Psychiatrie für die Praxis 3, MMW Taschenbuch. Med Verlag, München, S 44–48

Wagner HJ (1987) Psychopharmaka und Verkehrssicherheit aus der Sicht der Rechtsmedizin und Jurisprudenz. Arzt und Auto 63: 8–12

Weismann H (1989) Niedrigdosierte Neuroleptika bei ängstlich-depressiven Zustandsbildern und psychosomatischen Erkrankungen. Kolloquium Stresa 1986. TW Neurologie Psychiatrie 3 [Suppl]: 1–24

Woody G (1970) Visual disturbances experienced by hallucinogenic drug abusers while driving. Am J Psychiatry 127: 683–686

Neuro-Psychopharmaka, Bd. 1
Riederer P. / Laux G. / Pöldinger W. (Hrsg.)

15 Psychopharmaka in der Schwangerschaft und Stillzeit

C. Thiels

15.1 Einleitung

Wie schon in Goethes "Faust" völlig richtig dargestellt, treten schwere psychiatrische Erkrankungen bei Schwangeren seltener auf als bei gleichaltrigen Frauen, die kein Kind erwarten. Trotz mehrerer belastender Lebensereignisse – von Gretchen zumindest mitverschuldeter Tod von Mutter und Bruder und uneheliche Schwangerschaft – wird sie erst nach der Entbindung psychotisch. Tatsächlich steigt die Inzidenz schwerer psychiatrischer Erkrankungen in den ersten Tagen und Wochen nach einer Niederkunft auf ein Vielfaches an im Vergleich zu gleichalten Frauen, die nicht gerade ein Kind zur Welt gebracht haben (Brockington und Kumar 1982). Nach 500 bis 1000 Lebendgeburten in den Vereinigten Staaten und Großbritannien, wurden die Mütter auf eine psychiatrische Station aufgenommen (Brockington und Kumar 1982). Wiederum, wie schon bei Goethe, sind Alleinstehende und Erstgebärende deutlich häufiger betroffen. Nach einer Wochenbettpsychose muß man nach einer von drei bis sieben weiteren Entbindungen mit einer Wiedererkrankung rechnen (Brockington und Kumar 1982). Man sollte die betroffenen Frauen und gegebenenfalls ihre Männer über dieses Risiko aufklären und bei Kinderwunsch eine psychiatrische Begleitung weiterer Schwangerschaften und vor allem Entbindungen anbieten. Dabei erhebt sich gelegentlich die Frage, ob Schwangere Psychopharmaka einnehmen können, ohne ihr Kind zu gefährden. Während des ersten Trimenons muß der Psychiater das Riskio der Teratogenität gegen die Gefahren einer unhehandelten psychiatrischen Erkrankung für Patientin und Embryo abwägen oder gegen die Möglichkeit eines Rückfalls beim Absetzen einer neuroleptischen Erhaltungsmedikation.

15.2 Methodenkritische Erläuterungen zu den vorliegenden Untersuchungen

1. **Tierversuche** werden hier nicht referiert, wegen der fraglichen Übertragbarkeit ihrer Ergebnisse auf den Menschen. Sie sind in der Übersichtsarbeit von ELIA et al. (1987) zusammengefaßt.

2. **Fallstudien** können lediglich eine Koinzidenz von Neuroleptikatherapie während der Schwangerschaft und Beeinträchtigung des Kindes belegen. Falldarstellungen sind aber nie beweisend für einen Kausalzusammenhang. Solche Berichte können aber wertvolle Hinweise liefern, wenn genaue Angaben zu folgenden Punkten vorliegen:

a) Zeitraum, in dem das betreffende Medikament eingenommen wurde, insbesondere, ob während des ersten Trimenons oder kurz vor der Entbindung.

b) Dosierung, auch Verteilung der Einzelgaben über den Tag, Konzentrationen im Plasma und eventuell der Muttermilch.

c) Einnahme eines oder mehrerer Medikamente zur gleichen oder während einer anderen Zeit in der Schwangerschaft und Stillzeit.

d) Alkohol-, Koffein- und Zigarettenkonsum Von den 17418 Kindern, die 1958 im Rahmen des British Perinatal Mortality Survey und später im Rahmen der National Child Development Study untersucht wurden, war die Inzidenz angeborener Herzfehler bei Kindern von Müttern, die rauchten, 7,3 unter 1000 Einzelgeburten, im Vergleich zu 4,7 unter 1000 Kindern von Nichtraucherinnen.

e) Strahlenexposition und andere diagnostische Verfahren.

f) Verlauf der aktuellen und möglicher früherer Schwangerschaften: Blutungen, schweres anhaltendes Erbrechen, Gestose, Unfälle, Infektionen, Operationen, (versuchte) Interruptio, Aborte.

Kasuistiken haben eine grössere Aussagekraft bezüglich fetotoxischer als teratogener Wirkungen.

3. **Register** wurden eingerichtet, um möglichst alle Schwangerschaften unter einem bestimmten Medikament zu erfassen, unabhängig davon, ob Störungen beobachtet wurden oder nicht. Einige Untersucher beabsichtigten eine jahrelange Beobachtung der betreffenden Kinder zur Erfassung möglicher Spätschäden. Durch Vergleich des Zahlenverhältnisses beeinträchtigter und unauffälliger Verläufe mit der allgemeinen Mißbildungsrate versucht man, das Risiko einzuschätzen. Als Fehlerquelle ist zu vermuten, daß pathologische Befunde eher gemeldet werden als gesunde Kinder. Leider gibt es im psychopharmakologischen Bereich vorerst nur ein Lithium- und ein Carbamazepin-Register.

4. **Epidemiologische Untersuchungen** registrieren Mißbildungsquoten. Selbst wenn Einigkeit darüber besteht, was als "major" und "minor birth defect" definiert wird, um überhaupt eine Vergleichbarkeit zu erzielen, ist eine teratogene Wirkung erst faßbar, wenn bereits eine große Zahl von Kindern geschädigt ist. Dazu läßt sich folgende Berechnung anstellen: Wenn 6% der Schwangeren in Atlanta ein Medikament einnähmen, das das relative Risiko einer Lippen- oder Gaumenspalte vervierfacht, würde die Inzidenz dieser Anomalie 0,19: 1000 Geburten höher sein als ohne Einnahme. Eine solche Differenz ist geringer als die übliche jährliche Schwankung des Auftretens dieser Mißbildung in Atlanta. Ein ähnliches Beispiel geben BASS UND NEUBERT (1986).

5. **Retrospektive Studien** haben den Nachteil, daß sie sich auf – ungenaue – Erinnerungen der Mütter oder auch Krankenblätter stützen, die nicht unter dem Gesichtspunkt der späteren Fragestellung abgefaßt wurden. Deshalb geben sie meist nicht vollständig Auskunft zu den im Zusammenhang mit Kasuistiken aufgeführten Fragen.

6. **Prospektive Studien** sind daher die Methode der Wahl. Grundsätzliches ist zu diesem Thema bei HEINONEN et al. (1977) und BASS und NEUBERT (1986) zu finden.
Prinzipiell ist zu allen Untersuchungen außer den Tierexperimenten anzumerken, daß ungeklärt bleibt, ob die Beeinträchtigung des Kindes auf die Psychopharmakawirkung oder auf die damit behandelte Störung oder andere damit korrelierende Faktoren zurückzuführen ist. KULLANDER und KÄLLÉN (1976) stellten sowohl einen Zusammenhang zwischen Psychopharmakaeinnahme und späterem spontanen oder therapeutischen Abort fest, als auch zwischen einem erhöhten Verbrauch dieser Medikamente und ungewollter Schwangerschaft. In diese Richtung deutet auch das Fehlen einer solchen Korrelation zwischen Medikamenteneinnahme und Geburt eines toten oder mißgebildeten Kindes. Die Häufung von im 4. Schwangerschaftsmonat mit Psychopharmaka behandelten Frauen in der Gruppe späterer Fehlgeburten mag die Therapie des drohenden Abortes wiederspiegeln.

7. Vom **transplazentaren Übergang eines Psychopharmakons und seiner Konzentration in den fetalen Geweben** kann auf die Möglichkeit einer direkten Schädigung des Kindes geschlossen werden. Der Nachweis der fraglichen Substanz oder ihrer Abbauprodukte im kindlichen Kreislauf stützt die Hypothese eines Kausalzusammenhanges zwischen Medikamenteneinnahme und statistischer Häufung von Fehlbildungen. Abgesehen von meßtechnischen Problemen besteht die Möglichkeit einer indirekten Schädigung durch Beeinträchtigung des mütterlichen Organismus und seiner Funktionen. Beispielsweise könnte ein Medikament bei Schwangeren Erbrechen oder Störungen im Wasser-Elektrolyt-Haushalt hervorrufen und ausschließlich dadurch die Frucht gefährden. Der umgekehrte Fall ist allerdings ebenso denkbar. Zum Beispiel kann das ungeborene Kind durch die metabolischen Folgen einer psychiatrischen Erkrankung geschädigt werden, wie etwa Hungern bei schwerer Depression, Verwahrlosung und exzessives Umherwandern bei Schizophrenie oder körperliche Überanstrengung und Alkoholmißbrauch im Rahmen einer Manie.

8. Die **fetale Verstoffwechselung** von Medikamenten ist insofern von Interesse, als durch den langsamen Abbau durch den unreifen Organismus ein vor der Geburt eingenommenes Medikament auch nach der Entbindung noch einige Zeit toxisch wirken kann. Entzugserscheinungen treten aus demselben Grund gelegentlich mit Verspätung auf (THIELS 1980, 1987). Das heißt, daß auch bei niedrigem Serumspiegel im mütterlichen Organismus toxische Symptome beim Kind u.U. auf die höheren Konzentrationen in seinem Blut zurückzuführen sind.

9. **Chromosomenanalysen** können lediglich auf ein mögliches teratogenes Risiko hinweisen. Ob Keimzellen mit durch Psychopharmaka veränderten Genen überhaupt zur Befruchtung gelangen und ob eine solche Schwangerschaft zu einer Fehlgeburt oder zu einem geschädigten Kind führt, ist vorerst nicht bekannt. Ebensowenig weiß man, ob Genschädigungen nach beträchtlicher Latenzzeit zu einem erhöhten Krebsrisiko führen oder sich erst in folgenden Generationen auswirken.

15.3 Psychopharmaka und ihre möglichen Auswirkungen auf die Nachkommen

15.3.1 Neuroleptika

Phenothiazine

Teratogenität

Prospektive Untersuchungen

Eine prospektive Studie des Französischen Nationalen Instituts für Gesundheit und Medizinische Forschung (INSERM) fand in einer Stichprobe von 12764 Frauen an 12 Universitätskliniken mit 3,5 im Vergleich zu 1,6% häufiger Mißbildungen bei den Kindern, deren Mütter während der ersten drei Monate nach der letzten Menstruation Phenothiazine eingenommen hatten (RUMEAU-ROUQUETTE et al. 1977). TUCHMANN-DUPLESSIS (1978) hält diesen Anstieg der Mißbildungsrate nicht für relevant und weist darauf hin, daß die Mißbildungsrate in der Kontrollgruppe mit 1,6% unter der von etwa 3% in den meisten westlichen Ländern liegt. Zwei der elf mißgebildeten Kinder aus der Phenothiazin-Gruppe hatten Herzfehler. Eine Unterteilung nach der chemischen Struktur ergab einen Anstieg der Mißbildungsrate lediglich nach Einnahme von Phenothiazinen mit einer aliphatischen Seitenkette mit drei Kohlenstoffatomen. Dazu gehören Azetylpromazin, Trimeprazin, Chlorpromazin, Methotrimeprazin und Oxomemazin. Allerdings hatten auch wesentlich mehr Frauen (n=133) diese Medikamente eingenommen, als eines aus den anderen drei chemischen Gruppen, nämlich mit einer aliphatischen Seitenkette von zwei Kohlenstoffatomen, einer Piperazin- oder Piperidinseitenkette. Außerdem hatten drei der vier Mütter, die nach Chlorpromazinbehandlung mißgebildete Kinder zur Welt brachten, zusätzlich ein weiteres Phenothiazinpräparat eingenommen, eines aus jeder chemischen Gruppe. Daher liegt für diese Medikamente nur jeweils ein Fall von Kombinationstherapie vor. Weiterhin hatte eines der Chlorpromazinkinder als Mißbildung einen Mikrozephalus, wie zwei seiner fünf Geschwister. In einem anderen Fall muß man wegen des ungünstigen Verlaufs früherer Schwangerschaften (zwei Frühgeburten, eine Abruptio, ein Spontanabort und eine Extrauteringravidität) auch an andere Mißbildungsursachen denken als die Wirkung von Chlorpromazin und/oder Pipamizin.

Nach diesen, die Bedenken gegen eine Neuroleptika-Therapie in der Frühgravidität einschränkenden Anmerkungen, muß man andererseits aber bemerken, daß Phenothiazine nicht zur Therapie oder Verhütung psychotischer Erkrankungen eingenommen wurden, sondern gegen Schlaflosigkeit, Erbrechen, Angst, Depressionen und Allergie. Dosis und Einnahmedauer waren also vermutlich nicht mit den in der Psychiatrie üblichen vergleichbar.

In einer prospektiven Studie an 12 Universitätskliniken in den Vereinigten Staaten waren die Mißbildungsraten insgesamt bei 1309 Kindern, deren Mütter während des ersten Trimenons mit Phenothiazinen behandelt worden waren, ähnlich wie bei den 48973 Kontrollen (SLONE et al. 1977). Der Zusammenhang zwischen Phenothiazineinnahme und kardiovaskulären Mißbildungen war nicht signifikant. Bei 41337 Mutter-Kind-Paaren unterschieden sich die perinatale Sterblichkeit und das durchschnittliche Geburtsgewicht nicht in Abhängigkeit von der Phenothiazineinnahme, ebenso wenig wie der Intelligenz-Quotient, der bei 28858 Kindern im Alter von vier Jahren gemessen wurde. In Anbetracht der großen Zahl phenothiazinexponierter Kinder muß man vermuten, daß die meisten Frauen Phenothiazine nur in geringen Dosen und möglicherweise nur für kurze Zeit gegen Schwangerschaftserbrechen, Schlafstörungen und andere neurotische Beschwerden einnahmen. Aus den bisher genannten Zahlen läßt sich noch nicht schließen, ob antipsychotische oder auch nur Erhaltungsdosen nach einer psychotischen Episode ebenso wenig nachweisbaren Einfluß auf den Ausgang der Schwangerschaft hätten.

Diese Frage wird durch die Untersuchung der 93 Kinder schizophrener Eltern der Bostoner Untersuchungsgruppe der eben beschriebenen Collaborative Parinatal Study (Rieder et al. 1975) teilweise beantwortet. Unter ihnen waren sieben Fälle von fetalem oder Neugeborenentod und sieben Fälle unter den 186 Kontrollen, die bezüglich Rasse, Zahl der Feten, sozioökonomischem Status, Alter und früheren Schwangerschaften der Mutter parallelisiert waren. In der Gruppe von Schwangerschaften schizophrener Frauen wurde kein bedeutsamer Zusammenhang zwischen der Einnahme von Phenothiazinen und fetalem Tod festgestellt. Dagegen war die Korrelation zwischen Schwere der elterlichen Schizophrenie und fetalem Tod größer. Leider kann eine Studie dieser Größe wegen der starken jährlichen Schwankungen von Mißbildungsraten keine Aufschlüsse über nicht zum Tode führende Teratogenität geben (siehe dazu auch Bass und Neubert 1986).

In einer deutschen Studie wurde bei 81 Schwangerschaften unter Neuroleptikabehandlung kein Inzidenzanstieg von Fehl- und Frühgeburten, perinatalem Tod, niedrigem Geburtsgewicht und Mißbildungen festgestellt (Koller 1983). Bedauerlicherweise fehlen Angaben über Art und Dosis des verwendeten Neuroleptikums sowie über den genauen Zeitraum innerhalb des ersten Trimenons, in dem es eingenommen wurde. Es bleibt daher offen, ob – und wenn welche – Neuroleptika sich zur Behandlung in der Frühschwangerschaft eignen.

Retrospektive Untersuchungen

Moriarity und Nance von Smith Kline and French (1963) fanden eine ähnliche Inzidenz von Totgeburten und Mißbildungen bei den Kindern von 480 Frauen, die während der Schwangerschaft mit Trifluoperazin behandelt worden waren, wie in der Gruppe, deren 8412 Mütter dieses Medikament nicht eingenommen hatten. Allerdings wurde das Neuroleptikum in 87% der Fälle gegen Übelkeit und Erbrechen verordnet und bei den übrigen 13% wegen leichter neurotischer Beschwerden, also vermutlich nicht in antipsychotischen Dosen. Verglichen wurde mit Daten von 1958, die ebenso wie die Fälle von 14 Geburtshelfern und Hausärzten, die 1958 bis 59 an der klinischen Testung von Trifluoperazin teilgenommen hatten, zusammengetragen worden waren.

Eine Zusammenfassung weiterer, methodisch in vieler Hinsicht unzulänglicher Untersuchungen gibt Thiels (1980, 1987).

Falldarstellungen

Bei zwei Neugeborenen mit dem Syndrom des kleinen-linken-Colons nach Einnahme mehrerer Medikamente während der Schwangerschaft, die meisten zur Behandlung von Schizophrenie, könnte Benztropin im ersten und Doxepin und Biperiden im zweiten Fall zusammen mit Chlorpromazin anticholinerg gewirkt haben.

Rafla (1987) berichtet über zwei Fälle angeborener Mißbildungen nach dem erfolgreichen antiemetischen Einsatz von Stemetil während der ersten 12 Schwangerschaftswochen. Das eine Kind wurde mit einer "Armamputation" unterhalb des Ellbogens und einer an diesem Stumpf sitzenden kleinen atrophischen Hand geboren, das andere mit einer "Beinamputation" unterhalb des Knies mit einem rudimentären Fuß am Stumpf. Es lagen keinerlei Hinweise auf amniotische Abschnürungen oder Besonderheiten der Plazenta vor.

Eine Übersicht weiterer Falldarstellungen findet sich bei Thiels (1980, 1987).

Nebenwirkungen auf das Neugeborene

Falldarstellungen

Sieben Kasuistiken lassen vermuten, daß extrapyramidale Störungen oder Entzugserscheinungen bei Kindern, deren Mütter in der Spätschwangerschaft mit hohen Phenothiazindosen behandelt wurden, bis zu 10 Monate andauern können (Thiels 1980, 1987). Bei zwei Geschwistern dauerte die neurologische Störung bei jenem länger, der pränatal höheren Phenothiazindosen ausgesetzt war. Diphenhydramin wurde mit gewissem Erfolg bei vier der genannten Säuglinge angewandt und Phenobarbital bei einem. Eine mehrere Tage andauernde abnorme Apathie wurde bei einem Neugeborenen beobachtet, dessen Mutter bis zu 1800 mg Chlorpromazin täglich von der 36. Schwangerschaftswoche an erhielt. Leichte Kontraktionsdeformitäten bei der Geburt können als Folge überdosierungsbedingter ungenügender Kindsbewegungen, die von der Schwangeren bemerkt und mit serieller Sonographie dokumentiert wurden, interpretiert werden.

Ein cholestatischer Ikterus während der ersten zwei Lebenswochen ist in Abwesenheit anderer möglicher Ursachen wahrscheinlich auf die Einnahme von 400 mg Chlorpromazin täglich während des letzten Trimenons bzw. 200 mg während des letzten Schwangerschaftsmonats zurückzuführen

Steldinger und Müller-Oerlinghausen (1988) dagegen beschreiben die völlig ungestörte intra- und extrauterine Entwicklung eines Kindes, dessen Mutter während der 25. und 26. Schwangerschaftswoche mit 20 mg Haloperidol i.v. behandelt wurde, danach bis nach der Entbindung mit 400 bis 900 mg Perazin pro die. Die Ergebnisse regelmäßig bis zum 5. Lebensjahr durchgeführter neuropädiatrischer Untersuchungen sowie von Intelligenz- und Sprachentwicklungstests im Alter von 4 Jahren, lagen im Normbereich.

Nebenwirkungen auf das gestillte Kind

Blacker et al. (1962) schließen aus einem einzigen Fall, daß Chlorpromazin-behandelte Mütter ihr Kind unbesorgt stillen können. Nach einer oralen Einzeldosis von 1200 mg war der höchste Spiegel in der Muttermilch weniger als halb so hoch wie im Plasma, was einem Bruchteil der pädiatrisch empfohlenen Dosis entspricht. Kein Chlorpromazin wurde in der Morgenmilch nachgewiesen, nachdem die Patientin eine Woche lang zweimal täglich 600 mg Chlorpromazin eingenommen hatte. Keine Auffälligkeiten in der Entwicklung wurden bei diesem Säugling für 18 Tage und bei vier weiteren sieben Wochen bis drei Monate lang von mit Chlorpromazin behandelten Müttern gestillten beobachtet. Allerdings wurden bei einigen nicht näher beschriebenen Säuglingen, die via Muttermilch Neuroleptika ausgesetzt waren, Sonnenausschlag und ein Ekzem gesehen, wie man sie von Phenothiazin-behandelten Erwachsenen kennt.

Chromosomenanalysen

Zusammenfassungen der höchst widersprüchlichen Untersuchungsergebnisse zur Mutagenität von Phenothiazinen finden sich in den Übersichten von Thiels (1980, 1987).

Butyrophenone

Teratogenität

Retrospektive Untersuchungen

Über Butyrophenone liegen nur retrospektive Studien vor. Bei den 38 Kindern, die in den frühen siebziger Jahren in Atlanta mit schweren Gliedmaßenmißbildungen zur Welt kamen, hatte keine der Mütter – laut eigenen Angaben oder Unterlagen des Krankenhauses und niedergelassener Geburtshelfer – Haloperidol eingenommen.

Falldarstellungen

Eine fokomele Ektromelie nach Einnahme von 1–1,5 mg Haloperidol täglich vom 28. bis 38. Schwangerschaftstag, also während der Gliedmaßenentwicklung, ist bekannt. Etwa eine Woche nach Konzeption erhielt die Mutter 175 mg Hydroxyprogesteron-retard.

Zwei weitere Fälle schwerer Mißbildungen nach pränataler Haloperidolexposition führt Thiels (1980, 1987) auf.

Schlußfolgerungen

Zusammenfassend kann gesagt werden, daß es wegen der bestehenden Unklarheit wahrscheinlich empfehlenswert ist, bei Schwangeren auf eine Erhaltungsmedikation nach einer schizophrenen Episode zu verzichten und bei floriden Psychosen lieber eine Aufnahme auf einer geschlossenen Station in Kauf zu nehmen, um die Neuroleptika-Dosis so gering wie möglich zu halten. Bei Manien in der Frühschwangerschaft sind Neuroleptika Lithium sicherlich vorzuziehen, da dies sehr wahrscheinlich das Risiko eines angeborenen Herzfehlers erhöht, insbesondere das der Epstein-Anomalie (siehe unten). Empfängnisverhütung, wie sie wegen des Risikos einer angeborenen Herzmißbildung für lithiumbehandelte Frauen empfohlen wird, ist bei Neuroleplikaeinnahme nicht erforderlich, hormonelle Kontrazeption bei übergewichtigen Raucherinnen wegen der kardiovaskulären Risiken sogar eher bedenklich. Bisher ist eine Teratogenität von Neuroleptika nicht nachgewiesen, allerdings auch nicht ausgeschlossen worden. Falls eine Patientin eine Schwangerschaft plant – was sie ja sinnvollerweise nur im psychosefreien Intervall tun sollte – wäre das Absetzen einer neuroleptischen Erhaltungsmedikation bis zum Ende des ersten Trimenons anzuraten. Der Frage nach den Auswirkungen psychiatrischer Erkrankungen der Mutter auf ihr(e) Kind(er) soll hier nicht nachgegangen, sondern lediglich auf weiterführende Literatur verwiesen werden (Brockington und Kumar 1982, Rutter 1966, Thiels und Kumar 1987).

Tabelle 15.1. Klinische Untersuchungen zur Teratogenität von Neuroleptika

Autor(en)	**Methode**	**Medikament**	**Ergebnisse**	**Kommentar**
Rumeau-Rouquette et al. (1977)	Prospektive Studie des INSERM 12.764 Frauen an 12 Unikliniken	Phenothiazine	mit 3,5 im Vergleich zu 1,6% häufiger Mißbildungen bei exponierten Kindern	Anstieg der Mißbildungsrate vermutlich nicht relevant; Begründung s. S. 356
Rieder et al. (1975)	93 schizophrener Eltern, Kontrollen 168 Kinder, bez. Rasse, Zahl der Feten, SÖS, Alter, und frühere Schwangerschaften der Mutter parallelisiert	Phenothiazine	kein Zusammenhang zw. Einnahme und fetalem Tod	Korrelation zwischen Schwere der elterlichen Schizophrenie und fetalem Tod größer
Slone et al. (1977)	Prospektive Studie 1309 Kinder 1. Trimenon	Phenothiazine	Zusammenhang zw. P.-Einnahme und kardiovaskulärer Mißbildung nicht signifikant, Geburtsgewicht und IQ unbeeinflußt	Vermutlich meist keine antipsychotische Dosierung
Koller (1983)	Prospektive Studie 81 Schwangerschaften	Neuroleptika	Kein Inzidenzanstieg von Fehl- und Frühgeburten, perinatalem Tod, niedrigem Gewicht und Mißbildungen	Keine Angaben über Art und Dosis der Neuroleptika sowie Zeitraum innerhalb des 1. Trimenons
Moriarity and Nance (1963)	Retrospektive Studie 480 ambulante Patientinnen 8412 Kontrollen	Trifluoperazin	ähnliche Inzidenz von Totgeburten und Mißbildungen in beiden Gruppen	keine Parallelisierung der Kontrollen, Behandlung in 87% gegen Übelkeit und Erbrechen, in 13% wegen leichter neurot. Beschwerden

(Fortsetzung siehe S. 360)

Tabelle 15.1. Fortsetzung

Autor(en)	**Methode**	**Medikament**	**Ergebnisse**	**Kommentar**
RAFLA (1987)	Kasuistik; 2 Kinder, antiemetischer Einsatz während der ersten 12 Schwangerschaftswochen	Stemetil	1 Kind mit "Armamputation" 1 Kind mit "Beinamputation"	Kein Hinweis auf Abschnürungen oder Besonderheiten der Plazenta
Übersichtsarbeiten THIELS (1980, 1987)	7 Kasuistiken Hohe Dosis in der Schwangerschaft	Phenothiazine	extrapyramidale Störungen und Entzugserscheinungen	
	Kasuistik 1 Neugeborener, 1800mg C./Tag ab 36. Schwangerschaftswoche	Chlorpromazin	abnorme Apathie über mehrere Tage	Kontraktionsdeformitäten bei Geburt Folge überdosierungsbedingter ungenügender Kindsbewegungen
	Kasuistik: 1–1,5mg/Tag vom 28.–38. Schwangerschaftstag	Haloperidol	Fokomele Ektromelie	ca. 1 Woche nach Konzeption 175mg Hydroxyprogesteron
STEIDINGER und MÜLLER-OERLINGHAUSEN (1988)	Kasuistik: 25. u. 26. Schwangerschaftswoche 20mg H., danach 400–900mg P/Tag	Perazin und Haloperidol	ungestörte intra- und extrauterine Entwicklung bis 5. Lebensjahr	
BLACKER et al. (1962)	Kasuistik 1 Woche 2mal/Tag 600mg einer stillenden Mutter	Chlorpromazin	Keine Auffälligkeiten in der Entwicklung des Säuglings für 18 Tage	Bei einigen anderen Säuglingen, die via Muttermilch Neuroleptika ausgesetzt waren: Sonnenausschlag und Ekzem

Zusammenfassung

Mit einer Ausnahme haben umfangreiche Untersuchungen keine Hinweise auf teratogene Eigenschaften von Neuroleptika ergeben, die allerdings vermutlich in den meisten Fällen nicht in derzeit in der westlichen Welt üblichen antipsychotischen Mengen eingenommen wurden. Kasuistiken lassen vermuten, daß toxische und Entzugserscheinungen beim Neugeborenen durch eine Reduktion hoher Neuroleptikadosen gegen Ende der Schwangerschaft vermieden werden können. Die Gefahren einer unzureichend behandelten Psychose für Mutter und Kind müssen abgewogen werden gegen mögliche Nebenwirkungen für das Neugeborene, nämlich extrapyramidale Störungen, cholestatischer Ikterus, Entzugserscheinungen und leichte Kontraktionsdeformitäten wegen geringer fetaler Bewegung durch Überdosierung. Während manischer Zustände sind Neuroleptika einer Behandlung mit Lithium vorzuziehen wegen der Gefahr von mit diesem Salz verbundenen angeborenen Herzfehlern. Mütter, die mit Chlorpromazin behandelt werden, können ihre Kinder stillen, solange diese nicht ungewöhnlich schläfrig werden oder einen Ausschlag bei Sonnenbestrahlung oder ein Ekzem entwickeln, wie es bei Chlorpromazin-behandelten Erwachsenen beobachtet wurde, oder andere Symptome zeigen, die von pränatal Neuroleptika-Exponierten bekannt sind. Empfängnisverhütung bei Neuroleptikabehandlung scheint nicht erforderlich.

15.3.2 Antidepressiva

Trizyklika

Mißbildungen

Retrospektive Untersuchungen

1972 rief ein Leserbrief über ein Kind mit Amelie und zwei mit ähnlichen Mißbildungen ein Rauschen im journalistischen und wissenschaftlichen Blätterwald hervor. Die Gliedmaßenmißbildungen wurde auf die Einnahme von Imipramin während der Schwangerschaft zurückgeführt. Später lastete der Leserbriefautor sieben Fälle von Dysmelie trizyklischen Antidepressiva an. In Interviews sagten alle Mütter, daß sie vier bis 25 verschiedene Medikamente während der Schwangerschaft eingenommen hätten. Eine nahm Nortriptylin zu einer Zeit, die wahrscheinlich für die Gliedmaßenentwicklung unbedeutend ist. Zwei nahmen ein trizyklisches Antidepressivum (eine Amitriptylin und eine Imipramin) zwischen dem 4. und 28. Tag nach Konzeption. In den per Computer gespeicherten Krankengeschichten zweier großer Krankenhäuser in Adelaide fanden sich fünf Fälle von Dysmelie unter 23688 Geburten im Zeitraum von 1968–72. Alle fünf Mütter wurden einzeln befragt. Keine hatte ein trizyklisches Antidepressivum während der Schwangerschaft eingenommen.

In keinem der neun Fälle von Dysmelie, die dem australischen Register seit 1964 gemeldet wurden, war die Einnahme von Imipramin während der Schwangerschaft dokumentiert.

Das United Kingdom Committee on Safety of Medicines registrierte nur einen Fall von Dysmelie in den ersten acht Jahren nach der Einführung von Imipramin, der möglicherweise mit der Einnahme dieses Medikaments zusammenhing. In keinem der 30 Fälle von Imipraminbehandlung während der Frühschwangerschaft, die dem Australian Drug Evaluation Committee bekannt wurden, trat irgend eine Art von fetaler Mißbildung auf.

Auch anhand von sieben weiteren, teilweise sehr umfangreichen, Untersuchungen läßt sich ein teratogenes Risiko weder demonstrieren noch mit Sicherheit widerlegen (Thiels 1980, 1987).

Kasuistiken

Es liegen zwar einige Berichte über schwere Mißbildungen nach Amitriptylin, Nortriptylin bzw. Tranylcypromin-Einnahme vor. Aber in allen Fällen wurde während dieser Zeit noch mindestens ein weiteres Medikament verabreicht, so daß sich Rückschlüsse auf die Teratogenität der genannten Antidepressiva verbieten.

Eine nach Absetzen von 25–75 mg Dothiepin täglich reversible fetale Tachyarhythmie wurde in der 37. Schwangerschaftswoche nach drei Wochen Gewichtsstillstand mit geringem Wachstum entdeckt. Da Tachykardie eine bekannte Nebenwirkung von Trizyklika ist und diese bei Feten zu intrauterinem Herzversagen führen kann, empfiehlt sich der Einsatz dieser Medikamente in der Schwangerschaft nur bei dringender Indikation.

Nebenwirkungen auf das Neugeborene

Kasuistiken

Drei Neugeborene, die während der gesamten Schwangerschaft Imipramin bzw. während der letzten beiden Trimester Clomipramin ausgesetzt waren, litten während der ersten sechs bzw. zehn Lebenstage an Atem-, Kreislauf- und neurologischen Störungen. Die Mutter des Kindes mit Neugeborenenkrämpfen hatte außer 50 mg Imipramin 200 mg Amylobarbiton und 50 mg Levomepromazin täglich während der ganzen Schwangerschaft eingenommen. Diese und eine ähnliche Beobachtung nach Desimipramin-Behandlung während der Schwangerschaft lassen sich als Entzugssymptomatik deuten.

Vree und Zwart (1985) berichten über starke Schläfrigkeit und geringe Reaktion auf Stimuli bei einem Neugeborenen, dessen

Mutter während der ganzen Schwangerschaft ein Kombinationspräparat von 25 mg Amitriptylin und 2 mg Perphenazin 2–3 mal täglich und 400–600 mg Carbamazepin pro Tag eingenommen hatte. Neun Stunden nach der Geburt waren der Carbamazepinspiegel bei Mutter und Kind subtherapeutisch, der Amitriptylinspiegel dagegen bei der Mutter leicht und beim Kind schwer toxisch. Nach Physostigmingabe verschwand die Schläfrigkeit und die Reflexe kehrten wieder.

Ein Junge, dessen Mutter während der gesamten, sonst unkomplizierten Schwangerschaft zwei Mal 25 mg Clomipramin täglich eingenommen hatte, neigte während der ersten vier Lebenstage zur Hypothermie. Vom zweiten Tag an wurde er für 48 Stunden zittrig, möglicherweise durch den Antidepressivaentzug. Seine Clomipramin-Serumspiegel lagen bei 20 g/l am ersten und dritten Lebenstag. Die entsprechenden Werte für das aktive Abbauprodukt Chlordesimipramin waren höher (116 und 96 g/l).

Zwei ähnliche Fälle von Lethargie, Zyanose, Tachypnoe und respiratorischer Azidose während der ersten Lebenstage sowie Zuckungen, Tremor, abnorme Bewegungsmuster, Wechsel von Hyper- und Hypotonie, Tachypnoe und Trinkschwierigkeiten während der folgenden Tage traten auf, nachdem die Mütter wegen endogener Depression während der ganzen Schwangerschaft mit 100 bzw. 200 mg Clomipramin täglich behandelt worden waren. Im ersten Fall bildeten sich die neurologischen Symptome nach einigen Tagen Phenobarbitalbehandlung zurück, aber Tachypnoe und Trinkschwäche hielten für 16 Tage an. Im zweiten Fall verschwanden alle Symptome allmählich innerhalb einer Woche Phenobarbitaltherapie.

Neugeborenenkrämpfe nach Clomipraminbehandlung in den letzten sieben Schwangerschaftswochen bzw. Clomipramin- und Flurazepameinnahme während der ganzen Schwangerschaft traten während eines steilen Abfalls der Clomipramin- und Desmethylclomipraminkonzentration im Serum der Säuglinge auf. Im zweiten Fall verhinderte Clomipramin in absteigender Dosis weitere Anfälle. Die mütterlichen Serumspiegel von Clomipramin und Desmethylclomipramin zusammen betrugen im ersten Fall zweieinhalb Tage nach der Entbindung 610 g/l und im zweiten Fall 24 Stunden nach der Niederkunft 549 g/l, d. h. sie lagen oberhalb des empfohlenen therapeutischen Bereichs von 200–500 g/l.

Eine während der ersten vierzig Lebensstunden andauernde Harnverhaltung läßt sich mit der anticholinergen Wirkung des während der Schwangerschaft in Dosen von 4 × 25 mg täglich bis zwölf Stunden vor der Geburt eingenommenen Nortriptylins erklären. Unterstützt wird diese Deutung durch die bei einem Neugeborenen gemessene Plasmaspiegel-Halbwertszeit von 56 Stunden gegenüber 17 Stunden bei der Mutter, die einen Tag vor der Entbindung eine Überdosis von 1,5–1,75 g Nortriptylin eingenommen hatte. Hohe Konzentrationen des Metaboliten 10-Hydroxy-Nortriptylin wurden bis zum vierten Lebenstag im Urin des Kindes nachgewiesen. Bis zum dritten Lebenstag fanden sich elektrokardiographische Veränderungen, die denen von trizyklikaintoxikierten Erwachsenen glichen. Eine Muskelhypotonie hielt etwa 24 Stunden an.

Nebenwirkungen auf das gestillte Kind

Ende der 70er Jahre entbrannte ein Streit über die möglichen Gefahren des Stillens durch eine Trizyklika einnehmende Frau. Anfängliche Behauptungen, daß diese Medikamente nicht in die Muttermilch übergingen, stützten sich auf Untersuchungen nach maximal fünftägiger Einnahme, ein dem klinischen Alltag wenig angemessenes Modell. Später konnten Amitritylin und Nortriptylin in der Milch von antidepressiv behandelten Frauen in Plasmaspiegel ähnlichen Konzentrationen nachgewiesen werden, was für einen passiven Übergang

Tabelle 15.2. Klinische Untersuchungen zur Teratogenität von Antidepressiva

Autor(en)	Methode	Medikament	Ergebnisse	Kommentar
Australian Drug Evaluation Committee	Register: 30 Frühschwangerschaften	Imipramin	keine fetale Mißbildung	
Übersichtsarbeiten Thiels (1980, 1987)	Kasuistik 25–75mg/Tag bis 37. Woche	Dothiepin	Nach Absetzen reversible fetale Tachyarrhythmie, nach 3 Wochen Gewichtsstillstand u. geringes Wachstum	Der Einsatz von Trizyklika empfiehlt sich nur bei dringender Indikation
	Kasuistiken: 3 Neugeborene während ges. Schwangerschaft I., in letzten beiden Trimestern C.	Imipramin plus Clomipramin	neurologische Störungen	Mutter hatte außer I. auch Ethylsoanylureum und Levomepromazin genommen
	Kasuistik: 1 Kind, 25mg/Tag ges. Schwangerschaft	Clomipramin	in ersten 4 Lebenstagen Hypothermie und ab 2. Tag zittrig	
Vree und Zwart (1985)	Kasuistik 1 Neugeborener, täglich 400–600mg C., 25mg A. und 2mg P. 2–3mal/Tag	Carbamazepin, Amitriptylin, Perphenazin	starke Schläfrigkeit, geringe Reaktion auf Stimuli, 9 Std. nach Geb. C-Spiegel subtherap., A-Spiegel b. Mutter leicht, b. Kind schwer toxisch	Nach Physostigmingabe verschwand Schläfrigkeit und Reflexe kehrten wieder
Sovner und Orsulak (1979)	Kasuistik: Einnahme erst nach Entbindung	Amitriptylin	keine Auffälligkeiten	keine pränatale Enzyminduktion
Übersichtsarbeiten Thiels (1980, 1987)	Kasuistik 4mal 25mg während der Schwangerschaft	Nortriptylin	Harnverhaltung während ersten 40 Lebensstunden	anticholinerge Wirkung
	Kasuistik Überdosis von 1,5–1,75g am Tag vor Entbindung	Nortriptylin	EKG Verändg. wie bei Erwachsenen unter T., Halbwertzeit 56 Std. bei Neugeb., 17 Std. bei Mutter	
Bader und Newman (1980)	Konzentrationsbestimmung in Muttermilch und Serum von Müttern und gestillten Säuglingen	Amitriptylin	ähnl. Konzentration in Milch u. mütterl. Serum. Kein Antidepressivum im kindl. Serum nachweisbar	Nachweisbarkeitsgrenze 18ng/ml
Übersichtsarbeiten Thiels (1980, 1987)	Kasuistik 2 Neugeborene 100 u. 200mg während ges. Schwangerschaft	Clomipramin	Entzugssymptome	Rückbildung unter Phenobarbital
	Kasuistik 2 Neugeborene C. während letzter 7 Wo. bzw. ganzer Schwangerschaft	Clomipramin	Neugeborenenkrämpfe während steilen Abfalls des C.- u. Desmethylspiegels	Im 2. Fall auch Flurazepameinnahme während der ges. Schwangerschaft. Clomipramin verhinderte weit. Anfälle

spricht (Bader und Newman 1980). Im Serum der gestillten Säuglinge dagegen fanden sich keine Trizyklika, was in Anbetracht der aufgenommenen Menge und der Nachweisbarkeitsgrenze von 28 ng/ml nicht verwundert, aber wegen der Besorgnis mancher Autoren, daß das Medikament akkumulieren könnte, die Untersuchung wert war. Bei dem von Sovner und Orsulak (1979) beschriebenen Säugling konnten weder die Mutter noch der Kinderarzt körperliche oder Verhaltensänderungen feststellen, obwohl keine pränatale Exposition stattgefunden hatte und damit auch nicht von einer zu Beginn des Stillens bereits etablierten Enzyminduktion ausgegangen werden kann.

Schlußfolgerungen
Bislang konnte eine mögliche Teratogenität von Antidepressiva weder belegt noch mit Sicherheit ausgeschlossen werden, so daß während des ersten Trimenons Vorsicht geboten ist. Wegen der wiederholt bei Neugeborenen beobachteten toxischen Effekten sowie Entzugserscheinungen, insbesondere nach Clomipramin-Einnahme, empfehlen sich Dosisreduktion oder schrittweises Absetzen trizyklischer Antidepressiva gegen Ende der Schwangerschaft, zumal sie vom unreifen Organismus nur langsam abgebaut werden. Trizyklika gehen zwar – vermutlich passiv – in die Muttermilch über, werden aber vom Säugling in so geringen Mengen aufgenommen, daß sie in seinem Serum nicht nachgewiesen werden konnten. Daher sollte Müttern nicht vom Stillen abgeraten werden, solange sich kein Anhalt für eine unerwünschte Arzneimittelwirkung ergibt.

15.3.3 Lithium

Teratogenität
Prospektive Untersuchungen
Es liegt vorerst nur eine kurze Kongreßzusammenfassung über eine prospektive Studie vor (Cunniff et al.1988). Achtundzwanzig Kinder mit Lithium behandelter manisch-depressiver Frauen wurden von der Frühschwangerschaft bis kurz nach der Geburt verfolgt. Zwei hatten "nicht triviale" Mißbildungen, nämlich eine lumbale Myelomeningozele und eine einseitige Leistenhernie. Herzfehler wurden nicht gefunden. Die Autoren leiten aus dieser kleinen Fallzahl ohne Kontrollgruppe ab, daß Lithium ein viel weniger potentes Teratogen sei als bisher angenommen, eine Meinung, die wegen methodischer Mängel und der hohen Mißbildungrate in der berichteten Untersuchung nicht haltbar ist.

Retrospektive Studien
Eine umfassende Abhandlung dieses Problems legte Weinstein (1980) vor. 1970 begann er, zunächst in Zusammenarbeit mit Schou in Dänemark, Villeneuve in Kanada und Goldfield in den USA ein Register aller Schwangerschaften zusammenzutragen, in denen zumindest während des ersten Trimenons Lithium eingenommen wurde, und zwar unabhängig von möglichen Störungen. Von 225 Neugeborenen waren 25 mißgebildet (siehe auch Tabelle 15.3).
Wegen der Tendenz retrospektiver Untersuchungen, vermehrt Störungen zu berichten, kann der Verdacht eines erhöhten Mißbildungsrisikos bei Lithiumexposition (11 im Vergleich zu 3–7% in der Allgemeinbevölkerung) weder eindeutig bestätigt noch gar widerlegt werden. Auffallend ist aber, daß die Ebstein-Anomalie 150mal häufiger bei den dem Register Gemeldeten auftritt als allgemein unter mißgebildeten Kindern und kardiovaskuläre Mißbildungen jeder Art 6mal häufiger erscheinen. Einige der mißgebildeten Kinder, auch solche mit Herz- und Gefäßanomalien, waren während der Schwangerschaft außer Lithium anderen Psychopharmaka ausgesetzt. Bei einer Einnahme von Lithium nach den ersten zwei Schwangerschaftsmonaten zeigt

Tabelle 15.3. Lithium-Baby-Register (Weinstein 1980)

	Anzahl	%	Anmerkungen
Fälle im Register	**225**	**100,0**	
Mißgebildete Kinder	25	11,1	
Ebstein-Anomalie und andere Herzgefäßmißbildungen	18	8,0	Repräsentieren 72% aller gemeldeten mißgebildeten Kinder
Totgeburten	7	3,1	Eine der sieben hatte eine Atresie der Trikuspidalklappe
Down-Syndrom	2	0,9	Beide Mütter waren 38 Jahre alt
Intrazerebrale Toxoplasmose	1	0,4	

sich kein Zusammenhang mit dem Auftreten von Mißbildungen.

Dies wurde auch in einer Datenbanken-Verbundstudie von Kindern gefunden, die von 1973–79 zur Welt kamen und deren Mütter im selben Zeitraum wegen einer manisch-depressiven Erkrankung stationär behandelt wurden. Über 287 von 350 Schwangerschaften lag genügend Information vor. Lithium oder "Lithium und anderes Pharmakon" wurden während 41 bzw. 18 dieser Schwangerschaften eingenommen, wobei drei angeborene Herzfehler in der einen und einer in der anderen Gruppe festgestellt wurden. Von diesen vier Kindern starben drei, während das vierte mit seiner Transposition der großen Gefäße die Neugeborenenzeit überlebte. Keines litt an der Ebstein-Anomalie.

Da die Entbindung in einer Klinik mit diagnostischen und chirurgischen kinderkardiologischen Einrichtungen die Überlebenschancen verbessert, empfiehlt sich bei Lithiumeinnahme in der Frühschwangerschaft eine pränatale echokardiographische Untersuchung, die bereits vor der 20. Woche möglich ist.

Schou (1976) untersuchte 67 mindestens fünf Jahre alte Lithiumkinder nach, indem er den Psychiatern oder Allgemeinärzten, die sie dem Register als bei der Geburt mißbildungsfrei gemeldet hatten, Fragebögen zuschickte. Er erhielt über 60 der Index-Kinder Auskunft. Als Kontrollgruppe dienten die durchschnittlich 12 Jahre alten Geschwister, die nicht intrauterin Lithium ausgesetzt waren. Bei zehn der Lithium-(17%) und sechs der Vergleichskinder (11%) wurden leichte bis mittlere Entwicklungsstörungen gefunden, Pubertätskrisen ausgenommen, weil diese nur die Kontrollgruppe betreffen konnten. Der Unterschied ist statistisch nicht signifikant, und die Probleme der Lithiumkinder erschienen weniger schwerwiegend und häufiger vorübergehend als die der Geschwister.

Falldarstellungen

Schwere funktionelle Störungen des Herz-Kreislauf-, renalen und neuromuskulären Systems traten bei einem Neugeborenen auf, dessen Mutter 1200 mg Lithiumcarbonat, 150 mg Chlorpromazin und 150 mg Orphenadrin täglich während der gesamten Schwangerschaft eingenommen hatte. In der 35. Woche entwickelte sich ein Hydramnion und, zwei Wochen später, eine akute Lithiumintoxikation (Lithium-Serumspiegel 2,6 mEq/l), woraufhin alle Medikamente abgesetzt wurden. Im Alter von einem Jahr waren das Herz-Kreislaufsystem und die Nierenfunktion des Kindes normal, aber seine motorische Entwicklung verzögert.

Bei einem Neugeborenen, dessen Mutter 1600 mg Lithium täglich während der ersten sechs Schwangerschaftsmonate und 2400 mg pro Tag während des letzten Trimerons einnahm (Serumspiegel 0,57 bzw 1,5 mEq/l) fand sich ein isoliertes Vorhofflimmern. Im Alter von drei Monaten war das Baby gesund und sein Sinusrhythmus stabil. Deshalb empfiehlt es sich, alle Säuglinge, deren Mütter während der Schwangerschaft mit Lithium behandelt wurden, elektrokardiographisch zu untersuchen. Sinnvoll für alle Lithium-Babies ist auch echokardiographisches Screening, eine sehr genaue, nicht invasive Diagnostik, mit der ein Fall von Ebstein-Anomalie festgestellt wurde.

Drei weitere Fälle von Herzfehlern sind bekannt (siehe die Übersichten von Thiels 1980, 1987), darunter eine Ebstein-Anomalie nach ausschließlich Lithiumcarbonat und ein Neugeborenes mit schwerer Trikuspidalinsuffizienz, Vorhofflattern und Rechtsherzversagen, bei dem sich ein normaler Sinusrhythmus während des Katheterisierens einstellte. Im Alter von sechs Monaten war das Kind symptomfrei, von normaler Größe und Entwicklung. Die auskultatorische Untersuchung des Herzens und das EKG waren normal. Röntgenologisch zeigte sich auf der Thorax-Übersichtsaufnahme eine Abnahme der Herzgröße.

Das Kind einer manisch-depressiven Mutter, die während der ersten sechs Schwangerschaftswochen zweimal täglich 600 mg Lithiumcarbonat eingenommen hatte, kam mit einem die rechte Hand, Arm, rechte Seite des Rückens und die Brust bedeckenden "portweinroten Fleck" zur Welt.

Nebenwirkungen auf das Neugeborene

Messungen des Lithiumspiegels im Nabelschnurblut des Neugeborenen zeigen, daß er dem der Mutter gleicht (Weinstein 1980). Das bedeutet, daß Lithiumvergiftungen auch den Feten betreffen können. Gelegentlich wurden sogar bei mütterlichen Serumspiegeln im therapeutischen Bereich Anzeichen von Lithiumintoxikationen wie Herzarrhythmie, Hypertonie, Trinkschwierigkeiten und schwache Atmung bei Neugeborenen beobachtet. In einigen solchen Fällen scheint Diuretika-Einnahme und/oder Kochsalzrestriktion der Mutter eine Rolle gespielt zu haben.

Obwohl bisher nur zwei Lithium-Babies mit Kropf in der Literatur aufgetaucht sind, sollte die Schilddrüsenfunktion Lithium-behandelter Schwangerer überwacht und gegebenenfalls Thyroxin verschrieben werden, auch um die grundsätzlich denkbare Gefahr eines Kretinismus auszuschließen.

Außer den mit Sicherheit im Lithium-Baby-Register bereits berücksichtigten Kasuistiken liegen noch einige weitere vor: Eine Lithium-Vergiftung bei Mutter und Kind trat nach Einnahme von 1500 mg täglich während der Schwangerschaft auf. Der Lithium-Serumspiegel der Mutter stieg von 0,4 mEq/l während der Schwangerschaft auf 3,75 mEq/l in den ersten 24 Stunden nach der Entbindung, um dann innerhalb von neun Tagen auf null zu fallen. Das Kind litt an Tachykardie, Kardiomegalie, Atemnot und schwerer Hypotonie bei einem Lithium-Serumspiegel von 1,6 mEq/l am sechsten Lebenstag nach einer Blutaustauschstransfusion wegen Hyperbilirubinämie unbekannter Genese. Am 12. Lebenstag konnte kein Lithium mehr nachgewiesen werden. Bei einer Nachuntersuchung im Alter von zwei Monaten war der Säugling völlig gesund.

Eine Hypoglykämie während der ersten drei Lebenstage trotz intravenöser Glukosezufuhr wird mit dem Einfluß von Lithium auf den Glukosestoffwechsel in Verbindung gebracht, worüber allerdings bislang sehr widersprüchliche und unvollständige Angaben vorliegen (Müller-Oerlinghausen et al. 1979).

Auswirkungen des Stillens

Die Lithiumkonzentration in der Muttermilch beträgt gewöhnlich 30–100% des mütterlichen Serumspiegels. Die Serumkonzentration gestillter Kinder liegt bei 10–50% dessen ihrer Mutter (Sykes et al. 1976). Bisher gibt es keinen Anhalt dafür, daß einige Wochen zusätzlicher Lithiumzufuhr nach fetaler Exposition das Risiko für Entwicklungsstörungen wesentlich erhöht. Die Gefahr toxischer Nebenwirkungen für das gestillte Kind ist schwerwiegender. Vorübergehende Störungen des Wasser- und Elektrolythaushaltes sind bei Säuglingen häufig und ihre Temperaturregulation ist instabil. Dehydrierung und Salzverlust können schnell zu einer Lithium-Vergiftung führen. Deshalb sollte bei Fieber, Unruhe oder einer Erkrankung mit dem Stillen ausgesetzt und die Frage einer Lithiumintoxikation abgeklärt werden. Andererseits bietet das Stillen immunologische und psychologische Vorteile für Kind, Mutter und häufig auch den Vater. Die Entscheidung über das Stillen durch die Lithium-behandelte Mutter sollte im ärztlichen Gespräch mit beiden Eltern gefällt werden.

Chromosomenanalysen

Zur Auswirkung von Lithium auf menschliche Chromosomen liegen sehr widersprüchliche Angaben vor (siehe die Übersichten von Thiels 1980, 1987). Banduhn et al. (1980) haben die Arbeiten über mögliche mutagene Wirkungen von Lithium umfassend und kritisch diskutiert. In ihrer eigenen Untersuchung an Lymphozyten von 77 Langzeit-Lithiumpatienten fanden sie Chromosomenveränderungen nicht häufiger als bei "historischen Kontrollen" aus ihrem eigenen Labor und der Literatur. Sie schlagen vor, beim Vergleich von psychiatrischen Patienten und die Belastung mit Röntgenstrahlung in Rechnung zu stellen.

Schlußfolgerung

Aus dem bisher Referierten ergeben sich die folgenden Richtlinien:

1. Gebärfähigen Frauen sollte Lithium nur bei eindeutiger Indikation verschrieben werden.
2. Solche Patientinnen sollten über das mögliche teratogene Risiko und die Toxizität von Lithium aufgeklärt und es sollten ihnen empfängnisverhütende Maßnahmen empfohlen werden.
3. Wenn die Patientin dennoch schwanger wird bzw. dringender Kinderwunsch besteht, sollte Lithium zumindest während des ersten Trimenons abgesetzt werden, es sei denn, daß dies die Mutter oder die Schwangerschaft aus psychiatrischen Gründen erheblich gefährdet. Ein Bericht über eine in jeder Hinsicht komplikationslose Schwangerschaft und Niederkunft einer manisch-depressiven Patientin, die wegen Kinderwunsch von Lithium auf 3 × 1 mg Haloperidol täglich umgestellt wurde, liegt vor.
4. Im Allgemeinen ist ein Schwangerschaftsabbruch nicht indiziert. Er kann aber angebracht sein, wenn beispielsweise die Lithiumbehandlung notwendig und die Angst vor einem gestörten Kind besonders belastend ist.
5. a) Wenn entschieden ist, daß die Lithiumbehandlung trotz der Risiken während der Schwangerschaft fortgeführt werden soll, muß der niedrigste wirksame Serumspiegel ermittelt und eingehalten werden.

b) Serumspiegel sollten in der ersten Hälfte der Schwangerschaft mindestens einmal im Monat, gegen Ende der Schwangerschaft einmal wöchentlich bestimmt werden, da die renale Lithium-Clearance zunächst zu-, dann abnimmt.

c) Schwankungen der mütterlichen Lithium-Serumkonzentrationen sollten vermieden werden, weil sie direkt den Fetus beeinflussen. Zu diesem Zweck können 3–5 Tagesdosen nötig werden, möglichst nicht mehr als 300 mg Lithiumkarbonat auf einmal, es sei denn, die Gesamtdosis liegt über 1,5 g/Tag.

6. Eine Herabsetzung der renalen Lithium-Clearance ist wegen der Gefahr der Lithiumintoxikation zu vermeiden.

a) Kochsalzausschwemmende Diuretika sollten deshalb nicht verwendet und kochsalzarme Diät darf nur mit großer Vorsicht verordnet werden.

Tabelle 15.4. Klinische Untersuchungen zur Teratogenität von Lithium

Autor(en)	**Methode**	**Medikamente**	**Ergebnisse**	**Kommentar**
Cunniff et al. (1988)	28 Kinder manisch-depressiver Frauen	Lithium	2 Kinder hatten "nicht triviale" Mißbildungen, keine Herzfehler	Keine Kontrollen
Weinstein (1980)	Retrospektive Studie 225 Neugeborene	Lithium	25 mißgebildete Neugeborene, Ebstein-Anomalie 150mal häufiger als allg. unter missgeb. Kindern, kardiovaskuläre Mißbildung 6mal häufiger	Verdacht eines erhöhten Mißbildungsrisikos kann weder eindeutig bestätigt noch widerlegt werden
Schou (1976)	Retrospektive Studie 60 mind. 5jährige Kinder über Fragebogen, Kontrollgruppe = im Ø 12 jährige Geschwister	Lithium	leichte bis mittelschwere Entwicklungsstörungen bei Probanden = 17% Kontrollen = 11%	Unterschied ist statistisch nicht signifikant
Übersichtsarbeiten Thiels (1980, 1987)	Kasuistiken 1 Neugeborener tägliche Einnahme während der gesamten Schwangerschaft	Lithiumcarbonat, Chlorpromazin, Orphenadrin	funktionelle Störungen des Herz-, Kreislauf-, renalen und neuromuskulären Systems	in der 35. Woche entwickelte sich ein Hydramnion und 2 Wochen später akute Lithiumintoxikation. Mit 1 Jahr nur noch motorische Entwicklungsverzögerung
	1 Neugeborener, dessen Mutter die ersten 6 Schwangerschaftsmon. 1600mg, im letzten Trimenon 2400mg/Tag einnahm	Lithium	isoliertes Vorhofflimmern, mit 3 Monaten gesund, Sinusrhythmus stabil	es empfiehlt sich eine elektrokardiographische Untersuchung des Säuglings
	3 Kinder	Lithiumcarbonat	1 Kind Ebstein-Anomalie, 1 Kind schwere Trikuspidalinsuffizienz, Vorhofflattern und Rechtsherzversagen. Im Alter von 6 Mon. symptomfrei. Thorax-Übersichtaufnahme zeigt Abnahme der Herzgröße	
	1 Kind einer manisch-depressiven Mutter, während der ersten 6 Schwangerschaftswochen 2mal/Tag 600mg	Lithiumcarbonat	"portweinroter Fleck"	
Weinstein (1980)	Kasuistik 1500mg/Tag während der ges. Schwangerschaft	Lithium	Lithiumvergiftung von Mutter und Kind. Kind litt an Tachykardie, Kardiomegalie, Atemnot u. Hypotonie	Am 12. Lebenstag kein Nachweis von Lithium beim Säugling. Nachuntersuchung im Alter von 2 Mon. Säugling gesund
Banduhn et al. (1980)	Chromosomenanalysen an Lymphozyten von 77 Langzeitlithiumpatienten	Lithium	Chromosomenveränderungen nicht häufiger als bei "historischen Kontrollen"	

b) Extremes Schwitzen wie etwa in der Sauna sollte vermieden oder durch erhöhte Kochsalzzufuhr ausgeglichen werden.
c) Bei Salz- oder Wasserverlust durch Magen-Darm-Störungen oder Fieber ist die Lithium-Serumkonzentration häufig zu bestimmen.
d) Bei der Abklärung von für die Frühschwangerschaft typischen Symptomen sollte immer eine Lithiumvergiftung differentialdiagnostisch in Betracht gezogen werden.
7. Zur Frage Lithium und Stillen sei noch einmal auf den vorangegangenen Abschnitt verwiesen.

15.3.4 Carbamazepin

Carbamazepin wird erst seit einigen Jahren auch zur Behandlung manisch-depressiver Erkrankungen eingesetzt. Daher wurden Erkenntnisse über seine Wirkung auf Schwangerschaft und Stillzeit hauptsächlich an den Kindern epilepsiekranker Frauen gewonnen. Daraus ergibt sich das methodische Problem, mögliche Störungen beim Kind der Grunderkrankung der Mutter (z. B. große Anfälle oder gar Status epilepticus während der Schwangerschaft), ihrer medikamentösen Behandlung, genetisch mit der Epilepsie verbundenen Besonderheiten oder einer Kombination dieser Faktoren zuschreiben zu können.
Der rasche transplazentare Übergang von Carbamazepin auf den Fetus wurde von Pynnönen et al. (1977) an 18 Feten und ihren Müttern gezeigt, die zu diesem Zweck am Tag oder in den Stunden vor einer Schwangerschaftsunterbrechung durch Hysterotomie 400–800 mg Carbamazepin einnahmen.
Die an fünf pränatal Carbamazepin und Phenobarbital oder Phenytoin ausgesetzten Neugeborenen untersuchte Plasmaelimination des erstgenannten Medikaments läßt auf eine Enzyminduktion während der Fetalzeit schließen (Rane et al. 1975).

Teratogenität

Prospektive Studien
In der umfangreichsten prospektiven Untersuchung nahmen Jones et al. (1989) durch das California Teratogen Registry bereits zu Beginn der Schwangerschaft Kontakt mit 72 Frauen auf, die sich wegen der möglichen Teratogenität von Carbamazepin sorgten. Die Kontrollgruppe von 73 Schwangeren, die wegen minimalem Alkoholkonsum beim Register angefragt hatten, unterscheidet sich nicht wesentlich bezüglich Alter, Zahl der Schwangerschaften und lebend geborenen Kinder und sozioökonomischen Status von der Carbamazepin-Gruppe. Von den 35 Lebendgeborenen, die pränatal nur Carbamazepin ausgesetzt waren, hatten 11% kraniofaciale Defekte, 26% Fingernagelhypoplasien und fünf von 25 einen Entwicklungsrückstand (eine Standardabweichung unter dem Durchschnitt auf den Bayley Scales of Infant Development und einen IQ von 80 nach Stanford-Binet IV oder einen von 70 gemessen mit der Wechsler Scale of Preschool and Primary Intelligence). Bedauerlicherweise sind die Mißbildungen der Kontroll-Kinder nur summarisch aufgeführt: Neun (13%) der 70 von den Wissenschaftlern selbst Untersuchten, hatten zwei kleine Mißbildungen, 4 (6%) drei oder mehr und 5 (7%) eine “major malformation”. Angaben über mögliche Entwicklungsrückstände der Kontrollen liegen nicht vor. Das Auftreten von epileptischen Anfällen während der Schwangerschaft korrelierte nicht mit Mißbildungen oder Entwicklungsverzögerung der Kinder.

Im Rahmen einer prospektiven Langzeituntersuchung der Entwicklung von Kindern epilepsiekranker Eltern beobachteten Kuhnz et al.(1983) auch zwölf Kinder von elf Müttern, die während der Schwangerschaft 3,0 (unregelmäßig) – 22,0 mg/kg/Tag Carbamazepin eingenommen hatten. Ein Kind hatte eine schwere (Morbus Crouzon) und eine leichte Mißbildung, zehn ausschließlich ein leichte. Diese Inzidenz (x = 2,4, N = 12) war ähnlich der in der Gruppe paarweise parallelisierter unexponierter Kontrollkinder (x = 2,9, N = 33) und geringer als in der Gesamtgruppe pränatal Antiepileptika Ausgesetzter (x = 4, N = 44). Die Mutter des schwer betroffenen Kindes hatte zusätzlich 4,6 mg Phenytoin/kg/Tag eingenommen, und zwei der leicht mißgebildeten Neugeborenen waren in utero Ethosuximid plus Clonazepam, letztgenanntes Medikament unregelmäßig, ausgesetzt. Bei der Geburt waren Kopfumfang, Gewicht und Körperlänge in der Carbamazepingruppe geringer als in der Gruppe anderer Antiepileptika.

Ein signifikant geringerer Kopfumfang wurde auch bei 20 Neugeborenen nach Carbamazepin-Mono- und 21 nach Kombinationsbehandlung mit diesem Medikament während der Schwangerschaft festgestellt (HIILESMAA und TERAMO 1981). Die Kontrollgruppe war bezüglich Alter, Anzahl bisheriger Geburten und sozialer Schichtzugehörigkeit der Mutter sowie Geschlecht des Kindes paarweise parallisiert. Bis zum Alter von 18 Monaten war der Wachstumsrückstand nicht aufgeholt und konnte auch nicht durch mütterliche Größe, Kopfumfang, Gewicht, Gewichtszunahme während der Schwangerschaft, Schwangerschafts- oder Geburtskomplikationen, Rauchen, Alkoholgenuß, andere Medikamenten- oder Drogeneinnahme erklärt werden. Ein bedeutsamer Längen- oder Gewichtsunterschied zwischen Carbamazepin-Exponierten und Kontrollen lag nicht vor.

In einer Ultraschalluntersuchung von 45 Schwangerschaften mit Carbamazepin-Monotherapie behandelter Frauen wurden pränatal ein schwerer und ein vorübergehender Hydrocephalus diagnostiziert (WLADIMIROFF et al. 1988). Im ersten Fall wurden nach der Interruptio zusätzlich eine beidseitige Lippen-Gaumenspalte und eine Hypospadie festgestellt, im zweiten nach der Geburt kein pathologischer Befund. Bei einem dritten Kind zeigte sich erst nach der Geburt ein kleiner muskulärer Ventrikel-Septum-Defekt.

Alle fünf Kinder der oben zitierten Untersuchung von RANE et al. (1975) waren gesund. Die Mütter nahmen 300–1000 mg Carbamazepin täglich gegen psychomotorische oder Grand Mal-Anfälle ein.

In einer teils prospektiven und teilweise retrospektiven multizentrischen Untersuchung von 129 während des ersten Trimenons Carbamazepin ausgesetzten Kindern epilepsiekranker Frauen wurde bei 12 eine Mißbildung dokumentiert, bei 81, daß keine Mißbildung vorlag und bei 37 blieb es offen, zu welcher Kategorie sie gehörten (NAKANE et al. 1980). Da lediglich mit allen 690 Probanden verglichen wird, die nicht während der ersten drei Schwangerschaftsmonate Carbamazepin ausgesetzt, aber nicht weiter parallelisiert waren, kann aus dieser Studie nicht geschlossen werden, daß Carbamazepin nicht teratogen sei. Unter den festgestellten Mißbildungen traten Hypertelorismus, Hypoplasie der Nase, Hasenscharte, Lippen-Gaumenspalte, Schiefhals, angeborener Herzfehler (kein Septumdefekt), offener Ductus arteriosus, Nagelhypoplasie und Leistenbruch je einmal auf, eine angeborene Hüftluxation dagegen in drei Fällen.

Retrospektive Untersuchungen

Kürzlich wurde berichtet, daß bei 107 während der Gravidität mit Carbamazepin behandelten Frauen 3 Kinder mit Spina bifida zur Welt kamen. Der Autor berechnete ein derartiges Mißbildungsrisiko unter Carbamazepin-Monotherapie von 1% (ROSA 1991).

Falldarstellungen

NIEBYL et al. (1979) beschreiben ein gesundes Kind, dessen Mutter während der gesamten Schwangerschaft und postpartalen Zeit 100 mg Carbamazepin und 625–1000 mg Primidon täglich einnahm und es fünf Wochen lang stillte. Bei den von ihnen aus der Literatur zusammengetragenen 93 weiteren Fällen von pränataler Carbamazepinexposition wurde über vier Mißbildungen berichtet, wobei nur eine – angeborene Hüftluxation – im Zusammenhang mit einer Monotherapie auftrat.

Finger- und Fußnagelhypoplasien beobachteten NIESEN und FRÖSCHER (1985) am Kind einer 29-jährigen Mutter von zwei gesunden Kindern, die erst während der dritten Schwangerschaft tonisch-klonische und komplex-fokale Anfälle unbekannter Ursache hatte. Eine Carbamazepin-

Monotherapie mit 10 mg/kg/Tag wurde in der 26. Schwangerschafswoche begonnen. Die Dosis wurde in der 36. Woche auf 14 mg/kg/Tag erhöht. Die Patientin wurde sofort anfallsfrei. Die Serumspiegel lagen mit 5,5–6,1 g/ml im therapeutischen Bereich. In der 42. Woche wurde ein reifes lebensfrisches Mädchen mit 5,0 g/ml Carbamazepin-Serumspiegel im Nabelschnurblut (Mutter 6,1 g/ml) geboren. Die einzige zusätzliche Mißbildung bestand in einer minimalen Modulation der Ohrmuschel. Drei Monaten später hatte sich die Nagelhypoplasie fast völlig zurückgebildet. Allerdings waren die Nägel noch recht weich. Im Alter von drei Jahren waren die Nägel bis auf eine leichte Verformung der Großzehennägel unauffällig. Kuhnz' et al. (1983) Vermutung einer wachstumshemmenden Wirkung von Carbamazepin wird dadurch untermauert, daß Geburtgewicht und -kopfumfang dieses Mädchens unter dem seiner Geschwister lagen. Auch könnten die Nagelhypoplasien als Ausdruck einer Wachstumshemmung gedeutet werden. Die Verursachung der Nagelhypoplasie durch Carbamazepin ist wahrscheinlich, da Hypoplasien von distalen Nägeln/Phalangen fast ausschließlich bei Kindern antikonvulsiv behandelter Frauen beschrieben wurden. Dabei ist die rasche Rückbildung von Nagelhypoplasien typisch.

Nach Carbamazepinbehandlung mit viermal 100 mg täglich während der ersten 6–8 Wochen und einem Serumspiegel von 18 mol/l unter dieser Dosis vor der Schwangerschaft hatte eine epilepsiekranke Frau in der 25. Woche eine schwerst mißgebildete Totgeburt (Hicks 1979). Die einzige Co-Medikation bestand in der gelegentlichen Einnahme eines Kombinationsanalgetikums aus 250 mg Paracetamol, 500 mg Azetylsalizylsäure und 150 mg Coffein gegen schwere Kopfschmerzen. Davor hatte sie bereits in der 34. Schwangerschaftswoche ein bis auf die Mazeration unauffälliges Kind durch intrauterine Asphyxie verloren. Der Autor kontrastiert diese Kasuistik mit der Beschreibung einer ähnlichen Schwangerschaft, die aber zu einem gesunden Kind führte.

Nebenwirkungen auf das Neugeborene

Prospektive Untersuchungen

In der oben erwähnten Studie von Kuhnz et al. (1983) traten bei acht von zwölf Neugeborenen Komplikationen wegen Sedation und/oder Entzugssymptomen auf. Ein Kind wurde nach der Geburt wegen Trinkschwäche stationär aufgenommen, ein anderes im Alter von vier Wochen wegen desselben Problems und Erbrechen mit daraus resultierendem Gewichtsstillstand. Die Mütter dieser Kinder nahmen nur Carbamazepin (8,6 und 11,0 mg/kg/Tag) ein.

Auswirkungen des Stillens

In der Milch von drei Frauen der oben genannten Untersuchung (Pynnönen et al. 1977) entsprach die Carbamazepinkonzentration 60% ihres Plasmaspiegels. Nachteilige Auswirkungen des Stillens entdeckten die epilepsiekranken Mütter nicht bei ihren gesunden Kindern.

Pharmakokinetik während der Schwangerschaft

Da der Carbamazepin-Serumspiegel während der Schwangerschaft häufig absinkt, wobei große interindividuelle Unterschiede sowie auch intraindividuelle Fluktuationen zu beobachten sind, sollte die Plasmakonzentration während der Schwangerschaft engmaschig überwacht werden (Nau et al. 1982).

Schlußfolgerung

Nach den letzten Untersuchungsergebnissen der methodisch überzeugendsten Studie (Jones et al. 1989) muß das teratogene Risiko doch als größer eingeschätzt werden, als dies bisher üblich war, so daß eine ähnlich strenge Indikation wie bei Lithium während des ersten Trimenons angezeigt scheint. Sedation und/oder Entzugssymptome wurden bei pränatal Carbamazepin ausgesetzten Neugeborenen wiederholt beobachtet, so daß auch gegen Ende der Schwangerschaft zumindest eine zurückhaltende Dosierung angezeigt ist. Da die vorliegenden Beobachtungen größtenteils von Kindern epilepsiekranker Frauen stammen, die während der Schwangerschaft nicht auf eine antikonvulsive Behandlung verzichten sollten, weiß man nicht, wie lange vor der Entbindung Carbamazepin reduziert oder abgesetzt werden müßte, um Nebenwirkun-

Tabelle 15.5. Klinische Untersuchungen zur Teratogenität von Carbamazepin

Autor(en)	Methode	Medikament	Ergebnisse	Kommentar
Pynnönen et al. (1977)	18 Feten und ihre Mütter am Tag oder Stunden vor der Schwangerschaftsunterbr. durch Hysterotomie	Carbamazepin	rascher transplazentarer Übergang	
Rane et al. (1975)	5 Neugeborene	Carbamazepin und Phenobarbital oder Phenytoin	Plasmaelimination läßt auf Enzyminduktion während der Fetalzeit schließen	
Jones et al. (1989)	Prospektive Studie 72 Frauen	Carbamazepin	kraniofaziale Defekte, Fingernagelhypoplasien, Entwicklungsrückstände	keine Korrelation zwischen epileptischen Anfällen und Mißbildungen der Kinder
Kuhnz et al. (1983)	Prospektive Langzeitstudie von Kindern, deren epilepsiekranke Mütter 3,0 bis 22,0 mg/kg/Tag einnahmen	Carbamazepin Monotherapie (N=8) Kombination mit Ethosuximid (N=2) plus Clonazepam (N=3)	bei einem Kind schwere und leichte Mißbildung, bei 10 Kindern leichte Mißbildungen	Mutter des schwer mißgeb. Kindes hatte zusätzlich Phenytoin eingenommen, 2 der leicht mißgeb. Neugeb. waren auch E. und C. ausgesetzt
Hiilesmaa und Teramo (1981)	Prospektive Studie 20 Neugeborene nach Mono- und 21 nach Kombinationsbehandlung während der Schwangerschaft	Carbamazepin	signifikant geringerer Kopfumfang als Kontrollen. Bis zum Alter von 18 Mon. war Wachstumsrückstand nicht aufgeholt	
Wladimiroff et al. (1988)	Prospektive Studie Ultraschalluntersuchung 45 Schwangerschaften Monotherapie	Carbamazepin	1 schwerer Hydrozephalus, nach Interruptio auch bds. Lippen-Gaumenspalte und Hypospadie festgestellt, 1 vorüberg. Hydrozephalus	nach der Geburt bei einem weiteren Kind muskulärer Ventrikel-Septum-Defekt
Nakane et al. (1980)	Teils prospektive, teils retrospektive multizentr. Studie von 129 Kindern epilepsiekranker Frauen, die im 1. Trimenon Carbamazepin einnahmen	Carbamazepin	In der C-Gruppe 12 Mißbildungen, darunter Hypoplasie der Nase, Hasenscharte, Lippen-Gaumenspalte, Schiefhals, angeb. Herzfehler, Ductus arteriosus, Nagelhypoplasie, Leistenbruch, angeb. Hüftluxation, Hypertelorismus	Keine Rückschlüsse auf Teratogenität möglich, da die 690 Kontrollen nicht parallelisiert waren
Jones et al. (1989)	Retrospektive Untersuchung 4 Kinder nach Monotherapie, 4 Kinder Kombinationstherapie	Carbamazepin 4 Kinder plus anderes Medikament	Störungsbild s.o. (Jones et al. 1989)	
Niebyl et al. (1979)	Kasuistik 625–1000mg Primidon/Tag und 1000mg Carbamazepin	Carbamazepin plus Primidon	Kind gesund	
Niesen und Fröscher (1985)	Kasuistik Behandlung ab 26. Schwang.woche einer Mutter, die bei der 3. Schwangerschaft tonisch-klonische und komplex-fokale Anfälle hatte	Carbamazepin	Mutter anfallsfrei, Kind hatte minimale Ohrmuschelmodulation, Nagelhypoplasie nach 3 Monaten fast völlig zurückgebildet	Kuhnz' Vermutung wachstumshemmender Wirkung wird untermauert durch geringes Gewicht und Kopfumfang des Kindes gegenüber Geschwistern

(Fortsetzung siehe S. 373)

Tabelle 15.5. Fortsetzung

Autor(en)	Methode	Medikament	Ergebnisse	Kommentar
Hicks (1979)	Kasuistik während der 6–8 Schwang.-woche epilepsiekranke Frau 4mal 100mg/Tag	Carbamazepin Co-medikation mit Paracetamol, Aspirin und Koffein	in der 25. Woche eine schwerst mißgebildete Totgeburt	
Kuhnz et al. (1983)	Prospektive Langzeitstudie (s.o.) 12 Neugeborener 8,6 und 11,0 mg/kg/Tag	Carbamazepin	bei 8 Kindern Sedation und/ oder Entzugssymptome, 1 Kind Trinkschwäche, 1 Kind Erbrechen und Gewichtsstillstand	

gen auf das Neugeborene zu vermeiden. Über Schäden durch die Aufnahme des Medikaments mit der Muttermilch wurde bisher nicht berichtet. Der rasche Abbau durch pränatal exponierte Neugeborene läßt auf eine fetale Enzyminduktion schließen.

15.3.5 Tranquillantien

Benzodiazepine

Die Konzentrationen von Diazepam und seinem aktiven Metaboliten N-Desmethyldiazepam im mütterlichen, fetalen und Nabelschnurplasma sowie in fetalen Geweben zeigen einen raschen Übergang in die Plazenta, sogar in der Frühschwangerschaft und einen langsamen Abbau im fetalen Gewebe.

Teratogenität

Prospektive Studien

Die erste große (19044 Lebendgeborene) prospektive Langzeituntersuchung (Follow-up mehr als fünf Jahre) des teratogenen Potentials von Beruhigungsmitteln stützte sich auf die ärztlichen Eintragungen in Krankengeschichten der Mütter über Medikamente, die vorwiegend wegen leichter neurotischer Beschwerden während der Schwangerschaft verschrieben wurden. Die Mißbildungsrate nach Verordnung von Meprobamat und Chlordiazepoxid in den ersten 42 Schwangerschaftstagen war höher: 12,1 und 11,4% gegenüber 4,6% nach anderen Pharmaka oder 2,6% nach nicht medikamentös behandelten Angstzuständen. Bezüglich der Zeit nach dem 43. Schwangerschaftstag wurde kein signifikanter Unterschied zwischen den vier Gruppen festgestellt.

Kullander und Källén (1976) baten alle 6913 Frauen, die von 1963–65 in Malmö (Schweden) als schwanger bekannt waren, im Verlauf der Schwangerschaft vier Fragebögen auszufüllen. Die so gewonnene Information wurde anhand von Klinikaufzeichnungen ergänzt. Es ergab sich kein Zusammenhang zwischen der Einnahme von Psychopharmaka (Meprobamat, Barbiturate und Chlordiazepoxid in 263, 372 bzw. 89 Fällen) während irgend eines Schwangerschaftsmonats und Totgeburt, schweren oder leichten Mißbildungen.

Bei einem Vergleich von 1870 Kindern, die während der Schwangerschaft Meprobamat oder Chlordiazepoxid ausgesetzt waren, und 48412 Kindern, für die das nicht zutraf, wurden in der bereits erwähnten Follow-up-Studie (Slone et al. 1977) keine Unterschiede bezüglich aller oder spezifischer vor dem ersten Geburtstag festgestellter Mißbildungen gefunden, noch bezüglich Tod vor dem Ende des vierten Lebensjahres. Auch beim Vergleich von Exposition während des ersten Trimenons oder im weiteren Verlauf der Schwangerschaft ergaben sich ähnliche Mißbildungsraten. Es fand sich kein Hinweis darauf, daß die Einnahme eines der beiden Medikamente während der Schwangerschaft die Häufigkeit von Totgeburten und Todesfällen bis zum Ende des 4. Lebensjahres erhöhte. Gemessen am geistigen und motorischen Entwicklungsstand im Alter von acht Monaten und am IQ mit vier Jahren ergab sich kein Hinweis auf eine Schädigung durch die genannten Medikamente. Den Grund für ihr Nicht-Replizieren der oben erwähnten an 19044 Lebendgeborenen gewonnenen Ergebnisse sehen SLONE et al. (1977) darin, daß sie potentielle Risikofaktoren in ihrer Analyse kontrollierten, was in der früheren Analyse nicht der Fall war.

In einer weiteren umfangreichen Studie wurden von 1964–72 7870 Schwangerschaften in der BRD und in West-Berlin sorgfältig beobachtet (KOLLER 1983). Die Kinder wurden bis zum Alter von drei Jahren nachuntersucht. 905 Frauen nahmen Diazepam während des zweiten und dritten Lunarmonats ein, 543 nur während des dritten. In der ersten Gruppe kamen Tod vor dem 260. Tag und um die Geburt herum signifikant häufiger vor als in der Gruppe, die nicht Beruhigungsmitteln ausgesetzt war. Der Zusammenhang ist dem zwischen Hormonbehandlung von Blutungen und drohender Fehlgeburt ähnlich. Anhand der vorliegenden Daten ist es nicht möglich, zwischen der Medikamentenwirkung und dem Grund für ihre Einnahme zu unterscheiden. D. h. die Zunahme perinataler Todesfälle spiegelt möglicherweise eher den Verlauf einer drohenden Fehlgeburt, deretwegen Benzodiazepine – wenn auch vergeblich – verschrieben wurden, als eine Nebenwirkung dieser Medikamente auf den Feten. Jedenfalls kommen bei den 142 Kindern, die pränatal Diazepam oder anderen Beruhigungsmitteln ausgesetzt waren, nicht häufiger Mißbildungen vor. In retrospektiven Untersuchungen ist es im Allgemeinen noch schwieriger als in dieser prospektiven, einen statistischen Zusammenhang korrekt zu interpretieren. Ein gemeinsamer Grund für beispielsweise Fehlgeburt und Beruhigungsmitteleinnahme ist ebenso möglich wie eine Verursachung des Aborts durch das Medikament.

Retrospektive Untersuchungen

Ein bedeutsamer Zusammenhang zwischen den 599 dem Finnischen Mißbildungsregister gemeldeten Spaltbildungen im Mundbereich und Benzodiazepin- (vorwiegend Diazepam-) Einnahme während des ersten Trimenons wurde anhand von während der Schwangerschaft geführten Krankengeschichten und strukturierten Befragungen der Mütter durch Hebammen während der ersten drei Monate nach der Entbindung festgestellt. Als Kontrollen dienten 590 Frauen, die jeweils vor der Probandin im selben Mütterwohlfahrtsbezirk entbunden hatten. Der Zusammenhang war auch in der Gaumenspaltengruppe signifikant. In der Gruppe von Hasenscharten mit oder ohne Gaumenspalte wurden auch vermehrt Benzodiazepine eingenommen, aber der Unterschied zur Vergleichsgruppe war nicht signifikant. Kein Unterschied bezüglich der Benzodiazepineinnahme wurde zwischen der Gruppe von Spaltbildungen im Mundbereich mit zusätzlichen Mißbildungen und deren Kontrollen festgestellt. Für das zweite und dritte Trimenon ergaben sich keine bedeutsamen Unterschiede. Da in Finnland alle Beruhigungsmittel rezeptpflichtig sind und sich die Untersuchung vorwiegend auf während der Schwangerschaft geführte Krankengeschichten stützt, ist sie weitgehend unabhängig von der Erinnerung der Mütter. Dies zeigt sich auch an dem fehlenden Mehrverbrauch von Beruhigungsmitteln in der Gruppe von Spaltbildungen in Kombination mit anderen Mißbildungen und an dem fehlenden Zusammenhang zwischen Spaltbildungen und Benzodiazepinexposition während der letzten sechs Schwangerschaftsmonate. Eine Einschränkung der Interpretierbarkeit dieser Beob-

achtungen ergibt sich aus der mangelhaften Parallelisierung der Kontrollen und der fehlenden Stratifizierung bezüglich Indikation für die Beruhigungsmittelverschreibung und der Dauer der Schwangerschaft.
In den USA wurden 278 Mütter von Säuglingen mit verschiedenen schweren (major) Mißbildungen über Medikamenteneinnahme während der Schwangerschaft befragt und ihnen einige Beruhigungsmittel gezeigt. Mütter von Kindern mit Hasenscharte mit oder ohne Gaumenspalte gaben vier Mal so oft wie solche, deren Säuglinge an anderen Mißbildungen litten, an, während des ersten Trimenons Diazepam eingenommen zu haben. Kritisch ist zu dieser Studie anzumerken, daß innerhalb ein- und derselben kleinen Datenbasis multiple Vergleiche angestellt wurden.
Eine weitere Untersuchung, die die finnischen und US-amerikanischen Ergebnisse nicht replizierte, vergleicht die Anamnesen von 445 Säuglingen mit Hasenscharte mit oder ohne Gaumenspalte und 166 Babies mit Gaumenspalte ohne Hasenscharte mit 2498 Kontrollen mit anderen angeborenen Mißbildungen bezüglich Diazepamexposition. Die Mütter wurden während der ersten sechs Monate nach der Entbindung mit einem standardisierten Fragebogen interviewt. In Übereinstimmung mit einer anderen Untersuchung ergibt sich die Vermutung, daß das Risiko einer Leistenhernie mit der Diazepameinnahme im ersten Trimenon zusammenhängt. Ansonsten kann man wegen der Wahl der Kontrollgruppe nur schließen, daß Diazepam keinen größeren Anteil am Entstehen von Spaltbildungen als von anderen Mißbildungen hat. Der Unterschied zur finnischen Untersuchung ist möglicherweise konfundierenden Faktoren zuzuschreiben (siehe oben), die in der finnischen Analyse nicht berücksichtigt wurden.
Weder die drei referierten noch sechs weitere Untersuchungen (siehe Übersichten von Thiels 1980, 1987) belegen, daß Diazepam tatsächlich in der Zeit der Lippen- oder Gaumenbildung eingenommen wurde.

Falldarstellungen
Schwere angeborene Mißbildungen wurden nach der Einnahme von Diazepam, Clorazepat und Meprobamat während des ersten Trimenons beobachtet. Mit einer Ausnahme wurden auch andere Medikamente eingenommen. Bei einer Frau ergaben sich außerdem Komplikationen bei früheren Schwangerschaften.
1987 wurde ein Benzodiazepin-Syndrom beschrieben, das dem fetalen Alkoholsyndrom ähneln soll. Berichtet wird über sieben Fälle, allerdings ohne Angabe der Indikation für die hohen Dosen vor, während und nach der Schwangerschaft in den meisten Fällen. Es erhebt sich die Frage, ob diese Frauen benzodiazepinabhängig waren und möglicherweise auch andere Substanzen mißbrauchten. Alle verneinten den Gebrauch von Alkohol und Narkotika. Aber manche leugneten gleichermaßen die Einnahme von Benzodiazepinen bei hohen Serumspiegeln dieses Beruhigungsmittels. Außerdem nahmen vier von sieben Müttern andere Medikamente während der Schwangerschaft ein. Daher können anhand der vorgelegten Hinweise noch keine Rückschlüsse gezogen werden.

Nebenwirkungen auf das Neugeborene
Über Vergiftungserscheinungen (Diazepam, Chlordiazepoxid, Nitrazepam und Clorazepat) und Entzugssymptome (Diazepam und Chlordiazepoxid) nach (ausgedehnter) Tranquillantiaeinnahme mindestens während der letzten Schwangerschaftsmonate liegen mehrere Berichte vor. Der Zeitpunkt des Beginns der Entzugssymptome scheint vom Zeitpunkt des Absetzens der Medikamente abzuhängen. Das heißt, je länger vor der Entbindung auf Benzodiazepine verzichtet wurde, desto früher nach der Geburt setzt der Entzug ein. Das klinische Bild ähnelt sehr dem von Säuglingen im Narkotikaent-

zug – Zittern, Störbarkeit, Hyperaktivität, Steigerung des Muskeltonus, Reflexsteigerung, Tachypnoe, kraftvolles Saugen, elektroenzephalographische Veränderungen und gelegentlich unzureichende Gewichtszunahme, Durchfall und Erbrechen – und läßt sich in ähnlicher Weise durch absteigende Dosen von Phenobarbital oder Diazepam behandeln. Schweregrad und Dauer (bis zu mehreren Wochen) der Intoxikations- und Entzugssymtome scheinen von Dosierung und Zeitpunkt der Einnahme sowie von der Reife des Säuglings abzuhängen und korrelieren mit dem Serumspiegel von Diazepam, Nordiazepam und Desmethyldiazepam. Für das Vergiftungssyndrom wurde der Begriff *"floppy infant"* geprägt, der sich auf die Passivität, Muskelhypotonie, Hypothermie und Trinkschwierigkeiten bezieht. Nach pränataler Diazepamexposition wurden auch Hyperbilirubinämie und intrauterine Wachstumsverzögerung beobachtet. Andererseits gibt es auch Berichte über unproblematische Verläufe nach der Einnahme hoher Diazepamdosen während der Schwangerschaft.

Nebenwirkungen auf das gestillte Kind
Diazepam und N-Desmethyldiazepam werden in der Muttermilch ausgeschieden (Cole und Hailey 1975). Die Korrelation ihrer Konzentration im Plasma von Mutter und Kind sowie in der Milch an verschiedenen Tagen läßt auf eine zunehmende Ausscheidung von diesen Substanzen durch das Neugeborene schließen (Savage 1978). Die Hyperbilirubinämie bei Neugeborenen, die vor der Geburt Diazepam ausgesetzt waren, mag am Konkurrieren dieses Medikaments mit Bilirubin um denselben Abbauweg liegen. Daher könnte das Stillen durch eine Diazepam einnehmende Frau schädlich sein. Bei einem Neugeborenen, das von einer Mutter gestillt wurde, die drei Mal 10 mg Diazepam täglich für drei Tage eingenommen hatte, traten Antriebslosigkeit und Gewichtsverlust auf (Patrick et al. 1972).

Chromosomenanalysen
Die Chromosomenbruchrate von Patienten, die mit Diazepam (N = 6, 10–60 mg/Tag für 36–72 Monate) oder Chlordiazepoxidhydrochlorid (N = 10, 10–30 mg/Tag für acht Wochen bis 24 Monate) behandelt wurden, unterschied sich nicht von den nach Alter, Geschlecht und ähnlicher Vorgeschichte bezüglich Einnahme anderer Medikamente parallisierten Kontrollen (Cohen et al. 1969). Auch fand sich nur bei einem von 23 Patienten, die mit bis zu 40 mg Diazepam behandelt wurden, eine signifikant erhöhte Chromosomenbruchrate (Stenchever et al. 1970). Bei einer Untersuchung 20 gesunder kieferchirurgischer Patienten zeigten die durchschnittlichen Chromosomenaberrationsraten keinen Anstieg unmittelbar und während der ersten sieben Tage nach einer einmaligen intravenösen Gabe von 20 mg Diazepam (White et al. 1974).

Carbaminsäuredrivate

Mißbildungen
Prospektive Untersuchungen
Außer den unter 15.3.5 erwähnten Untersuchungen von Meprobamat und anderen Beruhigungsmitteln liegt ein Bericht ausschließlich über dieses Medikament vor. 1977 hatten Heinonen et al. in der oben erwähnten Arbeit behauptet, daß Meprobamat mit Hypospadie im Zusammenhang stehe. Sie betonten allerdings, daß diesem Ergebnis kleine Zahlen (356 Fälle von Einnahme des Medikaments) zugrunde liegen. Von acht Kindern mit schweren angeborenen Mißbildungen, deren Müttern in der Frühschwangerschaft Meprobamat verschrieben worden war, hatten fünf Herzfehler.

Retrospektive Studien
In den Unterlagen über 6337 in einer geburtshilflichen Privatpraxis betreute Schwangerschaften, darunter 735 Krankengeschichten von Frauen, die wegen neurotischer und psychosomatischer Störungen

Meprobamat bekommen hatten, fand sich kein Beleg für irgendeine nachteilige Auswirkung dieses Medikaments auf die Schwangerschaft oder das Kind. Das traf auch auf die (mehr als 25%) zu, denen das Mittel während des ersten Trimenons verschrieben worden war.

Nebenwirkungen auf das Neugeborene
Es gibt einen Bericht über eine unauffällige Neonatalzeit nach der Einnahme exzessiv hoher Dosen von Meprobamat und Barbituraten während der gesamten Schwangerschaft.

Antihistaminika

Nebenwirkungen auf das Neugeborene
Bei einem Neugeborenen wurde ein Entzugssyndrom im Zusammenhang mit der Einnahme von 600 mg Hydroxyzinhydrochlorid täglich während der gesamten Schwangerschaft beobachtet.

Schlußfolgerungen

Da die Kenntnisse über das teratogene Risiko von Beruhigungsmitteln noch immer widersprüchlich sind, scheint ein Verzicht auf diese Medikamente während des ersten Trimenons empfehlenswert. Der transplazentare Übergang von Benzodiazepinen von der Frühschwangerschaft an ist klar belegt. Das gilt auch für die – manchmal längerfristigen – Vergiftungs- und Entzugswirkungen bei im letzten Trimenon Diazepam, Chlordiazepoxid und Hydroxyzinhydrochlorid ausgesetzten Säuglingen. Es reicht nicht unbedingt aus, diese Medikamente nur vierzehn Tage vor der Entbindung abzusetzen. In einem solchen Fall wurde lediglich ein früherer Beginn des Entzugssyndroms beobachtet, das dem Narkotikamißbrauch folgenden sehr ähnelt. Diazepam wird auch in der Muttermilch ausgeschieden und teilweise wie Bilirubin verstoffwechselt. Deshalb sollte das Stillen durch Frauen, die Diazepam einnehmen, vermieden werden, weil es die Gefahr einer Neugeborenengelbsucht und deren Folgen erhöht. Schäden menschlicher Chromosomen durch Benzodiazepine sind bisher in vivo nicht eindeutig nachgewiesen worden.

Tabelle 15.6. Klinische Untersuchungen zur Teratogenität von Tranquilizern

Autor(en)	Methode	Medikament	Ergebnisse	Kommentar
Kullander und Kallen (1976)	Prospektive Studie 6913 Frauen	Meprobamat, Barbiturate, Chlordiazepoxid	kein Zusammenhang zwischen Einnahme und Totgeburt, schweren und leichten Mißbildungen	
Slone et al. (1977)	Prospektive Follow-up Studie 1870 Kinder; Kontrollgruppe 48412 Kinder	Meprobamat, Chlordiazepoxid	kein Unterschied bezüglich Mißbildungen, Tod bis zum 4. Geburtstag und IQ zw. Probanden und Kontrollen, und nicht zw. Einnahme im 1. Trimenon und später	Bei der Analyse Kontrollen potentieller Risikofaktoren
Koller (1983)	Prospektive Studie 7870 Schwangerschaften bis ins 4. Lebensjahr	Diazepam Bei 905 Diazepam im 2.+3. Lunarmonat (1.Gr.), bei 543 D. nur im 3. Lunarmonat	1. Gruppe: Tod vor dem 260. Tag signifikant häufiger als Kontrollgruppe, aber nicht häufiger Mißbildungen	Fehlgeburtshäufigkeit möglicherweise auf die erfolglose Behandlg. drohender Aborte mit Diazepam zurückzuführen

(Fortsetzung siehe S. 378)

Tabelle 15.6. Fortsetzung

Autor(en)	Methode	Medikament	Ergebnisse	Kommentar
Patrick et al. (1972)	Kasuistik 30mg/Tag für 3 Tage	Diazepam	Antriebslosigkeit u. Gewichtsverlust des gestillten Kindes	
Stencheever et al. (1970)	Chromosomenanalyse 23 Patienten 40mg täglich	Diazepam	nur bei 1 Patient signifikant erhöhte Chromosomenbruchrate	
White et al. (1974)	20 gesunde kieferchirurgische Patienten, 20mg einmalig i.v.	Diazepam	kein Anstieg der Chromosomenaberrationsraten während der 1. Woche nach Einnahme	
Übersichtsarbeiten Thiels (1980, 1987)	599 dem finnischen Mißbildungsregister gemeldete Mütter	Benzodiazepine, vorwiegend Diazepam	signifikanter Zusammenhang zwischen Spaltenbildungen im Mundbereich u. Benzodiazepinen (bes. Diazepam) während 1. Trim.	Mangelhafte Parallelisierung der Kontrollen und fehlende Stratifizierung bez. Indikation u. Dauer der Schwangerschaft
	Retrospektive Untersuchung 278 Mütter	Diazepam	verschieden schwere Mißbildungen	Multiple Vergleiche innerhalb einer Datenbasis
	Kasuistiken Säuglinge nach T.-Einnahme mindestens während der letzten Schwangerschaftsmonate	Diazepam, Chlordiazepoxid, Nitrazepam, Clorazepat plus Tranquillantien	Zittern, Störbarkeit, Steigerung des Muskeltonus, Reflexsteigerung, Tachypnoe, unzureichende Gewichtszunahme, Durchfall und Erbrechen	
	Retrospektive Studie 735 Krankengeschichten v. Frauen, die wegen neurot. u. psychosomat. Störungen M. eingenommen hatten	Meprobamat	keine nachteiligen Auswirkungen auf Schwangerschaft oder Kind	Ergebnis traf auch auf die zu, denen Mittel im 1. Trimenon verschrieben wurde
	Retrospektive Untersuchung exzessiv hoher Dosen während ges. Schwangerschaft	Meprobamat und Barbiturate	unauffällige Neonatalzeit	
	Kasuistik 1 Neugeborener 600mg/Tag in ges. Schwangerschaft	Hydroxinhydrochlorid	Entzugssyndrom	
Heinonen et al. (1977)	Prospektive Studie (s.o.) 356 Schwangere	Meprobamat	Von 8 schweren Mißbildungen 5 Herzfehler	

Literatur

Bader TF, Newman K (1980) Amitriptyline in human breast milk and in the nursing infant's serum. Am J Psychiatry 137: 855–856

Banduhn N, Obe G, Müller-Oerlinghausen B (1980) Is lithium mutagenic in man? Pharmakopsychiatry 13: 218–227

Bass R, Neubert D (1986) Reproduktionstoxikologie: Bewertung der Wirkung von Arzneimitteln in der Schwangerschaft. In: Dölle W et al. (Hrsg) Grundlagen der Arzneimitteltherapie. Bibliographisches Institut – Wissenschaftsverlag, Mannheim, S 390–411

Blacker KH, Weinstein BJ, Ellmann GL (1962) Mother's milk and chlorpomazine. Am J Psychiatry 119: 178–179

Brockington IF, Kumar R (1982) Motherhood and mental illness. Academic Press, London

Cohen MM, Hirschhorn K, Frosch WA (1969) Cytogenetic effects of tranquilizing drugs in vivo and vitro. JAMA 207: 2425–2426

Cohen MM, Lieber E, Schwartz HN (1972) In-vivo cytogenetic effects of perphenazine and chlorpromazine. A negative study. Br Med J III: 21–23

Cole AP, Hailey DM (1975) Diazepam and active metabolite in breastmilk and their transfer to the neonate. Arch Dis Childhood 50: 741–742

Cunniff CM, Sahn DJ, Johnson KA, Jones KL (1988) Pregnancy outcome in women treated with lithium. Clin Res 36: 217A

Elia J,Katz IR, Simpson GM (1987) Teratogenicity of psychotherapeutic medications. Psychopharmacol Bull Washington DC 23: 531–586

Heinonen OP, Slone D, Shapiro S (1977) Birth defects and drugs in pregnancy. PSG Pub Co Inc, Littleton, Massachusetts

Hicks EP (1979) Carbamazepine in two pregnancies. Clin Exp Neurol 16: 269–275

Hiilesmaa VK, Teramo K (1981) Fetal head growth retardation associated with maternal antiepileptic drugs. Lancet: 165–167

Jones KL, Lacro RV, Johnson KA, Adams J (1989) Pattern of malformation in the children of women treated with carbamazepine during pregnancy. N Engl J Med 320: 1661–1666

Källén B, Robert E, Mastroiacovo P, Martínez-Frías ML, Castilla EE, Cocchi G (1989) Anticonvulsant drugs and malformations. Is there a drug specifity? Eur J Epidemiol 5: 31–36

Koller S (1983) Risikofaktoren der Schwangerschaft. Springer, Berlin Heidelberg New York Tokyo

Kuhnz W, Jäger-Roman E, D, Deichel A, Kunze J, Helge H, Nau H (1983) Carbamazepine and Carbamazepine-10,11-epoxide during pregnancy and postnatal period in epileptic mothers and their nursed infants: pharmacokinetics and clinical effects. Pediatr Pharmacol 3: 199–208

Kullander S, Källén B (1976) A prospective study of drugs and pregnancy. I. Psychopharmaca. Acta Obstet Gynecol Scand 55: 25–33

Kris, EB (1961) Children born to mothers maintained on pharmacotherapy during pregnancy and postpartum. Rec Adv Biol Psychiatry 4: 180–187

Leung AKC (1987) Port-wine stain associated with maternal use of lithium carbonate. J Nat Med Assoc 79: 877–878

Moriarity AJ, Nance MR (1963) Trifluoperazine and pregnancy. Can Med Assoc J 88: 375–376

Müller-Oerlinghausen B, Passoth P-M, Poser W, Pudel V (1979) Impaired glucose tolerance in long-term lithium treated patients. Int Pharmacopsychiatry 14: 350–362

Nakane Y, Okuma T, Takahashi R, Sato Y, Wada T, Sato T, Fukushima Y, Kumashiro H, Ono T, Takahashi T, Aoki Y, Kazamatsuri H, Inami M, Komai S, Seino M, Miyakoshi M, Tanimura T, Hazama H, Kawahara R, Otsuki S, Kiyoshi H, Inanaga K, Nakazawa Y, Yamamoto K (1980) Multi-institutional study on the teratogenicity and fetal toxicity of antiepileptic drugs: a report of a collaborative study group in Japan. Epilepsia 21: 663–680

Nau H, Kuhnz W, Egger H-J, Ratings D, Helge H (1982) Anticonvulsants during pregnancy and lactation. Transplacental, maternal and neonatal pharmacokinetics. Clin Pharmacokinet 7: 508–543

Niebyl JR, Blake DA, Freeman JM, Luff RD (1979) Carbamazepine levels in pregnancy and lactation. Obstetr Gynecol 53: 139–140

Niesen M, Fröscher W (1985) Finger- and toenail hypoplasia after carbamazepine monotherapy in late pregnancy. Neuropediatrics 16: 167–168

Patrick MJ, Tilstone WJ, Reavey P (1972) Diazepam and breast-feeding. Lancet i: 542

Prftice A, Brown R (1989) Fetal tachyarrhythmia and maternal antidepressent treatment of fetal tachycardias. Br Med J 298: 190

Pynnönen S, Kanto J, Sillanpää M, Erkkola R (1977) Carbamazepine: placental transport, tissue concentrations in foetus and newborn, and level in milk. Acta Pharmacol Toxicol 41: 244–253

RAFLA N (1987) Limb deformities associated with prochlorperazine. Am J Obstet Gynecol 156: 1557

RANE A, BERTILSSON L, PALMÉR L (1975) Disposition of placentally transferred carbamazepine (Tegretol)in the newborn. Eur J Clin Pharmacol 8: 283–284

RIEDER RO, ROSENTHAL D, WENDER P, BLUMENTHAL H (1975) The offspring of schizophrenics. Fetal and neonatal deaths. Arch Gen Psychiatry 32: 200–211

ROSA FW (1991) Spina bifida in infants of woman treated with carbamazepine during pregnancy. N Engl J Med 324: 674–677

RUMEAU-ROUQUETTE C, GOUJARD J, HUEL G (1977) Possible teratogenetic effect of phenothiazines in human beings. Teratology 15: 57–64

RUTTER M (1966) Children of sick parents. An environmental and psychiatric study. Oxford University Press, London

SAVAGE RL (1978) The excretion of psychotropic drugs in breast milk. Br J Psychiatry 132: 200–201

SCHOU M (1976) What happened later to the lithium babies? A follow-up study of children born without malformations. Acta Psychiatr Scand 54: 193–197

SLONE D, SISKIND V, HEINONEN OP, MONSON RR, KAUFMAN DW, SHAPIRO S (1977) Antenatal exposure to the phenothiazines in relation to congenital malformations, perinatal mortality rate, birth weight and intelligence quotient score. Am J Obstet Gynecol 128: 486–488

SOVNER R, ORSULAK PJ (1979) Excretion of imipramine and desimipramine in human breast milk. Am J Psychiatry 136: 451–452

STELLINGER R, MÜLLER-OERLINGHAUSEN B (1988) Intra- und extrauterine Entwicklung unter Perazin-Exposition – eine Kasuistik. In: HELMCHEN H et al. (Hrsg) Therapie mit Neuroleptika – Perazin. Thieme, Stuttgart New York, S 101–102

STENCHEVER MA, FRANKEL RS, JARVIS JA (1970) Effect of diazepam on chromosome of human leucocytes in vivo. Am J Obstet Gynecol 107: 456–460

SYKES PA, QUARRIE J, ALEXANDER FW (1976) Lithium carbonate and breastfeeding. Br Med J: 1299

THIELS C (1980) Psychopharmaka und Schwangerschaft: Eine Übersicht. Pharmakopsychiatry 13: 301–317

THIELS C (1987) Pharmacotherapy of psychiatric disorder in pregnancy and during breastfeeding. A review. Pharmacopsychiatry 20: 133–146

THIELS C, KUMAR R (1987) Severe puerperal illness and disturbances of maternal behaviour. J Psychosom Obstet Gynaecol: 1–12

TUCHMANN-DUPLESSIS H (1978) Embryotoxische Eigenschaften zentralwirksamer Pharmaka. AMI-Berichte 1: 137–140

VREE PH, ZWART P (1985) Een pasgeborene met een amitriptyline-intoxication. Ned Tijdschr Geneeskd 129: 910–912

WEINSTEIN MR (1980) Lithium treatment of women during pregnancy and in the postdelivery period. In: JOHNSON FN (ed) Handbook of lithium therapy. MTP Press, pp 421–429

WHITE BJ, DRISCOLL EJ, TJIO J-H, SMILACK ZH (1974) Chromosomal aberration rates and intravenously given diazepam. A negative study. JAMA 213: 414–417

WLADIMIROFF JW, STEWARD PA, REUSS A, VAN SWAAY E, LINDHOUT D, SACHS ES (1988) The role of ultrasound in the early diagnosis of fetal structural defects following maternal anticonvulsant therapy. Ultrasound Med Biol 14: 657–660

Neuro-Psychopharmaka, Bd. 1
Riederer P. / Laux G. / Pöldinger W. (Hrsg.)

16 Psychopharmakotherapie bei Kindern und Jugendlichen

C. Eggers

16.1 Probleme der Psychopharmakotherapie in der Reifungsperiode

Die Psychopharmakotherapie bei Kindern und Jugendlichen birgt manche Probleme. Sie rühren hauptsächlich daher, daß sich der kindliche Organismus und insbesondere das Zentralnervensystem noch in der Reifung befinden. Die Interaktionen zwischen Pharmaka und Stoffwechsel sind daher komplexer und weniger übersichtlich als bei Erwachsenen. Psychotrope Substanzen wie Benzodiazepine, Neuroleptika, Antidepressiva und Stimulantien wirken auf den Neurotransmitterstoffwechsel des Gehirns ein, das bei Erwachsenen in der Regel ausgereift ist. Beim Kind befindet sich das Zentralnervensystem jedoch noch im Stadium der Myelinisation und Strukturvermehrung; die strukturell-hierarchische Ausdifferenzierung der grauen und weißen Substanz, die bioelektrische, enzymatische und (neuro-)hormonelle Reifung sind noch nicht abgeschlossen. Über die Wechselwirkung zwischen Pharmaka und noch unausgereiften neuralen Strukturen und Funktionen ist bislang nur wenig bekannt; hierbei dürften außer quantitativen auch qualitative Faktoren eine Rolle spielen: ontogenetische Studien ergeben, daß sich das dopaminerge, cholinerge und GABA-Neuronensystem im heranreifenden Organismus ungleichmäßig entwikkelt und sich sowohl quantitativ als auch qualitativ von den entsprechenden Neuronenstrukturen und Neurotransmitterfunktionen des Erwachsenen unterscheidet (Coyle 1976). Dies wirkt sich klinisch in der unterschiedlichen Ansprechbarkeit von Kindern und Erwachsenen auf Amphetamine und Amphetaminderivate aus, die u. a. den Neurotransmitter Dopamin freisetzen und die bei hyperkinetischen Kindern dämpfend und damit stabilisierend, bei Erwachsenen aber gegenteilig, erregend und aktivierend, wirken. Die dopaminergen Neurone scheinen relativ spät zu reifen (Carlsson 1980). Das Neurotransmittersystem ist in der Reifungs- und Wachstumsperiode noch sehr empfindlich und vulnerabel. Tierexperimentelle Untersuchungen zu diesem wichtigen Thema sind jedoch sehr selten: Dem Verfasser ist nur eine Untersuchung von LUNDBORG und ENGEL (1976) bekannt, die Penfluridol in niedrigen Dosen an stillende Rattenweibchen in den ersten 5 Tagen nach der Geburt verabreichten und dabei beobachteten, daß die jungen Tiere 4 Wochen nach der Geburt, also lange nach Elimination der Neuroleptika, eine Störung des konditionierten Vermeidungsverhaltens zeigten. Die Gehirne der 4 Wochen alten Tiere zeigten biochemische Auffälligkeiten, u. a. im Bereich des limbischen Systems und des zerebralen Kortex eine deutliche Verminderung der Dopamin- und Adrenalinsynthese.

Die Wirksamkeit der Psychopharmaka hängt im wesentlichen von deren Konzentration und Einwirkungsdauer am Rezeptor ab, die wiederum von verschiedenen pharmakokinetischen Determinanten wie Absorptionsrate, Proteinbindung, Verteilungsmuster innerhalb verschiedener Gewebe, Fettlöslichkeit, Stoffwechselaktivität und Ausscheidung bestimmt werden. Alle genannten Faktoren sind reifungs- bzw. altersabhängig. Beim Umgang mit Psychopharmaka muß dies bedacht werden. Körperoberfläche und Gewicht sind nur ungenügende Entscheidungshilfen beim Bemühen um jeweils adäquate Dosierung. Wichtiger ist die Bestimmung von Plasmaspiegeln, um genauere Kenntnis über individuelle therapeutische und toxische Schwellenwerte zu erhalten. Schon aus diesen Gründen muß vor unkritischer Verordnung von Psychopharmaka bei Kindern und Jugendlichen gewarnt werden: dies um so mehr, als in letzter Zeit psychotrope Substanzen bei Patienten dieser Altersstufe in zunehmendem Maße und immer wieder streng indiziert angewandt werden. In Frankreich entfielen im Jahre 1977 8% der Neuroleptikaverordnungen auf das Kindesalter (MORSELLI et al. 1978)! Diese Entwicklung ist bedenklich: geistig-seelische Reifung kann sich nur in ständig wacher Auseinandersetzung mit der Umwelt adäquat vollziehen. Es ist somit von eminenter Bedeutung, die intra- und interpsychischen Kräfte voll zur Auswirkung kommen zu lassen und sie nicht durch Psychopharmaka in ihrer Entfaltung zu bremsen. Sonst würde das dynamische Wechselspiel zwischen autochthoner Entfaltung der kindlichen Persönlichkeit und fördernder Umwelt beeinträchtigt.

16.2 Indikationen für eine Psychopharmakotherapie im Kindes- und Jugendalter

Der Indikationsbereich von Psychopharmaka im Kindes- und Jugendalter ist aus den in Abschnitt 1 genannten Gründen begrenzt. Die eindeutigste Indikation für den mittel- bis langfristigen Einsatz von Psychopharmaka sind psychotische, wahnhaft-halluzinatorische Symptome. Hier sind stark wirksame und mittelstarke Neuroleptika indiziert. Schwere depressive Verstimmungen mit Suizidalität und unproduktive Psychosen mit Negativsymptomatik, gelegentlich der frühkindliche Autismus mit bestimmten Zielsymptomen, ferner Aufmerksamkeitsstörungen mit Hyperaktivität (ADHD) sind ebenfalls gebräuchliche Indikationen für den Einsatz von Psychopharmaka bei Kindern. Unter den Psychopharmaka werden verschiedene Substanzgruppen subsumiert: Neuroleptika, Antidepressiva, Lithiumsalze, Tranquilizer und Stimulantien. Jede dieser Substanzgruppen hat wieder ihre eigene, spezifische und umgrenzte Indikation. Einen Überblick über die verschiedenen Indikationsgebiete für den Einsatz von Psychopharmaka bei Kindern und Jugendlichen gibt Tabelle 16.1.

Tabelle 16.1. Mögliche Indikationen für eine Psychopharmakotherapie bei Kindern und Jugendlichen

Neuroleptika	**Tranquilizer**
schizophrene Psychosen	prä-, postoperativ
jugendliche Manie	psychische Äquilibrierung bei zyanotischen Vitien, Verbrennungen
exogene Psychosen	Pseudokrupp, Asthma bronchiale
motorische Erregungszustände	intermittierend bei schweren Schlafstörungen
halluzinatorische Syndrome beim frühkindlichen Autismus und bei Demenzprozessen des Kindesalters	intermittierend bei Angst- und Unruhezuständen
Gilles-de-la-Tourette-Syndrom	intermittierend bei manchen Phobien Zwangsneurosen
Allergosen (Phenothiazine)	intermittierend bei schweren Psychosomatosen, z. B. Colitis ulcerosa, Asthma bronchiale
Antidepressiva	zerebrale Anfallsleiden
Enuresis	
schwere Depressionen mit Suizidgefährdung	**Stimulantien**
Zyklothymie	hyperkinetisches Syndrom
Somnambulismus	Narkolepsie
Pavor nocturnus	Hyperserotoninämie bei frühkindlichem Autismus
Lithiumsalze	
Zyklothymie	

16.3 Substanzgruppen

16.3.1 Neuroleptika

Im Unterschied zum Erwachsenenalter ist die Gabe von Neuroleptika beim Kind nicht auf psychotische Syndrome beschränkt, denn sowohl schizophrene als erst recht manisch-depressive Psychosen sind in dieser Altersstufe sehr selten. Neben schizophrenen und manischen Psychosen sind Neuroleptika gelegentlich auch bei nichtpsychotischen, häufig hirnorganisch bedingten Unruhezuständen indiziert. Bei gleichzeitig bestehendem zerebralen Anfallsleiden wirken sich vor allem das Butyrophenonderivat Floropipamid und die Phenothiazine Promethazin und Thioridazin günstig aus auf die motorische Hyperimpulsivität, die erhöhte Reizbarkeit und Ablenkbarkeit, die mangelnde Steuerbarkeit und Unkonzentriertheit, ohne daß gleichzeitig die zerebrale Reizschwelle in unerwünschter Weise gesenkt wird. Bei Allergosen hat sich das Promethazin in Tropfenform als Zusatzmedikation bewährt, falls diese mit starkem Juckreiz und psychomotorischer Unruhe einhergehen (Dosierung 1–2 mg/kg KG).
Kontrollierte Doppel-Blind-Studien haben einen positiven Einfluß von Neuroleptika auf Kinder mit einem frühkindlichen Autismus ergeben: Es kommt zu einer Besserung des Sozialverhaltens, des Spracherwerbs und des Diskriminationslernens im Laborversuch. Negativismus, Wutausbrüche, hyperaktive Unruhe, Rückzugsverhalten, Stereo-

typien und abnorme Objektfixierungen besserten sich unter Haloperidol (CAMPBELL 1985). Trifluoperazin erwies sich als ähnlich wirksam in bezug auf Sprachanbahnung, mentale Aufgeschlossenheit und Kontaktverhalten, während Chlorpromazin stark sedierend wirkte, aber klinisch wenig effizient war (FISH et al. 1966).

Bei schweren Tics und insbesondere beim Gilles-de-la-Tourette-Syndrom ist der Einsatz von Neuroleptika indiziert, aber immer nur in Kombination mit psychotherapeutischen Maßnahmen. Anstelle des früher häufig eingesetzten Haloperidols sollte zunächst ein Versuch mit dem Benzamidderivat Tiaprid gemacht werden (Dosierung 5–10 mg/kg KG). Eigene Untersuchungen haben die klinische Wirksamkeit dieses Präparates belegt, wobei besonders hervorzuheben ist, daß eine Beeinträchtigung kognitiver Funktionen, von Vigilanz, Aufmerksamkeit oder Psychomotorik nicht zu beobachten war (EGGERS et al. 1983). Kinder mit einem Gilles-de-la-Tourette-Syndrom bedürfen u. U. einer zusätzlichen Medikation mit Pimozid in einer Dosierung von 1–3 mg/Tag.

Die in der Kinderpsychiatrie gebräuchlichen Neuroleptika sind die Phenothiazine (Thioridazin, Promethazin, Periciazin, Levomepromazin), die Thioxanthene (Chlorprothixen, Flupentixol), die Butyrophenone (Haloperidol, Benperidol, Fluspirilen, Pimozid, Floropipamid), die Benzamide (Sulpirid, Tiaprid) und das Clozapin. Es ist, ebenso wie bei der Antiepilektikatherapie, günstig, in der therapeutischen alltäglichen Routine Erfahrungen mit wenigen Substanzen zu machen. Die genannten Substanzen unterscheiden sich hinsichtlich ihrer neuroleptischen Potenz, sie ist beim Benperidol am stärksten ausgeprägt. Die antipsychotische Wirkung der Neuroleptika steht in einem engen Zusammenhang mit deren blockierendem Einfluß auf die dopaminergen D_2-Rezeptoren insbesondere im mesolimbischen System. Die psychomotorisch dämpfende Wirkung setzt bei ausreichend hoher Dosierung bereits innerhalb von Stunden ein, während die Distanzierung von Wahnsymptomen und Halluzinationen in der Regel erst später, nach 1–2 Wochen, beginnt. Dies muß bei Überlegungen über einen evtl. Medikamentenwechsel bedacht werden.

Klinische Untersuchungen haben gezeigt, daß bei Kindern große interindividuelle Differenzen bestehen in bezug auf die therapeutische **Dosierung** und die **Toleranzbreite** von Neuroleptika auch bei relativ einheitlichen Diagnosegruppen (CAMPBELL 1985). Andererseits wird die Dosierung außer vom Alter, Gewicht und von der Körpergröße vom Schweregrad der Symptomatik bestimmt. Beim Kind und Jugendlichen ist es besonders wichtig, die individuell optimale Dosis in bezug auf die Zielsymptomatik sorgfältig zu ermitteln. Neuroleptika sollten einschleichend, aber in Stufen bis zum Eintritt des Wirkungsoptimums dosiert werden. Die einzelnen **Dosissprünge** dürfen **nicht zu klein** gewählt werden, um die Gesamtdosis nicht durch neurale Adaptationsprozesse zu hoch zu treiben! Anhaltspunkte für die Dosierung von Neuroleptika gibt Tabelle 16.2.

Umgekehrt hat das **Absetzen** der neuroleptischen Medikation möglichst langsam, in der Regel über Wochen hinweg, ausschleichend zu erfolgen, um dyskinetische Entzugserscheinungen zu vermeiden. Dies gilt insbesondere für die Reduktion von hochpotenten Neuroleptika. Kinder, die von niedrigdosierten hochpotenten Neuroleptika abgesetzt werden, entwickeln etwa doppelt so häufig ein dyskinetisches Entzugssyndrom wie Kinder, die sich in der Reduktion hochdosierter, schwachpotenter Neuroleptika befinden (GUALTIERI et al. 1980, POLIZOS und ENGELHARDT 1978). Das dyskinetische Entzugssyndrom ist vor allem nach langdauernder Neuroleptikatherapie zu beobachten, so daß hier beim Ausschleichen besonders bedächtig vorgegangen werden muß. Sollte trotzdem ein dyskinetisches Entzugssyndrom auftreten, ist eine rasche Rückkehr auf die volle Neuroleptikadosis notwendig (nähere Einzelheiten s. bei EGGERS 1984). Die den Neuroleptika eigenen **Nebenwirkungen** erfordern besonders sorgfältige Kontrollen und schränken ihre Anwendbarkeit im ambulanten Bereich erheblich ein. Wegen der möglichen hemmenden Wirkung auf das hämatopoetische System und wegen möglicher nephro- und hepatotoxischer Effekte sind anfangs wöchentliche Kontrollen von Blutbild, einschließlich Thrombozyten und Retikulozyten, sowie des Leberenzymstatus und der Nierenparameter vonnöten. Besonders exponiert in seiner suppressiven bzw. toxischen Wirkung auf Leuko- und seltener Erythropoese ist das Clozapin, das nur bei sonst therapieresistenten Fällen produktiver Psychosen indiziert ist und nicht mit anderen Medikamenten ähnlicher Nebenwirkungen kombiniert werden darf. Chlorpromazin führt besonders häufig zu cholestatischer Hepatose und sollte daher im Kindesalter nicht mehr eingesetzt werden. In größeren Abständen sind EKG-Kontrollen erforderlich. Weitere zu beobachtende Nebenwirkungen sind: Allergien, Photosensitivität, Harninkontinenz, Interferenzen mit anderen Psychopharmaka und Alkohol, die Gefahr zerebraler Krampfanfälle bei gleichzeitiger Gabe von piperazinhaltigen Antihelminthika. Für die Patienten besonders belastend sind die extrapyramidal-motorischen Störungen, die bei bis zu 60% der behandelten Kinder zu erwarten sind. Sie

Tabelle 16.2. Dosierung der in der Kinder- und Jugendpsychiatrie gebräuchlichen Neuroleptika (aus EGGERS 1984)

Stoffgruppe	Initialdosis (Richtwerte)	Erhaltungsdosis
Phenothiazine/Thioxanthene		
Thioridazin	1–3 mg/kg KG/Tag	3–6 mg/kg KG (75–150 mg)
Levomepromazin	0,5–2 mg/kg KG/Tag	2–4 mg/kg KG (60–200mg)
Promethazin	0,5–2 mg/kg KG/Tag	2–4 mg/kg KG (50–200 mg)
Periciazin	1–2 mg/Tag	10–15 mg/Tag
Trifluoperazin	0,02–0,1 mg/kg KG	0,15–0,3 mg/kg KG (6–15 mg)
Perphenazin	25–100 mg alle 1–2 Wochen Alter unter 6 J.: 4 mg/Tag; 6–12 Jahre: 6 mg/Tag; über 12 Jahre: 6–12 mg/Tag	
Fluphenazin	0,025–0,05 mg/kg KG/Tag	0,15–0,3 mg/kg KG (3–12 mg)
Chlorprothixen	0,5–1,0 mg/kg KG/Tag	1–4 mg/kg KG (150–300 mg)
Tiotixen	0,02–0,05 mg/kg KG/Tag	0,15–0,3 mg/kg KG (3–6 mg)
Butyrophenone und Verwandte		
Haloperidol	0,025–0,05 mg/kg KG/Tag	0,15–0,3 mg/kg KG (2–12 mg)
Floropipamid/Pipamperon	0,5–1 mg/kg KG/Tag	1–4 mg/kg KG (30–150 mg)
Fluspirilen	1–4 mg i.m./Woche	0,5–4 mg i.m./Woche
Penfluridol	10–20 mg/Woche	20–60 mg/Woche
Pimozid	0,003–0,01 mg/kg KG/Tag	0,03–0,1 mg/kg KG (2–6 mg)
Benzamide		
Sulpirid	1–2 mg/kg KG/Tag	5–10 mg/kg KG (300–600 mg)
Tiaprid	2–5 mg/kg KG/Tag	5–10 mg/kg KG (150–300 mg)

sind bei Haloperidol und Benperidol am häufigsten und kommen bei der Gabe von Thioridazin, Sulpirid und Clozapin praktisch nicht vor. Frühdyskinesien mit z. T. dramatischen Zustandsbildern (Zungen-Schlund-Krämpfe mit Erstickungsgefahr) machen die Gabe von Biperiden (je nach Gefährdung langsam i. v., i. m. oder oral, Dosierung: 0,04 mg/kg KG) notwendig. Biperiden selbst birgt die Gefahr deliranter Nebenwirkungen und wirkt euphorisierend. Die nach jahrelanger Gabe von hochdosierten Neuroleptika zu befürchtende Spätdyskinesie ist meist längerdauernd, spricht selten auf Antiparkinsonmittel an und kann irreversibel sein. Am ehesten hilft konsequente Dosisreduktion. Über die Häufigkeit bei Kindern und Jugendlichen kann noch nichts Abschließendes gesagt werden.

16.3.2 Antidepressiva

Antidepressiva werden im Kinder- und Jugendalter wegen ihrer antidepressiven, antienuretischen und antihyperkinetischen Eigenschaften eingesetzt. Endogen-depressive Störungen, die in der Erwachsenenpsychiatrie das Hauptkontigent der Behandlung mit Antidepressiva darstellen, sind im Kindesalter sehr selten (Häufigkeit etwa 1–2 ‰ der Alterspopulation). Reaktiv-depressive Zustände, vor allem gepaart mit phobischen und/oder anankastischen Symptomen kommen bei Kindern und Jugendlichen dagegen häufiger vor, stellen aber allenfalls ausnahmsweise eine Indikation für Antidepressiva dar. Puig-Antich et al. (1979) konnten keinen überzeugenden Einfluß von Imipramin auf depressive Zustände in der Präpubertät nachweisen, jedoch bestand eine Beziehung zwischen Imipramin- und Desmethyl-Imipraminspiegel im Serum und klinischer Wirkung.

Das Imipramin oder das Maprotilin sind Teil der Behandlungsstrategie bei der Enuresis nocturna et diurna. Imipramin erhöht den Sphinktertonus der Harnblase, setzt den Tonus des M. detrusor vesicae herab und vermindert die Schlaftiefe, so daß der Harn besser gehalten und das Kind durch den Harndrang eher geweckt wird. Möglicherweise spielt auch die Beeinflussung der Stimmungslage eine positive Rolle. Trizyklische Antidepressiva haben einen günstigen Effekt auf die psychomotorische Unruhe bei hyperaktiven Kindern (Biedermann et al. 1986, Donnelly et al. 1986). In relativ niedriger Dosierung (Imipramin: 1,0–2,0 mg/kg KG) beeinflussen sie sowohl die Hyperaktivität als auch die Aufmerksamkeitsstörung günstig. Vor allem wenn hyperkinetische Störungen mit Tics kombiniert sind, was immerhin in 20–50% der Fall ist, empfiehlt sich ein Behandlungsversuch mit Desimipramin in einer Dosierung von 25–100 mg täglich (Riddle et al. 1988).

Wegen der anticholinergisch bedingten Begleiterscheinungen wie Trockenheit der Schleimhäute, Akkommodationsstörungen, Obstipation und Harnverhalten werden Antidepressiva von den Kindern nicht selten rasch wieder abgesetzt. Im übrigen kann es außerdem zu Blutdrucksenkung, Tachykardie, Schwindel, Kopfschmerzen, innerer Unruhe und zu Schlafstörungen kommen. Die hämatopoetische sowie die Leber- und Nierenfunktion sollten auch hier kontrolliert werden. Bei schweren Zwangsneurosen, vor allem bei unterlagernder depressiver Symptomatik (anankastisch-depressives Syndrom) kann unterstützend zur Psycho-/Familientherapie der Einsatz von Clomipramin erwogen werden. Einen Überblick über Dosierungsrichtlinien bei der Verordnung von Antidepressiva bei Kindern und Jugendlichen gibt Tabelle 16.3.

16.3.3 Lithiumsalze

Im Erwachsenenalter ist die Indikation von Lithiumsalzen auf die Prophylaxe und Therapie manisch-depressiver Psychosen und schizoaffektiver Mischpsychosen beschränkt. Beides ist im Jugendalter recht selten. Darüber hinaus gibt es im Kindes- und Jugendalter keine einheitliche und eindeutige Indikation für eine Behandlung mit Lithiumsalzen. Bei stationär behandelten Kindern (Alter 5–12 Jahre) mit therapieresistenten aggressiven Verhaltensstörungen zeigte sich in einer gut kontrollierten Doppelblindstudie eine deutliche therapeutische Überlegenheit von Lithiumcarbonat (Dosierung 500–2000 mg/Tag) gegen Placebo (CAMPBELL et al. 1984). RIFKIN et al. (1986) konnten in einer placebo-kontrollierten Crossover-Studie einen positiven Einfluß von Lithium bei emotional gestörten, sozial unangepaßten Jugendlichen mit kurzdauernden Verstimmungszuständen feststellen. Die Einstellung auf Lithium verlangt besondere Sorgfalt und Erfahrung. Der Lithiumspiegel muß regelmäßig, anfangs wöchentlich, später monatlich kontrolliert werden. Der prophylaktische Lithiumspiegel sollte 0,5 - 1,0 mval/l, der therapeutische 1,2–1,4 mval/l betragen. Vor Beginn jeder Lithiumbehandlung ist besonders die Nierenfunktion sorgfältig zu untersuchen, regelmäßige EKG-Kontrollen und Überprüfungen der Schilddrüsenfunktion sind ebenfalls erforderlich. Wegen der geringen therapeutischen Breite der Lithiumsalze sollte heute der Einsatz von Carbamazepinpräparaten erwogen werden.

Tabelle 16.3. Dosierungsrichtlinien einiger in der Kinder- und Jugendpsychiatrie gebräuchlicher Antidepressiva (aus NISSEN 1984)

Stoffgruppe	**Initialdosis (mg/Tag) (Richtwerte)**		**Erhaltungsdosis (mg/Tag)**
Imipramin	5–10 Jahre:	10–20	30
	10–14 Jahre:	20–50	50–75
	14–18 Jahre:	50–100	75–100
Amitriptylin	5–10 Jahre:	–	–
	10–14 Jahre:	20–30	50–75
	14–18 Jahre:	30–75	75–100
Clomipramin	5–10 Jahre:	10–20	30
	10–14 Jahre:	20–50	50–75
	14–18 Jahre:	50–100	75–100
Maprotilin	5–10 Jahre:	10–30	30–50
	10–14 Jahre:	50–75	50–100
	14–18 Jahre:	50–75	75–100
Viloxazin	5–10 Jahre:	25–50	50–75
	10–14 Jahre:	50–100	50–100
	14–18 Jahre:	50–150	150–200
Sulpirid	5–10 Jahre:	25–50 (Saft)	50
	10–14 Jahre:	50–100	100–300
	14–18 Jahre:	100–150	300–500

16.3.4 Tranquilizer, Beta-Rezeptorenblocker

Über die Wirkung von Tranquillantien und Anxiolytika liegen bei Kindern keine genügend gut kontrollierten Studien vor. Sie sind allenfalls **kurzfristig** und intermittierend anzuwenden. In der Pädiatrie sind Tranquilizer indiziert zur kurzfristigen Ruhigstellung bei oder vor operativen Eingriffen oder bei bedrohlichen Erkrankungen wie Pseudokrupp oder im Asthma-bronchiale-Anfall. Das Clonazepam hat sich als promptes und zuverlässiges Mittel zur Unterbrechung von zerebralen Krampfanfällen bewährt. Das Bromazepam scheint eine günstige, die Psychotherapie unterstützende Wirkung auf Angst-, Zwangs- und phobische Neurosen zu haben (EGGERS 1980). Auch bei Kindern mit Schlafstörungen sollten Benzodiazepine nur kurzfristig und lediglich adjuvatorisch eingesetzt werden. Hier sind Diazepam (2–10 mg), Flurazepam (5–30 mg), Nitrazepam (2,5–5 mg) und Flunitrazepam (0,5 – 2 mg) indiziert. Ein wichtiger Vorteil dieser Präparate ist, daß sie den REM-Schlaf nur gering beeinflussen und gut individuell dosierbar sind. Da Benzodiazepine das Stadium IV des orthodoxen Schlafes verkürzen, sind sie auch zur Therapie des Schlafwandelns, des pavor nocturnus und der Enuresis geeignet, die z. T. bevorzugt in dieser Schlafphase auftreten.

Betarezeptorenblocker wirken ebenfalls anxiolytisch, sie haben jedoch im Gegensatz zu den Benzodiazepinen keine muskelrelaxierende oder antikonvulsive Eigenschaften. Sie haben sich im Kindesalter zur Behandlung von vorwiegend hirnorganisch bedingten aggressiven Wutausbrüchen bewährt, bei denen sich Stimulantien, Tranquilizer und Neuroleptika, teilweise in Kombination mit Antikonvulsiva als unwirksam erwiesen hatten (WILLIAMS et al. 1982). Im übrigen wird Propranolol bei Kindern auch zur Migräneprophylaxe verwandt (EGGERS 1977).

16.3.5 Stimulantien

Die einzige Indikation für eine Behandlung von Kindern und Jugendlichen mit Psychostimulantien sind die hyperkinetischen Syndrome. Der Einsatz von Stimulantien (in der Regel wird das Methylphenidat verwandt) ist dann zu diskutieren, wenn Störungen der Aufmerksamkeit, leichte Ablenkbarkeit, erhöhte Impulsivität und erhöhte Erregbarkeit vorhanden sind, die sich pädagogisch allein nicht beheben lassen. Bei der Verordnung von Stimulantien ist auf deren hemmende Wirkung – bei längerdauernder Verabreichung – auf das Längenwachstum zu achten. Die körperliche Entwicklung der behandelten Kinder muß sorgfältig somatographisch dokumentiert werden. Feste Regeln für die Dauer einer Behandlung mit Stimulantien lassen sich nicht aufstellen. Häufig ist eine mehrmonatige Behandlung ausreichend, nur selten ergibt sich die Notwendigkeit einer Behandlungsdauer von 1–2 Jahren. Am besten abgesichert ist der Kurzzeiteffekt auf die Aufmerksamkeitsfokussierung. Über die Langzeitwirkungen der Stimulantien liegen noch keine gesicherten Erkenntnisse vor. Junge Erwachsene, die als Kinder mit Stimulantien behandelt worden waren, hatten im Vergleich mit unbehandelten Probanden weniger Autounfälle, beurteilten ihre Kindheit retrospektiv positiver, waren sozial besser angepaßt, hatten ein besseres Selbstwertgefühl und wurden, wenn überhaupt, später deliquent (HECHTMAN et al. 1984) - vgl. Bd. 6, Kap. 3.

Keine einheitliche Meinung existiert über die Altersbegrenzung bei der Therapie mit Stimulantien. Eigene Erfahrungen über die Behandlung im späten Säuglingsalter mit niedrigdosiertem Methylphenidat (2,5 mg/Tag) sind günstig. Vor der Pubertät muß besonders wachsam auf die **Längenentwicklung** geachtet werden: das gilt um so mehr, je jünger das Kind ist. Als **Dosierungsrichtlinie** für Methylphenidat kann eine Tagesdosis von 0,1–1,0 mg/kg KG angesehen werden. Bereits kleine Dosen von 0,1–0,3 mg/kg KG können die Aufmerksamkeitsstörung positiv beeinflussen. In der Regel wird man bei Schulkindern mit 20–40 mg Methylphenidat pro Tag (auf morgendliche und mittägliche Dosen verteilt) auskommen. Ratsam ist die Beurteilung des Behandlungserfolgs durch Eltern und Lehrer mit der Conners-Skala (Tabelle 16.4). In letzter Zeit scheint eine besondere Indikation des Amphetaminderivates Fenfluramin interessant zu werden, nämlich bei Kindern mit einem autistischen Syndrom, die eine Serotoninerhöhung im Serum aufweisen (über 150 ng/ml). Dabei ist zu berücksichtigen, daß autistische Kinder, die Neuroleptika oder Antikonvulsiva erhalten, signifikant niedrigere Serotoninspiegel aufweisen, als medikamentenfreie Individuen (Anderson et al. 1987). Ein Überblick über die Literatur zur Wirksamkeit von Fenfluramin bei autistischen Kindern ergibt allerdings kein einheitliches Bild. Campbell et al. (1988) konnten keine Verbesserung der Lernleistungen bei 28 autistischen Kindern unter Fenfluramin beobachten, im Gegensatz zu Ritvo et al. (1983). Eine Auswertung der bislang vorliegenden Studien über die Wirksamkeit von Fenfluramin bei autistischen Kindern zeigt, daß es bei 33% zu einer Reduktion von Hyperaktivität und stereotypem Verhalten kommt; die besten Ergebnisse sind bei Kindern mit hohem IQ zu beobachten (Verglas et al. 1988).

Tabelle 16.4. Conners-Skala zur Verhaltensbeurteilung hyperaktiver Kinder (Kurzform)

Beobachtete Symptome	Gar nicht	Etwas	Deutlich	Sehr viel
Unruhig-überaktiv	0	1	2	3
Erregbar, impulsiv	0	1	2	3
Stört andere Kinder	0	1	2	3
Fängt etwas an und führt es nicht zu Ende, kurze Aufmerksamkeit	0	1	2	3
Zappelt andauernd	0	1	2	3
Leicht abgelenkt	0	1	2	3
Wünsche müssen sofort erfüllt werden, leicht frustrierbar	0	1	2	3
Weint häufig	0	1	2	3
Stimmung wechselt rasch und extrem	0	1	2	3
Neigt zu Wutausbrüchen und unvorhersagbarem Verhalten	0	1	2	3

Literatur

Anderson GM, Freedman DX, Cohen DJ (1987) Whole blood serotonin in autistic and normal subjects. J Child Psychol Psychiatry 28: 885–900

Biedermann J, Gastfriend DR, Jellinek MS (1986) Desipramine in the treatment of children with attention deficit disorder. J Clin Psychopharmacol 6: 359–363

Campbell M (1985) On the use of neuroleptics in children and adolescents. Psychiatr Annals 15: 101–107

Campbell M, Small AM, Green WH, Jennings SJ, Perry R, Bennett WG, Anderson L (1984) Behavioral efficacy of haloperidol and lithium carbonate. Arch Gen Psychiatry 41: 650–656

Campbell M, Adams P, Small A (1988) Efficacy and safety of flenfluramine in autistic children. J Am Acad Child Adolesc Psychiatry 4: 434–439

Carlsson A (1980) Psychopharmacology: basic aspects. In: Kisker KP et al. (Hrsg) Psychiatrie der Gegenwart, Bd I/2, 2. Aufl. Springer, Berlin Heidelberg New York, S 197–242

Coyle JT (1976) Neurochemical aspects of the development of the dopaminergic innervation of the striatum. In: Brazier MAB, Coceania F (eds) Brain dysfunction in infantile febrile convulsions. Raven Press, New York

Donnelly M, Zametkin AJ, Rapoport (1986) Treatment of childhood hyperactivity with desipramine. Clin Pharmacol Ther 39: 72–81

Eggers Ch (1977) Die Therapie der kindlichen Migraine accompagnée. In: Dimitriou EC (ed) Proc 2nd South-East European Neuropsychiatric Conference, Thessaloniki

Eggers Ch (1980) Erfolg mit Psychopharmaka-Therapie. Psycho 6: 650–654

Eggers Ch (1984) Neuroleptika. In: Nissen G, Eggers Ch, Martinius J (Hrsg) Kinder- und jugendpsychiatrische Pharmakotherapie in Klinik und Praxis. Springer, Berlin Heidelberg New York Tokyo, S 141–181

Fish B, Shapiro T, Campbell M (1966) Long-term prognosis and the response of schizophrenic children to drug therapy: a controlled study of trifluoperazine. Am J Psychiatry 123: 32–39

Gualtieri CT, Barnhill J, McGimsey J, Schell D (1980) Tardive dyskinesia and other movement disorders in children treated with psychotropic drugs. J Am Acad Child Adolesc Psychiatry 19: 491–510

Hechtman L, Weiss G, Perlman T (1984) Young adult outcome of hyperactive children who received long-term stimulant treatment. J Am Acad Child Psychiatry 23: 261–269

Lundborg P, Engel J (1976) Learning deficits and selective biochemical brain changes in 4-week-old offspring of nursing rat mothers treated with neuroleptics. In: Sedvall J et al. (eds) Antipsychotic drugs, pharmacodynamics and pharmacokinetics. Pergamon Press, Oxford, pp 261–269

Morselli PL, Cuche H, Zarifian E (1978) Pharmacokinetics of psychotropic drugs in the pediatric patient. In: Mendlewicz J, v Praag H M (eds) Childhood psychopharmacology. Current concepts. Karger, Basel München Paris London New York Sydney

Nissen G (1984) Antidepressiva. In: Nissen G, Eggers Ch, Martinius J (Hrsg) Kinder- und jugendpsychiatrische Pharmakotherapie in Klinik und Praxis. Springer, Berlin Heidelberg New York Tokyo, S 105–133

Polizios R, Engelhardt D M (1978) Dyskinetic phenomena in children treated with psychotropic medications. Psychopharmacol Bull 14: 65–66

Puig-Antich J, Perel J M, Lupatkin W, Chambers W J, Schea C, Tabrizi M A, Stiller R L (1979) Plasma levels of imipramine (IMI) and desmethylimipramine (DMI) and clinical response in prepubertal major depressive disorder. J Am Acad Child Psychiatry 18: 616 – 627

Riddle MA, Hardin MT, Cho SC, Woolston J L, Leckman J F (1988) Desipramine treatment of boys with attention-deficit hyperactivity disorder and tics: preliminary clinical experience. J Am Acad Child Adolesc Psychiatry 27: 811–814

Rifkin A, Wortman R, Reardon G, Siris SG (1986) Psychotropic medication in adolescents: a review. J Clin Psychiatry 47: 400–408

Ritvo E R, Freeman B J, Geller E, Yuwiler A (1983) Effects of fenfluramine on 14 outpatients with the syndrome of autism. J Am Acad Child Psychiatry 22: 549–558

Verglas G, Banks SR, Guyer KE (1988) Clinical effects of fenfluramine on children with autism: a review of the research. J Autism Dev Disord 18: 297–308

Williams DT, Mehl R, Yudolfsky S, Adam D, Roseman B (1982) The effect of propranolol on uncontrolled rage outbursts in children and adolescents with organic brain dysfunction. J Am Acad Child Psychiatry 21: 129–135

Neuro-Psychopharmaka, Bd. 1
Riederer P. / Laux G. / Pöldinger W. (Hrsg.)

17 Psychopharmakotherapie in der Gerontopsychiatrie

M. Bergener und C. Hesse

17.1 Einleitung

Psychische Erkrankungen können bei alten Patienten wie bei Patienten im jüngeren Lebensalter wirksam medikamentös behandelt werden. Noch bedeutsamer als bei der Behandlung jüngerer Patienten ist allerdings, daß eine medikamentöse Behandlung nicht isoliert, sondern im Rahmen einer Gesamtstrategie durchgeführt werden muß, und daß eine Beziehung zwischen Krankheit, Medikament, primären Angriffspunkten des Medikamentes, weniger erwünschten weiteren Angriffspunkten, dem Verlauf der Krankheit, dem Auftreten von Nebenwirkungen und der resultierenden Lebensqualität des Patienten in Form einer Art Netzwerk besteht (Abb. 17.1, nach Trabucchi, unveröffentlicht, 1989).

Die im Alter beobachteten biologischen Veränderungen des Organismus üben auf das pharmakokinetische Verhalten einer Substanz im Körper und über die veränderten pharmakokinetischen Verhältnisse, aber auch aufgrund von Änderungen an den Rezeptoren und anderen Determinanten des Alterns wie Begleitkrankheiten, anderen eingenommenen Medikamenten und dem

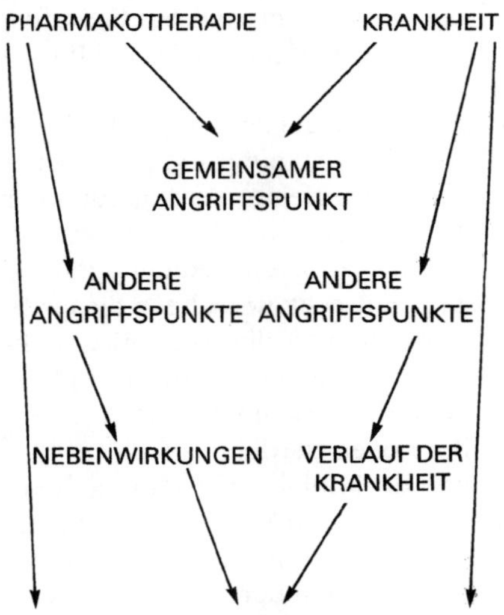

Abb. 17.1. Zusammenhang zwischen Krankheit, Medikament, Nebenwirkungen, Verlauf der Krankheit und Prognose des Patienten

körperlichen Allgemeinzustand, Einfluß auf die pharmakodynamischen Wirkungen eines Medikamentes aus.

Dabei konnte durch Untersuchungen von Thomae und seiner Schule (Lehr und Thomae 1987, Thomae et al. 1976, 1983) in der Bundesrepublik Deutschland sowie im Ausland durch Busse und den Mitarbeitern der Duke-Study (Busse 1985), die Arbeiten von Neugarten (1988), die Arbeiten von Eisdorfer und Mitarbeitern (Eisdorfer und Mintzer 1988) gezeigt werden, daß sich das Defizitmodell des Alterns als einer Lebensepoche von Krankheit, Verlust und steigender Inkompetenz in dieser strikten Form nicht halten läßt.

Aus diesen Untersuchungen läßt sich ableiten, daß es zwar Funktionen gibt, die altersbedingte Veränderungen zeigen, daß diese Funktionen aber nicht durchweg und nicht immer in eine negative Richtung weisen müssen. Andererseits zeigte es sich, daß bei rigoroser Auswahl von Probanden für Altersstudien, etwa nach dem Senieur-Protokoll (Traill et al. 1988), aus einer Kohorte von möglichen Teilnehmern vergleichsweise sehr viel weniger in eine Studie aufgenommen werden können als das bei Jüngeren der Fall ist.

Unstreitig sollte dagegen sein, daß es mit dem Alter wohl auch aufgrund genetischer Programmierung zu einer Verringerung der Fähigkeit des Organismus kommt, bei Veränderungen der äußeren Bedingungen die Homöostase aufrechtzuerhalten, dies, obwohl im höheren Alter die von Außen kommenden Anforderungen an die Fähigkeit, sich an veränderte Bedingungen zu adaptieren, eher höher werden.

Diese Befunde könnte man dahingehend interpretieren, daß die Vulnerabilität für pathologische Zustände im Alter generell zunimmt, aber auf der anderen Seite ein therapeutischer Nihilismus durch kein Resultat der bisherigen Forschungsarbeiten gerechtfertigt ist. Das bisher gesagte gilt auch für das Gebiet der Gerontopsychiatrie, obwohl gerade hier etwa bei Patienten mit fortgeschrittener Demenz, zugleich auch die Grenzen der heutigen Medizin offenbar werden.

Eine andere in den letzten Jahren wieder offene Frage ist, wann eigentlich der Beginn des (höheren) kalendarischen Lebensalters anzusetzen wäre: Der bisher allgemein angenommene Beginn des Involutionsalters jenseits des 45. Jahres ist sicher eine zu früh gezogene Grenze, auch im 60. Lebensjahr scheinen bei vielen Probanden mehr Gemeinsamkeiten als Unterschiede zu Jüngeren beobachtbar zu sein.Gleichwohl ist das 65. Lebensjahr bis heute sicher eine rentenversicherungsrechtlich relevante Grenze, die andererseits nicht so prinzipiell wie vermutet durch biologische Parameter zu stützen ist. Als Beginn des Alters das kalendarische Alter zu bestimmen, bei dem noch die Hälfte der Kohorte überlebt, das ist derzeit das 70. Lebensjahr, (Olbrich, persönl. Mitteilung, 1989) würde immerhin einen Ansatzpunkt für eine Definition bieten.

Neben enger Interaktion zwischen Alter und Krankheit ist die Abnahme der allgemeinen Fähigkeit, sich anzupassen, als das wesentliche Phänomen des Alterns anzusehen. Aber nicht nur die Häufigkeit von Krankheiten nimmt im Laufe des Lebens zu, zunehmend häufiger treten mehrere Krankheiten gleichzeitig auf (**"Multimorbidität"**). Diese Tatsache sowie sich überlagernde krankhafte Zustände durch den physiologischen Alternsprozeß des Organismus fordern Diagnostik, hier insbesondere die Entwicklung einer Differentialdiagnostik zur Zuordnung der Symptome zu der zugrundeliegenden Erkrankung, und Therapie in höchstem Maße. Diese drei Aspekte-Abnahme der Anpassungsfähigkeit, Interaktion zwischen Alter und Krankheit und Multimorbidität- machen zur Optimierung einer Pharmakotherapie bei alten Patienten eine Gerontopharmakologie ebenso wie eine Gerontopharmakotherapie erforderlich.

Sicher wäre es verfrüht, heute bereits von einer selbständigen Gerontopharmakologie zu sprechen; gleichwohl ist man sich darüber einig, daß die Prinzipien der allgemeinen Pharmakologie für das Alter modifiziert werden müssen, doch wurden grundlegende Regeln dafür erst ansatzweise definiert und Theorien noch nicht aufgestellt. Einzeleffekte sind ebenso wie der therapeutische Gesamteffekt häufig nur schwer vorauszusagen. Die Variabilität der Arzneieffekte nimmt mit dem Alter deutlich zu. Weitere Risiken ergeben sich aus den Interaktionen verschiedener Arzneimittel. Die Summationseffekte solcher Interaktionen entsprechen keineswegs immer den bekannten Wirkeigenschaften der verabreichten Einzelsubstanzen. Nebenwirkungen sind häufig und treten bereits in den für das Erwachsenenalter durchaus üblichen Dosisbereichen auf. Dies ist mit einer verminderten Toleranz gegenüber Arzneimitteln allein nicht zu begründen. Hier fällt die Abnahme des aktiven Parenchyms im Alter besonders ins Gewicht.

Ausschlaggebende Faktoren für die individuell unterschiedlichen Arzneieffekte sind veränderte Pharmakokinetik und Pharmakodynamik. So kann die Resorption eines Arzneimittels im höheren Alter verlangsamt sein. Arzneimittel werden in Abhängigkeit von Herzleistung, Blutvolumen und Durchblutungsgröße der einzelnen Gewebe und Organe transportiert und verteilt. Gleichzeitig kann ein Arzneimittel verlangsamt abgebaut oder verzögert ausgeschieden werden. Keineswegs aber müssen sich in jeder Phase die die Pharmakokinetik beeinflussenden altersphysiologischen Veränderungen der Organe und Organsysteme gleichsinnig auswirken, wodurch die Voraussagbarkeit eines Arzneieffektes im Einzelfall außerordentlich erschwert sein kann.

Psychopathologische Symptome und Syndrome im höheren Lebensalter haben eine multifaktorielle Genese. Die Wertigkeit der einzelnen Komponenten kann sich während des Krankheitsverlaufes verschieben. Durch die Interferenz verschiedener Kausalfaktoren ergibt sich eine Vielfalt klinischer Erscheinungsbilder und Verlaufsformen.

Deshalb erfordern psychische Krankheitszustände im höheren Lebensalter immer eine Differentialdiagnose und ein mehrdimensionales Assessment und eine durch die Ergebnisse dieses Assessments begründete differentielle Therapie. Hier tut sich ein großes und aussichtsreiches Gebiet ärztlichen Wirkens auf, auf dem therapeutischer Nihilismus so wenig angebracht erscheint wie eine leichtfertige Polypragmasie. Der Versuch, jedes Symptom mit einem Medikament zu behandeln, würde allenfalls dazu führen können, daß der Kranke samt seinen Problemen unter einer pharmazeutischen Decke verhüllt wird oder aber die angerichteten Wasserschäden verheerendere Auswirkungen haben als die ursprünglichen Brandherde, wobei andererseits die vielfältigen Möglichkeiten einer begründeten Pharmakotherapie mehr oder weniger ungenützt bleiben.

Vor Beginn einer medikamentösen Therapie, insbesondere jeder Psychopharmakotherapie, sollten bei alten Menschen vier Fragen beantwortet werden:

Wie ist die diagnostische Wertigkeit des Symptoms? (Z.B. bei einer Depression: Liegt eine Stoffwechselstörung (etwa eine Hypothyreose) oder eine iatrogene Ursache, z.B. eine Medikamentennebenwirkung, zugrunde? Handelt es sich um ein Symptom bei einer anderen Grunderkrankung (z.B. bei einem dementiellen Prozeß)? Ist die Depression der Ausdruck einer Verlust- oder Trauerreaktion?)

Ist eine medikamentöse Therapie wirklich notwendig? Könnte man das Therapieziel auch ohne den Einsatz von Medikamenten mit anderen Maßnahmen erreichen?

Welche Schäden sind gegebenenfalls durch die Medikamente zu befürchten (bzw. welche zu erwartenden Nebenwirkungen wird der Patient nicht tolerieren können)?

Wird der Patient sich an die Verordnung halten?

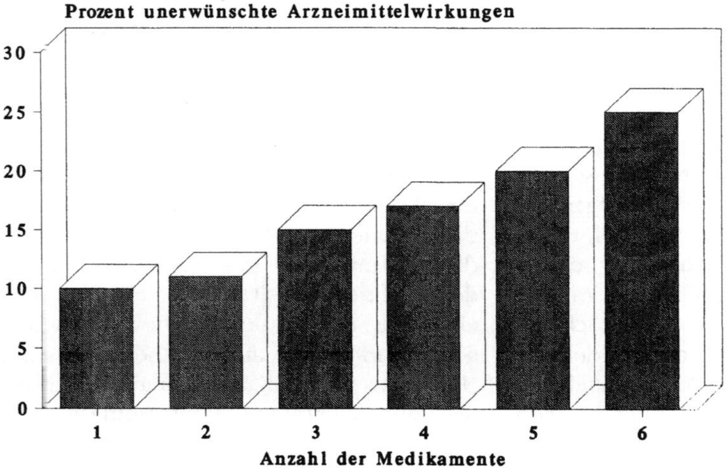

Abb. 17.2. Prozentsatz der unerwünschten Arzeimittelnebenwirkungen in Beziehung zur Zahl der gleichzeitig eingenommenen Medikamente

U.E. kann erst dann, wenn alle vier Fragen eindeutig bejaht werden können, eine Arzneimitteltherapie als gerechtfertigt gelten. Dabei sollte man sich vergegenwärtigen, daß die Compliance unter 50% liegt, d.h. von 50 Verordnungen werden nur etwa 25 der verordneten Arzneimittel auch tatsächlich in der verordneten Menge und Häufigkeit eingenommen. Bei psychisch Kranken ist im höheren Lebensalter die Compliance noch weit niedriger anzusetzen (Wolf-Klein et al. 1989, Weber 1982).

Besonderes Augenmerk ist daher darauf zu richten, daß der Multimorbidität der alten Patienten nicht mit einer Multipharmakotherapie begegnet wird, die im schlimmsten Fall zu einer Polypragmasie entarten kann. Die Abb. 17.2 demonstriert, wie stark die Inzidenz an unerwünschten Arzneimittelwirkungen mit der Zahl der gleichzeitig gegebenen Medikamente ansteigt.

Wegen der bereits angedeuteten besonderen Bedeutung soll zunächst kurz auf einige biologische Veränderungen, die beim alternden Organismus beschrieben worden sind, eingegangen werden und die sich auch auf eine Pharmakotherapie auswirken, bevor in einem speziellen Teil die wichtigsten Medikationsgebiete und Substanzgruppen, die Antidepressiva und das Lithium, die Tranquilizer und Hypnotika, die Neuroleptika und schließlich die sogenannten Psychogeriatrika eingehender abgehandelt werden. Den Arzneimittelinteraktionen soll dabei besondere Beachtung geschenkt werden.

17.2 Biologische Veränderungen im Alter mit Konsequenzen für die Pharmakotherapie

Die wichtigsten bisher beschriebenen biologischen Altersveränderungen sind in der Tabelle 17.1 nochmals zusammengefaßt.

Tabelle 17.1. Biologische Veränderungen im Alter

Körpergewicht	–
Anteil des Fettgewebes	+
Körperwasser	–
Plasma-Albumin	–10%
Oxidativer Abbau	–
Konjugation	+ –
Fähigkeit, die Homöostase aufrecht zu erhalten	–

Danach kommt den Veränderungen bei der Absorption, den Verschiebungen in der Zusammensetzung des Körpers und damit den Veränderungen in den Verteilungsverhältnissen, sowie Veränderungen in wesentlichen Körperfunktionen wie der Nierenfunktion und der oxidativen Metabolisierung,aber auch den Veränderungen in der Empfindlichkeit der Reaktion auf Medikamente für die Pharmakotherapie des alten Patienten Bedeutung zu (Hesse und O'Malley 1987, Estler 1988).

Absorption: Die Resorption von Medikamenten soll sich wie die von Nährstoffen im Alter verringern, bedingt durch die Abnahme der Zahl der resorbierenden Zellen mit zunehmendem Alter, ferner reduziert sich der Blutfluß über die Pfortader und schließlich werden im höheren Alter häufiger duodenale Divertikel beobachtet, die mit ihrer bakteriellen Besiedlung eine Malabsorption verursachen können. So ist beschrieben worden, daß die Resorption von Nahrungsbestandteilen, die über aktive oder andere spezielle Transportmechanismen aufgenommen werden (etwa Galaktose, Kalzium oder Eisen, insbesondere auch Vitamin B12 und Folsäure), im Alter verringert sein kann.

Andererseits werden Pharmaka überwiegend auf dem Wege passiver Diffusion durch die Darmwand aufgenommen; die bisher wenigen bekannten Studien deuten auf eine meist unbehinderte Absorption hin; auch die beim therapeutischen Drug Monitoring an der Rheinischen Landesklinik Köln gemessenen Serumspiegelwerte weisen in die gleiche Richtung.

Verschiebungen in der Zusammensetzung des Körpers: Mit steigendem Alter findet eine Verschiebung im Verhältnis der Körperbestandteile statt, wobei der Anteil des Fettgewebes auf Kosten der Anteile von aktivem Parenchym und des Muskelgewebes zunimmt. Demgegenüber kommt es zu einer deutlichen Reduzierung des Wasseranteiles und so zu einer Verschiebung in den Relationen der Verteilungsräumen, die bei einer Pharmakotherapie zu berücksichtigen ist.

Altersbedingte Änderungen bei Körperfunktionen: Die wichtigsten Veränderungen betreffen den Rückgang der Nierenfunktion, eine Reduktion des oxidativen Abbaus von fremden Stoffen, also auch von Medikamenten, und schließlich möglicherweise Änderungen in der Sensitivität von Rezeptoren.

Die Verringerung der Nierenleistung mit dem Alter läßt sich am eindrucksvollsten an der Verringerung der endogenen Kreatinin-Clearance zeigen (Abb. 17.3).

Gleichzeitig ist eine hohe Variabilität einzelner Parameter hervorzuheben. Das bedeutet, daß im Allgemeinen richtige Aussagen auf den Einzelfall nicht unbedingt übertragen werden können. Diese besondere inter- wie auch intraindividuelle Variabilität ist eines der typischen Altersmerkmale überhaupt; in gewissem Sinne wird dadurch gerade der alternde Organismus, bedingt durch die Vielzahl der auf ihn einwirkenden Determinanten, charakterisiert.

Der **oxidative Abbau** von Medikamenten über das mischfunktionelle Oxigenasesystem der Leber (der sogenannte Typ-I-Abbau) nimmt im Alter ebenfalls deutlich ab. So werden bei den

Benzodiazepinen, die häufig nach diesem Mechanismus metabolisiert werden und auch bei den trizyklischen Antidepressiva Verdoppelungen der Eliminationshalbwertszeit mit dem Alter und im Einzelfall auch noch stärkere Verlängerungen beobachtet, während die Geschwindigkeit der sogenannten Typ-II-Metabolisierung, also der Konjugation (Acetylierung, Sulfatierung oder Benzylierung) nicht oder nur gering betroffen zu sein scheint. Als Besonderheit sei noch erwähnt, daß die Aktivität der Monoaminoxidase-B mit dem Alter ansteigt.

Die Hirnleistungsfähigkeit z.B. nach der Einnahme von Hypnotika kann schließlich im Alter ebenfalls variieren: In der Abb. 17.4 werden die Fehlerzahlen zwischen jungen und alten Probanden in psychomotorischen Tests 12, 36 und 60 Stunden nach der Gabe von Nitrazepam gegenübergestellt.

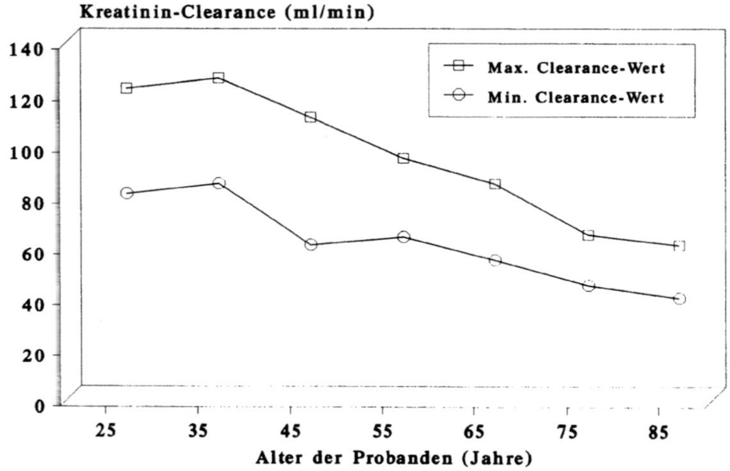

Abb 17.3. Altersabhängigkeit der endogenen Kreatinin-Clearance

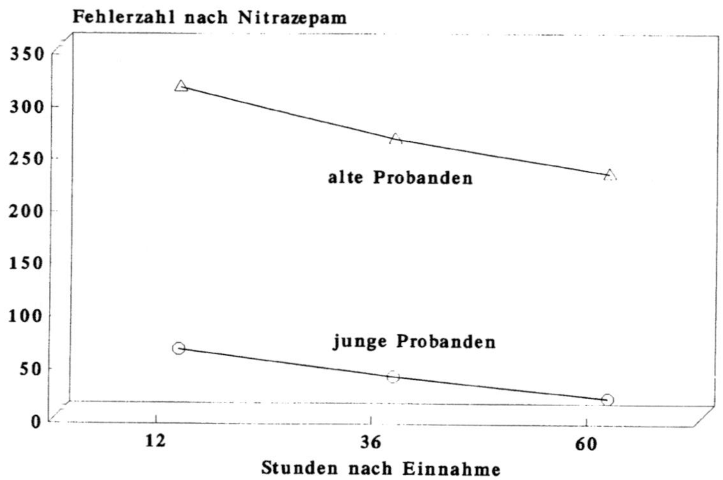

Abb. 17.4. Fehlerzahlen junger und alter Probanden 12, 36 und 60 Stunden nach der Einnahme von Nitrazepam (nach Castleden und George 1979)

17.3 Antidepressiva und Lithium

Die Entscheidung, eine depressive Erkrankung im höheren Lebensalter mit Antidepressiva zu behandeln, muß sorgfältig erwogen werden. Über die Begründung für eine solche Entscheidung und ebenso über die Grundregeln einer Pharmakotherapie besteht weitgehende Übereinstimmung (Gastpar 1989, Tegeler 1984, Gerner 1985, Lanz 1988). Danach kann man davon ausgehen, daß ein Antidepressivum eher indiziert ist, wenn die zu behandelnde Depression einen endogenen Charakter aufweist, der depressive Zustand über viele Tage dauerhaft vorhanden ist und es sich um eine nicht nur leichte depressive Verstimmung handelt. Generelle Grundregeln bei der Behandlung sind vorsichtige Dosierung, Beachtung von Wechselwirkungen mit anderen verordneten oder vom Patienten von sich aus eingenommenen Medikamenten und Beachtung der psychosozialen Situation des Patienten.

Nach ihrem Wirkungsmechanismus können antidepressiv wirkende Substanzen in vier Gruppen eingeteilt werden:

- Tri- und Tetrazyklische Antidepressiva
- Nicht-Trizyklische Antidepressiva
- Präkursoren (z.B. Oxitriptan)
- Monoaminoxidasehemmer

In der Praxis hat es sich herausgestellt, daß die beste Wirksamkeit bisher von den klassischen trizyklischen Antidepressiva und auch von Maprotilin ausgeht, wenn auch hier die Nebenwirkungen am gravierendsten sind. Über die sogen. Antidepressiva der dritten Generation liegen bisher noch weniger Erfahrungen vor, doch scheinen sie im Fall von Patienten mit einem vorgeschädigten Organismus wegen ihrer geringeren Nebenwirkungen eine brauchbare Alternative darzustellen. Die Monoaminoxidasehemmer (MAO-Hemmer) konnten mit der Entwicklung reversibler MAO-A-Hemmer eine Renaissance erleben. Gründe dafür sind das Fehlen anticholinerger Wirkungen und gravierender Interaktionen (Laux und Riederer 1989).

17.3.1 Trizyklische Antidepressiva

Wegen ihrer praktischen Bedeutung sollen die klassischen trizyklischen Antidepressiva und das Maprotilin im folgenden besonders behandelt werden. Diese Gruppe zeichnet sich durch die relativ große Zahl ihrer Vertreter bei gleichzeitig ungewöhnlich homogenem Ablauf des Metabolismus aus (Hierzu s. Bd. 3). Die Aktivität dieses Stoffwechselweges kann bereits bei jüngeren Erwachsenen interindividuell außerordentlich variieren. Noch mehr gilt das für Patienten im höheren Lebensalter. So lassen sich bei der Gabe einer Einheitsdosis (z.B. 150 mg einmal täglich) interindividuelle Variationen im Gleichgewichtsspiegel um den Faktor 5 bis 36, je nach Pharmakon und anderen intervenierenden Faktoren, messen (Molnar und Gupta 1980).

Bei Verlängerung der Halbwertszeit, wie sie durch die mit dem Alter verringerte Aktivität des Oxigenasesystems zwangsläufig auftritt, steigen erfahrungsgemäß interindividuelle Variationsbreite und die Zeit, die bis zum Erreichen eines Fließgleichgewichtes notwendig ist. Man kann diese Zeit auf etwa 10 Eliminationshalbwertszeiten ansetzen. Außerdem wird die Dosis für das Erreichen eines bestimmten Wirkstoffspiegels geringer sein müssen als bei einer höheren Geschwindigkeit des Abbaus. Gastpar (1989) gibt eine Übersicht über gebräuchliche Dosen häufig verordneter Antidepressiva. Danach liegt die mittlere geriatrische Tagesdosis meist zwischen 25 und 100 mg, lediglich das Dibenzepin wird mit 80 bis 320 mg erheblich höher dosiert.

17.3.2 Lithium

Wie bei der Behandlung akuter depressiver Zustände im Alter die klassischen Antidepressiva bei entsprechender Vorsicht effektiv und sicher eingesetzt werden können, ist eine Depressionsprophylaxe mit Lithium auch im Alter möglich. Lithium verhält sich im Körper wie das homologe Natrium. Das bedeutet, daß der Stoffwechsel dieses Elementes bei Lithiumtherapie sorgfältig konstant gehalten werden muß. Auch auf die Gefahr lithiuminduzierter klinisch kompensierter Hypothyreosen, die durch einen erhöhten basalen TSH-Wert bei normal hohen T3- und T4-Werten erkennbar sind, muß hingewiesen werden. Eine Bestimmung der Schilddrüsenparameter T3, T4 und besonders des basalen TSH wie auch des EKG, der Serumelektrolyte und der Kreatinin-Clearance gehört daher zu den unbedingt notwendigen Voruntersuchungen, wenn eine Lithiumprophylaxe durchgeführt werden soll.

Bei der Therapie mit Lithium hat sich das therapeutische Drug Monitoring durch Messung des Plasmaspiegels vollständig durchsetzen können. Nach GASTPAR (1989) beginnt man mit einer abendlichen Gabe von 5–10 mmol Lithium (mmol hier = mval, da einwertiges Kation), steigert jeden dritten Tag um 5 mmol und beginnt mit der Serumspiegelmessung drei Tage, nachdem eine Zufuhr von 15 mmol/24Std. erreicht wurde. Die Lithiumbestimmung wird nach Erreichen des geplanten Serumspiegels mindestens nach einer Woche, dann nach einem Monat und dann alle drei Monate wiederholt. Zusätzliche Messungen sind bei interkurrenten Erkrankungen und bei Therapieumstellungen von Medikamenten erforderlich, bei denen eine Wechselwirkung mit dem Lithiumspiegel bekannt ist (Nichtsteroidale Antirheumatika, Thiazid-Diuretika, Digoxin). Eigene Erfahrungen der letzten Jahre haben gezeigt, daß offensichtlich auch schon niedrigere als die früher postulierten Serumspiegel (anscheinendes Optimum bei 0.4–0.6 mmol/l) ihre prophylaktische Wirkung zeigen.

Bei Beachtung aller Vorsichtsmaßnahmen und bei guter Beobachtung des Patienten unter der Therapie ist es möglich, auch alte Patienten ebenso wie Jüngere mit Antidepressiva und Lithium effektiv und sicher zu behandeln. Ein Unterschied zu jüngeren Patienten liegt sicher in der Verschiebung der Symptomatik im Sinne einer Somatisierung der Beschwerden, was die Diagnostik erschwert und in der längeren Dauer der Erkrankung, was die Geduld von Arzt und Patient öfter auf eine harte Probe stellen kann. Trotz dieser Schwierigkeiten lohnt sich die Behandlung am Ende in den meisten Fällen.

17.4 Hypnotika und Tranquilizer

Schlafmuster und Vigilanz ändern sich im Verlaufe des Alterns (SPIEGEL 1982, 1989). Klagen über Schlafstörungen gehören zu den häufigsten Beschwerden, die von älteren Patienten in der ärztlichen Praxis vorgebracht werden. Dies zeigt sich auch in der hohen Zahl der für ältere Patienten verschriebenen Hypnotika (FREEMAN 1979, DAVISON 1984, WEBER 1984). Die Gründe für die zahlreichen Klagen der älteren Patienten über Schlafstörungen sind sicher vielschichtig. Nicht selten wird über Schlafstörungen geklagt, obwohl sich lediglich die physiologische Schlafdauer verkürzt, wie es mit zunehmendem Alter die Regel ist, vom Patienten aber eine längere Schlafdauer erwartet wird.

Andere Gründe für Schlafstörungen können Schmerzen, internistische Erkrankungen oder aber – recht häufig – eine Depression sein. Schlafstörungen sind bei Depressionen im höheren Lebensalter ein geriatrisches Leitsymptom.
Bei allen Klagen über Schlafstörungen ist zunächst nach der Ursache der Schlafstörung zu fahnden, bevor ein Schlafmittel eingesetzt wird. Vor der Verschreibung von Hypnotika ist jedes andere Mittel auszuschöpfen, beispielsweise durch Aufklärung des Patienten über die physiologische Schlafdauer. Vorrangig ist die Grundkrankheit zu behandeln, insbesondere sind eine Schlaf-Apnoe, bei der Hypnotika kontraindiziert sind, und ein nächtlicher Myoklonus auszuschließen.

Als Auslöser für Schlafstörungen im Alter kommen neben exogenen situationsbedingten Auslösern wie Lärmstörungen, störenden Lichtreizen oder ungünstiger Lagerung außerdem vielfältige funktionelle und organische Störungen in Frage (Franke 1983). Unter den somatischen Gründen stehen bei alten Patienten Herz- und Kreislauferkrankungen im Vordergrund, aber auch der physiologische nächtliche Blutdruckabfall kann bei Patienten mit einer grenzwertigen Versorgung des Gehirns eine Schlafstörung auslösen ebenso wie chronische Lungenerkrankungen oder larvierte Hyperthyreosen zu einer Schlafstörung führen können. Schließlich können Störungen im Wach-Schlafrhythmus, etwa durch die im Alter öfter beobachtete Tagesschläfrigkeit oder durch zu geringe Aktivität während des Tages, ihrerseits Schlafstörungen hervorrufen.

Schlafstörungen treten bei psychiatrisch erkrankten Patienten nahezu obligat auf und nehmen hier den Rang eines Leitsymptoms ein. Hier ist es wie bei den somatischen Erkrankungen in jedem Falle notwendig, vorrangig die Grundkrankheit zu behandeln.
In anderen Fällen kann trotz aller ärztlichen Anstrengungen die Verwendung eines Schlafmittels erforderlich sein. Dosierung und Behandlungsdauer sollen im Rahmen einer Gesamt-Strategie festgelegt werden. Üblicherweise werden Benzodiazepine und, in der Bundesrepublik Deutschland seltener, Clomethiazol eingesetzt. Der Gebrauch von Barbituraten ist obsolet; diese Stoffe sollten wegen ihrer relativen Gefährlichkeit und anderer Nebenwirkungen (z. B. Enzyminduktion) nicht mehr als Hypnotika verwendet werden.

17.4.1 Nebenwirkungen und Vorsichtsmaßnahmen

Bei der Behandlung mit Hypnotika und Tranquilizern können, was oft übersehen wird, viele, zum Teil schwerwiegende, Nebenwirkungen auftreten: Sie reichen von Tagesmüdigkeit, paradoxen Reaktionen (Gibson 1966), nächtlicher Unruhe (Exton-Smith 1967) bis zum Verlust des Gleichgewichtes nach Verordnung von Barbituraten und Benzodiazepinen (MacDonald und MacDonald 1977). Schläfrigkeit und übermäßige Sedierung sind nach der Gabe von Diazepam oder Clomethiazol bei 70-jährigen und älteren Patienten doppelt so häufig wie bei Patienten von 40 oder darunter (Boston Collaborative Drug Surveillance Program 1973). Immobilität, Inkontinenz und andere Nebenwirkungen wurden bei langfristigem Einsatz von Nitrazepam v.a. bei Älteren beschrieben (Evans und Jarvis 1972).

17.4.2 Benzodiazepine und verwandte Stoffe

Wegen ihrer Bedeutung soll die Gruppe der Benzodiazepine im Folgenden ausführlich behandelt werden. Sie sind dadurch charakterisiert, daß sie bei jüngeren Patienten eine bemerkenswert geringe Organtoxizität erkennen lassen, d.h. eine große therapeutische Breite, verglichen mit Digoxin, antidepressiven Substanzen oder den Neuroleptika. Trotzdem ist ihr unkritischer Gebrauch bei alten Patienten nicht ohne Probleme (Boston Collaborative Drug Surveil-

LANCE PROGRAM 1973, GREENBLATT et al. 1977, 1983, KANOWSKI 1983). Nach FREEMAN (1979) entfällt die Hälfte aller Probleme im Umgang mit psychotropen Substanzen auf die Gruppe der Benzodiazepine.
Wesentlich erscheint darüber hinaus, daß die klinische Erfahrung gelehrt hat, daß die Benzodiazepine weit weniger differentielle klinische Effekte aufweisen als zunächst angenommen wurde. Man sollte sich daher bei der Verordnung auf wenige Substanzen beschränken und dabei in der Regel auf kürzer wirkende Stoffklassen ausweichen. So konnten BERGENER et al. (1989) zeigen, daß sich bei der Anwendung des den Benzodiazepinen strukturell verwandten Zopiclon, das ebenfalls über den Benzodiazepinrezeptor wirkt, nach mehrwöchiger Behandlung von Schlafstörungen im Gegensatz zu Flurazepam keine Residualspiegel im Serum aufbauten, gleichzeitig aber ein wesentlicher Unterschied in der Wirkung zwischen den beiden Stoffen nicht festzustellen war, abgesehen von Differenzen bei einigen psychometrischen Tests zugunsten von Zopiclon.
Prinzipiell sollte die Möglichkeit, von oxidativ metabolisierten Medikamenten auf andere Stoffe auszuweichen, die über eine Konjugation ausgeschieden werden, bedacht werden. Als Beispiele sind Oxazepam oder Lorazepam anzuführen. CASTLEDEN und GEORGE (1979) sowie O'MALLEY (persönliche Mitteilung, 1988) diskutieren, daß das alternde Gehirn auf Benzodiazepine empfindlicher reagiert als im jüngeren Lebensalter. Dies steht im Einklang mit der Beobachtung, daß die Nebenwirkungen der Benzodiazepine bei älteren Patienten häufiger und auch deutlicher auftreten als im jüngeren Lebensalter.

17.5 Neuroleptika

Neuroleptika setzen das gesamte psychoenergetische Niveau herab, ohne daß (im Unterschied zu Tranquilizern oder Hypnotika) bei optimaler Dosierung die Bewußtseinshelligkeit herabgesetzt würde (HAASE 1977). Die von HAASE vorgeschlagene Einteilung in schwachpotente, mittelpotente und hochpotente Neuroleptika hat sich in der Praxis bewährt.

17.5.1 Einsatz der Neuroleptika in der Gerontopsychiatrie

Mittel- oder hochpotente Neuroleptika sollten in der gerontopsychiatrischen Praxis vorwiegend im Tranquilizerbereich eingesetzt werden. Hierbei kann man sich die bei einigen Substanzen beobachtete leichte antidepressive Zusatzwirkung zunutze machen. Ein Erreichen oder Überschreiten der neuroleptischen Schwelle sollte nur in seltenen Fällen, etwa bei Spätmanifestationen akuter Schizophrenien, bei paranoiden Psychosen im Senium mit ausgeprägter affektiver Erregung und Spannung oder bei psychotischen Zuständen und schließlich bei den seltenen Fällen seniler Manie geboten sein.
Wenn auch Neuroleptika in der Psychogeriatrie viel zurückhaltender als in der Psychiatrie des jüngeren Lebensalters eingesetzt werden müssen, wird man sie doch in manchen Fällen verwenden. Im Gegensatz zum Gebrauch der Antidepressiva und der Tranquilizer existiert über den Einsatz der Neuroleptika in der Psychogeriatrie bisher kaum Literatur. Neuroleptika werden in der Psychogeriatrie vor allem bei der Behandlung akuter und auch chronischer organischer

Psychosen und besonders auch als Begleitmedikation bei dementiellen Zuständen eingesetzt. Die Weiterbehandlung von alternden Patienten, die während ihres ganzen Lebens an schizophrenen Psychosen erkrankt waren, ist selbstverständlich ebenfalls eine Indikation für den Einsatz der Neuroleptika.
Ziel einer neuroleptischen Behandlung im Alter ist dabei vorwiegend die Beseitigung von psychomotorischer Unruhe oder von Erregungszuständen, die oft mit Orientierungsstörungen oder angsthafter Feindseligkeit verbunden sein können sowie Dämpfung und/oder Beseitigung von Halluzinationen und Wahnsymptomen. Solche Störungen treten häufig beim diffusen hirnorganischen Psychosyndrom oder im Rahmen von dementiellen Erkrankungen auf und gehen oft mit Unrast und hilfloser Unruhe einher.
Kanowski (1989) hat darauf hingewiesen, daß eine Pharmakotherapie mit Neuroleptika bei diesen Indikationen nur dann erfolgversprechend ist, wenn ein vorher vorhandener Zustand übermäßiger Erregung so gedämpft wird, daß der Vigilanzgrad des Patienten dem mittleren Funktionszustand optimaler Vigilanz so weit als möglich angenähert wird. Unterläßt man eine solche Einstellung des Patienten auf ein optimales Vigilanzniveau, erkauft man mit einer zu starken Dämpfung lediglich eine weitere Abnahme der kognitiven Leistungsfähigkeit; die Desorientiertheit des Patienten nimmt dann aufgrund der therapeutischen Intervention scheinbar paradoxerweise zu.

Die Behandlung akut auftretender deliranter Verwirrtheit aus anderen organischen Ursachen als denen dementieller Prozesse erfordert zunächst die Behandlung der Grunderkrankung im Rahmen einer internistischeun Basistherapie; zur symptomatischen Behandlung des deliranten Zustandes hat sich das Clomethiazol als Mittel der ersten Wahl noch vor den Neuroleptika bewährt. Während aber delirante Verwirrtheit als Folge einer Bewußtseinstrübung angesehen werden kann, entsteht Verwirrtheit beim fortgeschrittenen dementiellen Prozeß aus Gedächtnisstörungen und aus dem Verlust kognitiver Verarbeitungsmöglichkeiten. Eine differentialdiagnostische Zuordnung beider Formen der Verwirrtheit, die eine wesentliche Voraussetzung für eine differentialtherapeutische Strategie bildet, ist allerdings häufig nicht einfach.

17.5.2 Auswahl des Neuroleptikums

Wie bei den Antidepressiva ist auch unter den Neuroleptika keine Substanz speziell für die Behandlung alter Patienten geeignet. Die biologische Halbwertszeit verlängert sich bei trizyklischen Neuroleptika nach Beobachtungen japanischer Autoren (Aoba, unveröffentlichte Mitteilung, 1987) mit steigendem Alter wie im Falle der Benzodiazepine und der trizyklischen Antidepressiva, was für Butyrophenon-Derivate nach seinen Beobachtungen nicht zuzutreffen scheint.
Das pharmakologische Profil einer Substanz sollte auf die zu therapierende Störung zugeschnitten sein. Unerläßlich ist die Erfahrung des Arztes. Im Allgemeinen haben die niedriger potenten Neuroleptika die Tendenz zu stärkeren anticholinergen Nebenwirkungen und zu stärkerer Sedierung sowie zur Antriebsminderung beim Patienten, während bei den hochpotenten Neuroleptika (wie etwa dem Haloperidol) das Auftreten extrapyramidalmotorischer Seiteneffekte bei sonst ausgezeichneter genereller Verträglichkeit die am meisten gefürchtete Nebenwirkung ist.
Hier könnte man sich die anticholinergen Seiteneffekte der niederpotenten Neuroleptika in Kombination mit der geringen Senkung der Vigilanz bei den hochpotenten Neuroleptika in einer Kombinationstherapie zunutze machen. Zu beachten ist auch, daß bei den trizyklischen Neuroleptika kardiotoxische Wirkungen beschrieben worden sind, wenn sie auch seltener als bei

den trizyklischen Antidepressiva aufzutreten scheinen (Hicks und Funckenstein 1980). Die Provokation eines Delirs muß vor allem bei Substanzen mit deutlich anticholinerger Wirkung befürchtet werden. Das Risiko wird (wie im Fall der kardiotoxischen Nebenwirkungen durch ein vorgeschädigtes Herz) durch ein vorgeschädigtes Gehirn, etwa bei dementiellen Prozessen, erhöht. Man kann das Delir durch langsame intravenöse Injektion von 1–2 mg Physostigmin, für die allerdings eine intensivmedizinische Überwachung notwendig ist, innerhalb von weniger als einer halben Stunde unterbrechen. Die Delirsymptomatik kehrt allerdings beim Abklingen der Physostigminwirkung allmählich wieder zurück, solange das Delir selber nicht abgeklungen ist (Hicks und Funckenstein 1980). Die Hauptgefahr ist, daß das Delir als Verschlechterung der Grundkrankheit mißdeutet wird und daß daher die Dosis des Neuroleptikums erhöht wird und sich so das Delir verschlimmert. Kanowski (1989) weist in diesem Zusammenhang auf den Einsatz des Clomethiazols und auch der hochpotenten Neuroleptika zur Delirbehandlung hin.

17.5.3 Spätdyskinesien

Die am meisten gefürchtete Spätkomplikation unter neuroleptischer Behandlung ist das Auftreten von Spätdyskinesien. Jenike (1983) beziffert die Häufigkeit tardiver Dyskinesien unter neuroleptischer Langzeittherapie auf 15%; dies würde bedeuten, daß sich bei jedem sechsten langfristig behandelten Patienten eine solche Dyskinesie entwickeln würde.

Äußerst zurückhaltend muß mit der Verordnung von Antiparkinsonmitteln (wie etwa Biperiden) unter neuroleptischer Therapie umgegangen werden. Eine irreversible Hypersensibilisierung von Rezeptoren und die dadurch offensichtlich provoziert auftretenden Dyskinesien bei Versuchstieren wurde schon früher beschrieben. Unter Neuroleptika kann sich der Digoxinspiegel erhöhen; die blutzuckersenkende Wirkung von oralen Antidiabetika und der Insulineffekt können geringer sein, die blutdrucksenkende Wirkung des Guanethidins kann blockiert werden. Bei anderen Antihypertonika kann die Wirkung durch stärker sedierend wirkende Neuroleptika verstärkt werden.

17.5.4 Indikationsstellung

Das Für und Wider der Anwendung von Neuroleptika sollte bei psychogeriatrischer Indikation besonders kritisch erwogen werden. Zurückhaltung ist in jedem Falle geboten. Immer sollten auch andere, nicht-pharmakotherapeutische Interventionen (etwa Beschäftigungstherapie) in Betracht gezogen werden. Neuroleptika wurden zunächst zur Behandlung akut psychotischer Symptome bei endogenen und exogenen Psychosen entwickelt; in der Gerontopsychiatrie sind sie bei der Behandlung von Erregungszuständen sowie auch bei psychotischer Symptomatik unverzichtbar geworden.

Sind Neuroleptika indiziert, so sollte die Behandlung mit niedrigen Dosierungen begonnen und vorsichtig bis zur minimal notwendigen Dosishöhe gesteigert werden, die bei alten Patienten nahezu immer deutlich niedriger als bei Jüngeren liegen wird. Bei längerfristiger Behandlung ist in relativ kurzen Zeitabständen (etwa alle 1 bis 3 Monate) zu prüfen, ob die Behandlung überhaupt, und wenn ja, in dieser Dosis weitergeführt werden muß. Zur Klärung dieser Frage können Absetzversuche über längere Zeit (zwei bis vier Wochen, wenn sie ohne das Auftreten eines Rezidivs möglich sind) hilfreich sein.

17.6 Pharmakotherapie beim hirnorganischen Psychosyndrom und bei dementiellen Prozessen

17.6.1 Grundsätzliche Überlegungen

Ein Fortschritt in der Behandlung der Hirnleistungsstörungen hängt nicht nur vom Kenntnisstand über neurochemische Parameter des Gehirns und deren Interaktion mit der geistigen Leistungsfähigkeit ab, sondern in viel kritischerem Maß von Verbesserungen der Diagnosemethoden und nicht zuletzt von einer zutreffenderen klinischen Klassifikation dementieller Prozesse ab. Die Kenntnis neurochemischer Vorgänge ist sowohl für die Entwicklung von medikamentösen Behandlungsstrategien als auch für die Definition einigermaßen homogener Kollektive für klinische Behandlungsversuche notwendig.

Während im Augenblick große Anstrengungen unternommen werden, spezifische metabolische Parameter dementieller Prozesse zu untersuchen, sind die klinischen Verfahren zur Diagnose und Klassifizierung der Demenzen noch auf einem sehr primitiven Niveau. Ein Fortschritt auf dem Gebiet der Behandlung von Hirnleistungsstörungen darf aber nur dann erwartet werden, wenn beide Teilgebiete der klinischen Forschung Hand in Hand entwickelt werden. Eine Diskussion der Problematik findet sich bei GOTTFRIES und HESSE (1990).

Obwohl der **Begriff der Demenz** im Augenblick noch nicht mit ausreichender Exaktheit definiert werden konnte (und auch die Verwendung des Begriffs ihre nationalen Besonderheiten hat), sollte "Demenz" nicht synonym mit dem Begriff des "hirnorganischen Psychosyndroms" (HOPS) verwendet werden. Der letztere Begriff sollte u. E. eher als Überbegriff benutzt werden. Bei der Verwendung des Demenz-Begriffes sollten außerdem keine wie immer gearteten Annahmen über den Verlauf der Krankheit oder ihre Ursache implizit gemacht werden, auch sollte der Begriff nicht auf progrediente oder irreversible Verläufe beschränkt bleiben.

Ein Definitionsvorschlag stammt von GOTTFRIES (GOTTFRIES und HESSE 1989): Danach sollten die symptomatologischen Aspekte des Begriffs in den Vordergrund gestellt werden, sodaß man eine dementielle Erkrankung als eine erworbene Beeinträchtigung geistiger Funktionen des Patienten in Relation zu seinem prämorbiden Funktionsniveau bezeichnen könnte. Die Beschreibung wird so auf eine Kombination klinischer Symptome ohne Rücksicht auf ihre Ätiologie, den Verlauf der Krankheit oder die Schwere der Ausfälle beschränkt. Wichtig ist, daß mehr als eine Teilfunktion (einschließlich des Gedächtnisses) betroffen sein muß; zweckmäßigerweise beschränkt man das Demenzkonzept auf solche Syndrome, die in der zweiten Lebenshälfte auftreten.

Vor der Diskussion von Behandlungsstrategien sollte noch kurz über die **Klassifikation** dementieller Erkrankungen diskutiert werden: Zunächst sollte das Vorhandensein einer Demenz aufgrund der oben besprochenen Definition konstatiert werden; dies bedeutet, daß die Diagnose aufgrund von Symptomen erfolgt. Dann erscheint es sinnvoll, Demenzen im Hinblick auf ihren Schweregrad zu differenzieren: Dementielle Prozesse, die zu Behinderungen führen, sollten von solchen unterschieden werden, die es nicht tun. Zur zweiten Gruppe gehört z. B., mindestens wenn keine anderen feststellbaren Behinderungen vorliegen, das sogen. Age Associated Memory Impairment (AAMI), manchmal auch als gutartige Altersvergeßlichkeit ("senile benign forgetfulness") bezeichnet. Schwerere dementielle Prozesse sollte man schließlich nach ihrem Verlauf in langdauernde und temporäre Prozesse (etwa aufgrund eines deliranten Zustandes, einer Fehlernährung oder einer Depression) unterscheiden.

Andauernde Demenzen lassen sich wiederum in vier Untergruppen aufteilen: In primäre Demenzen, Demenzen mit vaskulärer Genese, sekundäre Demenzen und sonstige dementielle Prozesse mit (noch) nicht spezifizierbarer Ursache. Dabei sollen unter primären dementiellen Prozessen solche verstanden werden, wo sich strukturelle oder metabolische Veränderungen im Zentralnervensystem nachweisen lassen und wo diese Veränderungen von keiner anderen bekannten Krankheit verursacht werden. Vaskuläre Demenzen haben ihre Ursache in Gefäßprozessen

(Bluthochdruck, Arteriosklerose), während bei sekundären dementiellen Prozessen andere bekannte körperliche Erkrankungen die Ursache für die gestörte Hirnfunktion sind.

Es muß im Lichte der obigen Diskussion erwartet werden, daß nicht jede Art einer dementiellen Erkrankung auf ein und dasselbe Therapieverfahren oder Medikament positiv ansprechen wird. Möglicherweise sind andererseits die Veränderungen im Gehirn, besonders in fortgeschrittenen Stadien der Krankheit ohne Rücksicht auf die zugrundeliegende Ursache ähnlich. Da die meisten Behandlungsstudien an klinisch nicht sehr gut differenzierten Kollektiven vorgenommen wurden, soll im Folgenden die Diskussion nicht nach den Diagnosen, sondern nach den geprüften Medikamenten unterteilt werden. In der Tabelle 17.2 sind die besprochenen Stoffgruppen zusammengefaßt.

Tabelle 17.2. Stoffe zur Behandlung von Hirnleistungsstörungen (Auswahl)

Vasodilatoren
Nootropika
Kalziumantagonisten (z. B. Nimodipin)
Substitution essentieller Nährstoffe (z. B. Cobalamin)

17.6.2 Vasoaktive Substanzen

Hier sollen nur solche Medikamente besprochen werden, die ihren Effekt in der Hauptsache entweder auf die glatte Gefäßmuskulatur oder auf rheologische Parameter des Blutes ausüben. Substanzen, die ihren Haupteffekt über eine Verbesserung der Substratutilisation oder des Hirnstoffwechsels zeigen, werden unter den Nootropika zusammengefaßt. Derzeit wird angenommen, daß der Hauptangriffspunkt der vasoaktiven Stoffe in der Korrektur gestörter Fließeigenschaften des Blutes liegt und daß so auch Störungen der Mikrozirkulation positiv beeinflußt werden könnten.

Es gelang bisher nicht, mit Stoffen, die die glatte Muskulatur relaxieren (z. B. Cyclandelat, Papaverin oder Isoxsuprin), einen therapeutischen Effekt in überzeugender Weise zu demonstrieren (Goodnik und Gershan 1984, Wittenborg 1981).

Da systemische Vasodilatoren die lokale Perfusion nicht verstärken, könnte man mehr an erwünschter Wirkung von Substanzen mit zusätzlichen metabolischen Effekten erwarten. Medikamente dieser Art bilden bereits die Brücke zu den sog. Nootropika (s. Bd. 5, Kap. II).

17.6.3 Nootropika

In der letzten Zeit hat sich auf dem Gebiet der sogenannten Nootropika ein neues, an vielen Stellen intensiv bearbeitetes, Forschungsgebiet erschlossen. Die Anstrengungen auf diesem Gebiet sind zum Teil im Zusammenhang mit Anstrengungen auf dem Gebiet der Alzheimer'schen Krankheit und anderer dementieller Prozesse zu sehen. Eine Übersicht findet sich in Bd. 5, Kap. II dieser Handbuchreihe sowie bei Kanowski (1989) und Gottfries und Hesse (1990). Allgemein versteht man darunter Medikamente, die die geistige Leistungsfähigkeit, also Auffassung, Lern-, Gedächtnis-, Denk- und Konzentrationsfähigkeit, sowie häufig die Vigilanz, positiv beeinflussen sollen. Wie schon weiter oben angedeutet wurde, ist eines der Probleme eines Wirksamkeitsnachweises die Tatsache, daß keine generelle Einigkeit über die Zusammensetzung der Kollektive zur Objektivierung eines Medikamenteneffektes, und, sollte ein solcher vorhanden sein, über die klinische Relevanz einer testpsychologisch oder anderweitig gesicherten Wirkung, besteht. Auch über die Bedeutung einer minimalen Besserung für die Lebensqualität eines Betroffenen besteht derzeit noch kein Konsens.

Mehr als 1000 Studien, die meisten über Piracetam, wurden bisher zu dieser interessanten Stoffklasse bekannt. HERRMANN und KERN (persönliche Mitteilung) kamen zu dem Ergebnis, daß sich nach einer Behandlungsperiode von drei Monaten ein klinisch relevanter positiver Effekt von 15–20% nachweisen ließ. Dieser Effekt ist gering, setzt man ihn in Vergleich zur relativ prompten und manchmal dramatischen Wirkung eines Antidepressivums.

17.6.4 Andere Substanzgruppen

Hinweise zur Wirksamkeit von (Ginkgo) biloba-Extrakten wurden in einigen Studien gefunden (BÖGER und BRAUN 1982, ECKMANN und SCHLAG 1982, ISRAEL 1987). Eine nootrope Wirkung könnte auch von Stoffen wie dem Centrophenoxin, Vincaminderivaten und zentral wirkenden Kalziumantagonisten (z. B. Nimodipin) erwartet werden. Einen Hinweis für die Wirksamkeit von Nimodipin geben KANOWSKI et al. (1988) in einer methodisch sehr interessanten Arbeit. Weitere Studien werden in einer Metastudie von SCHMAGE et al. (1989) zusammengefaßt.

Während Untersuchungen mit cholinergen Stoffen bei der Demenz vom Alzheimer-Typ im Allgemeinen eher enttäuschend verliefen, könnte möglicherweise der Einsatz von Wiederaufnahmeblockern oder MAO-Hemmern in manchen Fällen eine wirksame Therapie darstellen, da der Umsatz der Monoamine bei Patienten mit Demenz vom Alzheimer-Typ geringer als bei altersgleichen Vergleichspersonen ist (GOTTFRIES 1983). In einer skandinavischen Multicenter-Studie konnten BALLDIN et al. (1988) denn auch positive Wirkungen von Citalopram auf den Verhaltensbereich dementer Patienten zeigen.

Faßt man die Ergebnisse dieser Literaturübersicht zusammen, so ließ sich bei aller Problematik eines Wirkungsnachweises doch bei einigen Substanzen eine Wirkung in der gewünschten Richtung nachweisen. Bei Anderen steht dieser Nachweis noch aus oder ist noch nicht allgemein anerkannt. So hat das Bundesgesundheitsamt drei Substanzen Wirksamkeit attestiert (Co-Dergocrinmesylat, Piracetam und Pyrithioxin).

17.6.5 Einsatz der Nootropika und Kombination mit anderen Therapiemaßnahmen

Studien an verschiedenen Stellen (FISCHER und LEHRL 1987, YESAVAGE et al. 1981) konnten zweifelsfrei zeigen, daß die Wirkung einer Therapie mit Nootropika durch andere Maßnahmen (etwa Aktivierung des Gehirns durch Training, Bewegung, Diät) noch weiter erhöht werden kann. FISCHER berichtet weiterhin (1989, unveröffentlicht), daß eine geringe körperliche Dauerbelastung mit lediglich 25 Watt, wie sie nicht für ein körperliches Ausdauertraining ausreicht, schon einen nahezu optimalen Effekt ausübt, der sich bei höherer Belastung lediglich unwesentlich verbessert.

Während der Einsatz der Nootropika bei geringfügigen bis mittelgradigen Hirnleistungsstörungen wie etwa dem AAMI ("Age Associated Memory Impairment") schon im Augenblick als etablierte Therapie gelten darf, sind Erfolge bei Behandlungsversuchen der Alzheimer'schen Krankheit im Augenblick noch nicht abzusehen, bzw. die bisher bekanntgewordenen Resultate sind enttäuschend. Möglicherweise rührt dies daher, daß erste Symptome der Krankheit sich erst bei einem Verlust von 60–70% der entsprechenden Neuronen manifestieren und daß die verbleibenden Zellen bereits so stark vorgeschädigt sind, daß die Medikamente nicht mehr angreifen können. Die weiter oben zitierte Wirkung von lediglich 15–20% mag für einen Arzneimitteleffekt unzureichend erscheinen. Man sollte sich jedoch vergegenwärtigen, daß eine solche Verbesserung für einen Patienten am Be-

ginn eines dementiellen Prozesses den ganzen Unterschied zwischen relativer Selbständigkeit und einem erheblichen Maß von Abhängigkeit bedeuten kann.
Für eine erfolgreichere Weiterführung dieser Studien wird es sicher notwendig sein, die Patienten in einem früheren Stadium der Krankheit zu erfassen und zu behandeln. Dazu muß aber eine allgemein durchführbare aussagekräftige Frühdiagnostik noch entwickelt werden. Einen interessanten Schritt in diese Richtung bedeuten die sogen. "Memory Clinics", die sich auf die Erkennung und Behandlung von Gedächtnisstörungen spezialisiert haben. Wie FRASER (1989, unveröffentlicht) berichtete, entwickelt die überwiegende Mehrzahl von Ratsuchenden, die subjektiv über Beeinträchtigungen kognitiver Fähigkeiten klagen und bei denen bei der Untersuchung keine objektiv meßbare Beeinträchtigung gefunden wird, innerhalb von wenigen (fünf) Jahren eine dementielle Erkrankung. Möglicherweise ließen sich aus den Klienten dieser Kliniken Probanden für aussagekräftige Nootropikastudien gewinnen.

17.7 Schlußbetrachtungen

17.7.1 Zum Sinn des therapeutischen Drug Monitoring in der Psychogeriatrie

Bei dem Risiko, das sowohl eine Unterdosierung (Wirkungslosigkeit bei durchaus auftretenden Nebenwirkungen) als auch eine Überdosierung (insbesondere anticholinerge und kardiale Nebenwirkungen) mit sich bringen, sind Anstrengungen, zur Optimierung der Therapie ein therapeutisches Drug Monitoring auch für die Antidepressiva aufzubauen, unserer Meinung nach durchaus gerechtfertigt. Allerdings müssen einige Voraussetzungen für ein effektives Drug Monitoring vorliegen: Wie B. MÜLLER-OERLINGHAUSEN konstatierte, muß gewährleistet sein, daß die erhaltenen Serumspiegelwerte mit Methoden gemessen wurden, deren Validität nachgewiesen wurde, daß die Serumproben zur richtigen Zeit (im allgemeinen 12 Stunden nach der letzten Einnahme) gewonnen wurden und daß zwischen Arzt und Labor ein Dialog zur Interpretation der Resultate stattfindet. Gelingt es, die Einhaltung dieser Essentials zu garantieren, sollten sich auch beim alten Patienten die trizyklischen Antidepressiva mit minimalen Risiko und maximaler Wirkung einsetzen lassen (LAUX und RIEDERER 1992).

17.7.2 Bedeutung einer Gesamttherapiestrategie

Obwohl Untersuchungen zum Einsatz der Psychopharmaka bei alten Patienten in der Praxis kaum bekannt sind und gesichertes Wissen über die Verkaufszahlen hinaus an diesem Punkt somit nicht vorhanden ist, ist der Eindruck von KANOWSKI (1989), wonach Psychopharmaka bei alten Patienten zu häufig, zu rasch und unüberlegt, zu hoch und zu lange verordnet werden, sicher zum größeren Teil richtig. Eine bedrückende Studie von RAY et al. (1980) sowie von ROVNER et al. (1990) aus Pflegeheimen der USA deuten in diese Richtung: RAY fand, daß der Verbrauch an Psychopharmaka mit der Größe der Einrichtung und mit der Zahl der von einem Arzt betreuten Betten positiv korreliert.
Wie auch bei der Pharmakotherapie körperlicher Erkrankungen gelten bei der Therapie alter Patienten mit psychotrop wirkenden Medikamenten die allgemeinen

Grundsätze der Geropharmakologie (Franke 1983, Hesse und O'Malley 1985, Estler 1988). Gerade bei der Behandlung des alten Patienten ist eine gründliche Diagnose die unabdingbare Voraussetzung für eine erfolgreiche Therapie. Auf diese conditio sine qua non kann nicht oft genug hingewiesen werden. Sehr eng mit dieser Frage ist auch die Frage verbunden, ob die Behandlung mit dem in Aussicht genommenen Medikament überhaupt eine Wirkung haben kann.

Bei der Planung der Pharmakotherapie ist es das erste Ziel, eine etwa vorhandene Grundkrankheit nach Möglichkeit kausal zu behandeln. Dann ist es, gerade beim multimorbiden Patienten, notwendig, in der Planung der Behandlung Prioritäten zu setzen (Stähelin 1982). So versteht es sich von selbst, daß lebensbedrohende Krankheiten vorrangig behandelt werden sollten, erst dann die weniger bedrohlichen. Wünschenswerte Korrekturen des Gesundheitszustandes sollten, wenn überhaupt, erst in zweiter Linie therapiert werden. Bei der Planung ist unbedingt auf mögliche Interaktionen der vorgesehenen Medikamente untereinander und mit bereits verordneten Medikamenten zu achten. Ein ganz besonderes Problem entsteht dann, wenn der Patient bei mehreren Ärzten in Behandlung ist oder wenn er von sich aus eine ausgedehnte Selbstmedikation betreibt. Immer sollte man sich fragen, ob das Ziel einer Behandlung nicht auch ohne Medikamente erreicht werden könnte.

Eine wichtige Rolle spielen Anzahl und Einnahmezeitpunkte der Medikamente sowie etwa vorhandene für den Patienten unangenehme Nebenwirkungen. Zu viele Medikamente, die zu häufig eingenommen werden müssen, überfordern das im Alter oft gestörte Gedächtnis und beeinflussen so ebenso wie mit Mißempfindungen einhergehende Nebenwirkungen die Compliance des Patienten, die ohnehin nicht allzu gut ist (Weber 1982). Gelingt es, dem Patienten und/oder seinen Angehörigen die Ziele und Mittel der Therapie verständlich zu machen, ist es oftmals erst möglich, eine medikamentöse Therapie mit Erfolgsaussichten zu beginnen. Auch beim Einsatz der Psychopharmaka sollte die Maxime sein: Soviel wie zum Wohle des Patienten erforderlich, gleichzeitig aber so wenig wie eben möglich.

Literatur

Balldin J, Gottfries CG, Karlsson I, Lindstedt G, Langström G, Svennerholm L (1988) Relationship between DST and the serotonergic system. Results from treatments with two 5-HT-reuptake blockers in dementia disorders. Int J Geriatr Psychiatry 3: 17–26

Bergener M, Gola R, Hesse C, Kranzhoff EU, Kuhl U, Lenhard G (1989) Hypnotika in der Psychogeriatrie. Z Geriatrie 2: 323–330

Böger J, Braun M (1982) Nachweis der zerebralen Wirksamkeit eines Ginkgo biloba-Präparates. Klin Beitr Ther 32: 4086

Boston Collaborative Drug Surveillance Program (1973) Clinical depression of the central nervous system due to diazepam and chlordiazepoxide in relation to cigarette smoking and age. N Engl J Med 288: 277–280

Busse EW (1985) Normal aging: the Duke longitudinal studies. In: Bergener M, Ermini M, Stähelin HB (eds) The 1984 Sandoz Lectures in Gerontology- Thresholds in aging. Academic Press, London Orlando San Diego New York Toronto Montreal Sydney Tokyo, pp 215–231

Castleden CM, George CF (1979) Increased sensitivity to benzodiazepines in the elderly. In: Crooks J, Stevenson IH (eds) Drugs and the elderly. MacMillan Press, London Basingstoke, pp 169–178

Davison W (1984) Grundlagen der Therapie im Alter. In: Bergener M, Kark B (Hrsg) Therapie im Alter. Steinkopff, Darmstadt, S 1–6

Eckmann F, Schlag H (1982) Kontrollierte Doppelblind-Studie zum Wirksamkeitsnachweis von Tebonin forte bei Patienten mit zerebrovaskulärer Insuffizienz. Fortschr Med 100: 1474

Eisdorfer C, Mintzer J (1988) Performance and aging: an integrative biopsychosocial paradigm. In: Bergener M, Ermini M, Stähelin HB (eds) The 1988 Sandoz Lectures in Gerontology-Crossroads in Aging. Academic Press, London San Diego New York Sidney Tokyo Toronto, pp 189–204

Estler C-J (1988) Besonderheiten der Pharmakotherapie im höheren Lebensalter. In: Lang E (Hrsg) Praktische Geriatrie. Enke, Stuttgart, S 116–125

Evans JG, Jarvis EH (1972) Nitrazepam and the elderly. Br Med J 1: 10–12

Exton-Smith AN (1967) The use and abuse of hypnotics. Gerontol Clin 9: 264–269

Franke H (1983) Zur Therapie von Schlafstörungen bei Betagten. In: Franke H (Hrsg) Gerotherapie. Fischer, Stuttgart, S 261–267

Franke H (1983) Allgemeine und pharmakologische Therapieprinzipien. In: Franke H (Hrsg) Gerotherapie. Fischer, Stuttgart, S 5–18

Freeman GK (1979) Drug prescriptive patterns in the elderly – a general practice study. In: Crooks J, Stevenson H (eds) Drugs and the elderly. MacMillan Press, London Basingstoke, pp 223–230

Gastpar M (1989) Psychopharmaka – Konzepte ihrer Anwendung. In: Bergener M (Hrsg) Depressive Syndrome. Thieme, Stuttgart New York, S 193–200

Gerner RH (1985) Present status of drug therapy of depression in late life. J Affect Disord [Suppl]1: S23-S31

Gibson IIJM (1966) Barbiturate delirium. The Practitioner 197: 345–347

Goodnik P, Gershan S (1984) Chemotherapy of cognitive disorders in geriatric subjects. J Clin Psychiatry 45: 196–209

Gottfries CG (1983) Biochemical changes in blood and cerebro-spinal fluid. In: Reisberg B (ed) Alzheimer's disease, the standard reference. The Free Press, Collier MacMillan, London, pp 122–130

Gottfries CG, Hesse C (1990) Pharmacotherapy in psychogeriatrics: an update. In: Bergener M, Finkel SI, Bucht G (eds) Clinical and scientific psychogeriatrics. Springer, New York, pp 283–313

Greenblatt DJ, Allen MD, Shader RI (1977) Toxicity of high dose flurazepam in the elderly. Clin Pharmacol Ther 21: 355–361

Greenblatt DJ, Shader RI, Abernathy DR (1983) Current status of benzodiazepines. N Engl J Med 309: 354–358, 410–416

Haase HJ (1977) Therapie mit Psychopharmaka und anderen seelisches Befinden beeinflussenden Medikamenten, 4. Aufl. Schattauer, Stuttgart New York

Hesse C, O'Malley K (1987) Drug therapy in the elderly – biochemical, pharmacological, and clinical considerations. In: Bergener M (ed) Psychogeriatrics, an international handbook. Springer, New York, pp 362–376

Hicks R, Funckenstein RR (1980) Geriatric psychopharmacology. In: Birren JE, Sloane RB (eds) Handbook of mental health and aging. Prentice-Hall, Englewood Cliffs, NJ, pp 745–774

Jenike MA (1983) Tardive dyskinesia: special risk in the elderly. J Am Geriat Soc 31: 71–73

Kanowski S (1986) Benzodiazepine in der Gerontopsychiatrie. In: Hippius H, Engel RR, Laakmann G (Hrsg) Benzodiazepine. Springer, Berlin Heidelberg New York Tokyo, S 131–135

Kanowski S (1989) Somatotherapie. In: Kisker KP, Lauter HP, Müller C, Strömgren E (Hrsg) Psychiatrie der Gegenwart. Springer, Berlin Heidelberg New York Tokyo, S 271–312

Kanowski S, Fischhof P, Hiersemenzel R, Röhmel J, Kern U (1988) Wirksamkeitsnachweis von Nootropika am Beispiel von Nimodipin- ein Beitrag zur Entwicklung geeigneter klinischer Prüfmodelle. Z Gerontopsychol Psychiatr 1: 35–44

Lanz M (1988) Psychopharmakatherapie im Alter. In: Uchtenhagen A, Jovic N (Hrsg) Psychogeriatrie. Asanger, Heidelberg

Laux G, Riederer P (1988) Neue selektive Monoaminoxidase-Hemmer in der Therapie depressiver Erkrankungen. Psychiatr Praxis 16 [Sonderheft 1]: 1–50

Laux G, Riederer P (1992) Plasmaspiegelbestimmung von Psychopharmaka: Therpeutisches Drug Monitoring. Versuch einer ersten Standortbestimmung. Wiss Verlags Ges, Stuttgart

Lehr U, Thomae H (1987) Formen seelischen Alterns. Ergebnisse der Bonner gerontologischen Längsschnittstudie. Enke, Stuttgart

Lehrl S, Fischer B (1988) Vergleich der klinischen Relevanz von mentalem Training und der Behandlung mit Nootropika bei Patienten mit organischem Psychosyndrom. Z Gerontopsychol Psychiatr 1: 205–221

MacDonald JB, MacDonald ET (1977) Nocturnal femural fracture and continuing widespread use of barbiturate hypnotics. Br Med J 2: 483–485

MOLNAR R, GUPTA RN (1980) Plasma levels and antidepressant therapy. Part 2. Pharmacokinetic. Clinical and toxicologic aspects. Biopharm Drug Dispos 1: 283–305

NEUGARTEN BL (1988) Personality and psychosocial patterns in aging. In: BERGENER M, ERMINI M, STÄHELIN HB (eds) The 1988 Sandoz Lectures in Gerontology – Crossroads in Aging. Academic Press, London San Diego New York Sidney Tokyo Toronto, pp 205–220

RAY WA, FEDERSPIEL CF, SCHAFFNER W (1980) A study of antipsychotic drug use in nursing homes: epidemiologic evidence suggesting misuse. Am J Public Health 70: 485–491

ROVNER BW, GERMAN PS, BROADHEAD J, MORRISS RK, BRANT LJ, BLAUSTEIN J, FOLSTEIN M (1990) The prevalence and management of dementia and other psychiatric disorders in nursing homes. Int Psychogeriatr 2: 13–24

SCHMAGE N, BOEHME K, DYCKA J, SCHMITZ H (1989) Nimodipine for psychogeriatric use: methods, strategies, and considerations based on experience with clinical trials. In: BERGENER M, REISBERG B (eds) Diagnosis and treatment of senile dementia. Springer, Berlin Heidelberg New York Tokyo, pp 375–382

SPIEGEL R (1982) Aspects of sleep, daytime vigilance, mental performance and psychotropic drug treatment in the elderly. In: BERGENER M, v. HAHN HP (eds) Influence of old age on the effect of drugs. Gerontology 28 [Suppl 1]: 68–82

STÄHELIN HB (1982) Implications for prescribing practice. In: BERGENER M, v HAHN P (eds) Influence of old age on the effect of drugs. Gerontology 28 [Suppl 1]: 123–130

TEGELER J (1984) Grundregeln der Therapie von Altersdepressionen. Münch Med Wochenschr 126: 75–76

THOMAE H (1983) Behavioural correlates of aging. In: AGNOLI A et al. (eds) Aging, vol 23. Aging and ergot alkaloids. Raven Press, New York, pp 373–383

THOMAE H (1976) Patterns of aging. In: RIEGEL KF, ARBOR A, THOMAE H (eds) Contributions to human development. Karger, Basel München Paris London New York Sidney

TRAILL KN, HUBER LA, BÖCK C, JÜRGENS G, WICK G (1988) Lipoproteins and immune function in the aged. In: BERGENER M, ERMINI M, STÄHELIN HB (eds) The 1988 Sandoz Lectures in Gerontology- Crossroads in Aging. Academic Press, London San Diego New York Sidney Tokyo Toronto, pp 129–140

WEBER E (1982) Problematik der Befolgung therapeutischer Maßnahmen aus klinischer Sicht. In: FISCHER B, LEHRL S (Hrsg) Patienten-Compliance. Studienreihe Boehringer Mannheim. Boehringer Mannheim, S 23–35

WEBER E (1984) Zur Problematik der Compliance im Alter. In: BERGENER M, KARK B (Hrsg) Therapie im Alter. Steinkopff, Darmstadt, S 7–17

WITTENBORG JR (1981) Pharmacotherapy for age-related behavioural deficits. J Nerv Ment Dis 169: 139–156

WOLF-KLEIN GP, LEVY AP, SILVERSTONE FA, SMITH H, PAPAIN A, FOLEY JF (1989) Psychiatric profile of the noncompliant geriatric patient in the community. Int Psychogeriatr 1: 177–184

YESAVAGE JA, WESTPHAL J, RUSH L (1981) Senile dementia: combined pharmacologic and psychologic treatment. J Am Geriatr Soc 24: 164–171

Neuro-Psychopharmaka, Bd. 1
Riederer P. / Laux G. / Pöldinger W. (Hrsg.)

18 Abusus und Abhängigkeit

D. Ladewig

Während die klassischen Betäubungsmittel vom Opiat- oder Kokaintyp – soweit sie medizinische Verwendung fanden – Psychopharmaka mit Abhängigkeitspotential waren, weisen moderne Psychopharmaka vom Typ der Antidepressiva oder Neuroleptika kein Abhängigkeitspotential auf. Im Gegensatz haben Tranquilizer, etwa Meprobamat oder Benzodiazepine ein entsprechendes Potential. Benzodiazepine gehören zu den meistverordneten Medikamenten. Ihre angstlösende, antikonvulsive, sedierende und muskelrelaxierende Wirkung hat zu einem definierten Indikationsspektrum in der Psychiatrie, in der Anaesthesiologie, Inneren Medizin und Neurologie geführt. Der Einsatz von Benzodiazepinen bei der akuten Behandlung von Angst- und Schlafstörungen gewährleistet Symptomfreiheit oder zumindest Linderung von Symptomen. Hingegen hat die Langzeitverwendung von Benzodiazepinen im Hinblick auf die Toleranzentwicklung und allfällige Abhängigkeit bezüglich der klinischen Relevanz derselben zu Kontroversen geführt.

18.1 Zur Terminologie

Entstehung von Abusus (Mißbrauch) und Abhängigkeit resultieren generell aus einem komplexen Gefüge von Wechselwirkungen. Dabei stellen das Medikament, die Persönlichkeit und die Umwelt Bezugsfelder dar, aus denen sich Einzelfaktoren wie das Abhängigkeitspotential, die Lebenssituation oder das Verhalten des das Medikament verordnenden Arztes bestimmen lassen (Abb. 18.1). Beispiele sind der Rentner, der mit einer Polymorbidität seit Jahren Analgetika und Benzodiazepine verschrieben erhält, die Frau mit depressiven Verstimmungen, die sich nur schwer für eine Psycho-

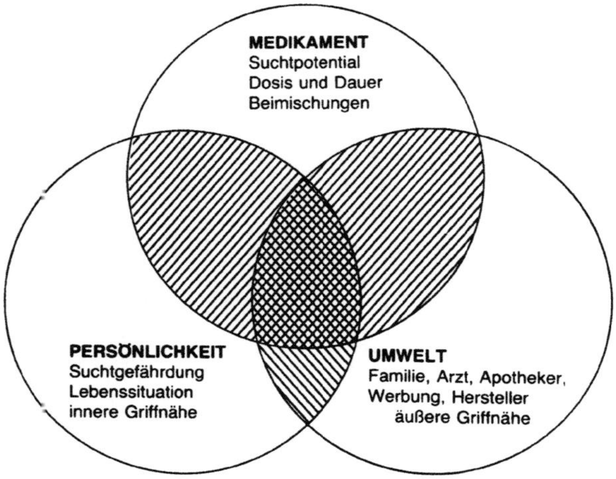

Abb. 18.1. Bedingungsgefüge des Medikamentenmißbrauchs (nach DHS 1991)

therapie entscheiden mag, weil sie einen multiplen Abusus von Tranquilizern entwickelt hat oder der alkoholgefährdete Berufstätige in der zweiten Lebenshälfte, der zum Alkohol ein stark wirksames rasch anflutendes Benzodiazepinhypnotikum sucht. Die Grenzen von normalem Gebrauch, Mißbrauch und Abhängigkeit sind fließend. Dies führt immer wieder zu Mißverständnissen, was verständlich ist, da 1. das zu beschreibende Phänomen komplex und übrigens unser Vokabular nicht selten eher bewertend als beschreibend ist, und 2. die verwendeten Mittel auf Grund ihrer unterschiedlichen Präparation, Anwendung und Bedeutung (Heilmittel, Genußmittel, Betäubungsmittel) unterschiedliche Folgen induzieren. Arzneimittel mit Suchtpotential und Hauptgruppen des Mißbrauches lassen sich nach verschiedenen Gesichtspunkten einteilen (Tabelle 18.1).

Toleranz, Reboundphänomene, körperliche Abhängigkeit und psychische Abhängigkeit müssen insbesondere bei der längerfristigen Verwendung von psychotropen Stoffen berücksichtigt werden. **Toleranzentwicklung** gilt in unterschiedlichem Maße für die verschiedenen Wirkungen z.B. der Benzodiazepine. So geht die zu Beginn einer Medikation zu beobachtende Tagessedierung, Muskelrelaxion oder Ataxie nach wenigen Tagen bis Wochen zurück. Die schlafanstoßende Wirkung ist nach mehrmonatiger Applikation ebenfalls rückläufig, was sich in einer entsprechenden Dosissteigerung äußern kann. Der anxiolytische Effekt bleibt offensichtlich erhalten. Die biologische Basis adaptativer Vorgänge, die der Toleranz zu Grunde liegen, sind nur teilweise bekannt. Während Enzyminduktionen zu vernachlässigen sind, lassen sich spezifische Veränderungen an den Benzodiazepinrezeptoren postulieren (Haefely 1985). Denkbar sind Vorgänge einer Down-Regulation an entsprechenden Rezeptorsystemen; die wiederholte Behandlung mit Benzodiazepinen reduziert die neuronale Membranantwort auf GABA im Sinne einer Desensitivierung (Haefely et al. 1986).

Reboundphänomene sind gegenregulatorische Steuerungen, mit denen ein unterbrochenes homöostatisches Gleichgewicht wiedererlangt wird. Derartige Reaktionen sind nach abruptem Absetzen im Anschluss an eine akute oder chronische Substanzapplikation zu beobachten.

Abusus als nicht-ärztlich begründete Verwendung eines Medikamentes ist eine Behandlung bei fehlender Indikation, inadäquater Dosierung und/oder inadäquater Behandlungsdauer. Der **Mißbrauch** kann die Gesundheit des Einzelnen einschränken und/oder ein Risiko für die Gesundheit anderer Menschen darstellen. Sowohl Abhängigkeit als auch Abusus können zu körperlichen, psychischen und/oder sozialen Folgestörungen führen. Die diagnostischen Begriffe Abusus und Abhängigkeit unterliegen einem Prozeß laufender Veränderungen. Das Problem bezüglich der Benzodiazepine ergibt sich aus dem Umstand, daß die überwiegende Mehrzahl von Patienten mit einem späteren Abusus oder einer Abhängigkeit zwar primär mit einer adäquaten Indikation und therapeutisch indizierter Dosierung behandelt wurden, dabei aber der Frage der Behandlungsdauer zu wenig Beachtung geschenkt wurde. Patienten mit Angst- oder Panikerkrankungen laufen besonders Gefahr aufgrund ihrer Erwartungshaltung zu Langzeitpatienten zu werden (Philipp und Buller 1986). Hinweise für das

Tabelle 18.1. Arzneimittel mit Suchtpotential und Hauptgruppen der Mißbraucher nach pharmakologisch/medizinischer und WHO-Einteilung

	Wirkgruppen, Pharmakologisch/medizinische Einteilung	**Vornehmlich mißbraucht von** **A**	**M**	**D**	**WHO-Einteilung**
A.	Betäubungsmittel, Narkotika Opiate, Analgetika/Antitussiva	×	×	×	Opiat-Typ
B.	Andere Schmerzmittel "kleine" Analgetika	×	×		
C.	Schlafmittel, Sedativa/Hypnotika	×	××	×	Barbiturat/Alkohol-Typ
D.	Lösungsmittel und Alkohole				
	Äthylalkohol, alkoholhaltige Arzneimittel	××	×		
	Schnüffelstoffe			×	
E.	Beruhigungsmittel, Tranquilizer	×	××	×	
F.	Stimulantien, Psychoanaleptika Amphetamin-artige Anorektika Sympathomimetika	×	××		Amphetamin/Khat-Typ
G.	Lokalanästhetika			×	Kokain-Typ
	(THC-Derivate)				Cannabis-Typ
H.	Halluzinogene, Halluzinogenoide Anticholinergika Asthmamittel Anti-Parkinsonmittel Andere Halluzinogene		×	×	Halluzinogen-Typ
I.	Verschiedene Wirkgruppen Laxantien		×		
	Kortikosteroide		×		
	Ätherische Öle, Campher			×	
J.	"Genußmittel", Nikotin, Coffein	×	×	×	

A Alkoholkranke, *M* Medikamentenabhängige, *D* Drogenabhängige

Bestehen eines Abusus oder das Risiko einer Abhängigkeitsentwicklung sind bekannt (Tabelle 18.2). In der ICD- 10 wird ein weiterer Begriff eingeführt: der **schädliche Gebrauch**, definiert als gelegentlicher, wiederholter oder anhaltender Konsum psychoaktiver Substanzen, der ein hohes Risiko zukünftiger Schädigung der körperlichen oder der seelischen Gesundheit des Benutzers mit sich bringt.

Die **psychische Abhängigkeit** lässt sich aus der psychotropen Wirkung einer Substanz ableiten, wenn diese Stimmung, Denken und Antrieb in irgend einer Weise verändert, die dem subjektiven Bedürfnis des Individuums in einer gegebenen Umweltsituation entspricht. Der psychischen Abhängigkeit liegt ein psychologischer Prozess von Lernerfahrungen zu Grunde, indem bestimmte Substanzeffekte eine Lernerfahrung und eine entsprechende Erwartungshaltung induzieren, die sich als Verlangen äußert, die Substanz periodisch oder regelmäßig einzunehmen. Das "craving" oder "drug liking" oder "drug seeking behaviour" wird in **Selbstapplikationsexperimenten** untersucht, die eine Aussage über das psychotrope Potential einer Substanz erlauben und eine Differenzierung zwischen einzelnen psychotropen Substanzen ermöglichen. Ein **psychotroper** Effekt von Benzodiazepinen konnte mit aufwendigen Experimenten nachgewiesen werden, wie wohl zusammenfassend festzuhalten ist, daß dieser Effekt im Vergleich zu anderen psychotropen Substanzen, wie Opiaten, Kokain, Amphetamin, Barbituraten klein ist.

Die im Anschluss an das DSM-III durchgesetzte Operationalisierung von psychopathologischen Phänomenen wird von der ICD-10 übernommen und weitergeführt. Abhängigkeit und schädlicher Gebrauch von Drogen resp. Medikamenten liegt vor, wenn alle oder mehrere Symptome der folgenden Liste ermittelt wurden (Tabelle 18.3).

Tabelle 18.2. Hinweise auf Patienten mit Abusus-Risiko/Abhängigkeitsproblematik (nach Laux 1989)

• Häufiger Arztwechsel bzw. Parallelkonsultationen	– ↓ Leistung, Fehlzeiten, Unfälle
• "Wunschverschreibungen"	– Optimierung gestörter Befindlichkeit
• Regelmäßige Einnahme frei verkäuflicher Medikamente	– Dosis-Steigerung
• Geringe Frustrationstoleranz, Ich-Labilität	– Entzugserscheinungen
	– Klin. Symptome

Tabelle 18.3. Abhängigkeit oder schädlicher Gebrauch von Drogen/Medikamenten nach ICD-10

- Starker Wunsch oder eine Art Zwang Drogen/Medikamente zu konsumieren
- Hinweis auf verminderte Fähigkeit, den Gebrauch von Drogen/Medikamenten zu kontrollieren
- Gebrauch von Drogen/Medikamenten, um Entzugssymptome zu mildern oder zu vermeiden
- Vorliegen eines Entzugssyndroms
- Hinweise für Toleranz
- Eingeengtes Verhaltensmuster beim Substanzgebrauch
- Zunehmende Vernachlässigung anderer Aktivitäten oder Interessen
- Anhaltender Gebrauch von Drogen/Medikamenten trotz Hinweisen auf schädliche Folgen

Physiologische Abhängigkeit tritt auf, wenn ein Organismus über eine definierte Dauer mit einer Substanz behandelt wird, die zu entsprechenden adaptativen Veränderungen am biologischen Substrat der Substanzwirkung führt. Das Entzugssyndrom signalisiert die physiologische Abhängigkeit. Je abrupter das Absetzen erfolgt, desto deutlicher treten Entzugssymptome auf, während bei ausschleichender Substanzweitergabe der Organismus das ursprüngliche Gleichgewicht wieder erreicht, ohne daß Absetzreaktionen beobachtbar werden. Entzugssymptome lassen sich durch Gaben eines spezifischen Antagonisten auslösen (Rosenberg und Chin 1982).

Ein Entzugssyndrom ist gekennzeichnet durch Symptome, die nach Absetzen oder Dosisreduktion einer psychotropen Substanz auftreten, die zumeist über einen längeren Zeitraum und/oder in hoher Dosierung eingenommen wurde. Beginn und Verlauf des Syndroms sind zeitlich begrenzt und abhängig von der Art der Substanz und der Dosis, die unmittelbar vor Absetzen resp. Reduktion eingenommen wurde. Zum klinischen Bild gehören körperliche Symptome (z.B. Tremor) und psychische Störungen (z.B. Angst). Entzugssymptome bessern sich oder verschwinden durch erneute Zufuhr der Substanz.

Physiologische Abhängigkeit durch Benzodiazepinverabreichung läßt sich am Tier (Yanagita 1973, Yanagita und Takahaschi 1973) wie am Menschen beobachten. Sie wurde am Menschen erst relativ spät, d. h. nach jahrelanger klinischer Anwendung bekannt (Kemper et al. 1980). Obwohl Entzugssymptome im allgemeinen nach einer längerfristigen Behandlung mit hohen Dosen auftreten, wurden dieselben beim Menschen, d. h. vorwiegend bei älteren Menschen (Schweizer et al. 1989), auch bei Benützung therapeutischer Dosen registriert, und als eine "low-dose-dependence" interpretiert (Lader 1984, Rickels 1986). Mit der Kreation dieses Begriffes entstand der Eindruck, es handle sich hierbei um ein benzodiazepinspezifisches Phänomen, wobei vergessen wurde, daß nach Absetzen jeder Langzeittherapie, etwa bei einer Kortikosteroidmedikation oder nach Absetzen eines trizyklischen Antidepressivums, Absetzsymptome beobachtet werden (nach Rosenberg und Chin 1982).

Der Begriff **Suchtverhalten** impliziert einen Steuerungs- oder Kontrollverlust im Umgang mit psychoaktiven Substanzen. Das gierige Verlangen, sich die Droge um jeden Preis zu beschaffen (inkl. Stehlen, Rezeptfälschungen, Mehrfachbeziehen bei verschiedenen Ärzten) ist ein Phänomen, das bei Benzodiazepinabhängigen selten vorkommt. Von Bedeutung sind hingegen Abusus und Abhängigkeit im Rahmen eines vorbestehenden oder begleitenden Alkoholismus oder einer Mehrfachabhängigkeit. Dieses Einnahmemuster ist häufig und gefährlich, weil hier höhere Dosen eingenommen werden, die gefährliche Intoxikationen und entsprechende Folgeerscheinungen, wie Stürze, Arbeits- und Verkehrsunfälle, nach sich ziehen können.

Abhängigkeitstypen bei Benzodiazepinen

1. Abhängigkeit ohne Suchtverhalten
2. Abhängigkeit mit Suchtverhalten
3. Abusus und Abhängigkeit bei sporadischem oder regelmäßigem Gebrauch von Alkohol, Analgetika, Heroin, Kokain.

Je nachdem, ob eine Benzodiazepinabhängigkeit als isoliertes Phänomen oder im Zusammenhang mit einem allgemeinen Suchtverhalten oder einer Mehrfachabhängigkeit betrachtet wird, ergeben sich unterschiedliche Einteilungsmöglichkeiten.

18.2 Untersuchungsmethodik

Es gibt verschiedene **Untersuchungsmethoden** um der Frage des Abhängigkeitspotentials von Benzodiazepinen nachzugehen. Wenn man sich auf Untersuchungen am Menschen konzentriert, lassen sich folgende Typen unterscheiden:

1. kasuistische Mitteilungen
2. experimentelle Selbstapplikationsstudien
3. Untersuchungen an ausgewählten Patientengruppen, inkl. Alkoholikern und Patienten in Methadonprogrammen.

18.2.1 Kasuistische Mitteilungen

Kasuistische Mitteilungen sind wichtig, weil sie Beobachtungen mitteilen, die in nachfolgenden Untersuchungen systematisch evaluiert werden können. Eine kaum überblickbare Anzahl älterer und neuerer kasuistischer Mitteilungen liegt vor, die z. B. über einzelne Entzugssymptome Auskunft geben. Es handelt sich hierbei zumeist um limitierte Informationen, unkontrollierte Beobachtungen, die retrospektiv angelegt sind und auf die Aussagen der Untersuchungsperson abstellen. Seltener sind systematisch angelegte Einzelfallstudien (Winokur et al. 1980, Brenner et al. 1988).

18.2.2 Experimentelle Selbstapplikationsstudien

Selbstapplikationsexperimente haben in den USA bezüglich der Untersuchung von Opiaten, Kokain, Barbituraten, eine beachtliche Tradition. Es handelt sich hierbei um kontrollierte Untersuchungen, bei denen standardisierte Verfahren eingesetzt werden, um subjektiv erwünschte Wirkungen oder die "Attraktivität" einer Substanzgruppe zu untersuchen (Griffiths et al. 1979). Von klinisch Gesunden wird bei Wahlexperimenten Placebo gegenüber Benzodiazepinen vorgezogen (Johanson und Uhlenhuth 1980). Bei Angstpatienten wurde das gleiche festgestellt. Bei einem Vergleich von Diazepam und Pentobarbital wird Pentobarbital vorgezogen. Bei Probanden, die vorbestehend von Sedativa abhängig waren, wird bei Diazepam in hohen Dosen (20–200mg) ein psychotroper Effekt nachgewiesen (De Wit et al. 1982). Leider bestehen keine Untersuchungen, bei denen verschiedene Benzodiazepine untereinander verglichen werden. Bei psychiatrischen Patienten, die mit Benzodiazepinen behandelt wurden und die die Dosis selber bestimmen konnten, wurde mit Zunahme der Behandlungsdauer eine rückläufige Einnahmefrequenz beobachtet (Hubard und Kriffith 1976, Balmer et al. 1981). Es wurde in diesen kontrollierten Studien kein Suchtverhalten festgestellt.

18.2.3 Untersuchungen an ausgewählten Patientengruppen

Der überwiegende Teil von klinischen Untersuchungen umfaßt spezielle Patientenpopulationen, bei denen systematisch die Frage der Therapieeffizienz und der Absetzsymptomatik angegangen wurde. Hollister (1961, 1963) behandelte schizophrene Patienten hochdosiert mit Chlordiazepoxid oder Diazepam und beobachtete das Auftreten von Entzugssymptomen. Covi (1969, 1973) untersuchte doppelblind mit Placebo kontrolliert gegen Phenobarbital vorbestehend benzodiazepinbehandelte Patienten hinsichtlich der Bedeutung der Vormedikation für das spätere Wiederauftreten von **Angstsyndromen**. Maletzki und Klotter (1976) behandelten Angstpatienten mit niederen und mit hohen therapeutischen Dosen und stellten fest, daß auch bei niederdosierten Behandlungen in einem kleinen Prozentsatz ebenfalls Entzugssymptome nach Absetzen der Medikation auftraten. Der Frage des Wiederauftretens einer Angstsymptomatik, die als Entzugssymptomatik oder als Wiederauftreten der Primärsymptomatik zu werten ist, gingen z. B. Bowden und Fisher (1980) und Laughren et al. (1982) in systematischen Studien nach und kamen zu einer unterschiedlichen Interpretation bezüglich des Auftretens von Entzugssymptomen und Angst. Petursson und Lader (1981) stellten Patienten mit einer vorbestehenden Benzodiazepinmedikation auf eine standardisierte Benzodiazepinmedikation um und untersuchten nach Absetzen derselben das Auftreten von Entzugssymptomen. Die Sichtung der Literatur ließ in der Folge eine Fülle von Symptomen deutlich werden (Schöpf 1983). Die wichtigsten sind nachfolgend aufgeführt (Tabelle 18.4), wobei sich die Frage stellt, wie dieselben zu bewerten sind.

18.2.4 Beurteilung von Symptomen nach Absetzen des Benzodiazepin-Präparates

- Symptome des zu Grunde liegenden Syndromes
- Symptome, die einem Reboundeffekt entsprechen
- Entzugssymptome, d. h. Symptome, die noch nie vorher aufgetreten sind und/oder nach 2–4 Wochen wieder vollends verschwinden und/oder durch erneute Gabe des Benzodiazepines verschwinden und/oder atypisch sind für den Formenkreis des Angstsyndroms.

Bei allen Absetzstudien stellt sich die Frage, warum nur ein Teil der untersuchten Patienten Symptome entwickeln. Als Erklärung kommen drei Gründe in Betracht:

Tabelle 18.4. Entzugssymptome bei Benzodiazepinentzug

1. Neurovegetative Symptome
Inappetenz, Nausea, Brechreiz, abdominale Krämpfe, Diarrhoe, Gewichtsabnahme
Palpitationen, Herzklopfen, orthostatische Pulssteigerung
Schwitzen, Schweißausbrüche
Tremor, Muskelzuckungen, Muskelkrämpfe
Schwindel, intermittierender Tinnitus, Druck auf das Ohr
Gangunsicherheit, Dysarthrie, Hyperkinesen
Kopfschmerzen, retroorbitale Schmerzen
Rasche Ermüdbarkeit, Schlafstörungen
2. Neuro-Psychopathologische Symptome
Angst, innere Unruhe, Irritierbarkeit, Spannung
Depressive Verstimmung, Dysphorie
Emotionale Labilität, Reizbarkeit, Feindseligkeit
Unruhe, Agitiertheit, Erregung
Angstträume
Schuldgefühle
Epileptische Anfälle vom Grand-Mal-Typ
3. Veränderungen der sensorischen Perzeption
Verschwommensehen, Augenflimmern
Verzerrungen, Mikropsie/Makropsie
Verminderung des Geruchs, Geschmacks
Überempfindlichkeit auf Licht, Lärm, Berührung
Leibgefühlsstörungen, Taubheitsgefühl, Parästhesien
Körperschemastörungen
4. Psychotische Symptome
Verfolgungsideen
Illusionäre Verkennungen
Halluzinationen
5. Delirante Zustandsbilder
Störungen der Auffassung, Aufmerksamkeit, Konzentration
Mnestische Störungen
Inkohärenz
Desorientierung (örtlich, zeitlich, autopsychisch)

1. Patienten nahmen **weniger Medikamente** als verordnet. Das tatsächliche Einnahmeverhalten von Benzodiazepinlangzeitpatienten ist zu wenig bekannt, um hierüber Schlußfolgerungen zu ziehen.

2. Es besteht ein **vorbestehender Medikamenten- (Sedativa), Alkohol- oder Opiatgebrauch**, der die Symptomatik mitbestimmt. Spezielle Risikopopulationen stellen Alkoholiker (CIRAULO et al. 1988a) und Opiatabhängige resp. Patienten in Methadonbehandlungsprogrammen dar (STITZER et al. 1981). Benzodiazepine wurden zwar jahrelang zur Behandlung von Alkoholikern empfohlen (KRYSPIN-EXNER 1975, NEWSOM und SEYMOUR 1983) und erbrachten günstige Resultate. In späteren Untersuchungen wurde hingegen immer wieder auf den Alkoholismus als Risikofaktor für die Entwicklung eines Benzodiazepinabusus hingewiesen (LADEWIG 1988). Die Bedeutung des Alkoholismus als disponierender Faktor für eine Abhängigkeitsentwicklung ergibt sich einmal aus dem Gefahrenmoment einer Benzodiazepinlangzeitbehandlung. Sie geht zum anderen z. B. auch aus folgender Untersuchung hervor: Alprazolam wurde an abstinente Alkoholiker und Kontrollpersonen abgegeben. Die subjektive Wirkung wurde mit dem Addiction Research Centre Inventory (ARCI) untersucht. Alkoholiker hatten gegenüber Kontrollpersonen eine niedrigere baseline in der Morphin-Benzedrinskala, mit welcher eine allfällige Euphorisierungstendenz festgestellt wird. Alkoholiker wiesen in dieser Skala gegenüber Nicht- Alkoholikern größere Veränderungen auf, woraus geschlossen wurde, daß Alprazolam bei Alkoholikern einen stimmungsverändernden Effekt aufweist, der u. U. zu einer Abhängigkeitsentwicklung Anlaß geben kann (CIRAULO et al. 1988b).

3. Das Auftreten der Entzugssymptome ist Ausdruck einer **Prädisposition**. Die Frage der Prädisposition stellt sich auch für die Interpretation von Ergebnissen von Wahlexperimenten (FUNDERBURK et al. 1988). Für das Auftreten psychotroper Wirkungen scheint nicht nur eine eigene Suchtanamnese, sondern sogar eine Disposition bezüglich eines familiären Alkoholismus zu bestehen (CIRAULO et al. 1989). Die Bedeutung von Persönlichkeitsfaktoren im Sinne einer Disposition ist ebenso bekannt (RICKELS et al. 1988) wie diejenige einer psychiatrischen Symptomatik (TENNANT und PUMPHREY 1984, DE WIT et al. 1986, HARTOG und TUSEL 1987, CROUCH et al. 1988, BRENNER et al. 1989). Ein wesentlicher Faktor, der die Disposition im Sinne eines Risikobündels ergänzt und der durch zahlreiche Studien belegt ist, liegt in der jahrelangen Behandlung mit Benzodiazepinen selbst (CARRANZA 1980, ASHTON 1989).

18.2.5 Abhängigkeitspotential verschiedener Benzodiazepine

Ein **Abhängigkeitspotential** ist grundsätzlich bei allen Benzodiazepinpräparaten möglich. Diazepam und Chlordiazepoxid wurden bereits frühzeitig von HOLLISTER untersucht (1961, 1963 sowie CAPELL et al. 1987). Nitrazepam (DARCY 1972) Oxazepam (BLIDING 1978, LADER 1978), Lorazepam (EINARSON 1980, DE LA FUENTE et al. 1980, DE WIT 1984, ROACHE und GRIFFITHS 1987), Temazepam (RATNA 1981), Flurazepam (BOND und SCHWARTZ 1984), Flunitrazepam (ESCHALLIER et al. 1987), Clonazepam (ALBECK 1987), Triazolam (HERITCH et al. 1987, GRIFFITHS et al. 1987), Alprazolam (CIRAULO et al. 1988b, JUERGENS und MOSEL 1988) seien beispielhaft erwähnt. Die Frage, ob gewisse Benzodiazepinmetaboliten eher eine physiologische Abhängigkeit oder zusätzlich auch über eine allfällige psychotrope Wirkung zu einer psychischen Abhängigkeit Anlaß geben, läßt sich bis heute nicht beantworten. Aus meiner persönlichen Erfahrung leite ich ab, daß Metaboliten mit einer raschen Anflutung auch zu Stimmungs- und Antriebsschwankungen Anlaß geben und

in der Folge eine psychische Abhängigkeit nach sich ziehen können. Die klinische Relevanz der Inzidenz von Abusus- und Abhängigkeitsbeobachtungen wird vor allem durch Verschreibungshäufigkeiten (LADEWIG 1983, MÜLLER- OERLINGHAUSEN 1986) bestimmt. Dies erklärt, warum bekannte Benzodiazepinpräparate mit einem unterschiedlichen Wirkungsprofil bezüglich ihrer Gefährdung Abhängigkeit zu erzeugen als gleichwertig beurteilt werden, wenn sie mit nicht bekannten, aber als ähnlich suchtgefährdend beurteilten Präparaten, verglichen werden. Verschreibungsgewohnheiten erklären unterschiedliche Abhängigkeitshäufigkeiten. Die Veränderung einer Tradition bestimmte Präparate zu verschreiben, zieht nach Jahren eine Veränderung in der Häufigkeit von Abhängigkeitsbeobachtungen nach sich, wie sich am Beispiel Diazepam zeigen lässt (LADEWIG 1983).
Studien aus psychiatrischen Kliniken ergaben eine relativ übereinstimmende Inzidenz bezüglich Aufnahmen von Suchtpatienten, wobei der Anteil der ausschließlich benzodiazepinabhängigen Patienten im allgemeinen < als 1% betrug (WOLF und RÜTHER 1984, LAUX und KÖNIG 1985, PLATZ 1985, FLEISCHHACKER et al. 1986, SCHMIDT et al. 1989, LADEWIG 1990).
Unsere Erkenntnisse über Einflußvariablen auf das Risiko einer Abhängigkeitsentwicklung lassen sich wie folgt zusammenfassen: Je höher die Dosis, je länger die Behandlungsdauer, je chronifizierter und schwerwiegender die zu behandelnde Symptomatik, je bedeutsamer ein zusätzlicher Stressfaktor ist, je intensiver Erwartungshaltungen hinsichtlich eines psychotropen Effektes sind, desto größer ist das Risiko einer Abhängigkeitsentwicklung. Zu betonen ist, daß sich eine solche Abhängigkeit insbesondere im Rahmen einer fehlenden oder unreflektierten Arzt-Patient-Beziehung resp. einem nicht reflektierten Medikationsverhalten entwickelt. Nicht zu übersehen ist offenbar ein Faktor Prädisposition, der erworben (Alkohol- und Sedativaanamnese) oder sogar angeboren ist (familiäre Häufung von Alkoholismus). Wie weit pharmakodynamische Aspekte die Abhängigkeitsentwicklung beeinflussen, bleibt offen.

18.3 Therapie der Benzodiazepinabhängigkeit

18.3.1 Allgemeine Aspekte

Bei jeder Behandlung eines Abhängigkeitsproblems (HIGITT et al. 1985) stellt sich zunächst die Frage einer ambulanten oder stationären Behandlung. Benzodiazepinabhängige Patienten sind bei vorliegender Motivation und einer guten Arzt-Patient-Beziehung ambulant zu entziehen, wenn eine solche Behandlung über mehrere Wochen konzipiert werden kann, d. h. ein sehr allmähliches Ausschleichen der Benzodiazepinmedikation möglich ist (HARRISON et al. 1984). Bei gescheiterter ambulanter Behandlung oder bei einer erheblichen Mehrfachabhängigkeit oder bei Vorliegen zusätzlicher psychopathologischer oder psychosozialer Störungen ist eine stationäre Behandlung sinnvoll. Auch bei einer stationären Behandlung ist von einem abrupten Absetzen eher abzuraten, da Benzodiazepinentzugssymptome teilweise subjektiv unangenehm sind.

18.3.2 Behandlung von Entzugssymptomen

Die Entzugssymptome treten – je nach Halbwertseliminationszeit der Metaboliten und allfälligen Akkumulationswirkungen nach Langzeitgebrauch – 1 bis 2 Tage nach abruptem Absetzen des Präparates auf und dauern üblicherweise 5–7 Tage, selten mehrere Wochen. Letzteres gilt insbesondere für Schlafstörungen, Angst, Unruhe und Spannungen. Protrahierte Entzugssymptome sind auch bei Abhängigen anderer psychotroper Stoffe bekannt. Die Wiederherstellung eines vorbestehenden homöostatischen Gleichgewichtes erfolgt analog einem Einpendeln, was dem eher wellenförmigen Auftreten von Entzugssymptomen entspricht.

Entzugssymptome bei Benzodiazepinabhängigen sind neurovegetativer, neurologischer und neuropsychiatrischer Art. Sie bestehen entsprechend in Spannung, Unruhe, Irritabilität, Angst, Mundtrockenheit, Schwitzen, Tremor, Schlafstörungen, Müdigkeit, Gefühl von Energielosigkeit, Gedächtnis- und Konzentrationsstörungen, dysphorisch- depressiven Verstimmungen, Entfremdungsgefühlen, erhöhter Empfindlichkeit bezüglich optischen, akustischen, taktilen Reizen sowie Schmerzreizen, epileptischen Anfällen und vorwiegend paranoid-halluzinatorischen Syndromen (Schöpf 1983).

Das Auftreten von Unruhe, Spannung, Stimmungsschwankung, sowie das Risiko epileptischer Anfälle haben uns veranlaßt, vom Beginn der Behandlung an über 4 Wochen Carbamazepin in einer Dosierung von 200–800 mg einzusetzen. Bei schweren Schlafstörungen ist die Verordnung eines Benzodiazepinhypnotikums die Wahl zweiter Priorität. Sind nach Ausschleichen der Benzodiazepinmedikation weiterhin depressive Symptome vorhanden, was bei einem Teil dieser Patienten der Fall ist, ist der Einsatz eines (trizyklischen) Antidepressivum oder eines Monoaminoxidasehemmers angezeigt. Eine heute unübliche Variante zur Benzodiazepin-Carbamazepinbehandlung stellt das Umstellen auf ein Barbiturat, wie z. B. Phenobarbitone (Smith und Wesson 1985) dar. Zusätzliche oder alternative Entzugshilfen können Betablocker wie Propanolol (Hallström et al. 1988) oder Baclofen (Renfordt und Wirtz 1984) darstellen. Bezüglich psychotherapeutischer Ansätze liegen Erfahrungen vor (Higgitt et al. 1987, Robson et al. 1986).

18.3.3 Prognose

Die Erfahrungschancen benzodiazepinfrei zu bleiben, betragen in einer über 1–5 Jahre gehenden Nachuntersuchung 54% (Golombok et al. 1987). Die Langzeitprognose ist vergleichsweise günstig (Dickmann et al. 1988).

Literatur

Albeck JH (1987) Withdrawal and detoxification from benzodiazepine dependence: a potential role for clonazepam. J Clin Psychiatry 48: 43–49

Ashton H (1989) Risks of dependence on benzodiazepine drugs: a major problem of long-term treatment. Br Med J 298: 103–104

Balmer R, Battegay R, Von Marschall R (1981) Long-term treatment with diazepam, investigation of consumption habits and the interaction between psychotherapy and psychopharmacotherapy: a prospective study. Int Pharmacopsychiatry 16: 221–234

Bliding A (1978) The abuse potential of benzodiazepines with special reference to oxazepam. Acta Psychiatr Scand 274: 111–116

Bond WS, Schwartz M (1984) Withdrawal reactions after long- term treatment with flurazepam. Clin Pharmacol 3: 316–318

Bowden CL, Fisher JG (1980) Safety and efficacy of long- term diazepam therapy. South Med J 73: 1581–1587

Brenner PM, Wolf B, Grohmann R, Rüther E (1988) Benzodiazepine dependence: aetiological factors, time course, consequences and withdrawal symptomatology: a study of five cases. Drug Alcohol Depend 22: 253–261

Capell H, Busto U, Kay G, Naranjo CA, Sellers EM, Sanchez- Craig M (1987) Drug deprivation and reinforcement by diazepam in a dependent population. Psychopharmacology (Berlin) 91: 154–160

Carranza J (1980) Long-term use and abuse of benzodiazepines. Pharmacopsychiatry/Neuropsychopharmakologie 13: 254–258

Ciraulo DA, Sands BF, Shader RI (1988a) Critical review of liability for benzodiazepine among alcoholics. Am J Psychiatry 145: 1501–1506

Ciraulo DA, Barnhill JG, Greenblatt DJ, Shader RI, Ciraulo Tamrey MF, Molly MA, Foti ME (1988b) Abuse liability and clinical phamacokinetics of alprazolam in alcoholic. Med J Clin Psychiatry 49: 333–337

Ciraulo DA, Barnhill JG, Ciraulo AM, Greenblatt DJ, Shader RI (1989) Parental alcoholism as a risk factor in benzodiazepine abuse: a pilot study. Am J Psychiatry 146: 1333–1335

Covi L et al. (1969) Factors affecting withdrawal response to certain minor tranquilizers. In: Cole J, Wittenborn (eds) Drug abuse: social and psychopharmacological aspekts. Thomas, Springfield

Covi L, Lipman RS, Pattison JH, Derogatis LR, Uhlenhuth EH (1973) Length of treatment with anxiolytic sedatives and response to their sudden withdrawal. Acta Psychiatr Scand 49: 51–64

Crouch G, Robson M, Hallstrom C (1988) Benzodiazepine dependent patients and their psychological treatment. Prog Neuropsychopharmacol Biol Psychiatry 12: 503–510

Darcy L (1972) Delirium tremens following withdrawal of nitrazepam. Med J Australia 2: 450

De Wit H, Johanson CE, Uhlenhuth EH (1984) Drug preference in humans: lorazepam. Nat Inst Drug Abuse Res Monogr Ser 49: 227–232

De Wit H, Uhlenhuth EH, Hedeker D, Mc Cracken SG, Johanson CE (1986) Lack of preference for diazepam in anxious volunteers. Arch Gen Psychiatry 43: 533–541

DHS Deutsche Hauptstelle gegen die Suchtgefahren (Hrsg) (1991) Medikamentenabhängigkeit. Hamm

Dickmann U, Poser W, Poser S (1988) Long term outcome of benzodiazepine dependence. Psychopharmacology [Suppl] 96: 307–312

Einarson TR (1980) Lorazepam withdrawal seizures. Lancet 151

Eschallier A, Leblanc A, Debruyne D, Fialip J, Lavarenne J (1987) Pharmacodependence aux effets paradoxaux du flunitrazepam. A props d'une observation. J Toxicol Clin Exp 7: 281–284

Fleischhacker WW, Barnas C, Hackenberg B (1986) Epidemiology of benzodiazepine dependence. Acta Psychiatr Scand 74: 80–83

de la Fuente JR, Rosenbaum AH, Martin HR, Niven RG (1980) Lorazepam-related withdrawal seizures. Mayo Clin Proc 55: 190–194

Funderburk FR, Griffiths RR, Mc Leod DR, Bigelow GE, Mackenzie A, Liebson IA, Nemeth-Coslett R (1988) Relative abuse liability of lorazepam and diazepam: an evaluation in "recreational" drug users. Drug Alcohol Depend 22: 215–222

Golombok S, Higgitt A, Fonagy P, Dodds S, Saper J, Lader M (1987) A follow-up study of patients treated for benzodiazepine dependence. Br J Med Psychol 60: 141–149

Griffiths RR, Bigelow G, Liebson I (1979) Human drug selfadministration: double-blind comparison of pentobarbital, diazepam, chlorpromazine and placebo. J Pharmacol Exp Ther 210: 301–310

Griffiths RR, Ator NA, Roache JD, Lamb RJ (1987) Abuse liability of triazolam: experimental measurements in animals and humans. Psychopharmacol Ser 3: 83–87

Haefely W (1986) Biological basis of drug-induced tolerance, rebound, and dependence. Contribution of recent research on benzodiazepines. Pharmacopsychiatry 19: 353–361

Haefely W, Kyburz E, Gerecke M, Möhler H (1986) Recent advances in the molecular pharmacology of benzodiazepine receptors and in the structure – activity relationships of their agonists and antagonists. Adv Drug Res 14: 167–322

Hallstroem C, Crouch G, Robson M, Shine P (1988) The treatment of tranquillizer dependence by propranolol. Postgraduate Med J [Suppl] 64: 40–44

Harrison M, Busto U, Naranjo CA (1984) Diazepam tapering in detoxification for high-dose benzodiazepine abuse. Clin Pharmacol Ther 36: 527–533

Hartog J, Tusel DJ (1987) Valium use and abuse by methadone maintenance clients. Int J Addict 22: 1147–1154

Heritch AJ, Capell R, Roy-Bryne PP (1987) A case of psychosis and delirium following withdrawal from triazolam. J Clin Psychiatry 48: 168–169

Higgitt AC, Lader MH, Fonagy P (1985) Clinical management of benzodiazepine dependence. Br Med J 291: 688–690

Higgitt AC, Golombok S, Fonagy P, Lader MH

(1987) Group treatment of benzodiazepine dependence. Br J Addict 82: 517–532

Hollister LE, Motzenbecker FP, Degan RO (1961) Withdrawal reactions from chlordiazepoxide (Librium). Psychopharmacologia 2: 63–68

Hollister LE, Benneth JL, Kimbell I, Savage C, Overall JE (1963) Diazepam in newly admitted schizophrenics. Dis Nerv Syst 24: 746

Hubbard B, Kripke DF (1976) Hypnotic and minor tranquilizer use among inpatients and after discharge. Int J Addict 11: 403–408

Johanson CE, Uhlenhuth EH (1980) Drug preference and mood in humans: diazepam. Psychopharmacology 71: 269–273

Juergens SM, Morse RM (1988) Alprazolam dependence in seven patients. Am J Psychiatry 145: 625–627

Kemper N, Poser W, Poser S (1980) Benzodiazepinabhängigkeit. Dtsch Med Wochenschr 105: 1707–1712

Kryspin-Exner ID (1975) The use of tranquilizers in the treatment of mixed drug abuse. Int J Pharmacol Biopharmacol 12: 13

Lader MH (1984) Benzodiazepine dependence. Prog Neuro Psychopharmacol Biol Psychiatry 8: 85–95

Ladewig D (1983) Abuse of benzodiazepine in western european society – incidence and prevalence, motives, drug acquisition. Pharmacopsychiatry 16: 103–106

Ladewig D, Grossenbacher H (1988) Benzodiazepine abuse in patients of doctors in domiciliary practice in the Basel area. Pharmacopsychiatry 21: 104–108

Ladewig D (1990) Tranquilizer: Problematik von Mißbrauch und Abhängigkeit. In: Herz A, Hippius H, Spann W (Hrsg) Psychopharmaka heute Springer, Berlin Heidelberg New York Tokyo, S 140–149

Ladewig D, Schroeter U (1990) Drug dependence in patients in psychiatric hospitals in Switzerland. Pharmacopsychiatry 23: 182–186

Laux G (1989) Tranquilizer. Möglichkeiten-Grenzen-Gefahren. Hippokrates, Stuttgart

Laux G, König W (1985) Benzodiazepine: Langzeiteinnahme oder Abusus? Ergebnisse einer epidemiologischen Studie. Dtsch Med Wochenschr 110: 1285–1290

Laughren TP, Battey Y, Greenblatt DJ, Harrop DS (1982) A controlled trial of diazepam withdrawal in chronically anxious outpatients. Acta Psychiatr Scand 65: 171–193

Maletzky BM, Klotter J (1976) Addiction to diazepam. Int J Addict 11: 95–115

Müller-Oerlinghausen B (1986) Prescription and misuse of benzodiazepines in the Federal Republic of Germany. Pharmacopsychiatry 19: 8–13

Petursson H, Lader MH (1981a) Withdrawal from long-term benzodiazepine treatment. Br Med J 283: 643–645

Petursson H, Lader MH (1981b) Withdrawal reactions from clobazam. Br Med J 282: 1931

Philipp M, Buller R (1986) Klassifikatorische Probleme von Mißbrauch und körperlicher Abhängigkeit bei Benzodiazepinen. In: Hippius H, Engel RR, Laakmann G (Hrsg) Benzodiazepine – Rückblick und Ausblick. Springer, Berlin Heidelberg New York Tokyo, S 234–241

Platz WE (1986) Mißbrauchshäufigkeit von Tranquilizern bei stationär behandelten Abhängigkeitskranken. In: Hippius H, Engel RR, Laakmann G (Hrsg) Benzodiazepine – Rückblick und Ausblick. Springer, Berlin Heidelberg New York Tokyo, S 242–250

Poser W, Piesiur-Strehlow B, Strehlow U (1984) Natural history of drug-dependence. Clin Neuropharmacol 7: 260–261

Ratna L (1981) Addiction to temazepam. Br Med J 282: 1837

Renfordt E, Wirtz W (1984) Withdrawal syndromes. Treatment of benzodiazepine dependency with baclofen. Münch Med Wochenschr 126: 1214–1215

Rickels K, Case WG, Schweizer EE (1986) Low-dose dependence in chronic benzodiazepine users: a preliminary report on 119 patients. Psychopharmacol Bull 22: 407–415

Rickels K, Schweizer E, Case GW (1988) Risk factors in benzodiazepine misuse and dependence. Benzodiazepine dependence, withdrawal severity and clinical outcome: effects of personality. Psychopharmacol Bull 24: 415–420

Roache JD, Griffiths RR (1987) Lorazepam and meprobamate dose effects in humans: behavioral effects an abuse liability. J Pharmacol Exp Ther 243: 978–988

Robson M, Crouch G, Hallstrom C (1986) Psychological treatment for benzodiazepine dependence. J Roy Coll General Practitioners 36: 1–9

Rosenberg HC, Chiu TH (1982) An antagonist-induced benzodiazepine abstinence syndrome. Eur J Pharmacol 81: 153–157

Smith DE, Wesson DR (1985) The benzodiazepines. In: Current standards for medical practice. MTP Press, Lancaster

Schöpf J (1983) Withdrawal phenomena after long-term administration of benzodiazepines. A review of recent investigations. Pharmacopsychiatry 16: 1–8

Schmidt LG, Grohmann R, Müller-Oerlinghausen B,

Otto M, Rüther E, Wolf B (1989) Prevalence of benzodiazepine abuse and dependence in psychiatric inpatients with different nosology. An assessment of hospital-based drug surveillance data. Br J Psychiatry 154: 839–843

Schweizer E, Case WG, Rickels K (1989) Benzodiazepine dependence and withdrawal in elderly patients. Am J Psychiatry 146: 529–531

Stitzer ML, Griffiths RR, Mc Lellan AT, Grabowski J, Hawthrone JW (1981) Diazepam use among methadone maintenance patients: patterns and dosages. Drug Alcohol Depend 8: 189–199

Tennant FS Jr, Pumphrey EA (1984) Benzodiazepine dependence of several years duration: clinical profile and therapeutic benefits. Nat Inst Drug Abuse Res Monogr Ser 55: 211–216

Winokur A, Rickels K, Greenberg DJ et al. (1980) Withdrawal reactions from long-term, low-dosage administration of diazepam. Arch Gen Psychiatry 37: 101–105

Wolf B, Rüther E (1984) Benzodiazepine-Abusus. Münch Med Wochenschr 126: 294–296

Yanagita T (1973) An experimental framework for evaluation of dependence liability of various types of drugs in monkeys. Bull Narc 25: 57–63

Yanagita T, Takahashi S (1973) Dependence liability of several sedative-hypnotic agents evaluated in monkeys. J Pharmacol Exp Ther 185: 307–315

Neuro-Psychopharmaka, Bd. 1
Riederer P. / Laux G. / Pöldinger W. (Hrsg.)

19 Kombinierte Psychopharmakotherapie einschließlich Behandlung chronischer Schmerzsyndrome

H. E. Klein, E. Rüther und J. Staedt

19.1 Einleitung

Psychopharmaka werden häufig miteinander kombiniert. Dies läßt sich durch Inzidenzuntersuchungen zur Frage der Kombinationstherapien eindrucksvoll belegen. Bei 63% aller stationär behandelten psychiatrischen Patienten werden mindestens zwei oder mehrere Psychopharmaka miteinander kombiniert (GROHMANN et al. 1980). Die Zahl der ambulanten psychiatrischen Patienten, die mit mehreren Psychopharmaka gleichzeitig behandelt werden, dürfte noch erheblich höher sein. Bei 25% aller Kombinationen werden verschiedene Neuroleptika gleichzeitig verabreicht; ebenso häufig ist die Kombination von Neuroleptika mit Antidepressiva (GROHMANN et al. 1980, PRIEN et al. 1976, SCHRÖDER et al. 1977, SHEPPARD et al. 1969, 1974). Verschiedene Antidepressiva werden dagegen sehr viel seltener miteinander kombiniert; solche Kombinationen machen nur 2–8% aller Psychopharmaka-Kombinationen aus (GROHMANN et al. 1980, SHEPPARD et al. 1969). Die Häufigkeit einer Kombination von Tranquilizern (Benzodiazepinen) mit Antidepressiva oder Neuroleptika wird in den einzelnen Inzidenzuntersuchungen mit 2–10% aller Psychopharmaka-Kombinationen angegeben (GROHMANN et al. 1980, SHEPPARD et al. 1969). Arzneimittelkombinationen werden meist kritisch beurteilt, wie z.B. unter dem Aspekt von unerwünschten oder risikoträchtigen Arzneimittelinteraktionen oder unter dem kritischen Aspekt einer bestenfalls nutzlosen Polypragmasie. Der gleichzeitige Einsatz von verschiedenen Psychopharmaka bei der Behandlung eines Patienten verdient jedoch auch in therapeutischer Hinsicht unser Interesse. Die große Häufigkeit von Psychopharmaka-Kombinationen in der klinischen Praxis weist darauf hin, daß man sich durch die Kombination eine erfolgreichere Therapie erhofft. Solche therapeutischen Wirkungen, die nur auftreten bei gleichzeitiger Gabe von zwei oder mehreren Arzneimitteln, werden üblicherweise als Arzneimittelinteraktionen bezeichnet.

19.1.1 Begriffsdefinition

Die erwünschten Arzneimittelinteraktionen können wie folgt definiert werden:

1. Potenzierende Wirkungen sind die klinischen Eigenschaften, die über die Summe der Einzelwirkungen des jeweiligen Arzneimittels hinausgehen, wie z.B. bei der Interaktion von trizyklischen Antidepressiva und Schmerzmitteln.
2. Unter verstärkender Wirkung versteht man, wenn durch die zusätzliche Gabe eines weiteren Arzneimittels Wirkungen des anderen Arzneimittels verstärkt werden; ein Beispiel wäre hier die Kombination von trizyklischen Antidepressiva mit Lithium bei der Behandlung der therapieresistenten Depression.
3. Als additive Arzneimittelinteraktion werden die additiven Wirkungen zweier Medikamente mit gleichsinnigen Wirkmechanismen verstanden, wie z. B. die Kombination von niederpotenten und hochpotenten Neuroleptika.
4. Unter komplementärer Arzneimittelinteraktion wird die additive Wirkung zweier Medikamente verstanden mit unterschiedlichen Wirkmechanismen wie z.B. bei der Kombination trizyklischer Antidepressiva und Monoaminoxidasehemmer.
5. Unter partiell antagonistischer Arzneimittelinteraktion werden Eigenschaften eines zusätzlich verabreichten Medikaments verstanden, bestimmte Wirkungen eines anderen Medikamentes aufzuheben, wie dies z.B. durch die Gabe von Anticholinergika bei extrapyramidalmotorischen Nebenwirkungen von Neuroleptika geschieht.

Insbesondere bei der Therapie mit Psychopharmaka können Wirkungen eines Arzneimittels in einem Behandlungsfall erwünscht, in einem anderen Behandlungsfall können die gleichen Wirkungen dagegen unerwünscht sein. Deshalb sollen hier unter Arzneimittelinteraktionen alle klinisch bedeutsamen Wirkungen verstanden werden, die sich aus einer Kombinationsbehandlung mit Psychopharmaka ergeben, sei es, daß sie auf eine verbesserte therapeutische Wirkung oder auf eine Verminderung der unerwünschten Wirkungen der Basistherapie abzielen oder sei es, daß es sich um unerwünschte Wirkungen handelt, die nur in der Kombination von verschiedenen Psychopharmaka auftreten.

Unser Wissen über psychopharmakologische Arzneimittelinteraktionen ist unvollständig und kontrastiert in dieser Hinsicht zur erwähnten Häufigkeit von Psychopharmakakombinationen und der damit zum Ausdruck gebrachten Vermutung der Unbedenklichkeit solcher Kombinationen. Grundsätzlich können wir unsere Kenntnisse über Arzneimittelinteraktionen aus zwei methodisch unterschiedlichen Untersuchungsquellen schöpfen: Zur Feststellung von erwünschten Arzneimittelinteraktionen sind klinische Prüfungen im engeren Sinn mit entsprechenden Fragestellungen besonders geeignet; Arzneimittelüberwachungsprogramme (AMÜP), wie sie in vielen Ländern, u.a. auch vom BGA in der Bundesrepublik durchgeführt wurden, sind dagegen geeignet, seltene und unerwünschte Arzneimittelinteraktionen zu erfassen (v. Oefele et al. 1986).

19.1.2 Zur Indikationsstellung von Psychopharmaka-Kombinationen

Im Gesamtbehandlungsplan von psychiatrischen Erkrankungen spielen nosologische Zuordnungen, soweit es den Einsatz von Psychopharmaka betrifft, eine untergeordnete Rolle. Die Indikationsstellung und die Wahl eines Psychopharmakons bei der Behandlung einer Erkrankung wird vielmehr bestimmt von der syndromalen Psychopathologie der Erkrankung, vom Verlauf und der Schwere der Erkrankung, der Auswirkung der jeweiligen psychiatrischen Störung auf die soziale Kompetenz des Betroffenen und von der Selbst- und Fremdgefährdung. Für die Indikationsstellung von Psychopharmaka prägte FREYHAN schon 1957 den Begriff der Zielsymptome ("Target symptoms"). Bei vielen psychiatrischen Erkrankungen finden sich im Sinne FREYHANS Zielsymptome, die eine Kombination von Psychopharmaka mit unterschiedlichen Wirkungsspektren indizieren. Als Beispiel seien hier die schizoaffektiven Psychosen genannt, die häufig zur Kombination von verschiedenartigen Psychopharmaka veranlassen, wenn z.B. das Krankheitsbild durch ein paranoid-halluzinatorisches Syndrom und ein depressives Syndrom geprägt ist.

Auch Kombinationen von Psychopharmaka aus der gleichen Substanzgruppe sind häufig. Bei psychotischen Erregungszuständen z.B. wird oft ein Neuroleptikum aus der Phenothiazinreihe mit einem Neuroleptikum aus der Butyrophenonreihe miteinander kombiniert. Diese Kombination beabsichtigt die unverzüglich dämpfende Wirkung des jeweiligen Phenothiazins mit der bereits in vergleichsweise niedriger Dosierung erreichbaren, aber oft nach Tagen erst einsetzenden, antipsychotischen Wirkung des Butyrophenons zu ergänzen.

Aufgrund theoretischer Überlegungen wurde bei sog. therapieresistenten Depressionen die Kombination von trizyklischen Antidepressiva mit unterschiedlicher Pharmakodynamik empfohlen, wie z.B. Maprotilin mit vorwiegend noradrenergen Wirkungen und Clomipramin mit vorwiegend serotoninergen Eigenschaften (KIELHOLZ et al. 1981).

Eine weitere Indikationsstellung für Psychopharmakotherapien resultiert häufig bei der Exazerbation einer psychiatrischen Erkrankung bei Patienten, die bereits unter einer rezidivprophylaktischen Dauerbehandlung stehen. Psychopharmaka werden in der Regel nicht zufällig etwa aus einer unkritischen Polypragmasie heraus miteinander kombiniert wie eine multizentrische Befragungsstudie von MERLIS et al. (1978) beweist; die individuelle ärztliche Präferenz stimmt in der Regel mit den tatsächlichen Psychopharmakakombinationen der klinischen Praxis überein.

19.2 Kombinationen von verschiedenen Neuroleptika

19.2.1 Kombinationen von Phenothiazinen

Zur Frage des therapeutischen Nutzens von Kombinationen mit unterschiedlichen Phenothiazinen wurden bislang nur zwei kontrollierte Studien durchgeführt. CHIEN und COLE (1973) prüften die Kombination des Depot-Neuroleptikums Fluphenazinönanthat (28 mg/2-wöchentlich) mit Chlorpromazin (350–400 mg/die) im Vergleich mit der Gabe von jeweils nur einer der vorgenannten Pharmaka an akutpsychotischen Patienten. Die Kombination war Fluphenazinönanthat als Monotherapie gleichwertig, aber beide Therapien waren der Chlorpromazin-Monotherapie überlegen. CASEY et al. (1961) fanden jedoch durch die zusätzliche Gabe von 30 mg Trifluoperazin zu einer Basisbehandlung von Chlorpromazin bei einer Dosierung von 200–600 mg/die keinen zusätzlichen therapeutischen Nutzen. Bei beiden Studien ist einzuwenden, daß die Dosierung von Chlorpromazin für die Behandlung von floriden schizophrenen Erkrankungen im Regelfall nicht ausreichend ist. Andererseits spricht der mangelhafte therapeutische Effekt der zusätzlichen Gabe von Trifluoperazin in der Studie von CHIEN und COLE (1973) dafür, daß das behandelte Patientengut gegenüber Neuroleptika generell vergleichsweise therapieresistent war.

Tabelle 19.1. Kombination mehrerer Neuroleptika

Autoren	Patienten	Design	Ergebnis
Casey et al. (1961)	104, chronisch schizophren	Chlorpromazin 200–600mg + Trifluoperazin 5–30 mg vs Chlorpromazin	Monotherapie = Kombination
Chien und Cole (1973)	15, akut schizophren	Fluphenazinönanthat 26-28,5 mg + Chlorpromazin 300-400 mg vs Monotherapie	Fluphenazin = Kombination Chlorpromazin schlechter als Kombination
Zander und Rüther (1978)	20, akut schizophren	Haloperidol + Clozapin vs. Haloperidol	Kombination weniger EPMS

19.2.2 Kombination von Phenothiazinen mit Butyrophenonen

Bei der psychopharmakologischen Behandlung von psychotischen Erkrankungen sind häufig sowohl dämpfende als auch antipsychotische Wirkungen im engeren Sinne erwünscht. Pharmaka aus der Reihe der Butyrophenone entfalten bereits in Milligramm-Dosierungen antipsychotische Eigenschaften; ihre dämpfende Wirkung ist jedoch vergleichsweise gering. So liegt es nahe, z.B. bei psychotischen Erkrankungen, die mit psychomotorischer Erregung, ängstlichem Gespanntsein oder mit gereizt-maniformem Verhalten einhergehen, Butyrophenone mit Phenothiazinen zu kombinieren. Einer Monotherapie mit stärker dämpfenden Neuroleptika vom Typ der aliphatischen oder der piperidin-substituierten Phenothiazine stehen die im antipsychotisch wirksamen Dosisbereich auftretenden vegetativen und sedativen Nebenwirkungen entgegen (Klein und Rüther 1983). Die im übrigen störenden Wirkungen der Phenothiazine sind z.T. auf deren anticholinerge Pharmakodynamik zurückzuführen; diese Eigenschaft der Phenothiazine ist im Zusammenwirken mit den Butyrophenonen geeignet, deren extrapyramidalmotorischen Wirkungen teilweise zu antagonisieren. Diese erwünschten Arzneimittelinteraktionen konnten für die Kombination von Trifluoperazin/Chlorpromazin nachgewiesen werden (Talbot 1964). In einer weiteren kontrollierten Studie wurde die Kombination Haloperidol/Clozapin vs. Haloperidol als alleinige neuroleptische Medikation untersucht; durch die zusätzliche Gabe von Clozapin wurde das neuroleptogene Parkinsonoid zufriedenstellend antagonisiert. Diese klinische Wirkung wurde mit der zentral anticholinergen Eigenschaft von Clozapin erklärt (Zander und Rüther 1978).

19.3 Kombination von Neuroleptika mit Antidepressiva

Neuroleptika/Antidepressiva-Kombinationen machen etwa 25% aller Psychopharmaka-Kombinationen aus (Sheppard et al. 1974, Grohmann et al. 1980). Diese Kombinationen wurden sowohl bei schizophrenen Patienten als auch bei depressiven Syndromen geprüft. Bei der Bewertung des Für und Wider einer Kombinationstherapie ergeben sich grundsätzliche Probleme durch die Schwierigkeit, Krankheitssymptome von unerwünschten Psychopharmakawirkungen zu unterscheiden; dieses Problem wird in placebokontrollierten Studien offenkundig. COLLINS und DUNDAS (1967) fanden in der Placebo-Gruppe ebenso häufig "unerwünschte Wirkungen" einschließlich extrapyramidalmotorischer Störungen (EPMS) wie in der Neuroleptika/Amitriptylin-behandelten Gruppe. In einer weiteren Studie trat in der Placebo-Gruppe bei acht Patienten ein "Parkinsonoid" auf und bei sechs wurde eine "Frühdyskinesie" gefunden (HORDERN et al. 1962). Die zum Thema Neuroleptika/Antidepressiva-Kombinationen verfügbaren Studien sind durchweg aus den 60er und 70er Jahren und genügen in mancherlei Hinsicht nicht den heutigen methodischen Standards.

19.3.1 Neuroleptika/ Antidepressiva-Kombinationen bei schizophrenen Patienten

In der Mehrzahl der kontrollierten Studien konnte eine günstigere Wirkung der Kombinationstherapien weder bei akuten oder

Tabelle 19.2. Kombination von Neuroleptika mit trizyklischen Antidepressiva bei Schizophrenen (kontrollierte Studien)

Autoren	Patienten	Design	Ergebnis
MICHAUX et al. (1966)	30, akut	Chlorpromazin, 300 mg, + Imipramin, 75 mg, vs Chlorpromazin	Kombination = Chlorpromazin
HANLON et al. (1969)	63, akut	Thioridazin, 430 mg, + Imipramin, 75 mg, vs Thioridazin	Kombination = Thioridazin
HANLON et al. (1970)	65, akut	Fluphenazin, 70 mg, + Imipramin, 100 mg, vs Fluphenazin	Kombination = Fluphenazin
VESTRE et al. (1969).	62, akut chronisch	Perphenazin, 16/32 mg, + Amitriptylin, 40/80 mg, vs Monotherapien	Kombination = Perphenazin (Perphenazin signifikant besser als Amitriptylin)
CHOUINARD et al. (1975)	24, akut und chronisch	Perphenazin, 20 mg + Amitriptylin, 125 mg, vs Monotherapien	Perphenazin besser als Kombination Kombination besser als Amitriptylin, Amitriptylin = Placebo
COLLINS und DUNDAS (1967)	29, chronisch	Perphenazin, 12-24 mg, + Amitriptylin, 75-150 mg, vs Perphenazin	Kombination besser als Perphenazin
BECKER (1970)	58, chronisch	Perphenazin, 4-24 mg, + Amitriptylin, 75 mg, vs Perphenazin	Kombination = Perphenazin

floriden Schizophrenien nachgewiesen werden (CHOUINARD et al. 1975, HANLON et al. 1969, 1970, MICHAUX et al. 1966, VESTRE et al. 1969) noch bei chronischen Schizophrenien (BECKER 1970, COLLINS und DUNDAS 1967). Wie erwartet führte eine Monotherapie mit Neuroleptika zu besseren therapeutischen Ergebnissen als eine Monotherapie mit Antidepressiva (CHOUINARD et al. 1979, VESTRE et al. 1969). In zwei Studien wurde die Neuroleptika/Antidepressiva-Kombination ungünstiger beurteilt als die jeweilige neuroleptische Monotherapie (BECKER 1970, CHOUINARD et al. 1975). Nur in einer Untersuchung bei chronisch schizophrenen Patienten war die Kombination von Perphenazin/Amitriptylin erfolgreicher als die Monotherapie mit Perphenazin alleine (COLLINS und DUNDAS 1967).

19.3.2 Antidepressiva/ Neuroleptika-Kombinationen bei depressiven Syndromen

LOWNEY und CEDARLEAF (1969) beurteilten Patienten nach einer vierwöchigen Behandlungszeit mit einer Amitriptylin/Fluphenazin-Kombination signifikant besser als die Vergleichsgruppe unter der Amitriptylin-Monotherapie; ebenso fanden DE SILVERIO et al. (1970) eine Amitriptylin/Perphenazin-Kombination zwar einer Perphenazin-Monotherapie gleichwertig, aber einer Behandlung mit Amitriptylin alleine überlegen. Allerdings lassen die Autoren offen, nach welchen Beurteilungskriterien dies festgestellt wurde. Im übrigen zeigte sich die Kombinationstherapie in drei von insgesamt fünf kontrollierten Studien der antidepressiven Monotherapie bei depressiven Syndromen gleichwertig (GENERAL PRACTITIONER RESEARCH GROUP 1969, HOLLISTER et al. 1966, 1967). Einschränkend ist festzustellen, daß eine nicht operationalisierte Diagnostik und fehlende standardisierte Beurteilungsverfahren bei den vorliegenden Untersuchungen erschweren, die Wirkungsunterschiede von Kombinationstherapie gegenüber Monotherapie ggf. zu erkennen.

Aus der bisherigen klinischen Forschung über Kombinationstherapie mit trizyklischen Antidepressiva/Neuroleptika-Kombinationen lassen sich für die klinische Anwendung

Tabelle 19.3. Kombinationen von Neuroleptika mit trizyklischen Antidepressiva bei Depressiven (kontrollierte Studien)

Autoren	Patienten	Design	Ergebnis
GENERAL PRACTITIONER RESEARCH GROUP (1969)	75 depressive Syndrome	Amitriptylin, 75 mg, + Perphenazin, 6 mg, vs Perphenazin	Kombination = Perphenazin
HOLLISTER et al. (1966, 1967)	12 depressive Syndrome	Amitriptylin, 75–200 mg, + Perphenazin, 12-32 mg, vs Amitriptylin	Kombination = Amitriptylin
DE SILVERIO et al. (1970)	48 depressive Neurosen	Amitriptylin, 100 mg, + Perphenazin, 8 mg, vs Monotherapien	Kombination = Perphenazin allein, aber besser als Amitriptylin allein
LOWNEY und CEDARLEAF (1969)	33 depressive Syndrome	Amitriptylin, 100–175 mg, Fluphenazin, 2–3,5 mg, vs Amitriptylin	Kombination besser als Amitriptylin allein

von Kombinationstherapien bei schizophrenen Erkrankungen und bei depressiven Syndromen keine konkludenten Empfehlungen ableiten. Man kann jedoch aus den vorliegenden Studien entnehmen, daß eine zusätzliche Antidepressiva-Gabe allenfalls bei wenigen schizophrenen Erkrankungen von therapeutischem Nutzen ist (Tabelle 19.3); ebenso dürfte die zusätzliche Gabe von Neuroleptika bei der antidepressiven Behandlung von Depressionen nur selten zusätzlichen therapeutischen Gewinn erbringen.

19.3.3 Monoaminoxidase-Hemmer/Neuroleptika-Kombinationen bei schizophrenen Erkrankungen

Bislang war in der Bundesrepublik Deutschland aus der Gruppe der Monoaminoxidase-Hemmer nur Tranylcypromin für die Behandlung von Depressionen zugelassen. Ein bedeutsamer Fortschritt für die klinischen Behandlungsmöglichkeiten mit Monoaminoxidase-Hemmern ist durch die Einführung

Tabelle 19.4. Kombination von Neuroleptika mit MAO-Hemmern bei Schizophrenen

Autoren	Patienten	Vergleich der Medikation	Ergebnis
Casey et al. (1961)	104 chronisch Schizophrene	Chlorpromazin, 200–600 mg + Isocarboxacid vs + Trifluoperazin, 5–30 mg, vs + Imipramin, 37,5–225 mg, vs + Amphetamin, 10–60 mg	Kombination = Chlorpromazin allein oder wie Imipramin allein
Vogt (1961)	24 chronisch Schizophrene	Trifluoperazin, 40 mg, + Tranylcypromin, 30 mg vs Trifluoperazin	Kombination = Trifluoperazin
Hordern et al. (1962,1963)	25 chronisch Schizophrene	Trifluoperazin, 40 mg + Tranylcypromin, 40 mg, vs Trifluoperazin	Kombination besser als Trifluoperazin allein (Tendenz)
Schiele et al. (1963)	25 depressive Schizophrene	Trifluoperazin, 5–50 mg, + Tranylcypromin, 10–60 mg, vs Trifluoperazin	Kombination = Trifluoperazin
Mena et al. (1964)	20 chronisch depressive und pseudoneurotische Schizophrene	Trifluoperazin, 1–4 mg, + Tranylcypromin, 20–40 mg, vs Tranylcypromin	Kombination = Tranylcypromin
Scharpley et al. (1964)	20 chronisch Schizophrene	Trifluoperazin, 10–30 mg + Tranylcypromin, 10–30 mg vs + Pargyl in, 25–75 mg	Kombination = Tranylcypromin
Hedberg et al. (1971)	96 akute, chronische und pseudoneurotische Schizophrene	Trifluoperazin, 8–32 mg + Tranylcypromin, 20–30 mg; crossover auf beide Monotherapien	Kombination schlechter als Tranylcypromin (bei pseudoneur.Schiz.); Kombination besser als Trifluoperazin (bei undiff. Schiz.)

von selektiven und reversiblen MAO-A-Hemmern wie Moclobemid und Brofaromin zu erwarten (LAUX und RIEDERER 1989). Vergleichende Studien von Monoaminoxidase-Hemmer/Neuroleptika-Kombinationen versus verschiedene Monotherapien wurden von 15 Autorengruppen berichtet (Tabelle 19.4). In sechs Studien wurde die Kombinationstherapie Perphenazin/Amitriptylin und ebenso häufig die Kombination Trifluoperazin/Tranylcypromin untersucht.

CASEY et al. (1961) fanden bei Chlorpromazin-behandelten schizophrenen Patienten nach zusätzlicher Gabe des Monoaminoxidase-Hemmers Isocarboxazid eine günstige Beeinflussung von sozialen Rückzugstendenzen, während sich im übrigen die Kombinationsbehandlung von einer Monotherapie mit Chlorpromazin nicht unterschied.

HORDERN et al. (1962) und HORDERN und SOMMERVILLE (1963) fanden die Kombination Trifluoperazin/Tranylcypromin insbesondere bei schwer gestörten, chronisch schizophrenen Patienten wirksam, während bei dieser Stichprobe Trifluoperazin alleine nicht effizienter war als Placebo.

SCHIELE et al. (1963) fanden die Kombination mit Tranylcypromin/Trifluoperazin nur bei wenigen, nicht näher charakterisierbaren schizophrenen Patienten günstiger. MENA et al. (1964) identifizierten die Patienten, die besonders auf die Kombinationstherapie ansprachen als pseudoneurotische/schizophrene Patienten und SCHARPLEY et al. (1964) als apathische/schizophrene Patienten. Im Widerspruch hierzu stehen Befunde von HEDBERG et al. (1971), die in einer Doppelblind-cross-over-Untersuchung Tranylcypromin bei pseudoneurotischen Patienten überlegen, hingegen die Kombination mit Trifluoperazin bei chronisch undifferenzierten Schizophrenien erfolgreicher fanden. FREEMAN (1967) kam in einer ausführlichen Übersicht mit insgesamt 41 Studien, die Tranylcypromin mit der Kombination Tranylcypromin/Trifluoperazin verglichen zum Schluß, daß eine Kombinationsbehandlung bei schweren Depressionen und bei schizophrenen Patienten nicht von Vorteil sei, wohl aber bei leichter erkrankten "pseudoneurotischen" Patienten. Letztlich ist nach Durchsicht der bislang vorliegenden Literatur eine klare Indikationsstellung für die Kombination Neuroleptika/ Monoaminoxidase-Hemmer weder bei der Gruppe der Depressionen noch bei schizophrenen Erkrankungen derzeit möglich.

19.3.4 Zur Pharmakodynamik und Pharmakokinetik der verschiedenen Antidepressiva/ Neuroleptika-Kombinationen

Die anticholinergen Eigenschaften der trizyklischen Antidepressiva lassen in der Kombination mit Neuroleptika eine Antagonisierung der neuroleptischen EPMS-Wirkungen erwarten. Dies wird auch durch die Befunde einiger Studien bestätigt (CHOUINARD et al. 1975, SIMPSON et al. 1970). Die übrigen in Tabelle 19.2 und 19.3 aufgeführten Untersuchungen fanden keine Unterschiede im Auftreten von EPMS unter Antidepressiva/Neuroleptika-Kombination bzw. Monotherapie mit Neuroleptika. HANLON et al. (1969) fanden sogar im Vergleich zu Thioridazin häufigere EPMS unter der Kombination mit Thioridazin/Imipramin.

Die gegenwärtigen pharmakodynamischen Konzepte zur therapeutischen Wirkung der trizyklischen Antidepressiva und Monoaminoxidase-Hemmer stützen sich auf die Beeinflussung von adrenergen und serotoninergen Systemen; hingegen wird die antipsychotische Wirkung der Neuroleptika mit deren antidopaminergen Eigenschaften begründet. Neuroleptika wie Chlorpromazin oder Chlorprothixen haben nur einen geringen oder, wie Pimozid, keinen Einfluß auf das serotoninerge System (ANDEN et al.

1970). Antidepressiva haben hingegen nur eine schwache antidopaminerge Wirkung. Man vermutet, daß die beschriebenen pharmakodynamischen Eigenschaften der Antidepressiva für gelegentlich beobachtete Exazerbationen produktiver Symptome bei schizophrenen Psychosen verantwortlich sein können (GERSHON et al. 1962, GREENBLATT et al. 1964, KLEIN und FINK 1962). Andererseits wird häufig von einer depressiogenen Wirkung der Neuroleptika berichtet (ROTH 1970, SHANFIELD et al. 1970, HEINRICH und TEGELER 1983). Aufgrund dieser, für einen partiellen Antagonismus sprechenden Befunde ist anzunehmen, daß sich bei gleichzeitiger Gabe von Antidepressiva und Neuroleptika erwünschte klinische Wirkungsinteraktionen ergeben können. In ihren anticholinergen Eigenschaften wirken Neuroleptika und Antidepressiva jedoch synergistisch. Insbesondere die aliphatischen und die piperidinsubstituierten Phenothiazine sowie die Thioxanthene wie auch die trizyklischen Verbindungen aus der Gruppe der Antidepressiva haben ausgeprägte anticholinerge Eigenschaften. Kombinationen dieser Pharmaka können zu unerwünschten Wirkungen führen, die von relativ harmlosen Störungen wie Beeinträchtigungen der Akkommodation, Mundtrockenheit und Harnretention bis zum paralytischen Ileus und zum Delir reichen (WARNES et al. 1967).

Die zusätzliche Gabe von Trifluoperazin bei der Behandlung mit Monoaminoxidase-Hemmern soll geeignet sein, das Auftreten von hypertensiven Krisen, etwa bei Diätfehlern, zu verhindern (HEDBERG et al. 1971).

Für die pharmakokinetischen Wechselwirkungen zwischen trizyklischen Antidepressiva und Neuroleptika sind die anticholinergen Eigenschaften der trizyklischen Antidepressiva bedeutsam; diese können die Resorption von Neuroleptika herabsetzen. Als zugrundeliegender Mechanismus wird eine durch die anticholinerge Wirkung hervorgerufene Verlangsamung der gastrointestinalen Motilität und eine dadurch begünstigte Metabolisierung in der Darmwand ("First pass effect") vermutet.

BALDESSARINI und LIPINSKI (1976) fanden jedoch nach Perphenazin-Gabe eine Verminderung des aktiven Imipraminmetaboliten Desimipramin im Plasma und Urin sowie einen Anstieg des nativen Imipramins im Plasma. Gleichsinnige Befunde wurden von GRAM und OVERO (1972) nach Gabe von Haloperidol, Chlorpromazin und Perphenazin erhoben. Umgekehrt fanden EL-YOUSEF und MANIER (1974) eine deutliche Erhöhung vom Butaperazin-Plasmaspiegel nach zusätzlicher Gabe von Desimipramin. Bei der Kombination von Amitriptylin/Perphenazin fanden COPER et al. (1979) Nortriptylin (ein aktiver Metabolit von Amitriptylin) im Plasmaspiegel erhöht. Ebenso berichteten KUSS et al. (1980), daß die Zugabe von Haloperidol bei Patienten, die mit Amitriptylin vorbehandelt waren, zu einem Anstieg des nativen Amitriptylin-Plasmaspiegels um durchschnittlich 24% und des Nortriptylin-Plasmaspiegels um 40% führte. OLIVIER-MARTIN et al. (1975) fanden nach zusätzlicher Gabe von Levomepromazin erhöhte Imipramin und Desmethylimipramin-Plasmaspiegel.

Trotz der nachgewiesenen pharmakodynamischen und pharmakokinetischen Interaktionen von Neuroleptika/Antidepressiva-Kombination ist es fraglich, ob diese Befunde von klinischer Relevanz sind. Die Mehrzahl der klinischen Arbeiten stimmen darin überein, daß Kombinationen von Antidepressiva mit Neuroleptika insgesamt gut verträglich sind und ernste Nebenwirkungen nicht häufiger sind, als unter der jeweiligen Monotherapie zu erwarten gewesen wäre.

19.4 Kombination von verschiedenen Antidepressiva einschließlich Monoaminoxidase-Hemmer

Kombinationen verschiedener Antidepressiva sind im Vergleich zu anderen Psychopharmaka-Kombinationen selten. Es gibt zudem keine kontrollierten Studien zu der Frage der erwünschten oder unerwünschten Arzneimittelinteraktionen von unterschiedlichen Antidepressiva. Einige offene Prüfungen favorisieren eine Kombination von verschiedenen Antidepressiva gegenüber der jeweiligen Monotherapie (GANDER 1965, SETHNA 1974, SPIKER und PUGH 1976, WINSTON 1971).

In der klinischen Praxis dürften sog. therapieresistente Depressionen am häufigsten zu einer Kombination von verschiedenen Antidepressiva veranlassen. Neben Clomipramin und Maprotilin (KIELHOLZ et al. 1981) werden insbesondere trizyklische Antidepressiva mit Monoaminoxidase-Hemmern kombiniert (GOLDBERG und THORNTON 1978, SCHMAUSS et al. 1986). Während GOLDBERG und THORNTON in ihrer Übersicht zu dem Schluß kommen, daß eine Kombination von Monoaminoxidase-Hemmern und trizyklischen Antidepressiva im Vergleich zur Monotherapie bessere antidepressive Wirkungen erzielen, resümierten ANANTH und LUCHIN (1977), daß der klinische Nutzen einer derartigen Kombination nicht ausreichend belegt sei.

Die Risiken einer Kombinationstherapie von trizyklischen Antidepressiva mit Monoaminoxidase-Hemmern werden generell überschätzt. Entsprechende Befürchtungen spiegeln sich in einer zurückhaltenden Verordnungspraxis wider. Nach kritischer Wertung der Literatur resümierte jedoch eine Reihe von Autoren, daß die Kombination von trizyklischen Antidepressiva mit Monoaminoxidase-Hemmern keine schwereren unerwünschten Wirkungen zeitigt als eine Monotherapie mit einem dieser Psychopharmaka (SCHUCKITT et al. 1971, DAVIDSON et al. 1978, YOUNG et al. 1979, WHITE et al. 1980, RAZZANI et al. 1983, SCHMAUSS et al. 1986, v. OEFELE et al. 1986). Eine Ausnahme hiervon bilden das mittlerweile aus dem Handel genommene Nomifensin sowie Clomipramin und andere bevorzugt auf den Serotonin-Stoffwechsel wirkenden Antidepressiva wie Fluvoxamin und Fluoxetin. Insbesondere unter der Kombination Clomipramin/Tranylcypromin traten Blutdruckschwankungen, Schwitzen, grobschlägiger Tremor und Hyperthermie auf; diese Nebenwirkungen waren unter Clomipramin/Tranylcypromin fünfmal häufiger als unter Amitriptylin/Tranylcypromin (v. OEFELE et al. 1986). Vereinzelt werden unter der Kombination trizyklischer Antidepressiva/Monoaminoxidase-Hemmer schwere unerwünschte Wirkungen berichtet wie Delirien, Hochdruckkrisen, komatöse Zustände und schwere Agitiertheit (ANANTH und LUCHINS 1977, CAGLIESE-CINGOLANI und BENCINI 1984, VON OEFELE et al. 1986). Da der einzige bis vor kurzem in der BRD im Handel befindliche MAO-Hemmer Tranylcypromin irreversibel die A- und B-Fraktionen der MAO hemmt, kann es unerwünschte Arzneimittelinteraktionen auch dann geben, wenn die Tranylcypromin-Behandlung bereits beendet ist und in der unmittelbaren Folge ein trizyklisches Antidepressivum verabreicht wird. Wie aufgrund der Pharmakodynamik von trizyklischen Antidepressiva und Tranylcypromin zu erwarten, ergeben sich sehr viel seltener unerwünschte Wirkungen, wenn in der zeitlichen Reihenfolge von trizyklischen Antidepressiva nachfolgend zu Monoaminoxidase-Hemmern gewechselt wird (WHITE und SIMPSON 1984). Der Einsatz der in den letzten Jahren entwickelten selektiven und reversiblen Monoaminoxidase-Hemmer wie z. B. Moclobemid und Brofaromin mindern das Risiko für unerwünschte Arzneimittelwirkungen erheblich, insbesondere auch in der Kombination mit trizyklischen Antidepressiva (LAUX und RIEDERER 1989).

Bei therapieresistenten Depressionen werden eine Reihe weiterer Kombinationstherapien angewandt. In einigen kasuistischen Berichten wurde auf die antidepressive Wirkung der Kombination Fluoxetin mit trizyklischen Antidepressiva hingewiesen (EISEN 1989, VAUGHAN 1988). Allerdings können aus diesen Kombinationen auch schwerwiegende Arzneimittelinteraktionen resultieren, die vermutlich Folge der durch Fluoxetin bewirkten Hemmung der hepatischen Metabolisierung von trizyklischen Antidepressiva sind (LEMBERGER et al. 1988). Die Patienten erreichten trotz üblicher Dosierungen von trizyklischen Antidepressiva toxische Plasmakonzentrationen. Obwohl bislang nur vereinzelt Hinweise auf die Arzneimittelinteraktionen mit Fluoxetin bekannt wurden, ist bei der Kombinationstherapie mit Fluoxetin und trizyklischen Antidepressiva die regelmäßige Kontrolle der trizyklischen Antidepressiva (TCA)-Plasmaspiegel angeraten. Inwieweit die besondere antidepressive Wirkung der Kombination Fluoxetin/TCA aus den höheren TCA-Plasmaspiegel-Konzentrationen resultiert, ist bislang ungeklärt.

19.4.1 Kombination von Antidepressiva mit anderen psychotropen Pharmaka

Bei therapieresistenten Depressionen wurde u.a. auch die Kombination von trizyklischen Antidepressiva mit Trijodthyronin (25–50 µg/die) empfohlen. Sowohl in offenen wie in kontrollierten Studien war eine Verbesserung der antidepressiven Wirkung von TCA's durch zusätzliche Gabe von T_3 zu erkennen (GOODWIN 1982, SCHWARZ et al. 1984, TARGUM et al. 1984). Da manche Patienten mit therapieresistenten Depressionen von einer zusätzlichen T_3-Behandlung nicht profitieren, dagegen von einer zusätzlichen Lithium-Gabe und umgekehrt wurde angenommen, daß die Patienten unterschiedlichen diagnostischen Untergruppen zugehören (GARBUTT et al. 1986, JOFFE 1988).

Bei anderen im Zusammenhang mit TCA-Behandlungen angewandten Kombinationen wie z. B. die zusätzliche Gabe von Serotonin-Vorstufen wie L-Tryptophan (SHAW 1972, WALINDER 1976) oder von Östrogenen (SHAPIRO et al. 1985) oder von Methylphenidat (FLEMENBAUM 1971, WHARTON et al. 1971) werden widersprüchliche therapeutische Ergebnisse, aber keine bedeutsamen Arzneimittelinteraktionen berichtet.

19.5 Kombinationen von Lithium mit anderen Psychopharmaka

In den letzten Jahren wurde in zahlreichen Studien die therapeutische Wirkung der Kombination von Antidepressiva mit Lithium geprüft. Am häufigsten wurden sog. therapieresistente Depressionen in diese Studien einbezogen. In einer Übersicht von SCHÖPF (1989) wurden 26 offene Prüfungen zur klinischen Wirkung von Antidepressiva/Lithium-Kombinationen berichtet. Bei 168 von insgesamt 238 in diese Studien einbezogenen Patienten wurde nach der zusätzlichen Gabe von Lithium zu einer bereits begonnenen Therapie mit trizyklischen Antidepressiva eine Besserung der depressiven Erkrankung festgestellt; bei 61 Patienten stellte sich diese Besserung bereits nach 48 Stunden ein (siehe Band 3).

Das Resümee von 8 kontrollierten Prüfungen bei sog. therapieresistenten Depressionen sprach mit einer Ausnahme zu Gunsten einer Kombinationstherapie von Antidepressiva mit Lithium; das Behandlungsergebnis mit Antidepressiva konnte durch die zusätzliche Gabe von Lithium jeweils deutlich verbessert werden. Einige Autoren betonen den raschen antidepressiven Wirkungseintritt (DE MONTIGNY et al. 1985, DELILSLE 1986), während andere erst nach drei Wochen die volle depressionslösende Wirkung der zusätzlichen Lithiumgabe feststellten (PRICE et al. 1986). Man nimmt an, daß der antidepressiven Wirkung einer Antidepressiva Lithium-Kombination pharmakodynamische Wechselwirkungen im Serotonin-Stoffwechsel zugrundeliegen; vermutlich wird die sensibilisierende Wirkung der Antidepressiva am postsynaptischen Serotonin-Rezeptor durch die präsynaptisch die Serotonin-Neuronen aktivierende Eigenschaft von Lithium potenziert (DE MONTIGNY et al. 1985). Die zusätzliche Gabe von Lithium nach einer erfolglosen Depressionsbehandlung mit Antidepressiva kann als eine nützliche psychopharmakologische Behandlungsmöglichkeit von therapieresistenten Depressionen angesehen werden.

KUKOPULOS und TONDO (1986) berichten von gehäuften Rückfällen i. S. eines Rapid cycling bei Lithium-Patienten, die gleichzeitig Antidepressiva erhalten. Diese nachteiligen Wirkungen einer Kombinationstherapie wurden bei Patienten beobachtet, die an depressiven Phasen mit nachfolgenden hypomanen Schwankungen litten.

In der initialen Behandlung, z. B. einer Manie im Rahmen einer Zyklothymie, empfiehlt sich eine gleichzeitige Behandlung von Lithium und Neuroleptika; denn eine Monotherapie mit Lithium ist weder bei einer akuten Manie noch bei einer manifor-

Tabelle 19.5. Kombinationsbehandlung von Lithium mit anderen Antidepressiva bei therapieresistenten Depressionen (kontrollierte Studien)

Autoren	Design	Zahl der Patienten	Ergebnis
LINGJAERDE et al. (1974)	TCA/Li vs TCA/Placebo	45	TCA/Li wirksamer
WORRALL et al. (1979)	Tryptophan/Li vs Trypthophan/Placebo	29	Tryptophan/ Li wirksamer
HENINGER et al. (1983)	TCA oder Mianserin/Li vs Placebo/Li	15	TCA und Mianserin/Li wirksamer
DE MONTIGNY et al. (1985)	TCA/Li vs Placebo/Li	10	TCA/Li wirksamer
COURNOYER et al. (1986)	TCA/Li vs TCA/Placebo	12	TCA/Li wirksamer
KANTOR et al. (1986)	TCA oder Amoxapin/Li vs TCA oder Amoxapin/Placebo	7	Ein Patient besserte sich nach zusätzlicher Gabe von Lithium, keiner der Kontrollgruppe
ZUSKY et al. (1988)	TCA vs Lithium vs Placebo	16	Kein Unterschied
SCHÖPF et al. (1989)	TCA vs Lithium vs Placebo		TCA/Lithium wirksamer

TCA trizyklische Antidepressiva, *Li* Lithium

men schizoaffektiven Psychose in der Regel ausreichend. Unerwünschte Wirkungen von Lithium und Neuroleptika wie Tremor, Mundtrockenheit, Müdigkeit und extrapyramidal-motorische Störungen können sich bei gleichzeitiger Anwendung additiv verstärken. Auch unter einer längerfristigen Monotherapie mit Lithium wurden diskrete extrapyramidal-motorische Effekte im Sinne eines Parkinson-Syndroms registriert (SHOPSIN und GERSHON 1975); insbesondere bei Patienten mit zerebralen Vorschädigungen kann es unter einer Lithium/Neuroleptika-Kombination zu extrapyramidal-motorischen Störungen kommen. Einzelfallkasuistiken, die irreversible hirnorganische Psychosyndrome unter Lithium/Neuroleptika-Kombinationen vermuten ließen (COHEN und COHEN 1974, SPRING und FRANKEL 1981) hielten einer kritischen Nachprüfung nicht stand (SHOPSIN et al. 1976, GLENN et al. 1979, WARDIN und MÜLLER-OERLINGHAUSEN 1986, GOLDNEY und SPENCER 1986).

19.6 Kombinationen mit Tranquilizern

19.6.1 Kombination von Benzodiazepinen mit Antidepressiva

Der Anteil der Benzodiazepine/Antidepressiva-Kombinationen von allen Psychopharmaka-Kombinationen wird einmal mit 2% (GROHMANN et al. 1980), einmal mit 8,3% (SHEPPARD et al. 1969) und einmal mit 10% (MICHAUX und KURLAND 1963) angegeben. Als wichtigste Indikation für die zusätzliche Gabe von Benzodiazepinen zu Antidepressiva sind Angstzustände, Schlafstörungen und Suizidalität zu nennen (KLEIN 1983). Insbesondere im Beginn einer Behandlung mit trizyklischen Antidepressiva ist die therapeutische Wirkung oft unzureichend, so daß eine zusätzliche Behandlung mit Benzodiazepinen unumgänglich ist. Nach zusätzlicher Gabe von potenten Benzodiazepinen wie Lorazepam oder Bromazepam kommt es in der Regel zu einer prompten Besserung der depressiven Symptomatik; obwohl gerade die prompte Linderung der Depression einerseits durch eine zusätzliche Benzodiazepin-Gabe beabsichtigt ist, erschwert doch diese "Maskierung" der Depression die Beurteilung des Ansprechens der Antidepressiva, deren Wirkung letztlich für die mittelfristige Behandlungsprognose entscheidend ist. Es empfiehlt sich deshalb die im Rahmen der hier angesprochenen Indikationsstellung zusätzliche Verabreichung der Benzodiazepine nach etwa drei bis vier Wochen ausschleichend abzusetzen. Nach diesem Behandlungszeitraum stellt sich im Regelfall ein Behandlungserfolg mit Antidepressiva ein.

Andererseits sind auch anxiolytische Wirkungen von Antidepressiva, z. B. bei Panikattacken nachgewiesen (KLEIN et al. 1978, GLOGGER et al. 1981, TYRER et al. 1973); diese Wirkungen finden sich bereits unterhalb der Standarddosierung wie sie für die Depressionsbehandlung üblich ist. HIPPIUS (1972) vermutet eine generelle Alternative zwischen anxiolytischer und depressionslösender Wirkung bei trizyklischen Antidepressiva. Erfahrungen mit neueren Antidepressiva, wie Trazodon oder Mianserin oder Citalopram scheinen diese Vermutungen zu bestätigen.

Kontrollierte Studien, die Monotherapien mit Benzodiazepinen bzw. Antidepressiva mit entsprechenden Kombinationstherapien vergleichen, sind spärlich. In zwei kontrollierten Untersuchungen war die Kombination von Amitriptylin/Chlordiazepoxid bei der Behandlung von Depressionen wirksamer als die antidepressive Monotherapie (HAIDER 1967, HOUCK 1970). RICKELS et al. (1967, 1970) fanden die Kombination Antidepressiva/Chlordiazepoxid nur bei Neurosen mit ängstlich-depressiven Syndromen der Monotherapie mit Amitriptylin überlegen.

Bei der Behandlung von Panik-Attacken fanden SHEHI und PATTERSON (1984) für die Kombination von Alprazolam/Propranolol einen synergistischen Effekt.

Die Befunde über eventuelle pharmakokinetische Interaktionen zwischen Benzodiazepinen und trizyklischen Antidepressiva sind widersprüchlich. Während DUGAL et al. (1975) und BURROWS et al. (1977) eine Verlängerung der Halbwertszeit von trizyklischen Antidepressiva nach zusätzlicher Gabe von Benzodiazepinen fanden, konnten diese Befunde in vier weiteren Studien nicht bestätigt werden (GRAM et al. 1973, 1976, SILVERMAN und BRAITHWAITE 1972, 1973).

19.6.2 Kombination von Benzodiazepinen mit Neuroleptika

Der Anteil der Kombinationen von Neuroleptika mit Benzodiazepinen macht zwischen 11 und 21% aller Kombinationsbehandlungen aus (SHEPPARD et al. 1969, PRIEN et al. 1976).

Die anxiolytische Wirkung von Neuroleptika wird generell als gering eingeschätzt; allerdings konnte für einige Neuroleptika, wie z. B. für Fluphenazin und für Fluspirilen (PACH und WANIEK 1976, LAAKMANN et al. 1988) auch bei nichtpsychotischen Ängsten eine den Benzodiazepinen gleichwertige anxiolytische Wirkung nachgewiesen werden. Andererseits fanden BECKMANN und HAAS (1980), daß hohe Dosen von Diazepam Halluzinationen und inhaltliche Denkstörungen besserten.

Indikationen für eine Kombinationsbehandlung von Neuroleptika mit Benzodiazepinen erstehen aus unterschiedlichen therapeutischen Zielsetzungen: Bei Zwangs-Syndromen im Beginn einer schizophrenen Psychose oder bei der Behandlung von Psychosen und gleichzeitig bestehender Epilepsie kann eine Kombination von Benzodiazepinen mit Neuroleptika angezeigt sein. Von elf kontrollierten Studien, die die klinischen Wirkungen von zusätzlicher Gabe von Benzodiazepinen bei einer bereits bestehenden neuroleptischen Behandlung prüften, kamen sieben zu einem befürwortenden Resümee (GUZ et al. 1972, LINGJAERDE et al. 1979, LINGJAERDE 1982, KELLNER et al. 1975, WOLKOWITZ et al. 1986, 1988, DOUYON et al. 1989). KARSON et al. (1982) fanden bei schizophrenen Patienten, die mit Clonazepam (1 mg/die) zusätzlich zu einer individuellen vorbestehenden neuroleptischen Medikation behandelt waren, eine Verschlechterung im Sinne einer zunehmenden Gewalttätigkeit; LINGJAERDE (1982) dagegen faßte die Ergebnisse aus einer umfangreichen multizentrischen Studie wie folgt zusammen: Estazolam (1–4 mg/die) ist als zusätzliches Medikament zu einer vorbestehenden neuroleptischen Medikation Placebo überlegen; neben dem globalen klinischen Eindruck waren Häufigkeit und Intensität von produktiven Symptomen und Zwangsgedanken gebessert. KELLNER et al. (1975) beurteilten einen Teil ihrer schizophrenen Patienten sowohl hinsichtlich typischer schizophrener Symptome als auch hinsichtlich Angst deutlich gebessert. In einer weiteren Studie wurden chronisch schizophrene Patienten durch eine zusätzliche Gabe von 15 mg/die Diazepam bezüglich Argwohn und ungewöhnlicher Denkinhalte gebessert (LINGJAERDE et al. 1979). HOLDEN et al. (1969) verglichen die therapeutische Wirkung von Thioridazin (5 mg/kg KG) und Chlordiazepoxid (1 mg/kg KG) alleine und kombiniert in einer Cross Over-Studie und fanden Thioridazin alleine und in Kombi-

Tabelle 19.6. Kombination von Neuroleptika mit Benzodiazepinen bei Schizophrenen (kontrollierte Studien)

Autor(en)	Patienten	Design	Ergebnis
Hanlon et al. (1969)	186 akut exazerbierte Psychosen	Thioridazin + Placebo vs. Thioridazin + Chlordiazepoxid vs. Thioridazin + Imipramin	Thioridazin + Chlordiazepoxid schlechter als Monotherapie (Tendenz); zusätzliches Imipramin günstig bei depressiven Syndromen
Holden et al. (1969)	24 chronisch schizophrene Patienten	(cross over) Thioridazin/Placebo vs. Thioridazin/Chlordiazepoxid vs. Chlordiazepoxid/Placebo	Thioridazin = Kombination Chlordiazepoxid schlechter als Thioridazin oder Kombination
Hanlon et al. (1970)	211 akut exazerbierte Psychosen	Fluphenazin + Placebo vs. Fluphenazin + Chlordiazepoxid vs. Fluphenazin + Imipramin	Fluphenazin + Chlordiazepoxid schlechter als Monotherapie; zusätzliches Imipramin günstiger bei depressiven Syndromen
Guz et al. (1972)	60 akute Psychosen	Haloperidol + Lorazepam/Placebo	Kombination besser als Haloperidol (Trend)
Kellner et al. (1975)	6 ängstlich/schizophrene Patienten	"intensiv design" Neuroleptikum + Chlordiazepoxid/Placebo	Kombination besser als Monotherapie
Lingjaerde et al. (1979)	23 chronisch schizophrene Patienten	Neuroleptikum + Diazepam/Placebo	Kombination besser als Monotherapie
Karsen et al. (1982)	13 chronisch schizophrene Patienten	(case reports) Neuroleptikum + Clonazepam/Placebo	Kombination schlechter als Monotherapie
Lingjaerde (1982)	58 chronisch schizophrene Patienten	(multizentrische Studie) Neuroleptikum + Estazolam/Placebo	Kombination besser als Monotherapie
Wolkowitz et al. (1986)	2 chronisch schizophrene Patienten	Neuroleptikum + Alprazolam/Placebo	Kombination besser als Monotherapie
Wolkowitz et al. (1988)	12 chronisch schizophrene Patienten	Fluphenazin + Alprazolam/Placebo	Kombination besser als Monotherapie
Douyon et al. (1989)	9 therapieresistente schizophrene Patienten	Neuroleptikum + Alprazolam/Placebo	Kombination besser als Monotherapie

nation mit Chlordiazepoxid wirksamer als Chlordiazepoxid alleine. DOUYON et al. (1989) fanden keinen Zusammenhang zwischen der nach Zugabe von Alprazolam (0,75–3 mg/die) erhöhten Neuroleptika-Plasmakonzentration und der zusätzlichen therapeutischen Wirkung. Die vorläufigen Ergebnisse einer weiteren Studie, die die Wirkung einer additiven Alprazolam-Gabe (1,5–5 mg/die) zu einer vorbestehenden Fluphenazin-Behandlung bei chronisch Schizophrenen prüfte, zeigte ebenfalls eine deutliche Besserung der paranoid-psychotischen Störungen an (WOLKOWITZ et al. 1988). GUZ et al. (1972) konnten bei akuten Psychosen nur eine geringe Besserung durch die zusätzliche Gabe von 6 mg Nordiazepam/die feststellen; günstig beeinflußt wurden jedoch ängstliche Gestimmtheit, Schlafstörungen, Wahn und Halluzinationen, krankheitswertige Befürchtungen, Verhalten und Agitiertheit. HANLON et al. (1970) fanden die Wirkung von 100 mg Fluphenazin durch die zusätzliche Gabe von 40 mg Chlordiazepoxid abgeschwächt; sofern depressive Symptome gegeben waren, wurden sie durch die zusätzliche Gabe von Imipramin (100 mg/die) zufriedenstellend gebessert. Diese Befunde bestätigen frühere Ergebnisse der gleichen Arbeitsgruppe (HANLON et al. 1969, MICHAUX et al. 1966). **Zusammenfassend** läßt sich feststellen, daß die zusätzliche Gabe von Benzodiazepinen bei ausreichend neuroleptisch behandelten chronisch schizophrenen Patienten günstig wirken kann; bei akuten bzw. akut exazerbierten schizophrenen Psychosen überwiegen dagegen unerwünschte Wirkungen (Tabelle 19.6).

19.6.3 Zur Pharmakodynamik und Pharmakokinetik von Benzodiazepin-Kombinationen

Tierversuche haben erkennen lassen, daß Benzodiazepine (Chlordiazepoxid, Clonazepam, Diazepam und Flunitrazepam) die kataleptogenen Wirkungen von Neuroleptika verstärken. Dies wurde damit erklärt, daß Benzodiazepine, die durch die Dopamin-Rezeptor-Blockade induzierten kompensatorischen Steigerungen der Dopamin-Metabolisierung hemmen. Diesem Befund entspricht die bei neuroleptisch behandelten Patienten beobachtete Zunahme von extrapyramidal-motorischen Störungen nach zusätzlicher Gabe von Benzodiazepinen (FREEMAN 1967). In einer Studie wurden nach zusätzlicher Gabe von Benzodiazepinen erhöhte Neuroleptika-Plasmakonzentrationen gefunden (DOUYON et al. 1989). Andererseits werden pharmakokinetische Interaktionen zwischen Neuroleptika und Benzodiazepinen – soweit untersucht – verneint (LINGJAERDE et al. 1979). An weiteren unerwünschten Interaktionen wurde eine Potenzierung der sedierenden Eigenschaften von Benzodiazepinen und Neuroleptika berichtet (PRIEN et al. 1976).

19.7 Kombination von Neuroleptika mit Carbamazepin

Vor der Einführung der Neuroleptika wurde das Antiepileptikum Phenhydan bei schizophrenen Psychosen geprüft und als therapeutisch hilfreich eingeschätzt (KALINOWSKY und PUTNAM 1943). Bei den ersten klinischen Prüfungen von Carbamazepin Anfang der 60er Jahre wurde ebenfalls auf die psychotropen Wirkungen des Pharmakons hingewiesen (LORGÈ 1963). Der therapeutische Nutzen von Carbamazepin bei der Behandlung und Rezidivprophylaxe von affektiven Psychosen ist mittlerweile weitgehend gesichert (Übersicht: EMRICH 1986, BALLENGER und POST 1980). Allgemeine klinische Erfahrungen oder experimentelle Untersuchungen zur Frage von klinisch relevanten Arzneimittelinteraktionen von Carbamazepin mit anderen Psychopharmaka sind spärlich. Zwei kontrollierte Studien zeigten die Überlegenheit der Kombination Neuroleptikum/Carbamazepin bei schizophrenen Patienten mit temporalen EEG-Auffälligkeiten und bei maniform erregten schizophrenen Patienten gegenüber einer neuroleptischen Monotherapie (DEHING 1968, NEPPE 1983). DOSE und EMRICH (1990) konnten bei schizophrenen Patienten durch zusätzliche Gabe von Carbamazepin bedeutsame Einsparungen von Neuroleptika und eine erhebliche Verringerung der extrapyramidal-motorischen Nebenwirkungen bzw. auch des anticholinergen Medikationsbedarf nachweisen. Bei langfristiger Neuroleptika-Therapie wäre somit durch die mit einer Carbamazepin-Zugabe erzielte Dosiseinsparung eine Minderung des Spätdyskinesie-Risikos zu erwarten. Obwohl für viele Ärzte die adjuvante Gabe von Carbamazepin bereits eine wertvolle Ergänzung der therapeutischen Möglichkeiten bei affektiven Psychosen ist, kann gegenwärtig keine experimentell abgesicherte Indikation für eine Kombination von Neuroleptika mit Carbamazepin angegeben werden. Im übrigen ist Carbamazepin (noch) nicht für den Einsatz bei affektiven Psychosen durch das Bundesgesundheitsamt zugelassen, kann aber im Rahmen der sog. ärztlichen Kurierfreiheit auch für nicht zugelassene Indikationen eingesetzt werden.

Der psychotrope Wirkmechanismus von Carbamazepin ist nicht bekannt. Möglicherweise sind die Veränderungen der selektiven Membranpermeabilität für Ionen und die dadurch vermittelte Hemmung neuronaler Aktivität dafür bedeutsam. Gesichert ist jedoch, daß Carbamazepin keine dopamin-antagonistischen Eigenschaften hat. Im Hinblick auf Arzneimittelinteraktionen ist bemerkenswert, daß unter Carbamazepin eine Erniedrigung von Haloperidol-Plasmaspiegel festgestellt wurde (JANN et al. 1985). Dies dürfte Folge einer hepatischen Enzyminduktion durch Carbamazepin sein. Die Verminderung der extrapyramidal-motorischen Störungen bei Neuroleptika/Carbamazepin Kombinationen könnte dadurch erklärt sein. Aus dem selben Grund nehmen Carbamazepinkonzentrationen bei langfristiger Behandlung in der Regel ab.

19.8 Kombinationen von Psychopharmaka mit Analgetika in der Schmerztherapie

Psychopharmaka haben einen bedeutsamen Stellenwert bei der Behandlung des chronischen und nachrangig auch des akuten Schmerzes. Sowohl für Propericiazin, Promethazin, Benperidol, Chlorprothixen, Fluphenazin und für die diesbezüglich besonders eingehend untersuchte Substanz, Levomepromazin, wurden analgetische Wirkungen nachgewiesen. Ebenso ist die analgetische Wirkung von trizyklischen Antidepressiva und weniger eingehend die von Monoaminoxidase-Hemmer untersucht und nachgewiesen (Übersicht: ATKINSON 1989, KLEIN 1983).

19.8.1 Antidepressiva/ Analgetika und Lithium/ Analgetika-Kombinationen beim chronischen Schmerz

Insbesondere bei Antidepressiva, die hier als erste Gruppe angesprochen werden sollen, dürfte es zutreffend sein, daß ein Teil ihrer Wirksamkeit auf ihre antidepressiven Eigenschaften selbst zurückzuführen ist. Falls diese Hypothese zutrifft, müßten bei Schmerzsyndromen, die bei somatisierten oder larvierten Depressionen auftreten, d. h. depressive Erkrankungen im engeren Sinne sind und mit Körperfühlstörungen im Sinne von vermeintlichen Schmerzsyndromen einhergehen, Antidepressiva besonders erfolgreich sein. In der Tat konnte gezeigt werden, daß Schmerzsyndrome, deren Auftreten eine depressive Verstimmung voranging, deutlich besser auf trizyklische Antidepressiva oder Monoaminoxidase-Hemmer ansprachen, als solche Schmerzsyndrome, in deren Folge eine depressive Verstimmung auftrat.

Über die klinische Wirkung der Stimmungsaufhellung und der affektiven Distanzierung hinaus, dürften jedoch Antidepressiva auch eine direkte analgetische Wirkung haben. Dafür sprechen drei Gründe:

- Erwünschte Wirkungen von Antidepressiva bei Schmerzsyndromen treten oft schon nach zwei bis drei Tagen ein und nicht, wie regelmäßig bei Depressionsbehandlungen, erst nach zwei bis drei Wochen oder später.
- Für eine direkte analgetische Wirkung bzw. für einen anderen Wirkmechanismus als den, der in der Depressionsbehandlung zum Tragen kommt, spricht auch, daß die maximale analgetische Wirkung bereits in einer Dosierung erreicht wird, z. B. 25 bis 50 mg trizyklisches Antidepressivum, mit der eine zufriedenstellende antidepressive Wirkung in der Regel nicht erzielt werden kann.
- Ferner spricht für eine direkte analgetische Wirkung von Antidepressiva die Beobachtung, daß sie chronische Schmerzsyndrome erfolgreich lindern können, obwohl die gleichzeitig bestehende Depression unverändert weiterbesteht. Ebenso zu werten ist der Befund, daß chronische Schmerzsyndrome mit Antidepressiva erfolgreich behandelt werden können, obwohl keine wie auch immer geartete Depression gleichzeitig besteht.

Aufgrund der klinischen Beobachtungen zur Wirkung von Antidepressiva bei chronischen Schmerzsyndromen ist es naheliegend, anzunehmen, daß unterschiedliche Wirkmechanismen für die Schmerzwirkung von Antidepressiva einerseits und für deren depressionslösenden Eigenschaften andererseit zum Tragen kommen (Atkinson 1989, Brune et al. 1986).

Welche pharmakodynamischen Eigenschaften der Antidepressiva im einzelnen deren analgetische Wirkung bedingen, ist ungeklärt. Trizyklische Antidepressiva mit serotoninergen Eigenschaften, wie z. B. Clomipramin oder auch Amitriptylin scheinen klinisch ausgeprägter analgetisch zu wirken als trizyklische Antidepressiva mit überwiegend adrenergen Eigenschaften (Monks und Merskey 1989). Bemerkenswert ist auch die Tatsache, daß bei Kombination von trizyklischen Antidepressiva und Opiaten die analgetische Wirkung überadditiv ist, d. h. die analgetische Wirkung der Kombinationstherapie effektiver ist, als es von der Wirkung der einzelnen Komponenten zu erwarten wäre. In diesem Zusammenhang sind auch tierexperimentelle Befunde von Interesse, die darauf hinweisen, daß bei gleichzeitiger Gabe von trizyklischen Antidepressiva und Opiaten die Toleranzentwicklung von Opiaten verlangsamt bzw. verhindert wird (Monks und Merskey 1989). Beim Menschen scheint nur die zusätzliche Verabreichung von Desimipramin (25–75 mg/die) die analgetische Wirkung von Morphin beim akuten Schmerz zu verstärken und zu verlängern; die Versuchspersonen äußerten eine Schmerzminderung von 10–20%. Entsprechende Studien konnten für Amitriptylin keine entsprechenden Eigenschaften nachweisen (Levine et al. 1986). Dagegen erwies sich sowohl Amitriptylin und Doxepin beim chronischen Schmerz in der Kombination mit Methadon (20 mg/die) wirksamer als jedes der kombinierten

Pharmaka alleine (FRANCE et al. 1984, URBAN et al. 1986). Die Autoren merkten an, daß es unter der Kombinationstherapie weder zu einer Toleranzentwicklung mit Dosissteigerung gekommen sei, noch ein Opiat- bzw. Schmerzmittelmißbrauch aufgetreten sei. Als möglicherweise entscheidender Wirkmechanismus wird die Verstärkung serotoninerger und anderer schmerzinhibitorisch wirkender Neurotransmitter durch trizyklische Antidepressiva angenommen.

Zusätzlich mit Analgetika verabreichte Monoaminoxidase-Hemmer bzw. Lithium haben offenbar nur bei bestimmten chronischen Schmerzsyndromen analgetische Wirkungen. Am häufigsten wurde die zusätzliche Gabe von Monoaminoxidase-Hemmer und Lithium bei Migräne und beim Cluster-Kopfschmerz untersucht (ATKINSON 1989). Kombinationsbehandlungen von Monoaminoxidase-Hemmern mit Lithium oder einem dieser beiden Pharmaka mit Analge-

Tabelle 19.7. Kontrollierte Studien mit Antidepressiva (modifiziert nach MONKS und MERSKEY 1989)

Autor(en)	**Pharmakon**	**Erkrankung**	**Ergebnis**
THORPE und MARCHANT-WILLIAMS (1974)	Dibenzepin	Arthritischer Schmerz	+
GINGRAS (1976)	Imipramin	"	+
MC DONALD SCOTT (1969)	Imipramin	"	+
STERNBACH et al. (1976)	Amitriptylin	Lumbago	+/–
STERNBACH et al. (1976)	Clomipramin	"	+
ALCOFF et al. (1982)	Imipramin	"	+
JENKINS et al. (1976)	Imipramin	"	+/–
GOMERSALL und STUART (1973)	Amitriptylin	Migräne	+
COUCH et al. (1976)	Amitriptylin	"	+
PILOWSKY et al. (1982)	Amitriptylin	Unterschiedliche	–
HAMEROFF et al. (1984)	Doxepin	Schmerzsyndrome	+
GOURLAY et al. (1986)	Zimelidin	"	+
FIORENTINO (1967)	Imipramin	Tumorschmerz	+
TURKINGTON (1980)	Amitriptylin	Diabetische Neuropathie	+
TURKINGTON (1980)	Imipramin	"	+
KVINESDAL et al. (1984)	Imipramin	"	+
LANGOHR et al. (1982)	Clomipramin	Mononeuritis	+
WATSON et al. (1982)	Amitriptylin	Postherpetische Neuralgie	+
OKASHA et al. (1973)	Amitriptylin	Psychogener	+
FEINMANN et al. (1984)	Dothiepin	Schmerz	+
OKASHA et al. (1973)	Doxepin		+
LANCE und CURRAN (1964)	Amitriptylin	Chronischer	+
DIAMOND und BALTES (1971)	Amitriptylin	Kopfschmerz	+

Das Ergebnis der Placebo-kontrollierten Prüfungen ist als "+" bewertet, wenn das pharmakologisch wirksame Medikament Placebo überlegen war, mit "–", wenn Placebo überlegen war und mit "+/–", wenn sich die Gruppen nicht unterschieden

tika im engeren Sinne wurden bislang nicht untersucht. In Tabelle 19.7 sind die bislang durchgeführten Studien aufgeführt, die verschiedene Antidepressiva bei einigen Schmerz-Syndromen auf die analgetische Wirkung prüften.

19.8.2 Neuroleptika/Analgetika-Kombinationen beim chronischen Schmerz

In offenen Studien und Einzelkasuistiken wurde von analgetischen Wirkungen der Kombination von Phenothiazinen bzw. Butyrophenonen mit trizyklischen Antidepressiva berichtet; diese analgetischen Wirkungen waren mit einer dieser Substanzen alleine nicht erreichbar. Insbesondere scheint die Kombination von Neuroleptika mit trizyklischen Antidepressiva bei peripherer diabetischer Neuropathie, bei postherpetischen Schmerzzuständen und allgemein bei Deafferenzierungsschmerzsyndromen wirksam zu sein (Taub 1973, Merskey und Hester 1972). Wirksam seien Haloperidol (1–3 mg/die) in der Kombination mit Imipramin (25–75 mg/die) oder auch Fluphenazin (1–3 mg/die) mit Amitriptylin (25–75 mg/die; Kocher 1976, Taub 1973). Levomepromazin ist ein besonders eingehend untersuchtes Pharmakon bei Schmerzsyndromen von Krebskranken. Eine Dosis von 15 mg/die Levomepromazin hat eine vergleichbare analgetische Wirkung wie eine Dosis von 10–15 mg Morphin (Lasagna und De Kornfeld 1961, Montilla et al. 1963). Allerdings finden sich bislang keine kontrollierten Studien, die die analgetische Wirkung von Neuroleptika/Analgetika-Kombinationen im engeren Sinne geprüft hätten. Neuroleptika werden in der klinischen Praxis aus zwei unterschiedlichen Gründen häufig mit Schmerzmittel kombiniert: zum einen haben sich Neuroleptika seit langem bei Narkosen im Sinne der Neuroleptanalgesie bewährt, so daß es naheliegt, Neuroleptika auch in der Behandlung von chronischen Schmerzsyn-

Tabelle 19.8. Behandlungsindikation für Kombinationen mit Antidepressiva/Neuroleptika (modifiziert nach Monks und Merskey 1989)

Autor(en)	Zahl der Studien	Erkrankungen
Sherwin (1979)	1	Psychogener Kopfschmerz
Kocher (1976, 2×) Duthie (1977)	3	Unterschiedliche Schmerzsyndrome
Merskey und Hester (1972), Langohr et al. (1982)	2	Unterschiedliche neurologische Schmerzsyndrome
Bernard und Scheuer (1972), Bourhis et al. (1978), Breivick und Rennemo (1982)	3	Tumorschmerz
Taub (1973), Langohr et al. (1982), Weis et al. (1982)	3	Postherpetische Neuralgie
Davis et al. (1977), Gade (1980), Khurana (1983), Mitas et al. (1983), Gomez-Peres et al. (1985)	5	Diabetische Neuropathie

dromen zusammen mit Analgetika einzusetzen. Zum anderen scheinen Neuroleptika besonders als zusätzliche Pharmaka bei der Behandlung von schweren Schmerzzuständen mit Opiaten deshalb geeignet, weil sie durch ihre antiemetischen Eigenschaften Übelkeit und Brechreiz der Opiate antagonisieren. Man nimmt an, daß die membranstabilisierenden Eigenschaften von Neuroleptika die analgetische Wirkung bei Deafferenzierungssyndrome vermitteln (ANDERSON et al. 1971). Insgesamt ist jedoch die schmerztherapeutische Indikation von Neuroleptika alleine, aber auch in der Kombination mit anderen Pharmaka, nicht ausreichend belegt. In Tabelle 19.8 sind die bislang durchgeführten Studien aufgelistet, die Antidepressiva/Neuroleptika-Kombinationen bei unterschiedlichen Schmerz-Syndromen prüften.

19.8.3 Benzodiazepine/ Analgetika-Kombinationen beim chronischen Schmerz

Benzodiazepine/Analgetika-Kombinationen haben in der Schmerzbehandlung eine nachgeordnete Bedeutung. Benzodiazepine werden zur Behandlung von akuten Schmerzzuständen postoperativ und bei myalgischen Verspannungen eingesetzt. Die Eigenschaft mancher Benzodiazepine, eine anterograde Amnesie zu bewirken, ist gerade im Zusammenhang mit schmerzhaften operativen Eingriffen erwünscht. Bei chronischen neuralgischen Schmerzen, wie z. B. der Trigeminus-Neuralgie, wird das Benzodiazepin Clonazepam eingesetzt. Untersuchungen über Kombinationen mit anderen Pharmaka zur Schmerztherapie sind nicht bekannt. Klinisch relevante Arzneimittelinteraktionen sind bei gleichzeitiger Verordnung mit anderen, am zentralen Nervensystem wirkenden Pharmaka zu erwarten; die Halbwertszeit von Benzodiazepinen kann durch Disulfiram, Cimetidin und durch hormonelle Kontrazeptiva verlängert werden (ATKINSON 1989). Die prompte therapeutische Wirkung von Benzodiazepinen bei akuten und chronischen Schmerz-Syndromen dürfte durch ihre anxiolytischen und muskelrelaxierenden Eigenschaften begründet sein. Obwohl eine Reihe von offenen Prüfungen mit Benzodiazepinen bei verschiedenen Schmerzsyndromen vielversprechende Ergebnisse berichten, wurde die Wirksamkeit von Benzodiazepinen mit nur einer einzigen kontrollierten Prüfung untersucht; in dieser erwies sich bei Patienten mit polyneuropathischen Schmerzen eine Dosis von 100 mg trizyklisches Antidepressivum wirksamer als 15 mg Diazepam.

Zusammenfassung

Zusammenfassend ergeben sich folgende diagnostische Indikationen für psychotrope Medikamente bei der Behandlung des akuten und chronischen Schmerzsyndroms:

- Psychiatrische Erkrankungen gehen häufig mit Symptomen wie z. B. Leib- und Gefühlsstörungen einher, die, als isoliertes Symptom betrachtet, mit chronisch-idiopathischen Schmerzsyndromen oder auch mit Schmerzsyndromen somatischer Genese verwechselt werden können. Da diese vermeintlichen Schmerzsyndrome oft bei Psychosen auftreten, ist eine psychopharmakologische Behandlung in der Regel die Behandlungsmethode der Wahl.
- Bei einigen chronischen Schmerzsyndromen sollte primär der Einsatz von Antidepressiva erwogen werden. Zahlreiche klinische Studien belegen analgetische Wirkungen von Antidepressiva bei chronischen Schmerzsyndromen, insbesondere dann, wenn die Schmerzsyndrome mit erheblichen depressiven Verstimmungen einhergehen. Oft wird eine Monotherapie mit trizyklischen Antidepressiva alleine nicht ausreichend sein; die Wirkung einer Kombination von Analgetika mit trizyklischen Anti-

Tabelle 19.9. Indikation zur psychopharmakologischen Behandlung bei akutem und chronischem Schmerz (modifiziert nach Monks und Merskey 1989)

	Diagnose und klinische Wirksamkeit	
Psychopharmaka	**Gut belegte klinische Wirksamkeit**[a]	**Mögliche klinische Wirksamkeit**[b]
Trizyklische Antidepressiva	**Chronischer Schmerz** Atypischer Gesichtsschmerz Diabetische Neuropathie Postherpetische Neuralgie Migräne Spannungskopfschmerz Gemischter Migräne-/Spannungskopfschmerz Depression mit begleitendem Schmerzsyndrom Major Depression infolge von chronischem Schmerz	**Akuter Schmerz** Wirkungspotenzierung von Schmerzmitteln **Chronischer Schmerz** Thalamischer Schmerz Andere neuropathische Schmerzsyndrome Wirkungspotenzierung von Schmerzmitteln
Monoaminoxidase-Hemmer	**Chronischer Schmerz** Atypischer Gesichtsschmerz Primäre Depression mit nachfolgendem Schmerzsyndrom Major Depression infolge von chronischem Schmerz	**Chronischer Schmerz** Migräne- Kopfschmerz
Lithium		**Chronischer Schmerz** Chronischer Cluster-Kopfschmerz
Neuroleptika	**Akuter Schmerz** Ausgeprägte Angst oder Delir nach Operationen **Chronischer Schmerz** Psychose mit wahnhaftem Schmerzerleben Spannungskopfschmerz[c]	**Akuter Schmerz** Akute Migräne **Chronischer Schmerz** Neuralgien-Neuropathien Thalamischer Schmerz
Anxiolytika	**Akuter Schmerz** Akute Angst **Chronischer Schmerz** Spannungskopfschmerz	**Akuter Schmerz** Muskuläre Verspannung **Chronischer Schmerz** Chronische Angst
Analeptika	**Akuter Schmerz** Wirkungspotenzierung von Schmerzmitteln[c]	**Chronischer Schmerz** Depressions-/Angst-Syndrome

[a] Wirksamkeit in kontrollierten Studien belegt; [b] Wirksamkeit in offenen Studien berichtet
[c] Wirksam, aber aufgrund der bekannten Risiken nicht zu empfehlen

depressiva ist überadditiv. Ferner können Antidepressiva auch bei Beendigung einer langfristigen Schmerztherapie zur Reduzierung der Rebound- und Entzugserscheinungen indiziert sein.

• Die Wirksamkeit von Levomepromazin aus der Gruppe der phenothiazinhaltigen Neuroleptika ist nachgewiesen. Die Wirksamkeit von Lithium bei Kopfschmerz ist wahrscheinlich und die Wirksamkeit von Benzodiazepinen insbesondere bei myalgischen Schmerzen hat sich im klinischen Alltag bewährt, ist aber bislang wissenschaftlich-empirisch nicht ausreichend belegt.

19.9 Pharmakotherapie von schmerzassoziierten Schlafstörungen

19.9.1 Einleitung

Es gibt vielfältige Beziehungen zwischen Schmerzen, psychischer Befindlichkeit und Schlafstörungen. Aus Untersuchungen ist bekannt, daß es durch den Entzug von Tiefschlaf zum Auftreten von Schmerzsyndromen kommen kann (MOLDOFSKY und SCARISBRICK 1976). Ebenso kann es durch schmerzbedingte Schlafstörungen (COCCAGNA und LUGARESI 1982) und auch experimentelle Unterbrechungen der Schlafkontinuität (BONNET 1985, LEVINE et al. 1987, PELED et al. 1984, STEPANSKI et al. 1987) zu affektiven Störungen mit Beeinflussung der Tagesbefindlichkeit kommen. Bei depressiven Syndromen kommt es häufig zu Schmerzsyndromen und Schlafstörungen (BLUMER und HEILBRONN 1982, FISHBAIN et al. 1986, PILOWSKY 1988, STEUERWALD und RÜTHER 1987, WÖRZ 1990a), die sich wechselseitig beeinflussen. Bei postoperativen Schmerzsyndromen (AUREL und ELMQVIST 1985) wurden Störungen des Schlafablaufes mit ausgeprägter Reduktion des Tiefschlafes und des Traumschlafes beschrieben und durch tierexperimentelle Untersuchungen (CARLI et al. 1987, LANDIS et al. 1988, 1989) bestätigt.

Auch können an bestimmte Schlafphasen gekoppelte Augen- (BUGUET et al. 1990) und Kopfschmerzsyndrome (DEXTER und WEITZMANN 1970, DRAKE JR et al. 1990, PFAFFENRATH et al. 1986) auftreten.

In diesem Zusammenhang ist auch das gehäuft bei Adipositas im hohen Alter auftretende Schlafapnoesyndrom (BERRY et al. 1984) mit Tagesmüdigkeit und Kopfschmerzen (GILLEMINAULT und DEMENT 1978) zu erwähnen.

Zusammenfassend ergibt sich aus den bisher vorliegenden schlafpolygraphischen Untersuchungen, daß chronische Schmerzsyndrome zu Alpha-Intrusionen in verschiedenen Schlafstadien, zu kurzen Weckreaktionen und einer dadurch bedingten Schlaffragmentation führen (MOLDOFSKY et al. 1975, WITTIG et al. 1982, MAHOWALD et al. 1989).

Anhand der beschriebenen komplexen Interaktionen zwischen Schmerz und Schlaf wird deutlich, daß vor Therapiebeginn einer schmerzassoziierten Schlafstörung eine differenzierte klinisch-organische Diagnostik sowie die Durchführung schlafpolygraphischer Untersuchungen wünschenswert sind. Daraus können therapeutische Ansätze erwachsen, die den Circulus vitiosus zwischen Schmerz und Schlafstörung durchbrechen. Problematisch ist dann aber insbesondere die im Folgenden zu erörternde Wechselwirkung zwischen Schlafarchitektur und Pharmaka. Denn Psychopharmaka allein bewirken schon Veränderungen des Schlafablaufes, Einschränkungen der Tagesbefindlichkeit, der Leistungsfähigkeit und evtl. der subjektiven Schmerzempfindung.

19.9.2 Benzodiazepine in der Therapie schmerzassoziierter Schlafstörungen

Benzodiazepine beeinflussen den Turnover von Dopamin (Bartholini et al. 1973) und Serotonin (Wise et al. 1972) und können durch Bindung an den inhibitorischen GABA-Rezeptor im ZNS synaptische Übertragung im Bereich der nozizeptiven Afferenzen hemmen (Jurna 1984). Auch können Benzodiazepine durch zentrale GABA-vermittelte Relaxation bei nozizeptiv bedingten Skelettmuskelverspannungen einen positiven Einfluß haben. Auswirkungen der Benzodiazepine auf den Schlafablauf sind schlafpolygrafisch vielfach untersucht worden. Gut untersucht sind die in den USA häufig verordneten Benzodiazepine mit kurzer Halbwertszeit (Temazepam, Triazolam) und das Benzodiazepin mit langer Halbwertszeit (Flurazepam). Die Ergebnisse über Auftreten von Entzugssymptomen und Veränderungen des Schlafmusters sind unterschiedlich. Das Auftreten einer Rebound-Insomnie nach mehrwöchiger Therapie ist für die kurzwirksamen Benzodiazepine (Temazepam, Triazolam, Lormetazepam und Midazolam) (Bixler et al. 1985, Kales et al. 1982, 1983, 1986, Manfredi und Kales 1987) beschrieben. Bei den langwirksamen Benzodiazepinen finden sich in der Literatur unterschiedliche Ergebnisse. In der Studie von Kales et al. (1982) wird das Auftreten einer Rebound-Insomnie nach dem Absetzen von Flurazepam verneint und lediglich vom vereinzelten Auftreten von leichten Schlafstörungen nach dem Absetzen berichtet. Andere Autoren schilderten ausgeprägte Absetzphänomene nach Therapie mit Flurazepam (Berlin und Conell 1983, Mendelson et al. 1982) und Diazepam (Fontaine et al. 1984, Haskell 1975, Nutt 1986).

Im Rahmen einer Benzodiazepinmedikation kommt es zu Veränderungen des physiologischen Schlafablaufs mit Reduktion des REM- und des Tiefschlafanteils sowie vermehrtem Auftreten von Alpha-Spindeln in allen Schlafphasen (Achermann und Borbely 1987, Kubicki et al. 1986, Roehrs et al. 1983, Trachsel et al. 1990). Durch die muskelrelaxierende Wirkung der Benzodiazepine wird das Auftreten eines obstruktiven Schlafapnoesyndroms begünstigt und somit möglicherweise bei prädisponierten Patienten der Schlafablauf fragmentiert (Dolly und Block 1982, Gilleminault et al. 1984, Mendelson et al. 1981).

Insgesamt läßt sich feststellen, daß Benzodiazepine trotz des Suchtpotentials (Binder et al. 1984, Lader 1984, Poser et al. 1987, 1991) und der vielfachen unerwünschten Wirkungen auf den Schlafablauf aufgrund ihrer anxiolytischen, muskelrelaxierenden und schlafanstoßenden Wirkung ihren Platz in der Kurzzeit-Therapie z. B. im Rahmen der postoperativen schmerzassoziierten Schlafstörung haben.

Bei einer längerfristigen Therapie sollte die Indikationsstellung für den Einsatz der Benzodiazepine in einem klinischen Schlafzentrum überprüft und entsprechend den modifizierten Therapieempfehlungen von Goldenberg (1985) eine Intervall-Behandlung mit Einnahme der Medikation an drei aufeinanderfolgenden Tagen mit anschließender Einnahmepause von 2 bis 5 Tagen durchgeführt werden, um so den schlafanstoßenden Effekt und die Entwicklung einer Abhängigkeit hinauszögern zu können.

19.9.3 Antidepressiva in der Therapie schmerzassoziierter Schlafstörungen

Antidepressiva verändern den Turnover von Serotonin und Noradrenalin durch Reuptake-Hemmung. Am schmerzleitenden bzw. hemmenden System sind unter anderen die biogenen Amine Serotonin, Dopamin und Noradrenalin neben den Endorphinen beteiligt. Aufgrund dieser Gegebenheiten könnte es durch die Konzentrationserhöhung der Neurotransmitter Serotonin und

Noradrenalin im synaptischen Spalt zentralnervös über das deszendierende schmerzinhibierende System zu einer Analgesie kommen (Aschoff 1987, Dickhaus et al. 1985, Feinman 1985, Zimmermann und Handwerker 1984). Antidepressiva binden aber auch an Opiatrezeptoren (Biegon und Samuel 1980). In Doppelblind-Studien konnte die analgetische Wirkung der Antidepressiva bei chronischen Schmerzsyndromen belegt werden (Übersichtstabelle siehe Wörz 1990b). Die Auswirkungen der Thymoleptika auf die Schlafarchitektur sind vielfach untersucht worden (Dunleavy et al. 1972, Riemann et al. 1990, Steiger 1988). Es kommt in der Regel zu einer Reduktion des REM-Schlafes und nach dem Absetzen zum Auftreten des REM-Rebounds. Die Auswirkungen auf den Tiefschlaf sind unterschiedlich beurteilt worden, so fanden Dunleavy et al. (1972) unter Imipramin, Desimipramin und Clomipramin eine ausgeprägte Störung des Schlafablaufes mit häufigen Schlafstadienwechseln. Steiger (1988) beschrieb eine Reduktion des Tiefschlafes unter Clomipraminmedikation, Hubain et al. (1990) unter Amitriptylingabe. Keine negative Beeinflussung des Tiefschlafes und des REM-Schlafes fand sich nach Trimipramingabe (Dunleavy et al. 1972, Ware et al. 1985, Wiegand et al. 1987, Wiegand und Berger 1989). Auch fanden sich unter Trimipramin im Vergleich zu anderen Thymoleptika weniger unerwünschte Wirkungen (Assalian et al. 1985, Gastpar 1989, Pecknold et al. 1985).

Im Rahmen chronischer schmerzassoziierter Schlafstörungen kommt es häufig zu einem von Wörz (1977) als "Algogenes Psychosyndrom" bezeichneten Zustand mit Reizbarkeit, Inappetenz und Schlaflosigkeit. In diesen Fällen, wie z. B. vertebragenen Schmerzsyndromen, ist die Applikation von sedierenden Antidepressiva indiziert, da regelmäßig über einen längeren Zeitraum eine schlaffördernde Wirkung ohne die Gefahr der Entwicklung einer Abhängigkeit erwünscht ist.

Im Hinblick auf die Erhaltung der physiologischen Schlafarchitektur und der allgemein guten Verträglichkeit sollte ein Therapieversuch mit Trimipramin im Dosisbereich beginnend mit 25 mg bis auf 150 mg durchgeführt werden. Bei Therapieresistenz kommt nachfolgend ein Versuch mit Amitriptylin oder Doxepin in Betracht, wobei dann allerdings eine Beeinflussung der Schlafarchitektur mit Reduktion speziell des Traumschlafes in Kauf genommen wird.

19.9.4 Neuroleptika in der Therapie schmerzassoziierter Schlafstörungen

Die Grundlage der analgetischen Wirkung der Neuroleptika liegt möglicherweise in der für Butyrophenone beschriebenen opiatagonistischen Wirkung (Maltbie et al. 1979, Kocher 1981). Auswirkungen der Neuroleptika auf den Schlafablauf sind von Wauquier (1983), Fornal et al. (1982) im Tierversuch und von Sagales und Erill (1975) bei gesunden Personen untersucht worden.

Im Tierversuch fand sich bei Hunden ein dosisabhängiger Einfluß. In niedriger Dosierung kam es zu einer Verringerung des Tiefschlafes und des Traumschlafes, bei höheren Dosen ergab sich eine gegenteilige Wirkung. In der Untersuchung von Sagaies fand sich bei gesunden Probanden keine negative Beeinflussung des Schlafablaufes. Kürzlich wurde von Steiger und Benkert (1989) in einem Fall von nächtlicher schmerzassoziierter Schlafstörung über eine Normalisierung des Schlafablaufes unter einer Clozapin-Medikation berichtet. Zuvor waren Therapieversuche mit Diazepam, Trimipramin, Amitriptylin gescheitert. Dies zeigt, daß in schweren therapieresistenten Fällen unter Berücksichtigung des Risikos der Entwicklung von Spätdyskinesien eine erfolgreiche Therapie mit Neuroleptika zur Normalisierung des Schlafablaufes erfolgen kann.

Literatur

Achermann P, Borbely AA (1987) Dynamics of EEG slow wave activity during physiological sleep and after administration benzodiazepine hypnotics. Hum Neurobiol 6: 203–210

Alcoff J, Jones I, Rust P, Newman R (1982) Controlled trial of imipramine for chronic low back pain. J Family Practice 14: 841–846

Ananth J, Luchins D (1977) A review of combined tricyclic and MAO-inhibitor therapy. Compr Psychiatry 18: 221–230

Anden NE, Butcher S, Corrodi H, Fuxe K, Ungerstedt U (1970) Receptor activity and turnover of dopamine and noradrenaline after neuroleptics. Eur J Pharmacol 71: 303–315

Anderson LS, Black RG, Abraham J, Ward AA (1971) Neuronal hyperactivity in experimental trigeminal deafferentation. J Neurosurg 35: 444–452

Aschoff JC (1987) Neurotransmitter und Schmerz. In: Kocher R (Hrsg) Psychopharmaka bei chronischem Schmerz. Ciba Geigy, Basel, S 28

Assalian P, Rosengarten MD, Phillips R (1985) A comparative trial of the antidepressant, anxiolytic and cardiovascular effects of trimipramin and doxepin in depressed hospitalized patients. J Clin Psychiatry 46: 90–94

Atkinson JH (1989) Psychopharmacologic agents in the treatment of pain syndromes. In: Tollison CD (ed) Handbook of chronic pain management. Williams and Wilkins, Baltimore

Aurell J, Elmqvist D (1985) Sleep in the surgical intensive car unit: continuous polygraphic recording of sleep in nine patients receiving postoperative care. Br Med J Clin Res 6 290: 1029–1032

Baldessarini RJ, Lipinski JF (1976) Toxicity and side effects of antipsychotic, antimanic and antidepressant medications. Psychiatr Ann 7: 484–493

Ballenger JC, Post RM (1980) Carbamazepine in manic-depressive illness: a new treatment. Am J Psychiatry 137: 782–790

Bartholini G, Keller H, Pieri L, Pletscher A (1973) The effect of benzodiazepine on the turnover of cerebral dopamine. In: Garattini S, Mussini E, Pandall LO (eds) The benzodiazepines. Raven Press, New York, pp 235–240

Becker RE (1970) Evaluation of an amitriptyline-perphazine combination in chronic schizophrenia. Am J Psychiatry 127: 127–131

Beckmann H, Haas St (1980) High dose diazepam in schizophrenia. Psychopharmacology 71: 79–82

Berlin RM, Conell LJ (1983) Withdrawal symptoms after long-term treatment with therapeutic doses of flurazepam: a case report. Am J Psychiatry 140: 488–489

Bernard A, Scheuer H (1977) Action de la clomipramine (Anafranil) sur la douleur des cancers en pathologie cervico-faciale. J Francais d'Otorhino-laryngologie 21: 723–728

Berry DTR, Webb WB, Block MD (1984) Sleep apnoe syndrome. A critical review of the apnoe index as a diagnostic criterion. Chest 86: 529

Biegon A, Samuel D (1980) Interaction of tricyclic antidepressants with opiate receptors. Biochem Pharmacol 29: 460–462

Binder W, Kornhuber HH, Waibinger G (1984) Benzodiazepin-Sucht, unsere iatrogene Seuche. 157 Fälle von Benzodiazepin-Abhängigkeit. Öffentl Gesundheitswesen 46: 80–86

Bixler EO, Kales JD, Kales A, Jacoby JA, Soldatos CR (1985) Rebound insomnia and half-live: assessment of individual subjects response. J Clin Pharmacol 25: 115–124

Blumer D, Heilbronn M (1982) Chronic pain as a variant of depressive disease. The pain-prone disorder. J Nerv Ment Dis 170: 381–406

Bonnet MH (1985) Effect of sleep disruption on performance and mood. Sleep 8: 11–19

Bourhis A, Boudouresque G, Pellet W, Fondarai J, Ponzio J, Spitale JM (1978) Pain informity and psychotropic drugs in oncology. Pain 5: 263–274

Breivik H, Rennemo F (1982) Clinical evaluation of combined treatment with methadone and psychotropic drugs in cancer patients. Acta Anaesthesiol Scand [Suppl] 74: 135–140

Breivik H, Slordahl J (1984) Beneficial effects of flupenthixol for osteoarthritic pain of the hip: a double blind cross-over comparison with placebo. Pain [Suppl] 2: 52–54

Brune K, Droste C, Schmidt RF, Siegneth W, Wörz R (1986) Pharmakologie des Schmerzes. In: Wörz R (Hrsg) Pharmakotherapie bei Schmerz. Edition Medizin, Weinheim Deerfield Beach Basel, S 45–93

Buguet A, Gati R, Kabo AM (1990) Transitory eye pain during sleep. J Fr Ophtalmol 13: 57–61

Burrows GD, Vohra J, Hunt D, Sloman JG, Scoggins GA, Davies B (1977) Cardiac effects of different tricyclic antidepressant drugs. Br J Psychiatry 130: 335–341

Burrows GD, Da Prada M (1989) Reversible MAO-A inhibitors as antidepressants. J Neural Transm [Suppl] 28: 45–52

Cagliese-Cingolani R, Bencini A (1984) Due casi mortali di famaci antidepressivi inhibitori delle mono-amino-ossidase e triciclici: aspetti medico-legali. Riv Patol Nerv Ment 103: 23–31

Carli G, Montesano A, Rapezzi S, Paluffi G (1987) Differential effects of persistent nociceptive stimilution on sleep stages. Behav Brain Res 26: 89–98

Casey JF, Hollister LE, Klett CJ, Lasky JJ, Caffey EM (1961) Combined drug therapy of chronic schizophrenics. Am J Psychiatry 117: 997–1003

Chien CP, Cole JO (1973) Depot phenothiazine treatment in acute psychosis. Am J Psychiatry 130: 13–17

Chouinard G, Annable L, Serrano M, Albert JM, Charette R (1975) Amitriptyline-perphenazine interaction in ambulatory schizophrenic patients. Arch Gen Psychiatry 32: 1295–1307

Chouinard G, Jones BD, Young SN, Abbabke L (1979) Potentiation of lithium by tryptophan in a patient with bipolar illness. Am J Psychiatry 136: 719–720

Coccagna G, Lugaresi E (1982) Ganznachtpolygraphien bei Patienten mit schmerzhaften Erkrankungen. Z EEG EMG 13: 149–153

Cohen WJ, Cohen NH (1974) Lithium carbonate, haloperidol, and irreversible brain damage. J Am Med Assoc 230: 1283–1287

Collins AD, Dundas J (1967) A double-blind trial of amitriptyline-perphenazine, perphenazine and placebo in chronic withdrawn inert schizophrenics. Br J Psychiatry 113: 1425–1429

Cooper SF, Dugal R, Elie R, Albert JM (1979) Metabolic interaction between amitriptyline and perphenazine in psychiatric patients. Prog Neuropsychopharmacol 3: 369–376

Couch JR, Ziegler DK, Hassanein R (1976) Amitriptyline in the prophylaxis of migraine. Effectiveness and relationship of antimigraine and anti-depressant effects. Neurology 26: 121–127

Cournoyer J (1986) Response rapide a l' addition du carbonate de lithium d' un trouble: panique resistant aux antidepresseurs tricycliques. (Rapid response of a disorder to the addition of lithium carbonate: panic resistant to tricyclic antidepressants.) Can J Psychiatry 31: 335–338

Davis JI, Lewis SB, Gerich JE, Kaplan RA, Schultz TA, Wallin JD (1977) Peripheral diabetic neuropathy treated with amitriptyline and fluphenazine. J Am Med Assoc 238: 2291–2292

Davidson JM, McLeod B, Law-Yone M, Limoila (1978) A comparison of electroconvulsive therapy and combined phenelzine-amitriptyline in refractory depressive. Arch Gen Psychiatry 35: 639–642

Dehing J (1968) Studies on the psychotropic action of tegretol. Acta Neurol Belg 68: 895–905

Delilsle JD (1986) Rapid switch in a bipolar patient during lithium-tricyclic therapy. Am J Psychiatry 143: 1326–1327

Dexter JD, Weitzman (1970) The relationship of nocturnal headache to sleep stage pattern. Neurology 20: 513–518

Diamond S, Baltes BJ (1971) Chronic tension headache – treatment with amitriptyline – double blind study. Headache 11: 110–116

Dickhaus H, Pauser G, Zimmermann M (1985) Tonic descending inhibition affects intensity coding of nociceptive responses of spinal dorsal horn neurones in the cat. Pain 23: 145–158

Dolly FR, Block AJ (1982) Effect of flurazepam on sleep-disordered breathing and nocturnal oxygan desaturation in asymptomatic subjects. Am J Med 73: 239-243

Dose M, Emrich HM (1990) Kombination von Neuroleptika mit Carbamazepin. Münch Med Wochenschr 132 [Suppl 1]: 87–90

Douyon R, Angrist B, Peselow E, Cooper TH, Rotrosen J (1989) Neuroleptic augmentation with alprazolam: clinical effects and pharmacokinetic correlates. Am J Psychiatry 146: 231–234

Drake ME Jr, Pakalnis A, Andrews JM, Bogner JE (1990) Nocturnal sleep recording with cassette EEG in chronic headaches. Headache 30: 600–603

Dugal R, Caille G, Albert JM, Cooper SF (1975) Apparent pharmacokinetic interaction of diazepam and amitriptyline in psychiatric patients. Curr Ther Res 18: 679–686

Dunleavy DL, Brezinova V, Oswald I, MacLean AW, Tinker M (1972) Changes during weeks in effects on tricyclic drugs on the human sleeping brain. Br J Psychiatry 120: 663–672

Duthie AM (1977) The use of phenothiazines and tricyclic antidepressants in the treatment of intractable pain. South African Med J 51: 246–247

El-Yousef MD, Manier DH (1974) Tricyclic antidepressants and phenothiazines. J Am Med Assoc 229: 1419

Emrich HM (1986) Alternativen zur Lithiumprophylaxe. In: Müller-Oerlinghausen B, Greil W (Hrsg) Die Lithiumtherapie. Springer, Berlin Heidelberg New York Tokyo

Eisen A (1989) Fluoxetin and desimipramine: a strategy for augmenting antidepressant response. Pharmacopsychiatry 22: 272–273

FEINMANN C, HARRIS M, CAWLEY R (1984) Psychogenic facial pain: presentation and treatment. Br Med J 288: 436–438

FEINMANN C (1985) Pain relief by antidepressant: possible modes of action. Pain 23: 1–8

FIORENTINO M (1967) Sperimentazione controllata dell imipramina come analgesico maggiore in oncologia. Rivista Medica Trentina 5: 387–396

FISHBAIN DA, GOLDBERG M, MEAGHER BR, STEELE R, ROSOMOFF H (1986) Male and female chronic pain patients categorized by DSM-III psychiatric diagnostic criteria. Pain 26: 181

FLEMENBAUM A (1971) Methylphenydate: a catalyst for the tricyclic antidepressants. Am J Psychiatry 128: 239

FONTAINE R, CHOUINARD G, ANNABLE L (1984) Rebound anxiety in anxious patients after abrupt withdrawal of benzodiazepine treatment. Am J Psychiatry 141: 848–852

FORNAL C, WOJCIK WJ, RADULOVACKI M (1982) Alpha-flupenthixol increases slow wave sleep in rats: effect of dopamine receptor blockade. Neuropharmacology 21: 323–325

FRANCE RD, URBAND BJ, KEEFE FJ (1984) Long-term use of narcotic analgetics in chronic pain. Soc Sci Med 19: 1379–1382

FRANZEK E, BECKMANN H (1990) Kombinationsbehandlung bei Therapie mit Neuroleptika. In: HEINRICH K (Hrsg) Leitlinien neuroleptischer Therapie. Springer, Berlin Heidelberg New York Tokyo

FREEMAN H (1967) The therapeutic value of combinations of psychotropic drugs. Psychopharmacol Bull 4: 1–27

FREYHAN FA (1957) Psychomobilität, extrapyramidale Syndrome und Wirkungsweise neuroleptischer Therapien (Chlorpromazine, Reserpine, Prochlorperazine). Nervenarzt 28: 504

GADE GN, HOFELDT FD, TRECCE GL (1980) Diabetic neuropathic cachexia. J Am Med Assoc 243: 1160–1161

GANDER DR (1965) Treatment of depressive illnesses with combined antidepressants. Lancet ii: 107–108

GARBUTT JC, MAYO JP, GILLETTE GM, LITTLE KY, MASON GA (1986) Lithium potentiation of tricyclic antidepressants following lack of T3 potentiation. Am J Psychiatry 143: 1038–1039

GASTPAR M (1989) Clinical originality and new biology of trimipramine. Drugs 38 [Suppl 1]: 43–48, discussion: 49–50

GENERAL PRACTITIONER RESEARCH GROUP (1969) Chlordiazepoxide with amitriptyline in neurotic depression. Practitioner 202: 437–440

GERSHON S, HOLMBERG G, MATTSON E (1962) Imipramine hydrochloride, autonomic and physiological functions. Arch Gen Psychiatry 6: 112–117

GILLEMINAULT C, DEMENT WC (1978) Sleep apnoe syndromes and related sleep disorders. In: WILLIAMS RL, KARACAN I (eds) Sleep disorders: diagnosis and treatment. Wiley, New York

GILLEMINAULT C, SILVESTRI R, MONDINI S, COBURN S (1984) Aging and sleep apnoe: action of benzodiazepine, acetozolamide, alcohol and sleep deprivation in a healthy elderly group. J Gerontol 39: 655–661

GINGRAS M (1976) A clinical trial of Tofranil in rheumatic pain in general practice. J Int Med Res 4 [Suppl 2]: 41–49

GLENN AG, CRAYTON JW, KLASS DB, EVANS H, STRIZICH M (1979) Lithium in chronic schizophrenia. Am J Psychiatry 136: 454–455

GLOGGER S, GRUNHAUS L, BIRNADER B, TRONDORT T (1981) Treatment of spontaneous panic attacks with clomipramine. Am J Psychiatry 138: 1215–1217

GOLDBERG RS, THORNTON WE (1978) Combined tricyclic-MAOI therapy for refractory depression. J Clin Pharmacol 18: 143–147

GOLDENBERG F (1985) Advantages and disadvantages of different benzodiazepines in chronic insomnia. In: KOELLA WP, RÜTHER E, SCHULZ H (eds) Sleep 84. Fischer, Stuttgart New York, pp 56–59

GOLDNEY RD, SPENCER ND (1986) Safety of the combination of lithium and neuroleptic drugs. Am J Psychiatry 143: 882–884

GOMERSALL JD, STUART A (1973) Amitriptyline in migraine prophylaxis. Changes in pattern of attacks during a controlled clinical trial. J Neurol Neurosurg Psychiatry 36: 684–690

GOODWIN FK (1982) Potentiation of antidepressant effects L-trijodthyramine in tricyclic nonresponders. Am J Psychiatry 139: 34–39

GOMEZ-PEREZ FJ, RIELL JA, DIES H, RODRIGUEZ-RIVERA JG, GONZALEZBARRANCO J, LOZANO-CASTANEDA O (1985) Nortriptyline and fluphenazine in the symptomatic treatment of diabetic neuropathy. A double-blind crossover study. Pain 23: 395–400

GOURLAY GK, CHERRY DA, COUSINS MF, LOVE BL, GRAHAM JR, MCLACHLAN MO (1986) A controlled study of a serotonin reuptake blocker, zimelidine in the treatment of chronic pain. Pain 25: 35–52

GRAM LF, FREDERICSON OVERO K (1972) Drug interaction: inhibitory effect of neuroleptics on metabolism of tricyclic antidepressants in man. Br Med J 1: 463–465

GRAM LF, CHRISTIANSEN J, FREDERICSON OVERO K (1973) Pharmacokinetic interaction between tricyclic antidepressants and other psychopharmaca. Acta Psychiatr Scand [Suppl] 243: 52–53

Gram LF, Reisby N, Ibsen I, Nagy A, Dencker SJ, Bech R, Odden Petersen G, Christiansen J (1976) Plasma levels and antidepressive effect of imipramine. Clin Pharmacol Ther 19: 318–324

Greenblatt M, Grosser GH, Wechsler H (1964) Differential response of hospitalized depressed patients of somatic therapy. Am J Psychiatry 120: 934–943

Grohmann R, Strauss A, Gehr CH, Rüther E, Hippius H (1980) Zur Praxis der klinischen Therapie mit Psychopharmaka. Pharmakopsychiatry 13: 1–19

Guz F, Moraes R, Sartoretto JN (1972) The therapeutic effect of lorazepam in psychotic patient treated with haloperidol. Curr Ther Res 14: 767–774

Haider J (1967) A comparative trial of Ro 4–6270 and amitriptyline in depressive illness. Br J Psychiatry 113: 993–998

Hameroff SR, Weiss JL, Lerman JC et al. (1984) Doxepin effects on chronic pain and depression: a controlled study. J Clin Psychiatry 45: 45–52

Hanlon TE, Ota KY, Agallianos DD, Bergmann SA, Bethon GD, Kobler F, Kurland AA (1969) Combined drug treatment of newly hospitalized acutely ill psychiatric patients. Dis Nerv Syst 30: 104–116

Hanlon TE, Ota KY, Kurland AA (1970) Comparative effects of fluphenazine, fluphenazine-chlordiazepoxide and fluphenazine-imipramine. Dis Nerv Syst 31: 171–177

Haskell D (1975) Letter: withdrawal from diazepam. JAMA 233: 135

Hedberg DL, Houck JH, Glueck BC jr (1971) Tranylcypromine-trifluoperazine-combination in the treatment of schizophrenia. Am J Psychiatry 127: 1141–1146

Heinrich K, Tegeler J (1983) Dyskognitive, apathische und extrapyramidale Syndrome bei Langzeit-Neurolepsie. In: Hippius H, Klein HE (Hrsg) Therapie mit Neuroleptika. Perimed, Erlangen, S 194–203

Heninger GR, Charney DS, Sternberg DE (1983) Lithium carbonate augmentation of antidepressant treatment. An effective prescription for treatment-refractory depression. Arch Gen Psychiatry 40: 1335–1342

Hippius H (1972) The current status of treatment for depression. In: Kielholz P (ed) Depressive illness, diagnosis, assessment, treatment. Huber, Bern, pp 49–59

Hippius H, Matussek N (1990) Neueste Entwicklungen auf dem Gebiet der medikamentösen antidepressiven Therapie. MMW 132, Sonderheft S1-S92

Holden JMC, Itil TM, Keskiner A, Fink M (1969) Thioridazine and chlordiazepoxide, alone and combined, in the treatment of chronic schizophrenia. Compr Psychiatry 9: 633–643

Hollister LE, Overall JE, Johnson MH, Shelton J, Kimbell I, Brunse A (1966) Amitriptyline alone and combined with perphenazine in newly admitted depressed patients. J Nerv Ment Dis 142: 460–469

Hollister LE, Overall JE, Shelton J, Pennington V, Kimbell T, Johnson M (1967) Drug therapy of depression: amitriptyline, perphenazine and their combinations in different syndromes. Arch Gen Psychiatry 17: 486–493

Hordern A, Somerville M, Krupinski J (1962) Does chronic schizophrenia respond to a combinations of a neuroleptic and an antidepressant? J Nerv Ment Dis 134: 361–376

Hordern A, Somerville DM (1963) Clinical trials in chronic schizophrenia. Med J Aust 1: 40–43

Houck JE (1970) Combined therapy in anxiety-depressive syndromes. I. Comparative affects of limbitrol (chlordiazepoxide-amitriptyline) and placebo. Dis Nerv Syst 31: 269–273

Hubain PP, Castro P, Mesters P, De-Maertelaer V, Mendlewicz J (1990) Alprazolam and amitriptyline in the treatment of major depressive disorder: a double blind clinical sleep EEG study. J Affect Disord 18: 67–73

Jann MW, Ereschefsky L, Sakland SS, Seidel DR, Davis CD, Boroh NR, Bowden CL (1985) Effects of carbamazepine on plasma haloperidol levels. J Clin Psychopharmacol 5: 106–109

Jenkins DG, Ebbutt AF, Evans CD (1976) Imipramine in treatment of low back pain. J Int Med Res 4 [Suppl 2]: 28–40

Joffe RT (1988) T3 and lithium potentiation of tricyclic antidepressants. Am J Psychiatry 145 (letter)

Jurna I (1984) Depression of nociceptive sensory activity in the rat spinal cord due to the intrathecal administration of drugs: effect of diazepam. Neurosurgery 15: 917–920

Kales A, Bixler EO, Soldatos CR, Vela-Bueno A, Jacoby J, Kales JD (1982) Quazepam and flurazepam: longterm use and extended withdrawal. Clin Pharmacol Ther 32: 781–788

Kales A, Soldatos CR, Bixler EO, Kales JD (1983) Rebound insomnia and rebound anxiety: a review. Pharmacology 26: 121–137

Kales A, Bixler EO, Vela-Bueno A, Soldatos CR, Niklaus DE, Manfredi RL (1986) Comparison of short and long half-life benzodiazepine hypnotics: triazolam and quazepam. Clin Pharmacol Ther 40: 378–386

Kalinowsky LB, Putnam TJ (1943) Attempts at treatment of schizophrenia and other nonepileptic psychoses with dilantin. Arch Neurol Psychiatry 49: 414–420

Kalinowsky LB, Hippius H, Klein HE (1987) Biological treatments in psychiatry. Grune und Stratton, New York

Kantor D, McNevin S, Leichner P, Harper D, Krenn M (1986) The benefit of lithium carbonate adjunct in refractory depression fact or fiction? Can J Psychiatry 31: 416–418

Karson CN, Weinberger DR, Bigelow L, Wyatt RJ (1982) Clonazepam treatment of chronic schizophrenia: negative results in a double-blind, placebo-controlled trial. Am J Psychiatry 139: 1627–1628

Kellner R, Wilson RM, Muldawer MD, Pathak D (1975) Anxiety in schizophrenia: the responses to chlordiazepoxide in an intensive design study. Arch Gen Psychiatry 32: 1246–1254

Khurana RC (1983) Treatment of painful diabetic neuropathy with trazodone. J Am Med Assoc 250: 1392

Kielholz P, Terzani S, Gastpar M, Adams C (1981) Behandlung therapieresistenter Depressionen ohne Elektroschock. Dtsch Med Wochenschr 106: 671–673

Klein DF, Fink M (1962) Psychiatric reaction patterns to imipramine. Am J Psychiatry 119: 432–438

Klein DF, Zitrin CM, Woerner M (1978) Antidepressants, anxiety, panic and phobia. In: Lipton MA, Di Mascio A, Killam KF (eds) Psychopharmacology: a generation of progress. Raven Press, New York, pp 1401–1410

Klein HE (1983) Miscellaneous – New indications. In: Hippius H, Winokur G (eds) Clinical psychopharmacology, part 2. Excerpta Medica, Amsterdam Oxford Princeton, pp 371–378

Klein HE, Rüther E (1983) Klinisch bedeutsame Wechselwirkungen der Psychopharmaka. In: Langer G, Heimann H (Hrsg) Psychopharmaka. Grundlagen und Therapie. Springer, Wien New York, 617–635

Kocher R (1976) Use of psychotropic drugs for treatment of chronic severe pain. In: Bonica JJ, Albe-Fessard D (eds) Advances in pain research and therapie, vol 1. Raven Press, New York, pp 579–582

Kocher R (1981) Psychopharmaka bei chronischen Schmerzen. Schweiz Med Wochenschr 125: 835–837

Kubicki S, Meyer C, Rohmel J (1986) Die 4 s Schlafspindelperiodik. EEG-EMG 17: 55–61

Kukopulos A, Tondo A (1986) Verlaufscharakteristika manisch-depressiver Psychosen unter Lithiumprophylaxe. In: Müller-Oerlinghausen B, Greil W (Hrsg) Die Lithiumtherapie. Springer, Berlin Heidelberg New York Tokyo

Kuss HJ, Jungkunz G, Dieterle D (1980) Veränderung der klinischen Wirkung des Amitriptylins durch Kombinationsbehandlung. Arzneimittelforschung/Drug Res 20: 1200

Kvinesdal B, Molin J, Froland A, Gram LF (1984) Imipramine treatment of painful diabetic neuropathy. J Am Med Assoc 251: 1727–1730

Laakmann G, Blaschke D, Eißner HJ, Hippius H (1988) Niedrig-dosierte Neuroleptika in der Behandlung von Angstzuständen – Ergebnisse einer Ambulanzstudie. In: Hippius H, Laakmann G (Hrsg) Therapie mit Neuroleptika-Niedrigdosierung. Perimed, Erlangen

Lader M (1984) Benzodiazepine dependence. Prog Neuropsychopharmacol 8: 85–95

Lance JW, Curran DA (1964) Treatment of chronic tension headache. Lancet i: 1236–1239

Landis CA, Robinson CR, Levine JD (1988) Sleep fragmentation in the arthritic rat. Pain 34: 93–99

Landis CA, Levine JD, Robinson CR (1989) Decreased slow-wave and paradoxical sleep in a rat chronic pain model. Sleep 12: 167–177

Langohr HD, Stöhr M, Petruch F (1982) An open and double-blind crossover study on the efficacy of clomipramine (Anafranil) in patients with painful mono- and polyneuropathics. Eur Neurol 2: 309–317

Lasagna L, DeKornfeld TJ (1961) Methotrimeprazine – a new phenothiazine derivative with analgesic properties. JAMA 178: 887–890

Laux G, Riederer P (Hrsg) (1989) Neue selektive Monoaminoxidase-Hemmer in der Therapie depressiver Erkrankungen. Psychiat Prax [Suppl]16: 1–50

Lemberger L, Rowe H, Bosomworth JC (1988) The effect of fluoxetine on the pharmacokinetics and psychomotor response of diazepam. Clin Pharmacol Ther 43: 412–419

Levine JD, Gordon NC, Smith R, McBryde R (1986) Desipramine enhances opiate postoperative analgesia. Pain 27: 45–49

Levine JB, Roehrs T, Stepanski E, Zorick F, Roth T (1987) Fragmenting sleep diminishes its recuperative value. Sleep 10: 590–599

Lingjaerde O, Engstrand E, Ellingsen P, Stylo DA, Robak OH (1979) Antipsychotic effect of diazepam when given in addition to neuroleptics in chronic psychotic patients: a double-blind clinical trial. Curr Ther Res 26: 505–515

Lingjaerde O (1973) Synergistic effect of tricyclic antidepressants and lithium carbonate in endogenous depression. Lancet ii: 1260

Lingjaerde O (1982) Effects of the benzodiazepine derivative estazolam in patients with auditory halluzinations. Acta Psychiatr Scand 65: 339–354

Lorgè M (1963) Klinische Erfahrungen mit einem neuen Antiepileptikum, Tegretal (G 32 883), mit besonderer Wirkung auf die epileptische Wesensänderung. Schweiz Med Wochenschr 91: 1042–1047

Lowney JF, Cedarleaf CB (1969) Double-blind evaluation of an amitriptyline-fluphenazine combination. Curr Ther Res 11: 271–277

Mahowald MW, Mahowald ML, Bundlie SR, Ytterberg SR (1989) Sleep fragmentation in rheumatoid arthritis. Arthritis and Rheumatism 32

Maltbie AA, Cavenar JO, Sullivan JL, Hammet EB, Zung WWK (1979) Analgesia and haloperidol: a hypothesis. J Clin Psychiatry 40: 323–326

Manfredi RL, Kales A (1987) Clinical neuropharmacology of sleep disorders. Semin Neurol 7: 286–295

McDonald Scott WA (1969) The relief of pain with an antidpressant arthritis. Practitioner 202: 802–807

Mena A, Heistad G, Schiele BC, Janecker J (1964) A comparison of tranylcypromine alone with tranylcypromine plus trifluoperazine in the treatment of chronic outpatients. J Neuropsychiatr 5: 542–550

Mendelson WB, Garnett D, Gillin JC (1981) Flurazepam-induced sleep apnoe syndrome in patient with insomnia and mild sleep-related respiratory changes. J Nerv Ment Dis 169: 261–264

Mendelson WB, Weingartner H, Greenblatt DJ, Garnett D, Gillin JC (1982) A clinical study of flurazepam. Sleep 5: 350–360

Merlis S, Sheppard CH (1978) Polypharmacy: questions of incidence, perference, and evidence of efficacy. In: Clark GW, Del Guidice J (eds) Principles of psychopharmacology. Academic Press, New York San Francisco London

Merskey H, Hester RA (1972) The treatment of chronic pain with psychotropic drugs. Postgrad Med J 48: 594–598

Michaux MH, Kurland AA (1963) Combined psychotropic drug therapy. Dis Nerv Syst 24: 739–741

Michaux MH, Kurland AA, Agallianos DD (1966) Chlorpromazine-chlordiazepoxide and chlorpromazine-imipramine treatment of newly hospitalized, acutely ill psychiatric patients. Curr Ther Res 8 [Suppl]: 117–152

Mitas JA, Mosley CA, Drager AM (1983) Diabetic neuropathic pain: control by amitriptyline and fluphenazine in renal insufficiency. Southern Med J 76: 462–467

Moldofsky H, Scarisbrick P, England R, Smythe H (1975) Musculoskeletal symptoms and non-REM sleep disturbance in patients with "fibrositis syndrome" and healthy subjects. Psychosom Med 37: 341–351

Moldofsky H, Scarisbrick P (1976) Induction of neurasthenic musculosceletal syndrome by selective sleep deprivation. Psychosom Med 38: 35–44

Monks R, Merskey H (1989) Psychotropic drugs. In: Pall PD, Melzack R (eds) Textbook of pain. Churchill Livingstone, Edinburgh London Melbourne New York

Montigny de C, Elie R, Caillé G (1985) Rapid response to the addition of lithium in iprindole-resistant unipolar depression: a pilot study. Am J Psychiatry 142: 220–223

Montilla E, Frederik WS, Cass IJ (1963) Analgesic effects of methotrimeprazine and morphine. Arch Intern Med 111: 725–728

Neppe VM (1983) Carbamazepine as adjunctive treatment in nonepileptic chronic inpatients with EEG temporal lobe abnormalities. J Clin Psychiatry 44: 326–331

Nutt D (1986) Benzodiazepine dependence in the clinic: reason for anxiety? Trends Pharmacol Sci 7: 457–460

Oefele K v, Grohmann R, Rüther E (1986) Adverse drug reactions in combined tricyclic and MAOI therapy. Pharmacopsychiatry 19: 243–244

Okasha A, Ghaleb HA, Sadek A (1973) A double-blind trial for the clinical management of psychogenic headache. Br J Psychiatry 122: 181–183

Olivier-Martin R, Marzin D, Buschsenschutz E, Pichot P, Boissier AJ (1975) Concentrations plasmatiques de l'imipramine et de la desmethylimipramine et effet ante-depresseur au cours d'un traitment controlé. Psychopharmacology 41: 187–195

Pach J, Waniek W (1976) Vergleichende Untersuchung zum Tranquilizereffekt von Fluspirilen und Diazepam. Pharmakopsychiatry 9: 61–66

Pecknold JC, Familamiri P, McClure DJ, Elie R, Chang H (1985) Trimipramine and maprotiline: antidepressant, anxiolytic and cardiotoxic comparison. J Clin Psychiatry 46: 166–167

Peled R, Sharf B, Gadoth N, Zomer J, Lavie (1984) Arousals induced by abnormal EEG activity as a possible cause of excessive daytime sleepness. In: Koella, Rüther E, Schulz H (Hrsg) Sleep 84. Fischer, Stuttgart, S 428–430

Pfaffenrath V, Pöllmann W, Rüther E, Lund R, Hajak G (1986) Onset of nocturnal attacks of chronic cluster headache in relation to sleep stages. Acta Neurol Scand 73: 403–407

Pilowsky I, Hallett EC, Bassett DL, Thomas PG, Penhall RK (1982a) A controlled study of amitriptyline in the treatment of chronic pain. Pain 14: 169–179

Pilowsky I (1988) Affective disorder and pain. In: Dubner R, Gebhart GF, Bond MR (eds) Proc 5th World Congress on Pain. Elsevier, Amsterdam New York Oxford, pp 263–275

Poser W, Poser S, Piesiur-Strehlow, Eva P (1987) Entzugssyndrome, Abhängigkeitsrisiko und Intoxikation mit Benzodiazepinen. In: Borchard U, Haring C (Hrsg) Nutzen und Gefahren der Therapie mit Benzodiazepinen. Steinkopff, Darmstadt, S 33–39

Poser W (1991) Entstehung und Verlauf von Benzodiazepin-Abhängigkeiten. Z Allg Med 67: 935–939

Price LH, Carney DS, Henninger GR (1986) Variability of response to lithium augmentation in refractory depression. Am J Psychiatry 143: 1387–1392

Prien RF, Klett JC, Caffey EM (1976) Polypharmacy in the psychiatric treatment of elderly hospitalized patients: a survey of 12 veterans administration hospitals. Dis Nerv Syst 37: 333–336

Razzani JK, White G, White J, Simpson G, Sloane B, Rebal R, Palmer R (1983) The safety and efficacy of combined amitriptyline and tranylcypromine antidepressant treatment. Arch Gen Psychiatry 40: 657–661

Rickels K, Raab E, De Silverio R, Etemad B (1967) Drug treatment in depression: antidepressant or tranquillizer? J Am Med Assoc 201: 675–681

Rickels K, Gordon PE, Jenkins W, Perloff M, Sachs T, Stepansky W (1970) Drug treatment in depressive illness (amitriptyline and chlordiazepoxid in two neurotic populations). Dis Nerv Syst 31: 30–42

Riemann D, Velthaus S, Laubenthal S, Müller WE, Berger M (1990) REM-suppressing effects of amitriptyline and amitriptyline-N-oxide after acute medication in healthy volunteers: results of two uncontrolled pilot trials. Pharmacopsychiatry 23: 253–258

Roehrs T, Zorick F, Koshorek GL, Wittig R, Roth T (1983) Effects of acute administration of brotizolam in subjects with disturbed sleep. Br J Clin Pharmacol 16 [Suppl 2]: 371–376

Roth S (1970) The seemingly ubiquitous depression following acute schizophrenic episodes, a neglected area of clinical discussion. Am J Psychiatry 127: 91–98

Sagales T, Erill S (1975) Effects of central dopaminergic blockage with pimozide upon the EEG stages of sleep in man. Psychopharmacology 42: 53–56

Scharpley P, Mena A, Schiele BC, Heistad C (1964) A comparison of pargyline and tranylcypromine with and without the addition of trifluoperazine. Curr Ther Res 6: 344–352

Schiele BC, Vestre NC, Mc Naughton DV (1963) Treatment of hospitalized schizophrenics with trifluoperazine plus tranylcypromine. Comp Psychiatry 4: 66–79

Schmauss M, Kapfhammer HP, Meyr P, Hoff P (1986) Combined MAO inhibitor and tricyclic antidepressant treatment in therapy resistant depression. Pharmacopsychiatry 19: 251–252

Schöpf J (1989) Lithiumzugabe zu Thymoleptika als Behandlung therapieresistenter Depressionen. Nervenarzt 60: 200–205

Schöpf J (1992) Lithium-Augmentation in Bd. 3 dieser Handbuchreihe

Schroeder NH, Caffey EM, Lorei TW (1977) Antipsychotic drug use: physician prescribing practics in relation to current recommendations. Dis Nerv Syst 38: 114–116

Schuckit J, Robins E, Feighner J (1971) Tricyclic antidepressants and monoamine oxidase inhibitors: combination therapy in the treatment of depression. Arch Gen Psychiatry 24: 509–514

Schwarz G, Haloris A, Baxter L, Escobar J, Thompson M, Young M (1984) Normal thyroid function in desipramine nonresponders by the addition of L-trijodthyromine. Am J Psychiatry 124: 265–272

Sethna ER (1974) A study of refractory cases of depressive illnesses and their response to combined antidepressant treatment. Br J Psychiatry 124: 265–272

Shanfield S, Tucker GJ, Harrow M et al. (1970) The schizophrenic patient and depressive symptomatology. J Nerv Ment Dis 151: 203–210

Shapiro B, Oppenheim G, Zoher J, Segal M, Malach D, Belmaker RH (1985) Lack of efficacy of estrogen supplementation to imipramine in resistant female depressives. Biol Psychiatry 20: 576–579

Shaw DM, Johnson AL, Mac Sweeney DA (1972) Tricyclic antidepressants and tryptophan in unipolar affective disorders. Lancet 11: 1245

Shehi MA, Patterson WM (1984) Treatment of panic attacks with alprazolam and propranolol. Am J Psychiatry 141: 900–901

Sheppard C, Collins L, Fiorentino D, Fracchia J, Merlins S (1969) Polypharmacy in psychiatric treatment. I. Incidence at a state hospital. Curr Ther Res 11: 765–774

Sheppard C, Beyel V, Fracchia J, Merlis L (1974)

Polypharmacy in psychiatry: a multi-state comparison of psychotropic drug combinations. Dis Nerv Syst 35: 183–189
Sherwin D (1979) A new method for treating "headaches". Am J Psychiatry 136: 1181–1183
Shopsin B, Gershon S (1975) Cogwheel rigidity related to lithium maintenance. Am J Psychiatry 132: 560–562
Shopsin B, Small JG, Kellams JJ, Milstein V, Moore JE (1976) Combining lithium and neuroleptics. Am J Psychiatry 133: 980–981
De Silverio RV, Rickels K, Weise C, Clarc EL, Hutchinson J (1970) Perphenazine-amitriptyline in neurotic depressed outpatients. Am J Psychiatry 127: 322–328
Silverman G, Braithwaite RA (1972) Interaction of benzodiazepines with tricyclic antidepressants. Br Med J 4: 111
Silverman G, Braithwaite RA (1973) Benzodiazepines and tricyclic antidepressant plasma levels. Br Med J 3: 18–20
Simpson GM, Krakov BL, Kunz-Bartholini E (1970) A controlled trial of combined medications on behavioral and extrapyramidal effects. Acta Psychiatr Scand 212[Suppl]: 20–27
Soyka D (1984) Kopfschmerz. In: Neundörfer B, Schimrigk K, Soyka D (Hrsg) Praktische Neurologie, Bd 1. Edition Medizin, Weinheim Basel
Spiker DG, Pugh DD (1976) Combining tricyclic and monoamine oxidase inhibitor antidepressants. Arch Gen Psychiatry 33: 828–830
Spring G, Frankel M (1981) New data on lithium and haloperidol incompatibility. Am J Psychiatry 138: 818–821
Steiger A (1988) Effects of clomipramine on sleep EEG and nocturnal penile tumescence: a long-term study in a healthy man. J Clin Psychopharmacol 8: 349–354
Steiger A, Benkert O (1989) Examination and treatment of sleep related painful erections: a case report. Arch Sex Behav 18: 263–267
Stepanski E, Lamphere J, Roehrs T, Zorick F, Roth T (1987) Experimental sleep fragmentation in normal subjects. Int J Neurosci 33: 207–214
Steuerwald G, Rüther E (1987) Schmerz, Depression und Schlaf. In: Rüther E, Berger M (Hrsg) Depression-Schlaf-Antidepressiva. Perimed, Erlangen, S 37–49
Talbot DR (1964) Are tranquilizer combinations more effective than a single tranquilizer? Am J Psychiatry 121: 597–600
Targum SD, Greenberg RD, Harmon RL, Kessler K, Salerian AJ, Fram DH (1984) Thyroid hormone and the TRH stimulation test in refractory depression. J Clin Psychiatry 45: 345–346
Taub A (1973) Relief of post-herpetic neuralgia with pschotropic drugs. J Neurosurg 39: 235–239
Thorpe P, Marchant-Williams R (1974) The role of an antidepressant, dibenzepin (Noveril), in the relief of pain in chronic arthritic states. Med J Australia 1: 264–266
Trachsel L, Dijk DJ, Brunner DP, Klene C, Borbely AA (1990) Effect of zopiclone and midazolam on sleep and EEG spectra in a phase-advanced sleep schedule. Neuropsychopharmacology 3: 11–18
Turkington RW (1980) Depression masquerading as diabetic neuropathy. J Am Med Assoc 243: 1147–1150
Tyrer O, Candy J, Kelly DA (1973) A study of the clinical affects of phenelzine and placebo in the treatment of phobic anxiety. Psychopharmacologia 31: 237–254
Urban BJ, France RD, Steinberg EK, Scott DL, Maltbie AA (1986) Long-term use of narcotic/antidepressant medication in the management of phantom limb pain. Pain 24: 191–196
Vaughan DA (1988) Interaction of fluoxetine with tricyclic antidepressants. Am J Psychiatry 145: 11
Vestre ND, Dehnel LL, Schiele BC (1969) A sequential comparison of amitriptyline, perphenazine and the amitriptyline-perphenazine combination in recently admitted anergic schizophrenics. Psychosomatics 10: 196–303
Vogt AH (1961) The use of stelazine and parnate in chronic withdraw patients. Am J Psychiatry 118: 256–257
Walinder J, Skott A, Carlsson A et al. (1976) Potentiation of the antidepressant action of clomipramine by tryptophan. Arch Gen Psychiatry 33: 1384–1389
Wardin B, Müller-Oerlinghausen B (1986) Neurologische, neuromuskuläre und neurotoxische Effekte der Lithiumbehandlung. In: Müller-Oerlinghausen R, Greil W (Hrsg) Die Lithiumtherapie. Springer, Berlin Heidelberg New York Tokyo
Ware JC, Brown FW, Moorad PJ, Pittard JT, Cobert B (1985) Comparison of trimipramine and imipramine in depressed insomniac patients. Sleep Res 14: 65–66
Ware JC, Brown FW, Moorad PJ, Pittard JT, Cobert B (1989) Effects on sleep: a double-blind study comparing trimipramine to imipramine in depressed insomniac patients. Sleep 12: 537–549
Warnes H, Lehmann HE, Ban TA (1967) A dynamic ileus during psychoactive medication: a report of three fatal and five severe cases. Can Med Assoc J 96: 1112–1113

Watson CPN, Evans RJ, Reed K, Merskey H, Goldsmith L, Warsh J (1982) Amitriptyline versus placebo in posttherpetic neuralgia. Neurology 32: 671–673

Wauquier A (1983) Drug effects on sleep-wakefullness pattern in dogs. Neuropsychobiology 10: 60–64

Weis O, Sriwatanakul K, Weintraub M (1982) Treatment of posttherpetic neuralgia and acute herpetic pain with amitriptyline and perphenazine. South African Med J 62: 274–275

Wharton RN, Perel JM, Dayton PG, Malitz S (1971) A potential clinical use for methylphenidate (Ritalin) with tricyclic antidepressants. Am J Psychiatry 127: 1619–1625

White G, Simpson (1984) The combined use of MAOIs and tricyclics. J Clin Psychiatry 45: 67–69

White K, Pistole T, Boyd J (1980) Combined monoamine oxidase inhibitor tricyclic antidepressant treatment: a pilot study. Am J Psychiatry 137: 1422–1425

Wiegand M, Berger M, Zulley J, von Zerssen D (1987) Der Einfluß von Trimipramin auf das Schlaf-EEG depressiver Patienten. In: Rüther E, Berger M (Hrsg) Depression-Schlaf-Antidepressiva. Perimed, Erlangen, S 50–59

Wiegand M, Berger M (1989) Action of trimipramine on sleep and pituitary hormone secretion. Drugs 38 [Suppl 1]: 35–42

Winston F (1971) Combined antidepressant therapy. Br J Psychiatry 118: 301–304

Wise CD, Berger BD, Stein L (1972) Benzodiazepines: anxiety-reducing activity by reduction of serotonin turnover in the brain. Science 177: 180–183

Wittig RM, Zorick FJ, Blumer D, Heilbronn M, Roth T (1982) Disturbed sleep in patients complaining of chronic pain. J Nerv Ment Dis 170: 429–431

Wörz R (1977) Psychiatrische Aspekte des Schmerzes und der Schmerztherapie. Therapiewoche 27: 1790

Wörz R (1980) Chronischer Schmerz als Ausdruck einer endogenen Depression. Therapiewoche 30: 468

Wörz R (1990a) Chronischer Schmerz und Depression. In: Wörz R (Hrsg) Chronischer Schmerz und Psyche. Fischer, Stuttgart, S 29–46

Wörz R (1990b) Behandlung chronischer Schmerzsyndrome mit Antidepressiva. In: Wörz R (Hrsg) Chronischer Schmerz und Psyche. Fischer, Stuttgart, S 119–140

Wolkowitz OM, Pickar D, Doran AR (1986) Combination alprazolam-neuroleptic treatment of the positive and negative symptoms of schizophrenia. Am J Psychiatry 143: 85–87

Wolkowitz OM, Breier A, Doran AR (1988) Alprazolam augmentation of the antipsychotic effects of fluphenazine in schizophrenic patients. Arch Gen Psychiatry 45: 664–671

Worral EP, Moody JP, Peet M, Dick P, Smith A, Chambers C, Adams M, Naylor GJ (1979) Controlled studies of the acute antidepressant effects of lithium. Br J Psychiatry 135: 255–262

Young JPR, Lader MH, Hughes WC (1979) Controlled trial of trimipramine, monoamine oxydase inhibitors and combined treatment in depressed outpatients. Br Med J 2: 1315–1317

Zander KJ, Rüther E (1978) Influence of clozapine on neuroleptic extrapyramidal motor disturbance. Drug Res 28: 1495–1496

Zimmermann M, Handwerker HO (1984) Schmerz-Konzepte und ärztliches Handeln. In: Zimmermann M (Hrsg) Physiologie von Schmerz und Nociception. Springer, Berlin Heidelberg New York, S 1–43

Zusky PM, Biedermann J, Rosenbaum JF, Manschreck TC, Gross CC, Weilberg JB, Gastfried DR (1988) Adjunct low dose lithium carbonate in treatment-resistant depression: a placebo-controlled study. J Clin Psychopharmacol 8: 120–124

Neuro-Psychopharmaka, Bd. 1
Riederer P. / Laux G. / Pöldinger W. (Hrsg.)

20 Psychopharmaka und Psychotherapie

G. Laux

Basierend auf der zumeist multifaktoriellen Bedingtheit psychischer Erkrankungen herrscht heute in der Psychiatrie ein mehrdimensionaler Therapieansatz vor: Biologische, somato/pharmakotherapeutische, psychotherapeutische und soziotherapeutische Verfahren werden entsprechend biopsychosozialer Modellvorstellungen (siehe Kapitel 1.1) in einem integrierten Gesamtbehandlungskonzept eingesetzt. Die zum Zwecke größerer therapeutischer Effektivität erfolgende Kombination einer Psychopharmakotherapie mit Psychotherapie ist in der psychiatrischen Behandlung heute weit verbreitet, wissenschaftlich jedoch u. a. aufgrund erheblicher methodischer Probleme nach wie vor ungenügend untersucht.

Die Dichotomie des 19. Jahrhunderts zwischen Somatikern und Psychikern ist trotz gegenteiliger Beteuerungen im Spannungsfeld biologische vs. psychosoziale Psychiatrie nach wie vor existent. Diese Kontroverse ist z. T. von überholten, aber dennoch immer wieder vertretenen extremen Standpunkten geprägt: Pharmakopsychiater betrieben ähnlich wie naturwissenschaftliche Organmediziner eine "stumme Medizin" (Lüth 1974) mit rein symptomatischer Zudeckung von psychischen Problemen bis zur Schaffung medikamentenabhängiger Patienten, Psychotherapeuten wird vice versa ein wissenschaftlich nicht haltbares einseitiges Psychogenie-Postulat mit Exklusivitätsansprüchen und Versorgungsferne vorgehalten.

In der praktizierten Standardversorgung ist die Verordnung von Psychopharmaka eingebettet in supportive Gespräche, Entspannungsverfahren und psychagogische Führung (Flach 1988, Greenhill und Gralnick 1983). Auch die Psychopharmakotherapie der endogenen Psychosen umfaßt ein therapeutisches Gesamtprogramm, welches insbesondere soziotherapeutische Maßnahmen, kognitive Verhaltenstherapie und Compliance-fördernde Trainingsprogramme beinhaltet (vgl. Band 4, Kapitel 4.6).

20.1 Allgemeine Grundlagen, methodische Probleme

20.1.1 Definition Psychotherapie

Eine einheitliche Definition von Psychotherapie hat sich bisher nicht durchgesetzt. Im Psychotherapie-Handbuch von HERINK (1980) werden mehr als 250 verschiedene Therapieverfahren aufgeführt, als prägnante und praxisnahe Psychotherapie-Definition gilt die von WOLBERG (1967): "Psychotherapie ist eine Behandlung emotionaler Probleme mit psychologischen Mitteln, wobei ein dafür ausgebildeter Psychotherapeut mit Bedacht eine berufliche Beziehung zum Patienten herstellt mit dem Ziel, bestehende Symptome zu beseitigen oder zu mildern, gestörte Verhaltensweisen zu wandeln und die günstige Entwicklung und Reifung der Persönlichkeit zu fördern". Öfter zitiert wird die Definition von STROTZKA (1982): "Psychotherapie ist eine Interaktion zwischen einem oder mehreren Patienten und einem oder mehreren Therapeuten zum Zwecke der Behandlung von Verhaltensstörungen oder Leidenszuständen (vorwiegend psychosozialer Verursachung) mit psychologischen Mitteln (vor allem durch verbale oder auch averbale Kommunikation), mit einer lehrbaren Technik, einem definierten Ziel und auf der Basis einer Theorie des normalen und abnormen Verhaltens". Nach PERREZ (1991) ist Psychotherapie definiert durch die Verwendung psychologischer Mittel, einen zielorientierten Prozeß, theoretische und empirische Fundierung sowie Durchführung durch psychologische Experten in einem professionellen Setting. HELMCHEN et al. (1982) verstehen unter psychiatrischer Psychotherapie die Anwendung definierter psychischer Mittel zur (Mit-)Behandlung psychiatrischer Krankheiten (gemäß ICD) und grenzen diese gegen zwischenmenschliche Hilfe, Beratung, Seelsorge, Pädagogik, Soziotherapie und eine therapeutische Grundhaltung ab, wobei die Grenze zwischen psychischer Krankheit und Lebensproblemen bzw. -unzufriedenheit fließend sein kann.

Psychotherapie ist nicht einfach die menschliche Zuwendung zu einem Leidenden. Die Anteilnahme des Arztes, sein tröstender und beruhigender Zuspruch gehören zu seiner selbstverständlichen beruflichen Haltung und sollten nicht Psychotherapie genannt werden (KIND 1982). Eine einfache oder pragmatische Psychotherapie im Sinne des sog. **ärztlichen Gespräches** verlangt weniger technische Kenntnisse als eine "begrenzte innere Wandlung" (BALINT 1984), die es erlaubt, die Person des Arztes und seine Beziehung zum Kranken therapeutisch einzusetzen (KIND 1982).

HIPPOKRATES wird die Sentenz zugeschrieben "zuerst das Wort, dann die Arznei, dann das Messer", in der Medizin des Mittelalters galt "medicus curat verbis, herbis, lapidibus". Das ärztliche Gespräch kennt keine eigentliche Methodik – Erfahrung, Intuition und Persönlichkeit des jeweiligen Arztes prägen es in besonderer Weise. Es stellt keine psychotherapeutische Maßnahme im eigentlichen Sinne dar, besitzt aber eine "psychotherapeutische Funktion" und ist Grundlage der Arzt-Patienten-Beziehung. Es umfaßt diagnostisch-explorative, begleitend-beratende, helfende und heilende Aspekte und stellt somit eine diagnostisch-therapeutische Einheit dar (DAHMER und DAHMER 1989, MEERWEIN 1986). Von WATZLAWICK et al. (1969) wurden vor allem Aspekte der (Meta-)Kommunikation sowie systemtheoretische Ansätze klinisch und therapeutisch umzusetzen versucht.

Als **"psychagogische Behandlung"** lassen sich direktive psychotherapeutische Aktivitäten zusammenfassen, die konkrete Ratschläge, Vermittlung einer praktischen Lebensphilosophie, Erlernen einer stoischen

Haltung, paradoxe Intentionen, Suggestionen und Selbstentspannungsmethoden umfassen (MÖLLER 1978).

Eine nicht immer scharfe Grenze läßt sich zur Soziotherapie ziehen, die als therapeutische Arbeit im psychosozialen Feld, in der Handlungsebene des Alltages mit versuchter Beeinflussung des Lebensraumes, der sozialen Beziehungen und des Milieus definiert werden kann und "Milieutherapie" sowie Arbeits- und Beschäftigungstherapie (Rehabilitation) einschließt (HEIM 1985).

20.1.2 Evaluation und Effizienz

Die Effektivität der psychopharmakologischen Behandlung mit Neuroleptika, Antidepressiva und Lithium ist durch zahlreiche placebokontrollierte Studien belegt (Übersicht: MELTZER 1987). Auch unter Berücksichtigung seltener und gravierender unerwünschter Wirkungen sowie des Abususpotentials kommen Nutzen/Risiko-Analysen der Psychopharmakotherapie zu eindeutig positiven Ergebnissen (SCHICKE 1976, s.a. Kap. 1.2). Dem gegenüber weist die evaluative Psychotherapieforschung nach wie vor einen Mangel an adäquaten Vergleichsuntersuchungen unter Einbeziehung von Kosten-Nutzen-Analysen auf (VON ZERSSEN et al. 1986). Zwar kamen Meta-Analysen zu dem Ergebnis, daß Psychotherapie im Vergleich zu Kontrollgruppen wirksam ist, wobei der Wirksamkeitsnachweis vor allem für die 3 Hauptströmungen tiefenpsychologische, verhaltensorientierte und humanistisch-erlebnisorientierte Psychotherapie-Verfahren als erbracht gelten kann (LUBORSKY et al. 1975, SMITH et al. 1980). Die meisten Untersuchungen fanden aber keine differentiellen Effekte zwischen verschiedenen Therapieformen (Übersicht: LANG 1990). Hieraus drängte sich die Frage auf, ob es gemeinsame Merkmale jeder Form von Psychotherapie gibt und diese "unspezifischen Merkmale" das eigentlich wirksame sind (BOZOK und BÜHLER 1988, SHEPHERD und SARTORIUS 1989, STRUPP und HADLEY 1979). Zu diesen unspezifischen Faktoren werden insbesondere die in Tabelle 20.1 wiedergegebenen gerechnet:

Tabelle 20.1. Unspezifische Wirkfaktoren der Psychotherapie (modifiziert nach FRANK et al. 1978, STRUPP und HADLEY 1979, PFEIFFER 1991)

- Intensive emotionale Beziehung
- Interpretation des Leidens und der Therapie nach einem plausiblen Konzept
- Vermittlung von Support (Verständnis, Ermutigung, Stützung)
- Suggestion
- Mobilisieren von Zuversicht und Veränderungsbereitschaft
- "Auftauen" verfestigter Erlebens- und Verhaltensmuster
- Vermittlung von Erfolgserlebnissen

Die Erfolge der Laientherapie und der noch ausstehende Beweis für spezifische Wirkungen sprechen nach BOZOK und BÜHLER (1988) für die Bedeutung der unspezifischen Faktoren.

GRAWE (1988) weist allerdings auf Artefakte der Meta-Analysen-Methodik hin und nimmt eine Überlegenheit kognitiv-verhaltenstherapeutischer Verfahren im Vergleich zu psychodynamisch-humanistisch orientierten Ansätzen an. Die Weiterentwicklung differentieller Indikationsstellungen wurde vor allem durch den Universalitätsmythos und den Uniformitätsmythos, aber auch durch Methodenpluralismus und -eklektizismus, verhindert (HAAG und BIRBAUMER 1984).

Prinzipiell stehen der Psychotherapieforschung eine Reihe **methodischer Probleme** entgegen: So ist die Beurteilung der Effektivität psychotherapeutischer Interventionen u. a. durch folgende Einzelprobleme belastet: Nur globale, unklare oder rein subjektive Erfolgskriterien, Spontanremissionsraten, Fehlen adäquater Kontrollgruppen, Nichtberücksichtigung von Untergrup-

pen bzw. der Varianz innerhalb der Gruppen unscharfe Beschreibung der Stichproben- und Therapeutencharakteristika sowie des therapeutischen Vorgehens, mangelnde Berücksichtigung von Verläufen und Katamnesen, Nichtüberprüfen von Placebo- und Erwartungseffekten (HAAG und BIRBAUMER 1984). Bezüglich letzteren ist zu erwähnen, daß der medikamentöse Placebo-Begriff auf die psychologische Intervention nicht übertragbar ist. Jede der Placebo-Prozeduren beinhaltet Elemente, für die es Anhaltspunkte hinsichtlich Wirksamkeit gibt (vgl. sog. unspezifische Faktoren). In der medikamentösen Therapie ist die Substanz und die damit verbundene psychologische Wirkung trennbar, während es eine psychologisch inerte "Placebo-Psychotherapie" nicht geben kann. In der Psychotherapie kann die Technik nicht vom Therapeutenverhalten losgelöst werden (ENGEL 1986).
Des weiteren ist zu berücksichtigen, daß es bei der Evaluation psychotherapeutischer Behandlungsmaßnahmen nicht nur um die Evaluation von Effekten geht, sondern auch um die Überprüfung von Vorgängen, die durch den psychotherapeutischen Prozeß erst hervorgebracht, also durch die Anwendung dieser Methoden erst geschaffen werden (GRAWE 1988). Dies hat zur Therapie-Prozeßforschung geführt (siehe Abb. 20.1).
Schließlich kann die empirisch-wissenschaftliche Evaluation psychotherapeutischer Interventionen von vorneherein dadurch umgangen werden, daß diese als "ideographisches Behandlungsprinzip" angesehen werden und somit als therapeutisches Agens eine absolut individuelle, personale Arzt-Patienten-Interaktion beinhalten.
Im Gegensatz zur Psychopharmakotherapie wurde über **Nebenwirkungen, Gefahren und Kontraindikationen von Psychotherapie** relativ selten berichtet (GÖTH et al. 1980, CROWN 1983). Als mögliche negative Effekte einer Psychotherapie werden von STRUPP et al. (1978) folgende genannt:

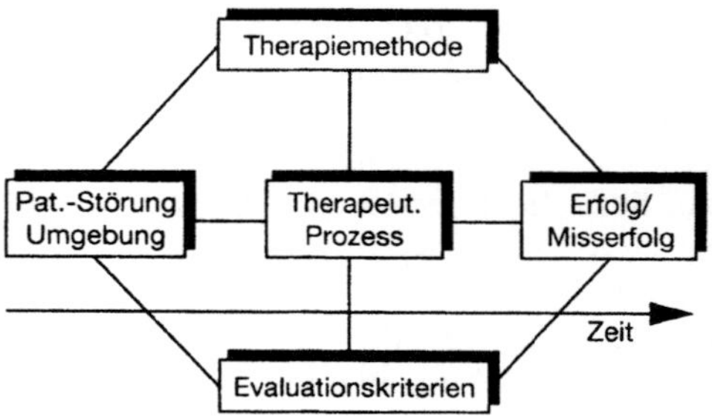

Abb. 20.1. Schema zur Therapie-Prozeßforschung (nach REMSCHMIDT 1991)

- Exazerbation vorhandener Symptome wie Depression und Angst
- Auftreten neuer Symptome (maligne Regression, Suizidalität, psychotische Dekompensation)
- Abhängigkeit vom Therapeuten
- Psychotherapie als Surrogat für tätiges Handeln im Alltag (Suchen nach unbewußten Motiven blockiert konstruktives Handeln)
- Setzen unrealistischer Lebensziele.

Als Ursachen werden die Persönlichkeit des Patienten und/oder des Therapeuten, die Arzt-Patienten-Interaktion, falsche therapeutische Techniken oder eine unlösbare soziale Situation des Patienten angesehen (CROWN 1983, ZAPOTOCZKY 1986).

Eine der spärlichen empirischen Untersuchungen zeigt erschreckende Effekte stationärer psychoanalytischer Behandlung auf den unbehandelten Partner: 16% der unbehandelten Partner unternahmen einen Suizidversuch, des weiteren wurde ein hochsignifikanter Anstieg von nachteiligen Lebensereignissen, Krankschreibungen und an Scheidungen/Trennungen gefunden (HESSLER und LAMPRECHT 1986).

Zurecht wird allerdings immer wieder kritisch vermerkt, daß bei der Effektivitätsbeurteilung einer Psychopharmakotherapie zu sehr die Symptomreduktion im Vordergrund stehe, bei Psychotherapie Persönlichkeits- und Befindlichkeitsaspekte, sich also die Zielvorstellungen psychotherapeutischer Verfahren von denen einer Psychopharmakotherapie unterscheiden.

Für beide Therapieverfahren gilt, daß sog. wirkungsmodifizierende Faktoren (Randbedingungen) auch bei kontrollierten Untersuchungen kaum abschätz- und beurteilbar sind. Zu diesen gehören u. a. Lebenssituation, soziales Umfeld und Persönlichkeitsstruktur mit Bewältigungsstrategien.

20.1.3 Interaktionsmodus

Prinzipiell lassen sich hinsichtlich der Kombination zweier therapeutischer Interventionen folgende Interaktionsmodelle unterscheiden (Uhlenhuth 1983): Bei **Addition** entspricht die gemeinsame Wirkung der Summe der Einzelwirkungen, bei **Potenzierung** entspricht die gemeinsame Wirkung einem mehrfachen. Bei **Inhibition** bzw. **Inversion** bedingt die gleichzeitige Anwendung beider Verfahren eine Minderung der Wirkung bzw. sogar eine Verschlechterung des Ausgangszustandes. Der multivariate Ansatz der **Komplementarität** beinhaltet, daß zwei Verfahren im Hinblick auf zwei verschiedene Ergebnisvariablen unabhängig voneinander differentielle Effekte zeigen.

Die Wirkmechanismen des Ineinandergreifens verschiedener Therapieverfahren werden durch prozeßorientierte Interaktionsmodelle zu beschreiben versucht: Beitman (1988) beschreibt beispielsweise die psychodynamische Bedeutung der Verabreichung von Psychopharmaka und das Ineinandergreifen psychodynamischer und pharmakodynamischer Prozesse. Ein weiteres wichtiges Beispiel stellt die Compliance-Forschung dar (siehe Kap.7).

Übereinstimmend wird konstatiert, daß zwischen Psychotherapie und Psychopharmakotherapie kein additiver, sondern ein interaktiver Wirkzusammenhang bestehe. In Abb. 20.2 sind Argumente für und gegen kombinierte Pharmako- und Psychotherapie zusammengefaßt:

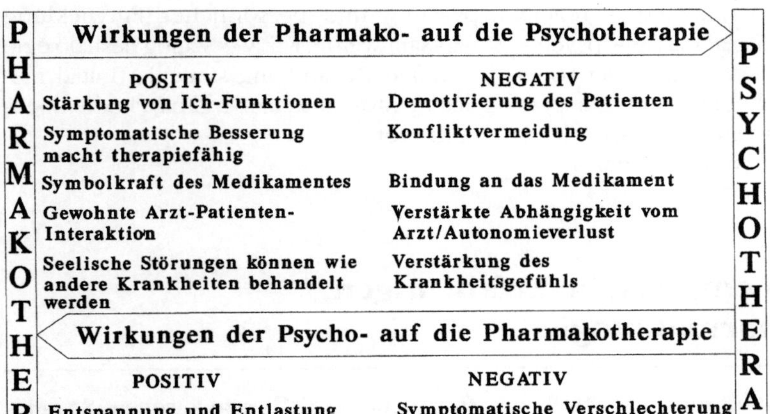

Abb. 20.2. Interaktion Pharmakotherapie und Psychotherapie (modifiziert nach Weissman 1978, Karasu 1982)

Von der Mehrzahl der Autoren werden heute integrative pharmakologische und psychologische Therapiemodelle favorisiert (Karasu 1982), demgegenüber raten psychoanalytisch orientierte Psychotherapeuten nach wie vor in der Regel von einer Kombinationsbehandlung mittels Psychopharmaka und psychodynamisch orientierter Psychotherapie ab (Danckwardt 1979). Gleichfalls kontrovers diskutiert wird, ob die kombinierte psychotherapeutische und psychopharmakologische Behandlung in einer Hand liegen sollte (Rüger 1979, Danckwardt 1980).

20.1.4 Zeitablauf und Behandlungssequenz

Prinzipiell können Pharmakotherapie und Psychotherapie alternativ, simultan oder sequentiell angewandt werden. Unter den derzeitigen Routine-Versorgungsbedingungen ist es Usus, Psychopharmakotherapie-"Nonresponder" einer Psychotherapie zuzuführen (umgekehrt sich unter Psychotherapie verschlechternde Patienten – nolens volens, nicht selten notfallmäßig – psychopharmakologisch behandeln zu lassen) oder simultan Pharmakotherapie mit Entspannungsverfahren/stützenden Gesprächen/Verhaltenstherapie zu kombinieren.

Mit Rüger (1979) lassen sich eine initiale Begleit-Medikation während des Beginns einer Psychotherapie, eine passagere Begleit-Medikation, eine Medikation während der gesamten psychotherapeutischen Behandlung sowie umgekehrt eine zeitweilige Psychotherapie im Verlaufe einer Langzeitmedikation unterscheiden. Vor allem bei gravierenderen psychischen Störungen erfolgt in praxi zumeist eine sequentielle Behandlung: Zur Akuttherapie werden Psychopharmaka, nach Entaktualisierung und symptomatischer Besserung psychotherapeutische Verfahren eingesetzt. Hierbei ist von differenten Effekten der verschiedenen Therapieverfahren auszugehen; so werden zum Beispiel durch Antidepressiva primär somatische und vegetative Symptome positiv beeinflußt, durch Psychotherapie Kognitionen (DiMascio et al. 1979). Nach Karasu (1982) und Klerman et al. (1974) zeigen Psychopharmaka eine schnelleinsetzende symptomverbessernde Wirkung, während Psychotherapie erst mittel- und längerfristig, vor allem bezüglich sozialer Anpassung und persönlicher Entwicklung wirksam werde. Klerman schlug deshalb eine 2-stufige Behandlungsstrategie (initial medikamentös, anschließend psychotherapeutisch) vor.

20.2 Klinisch-empirische Erfahrungen, Sozialpharmakologie

Schon bald nach Einführung spezifischer psychopharmakologischer Therapiemaßnahmen zeigte sich, daß auch nicht-pharmakologische Faktoren für die Wirkung von Psychopharmaka von Bedeutung sind (Pietzcker 1985). Als Determinanten der sich entfaltenden Wirkung von Psychopharmaka sind die Faktoren Umfeld, Arzt-Patienten-Beziehung sowie verschiedene Patienten- und Therapeutenvariablen anzusehen. So zeigte sich, daß Klinikstruktur einschließlich architektonischer Gegebenheiten, Stationsmilieu, Behandlungs-"Setting" sowie professionelle Orientierung des behandelnden Arztes den Bedarf an Psychopharmaka bei stationär behandelten Patienten deutlich beeinflussen können (Patzold et al. 1976, Kellam et al. 1977). Im Bereich der ambulanten Behandlung erfolgte erst in den letzten Jahren eine systematische Erforschung des Verordnungsverhaltens von Ärzten, des Befolgungsverhaltens von Patienten (Compliance) sowie der sog. Selbstmedikation unter Beachtung von Placebophänomenen. Dieser vor allem für die Psychopharmakotherapie wichtige Zweig wird als Sozialpharmakologie bezeichnet (SCHICKE 1976). Gerade bei der Verordnung von Psychopharmaka zeigen sich irrationale Determinanten des Verschreibungsverhaltens kompliziert durch Rezeptwünsche auf Seiten des Patienten, Arzneimittelwerbung und administrativ-ordnungspolitische Restriktionen (SCHWABE und PAFFRATH 1991). Psychoanalytisch orientierte Psychotherapeuten, die sich mit der Bedeutung und Rolle von Medikamenten auseinandersetzten, betonten die Problematik der Verknüpfung von Psycho- und Pharmakotherapie: Die therapeutische Beziehung werde durch Konfliktmuster wie Auflehnung versus Unterwürfigkeit, Autonomie versus Abhängigkeit und gestörte Selbstwertregulation beeinflußt (GAUS et al. 1987, DANCKWARDT 1980).

Mit der Verwirklichung sozialpsychiatrischer Reformen wurde der Zusammenhang zwischen erforderlichen Psychopharmakadosierungen, Milieufaktoren und soziotherapeutischen Maßnahmen vor allem bei langzeitbehandelten chronisch Kranken besonders deutlich (Übersicht: MÜLLER 1991).

Bei symptomsuppressiv oder rezidivprophylaktisch mit Psychopharmaka langzeitbehandelten schizophrenen Patienten ergaben sich folgende Ansatzpunkte für eine zusätzliche Psychotherapie und Soziotherapie (BENDER 1985):

1. Neurotische Symptome, die nach Abklingen der Psychose das klinisch-psychopathologische Bild bestimmen
2. Verarbeitung des Psychose-Traumas
3. Bearbeitung der durch die Psychose entstandenen psychosozialen Probleme einschließlich Partnerschaftskonflikte
4. Therapie kognitiver Basisstörungen mittels psychologischer Trainingsprogramme (Training sozialer Wahrnehmung, Kommunikationstraining, soziales Verhaltenstraining, verhaltensorientierte Gruppentherapie)
5. Familientherapie bei gestörter Kommunikation und pathologischem intrafamiliärem Klima
6. Gruppentherapie zur Vermittlung von Gemeinschaftsgefühl sowie zur Vermeidung von Isolierungs- und Rückzugstendenzen.

Vice versa sind nach PERRY (1990) Antidepressiva zusätzlich zur Psychotherapie indiziert, wenn

1. eine schwergradige "major depression"
2. eine chronifizierte neurotische Depression
3. eine sekundäre Depression im Rahmen chronischer Krankheiten
4. ein chronisches Schmerzsyndrom oder
5. eine pathologische Trauerreaktion vorliegen.

20.3 Kontrollierte Studien zur Kombinationsbehandlung

Erst in den letzten Jahren wurden in größerem Rahmen kontrollierte Studien zur Frage der therapeutischen Effizienz der gleichzeitigen Anwendung von Psychopharmakotherapie und Psychotherapie durchgeführt. Im Mittelpunkt standen hierbei Untersuchungen mit schizophrenen und depressiven Patienten (siehe unten), während Studien zur Effizienz der Kombination psychotherapeutischer und pharmakotherapeutischer Interventionen im großen und heterogenen Feld der psychogenen Störungen bislang kaum vorliegen. Methodologisch weisen diese Studien den höchsten Standard auf, gleichwohl gelten auch hier die bereits oben erwähnten kritischen Anmerkungen (fehlende Gruppengleichheit, Patientenselektion, nur globale Erfolgsstatistik mit interindividuellen Gruppenmittelwerten).

20.3.1 Schizophrene Psychosen

Seit den 70er Jahren durchgeführte kontrollierte Untersuchungen haben auf die Bedeutung der Kombination therapeutischer Strategien in der Langzeitbehandlung schizophrener Psychosen hingewiesen. Die vorliegenden Forschungsergebnisse rechtfertigen die Kombination einer rezidivprophylaktischen Neuroleptika-Erhaltungsmedikation mit psychosozialen Therapiemaßnahmen (Übersichten: Böker und Brenner 1986, Falloon und Liberman 1983, Lam 1991; vgl. Band 4, Kap. 4.6.2). Während Neuroleptika primär auf kognitive Störungen und Symptome wirken, stehen die Einflußnahme von Umweltstressoren und persönlichen Defiziten im Zentrum psychosozialer Behandlungsansätze (Eckman und Liberman 1989). Es wurde eine Vielfalt von psychologischen Therapieverfahren entwickelt: Unterstützung bei der Krankheitsverarbeitung, kognitive Therapien und solche zur Förderung sozialer Kompetenz, Familientherapie sowie Angehörigenarbeit.

Im Mittelpunkt neuentwickelter Interventionsstrategien stehen Trainingsprogramme; diese umfassen das Training sozialer Fertigkeiten und sozialer Kompetenz, die Bewältigung kognitiver Basisstörungen und auslösender Situationen sowie kommunikativer Störungen. Psychoedukative Familientherapie scheint angesichts der nachgewiesenen Bedeutung der emotionalen Familienatmosphäre ("expressed emotions") einen deutlichen rezidivprophylaktischen Effekt aufzuweisen, der über den der neuroleptischen Rezidivprophylaxe hinausgeht (Goldstein 1990, Schooler 1986). Bei der verhaltensorientierten Familientherapie steht die auf dem Stress-Vulnerabilitäts-Modell basierende Vermittlung von Problemlösestrategien zur besseren Bewältigung alltäglicher Belastungen im Vordergrund (Falloon 1989, Kraemer et al. 1987). Psychologische Trainingsprogramme zur Vermittlung funktionaler Fertigkeiten umfassen u. a. ein Training kognitiver Differenzierung sowie das Training sozialer Wahrnehmung, Kommunikationstraining, soziales Verhaltenstraining sowie verhaltensorientierte Gruppentherapie. Als sinnvolle Ergänzung haben sich des weiteren ein sog. Medikamentenmanagement-Training (vgl. Compliance-Problem) sowie Angehörigen-Gruppenarbeit erwiesen.

Klar strukturierte, gestufte Programme zur Vermittlung familienbezogener und sozialer Bewältigungsstrategien haben sich als wichtige Ergänzung der psychopharmakologischen Behandlung schizophrener Psychosen erwiesen. Es wurde allerdings auch deutlich, daß der positive Effekt sozio- und psychotherapeutischer Maßnahmen erst unter dem Schutz einer neuroleptischen Medikation ausreichend zur Geltung kommen kann. Neueste Forschungsergebnisse zeigten, daß die Kombination von neuroleptischer Rezidivprophylaxe mit verhaltenstherapeutischer Familientherapie und gleichzeitigem Training sozialer Fertigkeiten die besten Langzeitbehandlungsergebnisse erbrachte (Hogarty et al. 1991).

20.3.2 Depressive Erkrankungen

Erste Studien zur Frage der Kombination von Psychotherapie und Pharmakotherapie in der Depressionsbehandlung wurden in den 70er Jahren durchgeführt (Covi et al. 1974, Klerman et al. 1974, Freedman 1975). Hierbei zeigte psychodynamisch orientierte Gruppenpsychotherapie, stützende Gesprächstherapie oder Eheberatung keine additiven Wirkeffekte gegenüber alleiniger Antidepressiva-Gabe. Im Rahmen der wachsenden Bedeutung verhaltenstherapeutisch-kognitiver Therapieansätze depressiver Erkrankungen wurden in den letzten Jahren eine Reihe kontrollierter Untersuchungen zur Frage der Effektivität einer Kombinationstherapie von Antidepressiva mit Psychotherapie (kognitiver Verhaltenstherapie) durchgeführt (Übersicht: GAEBEL und LINDEN 1986). Tabelle 20.2 gibt die wichtigsten kontrollierten Studien wieder:

Tabelle 20.2. Wichtige kontrollierte Studien zur Kombinationstherapie Antidepressiva – Psychotherapie

Autor(en)	N (drop out)	Dauer in Wochen	Ergebnis	Follow Up	Method. Probleme/ Besonderheiten
COVI et al. (1974)	218 (69)	16	IMI>DIA>PL Gr. Psyther = stützende Gespräche, kein zusätzl. Effekt		Hohe drop out-Rate
KLERMAN et al. (1974) WEISSMAN et al. (1974, 1976)	150 (44)	32	AMI+InterpTh =AMI>PL Psyther kein zusätzl. Effekt	1/2: kein additiver Effekt bzgl. Rezidive, Psyth. verbessert soz. Anpassung. 1J: AMI weniger Rezidive	
FRIEDMAN (1975)	196 (44)	12	AMI>PL, kein addit. Effekt durch Paartherapie, AMI wirkt rascher als Paartherapie	1/2 J: AD+Psyth. additive Effekte 1 J: AD weniger Rezidive, Psyth. bessere soziale Anpassung	Hohe Rate Spontanremission/PL und Kurzth-Responder
RUSH et al. (1977) KOVACS et al. (1981)	41 (9)	12	Kogn Th>IMI	1 J: Kogn.Th≥IMI KognTh weniger Rezid.	Mehr drop outs bei IMI, VT nur tendenziell besser solange Pat. voll dosiert
WEISSMAN et al. (1979) DIMASCIO et al. (1979) ROUNSAVILLE et al. (1981) WEISSMAN et al. (1981)	81 (38)	16	AMI+InterpTh>AMI =InterpTh>KG (Notfallgr) AMI vor allem auf vegetat. Symptome, Psyth. auf kognit. Sympt. wirkend	1J: idem InterpTh bessere soz. Integration	Hohe drop out-Rate Neurot. u. endog. Depr. gleiche Response-Rate
BELLACK et al. (1981)	72 (22)	12	SKT+PL>AMI ≥Psyth+PL>SKT+PL	–	Hohe und ungleiche AMI-Dosierung, weniger drop-outs bei SKT
BLACKBURN et al. (1981, 1986)	88 (24)	12	KognTh+AMI/CLO >kognTh>AMI/CLO (Polikl.) KognTh+AMI/ CLO=KognTh>AMI/ CLO (Prakt.) endogen=neurotisch		
	41 (5)	104		2J: Mehr Rezidive unter AD allein	Follow up retrospektiv

(Fortsetzung siehe S. 468)

Tabelle 20.2. Fortsetzung

Autor(en)	**N (drop out)**	**Dauer in Wochen**	**Ergebnis**	**Follow Up**	**Method. Probleme/ Besonderheiten**
Wilson (1982)	64	8	AMI+VT=VT+PL AMI rascher wirksam	1/2 J: idem	
Teasdale et al. (1984)	44 (10)	14	KognTh+AD>AD		
Rötzer-Zimmer et al. (1984, 1985)	60 (14)	12	KognTh=AD =kognTh+AD	1 J: AD mehr Rezidive, Pat. mit kognTh stabiler	
Murphy et al. (1984) Simons et al. (1986)	87 (17)	12	KognTh=NOR =kognTh+NOR =kognTh+PL	1 J: weniger Rezidive mit kognTh	Plasmaspiegelkontr. Mehr drop outs unter NOR
Beck et al. (1985)	33 (8)	12	KognTh =kognTh+AMI	1 J: kogn Th+AMI≥kognTh	Pat. per Annonce rekrutiert
Covi und Lipman (1987)	92 (22)	14	GrKognVT+IMI ≥kogn VT>GrPsyth	9 Mon: idem	
Elkin et al. (1989) (NIMH-Studie)	239 (77)	16	IMI+stützG>InterpTh ≥kognTh>PL+stützG IMI rascher und bei schwereren Depr. stärker wirksam, leichte Depr. n.s.		Plasmaspiegelkontr. Oberschichtpat., Statist. Analyse umstritten
Miller et al. (1990)	69	20	AD+KognTh>AD bei Pat. mit hoher kogn. Dysfunktion		Ex post-Analyse Stat. Pat.
Bowers (1990)	33 (3)	4	NOR+kognTh >NOR+Relax>NOR		 Stat. Pat.

Legende: AD Antidepressiva, *AMI* Amitriptylin, *CLO* Clomipramin, *DIA* Diazepam, *GrPsyth* Gruppenpsychotherapie, *IMI* Imipramin, *InterpTh* Interpersonale Therapie, *KG* Kontrollgruppe, *KognTh* kognitive Therapie, *NOR* Nortriptylin, *PL* Placebo, *Psyth* Psychotherapie, *SKT* Soziales Kompetenz-Training, *stützG* stützende Gespräche, *VT* Verhaltenstherapie

Während sich in einem Teil der Studien kein additiver Effekt von kognitiver Verhaltenstherapie und Antidepressiva-Medikation fand (BECK et al. 1985, MURPHY et al. 1984, RÖTZER-ZIMMER 1986 u. a.), zeigte sich in einigen Untersuchungen eine Überlegenheit der Kombination (BLACKBURN et al. 1981, BOWERS 1990, COVI und LIPMAN 1987, MILLER et al. 1990, TEASDALE et al. 1984). CONTE et al. (1986) kommen aufgrund einer Meta-Analyse der zwischen 1974 und 1984 publizierten Vergleichsuntersuchungen zu dem Ergebnis, daß kombinierte Behandlungen wirksamer sind als Placebogruppen, jedoch nur geringgradig besser als Antidepressiva-Medikation oder Psychotherapie alleine. Die Art der Medikation (Amitriptylin, Imipramin, Clomipramin, Nortriptylin) bzw. der angewandten Psychotherapie (Verhaltenstherapie, kognitive Therapie, interpersonale Therapie) war dabei ohne Einfluß.

Übereinstimmend zeigte sich vor allem in den Studien mit Katamnesen, daß psychologische Therapien die unter Antidepressiva-Monotherapie relativ hohe Drop out-Rate deutlich senken können (BELLACK et al. 1981, WILSON 1982, MURPHY et al. 1984, SIMONS et al. 1986).

Aufgrund methodologischer Bedenken sollten allerdings aus den vorliegenden Befunden keine generellen Schlußfolgerungen gezogen werden: Die Studien umfassen zumeist relativ kleine Zahlen in den einzelnen Subgruppen und wurden fast ausschließlich an ambulant behandelten jungen Frauen mit leicht- bis mittelschweren, diagnostisch nicht näher spezifizierten, depressiven Syndromen durchgeführt. Mit einer durchschnittlichen Behandlungsdauer von 12–16 Wochen sind die Studien außerdem für Psychotherapie-Effekte zu kurz angelegt.

Demgegenüber kritisieren METERISSIAN und BRADWEJN (1989), daß in den meisten Vergleichsstudien keine optimale Antidepressiva-Therapie durchgeführt worden sei (inadäquate Dosierung, keine Plasmaspiegelkontrollen, keine Augmentationsbehandlungen, unerfahrene Ärzte).

Wegen ihrer subtilen Methodik fanden vor allem die Studien von MURPHY et al. (1984) sowie die jüngst abgeschlossene große multizentrische NIMH-Studie (ELKIN et al. 1989) besondere Beachtung. Letztere ergab, daß die medikamentöse Behandlung rascher und (nur) bei schweren Depressionen wirksamer ist als interpersonale Therapie bzw. kognitive Verhaltenstherapie.

Schließlich sei erwähnt, daß auch während einer **Lithium**-Langzeitmedikation eine zusätzliche psychotherapeutische Behandlung indiziert sein kann. Ein Teil der Patienten zeigt partielle Veränderungen der Persönlichkeitsstruktur, in deren Folge sich neurotische Konflikte aktualisieren können. Auch innerhalb der Familie sind nachhaltige psychodynamische Veränderungen möglich (RÜGER 1986).

20.3.3 Andere psychiatrische Störungen

Zur medikamentös-psychotherapeutischen Kombinationsbehandlung von **Angsterkrankungen** liegen überraschend wenig kontrollierte Studien vor. In einer frühen Studie zeigten RICKELS et al. (1966) bei 114 neurotischen Patienten die Überlegenheit einer Kombinationsbehandlung mit dem Tranquilizer Meprobamat und individueller Psychotherapie im Vergleich zu Psychotherapie allein. LUBORSKY et al. (1975) sowie FREEDMAN (1986) konstatierten bei Patienten mit Angstneurosen in 13 von 16 bzw. 6 von 11 Vergleichsstudien ein besseres Ansprechen auf eine kombinierte Pharmako-/Psychotherapie. UHLENHUTH (1983) fand eine additive Wirkung von Benzodiazepinen bei Angstpatienten. WARDLE (1990) analysierte kürzlich die nur spärlich vorliegenden Studien zum kombinierten Einsatz von Verhaltenstherapie und Benzodiazepinen. In 4 der

6 placebokontrollierten Studien zeigte sich eine Überlegenheit der Kombinationsbehandlung bei Kurzzeitanwendung. Für Benzodiazepin-Tranquilizer konnte eine sofort einsetzende, höhere Wirksamkeit verifiziert werden – allerdings wiesen die Vergleichsgruppen eine relativ große Zahl von Placeboreaktionen (Spontanheilungen) auf. Demgegenüber war Verhaltenstherapie eher längerfristig und hinsichtlich der kognitiven Angstkomponenten (antizipatorische Angst, Phobie) wirksam.
DENCKER und FASTH (1986) beschrieben bei 80 ambulanten Patienten mit Neurosen eine positive Interaktion zwischen Psychotherapie und Pharmakotherapie mit Bromazepam bzw. Thioridazin. Hinsichtlich der kombinierten medikamentösen psychologischen Behandlung von Panik- und Zwangserkrankungen sowie Agoraphobien liegen Übersichtsarbeiten von MARKS und O'SULLIVAN (1988) und CASSANO et al. (1988) vor. Die vorliegenden Studien sprechen für eine bessere längerfristige Wirksamkeit von Expositions-Therapieverfahren, in der Behandlung von Agoraphobien (mit Panikattacken) über 12–26 Wochen ergaben placebokontrollierte Studien eine Überlegenheit der Kombination Imipramin plus Verhaltenstherapie (ZITRIN et al. 1980, TELCH et al. 1985, MAVISSAKALIAN und MICHELSON 1986). Bei Zwangspatienten zeigte sich nur ein geringer und maximal 8 Wochen anhaltender positiver Effekt einer zusätzlichen Clomipramin-Therapie im Vergleich zur Expositionsbehandlung (MARKS und O'SULLIVAN 1988).
Erste kontrollierte Studien zur kombinierten Behandlung der **Bulimie** ergaben, daß Antidepressiva bzgl. des Eßverhaltens keine additive Wirkung zu einer intensiven Psychotherapie (in Gruppen bzw. verhaltensorientiert) zeigten, daß sich jedoch die Symptome Depressivität und Angst besserten (MITCHELL et al. 1990, FICHTER et al. 1991).

20.4 Ausblick

In den letzten Jahren ist in der psychiatrischen Therapie ein Paradigmawandel dahingehend zu konstatieren, daß Psychotherapie und Psychopharmakotherapie nicht mehr als prinzipielle Gegensätze angesehen werden. Die Defizite in der Erforschung einer kombinierten Anwendung dieser Therapieverfahren sind allerdings unübersehbar. Als ein zentrales ungelöstes Problem ist die Indikationsfrage anzusehen: Für welche Patienten sind welche Therapiemaßnahmen in welcher Kombination mit welcher Zielsetzung optimal? Lassen sich Prädiktoren für eine differentielle Indikationsstellung finden? Möglicherweise kann durch die Anwendung neuerer methodischer Ansätze wie die kontrollierte Einzelfallforschung oder die Verfahren der Zeitreihenanalyse die Effizienz von Kombinationsbehandlungen besser untersucht werden als durch nivellierende gruppenstatistische Verfahren. Oberstes Ziel ist die empirische Fundierung in Klinik und Praxis anwendbarer integrativer Gesamtbehandlungskonzepte, um dem psychisch kranken Individuum eine wissenschaftlich gesicherte optimale Therapie bieten zu können.

Literatur

BALINT M (1984) Der Arzt, sein Patient und die Krankheit. Klett Cotta, Stuttgart

BECK AT, HOLLON SD, YOUNG JE et al. (1985) Treatment of depression with cognitive therapy and amitriptyline. Arch Gen Psychiatry 42: 142–148

BEITMAN BD (1988) Combining pharmacotherapy and psychotherapy: diagnostic considerations. In: FLACH F (ed) Psychobiology and psychopharmacology. Norton, New York, pp 60–74

BELLACK AS, HERSEN M, HIMMELHOCH J (1981) Social skills training compared with pharmacotherapy in the treatment of unipolar depression. Am J Psychiatry 138: 1562–1567

BENDER W (1985) Psychotherapie bei psychotischen Patienten. Nervenarzt 56: 465–471

BLACKBURN IM, BISHOP S, GLEN AIM, WHALLEY LJ, CHRISTIE JE (1981) The efficacy of cognitive therapy in depression: a treatment trial using cognitive therapy and pharmacotherapy, each alone and in combination. Br J Psychiatry 139: 181–189

BLACKBURN IM, EUNSON KM, BISHOP S (1986) A two-year naturalistic follow-up of depressed patients treated with cognitive therapy, pharmacotherapy and a combination of both. J Affect Disord 10: 67–75

BÖKER W, BRENNER HD (1986) (Hrsg) Bewältigung der Schizophrenie. Huber, Bern

BOWERS WA (1990) Treatment of depressed inpatients. Cognitive therapy plus medication, relaxation plus medication, and medication alone. Br J Psychiatry 156: 73–78

BOZOK B, BÜHLER KE (1988) Wirkfaktoren der Psychotherapie – spezifische und unspezifische Einflüsse. Fortschr Neurol Psychiat 56: 119–132

CASSANO GB, PERUGI G, MCNAIR DM (1988) Panic disorder: review of the empirical and rational basis of pharmacological treatment. Pharmacopsychiatry 21: 157–165

CONTE HR, PLUTCHIK R, WILD KV, KARASU TB (1986) Combined psychotherapy and pharmacotherapy for depression. A systematic analysis of the evidence. Arch Gen Psychiatry 43: 471–479

COVI L, LIPMAN RS (1987) Cognitive behavioral group psychotherapy combined with imipramine in major depression. Psychopharmacol Bull 23: 173–176

COVI L, LIPMAN RS, DEROGATIS LR, SMITH LE, PATTISON JH (1974) Drugs and group psychotherapy in neurotic depression. Am J Psychiatry 131: 191–198

CROWN S (1983) Contraindications and dangers of psychotherapy. Br J Psychiatry 143: 436–441

DAHMER H, DAHMER J (1989) Gesprächsführung. Thieme, Stuttgart

DANCKWARDT JF (1979) Anmerkung zur Indikation und Kontraindikation für die gleichzeitige Anwendung von psychoanalytischer Psychotherapie und Psychopharmakotherapie. Psyche 33: 528–544

DANCKWARDT JF (1980) Psychopharmaka – ein Problem für Psychotherapeuten? Prax Psychiat Psychosom 25: 99–113

DENCKER SJ, FASTH BG (1986) Combination of psychotherapy and drugs in the treatment of neurosis. A controlled comparison of bromazepam and thioridazine. Acta Psychiatr Scand 74: 569–575

DIMASCIO A, WEISSMAN MM, PRUSOFF BA, NEU C, ZWILLING M, KLERMAN GL (1979) Differential symptom reduction by drugs and psychotherapy in acute depression. Arch Gen Psychiatry 36: 1450–1456

ECKMAN TA, LIBERMAN RP (1989) Verhaltenstherapeutisches Self-Management-Training und Neuroleptika bei Schizophrenie. In: HAND I, WITTCHEN HU (Hrsg) Verhaltenstherapie in der Medizin. Springer, Berlin Heidelberg New York Tokyo, S 82–96

ELKIN I, SHEA MT, WATKINS JT et al. (1989) National Institute of Mental Health treatment of depression collaborative research program. General effectiveness of treatments. Arch Gen Psychiatry 46: 971–982

ENGEL RR (1986) Gibt es eine psychologisch inerte Behandlung? In: HIPPIUS H, ÜBERLA K, LAAKMANN G, HASFORD J (Hrsg) Das Placebo-Problem. Fischer, Stuttgart, S 107–112

FALLOON IFH (1989) Verhaltenstherapeutisch orientierte Familientherapie bei Schizophrenie. In: HAND I, WITTCHEN HU (Hrsg) Verhaltenstherapie in der Medizin. Springer, Berlin Heidelberg New York Tokyo, S 97–105

FALLOON IFH, LIBERMAN RP (1983) Interactions between drug and psychosocial therapy in schizophrenia. Schizophr Bull 9: 543–554

FICHTER MM (1991) Behandlung bulimischer Eßstörungen mit Antidepressiva. In: HIPPIUS H, ORTNER M, RÜTHER E (Hrsg) Psychiatrische Erkrankungen in der ärztlichen Praxis. Springer, Berlin Heidelberg New York Tokyo, S 71–76

Flach F (1988) Psychobiology and psychopharmacology. Norton, New York

Frank JD, Hoehn-Saric B, Imber ST, Liberman B, Stone A (1978) Effective ingredients of successful psychotherapy. Brunner/Mazel, New York

Freedman AM (1986) Psychopharmacology and psychotherapy in the treatment of anxiety. Curr Psychiatr Ther 23: 101–118

Friedman AS (1975) Interaction of drug therapy with marital therapy in depressive patients. Arch Gen Psychiatry 32: 619–627

Gaebel W, Linden M (1984) Kombination von Pharmakotherapie und Psychotherapie in der Behandlung depressiver Störungen. In: Baumann U, Berbalk H, Seidenstücker G (Hrsg) Klinische Psychologie. Trends in Forschung und Praxis, Bd 6. Huber, Bern, S 186–210

Gaus E, Bechter K, Dreyer KH, Merkle W, Rein A (1987) Untersuchungen zur Bedeutung und Rolle von Medikamenten. In: Quint H, Janssen PL (Hrsg) Psychotherapie in der psychosomatischen Medizin. Springer, Berlin Heidelberg New York Tokyo, S 61–66

Göth N, Göth J, Weigelin J (1980) Zum Problem der negativen Effekte in der Psychotherapie. Psychiat Neurol Med Psychol 32: 550–556

Goldstein MJ (1990) Die Forschung über Familien- und Psychopharmakotherapie der Schizophrenie. In: Hinterhuber H, Kulhanek F, Fleischhacker WW (Hrsg) Kombination therapeutischer Strategien bei schizophrenen Erkrankungen. Vieweg, Braunschweig, S 111–130

Grawe K (1988) Psychotherapeutische Verfahren im wissenschaftlichen Vergleich. Prax Psychother Psychosom 33: 153–167

Greenhill MH, Gralnick A (eds) (1983) Psychopharmacology and psychotherapy. Free Press, New York

Haag G, Birbaumer N (1984) Differentielle Psychotherapieindikation bei psychosomatischen Störungen. In: Baumann U, Berbalk H, Seidenstücker G (Hrsg) Klinische Psychologie. Trends in Forschung und Praxis. Huber, Bern, S 248–262

Heim E (1985) Praxis der Milieutherapie. Springer, Berlin Heidelberg New York Tokyo

Helmchen H, Linden M, Rüger U (1982) (Hrsg) Psychotherapie in der Psychiatrie. Springer, Berlin Heidelberg New York Tokyo

Herink R (1980) The psychotherapy handbook: the A-Z guide to more than 250 different psychotherapies in use today. Merian, New York

Hessler M, Lamprecht F (1986) Der Effekt stationärer psychoanalytisch orientierter Behandlung auf den unbehandelten Partner. Psychother Med Psychol 36: 173–178

Hogarty GE, Anderson CM, Reiss DJ et al. (1991) Family psychoeducation, social skills training, and maintenance chemotherapy in aftercare treatment of schizophrenia. Arch Gen Psychiatry 48: 340–347

Karasu TB (1982) Psychotherapy and pharmacotherapy: toward an integrative model. Am J Psychiatry 139: 1102–1113

Karasu TB (1990) Toward a clinical model of psychotherapy for depression. II. An integrative and selective treatment approach. Am J Psychiatry 147: 269–278

Kellam SG, Goldberg SC, Schooler WR, Berman A, Schmelzer JC (1977) Ward atmosphere and outcome of treatment of acute schizophrenics. J Psychiatr Res 5: 145–163

Kind H (1982) Psychotherapie und Psychotherapeuten. Thieme, Stuttgart

Klerman GL, DiMascio A, Weissman MM, Prusoff B, Paykel ES (1974) Treatment of depression by drugs and psychotherapy. Am J Psychiatry 131: 186–191

Kovacs M, Rush AJ, Beck AT, Hollon SD (1981) Depressed outpatients treated with cognitive therapy or pharmacotherapy: a one year follow-up. Arch Gen Psychiatry 38: 33–41

Kraemer S, Sulz SKD, Schmid H, Lässle R (1987) Kognitive Therapie bei Standardversorgung schizophrener Patienten. Nervenarzt 58: 84–90

Lam DH (1991) Psychosocial family intervention in schizophrenia: a review of empirical studies. Psychol Med 21: 423–441

Lang H (Hrsg) (1990) Wirkfaktoren der Psychotherapie. Springer, Berlin Heidelberg New York Tokyo

Luborsky L, Singer B, Luborsky L (1975) Comparative studies of psychotherapies: is it true that "everyone has won and all must have prices"? Arch Gen Psychiatry 32: 995–1008

Lüth P (1974) Sprechstunde und stumme Medizin. Über das Patienten-Arzt-Verhältnis. Herder, Frankfurt

Marks I, O'Sullivan G (1988) Drugs and psychological treatments for agoraphobia/panic and obsessive-compulsive disorders: a review. Br J Psychiatry 153: 650–658

Mavissakalian MR, Michelson L (1986) Two year follow-up of exposure and imipramine treatment of agoraphobia. Am J Psychiatry 143: 1106–1112

Meerwein F (1986) Das ärztliche Gespräch. Huber, Bern

Meltzer HY (ed) (1987) Psychopharmacology:

the third generation of progress. Raven Press, New York

Meterissian GB, Bradwejn J (1989) Comparative studies on the efficacy of psychotherapy, pharmacotherapy, and their combination in depression: was adequate pharmacotherapy provided? J Clin Psychopharmacol 9: 334–339

Miller IW, Norman WH, Keitner GI (1990) Treatment response of high cognitive dysfunction depressed inpatients. Compr Psychiatry 31: 62–71

Mitchell JE, Pyle RL, Eckert ED et al. (1990) A comparison study of antidepressants and structured intensive group psychotherapy in the treatment of bulimia nervosa. Arch Gen Psychiatry 47: 149–157

Möller HJ (1978) Psychagogische Behandlung. Psychother Med Psychol 28: 165–170

Müller P (1991) Psychotherapie bei schizophrenen Psychosen – historische Entwicklung, Effizienz und gegenwärtig Anerkanntes. Fortschr Neurol Psychiat 59: 277–285

Murphy GE, Simons AD, Wetzel RD, Lustman PJ (1984) Cognitive therapy and pharmacotherapy singly and together in the treatment of depression. Arch Gen Psychiatry 41: 3341

Patzold U, Krüger H, Angermeyer M (1976) Einfluß nichtpharmakologischer Faktoren auf den Neuroleptikaverbrauch bei stationär-psychiatrischer Akutbehandlung. Psychiat Prax 3: 222-229

Perrez M (1991) Behandlung und Therapie (Psychotherapie). In: Perrez M, Baumann U (Hrsg) Klinische Psychologie, Bd 2. Huber, Stuttgart, S 99–116

Perry S (1990) Combining antidepressants and psychotherapy: rationale and strategies. J Clin Psychiatry 51 [Suppl]: 16–20

Pfeiffer W (1991) Wodurch wird ein Gespräch therapeutisch? Psychother Psychosom Med Psychol 41: 93–101

Pietzcker A (1985) Der Einfluß sozialer Faktoren auf den Erfolg einer Psychopharmakotherapie. Psychiat Prax 12: 19–22

Remschmidt H (1991) Psychotherapie mit Kindern, Jugendlichen und Familien. Dtsch Ärztebl 88: 1362–1369

Rickels K, Cattell RB, Weise C et al. (1966) Controlled psychopharmacological research in private psychiatric practice. Psychopharmacologia 9: 288–306

Rötzer-Zimmer FT (1986) Kognitive Verhaltenstherapie depressiver Patienten – Entwicklungen und Perspektiven aus der Therapieforschung. In: Heimann H, Gaertner HJ (Hrsg) Das Verhältnis der Psychiatrie zu ihren Nachbardisziplinen. Springer, Berlin Heidelberg New York Tokyo, S 291–301

Rounsaville BJ, Klerman L, Weissman MM (1981) Do psychotherapy and pharmacotherapy for depression conflict? Arch Gen Psychiatry 38: 24–29

Rüger U (1979) Kombinationen von psychiatrischer Pharmakotherapie und Psychotherapie. Nervenarzt 50: 491–500

Rüger U (1986) Psychodynamische Prozesse während einer Lithium-Langzeitmedikation. In: Müller-Oerlinghausen B, Greil W (Hrsg) Die Lithiumtherapie. Nutzen, Risiken, Alternativen. Springer, Berlin Heidelberg New York Tokyo, S 223–230

Rush AJ, Beck AT, Kovacs M, Hollon S (1977) Comparative efficacy of cognitive therapy and pharmacotherapy in the treatment of depressed outpatients. Cogn Ther Res 1: 17–37

Rush AJ, Beck AT, Kovacs M, Hollon S (1982) Comparative efficacy of cognitive therapy and pharmacotherapy on hopelessness and self concept. Am J Psychiatry 139: 862–866

Schicke RK (1976) Sozialpharmakologie. Kohlhammer, Stuttgart

Schooler NR (1986) The efficacy of antipsychotic drugs and family therapies in the maintenance treatment of schizophrenia. J Clin Psychopharmacol 6: 11–19

Schwabe U, Paffrath D (1991) Arzneiverordnungs-Report '91. Fischer, Stuttgart

Shepherd M, Sartorius N (eds) (1989) Non-specific aspects of treatment. Huber, Bern

Simons AD, Murphy GE, Levine G, Wetzel R (1986) Cognitive therapy and pharmacotherapy for depression. Sustained improvement over one year. Arch Gen Psychiatry 43: 43–48

Smith ML, Glass GV, Miller TI (1980) The benefits of psychotherapy. John Hopkins, Baltimore

Strotzka H (1982) Psychotherapie und Tiefenpsychologie. Springer, Wien New York

Strupp HH, Hadley SW, Gomes-Schwartz B (1978) Psychotherapy for better or worse. The problem of negative effects. Aronson, New York

Strupp HH, Hadley SW (1979) Specific vs. nonspecific factors in psychotherapy. Arch Gen Psychiatry 36: 1125–1136

Teasdale JD, Fennell MJV, Hibbert GA, Amies PL (1984) Cognitive therapy for major depressive disorder in primary care. Br J Psychiatry 144: 400–406

Telch M, Agras WS, Taylor CB et al. (1985) Imipramine and behavioral treatment for agoraphobia. Behav Res Ther 23: 325–335

Uhlenhuth EH (1983) The benzodiazepines and psychotherapy: controlled studies of combined treatment. In: Costa E (ed) The benzodiazepines: from molecular biology to clinical practice. Raven Press, New York, pp 325–337

v Zerssen D, Möller HJ, Baumann U, Bühringer G (1986) Evaluative Psychotherapieforschung in der Bundesrepublik Deutschland und West-Berlin. Psychother Med Psychol 36: 8–17

Wardle J (1990) Behaviour therapy and benzodiazepines: allies or antagonists? Br J Psychiatry 156: 163–168

Watzlawick P, Beavin JH, Jackson DD (1969) Menschliche Kommunikation. Formen, Störungen, Paradoxien. Huber, Bern

Weissman MM (1978) Psychotherapy and its relevance to the pharmacotherapy of affective disorders: from ideology to evidence. In: Lipton MA, DiMascio A, Killam KF (eds) Psychopharmacology – a generation of progress. Raven Press, New York, pp 1313–1321

Weissman MM, Jarrett RB, Rush JA (1987) Psychotherapy and its relevance to the pharmacotherapy of major depression: a decade later (1976–1985). In: Meltzer HY (ed) Psychopharmacology: the third generation of progress. Raven Press, New York, pp 1059–1069

Weissman MM, Klerman GL, Prusoff BA, Sholomskas D, Padian N (1981) Depressed outpatients. Results one year after treatment with drugs and/or interpersonal psychotherapy. Arch Gen Psychiatry 38: 51–55

Wilson PH (1982) Combined pharmacological and behavioral treatment of depression. Behav Res Ther 20: 173–184

Wolberg LR (1967) The technique of psychotherapy. Grune & Stratton, New York

Zapotoczky HG (1986) Negative Folgen psychotherapeutischer Verfahren. In: Hinterhuber H, Schubert H, Kulhanek F (Hrsg) Seiteneffekte und Störwirkungen der Psychopharmaka. Schattauer, Stuttgart New York, S 115–128

Zimmer FT (1989) Verhaltenstherapie und Antidepressiva bei der Behandlung von Depressionen. In: Hand I, Wittchen HU (Hrsg) Verhaltenstherapie in der Medizin. Springer, Berlin Heidelberg New York Tokyo, S 62–81

Zitrin CM, Klein DF, Woerner M (1980) Treatment of agoraphobia with group exposure in vivo and imipramine. Arch Gen Psychiatry 37: 63–72

Neuro-Psychopharmaka, Bd. 1
Riederer P. / Laux G. / Pöldinger W. (Hrsg.)

21 Prädiktoren für das Ansprechen auf Psychopharmaka

B. Woggon

21.1 Ziele und Grenzen der Prädiktorforschung

Die Frage nach der Voraussagbarkeit des therapeutischen Ansprechens auf Psychopharmaka wurde vor allem bezüglich Antidepressiva und Neuroleptika untersucht. Aus diesem Grund steht die Darstellung der Prädiktorforschung hinsichtlich dieser beiden Substanzgruppen im Mittelpunkt des vorliegenden Beitrages.

Die Suche nach Prädiktoren für die hypnotische und anxiolytische Wirkung der Benzodiazepine konzentriert sich fast ausschließlich auf pharmakologische und pharmakokinetische Substanzunterschiede. Im Gegensatz zur Prädiktorforschung bezüglich Antidepressiva und Neuroleptika spielen Patientenmerkmale eine ganz untergeordnete Rolle (Rickels 1981).

Die prophylaktische Wirkung von Lithium ist am besten bei bipolaren Affektpsychosen, unipolaren Affektpsychosen und weniger ausgeprägt bei schizoaffektiven Psychosen (Grof et al. 1983). Zusätzlich zur Diagnose einer endogenen affektiven Störung ist die Verlaufsform ein wichtiger Prädiktor: rapid cycler zeigen ein weniger gutes Behandlungsresultat (Dunner und Fieve 1974). Alle Merkmale, die mit einer schlechten Compliance verknüpft sind, stellen negative Prädiktoren für die prophylaktische Wirkung von Lithium dar, insbesondere Abusus und Persönlichkeitsstörungen (Aagaard et al. 1988, Abou-Saleh und Coppen 1990).

Erwünscht und bisher vergeblich erhofft ist die Möglichkeit zu einer spezifischen Indikationsstellung, das heißt die Erarbeitung von Kriterien für die Auswahl des für einen bestimmten Patienten gerade jetzt richtigen Antidepressivums oder Antipsychotikums. Die Relevanz solcher Kriterien läßt sich aus den Erfolgsraten ablesen, das heißt, aus dem Prozentsatz von Patienten, die eine befriedigende therapeutische Wirkung durch das verordnete Antidepressivum oder Neuroleptikum erfahren. Drei Viertel der mit einem Neuroleptikum behandelten Patienten zeigen eine gute bis sehr gute Besserung ihrer Symptomatik, umgekehrt ausgedrückt heißt das, dass 25% der Patienten eine ungenügende Wirkung erfahren und mit einem anderen Neuroleptikum behandelt werden müssen (Denber 1979). Bei der Behandlung mit Antidepressiva liegen die Erfolgsraten im ambulanten Bereich bei 60–80%, im klinischen Setting bei 50–60% (Woggon 1979). Aus diesen Zahlen läßt sich leicht die ausgeprägte praktische Relevanz möglicher Prädiktoren für das Ansprechen auf Antidepressiva oder Neuroleptika ablesen.

Der auffälligste Befund bei der Durchsicht der Literatur zur Prädiktorforschung ist die Widersprüchlichkeit der Resultate.

Zusammenfassend läßt sich feststellen, daß die Beziehung zwischen sogenannten prognostischen Merkmalen und Behandlungserfolgskriterien in verschiedenen Stichproben variiert. Deshalb ist es unbedingt notwendig, in einer Stichprobe als mögliche Prädiktoren identifizierte Merkmale in einer zweiten Stichprobe von Patienten daraufhin zu überprüfen, ob sich die Beziehung zum Behandlungserfolg bestätigen läßt (Kreuzvalidierung). Das Resultat solcher Überprüfungen ist erstaunlich uniform: selbst hochsignifikante Zusammenhänge zwischen vor Behandlungsbeginn erhobenen Merkmalen und dem Behandlungserfolg "schmelzen wie Schnee in der Sonne". Manchmal bleibt ein signifikanter Zusammenhang auch bei einer Kreuzvalidierung erhalten, erklärt dann aber einen so geringen Anteil der Varianz (in der Regel weniger als 10%), daß die praktische Verwendung zur Vorhersage des Therapieerfolges für Patientengruppen und noch weniger für einzelne Patienten nicht möglich ist (Möller et al. 1987).

Eigenschaften oder spezifische Merkmale der applizierten Psychopharmaka sind kaum noch Gegenstand der Prädiktorforschung, weil sich bisher keine Unterschiede zwischen verschiedenen Antidepressiva oder Neuroleptika herausarbeiten ließen. Das bedeutet, daß die Prädiktorforschung heute eigentlich fast ausschließlich damit beschäftigt ist, Patientenmerkmale herauszukristallisieren, die sich als prognostische Faktoren verwenden lassen könnten. Ausgehend vom Begriff "Vorhersage" werden in erster Linie solche Patientenmerkmale untersucht, die vor Behandlungsbeginn erfaßt werden können. Ähnlich wie bei der Forschung zur Prädiktion des Spontanverlaufs psychischer Erkrankungen zeigte sich jedoch, daß "der Verlauf am besten durch den Verlauf vorhergesagt werden kann". Das hat dazu geführt, daß initial, das heißt in den ersten Behandlungstagen zu beobachtende Veränderungen mit in die Untersuchungen zur Vorhersagbarkeit des Behandlungserfolges einbezogen werden.

21.2 Vor Behandlungsbeginn erfaßbare Merkmale

21.2.1 Demographische Merkmale

Das Geschlecht spielt für das Ansprechen auf Antidepressiva offenbar keine Rolle. Dagegen haben mehrere Arbeitsgruppen festgestellt, daß Frauen besser auf die Behandlung mit Neuroleptika reagieren als Männer. Es gibt auch Hinweise darauf, daß bei Frauen niedrigere Neuroleptikadosierungen wirksam sind (Hollister 1973). Es wird in diesem Zusammenhang diskutiert, ob die Antidopaminwirkung der Östrogene im Sinne einer Verstärkung der Neuroleptikawirkung eine Rolle spielen könnte. Dabei muß berücksichtigt werden, daß die Prognose der Schizophrenie schon vor Einführung der Neuroleptika für Frauen günstiger war.

Das Alter spielt für das Ansprechen auf Neuroleptika keine wichtige Rolle. Bei den Antidepressiva sind die Ergebnisse bezüglich der prognostischen Bedeutsamkeit des Lebensalters widersprüchlich (Woggon 1983). Dabei muß berücksichtigt werden, daß psychopathologische Symptomatik, Diagnose und Alter nicht ganz unabhängig voneinander sind. Bei älteren depressiven Patienten finden sich häufiger Agitiertheit, hypochondrische Ideen und paranoide Symptome, von denen insbesondere letztere als negativer Prädiktor für das Ansprechen auf eine antidepressive Behandlung bezeichnet werden.

Eine gute prämorbide soziale Anpassung ist ein positives prognostisches Merkmal für den Verlauf schizophrener Erkrankungen (Strauss und Carpenter 1974, 1977), ihre Bedeutung für das Ansprechen auf Neuroleptika ist davon nicht sicher abzugrenzen. Die Zugehörigkeit zu einer höheren sozialen Schicht und das Leben in einer festen Partnerschaftsbeziehung sind verschiedentlich bei depressiven Patienten als positive prognostische Merkmale herausgearbeitet worden. Es handelt sich bei beiden Merkmalen um Hinweise auf ein besseres oder tragfähigeres soziales Netzwerk und damit um Faktoren, die mit einer besseren Behandlungscompliance verknüpft sind.

21.2.2 Anamnestische Merkmale

Familien- und krankheitsanamnestische Merkmale sind bei der Prädiktorenforschung bezüglich des Ansprechens auf Neuroleptika weniger untersucht worden als bezüglich des Behandlungserfolges von Antidepressiva. Die prognostische Bedeutung der familiären Belastung mit Depressionen, insbesondere endogenen Depressionen, ist ungeklärt. Hingegen wurde immer wieder beobachtet, daß die Behandlungsprognose mit zunehmender Phasenzahl sinkt (Wittenborn et al. 1973). Bezüglich der Interpretation dieses Befundes ist noch nicht geklärt, ob sich tatsächlich mit steigender Phasenzahl eine zunehmende Resistenz gegenüber Antidepressiva entwickelt, oder ob das bessere therapeutische Ansprechen bei der ersten und zweiten Phase auf Spontanremissionen basiert.

Eine kurze Dauer der aktuellen Symptomatik vor Behandlungsbeginn soll sich positiv auf das Ansprechen auf Neuroleptika auswirken (Möller et al. 1985). Dabei muß berücksichtigt werden, daß es sich hierbei auch um einen positiven Prädiktor für den Spontanverlauf schizophrener Psychosen handelt.

Bezüglich Antidepressiva ist die Dauer der aktuellen Symptomatik bis zum Behandlungsbeginn sowohl als positives als auch als negatives prognostisches Merkmal bezeichnet worden. Einerseits leuchtet es ein, daß mit zunehmender Dauer der Symptomatik die Wahrscheinlichkeit für eine Besserung zunimmt, daß sozusagen der Zenit der Krankheitsphase überschritten und damit die Ansprechbarkeit auf die Behandlung besser wird. Andererseits steigt mit zunehmender Phasenlänge die Wahrscheinlichkeit, daß es sich um eine chronische und/oder therapieresistente Depressionsform handelt, vorausgesetzt, es wurde eine adäquate Behandlung durchgeführt.

21.2.3 Diagnose und Schweregrad

Entsprechend der in Kapitel 21.2.2 erwähnten Beobachtung, daß eine kurze Dauer der aktuellen Symptomatik bis zum Behandlungsbeginn einen prognostisch günstigen Faktor für den Spontanverlauf schizophrener Psychosen darstellt, wird auch immer wieder gesehen, daß ganz akut aufbrechende katatone Schizophrenien sich besonders rasch mit und ohne neuroleptische Behandlung bessern. Der Befund, daß Patienten mit paranoider Schizophrenie besser auf Neuroleptika ansprechen als Patienten mit anderen Schizophrenieformen, hat sich nie erhärten lassen und könnte darauf zurückzuführen sein, daß in den meisten in Neuroleptikaprüfungen einbezogenen Patientengruppen die paranoide Schizophrenie als häufigste Untergruppendiagnose vorhanden ist (HOLLISTER et al. 1967).

Die häufig aufgestellte Behauptung, Antidepressiva wirkten bei endogenen Depressionen besser als bei psychogenen, kann aufgrund der Literatur nicht bestätigt werden (WOGGON 1983).

Hingegen läßt sich immer wieder aufzeigen, daß endogene Depressionen weniger gut auf Placebo ansprechen als nicht endogene Formen (FAIRCHILD et al. 1986). Dabei ist zu bedenken, daß die nosologische Zuordnung eines depressiven Syndroms nicht unabhängig von anderen Patientenmerkmalen vorgenommen wird. Ein ganz besonders wichtiges Merkmal zur Unterscheidung zwischen endogenen und psychogenen Depressionen ist offensichtlich der Schweregrad der psychopathologischen Symptomatik. Wie stark Diagnose und Schweregrad miteinander zusammenhängen, zeigt sich besonders anschaulich in einer 1988 von PAYKEL et al. veröffentlichten Arbeit. Bei einem doppelblind durchgeführten Vergleich von Amitriptylin und Placebo bei milden depressiven Zuständen in der Allgemeinpraxis fand sich bei der sogenannten minor depression nach RDC kein Unterschied zwischen der Wirksamkeit von Amitriptylin und Placebo, dagegen ein deutlicher Wirkungsunterschied bei den Patienten mit sogenannter major depression. Dabei fiel aber auch auf, daß die Patienten mit major depression einen höheren Ausgangswert in der Hamilton-Depressions-Skala hatten als die Patienten mit minor depression Bei der Aufteilung der Patienten unabhängig von den Diagnosen nach dem Schweregrad des Ausgangsbefundes ließ sich zeigen, daß bei sehr geringfügig ausgeprägter depressiver Symptomatik kein Unterschied zwischen Amitriptylin und Placebo nachweisbar war. Dagegen bestand bei Patienten mit ausgeprägterer depressiver Symptomatik ein deutlicher Unterschied zugunsten des Antidepressivums gegenüber Placebo. Etwas prononciert ausgedrückt läßt sich also feststellen, daß die Wirksamkeit von Antidepressiva sich nur bei Vorhandensein einer Depression nachweisen läßt. Dies ist besonders wichtig für die Patientenauswahl zu Studien zum Wirksamkeitsnachweis von Antidepressiva. Aus diesem Grund wurde bei der Consensus Conference on the Methodology of Clinical Trials of Antidepressants im März 1988 in Zürich festgehalten, daß der Wirksamkeitsnachweis an echten Patienten und nicht an sogenannten freiwilligen Patienten zu führen ist (ANGST et al. 1989).

Neurotische, hypochondrische und hysterische Charakterzüge gelten als negative prognostische Faktoren bei der Depressionsbehandlung (BIELSKI und FRIEDEL 1976).

Ob die sogenannte atypische Depression tatsächlich besser auf Monoaminoxidase-Hemmer anspricht als auf trizyklische Antidepressiva, muß erst noch sorgfältig untersucht und nachgewiesen werden (QUITKIN et al. 1988).

21.2.4 Psychopathologische Symptomatik

Das Vorherrschen sogenannter Minussymptome bei einer schizophrenen Erkrankung gilt als prognostisch ungünstiges Merkmal, sowohl für den Spontanverlauf als auch für das Ansprechen auf neuroleptische Behandlung. Es gibt allerdings auch Berichte über neuroleptisch bedingte Besserungen sogenannter Minussymptome (BREIER 1987, GOLDBERG 1985, MELTZER 1986). Die Besserung negativer schizophrener Symptome unter neuroleptischer Therapie kann signifikant mit der Besserung positiver Symptome korreliert sein (van Kammen 1987, Tandon 1990). Aus psychopathologischer und methodologischer Sicht ergeben sich zahlreiche Schwierigkeiten bei der Abgrenzung sogenannter negativer Symptome von positiven Symptomen und depressiver Symptomatik (Angst et al. 1989). Das Vorhandensein affektiver Symptome, das heißt die Beimengung depressiver oder manischer Symptome zu schizophrenen Zustandsbildern wird immer wieder als prognostisch günstiger Faktor beschrieben (Lenz et al. 1989).

Das Ausmaß der depressiven Hemmung oder Agitiertheit wird zur Auswahl eines mehr oder weniger sedierenden Antidepressivums verwendet, obwohl sich in kontrollierten Untersuchungen in der Regel kein Wirkungsunterschied zwischen sedierenden und nicht sedierenden Antidepressiva bei gehemmten oder agitierten depressiven Syndromen nachweisen läßt. Das Muster der psychopathologischen Symptomatik erlaubt keinen Hinweis darauf, ob ein Antidepressivum mit Präferenz für Serotonin- oder Noradrenalin-Wiederaufnahmehemmung indiziert ist (Woggon 1987).

Psychomotorische Hemmung oder Verlangsamung, Verlust von Interesse und Genußfähigkeit sind als prognostisch günstig für das Ansprechen auf Antidepressiva beschrieben worden (Friedel 1983). Die prognostische Bedeutung "typischer" endogener Tagesschwankungen ist umstritten.

Die Entwicklung von Wahnideen im Rahmen eines depressiven Syndroms wird von den meisten Autoren als prognostisch negativ beurteilt, das heißt, wahnhafte Depressionen sprechen in der Regel schlechter auf die antidepressive Behandlung an als nicht wahnhafte Formen (Chan et al. 1987, Kocsis et al. 1990, Nelson und Bowers 1978, Spiker et al. 1985). Bei der Beurteilung ist zu berücksichtigen, daß Wahnideen fast ausschließlich bei besonders schwer ausgeprägten depressiven Zustandsbildern vorkommen (Woggon 1987).

Daß der Unterschied im Ansprechen psychotischer und nichtpsychotischer Depressionen auf eine antidepressive Behandlung möglicherweise auf dem unterschiedlichen Schweregrad beruht, wird dadurch unterstrichen, daß psychotische Depressionen offenbar länger brauchen, bis sie wieder völlig remittieren (Coryell et al. 1987). Ähnliche Beobachtungen wurden bezüglich der Besserungsverläufe bei Patienten mit und ohne Suizidalität gemacht (Overhoser et al. 1987).

Es ist nicht klar, warum manche Patienten mit wahnhaften Depressionen besser auf die Kombination von Antidepressiva mit Neuroleptika reagieren. Vielleicht ist der Hauptwirkungsfaktor die Spiegelerhöhung des Antidepressivums durch Zugabe des Neuroleptikums. Das würde damit übereinstimmen, daß wahnhafte Depressionen mit höheren Dosen von Antidepressiva auch ohne Zugabe von Neuroleptika eine gute Besserung zeigen (Joyce und Paykel 1989).

21.2.5 Biologische Merkmale

Auch die sorgfältige Untersuchung ganz verschiedener biologischer Merkmale hat keine verläßlichen Prädiktoren bestimmen können, weder für das Ansprechen auf Antidepressiva (Fähndrich 1990), noch für die Behandlung mit Neuroleptika (Awad 1989). Basierend auf den Hypothesen zu den Wirkungsmechanismen der beiden Substanzgruppen wurden bei depressiven Patienten Konzentrationen der Metaboliten von Noradrenalin und Serotonin in den verschiedenen Körperflüssigkeiten bestimmt und bei schizophrenen Patienten die Abbauprodukte von Dopamin sowie Veränderungen des Prolaktinspiegels. Die in den Dexamethason-Suppressions-Test (DST) gesetzten Erwartungen haben sich ebensowenig erfüllt wie diejenigen bezüglich anderer Hormonstimulationstests (Fähndrich 1990).

Verschiedene EEG-Variablen wurden als mögliche prognostische Faktoren für das Ansprechen auf Antidepressiva oder Neuroleptika untersucht. Am vielversprechendsten waren die Resultate bezüglich einer Beziehung zwischen verschiedenen REM-Latenz-Maßen und dem Ansprechen auf Antidepressiva. Leider haben sich diese Ergebnisse nicht durchgängig reproduzieren lassen (Kupfer et al. 1982 a, b).

Ob schizophrene Patienten mit Erweiterung der zerebralen Ventrikel tatsächlich schlechter auf Neuroleptika ansprechen, muß noch gründlich überprüft werden (Schultz et al. 1983).

Die Reaktion auf Schlafentzug oder auf die Gabe von d- Amphetamin läßt sich nicht als Prädiktor für das Ansprechen auf Antidepressiva verwenden (siehe aber Little 1988). Auch die bei unter neuroleptischer Behandlung stabilisierten schizophrenen Patienten durchgeführten Symptomprovokationstests mit Dopaminagonisten wie Amphetamin, L-Dopa oder Methylphenidat haben keine überzeugenden Resultate erbracht (Fähndrich 1990).

21.3 Während der Behandlung beobachtbare Veränderungen

Weil man den Therapieerfolg vor Behandlungsbeginn nicht voraussagen kann, müssen die anfänglich während einer als **Probetherapie** zu bezeichnenden kurzen Behandlungsdauer beobachteten Veränderungen der Symptomatik daraufhin untersucht werden, ob sie eine Voraussage des Therapieerfolges nach längerer Behandlung ermöglichen. Die Dauer dieser Probetherapie wird meist mit ein bis sieben Tagen angegeben (Rüther et al. 1981, Zemlan et al. 1990, Möller et al. 1983, Nedopil und Rüther 1981). Die kürzeste Zeitspanne geben May et al. (1976) an, die bei neuroleptischer Behandlung eine signifikante Korrelation zwischen der subjektiven Reaktion nach vier Stunden und dem Behandlungserfolg festgestellt haben. In diesem Modell wird die emotionale Reaktion auf eine Testdosis des Neuroleptikums geprüft, wobei eine dysphorische Reaktion mit schlechtem Behandlungserfolg korreliert sein soll (Bartko et al. 1987, van Putten und May 1978).

Im Unterschied zur häufig zitierten Meinung, daß Antidepressiva erst nach längerer Latenz wirksam werden, wurden auch bei Antidepressivabehandlungen sehr rasche Besserungen beobachtet, zum Beispiel in der allerersten Arbeit über die antidepressive Wirkung von Imipramin (Kuhn 1957). Die Beschreibung von Wittenborn und Kiremitci (1975) trifft auch auf Verlaufskurven neuerer Studien zu: die Abnahme der depressiven Symptomatik folgt einer typischen Zerfallskurve, die größte Veränderung ist am Ende der ersten Behandlungswoche feststellbar. Um den frühesten Zeitpunkt für die Differenzierung von Respondern und Nonrespondern herauszuarbeiten, kann man die Veränderung des psychopathologischen Zielsyndroms in den einzelnen Behandlungsabschnitten bestimmen. Stellt man die Veränderung in diesen Behandlungsabschnitten als prozentualen Anteil der Gesamtveränderung dar, so zeigt sich sowohl bei Antidepressiva- als auch bei Neuroleptikaprüfungen, daß am zehnten Behandlungstag zwei Drittel bis drei Viertel der Gesamtveränderung vorliegen (Woggon 1980, 1983).

21.4 Einfluß der Behandlung auf den Therapieerfolg

Viele depressive Patienten werden gar nicht mit Antidepressiva behandelt. Dies trifft nicht nur auf ambulante Patienten zu, sondern auch auf hospitalisierte. Wird überhaupt ein Antidepressivum verschrieben, so oft in Dosierungen, die deutlich niedriger liegen als die vom Hersteller empfohlenen Dosierungen (KELLER et al. 1982, KOTIN et al. 1973, SCHATZBERG et al. 1983). Untersuchungen an größeren Patientenstichproben mit sogenannter therapieresistenter Depression haben ergeben, daß 30 bis 80% inadäquate Dosierungen erhalten haben. Wurden solche Patienten anschließend mit adäquaten Dosierungen behandelt, so zeigten mindestens 50 Prozent einen positiven Behandlungserfolg (QUITKIN 1985, REMICK 1989). Auch die Nachuntersuchung von schwer depressiven Patienten mit Suizidversuchen oder Suiziden im ambulanten oder stationären Bereich ergibt, daß nur ein kleiner Teil adäquat antidepressiv behandelt worden ist (MICHEL 1986, MODESTIN 1985). Sogar Patienten, die von ihrem Arzt wegen therapieresistenter Depression zum Psychochirurgen geschickt werden, weisen oft eine mangelhafte Behandlungsanamnese auf (BRIDGES 1983).

Bei vorher therapieresistenten Depressionen lassen sich mit sehr hohen Dosierungen von trizyklischen Antidepressiva oder Monoaminoxidase-Hemmern deutliche Besserungen erzielen (AMSTERDAM und BERWISH 1989, GUZE et al. 1987, SCHUCKIT und FEIGHNER 1972). In die gleiche Richtung deutet das von KUPFER et al. 1989 erzielte Resultat, daß sich durch früheren Behandlungsbeginn die nächste depressive Phase deutlich verkürzen läßt.

Auch bei adäquater Dosierung und Behandlungsdauer gibt es Nonresponder, zum Teil bedingt durch Stoffwechselvarianten (WOGGON et al. 1988), Interaktionen von Antidepressiva mit anderen Substanzen oder bei Depressionen mit ausgesprochener Tendenz zur Chronifizierung (ANGST 1987, WOGGON 1987).

Ähnlich wie bei der Behandlung mit Antidepressiva läßt sich auch bei Neuroleptika aufzeigen, daß einige vorher auf übliche Dosierungen nicht ansprechende Patienten mit höheren Dosierungen erfolgreich behandelt werden können (BROTMAN et al. 1990, LITTLE et al. 1989). Leider ist aber nicht bei allen Patienten eine höhere Dosis erfolgreich, selbst wenn höhere Serum- und Liquorspiegel erreicht werden (FARAONE et al. 1989). Eine individuelle Dosisoptimierung anhand von Plasmaspiegelmessungen hat bisher keinen eindeutigen Beitrag zur Verbesserung der Erfolge der Neuroleptikatherapie leisten können (BREYER-PFAFF 1983).

21.5 Schlußfolgerungen

Bei der Behandlung mit Neuroleptika und Antidepressiva ist es nicht möglich, vor Behandlungsbeginn einen positiven oder negativen Therapieerfolg vorauszusagen. Diese Schlußfolgerung ist für die Behandlungspsychologie vor allem wichtig bei Patienten, die bisher als prognostisch ungünstig angesehene Merkmale aufweisen, beispielsweise schon seit mehreren Monaten Symptome haben, oder mit verschiedenen Psychopharmaka vorbehandelt worden sind. Die Unsicherheit hinsichtlich des Therapieerfolges beinhaltet gerade für diejenigen Patienten eine therapeutische Chance, bei denen man "schon alles versucht hat" (Woggon 1983).

Weil der Therapieerfolg vor Behandlungsbeginn nicht vorhergesagt werden kann, gewinnt die Probetherapie zunehmend an Gewicht. Voraussetzung dafür, daß schon in wenigen Tagen beurteilt werden kann, ob ein Patient auf ein Antidepressivum oder Neuroleptikum anspricht, ist die Durchführung der Behandlung nach dem heutigen Wissensstand, das heißt in erster Linie die Applikation einer wirksamen Dosis.

Literatur

Aagaard J, Vestergaard P, Maarbjerg K (1988) Adherence to lithium prophylaxis. II. Multivariate analysis of clinical, social, and psychosocial predictors of nonadherence. Pharmacopsychiatry 21: 166–170

Abou-Saleh MT, Coppen AJ (1990) Predictors of long-term outcome of mood disorder on prophylactic lithium. Lithium 1: 27–35

Amsterdam JD, Berwish NJ (1989) High dose tranylcypromine therapy for refractory depression. Pharmacopsychiatry 22: 21–25

Angst J (1987) Verlauf der affektiven Psychosen. In: Kisker KP, Lauter H, Meyer JE, Müller C, Strömgren E (Hrsg) Affektive Psychosen. Springer, Berlin Heidelberg New York Tokyo, S 114–133

Angst J, Bech P, Boyer P, Bruinvels J, Engel H, Helmchen H, Hippius H, Lingjaerde O, Racagni G, Saletu B, Sedvall G, Silverstone JT, Stefanis CN, Stoll K, Woggon B (1989) Consensus conference on the methodology of clinical trials of antidepressants, Zurich, march 1988: Report of the Consensus Committee. Pharmacopsychiatry 22: 3–7

Angst J, Stassen HH, Woggon B (1989) Effect of neuroleptics on positive and negative symptoms and the deficit state. Psychopharmacology 99: 41–46

Awad AG (1989) Drug therapy in schizophrenia. Variability of outcome and prediction of response. Can J Psychiatry 34: 711–716

Bartko G, Herczeg I, Bekesy M (1987) Predicting outcome of neuroleptic treatment on the basis of subjective response and early clinical improvement. J Clin Psychiatry 48: 363–365

Bielski RJ, Friedel RO (1976) Prediction of tricyclic antidepressant response. A critical review. Arch Gen Psychiatry 33: 1479–1489

Breyer-Pfaff U (1983) Beziehung zwischen Plasmaspiegel und klinischer Wirkung von Psychopharmaka. In: Huber G (Hrsg) Das ärztliche Gespräch. Symposion, Tropon-Werke Köln

Bridges PK (1983) "... And a small dose of an antidepressant might help". Br J Psychiatry 142: 626–628

Brotman AW, McCormick S (1990) A role for high-dose antipsychotics. J Clin Psychiatry 51: 164–166

Chan CH, Janicak PG, Davis JM, Altman E, Andriukaitis S, Hedeker D (1987) Response of psychotic and nonpsychotic depressed patients to tricyclic antidepressants. J Clin Psychiatry 48: 197–200

Coryell W, Endicott J, Keller M (1987) The importance of psychotic features to major depression: course and outcome during a 2-year follow-up. Acta Psychiatr Scand 75: 78–85

Denber HCB (1979) Textbook of clinical psychopharmacology. Thieme, Stuttgart

Dunner DL, Fieve RR (1974) Clinical factors in lithium carbonate prophylaxis failure. Arch Gen Psychiatry 30: 229–233

Fähndrich E (1990) Biologische Prädiktoren für eine erfolgreiche antidepressive medikamentöse Behandlung. In: Möller HJ (Hrsg) Therapieresistenz unter Antidepressiva-Behandlung. Tropon-Symposium V. Springer, Berlin Heidelberg New York Tokyo, S 43–57

Fairchild CJ, Rush AJ, Vasavada N, Giles DE, Khatami M (1986) Which depressions respond to placebo. Psychiatry Res 18: 217–226

Faraone SV, Young AS, Brown WA (1989) Neuroleptic non-response and affective symptoms: a 2-year prospective study of schizophrenic outpatients. Psychiatry Res 28: 315–321

Friedel RO (1983) Clinical predictors of treatment response: an update. In: Davis JM, Maas JW (eds) The affective disorders. American Psychiatric Press Inc, Washington, pp 379–384

Goldberg SC (1985) Negative and deficit symptoms in schizophrenia do respond to neuroleptics. Schizophr Bull 11: 453–456

Grof P, Hux M, Grof E, Arato M (1983) Prediction of response to stabilizing lithium treatment. Pharmacopsychiatry 16: 195–200

Guze BH, Baxter LR, Rego J (1987) Refractory depression treated with high doses of a monoamine oxidase inhibitor. J Clin Psychiatry 48: 31–32

Hollister LE (1973) Clinical use of psychotherapeutic drugs. Charles C Thomas

Hollister LE, Overall JE, Bennett JL, Kimbell I jr, Shelton J (1967) Specific therapeutic actions of acetophenazine, perphenazine, and benzquinamide in newly admitted schizophrenic patients. Clin Pharmacol Ther 8: 249–255

Joyce PR, Franzep ChB, Paykel ES (1989) Predictors of drug response in depression. Arch Gen Psychiatry 46: 89–99

Keller MB, Klerman GL, Lavori PW, Fawcett JA, Coryell W, Endicott J (1982) Treatment received by depressed patients. JAMA 248: 1848–1855

Kocsis JH, Croughan JL, Katz MM, Butler TP, Secunda S, Bowden CL, Davis JM (1990) Response to treatment with antidepressants of patients with severe or moderate nonpsychotic depression and of patients with psychotic depression. Am J Psychiatry 147: 621–624

Kotin J, Post RM, Goodwin FK (1973) Drug treatment of depressed patients referred for hospitalisation. Am J Psychiatry 130: 1139–1141

Kuhn R (1957) Über die Behandlung depressiver Zustände mit einem Iminodibenzylderivat. Schweiz Med Wochenschr 87: 1135–1140

Kupfer DJ, Frank E, Perel JM (1989) The advantage of early treatment intervention in recurrent depression. Arch Gen Psychiatry 46: 771–775

Kupfer DJ, Shaw DH, Ulrich R, Coble PA, Spiker DG (1982 a) Application of automated REM-analysis in depression. Arch Gen Psychiatry 39: 569–573

Kupfer DJ, Targ E, Stack J (1982 b) Electroencephalographic sleep in unipolar depressive subjects. Support for a biological and familial classification. J Nerv Ment Dis 170: 494–498

Lenz G, Wolf R, Simhandl C, Topitz A, Berner P (1989) Langzeitprognose und Rückfallprophylaxe der schizoaffektiven Psychosen. In: Marneros A (Hrsg) Schizoaffektive Psychosen. Springer, Berlin Heidelberg New York Tokyo, S 55–66

Little KY (1988) Amphetamine, but not methylphenidate, predicts antidepressant efficacy. J Clin Psychopharmacol 8: 177–183

Little KY, Gay TL, Vore M (1989) Predictors of response to high dose antipsychotics in chronic schizophrenics. Psychiatry Res 30: 1–9

May PRA, Putten van T, Yale C, Potepan P, Jenden DJ, Dairchild MD, Goldstein ML, Dixon WJ (1976) Predicting individual response to drug treatment in schizophrenia: a test dose model. J Nerv Ment Dis 162: 177–183

Metzger HY, Sommers AA, Luchins W (1986) The effect of neuroleptics and other psychotherapeutic drugs on negative symptoms in schizophrenia. J Clin Psychopharmacol 6: 329–338

Michel K (1986) Suizide und Suizidversuche: Könnte der Arzt mehr tun? Schweiz Med Wochenschr 116: 770–774

Modestin J (1985) Antidepressive therapy in depressed clinical suicides. Acta Psychiatr Scand 71: 111–116

Möller HJ, Fischer G, von Zerssen D (1987) Prediction of therapeutic response in acute treatment with antidepressants. Eur Arch Psychiatry Neurol Sci 236: 349–357

Möller HJ, Kissling W, von Zerssen D (1983) Die prognostische Bedeutung des frühen Ansprechens schizophrener Patienten auf Neuroleptika für den weiteren stationären Behandlungsverlauf. Pharmacopsychiatry 16: 46–49

Möller HJ, Scharl W, von Zerssen D (1985) Vorhersage des Therapieerfolges unter neuroleptischer Akutbehandlung: Ergebnisse einer empirischen Untersuchung an 243 stationär behandelten schizophrenen Patienten. Fortschr Neurol Psychiatr 53: 370–383

Nedopil N, Rüther E (1981) Initial improvement as predictor of outcome of neuroleptic treatment. Pharmacopsychiatry 14: 205–207

Nelson JC, Bowers MB (1978) Delusional unipolar depression: description and drug response. Arch Gen Psychiatry 35: 1321–1328

Overholser JC, Miller IW, Norman WH (1987) The course of depressive symptoms in suicidal vs. nonsuicidal depressed inpatients. J Nerv Ment Dis 175: 450–455

Paykel ES, Hollyman JA, Freeling P, Sedgwick P (1988) Predictors of therapeutic benefit from amitriptyline in mild depression: a general practic placebo-controlled trial. J Affect Disord 14: 83–95

van Putten T, May PRA (1978) Subjective response as a predictor of outcome in pharmacotherapy. Arch Gen Psychiatry 35: 477–480

Quitkin FM (1985) The importance of dosage in prescribing antidepressants. Br J Psychiatry 147: 593–597

Quitkin FM, Stewart JW, McGrath PJ, Liebowitz MR, Harrison WM, Trimaco E, Klein DF, Rabkin JG, Markowitz JS, Wagner SG (1988) Phenelzine plus imipramine in the treatment of probable atypical depression: defining syndrome boundaries of selective MAO-responders. Am J Psychiatry 145: 306–311

Remick R (1989) Treatment resistant depression.

Psychiatr J Univ Ottawa 14: 394–396

Rickels K (1981) Benzodiazepines: use and misuse. In: Klein DF, Rabkin J (eds) Anxiety: new research and changing concepts. Raven Press, New York, pp 1–26

Rüther E, Nedopil N, Strauss A (1981) Verlauf schizophrener Psychosen unter neuroleptischer Therapie. Münch Med Wochenschr 123: 803–804

Schatzberg AF, Cole O, Cohen BM, Altesman RI, Sniffin CM (1983) Survey of depressed patients who have failed to respond to treatment. In: Davis JM, Maas IW (eds) The affective disorders. American Psychiatric Press, Washington, DC

Schuckit MA, Feighner JP (1972) Safety of high-dose tricyclic antidepressant therapy. Am J Psychiatry 128: 1456–1459

Schultz SC, Sinicrope P, Kishore P, Friedel RO (1983) Treatment response and ventricular brain enlargement in young schizophrenic patients. Psychopharmacol Bull 19: 510–512

Spiker DG, Weiss JC, Dealy RS, Griffin SJ, Hanin I, Neil JF, Perel JM, Rossi AJ, Soloff PH (1985) The pharmacological treatment of delusional depression. Am J Psychiatry 142: 430- 436

Strauss JS, Carpenter WT (1974) The prediction of outcome in schizophrenia. II. Relationship between predictor and outcome variables. Arch Gen Psychiatry 31: 37–42

Strauss JS, Carpenter WT (1977) Prediction of outcome in schizophrenia. III. Five-year outcome and its predictors. Arch Gen Psychiatry 34: 159–163

Tandon R, Goldman RS, Goodson JA, Greden JF (1990) Mutability and relationship between positive and negative symptoms during neuroleptic treatment in schizophrenia. Biol Psychiatry 27: 1323–1326

Wittenborn JR, Kiremitci N (1975) A comparison of antidepressant medications in neurotic and psychotic patients. Arch Gen Psychiatry 32: 1172–1176

Wittenborn JR, Kiremitci N, Weber ESP (1973) The choice of alternative antidepressants. J Nerv Ment Dis 156: 97–108

Woggon B (1979) Klinische Psychopharmakologie. In: Psychiatrische Universitätsklinik Zürich, Forschungsdirektion. Zehnjahresbericht 1969–1979. Zürich, S 67–105

Woggon B (1980) Veränderungen der psychopathologischen Symptomatik während 20tägiger antidepressiver oder neuroleptischer Behandlung. Psychiatria Clin 13: 150–164

Woggon B (1983) Prognose der Psychopharmakotherapie. Enke, Stuttgart

Woggon B (1987) Psychopharmakotherapie affektiver Psychosen. In: Kisker KP, Lauter H, Meyer JE, Müller C, Strömgren E (Hrsg) Affektive Psychosen. Springer, Berlin Heidelberg New York Tokyo, S 274–325

Woggon B, Bosshart P, Meyer JW, Baumann P (1988) Mögliche Konsequenzen des Debrisoquin-Hydroxylierungsdefektes für die Behandlung mit Psychopharmaka. Zusammenfassung mehrerer Schweizer Untersuchungen. In: Gross G, Huber G (Hrsg) Neuere pharmakopsychiatrische und neurochemische Ergebnisse der Psychosenforschung. Das ärztliche Gespräch 44. Tropon Arzneimittel, Köln, S 79–86

Zemlan FP, Thienhaus OJ, Garver DL (1990) Length of psychiatric hospitalisation and prediction of antipsychotic response. Biol Psychiatry 14: 13–24

Neuro-Psychopharmaka, Bd. 1
Riederer P. / Laux G. / Pöldinger W. (Hrsg.)

22
Statistische Auswertungen von Psychopharmaka-Prüfstudien

A. Schmidtke

22.1 Einleitung

Zur statistischen Auswertung von Psychopharmaka-Studien existieren keine spezifischen sondern lediglich für bestimmte Bedingungen optimale Auswertungsstrategien. Je nach Fragestellung, Pharmakon und Phase der Untersuchung müssen unterschiedliche Untersuchungsstrategien und -pläne angewandt werden (vgl. MÖLLER und BENKERT 1980, MÖLLER 1986, 1992, NETTER 1992). Grundvoraussetzung für eine sinnvolle Auswertung ist eine präzise Fragestellung (vgl. bereits IMMICH 1977). Auswertungen sollten so angelegt werden, daß sie nicht um jeden Preis auch für schwache Effekte Signifikanzen ermitteln, die dann in weiteren Studien nicht repliziert werden können, sondern sich auf die Prüfung jener Effekte beschränken, die groß genug sind, daß sie in unterschiedlichem Kontext und mit unterschiedlichen Stichproben zu replizieren sind (LIENERT in: JANKE et al. 1988).

22.2 Auswertungen zur Bewertung der internen und externen Validität der Ergebnisse

Abbildung 22.1 zeigt ein Ablaufschema für statistische Auswertungen von Pharmaprüfstudien. Zur Beurteilung der internen und externen Validität einer Prüfstudie sollten zunächst vor der eigentlichen statistischen Prüfung der Wirkung der unabhängigen Variablen (Prüfsubstanz bzw. Placebo) Vorauswertungen zur Prüfung der Kontrollbedingungen und Generalisierbarkeit der Ergebnisse durchgeführt werden, die im folgenden näher erläutert werden.

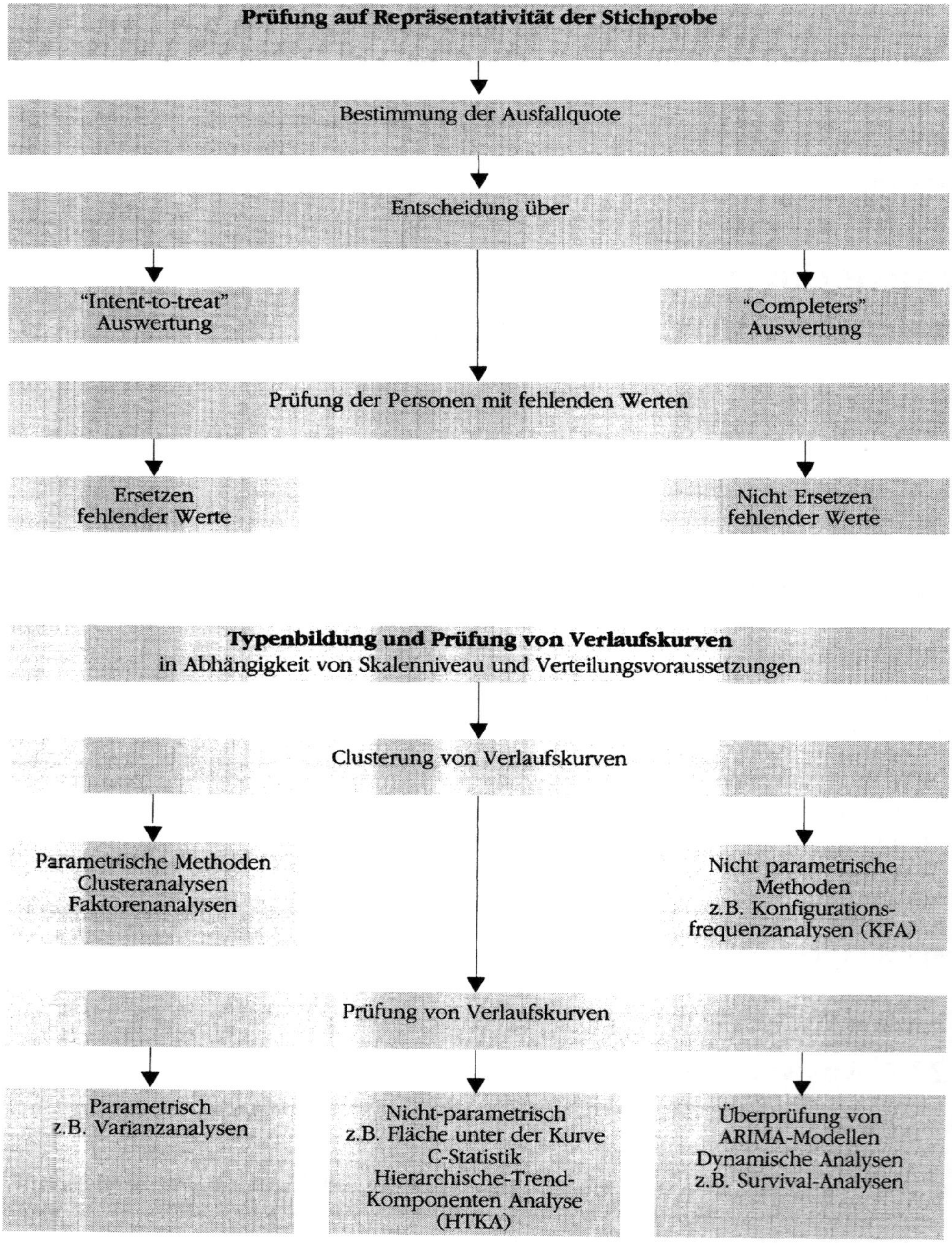

Abb. 22.1. Schema möglicher Auswertungen von Pharmastudien

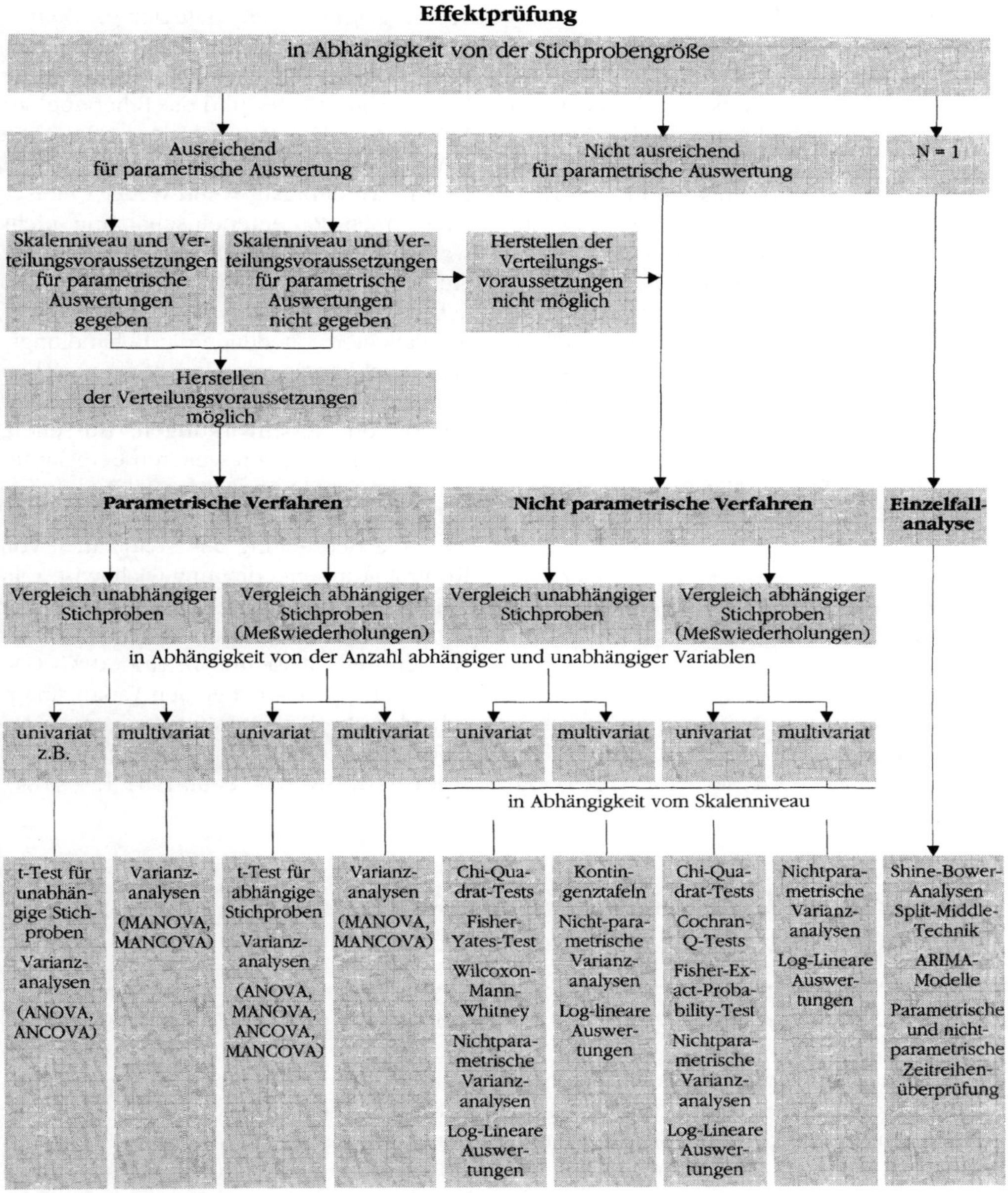

(**Abb. 22.1.** Fortsetzung)

22.2.1 *Kontrolle der Stichprobenvergleichbarkeit*

Zur Bewertung von Studienergebnissen sind zunächst alle verfügbaren Angaben zur Beschreibung der Stichproben zu berechnen (z. B. Alters-, Geschlechts- und Diagnosenverteilung, Krankheitsdauer, Phasenanzahl etc.; KING 1984) und zur Prüfung der Kontrollbedingungen zwischen den Gruppen und falls möglich auch mit Normdaten zu vergleichen. Bei spezifischen Fragestellungen ist es außerdem sinnvoll, bisherige Äquivalenzdosen über einen festgelegten Zeitraum (wenn möglich die Lebensspanne) zu berechnen und zwischen den Gruppen auf signifikante Unterschiede zu prüfen (KING 1984, GELLER 1986).

22.2.2 *Kontrolle der Prüfbedingungen*

Bei Doppel-Blind-Studien sollte auch die Einhaltung dieser Bedingung selbst überprüft werden, da sie sehr häufig verletzt wird (BELL 1989, OXTOBY et al. 1989). Zu den vorgeschlagenen Strategien gehören z. B. Beurteilungen der Untersuchungsbedingungen durch die Patienten und durch die Untersuchungsleiter und die Erhebung der Gründe für diese Beurteilungen selbst. Die Beurteilungsraten sollten gegen den Zufall geprüft werden. Nur wenn weder Untersucher- noch Patienteneinschätzung nicht wesentlich vom Zufall abweichen, sollte eine Studie tatsächlich als doppel-blind ausgegeben werden. Bei negativem Ergebnis sollten Patienten, bei denen die Behandlungsart – unabhängig von der therapeutischen Wirkung – identifiziert wurde (z. B. aufgrund von Nebenwirkungen, Aussehen, Geschmack etc.), von weiteren Berechnungen ausgeschlossen werden.

Da zur Beurteilung der externen Validität auch die Beurteilung der Adäquatheit von Kontrollgruppenbedingung wichtig ist, sollten zur Bewertung der Ergebnisse – vor allem bei Auswertungen von Multicenterstudien (vgl. MAIER und BENKERT 1987, GIBBONS et al. 1990) – neben den Varianzunterschieden der Patienten auch die der Kontrollpersonen berechnet und angegeben werden (DERSIMONIAN et al. 1982, KING 1984).

22.3 Behandlung von Studienabbrechern und fehlenden Werten

22.3.1 *Studienabbrecher*

Zur Behandlung von Studienabbrechern sind verschiedene Strategien möglich. Eine Auswertungsstrategie trennt die Auswertungen nach Personen, bei denen die Behandlungsstrategie bis zum geplanten Ende durchgeführt werden konnte ("Completers") und der "Intent-to-treat" Population. Diese wird nach dem sogenannten "**Intent-to-treat"-Prinzip** ausgewertet: alle Patienten gehen wie randomisiert in den interferenzstatistischen Vergleich der Behandlungsgruppen ein, und kein Fall wird ausgeschlossen (HAASE und FISCHER 1990). Da bei Intent-to-treat-Analysen unvollständige Verlaufsbeobachtungen zu erwarten sind, sind für den konfirmatorischen Vergleich von Verlaufsbeobachtungen nur inferenzstatistische Verfahren für zensierte Daten oder solche für Häufigkeitsvergleiche vorzusehen (HAASE und FISCHER 1990). Als spezifische Auswertung hierfür wird häufig auch eine getrennte Endpunkt-Analyse vorgeschlagen, um einen Bias durch unterschiedliche Ausfallmuster auszubalancieren. In Fällen, in denen mit Sicherheit feststeht, daß das vorzeitige Behandlungsende in keinem Zusammenhang mit der Prüfmedikation steht, könnte auch eine Nachrandomisierung vorgenommen werden. Für diese Zwecke sollte ein Nachrandomisierungsblock aber bereits vorher zur Verfügung stehen (nach HAASE und FISCHER 1990, entfällt allerdings bei strenger Befolgung des Intent-to-treat-Prinzips diese Möglichkeit). Es wird auch vorgeschlagen, den (die) letzten Wert(e) von Abbrechern weiter fortzuschreiben, wobei vorher jedoch die Mindestdauer der Behandlung oder die Mindestanzahl der Meßwerte festgelegt werden sollte, bei denen eine Person noch berücksichtigt werden kann.

Bei diesen Verfahren sind verschiedene Vor- und Nachteile zu berücksichtigen. Bei der Reduzierung der Stichprobe auf die Patienten, die bis zum Ende teilgenommen haben, ist zu beachten, daß sich Charakteristiken der Stichprobe wesentlich verändern können (KING 1984, ANGST et al. 1989, KITTLER 1990), da mit großer Wahrscheinlichkeit häufiger die schwerer erkrankten Patienten ausgeschlossen werden, wodurch die Generalisierungsmöglichkeit der Ergebnisse wesentlich eingeschränkt ist. Diese Auswertung prüft daher in der Regel eher **für**, die Auswertung mit Fortschreibungen der letzten Werte dagegen in der Regel **gegen** die Prüfsubstanz (MAIER und BENKERT 1987). Ist der Anteil der Non-completer sehr hoch, ist die Intent-to-treat-Population für die Auswertung vorzuziehen.

22.3.2 Fehlende Werte

Bei der statistischen Analyse sollte der Informationsgehalt eines Datensatzes so vollständig wie möglich ausgeschöpft werden. Der Versuch, alle verfügbaren Informationen zu berücksichtigen, kann jedoch die Auswertung und die Darstellung der Ergebnisse erheblich erschweren (ALVIR et al. 1990). Bei ausreichend großen Stichproben ist zwar zu verschmerzen, wenn Personen mit fehlenden Werten ausgeschlossen werden, bei kleineren Stichproben kann es aber sehr schnell zu einer erheblichen Reduzierung der Stichprobengrößen führen, vor allem, wenn bei multivariaten Berechnungen alle Personen ausgeschlossen werden, die bei unterschiedlichen Variablen fehlende Werte aufweisen. Bei einer solchen Datenselektion ist ferner zu beachten, daß verschiedene Programme fehlende Werte in logischen Ausdrücken unterschiedlich behandeln und es zu abweichenden Fallzahlen kommen kann (RITTER et al. 1987). Vor Beginn der statistischen Auswertung eines Datensatzes mit fehlenden Werten sollte daher zunächst geprüft werden, ob sich Personen mit fehlenden Werten von solchen mit vollständigen Datensätzen unterscheiden, da dies nicht immer "zufällig" ist (KROMBHOLZ 1985). Ein Verfahren zur Prüfung der Zufälligkeit von Dropouts findet sich z. B. bei DIGGLE (1989). Nur wenn sich hierbei keine wesentlichen Abweichungen von Zufallsverteilungen ergeben, sollten die Personen mit fehlenden Werten berücksichtigt und fehlende Werte auch "ergänzt" werden. Vorschläge zum methodischen Vorgehen, z. B. Schätzungen fehlender Werte oder Berechnungen sogenannter Missing-Data-Korrelations- oder Kovarianzmatrizen finden sich z. B. bei FRANE (1978), SHAFFER (1979) und MÖNTMANN et al. (1983). Wenn bei spezifischen multivariaten Verfahren nur Personen mit vollständigen Datensätzen herangezogen werden (können), ist zu empfehlen, auf jeden Fall für die einzelnen Variablen auch univariate Verfahren zu rechnen und die Ergebnisse zu vergleichen. Eine ähnliche Vorgehensweise ist auch bei Auswertungen von Längsschnittdaten zu empfehlen: es sollten die Teilmengen der Personen mit vollständigen Daten zu bestimmten Zeitpunkten festgestellt und die Ergebnisse für die Unterstichproben mit denen der Stichprobe der Personen mit allen Daten verglichen werden. Nur wenn sich keine Widersprüche zeigen, ist die Annahme plausibel, daß die gefundenen Ergebnisse für die ursprüngliche Stichprobe gelten (KROMBHOLZ 1985).

22.4 Prüfstrategien und Voraussetzungsprüfungen

22.4.1 *Prüfstrategien*

Die statistische Auswertung hat sich zunächst danach zu richten, ob konfirmatorisch oder hypothesengenerierend geprüft werden soll, und ob Meßwerte (bzw. Meßwertsdifferenzen) oder Kovariationen von Meßwerten innerhalb oder zwischen einzelnen Individuen oder Gruppen zu einem oder mehreren Untersuchungszeitpunkt(en) (Veränderungen über die Zeit) verglichen werden sollen. Vorschläge zu Kontrollgruppenplänen und eine Diskussion ihrer Probleme finden sich z. B. in MÖLLER und BENKERT (1980), MAIER und HILLERT (1989), BENKERT und MAIER (1990), KANOWSKI et al. (1990), MÖLLER (1992) und NETTER (1992), Darstellungen von Cross-over Designs bei FERNER (1979), LEHMACHER (1987) und HAFNER et al. (1988).

Für die statistische Auswertung solcher Pläne sind zunächst Zahl und Art der unabhängigen Variablen (Faktoren des Designs; z. B. Art und Dosis der verschiedenen Pharmaka, Anzahl verwandter Diagnosengruppen: Klassifikationsfaktoren[1]) und die weitere Aufteilung nach spezifischen Variablen (z. B. Geschlecht, Alter als weiteren Klassifikationsfaktoren), von denen man annimmt, daß sie die Varianz der abhängigen Variablen beeinflussen, sowie die möglichen Kovariaten relevant.

[1] Als Klassifikationsfaktoren werden in Experimenten üblicherweise solche Faktoren (unabhängige Variablen) bezeichnet, die vom Untersucher nicht willkürlich modifiziert werden können, sondern deren Variation schon vorgegeben ist (z. B. Erkrankung, Geschlecht, Alter).

Da Gruppenstrategien individuelle Verläufe oft nicht adäquat wiedergeben bzw. bei ersten explorativen Studien, werden häufig auch Einzelfallpläne angewandt. Sie können auch eingesetzt werden, um die Entscheidung über Psychopharmaka im Einzelfall besser objektivieren zu können (z. B. WOLFRUM et al. 1984) und unterscheiden sich von dem "klassischen" gruppenstatistischen Vorgehen, neben der Stichprobengröße (meist N = 1), meist vor allem durch die häufig als kontinuierlich anzusehenden Meßwiederholungen. Ein Überblick über verschiedene Einzelfallpläne findet sich in SCHALLER und SCHMIDTKE (1983).

22.4.2 *Prüfung der Berechnungsvoraussetzungen*

Für die zu wählende Auswertungsmethodik ist neben dem Design zunächst die zur Verfügung stehende Stichprobengröße relevant. Zwar gibt es keine allgemeinen Regeln über die richtige Größe der für die Prüfung eines Effektes notwendigen Stichprobe (MÖLLER 1992, NETTER 1992), die bei einer konfirmatorischer Prüfung für einen signifikanten Effekt notwendige Stichprobengröße kann für die einzelnen Variablen bei einer bestimmten postulierten Effektgröße aber in Abhängigkeit von der Risikorelation der beiden Fehlertypen (Fehler I und II) vorher geschätzt werden (z. B. PFANZAGL 1983, FERNER et al. 1985, STOLLEY und STROM 1986, NETTER 1992). Bei Cross-over designs sollten zur Optimierung der Untersuchung immer gleich große Stichprobenumfänge angestrebt werden (LEHMACHER 1987). Diese "idealistischen" Forderungen sind aber nicht immer erfüllbar (vgl. NETTER 1992). Nachträgliche Stichprobenreduzierungen schränken daher unter Umständen auch die geplante Auswertungsmethodik ein.

Die statistische Auswertungsprozedur ist ferner von dem vorhandenen Skalenniveau und den Verteilungskennwerten der Daten und damit auch von den verwandten Instrumentarien abhängig. **Parametrische Verfahren** fordern zumindest Intervallskalenniveau und Normalverteilung der Daten. Als erster Schritt vor der Auswertung sollten daher die Verteilungskennwerte der Daten als Berechnungsvoraussetzungen geprüft werden. Da die meisten Verfahren – auch multivariate Methoden – relativ robust gegen Abweichungen von der Normalverteilung sind (MAGER 1984), sollte hierbei konservativ vorgegangen und erst bei einem Überschreiten des Signifikanzniveaus von 1% Abweichungen von der Normalverteilung angenommen werden (LIENERT 1969). Falls bei den einzelnen vorgesehenen Verfahren Varianzhomogenität gefordert wird, empfiehlt sich ein von WINER (1971, S 214) vorgeschlagenes grobes Abschätzverfahren mittels des F-max-Tests nach Hartley und des Bartlett-Tests. Da diese Tests übersensitiv gegen Abweichungen von der Annahme der Varianzhomogenität sind (WINER 1971), robustere Maße aber häufig wegen der unterschiedlichen Gruppengrößen nicht sinnvoll anwendbar sind, sollte auch hier konservativ vorgegangen werden und Varianzheterogenität erst unterstellt werden, wenn beide Prüfungen signifikante Abweichungen zeigen. Finden sich signifikante Abweichungen für Verteilung und Varianzhomogenität, sind je nach Form der Verteilung(en) entsprechende Skalentransformationen vorzunehmen, wenn parametrische Verfahren angewandt werden sollen. Da parametrische Verfahren auch stark von Ausreißerwerten abhängig sind, ist unter Umständen zur Herstellung einer "erwartungstreueren" Verteilung auch das "Trimmen" oder "Windsorisieren" von Daten möglich, bei dem die Extremwerte einer Verteilung modifiziert bzw. gewichtet werden (DIXON 1980).

Bei **Varianzanalysen mit Meßwiederholung** wird zusätzlich Varianz-Kovarianzhomogenität gefordert. Bei Verletzungen dieser Voraussetzung können weniger konservative F-Tests und damit eine größere Rate von Fehlern 1. Art resultieren (vgl. schon SHAFFER 1979). GEISSER und GREENHOUSE (1958) schlugen zur Lösung dieses Problems eine Verkürzung der Freiheitsgrade um die des Wiederholungsfaktors (und damit die untere Grenze eines Korrekturfaktors) vor, was aber in einer maximalen Reduzierung der Freiheitsgrade und – besonders bei kleinen Stichproben – einem Teststärkeverlust resultiert (FERNER 1979). Später wurde von ihnen daher ein gestuftes Verfahren vorgeschlagen, bei dem zunächst die F-Tests mit der konventionellen Anzahl der Freiheitsgrade berechnet werden. Univariate, varianzanalytische Verfahren führen jedoch bei Abweichungen von den geforderten Voraussetzungen an die spezielle Struktur der Varianz-Kovarianz-Matrix zu falschen Ergebnissen bei Tests der Hypothese der Formhomogenität. FERNER (1981) hält daher die Alternative der Reduzierung der Freiheitsgrade für den Zeitfaktor für obsolet und schlägt auch für diesen Fall multivariate Analysen vor.

Bei **kovarianzanalytischen Plänen** wird ferner Homoskedastizität (homogene Varianzen innerhalb verschiedener Verteilungen) vorausgesetzt und gefordert, daß die Kovarianz zwischen den Variablen, deren Streuung "herauszufiltern" ist, und den Zielvariablen in den verschiedenen Untersuchungsgruppen gleich sei, d. h. die jeweiligen Regressionsgeraden sich nicht signifikant unterscheiden. Diese Annahmen können jedoch häufig bei pharmakologischen Prüfstudien aufgrund der Unterschiede zwischen Experimental- und Kontrollgruppe und möglicher Differenzen bei un-

terschiedlicher Ausprägung der Kovariaten theoretisch nicht begründet werden (KLEIN et al. 1975), die Voraussetzungen sind meist nicht erfüllt (IMMICH 1977) und werden häufig auch nicht geprüft. Auswertungen ohne Angaben, ob die Berechnungsvoraussetzungen erfüllt sind, sind daher kritisch zu bewerten.
Bei kontinuierlicheren Messungen und Signifikanzprüfungen über die Zeit ist zusätzlich auf serielle Abhängigkeit der Daten zu achten, d. h., ob die Daten zu einem Zeitpunkt in einer bestimmten Weise von den vorherigen Meßwerten abhängig sind (vgl. BOX und JENKINS 1970). Zwar sind die meisten parametrischen Verfahren relativ robust gegen Abweichungen von den üblichen Berechnungsvoraussetzungen, weniger robust sind sie jedoch hinsichtlich der Verletzung der Voraussetzung serieller Unabhängigkeit (vgl. z. B. WALLACE und ELDER 1980). Die oft geäußerte Meinung, die (parametrische) Prüfgröße müsse nur groß genug sein, dann könne die serielle Abhängigkeit der Daten vernachlässigt werden, ist ein gefährlicher Trugschluß (MCCAIN und MCCLEARY 1979). Vorschläge, Werte der Prüfgröße (etwa durch Verringerung der Freiheitsgrade) zu vergrößern, scheinen daher nicht angebracht zu sein. Serielle Abhängigkeiten sollten daher vorher durch entsprechende Modellprüfungen und Berechnungen eliminiert werden (vgl. Abschnitt 22.5.4).

22.5 Auswertungsmethodik

22.5.1 *Parametrische Methodik für Gruppenvergleiche*

Sind die entsprechenden methodischen Voraussetzungen erfüllt, sind parametrische Gruppenvergleiche oder varianzanalytische Auswertungen anzuwenden, da sie in der Regel die stärkste Testpower aufweisen. Die Auswertungsmethodik hat sich im Einzelfall danach zu richten, wieviele Gruppen simultan verglichen werden sollen und ob Messungen zu einem Zeitpunkt, mehrere Messungen zu verschiedenen Zeitpunkten oder mehrere Variablen simultan ausgewertet werden. In die Berechnung können die Werte (Rohwerte) selbst eingehen, bei Meßwiederholungen ist es aber auch möglich, nur die Differenzen der Rohwerte (z. B. zwischen Ausgangswert und Endwert; Prä-Posttest) zu vergleichen. Wenn zwischen den Gruppen verglichen wird, sind Tests für unabhängige Meßwerte anzuwenden (bevorzugt wird hier meist der t-Test), bei Vergleichen innerhalb der gleichen Gruppe(n) (meist bei Meßwiederholungen) sind Tests für abhängige Stichproben anzuwenden (im einfachsten Fall t-Test für abhängige Stichproben). Da die Verfahren für abhängige Stichproben in der Regel schärfer prüfen, ist bei parallelisierten Stichproben zu prüfen, ob nicht – obwohl die Meßwerte nicht von den gleichen Personen stammen – ebenfalls Verfahren für abhängige Stichproben angewandt werden (allerdings ist dann hierfür gleiches N nötig).
Werden mehrere Gruppen simultan verglichen, sollten varianzanalytische Auswertungen durchgeführt werden, wobei je nach verwendetem Modell unterschiedliche Zusammenfassungen der Prüfvarianzen, gegen die getestet wird, verwandt werden können. Spezifische Auswertungshinweise für Pläne, bei denen einzelne Faktorstufen und Faktorenstufenkombinationen nicht besetzt sind, finden sich z. B. bei HOFMAN und PRECHT (1989).
Berücksichtigt man nicht nur Differenzwerte (also einen Wert pro Person), sondern

sinnvollerweise alle Werte über die Zeit (im einfachsten Fall also einen Anfangs- und einen Endwert), stellen diese Werte pro Person ein Profil dar. Bei Gruppenvergleichen solcher Profile sollten als generelle Auswertungsmethode Pläne, die man als "Split-plot-Designs" oder "Repeated-Measurement-Designs – case two" (KIRK 1968: S. 246, WINER 1971) bezeichnet, gewählt werden. Auch bei unterschiedlichen Meßvariablen (z. B. Testprofilen) kann man diese, zur schärferen Prüfung, so behandeln, als seien über sie Meßwiederholungen durchgeführt worden. Allerdings sollten sie, wenn sich die Skalen schon aufgrund ihrer Konstruktion hinsichtlich der Absoluthöhe unterscheiden, vorher auf einen vergleichbaren Maßstab transformiert werden. Signifikante Haupteffekte besagen dann, daß sich die Profilhöhen der verschiedenen Gruppen signifikant unterscheiden, Haupteffekte für den Faktor "Meßvariablen", daß die Profilgestalten der zusammengefaßten Stichproben eine statistisch zu sichernde Profilstreuung aufweisen. Im Sinne der Wirksamkeitsprüfung relevanter zum Nachweis gruppenspezifischer Profile sind in diesem Zusammenhang jedoch die Wechselwirkungen zwischen den verschiedenen Gruppen und Meßvariablen, die die Verschiedenheit der "Gruppenprofile" bestätigen. Ein signifikanter F-Wert besagt in diesem Fall, daß sich die verschiedenen Gruppenprofile weder direkt noch durch Vertikalverschiebung im stochastischen Sinne zur Deckung bringen lassen (vgl. z. B. LIENERT 1963, S. 338), d. h. auch nicht nur eine monotone Profiländerung zu unterstellen ist.

Für inhaltlich und nach Skalenniveau und -werthöhe theoretisch zusammengehörende, d. h. nicht als unabhängig zu betrachtende Variablen sollten die Auswertungen solcher Pläne mittels **multivariater Varianzanalysen (MANOVA)** vorgenommen werden, da diese Rechenprozedur im Gegensatz zu univariaten Tests mittels ANOVAs die Varianzbeiträge nicht nacheinander, sondern nach der sogenannten Regressionsmethode simultan prüft. Multivariate Testverfahren als vorgeschaltete Prozeduren vermeiden daher den Fehler erster Art, da verschiedene abhängige Variablen mittels eines Signifikanztests geprüft werden. Diese Testungen sind daher als konservativer anzusehen. Auf diese "Vorprüfung" folgende Prüfungen mittels univariater Verfahren können bei Signifikanz des multivariaten Verfahrens diejenigen Variablen identifizieren, die zur Gruppentrennung wesentlich beitragen. Falls die multivariaten Tests keine Signifikanzen erbringen, sind univariate Verfahren unnötig (KING 1984). Vorschläge zum sequentiellen Testen bei Meßwiederholungen und zur Modellbildung der Kovarianzstruktur als erstem Schritt finden sich bei GEARY (1988, 1989).

Univariate Signifikanztests sollten nur dann vorgezogen werden, wenn die abhängigen Variablen keine theoretische Beziehung miteinander aufweisen, d. h. auch keine nennenswerte Korrelation zwischen ihnen angenommen werden kann oder empirisch nachweisbar ist (BROSIUS 1989). Diese Vorprüfungen können z. B. mit Bartletts Test auf Nichtsphärizität vorgenommen werden.

Die Unterschiede der einzelnen Gruppenmittelwerte können im Anschluß mit a-posteriori-Tests (z. B. Scheffé-Test, Newman-Keul-Test, Tukey-Test) überprüft werden (vgl. z. B. WINER 1971, BROSIUS 1989).

Bei **Cross-Over-Plänen** sollten, falls möglich, bereits vor der ersten Periode Vortests durchgeführt werden, da sie eine bessere (trennschärfere) Prüfung der Gruppenunterschiede in der ersten Periode ermöglichen. Zusätzliche Vortests vor der zweiten Periode könnten ebenfalls zu präziseren Ergebnissen führen, da die Zuwächse analysiert werden können (LEHMACHER 1987). Sequenz- oder "Carry-Over-Effekte", die aber eher die Ausnahme zu sein scheinen (LEHMACHER in JANKE et al. 1988), sind mittels spezifischer Auswertungstechniken weitgehend vermeidbar. Auswertungen von Crossover-Plänen führen aber in die Irre, wenn das zu untersuchende Verhalten zyklisch verläuft (GELLER 1986, zur Auswertung solcher Pläne vgl. z. B. LEHMACHER 1987). Es empfiehlt sich zunächst eine graphische Ergebnisdarstellung. Bei den statistischen Berechnungen selbst hat sich die Methode durchgesetzt, die zur Analyse der Effekte pro Individuum bestimmte Kontraste bildet und diese mit bekannten Tests vergleicht (LEHMACHER 1987). Hierzu stehen parametrische und nicht-parametrische Verfahren, sowie spezifische Verfahren für binäre Daten zur Verfügung (HILLS und ARMITAGE 1979). Bei der Auswertung sind allerdings verschiedene Probleme zu beachten (BROWN 1980). Es ist z. B. unklar, wie der üblicherweise angewandte Beobachtungsdifferenzen-Test zu interpretieren ist, wenn unterschiedliche Residualeffekte nicht ausgeschlossen werden können, dies gilt auch für die Auswertungen von Mehrfachmessungen.

22.5.2 Nichtparametrische Auswertungen für Gruppenvergleiche

Sind die Berechnungsvoraussetzungen nicht gegeben (zu geringe Stichprobengröße, Skalenniveau oder Verletzungen der Verteilungsvoraussetzungen) und aufgrund theoretischer Überlegungen auch nicht durch Skalentransformation zu erfüllen, sollten nichtparametrische Auswertungen vorgenommen werden. Nichtparametrischen Verfahren wäre z. B. bei kleinen Stichproben und Abweichungen von der Normalverteilung der Vorzug zu geben, da solche Auswertungen weniger von Ausreißern abhängig sind (KANOWSKI et al. 1990). Zwar sind, wie erwähnt, parametrische Tests relativ robust gegen Verletzungen der Voraussetzungen, der Mann-Whitney U-Test scheint aber z. B. entgegen früherer Annahmen eine deutliche Überlegenheit über den t-Test aufzuweisen, wenn die Stichprobe aus einer nichtnormalverteilten Population stammt (BLAIR et al. 1980). In der Regel sind mit nichtparametrischen Verfahren aber keine Effektgrößen bestimmbar.

Die Einteilung dieser Verfahren folgt im Prinzip der parametrischer Tests (unabhängige vs abhängige Stichproben etc.). Ausführliche Darstellungen nicht-parametrischer Testverfahren finden sich z. B. in LIENERT (1973, 1978), SIEGEL (1985) und KLEITER (1990).

Bei dichotomisierten Variablen wird zum Gruppenvergleich meist der Chi-Quadrat-Test angewandt, bei sehr kleiner Zellbesetzung ist der Fisher-Exact-Probability-Test anzuwenden. Bei Ordinalskalenniveau empfiehlt sich z. B. zur Prüfung von Unterschieden zwischen zwei Gruppen der Median-Test, der Mann-Whitney U-Test, der Kolmogorov-Smirnov-Test oder der Kruskal-Wallis-Test. Eine simple Alternative zum t-Test für unabhängige Stichproben stellt auch der MAXIMIN-Test (MATOS und HEPPES 1981) dar, der die Überlappung zwischen zwei Verteilungen prüft. Bei Nominalskalenniveau und verbundenen Stichproben werden nach SIEGEL (1985) der McNemar-Test und bei Ordinalskalenniveau und verbundenen Stichproben der Sign-Test und der Wilcoxon Matched-Pairs Signed-Ranks Test empfohlen.

Nichtparametrische Verfahren finden sich analog zu Varianzanalysen auch für unabhängige und abhängige Stichproben sowie für multivariate Versuchspläne (z. B. Rangvarianzanalysen; KRUSKAL und WALLIS 1952, HUBER 1980, 1982, ERDFELDER 1981, WILLMES und PYHEL 1981).

Mittlerweile liegen auch für Vergleiche mittels Daten, die nur nominal oder kategorial vorliegen, aber ebenfalls analog einem varianzanalytischen Design geordnet werden können (dies gilt vor allem für Häufigkeiten von demographischen und diagnostischen Variablen bzw. Schweregrad der klinischen Symptomatik) spezifischere Verfahren vor, die die multivariate Überprüfung

von Zusammenhängen von Prüffaktoren mit Outcome-Variablen und die Prüfung von Interaktionseffekten erlauben. Mittels loglinearer Analysen können so z. B. neben Haupteffekten auch Interaktionseffekte für Häufigkeiten berechnet werden (GOODMAN 1978, zu nonstandard-Modellen vgl. LANGEHEINE 1983). Verschiedene Vorschläge zur Auswertung kategorialer Daten, in Abhängigkeit von der Möglichkeit, die Variablen zu ordnen, und je nachdem, ob Interaktionen geprüft werden sollen, finden sich in KOCH und EDWARDS (1988). Für Modelle ohne die Prüfung von Interaktionen könnte bei Ordnungsmöglichkeiten der kategorialen Daten z. B. das Cochran-Mantel-Haenszel-Verfahren angewandt werden.
Bei ordinalen, nicht-metrischen Daten fehlen bisher noch adäquate Cross-over-Auswertungsstrategien (LEHMACHER 1987), ersatzweise könnten hier aber bei entsprechender Zurückhaltung bei der Interpretation Rangtests durchgeführt werden (LEHMACHER 1987).

22.5.3 Spezifische Auswertungen von Einzelfallstudien

Die bei Einzelfallanalysen angewandten Auswertungsverfahren können danach differenziert werden, ob im Sinne "klassischer psychometrischer Einzelfalldiagnostik" ausgewertet wird oder spezifischere Verfahren zur Auswertung von Zeitreihen, die von der Fragestellung und dem Niveau der vorhandenen Daten abhängig sind, angewendet werden. Bei diesen Methoden könnte man noch danach unterscheiden, ob lediglich eine einzelfallbezogene Überprüfung der Werte der Zeitreihe hinsichtlich eines Effektes oder multivariate Auswertungen (z. B. zur Ermittlung von Faktoren bzw. Faktorenstrukturänderungen) intendiert sind (vgl. HUBER 1978, KRATOCHWILL und LEVIN 1978, TACK 1980, PETERMANN 1981, 1986). Zur ersten Gruppe wären die intraindividuellen Vergleiche von Meß-(Test-)werten zu zählen, wenn z. B. eine zufallskritische Absicherung intraindividueller Differenzen zwischen verschiedenen Subtestresultaten eines Testprofils oder intraindividuelle Vergleiche von Testwerten, Testprofilen oder Faktorwerten über die Zeit durchgeführt bzw. individuelle Werte oder Profile mit vorhandenen "Normwerten" oder Profilen verglichen werden (d.h. im Prinzip eine Zuordnung in vorgegebene Klassen vorgenommen wird, vgl. JANKE 1982). Einen Überblick über die mit Hilfe psychometrischer Einzelfalldiagnostik zufallskritisch abzusichernden Vergleiche bzw. Zuordnungen von individuellem Wert/individuellem Wert sowie individuellem Wert/Gruppenwert gibt z. B. KASTNER 1979, die entsprechende Methodik und Berechnungsbeispiele finden sich u. a. bei HUBER 1973, STEINMEYER 1976, BUTTGEREIT 1980, JANKE 1982. Für spezifische Maße wird die Split-Middle-Technik (WHITE 1974, zit. nach KAZDIN 1976) vorgeschlagen.

22.5.4 Spezifische Auswertungen von Zeitreihen

Da Wirkungsprofile sehr unterschiedlich aussehen können (vgl. Abb. 22.2), ist zu beachten, daß gruppenstatistische Vergleiche häufig differierende Individualverläufe nicht genügend berücksichtigen und damit kaum Aussagen über den Therapieverlauf gestatten bzw. auch zu völlig falschen Interpretationen führen können (MÖLLER und BENKERT 1980, KRAUTH 1986, SCHMIDTKE et al. 1987, GRAWE 1988, MÖLLER 1992, vgl. auch Abb. 22.3). Veränderungen können sich unterschiedlich auf das Niveau oder den Trend (Steigung) auswirken, verzögert oder nur zeitweise auftreten, negativ oder positiv beschleunigt sein usw. (Überblicke und graphische Darstellungen möglicher Veränderungen von Zeitreihen finden sich z. B. bei PETERMANN 1978).

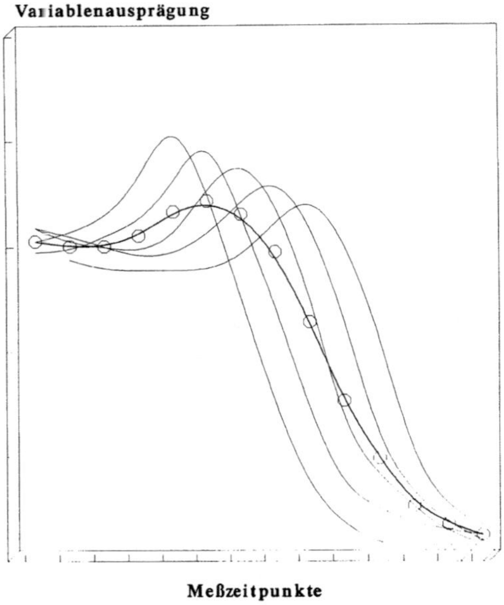

Abb. 22.2. Graphische Darstellung von möglichen Effekten im Rahmen von Zeitreihenanalysen (nach GLASS et al. 1975)

Es wäre so z. B. denkbar, daß der Gesamtmittelwert und die Varianz einer Gruppe sich nicht ändern, wenn die Gesamtstichprobe aus unterschiedlich reagierenden Subgruppen besteht, obwohl die Subgruppen völlig unterschiedliche Verläufe haben können (vgl. SCHMIDTKE et al. 1987). Bei unterschiedlichem Wirkungseintritt bei einzelnen Individuen (vgl. FABRE 1985) könnte z. B. aufgrund der Gruppenmittelwerte auch ein anderer als der bei den einzelnen Individuen tatsächlich auftretende Verlauf vermutet werden, es wäre sogar vorstellbar, daß durch Mittelwerte zwischen spezifischen Meßzeitpunkten bei einem solchen Phänomen gar kein Effekt erfaßt wird (SCHMIDTKE et al. 1987, vgl. Abb. 22.4).

Neben den herkömmlichen statistischen Auswertungen sollten bei spezifischen Fragestellungen daher, wenn möglich, auch spezifische Auswertungen der Zeitreihen

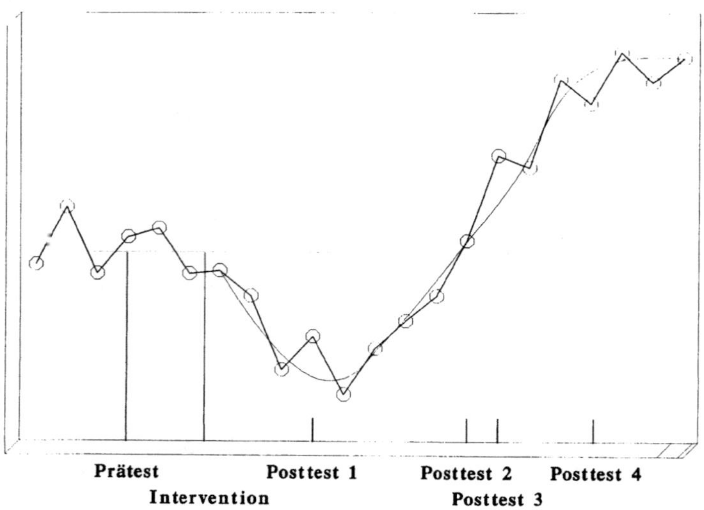

Abb. 22.3. Fehlermöglichkeiten der Interpretation bei ungenügender Anzahl von Wiederholungsmessungen der Zielvariablen. Je nach Vergleich verschiedener Meßzeitpunkte sind völlig unterschiedliche Interpretationen möglich. Bei Vergleich von lediglich Prätest und Posttest 2 würde sich sogar gar kein Unterschied ergeben. Der kurvilineare Verlauf wird nur durch häufigere Messungen abgebildet (nach GLASS et al. 1975, S. 85)

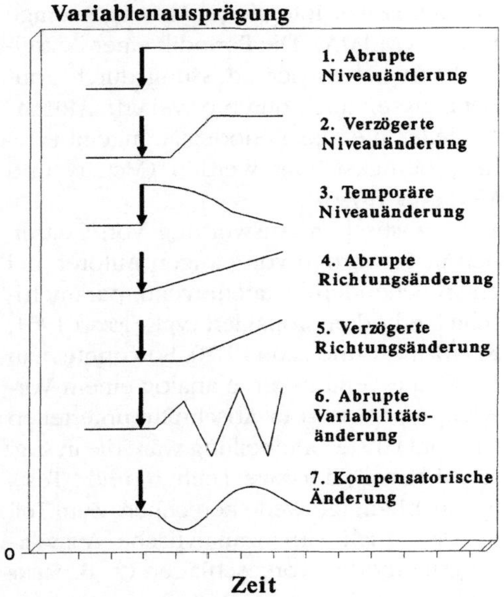

Abb. 22.4. Modellhafte Darstellung der Auswirkungen unterschiedlicher Subgruppenverläufe auf die Veränderung des Mittelwertes der Gesamtgruppe (nach SCHMIDTKE et al. 1987)

vorgenommen werden. Da die meisten psychopharmakologischen Studien mehrere Merkmale zu verschiedenen Zeitpunkten an mehreren Personen oder Personengruppen erheben, sind nach NETTER (1974) grundsätzlich alle sechs der von CATTELL (1952) angegebenen Arten von Profilvergleichen möglich. Liegen die Voraussetzungen vor, können z. B. faktoren- oder clusteranalytische Auswertungen der Korrelationen der verschiedenen Zeitreihen "Verlaufstypen" identifizieren und ihre prognostische Nutzung ermöglichen. Zu den Korrelationsberechnungen von Verlaufskurven selbst liegen verschiedene Maße vor, die unterschiedlich Profilgestalt und -höhe berücksichtigen (vgl. z. B. BAUMANN 1971). Neben Profilzusammenfassungen durch korrelations- und faktorenanalytische Methoden bieten sich zur Überprüfung der Konfigurationen von Variablen, die auf Nominalniveau vorliegen bzw. transformiert werden, Konfigurationsfrequenzanalysen (KFA) an (vgl. LIENERT und KRAUTH 1973, KRAUTH 1973 a,c). Mit wachsender Zahl von Merkmalen und Stufen je Merkmal steigt die Zahl der möglichen Konfigurationen aber rasch an, und es bedarf dann im Prinzip sehr großer Stichproben, um bestimmte Ausgangsvoraussetzungen (wie Höhe der Erwartungswerte) zu erfüllen. Daher können zur Reduzierung der Merkmale und zur Vermeidung niedriger Erwartungsschätzungen der Einzelkonfigurationen in einem zweiten Schritt auch "hierarchische KFAs" (vgl. KRAUTH 1973 b) zur Zusammenfassung von Einzelkonfigurationen angewandt werden.

Die **Verlaufstypen** selbst können dann einzeln oder als Gruppe zunächst weiter mit unterschiedlichen Verfahren auch auf signifikante Veränderungen über die Zeit geprüft werden (vgl. PFANZAGEL 1972, KAZDIN 1976, KRATOCHWILL und LEVIN 1978, PARSONSON und BAER 1978, LIENERT 1978, SCHLITTGEN und STREITBERG 1984). Abschätzungsverfahren und nichtparametrische Trendabschätzungen finden sich z. B. in SPIEGEL (1961), KRAUTH (1973) und LIENERT (1978).

Bei entsprechenden Voraussetzungen können die Verlaufstypen auch gegeneinander wieder parametrisch auf statistische Signifikanz geprüft werden (z. B. Split-plot-Designs). Tests für verteilungsfreie Verlaufskurvenvergleiche finden sich z. B. bei KRAUTH (1973), IMMICH und SONNEMANN (1974) und KRÜGER und BUCHTA (1980). Auch die "alte" Methode, die Flächen unter der Verlaufskurve zu berechnen und die Flächensummen miteinander zu vergleichen, ist der Datenqualität oft angemessen (vgl. schon IMMICH 1977).

Zeitreihen können auch hinsichtlich ihrer inneren Struktur und gegenseitigen Abhängigkeit ausgewertet werden. Für diese Auswertungen sind verschiedene Charakteristiken der Daten, wie Stabilität der Zeitreihe, Veränderungen in Trend und Niveau, Autokorrelationen usw. relevant.

Die verschiedenen Abhängigkeitsmodelle lassen sich in deterministische und stochastische Modelle gliedern (PETERMANN 1978, REVENSTORF und KEESER 1979, 1989). Zu den deterministischen Modellen gehört die Verwendung von Polynomen, d.h. der Darstellung der Werte einer Zeitreihe als abhängig von der Zeit (vgl. REVENSTORF 1979). Als "einfachste" statistische Form der "Kurvenanpassung" bzw. Kurvenermittlung wird meist die Methode der kleinsten Quadrate ("ordinary least squares", OLS) angesehen. Oft werden lineare Modelle unterstellt. Bei der Anwendung von linearen Regressionsanalysen wird (neben dem Problem der seriellen Abhängigkeit; MCCAIN und MCCLEARY 1979) häufig jedoch als Nachteil aufgeführt, daß Anfangs- und Endpunkte sowie Abweichungen den Verlauf der Regressionsgeraden sehr stark beeinflussen und diese Trendabschätzung daher unpräzise und statisch sei (vgl. MCCLEARY und HAY 1980).

Andere Modelle bestimmen die Struktur (und damit auch Schätzungen zukünftiger Werte einer Zeitreihe) aus den Werten selbst. Hierbei unterscheidet man zunächst stationäre und nicht-stationäre Prozesse. Bei stationären Prozessen treten höchstens Schwankungen um den Mittelwert, nicht aber Schwankungen des Mittelwerts oder des Trends auf. Bei letzteren Schwankungen liegen nicht-stationäre Prozesse vor (PETERMANN 1978, MCCLEARY und HAY 1980). Eine nicht-stationäre Zeitreihe kann durch Differenzbildung stationär werden, man spricht daher auch von einem summativen oder "integrierten" (I) Prozeß. Wenn die Werte einer Zeitreihe aus dem oder den vorangegangenen Werten im Sinne einer linearen Regression vorausgesagt werden können, spricht man von einem "autoregressiven" Modell (AR), wenn der aktuelle Wert als von den vorangegangenen "Fehlern" abhängig gesehen wird, von einem "Moving Average Prozess" (MA). Von BOX und JENKINS (1970) wurden diese drei Modellkomponenten zu einem Modell zusammengefaßt: Autoagressiver Integrierter Moving Average Prozeß (ARIMA). Die Periodik einer Zeitreihe kann neben der Erfassung durch Fourieranalysen auch durch erweiterte ARIMA-Modelle, die die Periodizität miteinbeziehen, berücksichtigt werden (MCCAIN und MCCLEARY 1979).

Zur statistischen Auswertung von Zeitreihen i.e.S. werden von einigen Autoren bei entsprechendem Skalenniveau parametrische Methoden propagiert (vgl. SPIEGEL 1961, KRATOCHWILL und LEVIN 1978). So könnte man etwa eine Verlaufskurve analog einem Vorschlag von SPIEGEL in Abschnitte unterteilen (die einfachste Unterteilung wäre die in sog. "Semi-Mittel", d.h. zwei Hälften) und t-Tests für unabhängige Werte berechnen. Zum Teil werden auch varianzanalytische Auswertungsmethoden vorgeschlagen (z. B. SHINE und BOWER 1971, SHINE 1976).

Zur Lösung des Problems der seriellen Abhängigkeit wird für Daten auf Intervallskalenniveau vorgeschlagen, zunächst ein passendes Modell für diese sequentielle Abhängigkeit zu ermitteln, mittels dieses Modells diese Abhängigkeit zu eliminieren und mit den dann ermittelten unabhängigen Residuen die entsprechenden Tests (z. B. für Niveau oder Trends) durchzuführen (vgl. REVENSTORF 1979), wobei die Modellidentifikation aber unbedingt getrennt für Prä- und Postinterventionsphasen durchgeführt werden soll (GLASS et al. 1975). Von verschiedenen Autoren wird auch die Anwendung nichtparametrischer Methoden vorgeschlagen. Hinweise zu verschiedenen nichtparametrischen Trendtests für Zeitreihen und Veränderungsmessungen finden sich etwa bei LIENERT und LIMBOURG (1977), LIENERT (1978), REVENSTORF (1979), REVENSTORF und VOGEL (1979) und KRAUTH (1981, 1986).

Für eine sinnvolle statistische Auswertung von Zeitreihen sollen (als Faustregel) zumindest 50 Werte vorhanden sein, mehr Werte werden allerdings für besser gehalten (BOX und JENKINS 1970). GLASS et al. (1975) betonen, daß "drifts" bei weniger als

25 Daten schwer abzuschätzen sind. Beim AMDP-Kongreß 1988 wurden allerdings zeitreihenanalytische Auswertungen vorgestellt, die deutlich weniger Messungen aufwiesen und trotzdem die Modellidentifikation als robust bezeichnet.
Es existieren auch Verfahren zu nichtparametrischen Auswertungen von Zeitreihen (Tryon 1982, Robinson 1983). Kleiter (1986) stellt z. B. eine hierarchische Trend-Abschnitt-Komponenten-Analyse (HTKA) vor, die durch eine Kombination von Aspekten der Trend- und ARIMA-Analyse sowie clusteranalytischer Abschnittbestimmungen versucht, Nachteile der einzelnen Methoden zu vermeiden. Bei diesem Verfahren werden abschnittweise Niveausprünge und – im Unterschied zu ARIMA-Modellen – auch Trendeffekte bestimmt. Erste klinische Beispiele finden sich bei Möller et al. (1989). Die HTKA wurde allerdings als einzelfallstatistische Methode auch stark kritisiert, da nicht ausgeschlossen werden kann, daß Effekte auf Artefakte zurückgeführt werden können (vgl. Krauth 1990, Steinmeyer 1990). Bisweilen ist auch eine dynamische Analyse des Eintretens, der zeitlichen Dauer und des Verlaufs spezifischer Ereignisse in der zeitlichen Abfolge bei der Prüfung sinnvoll. So wären z. B. prinzipiell auch Auswertungen der Zeitdauer bis zur Besserung oder dem Eintreten anderer Ereignisse möglich (Immich 1977, Kitler 1990). Einfache Algorithmen zur qualitativ-quantitativen Charakterisierung von Verläufen lassen sich z. B. Seelos (1985) entnehmen. Andress (1985) stellt eine Reihe von Verfahren zur multivariaten Analyse von Verlaufsdaten vor, die es erlauben, solche Ereignisse im zeitlichen Verlauf zu analysieren. Die Probleme der Datenanalyse bei Abbrechern bzw. Personen, die im vorgesehenen Versuchszeitraum ausscheiden oder sich nicht bessern, können mit Berechnungen für zensierte Werte gelöst werden (Gehan 1965 a,b, Mantel 1967, ein einfacheres nichtparametrisches Verfahren findet sich bei Hilgers und Neumann 1989).

Für Berechnungen der Dosiswirkungsbeziehungen eignen sich, wenn es die Datenqualität und die Verteilungsvoraussetzungen erlauben, lineare Regressionsanalysen, bei dichotomisiert vorliegenden Ergebnissen Probitanalysen (Immich 1977).

22.5.5 Berechnungen von Kovariationen und strukturellen Abhängigkeiten über die Zeit

Die einfachste Berechnungsmöglichkeit ist die Kovariationsberechnung zweier Zeitreihen mittels Produkt-Moment-Korrelationskoeffizienten. Prozeduren zur Berechnung von Produkt-Moment-Korrelationskoeffizienten bei Mehrfachmessungen über die Zeit für ein Individuum, die alle Informationen ausschöpfen, Methoden zur Schätzung von mittleren Korrelationskoeffizienten, die die Information über alle Individuen poolen und Methoden zur Prüfung der Homogenität dieser r's und ihrer Testung auf Signifikanz finden sich z. B. bei Alvir et al. (1990). Diese Art der Korrelationsberechnungen hat allerdings den Nachteil, daß Anfangs- und Endpunkte der Zeitreihen die Höhe der Korrelationskoeffizienten stark beeinflussen können.
Anwendbar sind auch neuere Modifikationen der P-Technik, etwa die zeitkorrigierte P-Technik ("time-corrected lead and lag technique"; Cattell 1963, 1966), die versuchen, die serielle Abhängigkeit zu berücksichtigen, indem zwei oder mehr Meßwertreihen auf ihre Wirkungszusammenhänge überprüft werden und die Zeitreihen (ähnlich wie bei Autokorrelationen) systematisch gegeneinander verschoben werden (z. B. eine vorauseilt – "lead" – oder verzögert wird – "lag"). Weitere faktorenanalytische Modelle zur Erfassung von Entwicklungsverläufen und Veränderungen stellen auch Harris (1963, kanonische Faktorenanalyse), Corballis und Traub (1970) und Roskam (1976) vor.

Eine weitere Auswertung der Daten wäre hinsichtlich der kausalen Beziehungen zwischen verschiedenen Variablen zu verschiedenen Zeitpunkten möglich (z. B. verschiedenen psychologischen Variablen von biologischen Parametern). Zur Überprüfung solcher Zusammenhänge, d. h. auch der Überprüfung von Zusammenhängen zwischen sogenannten latenten (theoretisch erklärten) und manifesten (beobachtbaren und durch Meßwerte belegte) Variablen werden in neuerer Zeit verstärkt Pfadanalysen und Strukturvergleichsmodelle (z. B. LISREL) propagiert (vgl. z. B. Jöreskog und Van Thillo 1972, Jöreskog und Sörbom 1976, 1981, Muthen 1989). Die Annahme latenter Variablen ist dann angebracht, wenn mehrere hoch korrelierende Variablen zu beobachten sind (was auf ein gemeinsames Konstrukt hinweist, Anderson 1978). Ein Modell zur Quantifizierung von Veränderungen auf latenten Dimensionen für dichotomisierte Längsschnittdaten findet sich bei Fischer (1989).

22.5.6 Metaanalysen

Als Metaanalyse – der Begriff wurde von Glass (1976) geprägt – wird, im Unterschied zur lediglich "narrativen" Zusammenfassung und Bewertung, die "quasi-experimentelle" Zusammenfassung vorliegender unabhängiger Studien mit der Berechnung integrativer zentraler Werte oder Abschätzung von Effektgrößen für verschiedene Studien, d. h. eine kompilierte statistische Bewertung der einzelnen Studien, verstanden. Für diese Art der Analysen, die ursprünglich aus der sozialwissenschaftlichen Forschung stammen, wurde in letzter Zeit eine Reihe von spezifischen Methoden entwickelt (z. B. Orwin 1983, Rosenthal 1984, Bullock und Svyantek 1985, Fricke und Treinies 1985, Hedges und Olkin 1985, L'Abbe et al. 1987, Drinkman 1990). Allerdings stehen für die Forschungsarbeiten mit komplexeren statistischen Methoden (z. B. multivariaten Varianzanalysen, Diskriminanz-, Cluster-, Pfad- und Faktorenanalysen etc.) bisher noch keine adäquaten metaanalytischen Modelle zur Verfügung.

Inhaltlich können Metaanalysen sogar über die zugrundeliegenden Untersuchungen selbst hinausgehen, da sie auch Fragen beantworten könnten, die bisher noch nicht erforscht wurden, z. B. Vergleiche von Behandlungsstrategien ermöglichen, die bisher selbst noch nicht gegeneinander geprüft wurden (Drinkman 1990).

Nach Bangert-Drowns (1986) lassen sich mindestens fünf Typen der Metaanalyse unterscheiden: 1. Metaanalysen nach der Methode von Glass (Glass et al. 1981), 2. Studieneffekt-Metaanalysen nach Mansfield und Busse (1977), 3. Metaanalysen mittels der Methode der Kombination von Wahrscheinlichkeiten (Rosenthal 1984), 4. Metaanalysen mit annäherungsweisem Pooling der Daten und Homogenitätstests (Hedges 1982) und 5. Metaanalysen mit annäherungsweisem Pooling der Daten und Korrektur des Stichprobenfehlers (Hunter et al. 1982).

Die verschiedenen Prozeduren lassen sich noch danach unterscheiden, ob sie Originaldaten miteinbeziehen (können) – diese Art der Metaanalyse wird dann häufig auch als Sekundäranalyse (Glass 1976), Reanalyse von Daten oder auch Datenpooling bezeichnet (Drinkman 1990) – oder sich lediglich auf Sekundärdaten stützen.

Zum Procedere bei metaanalytischen Auswertungen existieren verschiedene Vorschläge (z. B. Rosenthal 1984, Slavin 1984, Boissel et al. 1985, Bullock und Svyantek 1985, L'Abbe et al. 1987, Gerbarg und Horwitz 1988). In Drinkmann und Groeben (1989, S. 17) findet sich z. B. ein Codierungsschema für Metaanalysen, das von der Stichprobengröße, über das Design bis zur α-Adjustierung die wesentlichsten Kriterien für eine Bewertung erfaßt.

Meist wird vorgeschlagen, in einem ersten Bewertungsschritt das Problem der Zusammenfassung qualitativ unterschiedlicher Studien durch eine Codierung der Primärergebnisse auch hinsichtlich einer Einschätzung der methodischen Güte der einzelnen Studien zu lösen (z. B. GLASS et al. 1981). Die weiteren Auswertungsprozeduren unterscheiden sich dann grundsätzlich hinsichtlich der Operationalisierung von Effektgrößen – ob diese z. B. diskret oder kontinuierlich vorliegen und ob überhaupt Effektgrößen berechenbar sind (vgl. z. B. ROSENTHAL 1984, EINARSON et al. 1985) – sowie den Annahmen, wie Effektgrößen verglichen und gemittelt werden können. Der basalste Befund, der zunächst ausgewertet und statistisch geprüft werden kann, ist, ob die Hypothese durch den Gruppenvergleich der Richtung nach bestätigt wurde oder nicht. Auf der nächsten Stufe können dann die (präzisen) Wahrscheinlichkeiten nach verschiedenen Algorithmen zusammengefaßt und selbst statistisch überprüft werden (ROSENTHAL 1984, FRICKE und TREINIES 1985, STRUBE 1985a). Wie Teststärkeanalysen zeigten, unterscheiden sich die Verfahren nicht wesentlich hinsichtlich ihrer Effizienz (STRUBE 1985 b, STRUBE und MILLER 1986).

Die Effektgröße selbst läßt sich z. B. nach folgender Formel ermitteln:

$$d = \frac{x_e - x_k}{s_p}$$

wobei x_e und x_k die Mittelwerte der jeweiligen abhängigen Variablen für experimentale (e) und Kontrollgruppe(k) darstellen und s_p die Quadratwurzel aus der gepoolten Varianz beider Gruppen, die sich aus den Standardabweichungen beider Stichproben sowie den Stichprobenumfängen berechnet. Die Größe "d" steht daher in direkter Beziehung zum punktbiserialen Korrelationskoeffizienten und zur Prüfgröße t (SCHWARZ und KESSLER 1983).

Effektstärken lassen sich allerdings auch noch aus anderen Parametern schätzen (vgl. hierzu GLASS et al. 1981, FRICKE und TREINIES 1985). Die gepoolte Varianz kann auch aus der Fehlerquadratsumme einer Varianzanalyse bzw. aus t- und F-Wert geschätzt werden (DRINKMANN und GROEBEN 1989). Die Verfahren gleichen daher den Verfahren zur Berechnung der "praktischen Signifikanz" (vgl. Abschnitt 22.6.2). Die statistischen Prüfungen von Metaanalysen mit unterschiedlichen speziellen methodischen Prozeduren erbringen zum Teil deutlich abweichende Resultate. PERSINGER (1986) schlägt daher ein von WOLF (1984) in anderem Zusammenhang verwandtes Verfahren der Berechnung eines gemeinsamen "log odds ratio" vor.

Bei Zusammenfassungen nomineller Daten aus verschiedenen Studien ist zu beachten, daß hier, ähnlich wie bei den Effektprüfungen einer Studie, das Simpson'sche Paradox zu beachten ist und Zusammenfassungen verschiedener Studien zu den Originalergebnissen völlig entgegengesetzen Aussagen kommen können (vgl. GLASS 1978).

Zur Lösung des Problems des Bias lediglich signifikanter publizierter Ergebnisse wurden verschiedene Abschätzmethoden vorgeschlagen. Der von ROSENTHAL (1979) entwickelte "Fail-save N"-Quotient gibt z. B. die Zahl sogenannter Null-Ergebnisse an, die bewirken würden, daß ein metaanalytischer Effekt nicht mehr signifikant würde. Er bezieht sich allerdings auf Wahrscheinlichkeitsniveaus. L'ABBE et al. (1987) entwickelten ein spezielles Maß für Therapiestudien, ORWIN (1983) ein im Gegensatz zu ROSENTHALS' Fail-safe N ein auf Effektstärken bezogenes Fail-safe N, das ebenfalls angibt, wieviele Untersuchungen mit einem 0-Effekt notwendig wären, um den integrativen Effektstärkewert unter einen bestimmten Wert fallen zu lassen.

Das Metaanalysen-Modell von GLASS läßt im Gegensatz zu dem bisher dargestellten Vorgehen, bei dem pro Primäranalyse nur ein Ergebnis in die Metaanalyse eingeht, die Berücksichtigung mehrerer Analyseergebnisse zu. Ein Hauptvorteil wird daher darin gesehen, daß es differentielle metaanalytische Auswertungen erlaubt und auch nicht-lineare Effektkomponenten prüfen kann (DRINKMANN 1990, S. 69). Allerdings ist wegen fehlender Angaben über die Interkorrelationen der verschiedenen abhängigen Variablen dennoch häufig keine multivariate Analyse möglich.

22.6 Berechnungen von Effektstärken und Signifikanz

22.6.1 Effektstärke

Als generelles pharmakologisches Wirkungskriterium bei der Dosisbestimmung wird oft die Dosis, bei der 50% der Patienten eine Reaktion zeigen, festgesetzt. Die Größe des Wirkungseffektes in Studien wird aber häufig lediglich über statistisch abhängige Größen, in Abhängigkeit vom Skalenniveau der verwandten Instrumentarien definiert, z. B. indem erst Werte, die außerhalb des 95% Konfidenzintervalls des Grundwertes (bzw. der Grundkurve) liegen, als bedeutsam angesehen werden. Zur Überprüfung von Nootropikawirkungen wird z. B. vorgeschlagen, daß Effekte bei parametrischer Auswertung mindestens eine halbe Standardabweichung umfassen müssen, um klinisch relevant zu sein (KANOWSKI et al. 1990). Allerdings sind solche Maße bei möglichen "Boden"- und "Decken-Effekten"[2] der verwendeten Zielvariablen fraglich.

Die "gewünschte" und nur dann als hypothesenkonform zu wertende Effektstärke sollte a-priori festgelegt werden (HAUG und FÄHNDRICH 1986, KALLUS in JANKE et al. 1988), wie eine Untersuchung von HAUG und FÄHNDRICH (1986) zeigt: je nach verwandtem Kriterium z. B. bei der Festlegung von "Response-Raten" können völlig unterschiedliche Ergebnisse – auch für Subpopulationen – erzielt werden, so daß sich die Gruppen der Responder und Nonresponder hinsichtlich wesentlicher Kriterien unterscheiden können. Auch die Festlegung der Gruppen ist notwendig, da sonst, je nach späterer Gruppenzusammenfassung, auch völlig unterschiedliche – sogar gegensätzliche – Raten und Veränderungen ermittelbar sein können ("Paradoxon von SIMPSON" 1951, HAND 1979).

Ist der Fehler I Art bei einer Untersuchung schwerwiegender als der Fehler II Art, sollte man kleine – im anderen Fall hohe Irrtumswahrscheinlichkeiten festlegen (FERNER 1977).

22.6.2 Signifikanz

Die statistische Signifikanz ist neben den verwandten Testverfahren auch von der ein- oder zweiseitigen Fragestellung abhängig. Liegt eine Hypothese vor, in welche Richtung die Werte voneinander abweichen sollten, wird bei dieser Signifikanzprüfung schon bei kleinerer Differenz der Werte der Gruppen die Signifikanzgrenze erreicht, da der Ablehnungsbereich auf einer Seite konzentriert ist. Die oft durchgeführte Art der Prüfung mit der (Null)Hypothese, daß zwischen zwei oder mehr Behandlungsbedingungen kein signifikanter Unterschied besteht, kann ferner bei der Interpretation der Ergebnisse sukzessiv durchgeführter Studien zu schwerwiegenden Fehlinterpretationen führen. Angenommen, Studie 1 zeigt, daß zwischen der Gruppe mit der Behandlung A und der Gruppe mit der Behandlung B kein signifikanter Unterschied besteht,

[2] Diese Effekte beschreiben, daß aufgrund der Skalenkonstruktion ein niedrigerer oder höherer Wert (auch bei angenommerer Verschlechterung oder Verbesserung) nicht erreicht werden kann.

und Studie 2 entsprechend zwischen C und A, kann nicht – wie es häufig gemacht wird – geschlossen werden, daß zwischen Behandlung B und C kein signifikanter Unterschied bestehen würde, da der Wert für B an der unteren und der für C an der oberen Signifikanzgrenze liegen könnte. Auf dieses Dilemma bei der Prüfung neuer Substanzen gegen eine "Standardmedikation" machten schon MÖLLER und BENKERT (1980) aufmerksam.

Bei den Auswertungen und Interpretationen von Studienbefunden ist – aufgrund der Datenredundanz (vgl. IMMICH 1977) – zu berücksichtigen, daß bei einer Vielzahl von Vergleichen innerhalb einer Studie je nach Signifikanzniveau schon nach Zufall signifikante Ergebnisse zu erwarten sind. Insbesondere bei Berechnungen, in denen simultan mehrere Signifikanztests am gleichen Material durchgeführt werden, resultieren starke Verringerungen des α-Risikos (WOLFRUM 1980, KING 1984).

Die Irrtumswahrscheinlichkeit ist daher nach dem "Bonferroni-Prinzip" zu reduzieren (KRÜGER und BUCHTA 1980, LEHMACHER und LIENERT 1980, KRAUTH 1983, Tabellen für die Bonferroni t-Statistik finden sich z. B. bei BAILEY 1977). Bei Forderung gleicher nomineller Irrtumswahrscheinlichkeit bei r-simultanen Tests ergibt sich dabei ein adjustiertes α^* von α/r (KRAUTH 1973). Dieses Vorgehen ist konservativ, da das adjustierte α^* als nominales Niveau immer kleiner α ist und höchstens gleich α sein kann (FORST 1985). Ein Nachteil dieses Vorgehens liegt folglich darin, daß bei einer derartigen Adjustierung bei vielen Tests schnell extreme α^* resultieren können (KRÜGER und BUCHTA 1980), die nur bei sehr großen Stichproben signifikant werden können. FERNER et al. (1985) und FORST (1985) präferieren daher das von HOLM (1979) vorgeschlagene sequentielle Vorgehen, bei dem eine Rangreihe adjustierter α's mit der Rangreihe der erhaltenen exakten p-Werte verglichen wird. Dieses Verfahren berücksichtige mehr das globale α-Niveau. LASKA und MEISNER (1989) schlagen ein Verfahren vor (min-Test), bei dem geprüft werden kann, ob von verschiedenen Behandlungstrategien eine überlegen ist. Für t-Tests und den Wilcoxon-Test werden auch die zur Prüfung notwendigen Stichprobengrößen tabellarisch angegeben.

Zur Vermeidung des Problems der Reduzierung "wirklich" signifikanter Ergebnisse durch die α-Adjustierung existieren prinzipiell lediglich zwei Strategien: Zunächst sollte unnötige Redundanz bei der Prüfung von Hypothesen vermieden werden (ANGST et al. 1989). Ferner sollten nur die Signifikanzprüfungen durchgeführt werden, für die explizite Hypothesen bestehen, um die Zahl notwendiger Tests zu senken (KRÜGER und BUCHTA 1980, KANOWSKI et al. 1990).

Von LEHMACHER und LIENERT (1980, S. 446) wurde zur Lösung dieses Problems ein "hybrides" zweistufiges Verfahren vorgeschlagen: Bei einer solchen Problematik sollten die Stichproben geteilt (z. B. nach Zufall, Zeitablauf, etc.) und an der ersten Hälfte heuristisch alle Teststrategien durchgeführt werden. Im Sinne einer konfirmatorischen Prüfung sollten dann an der zweiten Hälfte der Stichprobe nur jene Tests wiederholt werden, die in der ersten Stichprobenhälfte signifikante Effekte gezeigt haben. Durch die dann gegebene Möglichkeit einseitiger Fragestellung können dann auch maximal scharfe Testprozeduren eingeführt werden. Als signifikant sollte man dann lediglich die Ergebnisse betrachten, die bei beiden Prüfungen Trends oder signifikante Ergebnisse erzielen. Bei Psychopharmaka-Untersuchungen sollte man zusätzlich auch die Bedingung einführen, daß je eine Zielvariable aus zwei voneinander unabhängig zu erhebenden Bereichen gegenüber der Kontrollgruppe signifikante Effekte (nach α-Adjustierung) aufweist. Erst dann sollte ein Wirksamkeitsnachweis als gesichert gelten. Eine weitere Absicherung wäre die Angabe der Kovarianzen zwischen den verschiedenen Meßebenen, um eine

Schätzung der Wirkungskonvergenz und Hinweise auf Responderindikatoren zu ermöglichen (Schmidtke et al. 1987, Kanowski et al. 1990).
Die Angabe der statistischen Signifikanz reicht aber häufig allein nicht aus, da signifikante Gruppenunterschiede im Einzelfall bedeutungslos sein können (Schwarz und Kessler 1983, Wolf 1985). Es existieren verschiedene Maße zur Überprüfung der praktischen Signifikanz, die z. B. bei Mittelwertsdifferenzen den prozentualen Anteil der Nichtüberlappung (U-Maße, Cohen 1977) oder den Anteil der durch die überprüften und kontrollierten Faktoren "aufgeklärten" Varianz an der Gesamtvarianz angeben (Wolf und Brandt 1982, Wolf 1985). Zu empfehlen wären von letzteren Maßen die Berechnung von η^2 (univariat oder multivariat) als unkorrigiertes Maß für die Stichprobenergebnisse (= oberste Grenze) und entsprechend ω^2 als "konservativste" Schätzung (= unterste Grenze) für die Abschätzung der Populationsergebnisse (Wolf und Brandt 1982). Diese Werte sollten in der Regel bei signifikanten Ergebnissen zusätzlich angegeben werden, um Überbewertungen zu vermeiden.

Literatur

Alvir JM, Lieberman JA, Borenstein MT (1990) A single estimate of separate within-individual correlations: applications in psychopharmacology. Psychopharmacol Bull 26: 203–206

Anderson JG (1978) Causal models in educational research: nonrecursive models. Am Educ Res J 15: 81–97

Andress HJ (1985) Multivariate Analyse von Verlaufsdaten (=ZUMA). Methodentexte Bd. 1. ZUMA, Mannheim

Angst J, Bech P, Boyer P et al. (1989) Consensus conference on the methodology of clinical trials of antidepressants, Zurich, March 1988: report of the consensus committee. Pharmacopsychiatry 22: 3–7

Bailey JR (1977) Tables of the Bonferroni t statistic. J Am Stat Ass 72: 469–478

Bangert-Drowns RL (1986) Review of developments in meta-analytic method. Psychol Bull 99: 388–399

Baumann U (1971) Psychologische Taxometrie. Huber, Bern

Bell DSH (1989) Topics in clinical research. III. The importance of randomized, double-blind procedures in clinical research. Clin Ther 11: 565–567

Blair RC, Higgins JJ, Smitley DS (1980) On the relative power of the U and t test. Br J Math Statist Psychol 33: 114–120

Boissel JP, Peyrieux JC, Panak E, Blanchard J, Leizorovicz A, Sacks H (1985) Guidelines for meta-analysis of clinical trials. Unveröffentlichtes Tagungsprotokoll, Versailles

Box GEP, Jenkins GM (1970) Time series analysis: forecasting and control. Holden-Day, San Francisco

Brosius G (1989) SPSS/PC + Advanced statistic. McGraw-Hill, Hamburg

Brown BW (1980) The crossover experiment for clinical trials. Biometrics 36: 69–79

Bullock JR, Svyantek DJ (1985) Analyzing meta-analysis: potential problems, an unsuccessful replication, and evaluation criteria. J Appl Psychol 70: 108–115

Buttgereit P (1980) Testdiagnostik. In: Wittling W (Hrsg) Handbuch der klinischen Psychologie, Bd 1. Hoffmann und Campe, Hamburg, S 158–233

Cattell RB (1952) The three basic factor-analytic research designs – their interrelations and derivatives. Psychol Bull 49: 499–520

Cattell RB (1963) The structuring of change by P-technique and incremental R-technique. In: Harris CW (ed) Problems in measuring change. University of Wisconsin Press, Madison, pp 167–198

Cattell RB (1966) Patterns of change: measurement in relation to state-dimension, trait change, lability, and process concepts. In: Cattell RB (ed) Handbook of multivariate experimental psychology. Rand McNally, Chicago, pp 355–402

Cohen J (1977) Statistical power analysis for the behavioral sciences. New York

CORBALLIS MC, TRAUB RE (1970) Longitudinal factor analysis. Psychometrika 35: 79–98

DERSIMONIAN R, CHARETTE LJ, MCPEEK B, MOSTELLER F (1982) Reporting on methods on clinical trials. N Engl J Med 306: 1332–1337

DIGGLE PJ (1989) Testing for random dropouts in repeated measurement data. Biometrics 45: 1255–1258

DIXON WJ (1980) Efficient analysis of experimental observations. Annu Rev Pharmacol Toxicol 20: 441–462

DRINKMAN A (1990) Methodenkritische Untersuchungen zur Metaanalyse. Deutscher Studien Verlag, Weinheim

DRINKMANN LV, GROEBEN N (1989) Metaanalysen für Textwirkungsforschung. Methodologische Varianten und inhaltliche Ergebnisse im Bereich der Persuasionswirkung von Texten. Deutscher Studien Verlag, Weinheim

EINARSON TR, MCGHAN WF, BOOTMAN JL, SABERS DJ (1985) Metaanalyis: quantitative integration of independent research results. Am J Hosp Pharm 42: 1957–1964

ERDFELDER E (1981) Multivariate Rangvarianzanalyse: Ein nonparametrisches Analogon zur ein- und mehrfaktoriellen MANOVA. Trierer Psychologische Berichte 8 (Heft 12)

FABRE LF (1985) Treatment of depression in outpatients: a controlled comparison of the onset of action of amoxapine and maprotiline. J Clin Psychiatry 46: 521–524

FERNER U (1977) Planung von Psychopharmakaprüfungen. Pharmakopsychiatry 10: 132 – 139

FERNER U (1979) Some methodological aspects on the statistical analysis of pharmaco-EEG data. Pharmakopsychiatry 12: 220–227

FERNER U (1981) Einige theoretische Gesichtspunkte zur statistischen Analyse von Daten aus gerontopsychologischen Untersuchungen. In: OSWALD, FLEISCHMANN (Hrsg) Experimentelle Gerontopsychologie. Beltz, Weinheim, S 36–55

FERNER U, HAMOT HB, MAURER W (1985) Some statistical-methodological aspects of planning and analyzing clinical and laboratory trials with hypnotic agents. In: KUBICKI H (ed) Methods of sleep research. Fischer, Stuttgart, pp 169–185

FISCHER GH (1989) An IRT-based model for dichotomous longitudinal data. Psychometrika 54: 599–624

FORST HT (1985) Probleme des multiplen Testens und Schätzens in der Arzneimittelforschung. Arzneimittelforschung 35: 563–567

FRANE JW (1978) Missing data and BMDP: some pragmatic approaches. Technical Report 45. Health Science Computing Facility University of California, Los Angeles

FRICKE R, TREINIES G (1985) Einführung in die Metaanalyse. Huber, Bern

GEARY DN (1988) Sequential testing in clinical trials with repeated measurements. Biometrika 75: 311–318

GEARY DN (1989) Modelling the covariance structure of repeated measures. Biometrics 45: 1183–1195

GEHAN EA (1965 a) A generalized Wilcoxon test for comparing arbitrary singly censored samples. Biometrika 52: 203–223

GEHAN EA (1965 b) A generalized 2-sample Wilcoxon test for doubly censored data. Biometrika 52: 650–653

GEISSER S, GREENHOUSE SW (1958) An extension of Box's results on the use of the F distribution in multivariate analysis. Ann Math Stat 29: 855–891

GELLER B (1986) Components of the design of psychopharmacology studies. Psychopharmacol Bull 22: 1077–1080

GERBARG ZB, HORWITZ RI (1988) Resolving conflicting clinical trials: guidelines for meta-analysis. J Clin Epidemiol 41: 503–509

GIBBONS RD, DAVIS JM, HEDEKER DR (1990) A comment on the selection of 'healthy controls' for psychiatric experiments. Arch Gen Psychiatry 47: 785–786

GLASS GV (1976) Primary, secondary and meta-analysis of research. Educ Res 5: 3–8

GLASS GV (1978) Integrating findings: the meta-analysis of research. Rev Res Education 5: 351–379

GLASS GV, MCGAW B, SMITH ML (1981) Meta-analysis in social research. Sage, Beverly Hills

GLASS GV, WILLSON VL, GOTTMAN JM (1975) Design and analysis of time-series experiments. Colorado Associated University Press, Boulder

GOODMAN LA (ed) (1978) Analyzing qualitative categorial data: log-linear models and latent structure analysis. Abt, Cambridge

GRAWE K (1988). Zurück zur psychotherapeutischen Einzelfallforschung. Z Klin Psychol 17: 1–7

HAASE W, FISCHER M (1990) Biometrische Planung und Auswertung klinischer Prüfungen und Erstellung des biometrischen Studienberichtes. Good Clinical Practice: 149–174

HAFNER KB, KOCH GG, CANADA, AT (1988) Some analysis strategies for three-period changeover designs with two treatments. Stat Med 7: 471–481

HAND DJ (1979) Psychiatric examples of Simpson's paradox. Br J Psychiatry 135: 90–91

Harris C (ed) (1963) Problems in measuring change. University of Wisconsin Press, Madison

Haug HJ, Fähndrich E (1986) Problems in defining response in therapy studies. Pharmacopsychiatry 19: 170–171

Hedges LV (1982) Fitting categorial models to effect sizes from a series of experiments. J Educ Stat 7: 119–137

Hedges LV, Olkin I (1985) Statistical methods for meta-analysis. Academic Press, New York

Hilgers RA, Neumann N (989) An exact nonparametric randomization test for censored data. Biometrie und Informatik in Medizin und Biologie 20: 66–73

Hills M, Armitage P (1979) The two-period cross-over clinical trial. Br J Clin Pharmacol 8: 7–20

Hofmann E, Precht M (1989) Besondere Anlagetypen und ihre varianzanalytische Auswertung. Biometrie und Informatik in Medizin und Biologie 20: 74–85

Holm S (1979) A simple sequentially rejective multiple test procedure. Scand J Statist 6: 65–70

Huber HP (1973) Psychometrische Einzelfalldiagnostik. Beltz, Weinheim

Huber HP (1978) Kontrollierte Fallstudie. In: Pongratz LJ (Hrsg) Klinische Psychologie (Handbuch der Psychologie, Bd 8, 2). Hogrefe, Göttingen, S 1153–1199

Huber HP (1980) Zur Auswertung mehrfaktorieller Rangvarianzanalysen bei ungleichen Zellbesetzungen. Teil I. Versuchspläne mit unabhängigen Stichproben. Psychol Beitr 22: 553–573

Huber HP (1982) Zur Auswertung mehrfaktorieller Rangvarianzanalysen bei ungleichen Zellbesetzungen. Teil II. Versuchspläne mit abhängigen Stichproben. Berichte aus dem Institut für Psychologie der Karl-Franzens-Universität Graz

Hunter J, Schmidt F, Jackson G (1982) Meta-analysis: cumulating research findings across studies. Sage, Beverly Hills

Immich H (1977) "Statistische Auswertung". Pharmakopsychiatry 10: 185–192

Immich H, Sonnemann E (1974) Which statistical models can be used in practice for the comparison of curves over a few time-dependent measure points? Biometrie-Praximetrie 14: 43–52

Janke W (1982) Klassenzuordnung. In: Groffmann KJ Michel L (Hrsg) Enzyklopädie der Psychologie. Themenbereich B. Serie II. Bd 1. Grundlagen psychologischer Diagnostik. Hogrefe, Göttingen, S 376–466

Janke W, Kallus W, Netter P (1988) Psychopharmacological acute trials: methodological problems and approaches for solutions. Pharmacopsychiatry 21: 288–289

Jöreskog KG, Sörbom D (1976) Statistical models and methods for test-retest situations. In: De Gruijter DNM, van der Kamp LJT (eds) Advances in psychological and educational measurement. Wiley, London, pp 135–157

Jöreskog KG, Sörbom D (1981) LISREL V – Analysis of linear structural relationships by maximum likelihood and least squares methods. International Educational Services, Chicago

Jöreskog KG, van Thillo M (1972) LISREL: a general computer program for estimating a linear structural equation system involving multiple indicators of unmeasured variables (ETS RB 72–56). Educational Testing Service, Princeton

Kanowski S, Ladurner G, Maurer K, Oswald WD, Stein U (1990) Empfehlungen zur Evaluierung der Wirksamkeit von Nootropika. Z Gerontopsychol Psychiatry 3: 67–79

Kastner M (1979) Bemerkungen zu einer Standortbestimmung der psychometrischen Einzelfalldiagnostik. Z Klin Psychol 8: 83–90

Kazdin AE (1976) Statistical analyses for single-case experimental designs. In: Hersen, Barlow (eds) Single case experimental designs: strategies for studying behavior change. Pergamon, New York, pp 265–316

King PR (1984) Methodological guidelines for reading drug evaluation research. Can J Psychiatry 29: 575–582

Kirk RE (1968) Experimental design: procedures for the behavioral sciences. Brooks/Cole, Belmont

Kitler ME (1990) Clinical trials in the elderly. Clin Pharmacol 6: 235–255

Klein DF, Ross DC, Feldman S (1975) Analysis and display of psychopharmacological data. J Psychiatr Res 12: 125–147

Kleiter EF (1986) HTKA – Hierarchische Trend-Abschnitt-Komponenten-Analyse. Ein Verfahren zur Analyse von Zeitreihen. Z Empir Päd Pädag Psych, Beiheft 2

Kleiter EF (1990) Lehrbuch der Statistik in KMSS. Deutscher Studienverlag, Weinheim

Koch GG, Edwards S (1988) Clinical efficacy trials with categorial data. In: Peace K (ed) Statistical methods in the pharmaceutical industry. Dekker, New York, pp 303–457

Kratochwill TR, Levin JR (1978) What time-series designs may have to offer educational researchers. Contemp Educ Psychol 3: 273–329

Krauth J (1973) Nichtparametrische Ansätze zur Auswertung von Verlaufskurven. Biometrische Z 15: 557–566

KRAUTH J (1986) Probleme bei der Auswertung von Einzelfallstudien. Diagnostica 32: 17 – 29

KRAUTH J (1973 a) Inferenzstatistischer Nachweis von Typen und Syndromen. In: KRAUTH J, LIENERT GA (Hrsg) Die Konfigurationsfrequenzanalyse (KFA) und ihre Anwendung in Psychologie und Medizin. Alber, Freiburg, S 39–51

KRAUTH J (1973 b) Inferenzstatistische Probleme der hierarchischen und agglutinierenden Konfigurationsfrequenzanalyse. In: KRAUTH J, LIENERT GA (Hrsg) Die Konfigurationsfrequenzanalyse (KFA) und ihre Anwendung in Psychologie und Medizin. Alber, Freiburg, S 71–74

KRAUTH J (1973 c) Inferenzstatistische Auswertung der Mehrstichproben-Konfigurationsfrequenzanalyse. In: KRAUTH J, LIENERT GA (Hrsg) Die Konfigurationsfrequenzanalyse (KFA) und ihre Anwendung in Psychologie und Medizin. Alber, Freiburg, S 87–95

KRAUTH J (1981) Statistische Methoden der Veränderungsmessung. In: BAUMANN U, BERBALK, SEIDENSTÜCKER (Hrsg) Klinische Psychologie. Trends in Forschung und Praxis, Bd 4. Huber, Bern, S 98–131

KRAUTH J (1983) Methodische Probleme in der pädagogischen Evaluationsforschung. Z Empir Pädag 7: 1–21

KRAUTH J (1990) Comments on the paper by MÖLLER et al. (1989) Problems on single case evaluation. Eur Arch Psychiatr Neurol Sci 239: 391–394

KROMBHOLZ H (1985) Fehlen “fehlende Beobachtungen” zufällig? Eine Analyse von “Missing Data” am Beispiel einer Längsschnittuntersuchung. Z Emp Päd Pädag Psych 9: 139–148

KRÜGER HP, BUCHTA H (1980) Nichtparametrischer Vergleich von Testprofilen und Verlaufskurven bei unabhängigen Stichproben. Psychol Beitr 22: 581–591

KRUSKAL WH, WALLIS WA (1952) Use of ranks in one-criterion variance analysis. J Am Statist Ass 47: 583–621

L'ABBE KA, DETSKY AS, O'ROURKE K (1987) Meta-analysis in clinical research. Ann Int Med 197: 224–233

LANGEHEINE R (1983) Nonstandard log-lineare Modelle. Z Sozialpsych 14: 312–321

LASKA EM, MEISNER MJ (1989) Testing whether an identified treatment is best. Biometrics 45: 1139–1151

LEHMACHER W, LIENERT GA (1980) Nichtparametrischer Vergleich von Testprofilen und Verlaufskurven vor und nach einer Behandlung. Psychol Beitr 22: 432–448.

LEHMACHER W (1987) Verlaufskurven und Cross-over. Springer, Berlin Heidelberg New York Tokyo

LIENERT GA (1963) Eine varianzanalytische Methode zum Nachweis der Gruppenspezifität von Testprofilen. Z Exp Angew Psychol 10: 333–345

LIENERT GA (1969) Testaufbau und Testanalyse. Beltz, Weinheim

LIENERT G (1973) Verteilungsfreie Methoden in der Biostatistik, Bd I. Hain, Meisenheim

LIENERT G (1978) Verteilungsfreie Methoden in der Biostatistik, Bd II. Hain, Meisenheim

LIENERT GA, KRAUTH J (1973) Die Konfigurationsfrequenzanalyse. VII. Konstellations-, Konstellationsänderungs- und Profilkonstellationstypen. Z Klin Psychol Psychother 21: 197–209

LIENERT GA, LIMBOURG M (1977) Beurteilung der Wirkung von Behandlungsinterventionen in Zeitreihen-Untersuchungsplänen. Z Klin Psychol Psychother 25: 21–28

MAGER PP (1984) Einheit durch Verschiedenheit: Zur Anwendung multivariater Methoden in der Arzneimittelforschung. Pharmazie in unserer Zeit 13: 147–155

MAIER W, BENKERT O (1987) Methodenkritik des Wirksamkeitsnachweises antidepressiver Pharmakotherapie. Nervenarzt 58: 595–602

MANSFIELD RS, BUSSE TV (1977) Meta-analysis of research: a rejoinder to Glass. Educ Res 6: 3

MANTEL N (1967) Ranking procedures for arbitrarily restricted observation. Biometrics 23: 65 – 78

MATOS L, HEPPES A (1981) A simple nonparametric procedure: the MAXIMIN test. Int J Clin Pharmacol Ther Toxicol 19: 34–35

MCCAIN MJ, MCCLEARY R (1979) The statistical analysis of the simple interrupted time-series quasi-experiment. In: COOK TD, CAMPBELL DT (eds) Quasi-experimentation. Design and analysis issues for field settings. Rand McNally, Chicago, pp 233–293

MCCLEARY R, HAY RA (1980) Applied time series analysis for the social scienes. Sage, Beverly Hills

MÖLLER HJ (1986) Methodological problems of long-term studies in psychopharmacology. Pharmacopsychiatry 19: 156–160

MÖLLER HJ (1992) Klinische Prüfstudien (dieser Band)

MÖLLER HJ, BENKERT O (1980) Methoden und Probleme der Beurteilung der Effektiviät psychopharmakologischer und psychologischer Therapieverfahren. In: BIEFANG S (Hrsg) Evaluationsforschung in der Psychiatrie: Fragestellungen und Methoden. Enke, Stuttgart, S 54–128

MÖLLER HJ, BLANK R, STEINMEYER EM (1989) Single-case evaluation of sleep-deprivation effects by means of nonparametric time-series analysis (according to the HTKA model). Eur Arch Psychiatr Neurol Sci 239: 133–139

Möhtmann VG, Bollinger G, Herrmann A (1983) Tests auf Zufälligkeit von "Missing Data". In: Wilke H et al. (Hrsg) Statistik-Software in der Sozialforschung. Quarum, Berlin, S 87–101

Muthen BO (1989) Latent variable modeling in heterogeneous populations. Psychometrika 54: 557–585

Netter P (1974) Zusammenfassung und Wertung der wichtigsten methodischen Aspekte bei der Untersuchung von Längsschnittprofilen der Wirkung von Psychopharmaka. Arzneimittelforschung 24: 1008–1010

Netter P (1992) Effizienz: Zur Methodik des Wirksamkeitsnachweises, Placeboproblematik (dieser Band)

Orwin RG (1983) A fail-safe N for effect size in meta-analyis. J Educ Stat 8: 157–159

Oxtoby A, Jones A, Robinson M (1989) Is your 'double-blind' design truly double-blind? Br J Psychiatry 155: 700–701

Parsonson BS, Baer DM (1978) The analysis and presentation of graphic data. In: Kratochwill TR (ed) Single subject research. Academic Press, New York, pp 101–165

Persinger GS (1986) Selecting appropriate techniques for meta-analysis. Am J Hosp Pharmacy 43: 606

Petermann F (1978) Veränderungsmessung. Kohlhammer, Stuttgart

Petermann F (1981) Möglichkeiten der Einzelfallanalyse in der Psychologie. Psychol Rundschau 32: 31–48

Petermann F (1986) Probleme und neuere Entwicklungen der Veränderungsmessung – Ein Überblick. Diagnostica 32: 4–16

Pfanzagl J (1972) Über die Zerlegung statistischer Reihen. Metrika 1: 130–147

Pfanzagl J (1983) Allgemeine Methodenlehre der Statistik, I, II. De Gruyter, Berlin

Revenstorf D, Keeser W (1979) Zeitreihenanalyse von Therapieverläufen – ein Überblick. In: Petermann F, Hehl FJ (Hrsg) Einzelfallanalyse. Urban und Schwarzenberg, München, S 183–228

Revenstorf D, Keeser W (1989) Zeitreihenanalysen von Therapieverläufen – Ein Überblick. In: Petermann F (Hrsg) Einzelfallanalyse. Oldenbourg, München, S 167–212

Revenstorf D, Vogel B (1979) Zur Analyse qualitativer Verlaufsdaten – ein Überblick. In: Petermann F, Hehl FJ (Hrsg) Einzelfallanalyse. Urban und Schwarzenberg, München, S 229–250

Revenstorf D (1979) Zeitreihenanalysen für klinische Daten. Beltz, Weinheim

Ritter H, Züll C, Grüner H (1987) Die Behandlung fehlender Werte in logischen Ausdrükken bei SAS und SPSS: Eine Warnung vor unerwarteten Ergebnissen. ZUMA Nachrichten 21: 59 – 63.

Robinson PM (1983) Nonparametric estimators for time series. J Time Ser 4: 185–207

Rosenthal R (1984) Meta-analytic procedures for social research. Sage, Beverly Hills

Rosenthal R (1979) The 'file drawer' problem and tolerance for null results. Psychol Bull 86: 638–641

Roskam EE (1976) Multivariate analysis of change and growth: critical review and perspectives. In: De Gruijter DNM, van der Kamp LJT (eds) Advances in psychological and educational measurement. Wiley, London, pp 111–133

Schaller S, Schmidtke A (1983) Verhaltensdiagnostik. In: Groffmann KJ, Michel L (Hrsg) Enzyklopädie der Psychologie, Themenbereich B, Serie II, Bd 4. Verhaltensdiagnostik. Hogrefe, Göttingen, S 489–701

Schlittgen R, Streitberg BHJ (1984) Zeitreihenanalyse. Oldenbourg, München

Schmidtke A, Rost W, Gattaz WF (1987) Zeitreihenanalytische Untersuchung zur Wirklatenz der Antidepressiva: Design und methodische Aspekte. In: Kielholz P, Müller-Oerlinghausen B (Hrsg) Pharmakotherapie der Depression (Fortschritte der Pharmakotherapie, 3). Karger, Basel, S 22–35

Schwarz B, Kessler M (1983) Signifikante Mittelwertsunterschiede und Effektstärke in der pädagogischen Evaluation. Z Empir Pädagog 7: 57–73

Seelos HJ (1985) Algorithmen zur qualitativ-quantitativen Charakterisierung von Patientenkarrieren. Öff Gesundh Wes 47: 164–169

Shaffer JW (1979) On the analysis of repeated measures over time in medical, pharmacological, and behavioral research. J Behav Med 2: 221–238

Shine LC, Bower SM (1971) A one-way analysis of variance for single subject designs. Educ Psychol Measur 31: 105–113

Shine LC (1976) An alternative statistic for testing the slow change assumption of the Shine-Bower error term. Educ Psychol Measur 36: 611–614

Siegel S (1985) Nichtparametrische statistische Methoden. Fachbuchhandlung für Psychologie, Frankfurt

Simpson EH (1951) The interpretation on interaction in contingency tables. J Roy Stat Soc 13:

238–241

SLAVIN RE (1984) Meta-analysis in education: how has it been used? Educ Researcher 13: 6–15, 24–27

SPIEGEL MR (1961) Statistics. Schaum, New York

STEINMEYER EM (1970) Zufallskritische Einzelfalldiagnose im psychiatrischen Feld dargestellt am Beispiel der Hebephrenie. Z Exp Ang Psychol 23: 271–283

STEINMEYER EM (1990) A reply to Krauth's comments on MÖLLER et al. "Single-case evaluation of sleep deprivation effects by means of time-series analysis according to the HTAKA model". Eur Arch Psychiatr Neurol Sci 239: 395–397

STOLLEY PD, STROM BL (1986) Sample size calculations for clinical pharmacology studies. Clin Pharmacol Ther 39: 489–490

STRUBE MJ (1985a) Combining and comparing significance levels from nonindependent hypothesis tests. Psych Bull 97: 334–341

STRUBE MJ (1985b) Power analysis for combining significance levels. Psych Bull 98: 595–599

STRUBE MJ, GARDNER W, HARTMANN DP (1985) Limitations, liability, and obstacles in reviews of the literature: the current status of meta-analysis. Clin Psychol Rev 5: 63–78

STRUBE MJ, MILLER RH (1986) Comparison of power rates for combined probability procedures: a simulation study. Psych Bull 99: 407–415

TACK WH (1980) Einzelfallstudien in der Psychotherapieforschung. In: WITTLING W (Hrsg) Handbuch der klinischen Psychologie, Bd 6. Hoffmann und Campe, Hamburg, S 42–71

TRYON WW (1982) A simplified time-series analysis for evaluating treatment interventions. J Appl Behav Anal 15: 423–429

WALLACE CJ, ELDER JP (1980) Statistics to evaluate measurement accuracy and treatment effects in single-subject research designs. In: HERSEN M, EISLER RM, MILLER PM (eds) Progress in behavior modification, vol 10. Academic Press, New York, pp 39–79

WILLMES K, PYHEL N (1981) Permutationstests als Alternative zur Varianzanalyse – Der Split-Plot Versuchsplan. Z Sozialpsych 12: 186–198

WINER BJ (1971) Statistical principles in experimental design. McGraw-Hill, New York

WOLF B (1985) Invariante Test- und Effektmaße sowie approximative Prüfgrößen bei multivariaten parametrischen Analysen. Teil 1. Test- und Effektmaße. Z Emp Päd Päd Psych 9: 105–117

WOLF B, BRANDT W (1982) Über Maße der praktischen Signifikanz bei Varianz- und Regressionsanalysen. Z Empir Pädag 6: 57–73

WOLFRUM C, KLIESER E, LEHMANN E (1984) Single case experiments in psychopharmacological trials. Neuropsychobiology 12: 152–157

Sachverzeichnis

Peter Riederer, Gerd Laux,
Walter Pöldinger (Hrsg.)

NEURO-PSYCHOPHARMAKA

Ein Therapie-Handbuch in 6 Bänden

Die in sich abgeschlossenen Einzelbände des Werkes **NEURO-PSYCHO-PHARMAKA** werden in ihrer Vollständigkeit den in Klinik und Praxis tätigen Nervenärzten, Psychiatern und Neurologen sowie Grundlagenforschern als kompetentes Standardwerk der Psychopharmakologie zur Verfügung stehen. Die Mitarbeit namhafter Experten bürgt für höchste wissenschaftliche Kompetenz unter Einbeziehung neuester klinischer und biochemisch-pharmakologischer Befunde.

Intensive redaktionelle Bearbeitung sichert eine strikte Gliederung des Textes und einheitliche Abbildungen, wobei größter Wert darauf gelegt wird, die komplexe Thematik übersichtlich darzustellen.

Für eine rasche Vermittlung praxisrelevanter Informationen sorgen Übersichtstabellen; den einzelnen Kapiteln sind zusätzlich ausführliche Hinweise auf die Literatur beigegeben. Jeder Band wird durch ein umfangreiches Präparate- und Sachverzeichnis der in deutschsprachigen Ländern verfügbaren Substanzen ergänzt.

Band 2:

Tranquilizer und Hypnotika

1992. Mit zahlreichen Abbildungen. Etwa 320 Seiten.
Gebunden etwa DM 98,–, etwa öS 690,–. ISBN 3-211-82210-0

Mit Beiträgen von: M. Berger, J. Bruinvels, O. Dietmaier, W. Fleischhacker, J. Fritze, T. Glaser, J. M. Greuel, W. Haefely, R. Hänsel, K. Heininger, F. Hohagen, E. Klieser, G. Laux, W. E. Müller, N. Nedopil, H. Oelschläger, M. Osterheider, W. Platz, E. Rüther, E. Schönbrunn, S. Sieberns, J. De Vry, C. Wurthmann

Band 3:

Antidepressiva und Phasenprophylaktika

1992. Mit zahlreichen Abbildungen. Etwa 320 Seiten.
Gebunden etwa DM 98,–, etwa öS 690,–. ISBN 3-211-82211-9

Mit Beiträgen von: T. Becker, P. Bieck, U. Breyer-Pfaff, J. Bruinvels, A. Cesura, M. Da Prada, A. Delini-Stula, L. Demisch, O. Dietmaier, M. Dose, H. M. Emrich, M. Fichter, J. Fritze, M. Gerlach, T. Glaser, T. W. Guentert, W. Greil, G. F. Hebenstreit, K. Heininger, W. P. Kaschka, S. Kasper, R. Kettler, G. Laux, H. J. Möller, B. Müller-Oerlinghausen, N. Nedopil, J. G. Richards, K. Rickels, P. Riederer, M. Schmauß, J. Schöpf, M. P. Schoerlin, S. Sieberns, J. De Vry, H. Wachtel, P. Waldmeier, G. Wendt

Band 4:

Neuroleptika

1991. 44 Abbildungen. IX, 224 Seiten.
Gebunden DM 78,–, öS 546,–. ISBN 3-211-82212-7

Mit Beiträgen von: O. Dietmaier, E. Etzersdorfer, J. Fritze, W. Gaebel, C. Haring, K. Heininger, H. Hinterhuber, H. Katschnig, P. König, T. Konieczna, J. Kornhuber, G. Laux, H. J. Möller, H. Rittmannsberger, W. Schöny, S. Sieberns

Band 5:

Parkinsonmittel und Nootropika

1992. Etwa 20 Abbildungen. Etwa 290 Seiten.
Gebunden DM 92,–, öS 644,–. ISBN 3-211-82213-5

Mit Beiträgen von: A. Colzi, T. Dierks, O. Dietmaier, M. Da Prada, P.-A. Fischer, M. Gerlach, F. Gerstenbrand, H. Herrschaft, R. Ihl, R. Kettler, J. Kornhuber, G. Laux, K. Maurer, W. Poewe, H. Przuntek, P. Riederer, E. Schneider, M. Streifler, G. Ulm, H. Wachtel, G. Zürcher

Band 6:

Notfalltherapie, Antiepileptika, Beta-Rezeptorenblocker und sonstige Psychopharmaka

1992. Mit zahlreichen Abbildungen. Etwa 180 Seiten.
Gebunden etwa DM 58,–, etwa öS 410,–. ISBN 3-211-82326-3

Mit Beiträgen von: H. Berzewski, J.Böning, U. Borchard, P. Clarenbach, J. Deckert, O. Dietmaier, C. Eggers, J. Fritze, L. Frölich, W. Fröscher, M. Gastpar, C. H. Gleiter, A. Hartmann, G. Laux, W. Platz, H. Przuntek, J. Rimpel, N. Weiner, W. Weseman

Bei Bezug der Bände 1–6 20% Preisermäßigung
Preisänderungen vorbehalten

Springer-Verlag Wien New York

GPSR Compliance

The European Union's (EU) General Product Safety Regulation (GPSR) is a set of rules that requires consumer products to be safe and our obligations to ensure this.

If you have any concerns about our products, you can contact us on ProductSafety@springernature.com

In case Publisher is established outside the EU, the EU authorized representative is:

Springer Nature Customer Service Center GmbH
Europaplatz 3
69115 Heidelberg, Germany

Batch number: 10584556

Printed by Printforce, the Netherlands